U0182572

润滑技术手册

广州机械科学研究院　组编
主　编　黄　兴　林亨耀
副主编　向　晖　潘传艺　刘长期
参　编　冯　伟　谭桂斌　王一助
　　　　徐　强　崔滋恩

机 械 工 业 出 版 社

本书论述了摩擦与磨损的基本概念和润滑理论基础知识，概述了润滑油（脂）、合成润滑剂和固体润滑（剂）以及工艺润滑材料，介绍了润滑油脂的性能检测评定、润滑系统的设计和润滑装置、典型零部件及设备的润滑、密封技术与产品、机械设备润滑状态的监测与诊断技术、设备润滑管理、润滑管理与维护等知识，还特别撰写了油品仓储及使用、绿色润滑新技术的发展与应用等内容，收录了较新的国内外常用润滑技术资料及方法标准，并附有润滑专业名词术语中英文对照等。

本书内容系统、全面、实用，覆盖面广，兼具理论学术和实践应用价值，是从事润滑技术相关工作人员的必备工具书，也适合对润滑技术感兴趣的一般读者。

图书在版编目（CIP）数据

润滑技术手册/广州机械科学研究院组编；黄兴，林亨耀主编. —北京：机械工业出版社，2019.12（2024.3 重印）

ISBN 978-7-111-64755-3

Ⅰ.①润…　Ⅱ.①广… ②黄… ③林…　Ⅲ.①润滑-技术手册　Ⅳ.①TH117.2-62

中国版本图书馆 CIP 数据核字（2020）第 025108 号

机械工业出版社（北京市百万庄大街 22 号　邮政编码 100037）
策划编辑：徐　强　责任编辑：徐　强　王　珑　高依楠　贺　怡
责任校对：张　薇　封面设计：马精明
责任印制：单爱军
北京虎彩文化传播有限公司印刷
2024 年 3 月第 1 版第 2 次印刷
184mm×260mm · 48 印张 · 3 插页 · 1659 千字
标准书号：ISBN 978-7-111-64755-3
定价：199.00 元

电话服务　　　　　　　　网络服务
客服电话：010-88361066　机 工 官 网：www.cmpbook.com
010-88379833　机 工 官 博：weibo.com/cmp1952
010-68326294　金 书 网：www.golden-book.com
封底无防伪标均为盗版　机工教育服务网：www.cmpedu.com

本书由以下项目资助出版

国家重点研发计划项目——“大型风电齿轮箱密封及润滑技术”（编号：2018YFB2001604）

国家重点研发计划项目——“高速、低温、清洁切削机理及其关键前沿技术研究”（编号：2018YFB2002200）

国家重点研发计划项目——“橡塑密封数字化设计及制造关键技术”（编号：2018YFB2001000）

国家科技支撑计划项目——“大型风电场智能化状态监控与运维调度系统研究及示范”（编号：2015BAA06B02）

国家863计划项目——“采煤机工作可靠性智能监测技术”（编号：2013AA06A411）

科技部转制科研院所创新能力专项资金——“合成型特种系统传统用油的研究开发”（编号：2014EG119142）

中国机械工业集团科技发展基金项目——“钢铁冷轧润滑材料及工艺摩擦学特性研究”（编号：SINOMACH-13-科168号）

中国机械工业集团科技发展基金项目——“汽车自动变速器高档传动润滑材料（CVTF/ATF）”（编号：SINOMACH-12-科180号）

推荐序

摩擦学是研究相对运动中相互作用表面间的摩擦、磨损和润滑的科学技术，润滑技术是摩擦学三大支柱之一。摩擦及其引发的磨损，对当今世界范围内的能源、环境、技术和经济等层面有着巨大影响，据统计，全球约1/3的一次性能源浪费在摩擦过程中，约80%的机械零部件失效由摩擦磨损引起，造成的工业化国家经济损失高达GDP的5%~7%（若按中国2019年GDP约100万亿元计算，摩擦造成的损失超过5万亿元）。

润滑是降低摩擦、减少（或避免）磨损的有效技术途径。正确运用和推广摩擦学知识及先进润滑技术具有巨大的社会价值和经济价值，对实现能源和资源节约的潜力巨大，故摩擦学是事关国民经济发展的重要基础与应用科学。

从车轮的发明和动物脂肪的使用可看出，人们很早就开始利用润滑解决问题，例如，600年前在建造北京故宫时，重达100多吨的石块就是通过冰道从70km之外的采矿场“滑”到故宫的。古埃及人在没有任何机械辅助的情况下，如何将几十米高的巨大石雕像运送到沙漠中的金字塔附近的？据考证，古埃及人将塑像放在木制沙舟上，由一群人拉着在沙地里滑行，而舟头所站之人，正不断将舟前的沙子淋湿，以降低摩擦，由此看出，古人很早以前就懂得运用润滑技术了。

20世纪60年代开始，广州机械科学研究院（一机部广州机床研究所）在我国润滑技术研究领域就发挥着重要作用，迄今为工业界提供了许多有影响力的科研成果：开发了各类型高性能环保金属加工油液；起草了我国首个《合成切削液》国家标准；研制出了HNT环氧耐磨涂层以及TSF抗磨导轨软带等材料。同时，广州机械科学研究院在国内较早开展了铁谱技术监测设备润滑状态、设备润滑智能管理系统、密封材料集成运用技术、流体静压支撑技术、气体润滑技术以及工业机器人等的研究。上述科研成果已在工业界得到广泛应用，对行业的发展作出了突出的贡献。

基于上述背景，广州机械科学研究院本着勇于担当、不忘初心、砥砺前行的精神，继续在润滑技术方面为工业界作出新贡献，决定编写一本润滑领域的巨著，即读者看到的这本《润滑技术手册》。该书论述了摩擦学与润滑技术方面的基础知识，较全面地介绍了各种润滑材料及应用、设备润滑状态监控及管理、绿色润滑技术的新发展等内容，书末还附有摩擦学润滑专业常用名词术语及短语的中英文对照。内容不仅科学、系统，而且先进、实用。

该书编委会成员大都是在职或曾经就职广州机械科学研究院、从事润滑或密封技术科研和应用工作长达数十年的专业工程技术人员，他们在润滑材料和润滑技术应用方面都具备扎实的理论基础及丰富的实践经验，保证该书内容的科学性、严谨性和权威性。

该书兼具理论知识和实践应用的价值，内容科学、先进、实用、准确，对于从事润滑技术和设备润滑管理相关人员，具有较高的参考价值。本人非常愿意将这本工具书推荐给从事摩擦学（尤其是润滑技术方面）的业界工程技术人员和管理者参阅，期待该书的出版能对我国润滑技术领域的发展作出新的贡献。

中国矿业大学（北京）校长、俄罗斯工程院外籍院士　葛世荣教授

前　言

一切做相对运动的两个物体表面之间都存在摩擦现象，从而产生磨损，因而需要进行润滑。润滑的目的就是为了降低摩擦阻力，减少表面磨损，防止腐蚀，延长使用寿命，保证设备正常运转。摩擦和润滑是一门涉及物理、化学、材料、机械工程和表面工程等多门学科的交叉性科学，不仅关系到机械设备的正常运转，还关系到节约能源、环境保护；润滑剂及润滑技术已经成为工程技术的功能性基元。在工业文明高度发达的今天，润滑技术正发挥着越来越重要的作用，据统计，全世界超过30%的一次能源因为摩擦被白白浪费，80%以上的机器零部件因为过度磨损而失效，超过一半的机械装备恶性事故源于润滑失效。如今，润滑技术正越来越广泛地应用于各个领域，从航空航天到高铁运输、基础建设，再到海洋深潜探测，人类几乎所有超级工程的背后，都有润滑技术的贡献。而人类润滑技术的不断进步，正创造出一个越来越高效、安全、绿色、美好的地球家园。

人类对摩擦学原理和润滑技术的研究应用历史久远，我国是世界较早使用润滑剂和润滑技术的国家之一，古代中国对摩擦学与润滑技术的发展做出了重要的贡献，早在商周时期就已有应用动物油脂来润滑车轴的记载。润滑技术的发展也大大助力了我国的航天事业，神舟七号载人飞船的第一个太空科研试验，就是中国首位太空漫步的宇航员第一次出舱取回中国自主研发的固体润滑材料样品；中国探测月球背面的嫦娥四号月球探测器所使用的润滑材料也是我国自主研制的。社会生产力的发展需要润滑技术的发展，改革开放以来，我国的经济高速发展，特别是制造业的高速发展，极大地促进了我国的润滑理论和润滑技术的发展。可以说，没有先进的润滑技术和润滑材料，就没有我国现代化的先进制造业。

随着研究的不断深入，人们发现在润滑技术世界里，还有很多奥秘和未知领域等待着我们去探索发现，尤其是纳米润滑技术、仿生润滑技术、微量润滑技术、薄膜润滑技术、绿色润滑和超滑等技术的出现，为润滑技术带来了新的发展机遇，我们确信，润滑技术每一次的进步都将为人类社会带来更高效的生产和更美好的生活。所以，我们应当不忘初心，肩负使命，砥砺前行，不辍探索。

润滑如此重要，可是在我国还有许多工矿企业和机械设备使用人员不重视润滑、不懂润滑，由此引起的设备磨损、故障、损坏、停工、停产、能源浪费以及环境污染等事故时有发生，造成了较大经济损失。因此，学习和应用好润滑技术，对促进我国的现代化建设和国民经济发展有着十分重要的意义。编写本书的目的就是为了向从事润滑技术工作的工程技术人员、操作人员及管理人员提供较为完整的润滑技术资料。

本书论述了摩擦与磨损的基本概念和润滑理论基础知识，并介绍了超滑理论和近零摩擦的应用前景；概述了润滑油（脂）的生产制备分类组成以及品种和应用范围、简述了合成润滑剂和固体润滑（剂），阐述了包括金属切削（磨削）液、金属压力成形加工用油（液）和热处理油及热传导油（液）等的工艺润滑材料及其应用；详解了润滑油脂的性能检测评定；总结了润滑系统的设计、分类、选择要求和润滑装置；综述了典型零部件及设备的润滑、密封技术与产品；叙述了机械设备润滑状态的监测与诊断技术、设备润滑管理、润滑管理与维护等方面的知识；补充了油品仓储及使用的内容；增加了较新的绿色润滑新技术的发展与应用的资料；更新了最新国内外常用润滑技术资料及方法标准，并给出了润滑专业名词术语中英文对照等。

与国内外已出版的同类书籍比较，本书的创新之处在于内容丰富，覆盖面广，兼具理论学术和实践应用价值。本书内容系统、全面、实用，图文并茂，是从事润滑技术相关工作人员的必备工具书，也适合于对润滑技术感兴趣的一般读者。我们坚信本书的出版发行，一定能够给我国在润滑领域进行科研、生产、应用、销售的人员带来较大的帮助。

本书由黄兴、林亨耀任主编，向晖、潘传艺和刘长期担任副主编；编写人员包括黄兴、林亨耀、向晖、潘传艺、刘长期、冯伟、谭桂斌、王一助、徐强和崔滋恩。具体分工如下：黄兴和向晖负责第 13 章的编写，黄兴、林亨耀和谭桂斌负责第 11 章的编写，黄兴和潘传艺负责编写内容简介和前言，向晖、刘长期和王一助负责第 14 章的编写，林亨耀和徐强负责第 1 章、第 2 章的编写，林亨耀负责第 4 章、第 6 章、第 12 章和第 15 章以及附录的编写，冯伟和潘传艺负责第 7 章的编写，潘传艺和崔滋恩负责了第 3 章的编写，潘传艺负责第 5 章、第 8 章、第 9 章和第 10 章的编写。另外，全书完稿后由黄兴负责全文审阅修订，向晖负责统筹，林亨耀和潘传艺负责第一次校对和总校对。

本书的编者大都曾在原机械工业部广州机械科学研究院从事润滑技术及密封技术的研发和应用工作数十年（其中，林亨耀现为广州市联诺化工科技有限公司董事长，潘传艺现任职于广东工业大学），在润滑技术和润滑材料的科研、应用方面具有非常丰富的实践经验，发表了很多科研成果及著作，获得了多项发明专利。本书也是编者多年的润滑密封技术的科研、教学、现场应用经验资料的一个总结。

本书在编写过程中得到了国机智能广州机械科学研究院有限公司、广州吉盛润滑科技有限公司、广州市联诺化工科技有限公司、广东工业大学和广州工大科技有限公司多位领导和技术人员的支持和协助，在此表示衷心的感谢！

润滑技术涉及的专业面非常广泛，且技术发展极其迅速，由于编者水平和时间限制，文中错漏之处在所难免，敬请有关专家及读者随时批评指正。

编　者

目　录

第1章　摩擦与磨损概论

1.1　绪论

摩擦学（Tribology）是研究相对运动中相互作用表面的理论与实践的一门科学，也就是研究做相对运动的对偶表面的摩擦、磨损与润滑的科学。它涉及多种学科领域，如传统机械加工、工程力学、冶金学、材料科学、交通运输、航空航天、石油化工、生物工程等诸多工业领域。据统计，全世界约有1/3的一次性能源消耗在摩擦中，大约有60%的机器零部件由于磨损而失效，有50%以上的机械装备的恶性事故源于润滑失效或过度磨损。发达国家每年因摩擦磨损造成的损失约占国民生产总值（GDP）的5%~7%。我国是制造业大国，其损失比例更高。据不完全统计，我国每年由于摩擦磨损造成的经济损失达数万亿元。因此，正确运用和推广摩擦学知识，提高材料的耐磨性、使用寿命和机械可靠性，减少维修时间，节省材料成本、减少能源浪费、避免非正常停机，具有很高的社会效益和经济效益。

许多研究表明，现代工业中大量摩擦、磨损等方面的问题都可应用现有的摩擦学知识来解决。摩擦学是一个充满高新科学技术的多学科交叉的工程领域。摩擦学的发展对航空航天、国防安全、微纳制造、生物制造和人类健康等领域都有直接的作用，对建设资源节约型的社会和实现国民经济的可持续发展会产生重大的影响。

一切相互接触并做相对运动的设备零件表面（统称摩擦副）会产生摩擦，磨损是伴随摩擦产生的必然结果，对摩擦副进行润滑，则是减少摩擦，降低磨损的重要措施。摩擦学作为一门实用性强和适应性广的学科，为改善摩擦、控制磨损和合理润滑等工程实际问题提供了理论基础和解决方案。

摩擦学研究的主要内容包括：

1）摩擦机理。主要包括摩擦产生机制、磨屑形成机理及润滑原理等方面内容。对其进行深入研究，有助于揭示摩擦磨损问题的本质，为解决实际问题提供理论基础。

2）通过研究在不同工况条件下的典型机械摩擦副的摩擦学特性和失效机理，将摩擦学和机械设计、机械制造和设备维修管理等有机地联系起来，使机械产品的使用性能、可靠性和寿命等方面的提高建立在科学的基础上。

3）研究各种材料和表面处理工艺的摩擦学特性，为合理选择摩擦副材料和表面耐磨处理工艺，以期提高机械零件的使用寿命。

4）研究开发新型润滑材料，以适应现代化设备向高速、高精、重载等方向发展的要求。

5）建立摩擦学数据库，为提高机械产品设计水平、使用性能、可靠性以及节约能源提供科学依据。

6）摩擦学测试设备和测试技术的应用研究，使摩擦学研究工作上升到新的水平。

在相互运动的摩擦表面之间的摩擦、磨损与润滑过程中，摩擦表面的宏观与微观几何特性以及接触过程的特点具有重要意义，这是在研究摩擦学时首先要考虑的问题。

（1）固体表面的几何特性　实际的零件表面不可能是绝对平整光滑的，因为任何零件都是由某种加工方法制造出来的，如铸造、模压成型、切削、研磨、腐蚀、电镀、喷涂、溅射等，它们都会造成不同的表面粗糙度。图1-1所示为不同加工方法的表面轮廓曲线。

表面轮廓的几何特性一般分为几何偏差、波纹度及表面粗糙度。几何偏差，如圆孔变成了椭圆孔、圆柱体变成了圆锥体等。这种偏差往往不认为是表面形貌的组成部分。波纹度大体上是周期出现的波峰与波谷的分布，其波长比波纹的高度 H_B 要大得多，如 $\lambda/H_B>40$（见图1-2）。这种波纹度通常是由于机械加工时不均匀的进刀、不均匀的切削力或机床的振动引起的。表面粗糙度是在较短的距离内（2~800μm）出现的凹凸不平（0.03~400μm），它是摩擦学研究中最重要的一类表面特征。

（2）固体表面的物理特性　固体表面的物理特性主要是指表层的硬度、残余应力、组织转变、微观缺陷等，这些特性都是零件（材料）在加工成型过程中引起的表面层塑性变形和局部温升造成的结果。一般固体加工表面层的组织是不均匀的，而且区别于基体组织，如图1-3所示。

最表面的吸附层来自环境污染，如水蒸气、氧或

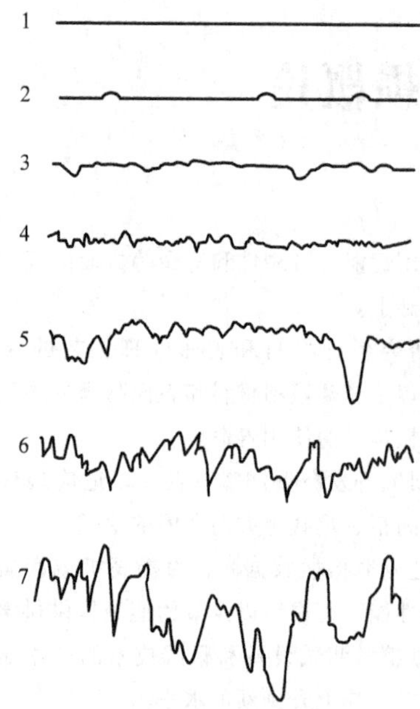

图 1-1　不同加工方法的表面轮廓曲线
1—理想表面　2—块表面
3—研磨表面　4—磨削表面
5—铣削表面　6—车削表面　7—钻削表面

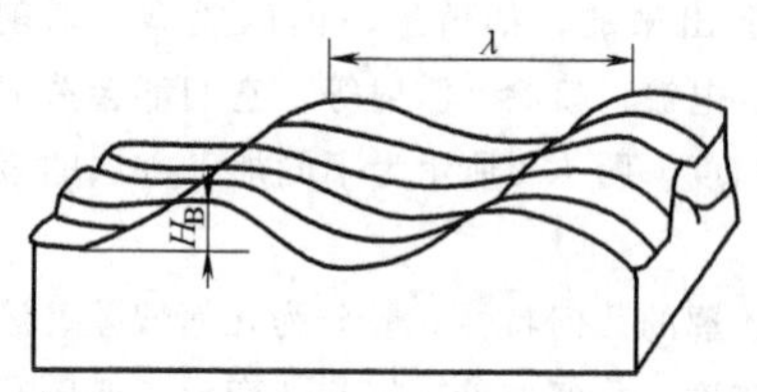

图 1-2　表面波纹的示意图

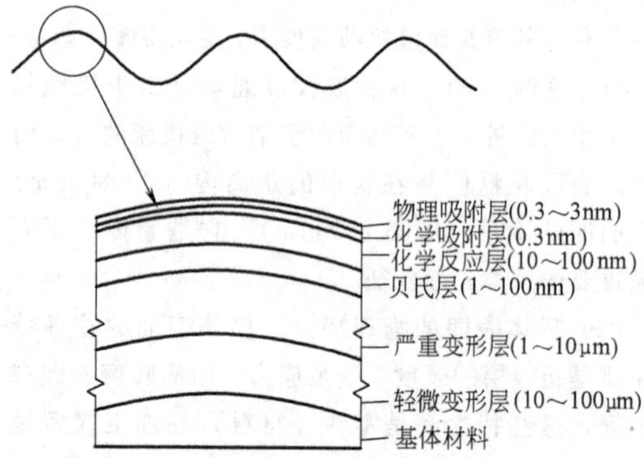

图 1-3　固体加工表面层组织的示意图

碳氢化合物，也可能是油或脂。物理吸附层的厚度为 0.3~3nm。在高真空条件下即可消失。化学吸附层与固体表面一般形成强的共价键连接，其厚度约为 0.3nm，需要较大的能量才能将其去除。贝氏层（Beilby Layer）是在机械加工过程中由于局部高温发生熔化再快速冷却形成的非晶态或微晶组织，其厚度为 1~100nm。仔细控制加工过程，可以减小其厚度。变形层是在加工过程中形成的，其厚度可达 10~100μm。在此层中，晶格歪扭，晶粒细化，并有可能出现空穴或微裂纹等缺陷。它是决定固体表面物理力学性能的主要组织成分，图 1-4 所示为金属表面的表层组成的示意图。

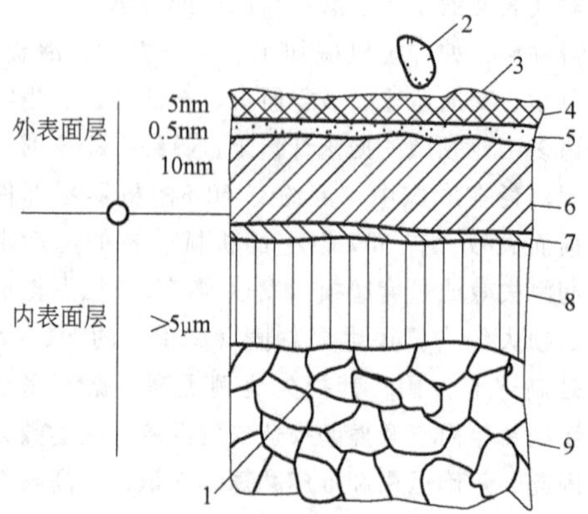

图 1-4　金属表面的表层组成的示意图
1—晶间杂质　2—尘粒　3—表面微凸体
4—自然污染层　5—气液分子吸附层
6—环境介质化合物层　7—贝氏层
8—变形层　9—金属基体

表面层的强化反映在硬度的变化上。硬度的分布如图 1-5 所示。最表面的显微硬度值可超过原始硬度 30%~50%，甚至 3~4 倍。在表面以下硬度开始急速下降，然后渐趋缓慢。加工硬化的程度及深度与加工条件（如加工方法、切削速度、刀具锋锐程度等）有密切关系。在切削过程中，实际上是两个互相矛盾的因素在起作用，一方面是加工硬化，另一方面是由于切削温度引起的软化。硬而脆的材料比软而韧的材料的加工硬化倾向小，而且切削温度也比较高。在车加工时，硬化层深度一般在 0.25~2.0mm，磨加工时为 12 ~ 75μm，精磨时为 2 ~ 25μm，抛光时约为 0.2μm。

在加工过程中，在表面层还将引起相当大的内应力，不同深度处内应力的大小不同。一般在切削刀具的前方，材料开始被压缩，变形的表面层晶粒部分变成切屑被切除，而留下的加工表面受到刀具后表面的摩擦将产生拉应力。当切削过程结束，外载荷去除后，变形层因为弹性倾向于恢复原状。而在其下面一

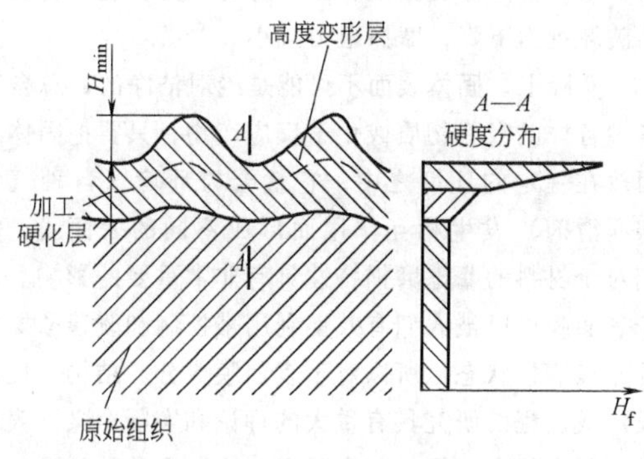

图1-5　加工表面层硬度分布示意图

层的材料会阻碍这个恢复过程，因而发生应力状态的重新分配，结果表面的拉应力显著下降，有时在最表层甚至呈现压应力，而在其下层表现为拉应力。

（3）固体表面的化学特性　固体表面的化学特性是由环境和基体材料所决定的。当材料中含有少量合金元素时，它们可以改变固体表面的特性。在通用的轴承、齿轮、密封材料中，这些元素往往以杂质的成分存在，如硫（S）就是其中比较突出的一种元素。

铁中含有硫，可以改善钢铁材料的切削性能，研究证明，铁中很少量的硫也可显著改变其磨损特性。铸铁材料也具有这种特性，几百年以来，铸铁由于其良好的耐磨性而被广泛使用，铸铁中以石墨形式存在的碳元素起了很好的减摩作用。铸铁的种类很多，含石墨的成分不同，耐磨性也各有差异，但总体来说，铸铁的耐磨性要比不含石墨的铁基合金好，在磨痕中往往可以观察到很多黑斑，用俄歇谱仪对黑斑进行了分析，证明其为碳，表明铸铁中的石墨已在摩擦过程中扩散到表面，并形成了一层表面保护膜。石墨起到了固体润滑剂的作用，它可以减少黏着磨损，并防止金属的转移。

采用固体润滑剂的一个关键问题是，运行过程中固体润滑膜能否稳定地保持在基体表面，如果固体润滑剂就包含在金属或合金的基体之中，如同铸铁一样，形成一种类似自润滑材料，就可以不断地生成表面润滑膜，发挥减摩作用。

实际的摩擦学表面都是固体表面与环境相互作用的产物，通过这些相互作用，可以形成氧化物、氮化物或氢氧化物等各种表面膜。另外还有一种表面膜的形成机制，就是通过固体表面与润滑油、添加剂或固体润滑剂之间的化学反应显著降低固体表能，并改变固体表面的成分。在实际的摩擦副中，一些工况参数（如载荷和速度）还会进一步影响固体表面的化学特性。增加载荷或滑动速度会使接触表面获得更大能量。众所周知，表面化学特性与能量有非常密切的关系，能量越大，表面的化学反应越容易发生。

表面吸附现象是固体表面的物理化学特性。具有最大吸附能力的是表面活性物质，即其分子排列与表面垂直（如各种有机酸、酒精、树脂等），而且在它们的分子中存在两个异号的空间电荷。这种极化了的分子可以被固体表面吸引。如把金属放入脂肪酸溶液中（脂肪酸在室温下呈固态），则脂肪酸分子会从液固界面排出溶剂分子，而与金属表面接触，脂肪酸的分子式可写为 RCOOH，其中 R 代表 C_nH_{2n+1} 的根。脂肪酸的分子的平均长度超过其横截面的 5~10 倍，它们与金属表面的连接形式如图 1-6 所示。可见吸附层的分子都与表面垂直并互相平行，它们不仅与金属表面发生作用，而且相互之间也发生作用。在水平方向上，分子之间的相互作用构成了纵向的内聚力，它决定了吸附膜的破坏强度。

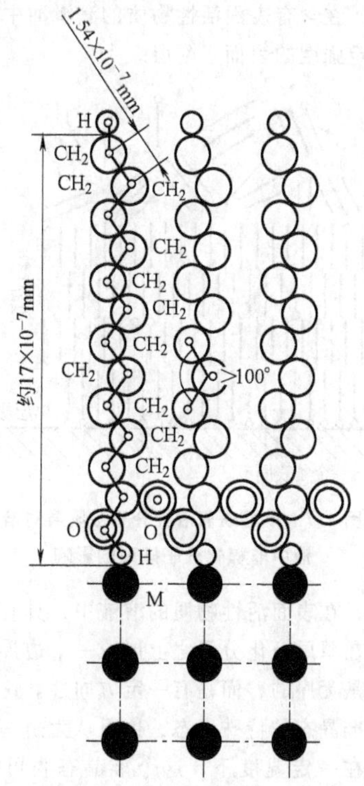

图1-6　脂肪酸分子被金属表面吸附的示意图

吸附在固体表面的分子，具有从过剩分子的部位向吸附分子不足的部位转移的能力，但这种转移的程度取决于吸附的类型。在化学吸附中，分子的极化端与固体表面发生了化学结合，使分子的活动性受到很大限制。化学吸附区别于物理吸附，具有一定的选择性，吸附分子优先在固体表面晶格排列受到破坏的部位发生连接（如夹杂物或孔洞）。在很多情况下，物理吸附与化学吸附是同时进行的，但有一种是主要的。试验证明，脂肪酸在金属表面上的吸附，在室温条件下基本上是物理的，而在高温条件下是化学的。

吸附分子与金属表面之间的结合力，既取决于吸附物质也取决于金属的性质。具有活性羧基（COOH）的分子可显示最强的结合力。大多数含链状分子的液体介质，可在金属表面形成特殊的结构，矿物油和植物油就是这种介质的代表。X射线及电子衍射分析证明，即使是由完全饱和的、非极化分子 C_nH_{2n} 或 C_nH_{2n+2} 碳氢化合物组成的油，也能在金属表面形成，其分子排列垂直于表面的吸附薄膜。在这种情况下，靠金属表面的电场作用使非活性的碳氢化合物极化而发生吸附。但这种吸附层往往是不完整的，其强度及稳定性也很小。如果在油中加入少量（约0.1%）表面活性物质，则可在表面形成单层的表面活性分子吸附层（见图1-7），并可为上层的油分子定向。在含有表面活性物质的润滑油中，就能形成具有一定强度的表面吸附层。

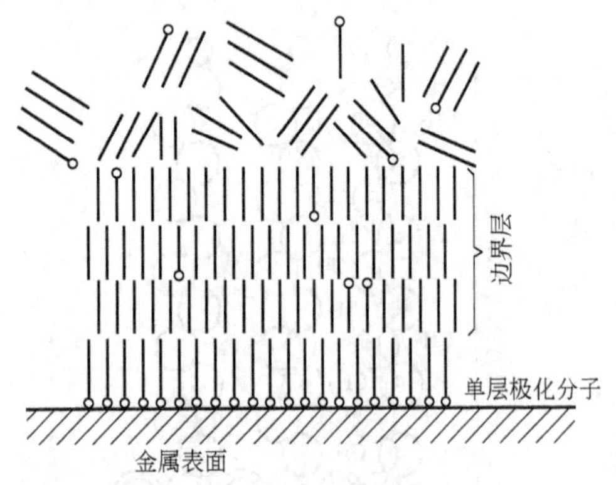

图1-7 单层表面活性分子吸附层对溶液中非极化分子排列的影响

总之，在表面活性物质的溶液中，具有较长分子的液体可在单层极化分子之上形成一个边界层，其分子排列不是无序的，而是有一定方向性。这个边界是处于一种准晶态的特殊组态，也可认为是一种特殊的液体相。在一定温度下，这个准晶态膜可能发生熔化，分子之间的纵向内聚力消失，分子排列失去方向性，从而使润滑油丧失吸附能力。脂肪酸对非活性金属的解吸温度靠近其熔点（40~80℃），而对活性金属则靠近其金属膜的熔点（90~150℃）。

表面活性介质的存在会影响固体表面的变形及破坏过程，因为表面活性物质的吸附产生吸附塑化效应，降低了固体表面能和流动剪切应力，使材料变形和破坏抗力下降，摩擦阻力减小。

实际上，固体表面不可能是绝对洁净的，总含有各种各样的吸附物质或化学反应产物，只要把固体表面放在一定的环境之中，它就会与环境（各种气氛和润滑剂）发生相互作用而形成不同的表面膜，它们对于材料的摩擦磨损特性具有非常重要的影响。由于表面膜可以被人们有效地利用来控制和改善摩擦副的摩擦磨损状态，所以对于表面膜成分、结构、性能及形成过程的研究具有重大的理论和实际意义。表面膜的种类很多，概括起来可以分成以下几种类型。

1）物理吸附膜。一般润滑膜在低载低速运行情况下，在金属表面就会形成这种物理吸附膜。极化了的长链结构的油分子，呈垂直方向与金属表面发生比较弱的分子引力结合。完全非极化的分子是很稀少的，即使在原始状态是非极化的，在受热、催化或滑动过程中，也会发生极化而形成吸附。图1-8所示为十六烷醇在金属表面形成物理吸附膜的示意图。

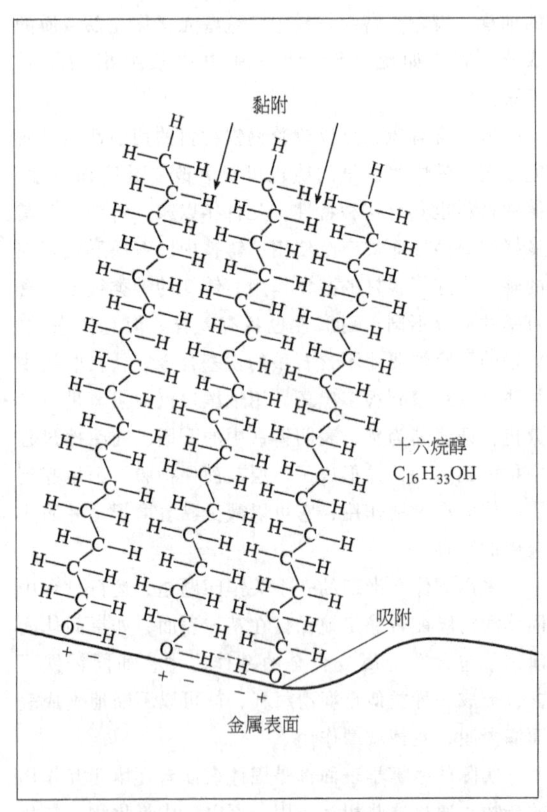

图1-8 十六烷醇在金属表面形成物理吸附膜的示意图

一般物理吸附膜对温度是很敏感的，即温度提高可以引起吸附膜的解吸、重新排列，甚至熔化。研究工作得出一些物理吸附膜的解吸温度如下：酒精40~

100℃，各种酸 70~130℃，各种胺 100~150℃，各种胺化物 140~170℃。因此，物理吸附膜只适用于较低环境温度和低载荷低速度运行，产生的摩擦热不高的情况。

2）化学吸附膜。在化学吸附膜形成之前往往先形成物理吸附，然后在界面发生化学反应而转变成化学吸附。这种吸附膜比物理吸附具有更强的结合能，而且是不可逆的。

3）氧化膜。氧化膜是在任何与含氧气氛相接触，特别是无润滑油的情况下，极易生成的一种边界膜。事实上，所有的金属表面都会发生氧化，在加工过程中，金属表面会很快形成一层初生的氧化膜。在空气介质中，摩擦表面的破坏也会伴随着氧化膜的形成。氧化膜的形成过程是先发生氧的化学吸附，然后在氧原子与金属原子之间发生化学反应。

4）化学反应膜。化学反应膜一般指的是金属表面与润滑油中的添加剂（有时也包括气体介质）相互作用产生的表面膜。因为这种表面膜主要在边界润滑状态下形成，故又称边界润滑膜。它的形成过程一般是，在高温条件下，从添加剂中分解出活性元素，与金属面发生化学反应。图 1-9 所示为硫与铁形成 FeS 反应膜的示意图。这种表面膜具有最高的与基体结合的强度，并且是完全不可逆的，比物理吸附和化学吸附具有更大的稳定性。

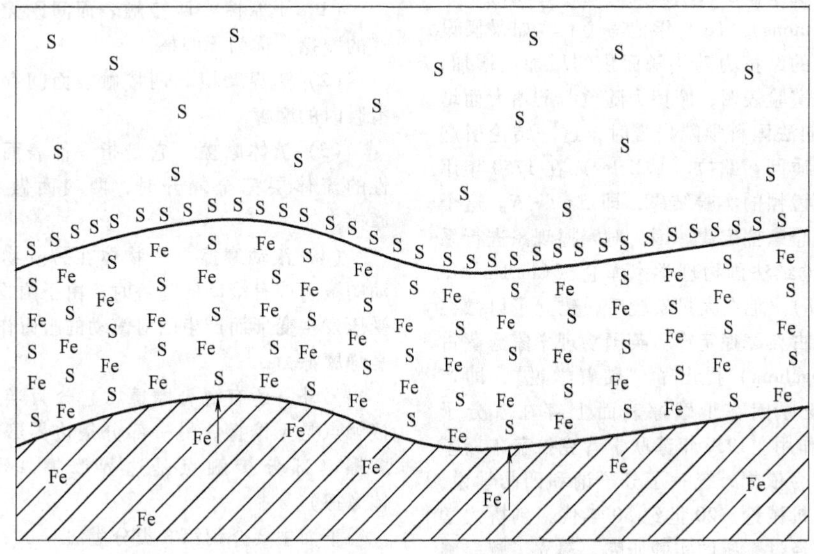

图 1-9　硫与铁形成 FeS 反应膜的示意图

这种反应膜可以适用于高载荷、高速度的“极压条件”。能产生这种反应膜的油中添加剂也就称为极压添加剂，常用于极压添加剂的有硫化烯烃、磷酸酯、氯化石蜡等。

1.2　摩擦原理

摩擦是人类历史上研究和利用得最久远、最基础、最重要的现象之一，对人类文明史有重要的意义。传说 1 万多年前，燧人氏发明了钻木取火，从而开启了华夏文明。中国周朝就有采用动植物脂肪作为润滑剂来润滑车轴的记录(《诗经 · 国风 · 邶风 · 泉水》)：载脂载辖，还车言迈。遄臻于卫，不瑕有害？而一些因摩擦带来的难题，也通过古人的经验得到了巧妙解决。例如，600 年前在建筑北京故宫时，重达 100 多吨的石块就是通过冰道从 70km 之外的采矿场“滑”到故宫的。古埃及人在没有现代机械辅助的情况下，是如何将几十米高的石雕像运送到沙漠中的金字塔附近的？对此，存在近 4000 年的壁画提供了重要线索：古埃及人将塑像放在木制沙舟上，由一群人拉着在沙地里滑行，而舟头所站之人，正不断将舟前的沙子淋湿，巧妙降低摩擦。人类对摩擦的研究可追溯到近代科技兴起之前的文艺复兴时期，以达 · 芬奇为杰出代表，研制了巧妙的摩擦测量装置。由于摩擦机理极其复杂，使得摩擦原理研究成为一项长期的艰难挑战，至今依然十分活跃。事实上，由于摩擦是无法避免的存在，很多关键的技术（从航天器、火星机器人、月球机器人、高铁、计算机存储到微机电系统等）都遇到摩擦限制的问题。

两个相互接触的物体，在外力作用下发生相对运动或具有相对运动趋势时，在接触面上发生阻碍相对运动的现象称为摩擦。物体之间的摩擦是我们日常生活中司空见惯的现象，但截至目前，人们对摩擦本质的认识还不够深入。例如，目前人们虽然可以通过不同的实验方法获得不同量级、不同接触状态、不同运动方式下的摩擦力和摩擦因数等，但是，对摩擦产生的机理和本质还没有完全清楚，特别是从分子、原子量级揭示摩擦的起源尚待深入研究。摩擦的最简单的定义就是，“两个接触的物体，在发生相对运动时所发生的阻力”。摩擦的大小一般用摩擦因数 μ 表示，其值等于摩擦力 F（切向力）与法向力 N（载荷）的比值，即 $\mu=F/N$。在早期，人们认为摩擦因数是一种材料的常数，但近年来，发现它并非材料的属性，而是受润滑条件、固体材料、环境介质、工作参数等一系列因素的影响，它能在很大范围内发生变化。

最早对摩擦现象做出科学研究的是法国物理学家阿孟顿（G. Amontons）。1699 年他写道：“如果假设两平行滑动表面的摩擦力随接触面积的增加而增加，那是不正确的。实验表明，摩擦力随负载的增大而增大。”在阿孟顿向法国科学院报告时，这一结论引起了人们的惊讶和质问。欧拉（L. Euler）在 1750 年用数学形式表示阿孟顿的实验结果，即 $F=f\cdot N$。这个公式通常称为库仑摩擦定律。因为对摩擦现象进行系统研究的是 18 世纪法国物理学家库仑（Charles-Augustin de Coulomb）。他在大量实验后，建立了以微突体变形为基础的古典摩擦定律。英国物理学家德萨古利斯（J. T. Desagaliers）提出了“黏着学说”，即产生摩擦力的真正原因在于摩擦表面上存在着分子（或原子）力的作用。1939 年苏联学者克拉盖尔斯基以摩擦力二重性为依据，统一了分子论和凹凸学说，建立了摩擦分子机械论。20 世纪 50 年代，剑桥大学 Bowden 与 Tabor 经过系统的实验研究，建立了较完善的黏着摩擦理论，对于现代摩擦学理论具有重要的意义。从 1986 年开始，纳米摩擦研究兴起，摩擦研究进入新的范畴。

摩擦本质上是一个机械能转化为热能的不可逆耗散过程。当今摩擦机理的研究更多在微观领域，常以原子力显微镜、表面力仪、扫描电镜等为工具进行实验研究，并通过构造适当的数学-物理模型，从分子或原子尺度解释摩擦产生原因，进而明晰摩擦的内在机理。众多研究表明：摩擦能量耗散的主要途径涉及结构损伤、声子的激发、电子诱发的能量耗散，以及以光、电的形式导致的能量辐射。对这个转化过程的研究或许能使人们从根本上理解摩擦的起源，能够帮助人们精确计算摩擦力、准确预测材料的磨损性能。

1.2.1 摩擦的类型

机器设备中凡是相互之间有相对运动和相互接触的两个部件便组成一对摩擦副（又称运动副），如金属切削机床中的上导轨与床身导轨、轴与滑动轴承、滚动轴承里的滚动体与保持架等。按摩擦副的不同情况有许多分类法。

1. 按摩擦副的运动形式分类

（1）滑动摩擦　两运动部件的接触表面做相对滑动的摩擦。

（2）滚动摩擦　指两运动零件沿接触表面滚动时的摩擦。

2. 按摩擦副的运动状态分类

（1）静摩擦　运动零件的接触表面具有相对滑动的趋势，但尚未发生相对运动时的摩擦。

（2）动摩擦　具有相对运动的两表面之间的摩擦。

3. 按摩擦副表面的润滑状况分类

（1）干摩擦　两接触表面间既无润滑剂又无湿气的摩擦，称为干摩擦。

（2）边界摩擦　两接触表面间存在着极薄的润滑膜时的摩擦。

（3）流体摩擦　它是指零件表面被具有体积特性的流体层完全隔开时，两表面做相对运动时的摩擦。

（4）滚动摩擦　一物体在另一物体表面做无滑动的滚动或有滚动的趋势时，由于两物体在接触部分受压发生变形而产生的对滚动的阻碍作用，它的实质是静摩擦力。

另外，还有混合摩擦，它分为半干摩擦（部分接触点是干摩擦，另一部分是边界摩擦）和半流体摩擦（部分接触点是边界摩擦，另一部分是流体摩擦）。

下面主要介绍第 3 类分类法。

（1）干摩擦　干摩擦经常用于制动器、摩擦传动和纺织、食品、化工机械的部件，以及在高温条件下工作的机械部件，无论是从污染还是安全的角度考虑，都是不允许使用润滑剂的。

这种摩擦具有分子作用的特性，是在实际接触面上作用着分子引力，其作用距离比晶格中原子的间距要大几十倍，并随温度上升而增加。分子引力可以引起局部的黏着，黏着力与实际接触面积成正比，施加的载荷通过实际接触面积影响黏着力的大小。

分子力都垂直于表面，在表面发生切向位移时是不会做功的，但实际上，由于发生了黏着，切向位移会引起材料的变形，这势必要消耗一定能量，即必须施加较大的切向力，才能造成位移。因此，摩擦力 F 取决于分子的机械作用：

$$F=aA_r+bP$$

式中　a——摩擦力分子作用分量的平均强度；

A_r——实际接触面积；

b——反映摩擦力机械作用分量的系数；

P——载荷。

因为摩擦因数 $\mu=F/P$，所以

$$\mu=\frac{aA_r}{P}+b$$

这个表达式对于无润滑及有润滑的摩擦都是适用的。在摩擦力中，机械作用分量（由塑性变形引起）一般是比较小的，占百分之几。所以摩擦因数主要由第一项所决定。

无润滑摩擦经常伴随接触表面上跳跃式的滑动，或称为黏滑现象（stick-slip），其特征如图 1-10 所示，纵坐标表示滑块位移随时间的变化。出现黏滑现象的原理，可用图 1-11 表示。滑块 m 承受法向载荷 W 作用在以恒速 V 运动的平板上，在边界上产生摩擦力 μW，此摩擦力会使滑块随平板一起运动，其位移如图 1-10 中的 AB 所示。当到达 B 点后，弹簧力 kx 和阻力 ηV 之和与摩擦力达到平衡，即

$$kx+\eta V=\mu W$$

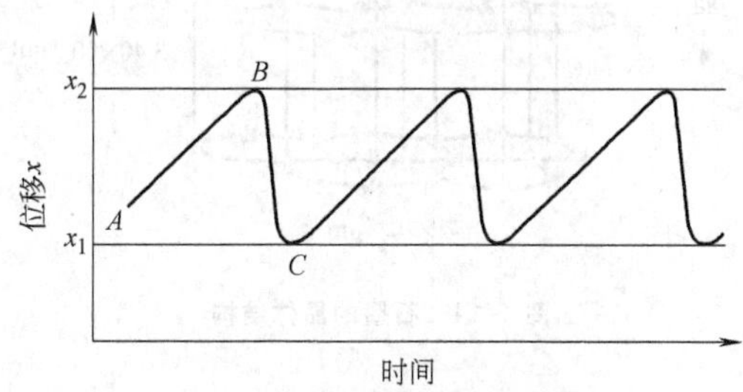

图 1-10 黏滑现象示意图

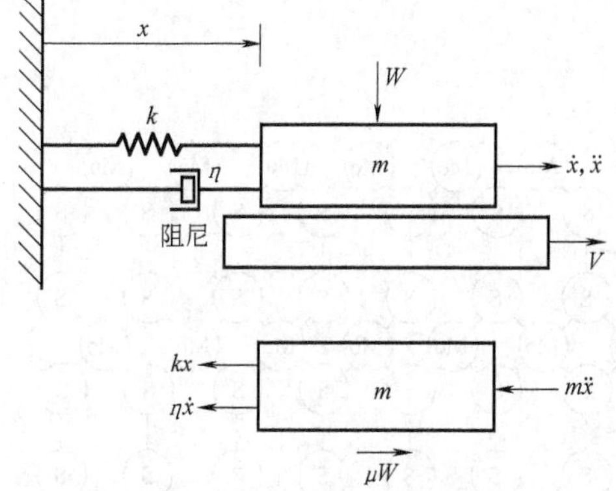

图 1-11 黏滑现象原理示意图

滑块停止运动，滑块与平板之间出现相对运动，因为动摩擦因数 μ_k 远比静摩擦因数 μ_s 要小，如图 1-12 所示，如此周而复始，即形成这种跳跃式的滑动。

由于黏滑现象，机器会出现振动，如合上离合器时，会引起汽车的振动，在切削时，会引起车刀的振动等，从而破坏了零件运行的平稳性。在工程实际

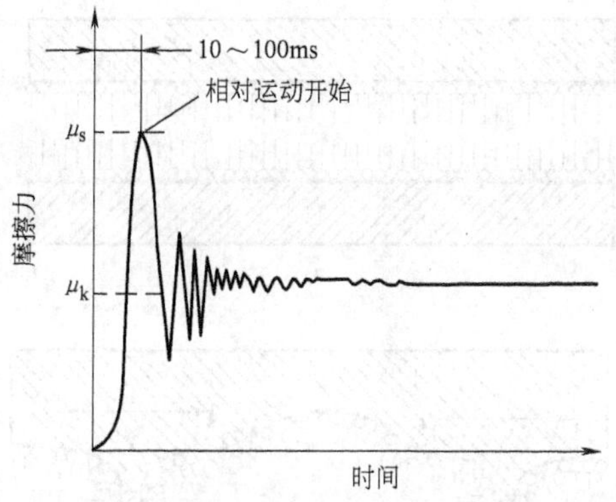

图 1-12 摩擦力随时间位移变化的示意图

中，尽量减少和避免摩擦振动是非常重要的。一般物体静摩擦因数与动摩擦因数的差别（$\mu_s-\mu_k$）越大，越容易出现黏滑现象，这个差值受很多因素影响，如滑动表面的表面粗糙度、润滑油的物理化学性质、滑动速度等。一般随表面粗糙度下降，润滑油黏度增加，润滑油与滑动表面的化学活性增加，滑动速度下降，μ_k 值上升。此外，增加原动件与滑动件之间连接的刚度 k 对滑动件质量 m 的比值 k/m，增加润滑油的阻尼作用，这都有利于减少和避免黏滑现象的发生。

（2）边界摩擦　在边界润滑状态，两接触表面被一层很薄的油膜隔开（可从一个分子层到 0.1μm）。这个边界层或边界膜可使摩擦力降低为原来的 1/10~1/2，并使表面磨损显著减少。

所有的油类都能在金属表面吸附，但吸附膜的强度取决于其中是否存在活性分子，以及它们的数量和特性。虽然一般矿物油是由非活性的碳氢化合物组成，但除去超纯的矿物油以外，其中总会含有一些有机酸、树脂或其他表面活性物质。因此，几乎所有的润滑油都能在金属表面形成厚度小于 0.1μm、准晶态并与表面有一定结合强度的边界膜。

润滑油分子的排列一般都垂直于固体表面，看上去像从表面长出的茸毛（见图 1-13）。当摩擦表面相对移动时，这些茸毛会向一边弯斜，但实际上是发生了准晶态膜的剪切，在这种情况下，滑动的阻力会有所增加。

在载荷作用下，实际接触表面会发生弹塑性变形而使微凸体互相挤入，于是滑动的阻力将产生于边界膜的剪切和互相挤入微凸体“耕犁”作用的抗力。此外，在某些遭受最大塑性变形，或产生局部高温的接触点上，还可能引起边界膜的破坏而导致金属的直接接触，增加滑动的阻力。

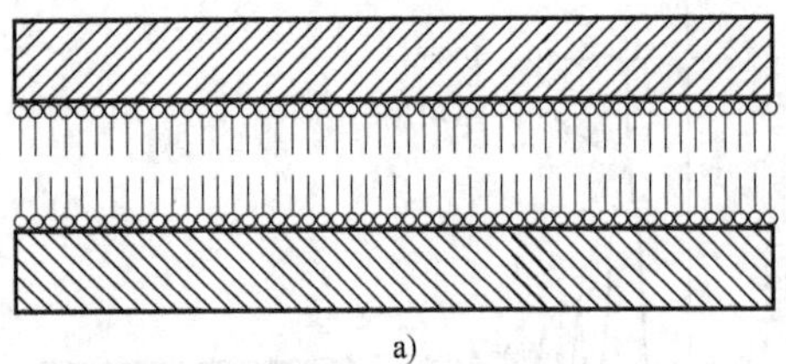

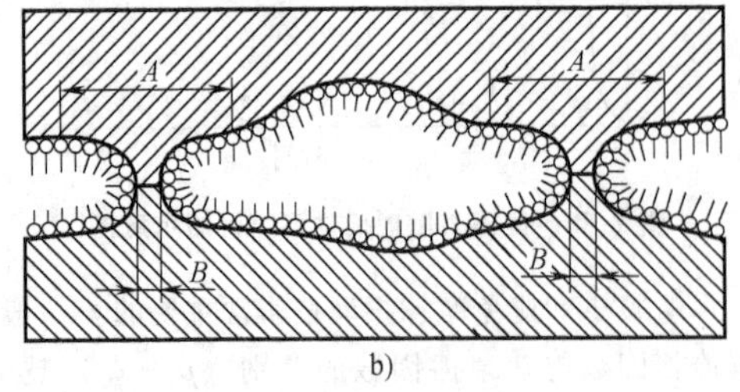

图 1-13　边界润滑膜示意图
a）理想光滑表面　b）实际表面
A—承载区域　B—微凸体接触区域

由于一般矿物油形成的边界膜热稳定性较差，需要加入硫、磷、氯等有机化合物组成的添加剂，以提高其活性。添加剂也可牢固地吸附在摩擦表面，同时还具有其他的作用，即在局部高温作用下化合物可以发生分解，并与金属表面相互作用而形成硫化铁、磷化铁、氯化铁等薄膜，它们可以避免金属的直接接触，减少摩擦，并能防止摩擦温度的进一步升高，在钢表面上形成的氯化碳氢化物，工作温度可达300~400℃。超过这个温度，将发生熔化或分解。硫化物的熔化温度要高些，润滑能力可保持到800℃。

边界膜必须具有较高的抗压强度和较低的抗剪强度才能起到润滑作用。针对这个要求，可以采用具有层状结构的物质和软金属作为固体润滑膜。属于前者常用的材料是石墨和 MoS_2，它们的晶体结构如图1-14和图1-15所示。可见，它们都具有六方结构，沿 c 轴的晶格常数均大于 a 轴，因此，层与层原子之间的结合强度低于层内原子间的结合强度，层与层之间的剪切强度必然较弱。属于后者常用的材料是铅、锡、铟等软金属，它们都具有很低的抗剪强度。

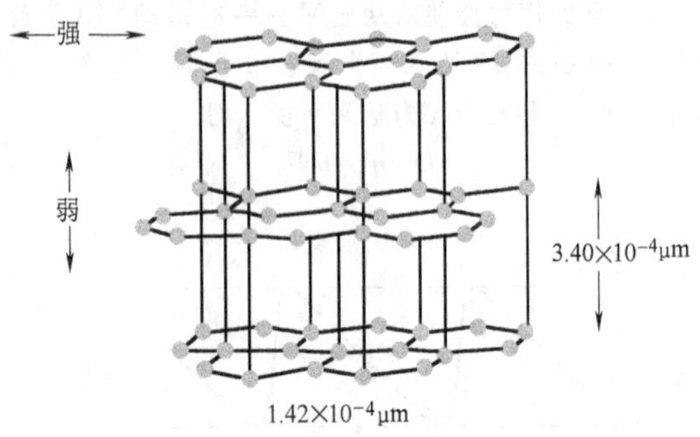

图 1-14　石墨的晶体结构

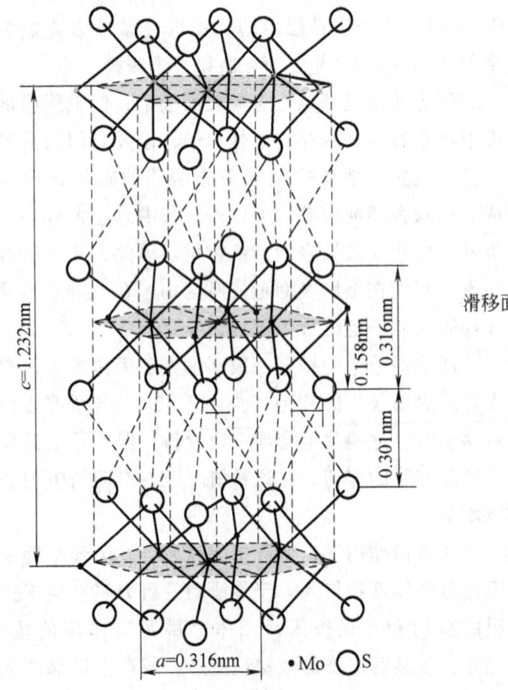

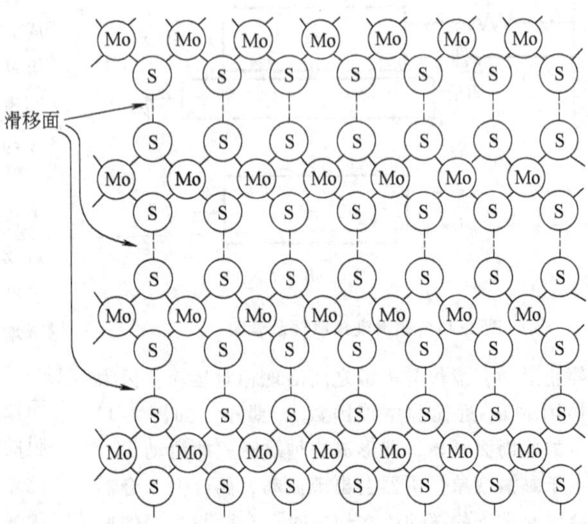

图 1-15　MoS_2 的晶体结构

（3）流体摩擦　流体润滑的特点在于摩擦表面完全被油膜隔开，靠油膜的压力平衡载荷。油膜厚度越大，固体表面对远离它的油分子的影响越小。在流体润滑中，摩擦阻力取决于润滑油的内摩擦（黏度）。这种摩擦条件具有最小的摩擦因数，从节能、延长寿命和减少磨损的观点考虑，都是最理想的条件。摩擦力也与接触表面的状况无关。

存在两种建立油膜压力的方法，一种是靠油泵供给静压（见图 1-16），称为流体静压润滑；另一种是靠摩擦副运动过程中自动形成的压力（见图 1-17），称为流体动压润滑，摩擦副之间的楔形间隙是形成流体动压的必要条件。

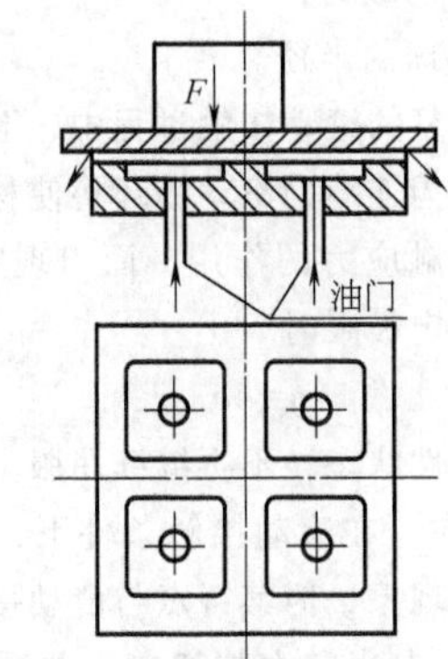

图 1-16　流体静压示意图

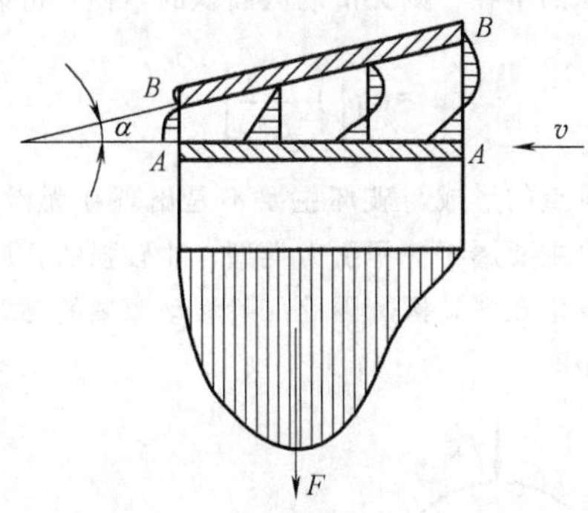

图 1-17　流体动压示意图

流体润滑中的摩擦现象比用流体动力学理论分析的情况要复杂。包含在润滑油中的表面活性分子吸附在固体表面形成单分子层，在它上面又形成了边界，然后出现的是微湍流区，在这之后才是层流区（见图 1-18）。必须要考虑这些界面上的特点。为了实现流体润滑，最小油膜厚度必须不小于两接触表面轮廓高度算术平均值之和，同时还要考虑在载荷作用下表面的变形程度，零件加工与装配的误差，以及润滑油中出现硬杂质的可能性。油膜要有足够的厚度才能避免金属的直接接触。

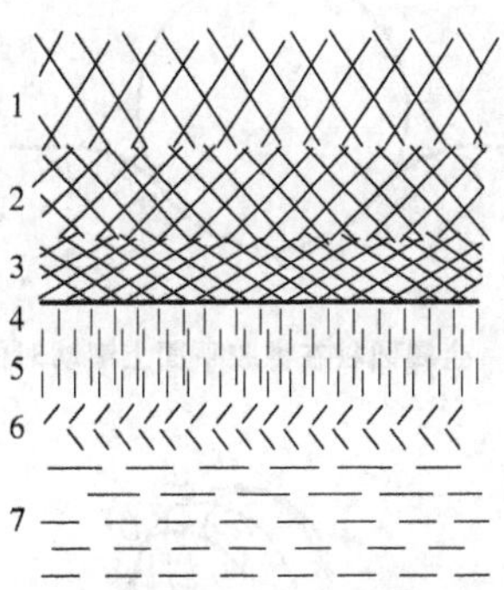

图 1-18　金属表面与流体润滑层截面示意图

1—原始金属组织　2—发生变形的组织
3—表面碎化的组织　4—吸附的单分子层
5—边界层　6—微湍流区　7—层流区

（4）滚动摩擦　滚动摩擦比滑动摩擦小得多（至多为其 1/10），但同样是一个很复杂的现象，涉及接触力学、物理和化学等问题。

从界面动力学和应力状态方面来分析，滚动摩擦显然与滑动摩擦不同，这里不会遇到接触表面的"耕犁"和黏着点的剪切现象。因此，用滑动摩擦的模型不能解释滚动摩擦力的形成，需要建立新的模型。

影响滚动摩擦力的因素可列举如下。

1）微观滑动效应。存在几种观点，Reynolds 认为，两个具有不同弹性常数的固体发生接触时，自由滚动将引起不同的切向位移，从而导致界面滚动时，圆柱体每向前滚动一周，它前进的距离总要比圆柱体的圆周小一点，因为在接触区内，橡胶发生较大的弹性变形，如图 1-19 所示。橡胶在 C 点的拉伸量与 B 点和 D 点不同。Heathcote 考察了圆球在凹槽中滚动的情况，如图 1-20 所示。可见，AB 圆周在球的中心，CD 圆周在边缘，当圆球滚动一周时，AB 与 CD 两个圆周运行了不同的距离，这个距离差必定导致界面滑移的发生。Tomlinson 研究了金属圆柱体在轻负荷下的滚动，认为在界面部位的微差拉伸比观测到的滚动阻力小很多，因而他认为滚动摩擦主要是由于滚动表面之间，因短程界面力而引起的分子黏附作用。

2）弹性滞后损耗。Tabor 曾于 1952 年提出滚动摩擦的弹性滞后理论。他认为滚动时的阻力是由材料的弹性滞后损耗引起的。为了造成滚道上的弹性变形，需要一定的能量，在变形过程中，滚动表面经受复杂的综合压应力和扭矩，当脱离接触时，弹性变形能得到释放，但释放的能量可能小于接受的能量，这

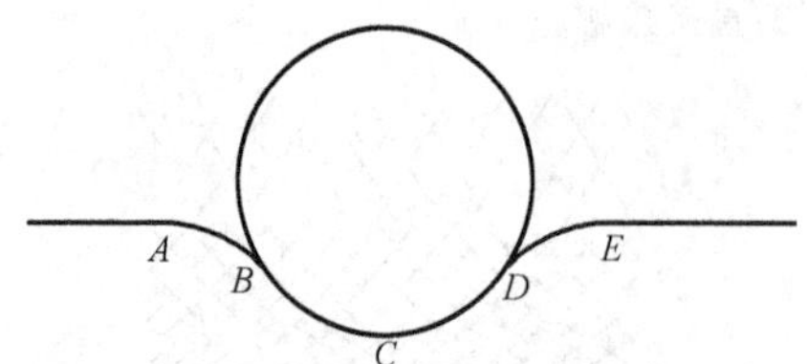

图 1-19 金属圆柱在橡胶平面上滚动时的示意图

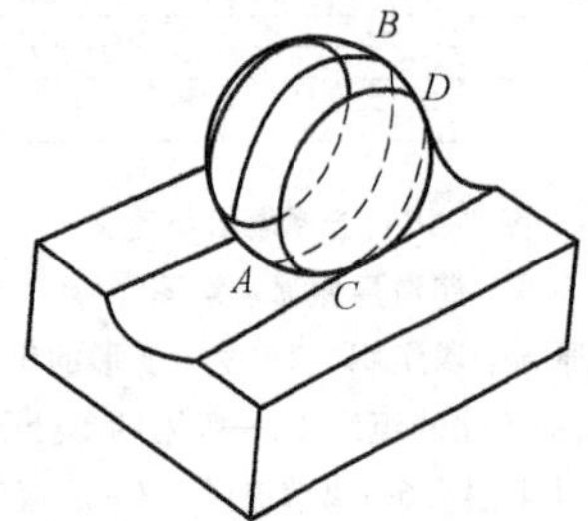

图 1-20 圆球在凹槽中滚动的情况

个能量差别就构成了滚动摩擦的损失。材料的弹性滞后损失与其阻尼及弛豫性能有关，因此黏弹材料的弹性滞后现象比金属更为突出。

为了验证弹性滞后损耗的概念，他曾用圆柱形的辊子在橡胶上进行了滚动实验。所用橡胶在简单拉伸或扭曲时的滞后损耗因子 $\alpha=0.08$，在不同荷载 W 下测定接触区的半宽 a，并将滚动摩擦因数 μ_r 对 a/R 作图，如图 1-21 所示。

摩擦力 F 可写成 $F=\alpha_{\text{eff}}\left(\dfrac{2Wa}{3\pi R}\right)$

$$\mu_r=\alpha_{\text{eff}}\left(\frac{2a}{3\pi R}\right)$$

实验结果与此关系式十分一致。

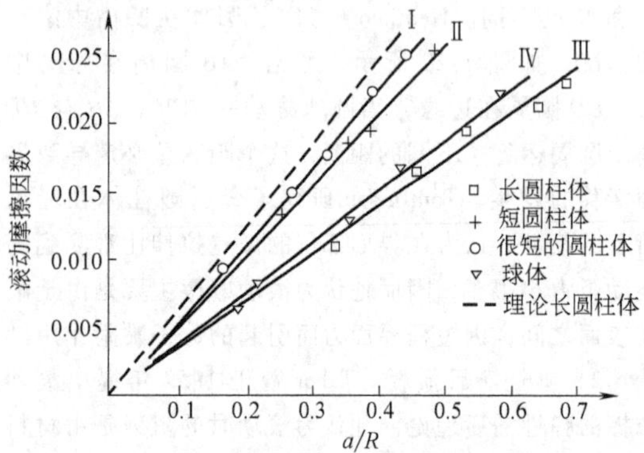

图 1-21 圆柱体在橡胶上滚动的摩擦因数

Ⅰ—$\alpha_{\text{eff}}=3.3\alpha$ Ⅱ—$\alpha_{\text{eff}}=2\alpha$

Ⅲ—$\alpha_{\text{eff}}=2.9\alpha$ Ⅳ—$\alpha_{\text{eff}}=2.2\alpha$

3）塑性变形。在滚动接触中，如果接触应力超过一定值，如

$$P_H \approx 3R_{eL}$$

式中 P_H——最大赫兹应力；

R_{eL}——材料的屈服强度。在滚道上将发生塑性变形。一个圆球在平面上滚动的塑性变形过程是很复杂的，如果滚动的阻力主要是由塑性变形所引起，则近似的解可表示为

$$F_F \propto \frac{F_N^{2/3}}{r}$$

式中 F_F——滚动摩擦力；

F_N——法向载荷；

r——圆球的半径。

然而，在重复的滚动接触过程中，上面的屈服准则不再适用，因为连续的滚动循环将使材料经受综合的残余应力及接触应力的作用，而出现安定的现象，即当载荷达到安定极限时

$$p=4\sigma$$

材料将恢复到弹性状态，不再继续屈服。

4）黏着效应。在滚动接触条件下，两接触体之间也可出现黏着现象，但其特点与滑动接触有很大不同。图 1-22 所示为法向力与切向力共同作用下赫兹接触的滑动与无滑动区的示意图。如果 a_H 表示赫兹接触面积的半径，则无滑动区面积的半径 a' 可表示为

$$a'=a_H\left[1-\frac{F_N}{\mu F_T}\right]^{1/3}$$

黏着点的形成与破坏主要不是出现在无滑动区，黏着力也主要属于分子引力类型，比较强的金属键黏着主要发生在滑动区，因此一般滚动摩擦的黏着分量是比较小的。

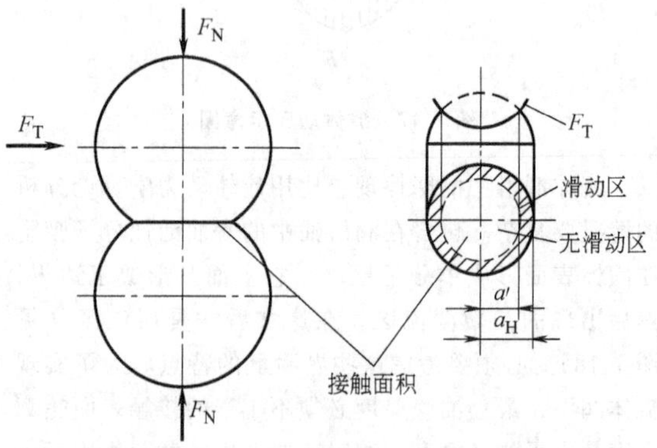

图 1-22 在法向力与切向力共同作用下赫兹接触的滑动与无滑动区的示意图

1.2.2　摩擦的机理

摩擦的分子-机械理论认为：外摩擦具有双重特性，即不仅要克服对偶表面间分子相互作用的连接力，而且还要克服使表面层形状畸变而引起的机械阻力（变形阻力）。具体地说，做相对运动的对偶表面在法向载荷下接触时，由于表面粗糙，首先是表面上的微凸体凸峰接触，相互啮合，较硬表面微凸体嵌入较软表面，接触点的压力增高，实际接触面积增加，当压力达到压缩屈服点以后，将产生塑形变形。在表面做切向运动时，这些微凸体将“犁削”表面，使表面层畸变。与此同时在表面间存在分子相互作用的连接力，使表面黏附，生成结点，严重者生成微小的固相焊合点，在表面做切向运动时将这些黏附连接剪断，如图 1-23 所示，由此可得

$$F=F_1+F_2$$

或

$$\mu=\mu_1+\mu_2$$

式中　F——总摩擦力；

μ——总摩擦因数；

F_1——摩擦的分子分力；

F_2——摩擦的机械分力；

μ_1——由分子分力求得的摩擦因数；

μ_2——由机械分力求得的摩擦因数。

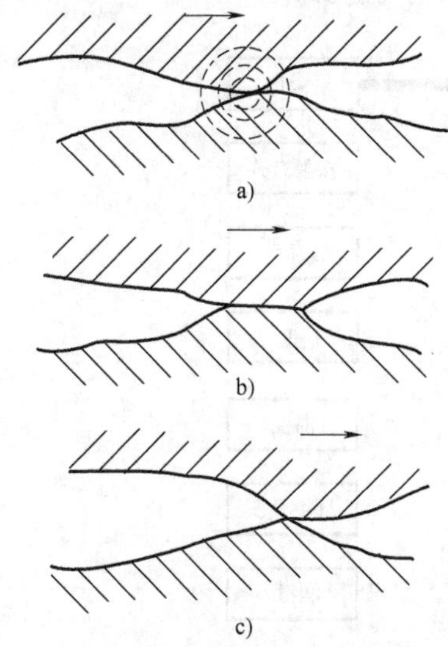

图 1-23　单个微凸体的摩擦过程
a）第一阶段：弹性变形、塑形变形、“犁沟”
b）第二阶段：黏附连接
c）第三阶段：剪切结点，弹性恢复

1.3　磨损

磨损是指摩擦副的对偶表面相对运动时工作表面物质不断损失或产生残余变形的现象。磨损过程主要因对偶表面间的机械、化学与热作用而产生。

从界面力学观点来看，摩擦磨损是发生在材料表/界面的微观物理和化学变化过程。实际工程应用中，由不同配副材料以及润滑介质形成的固/固或固/液/固界面形式的滑动摩擦副，在循环应力场、热场、电场、磁场、辐照、氧等环境因素交互作用下，滑动界面真实接触区域可能产生很高的局部应力与变形，发生化学反应。摩擦副表/界面和润滑介质之间复杂的物理化学变化过程、接触界面分子/原子构象变化过程以及表面接触形态变化过程是一个看不见摸不着的“黑箱”过程，直接或间接地影响着磨损过程的产生、发展和迁移，设备磨损在工业界甚至被比喻为机器设备的“慢性癌症”。

一般说来机械零件表面磨损后，往往造成设备精度丧失、能耗剧增、环境污染，需要进行维修，造成停工损失、材料损耗与生产率降低的后果。因此人们对磨损问题极为重视，不断对磨损现象进行分析研究，找出影响磨损的因素和磨损机理，从而寻求提高零件耐磨性和使用寿命以及控制磨损的措施，减少制造和维修费用。

在机械零件正常运行过程中的磨损，一般可分为三个阶段（见图 1-24）。

① 磨合磨损阶段。一般设备摩擦副在加工装配后其表面具有微观和宏观的几何缺陷，使配合面在开始摩擦时的实际接触点压力很高，此时磨损较为剧烈。新设备投入正常运转之前，通常要进行“跑合”，即为磨合。在此过程中，接触凸点磨损且发生塑性变形，使摩擦副接触表面形态趋于改善，使得表面压力、摩擦阻力和磨损率都有所降低，这是设备的磨合磨损阶段。

在磨合阶段常使用一些磨合剂（如 MoS_2、金刚砂等），以缩短磨合期，并有利延长稳定磨损阶段。

② 稳定磨损阶段。摩擦表面经过第 1 阶段磨合后发生“加工硬化”，接触材料的表面性能得到改善，磨损速度较为缓慢和恒定，建立起弹性接触条件，在磨损量与时间关系曲线上，具有基本不变的斜率。设备处于正常工作时期，通常所说的机械寿命的长短也就是指这一段时间的长短。

③ 剧烈磨损阶段。经过较长时间的稳定磨损之后，摩擦过程随时间的增加，总磨损量增加，装配精度下降，摩擦表面形状也随之改变，并伴有疲劳磨损等现象，使磨损率急剧加快，直至摩擦副不能正常工作。

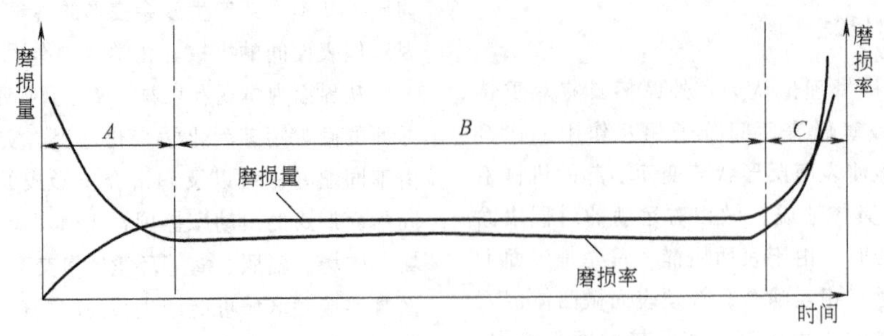

图 1-24 金属零件磨损过程曲线

A—磨合磨损阶段 B—稳定磨损阶段 C—剧烈磨损阶段

1.3.1 磨损的类型和机理

磨损的分类方法有多种，但现在比较合理和通用的分类方法是按磨损机制划分，主要包括磨料磨损、黏着磨损、疲劳磨损和腐蚀（或称摩擦化学）磨损。一般情况下，条件改变了就会出现不同的磨损机制，从而引起磨损形式的变化，如图 1-25 所示。

德国学者契可斯（H. Czichos）于 1985 年提出了图 1-26 所示的磨损分类，表明了摩擦学的相互作用关系与磨损机理。

磨损研究的对象虽然只是材料表面的破坏失效问题，但要求把这个薄层内的问题研究清楚是非常困难的。不仅因为表面层面的厚度只有几纳米到几十微米的量级、对其组织和性能进行分析和测定也需要特殊的方法与手段，更主要的是由于它涉及很多学科和一系列的影响因素，即显示出磨损的边缘学科性质。材料磨损的多学科性，可用示意图表示（见图 1-27）。

鉴于磨损的复杂性，Czichos 提出摩擦学系统分析的概念，即强调磨损是受摩擦学系统一系列因素影响的系统问题，必须对其进行综合分析，才能找到其真正引起磨损失效的原因。

1. 磨料磨损

外界硬颗粒或者两表面上的微凸体，在摩擦过程中引起表面材料脱落的现象称为磨料磨损。许多摩擦学专著中常引用 E. Rabinowicz 提出的简化模型（图 1-28）和数学表达式。

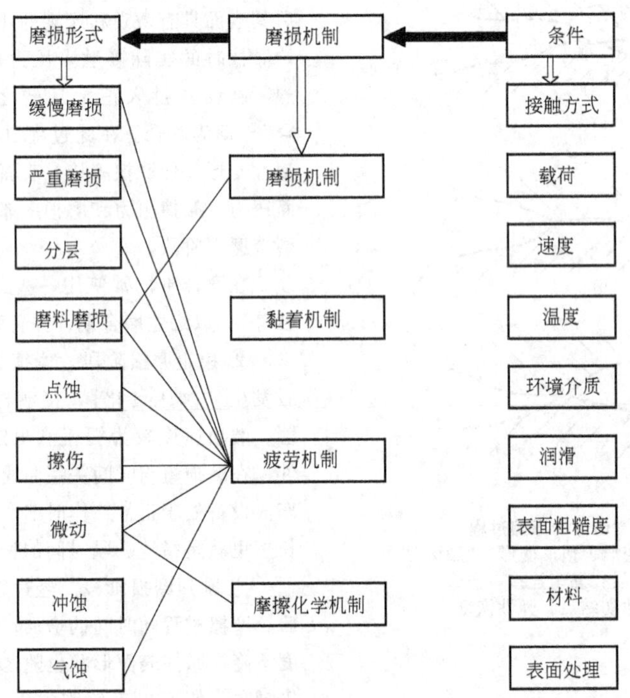

图 1-25 磨损的分类及关系

摩擦学的相互作用
应力相互作用
(载荷，摩擦力)
摩擦热
材料相互作用
(原子间力)
表面疲劳磨损
磨料磨损
摩擦化学磨损
黏着磨损
应力循环
微观结构变化
形成裂纹
剥层
微观切削
微观犁削
微观开裂
由于材料与环境相互
作用生成摩擦化学膜
由于黏附结点形成与
破坏而使材料转移
材料去除过程
疲劳磨损颗粒
磨掉的磨损颗粒
摩擦化学磨损颗粒
黏着磨损颗粒

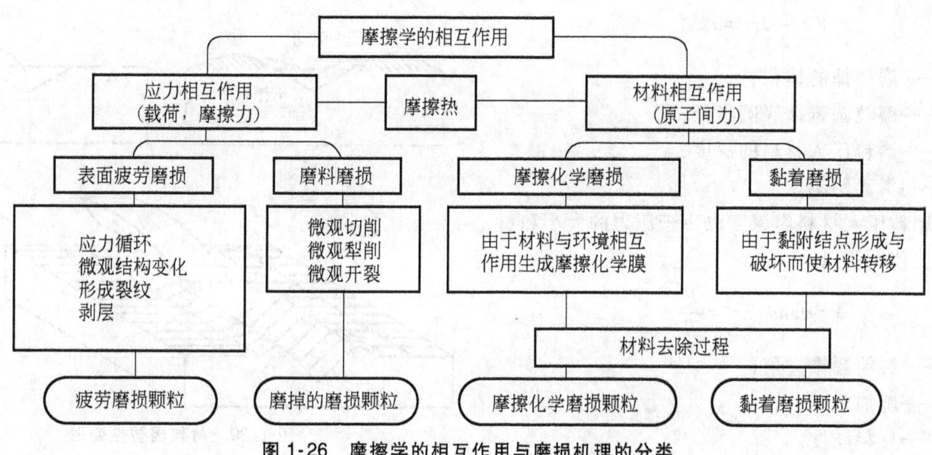

图 1-26 摩擦学的相互作用与磨损机理的分类

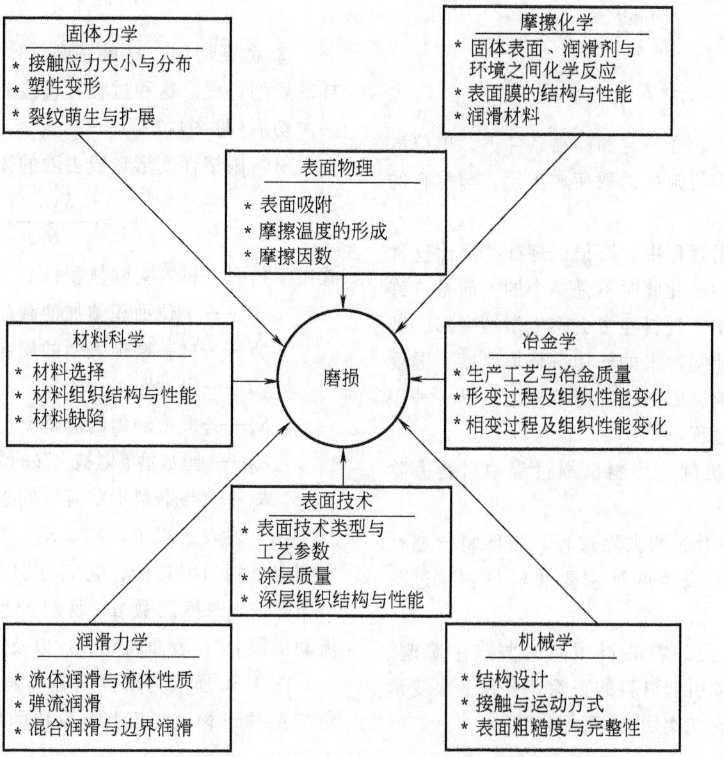

固体力学
* 接触应力大小与分布
* 塑性变形
* 裂纹萌生与扩展
摩擦化学
* 固体表面、润滑剂与
环境之间化学反应
* 表面膜的结构与性能
* 润滑材料
表面物理
* 表面吸附
* 摩擦温度的形成
* 摩擦因数
材料科学
* 材料选择
* 材料组织结构与性能
* 材料缺陷
磨损
冶金学
* 生产工艺与冶金质量
* 形变过程及组织性能变化
* 相变过程及组织性能变化
表面技术
* 表面技术类型与
工艺参数
* 涂层质量
* 深层组织结构与性能
润滑力学
* 流体润滑与流体性质
* 弹流润滑
* 混合润滑与边界润滑
机械学
* 结构设计
* 接触与运动方式
* 表面粗糙度与完整性

图 1-27 材料磨损的多学科特性

2r
θ
x
l

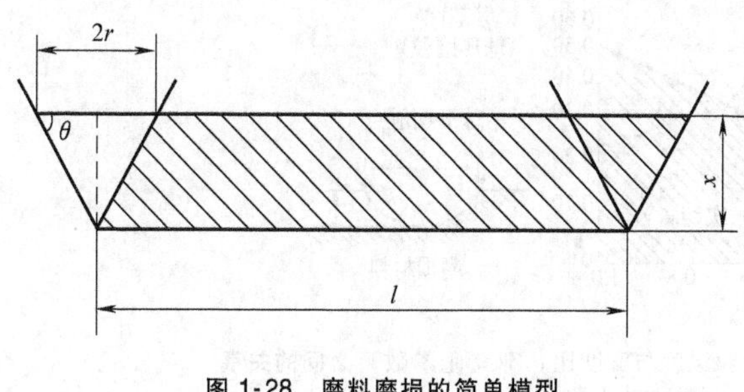

图 1-28 磨料磨损的简单模型

（1）磨料磨损模型　这种磨料磨损的简单模型是基于三个基本假设：

① 将经受磨损的材料简化成一种不产生任何塑性变形的绝对刚体。

② 将硬质磨料颗粒简化成一个圆锥体。

③ 将磨损过程视为简单的滑动过程。

利用这个简单模型，可以很容易地计算出在一个圆锥体的磨料作用下，滑动一定距离所磨损掉的材料体积（即阴影部分），即

$$V=\frac{1}{2}2rxl=rxl$$

式中　V——磨损掉的体积；

r——磨粒圆锥体底圆半径；

x——磨粒压入材料的深度；

l——滑动距离。

由于磨粒压入材料内深度取决于压力的大小和材料硬度的比值，所以

$$x=r\tan\theta, \pi r^2=\frac{P}{H}$$

式中　θ——磨粒圆锥夹角；

P——施加载荷；

H——材料硬度。

$$\frac{V}{l}=\frac{P}{\pi H}\tan\theta$$

令
$$K=\frac{\tan\theta}{\pi}$$

则
$$\frac{V}{l}=K\frac{P}{H}$$

以上表达式表明，在一定的磨料条件下，单位滑动距离内磨损的体积与施加的载荷成正比，与材料的硬度成反比。

在实际磨料磨损过程中，磨损机理往往要比这种简单模型复杂得多。因此此时不是单个的，而是许许多多的磨粒在起作用，材料经常会产生塑性变形，磨损过程中还常常会伴随冲击的作用，环境温度、湿度以及腐蚀介质的影响，因而这种简单模型只是一种理想化了的磨料磨损过程。

（2）磨料磨损机制　磨料磨损过程中材料去除的机制包括：

1）由塑性变形引起的去除过程。当磨料与塑性材料表面接触时，会发生两种主要的材料去除过程（见图 1-30）。

① 犁沟：材料受磨粒的挤压向两侧产生隆起。这种过程并不会直接引起材料的去除，但在多次变形后会产生脱落而形成二次切屑（见图1-29a）。

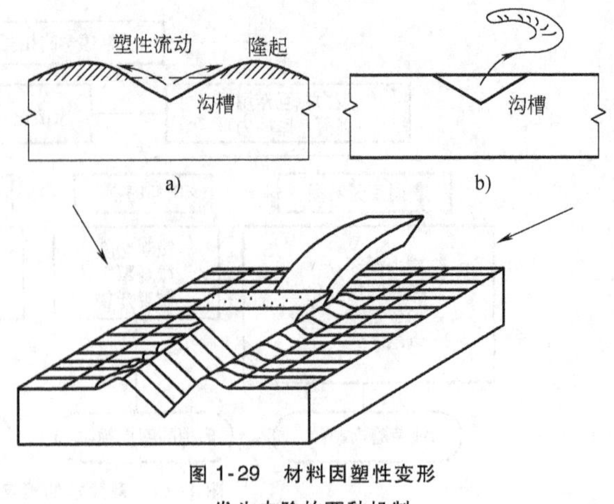

图 1-29　材料因塑性变形发生去除的两种机制

a）犁沟　b）微观切削

② 微观切削：材料在磨料作用下发生如刨削一样的切削过程。这种过程可直接造成材料去除，形成一次切屑（见图1-29b）。

材料因塑性变形造成去除的体积表达式为

$$V_1=\frac{K_1K_2K_3Pl}{H}$$

式中　V_1——材料去除体积；

P——单位面积施加的载荷；

H——材料磨损表面的硬度；

l——滑动距离；

K_1——形成磨屑的总概率；

K_2——形成磨屑时被去除的沟槽体积所占的比例；

K_3——与磨料形状有关的参数。

在上述表达式中，K_1、K_2、K_3 三个参数的计算和测定是相当困难的，它们分别与磨料的形状系数、冲击角 α、摩擦因数 μ、材料的性能（弹性模量 E、流动极限 σ_1、表面硬度 H）以及接触条件有关。

图 1-30 所示为摩擦因数和锥体磨粒不同的冲击角（或球形颗粒深度与宽度比的等值参数）之间的

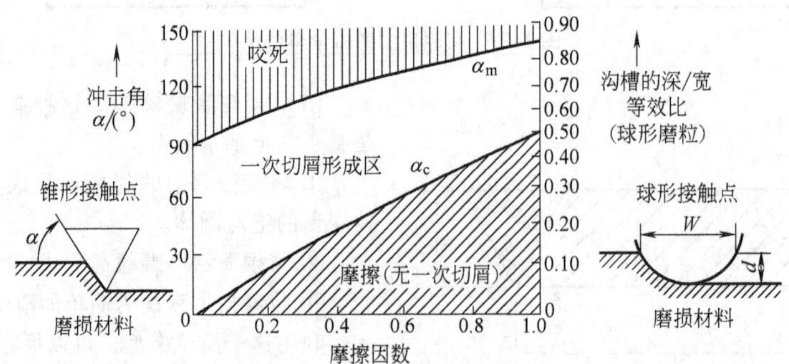

图 1-30　摩擦因数和锥形磨粒冲击角（或球形磨粒深度与宽度比 d/W 等值参数）之间的关系

α_c—临界冲击角　α_m—最大冲击角

关系。它反映了在不同的临界冲击角范围内，形成一次切屑、摩擦和咬死的区域。

2）由断裂引起的去除过程。这种去除过程在脆性材料中显得特别重要。如陶瓷、碳化物和玻璃等，它们对于断裂破坏十分敏感。图 1-31 所示为由于断裂形成径向、中间及横向裂纹的示意图。

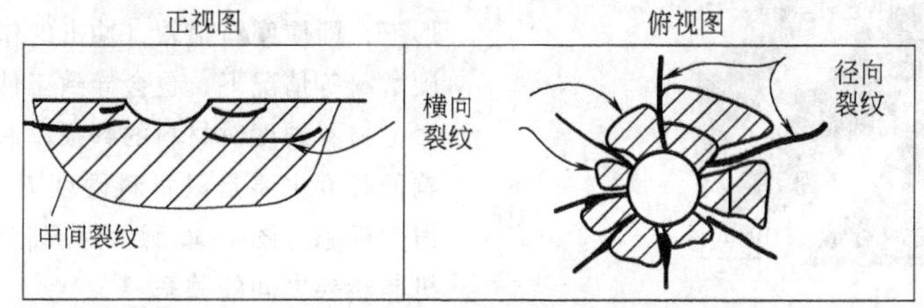

图 1-31　材料由于断裂机制形成径向、中间及横向裂纹的示意图

由于断裂材料去除体积的表达式为

$$V_2=\frac{K_2P^{5/4}d^{1/2}L}{K_c^{3/4}H^{1/2}}$$

式中　V_2——材料去除体积；

P——施加载荷；

H——材料硬度；

d——磨粒直径；

K_c——材料的平面应变断裂韧度；

K_2——与磨粒形状及其分布状态有关的参数。

施加载荷较大、磨粒尖锐以及材料的平面应变断裂韧度与硬度的比值越低，材料越趋向于压痕断裂。材料的硬度决定了磨粒可能压入的深度。如果压痕深度大于产生断裂的临界深度，材料因断裂产生的去除过程就会优先发生。

高的平面应变断裂韧度会增加压痕临界深度值，因而减小了因断裂去除的磨损体积。图 1-32 所示为材料耐磨性与 $K^{3/4}H^{1/2}$ 乘积之间的关系。

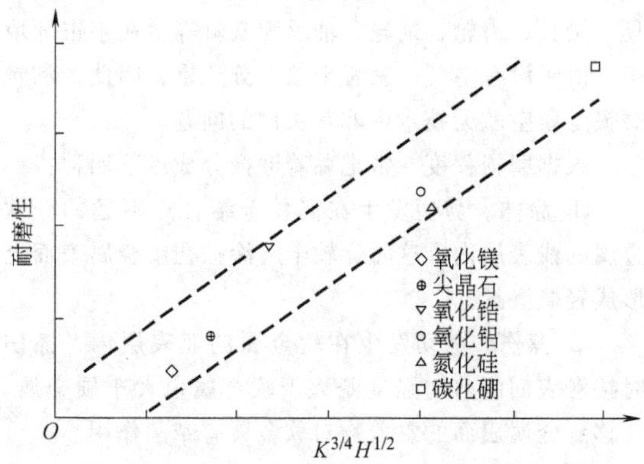

图 1-32　材料耐磨性与 $K^{3/4}H^{1/2}$ 乘积之间的关系

（3）两种机制的转换　在磨料磨损过程中，无论是塑性材料还是脆性材料，都可能同时发生塑性变形及断裂两种机制，只是由于磨损环境条件及材料特性不同，某一种机制会占主导地位。而且，常常随条件的变化发生一种磨损机制向另一种机制的转换。图 1-33 所示为材料的耐磨性和硬度或平面应变断裂韧度之间的关系以及塑性变形机制和断裂机制之间的转换。

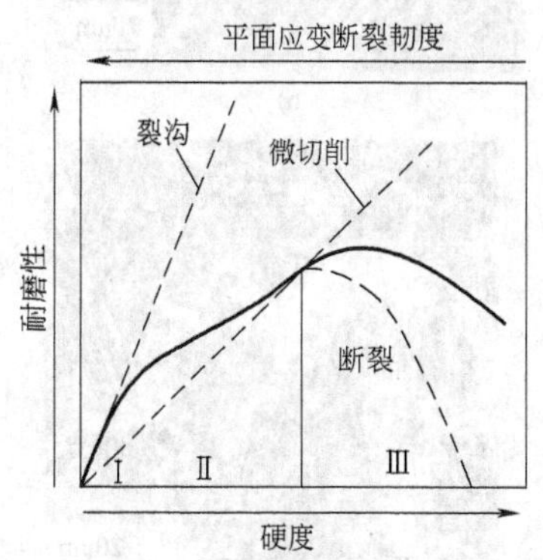

图 1-33　材料的耐磨性和硬度或平面应变断裂韧度之间的关系以及塑性变形机制和断裂机制之间的转换

应当指出，断裂机制要比塑性变形机制造成的材料损失率大得多，因为在实际工况中材料的去除往往是塑性变形机制和断裂机制综合作用的结果，因此材料的磨损率与一般的力学性能没有简单的关系。

图 1-34 所示为三种不同类型的材料去除特点。

（4）磨料磨损的影响因素　实际的磨料磨损过程是一个复杂的多种因素综合作用的摩擦学系统。利用系统分析方法可以较为清楚地考察各个组元及其相互作用以及环境条件的影响。图 1-35 所示为磨料磨损系统中各种影响因素及其主要参数。

磨料磨损的影响因素很多，实际上，磨料磨损过程是一个复杂的多因素综合作用的摩擦学系统。利用系统分析方法可以较为清楚地考察各个组元及其相互作用以及环境条件的影响。

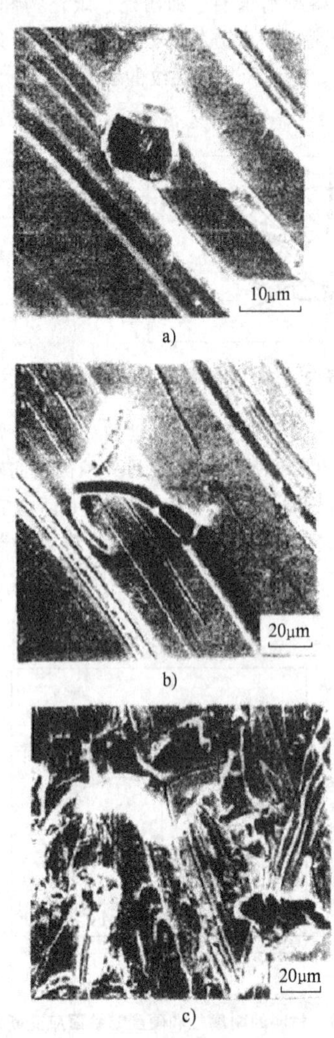

图 1-34　三种不同类型的材料去除特点
a）微观犁沟　b）微观切削　c）微观断裂（剥落）

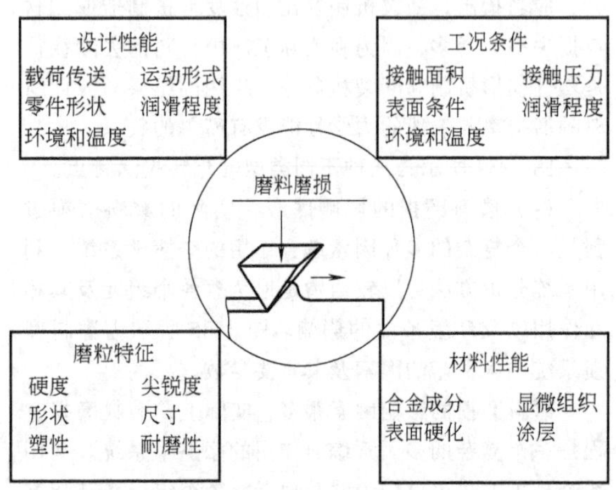

图 1-35　磨料磨损系统中各种影响因素及主要参数

由此可见，当磨粒硬度远高于被磨材料的硬度 H_m 时，磨损与磨料硬度无关；当被磨材料的硬度接近于磨料硬度时，磨损减慢；而当磨料硬度低于被磨材料时，随两者差别的增大，磨损急剧减小。实际情形下，即使磨料很软，冲击的作用或者软磨料中掺有硬磨料等情况下，也会导致工件的磨损。

材料硬度对材料的磨损率有明显的影响。这种影响的程度主要是以材料硬度 H_m 和磨粒硬度 H_a 的比值为标志。图 1-36 所示为 H_m/H_a 值与耐磨性及磨损机制转换之间的关系。

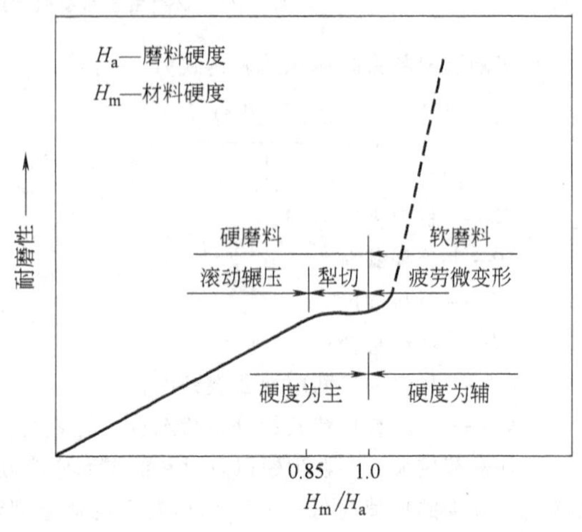

图 1-36　H_m/H_a 值与耐磨性及磨损机制转换之间的关系

2. 黏着磨损

黏着磨损是一种常见的磨损形式，容易使零件或机器发生突然事故，造成巨大损失。实际上，许多零件的磨损失效也都与黏着磨损机制有关，如刀具、模具、量具、齿轮、蜗轮、轴承和铁轨等。在宇宙环境中，由于没有空气，黏着现象十分严重，因此，黏着磨损是航空航天技术中非常关键的问题。

根据磨损程度，常把黏着磨损分成以下四种：

① 涂抹。剪切发生在离黏着结合点不远的较软金属的浅表层内，这时，软金属涂抹在硬金属表面上形成轻微磨损。

② 擦伤。剪切发生在软金属的亚表层内，擦伤时接触表面的剪切强度既大于软金属也大于硬金属。转移到金属表面的黏着物对软金属有犁削作用。

③ 粘焊。粘焊又称胶合，实质上，它是两个固体接触表面之间的胶合。由于摩擦热使接触表面温度升高、塑性变形增大，都会引起不同程度的胶合。

④ 咬卡。当外力不能克服界面的结合强度时，摩擦副的相对运动将被迫停止，这种现象称咬卡或

咬死。

Buckley 提出了黏着磨损的模型，如图 1-37 所示。

3. 疲劳磨损

疲劳磨损是一种最普遍的磨损形式，它常出现在呈滚动接触的机器零件表面上，如滚动轴承、齿轮、车轮、高铁车轴、核电传热管、航空发动机紧固件以及轧钢设备的轧辊等。疲劳磨损的典型特征为点蚀及剥落，这种形式的磨损常被称为接触疲劳。

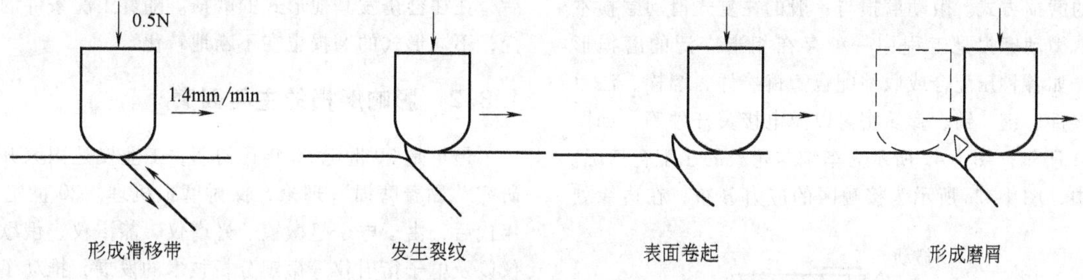

图 1-37　Buckley 的黏着磨损模型

在疲劳磨损中，除去循环应力作用以外，材料还经受了复杂的摩擦过程，可以引起表面层一系列的物理化学变化。点蚀与剥落是机器零件表面上接触疲劳损伤的典型特征。点蚀裂纹一般都从表面开始，向内倾斜扩张。图 1-38 所示为点蚀形式过程。有学者指出，点蚀裂纹主要发生在接触表面下的最大切应力处，图 1-39 所示为不同运动形式最大切应力分布情况。

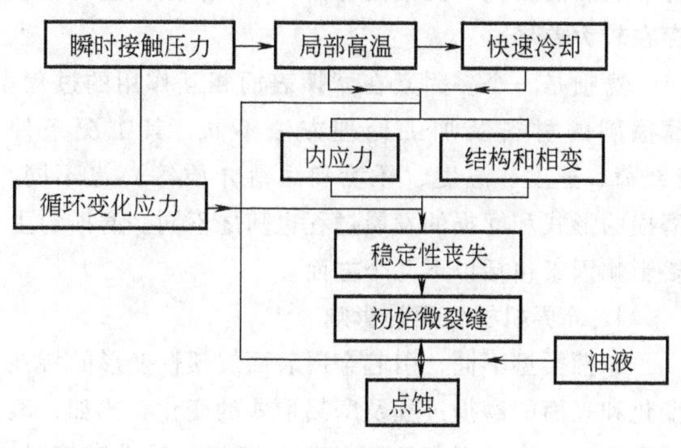

图 1-38　点蚀形成过程

实际上，机器零件的加工表面不可能是理想的光滑表面，总会形成一定的表面粗糙度。这种微小的表面起伏对于疲劳磨损有着十分重要的影响。图 1-40 所示为疲劳寿命与表面粗糙度之间的关系。

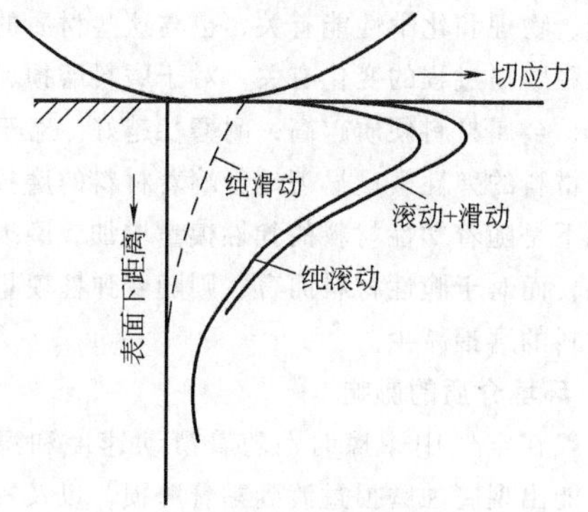

图 1-39　不同运动形式下的最大切应力分布情况

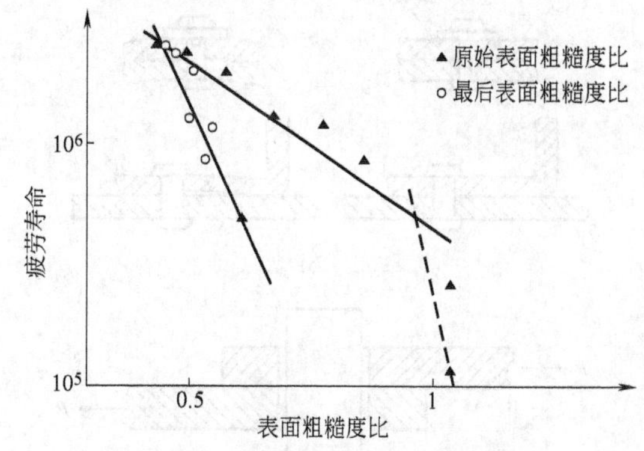

图 1-40　疲劳寿命与表面粗糙度的关系

研究表明，如果润滑油中带有水分，它可以加速疲劳裂纹的扩展，导致滚动轴承过早产生接触疲劳而失效。

4. 腐蚀磨损

腐蚀磨损是一种考虑环境介质影响的磨损过程，它是材料受腐蚀和磨损的综合作用的一种复杂的磨损过程。在农机、矿冶、建材、石油化工及水利电力部门的许多机械设备中工作的零件，不仅受到严重的磨料磨损或冲蚀磨损，而且还受到环境介质的强烈腐蚀破坏。据相关文献，受到无机肥料或农药强烈腐蚀磨损作用的喷洒机械，其使用寿命只能到设计指标的 40%～60%；在水田土壤中耕作的拖拉机履带板只有旱田使用寿命的 1/5 左右。

腐蚀磨损造成材料的加剧损坏已引起人们的高度重视，腐蚀磨损的影响因素很多，如介质 pH、介质成分、介质浓度、介质温度和锈蚀剂的影响等。还有其他的机械与材料的影响因素。人们在研究如何更好地控制这些影响因素，以尽可能地减少腐蚀磨损所带来的损失。

除了上述这四种主要的磨损类型外，常见的还有微动磨损和冲蚀磨损。尤其是微动磨损，它是指两固体接触面上因出现周期性小振幅振动而造成的一种特殊的磨损方式。微动磨损与一般的往复式滑动磨损不同。微动磨损是工程中一种存在相当广泛的磨损形式，如各种压配合或收缩配合、铆接件、螺栓、法兰连接件、键、销、弹簧密封以及电接头杆件等，如图1-41所示。图1-42所示为车轴与轮毂的压配合情况。其中，图1-42a所示为接触区的应力分布，在边缘处

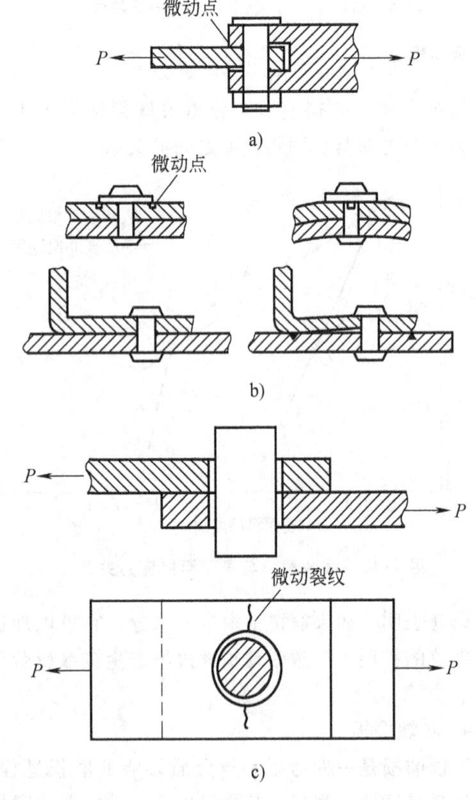

图1-41　连接中常见的微动损伤

a）螺栓　b）铆钉　c）销

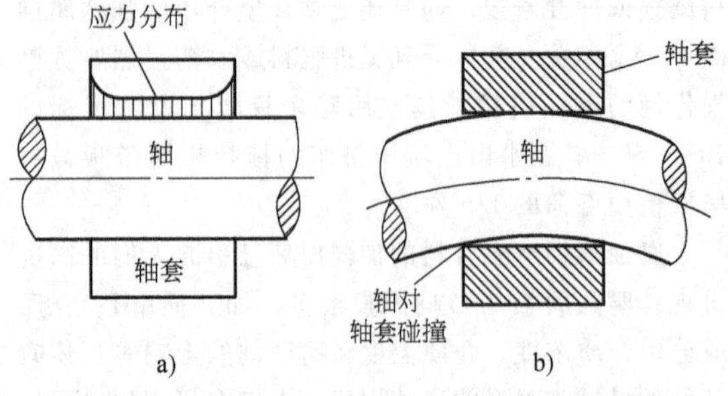

图1-42　压配合的压力分布和负荷引起的微动

应力最大，图1-42b所示为在运行过程中，由于负荷作用，轴发生弯曲，在两端出现微动。

必须指出，在机器设备工作时，运动零件间通常同时存在着几种形式的磨损，而且一种磨损形式产生后，往往会诱发其他形式的磨损。随着工况条件的改变，不同形式的磨损也在不断地转化。

1.3.2　影响磨损的主要因素

最早是20世纪50年代初期，工业发达国家开始研究“黏着磨损”理论，探讨磨损机理。20世纪60年代后，由于电子显微镜、光谱仪、能谱仪、俄歇谱仪以及电子衍射仪等微观分析技术的发展，推动了对各种磨损现象在微观尺度的检测分析和微观机理的深入研究。利用这些手段，可以分析和监测磨损的动态过程、研究磨损的表面（次表面）及磨屑形貌、成分组织和性能的变化，揭示清楚影响磨损的机理，从而有助于寻求提高机器寿命的可能途径。然而，工程设计中目前还没有行之有效的磨损定量预测模型，只能采用条件性计算，主要是因为磨损涉及的影响因素相对较多，包括工况条件、摩擦配副材料的组织成分、表面的物化、机械性能等，导致磨损发生的机理存在较大差异。

磨损是一个多因素在摩擦表面相互作用的过程。摩擦副的材料及加工处理方法不同，其工况条件（载荷、速度、温度、环境和润滑介质等）也不同，磨损的形式和磨损的发展过程也随之不同。磨损的主要影响因素包括以下几个方面。

1. 外界机械作用的影响

摩擦类型不同，引起金属表面层塑性变形的特性变化和表面的磨损过程及磨损形式的变化。比如，滚动摩擦时，容易引起表面的疲劳磨损；滑动摩擦时，可能最后表现为黏着磨损和腐蚀磨损的结合。

2. 摩擦副材质的影响

摩擦副材质及加工方法对磨损的影响与材质本身的机械、物理和化学性能有关，也与这些材质的性能在摩擦和磨损过程的变化有关。对于磨料磨损，一般情况下，金属材料硬质越高，耐磨性越好。对于疲劳磨损，材料的弹性模量显著地影响着材料的磨损。一般情况下是随着塑性材料的弹性模量增加，磨损程度也增大，而对于脆性材料而言，则随着弹性模量的增加，材料的磨损减少。

3. 环境介质的影响

一般在空气中摩擦时，随着滑动速度和温度不同，可能出现腐蚀磨损过渡到黏着磨损，以及黏着磨损又过渡到腐蚀磨损。外界气体介质对摩擦表面的温

度有很大的影响。在空气和氧的介质中摩擦时，在所有的速度范围内，试件温度均不会很高，约为 350~400℃。而在氩气、二氧化碳介质中摩擦，试件温度可达 1200~1300℃，温度提高有利于黏着现象的形成。

4. 温度的影响

温度可以改变摩擦副材料的性能。温度导致材料相变，对金属的摩擦、磨损性能影响极大。

5. 润滑和接触表面状态的影响

润滑状态对磨损影响较大。如边界润滑时的磨损值大于流体动压润滑时的磨损值，而流体动压润滑时磨损值又大于流体静压润滑时的磨损值。一般来讲，表面粗糙度降低，抗黏着磨损的能力增大，但过分降低表面粗糙度，会使润滑剂不易储存在摩擦表面内，这样又会促进黏着发生。

1.3.3　磨损形式的转化

上面所讨论的磨损机理常常是作为单一类型磨损机理来考虑的，实际上在对某一具体的磨损类型分析和进行失效分析时，往往要考虑多种因素的相互作用，利用系统分析的方法对工作变量和系统的结构进行分析，包括以下内容。

1）工作变量的分析，包括运动类型（如滑动、滚动、摆动等）、载荷、速度、温度（或温升）、行程或运动距离、工作持续时间及干扰（如振动及辐射等）等工作变量的分析。

2）系统结构的分析，包括确定在磨损过程中参与系统中的部件材料及表面处理、硬度、尺寸、表面粗糙度等；分析表面接触时的相互作用的主要特性，摩擦、磨损与润滑状况，是以黏附作用还是机械作用为主，应变类型是弹性变形还是塑性变形，载荷特性与表层变化特性等；此外还要分析各部件的相关特性。

当工作变量或环境条件改变时，往往会发生磨损形式的转化。因此，需要了解表征磨损形式转化的临界点参数，以便掌握磨损形式转化的规律。一般与磨损形式转化有关的临界状态有如下几种。

1）由表面弹性变形过渡到塑性变形或破坏。

2）由表面塑性挤压过渡到微观切削或胶合。

3）由于固体结构的改变而产生表面层的“犁沟”现象。

4）由表面层的固相焊合过渡到涂抹及材料转移。

5）由形成吸附膜过渡到形成反应产物或膜的破坏。

关于不同磨损机理的转化，上面讨论过的微动磨损就是一例，由于表面疲劳及腐蚀而产生的磨损产物，在微小振幅摆动过程中被剪切脱落，这些硬的磨屑又对表面进行微观切削而转化为磨料磨损。

1.3.4　减少磨损的途径

1. 材料的选配

磨损失效是机械零件失效的主要模式，因此，选择机器零件材料时，不仅要考虑强度、工艺性和经济性等，还应把材料的耐磨性作为重要的选择依据。另外，还应注意摩擦副材料配偶表面的匹配性。一般一个较完整的选材过程有以下步骤。

1）分析摩擦副的工况条件，明确其磨损形式。

2）预选摩擦副材料。

3）校核摩擦副的强度和磨损特性等。

4）根据实验室试验或工业试验修改和最终确定材料的选配方案。

2. 润滑

润滑状态对磨损值有很大影响。实践证明，边界润滑时的磨损值大于流体动压润滑，而流体动压润滑时的磨损值又大于流体静压润滑。在润滑油脂中加入油性和极压添加剂能提高润滑油膜吸附能力及油膜强度，因而能提高抗磨能力。

3. 强化处理

为了使材料表面强化、耐磨损，并使高性能与经济性较好地结合起来，可采用各种表面强化方法。例如，滚压加工表面强化处理，既能降低表面粗糙度，又可提高表面层的硬度，延长零件的使用寿命。采用各种热处理方法（如渗碳、渗氮、碳氮共渗等）、电火花强化或耐磨塑料涂层，也有助于提高零件的耐磨性。工业生产中常采用一些表面处理技术（如激光技术、电刷镀技术、热喷焊技术、堆焊技术及粘接技术等），既修复零件的磨损尺寸，又可提高零件表面的耐磨性。

4. 结构设计

摩擦副正确的结构设计是减少磨损和提高耐磨性的重要条件，结构设计应有利于摩擦副间表面保护膜的形成和恢复、压力的均匀分布、摩擦热的散发和磨屑的排除以及防止外界颗粒、灰尘等的进入。

5. 精心使用和维护机械设备

机器设备使用中较常见的故障，如轴之间的同轴度误差过大、轴与孔之间的不同心、润滑装置异常温升、外部杂质异物渗入机器内部等。这些都会不同程度地引起相关零件的磨损；还有违规操作、超载超温作业等人为因素，也会加剧零件的磨损，并直接影响机器设备的使用寿命。

参考文献

[1] 中国机械工程学会摩擦学学会. 润滑工程[M]. 北京：机械工业出版社，1986.
[2] 刘家浚. 材料磨损原理及其耐磨性[M]. 北京：清华大学出版社，1993.
[3] 温诗铸，黄平，田煜，等. 摩擦学原理[M]. 5版. 北京：清华大学出版社，2018.
[4] 刘正林. 摩擦学原理[M]. 北京：高等教育出版社，2009.
[5] 侯文英. 摩擦磨损与润滑[M]. 北京：机械工业出版社，2012.
[6] 汪德涛，林亨耀. 设备润滑手册[M]. 北京：机械工业出版社，2009.
[7] 黄平，郭丹，温诗铸. 界面力学[M]. 北京：清华大学出版社，2013.

第2章 润滑理论基础

2.1 润滑的作用和类型

2.1.1 润滑的作用

润滑的目的是在机械设备摩擦副相对运动的表面间加入润滑剂以降低摩擦阻力和能源消耗，减少表面磨损，延长使用寿命，保证设备正常运转。这种技术统称为润滑技术，润滑的作用有以下几方面。

1）降低摩擦。在摩擦副相对运动的表面间加入润滑剂后，形成润滑剂膜，将摩擦表面隔开，使金属表面间的摩擦转化成具有较低抗剪强度的油膜分子之间的内摩擦，从而降低摩擦阻力和能源消耗，使摩擦副运转平稳。但对于汽车自动变速装置和制动器等，润滑的作用则是控制摩擦。

2）减少磨损。在摩擦表面形成的润滑剂膜，可降低摩擦和支承载荷，因此可以减少表面磨损及划伤，保持零件的配合精度。

3）冷却作用。采用液体润滑剂循环润滑系统，可以将摩擦产生的热量带走，降低机械发热。

4）防止腐蚀。摩擦表面的润滑剂膜可以隔绝空气、水蒸气及腐蚀性气体等环境介质对摩擦表面的侵蚀，防止或减缓生锈。目前有不少润滑油脂中还添加有防腐蚀剂或防锈剂，可起到减缓金属表面腐蚀的作用。

此外，某些润滑剂可以将冲击振动的机械能转变为液压能，起阻尼、减振或缓冲作用。随着润滑剂的流动，可将摩擦表面上污染物、磨屑等冲洗带走。有的润滑剂还可起密封作用，防止冷凝水、灰尘及其他杂质的侵入。

由于各种润滑剂的种类、组成、理化性能特别是黏度、稠度等的不同，所起润滑作用也有所不同。

2.1.2 润滑的类型

机械摩擦副表面间的润滑类型或状态，可根据润滑膜的形成机理和特征分为5种：①流体动压润滑；②弹性流体动压润滑；③流体静压润滑；④边界润滑；⑤无润滑或干摩擦状态。①~③有时又称流体润滑。

这5种类型的润滑状态，通常可根据所形成的润滑膜的厚度与表面粗糙度综合值借助斯特里贝克（Stribeck）摩擦曲线进行对比，正确地判断其润滑状态。

根据摩擦学中经典的Stribeck曲线，润滑分为四种状态，即流体润滑（包括弹性流体动压润滑）、薄膜润滑、混合润滑和边界润滑，如图2-1所示。流体润滑典型膜厚为1~100nm，摩擦偶件间完全被连续的润滑膜所隔开。弹性润滑是在高副接触下，考虑到摩擦偶件的变形以及润滑液黏压效应等方面因素的流体润滑。其膜厚为数十纳米至几个微米。薄膜润滑则是考虑摩擦时表面所具有的物理化学性质，典型的润滑膜厚为20~300nm。混合润滑的法向载荷由固体之间的直接接触和部分弹性流体动压共同承担。而在边界润滑中，载荷几乎全部通过微凸体以及润滑剂和表面之间相互作用所生成的边界润滑膜来承担，通常膜厚为1~2个分子层。表2-1列出了各种润滑状态的基本特征。根据润滑膜厚度来鉴别润滑状态虽是可靠，但由于测量上的困难，不便于采用。也有人用摩擦因数值作为判断各种润滑状态的依据。图2-2所示为摩擦因数的典型数值。

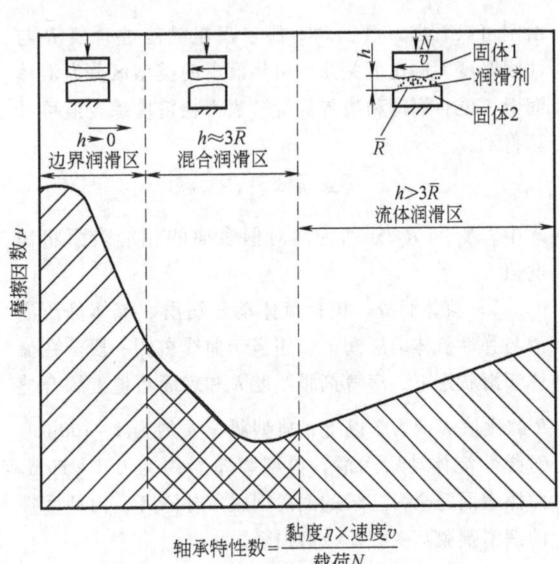

图2-1 斯特里贝克曲线与润滑类型

表 2-1 各种润滑状态的基本特征

润滑状态	典型膜厚	润滑膜形成方式	应用
流体动压润滑	1~100μm	由摩擦表面的相对运动所产生的动压效应形成流体润滑膜	中、高速的面接触摩擦副，如滑动轴承
液体静压润滑	1~100μm	通过外部压力将流体送到摩擦表面之间，强制形成润滑膜	各种速度下的面接触摩擦副，如滑动轴承、导轨等
弹性流体动压润滑	0.1~1μm	与流体动压润滑相同	中、高速下点、线接触摩擦副，如齿轮、滚动轴承等
薄膜润滑	10~100nm	与流体动压润滑相同	低速下的点、线接触高精度摩擦副，如精密滚动轴承等
边界润滑	1~50nm	润滑油分子与金属表面产生物理或化学作用而形成润滑膜	低速重载条件下的高精度摩擦副
干摩擦	1~10nm	表面氧化膜、气体吸附膜等	无润滑或自润滑的摩擦副

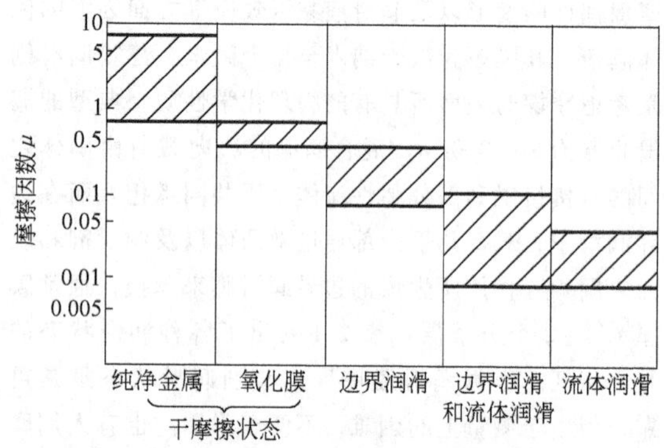

图 2-2 摩擦因数的典型数值

图 2-1 所示为典型的斯特里贝克摩擦因数曲线。由图可以看到，根据两对偶表面粗糙度综合值 $\overline{R}$ 与油膜厚度 h 的比值关系，可将润滑的类型区分为流体润滑、混合润滑和边界润滑。表面粗糙度综合值可计算得到：

$$\overline{R}=(\overline{R}_1^2+\overline{R}_2^2)^{1/2}$$

式中，$\overline{R}_1$ 与 $\overline{R}_2$ 分别为两对偶表面的相应表面粗糙度值。

1）流体润滑。包括流体动压润滑、流体静压润滑与弹性流体动压润滑，相当于曲线右侧一段。在流体润滑状态下，润滑剂膜厚度 h 和表面粗糙度综合值 $\overline{R}$ 的比值 λ 约为 3 以上，典型膜厚 h 约为 1~100μm。对弹性流体动压润滑，典型膜厚 h 约为 0.1~1μm。摩擦表面完全为连续的润滑剂膜所分隔开，由低摩擦的润滑剂膜承受载荷，磨损轻微。

2）混合润滑。几种润滑状态同时存在，相当于曲线中间一段，比值 λ 约为 3 以下，典型膜厚 h 在 1μm 以下，此状态摩擦表面的一部分为润滑剂膜分隔开，承受部分载荷，也会发生部分表面微凸体间的接触，以及由边界润滑剂膜承受部分载荷。

3）边界润滑。相当于曲线左侧一段，比值 λ 小于 1，典型膜厚 h 约为 0.001~0.05μm，此状态摩擦表面的微凸体接触较多，润滑剂的流体润滑作用减少，甚至完全不起作用，载荷几乎全部通过微凸体以及润滑剂和表面之间相互作用所生成的边界润滑剂膜来承受。

4）无润滑或干摩擦。当摩擦表面之间，润滑剂的流体润滑作用已经完全不存在，载荷全部由表面上存在的氧化膜、固体润滑膜或金属基体承受时的状态称为无润滑或干摩擦状态。一般金属氧化膜的厚度在 0.01μm 以下。

由图 2-1 可以看到，随着工况参数的改变，可能导致润滑状态的转化，润滑膜的结构特征发生变化，摩擦因数也随之改变，处理问题的方法也有所不同。例如，在流体润滑状态下，润滑膜为流体效应膜，主要是计算润滑膜的承载能力及其力学特征。在弹性流体润滑状态时，还要根据弹性力学和润滑剂的流变学性能，分析在高压力下接触变形和有序润滑剂薄膜的特性。而在干摩擦状态下，主要是应用弹塑性力学、传热学、材料学、化学和物理学等来考虑摩擦表面的摩擦与磨损过程。

2.2 流体动压润滑

2.2.1 流体动压润滑的特性

流体动压润滑是依靠运动副两个滑动表面的形状在其相对运动时形成一层具有足够压力的流体效应膜，从而将两表面分隔开的一种润滑状态。

1883 年托尔（B. Tower）首先观察到采用油浴润

滑的火车轮轴轴承中在运动时产生流体动压力，足以将轴承体壳油孔中的油塞推开。同年彼得洛夫发表了“机械中的摩擦及其对润滑剂的影响”论文。1886年，雷诺（O. Reynolds）应用简化的纳维-斯托克斯（Navier-Stokes，N-S）方程推导出计算相对运动的支承表面间流体润滑膜中的压力分布方程，即雷诺方程，从而为流体动压润滑理论奠定了基础。

流体动压润滑的主要特性有以下两点。

（1）流体的黏度　在流体动压润滑系统中，对运动的阻力主要来自流体的内摩擦。流体在外力作用下流动的过程中，在流体分子之间的内摩擦力，即流体膜的剪切阻力，称为黏度。

17 世纪牛顿首先提出了黏性流动定律（见图 2-3）。认为黏性流体的流动是许多极薄的流体层之间的相对滑动，由于流体的黏滞性，在相互滑动的各层之间将产生切应力，也就是流体的内摩擦力，由它们将运动传递到各相邻的流体层，使流动较快的流体层减速，而流动较慢的流体层加速，形成按一定规律变化的流速分布。如图 2-3a 所示，在两块距离为 h 的平行板中间有黏性流体时，如下表面保持固定，而上表面在力 F 作用下以速度 U 平行于下表面移动。当速度不太高时，流体分子黏附在表面上，流体相邻层的流动是相互平移的层流状流动，这时为保持上表面

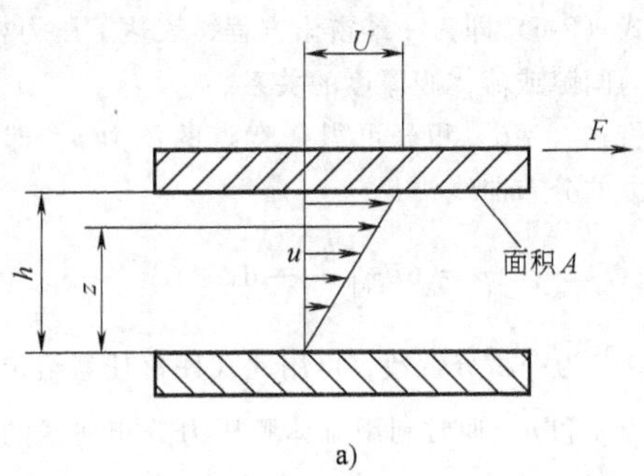

a)

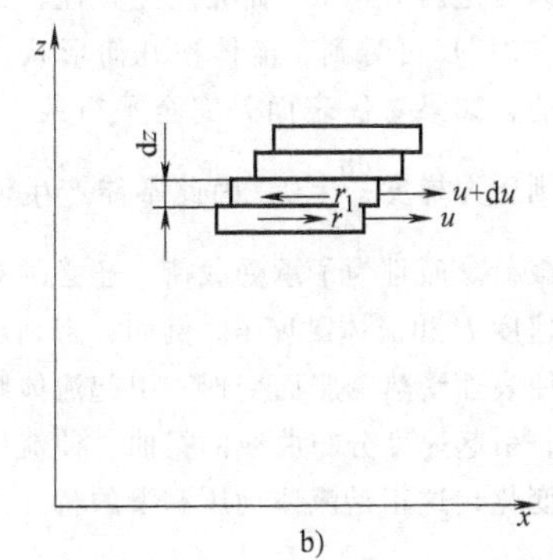

b)

图 2-3　绝对黏度模型（两块平行板间的黏性牵引力）

移动所需要的力 F 与表面面积 A 以及所发生的切应变率 $\frac{U}{h}$ 成正比。

由此可得

$$\frac{F}{A}=\eta\frac{U}{h} \tag{2-1}$$

按图 2-3b 所示模型，如果在垂直高度 dz 间每一层流体按线性增加一个速度增量 du，上表面上的剪应力 τ 与切应变率（或速度梯度）成正比，由此

$$\tau=\eta\frac{\mathrm{d}u}{\mathrm{d}z}\quad \eta=\frac{\tau}{\frac{\mathrm{d}u}{\mathrm{d}z}} \tag{2-2}$$

式中　η——动力黏度，又称绝对黏度。

在法定计量单位或国际单位制(SI)中，动力黏度的单位为 Pa · s（帕斯卡秒），亦可用 mPa · s 或 N · s/m^2。而在工程中过去常采用 CGS 制单位 P（泊）。

$$1\text{P}=0.1\text{N}\cdot\text{s/m}^2=0.1\text{Pa}\cdot\text{s}$$

P 的单位较大，常使用 cP（厘泊），1cP = 10^{-3}Pa · s。

常用润滑油的动力黏度范围为 2 ~ 400mPa · s，水的黏度为 1mPa · s，空气的黏度为 0.02mPa · s。

一般称遵从黏性切应力与切应变率成比例的规律的流体称为牛顿流体，而不遵从此规律的流体称为非牛顿流体。常用的矿物润滑油均属于牛顿流体。

动力黏度 η 与流体密度 ρ 的比值称为运动黏度 ν，即

$$\nu=\frac{\eta}{\rho} \tag{2-3}$$

在法定计量单位或国际单位制中，运动黏度的单位用 m^2/s。CGS 制单位为 St（斯托克斯，简称斯）。

$$1\text{St}=10^{-4}\text{m}^2/\text{s}=10^2\text{mm}^2/\text{s}$$

常用 cSt（厘斯）作为 CGS 制的运动黏度单位，1cSt = 1mm^2/s。

（2）楔形润滑膜　流体动压润滑的第二个主要特性是依靠运动副的两个滑动表面的几何形状在相对运动时产生收敛型液体楔，形成足够的承载压力，以承受外载荷，从而将两表面分隔开，不会互相接触，减少表面的摩擦与磨损。在图 2-4 中，倾斜上表面 AB 是静止的，下表面以速度 U 沿 x 方向做相对运动，两表面间充满黏性流体（即润滑剂），两表面间的入口间隙为 h_1，出口间隙为 h_0，中间任意点的间隙或流体膜厚为 h。当下表面以速度 U 向右运动时，若入口处 A 点流体层速度（速度梯度）按线性变化，则单位表面宽度内（与纸面垂直）的流量 q_{x1} 为 $\left(\frac{U}{2}\right)h_1$，流体平均速度为 $\frac{U}{2}$。同理，若在出口处 B

点流体层速度亦按线性变化，单位表面宽度内的流量 q_{x0} 为 $\left(\frac{U}{2}\right)h_0$。因为 $h_1>h_0$，故流入的流体比流出的流体要多一些，这种流动显然不可能连续。而且流体实际上可被看成是不可压缩的，因此只能是在两表面间的流体楔中产生压力而自动补偿流量。也就是在入口的流体层速度分布曲线向内凹入，产生压力限制流体流入，流量小于 $\frac{Uh_1}{2}$；而出口的流体层速度分布曲线向外凸出，压力升高推动流体流出，流量大于 $\frac{Uh_0}{2}$。只有在流体楔中间某点的速度分布图是直线，压力梯度为零，即 $\frac{dp}{dx}=0$，流量为 $\frac{Uh}{2}$，这就是流体动压润滑的主要特点。

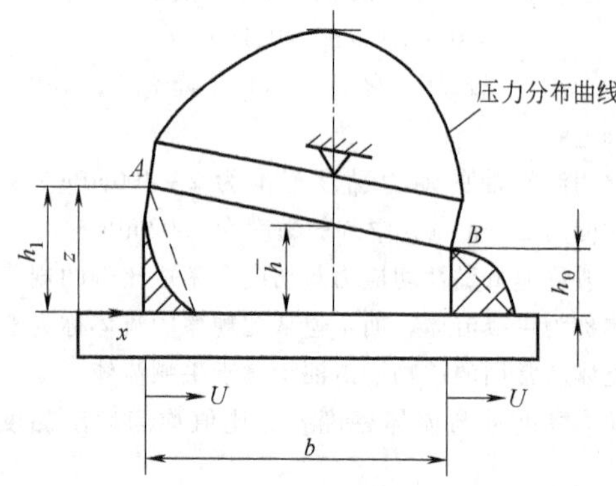

图 2-4 收敛楔的速度分布曲线图

根据以上分析，假设无侧向流动，单位表面宽度的流量 q_x 必然有两项，基本项为 $\frac{Uh}{2}$，另一项是根据压力梯度 $\frac{dp}{dx}$、流体膜厚度 h 和黏度 η 等的变化而修正的流量 $f(p)$。因此流量 q_x 的方程为

$$q_x=\frac{Uh}{2}-f(p) \tag{2-4}$$

式中，用负号表示正压力梯度下必然限制流体流入，流量应有所减少。

$$f(p)=h^a\left(\frac{dp}{dx}\right)^b\eta^c \tag{2-5}$$

式中，a、b、c 为常数，可由量纲分析得到。单位宽度内的流量 q_x 的量纲为 $\frac{L^3}{TL}=\frac{L^2}{T}$。$\frac{Uh}{2}$ 和 $f(p)$ 的量纲和 q_x 相同，即 $\frac{L^2}{T}$。压力梯度 $\frac{dp}{dx}$ 的量纲为 $\left(\frac{力/面积}{长度}\right)$，即 $\frac{F}{L^3}$，而黏度 η 的量纲为 $\left(\frac{F}{L^2}T\right)$，因此 $f(p)$ 的量纲可分析如下：

$$f(p)=\frac{L^2}{T}=(L)^a\times\left(\frac{F}{L^3}\right)^b\times\left(\frac{FT}{L^2}\right)^c$$

式中，右侧 T 只出现一次，即 c 为 -1；F 必须消去，故 b 为 $+1$，最后可得 $f(p)$ 的量纲为

$$\frac{L^2}{T}=(L)^a\times\left(\frac{F}{L^3}\right)\times\left(\frac{L^2}{FT}\right)=(L)^a\times\frac{1}{LT}$$

由于等式左、右两端的量纲应相等，故 $a=3$。因此流量方程为

$$q_x=\frac{Uh}{2}-k\frac{h^3}{\eta}\left(\frac{dp}{dx}\right)$$

式中，k 为比例常数，由以后的推导可知 $k=\frac{1}{12}$。

如上所述，在流体楔中有某点的压力梯度 $\frac{dp}{dx}$ 为零，此点的流量膜厚度为 $\bar{h}$，则这时的流量 q_x 为

$$q_x=\frac{U\bar{h}}{2}=\frac{Uh}{2}-k\frac{h^3}{\eta}\left(\frac{dp}{dx}\right)$$

整理后可得

$$\frac{dp}{dx}=\frac{U\eta}{2k}\left(\frac{h-\bar{h}}{h^3}\right)=6U\eta\left(\frac{h-\bar{h}}{h^3}\right) \tag{2-6}$$

式（2-6）即为一维雷诺方程，表达了压力梯度、黏度与间隙或流体膜厚度的关系。

将式（2-6）积分可得任意点的压力 p，即流体膜压力的分布曲线：

$$p=6U\eta\int\frac{h-\bar{h}}{h^3}dx+C \tag{2-7}$$

式中，C 为一积分常数，可用此式评价任意给定 x 值的压力 p 和 $\bar{h}$，通常利用流体膜压力分布曲线的起点与终端，即可定出 C 与 $\bar{h}$，而完成此方程。

由式（2-7）可看到，流体楔几何形状为楔形是非常必要的，如果对偶表面是完全平行的，h 不随 x 而变化，则压力梯度 $\frac{dp}{dx}=0$，因此不能产生流体动压力来承受载荷。而且为了承受载荷，还必须有足够的切向运动速度 U 和流体黏度 η。例如，当轴承温度升高时，会使表面受热膨胀而变形，引起流体膜厚度和黏度改变，引起速度分布曲线的扭曲，使流体膜承载压力发生变化，这正是流体动压润滑的特性之一。

2.2.2 雷诺方程

在进行流体润滑基本计算时，为了计算润滑膜的

承载力，需要计算其压力分布。为了计算其摩擦阻力，需要计算切应力分布。为了计算流体的流量，需要计算润滑膜内的速度分布。有时还要计算润滑腔中的温度分布和热变形。

对于刚性表面，流体润滑理论基于下列的基本方程，即：

1）运动方程代表动量守恒原理，亦称纳维-斯托克斯方程（N-S 方程）。

2）连续方程代表质量守恒原理。

3）能量方程代表能量守恒原理。

4）状态方程建立密度与压力、温度的关系。

5）黏度方程建立黏度与压力、温度的关系。

对于弹性表面的润滑问题，还需要加上弹性变形方程。

雷诺方程是流体润滑理论最基本的方程，它是由运动方程和连续方程推导的，是二阶偏微分方程。过去依靠解析方法求解十分困难，必须经过许多简化处理才能获得近似解，从而使理论计算具有较大误差。直到 20 世纪中叶以后，依靠电子计算机辅助计算，已可对复杂的润滑问题进行数值解算。此外，先进的测试技术也可在润滑现象的实验研究中进行深入细致的观察，从而建立更加符合实际的物理模型。这样，许多工程问题的润滑计算大大接近于实际。但为了寻求雷诺方程的通解，仍然需要进行繁杂的计算，通常还要做一些简化假设。

1. 假设

1）忽略体积力的作用，即流体不受外力场如磁力、重力等的作用，这一假设对磁流体动力润滑不适用。

2）沿流体膜厚度方向，流体压力不变，因为当流体膜薄至百分之几毫米时，流体压力一般不可能有显著变化。对于弹性流体，流体压力可能有较大变化，这一假设将不适用。

3）与流体膜厚度相比较，轴承表面的曲率半径很大，因此，不需要考虑流体速度方向的变化。

4）流体吸附在表面上，即流体在界面上没有滑动，因此在邻近界面上的流体层速度与表面速度相同。

5）润滑剂是牛顿流体，即切应力与切应变率成正比。这对一般工况条件下使用的矿物油是合理的。

6）流体的流动是层流。对于高速大型轴承及采用低黏度润滑剂的轴承，则应考虑到可能出现涡流和湍流。

7）与黏性力相比，可忽略流体惯性力的影响。有些研究表明，即使雷诺数高达 1000 左右，压力也只改变了 5%。然而，对于高速大型轴承，则需考虑惯性力的影响。

8）沿流体膜厚度方向黏度数值不变。实际上并非如此，提出这个假设，只是为了简化数字运算。

9）润滑剂是不可能压缩的。对于气体润滑剂，这是不正确的。

以上假设 5)~9）主要是为了简化计算，只能有条件地使用。

2. 雷诺方程的推导

运用上述假设，由连续方程和纳维-斯托克斯方程可以直接推导出雷诺方程。

连续方程：

$$\frac{d\rho}{dt}+\rho\left(\frac{\partial u}{\partial x}+\frac{\partial v}{\partial y}+\frac{\partial w}{\partial z}\right)=0 \tag{2-8}$$

对于定常流动的不可压缩流体，ρ 为常数，$\frac{d\rho}{dt}=0$，连续方程变为容积守恒原理，即

$$\frac{\partial u}{\partial x}+\frac{\partial v}{\partial y}+\frac{\partial w}{\partial z}=0 \tag{2-9}$$

纳维-斯托克斯方程：

$$\rho\frac{du}{dt}=\rho X-\frac{\partial p}{\partial x}+\frac{2}{3}\frac{\partial}{\partial x}\eta\times\left[\left(\frac{\partial u}{\partial x}-\frac{\partial v}{\partial y}\right)+\left(\frac{\partial u}{\partial x}-\frac{\partial w}{\partial z}\right)\right]+\frac{\partial}{\partial y}\eta\left(\frac{\partial v}{\partial x}+\frac{\partial u}{\partial y}\right)+\frac{\partial}{\partial z}\eta\times\left(\frac{\partial w}{\partial x}+\frac{\partial u}{\partial z}\right)$$

$$\rho\frac{dv}{dt}=\rho Y-\frac{\partial p}{\partial y}+\frac{2}{3}\frac{\partial}{\partial y}\eta\times\left[\left(\frac{\partial v}{\partial y}-\frac{\partial u}{\partial x}\right)+\left(\frac{\partial v}{\partial y}-\frac{\partial w}{\partial z}\right)\right]+\frac{\partial}{\partial x}\eta\left(\frac{\partial u}{\partial y}+\frac{\partial v}{\partial x}\right)+\frac{\partial}{\partial z}\eta\times\left(\frac{\partial w}{\partial y}+\frac{\partial u}{\partial z}\right)$$

$$\rho\frac{dw}{dt}=\rho Z-\frac{\partial p}{\partial z}+\frac{2}{3}\frac{\partial}{\partial z}\eta\times\left[\left(\frac{\partial w}{\partial z}-\frac{\partial u}{\partial x}\right)+\left(\frac{\partial w}{\partial z}-\frac{\partial v}{\partial y}\right)\right]+\frac{\partial}{\partial y}\eta\left(\frac{\partial v}{\partial z}+\frac{\partial w}{\partial y}\right)+\frac{\partial}{\partial z}\eta\times\left(\frac{\partial u}{\partial z}+\frac{\partial w}{\partial x}\right)$$

式中 u、v、w——分别为沿坐标 x、y、z 方向的流速分量；

ρ——密度；

η——黏度；

t——时间；

X、Y、Z——分别为单位质量的流体在 x、y、z 方向所受的体积力分量。

由于从纳维-斯托克斯方程和连续方程直接推导出

雷诺方程是较为复杂的，此处采用流体力学中微元体分析方法推导雷诺方程，应用流体柱流动的连续条件，分析微元体的受力的平衡条件，求出流体沿膜厚方向的流速分布和流量，最后推导出雷诺方程的普遍形式。

(1) 液体柱流动的连续性　从距离为 h 的两表面中取一个底面长为 $\mathrm{d}x$ 宽为 $\mathrm{d}y$ 的流体柱（见图 2-5），设流体以单位宽度内的流量 q_x 从左面流入柱体，即在单位时间内流入柱体的流量为 $q_x\mathrm{d}y$，则流出的流量为

$$\left(q_x+\frac{\partial q_x}{\partial x}\mathrm{d}x\right)\mathrm{d}y$$

式中，$\frac{\partial q_x}{\partial x}$为沿 x 方向的流量变化率。

同理，在单位时间内沿 y 方向流入柱体的流量为 $q_y\mathrm{d}x$，流出的流量为

$$\left(q_y+\frac{\partial q_y}{\partial y}\right)\mathrm{d}x$$

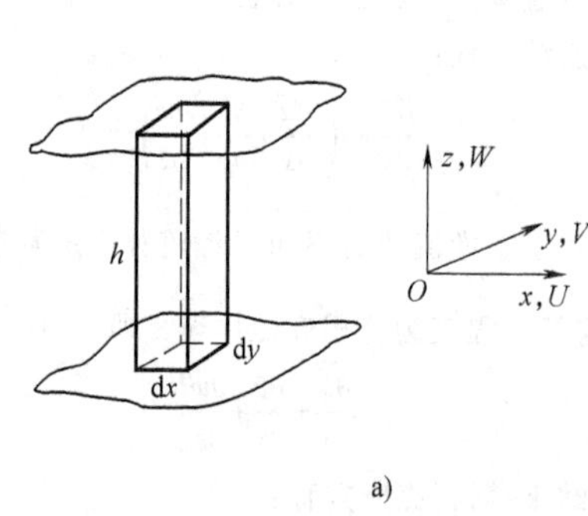

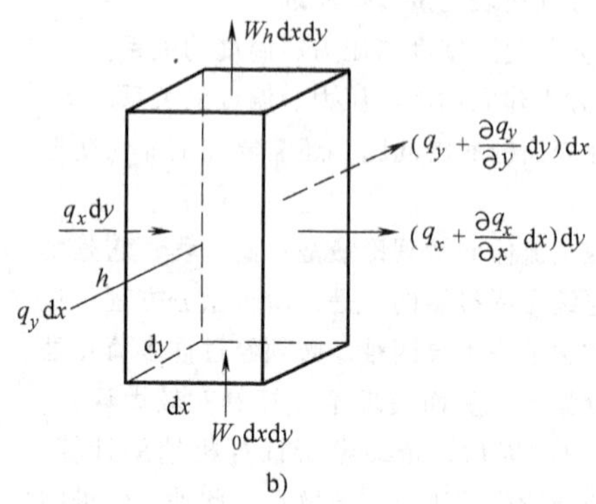

图 2-5　液体柱的流动连续性

在垂直方向 z 上的流量与此不同，如果柱底流体以速度 W_0 向上流入柱体，同时在柱顶以速度 W_h 流出，则流体柱容积的变化率为

$$(W_h-W_0)\mathrm{d}x\mathrm{d}y$$

由于流动的连续性与流体的密度恒定，流入柱体的流量必定等于流出柱体的流量。

在三个方向流入柱内的流量为

$$q_x\mathrm{d}y+q_y\mathrm{d}x+W_0\mathrm{d}x\mathrm{d}y$$

流出柱外的流量为

$$(q_x+\frac{\partial q_x}{\partial x}\mathrm{d}x)\mathrm{d}y+(q_y+\frac{\partial q_y}{\partial y}\mathrm{d}y)\mathrm{d}x+(W_h-W_0)\mathrm{d}x\mathrm{d}y$$

使流入柱内与流出柱外的流量相等，并消去同类项后可得

$$\frac{\partial q_x}{\partial x}\mathrm{d}x\mathrm{d}y+\frac{\partial q_y}{\partial y}\mathrm{d}x\mathrm{d}y+(W_h-W_0)\mathrm{d}x\mathrm{d}y=0$$

再消去 $\mathrm{d}x\mathrm{d}y$，从而可得流体柱的流动连续方程为

$$\frac{\partial q_x}{\partial x}+\frac{\partial q_y}{\partial y}+(W_h-W_0)=0 \tag{2-10}$$

如果顶面和底面均为不可渗透的表面，则（W_h-W_0）等于柱体高度的变化率，因而可写成$\frac{\mathrm{d}h}{\mathrm{d}t}$。如果两表面倾斜时，计算 W_h 与 W_0 的方法与此处有所不同。

顺便指出，如果用质量流量代替体积流量，即以 m_x、m_y 代替 q_x、q_y，而 $m_{x(y)}=\rho q_{x(y)}$，经过同样的分析，就可以得到密度变化情况下的流量方程式。例如，在非稳定状态条件下，流体的密度就可能会随时而变化，这一点必须要考虑到。根据分析结果，如果沿柱体高度方向密度不变，可得

$$\frac{\partial}{\partial x}(\rho q_x)+\frac{\partial}{\partial y}(\rho q_y)+\frac{\partial}{\partial t}(\rho h)=0$$

式中，ρ 为流体密度。

(2) 微元体的平衡　从润滑流体膜中取边长为 $\mathrm{d}x$、$\mathrm{d}y$ 与 $\mathrm{d}z$ 的微元体，其在 x 方向的受力状况如图 2-6 所示。微元体只受流体压力 p 与黏性切应力 τ 的作用，按假设 1)、7) 忽略体积力与惯性力的作用。左侧有压力 p 和相应的力 $p\mathrm{d}y\mathrm{d}z$ 作用。右侧的压力为$\left(p+\frac{\partial p}{\partial x}\mathrm{d}x\right)$，相应的力为$\left(p+\frac{\partial p}{\partial x}\mathrm{d}x\right)\mathrm{d}y\mathrm{d}z$，此处压力梯度$\frac{\partial p}{\partial x}$可取任意值及方向。底面受切应力 τ 和相应的力 $\tau\mathrm{d}x\mathrm{d}y$ 作用。顶面受切应力$\left(\tau+\frac{\partial \tau}{\partial z}\mathrm{d}z\right)$和相应的力$\left(\tau+\frac{\partial \tau}{\partial z}\mathrm{d}z\right)\mathrm{d}x\mathrm{d}y$ 作用。为了达到相互平衡，可得下式：

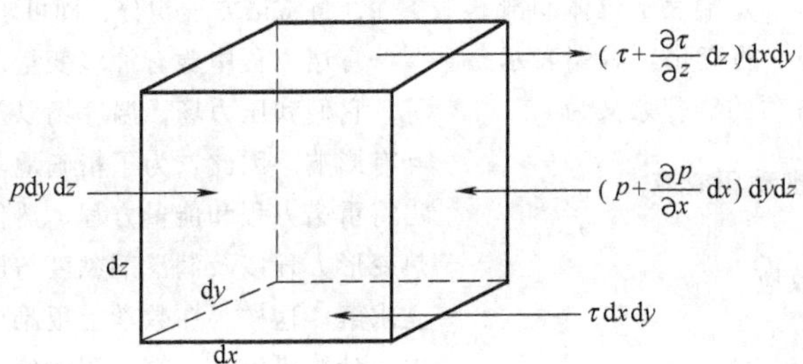

图 2-6　微元体的平衡

$$pdydz+\left(\tau+\frac{\partial\tau}{\partial z}dz\right)dxdy=\left(p+\frac{\partial p}{\partial x}dx\right)dydz+\tau dxdy$$

展开并消去相同项，得

$$\frac{\partial p}{\partial x}=\frac{\partial\tau}{\partial z} \tag{2-11}$$

根据假设 2)，在 z 方向上的压力梯度为 0，因此 $\frac{\partial p}{\partial z}=0$。

根据牛顿黏性流动定律和假设 5)、6)，$\tau_x=\eta\frac{\partial u}{\partial z}$，$\tau_y=\eta\frac{\partial v}{\partial z}$。式中，$u$、$v$ 为质点在 x、y 方向的速度。代入式（2-11），可得压力梯度及速度梯度的关系式：

$$\frac{\partial p}{\partial x}=\frac{\partial}{\partial z}\left(\eta\frac{\partial u}{\partial z}\right) \tag{2-12}$$

$$\frac{\partial p}{\partial y}=\frac{\partial}{\partial z}\left(\eta\frac{\partial v}{\partial z}\right) \tag{2-13}$$

因为假设压力 p 和黏度 η 与 z 无函数关系，可将式（2-12）对 z 积分两次，可得

$$\eta\frac{\partial u}{\partial z}=\int\frac{\partial p}{\partial x}dz=\frac{\partial p}{\partial x}z+C_1 \tag{2-14}$$

再积分一次，

$$u=\frac{1}{\eta}\int\left(\frac{\partial p}{\partial x}z+C_1\right)dz$$
$$=\frac{1}{\eta}\left(\frac{\partial p}{\partial x}\frac{z^2}{2}+C_1z\right)+C_2 \tag{2-15}$$

式中，C_1 及 C_2 为积分常数，需要用两个边界条件来确定。根据假设 4)，靠近边界处的流体层速度与工作表面的速度相同。故当 $z=h$（h 为流体膜厚度）时，$u=U_1$；$z=0$ 时，$u=U_2$，U_1、U_2 分别为上、下两表面的速度，将 $z=0$ 与 $u=U_2$ 代入，则 $C_2=U_2$；将 $z=h$ 与 $u=U_1$ 代入，则得

$$U_1=\frac{1}{\eta}\left(\frac{\partial p}{\partial x}\frac{h^2}{2}+C_1h+\eta U_2\right)$$

$$C_1=\frac{\eta}{h}(U_1-U_2)-\frac{h}{2}\frac{\partial p}{\partial x}$$

将 C_1 及 C_2 代入式（2-15），可得

$$u=\frac{1}{2\eta}\frac{\partial p}{\partial x}(z^2-zh)+\frac{z}{h}(U_1-U_2)+U_2 \tag{2-16}$$

$$\frac{\partial u}{\partial z}=\frac{1}{\eta}\frac{\partial p}{\partial x}\left(z-\frac{h}{2}\right)+\frac{U_1-U_2}{h}$$

由于在 x 方向每单位宽度 y 的流量 q_x，为

$$q_x=\int_0^h u dz$$

可得

$$q_x=\left[\frac{1}{2\eta}\frac{\partial p}{\partial x}\left(\frac{z^3}{3}-\frac{z^2h}{2}\right)+(U_1+U_2)\frac{z^2}{2h}+U_2z\right]_0^h$$
$$=-\frac{h^3}{12\eta}\frac{\partial p}{\partial x}+(U_1+U_2)\frac{h}{2} \tag{2-17}$$

同理

$$q_y=-\frac{h^3}{12\eta}\frac{\partial p}{\partial y}+(V_1+V_2)\frac{h}{2} \tag{2-18}$$

式中，V_1 和 V_2 分别为与 U_1 和 U_2 相对应的 y 方向的速度。

（3）普遍雷诺方程　将上面求得的 q_x 与 q_y 代入连续方程（2-10）可得

$$\frac{\partial}{\partial x}\left\{(U_1+U_2)\frac{h}{2}-\frac{h^3}{12\eta}\frac{\partial p}{\partial x}\right\}+\frac{\partial}{\partial y}\left\{(V_1+V_2)\frac{h}{2}-\frac{h^3}{12\eta}\frac{\partial p}{\partial y}\right\}+(W_h-W_0)=0$$

稍加整理后，可写成

$$\frac{\partial}{\partial x}\left(\frac{h^3}{\eta}\frac{\partial p}{\partial x}\right)+\frac{\partial}{\partial y}\left(\frac{h^3}{\eta}\frac{\partial p}{\partial y}\right)$$
$$=6\left\{\frac{\partial}{\partial x}(U_1+U_2)h+\frac{\partial}{\partial y}(V_1+V_2)h+2(W_h-W_0)\right\} \tag{2-19}$$

当密度 ρ 随时间变化的场合，雷诺方程可写成

$$\frac{\partial}{\partial x}\left(\frac{\rho h^3}{\eta}\frac{\partial p}{\partial x}\right)+\frac{\partial}{\partial y}\left(\frac{\rho h^3}{\eta}\frac{\partial p}{\partial y}\right)$$
$$=6\left\{\frac{\partial}{\partial x}(U_1+U_2)\rho h+\frac{\partial}{\partial y}(V_1+V_2)\rho h+2\rho(W_h-W_0)\right\} \tag{2-20}$$

这就是普遍形式的雷诺方程。左端表示流体润滑膜压力在润滑表面上随坐标 x、y 的变化。右端表示产生润滑膜压力的各种效应，各项的物理意义为

1） $U\rho\dfrac{\partial h}{\partial x}$、$V\rho\dfrac{\partial h}{\partial y}$——流体楔动压效应。

2） $\rho h\dfrac{\partial U}{\partial x}$、$\rho h\dfrac{\partial V}{\partial y}$——伸缩效应。

3） $\rho\dfrac{\partial h}{\partial t}$或 $\rho(W_h-W_0)$——挤压效应。

4） $Uh\dfrac{\partial \rho}{\partial x}$、$Vh\dfrac{\partial \rho}{\partial y}$——变密度效应。

流体楔动压效应在上面已介绍过，此处不重复。

伸缩效应是当固体表面由于弹性变形或其他原因使表面切向速度随位置而变化时，将引起各断面的流量不同而破坏流量连续条件，因此产生的压力流动。在稳定运转的情况下，切向速度 U 和 V 一般不随 x 的变化而变化，故伸缩效应项可不考虑。

挤压效应是两个平行表面在法向力作用下相互接近，使润滑膜厚度逐渐减薄而产生的压力流动。在内燃机轴承等受冲击载荷的轴承和往复运动的润滑表面，挤压效应具有重要的作用。但是当两个表面相互分离而形成的低压常导致润滑膜破坏和产生气蚀现象。

变密度效应是当润滑剂密度沿运动方向逐渐降低时，虽然各断面的体积流量相同，但质量流量不同，也将产生压力，这就是变密度效应。虽然变密度效应产生的流体压力并不高。但是这种作用有可能使相互平行的表面具有一样的承载能力。密度的变化可以是润滑剂通过间隙时，由于温度逐渐升高所造成的，也可以是外加热源使固体温度不同而造成的。

此处方程（2-19）与方程（2-20）是根据一些假设推导出来的，适合于一般工况条件的润滑计算。在特殊工况条件下，当某些假设不能成立时，必须针对具体情况对雷诺方程的推导做相应的调整。例如，对于采用低黏度润滑剂的高速大型轴承，应考虑流体惯性力和湍流的影响；当采用润滑脂作为润滑剂时，应考虑到润滑脂的非牛顿性质和流变关系等。在某些润滑计算中，润滑剂的黏度随温度的变化而有较大的改变，此时应用黏度三维变化的雷诺方程。

3. 雷诺方程的应用

雷诺方程是润滑理论中的基本方程，流体润滑状态下的主要特性，都可以通过求解这一方程而推导出来。

（1）压力分布　从理论上讲，当运动速度和润滑剂黏度已知时，对于给定的间隙形状 $h(x, y)$ 和边界条件，将雷诺方程积分，即可求得压力分布 $p(x, y)$。

雷诺方程中含有许多变量，如黏度、密度、膜厚等，它们和压力场、温度场以及固体表面变形之间相互有影响。因此，为了精确地求解流体润滑问题，常需将雷诺方程和能量方程、热传导方程、弹性变形或热变形方程以及润滑剂黏度与压力或温度的关系等联立求解。这样，在数学上很难求出解析解，通常采用电子计算机辅助运算，用数值解法求解雷诺方程。

（2）载荷量　流体润滑剂膜支承的载荷量 W 可在整个润滑剂膜范围内将压力 $p(x, y)$ 积分求得，即

$$W = \iint p\mathrm{d}x\mathrm{d}y$$

积分的上下限根据压力分布来确定。

（3）摩擦力　在液体膜润滑系统中，要克服的摩擦力 $F_{0,h}$ 是由速度及压力引起的与表面接触的流体层中的切应力造成的，即

$$F_{0,h} = \pm\iint \tau\big|_{x=0,h}\mathrm{d}x\mathrm{d}y$$

式中，正号为 $z=0$ 表面上的摩擦力，负号为 $z=h$ 表面上的摩擦力。根据牛顿黏性定律可得

$$\tau=\eta\frac{\partial u}{\partial z}=\frac{1}{2}\frac{\partial p}{\partial x}(2z-h)+(U_\mathrm{h}-U_0)\frac{\eta}{h}$$

对于下表面 $z=0$，可得摩擦力为

$$F_0 = \iint\left[-\frac{h}{2}\frac{\partial p}{\partial x}+(U_\mathrm{h}-U_0)\frac{\eta}{h}\right]\mathrm{d}x\mathrm{d}y$$

对于上表面 $z=h$，可得摩擦力为

$$F_h = \iint\left[\frac{h}{2}\frac{\partial p}{\partial x}+(U_\mathrm{h}-U_0)\frac{\eta}{h}\right]\mathrm{d}x\mathrm{d}y$$

摩擦力求得之后，就可确定摩擦因数 $\mu=\dfrac{F}{W}$，以及摩擦功率损失和因黏性摩擦所产生的发热量。

（4）润滑剂流量　通过流体润滑剂膜边界流出的流量 Q 可以按下式计算：

$$Q_x = \int q_x\mathrm{d}y \text{ 或 } Q_y = \int q_y\mathrm{d}x$$

将各个边界的流出流量相加，可求得总流量，根据计算的流量可以确定必需的供油量，以保证间隙内填满润滑剂，同时根据流出流量和摩擦功率损失还可以确定润滑剂膜的热平衡温度。

4. 雷诺方程的简化

雷诺方程是一个二维二阶非线性偏微分方程，用解析方法求解十分困难，因而需进行一系列简化。通常有以下简化形式。

1）以 U、V 代替式中的（U_1+U_2）及（V_1+V_2），这种代替只是为了使方程式在形式上简单一些，并没

有做任何假设。还可以将坐标轴进行适当安排，以便得到

$$\frac{\partial}{\partial x}(Uh)=0 \text{ 或 } \frac{\partial}{\partial y}(Vh)=0$$

实际上很少会遇到在两个相互垂直方向上都有油楔和速度的运动系统，因此雷诺方程（2-19）右边可简化成

$$6\left\{\frac{\partial}{\partial x}(Uh)+2(W_h-W_0)\right\}$$

根据轴承表面上各点的速度相等的假设，即 U 不是 x 的函数，还可以进一步简化：$\frac{\partial}{\partial x}(Uh)=U\frac{\mathrm{d}h}{\mathrm{d}x}$。

2）(W_h-W_0) 可写成$\frac{\mathrm{d}h}{\mathrm{d}t}$。如果做相对运动的上下两表面都是不可渗透的表面，即不是多孔性材料，流体不能渗入表面，也不能由表面渗出，则 (W_h-W_0) 一项可写成$\frac{\mathrm{d}h}{\mathrm{d}t}$。简化后方程的右边成为

$$6\left(U\frac{\mathrm{d}h}{\mathrm{d}x}+2\frac{\mathrm{d}h}{\mathrm{d}t}\right)$$

括号内第一项 $U\frac{\mathrm{d}h}{\mathrm{d}x}$代表正常的楔动压效应，后一项$\frac{\mathrm{d}h}{\mathrm{d}t}$代表挤压效应。在稳定运转的轴承中，$\frac{\mathrm{d}h}{\mathrm{d}t}$为零。但在大多数实用的轴承中，由于振动往往使$\frac{\mathrm{d}h}{\mathrm{d}t}$与 $U\frac{\mathrm{d}h}{\mathrm{d}x}$具有相同的数量级，还不能忽略。但由于包含挤压项的雷诺方程求解较为复杂，而忽略挤压项以后的计算偏于安全，因此对于稳态工况的轴承常常予以略去。这时方程简化为

$$\frac{\partial}{\partial x}\left(\frac{h^3}{\eta}\frac{\partial p}{\partial x}\right)+\frac{\partial}{\partial y}\left(\frac{h^3}{\eta}\frac{\partial p}{\partial y}\right)=6U\frac{\mathrm{d}h}{\mathrm{d}x} \tag{2-21}$$

3）在近似等温状态下，黏度 η 在各个方向都不变，还可以将方程简化为

$$\frac{\partial}{\partial x}\left(h^3\frac{\partial p}{\partial x}\right)+\frac{\partial}{\partial y}\left(h^3\frac{\partial p}{\partial y}\right)=6U\eta\frac{\mathrm{d}h}{\mathrm{d}x} \tag{2-22}$$

上式是常见的雷诺方程简化形式。

4）无限长轴承。如图 2-7 所示，如果轴承沿 y 方向的润滑表面长度 L 远大于 x 方向的宽度 B 时，则式（2-22）左侧中$\frac{\partial p}{\partial y}$远小于$\frac{\partial p}{\partial x}$，可近似地取$\frac{\partial p}{\partial y}=0$，即沿 y 方向无流动，因此可得

$$\frac{\mathrm{d}}{\mathrm{d}x}\left(h^3\frac{\partial p}{\partial x}\right)=6U\eta\frac{\mathrm{d}h}{\mathrm{d}x}$$

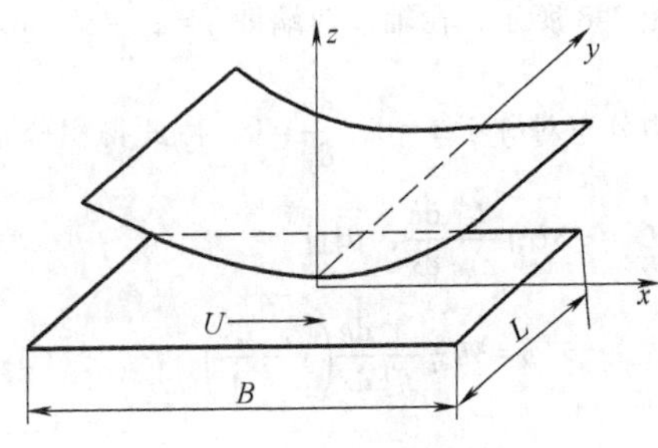

图 2-7　流体膜尺寸

积分一次得

$$h^3\frac{\partial p}{\partial x}=6U\eta h+C$$

式中，C 为积分常数。若在某一点的流体膜厚度为 $\bar{h}$ 处，存在$\frac{\mathrm{d}p}{\mathrm{d}x}=0$，则 $C=-6U\eta\bar{h}$，故该方程可写成

$$\frac{\mathrm{d}p}{\mathrm{d}x}=6U\eta\frac{h-\bar{h}}{h^3} \tag{2-23}$$

这就是一维雷诺方程，式（2-23）中的 $\bar{h}$ 是待定常数，它的数值根据边界条件来确定。这个方程与通过量纲分析法所求得的结果相同，其中$\frac{1}{2k}$相当于这里的 6。这个方程首先是由索莫费尔特（Sommerfeld）在 1904 年提出的。

5）无限短轴承。在另外一些情况下，相反，B 远大于 L 时，则可把轴承近似看成无限短，即沿 x 方向上的压力梯度比 y 方向的小得多，即$\frac{\partial p}{\partial x}$远小于$\frac{\partial p}{\partial y}$，这可从图 2-8 中看出，$\frac{\partial p}{\partial y}$的数量级为$\left(\frac{p}{L}\right)$，而$\frac{\partial p}{\partial x}$的数量级为$\left(\frac{p}{B}\right)$，如果 $L\ll B$，则$\left(\frac{p}{L}\right)\gg\left(\frac{p}{B}\right)$，此时可近似取$\frac{\partial p}{\partial x}=0$，因此可得

$$\frac{\mathrm{d}}{\mathrm{d}y}\left(h^3\frac{\mathrm{d}p}{\mathrm{d}y}\right)=6U\eta\frac{\mathrm{d}h}{\mathrm{d}x}$$

这个方程最早由密契尔于 1929 年首先提出，一般称为奥克维克方程。

积分一次，即可得压力分布公式为

$$\frac{\mathrm{d}p}{\mathrm{d}y}=6U\eta\frac{y}{h^3}\frac{\mathrm{d}h}{\mathrm{d}x}+C_1$$

再次积分得

$$p=3U\eta\frac{y^2}{h^3}\frac{\mathrm{d}h}{\mathrm{d}x}+C_1y+C_2$$

如图 2-8 所示，在轴承两端即 $y=\pm\frac{L}{2}$时，$p=0$，此外压力分布对称于 $y=0$，$\frac{\mathrm{d}p}{\mathrm{d}y}=0$，由此得积分常数 $C_1=0$，$C_2=-3U\eta\frac{L^2}{4h^3}\frac{\mathrm{d}h}{\mathrm{d}x}$，因此

$$p=3U\eta\frac{1}{h^3}\frac{\mathrm{d}h}{\mathrm{d}x}\left(y^2-\frac{L^2}{4}\right) \tag{2-24}$$

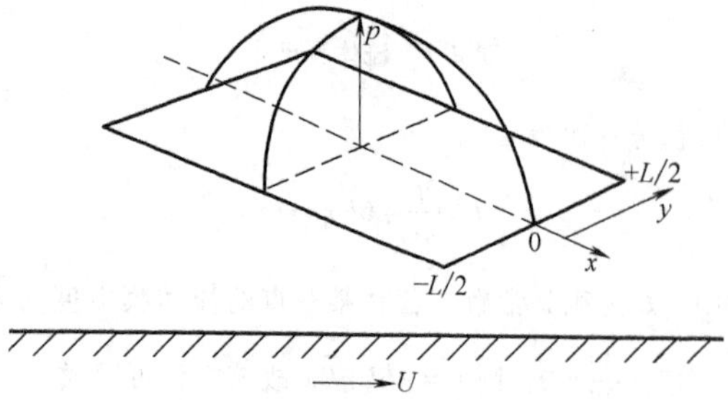

图 2-8　有限长滑块上的压力分布

式（2-24）给出了任何已知几何形状下各点流体润滑膜压力的数值，比较简便，但在应用时有一些限制条件。由于 h 是 x 的函数，只有当$\frac{\mathrm{d}h}{\mathrm{d}x}=0$ 或者 $h=\infty$ 处，才能满足 $p=0$ 的条件而成为润滑膜的起始点和终止点。因此无限短轴承近似式只能应用于在 x 方向的边缘处满足上述条件的场合。$\left(y^2-\frac{L^2}{4}\right)$ 的因子表明压力 p 沿 y 方向的变化按抛物线规律分布。这一点常作为有限长轴承简化计算的理论依据。

通常无限短近似理论适用于$\frac{L}{B}<\frac{1}{3}$的情况（将得到满意的结果），而无限长近似理论一般适用于$\frac{L}{B}>3$的情况。

5. 压力分布的边界条件

在应用雷诺方程求解压力分布时，需要应用压力分布的边界条件来确定积分常数。根据几何结构与供油情况的不同，可以得到不同的边界条件，由此可以确定其压力分布情况。

如图 2-9 所示为径向轴承的展开图，按照索莫费尔特边界条件，在收敛区形成正压力，而在发散区则形成负压力，而且压力分布是反对称的，即在最大间隙 $h_{\max}$ 与最小间隙 $h_{\min}$ 处，压力 $p=0$。但这种条件事实上是不可满足的。因为油膜在发散区不可能承受持续作用的较大负压力，而只能承受较高负压的冲击波或者很小的持续负压。实际上在负压区油膜将破裂，混入空气或蒸汽而产生气蚀现象，从而丧失承载能力。按索莫费尔特边界条件则可方便地求解压力分布，有时用作润滑问题的定性分析。

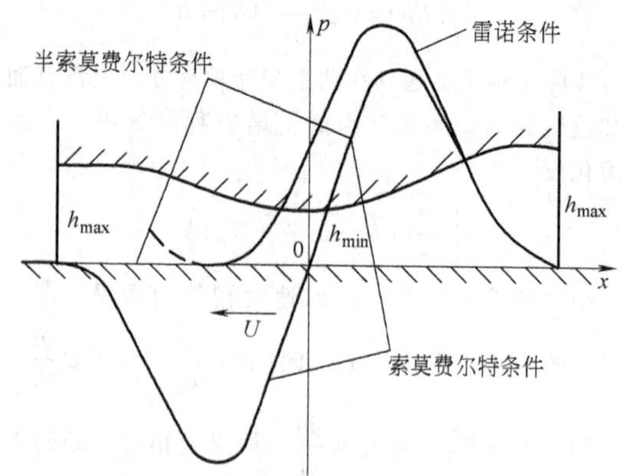

图 2-9　压力分布的边界条件

略去负压的简单方法是采用半索莫费尔特边界条件，即在图 2-9 中 $x\leqslant 0$ 的发散区内取全部压力为零，而在收敛区内油膜压力与索莫费尔特边界条件相同。但是半索莫费尔特边界条件实际上也是不能实现的，因为在收敛区和发散区的流量不相等，破坏了流量连续条件。但由于它使用方便，所给出的压力分布与实际情况相当接近，而且偏于安全，所以常用于工程计算。

雷诺边界条件是应用较多而又比较合理的方法，它将油膜的起点取在最大间隙即 $h_{\max}$ 处，令 $p=0$。而油膜的终止点是由油膜的自然破裂确定的，它位于最小间隙之后发散区内的某点，该点同时满足 $p=0$，$\frac{\mathrm{d}p}{\mathrm{d}x}=0$ 的条件。雷诺边界条件可以保证流动连续性，在油膜起始点和终止点之间，润滑膜是连续的。在终止点以后（图 2-9 虚线部分），由于间隙逐渐扩大，润滑油不可能充满整个间隙，将分裂成束状流动，部分为液体，部分为空气或水蒸气，此时雷诺方程不再适用。

图 2-9 示出了三种边界条件下所得出的压力分布曲线。试验证明，雷诺边界条件与实际测量的结果比较接近，但由于这种边界条件的油膜终止点位置必须根据计算确定，因此使用时不如其他边界条件方便。

2.2.3　湍流和流态转变

1. 湍流现象

湍流又称紊流，是流体层中出现的不稳定流动情况。由于在推导雷诺方程时曾经假设流体的流动是层流，当流体的流动性质由层流转变为湍流状态时，如

高速大型轴承及采用低黏度润滑剂的轴承中润滑剂的流动往往处于湍流状态下，这时润滑剂的惯性力增大到与黏性力相当，促使流动出现不稳定惯性，因而雷诺方程已不再适用。因此，必须了解支承元件中流体流动状态是否处于湍流状态以及流态转变的临界条件，以防止可能产生的润滑失效。

在流体力学中通常用雷诺数 Re 来判别流体流动性质。对于黏度为 η、密度为 ρ 的流体，当以速度 U 流过直径为 D 的圆柱管道中时，雷诺数 Re 为

$$Re=\frac{\rho UD}{\eta}=\frac{UD}{\nu} \tag{2-25}$$

式中　ν——运动黏度（m^2/s）；

D——管径（m）；

U——流体流速（m/s）。

1923 年泰勒（G. I. Taylor）曾对同心圆柱在转动时流体的流动情况进行过分析，并提出开始出现不稳定流动的临界雷诺数 Re_c 为

$$Rec=41.1\sqrt{\frac{R}{c}} \tag{2-26}$$

式中　R——内圆柱半径；

c——两圆柱的半径间隙。

$c/R=\psi$，称为间隙比，一般 ψ 小于 0.01，大于 0.001。

这种同心圆柱的流动情况与径向轴承近似。进一步实验表明：当雷诺数超过临界雷诺数 Re_c 时，将出现涡流，由层流转变为湍流，常称为泰勒涡旋。

2. 由层流到湍流的流态转变

雷诺数是流体流动时的惯性力和黏性力的比值，在雷诺数小的情况下，黏性作用相对较大，扰动总会被阻滞而能维持层流流动。而当雷诺数增加到足够大时，惯性力的大小将与黏性剪切力具有相同的数量级，此时流体将从层流过渡到湍流状态。因此可以由雷诺数来判别润滑剂处于层流还是湍流状态。

根据雷诺数的大小，流体润滑状态可以划分为三个范围。

1）润滑剂处于层流状态的低雷诺数区域。此时黏性力起主要作用，可采用通常形式的雷诺方程求解。

2）润滑剂以层流状态为主的中间雷诺数区域。此时黏性力和惯性力同时存在，在进行润滑计算时应考虑惯性力的影响，这将使雷诺方程变得复杂，但在处理方法上与层流润滑计算相同。这一区域的范围较狭窄。

3）湍流润滑状态下的高雷诺数区域。此时通常形式的雷诺方程已不适用，必须建立新的润滑方程和求解方法。

由此可见润滑剂在支承元件中的润滑状态从层流转变到湍流流动的条件是雷诺数的大小，同时这一转变过程存在过渡区域。中间状态是以出现涡旋为特征的涡流区，这时雷诺数增加到临界值 Re_c。但有时这个转变过程很不明显，而由层流直接转变为湍流。

对于径向轴承，近似于内圆柱体转动的两个同心圆柱，而推力轴承则近似于两个平行圆盘的相对转动。依照雷诺数的定义，轴承的雷诺数 Re 为

$$Re=\frac{\rho}{\eta}Uh=\frac{Uh}{\nu} \tag{2-27}$$

式中　h——间隙或油膜厚度（m）。

但由于径向轴承的偏心和推力轴承的楔形，使油膜中各处的间隙值不同；又由于轴承油膜中各处的温度不同，黏度值也不一样，因此在轴承中各处的雷诺数是个变量。而且轴承中有一个复杂现象是润滑剂为沿着两个方向的两维流动，同时存在着由表面移动引起的速度流动（流体的剪切作用）和由于表面间的压力差引起的压力流动的组合。由于这些原因，流动更不稳定，要精确地决定实际轴承的临界雷诺数值。

由实验求得它们由层流转变为湍流状态的临界雷诺数 Re_c 分别为

速度流动　$Re_c=\dfrac{\rho}{\eta}Uh\approx1500\sim1900$

压力流动　$Re_c=\dfrac{\rho}{\eta}UD=2000$

在轴承中的润滑剂是两种基本流动的组合，同时轴承中各处黏度和间隙不同，因此为安全起见而选用较低的临界雷诺数，即

$$Re_c=\frac{\rho}{\eta}Uc=1000\sim1500$$

这一结果也可从式（2-26）推出，当径向轴承的间隙比 $\dfrac{c}{R}=(0.8\sim3)\times10^{-3}$ 范围时，则 $Re_c=41.1\sqrt{\dfrac{R}{c}}=750\sim1500$。

应当指出以上所选用的轴承层流润滑的临界雷诺数值是相当粗略的，它是在不考虑轴承实际因素的条件下用平均油膜厚度和平均黏度计算的。通常只能用来预示层流转变的开始。

在润滑剂流动状态由层流转变为湍流状态时，将伴随出现以下的变化：功耗增大、轴承温度升高，油流量减少，摩擦因数剧烈增加以及轴承工作时的偏心率剧增。

2.3 流体静压润滑

流体静压润滑是指利用外部的流体压力源（如供油装置），将具有一定压力的流体润滑剂输送到支承的油腔内，形成具有足够静压力的流体润滑膜来承受载荷，并将表面分隔开的一种润滑状态，又称外供压润滑。

流体静压润滑的主要特点是支承部件在很宽的速度范围内以及静止状态下都能承受外力作用而不发生磨损。流体静压润滑的优点有：①起动摩擦阻力小，节能；②使用寿命长；③可适应较广的速度范围；④抗振性能好；⑤运动精度高；⑥能适应各种不同的要求。其缺点是需要专用的流体压力源，增大了设备占有空间。

早在1862年法国人谢拉特首先验证了静压轴承的原理，于1865年在火车车轮轴承中应用并取得专利，在1878年巴黎的世界工业展览会上展出了以这种轴承作为承载支承，摩擦因数约1/500。1938年，美国加利福尼亚州帕罗马尔山观测站的5m（200in）天文望远镜的支承导轨采用了流体静压支承，三个油垫的支承力各为729.5kN。该望远镜质量约500t，每天转一圈，驱动功率只需62W。从20世纪40年代末期起液体静压轴承开始在机床中应用，近几十年来已在许多重型机床、精密机床、高效率机床和数控机床中得到日益广泛的应用。在航天设备、测试仪器、重型机械、冶金机械、发电设备、某些通用机械和液压元件中也得到了应用。

在工业应用领域，油膜轴承具有一般滑动轴承和滚动轴承无法比拟的优点，比如摩擦因数小、损耗低等。世界范围内有两家大型轧机油膜轴承生产厂家，分别是太原重型机械（集团）有限公司和美国摩根公司。近年来，太原科技大学黄庆学院士、王建梅教授团队在大型油膜轴承的设计、理论与试验测试研究等方面做了大量工作，联合太重集团、油膜轴承分公司研究团队，完善了油膜轴承从刚流润滑、弹流润滑、热流润滑、热弹流到磁流体润滑理论，完成了大型油膜轴承综合试验台的建设与升级改造，为我国油膜轴承新技术、新产品、新工艺的开发提供了试验保障和技术支持。

2.3.1 流体静压润滑系统的基本类型

流体静压润滑系统的类型很多，一般可按供油方式和按轴承结构进行分类，其中按供油方式划分的基本类型有两种，即定压供油系统与定量供油系统。

1. 定压供油系统

这种系统供油压力恒定，一般包括三部分（见图2-10）。一是支承（轴承）本体；二是节流器，如小孔式、毛细管式、隙缝式、薄膜式和内部节流器等；三是供油装置或流体动力源，压力大小由溢流阀调节，集中由一个泵向各个节流器供油，再分别送入各油腔。依靠油液流过节流器时的流量改变而产生的压力降调节各油腔的压力，以适应载荷的变化。

2. 定量供油系统

这种系统各油腔的油量恒定，随油膜厚度变化自动调节油腔压力，来适应载荷的变化。定量供油方式有两种：一是由一个多联泵分别向油腔供油，每个油腔由一个泵单独供油；二是集中由一个油泵向若干定量阀或分流器供油后再送入各油腔（见图2-11）。

2.3.2 流体静压润滑油膜压力的形成

以径向和止推静压轴承系统为例，当油泵尚未工作时，油腔内没有压力油，主轴与轴承接触。油泵起动后，从油泵输出的润滑油通过节流器进入油腔，油腔压力升高，当油腔压力所形成的合成液压力与主轴的重量及载荷平衡时，便将主轴浮起。油腔内的压力油连续地经过周向和轴向封油面流出，由于油腔四周封油面的微小间隙的阻尼作用，使油腔内的油继续保持压力。润滑油从封油面流出后汇集到油箱，组成油路的循环系统。

图2-12a所示为润滑油进入油腔后的实际压力分布，在油腔内，润滑油压力大小相等，分布均匀，在四周封油面内，压力近似地按直线变化，封油面同油腔连接处的压力等于油腔压力，封油面外端压力为零。由此可见，当油膜将主轴和轴承隔开后，受润滑油压力作用的面积，除了油腔面积外，还有油腔四周封油面的面积。计算时所采用的压力分布如图2-12b所示，图2-12b中虚线所示面积A是圆弧面的投影面积，代表轴承一个油腔的有效承载面积，由此可知静压轴承一个油腔的承载能力F为

$$F=AP_{t} \tag{2-28}$$

式中　P_{t}——油腔压力。

上面是轴承单个油腔同油泵直接相连的工作情况。在静压支承中经常是使用多油腔与一个油泵相连。在这种情况下各个油腔之前都装有节流器，调节各油腔中的压力以适应各自的不同载荷。

图2-13所示为静压轴承工作原理。从油泵输出的压力油，通过节流器后，分别流进节流器所对应的轴承油腔。空载时，由于各油腔对称、等面积分布和各个节流器的节流阻力相等，故各油腔产生的承载力

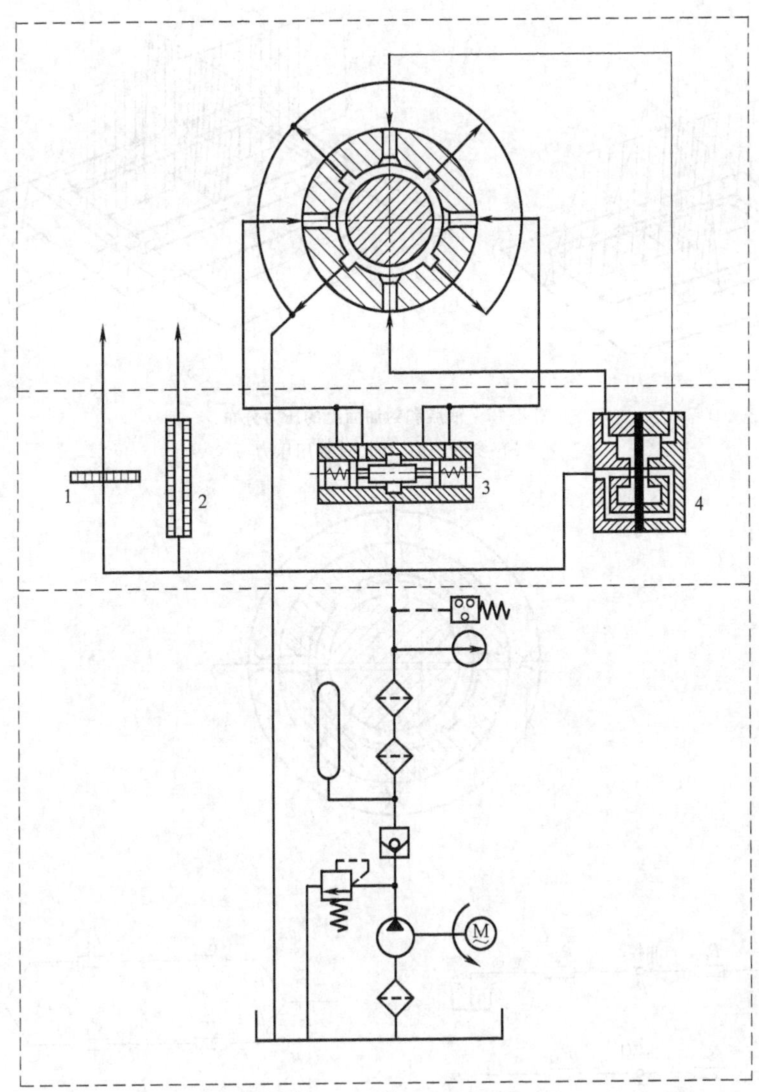

图 2-10　定压供油静压润滑系统

1—小孔节流式　2—毛细管式　3—滑阀反馈式　4—薄膜反馈式

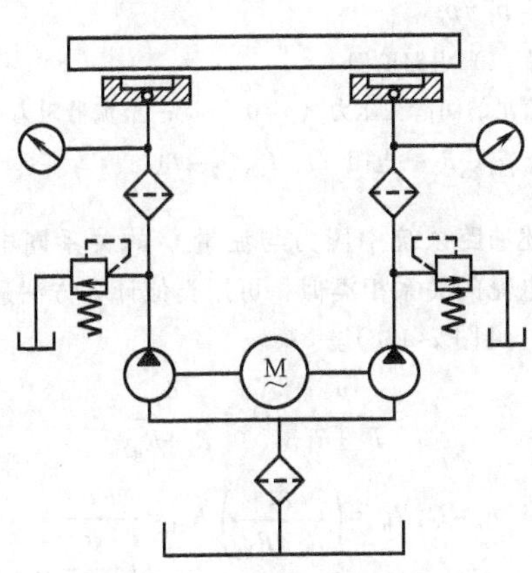

图 2-11　定量供油静压润滑系统

将主轴浮起，并处于轴承的中心位置（未计主轴系统自重）。此时，主轴和轴承之间各处的间隙 h_0 相同，各油腔压力 p_0 相等，各油腔的承载力相等，主轴处于平衡位置。

当主轴受到载荷 F 的作用时，主轴往油腔 1 的方向产生微小位移 e，此时油腔 1 的间隙从 h_0 减小到 h_0-e，封油面上的油流阻力增大，从油腔 1 经封油面流出的流量就减少，按照流量连续定律，从供油系统流经节流器 1 进入油腔 1 的油流量也减少。由于节流器的调压作用，流过节流器 1 而产生的压力降 Δp 也减小，油腔 1 的压力由 p_0 升高到 p_1。而油腔 2 的间隙则从 h_0 增加到 h_0+e，封油面的油流阻力减小，从油

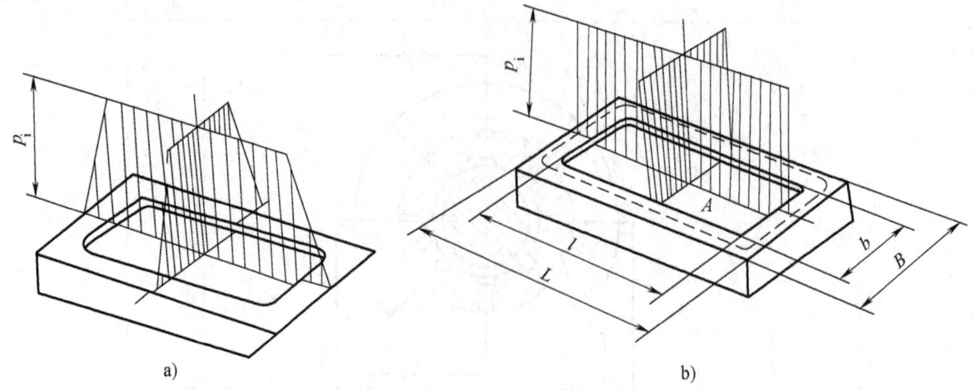

图 2-12 油腔和封油面上的压力分布

a）实际压力 b）计算用压力

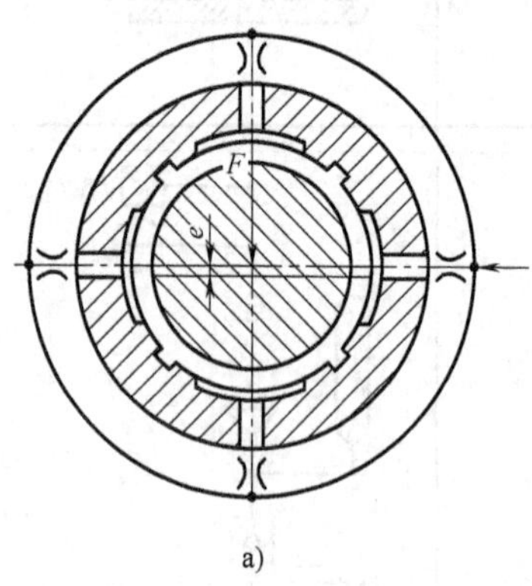

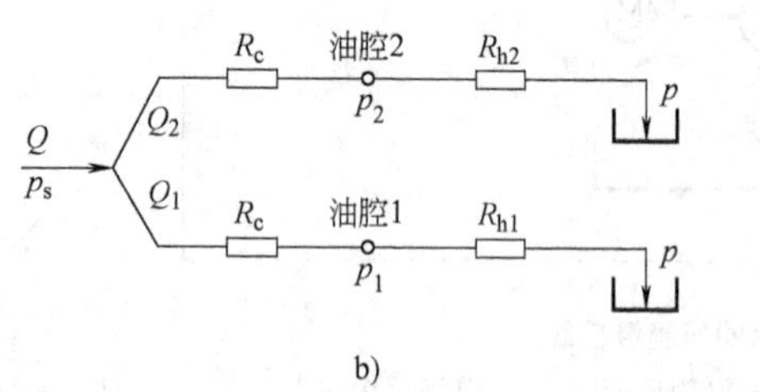

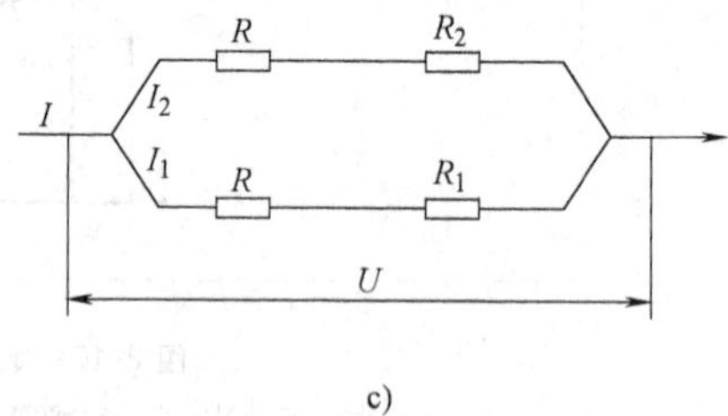

图 2-13 静压轴承工作原理 $p_1=p_2=p_s$

a）带节流器的静压轴承 b）油路简图 c）电路简图

p_s—供油压力 p_1、p_2—分别为油腔 1、2 的压力 p—从油腔向外流出的润滑油压力（$p=0$） R_c—节流器阻力 R_{h1}、R_{h2}—油腔 1、2 四周封油面间隙阻力 U—电压 R、R_1、R_2—电阻 I、I_1、I_2—电流

腔 2 经封油面流出的流量增加，从供油系统经节流器 2 进入油腔 2 的油流量也增加，流过节流器 2 而产生的压力降 Δp 也增大，油腔 2 的压力从 p_0 降到 p_2。因此油腔 1、2 的压力不等，主轴受到 1、2 油腔不平衡的合成承载力作用，该承载力同外载荷平衡，阻止主轴继续往油腔 1 方向移动，使主轴能在某一新的位置稳定下来。如果轴承和节流器的参数以及供油压力 p_s 选择适当，可使主轴的位移小。

上述油路系统中压力与流量 Q 的关系同电路中电压和电流的关系相类似，可用类似计算方法进行参数计算（见图 2-13c）。

$$Q_1=\frac{p_s}{R_c+R_{h1}};Q_2=\frac{p_s}{R_c+R_{h2}}$$

$$p_1=Q_1R_{h1}=\left(\frac{p_s}{R_c+R_{h1}}\right)R_{h1}=\frac{p_s}{1+\dfrac{R_c}{R_{h1}}}$$

$$p_2=Q_2R_{h2}=\left(\frac{p_s}{R_c+R_{h2}}\right)R_{h2}=\frac{p_s}{1+\frac{R_c}{R_{h2}}}$$

主轴受载荷作用后，R_{h1} 增大，R_{h2} 减小，而 R_c 仍保持不变，因此阻力比 R_c/R_{h1} 减小，p_1 增大；阻力比 R_c/R_{h2} 增大，p_2 减小，从而油腔 1、2 便形成压力差。如果没有节流器，即 $R_c=0$，则 $p_1=p_2=p_s$。虽然主轴和轴承的间隙发生变化，R_{h1} 和 R_{h2} 也改变了，但是始终是 $p_1=p_2=p_s$，油腔 1、2 不能形成压力差，轴承的承载能力等于零。由此可知，对定压供油的静压轴承，节流器是不可缺少的重要组成部分。

2.3.3　因压力降而产生的黏性流体的缝隙流动

1. 两平行平板

按照流体力学基本方程，两平行平板间的黏性流体的流动如图 2-14 所示。黏性流体的缝隙中的流量可按式（2-29）计算。

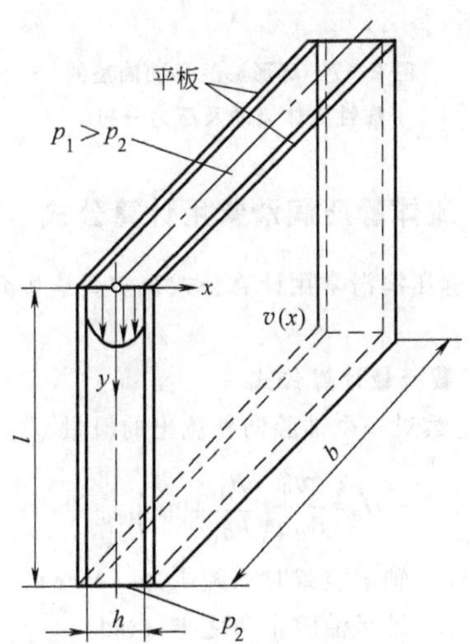

图 2-14　两平行平板间黏性流体的流动

$$Q=\frac{bh^3}{12\eta l}\Delta p \tag{2-29}$$

式中　η——动力黏度；

Δp——在缝隙长度上的压力降，$\Delta p=p_1-p_2$；

l——板长；

b——板宽；

h——间隙宽度。

式（2-29）一般称为哈根-泊肃叶（Hagen（Poiseuille）方程。

2. 环形缝隙

对于同心圆环形缝隙，可看成是一个将缝隙沿圆周展开，相当于宽度 $b=\pi d$ 的平行平板缝隙，因此缝隙中的流量 Q 可按式（2-29）改写为

$$Q=\frac{\pi dh^3}{12\eta l}\Delta p \tag{2-30}$$

式中　d——圆环直径。

对于偏心的环形缝隙，如图 2-15 所示，缝隙宽度不是常数，而是圆形角 a 的函数，此时流量 Q 可按式（2-31）计算

$$Q=\frac{\pi dh^3}{12\eta l}\Delta p\left(1+\frac{3}{2}\varepsilon^2\right) \tag{2-31}$$

式中　d——圆环直径；

h——圆环同心时的缝隙，$h=R-r$；

η——动力黏度；

l——圆环长度；

Δp——在圆环长度上的压力降，$\Delta p=p_1-p_2$；

ε——相对偏心率，$\varepsilon=\frac{e}{h}$；

e——轴对孔的偏心量。

由式（2-31）可以看到，偏心时的流量为同心时流量的（$1+1.5\varepsilon^2$）倍。

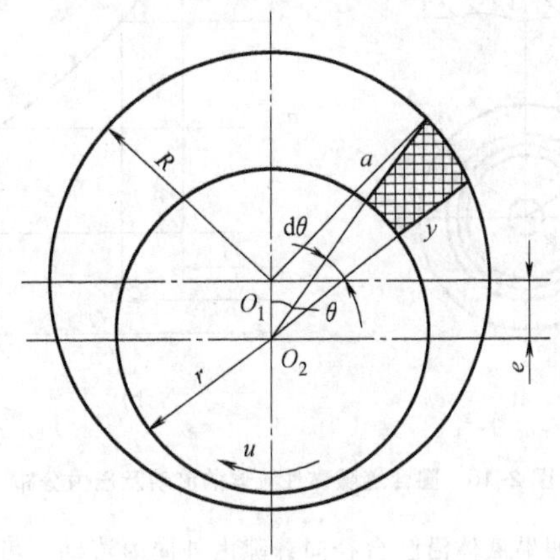

图 2-15　环形缝隙黏性流体的流动

3. 矩形平面油垫

静压支承中常用的矩形平面油垫可以看成是由 4 个狭长形平行平板组成，油液等流体从中间流入向四边流出（见图 2-12）。

当油膜厚度为 h 时，流经矩形油垫的流量可按两平行平板间层流的流量公式计算。假设油垫封油面上的压力分布近似地按直线规律变化，由式（2-29）可得沿 x 和 y 方向的流量分别为

$$Q_x=2\frac{h^3(B-b)\Delta p}{12\eta l}$$

$$Q_y=2\frac{h^3(L-l)\Delta p}{12\eta b} \tag{2-32}$$

总流量为

$$Q=\frac{\Delta ph^3}{6\eta}\left[\frac{B-b}{l}+\frac{L-l}{b}\right]$$

4. 圆形油腔平面油垫

由空心圆台和平面形成的圆环形平面缝隙（见图 2-16），液体沿圆台径向缝隙往外流动，设圆台的内、外圆半径分别为 r_1、r_2，缝隙两边的压力差 $\Delta p=p_1-p_2$。在任意半径 r 处取宽度 $\mathrm{d}r$ 的圆环，可看成是展开后相当于宽度 $b=2\pi r$，长度 $l=\mathrm{d}r$ 的平行平板的缝隙。考虑到压力随半径的增加而减小，代入式（2-29）并积分可得

$$Q=\frac{\pi h^3(p_1-p_2)}{6\eta l_n\frac{r_2}{r_1}} \tag{2-33}$$

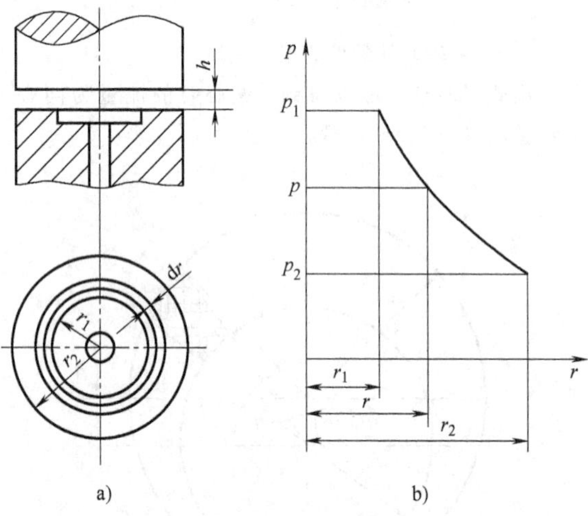

图 2-16 圆台缝隙黏性流体的流动及压力分布

如果液体沿圆台径向缝隙由外向内流动，可用同样方法求得流量 Q 为

$$Q=\frac{\pi h^3(p_2-p_1)}{6\eta l_n\frac{r_2}{r_1}} \tag{2-34}$$

5. 环形油腔平面油垫

环形油腔平面油垫缝隙（见图 2-17），参照式（2-30）与式（2-31），可以得到流量 Q 为

$$Q=\frac{\pi h^3 l_n\left(\frac{r_4 r_2}{r_3 r_1}\right)}{6\eta l_n\left(\frac{r_4}{r_3}\right)l_n\left(\frac{r_2}{r_1}\right)}\Delta p \tag{2-35}$$

根据流体力学的有关公式及以上式（2-29）、（2-30）等方程，还可以推导其他类型轴承与导轨等油腔中流出的流量。

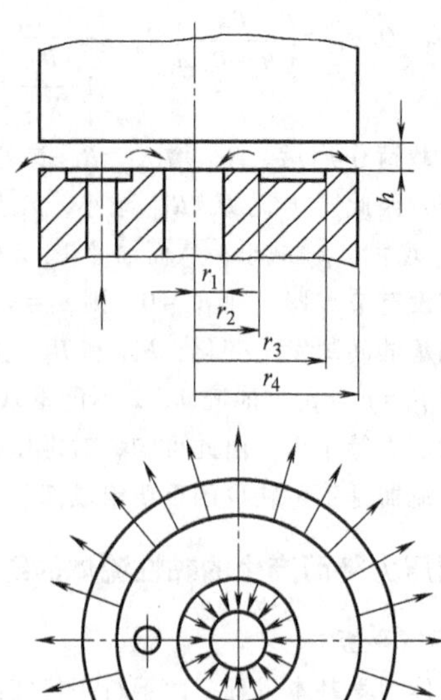

图 2-17 环形油腔平面油垫的黏性流体流动及压力分布

2.3.4 流体静压润滑常用计算公式

流体静压润滑常用计算公式很多，这里介绍几个常用公式。

1. 空载流量计算公式

1）空载对一个油腔向外流出的流量 Q_0。

$$Q_0=\frac{rh_0^3}{6\eta l_1}\left(\frac{H_1}{Rb_1}+2\theta_1\right)p_0 \tag{2-36}$$

式中 p_0——轴承空载时油腔压力（MPa）；

θ_1——轴承油腔张角之半（rad）；

l_1——轴承轴向封油面长度（cm）；

H_1——轴承油腔长度（cm）；

b_1——轴承周向封油面宽度（cm）；

r——轴承内孔半径（cm）；

Q_0——轴承一个油腔向外流出的流量（cm^3/s）；

h_0——轴承半径间隙（cm）。

2）空载时通过节流器流入支承一个油腔的流量 Q_{c0} 根据流体力学的有关公式可得到。

小孔节流器：

$$Q_{c0}=a\frac{\pi d_0^2}{4}\sqrt{\frac{2(p_s-p_0)}{\rho}} \tag{2-37}$$

式中 p_s——供油压力（MPa）；

p_0——支承空载时油腔压力（MPa）；

a——小孔流量系数，$a=0.6\sim0.7$；

Q_{c0}——空载流量（cm^3/s）；

d_0——节流小孔直径（cm）；

ρ——润滑油密度（g/cm^3）。

毛细管节流器：

$$Q_{c0}=\frac{\pi d_c^4(p_s-p_0)}{128\eta l_c} \tag{2-38}$$

式中　d_c——毛细管直径（cm）；

l_c——毛细管长度（cm）。

其余同上。

滑阀节流器：

$$Q_{c0}=\frac{\pi d_c h_c^3(p_s-p_0)}{12\eta l_c} \tag{2-39}$$

式中　h_c——滑阀体和滑阀之间的节流半径间隙；

d_c——滑阀直径（cm）；

l_c——滑阀节流长度（cm）。

其余同上。

薄膜节流器：

$$Q_{c0}=\frac{\pi h_c^3(p_s-p_0)}{6\eta l_n(\frac{r_{c2}}{r_{c1}})} \tag{2-40}$$

式中　h_c——薄膜处于平直状态 F 与圆台的距离（cm）；

r_{c1}——圆台进油孔半径（cm）；

r_{c2}——圆台半径（cm）。

其余同上。

2. 节流比和设计参数计算公式

在定压供油的静压支承中，首先由油泵输出具有一定压力的润滑油，通过各种节流器以后流入支承油腔中，在油腔内产生承载力，将主轴、导轨之类运动件浮起。因此，空载时通过节流器流入的油流量必须与从油腔向外流出的流量相等，才能保持流量连续，$Q_{c0}=Q$。

设 β 为节流比$\left(\beta=\frac{p_s}{p_0}\right)$，并令 $\beta=1+\lambda$，则利用上面的流量连续方程分别将各种节流形式的 Q_{c0} 代入，经数学处理后，就可得到各种支承的设计参数 λ_0。例如对于毛细管节流静压轴承，可按式（2-34）与式（2-36）得到

$$\frac{\pi d_c^4(p_s-p_0)}{128\eta l_c}=\frac{Rh_0^3}{6\eta l_1}\left(\frac{H_1}{Rb_1}+2\theta_1\right)p_0$$

整理后得

$$\lambda=\frac{64Rl_c h_0^3}{3\pi l_1 d_c^4}\left(\frac{H_1}{Rb_1}+2\theta_1\right) \tag{2-41}$$

其余可以类推。

3. 液阻计算公式

单位流量的液体流过缝隙时所产生的压力降，称为液阻 R_H，即

$$R_H=\frac{\Delta p}{Q} \tag{2-42}$$

如以式（2-29）和式（2-33）各式中的 Q 值代入式（2-36）中，即可得到在各个场合下的液阻。例如，由式（2-29），流过环形缝隙的流量 Q 为

$$Q=\frac{\pi dh^3}{12\eta l}\Delta p=\frac{\Delta p}{R_H}$$

$$R_H=\frac{12\eta l}{\pi dh^3}$$

式中　Q——流量（cm^3/s）；

R_H——液阻（$N\cdot s/m^5$）。

此外，还有一些参数计算，如轴承刚度、有效承载面积、功率、温升等。

2.4　流体动静压润滑

2.4.1　概述

流体动静压润滑是在流体动压润滑与流体静压润滑的基础上发展起来的。它兼有后两者的作用，但在支承结构上又有所不同，既可依靠运动副滑动表面形状在其相对运动时形成具有足够压力的流体膜，又能利用外部的流体压力源形成具有足够静压力的流体膜，可使支承部件表面之间在静止、起动、停止、稳定运动或是工况交变状况下均具有流体润滑膜，从而降低起动转矩，防止表面间的干摩擦、半干摩擦及磨损，使用安全，温升和功率损耗较低，精度保持性好。因此，流体动静压支承在大型、高速、重载、精密机床和机械中正得到日益广泛的应用。

2.4.2　流体动静压润滑系统的基本类型

按照流体动静压润滑系统的工作原理，其基本类型有以下三类。

1）静压浮起、动压工作式。这种润滑系统在支承部件起动、制动或速度低于某一临界值时，静压系统工作；而在支承正常运行过程中，动压系统工作而静压系统停止工作，常用于重载的球磨机、轧钢机、水轮发电机、重型机床等，特别是带载起动的机械。

2）动静压混合作用。这种润滑系统的特点是静压系统不只在支承起动、制动或速度低于某一临界值时工作，在正常运行过程中也连续工作，此时动压系统同时起作用。它的承载力是由动压效应和静压效应

共同作用形成的。常用于轻载又同时要求轴承刚度高的场合，如机床，特别是机床主轴轴承。

3）静压工作为主，动压作用为辅。这种润滑系统以静压工作为主，动压作用为辅助，可以充分利用油膜动压作用，增大支承承载能力，而当静压作用失效时，又有一定动压起保护作用，使支承不会损伤。常用于对安全要求与主轴旋转精度要求较高的精密机床等。

除了以上分类以外，按静压支承供油方式与结构等还可有许多分类方法，此处不一一列举。

动静压润滑系统的理论基础大致与流体动压和流体静压润滑系统相同。一般可根据其工作原理和结构特征进行分析。

2.5　弹性流体动压润滑

2.5.1　概述

当滚动轴承、齿轮、凸轮等高副接触时，名义上是点、线接触，实际上受载后承载面极窄小，由于载荷集中作用，接触区内产生极高压力，其峰值有时可达几千兆帕，在承载表面产生较大弹性变形。而接触表面间的油膜厚度又较薄，有时仅为接触区长度的千分之几。同时，由于接触压力极高，润滑剂的黏度也随着相应改变，不再是恒定值，比正常室温下的黏度要大许多倍。在这种情况下，相对运动表面的润滑状态如何是近几十年来人们所关注的弹性流体动压润滑的研究领域。概括起来说，弹性流体动压润滑就是两相对运动表面间的弹性变形与润滑剂的压-黏、温-黏效应对其摩擦与油膜厚度起着重要作用的润滑状态。

由于弹流润滑计算中必须在考虑到接触表面的弹性变形的情况下，求出润滑油膜几何形状和其中的压力分布情况，同时又要考虑到润滑油黏度随压力和温度变化对润滑的影响，而且相互之间也有影响，因此，不能用一般计算方法进行计算，只有用迭代法并借助于电子计算机采用数值计算求解，计算较为复杂。这也是过去虽然有不少人在研究弹流润滑理论，但一直进展迟缓的原因之一。

早在1916年，马丁提出了计算齿轮接触面间润滑油膜厚度的公式，但没有考虑到轮齿的接触变形和润滑油黏度变化的影响，而且在重载下所算得的油膜厚度远小于实际膜厚。1945年，苏联的艾特尔和1949年格鲁宾等人探讨了重载弹性接触点的油膜厚度近似方程，检验了高压力对润滑剂黏度的影响和形成接触的固体弹性变形的复合影响，格鲁宾等首次对线接触的等温全膜弹流求得了近似解。1951年，彼得鲁谢维奇求得了第一个线接触等温全膜弹流润滑的数值解。1959年以后，英国道森与希金森对等温线接触弹流问题进行了系统的数值计算，并在此基础上提出了适合实际使用的膜厚计算公式，并已被实验所验证。1970年，郑绪云对于椭圆接触弹流得出了格鲁宾型解。1972年，塔廉又提出了部分弹流润滑理论。目前弹流润滑理论在滚动轴承、齿轮、凸轮和人工关节的球形支承等领域内获得了广泛应用。在弹流润滑中热效应、表面粗糙度的影响、微观弹流润滑与非稳态弹流润滑、薄膜润滑、弹流润滑特性测试技术等领域内有了较大进展。

2.5.2　弹流润滑理论的应用

弹流润滑理论在工业中的应用还处于发展阶段，这是由于弹流润滑计算过程较为复杂，计算公式存在各种限制条件，而且机械零件的接触表面状态相当复杂，在分析中须进行简化，使计算带有一定局限性。

在将弹流理论应用于齿轮、滚动轴承及凸轮等高副运动时，首先要找出两个等效圆柱，从而求得当量曲率半径；其次求出接触处的载荷和平均速度，再确定接触表面材料的弹性模量、润滑油的黏度和黏压系数；然后根据这些参数计算出弹性参数、黏性参数和膜厚参数等；还要计算表面粗糙度综合值及膜厚比，以判断润滑状态和润滑的有效性。

为了工程计算上的方便，人们采用一组统一的无量纲参数，把各种润滑状态下的油膜厚度用图线或公式表示在一张图上，称为弹性流体动压润滑状态图或油膜厚度图。图2-18所示为1970年约翰逊

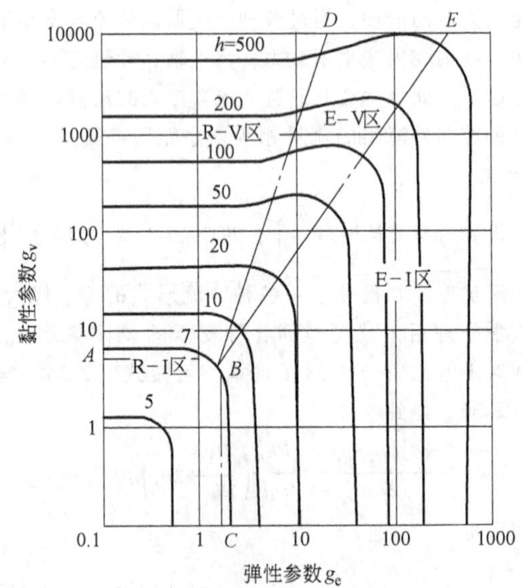

图2-18　弹性流体动压润滑状态图

整理的，并经虎克在 1977 年修订的弹性流体动压润滑状态图。

图 2-18 中横坐标表示弹性参数 g_e，纵坐标表示黏性参数 g_v。此处用三个统一的无量纲参数来表示油膜厚度与其他物理量之间的关系，即

1）膜厚参数 h_f 表示实际最小油膜厚度 h_{min}。与刚性润滑理论算得的油膜厚度相比较的大小。

$$h_f=\frac{h_{min}W}{\eta_0 uR}=\frac{h_{min}W^*}{U^*} \tag{2-43}$$

2）黏性参数 g_v 表示润滑剂的黏度随压力而变化的大小。

$$g_v=\left(\frac{a^2W^3}{\eta_0 uR^2}\right)^{\frac{1}{2}}=G^*(W^*)^{\frac{3}{2}}(U^*)^{-\frac{1}{2}} \tag{2-44}$$

3）弹性参数 g_e 表示弹性变形大小。

图 2-18 中绘出了通过计算求得的无量纲膜厚参数 h_f 的等值曲线。同时以四条直线为界将全区域划分为四个润滑状态区，给出了各区所适用的线接触润滑油膜厚度计算公式。汇交于 B 点的四条直线为：$\overline{AB}$（$g_v=5$）；$\overline{BC}$（$g_e=2$）；$\overline{BD}$（$g_v^{-\frac{1}{3}}g_e=1$）；$\overline{BE}$（$g_vg_e^{-\frac{7}{5}}=2$）。四个润滑状态区如下：

1）刚性-等黏度（R-I 区）。在此区域内，g_v 和 g_e 值都很小，压力未使黏度发生明显变化，表面弹性变形微小，这对黏压效应和弹性变形均可略去不计，如轻载高速下使用任何润滑剂的金属柱体接触的润滑状态。可根据马丁公式计算油膜厚度，即

$$h_f=4.9 \tag{2-45}$$

2）刚性-变黏度（R-V 区）。在此区域内，g_e 值保持较小值，即表面弹性变形微小，可认为是刚体，但 g_v 值较大，黏压效应成为不可忽视的因素，如载荷不大时使用大多数润滑剂的金属柱体接触的润滑状态。可根据布洛克公式计算油膜厚度，即

$$h_f=1.66g_v^{\frac{2}{3}} \tag{2-46}$$

3）弹性-等黏度（E-I 区）。在此区域内，g_v 值较小，即黏度保持不变，而 g_e 值较大，弹性变形对润滑的作用不可忽视，如采用任何润滑剂的橡胶类圆柱体或用水润滑的金属圆柱体接触的润滑状态等。可根据赫雷布勒公式计算油膜厚度，即

$$h_f=3.01g_v^{0.8} \tag{2-47}$$

4）弹性-变黏度（E-V 区）。在此区域内，g_v 和 g_e 值均很大，因而黏压效应和弹性变形对于油膜厚度具有综合影响，如采用大多数润滑剂的重载金属圆柱体。可根据道森-希金森公式计算油膜厚度，即

$$h_f=2.65g_v^{0.54}g_e^{-0.25} \tag{2-48}$$

根据格林伍德等人的计算结果，可将式（2-48）修正为

$$h_f=1.65g_v^{0.75}g_e^{-0.25} \tag{2-49}$$

在各区域以内，按上述各膜厚公式计算所得值与由图线查得的数值相差不超过 20%。而在两润滑区的过渡线附近误差增大，但也不超过 30%。

润滑状态图的使用方法是：①根据已知工况条件计算出材料参数 G^*、载荷参数 W^* 与速度参数 U^*；②计算出弹性参数 g_e 和黏性参数 g_v；③根据坐标点（g_e，g_v）在图中所处位置，可从图上直接查得无量纲膜厚参数 h_f，或者根据该点所在润滑区相应的公式计算出油膜厚度。

在国际上的高精尖机器和设备领域，例如，在无保持架的滚动轴承及滚针轴承、内燃机凸轮-挺杆机构、直线导轨等，弹流接触滑滚比通常在 2 到无穷之间变化；而在高速机床主轴轴承、新能源车辆、航空发动机轴承中普遍存在高速或超高速润滑条件，线速度普遍高于 60~80m/s。在这些特殊条件下，弹流油膜形状和变化规律一般偏离经典弹流理论，出现油膜凹陷、膜厚随速度升高而减小等异常行为，研究者提出了温度-黏度楔、柱塞流等模型以解释油膜的异常行为，然而不同的机理可能导致相同的油膜异常行为，因此各种机理的适用范围以及它们之间如何过渡是尚未解决的问题。此外，不同的散热结构、添加剂、润滑油种类及成分、接触固体界面特性，对大型工业机械设备的弹流润滑的影响也是需要考虑的问题。

2.6　气体润滑

2.6.1　概述

气体也是一种润滑剂，通过动压或静压方式由具有足够压力的气膜将运动副摩擦表面分隔开并承受外加载荷作用，从而降低运动时的摩擦阻力与表面磨损。用作润滑剂的气体主要是空气，也可以使用氦、氮、一氧化碳和水蒸气等。气体的重要特点是：黏度为液体的 1/1000~1/100，而且可压缩，密度将作为变量来处理。

使用气体润滑的支承元件具有以下优点。

1）摩擦小，在高速下发热小、温升低、运转灵活。

2）由于气体在很宽的温度范围内都是稳定的，因此工作温度范围较广。

3）气体润滑膜比液体润滑膜要薄得多，气体支承能够保持较小间隙，在高速支承中容易获得较高的回转精度。

4）在放射性环境或其他特殊环境下能正常工作，不受放射能等的影响。

5）空气取用方便，不会变质，不会引起对支承元件及周围环境的污染。

气体支承元件的不足之处有以下几个方面。

1）与相同尺寸的液体支承元件相比较，承载能力要低些，刚度也较差。

2）必须有气源由外部供给洁净而干燥的气体。

3）动态稳定性差，易于产生自激振荡或半速涡动。

4）对支承元件的制造精度及表面粗糙度方面的要求较高，需要用高价的特殊材料制造。

5）排气噪声较高。

1854年，法国人希恩（G. Hirsn）第一次提出应用空气作为润滑剂，1897年金斯伯利（A. Kingsbury）才制成空气轴承，进行实验验证，1913年哈里森（W. J. Harrison）最早进行理论计算，求得了无限长气体轴承的近似解。直到20世纪50年代以后，人们才对气体润滑原理和应用进行了全面研究，并在机床、气动牙钻、量仪、舵螺仪、透平氮膨胀机、纺织机械以及装配平台等设备仪器上广泛应用。

2.6.2 气体润滑的基础理论

与液体润滑相同，气体润滑系统也有动压润滑和静压润滑两类系统，其基本原理与液体润滑系统大致相同。

由于气体是压缩性流体，当气体流过支承元件时受热而膨胀，遇冷而收缩，密度随压力与温度的变化而变化，因此须运用流动质量的守恒原理来处理。微元体将以单位时间内的密度变化与体积的乘积的变化率存储质量，即

$$\frac{\partial\rho}{\partial t}\mathrm{d}x\mathrm{d}y\mathrm{d}z$$

而净流人微元体的质量为

$$\left\{\frac{\partial}{\partial x}(\rho u)+\frac{\partial}{\partial y}(\rho v)+\frac{\partial}{\partial z}(\rho w)\right\}\mathrm{d}x\mathrm{d}y\mathrm{d}z$$

因此连续方程可写成

$$\frac{\partial}{\partial x}(\rho u)+\frac{\partial}{\partial y}(\rho v)+\frac{\partial}{\partial z}(\rho w)+\frac{\partial\rho}{\partial t}=0 \tag{2-50}$$

对于理想气体，气体的状态方程式为

$$\frac{p}{\rho}=RT \tag{2-51}$$

式中 p——压力；

ρ——密度，见表2-2；

R——气体常数，对于一定气体，其值恒定，见表2-2；

T——热力学温度。

通常气体润滑膜温升很低，可假设为等温过程，此时状态方程为

$$p=k\rho \tag{2-52}$$

式中 k——比例常数。

对于气体变化过程迅速，热量来不及传递的润滑状态，可把这种过程看成绝热过程，此时气体状态方程为

$$p=k\rho^n \tag{2-53}$$

式中 n——气体的比热比，与气体中的原子数有关，对于空气，$n=1.4$。

对于等温过程的气体润滑，由以上分析可得气体润滑的雷诺方程为

$$\frac{\partial}{\partial x}\left(\rho h^3\frac{\partial p}{\partial x}\right)+\frac{\partial}{\partial y}\left(\rho h^3\frac{\partial p}{\partial y}\right)=6\eta\left[U\frac{\partial}{\partial x}(\rho h)+2\frac{\partial}{\partial t}(\rho h)\right] \tag{2-54}$$

式（2-54）是气体润滑的基本方程。

根据动力学原理，气体的黏度与压力无关，而是随绝对温度的平方根变化的，只有在很高或很低的压力下例外，常用苏泽兰（Sutherland）公式修正如下：

$$\frac{\eta}{\eta_0}=\left(\frac{T}{T_0}\right)^{\frac{3}{2}}\left(\frac{T_0+b}{T+b}\right) \tag{2-55}$$

式中 b——苏氏常数，见表2-2；

η——热力学温度为T时的黏度；

η_0——热力学温度为T_0时的黏度。

表2-2 气体的黏度、密度及一些常数

气体	空气		氧	氮	二氧化碳	氢（在0.42MPa下）
黏度/(10^{-5}Pa·s)（大气压，20℃）	1.82	2.23	2.03	1.76	1.47	0.890
苏氏常数 b	117	142	125	104	240	72
气体常数 R/[J/(kg·K)]	287.06	—	259.82	296.8	188.92	4124.2
气体密度 ρ/(kg/m^3)	1.29	—	1.43	1.25	1.98	0.09

2.7　边界润滑

2.7.1　边界润滑的特点

从斯特里贝克摩擦曲线（见图 2-1）中左面一段可以看到，随着运动副摩擦表面相对滑动速度降低和载荷的增加，以及润滑剂膜厚度 h 与表面粗糙度综合值 $\overline{R}$ 的比值 λ 的减小，摩擦表面靠近，摩擦表面之间已不能被润滑剂膜完全分隔开。在做相对运动时就会在摩擦表面上同时混合存在着一部分流体效应膜的润滑作用，一部分表面微凸体直接发生接触，这样一种润滑状态称为混合润滑。此时所产生的总摩擦力，一部分是由润滑剂黏度所决定的黏性摩擦力，一部分是表面微凸体接触时产生的摩擦力所组成。因此是一种不稳定的润滑状态。在混合润滑状态下，λ 值在 3 以下，0.4 以上。膜厚大于 30nm，当此时流体动压力以光滑表面的弹性流体动压润滑理论为起点时，称为微弹流润滑。

如果摩擦表面过分靠近，λ 值小于 0.4 时，表面微凸体接触增多，润滑剂膜的流体动压作用和黏度对降低摩擦所起作用很小，甚至会完全不起作用，摩擦系数急剧增大，从而进入边界润滑状态。这时决定摩擦表而之间摩擦学性质的将是润滑剂和表面之间的相互作用及所生成的边界膜的性质。当由于接触表面温度急剧升高等原因而导致边界膜破裂时，将产生金属直接接触，磨损加剧，甚至表面胶合。

1922 年英国学者哈迪第一次提出“边界润滑”的概念，他和达勃代注意到在对置固体表面靠得很近时，决定表面的摩擦磨损特性的主要是吸附在固体界面的薄层分子膜的化学特性和润滑剂的物理特性的影响，他们称这种润滑状态为“边界润滑”。以后有许多学者陆续对边界润滑的机理与特点进行研究，近代随着新型表面微观分析技术的进展，使我们对边界润滑的特点有了较深入的了解。

1）边界润滑状态下，涉及冶金学、表面粗糙度、物理和化学过程，如物理吸附、化学吸附、化学反应、腐蚀、催化和温度效应以及反应时间等因素的作用和影响。

2）边界润滑下最重要的因素是在金属上生成表面膜以降低固体对固体接触时的损伤。

3）表面膜的形成取决于润滑剂与表面的化学特性，而环境介质如氧、水与对表面活性起对抗作用的介质会影响膜的生成。

4）边界润滑的有效性由膜的物理性能所决定，包括厚度、硬度、抗剪强度、内聚力、黏附力、熔点以及膜在基础油中的溶解度等。

5）表面相对运动时的工况，如速度、载荷大小与性质和加载速率、温度、加热或冷却速度、是往复滑动还是单向滑动等都对边界润滑性能有影响。

在各种机械中的大多数运动副并不是在完全流体润滑状态下运转，特别是在起动、停止、慢速运转、载荷或速度突变的瞬间往往处于边界润滑状态下。因此，研究摩擦状态的转化过程以及采用有效的边界润滑剂来减少接触表面的磨损是十分必要的。

2.7.2　边界润滑的机理

在法向载荷的作用下，做相对运动的表面微凸体接触增加，其中一部分接触点处的边界膜破裂，产生金属-金属接触及黏附，另有很小部分表面由流体效应膜润滑，承受部分载荷，即

$$N=N_A+N_B+N_S \tag{2-56}$$

式中　N——法向载荷；

N_A——产生直接接触的表面承受的载荷；

N_B——金属表面边界膜承受的载荷；

N_S——由流体效应膜支承的载荷。

通常在边界润滑状态下，流体效应膜几乎不起作用。这时 N_S 一项可略去不计。

图 2-19 是边界润滑机理模型，摩擦力 F 可看成是剪断表面黏附部分的剪切阻力与边界膜分子间的剪切阻力以及微凸体之间空腔中产生的液体摩擦力之和，即

$$F=aA\tau+A(1-a)\tau_1+F_1$$

式中　a——在承受载荷的面积内发生金属直接接触部分占承载面积的百分数；

A——承受全部载荷的面积；

τ——金属黏附部分的抗剪强度；

τ_1——边界膜的抗剪强度；

F_1——液体摩擦力，通常可略去不计。

由此

$$F=aA\tau+A(1-a)\tau_1 \tag{2-57}$$

在边界润滑中，当边界膜能够起很好的润滑作用时，a 值较小，摩擦力 F 和摩擦系数 μ 可以近似地表示为式中

$$F=A\tau_1$$

$$\mu=\frac{\tau_1}{\sigma}$$

式中　σ——较软金属的抗压屈服强度。

由此可知，当边界膜能起很好的润滑作用时，摩擦系数决定于边界膜内部的扰剪强度。由于它比干摩

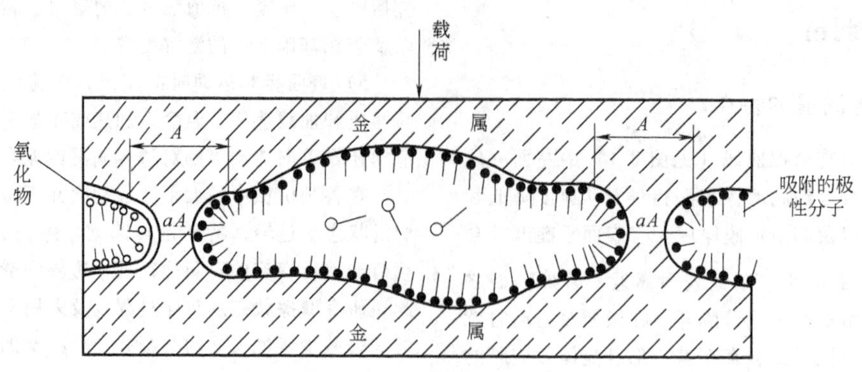

图 2-19 边界润滑机理模型

擦时金属的抗剪强度低得多，所以摩擦系数也小得多。当边界膜的润滑效果比较差时，a 值较大，即摩擦面金属的粘接点较多，因而摩擦系数增大，磨损也随着增大。在边界润滑状态下，摩擦表面的摩擦特性是依靠边界润滑剂的作用来改善的。

2.7.3 边界润滑剂的性能

对边界润滑剂的要求有以下三方面：

1）润滑剂的分子链环之间具有较强分子吸引力，能阻止表面微凸体将润滑剂膜穿透，因而可以缓和磨损过程。

2）润滑剂在表面所生成的膜具有较低的抗剪强度，也就是说摩擦力较小。

3）润滑剂在表面所生成膜的熔点要高，以便在高温下也能产生保护膜。

常用的边界润滑剂有固体润滑剂和添加有油性、极压与抗磨等类添加剂的流体润滑剂。如硬脂酸（$C_{17}H_{35}COOH$）就是一种常添加在润滑油中的长链型的极性化合物。它的一端 COOH 称为极性团，这种分子的极性团可以牢固地吸附在金属表面上，形成边界吸附膜。如遇摩擦时产生的高温，它与表面金属形成金属皂（$C_nH_{2n+1}COOM$），它也是极性物质，同样在金属表面上形成膜，但金属皂膜的熔点却比纯脂肪酸高，在边界润滑状态下的摩擦是指金属皂膜接触并发生相对滑动时的摩擦，它的摩擦系数比干摩擦低。如果金属皂膜破裂，金属表面立即直接接触而造成润滑失效，因此金属皂的熔点是边界润滑失效指标之一。

除了脂肪酸之外，油酸、氯化油脂、硫化油脂也是油性添加剂。

极压添加剂一般用于接触温度较高和高压工作场合下，它与表面金属在一定的接触温度下形成化学反应膜，使摩擦表面不致发生胶合磨损，常用的极压和抗磨添加剂有氯化石蜡、二苯基二硫化物及二烷基二硫代磷酸锌等。

2.7.4 形成边界膜的物理-化学过程

在润滑剂与固体表面之间产生保护性边界膜的相互作用机理有以下三种（见图 2-20）。

1. 物理吸附

当润滑剂中具有轻微极性的分子在范德华（Van-Der Waals）表面力作用下吸附在表面上，形成定向排列的单分子层或多分子层的吸附膜时，这种吸附称为物理吸附。物理吸附时，分子的结合较弱，没有化学作用产生，所生成膜可以脱附，又可重新吸附，是可逆的吸附作用。通常极性分子特别是长链烃的分子垂直定向吸附在表面上，分子之间有内聚力存在，互相吸引，靠得很紧，在表面凝聚生成一层薄膜，有能力抵抗微凸体将膜击穿，从而制止金属之间接触，如图 2-20a 所示。而在表面吸附膜的最外层，是一个低抗剪强度区，有降低摩擦的作用。

具有物理吸附的边界润滑系统对温度较为敏感，因为热能引起解吸、位向消失或膜的熔化，因此只限于体积平均温度及摩擦生热较低，也就是低载荷与低滑动速度的工况下使用。

2. 化学吸附

当润滑剂分子通过化学键的作用而吸附在表面上时，称为化学吸附。通常化学吸附的分子之间也有内聚力，吸附作用不完全是可逆转的。化学吸附比物理吸附作用要强得多，由于需要更多活化能量，因此具有较高的吸附热，物理吸附为 8374～41868J/mol，而化学吸附为 41868～418680J/mol。例如，硬脂酸与氧化铁在有水参与的情况下发生反应，在表面上形成硬脂酸铁的金属皂膜（见图 2-20b），这些金属皂不只是有较好的剪切性能，熔点也比硬脂酸高。

化学吸附可在其熔点以下保持有效的润滑，一般

a)

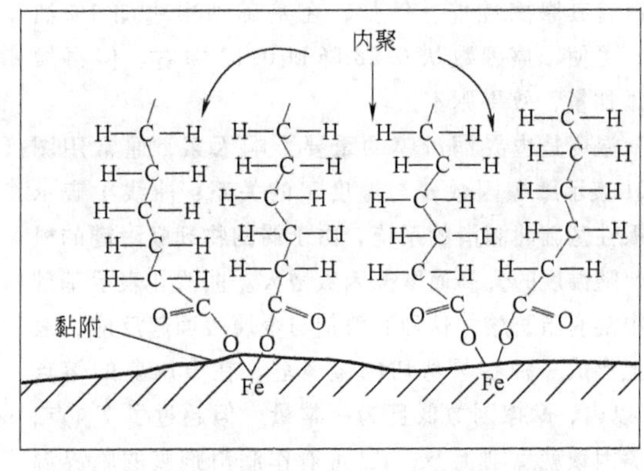

b)

c)

图 2-20　边界润滑膜示意图

a）物理吸附膜　b）化学吸附膜　c）化学反应膜

可在中等的载荷、温度与滑动速度下起润滑作用。在更严酷的工况下，由于吸附膜的位向消失，变软或熔化而失效。

3. 化学反应

当润滑剂分子与固体表面之间有化合价电子变换时就发生化学反应并生成一种新化合物膜（见图 2-20c）。化学反应膜的厚度只受通过晶体品格扩散的过程支配，它具有较高活性与键能，而且完全不可逆转。大多数产生化学反应膜的边界润滑剂分子中含有硫、磷与氯原子，它们可在边界上生成抗剪强度低但熔点高的金属盐膜，如硫化物、磷化物或氯化物等，这些薄膜比物理或化学吸附膜更为稳定。有时在同一分子中含有几种活性元素，效果更好一些。

产生化学反应膜的边界润滑剂适合在重载荷、高温度和高滑动速度下，也就是在称为极压的工况下使用。但限于能与表面产生反应，而且应当是在最适宜的工况（如极压工况）才产生反应的润滑剂，以免加速摩擦时的化学磨损过程。摩擦表面的突出部位承受重载荷时，可能使膜破裂而在相对运动过程中将突出部位磨平，然后在局部高温下又再次生成新的化学反应膜。

2.7.5　影响边界膜润滑性能的因素

一般认为，影响干摩擦的因素也直接影响边界摩擦，而边界摩擦具有更为普遍的意义，要考虑到由平稳滑动过渡到干摩擦以致金属严重咬粘、焊合整个摩擦过程的影响因素。

在边界润滑系统中，首先要考虑到除了黏度作用以外润滑剂降低摩擦与磨损的能力即油性的作用。油性好的润滑剂易于形成吸附膜，在摩擦副相对运动时摩擦阻力与磨损较小。对于吸附膜，极性分子链的结构、极性分子的吸附节、极性分子膜的层数等，都会影响吸附膜的润滑效果。在一般情况下，随着极性分子链长增加，摩擦因数将下降，达到一定值后不再变化。在润滑剂中加入适量油性添加剂可改善其摩擦性能，例如，在基础油中添加 1%油酸，可使摩擦因数从 0.28 降到 0.12 左右。但再增加添加量，效果则不大。

温度是边界润滑膜的重要影响因素，通常用图 2-21 表示摩擦因数 μ 与温度 T 的关系：曲线Ⅰ表示非极性基础汕润滑的系统，由于弱的物理吸附键的松解，随温度的升高而摩擦因数增大。曲线Ⅱ表示基础油中溶有脂肪酸，这种润滑剂与金属表面起反应，表面上形成一种容易剪切的金属皂，在金属皂的熔点 T_m 以内，摩擦因数低且为一常量。但超过了 T_m 点，摩擦因数就急剧上升，T_m 可看作润滑剂膜的临界温度。曲线Ⅲ表示基础油中溶有极压添加剂，在反应温度以下，添加剂的反应很慢，摩擦因数较大，当达到 T_r 后，就开始化学反应，形成边界润滑膜，摩擦因数就下降，直到高温都能有效润滑。曲线Ⅳ是由Ⅱ和Ⅲ有效组合的理想化的曲线，在 T_r 以下脂肪酸起着良好的润滑作用，而在 T_r 以上，在很大程度上由极压添加剂起着润滑作用。

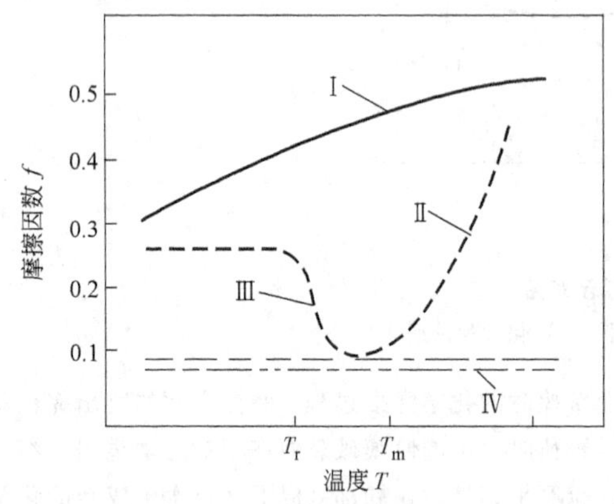

图 2-21　边界润滑系统的摩擦特性

速度是边界润滑膜的影响因素之一。在平稳的摩擦状态下，边界润滑膜的摩擦因数一般不随滑动速度改变而改变，在低速下，在由静摩擦向动摩擦过渡时，吸附膜的摩擦因数随滑动速度的增加而下降，直到某一定值。化学反应膜的摩擦系数随速度增加而增大，直到某一定值。

在吸附膜的允许承载压强限度内，吸附膜的摩擦系数不因载荷变化而变化，保持稳定值。当载荷超过允许值时，边界膜将随着载荷的增加而发生破裂或脱吸，将导致摩擦表面接触，使摩擦因数急剧升高。在高速重载的条件下，某些化学反应膜有较强的抗黏附能力。

此外，边界摩擦因数与摩擦表面的粗糙度有关，随着表面粗糙度的提高，摩擦因数随之增大（见表 2-3）。

表 2-3　摩擦因数与表面粗糙度的关系

表面	超精加工	磨削	磨削	磨削	磨削
表面粗糙度 $Ra/\mu m$	2	7	20	50	65
矿物油	0.128	0.189	0.360	0.372	0.378
摩擦因数矿物油+质量分数为 2%的油酸	0.116	0.170	0.249	0.261	0.230
油酸	0.099	0.163	0.195	0.222	0.238

2.7.6　提高边界膜润滑性能的方法

从以上分析可以清楚地看到，在边界润滑状态下摩擦表面的相互作用受到表面上存在的污染物与保护性边界膜的种类与状况的显著影响，而摩擦表面间的摩擦与磨损，则取决于边界膜的有效性。因此，为了提高边界润滑膜性能，必须合理选择摩擦副的材料、润滑剂及其应用方法。注意保持适度的表面粗糙度与工况，边界润滑膜的作用是值得重视的重要因素，需要进行综合分析。例如，使用产生吸附膜的油性添加剂作为边界润滑剂时，应在中等的负载、温度与滑动速度下使用。而在重载、高温和高滑动速度的严酷工况下使用产生化学反应膜的极压剂时，则在一般工况下效果可能不明显。许多化学反应膜如脂肪酸金属皂及氮、硫、磷化物在使用时的反应速度也是一项基本因素，应根据工况条件加以考虑，例如，液压油的添加剂，工作较缓和，要求有较高的使用寿命，应具有较低的反应速度；而对于金属切削、金属成形与拉拔加工，润滑剂只与金属有极短时间的接触，工况条件极为严酷，最好使用反应速度快的边界润滑剂。

固体润滑剂与摩擦表面不一定产生化学反应，但它本身作为一层材料插入在摩擦表面之间，比金属界面更容易发生剪切，具有更小的摩擦，也常作为边界润滑剂使用。

2.7.7　“爬行”现象

1.“爬行”现象概述

做相对运动的摩擦副在其驱动速度和载荷保持恒定的情况下表现出的时而停顿时而跳跃或者忽快忽慢的运动不均匀现象，一般称为“爬行”或“黏-滑”现象。“爬行”现象是由于摩擦副间的摩擦特性所引起的一种张弛型自激振动。爬行是一种有害现象，机床进给传动部件发生爬行，破坏了进给运动的均匀性，影响工件加工精度和表面粗糙度，摩擦表面磨损增加，使机床不能正常工作。火车车轮在通过弯道时与钢轨发生爬行，往往发生尖叫，并使钢轨表面发生颤纹。

爬行现象常在承受重载的滑动摩擦副，如机床工作台与床身导轨由静止状态起动瞬间及低速运动过程中产生。此时摩擦面一般处于边界摩擦状态，摩擦阻力具有随相对滑动速度增加而下降的特性。在这个自振系统中，摩擦过程相当于具有反馈特性的控制调节系统，交变振动速度 $\widetilde{\dot{x}}$ 通过摩擦过程的作用，产生维持自振的交变摩擦阻力 $\widetilde{F}$（见图 2-22）。

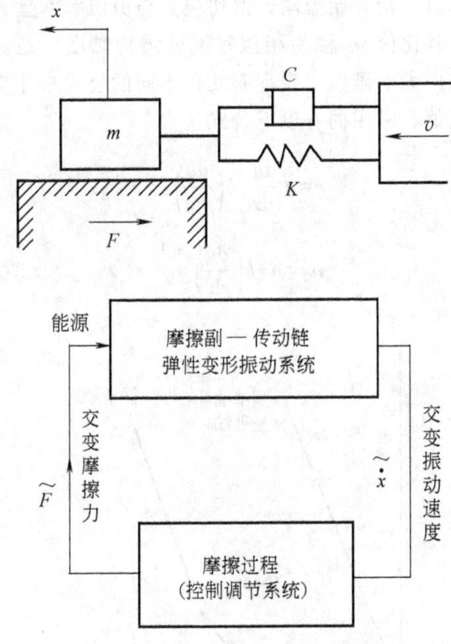

图 2-22 "爬行"现象方框图

当对质量为 m 的滑块施加驱动力，使其将由静止进入运动状态时，表面微凸体之间在法向载荷作用下处于啮合状态，产生微观弹性位移，分子黏附连接，相当于弹簧 K 被压缩，阻尼 C 吸收输入的一部分能量，此时的摩擦阻力相当于静摩擦力，加上传动链各环节刚性不足等因素，滑块暂时不会立即运动，当驱动力继续加大，微观弹性位移加大，分子黏附伸展，直至弹簧弹性力 K_x 大于静摩擦力 F_s，使分于黏附连接破坏，滑块 m 即开始对底板产生相对滑动，摩擦力转为动摩擦力 F_d，由于摩擦力随相对滑动速度增加而下降的特性，$F_d<F_s$，$K_x>F_d$，滑块 m 得到一个加速度，速度逐渐增加，储存在弹簧内的能量释放，弹簧的压缩量减小。由于惯性的影响，滑块继续冲过一小段距离，直至弹性力小于摩擦力时滑块减速，而当弹性力减小到不能维持滑块运动时，运动将停顿。接着表面微凸体之间进入新的啮合状态，上述粘-滑过程又再次重复，从而形成了滑块的爬行。如果驱动速度较高，或 $F_s \leqslant F_d$。使滑块在摩擦力没有下降特性的速度下工作，就不会出现爬行，图 2-23 所示为滑块的驱动速度-时间与位移-时间的关系。

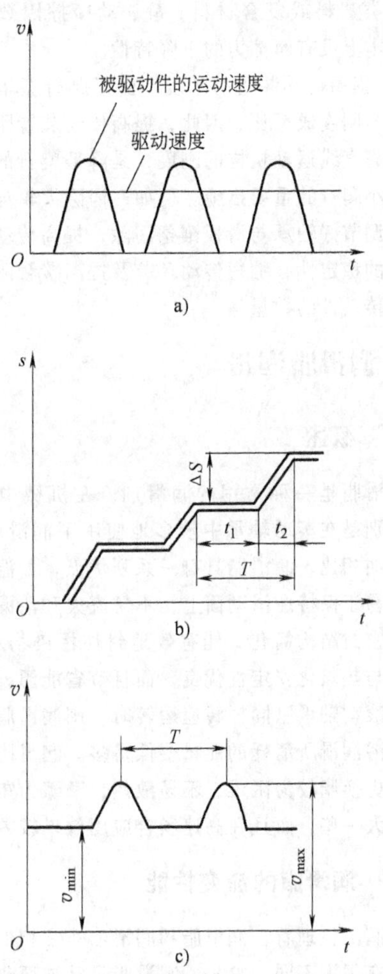

图 2-23　滑块驱动速度和位移与时间的关系

a)、b) 时走时停的爬行　c) 忽快忽慢的爬行

2. 消除"爬行"现象的方法

在运动副运动过程中发生爬行现象会影响正常工作过程，使机床加工件精度和表面粗糙变差，因此研究爬行现象产生的机理及消除方法是一项重要课题：一般而言，可以从以下途径入手来消除爬行现象。

1）改善运动副摩擦表面间的摩擦特性，如通过采用动压导轨、静压导轨或卸荷导轨等，使之成为流体润滑，或是采用在边界润滑状态下具有优良润滑性能的润滑剂，如添加有油性、极压或抗磨添加剂的防爬润滑油，以降低表面间静、动摩擦系数之差，改变低速时摩擦力的下降特性。

2）降低系统总摩擦力，增加系统阻尼等。如采用滚动导轨以及专门的阻振材料等。

3）选择适当的摩擦副材料，使摩擦因数小，不易咬粘，如耐磨塑料、涂层及软带等。聚四氯乙烯及聚甲醛类塑料或复合材料，静、动摩擦因数之差很小，基本上没有摩擦力的下降特性。

4）提高传动装置的刚度。由于爬行振幅和临界速度都与刚度成反比，因此，提高传动装置刚度，特别是提高直线运动机构的刚度，是降低爬行的临界速度、减小爬行的重要措施。例如，消除齿轮与丝杠副背隙，调节好轴承与滑板镶条间隙，提高传动装置在低速下的稳定性，缩短传动环节及提高接触刚度，以及减少传动件的数量等。

2.8 润滑脂润滑

2.8.1 概述

润滑脂是一种常用的润滑剂，在机械中应用广泛，特别是在滚动轴承中较多地使用了润滑脂润滑。与润滑油相比，润滑脂具有一系列优点，如温度范围较广，易于保持在滑动面上，不易流失和泄漏，润滑系统与密封结构简化，能有效地封住污染物和灰尘，防锈性与热氧化安定性优良，而且节省能源，如相同尺寸的滚动轴承以同样转速运转时，用润滑脂润滑比采用油浴润滑所消耗的能量要低得多。润滑脂的不足之处是更换脂较为困难，不易散热，摩擦力矩较使用润滑油大一些，而且在高速场合应用效果较差。

2.8.2 润滑脂的流变性能

从润滑机理看，润滑脂和润滑油非常相似，但流变性质有很大不同。首先，润滑脂是已被稠化成为半固体状的或固体状的润滑剂，是具有一定的稠度和触变性的结构分散体系。它的稠度在切应力作用下变小，当停止剪切时，稠度又变大。但因在剪切过程中有一部分皂纤维会被剪断，故一般不可能恢复原状。稠度和触变性的大小，取决于金属皂的种类、浓度和分散状态的特性。

另一方面，润滑脂具有宾汉（Bingham）塑性流体之类非牛顿流体的特性，它的流动不遵循牛顿黏性流动的规律，只有在足够外力的作用下，才能产生变形和流动。当运动副运转时成为黏度接近基础油的流体而起润滑作用。除去外力或运动副停止运转时又成为半流体。因此可保持在滑动面上不会流失。

按宾汉型塑性流体来考虑润滑脂。则黏性流动的规律为

$$(\tau-\tau_0)=\eta\frac{du}{dz} \tag{2-58}$$

式中 τ——切应力；

τ_0——屈服切应力（开始剪切的临界切应力）；

η——塑性黏度；

$\frac{du}{dz}$——剪切率（或切应变）。

如图2-24所示，当切应力小于屈服切应力时，脂基本上不流动，剪切率等于零。当切应力大干屈服切应力时，脂开始流动，但切应力与剪切率不呈直线关系，其比值 η_0 称为相似黏度或结构黏度，是剪切率或切应力的函数。现存有几种不同的公式来计算相似黏度值，常用的有以下公式：

$$\tau=a\frac{du}{dz}+b\left(\frac{du}{dz}\right)^n$$

或

$$\eta_0=a+b\left(\frac{du}{dz}\right)^{n-1} \tag{2-59}$$

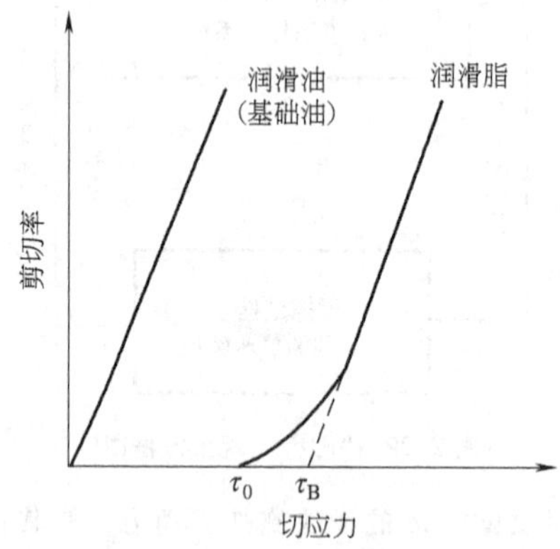

图2-24 润滑油、脂的切应力和剪切率的关系

在式（2-59）中，实际上是将润滑脂的相似黏度分成两部分来考虑。a、b、n 是三个常数，a 代表牛顿流体部分的黏度，即剪速无限大时的黏度。$b\left(\frac{du}{dz}\right)^{n-1}$ 代表非牛顿流体部分的黏度，剪切率越小，这一项所起的作用越大。只有当切应力进一步增大，剪切率才逐渐与切应力呈直线关系。将直线部分延长，与横坐标相交于 τ_B，称为宾汉屈服值。n 又称流变指数，在常温下大多数润滑脂 $n<1$。

总之，在流体润滑或弹性流体润滑理论中，通常是将润滑脂近似地作为宾汉塑性流体来处理，塑性黏度是决定润滑性能的基本参数。

2.9　超滑理论

超滑是国际摩擦学研究的热点之一。通常将摩擦系数小于 0.001 的润滑状态叫作超滑。超滑可分为固体超滑（含结构超滑）和液体超滑，其机理与摩擦起源密切相关。国际上许多人从原子、分子的角度研究摩擦的规律和现象，在单晶二维材料层间超滑性能、无定型碳薄膜的超低摩擦现象、新的液体超滑体系（磷酸体系、生物液体、酸与多羟基醇混合溶液）等取得了大量的成果。对超滑机理和技术的深入研究，不但对探索润滑和摩擦的本质具有很大的意义，而且是对润滑理论体系的一种丰富。

2.9.1　超滑理论研究

超滑现象和近零摩擦是近几十年发现的新现象，引起了摩擦学、机械学、物理学乃至化学等领域学者的高度关注，为解决能源消耗这一难题提供了新的途径。理论而言，超滑是实现摩擦因数接近于零的润滑状态。但是，一般认为滑动摩擦因数在 0.001 量级或更低（与测试干扰信号同一量级）的润滑状态即为超滑态。在超滑状态下，摩擦因数较常规的油润滑成数量级的降低，磨损率极低，接近于零。超滑状态的实现和普遍应用，将会大幅度降低能源与资源消耗，显著提高关键运动部件的服役品质。

2012 年以来，超滑领域所取得的突破性进展和对超滑认识的逐步深入，为超滑从实验室研究走向技术创新应用打开了大门，为全世界感兴趣的年轻学者、发明家和创新技术投资者提供了一次重要机遇。为了加速对超滑机理的认识、增强中国在超滑研究设备方面的开发，科学技术部于 2013 年设立了由清华大学郑泉水领衔的国家重点基础研究发展计划（973 计划）项目“纳米界面超润滑检测技术与机理研究”，国家自然科学基金委 2018 年设立了由郑泉水领衔的重大项目“介观尺度结构超滑力学模型与方法”，有关成果发表在顶级期刊 *Nature* 上。另外，2015 年在北京召开了由雒建斌、M. Urbakh 和郑泉水担任主席，全球 20 余位超润滑或极低摩擦领域的顶尖专家参加的首届超润滑国际研讨会议，会议探讨了超润滑在新一代信息技术、太空探测、精密制造等领域的几个潜在重要应用。

2.9.2　超滑和近零摩擦的发展阶段

从原子尺度、纳米级的摩擦理论层面，早在 1983 年，佩拉尔（M. Peyrard）和奥布里（S. Aubry）就利用一个十分简单、只含两个弹簧系数的 Frenkel-Kontorova 模型（简称 FK 模型），从理论上预测了两个原子级光滑且非公度接触的范德华固体表面（如石墨烯、二硫化钼等二维材料表面）之间存在几乎为零（简称“零”）摩擦、磨损的可能。1991 年，日本科学家平野（M. Hirano）等人通过 FK 模型的计算，根据宏观力学的理论再次提出了类似的预测，将其命名为超润滑（Superlubricity），并做了多次固体润滑剂的超滑现象实验尝试，或许是向“高温超导（High Temperature Super-conductivity）”致敬。此后，马丁（J. M. Martin）等于 1993 年实验观察到了摩擦因数低达 10^{-3} 量级的超低摩擦现象。由于长期没有证实佩拉尔等预测的超润滑概念，人们渐渐地将超低摩擦现象称作为超滑，而将前者改称为结构润滑（Structural Lubricity）。人类历史上第一次观察到结构超滑（Structural Superlubricity）是在 2004 年，由荷兰科学院院士弗伦肯（J. Frenken）领衔的团队在纳米尺度、超高真空、低速（微米/秒）的条件下观察到石墨-石墨烯界面超滑。这二十年（1984—2004）的研究，包括弗伦肯本人在内的许多科学家都不仅认为纳米以上尺度结构超滑难以实现，而且从理论上予以了“证明”。超滑科学成为全世界的研究难题。

然后，2008 年清华大学郑泉水团队在世界上首次实验实现了微米尺度结构超滑。2012 年，郑泉水团队证实了这是结构超滑，从而颠覆了人们的有关认识。弗伦肯（J. Frenken）等在《化学世界》（*Chemistry World*）（2012）上评价：“这是一个聪明的、经过仔细设计且极具勇气的实验。该现象发生在介观尺度，立刻将这个现象的研究从学术兴趣转化到实际应用(“immediately brings it from academic to practical interest”)。此后，全球性的结构超滑和极低摩擦研究都进入了一个加速增长期，研究者们在不同的系统中都观测到了超滑现象。事实上，重大科学问题的研究进程一般经历三个阶段：现象发现→机理揭示→实践应用，目前超滑的研究正处于由第一阶段向第二阶段过渡的关键时期（2016~2020 年）。因此，未来十年可能是超滑面临重大突破和飞速发展的重要时期。例如，美国国家航空航天局 NASA、欧洲研究理事会 ERC、日本宇宙航空研究开发机构 JAXA 等重要组织已相继投入巨资开展超滑研究，先后公布了一系列具有优秀超滑性能的材料。

2.9.3　超滑理论的潜在价值

科学家针对二硫化钼，类金刚石和石墨烯涂层、水基液体润滑等材料体系，相继实验观察到了以摩擦因数为 0.001 量级或以下为特征的所谓极低摩擦

(ultralow friction）现象或超滑材料体系。中国学者对这个方向的发展做出了重要贡献，特别是清华大学摩擦学国家重点实验室的雒建斌院士、张晨辉教授等课题组，清华大学郑泉水院士、马明课题组，中国科学院兰州化学物理研究所固体润滑国家重点实验室刘维民院士和张俊彦课题组等。

近期，清华大学雒建斌、李津津团队报告了二氧化硅和石墨在纳米尺度下的超滑。通过摩擦作用，石墨最外几层原子会转移到二氧化硅表面形成石墨烯纳米片，从而和石墨基底之间形成非共度接触。在这种情况下，摩擦因数可以减小到 0.0003，而且非常稳定，几乎不受二氧化硅表面粗糙度、滑移速度和滑移方向的影响。超低摩擦因数主要归因于转移的石墨烯纳米片和石墨基底之间非常弱的相互作用和剪切强度。这一工作为纳米尺度下实现二维材料超滑提供了新方法。

中国科学院兰州化学物理研究所固体润滑国家重点实验室等单位，在压力诱导摩擦塌缩实现固体超滑方面取得新进展。他们从材料表面的基本相互作用入手，通过第一性原理计算研究了多种微观滑动体系摩擦力随载荷的演化行为。结果表明：在界面间高接触压力的近接触区域和低压力的远接触区域，界面摩擦均会发生随着法向压力的增加而减小的反常行为，直至在临界状态下出现极低摩擦的超滑。这归因于滑移路径上滑动能垒的平坦化，源于压力诱导滑动势垒的褶皱-平坦-反褶皱转变。通过对电荷密度的分析发现，界面间的静电排斥和色散吸引作用分别是在相应区域产生反常超滑行为的主要原因。因此，这种界面量子力学效应引起的零势垒超滑拓展了人们对“超滑”概念的认识，丰富了超滑的现有理论体系。

目前，摩擦因数常规下对于固体来说大概都在 0.1 以上，如果超滑技术能够规模化推广的话，那么全世界能源消耗就会大幅度降低。美国阿贡国家实验室 2018 年 4 月设立了全球第 1 个超滑研究中心；2018 年 9 月清华大学和深圳市共同设立了全球第 2 个超滑研究中心——“深圳清华大学研究院超滑技术研究所”。未来如果把轿车的发动机摩擦系数降低 18%，预估每年就可以节约 5400 亿燃油费用，减少 2.9 亿吨二氧化碳排放，有益于全球的节约资源能源、保护生态环境、提高人们健康生活等。

2.10　系统分析在摩擦学中的应用

随着机械设备日益向自动化、高效率、高寿命和可靠性、大型化、成套化以及更为严酷的工况条件发展，由具有特定结构和功能的大量摩擦副和润滑元件所组成的润滑系统，结构十分复杂，涉及多种学科知识，需要采取更为有效的综合分析方法，才能解决所面临的设备润滑问题。

20 世纪 70 年代中期以来，荷兰萨拉孟（G. Salamon）与联邦德国契可斯（H. Czichos）两位教授等提出用系统分析的方法来研究摩擦学系统问题，包括设备润滑、磨损及失效原因分析，工况监测以及摩擦学性能考核等方面的问题，使许多复杂问题迎刃而解。20 世纪 80 年代以来，戴雄杰教授团队、张嗣伟教授团队、谢友柏院士团队等，也研究和构建了摩擦学系统的理论基础和学科体系，其中，摩擦学系统的三个公理在国际上取得重大影响。因此，摩擦学系统分析方法已成为分析摩擦学系统问题的主要方法之一，并得到了广泛应用。

参考文献

[1]　汪德涛，林亨耀. 设备润滑手册［M］. 北京：机械工业出版社，2009.

[2]　卡梅伦. 润滑理论基础［M］. 汪一麟，沈继飞，译. 北京：机械工业出版社，1980.

[3]　王成彪，刘家浚，韦淡平，等. 摩擦学材料及表面工程［M］. 北京：国防工业出版社，2012.

[4]　温诗铸，黄平，田煜，等. 摩擦学原理［M］. 北京：清华大学出版社，2018.

[5]　黄平. 润滑数值计算方法［M］. 北京：高等教育出版社，2012.

[6]　中国机械工程学会. 机械工程学科发展报告（摩擦学）（2014—2015）［M］. 北京：中国科学技术出版社，2016.

第 3 章　润滑油、脂

3.1　润滑油

3.1.1　润滑油的制备过程

目前使用得最多的润滑油是以石油馏分为原料生产的，通常称为矿物油类润滑油。制取这类润滑油的原料充足，成本低，质量也较好，并且可以加入适当的添加剂提高其质量，因而得到广泛的应用。较为常用的润滑油生产流程如图 3-1 所示。

然而，并不是所有的石油都适宜作为生产润滑油的原料，润滑油生产在很大程度上受到原油本身的烃类组成及其物理化学性质的限制。通常我们总是选择能从中提炼出质量高而收率大的石油馏分作为原料。

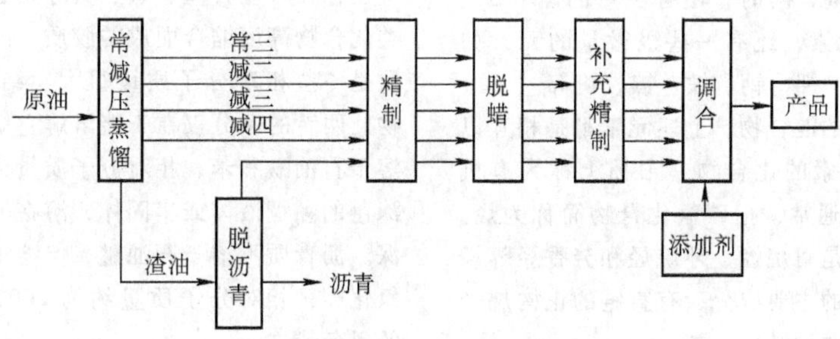

图 3-1　润滑油生产流程

下面将简单介绍润滑油制备的几个主要过程。

1. 原油的分类和组成

(1) 原油的分类　原油的组成比较复杂，通常利用原油的几个与化学组成有直接关系的物理性质作为原油分类的基础。常用的分类方法有特性因数分类法和关键馏分特性分类法。

特性因数分类法。特性因数 K 为

$$K=1.216T_B/d$$

式中　K——特性因数；

T_B——石油馏分的平均沸点（K）；

d——相对密度，15.6℃/15.6℃；

K 值在 12.9～12.1，则为石蜡基原油；K 值在 12.1～11.5，则为中间基原油；K 值在<11.5～10.5，则为环烷基原油。特性因数分类法应用较久，比较简单，但不够确切。

关键馏分特性分类法。用原油简易蒸馏装置，将原油在常压下和减压下蒸馏出两个馏分：馏程为 250～275℃的馏分为第一关键馏分；馏程为 425℃（常压）的馏分为第二关键馏分。测定两个关键馏分的相对密度，查表 3-1 可决定两个关键馏分的属性为石蜡基、中间基或环烷基。再查表 3-2 可将原油分为七类，即石蜡基、石蜡-中间基、中间-石蜡基、中间基、中间-环烷基、环烷-中间基和环烷基。关键馏分特性分类法是一种较新的分类法，可以确切地说明原油的特点。

表 3-1　关键馏分与相对密度的关系

关键馏分	石蜡基	中间基	环烷基
第一关键馏分	$d20$ 在 0.8210 以下 K>11.9	$d20$ 在 0.8210～0.8562 之间 K=11.5～11.9	$d20$ 在 0.8562 以上 K<11.5
第二关键馏分	$d20$ 在 0.8723 以下 K>12.2	$d20$ 在 0.8723～0.9305 之间 K=11.5～12.2	$d20$ 在 0.9305 以上 K<11.5

注：1. $d20$ 为馏分在 20℃下的密度与 4℃时标准物质的密度比，即相对密度。

2. K 为特性因数。

表 3-2 关键馏分的特性关系

编号	轻油部分的类别	重油部分的类别	原油类别
1	石蜡	石蜡	石蜡
2	石蜡	中间	石蜡-中间
3	中间	石蜡	中间-石蜡
4	中间	中间	中间
5	中间	环烷	中间-环烷
6	环烷	中间	环烷-中间
7	环烷	环烷	环烷基

此外，还可按原油中的硫含量进行分类：低硫原油：硫含量<0.5%；含硫原油：硫含量为 0.5%~2.0%；高硫原油：硫含量>2.0%。

（2）石油馏分的化学组成　世界各地所产的石油不尽相同，但无论何种原油，其主要成分都是碳（C）、氢（H）两种元素。在石油中，碳氢两种元素的总含量达 95%~99%，同时，还有少量的硫（S）、氧（O）、氮（N）元素，还有一些极微量的元素如氯、碘、磷、砷、钠、钾、钙、铁、镍、钒等。

石油是极为复杂的混合物，上述元素都是相互以不同形式结合成碳元素的化合物（习惯上称为有机物）存在于石油中。通常，把碳氢化合物简称为烃。石油及其产品基本上是由烷烃、环烷烃和芳香烃等烃类组成。烷烃是石油的主要成分，有直链的正构烷烃和带支链的异构烷烃两种结构，如：

正辛烷　$CH_3—CH_2—CH_2—CH_2—CH_2—CH_2—CH_2—CH_3$

异辛烷　$CH_3—C(CH_3)_2—CH_2—CH(CH_3)—CH_3$

在常温下，CH_4~C_4H_{10} 气体，C_5H_{12}~C_4H_{32} 为液体，$C_{16}H_{34}$ 以上为固体。正构烷烃的熔点比较高，是碳原子数目相同的各族烃中熔点最高者。相对分子质量较大的烷烃低温时会结晶析出，称为蜡。蜡会影响润滑油的流动性。异构烷烃的熔点比正构烷烃低。一般说来，分支越多、越长，则熔点越低，所以它是润滑油中的良好组分。

环烷烃环状化合物，分五碳环和六碳环。润滑油中的环烷烃多带有烷基链，即是烷烃的衍生物，如：

（五元环：$CH_2—CH_2$、$CH_2—CH_2$ 与 $CH—R$ 相连成环）

环戊烷衍生物

（六元环：$CH_2—CH_2$、CH_2、$CH_2—CH_2$ 与 $CH—R$ 相连成环）

环己烷衍生物

环烷烃分子中的环数可以是单环，也可以是多环。长侧链的环烷烃是润滑油的良好组分，多环环烷烃的黏温性不好，环烷烃的黏度随环数的增加而迅速增加。

芳香烃是具有苯核结构的烃类。芳香烃一般都带有烷基侧链，有时还带有环烷环。芳香烃的数目在 1~4 之间，如 C_6H_6（苯）为单环芳烃（也叫轻芳烃），双芳烃为中芳烃，三环及三环以上的芳烃叫多环芳烃。

少环长侧链的芳烃具有良好的黏温性，是润滑油的理想组分。多环芳烃和环烷芳香烃易氧化生成胶质和沥青质，是润滑油的不理想组分。

润滑油馏分中的非烃组成。除了烃类以外，馏分中还存在一些含氧、硫、氮等元素的化合物以及由这类化合物高度缩合而成的胶质、沥青质。胶质和沥青质是一些相对分子质量很大、结构复杂的稠环化合物。两者的区分仅在于能溶解它们的溶剂不同。胶质溶于石油醚和苯，相对分子质量为 600~800，通常是深色的黏稠液体或半固体，溶在油中能使油的颜色变深。沥青质不溶于石油醚，但溶于苯和二氧化碳、四氯化碳，相对分子质量约为 2000，颜色深黑，是脆的黑色粉末。

（3）润滑油馏分的化学组成与其主要使用性能的关系

1）化学组成与流变性的关系。润滑油的流变性可以用其黏度、黏温特性和低温流动性来衡量，与馏分的沸点范围（即相对分子质量大小）和化学组成有直接关系。各类烃类的流变性见表 3-3。

表 3-3 化学组成与流变性的关系

烃类	黏度	黏度特性	低温流动性
正构烷烃	小	较好	差
异构烷烃	小	好	好
少环长侧链的环烷烃和芳香烃	大	较好	好
多环短侧链的环烷烃和芳香烃	最大	最差	差

低温流动性差的组分，如多环短侧链的环状烃，当温度降低时其黏度急剧增大，低温流动性显然不好，而如正构烷烃和有正构长侧链的环烷烃，虽然其黏温特性好，但本身熔点高，在低温下从油中结晶析出，从而使油品在低温下丧失流动性。

2）化学组成与抗氧化性的关系。烃类是一种比较稳定的化合物。在常温下或不太高的温度下，它们并不能直接与空气中的分子氧发生反应。但是，如果受高温或光照射使某些（哪怕数量极少）烃分子发生氧化反应，其他烃分子也就会跟着发生连锁的氧化，这就是烃类氧化链锁反应的特点。

① 烷烃的氧化在较高温度下进行，烷烃的氧化产物是低相对分子质量的醇、醛、酮、羧酸或羟基酸等含氧化合物。深度氧化时，以上氧化物还可能进一步氧化成羟基酸和烃基酸的缩合物胶状沉淀。

② 环烷烃的氧化环烷烃氧化时，会导致环破裂生成羟基酸或醛（酮）酸，并进一步生成内酯，再聚合成高相对分子质量的聚醚。这类高分子聚合物成为胶状沉淀，悬浮在油品中，当其沉淀在被润滑机件的表面时，就逐渐形成黏着性很强，并且很坚韧的漆膜把机件黏着在一起。

③ 芳香烃的氧化芳香烃氧化的产物为酚。深度氧化时则生成高度缩合的稠环化合物，如胶质、沥青质等。由于苯环容易失去氢原子，引发链反应的活泼自由基就会首先与芳香烃反应，生成稳定的芳香烃自由基而使链反应中断。在此，芳香烃起到了防止烷烃和环烷烃氧化的天然抗氧剂的作用。但是，芳香烃（尤其是多环重芳香烃）的流变性极差，且容易生成胶质和沥青质，因而要在精制时除去多环芳香烃。

④ 胶质的氧化胶质具有一定的抗氧化作用，但是它自身氧化后，容易产生沉渣。特别是它的存在有抑制抗氧剂的作用。所以，胶质应在精制时除掉。

⑤ 油中的氧大部分存在于胶质中，只有少量的氧以环烷酸的形式存在，它们都不是润滑油的理想组分。

⑥ 油中的硫一部分在胶状物质中，一部分存在于芳香烃中，含硫芳香烃也是天然的抗氧剂。

⑦ 油中氮化合物对抗氧性的影响还不很明确，但油品氧化后变黑与氮化合物的存在有关。

3）润滑油的合理组成。从上述分析可看出，要制取高质量的润滑油，必须做到以下几点：

① 按黏度要求选取合适的石油馏分。制取高黏度的润滑油应选取沸点较高（即“较重”）的馏分，制取低黏度的润滑油可选取沸点较低（即“较轻”）的馏分。这可以通过常减压蒸馏来取得。

② 馏分选定后，应除去其中的多环短侧链的环状烃和胶质、沥青质等非理想组分，以提高馏分的黏温特性和抗氧性，可以利用溶剂精制达到目的。

③ 再根据对油品凝固点的要求，除去馏分中高熔点的烃类，包括全部正构烷烃和部分带有长正构侧链的单环环状烃，可以通过脱蜡改善油品的低温流动性。

石油馏分按以上加工步骤制得的油品叫基础油。

2. 常、减压蒸馏

生产润滑油的原油既经选定，可利用原油中各种组分存在着沸点差这一特性，通过常、减压蒸馏装置从原油中分离出各种石油馏分。

常、减压蒸馏装置可分为初蒸馏部分、常压部分及减压部分，其流程如图 3-2 所示。

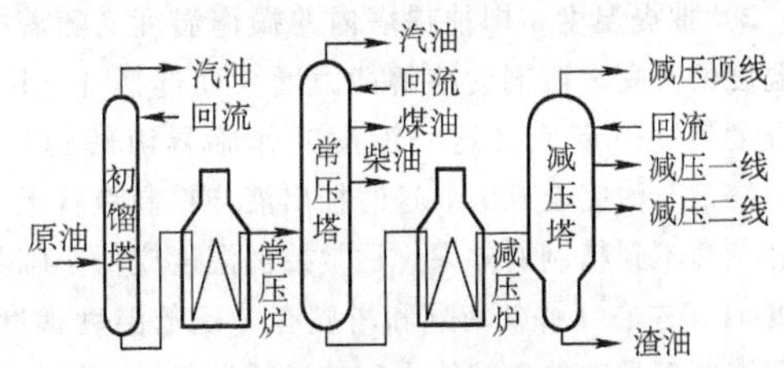

图 3-2 常、减压蒸馏流程

经常压塔蒸馏，蒸出沸点在 400℃以下的馏分，常压蒸馏只能取得低黏度的润滑油料。因为原油被加热到 400℃后，就会有部分烃裂解，并在加热炉中结焦，影响润滑油质量。

根据外压降低，液体的沸点也相应降低的原理，利用减压蒸馏来分馏高沸点（350～500℃）、高黏度的馏分，但还有一些重质润滑油料在减压塔中也难以蒸出，留在减压渣油中，这部分油料需要去掉其中含有的胶质、沥青质才能进一步加工的环状烃，C16 以上的正构烷烃在常温下都是固体。

3. 溶剂精制

溶剂精制是用溶剂提取油中的某些非理想组分来改变油品的性质，经过溶剂精制后的润滑油料，其黏温特性、抗氧化性等性能都有很大改善。

工业上采用的溶剂有酸碱、酚、糠醛和甲酚等。

溶剂精制的基本原理是，利用溶剂对油中非理想组分的溶解度很大，对理想组分的溶解度很小的特性，把溶剂加入润滑油料中，其中非理想组分迅速溶解在溶剂中，将溶有非理想组分的溶液分出，其余的就是润滑油的理想组分，通常把前者叫作提取油或抽出油，后者叫作提余油或精制油，溶剂精制的作用相当于从润滑油原料中抽出其中非理想组分，所以这一过程也叫溶剂抽提或溶剂萃取。

精制润滑油的溶剂应具备以下性能：①选择性好，即溶剂对润滑油原料中非理想组分应有足够高的溶解度，而对理想的润滑油组分溶解度很小；②相对密度大，使抽出油和精制油有一个较大的相对密度差，便于分离；③沸点低，以便溶剂的回收；④稳定性好，加热后不易分解变质，不与原料油发生化学反应；⑤毒性和腐蚀作用小。

溶剂精制的主要工艺条件如下。

1）溶剂用量常以溶剂比表示（即溶剂油比）。一般来说，溶剂用得多，溶剂比高，精制效果就好，但精制过深，也会把润滑油中的理想组分去掉，而且使装置加工能力降低，润滑油收率降低，经济上不合理。通常，润滑油馏分普通精制溶剂比为1.1~1.5：1，深度精制溶剂比为1.7~2.5：1。

2）抽提温度，即抽提塔内的操作温度。随着操作温度的升高，溶剂的溶解能力增大而选择性下降。当温度超过一定值（这一温度叫作临界溶解温度）后，溶剂与油完全互溶。这时抽出液与精制液就无法分开，达不到精制的效果。通常抽提温度应低于临界温度10℃左右，并使塔顶和塔底有一定的温度梯度，以使溶剂有足够的溶解能力和较好的选择性，以保证精制油的收率高，含理想组分多，质量好。

4. 溶剂脱蜡

为使润滑油在低温条件下保持良好的流动性，必须将其中易于凝固的蜡除去，这一工艺叫脱蜡。脱蜡工艺不仅可以降低润滑油的凝点，同时也可以得到蜡。所谓蜡就是在常温下（15℃）成固体的那些烃类化合物，其中主体是正构烷烃和带有长侧链。脱蜡的方法很多，目前常用的办法是冷榨脱蜡、溶剂脱蜡和尿素脱蜡。

最简单的脱蜡方法是冷榨脱蜡，即把精制油（或馏分原料）冷却到所要求的温度，使蜡从油中结晶析出，然后用压滤机把油与蜡分离开。这样得到的油的凝固点通常等于或略低于过滤时的温度，但是，这一方法只能适用于柴油和轻质润滑油，对大多数较重质的润滑油是不适用的。因为较重质的润滑油原料黏度大，低温时变得更为黏稠，蜡的晶粒细小，很不易过滤，使油蜡不能彻底分开，达不到脱蜡的目的。

溶剂脱蜡是利用一种在低温下对油溶解能力很大，而对蜡溶解能力很小并且本身低温黏度又很小的溶剂稀释原料，使蜡能结成较大晶粒，使油因稀释而黏度大为降低，这样就给油蜡分离创造了良好条件。

溶剂脱蜡的具体方法是往原料里加入少量溶剂或不加溶剂的情况下冷冻使蜡开始结晶，然后在逐渐降温的同时分批加入溶剂以稀释蜡-油糊状物，使蜡能形成较大的晶粒，在冷却到指定温度后再加入足够的溶剂稀释，使油溶液的黏度降低到利于过滤的程度，然后，用过滤机滤去溶液中的蜡，在溶剂回收塔中从滤液中蒸去溶剂，即可得到凝固点合乎要求的脱蜡油。由于溶剂多少总会溶解一些蜡，因此所得油品的凝固点是略高于溶剂过滤时的温度，这个温度的差别叫作脱蜡温差。

脱蜡溶剂应具备如下特性：

1）选择性好，即在脱蜡温度下，对蜡的溶解度小，对油的溶解度大。

2）析出的蜡结晶好，易于用机械方法过滤。

3）沸点比油、蜡均低，以便蒸发分离回收。

4）与油、蜡不起化学反应。

5）凝点低、低温黏度小。

6）腐蚀性和毒性小。

目前广泛采用的溶剂是酮-苯混合溶剂。其中酮可用丙酮、甲基乙基酮、甲基异丁基酮；苯类为苯和甲苯。一般轻馏分润滑油脱蜡溶剂的组成是，丙酮：苯：甲苯=40：40：20；重馏分、残渣润滑油脱蜡溶剂的组成是，丙酮：苯：甲苯=30：50：20。通常，溶剂和油的比例为1~5：1。

此外，较为常用的脱蜡方法还有尿素脱蜡。其基本原理是利用尿素能够和石蜡中正构烷烃、支链较少的异构烷烃、长正构侧链的环状烃生成络合物，而与油不起任何反应的这一性质，将油与络合物分离，达到降低凝固点的目的。

5. 丙烷脱沥青

石油经减压分馏后，仍有一些相对分子质量很大、沸点很高的烃类不能气化分馏出来而残留在减压渣油中，这些烃是制取高黏度润滑油的良好原料。

渣油中除了这些高相对分子质量的烃以外，还含有大量胶状物质（沥青质和某些高分子多环的烃类）。因此，为了取得这部分高黏度的原料，必须将其与沥青质、胶质分开，这个加工步骤叫作渣油脱沥青。

常用的脱沥青方法是丙烷脱沥青法。这种方法就是用丙烷把渣油中的烃类提取出来，即利用液态丙烷在其临界温度附近对沥青的溶解度很小，而对油（烷烃、环烷烃、少环芳香烃）溶解度大的特性来使油和沥青分开。丙烷的临界温度为96.81℃，临界压力为4.2MPa，其沸点与外界压力的关系见表3-4。

表3-4 丙烷沸点与外界压力的关系

外界压力/MPa	0.1	0.47	0.83	1.26	2.1	3.1	4.2
沸点/℃	-42.06	0	20	40	60	80	96.81

所谓临界温度，就是指把液体加热到这一温度以上时，外界压力无论增大到多大也不再能阻止液体沸腾转变成蒸汽，与临界温度相对应的外界压力就叫作临界压力。

在丙烷的临界温度以下接近临界温度的区域内，液体丙烷对油和沥青的溶解能力均随温度的升高而降低。但是，对沥青的溶解能力降低得快，而对油的溶解能力降低得慢。因此，在这一温度范围内的某一温度下，油在丙烷中的溶解度远远大于沥青的溶解度。

丙烷脱沥青也是一个抽提过程，主要工艺条件是溶剂比和温度。一般，溶剂比为3~7:1（丙烷/原料），抽提塔顶部温度约为80℃，底部温度约为43℃，塔内压力为3.2~3.8MPa。

丙烷脱沥青的效果可以用脱沥青后的油的残炭值来衡量，渣油中沥青脱除得越彻底，所得脱沥青油的残炭值越低。一般，作为优质润滑油原料的轻脱沥青油，残炭值要求在0.7%以下，而重脱沥青油的残炭值可在1.3%以下。经过丙烷处理得到的脱沥青油和其他馏分油一样，要进行精制和脱蜡。

6. 白土精制

经过溶剂精制和脱蜡后的油品，其质量已基本上达到要求，但一般总会含少量未分离掉的溶剂、水分以及回收溶剂时加热所产生的某些大分子缩合物、胶质和不稳定化合物，还可能从加工设备中带出一些铁屑之类的机械杂质。为了将这些杂质去掉，进一步改善润滑油的颜色，提高安定性，降低残炭，还需要一次补充精制。常用的补充精制方法是白土精制。

白土精制是利用活性白土的吸附能力，使各类杂质吸附在活性白土上，然后滤去白土以除去所有杂质。方法是在油品中加入少量（一般为百分之几）预先烘干的活性白土，边搅拌边加热，使油品与白土充分混合，杂质即完全吸附在白土上，然后用细滤纸（布）过滤，除去白土和机械杂质。即可得到精制后的基础油。

白土处理的温度不应超过300℃，最低不要低于100℃。一般，处理高黏度油品时，操作温度应该高一些；而处理低黏度油品时，温度则可以低一些。油品加入白土后要经过约30min时间的接触以后再过滤，以便杂质能充分吸附在白土上。

为了保证精制效果，活性白土应能满足下述质量要求：①活性高，吸附能力强；②粒度适宜，一般采用筛分为200目的白土；③含水量适当，试验征明，当含水量在10%~25%时，白土吸附能力最高。

7. 润滑油加氢

润滑油加氢是生产润滑油的一种新工艺，即通过催化剂的作用，润滑油原料与氢气发生各种加氢反应，其目的有：①除去硫、氧、氮等杂质，保留润滑油的理想组分；②将非理想组分转化为理想组分，从而使润滑油质量得到提高；③同时裂解产生少量的气体、燃料油组分。

由于润滑油加氢工艺的发展，使一些含硫、氮高，以及黏温性能差的润滑油劣质原料也可以生产优质润滑油。

润滑油生产中所用的加氢方法大致分为三类，即加氢补充精制、加氢处理（或叫加氢裂化）和加氢异构化。

1）加氢补充精制。加氢补充精制后的油品，其颜色、安定性和气味得到改善，对抗氧剂的感受性显著提高，而黏度、黏温性能等变化不大，并且油品中的非烃元素如硫、氮、氧的含量降低。油品的色度和安定性主要取决于油品中所含的少量稠环化合物和高分子不饱和化合物。加氢时，这类化合物中的部分芳环变成环烷或开环，不饱和化合物则变为饱和化合物。这样就能使油品的颜色变浅，安定性提高。含有硫、氮、氧等非烃元素的润滑油在使用中会生成腐蚀性酸，加氢时，这类元素会与氢反应生成H_2S、NH_3、H_2O等气体从油中分离出来，因而使产品质量提高。

加氢补充精制的产品收率比白土精制收率高，没有白土供应和废白土处理等问题，是取代白土精制的一种较有前途的方法。

2）加氢处理（或叫加氢裂化）。加氢处理工艺不仅能改变油品的颜色、安定性和气味，而且可以提高黏温性能，可以代替白土精制和溶剂精制，具有一举两得的作用。

它是在比加氢补充精制苛刻一些的条件下，除了加氢补充精制的各种反应以外，还有多种加氢裂化反应，使大部分或全部非理想组分经过加氢变为环烷烃或烷烃，并转化为理想组分。例如，多环烃类加氢开环，形成少环长侧链的烃，因此加氢处理生成油的黏温性能较好。达到APIⅡ类基础油标准。

3）加氢异构化。加氢异构化工艺的操作条件比加氢处理更为严格。润滑油原料在催化剂的作用下发生加氢异构化和加氢裂化反应，使加氢过程不但有精制的作用，并且有使蜡异构化的作用。从而使凝点较高的正构烷烃转化为凝点较低的异构烷烃或低分子烷烃，达到提高黏温特性、氧化安定性等的目的。达到APIⅢ类基础油标准。

溶剂精制只能生产低档次的Ⅰ类基础油，而加氢处理、加氢异构化能生产高档次的Ⅱ、Ⅲ类基础油。目前，世界润滑油基础油已由APIⅠ类向APIⅡ/Ⅲ类快速转变，基础油生产越来越多采用加氢技术。加氢技术生产的润滑油基础油，硫、氮及芳烃含量低，黏度指数高，热氧化安定性好，挥发性低，换油期长，已经逐渐成为润滑油基础油生产的主要工艺。

GTL（Gas to Liquid Base oil，天然气合成油）基础油是以碳氢化合物（天然气）为原料合成的基础油。GTL技术的关键步骤，是经过费托（Fischer-Tropsch）合成转换，即将合成气经过含有钴基专利催化剂的固定床或浆态悬浮床的反应器，转变为各种黏度级别的液态碳氢化合物。GTL基础油基于其几乎零硫、氮、芳烃含量，以及几乎完全为异构烷烃的结构特点，表现出优异的氧化安定性、低温性能，较低的NOACK蒸发损失和高的黏度指数，能够满足市场对于更高性能基础油的增长要求。世界上第一代GTL基础油装置由壳牌公司研发而成，使用壳牌MDS（Shell Middle Distillate Synthesis）工艺，经过加氢裂解和加氢异构化、脱蜡等一系列繁杂的工艺之后得到基础油产品，第二代GTL由壳牌在卡塔尔建成，命名为Pearl GTL项目，该项目将依托壳牌在马来西亚GTL装置上的SMDS工艺并加以改进。目前，GTL基础油的生产工艺已发展到能够制备从2cSt到大于9cSt的较大跨度的黏度级别（100℃），甚至可以生产高黏度级别的光亮油。突破了加氢工艺只能生产几乎9cSt以下级别的API Ⅱ/Ⅲ类基础油的较窄范围局限。CTL（Coal to Liquid）是指将煤通过费托合成技术把煤炭转换成油的技术，CTL基础油也在快速发展之中。

8. 基础油分类

国际上一般采用美国石油学会（API）对基础油的分类标准（见表3-5）。

表3-5 API基础油分类

规格 项目	基础油API规格				
	Ⅰ类	Ⅱ类	Ⅲ类	Ⅳ类	Ⅴ类
黏度指数(Ⅵ)	80~120	80~120	>120	聚α-烯烃	酯类或除Ⅰ~Ⅳ类外
饱和烃(质量分数,%)	<90	>90	>90		
硫(质量分数,%)	>0.03	≤0.03	≤0.03		

从表3-5可以看到，API对基础油分为5类，其主要依据为黏度指数、饱和烃和硫含量。其中Ⅰ类基础油中饱和烃和硫含量是一个选择关系，只要满足其中一种指标，就属于Ⅰ类基础油。而Ⅱ类和Ⅲ类基础油必须满足其规定的三个指标。该基础油标准没有规定基础油的种类、原油品种、加工工艺和加工深度，仅从基础油的三个指标进行了分类。事实上，Ⅰ类基础油一般是由溶剂精制加工工艺生产，Ⅱ类基础油一般采用加氢精制工艺生产，Ⅲ类基础油则要采用加氢异构工艺生产，Ⅳ类油则是合成基础油，如PAO。不能满足上述四类标准的基础油，包括酯类油都归为Ⅴ类基础油。GTL基础油市场上有人归类为Ⅲ+类基础油。

我国于20世纪50年代在兰州建成完整的润滑油基础油溶剂精制加工工艺，从此，溶剂精制工艺成为中国润滑油基础油加工工艺的主导，20世纪90年代，我国先后在大庆、新疆、上海、荆门等地建起7套加氢装置，并形成了满足我国当时润滑油品质量需求的系列基础油，并于1995年颁布中国基础油规格企业标准（Q/SHR 001—1995），可参见表3-6。

9. 润滑油品种的开发

有了高质量的润滑油基础组分和添加剂，不等于就能生产出高质量的润滑油。润滑油中各组分的配伍是很重要的，配伍得当可以得到增强的效果，即优于几个添加剂单独使用效果的总和。配伍不当将会互相抵消添加剂的效果，甚至产生相反的作用。

表3-6 国内基础油标准（摘自Q/SHR 001—1995）

规格 项目	基础油				
	LⅥ	MⅥ	HⅥ	VHⅥ	UHⅥ
黏度指数(VI)	<40	≥40	≥90	≥120	≥140
饱和烃	—				
硫	—				

因此，润滑油的研制实际上是探索基础油和添加剂的最佳组合，并筛选出具有最佳复合效果的添加剂组合和剂量（即产品配方）。润滑油产品的开发通常需经过下述的研制过程。

（1）可行性研究

1）资料调查。了解国内外有关方面的研究、发展情况，作为本项目的参考。

2）可行性研究。包括进行机械设备制造厂或用户要求的分析研究、市场预测、试验评定手段是否具备，以及经济效益和社会效益的分析，由此决定项目的可行性。

（2）实验室试验　根据资料调查情况和可行性研究的结论，设计试验方案，选择适当的润滑油基础油和添加剂，组成各种不同添加剂类型或剂量配伍。通过试验室理化性能分析，筛选出较好的配方，并通过模拟评定、台架评定和实际使用实验作进一步评定，改进和确定最佳配方。

（3）模拟试验　模拟试验是利用简单的设备，在试验室内模拟机械的某个工作状态、条件，以反映润滑油在其中的工作性能。它具有简便快速、节省人力物力的优点。如四球极压试验机可用于评定油品的承载能力。

（4）台架试验　台架试验也可以看作是强化的条件试验，是检验润滑油质量的最主要、最能反映实际工作情况的试验手段，它所用的设备是实际的全尺寸发动机或变速器。它把实际使用中最苛刻的工况条件综合起来作为试验条件，缩短了试验周期，能较快地取得试验结果。

（5）实际使用试验　这是油品研制的最后手段。通过实际使用试验检验油品是否真正满足机械设备的使用要求，以及油品的经济效益和社会效益。

（6）技术鉴定　通过了上述试验的油品，还必须由有关主管部门组织有关专家和工程技术人员、研制单位、评定单位和用户代表对该新油品进行技术鉴定。只有通过了技术鉴定的新油品才能进行工业性生产，投入市场使用。

10. 润滑油产品调合

调合是润滑油制备过程的最后一道重要工序。按照油品的配方，将润滑油基础组分油和添加剂按比例、顺序加入调合容器，用机械搅拌（或压缩空气搅拌）、泵抽送循环、管道静态混合等方法调合均匀，然后按照产品标准采样分析合格后即为正式产品。表 3-7 所列为某公司 20W/40CD 级柴油机油的配方。

通常，润滑油产品调合可根据配方要求选用一种或几种不同牌号的基础油，如 150SN、350SN、500SN、150BS 等几种不同黏度牌号的基础油。

表 3-7　20W/40CD 级柴油机油调合工艺卡片

基础油	350SN(%)	余量
	150BS(%)	5
	增黏剂(%)	3~5
	降凝剂(%)	0.5~1
功能添加剂	复合添加剂(%)	4.5
	二甲基桂油(%)	10^{-4}
操作条件	1)调合温度 60~70℃ 2)搅拌循环时间 60~90min 3)先加入增黏、降凝、抗泡沫添加剂	

（1）混合油黏度和调合比的计算　不同黏度的油料混合后，其黏度不是加成关系，而应由下式计算：

$$\lg\nu = n_A \lg\nu_A + n_B \lg\nu_B$$

式中　ν、ν_A 和 ν_B——混合油、A 组分油和 B 组分油的运动黏度（mm^2/S）；

n_A、n_B——A、B 组分油的混合比例（%），计算时为小数，$n_A = 1 - n_B$。

除上式外，还可以通过两组分油黏度调合图（见图 3-3）查出混合油的黏度或两组分油的调合。例如，要求用 $\nu_{100} = 5.5mm^2/s$ 的 A 组分油和 $\nu_{100} = 30.5mm^2/s$ 的 B 组分油，调成 $\nu_{100} = 14.0mm^2/s$ 的油品时，由图 3-3 的纵坐标 A 组分油侧的 $5.5mm^2/s$ 点和 B 组分油侧的 $30.5mm^2/s$ 点两点间连成直线，再由该直线与 $14.0mm^2/s$ 横线的交叉点处引垂直线，即可得出 A 组分油的调合比为 44%（体积分数），B 组分油的调合比为 56%（体积分数）。

（2）混合油性质的变化　两种以上的组分油调合成所需黏度的油品时，不但黏度不成算术平均性，其他的一些性质指标也没有算术平均性，而一般是偏向于性质较低组分油的性质的情况较多。例如：

1）不同闪点的组分油混合成的油品闪点，一般是偏向低闪点组分油的闪点，即呈闪点下降现象，如图 3-4 所示。

2）不同凝点的组分油混合成的油品凝点，一般偏于高凝点组分油的凝点，即凝点上升现象，如图 3-5 所示。混合油凝点的变化也是如此。

3）不同黏度指数的组分油混合成的油品的黏度指数一般都偏向高黏度指数组分油的黏度指数。在一定范围内还表现出一定的可加性，即为黏度指数上升现象，如图 3-6 所示。

4）不同油性的组分油混合成的油品，其油性大体上呈算术平均值的直线关系，图 3-7 所示为根据静摩擦因数测定的结果，表示油性变化情况。

5）混合油的其他一些指标如酸值、灰分、杂质、残炭等为可加性指标。

3.1.2　润滑油添加剂

为了改善润滑油的物理化学性质，向润滑油中加入一定量的其他组分，给润滑油赋予新的特殊性能或加强其本来具有的某种性能，以更好地满足需要，这些组分称为润滑油添加剂。添加剂的种类很多，按作用不同主要分为两大类：一类是为改善润滑油物理性能的，有黏度指数改进剂、油性剂、降凝剂和抗泡剂，它们能使润滑油分子变形、吸附、增溶。另一类是改善润滑油化学性质的，有极压抗磨剂、抗氧剂、抗氧抗腐剂、防锈剂和清净分散剂，它们本身与润滑油产生化学反应。按机理不同也可分为两类：一类是靠界面的物理化学作用发挥其使用性能，有耐载荷添

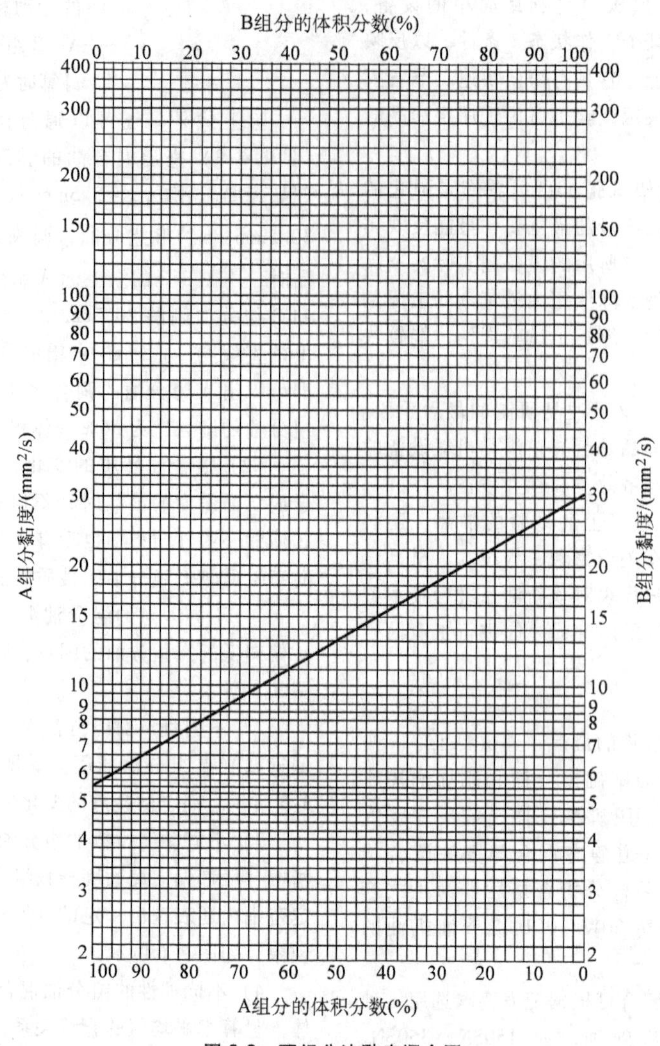

图 3-3 两组分油黏度调合图

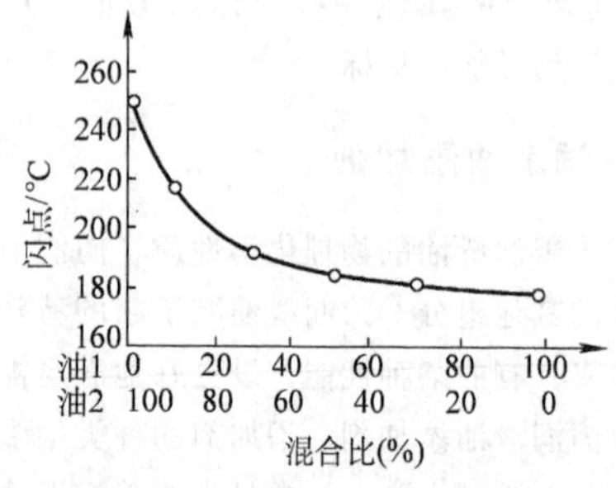

图 3-4 润滑油的体积混合比对闪点的影响

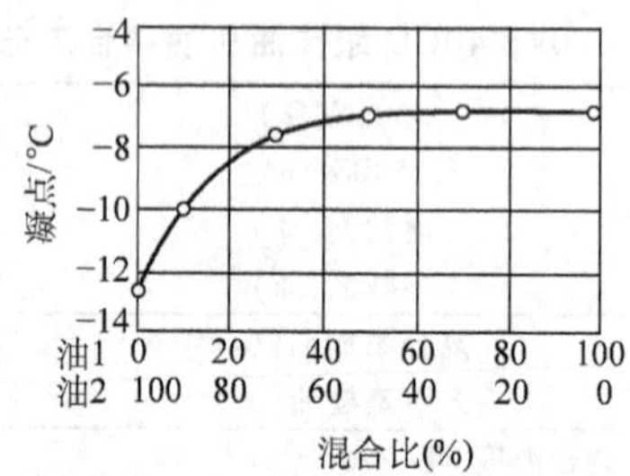

图 3-5 润滑油的体积混合比对凝点的影响

加剂（油性剂、抗磨剂、极压剂）、金属表面钝化剂、防锈防腐剂、清净分散剂、降凝剂、抗泡剂；另一类是靠润滑油整体性质作用达到润滑目的的，有抗氧剂、黏度指数改进剂。大部添加剂都是结构复杂的化合物及其混合物。

我国的润滑油添加剂。根据行业标准 SH/T 0389—1998 石油添加剂的分类，按作用分为清净剂和分散剂、抗氧抗腐剂、金属钝化剂、极压抗磨剂、油性剂和摩擦改进剂、黏度指数改进剂、防锈剂、降

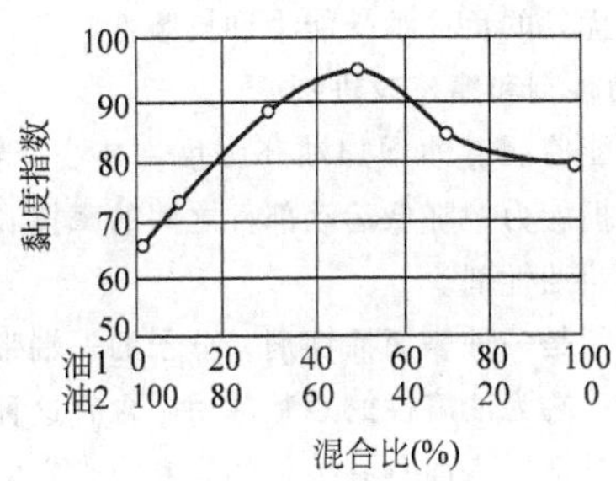

图 3-6　润滑油的体积混合比对黏度的影响

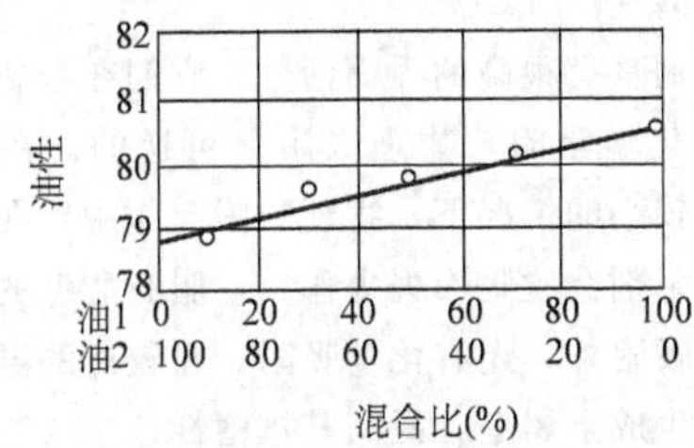

图 3-7　润滑油的体积混合比对油性的影响

凝剂、抗泡剂等。

1. 清净分散剂

清净分散剂包括清净剂和分散剂两类，主要用于内燃机油（汽油机油、柴油机油、铁道内燃机车用油、二冲程汽油机油和船用发动机油）。其主要作用是使发动机内部保持清洁，使生成的不溶性物质呈胶体悬浮状态，不致进一步形成积炭、漆膜或油泥。具体说来，其作用可分为酸中和、增溶、分散和洗涤四方面。

（1）酸中和作用　清净分散剂一般都有一定的碱性，有的甚至有高碱性，它可以中和润滑油氧化生成的有机酸和无机酸，阻止其进一步缩合，因而使漆膜减少，同时还可以防止这些酸性物质对发动机部件的腐蚀。

（2）增溶作用　清净分散剂都是一些表面活性剂。它能将本来在油中不能溶解的固体或液体溶质增溶于由 5~20 个表面活性剂分子集合而成的胶束中心，在使用过程中，它将含有羟基、羰基、羧基的含氧化合物、含硝基化合物、水分等，增溶到胶束中，形成胶体，防止进一步氧化与缩合，减少在发动机部件上有害沉积物的形成与聚集。

（3）分散作用　能吸附已经生成的积炭和漆膜等固体小颗粒，使之成为一种胶体溶液状态分散在油中，阻止这些物质进一步凝聚成大颗粒而黏附在机件上，或沉积为油泥。

（4）洗涤作用　能将已经吸附在部件表面上的漆膜和积炭洗涤下来，分散在油中，使发动机和金属表面保持清洁。

清净分散剂的结构，基本上由亲油、极性和亲水三个基团组成。由于结构的不同，导致清净分散剂的性能有所不同，一般说来，有灰剂清净性较好，无灰剂分散性突出。

清净分散剂的典型代表有石油磺酸盐、烷基酚盐、水杨酸盐、丁二酰亚胺。前三种也称有灰剂，后一种称无灰剂。

2. 抗氧抗腐剂

抗氧抗腐剂可以抑制油品氧化，主要用于工业润滑油、内燃机油和工艺用油等。润滑油氧化，首先生成过氧化物。其反应过程如下：

$$RH+能 \longrightarrow R' 链的开始 \tag{3-1}$$

$$R'+O_2 \longrightarrow ROO' 链的发展 \tag{3-2}$$

$$ROO'+RH \longrightarrow ROOH+R' \tag{3-3}$$

$$\left.\begin{array}{l} 2RO_2' \quad (3\text{-}4) \\ RO_2'+R' \quad (3\text{-}5) \\ 2R' \quad (3\text{-}6) \end{array}\right\} 链的终止$$

式中　R、R′——自由基。

由此可知，终止或减弱氧化过程的最好办法，一是当过氧化物一旦形成，就设法破坏终止链的继续发展，即干扰方程式（3-3），二是链的终止，即干扰方程式（3-4）~式（3-6）。

为此，抗氧化添加剂按其作用原理可分为两种类型，一是链反应终止剂；二是过氧化物分解剂。常用的屏蔽酚型和胺型化合物抗氧剂，属于链反应终止剂，可以和过氧化基（ROO）生成稳定的产物（ROOH 或 ROOA），从而防止润滑油中烃类化合物的氧化反应，如 2,6-二叔丁基对甲酚、4,4-亚甲基双、α-萘胺、N,N′-二仲丁基对苯二胺。过氧化物分解剂能分解油品氧化反应中生成的过氧化物，使链反应不能继续发展而起到抗氧作用，能在热分解过程中产生无机络合物，在金属表面形成保护膜而起到抗腐作用，能在极压条件下在金属表面发生化学反应形成具有承载能力的硫化膜而起到抗磨作用，所以它是多效添加剂。抗氧抗腐剂的主要品种有二烷基二硫代磷酸锌盐（ZDDP）、硫磷烷基酚锌盐、硫磷丁辛基锌盐及其系列产品。

酚型和胺型抗氧剂多用于变压器油、工业润滑油、汽轮机油和液压油等。而二烷基二硫代磷酸锌盐等以及其他含硫、磷类或含有机硒类化合物常用于工业润滑油、内燃机油及工艺用油。但含二硫代磷酸盐的润滑油不适用于有镀银肘节销的内燃机车及润滑发动机的连杆顶部钢套上，为此而发展了二烷基二硫代氨基甲酸盐以满足有镀银部件的机器使用要求。

3. 金属钝化剂

金属钝化剂也是一种抗氧剂，它本身并无抗氧化作用，而是间接地“钝化”金属活性，抑制金属及其化合物对油品氧化起催化作用，减少油品的败坏，延长油品的使用寿命，如 N,N′-二水杨叉-1,2-丙二胺、N-水杨叉已胺等。

4. 极压抗磨剂

极压抗磨添加剂是指在高温、高压的边界润滑状态下，能和金属表面形成高熔点化学反应膜，以防止发生熔结、咬粘、刮伤的添加剂。它的作用是其分解产物在摩擦高温下与金属起反应，生成剪切应力和熔点都比纯金属低的化合物，从而防止接触表面咬合和焊熔，有效地保护金属表面。极压抗磨剂主要用于工业齿轮油、液压油、导轨油、切削油等有极压要求的润滑油中，以提高油品的极压抗磨性能。

极压抗磨剂一般分为有机硫化物、有机磷化物、氯化物和有机金属盐等，近年来硼型极压抗磨剂也得到了迅速的发展。极压抗磨剂的主要品种有：氯化石蜡、酸性亚磷酸二丁酯、硫磷酸含氮衍生物、磷酸三甲酚酯、硫化异丁烯、二苄基二硫、环烷酸铅、硼酸盐等。磷氮型极压抗磨剂是近年重点开发的产品。

含硫极压抗磨剂的作用机理是首先在金属表面上形成吸附膜，减少金属表面之间的摩擦。随着负荷的增加，金属表面之间接触点的瞬时温度升高，金属与有机硫化物首先反应，形成硫醇铁覆盖膜，从而起抗磨作用。随着负荷的进一步提高，生成硫化铁固体膜起极压作用。所以含硫添加剂的极压性能在高温下才能显示出来。

含氯极压抗磨剂的作用机理是有机氯化物在极压条件下首先分解，在金属表面生成氯化铁膜，由于氯化铁膜具有类似于二硫化钼的层状结构，所以膜的剪切强度小，因此氯化铁膜的摩擦因数小。含氯极压剂一般是指脂肪族氯化物，其活性强，极压性好，但稳定性差，容易引起腐蚀。芳香族的氯化物活性低，极压性差一些，但稳定性较好。

含磷极压抗磨剂的作用机理一般认为是含磷化合物在摩擦表面微凸体处瞬时高温的作用下分解，与铁生成磷化铁，再与铁生成低熔点的共熔合金，流向凹部，使摩擦面光滑，防止磨损。

硼酸盐是一种平均直径为 0.1μm 的无定型微球在油中的分散体，在极压条件下，这些微球与金属表面作用，生成一种优异的弹性膜，这层牢固的弹性膜可以提供优异的负荷承受能力和抗磨性。

5. 油性剂和摩擦改进剂

凡是能使润滑油增加油膜强度，减小摩擦因数，提高抗磨损能力，降低运动部件之间的摩擦和磨损的添加剂都叫油性剂。

油性剂是一种表面活性剂，分子的一端带有极性基团，另一端为油溶性的烃基基团。含有这种极性基团的物质对金属表面具有很强的亲和力，它能牢固地定向吸附在金属表面上，使金属之间形成一种类似于缓冲垫的保护膜，防止了金属表面的直接接触，减小了摩擦和磨损。

油性剂具有很高的界面活性，它们在金属表面产生物理和化学吸附。物理吸附是可逆的，在温度较低、负荷较小的情况下，物理吸附起作用，在高温高负荷下吸附剂会脱附而失去作用。脂肪酸型的油性剂除了物理吸附外，还有化学吸附，在较低的温度下与金属表面生成金属皂，提高其抗磨性。

一般地说具有硫、氧、氮、磷等极性原子，或具有—OH、—COOH、—N(ROH)$_2$ · NH_2、—$CONH_2$ 等基团的化合物，都有较强的表面活性和对金属表面的吸附能力，都可作为油性抗磨剂。

常用的油性剂为高级脂肪酸（如硬脂酸、软脂酸、油酸、月桂酸、棕榈酸、蓖麻油酸等）、脂肪酸酯、盐（如硬脂酸乙酯、油酸丁酯等）、胺、酰胺化合物（如硬脂酸胺）、N,N-二（聚乙二醇）十八胺、硬脂酰胺 [CRCOON-$(CH_2CH_2O)_nH$]、硫化鲸鱼油、硫化棉籽油、二聚酸、苯三唑脂肪胺盐及酸性磷酸酯类等。

油性剂主要用于工业润滑油、液压油、导轨油、齿轮油等。

6. 黏度指数改进剂

黏度指数改进剂都是油溶性的链状高分子聚合物，其相对分子质量由几万到几百万。当其溶解在润滑油中时，在低温时它们以丝卷状存在，对润滑油的黏度影响不大，随着润滑油温度升高，丝卷伸张，有效容积增大，对润滑油流动阻力增大，导致润滑油的黏度相对显著增大。基于不同温度下黏度指数改进剂具有不同形态并对黏度产生不同影响，可以增加黏度和改进黏温性能，故黏度指数改进剂主要用于提高润滑油的黏度指数，改善黏温性能，增大黏度。可用来配制稠化机油，使配制的油品具有优良的黏温性能，使其低温起动性好、油耗低和具有一定的抗磨作用。

黏度指数改进剂广泛用于内燃机油中，主要用于生产多级油。

7. 防锈剂

防锈剂的作用是在金属表面形成牢固的吸附膜，以抑制氧及水，特别是水对金属表面的接触，使金属不致锈蚀。作为石油添加剂的防锈剂，必须对金属有充分的吸附性和对油的溶解性，因此防锈剂均由很强的极性基和适当的亲油基组成。目前使用较广、效果较好的有以下几类：羧酸及其盐类、氧化石油脂及其皂类、磺酸盐、磷酸酯及其胺盐、咪唑啉盐、羊毛脂及羊毛脂皂、胺类及含氮有机化合物等。

防锈剂主要用于工业润滑油和金属加工冷却润滑液、金属防护油等。

8. 降凝剂

油品温度下降到一定程度后，就要失去流动性而凝固，降凝剂的作用主要是降低油品的凝固点并保证油品在低温下能够流动。油中含有蜡，在低温下，高熔点的石蜡烃，常以针状或片状结晶析出，并相互联结成立体网络结构，形成结晶骨架，将低熔点油吸附并包围于其中，犹如吸水的海绵，致使整个油品丧失流动性。降凝剂有吸附和共晶两个作用，降凝剂虽不能阻止蜡晶的析出，但可以改变蜡的结构。降凝剂通过在蜡结晶表面的吸附或与其形成共晶，改变蜡结晶的形状和尺寸，防止蜡晶粒间联结形成三维网状结构，从而保持油品在低温下的流动性。

降凝剂广泛应用于各类润滑油中，典型代表是烷基萘、聚α-烯烃。

9. 抗泡剂

液压油、压缩机油等油品可能遇到开机、停机频繁的工作条件，内燃机油、齿轮箱油等循环系统的搅拌又比较激烈，常常会产生大量泡沫，造成能量传递和供油故障。抗泡方法很多，可分为物理-机械抗泡和化学抗泡。实际上，大多数是添加抗泡剂。作为抗泡剂的物质应具备以下性质：①不能溶于润滑油中；②能均匀地分散在润滑油中；③表面张力比润滑油要小。

抗泡剂广泛应用在各类润滑油中，典型代表有二甲基硅油及聚丙烯酸酯等。

3.1.3 润滑油的分类

2008年，我国发布实施了GB/T 7631.1—2008《润滑剂、工业用油和有关产品（L类）的分类第1部分：总分组》国家标准根据尽可能地包括所使用的润滑剂和有关产品的应用场合这一原则，该标准将润滑剂分为17个组别。其组别符号是按顺序排列的英文字母表示的。而其中的E（内燃机）、H（液压系统）、M（金属加工）、P（气动工具）、T（汽轮机）等与该类油的英文字母头一样，这是巧合。全损耗系统包括一次性润滑和某些要求较低、换油期较短的油浴式润滑。我国原来的机械油现已包括在全损耗系统用油中。虽然全损耗系统包括一次性润滑，但并不是所有的一次性润滑全部包括在全损耗系统中。例如，二冲程汽油机油、汽缸油等。脱模油包括两类产品，对于非金属如水泥预制件、玻璃制品、塑料制品的脱模润滑剂称脱模油，而金属铸件的成型润滑剂则称成型油。

3.1.4 润滑油的主要品种及应用范围

1. 内燃机油

凡是用于润滑内燃发动机的润滑油统称为内燃机油或发动机油。内燃机油的品种较多，通常可分为汽油机油、柴油机油、船用发动机油、二冲程汽油机油和铁道内燃机车油等。

由于内燃机是当代的主要动力机械，所以内燃机油的消耗量很大，我国每年消耗的内燃机油约占润滑油年消耗总量的40%以上。因此，掌握内燃机油的基本知识，正确合理地使用内燃机油，对于节约油料、节约能源、减少磨损，以及提高内燃机的技术水平都有十分重要的意义。

（1）内燃机油的基本性能　内燃机的种类、机型和使用条件不同，对内燃机油的性能要求也不同。因此，不同品种的内燃机油，其性能是不同的，就是同一品种的内燃机油，质量等级不一样，性能也有差别。尽管如此，内燃机油还是具有如下共同的基本性能。

1）良好的黏温特性，适当的黏度。内燃机各润滑部位的工作温度非常宽广，从大气温度到300℃左右，这就要求内燃机油不仅应有适当的黏度，而且黏度随温度的变化不能大，也就是黏温特性要好。油的黏度主要决定于低温起动的最大黏度。黏度大的油流动性差，使起动后摩擦表面长时间得不到充分润滑，磨损增加。一般要求内燃机低温起动温度在-5～-30℃，内燃机油动力黏度应在3250～6000mPa·s。油品的黏度也取决于在高温高剪切下，能保持油膜的最低黏度，一般不低于3.5mPa·s。黏度太小，油膜容易破坏，密封作用不好，机油耗量增大，同时还会产生磨损。

内燃机油的黏度要兼顾较好的高温和低温黏度，即油品应具有较好的黏温性能。机油的黏温性能用黏度指数表示。黏度指数高，黏度随温度变化小；反之，黏度随温度变化大。由于内燃机油在使用过程中温度变化范围较大，因此，要求油的黏温特性要好，即黏度指数要高。单级油黏度指数一般在90～105，多级油在120～180。

多级内燃机油，由于基础油的黏度低，并加入黏度指数改进剂提高其黏温性能，保证油品能够在更宽的温度范围内正常工作，并使发动机在低温下容易起动，是最理想的节能型内燃机油。

2）较强的抗氧化能力，较好的热稳定性。油品的氧化速度与温度、氧浓度以及金属的催化作用都有密切关系。内燃机油的工作温度比其他品种的润滑油都高，油在润滑系统中高速循环和在油箱中被剧烈地搅拌，显著增加了与空气接触的面积和氧的浓度，加之受机械零件的金属（如铁、铜和铝等）的催化作用，使油的氧化速度加快。同时，磨损的磨粒以及从气缸泄漏出来的气体中的固态物和尘埃等，也会起促进油加速氧化的作用。氧化的结果生成腐蚀金属的酸性物质以及使黏度增大的胶质和沥青物质，由于黏度增大，油泥和漆膜大量生成而使油失去应有的润滑作用。

要提高内燃机油抗氧化能力和热稳定性，可采取选用抗氧化性好的基础油并加入一定数量的抗氧抗腐蚀添加剂的办法来实现。高质量的内燃机油均具有较好的抗氧化性能，因而可减少氧化产物和漆膜的生成。

3）良好的清净分散性。燃料在内燃机中燃烧生成的炭粒和烟尘，内燃机油氧化生成的积炭和油泥，很容易集结变大，或沉积在活塞、活塞环槽、气缸壁和二冲程发动机的排气口，使发动机磨损增大，散热不良，活塞环黏结，换气不良，排气不畅，油耗上升，功率下降。油泥的沉积，还会堵塞润滑系统，使供油不足，造成润滑不良。因此，要求内燃机油不仅应该具有良好的高温清净作用，能将摩擦零件上的沉积物清洗下来，保持摩擦面的清洁，而且要具备良好的低温分散性，能阻止颗粒物的积聚和沉积，以便在通过机油滤清器时将它们除掉。

4）良好的润滑性、抗磨性。内燃机轴承的负荷重，气缸壁上油膜的保持性很差，这就要求内燃机油具有良好的油性，以减少摩擦磨损和防止烧结。凸轮-挺杆系统间歇地处于边界润滑状态，润滑条件苛刻，很容易造成擦伤磨损，连杆轴承也长期受冲击负荷。因此，要求内燃机油应具有一定的抗磨性能。

5）较好的抗腐蚀性和中和酸性物质的能力。现代内燃机的热负荷强化程度较高，负荷重，主轴承和曲轴轴承必须使用机械强度较高的耐磨合金原料，如铜铅、镉银、锡青铜或铅青铜等合金材料。但这些合金的抗腐蚀性能都很差。为了保证轴承不因腐蚀作用而损坏，这就要求内燃机油要有较强的抗腐蚀能力。

另外，内燃机油在使用过程中，由于自身氧化生成酸性物质，特别是小汽车和公共汽车，经常处于时开时停状态，使内燃机油更容易氧化，产生酸性物质和低温油泥；其次是燃料燃烧后产生的腐蚀性物质混入油中，特别是使用含硫量高的柴油时，会生成二氧化硫、三氧化硫，并遇水生成腐蚀性很强的硫酸。因此，要求内燃机油要有中和酸性物质的能力。

（2）内燃机油的黏度分类　美国汽车工程师协会（SAE）在 SAE J 300 中对内燃机油进行了分类，见表3-8。该分类根据实际使用的结果和汽车技术的发展需求，不断进行修正。目前，该分类标准被各国及各团体广泛采用，因此成为一个国际通用的标准。中国也采用 SAE J 300 对车用发动机油进行黏度分类。

表 3-8　SAE J 300—2015 发动机油的黏度分类

SAE 黏度级	低温动力黏度（ASTM D 5293）/mPa·s(℃)≤	低温泵送黏度（ASTM D 4684）/mPa·s(℃)≤	运动黏度（ASTM D 445,100℃）/(mm²/s)	高温高剪切黏度（150℃,106/s ASTM D 4683)/mPa·s
0W	6200(-35)	60000(-40)	≥3.8	—
5W	6600(-30)	60000(-35)	≥3.8	—
10W	7000(-25)	60000(-30)	≥4.1	—
15W	7000(-20)	60000(-25)	≥5.6	—
20W	9500(-15)	60000(-20)	≥5.6	—
25W	13000(-10)	60000(-15)	≥9.3	—
8	—	—	4	1.7
12	—	—	5	2.0
16	—	—	6.1	2.3
20	—	—	5.6~<9.3	2.6
30	—	—	9.3~<12.5	2.9
40	—	—	12.5~<16.3	3.5①
40	—	—	12.5~<16.3	3.7②
50	—	—	16.3~<21.9	3.7
60	—	—	21.9~<26.1	3.7

① 适用 0W/40、5W/40、10W/40 黏度级别。

② 适用 15W/40、20W/40、25W/40、40 黏度级别。

表3-8中两组黏度等级，一组后附字母W，一组未附。前者规定的流变性质有最高、最低温黏度、最高边界泵送温度和100℃时最低黏度，后者只规定100℃时的黏度范围。

表3-8中15个黏度级号的油，就是通常所称的单级油。在数字后面加有字母W的一组表示冬用，不带W的一组表示夏用或非寒区使用。可以看出，单级油的使用有明显的地区范围和季节限制。为了克服单级油的这一缺点和最大限度地节约能源，SAE设计了一种适用于较宽地区范围和不受季节限制的多级油。根据SAE J 300—2015标准，还规定了多级内燃机油的级号，用带尾缀和不带尾缀的两个级号组成，共分12个级号，如0W/30、0W/40、5W/30、5W/40、10W/30、10W/40、20W/40、20W/50等。它们的低温黏度和边界泵送温度符合W级的要求，而100℃黏度则在夏用油的范围内。多级油能同时满足多个黏度等级的要求，如10W/30不仅能满足10W级的要求，在寒区或冬季使用，也能满足30级的要求，在非寒区或夏季使用，如图3-8所示。另外还能满足从10W至30间其他等级的要求。

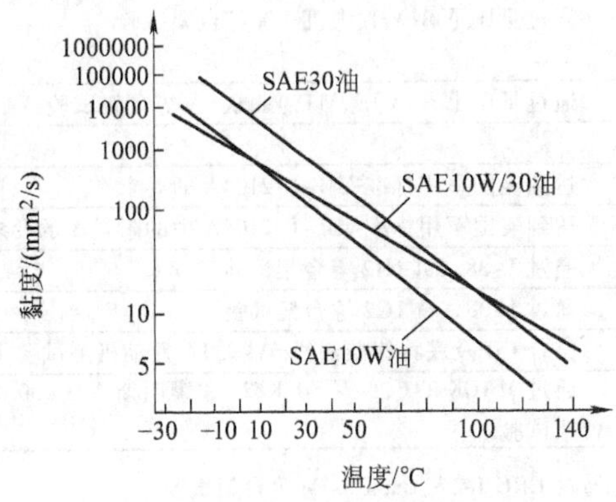

图3-8 单级油与多级油黏温图

多级油是一种节能型润滑油。目前，内燃机的总热效率大约为40%，其他为热损失。其中大约有10%损失于克服内燃机油、齿轮油、制动油等的摩擦阻力。在保证流体润滑的条件下，合理地降低润滑油的黏度，是减少油品内摩擦的一个有效手段。多级油比单级油具有较好的黏温特性，如图3-8所示。可使油品既能在高温下有足够的黏度以保证润滑，又能在低温下使油品黏度不致于太高以保证油品有好的低温起动和泵送性，从而达到节能的目的，如图3-9所示。试验表明，使用10W/30油比使用30油节约燃油5%~10%。

(3) 内燃机油的质量分类 内燃机油各国的质量分类不尽相同，在早期的分类中，大家可以看到

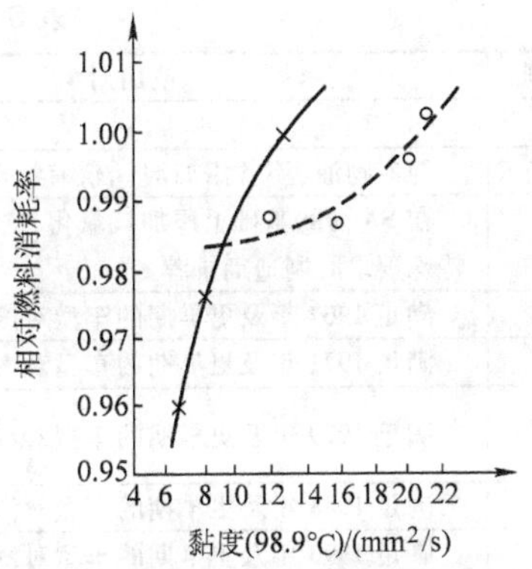

图3-9 单级油与多级油相对燃料消耗比

○—多级油 ×—单级油

MIL规范，这些规范源自于美国空军对其发动机润滑油所规定的最低要求，并被民用部门用来鉴定内燃机油的质量。但现在已经基本淡出中国市场。目前在国际和国内比较有影响的分类方法为美国石油学会API的质量分类；另外，还有国际润滑油标准化和鉴定委员会ILSAC、欧洲汽车制造商协会ACEA、日本汽车标准化组织JASO等分类方法。

1) API和ILSAC规范早期API对内燃机油的质量分级没有明确的技术定义和评价标准，随着发动机性能的不断提高，对内燃机油的要求越来越苛刻，因此，美国API、SAE和ASTM于1969年和1970年共同研究制定了发动机油使用性能和适用范围分类。随着不断出现的新的发动机技术和环保要求，API内燃机油的质量级别也相应增加。为了满足2004年美国第二阶段排放法规要求，美国出台了GF-4/SM汽油机油规格。2004年1月出台了GF-4，并允许于2004年7月底开始认证，预计寿命为5年。配套的SM因各方的争论，推迟到2004年7月底才出台，允许于2004年11月30日认证。为了解决2002年CI-4油满足不了真正带废气循环EGR的发动机要求，出台了CI-4+柴油机油规格，见表3-9、表3-10。

2) 通用发动机油通用发动机油即汽油机、柴油机通用的发动机油，在国外应用十分广泛。它要求同时通过汽油机油和柴油机油的台架试验，既满足汽油机油的性能要求，又满足柴油机油的性能要求，如SH/CD级内燃机油，既可用于要求使用SH级汽油机油的汽油机，也可用于要求使用CD级柴油机油的柴油机。

通用发动机油的质量等级可有不同的组合，如SF/CD、SH/CD、SJ/CF-4、SL/CF-4、SM/CI-4等，黏度等级也与汽油机油和柴油机油相同。

表 3-9 API 内燃机油质量分类

API 级别	使用对象	检验要求
	汽油机油	
SA	纯矿物油(不含添加剂),仅有特殊要求时制造	
SB	在 SA 油的基础上添加抗氧化、抗擦伤添加剂,仅有特殊要求时制造商推荐	
S	满足 1967 年及更早期的车型对汽油机油的要求	通过 L-38、程序 IA、ⅡA、Ⅳ、VA 等台架试验
SD	满足 1971 年及更早期的车型对汽油机油的要求	通过 L-38、程序ⅡB、ⅢB、Ⅳ、VB 等台架试验
SE	满足 1979 年及更早期的车型对汽油机油的要求	通过 L-38、程序ⅡB、ⅡC 或ⅡD、ⅢC 或ⅢD、VC 或 VD 等台架试验
SF	满足 1988 年及更早期的车型对汽油机油的要求	通过 L-38、程序ⅡD、ⅢD、VD 等台架试验
SG	满足 1993 年及更早期的车型对汽油机油的要求	通过 L-38、程序ⅡD、ⅢE、VE 等台架试验
SH	满足 1996 年及更早期的车型对汽油机油的要求	通过 L-38、程序ⅡD、ⅢE、VE 等台架试验
SJ	满足 2001 年及更早期的车型对汽油机油的要求	通过ⅡD、ⅢE、ⅤE、L-38 等台架试验
SL	2001 年 7 月 API 开始认可,满足 2005 年及更早期的车型对汽油机油的要求	通过ⅢF、ⅣA、ⅤE、ⅤG、Ⅷ等台架试验
SM	适用于目前在用的所有汽油机的润滑要求,2004 年 7 月 APl 开始认可	通过程序ⅢG、ⅢGA、ⅣA、ⅤG、Ⅷ等台架试验
SN	API 在 2010 年发布的汽油机油质量等级,在环保要求和使用性能上都优于 SM 级别	通过程序ⅢG、ⅣA、ⅤG、Ⅷ、ⅥX 等台架试验
SN+	SN 基础上增加节能要求	通过程序ⅢG(或ⅢH)、ⅣA、ⅤG(或ⅤH)、ⅥD、Ⅷ、Ⅸ等台架试验
SP	2019 年发布,目前性能标准最高的机油,对机油的抗磨损性、抗低速早燃、抗氧化、抗沉积等性能提出了更高的要求	通过ⅢH、ⅣB、VH、Ⅷ、Ⅸ、Ⅹ等台架试验
SP+	SP 基础上增加节能要求	通过ⅢH、ⅣB、ⅤIE、ⅥF、Ⅷ、Ⅸ、Ⅹ等台架试验
	柴油机油	
CA	轻负荷,(1940—1950)	达到美国军用标准 MIL-L-2104A 的要求
CB	中负荷,(1949—1960)	达到美国军用标准 MIL-L-2104A 中的附录 1 的要求
CC	中至重负荷,1961 年生产的柴油机	通过 L-38、Cat 1H2 等台架试验
CD	1955 年出现,适用于自然吸气和涡轮增压发动机	通过 L-38、Cat 1G2 等台架试验
CD-Ⅱ	1987 年出现,适用于重负荷二冲程柴油发动机	符合 CD 及底特律柴油机 6V-92TA 发动机测试要求
CE	1987 年出现,适用于高速自然吸气、涡轮增压四冲程柴油发动机,可替代 CC、CD	通过 MACK T-6、T-7(E0-K/2)和康明斯 NTC400 的台架试验
CF	1994 年出现,用于非直喷柴油机,可使用含硫燃料(含硫量大于 0.5%)的发动机,可替代 CD	通过 CRC L-38,Cat 1M-Pc 等台架试验
CF-4	1990 年出现,适用于高速自然吸气、涡轮增压四冲程柴油发动机,可替代 CD、CE	通过 Cat 1K,MACK T-6、T-7、ⅢE、L-38 等台架试验
CG-4	1995 年出现,适用于高速、四冲程及使用低硫燃料(含硫量小于 0.5%)的发动机,可替代 CD、CE、CF-4	通过 Cat 1K, MACK T-8、ⅢE、RFWT、L-38 等台架试验
CH-4	1998 年出现,高速四冲程发动机使用,满足美国 1998 排放法规,可使用含硫燃料(含硫量大于 0.5%),可替代 CD、CE、CF-4 和 CG-4	通过 Cat 1K、1P、1N、M11、ⅢF,MACK T-8E、T-9、RF-WT、通气试验、高温腐蚀试验、柴油喷嘴剪切等台架试验
CI-4	2002 年出现,高速四冲程带废气再循环装置的发动机使用,满足美国 2004 排放法规,可替代 CD、CE、CF-4、CG-4 和 CH-4	通过 Cat 1N、1K、1R,MACK T-8E、T-10(EGR)、M11(EGR)、ⅢF、RFWT、通气试验、高温腐蚀试验、橡胶相溶性、柴油喷嘴剪切等台架试验
CJ-4	在 2006 年发布,为了满足欧 VI 排放法规的要求而推出的,对硫、磷和硫酸盐灰分等指标进行了严格限定	通过 Cat 1N、CatC13, MACK T-11(EGR)、T-11A(EGR)、T-12(EGR)、EOAT、RFWT、ISM、ISB、ⅢF、通气试验、高温腐蚀试验、柴油喷嘴剪切等台架试验
CK-4	2016 年发布,API CK-4 等级机油将在 CJ-4 等级机油基础上获得一系列改进,包括机油氧化、发动机磨损。可替代 CJ-4	通过 Cat 1N、CatC13, MACK T-11(EGR)、T-11A(EGR)、T-12(EGR)、EOAT、RFWT、ISM、ISB、VolvoT-13、DD-13 等台架试验

（续）

API 级别	使用对象	检验要求
	柴油机油	
FA-4	2016 年发布，FA-4 等级机油只适用于新生产的符合道路尾气排放法规要求的柴油发动机	通过 Cat 1N、CatC13、MACK T-11（EGR）、T-11A（EGR）、T-12（EGR）、EOAT、RFWT、ISM、ISB、VolvoT-13、DD-13 等台架试验

表 3-10　ILSAC 汽油机油分类

级别	使用对象	检验要求
GF-1	对应 SH，有节能要求	通过 L-38、程序ⅡD、ⅢE、ⅤE、ⅥA 等台架试验
GF-2	对应 SJ，有节能要求	通过 L-38、程序ⅡD、ⅢE、ⅤE、ⅥA 等台架试验
GF-3	对应 SL，有节能要求	通过程序ⅢF、Ⅷ、ⅥA、ⅤE、ⅤG、ⅥB 等台架试验
GF-4	对应 SM，有节能要求	通过程序ⅢG、Ⅷ、ⅥA、ⅤG、ⅥB 等台架试验
GF-5	对应 SN，有节能要求	通过程序ⅢG（或ⅢH）、Ⅷ、ⅣA、ⅤG（或ⅤH）、ⅥB 等台架试验
GF-6A	与 GF-5 相比，对润滑油性能要求更高	通过程序ⅢH、ⅤH、ⅣB、Ⅷ、ⅥE、Ⅸ、Ⅹ等台架试验
GF-6B	规定了 SAE 0W-16 级别发动机油规格要求，适用于要求使用低黏度等级润滑油的发动机	通过程序ⅢH、ⅤH、ⅣB、ⅥF、Ⅸ、Ⅹ等台架试验

（4）中国内燃机分类及品种　我国内燃机油质量分类是参照美国 API 分类，并结合我国发动机制造业的实际和润滑油的生产实际制定的。现在已经发布并实施了 GB/T 28772—2012 内燃机油分类标准，见表 3-11。

1）汽油机油的标准及品种见表 3-12~表 3-15。

表 3-11a　内燃机油分类（摘自 GB/T 28772—2012）

应用范围	品种代号	特性和使用场合
汽油机油	SE	用于轿车和某些货车的汽油机以及要求使用 API SE、SD① 级油的汽油机。此种油品的抗氧化性能及控制汽油机高温沉积物、锈蚀和腐蚀的性能优于 SD① 或 SC①
	SF	用于轿车和某些货车的汽油机以及要求使用 API SF、SE 级油的汽油机。此种油品的抗氧化和抗磨损性能优于 SE，同时还具有控制汽油机沉积、锈蚀和腐蚀的性能，并可代替 SE
	SG	用于轿车、货车和轻型卡车的汽油机以及要求使用 API SG 级油的汽油机。SG 质量还包括 CC 或 CD 的使用性能。此种油品改进了 SF 级油控制发动机沉积物、磨损和油的氧化性能，同时还具有抗锈蚀和腐蚀的性能，并可代替 SF、SF/CD、SE 或 SE/CC
	SH、GF-1	用于轿车、货车和轻型卡车的汽油机以及要求使用 API SH 级油的汽油机。此种油品在控制发动机沉积物、油的氧化、磨损、锈蚀和腐蚀等方面的性能优于 SG，并可代替 SG、GF-1 与 SH 相比，增加了对燃料经济性的要求
	SJ、GF-2	用于轿车、运动型多用途汽车、货车和轻型卡车的汽油机以及要求使用 API SJ 级油的汽油机。此种油品在挥发性、过滤性、高温泡沫性和高温沉积物控制等方面的性能优于 SH。可代替 SH，并可在 SH 以前的“S”系列等级中使用 GF-2 与 SJ 相比，增加了对燃料经济性的要求，GF-2 可代替 GF-1
	SL、GF-3	用于轿车、运动型多用途汽车、货车和轻型卡车的汽油机以及要求使用 API SL 级油的汽油机。此种油品在挥发性、过滤性、高温泡沫性和高温沉积物控制等方面的性能优于 SJ。可代替 SJ，并可在 SJ 以前的“S”系列等级中使用 GF-3 与 SL 相比，增加了对燃料经济性的要求，GF-3 可代替 GF-2
	SM、GF-4	用于轿车、运动型多用途汽车、货车和轻型卡车的汽油机以及要求使用 API SM 级油的汽油机。此种油品在高温氧化和清净性能、高温磨损性能以及高温沉积物控制等方面的性能优于 SL。可代替 SL，并可在 SL 以前的“S”系列等级中使用 GF-4 与 SM 相比，增加了对燃料经济性的要求，GF-4 可代替 GF-3
	SN、GF-5	用于轿车、运动型多用途汽车、货车和轻型卡车的汽油机以及要求使用 API SN 级油的汽油机。此种油品在高温氧化和清净性能、低温油泥以及高温沉积物控制等方面的性能优于 SM。可代替 SM，并可在 SM 以前的“S”系列等级中使用 对于资源节约型 SN 油品，除具有上述性能外，强调燃料经济性、对排放系统和涡轮增压器的保护以及与含乙醇最高达 85% 的燃料的兼容性能 GF-5 与资源节约型 SN 相比，性能基本一致，GF-5 可代替 GF-4

（续）

应用范围	品种代号	特性和使用场合
柴油机油	CC	用于中负荷及重负荷下运行的自然吸气、涡轮增压和机械增压式柴油机以及一些重负荷汽油机。对于柴油机具有控制高温沉积物和轴瓦腐蚀的性能，对于汽油机具有控制锈蚀、腐蚀和高温沉积物的性能
	CD	用于需要高效控制磨损及沉积物或使用包括高硫燃料自然吸气、涡轮增压和机械增压式柴油机以及要求使用 API CD 级油的柴油机。具有控制轴瓦腐蚀和高温沉积物的性能，并可代替 CC
	CF	用于非道路间接喷射式柴油发动机和其他柴油发动机，也可用于需有效控制活塞沉积物、磨损和含铜轴瓦腐蚀的自然吸气、涡轮增压和机械增压式柴油机。能够使用硫的质量分数大于 0.5%的高硫柴油燃料，并可代替 CD
	CF-2	用于需高效控制气缸、环表面胶合和沉积物的二冲程柴油发动机，并可代替 CD-Ⅱ①
	CF-4	用于高速、四冲程柴油发动机以及要求使用 API CF-4 级油的柴油机，特别适用于高速公路行驶的重负荷卡车。此种油品在机油消耗和活塞沉积物控制等方面的性能优于 CE①，并可代替 CE①、CD 和 CC
	CG-4	用于可在高速公路和非道路使用的高速、四冲程柴油发动机。能够使用硫的质量分数小于 0.05%～0.5%的柴油燃料。此种油品可有效控制高温活塞沉积物、磨损、腐蚀、泡沫、氧化和烟炱的累积，并可代替 CF-4、CE①、CD 和 CC
	CH-4	用于高速、四冲程柴油发动机。能够使用硫的质量分数不大于 0.5%的柴油燃料。即使在不利的应用场合，此种油品可凭借其在磨损控制、高温稳定性和烟炱控制方面的特性有效地保持发动机的耐久性；对于非铁金属的腐蚀、氧化和不溶物的增稠、泡沫性以及由于剪切所造成的黏度损失可提供最佳的保护。其性能优于 CG-4，并可代替 CG-4、CF-4、CE①、CD 和 CC
	CI-4	用于高速、四冲程柴油发动机。能够使用硫的质量分数不大于 0.5%的柴油燃料。此种油品在装有废气再循环装置的系统里使用可保持发动机的耐久性。对于腐蚀性和与烟炱有关的磨损倾向、活塞沉积物、以及由于烟炱累积所引起的黏温性变差、氧化增稠、机油消耗、泡沫性、密封材料的适应性降低和由于剪切所造成的黏度损失可提供最佳的保护。其性能优于 CH-4，并可代替 CH-4、CG-4、CF-4、CE①、CD 和 CC
	CJ-4	用于高速、四冲程柴油发动机。能够使用硫的质量分数不大于 0.05%的柴油燃料。对于使用废气后处理系统的发动机，如使用硫的质量分数大于 0.0015%的燃料，可能会影响废气后处理系统的耐久性和/或机油的换油期。此种油品在装有微粒过滤器和其他后处理系统里使用可特别有效地保持排放控制系统的耐久性。对于催化剂中毒的控制、微粒过滤器的堵塞、发动机磨损、活塞沉积物、高低温稳定性、烟炱处理特性、氧化增稠、泡沫性和由于剪切所造成的黏度损失可提供最佳的保护。其性能优于 CI-4，并可代替 CI-4、CH-4、CG-4、CF-4、CE①、CD 和 CC
农用柴油机油	—	用于以单缸柴油机为动力的三轮汽车（原三轮农用运输车）、手扶变型运输机、小型拖拉机，还可用于其他以单缸柴油机为动力的小型农机具，如抽水机、发电机等。具有一定的抗氧、抗磨性能和清净分散性能

① SD、SC、CD-Ⅱ和 CE 已经废止（见表 3-11b）。

表 3-11b　废止的内燃机油品种（摘自 GB/T 28772—2012）

应用范围	品种代号	特性和使用场合
汽油机油	SA	用于运行条件非常温和的老式发动机，该油品不含添加剂，对使用性能无特殊要求
	SB	用于缓和条件下工作的货车、客车或其他汽油机，也可用于要求使用 API SB 级油的汽油机。仅具有抗擦伤、抗氧化和抗轴承腐蚀性能
	SC	用于货车、客车或其他汽油机以及要求使用 API SC 级油的汽油机。可控制汽油机高低温沉积物及磨损、锈蚀和腐蚀
	SD	用于货车、客车和某些轿车的汽油机以及要求使用 API SD、SC 级油的汽油机。此种油品控制汽油机高、低温沉积

（续）

应用范围	品种代号	特性和使用场合
柴油机油	CA	用于使用优质燃料、在轻到中负荷下运行的柴油机以及要求使用 API CA 级油的发动机。有时也用于运行条件温和的汽油机。具有一定的高温清净性和抗氧抗腐性
	CB	用于燃料质量较低、在轻到中负荷下运行的柴油机以及要求使用 API CB 级油的发动机。有时也用于运行条件温和的汽油机。具有控制发动机高温沉积物和轴承腐蚀的性能
	CD-Ⅱ	用于要求高效控制磨损和沉积物的重负荷二冲程柴油机以及要求使用 API CD-Ⅱ级油的发动机，同时也满足 CD 级油性能要求
	CE	用于在低速高负荷和高速高负荷条件下运行的低增压和增压式重负荷柴油机以及要求使用 API CE 级油的发动机，同时也满足 CD 级油性能要求

表 3-12 汽油机油黏温性能要求（摘自 GB 11121—2006）

项目		低温动力黏度 /mPa · s(℃) ≤	边界泵送温度/℃ ≤	运动黏度 (100℃)/ (mm²/s)	黏度指数 ≥	倾点 不高于
试验方法		GB/T 6538	GB/T 9171	GB/T 265	GB/T 1995 GB/T 2541	GB/T 3535
质量等级	黏度等级	—	—	—	—	—
SE、SF	0W/20	3250(-30)	-35	5.6~<9.3	—	-40
	0W/30	3250(-30)	-35	9.3~<12.5	—	
	5W/20	3500(-25)	-30	5.6~<9.3	—	-35
	5W/30	3500(-25)	-35	9.3~<12.5	—	
	5W/40	3500(-25)	-30	12.5~<16.3	—	
	5W/50	3500(-25)	-30	16.3~<21.9	—	
	10W/30	3500(-20)	-25	9.3~<12.5	—	-30
	10W/40	3500(-20)	-25	12.5~<16.3	—	
	10W/50	3500(-20)	-25	16.3~<21.9	—	
	15W/30	3500(-15)	-20	9.3~<12.5	—	-23
	15W/40	3500(-15)	-20	12.5~<16.3	—	
	15W/50	3500(-15)	-20	16.3~<21.9	—	
	20W/40	4500(-10)	-15	12.5~<16.3	—	-18
	20W/50	4500(-10)	-15	16.3~<21.9	—	
	30			9.3~<12.5	75	-15
	40			12.5~<16.3	80	-10
	50			16.3~<21.9	805	-5

项目		低温动力黏度 /mPa · s(℃) ≤	在无屈服应力时，低温泵送黏度 /mPa · s(℃) ≤	运动黏度 (100℃) /(mm²/s)	高温高剪切黏度 (150℃，10⁶/s) /mPa · s ≥	黏度指数 ≥	倾点/℃ 不高于
试验方法		GB/T 6538、ASTM D 5293③	SH/T 0562	GB/T 265	SH/T 0618④、SH/T 0703、SH/T 0751	GB/T 1995、GB/T 2541	GB/T 3535
质量等级	黏度等级						
SG、SH、GF-1①、SJ、GF-2②、SL、GF-3	0W/20	6200(-35)	60000(-40)	5.6~<9.3	2.6		-40
	0W/30	6200(-35)	60000(-40)	9.3~<12.5	2.9		
	5W,20	6600(-30)	60000(-35)	5.6~<9.3	2.6		-35
	5W/30	6600(-30)	60000(-35)	9.3~<12.5	2.9		
	5W/40	6600(-30)	60000(-35)	12.5~<16.3	2.9		
	5W/50	6600(-30)	60000(-35)	16.3~<21.9	3.7		
	10W/30	7000(-25)	60000(-30)	9.3~<12.5	2.9		-30
	10W/40	7000(-25)	60000(-30)	12.5~<16.3	2.9		
	10W/50	7000(-25)	60000(-30)	16.3~<21.9	3.7		
	15W/30	7000(-20)	60000(-25)	9.3~<12.5	2.9		-25
	15W/40	7000(-20)	60000(-25)	12.5~<16.3	3.7		

（续）

项目		低温动力黏度 /mPa·s(℃) ≤	在无屈服应力时，低温泵送黏度 /mPa·s(℃) ≤	运动黏度 (100℃) /(mm^2/s)	高温高剪切黏度 (150℃，10^6/s) /mPa·s ≥	黏度指数 ≥	倾点/℃ 不高于
试验方法		GB/T 6538、ASTM D 5293③	SH/T 0562	GB/T 265	SH/T 0618④、SH/T 0703、SH/T 0751	GB/T 1995、GB/T 2541	GB/T 3535
质量等级	黏度等级						
SG、SH、GF-1①、SJ、GF-2②、SL、GF-3	15W/50	7000(-20)	60000(-25)	16.3~<21.9	3.7		-25
	20W/40	9500(-15)	60000(-20)	12.5~<16.3	3.7		-20
	20W/50	9500(-15)	60000(-20)	16.3~<21.9	3.7		
	30			9.3~<12.5		75	-15
	40			12.5~<16.3		80	-10
	50			16.3~<21.9		80	-5

① 10W 黏度等级低温动力黏度和低温泵送黏度的试验温度均升高 5℃，指标分别为：≤3500mPa·s 和 30000mPa·s。

② 10W 黏度等级低温动力黏度的试验温度升高 5℃，指标为：≤3500mPa·s。

③ GB/T 6538—2000 正在修订中，在新标准正式发布前 0W 油使用 ASTM D5293：2004 方法测定。

④ 为仲裁方法。

表 3-13 汽油机油模拟性能和理化性能要求（摘自 GB 11121—2006）

项目	质量指标										试验方法
	SE	SF	SG	SH	GF-1		SJ		GF-2	SL、GF-3	
水分(体积分数，%)≤	痕迹										GB/T 260
泡沫性(泡沫倾向/泡沫稳定性)/(mL/mL)											
24℃ ≤	25/0		10/0				10/0			10/0	GB/T 12579①
93.5℃ ≤	150/0		50/0				50/0			50/0	
后 24℃ ≤	25/0		10/0				10/0			10/0	
150℃ ≤	—		报告				200/50			100/0	SH/T 0722②
蒸发损失③(质量分数，%)≤		5W/30	10W/30	15W/40	0W 和 5W	所有其他多级油	0W/20、5W/20、5W/30、10W/30	所有其他多级油			
诺亚克法(250℃，1h)或气相色谱法(371℃馏出量)	—	25	20	18	25	20	22	20	22	15	SH/T 0059
方法 1	—	20	17	15	20	17	—	—	—	—	SH/T 0558
方法 2	—	—	—	—	—		17	15	17	—	SH/T 0695
方法 3	—	—	—	—	—		17	15	37	10	ASTM D 6417
过滤性(%) ≤			5W/30 10W/30	15W/40	15W/40						
EOFT 流量减少	—		50	无要求	50		50		50	50	ASTM D 6795
EOWTT 流量减少	—			—	—		—		—	—	
用 0.6%H_2O	—			—	—		报告		—	50	ASTM D 6794
用 1.0%H_2O	—			—	—		报告		—	50	
用 2.0%H_2O	—			—	—		报告		—	50	
用 3.0%H_2O	—			—	—		报告		—	50	

（续）

项 目	质量指标								试验方法
	SE	SF	SG	SH	GF-1	SJ	GF-2	SL、GF-3	
均匀性和混合性	—		与 SAE 参比油混合均匀						ASTM D6922
高温沉积物/mg≤									
TEOST	—		—		—	60	60	—	SH/T 0750
TEOSTMHT	—		—		—	—	—	45	ASTM D7097
凝胶指数≤	—		—		—	12 无要求	12④	12④	SH/T 0732
机械杂质（质量分数,%）≤	0.01								GB/T 511
闪点（开口）/℃（黏度等级）不低于	200（0W、5W 多级油）;205（10W 多级油）;215（15W、20W 多级油）;220（30）;225（40）;230（50）								GB/T 3536
磷（质量分数,%）≤	见表 3-14		0.12⑤		0.12	0.10⑥	0.10	0.10⑦	GB/T 17476⑧、SH/T 0296、SH/T 0631、SH/T 0749

① 对于 SG、SH、GF-1、SJ、GF-2、SL 和 GF-3，需首先进行步骤 A 试验。

② 为 1min 后测定稳定体积。对于 SL 和 GF-3 可根据需要确定是否首先进行步骤 A 试验。

③ 对于 SF、SG 和 SH，除规定了指标的 5W/30、10W/30 和 15W/40 之外的所有其他多级油均为“报告”。

④ 对于 GF-2 和 GF-3，凝胶指数试验是从-5℃开始降温直到黏度达到 40000mPa·s（40000cP）时的温度或温度达到-40℃时试验结束，任何一个结果先出现即视为试验结束。

⑤ 仅适用于 5W/30 和 10W/30 黏度等级。

⑥ 仅适用于 0W/20、5W/20、5W/30 和 10W/30 黏度等级。

⑦ 仅适用于 0W/20、5W/20、0W/30、5W/30 和 10W/30 黏度等级。

⑧ 仲裁方法。

表 3-14 汽油机油理化性能要求（摘自 GB 11121—2006）

项 目	质量指标		试验方法
	SE、SF	SG、SH、GF-1、SJ、GF-2、SL、GF-3	
碱值①（以 KOH 计）/(mg/g)	报告		SH/T 0251
硫酸盐灰分①（质量分数,%）	报告		GB/T 2433
硫①（质量分数,%）	报告		GB/T 387、GB/T 388、GB/T 11140、GB/T 17040、GB/T 17476、SH/T 0172、SH/T 0631、SH/T 0749
磷①（质量分数,%）	报告	见表 3-13	GB/T 17476、SH/T 0296、SH/T 0631、SH/T 0749
氮①（质量分数,%）	报告		GB/T 9170、SH/T 0656、SH/T 0704

① 生产者在每批产品出厂时要向使用者或经销者报告该项目的实测值，有争议时以发动机台架试验结果为准。

表 3-15 汽油机油发动机试验要求（摘自 GB 11121—2006）

质量等级	项 目		质量指标	试验方法
SE	L-38 发动机试验			SH/T 0265
	轴瓦失重①/mg	≤	40	
	剪切安定性②			SH/T 0265
	100℃运动黏度/(mm^2/s)		在本等级油黏度范围之内（适用于多级油）	GB/T 265
	程序ⅡD 发动机试验			SH/T 0512
	发动机锈蚀平均评分	≥	8.5	
	挺杆黏结数		无	

（续）

质量等级	项　目		质量指标	试验方法
SE	程序ⅢD发动机试验			SH/T 0513
	黏度增长(40℃,40h)(%)	≤	375	SH/T 0783
	发动机平均评分(64h)			
	发动机油泥平均评分	≥	9.2	
	活塞裙部漆膜平均评分	≥	9.1	
	油环台沉积物平均评分	≥	4.0	
	环黏结		无	
	挺杆黏结		无	
	擦伤和磨损(64h)			
	凸轮或挺杆擦伤		无	
	凸轮加挺杆磨损/mm			
	平均值	≤	0.102	
	最大值	≤	0.254	
	程序ⅤD发动机试验			SH/T 0514
	发动机油泥平均评分	≥	9.2	SH/T 0672
	活塞裙部漆膜平均评分	≥	6.4	
	发动机漆膜平均评分	≥	6.3	
	机油滤网以及油环堵塞(%)	≤	10.0	
	压缩环黏结		无	
	凸轮磨损/mm			
	平均值		报告	
	最大值		报告	
SF	L-38发动机试验			SH/T 0265
	轴瓦失重[①]/mg	≤	40	
	剪切安定性[②]		40	SH/T 0265
	100℃运动黏度/(mm²/s)		在本等级油黏度范围之内(适用于多级油)	GB/T 265
	程序ⅡD发动机试验			SH/T 0512
	发动机锈蚀平均评分	≥	8.5	
	挺杆黏结数		无	
	程序ⅢD发动机试验(64h)			SH/T 0513
	黏度增长(40℃)(%)	≤	375	SH/T 0783
	发动机平均评分			
	发动机油泥平均评分	≥	9.2	
	活塞裙部漆膜平均评分	≥	9.2	
	油环台沉积物平均评分	≥	4.8	
	环黏结		无	
	挺杆黏结		无	
	擦伤和磨损			
	凸轮或挺杆擦伤		无	
	凸轮加挺杆磨损/mm			
	平均值	≤	0.102	
	最大值	≤	0.203	
	程序VD发动机试验			SH/T 0514
	发动机油泥平均评分	≥	9.4	SH/T 0672
	活塞裙部漆膜平均评分	≥	6.7	
	发动机漆膜平均评分	≥	6.6	
	机油滤网堵塞(%)	≤	7.5	
	油环堵塞(%)	≤	10.0	

（续）

质量等级	项　目		质量指标	试验方法
SF	压缩环黏结		无	
	凸轮磨损/mm			
	平均值	≤	0.025	
	最大值	≤	0.064	
SG	L-38 发动机试验			SH/T 0265
	轴瓦失重/mg	≤	40	
	活塞裙部漆膜评分	≥	9.0	SH/T 0265
	剪切安定性，运转 10h 后的运动黏度		在本等级油黏度范围之内（适用于多级油）	GB/T 265
	程序ⅡD 发动机试验			SH/T 0512
	发动机锈蚀平均评分	≥	8.5	
	挺杆黏结数		无	
	程序ⅢE 发动机试验			SH/T 0758
	黏度增长（40℃，375%）/h	≥	64	
	发动机油泥平均评分	≥	9.2	
	活塞裙部漆膜平均评分	≥	8.9	
	油环台沉积物平均评分	≥	3.5	
	环黏结（与油相关）		无	
	挺杆黏结		无	
	擦伤和磨损（64h）			
	凸轮或挺杆擦伤		无	
	凸轮加挺杆磨损/mm			
	平均值	≤	0.030	
	最大值	≤	0.064	
	程序ⅤE 发动机验			SH/T 0759
	发动机油泥平均评分	≥	9.0	
	摇臂罩油泥评分	≥	7.0	
	活塞裙部漆膜平均评分	≥	6.5	
	发动机漆膜平均评分	≥	5.0	
	机油滤网堵塞（%）	≤	20.0	
	油环堵塞（%）		报告	
	压缩环黏结（热黏结）			
	凸轮磨损/mm		无	
	平均值	≤	0.130	
	最大值	≤	0.380	
SH	L-38 发动机试验			SH/T 0265
	轴瓦失重/mg	≤	40	
	剪切安定性，运转 10h 后的运动黏度		在本等级油黏度范围之内（适用于多级油）	SH/T 0265
	或			GB/T 265
	程序ⅤⅢ发动机试验			ASTM D6709
	轴瓦失重/mg	≤	26.4	
	剪切安定性，运转 10h 后的运动黏度		在本等级油黏度范围之内（适用于多级油）	
	程序ⅡD 发动机试验			SH/T 0512
	发动机锈蚀平均评分	≥	8.5	
	挺杆黏结数		无	
	或			
	球锈蚀试验			SH/T 0763
	平均灰度值/分	≥	100	
	程序ⅢE 发动机试验			SH/T 0758
	黏度增长（40℃，375℃）/h	≥	64	
	发动机油泥平均评分	≥	9.2	

（续）

质量等级	项　　目		质量指标	试验方法
SH	活塞裙部漆膜平均评分	≥	8.9	
	油环台沉积物平均评分	≥	3.5	
	环黏结(与油相关)		无	
	挺杆黏结		无	
	擦伤和磨损(64h)			
	凸轮或挺杆擦伤		无	
	凸轮加挺杆磨损/mm			
	平均值	≤	0.030	
	最大值	≤	0.064	
	或			
	程序ⅢF发动机试验			ASTM D6984
	运动黏度增长(40℃,60h)(%)	≤	325	
	活塞裙部漆膜平均评分	≥	8.5	
	活塞沉积物评分	≥	3.2	
	凸轮加挺杆磨损/mm	≤	0.020	
	热黏环		无	
	程序VE发动机试验			SH/T 0759
	发动机油泥平均评分	≥	9.0	
	摇臂罩油泥评分	≥	7.0	
	活塞裙部漆膜平均评分	≥	6.5	
	发动机漆膜平均评分	≥	5.0	
	机油滤网堵塞(%)	≤	20.0	
	油环堵塞(%)		报告	
	压缩环黏结(热黏结)		无	
	凸轮磨损/mm			
	平均值	≤	0.127	
	最大值	≤	0.380	
	或			
	程序ⅣA阀系磨损试验			ASTM D6891
	平均凸轮磨损/mm	≤	0.120	
	加:程序VG发动机试验			ASTM D6593
	发动机油泥平均评分	≥	7.8	
	摇臂罩油泥评分	≥	8.0	
	活塞裙部漆膜平均评分	≥	7.5	
	发动机漆膜平均评分	≥	8.9	
	机油滤网堵塞(%)	≤	20.0	
	压缩环热黏结		无	
GF-1	L-38发动机试验			SH/T 0265
	轴瓦失重/mg	≤	40	
	活塞裙部漆膜评分	≥	9.0	
	剪切安定性,运转10h后的运动黏度		在本等级油黏度范围之内（适用于多级油）	SH/T 0265 GB/T 265
	程序ⅡD发动机试验			SH/T 0512
	发动机锈蚀平均评分	≥	8.5	
	挺杆黏结数		无	
	程序ⅢE发动机试验			SH/T 0758
	黏度增长(40℃,64h)(%)	≤	375	
	发动机油泥平均评分	≥	9.2	
	活塞裙部漆膜平均评分	≥	8.9	

（续）

质量等级	项　　目		质量指标	试验方法
GF-1	油环台沉积物平均评分	≥	3.5	
	环黏结（与油相关）		无	
	挺杆黏结		无	
	擦伤和磨损			
	凸轮或挺杆擦伤		无	
	凸轮加挺杆磨损/mm			
	平均值	≤	0.030	
	最大值	≤	0.064	
	油耗/L	≤	5.1	
	程序 VE 发动机试验			SH/T 0759
	发动机油泥平均评分	≥	9.0	
	摇臂罩油泥评分	≥	7.0	
	活塞裙部漆膜平均评分	≥	6.5	
	发动机漆膜平均评分	≥	5.0	
	机油滤网堵塞（%）	≤	20.0	
	油环堵塞（%）		报告	
	压缩环黏结（热黏结）		无	
	凸轮磨损/mm			
	平均值	≤	0.130	
	最大值	≤	0.380	
	程序Ⅵ发动机试验			SH/T 0757
	燃料经济性改进评价（%）	≥	2.7	
SJ	L-38 发动机试验			SH/T 0265
	轴瓦失重/mg	≤	40	
	剪切安定性，运转 10h 后的运动黏度		在本等级油黏度范围之内（适用于多级油）	SH/T 0265
	或			GB/T 265
	程序 VⅢ发动机试验			ASTM D6709
	轴瓦失重/mg	≤	26.4	
	剪切安定性，运转 10h 后的运动黏度		在本等级油黏度范围之内（适用于多级油）	
	程序ⅡD 发动机试验			SH/T 0512
	发动机锈蚀平均评分	≥	8.5	
	挺杆黏结数		无	
	或			
	球锈蚀试验			SH/T 0763
	平均灰度值/分	≥	10	
	程序ⅢE 发动机试验			SH/T 0758
	黏度增长（40℃，375%）/h	≥	64	
	发动机油泥平均评分	≥	9.2	
	活塞裙部漆膜平均评分	≥	8.9	
	油环台沉积物平均评分	≥	3.5	
	环黏结（与油相关）		无	
	挺杆黏结		无	
	擦伤和磨损（64h）			
	凸轮或挺杆擦伤		无	
	凸轮加挺杆磨损/mm			
	平均值	≤	0.030	
	最大值	≤	0.064	
	或			
	程序ⅢF 发动机试验			ASTM D6984

（续）

质量等级	项　　目		质量指标	试验方法
SJ	运动黏度增长(40℃,60h)(%)	≤	325	
	活塞裙部漆膜平均评分	≥	8.5	
	活塞沉积物评分	≥	3.2	
	凸轮加挺杆磨损/mm	≤	0.020	
	热粘环		无	
	程序ⅤE发动机试验			SH/T 0759
	发动机油泥平均评分	≥	9.0	
	摇臂罩油泥评分	≥	7.0	
	活塞裙部漆膜平均评分	≥	6.5	
	发动机漆膜平均评分	≥	5.0	
	机油滤网堵塞(%)	≤	20.0	
	油环堵塞(%)		报告	
	压缩环黏结(热黏结)		无	
	凸轮磨损/mm			
	平均值	≤	0.127	
	最大值	≤	0.380	
	或			
	程序ⅣA阀系磨损试验			ASTM D6891
	平均凸轮磨损/mm	≤	0.120	
	加			
	程序ⅤG发动机试验			ASTM D6593
	发动机油泥平均评分	≥	7.8	
	摇臂罩油泥评分	≥	8.0	
	活塞裙部漆膜平均评分	≥	7.5	
	发动机漆膜平均评分	≥	8.9	
	机油滤网堵塞(%)	≤	20.0	
	压缩环热黏结		无	
GF-2	L-38发动机试验			SH/T 0265
	轴瓦失重/mg	≤	40	SH/T 0265
	剪切安定性,运转10h后的运动黏度		在本等级油黏度范围之内(适用于多级油)	GB/T 265
	程序ⅡD发动机试验			SH/T 0512
	发动机锈蚀平均评分	≥	8.5	
	挺杆黏结数		无	
	程序ⅢE发动机试验			SH/T 0758
	黏度增长(40℃,375%)/h	≥	64	
	发动机油泥平均评分	≥	9.2	
	活塞裙部漆膜平均评分	≥	8.9	
	油环台沉积物平均评分	≥	3.5	
	环黏结(与油相关)		无	
	凸轮加挺杆磨损/mm			
	平均值	≤	0.030	
	最大值	≤	0.064	
	油耗/L	≤	5.1	
	程序ⅤE发动机试验			SH/T 0759
	发动机油泥平均评分	≥	9.0	
	摇臂罩油泥评分	≥	7.0	
	活塞裙部漆膜平均评分	≥	6.5	
	发动机漆膜平均评分	≥	5.0	
	机油滤网堵塞(%)	≤	20.0	

（续）

质量等级	项 目		质量指标	试验方法
GF-2	油环堵塞(%)		报告	
	压缩环黏结(热黏结)		无	
	凸轮磨损/mm			
	平均值	≤	0.127	
	最大值	≤	0.380	
	活塞内腔顶部沉积物		报告	
	环台沉积物		报告	
	气缸筒磨损		报告	
	程序ⅥA 发动机试验			ASTM D6202
	燃料经济性改进评价(%)	≥		
	0W-20 和 5W-20		1.4	
	其他 0W-××和 5W-××		1.1	
	10W-××		0.5	
SL	程序Ⅷ发动机试验			ASTM D6709
	轴瓦失重/mg	≤	26.4	
	剪切安定性,运转 10h 后的运动黏度		在本等级油黏度范围之内(适用于多级油)	
	球锈蚀试验			SH/T 0763
	平均灰度值/分	≥	100	
	程序ⅢF 发动机试验			ASTM D6984
	运动黏度增长(40℃,80h)(%)	≤	275	
	活塞裙部漆膜平均评分	≥	9.0	
	活塞沉积物评分	≥	4.0	
	凸轮加挺杆磨损/mm	≤	0.020	
	热黏环		无	GB/T 6538
	低温黏度性能[③]		报告	SH/T 0562
	程序ⅤE 发动机试验			SH/T 0759
	平均凸轮磨损/mm	≤	0.127	
	最大凸轮磨损/mm	≤	0.380	
	程序ⅣA 阀系磨损试验			ASTM D6891
	平均凸轮磨损/mm	≤	0.120	
	程序ⅤG 发动机试验			ASTM D6593
	发动机油泥平均评分	≥	7.8	
	摇臂罩油泥评分	≥	8.0	
	活塞裙部漆膜平均评分	≥	7.5	
	发动机漆膜平均评分	≥	8.9	
	机油滤网堵塞(%)	≤	20.0	
	压缩环热黏结		无	
	环的冷黏结		报告	
	机油滤网残渣(%)		报告	
	油环堵塞(%)		报告	
GF-3	程序Ⅷ发动机试验			ASTM D6709
	轴瓦失重/mg	≤	26.4	
	剪切安定性,运转 10h 后的运动黏度		在本等级油黏度范围之内（适用于多级油）	
	球锈蚀试验			SH/T 0763
	平均灰度值/分	≥	100	
	程序ⅢF 发动机试验			ASTM D6984
	运动黏度增长(40℃,80h)(%)	≤	275	
	活塞裙部漆膜平均评分	≥	9.0	
	活塞沉积物评分	≥	4.0	

（续）

质量等级	项　目	质量指标			试验方法
GF-3	凸轮加挺杆磨损/mm　≤	0.020			
	热粘环	不允许			
	油耗/L　≤	5.2			
	低温黏度性能③	报告			GB/T 6538 SH/T 0562
	程序Ⅴ E 发动机试验				SH/T 0759
	平均凸轮磨损/mm　≤	0.127			
	最大凸轮磨损/mm　≤	0.380			
	程序Ⅳ A 阀系磨损试验				ASTM D6891
	平均凸轮磨损/mm　≤	0.120			
	程序Ⅴ G 发动机试验				ASTM D6593
	发动机油泥平均评分　≥	7.8			
	摇臂罩油泥评分　≥	8.0			
	活塞裙部漆膜平均评分　≥	7.5			
	发动机漆膜平均评分　≥	8.9			
	机油滤网堵塞(%)　≤	20.0			
	压缩环热黏结	无			
	环的冷黏结	报告			
	机油滤网残渣(%)	报告			
	油环堵塞(%)	报告			
	程序Ⅵ B 发动机试验	0W-20 5W-20	0W-30 5W-30	10W-30 和其他 多级油	ASTM D6837
	16h 老化后燃料经济性改进评价，FEI 1(%)　≥	2.0	1.6	0.9	
	96h 老化后燃料经济性改进评价，FEI 2(%)　≥	1.7	1.3	0.6	
	FEI 1+FEI 2(%)　≥	—	3.0	1.6	

注：1. 对于一个确定的汽油机油配方，不可随意更换基础油，也不可随意进行黏度等级的延伸。在基础油必须变更时，应按照 API 1509 附录 E“轿车发动机油和柴油机油 API 基础油互换准则”进行相关的试验并保留试验结果备查；在进行黏度等级延伸时，应按照 API 1509 附录 F“SAE 黏度等级发动机试验的 API 导则”进行相关的试验并保留试验结果备查。

2. 发动机台架试验的相关说明参见 AST D4485“S 发动机油类别”中的脚注。

① 亦可用 SH/T 0264 方法评定，指标为轴瓦失重≤25mg。

② 按 SH/T 0265 方法运转 10h 后取样，采用 GB/T 265 方法测定 100℃运动黏度，在用 SH/T 0264 方法评定轴瓦腐蚀时，剪切安定性用 SH/T 0505 方法测定，指标不变。如有争议以 SH/T 0265 和 GB/T 265 方法为准。

③ 根据油品低温等级所指定的温度，使用试验方法 GB/T 6538 和 SH/T 0562 测定 80h 试验后的油样。

GB 11121—2006 中的各品种质量指标与采用的国外标准的差异见表 3-16。

柴油机油的标准及品种见表 3-17～表 3-20。

GB 11122—2006 中的各品种质量指标与采用的国外标准的差异见表 3-21。

表 3-16　GB 11121—2006 中的各品种质量指标与采用的国外标准的差异

GB 11121—2006 中的品种	国外标准中的品种及指标		
	黏温性能	理化性能和模拟性能	发动机试验
SE、SF	倾点：10W、15W-xx 同 MIL-PRF-2104G，其他黏度等级自定 其他指标：同 SAK130047	泡沫性：同 SAE：J183 闪点：10W、15W、30、40 同 MIL-PRF-2104G，其他黏度等级自定	SE、SF 同 SAE J183

（续）

GB 11121—2006 中的品种	国外标准中的品种及指标		
	黏温性能	理化性能和模拟性能	发动机试验
SG、SH GF-1、SJ GF-2、SL GF-3	倾点：10W 同 NIL-PRF-2104G。其他黏度等级自定 其他指标：同 SAK1300-99	碱值、灰分和元素：在 MIL-PRF-2104G“报告”基础上，执行表 3-14 的表注 蒸发损失：SF 增加此项指标	同 SAE J183、ASTM D4485

表 3-17 柴油机油黏温性能要求（摘自 GB 11122—2006）

项目		低温动力黏度 /mPa·s(℃) ≤	边界泵送温度/℃ ≤	运动黏度（100℃）/(mm^2/s)	高温高剪切黏度（150℃，106/s）/mPa·s≥	黏度指数 ≥	倾点/℃ ≤
试验方法		GB/T 6538、ASTM D5293	GB/T 9171	GB/T 265	SH/T 0618[2]、SH/T 0703、SH/T 0751	GB/T 1995、GB/T 2541	GB/T 3535
质量等级	黏度等级	—	—	—	—	—	—
CC[1]、CD	0W/20	3250(-30)	-35	5.6~<9.3	2.6	—	
	0W/30	3250(-30)	-35	9.3~<12.5	2.9	—	-40
	071/40	3250(-30)	-35	12.5~<16.3	2.9	—	
	5W1/20	3500(-25)	-30	5.6~<9.3	2.6	—	
	5W/30	3500(-25)	-30	9.3~<12.5	2.9	—	-35
	571/40	3500(-25)	-30	12.5~<16.3	2.9	—	
	5W/50	500(-25)	-30	16.3~<21.9	3.7	—	
	10W/30	3500(-20)	-25	9.3~<12.5	2.9	—	
	10W/40	3500(-20)	-25	12.5~<16.3	2.9	—	-30
	10W/50	3500(-20)	-25	16.3~<21.9	3.7	—	
	15W/30	3500(-15)	-20	9.3~<12.5	2.9	—	
	15W/40	3500(-15)	-20	12.5~<16.3	3.7	—	-23
	15W/50	3500(-15)	-20	16.3~<21.9	3.7	—	
	20W/40	4500(-10)	-15	12.5~<16.3	3.7	—	
	20W/50	4500(-10)	-15	16.3~<21.9	3.7	—	-18
	20W/60	4500(-10)	-15	21.9~<26.1	3.7	—	
	30	—	—	9.3~<12.5	—	75	-15
	40	—	—	12.5~<16.3	—	80	-10
	50	—	—	16.3~<21.9	—	80	-5
	60	—	—	21.9~<26.1		80	-5
CF、CF-4、CH-4、CI-4[3]	0W/20	6200(-35)	60000(-40)	5.6~<9.3	2.6	—	
	0W/30	6200(-35)	60000(-40)	9.3~<12.5	2.9	—	-40
	0W/40	6200(-35)	60000(-40)	12.5~<16.3	2.9	—	
	5W/20	6600(-30)	60000(-35)	5.6~<9.3	2.6	—	
	5W/30	6600(-30)	60000(-35)	9.3~<12.5	2.9	—	-35
	5W/40	6600(-30)	60000(-35)	12.5~<16.3	2.9	—	
	5W/50	6600(-30)	60000(-35)	16.3~<21.9	3.7	—	
	10W/30	7000(-25)	60000(-30)	9.3~<12.5	2.9	—	
	10W/40	7000(-25)	60000(-30)	12.5~<16.3	2.9	—	-30
	10W/50	7000(-25)	60000(-30)	16.3~<21.9	3.7	—	
	15W/30	7000(-20)	60000(-25)	9.3~<12.5	2.9	—	
	15W/40	7000(-20)	60000(-25)	12.5~<16.3	3.7	—	-25
	15W/50	7000(-20)	60000(-25)	16.3~<21.9	3.7	—	
	20W/40	9500(-15)	60000(-20)	12.5~<16.3	3.7	—	-20

（续）

项目		低温动力黏度/mPa·s(℃) ≤	边界泵送温度/℃ ≤	运动黏度(100℃)/(mm²/s)	高温高剪切黏度(150℃,106/s)/mPa·s≥	黏度指数 ≥	倾点/℃ ≤
试验方法		GB/T 6538	GB/T 9171	GB/T 265	SH/T 0618[②]、SH/T 0703、SH/T 0751	GB/T 1995、GB/T 2541	GB/T 3535
质量等级	黏度等级	—	—	—	—	—	—
CF、CF-4、CH-4、CI-4[③]	20W/50	9500(-15)	60000(-20)	16.3~<21.9	3.7	—	-20
	20W/60	9500(-15)	60000(-20)	21.9~<26.1	3.7	—	
	30	—	—	9.3~<12.5	—	75	-15
	40	—	—	12.5~<16.3	—	80	-10
	50	—	—	16.3~<21.9	—	80	-5
	60	—	—	21.9~<26.1	—	80	-5

① CC 不要求测定高温高剪切黏度。

② 为仲裁方法。

③ CI-4 所有黏度等级的高温高剪切黏度均为≥3.5mPa·s，但当 SAE J300 指标高于 3.5mPa·s 时，允许以 SAE J300 为准。

表 3-18 柴油机油理化性能要求（1）（摘自 GB 11122—2006）

项目		质量指标					试验方法
		CC CD	CF CF-4	CH-4		CI-4	
水分(体积分数,%)	≤	痕迹	痕迹	痕迹		痕迹	GB/T 260
泡沫性(泡沫倾向/泡沫稳定性)/(mL/mL)							GB/T 12579[①]
24℃	≤	25/0	20/0	10/0		10/0	
93.5℃	≤	150/0	50/0	20/0		20/0	
后 24℃	≤	25/0	20/0	10/0		10/0	
蒸发损失(质量分数,%)	≤			10W-30	15W-40		
诺亚克法(250℃,1h)				20	18	15	SH/T 0059
或气相色谱法(371℃馏出量)				17	15	—	ASTM D6417
机械杂质(质量分数,%)	≤	0.01					GB/T 511
闪点(开口)/℃(黏度等级)	≥	200(0W、5W 多级油) 205(10W 多级油) 215(15W、20W 多级油) 220(30) 225(40) 230(50) 240(60)					GB/T 3536

① CH-4、CI-4 不允许使用步骤 A。

表 3-19 柴油机油理化性能要求（2）（摘自 GB 11122—2006）

项目	质量指标 CC、CD、CF、CF-4、CH-4、CI-4	试验方法
碱值(以 KOH 计)[①]/(mg/g)	报告	SH/T 0251
硫酸盐灰分[①](质量分数,%)	报告	GB/T 2433
硫[①](质量分数,%)	报告	GB/T 387、GB/T 388、GB/T 1140、GB/T 17040 GB/T 17476、SH/T 0172、SH/T 0631、SH/T 0749
磷[①](质量分数,%)	报告	GB/T 17476、SH/T 0296、SH/T 0631、SH/T 0749
氮[①](质量分数,%)	报告	GB/T 9170、SH/T 0656、SH/T 0704

① 生产者在每批产品出厂时要向使用者或经销者报告该项目的实测值，有争议时以发动机台架试验结果为准。

表 3-20　柴油机油使用性能要求（摘自 GB 11122—2006）

品种代号	项　目		质量指标			试验方法
CC	L-38 发动机试验轴瓦失重[①]/mg	≤	50			SH/T 0265
	活塞裙部漆膜评分	≥	9.0			
	剪切安定性[②]					SH/T 0265
	100℃运动黏度/(mm^2/s)		在本等级油黏度范围之内（适用于多级油）			GB/T 265
	高温清净性和抗磨试验（开特皮勒 1H2 法）					GB/T 9932
	顶环槽积炭填充体积（体积分数，%）	≤	45			
	总缺点加权评分	≤	140			
	活塞环侧间隙损失/mm	≤	0.013			
CD	L-38 发动机试验					
	轴瓦失重[①]/mg	≤	50			SH/T 0265
	活塞裙部漆膜评分	≥	9.0			
	剪切安定性[②]		在本等级油黏度范围之内（适用于多级油）			SH/T 0265
	100℃运动黏度/(mm^2/s)					GB/T 265
	高温清净性和抗磨试验（开特皮勒 IG2 法）					GB/T 9933
	顶环槽积炭填充体积（体积分数，%）	≤	80			
	总缺点加权评分	≤	300			
	活塞环侧间隙损失/mm	≤	0.013			
CF	L-38 发动机试验		一次试验	二次试验平均	三次试验平均[③]	SH/T 0265
	轴瓦失重/mg	≤	43.7	48.1	50.0	
	剪切安定性		在本等级油黏度范围之内（适用于多级油）			SH/T 0265
	100℃运动黏度/(mm^2/s)					GB/T 265
	或					
	程序Ⅷ发动机试验					ASTM D6709
	轴瓦失重/mg	≤	29.3	31.9	33.0	
	剪切安定性		在本等级油黏度范围之内（适用于多级油）			
	100℃运动黏度/(mm^2/s)					
	开特皮勒 IM-PC 试验		二次试验平均	三次试验平均	四次试验平均	ASTM D6618
	总缺点加权评分（WTD）	≤	240	MTAC[④]	MTAC	
	顶环槽充炭率（TGF）（体积分数，%）	≤	70[⑤]			
	环侧间隙损失/mm	≤	0.013			
	活塞环黏结		无			
	活塞、环和缸套擦伤		无			
CF-4	L-38 发动机试验					
	轴瓦失重/mg	≤	50			SH/T 0265
	剪切安定性		在本等级油黏度范围之内（适用于多级油）			SH/T 0265
	100℃运动黏度/(mm^2/s)					GB/T 265
	或					
	程序Ⅷ发动机试验					ASTM D6709
	轴瓦失重/mg	≤	33.0			
	剪切安定性		在本等级油黏度范围之内（适用于多级油）			
	100℃运动黏度/(mm^2/s)					
	开特皮勒 1K 试验[⑥]		二次试验平均	三次试验平均	四次试验平均	SH/T 0782
	缺点加权评分（WDK）	≤	332	339	342	
	顶环槽充炭率（TGF）（体积分数，%）	≤	24	26	27	
	顶环台重炭率（TLHC）（%）	≤	4	4	5	
	平均油耗（0~252h）/[（g/kW）/h]	≤	0.5	0.5	0.5	
	最终油耗（228~252h）/[（g/kW）/h]	≤	0.27	0.27	0.27	
	活塞环黏结		无	无	无	
	活塞环和缸套擦伤		无	无	无	
	Mack T-6 试验					ASTM RR:
	优点评分	≥	90			D-2-1219

（续）

品种代号	项目	质量指标			试验方法
CF-4	或				或
	Mack T-9 试验				SH/T 0761
	平均顶环失重/mg ≤	150			
	缸套磨损/mm ≤	0.040			
	Mack T-7 试验后 50h 运动黏度平均增长率（100℃）/[（mm^2/s）/h] ≤	0.040			ASTM RR：D-2-1220
	或				或
	MackT-8 试验（T-8A）				SH/T 0760
	100～150h 运动黏度平均增长率（100℃）/[（mm^2/s）/h] ≤	0.20			
	腐蚀试验				SH/T 0723
	铜浓度增加/（mg/kg） ≤	20			
	铅浓度增加/（mg/kg） ≤	60			
	锡浓度增加/（mg/kg）	报告			
	铜片腐蚀/级 ≤	3			GB/T 5096
CH-4	柴油喷嘴剪切试验	XW-30[7]	XW-40[7]		ASTM D6278
	剪切定后的100℃运动黏度/（mm^2/s） ≥	9.3	12.5		GB/T 265
	开特皮勒 1K 试验	一次试验	二次试验平均	三次试验平均	SH/T 0782
	缺点加权评分（WDK） ≤	332	347	353	
	顶环槽充炭率（TGF）（体积分数，%） ≤	24	27	29	
	顶环台重炭率（TLHC）（%） ≤	4	5	5	
	油耗（0～252h）/[（g/kW）/h] ≤	0.5	0.5	0.5	
	活塞、环和缸套擦伤	无	无	无	
	开特皮勒 1P 试验	一次试验	二次试验平均	三次试验平均	ASTM D6681
	缺点加权评分（WDP） ≤	350	378	390	
	顶环槽炭（TGC）缺点评分 ≤	36	39	41	
	顶环台炭（TLC）缺点评分 ≤	40	46	49	
	平均油耗（0～360h）/（g/h） ≤	12.4	12.4	12.4	
	最终油耗（312～360h）/（g/h） ≤	14.6	14.6	14.6	
	活塞、环和缸套擦伤	无	无	无	无
	Mack T-9 试验	一次试验	二次试验平均	三次试验平均	SH/T 0761
	修正到 1.75%烟炱量的平均缸套磨损/mm ≤	0.0254	0.0266	0.0271	
	平均顶环失重/mg ≤	120	136	144	
	用过油铅变化量/（mg/kg） ≤	25	32	36	
	Mack T-8（T-8E）	一次试验	二次试验平均	三次试验平均	SH/T 0760
	4.8%烟炱量的相对黏度（RV）[8] ≤	2.1	2.2	2.3	
	3.8%烟炱量的黏度增长/（mm^2/s） ≤	11.5	12.5	13.0	
	滚轮随动件磨损试验（RFWT）	一次试验	二次试验平均	三次试验平均	ASTM D5966
	液压滚轮挺杆销平均磨损/mm ≤	0.0076	0.0084	0.0091	
	康明斯 MⅡ（HST）试验	一次试验	二次试验平均	三次试验平均	ASTM D6838
	修正到 4.5%烟炱量的摇臂垫平均失重/mg ≤	6.5	7.5	8.0	
	机油滤清器压差/kPa ≤	79	93	100	
	平均发动机油泥，CRC 优点评分 ≥	8.7	8.6	8.5	
	程序ⅢE 发动机试验	一次试验	二次试验平均	三次试验平均	SH/T 0758
	黏度增长（40℃，64h）（%） ≤	200	200（MTAC）	200（MTAC）	
	或				
	程序ⅢF 发动机试验				ASTM D6984
	黏度增长（40℃，60h）（%） ≤	295	295（MTAC）	295（MTAC）	

（续）

品种代号	项 目	质量指标			试验方法
CH-4	发动机油充气试验	一次试验	二次试验平均	三次试验平均	ASTM D6894
	空气卷人(体积分数,%) ≤	8.0	8.0 (MTAC)	8.0 (MTAC)	
	高温腐蚀试验				SH/T 0754
	试后油铜浓度增加/(mg/kg) ≤		20		
	试后油铅浓度增加/(mg/kg) ≤		120		
	试后油锡浓度增加/(mg/kg) ≤		50		
	试后油铜片腐蚀/级 ≤		3		GB/T 5096
CI-4	柴油喷嘴剪切试验	XW-30[⑦]	XW-40[⑦]		ASTM D6278
	剪切后的100℃运动黏度/(mm^2/s) ≥	9.3	12.5		GR/T 265
	开特皮勒1K试验	一次试验	二次试验平均	三次试验平均	SH/T 0782
	缺点加权评分(WDK) ≤	332	347	353	
	顶环槽充炭率(TGF)(体积分数,%) ≤	24	27	29	
	顶环台重炭率(TLHC)(%) ≤	4	5	5	
	平均油耗(0-252h)/[(g/kW)/h] ≤	0.5	0.5	0.5	
	活塞、环和缸套擦伤	无	无	无	
	开特皮勒1R试验	一次试验	二次试验平均	三次试验平均	ASTM D6923
	缺点加权评分(WDP) ≤	382	396	402	
	顶环槽炭(TGC)缺点评分 ≤	52	57	59	
	顶环台炭(TLC)缺点评分 ≤	31	35	36	
	最初油耗(IOC)(0~252h)/(g/h)平均值 ≤	13.1	13.1	13.1	
	最终油耗(432~504h)/(g/h)平均值 ≤	IOC+1.8	IOC+1.8	IOC+1.8	
	活塞、环和缸套擦伤	无	无	无	
	环黏结	无	无	无	
	Mack T-I0试验	一次试验	二次试验平均	三次试验平均	ASTM D6987
	优点评分 ≥	1000	1000	1000	
	Mack T-8试验(T-8E)	一次试验	二次试验平均	三次试验平均	SH/T 0760
	4.8%烟炱量的相对黏度(RV)[⑧] ≤	1.8	1.9	2.0	
	滚轮随动件磨损试验(RFWT)	一次试验	二次试验平均	三次试验平均	ASTM D5966
	液压滚轮挺杆销平均磨损/mm ≤	0.0076	0.0084	0.0091	
	康明斯MⅡ(EGR)试验	一次试验	二次试验平均	三次试验平均	ASTM D6975
	气门搭桥平均失重/mg ≤	20.0	21.8	22.6	
	顶环平均失重/mg ≤	175	186	191	
	机油滤清器压差(250h)/kPa ≤	275	320	341	
	平均发动机油泥,CRC优点评分 ≥	7.8	7.6	7.5	
	程序ⅢF发动机试验	一次试验	二次试验平均	三次试验平均	ASTM D6984
	黏度增长(40℃,80h)(%) ≤	275	275 (MTAC)	275 (MTAC)	
	发动机油充气试验	一次试验	二次试验平均	三次试验平均	ASTM(D6894
	空气卷人(体积分数,%) ≤	8.0	8.0 (MTAC)	8.0 (MTAC)	
	高温腐蚀试验		0W、5W、10W、15W		SH/T 0754
	试后油铜浓度增加/(mg/kg) ≤		20		
	试后油铅浓度增加/(mg/kg) ≤		120		
	试后油锡浓度增加/(mg/kg) ≤		50		
	试后油铜片腐蚀/级 ≤		3		GB/T 5096

（续）

品种代号	项　　目	质量指标	试验方法
CI-4	低温泵送黏度	0W、5W、10W、15W	
	（Mack T-10 或 Mack T-10A 试验，75h 后试验油，-20℃）/mPa·s ≤	25000	SH/T 0562
	如检测到屈服应力		ASTM D6896
	低温泵送黏度/mPa·s ≤	25000	
	屈服应力/Pa ≤	35（不含 35）	
	橡胶相容性		ASTM D11.15
	体积变化（%）		
	丁腈橡胶	+5/-3	
	硅橡胶	+TMC 1006⑨/-3	
	聚丙烯酸酯	+5/-3	
	氟橡胶	+5/-2	
	硬度限值		
	丁腈橡胶	+7/-5	
	硅橡胶	+5/-TMC 1006	
	聚丙烯酸酯	+8/-5	
	氟橡胶	+7/-5	
	拉伸强度（%）		
	丁腈橡胶	+10/-TMC 1006	
	硅橡胶	+10/-45	
	聚丙烯酸酯	+18/-15	
	氟橡胶	+10/-TMC 1006	
	延伸率（%）		
	丁腈橡胶	+10/-TMC 1006	
	硅橡胶	+20/-30	
	聚丙烯酸酯	+10/-35	
	氟橡胶	+10/-TMC 1006	

注：1. 对于一个确定的柴油机油配方，不可随意更换基础油，也不可随意进行黏度等级的延伸。在基础油必须变更时，应按照 API 1509 附录 E“轿车发动机油和柴油机油 API 基础油互换准则”进行相关的并保留试验结果备查；在进行黏度等级延伸时，应按照 API 1509 附录 F“SAE 黏度等级发动机试验的 API 导则”进行相关的试验并保留试验结果备查。

2. 发动机台架试验的相关说明参见 ASTM D4485“C 发动机油类别”中的脚注。

① 亦可用 SH/T 0264 方法评定，指标为轴瓦失重≤25mg。

② 按 SH/T 0265 方法运转 10h 后取样，采用 GB/T 265 方法测定 100℃运动黏度。在用 SH/T 0264 评定轴瓦腐蚀时，剪切安定性用 SH/T 0505 和 GB/T 265 方法测定，指标不变。如有争议时，以 SH/0265 和 GB/T 265 方法为准。

③ 如进行三次试验，允许有一次试验结果偏离。确定试验结果是否偏离的依据是 ASTM E178。

④ MTAC 为“多次试验通过准则”的英文缩写。

⑤ 如进行三次或三次以上试验，一次完整的试验结果可以被舍弃。

⑥ 由于缺乏关键性试验部件，康明斯 NTC 400 不能再作为一个标定试验，在这一等级上需要使用一个两次的 1K 试验和模拟腐蚀试验取代康明斯 NTC 400。按照 ASTM D4485：1994 的规定，在过去标定的试验台架上运行康明斯 NTC 400 试验所获得的数据也可用以支持这一等级。

原始的康明斯 NTC 400 的限值为：凸轮轴滚轮随动件销磨损：≤0.051mm；顶环台（台）沉积物，重碳覆盖率，平均值（%）：≤15mm；油耗（g/s）：试验油耗第二回归曲线应完全落在公布的平均值加上参考油标准偏差之内。

⑦ XW 代表表 3-17 中规定的低温黏度等级。

⑧ 相对黏度（RV）为达到 4.8%烟炱量的黏度与新油采用 ASTM D6278 剪切后的黏度之比。

⑨ TMC 1006 为一种标准油的代号。

表 3-21 GB 11122—2006 中的各品种质量指标与采用的国外标准的差异

GB 11122—2006 中的品种	国外标准中的品种及指标		
	黏温性能指标	理化性能指标	使用性能指标
CC、CD	倾点：10W、15W-XX 同 MIL-PRF-2104G，其他黏度等级自定 高温高剪切黏度：CD 增加此项目 其他指标：同 SAE J 300-1987	泡沫性：同 SAEJ183 闪点：10W、15W、30、40 同 MIL-PRF-2104G，其他黏度等级自定 碱值、灰分和元素：在 MIL-PRF-2104G“报告”基础上，执行表 3-19 的表注	同 SAE J 183
CF、CF-4、CH-4、CI-4	倾点：10W 同 MIL-PRF-2104G，其他黏度等级自定 其他指标：同 SAE J 300-1999		同 SAE J 183、ASTM D4485

除上述产品执行国家标准外，还有一些国家标准中没有的产品如 SM 汽油机油、通用型发动机油，目前国内一些企业也参照国外相关标准制定企业标准，并在国内生产销售，如中国石化的长城润滑油、中国石油的昆仑润滑油，国外的壳牌、埃索、BP 等生产有各种高等级的发动机油。

可以说，目前我国已经能够生产各种达到国外先进质量水平的发动机润滑油。

2）二冲程汽油机油。二冲程汽油机采用油雾润滑，燃料与润滑油按一定比例混合后进人发动机内部。汽油首先气化而与润滑油分离，于是润滑油雾对运动部件起润滑作用。然后与汽油一起到燃烧室烧掉。燃料与润滑油的混合比，目前国内多为 20：1，国外多为 50：1，部分油品已达到 100：1。二冲程汽油机由于结构简单，单位功率重量轻，所以广泛用于舷外发动机、摩托车和小型农林动力机械中。从冷却方式上，二冲程汽油机可分为水冷却式和空气冷却式两种。水冷式功率较大，一般 4～150kW，如舷外发动机。空冷式功率较小，一般 1～60kW，如摩托车。润滑方式有快速混合和预混合之分。前者用稀释型二冲程汽油机油，该油具有很好的低温流动性，进入发动机时与燃料能快速混合好。预混合式在使用前将燃料与润滑油按比例混合好，装入油箱。

二冲程汽油机油具有好的高温性能、润滑性能和混合能力。二冲程汽油机油为了减少火花塞的沉积物，通常不使用含钡、锌添加剂。

国际上有影响的二冲程汽油机油规格主要有四个系列。由美国石油学会（API）、美国汽车工程师协会（SAE）、美国材料与试验协会（ASTM）、欧洲技术协调委员会（CEC）共同制定 TA、TB、TC、TD 系列的二冲程汽油机油规格，见表 3-22；由日本汽车标准组织（JASO）制定的 JASO FA、FB、FC 系列二冲程汽油机油规格，见表 3-23；由国际标准化组织（ISO）制定的 ISO L-EGB、L-EGC、L-EGD、L-EGE 系列二冲程汽油机油规格，见表 3-24；以及由美国船舶制造商协会（NMMA）制定的 TC-W、TC-WII、TC-W3 水冷二冲程汽油机油（舷外机油）规格。

表 3-22 API 二冲程汽油机油分类

API	用途	试验机	试验标准
TA	机动自行车、割草机、发电机、泵	Yamaha CE 50S（50cm^3）	活塞擦伤，废气系统沉积
TB	窄式开沟铲，小型摩托车	Vespa 125TS（125cm^3）	预点火，因燃烧室沉积造成的功率损失，活塞擦伤，活塞环黏附
TC	高性能摩托车、链锯	Yamaha Y350M2（350cm^3） Yamaha CE 50S	预点火，因燃烧室沉积造成的功率损失，活塞擦伤，活塞环黏附
TD	舷外发动机	BIA TC-W OMC85HP（157cm^3）	预点火，活塞擦伤，环黏结沉积引起早燃

表 3-23 JASO 二冲程汽油机油分类

试验标准	JASO FA	JASO FB	JASO FC	试验标准	JASO FA	JASO FB	JASO FC
润滑性 润滑性指数 LLX	>90	>95	>95	排气口烟 排烟指数 SLX	>40	>45	>85
除垢剂效果 清净性指数 DLX	>80	>85	>95	排气口沉积 堵塞指数 BLX	>30	>45	>90

表 3-24　ISO 二冲程汽油机油分类

试验标准	ISO-L-EGB（包括 JASO-FB）	ISO-L-EGC（包括 JASO-FC）	ISO-L-EGD	ISO-L-EGE
润滑性 润滑性指数 LLX	>95	>95	>95	>100
排气口烟 排烟指数 SLX	>45	>85	>85	>85
排气口沉积 堵塞指数 BLX	>45	>90	>90	>150
除垢剂效果 清净性指数 DLX	>85(1h 试验)	>95(1h 试验)	>125(3h 试验)	>125
活塞清洁度 裙部漆膜指数 VLX	>85(1h 试验)	>90(1h 试验)	>95(3h 试验)	>95

我国参照国际标准化组织的二冲程汽油机油系列规格，制定了我国二冲程汽油机油分类——GB/T 7631.17—2014，见表 3-25。我国成功研制生产了Ⅰ、Ⅱ、Ⅲ档汽油机油，且成功开发了低烟空冷二冲程汽油机油和水冷二冲程汽油机油，分别与 FC、TC-WII、TC-W3 相当。风冷二冲程汽油机油（FC）质量指标（SH/T 0675—1999），见表 3-26。

表 3-25　二冲程汽油机油分类（摘自 GB/T 7631.17—2014）

组别代号	一般应用	特殊应用	更具体应用	组成和特性	符号 ISO	典型应用
E	内燃式发动机	火花点燃式汽油机	二冲程汽油机	由润滑油基础油和清净剂、分散剂及抑制剂组成，具有润滑性和清净性	L-EGB	对防止排气系统沉积物的形成及降低排烟水平无要求的一般性能发动机
				由润滑油基础油和清净剂、分散剂及抑制剂组成，具有润滑性和较高的清净性。加入的合成液可减少排烟并抑制引起动力降低的排气系统沉积物	L-EGC	对防止排气系统沉积物的形成有要求的一般性能发动机，这种发动机可通过降低排烟水平而获益
				由润滑油基础油和清净剂、分散剂及抑制剂组成，具有润滑性和更高的清净剂。加入的合成液可减少排烟并抑制引起动力降低的排气系统沉积物。良好的清净性可防止在苛刻条件下活塞环的黏结	L-EGD	对防止排气系统沉积物的形成有要求的一般性能发动机，这种发动机可通过降低排烟水平而获益。这些发动机也可以从使用具有更高清净性的润滑剂中受益

表 3-26　风冷二冲程汽油机油（FC）质量指标（摘自 SH/T 0675—1999）

项　目		质量指标	试验方法
运动黏度(100℃)/(mm²/s)	≥	6.5	GB/T 265
闪点(闭口)/℃	≥	70	GB/T 261
沉淀物①(%)	≤	0.01	GB/T 6531
水分(质量分数,%)	≤	痕迹	GB/T 260
硫酸盐灰分(质量分数,%)	≤	0.25	GB/T 2433
台架评定试验②			
润滑性指数 LIX	≥	95	SH/T 0668
起始扭矩指数 IIX	≥	98	
清净性指数 DLX	≥	95	

（续）

项 目		质量指标	试验方法
裙部漆膜指数 VIX	≥	90	SH/T 0667
排烟指数 SIX	≥	85	SH/T 0667
堵塞指数 BIX	≥	90	SH/T 0646 SH/T 0669

① 可采用 GB/T 511 测定机械杂质，指标为≤0.01%，有争议时，以 GB/T 6531 为准。

② 属保证项目，每 4 年审定一次，必要时进行评定。

水冷二冲程汽油机油的性能等级比较常用的是由 NMMA 制定的，另外还有 API 制定的规格，我国基本上采用 NMMA 规格，见表 3-27。

表 3-27 水冷二冲程汽油机油的性能等级

项目	参比油	通过标准	发动机型号和试验方法	TC-WⅡ	TC-W3
混溶性	ASTM VID	旋转次数≤参比油	ASTM D4687—1987 SAE J 1536	√	√
低温流动性	NMMA 93738	动力黏度≤7500mPa·s	ASTM D2983—1987	√	√
锈蚀	NMMA 93738	参比油产生直径 1mm 的锈点时，试验油簧片的锈点面积要小于参比油试验簧片	NMMA 防锈试验 每半小时观察一次	√	√
滤清器堵塞	NMMA 93511	流动速率降≤20%	NMMA 过滤性试验	√	√
润滑性	NMMA 93738(TCWⅡ) XPA-3259(TCW3)	转矩降：待测油≤参比油（在 90% 置信度内）	YAMAHA CE 50S ASTM D4863—1988 F/0=150：1	√	√
沉积物	NMMA 93738	活塞评分，粘环评分均不低于参比油的评分 0.6 分	OMC J40ECC F/0=100：1	√	√
	NMMA 71591	活塞评分，第二环粘环评分：待测油不低于参比油	OMC J70ELEIE 汽油 HoweⅡRSF F/0=50：1	—	√
	MNMMA 71591	无压缩损失，活塞、活塞环擦伤不超过限度值 活塞销及滚针正常	Mercury 15EL 汽油 HoweⅡRSF F/0=100：1	—	√
早燃试验	NMMA 93738	早燃次数：待测油少于参比油	YAMAHA CE 50S ASTM D4858—1988 F/0=20：1	√	√
相溶性	NMMA 93783 XPA-3259	无变化	NMMA TC-W3 相溶性试验 目测观察	—	√

3）四冲程摩托车润滑油。四冲程摩托车的发动机设计和汽车发动机不同，摩托车发动机的所有功能部位采用“整体”曲轴设计，润滑油同时用于发动机、离合器、传动装置三部分。通常摩托车的输出功率是汽车的 1.5～1.8 倍，且摩托车大多采用风冷，工作温度高达 160℃左右。

日本汽车标准化组织对四冲程摩托车润滑油进行了质量分类，并发展了四冲程摩托车润滑油的实验方法，JASO 四冲程润滑油规格包括发动机评定性能、理化性能及摩擦性能，见表 3-28～表 3-30。JASO 四冲程润滑油分为 MA 和 MB 两类，MA 适用于高摩擦因数要求的情况，MB 则适用于低摩擦因数要求的情况。

我国大多黏度分类和发动机台架试验均采用美国 API 汽油机油同等级的标准，摩擦特性则采用日本 JASO 标准。

表 3-28 四冲程摩托车润滑油的理化性能要求

项目	指标	试验方法
硫酸盐灰分(质量分数,%)	≤1.2	JIS K2272(ASTM D874)
蒸发损失(质量分数,%)	≤20	JPI 5S-41-93(ASTM D5800)
抗泡性(倾向/稳定性)/(mL/mL)		
程序Ⅰ	≤10/0	JIS K2518 (ASTM D892)
程序Ⅱ	≤50/0	
程序Ⅲ	≤10/0	
剪切安定(柴油喷嘴法)/(mm^2/s)	XW-30≥9.0 XW-40≥12.0 XW-50≥15.0	JPI 5S-29-88 (ASTM D6278)
高温高剪切黏度(150℃,$106s^{-1}$)/mPa·s	≥2.9	JPI 5S-36-91 (ASTM D4683)

表 3-29 四冲程摩托车润滑油要求的质量水平

API	SE、SF、SG、SH、SJ、SL、SM、SN 及将来的规格
ACEA	A1、A2、A3 及将来的规格

表 3-30 四冲程摩托车润滑油摩擦特性要求

项目	MA	标准油 A	MB	标准油 B
静摩擦因数(SFI)	1.15	2.0	1.15	1.0
动摩擦因数(DFI)	1.45	2.0	1.45	1.0
停止时间指数(STI)	1.55	2.0	1.55	1.0

(5) 内燃机油的选用 内燃机油的选用主要是从质量等级和黏度牌号两方面进行。

1) 质量等级的选择。质量等级选择的原则是根据内燃机工作条件的苛刻程度、机油容量、压缩比及燃料性质等来确定。表 3-31 和表 3-32 分别列出了汽油机油和柴油机油质量等级选择的参考表。

必须指出，表 3-31、表 3-32 的使用还必须根据选油的原则和设备制造商的推荐灵活使用。国外还规定了五种苛刻工作条件，符合其中一条者，用油要考虑提高一质量档次或缩短换油期。

表 3-31 汽油机油质量等级选择参考表

压缩比	发动机附设装置	质量等级
7.0~8.0	PCV 阀(曲轴箱强制换气)	SE
7.5 以上	EGR 装置(废气循环)	SF
8.0 以上	EGR 装置(废气循环)	SH
9.0 以上	透平增压 EGR 装置(废气循环)	SJ
	透平增压 尾气转换	SL
10 以上	透平增压 尾气转换	SM

五种苛刻工作条件为：①汽车处于停停开开使用状态，如出租车、邮递车等，易产生低温油泥；②长时间低温低速（温度 0℃，速度 16km/h 以下）行驶，易产生低温油沉积；③长时间在高温、高速下工作，尤其是满载长距离的行驶；④牵引车，满载长时间行驶（带拖挂）；⑤灰尘大的场所。有些情况，如机油容量较大，工作条件比较缓和，其用油等级可酌情低一级。

表 3-32 柴油机油质量等级选择参考表

平均有效压力 P/MPa	强化系数 K	质量等级	说明
$0.8<P<1.0$	30~50	CC	—
$1.0<P<1.5$	50~80	CD	在苛刻条件下如超载、长时间高速行驶应使用 CF-4
>1.5	>80	CF-4	在苛刻条件下如超载、长时间高速行驶应使用 CI-4
>2.0	>90	CI-4	—

注：该表适应柴油含硫量（质量分数）为 0.4%以下，当柴油含硫量（质量分数）为 1.0%以上时选用的质量应提高一档。

2) 黏度等级的选择。黏度是内燃机油的重要指标，当质量等级确定后，选择合适的黏度就显得更为重要。由于黏度选择过大或过小引起能源的浪费，磨损、擦伤甚至更严重的润滑故障也常有发生。因此，为了节约能源、保护设备必须选择合适的黏度牌号。黏度牌号的选用原则有：

① 根据地区、季节气温选用。冬季寒冷地区，选用黏度小、倾点低的油或多级油，见表 3-33。

② 根据负荷和转速选用。负荷高，转速低，如大型推土机、起重机和钻井机等，一般选用高黏度的

油；负荷低，转速高，如小轿车、吉普车、微型车及小型动力设备等，一般用低黏度的油。中负荷的大型柴油机，当活塞速度在 7～8m/s 时，应用 100℃ 黏度 10～12mm²/s 的油；高负荷的大型柴油机，当活塞速度为 8～10m/s 时，应用黏度为 12～16mm²/s 的油。小型高速柴油机，冬天应用 100℃ 黏度 6～8mm²/s 的油；夏天应用黏度为 10～12mm²/s 的油。重型卡车夏天高温可用 SAE40、50 的单级油。

表 3-33　黏度等级与使用的大致气温范围

黏度等级	使用气温范围/℃	黏度等级	使用气温范围/℃
5W	-30～-5	15W/40	-15～40
5W/20	-30～20	20W	-10～20
5W/30	-30～35	20W/40	-10～40
10W	-20～10	20W/50	0～50
10W/20	-20～20	20	-10～20
10W/30	-20～35	30	0～35
15W	-15～10	40	0～40
15W/30	-15～35	50	20～50

③ 根据内燃机的磨损情况选用。新内燃机应选用黏度较小的油，而旧的磨损大的内燃机可用黏度较大的油源，低黏度油（多级油）的使用非常广泛。

2. 齿轮油

用于润滑齿轮传动装置包括蜗轮蜗杆副的润滑油称为齿轮油。齿轮油约占润滑油产量的 3%，在润滑油中占有重要地位。

（1）齿轮油的性能要求

1）适当的黏度。黏度是齿轮油的主要质量指标，黏度越大，其耐负荷能力越强。但黏度过大也会给循环润滑带来困难，增加齿轮运动的阻力，以致发热而造成动力损失。此外，黏度大的润滑油流动性差，对曾被挤压的油膜不能及时补偿修复，从而增加磨损。因而，黏度要合适，特别是加有极压抗磨剂的油，其耐负荷性能主要靠极压抗磨剂，更不能追求高黏度。

2）良好的热氧化安定性。热氧化安定性也是齿轮油的主要质量指标。齿轮油工作时被激烈搅动与空气充分接触，加上水分、杂质及金属催化作用，特别是在较高油温下更容易加快氧化速度，使油性质变劣，使齿轮腐蚀、磨损。因此，齿轮油必须通过热氧化安定性试验。

3）良好的极压抗磨性。为了使齿轮传递负荷时齿面不会擦伤、磨损、胶合，必须要求齿轮油具有耐负荷性能。在中等负荷以上的齿轮传动机构，必须用含油性剂和中等极压剂的齿轮油，重负荷的齿轮传动机构，必须使用含优良极压剂的重负荷齿轮油。齿轮油的极压添加剂都是一些活性很强的添加剂，在高温摩擦面上，其活性元素与金属表面发生反应，形成化学反应膜，这种膜的抗磨、抗胶合能力很强。评价齿轮油的耐负荷性能不能简单地用理化指标分析来说明，而必须用试验台架和标准的方法来评定。过去常常习惯用四球机试验来判断极压性好坏，这是不科学的。试验表明，四球机试验结果与台架试验和实际使用性能相关性很差，不能用四球机试验作为齿轮油极压性能的唯一评定方法。

4）良好的抗泡沫性能。由于齿轮运转中搅动剧烈，及油循环系统的油泵、轴承等的搅动，若向油箱回流的油面过低，油就会发生泡沫，如果泡沫不能很快消除，就将影响齿轮啮合面油膜的形成。同时，由于泡沫的生成使油面升高以致从呼吸孔漏油，结果使油量减少、冷却作用降低，这些现象都可能引起齿轮及轴承损伤。所以齿轮油应当较少生成泡沫，且消泡性好。

5）良好的防锈、防腐性。由于齿轮油极压添加剂的化学活性强，在低温下容易和金属表面发生反应产生腐蚀，在使用中发生分解或氧化产生的酸性物质或胶质，特别是和水接触时，也容易产生腐蚀和锈蚀。因此，要求齿轮油要有好的防腐、防锈能力。

6）良好的抗乳化性能。在齿轮运转中，齿轮油常要接触到水分，如果油的抗乳化性不良，则使齿轮油乳化或发泡，导致油膜强度变低或破裂。加有极压抗磨剂的油乳化后，引起添加剂水解或沉淀分离，失去了原有的性能，产生有害物质，使齿轮油迅速变质，失去使用性能，从而造成齿轮擦伤、磨损，甚至造成事故。因此，抗乳化性能是工业齿轮油的主要指标。

7）良好的抗剪切安定性。齿轮啮合运动所引起的剪切作用使齿轮油的黏度产生变化。齿轮油的黏度在使用期内容许有一定的变化，但在指定温度下不容许有大的变化。在重、中负荷条件下最易受剪切影响的成分是聚合物，如黏度指数改进剂。齿轮油不允许加入抗剪切性能差的黏度指数改进剂提高黏度。

此外，齿轮油还有其他的性能要求，如良好的低温流动性、与密封材料的适应性、储存安定性，工业开式齿轮油还有黏附性要求等。

（2）齿轮油的分类

1）工业齿轮油。

① 质量分级。我国工业齿轮油等效采用 ISO

6743.6—1990，制定出 GB/T 7631.7—1995 国家分类标准，见表 3-34；GB/T 7631.7—1995 把工业齿轮油分为工业闭式齿轮油、工业开式齿轮油。工业闭式齿轮油分为 L-CKB、L-CKC、L-CKD、L-CKE、L-CKS、L-CKT、L-CKG 七个等级，把工业开式齿轮油分为 L-CKH、L-CKJ、L-CKL、L-CKM 四个等级（第三个字母引进 K 字，是为了避免与柴油机油混淆）。

② 黏度分级。我国工业齿轮油的黏度分级，现按 GB/T 3141—1994《工业液体润滑剂 ISO 黏度分类》标准执行，以 40℃ 运动黏度进行分类，见表 3-35。

表 3-34 工业齿轮润滑剂的分类（摘自 GB/T 7631.7—1995）

组别符号	应用范围	特殊应用	更具体应用	组成和特性	品种代号 L-	典型应用	备注
C	齿轮	闭式齿轮	连续润滑(用飞溅、循环或喷射)	精制矿油，并具有抗氧、抗腐(黑色和有色金属)和抗泡性	CKB	在轻负荷下运转的齿轮	—
				CKB 油，并提高其极压和抗磨性	CKC	保持在正常或中等恒定油温和重负荷下运转的齿轮	
				CKC 油，并提高其热/氧化安定性，能适用于较高的温度	CKD	在高的恒定油温和重负荷下运转的齿轮	
				CKB 油，并具有低的摩擦因数	CKE	在高摩擦下运转的齿轮(即蜗轮)	
				在极低和极高温度条件下使用的具有抗氧、抗摩擦和抗腐(黑色和有色金属)性的润滑剂	CKS	在更低的、低的或更高的恒定流体温度和轻负荷下运转的齿轮	
				用于极低和极高温度和重负荷下的 CKS 型润滑剂	CKT	在更低的、低的或更高的恒定流体温度和重负荷下运转的齿轮	本品种各种性能较高可以是合成基或含合成基油，对原用矿油型润滑油的设备在改用本产品时应作相容性试验
			连续飞溅润滑	具有极压和抗磨性的润滑脂	CKG①	在轻负荷下运转的齿轮	—
		装有安全挡板的开式齿轮	间断或浸渍或机械应用	通常具有抗腐蚀性的沥青型产品	CKH	在中等环境温度和通常在轻负荷下运转的圆柱型齿轮或锥齿轮	1)AB 油(GB/T 7631.13)可以用于与 CKJ 润滑剂相同的应用场合 2)为使用方便，这些产品可加入挥发性稀释剂后使用，此时产品的标记为 L-CKH/DIL 或 L-CKJ/DIL
				CKH 油型产品，并提高其极压和抗磨性	CKJ		
			间断应用	具有改善极压、抗磨、抗腐和热稳定性的润滑脂	CKL①	在高的或更高的环境温度和重负荷下运转的圆柱形齿轮和伞齿轮	—
				为允许在极限负荷条件下使用的、改善抗擦伤性的产品和具有抗腐蚀性的产品	CKM	偶然在特殊重负荷下运转的齿轮	产品不能喷射

① 这些应用可涉及某些润滑脂。根据 GB/T 7631.8—1990，由供应者提供合适的润滑脂品种标记。

2）车辆齿轮油。

①质量分级。目前世界各国普遍采用的美国石油学会使用性能分类法，见表 3-36。1995 年我国等效采用 ISO 6743.6—1990 修订成新标准 GB/T 7631.7—1995，取消原 GB/T 7631.7—1989 中的车辆齿轮油的分类，与 ISO 保持一致。但在新标准的附录 B 中提出“我国车辆齿轮油名称与 API 使用分类中的对应关系”供参考，见表 3-37。

②黏度分级。我国车辆齿轮油的黏度是采用美国汽车工程师学会制定的车辆齿轮油黏度分级标准 SAE

J 306C—2019 进行分级的，见表 3-38。表中带 W 的表示冬用，不带 W 的表示夏用。七个等级均为单级油。由带 W 的冬用油和不带 W 的夏用油进行组合，如 75W/90、75W/140、80W/90、80W/140 等，成为不同宽度的多级油。与内燃机油一样，多级油不受季节和寒热区域影响。

表 3-35　工业润滑油黏度等级

ISO 黏度等级	中间点运动黏度(40℃)/(mm²/s)	运动黏度范围(40℃)/(mm²/s) 最小	最大	ISO 黏度等级	中间点运动黏度(40℃)/(mm²/s)	运动黏度范围(40℃)/(mm²/s) 最小	最大
2	2.2	1.98	2.42	100	100	90.0	110
3	3.2	2.88	3.52	150	150	135	165
5	4.6	4.14	5.06	220	220	198	242
7	6.8	6.12	7.48	320	320	288	352
10	10	9.00	11.0	460	460	414	506
15	15	13.5	16.5	680	680	612	748
22	22	19.8	24.2	1000	1000	900	1100
32	32	28.8	35.2	1500	1500	1350	1650
46	46	41.4	50.6	2200	2200	1980	2420
68	68	61.2	74.8	3200	3200	2880	3520

注：对于某些 40℃ 运动黏度等级大于 3200 的产品，如某些含高聚合物或沥青的润滑剂，可以参照本分类表中的黏度等级设计，只要把运动黏度测定温度由 40℃ 改为 100℃，并在黏度等级后加后缀符号"H"即可。如黏度等级为 15H，则表示该黏度等级是采用 100℃ 运动黏度确定的，它在 100℃ 时的运动黏度范围应为 13.5~16.5mm²/s。

表 3-36　API 汽车手动变速器和驱动桥润滑剂的使用分类

类别	使用说明	中国相应标准
GL-1	不加极压抗磨剂，只加抗氧防锈剂，用于手动变速器	
GL-2	条件缓和的汽车蜗轮驱动桥润滑，含有少量极压抗磨剂	
GL-3	用于汽车手动变速器及螺旋锥齿轮驱动桥	
GL-4	用于重负荷螺旋锥齿轮及缓和的双曲线齿轮。由于评定此类产品的台架装置已不生产，普遍采用 GL-5 复合剂，且加剂量减半调制	SH/T 0350—1992
GL-5	高速冲击负荷、高速低转矩和低速高转矩下的各受齿轮，特别是双曲线齿轮	GB 13895—2018
GL-6	用于具有高偏置的轿车双曲线齿轮驱动桥	
MT-1	客车和重型卡车上的手动变速器，提供防止化合物热降解以及部件磨损和密封件变坏的性能	

表 3-37　我国车辆齿轮油分级与 API 分类中各品种对应关系

中国车辆齿轮油	API 品种	中国车辆齿轮油	API 品种
普通车辆齿轮油	GL-3	中负荷车辆齿轮油(GL-5)(GB 13895—2018)	GL-5
中负荷车辆齿轮油	GL-4	重负荷工业齿轮油	

表 3-38　车辆齿轮油黏度分类（摘自 SAE J306—2019）

SAE 黏度等级	表观黏度达 150Pa·s 时的最高温度/℃ ASTM D2983	运动黏度(100℃)/(mm²/s) 最小[①] ASTM D445	运动黏度(100℃)/(mm²/s) 最大 ASTM D445
70W	-55	3.8	—
75W	-40	3.8	—

（续）

SAE 黏度等级	表观黏度达 150Pa·s 时的最高温度/℃ ASTM D2983	运动黏度(100℃)/(mm²/s) 最小① ASTM D445	运动黏度(100℃)/(mm²/s) 最大 ASTM D445
80W	-26	8.5	—
85W	-12	11.0	—
65	—	3.8	<5.0
70	—	5.0	<6.5
75	—	6.5	<8.5
80	—	8.5	<11.0
85	—	11.0	<13.5
90	—	13.5	<18.5
110	—	18.5	<24.0
140	—	24.0	<32.5
190	—	32.5	<41.0
250	—	41.0	—

① 黏度指标必须在通过 CEC L-45-A-99（20h）剪切试验后仍然满足。

（3）齿轮油的主要品种及应用

1）工业闭式齿轮油。

①L-CKB 抗氧防锈工业齿轮油。采用深度精制的矿物油，加入抗氧、防锈、抗泡等多种添加剂调制而成，具有良好的氧化安定性、抗腐蚀性、抗乳化性、抗泡性等。适应于齿面应力在 500MPa 以下的一般闭式工业齿轮的润滑。目前按国家标准 GB 5903—2011 生产，有 100、150、220、320 四个牌号，见表 3-39a。

MVI 基础油生产的 L-CKB、L-CKC（一等品和合格品），黏度指数允许不低于 70。

氧化安定性，Timken 机试验和 FZG 齿轮机试验为保证项目，每年抽查一次，但必须合格；L-CKC 合格品在 Timken 机试验和 FZG 齿轮机试验两项中只要求测试其中之一。不含黏度添加剂的 L-CKC、L-CKD，不测定剪切安定性。热安定性为抽查项目。

② L-CKC 中负荷工业齿轮油。采用深度精制的矿物油为基础油，加入性能优良的硫磷型极压抗磨剂，抗氧、抗腐、防锈等添加剂配制而成。具有良好的极压抗磨和热氧化安定性等性能，Timken 试验 OK 值≥200N，FZG 试验≥11 级，质量水平与美国 AGMA 250.03 和美钢 222 极压齿轮油相当。适用于冶金、矿山、机械制造、水泥、造纸、制糖等工业中具有中负荷（齿面应力为 500~1100MPa）的闭式齿轮的润滑。轻负荷齿轮传动，如带有高温和冲击负荷，也应使用中负荷工业齿轮油。国外很少有中负荷工业齿轮油这一档油的产品，大都用重负荷工业齿轮油代替。我国的 CKC 中负荷工业齿轮油分为一等品、合格品，有 32、46、68、100、150、220、320、460、680、1000、1500 十一个等级（牌号），目前按国家标准 GB 5903—2011 生产，见表 3-39b。

③ L-CKD 重负荷工业齿轮油。基础油与添加剂的要求与中负荷油相似。一般性能要求与中负荷油相当，但比中负荷油具有更好的极压抗磨性、抗氧化性和抗乳化性，要求通过四球机试验，Timken 试验 OK 值≥267N，FZG 试验≥11 级，质量水平与美钢 224 相当。适用于重负荷（或中负荷）的闭式工业齿轮的润滑，如冶金、矿山、机械制造、水泥、化工等行业重（中）负荷齿轮传动装置。该产品目前按国家标准 GB 5903—2011 生产，有 68、100、150、220、320、460、680、1000 八个等级（牌号），见表 3-39c。

2）L-CKE 蜗轮蜗杆油。采用深度精制的矿物，加入油性、抗磨、抗氧、防锈、抗泡等添加剂配制而成，具有良好的润滑性和承载能力，良好的防锈性、抗氧性，能有效地提高传动效率，延长蜗轮副的寿命，适用于蜗轮蜗杆传动装置的润滑。该产品的国家标准正在制订，目前执行 SH/T 0094—1991（1998 年确认）标准，牌号与闭式工业齿轮油相当，见表 3-40。

3）开式齿轮油。参照 AGMA 251.02R&0（见表 3-41）和 AGMA 251.02Mild EP（见表 3-42）标准，我国的开式齿轮油目前仍执行行业标准 SH 0363—1992（1998 年确认），见表 3-43，共有 68、100、150、220、320 五个牌号。

表 3-39a　L-CKB 的技术要求和试验方法（摘自 GB 5903—2011）

项　目		质量指标				试验方法
黏度等级（GB/T 3141）		100	150	220	320	
运动黏度（40℃）/(mm²/s)		90～110	135～165	198～242	288～352	GB/T 265
黏度指数	≥	90				GB/T 1995[①]
闪点（开口）/℃	≥	180	200			GB/T 3536
倾点/℃	≤	-8				GB/T 3535
水分（质量分数，%）	≤	痕迹				GB/T 260
机械杂质（质量分数，%）	≤	0.01				GB/T 511
铜片腐蚀（100℃，3h）/级	≤	1				GB/T 5096
液相锈蚀（24h）		无锈				GB/T 11143（B 法）
氧化安定性						GB/T 12581
总酸值达 2.0mg KOH/g 的时间/h	≥	750		500		
旋转氧弹（150℃）/min		报告				SH/T 0193
泡沫性（泡沫倾向/泡沫稳定性）/(mL/mL)						GB/T 12579
程序Ⅰ（24℃）	≤	75/10				
程序Ⅱ（93.5℃）	≤	75/10				
程序Ⅲ（后 24℃）	≤	75/10				
抗乳化性（82℃）						GB/T 8022
油中水（体积分数，%）	≤	0.5				
乳化层/mL	≤	2.0				
总分离水/mL	≥	30.0				

① 测定方法也包括 GB/T 2541。结果有争议时，以 GB/T 1995 为仲裁方法。

表 3-39b　L-CKC 的技术要求和试验方法

项　目		质量指标											试验方法
黏度等级（GB/T 3141）		32	46	68	100	150	220	320	460	680	1000	1500	
运动黏度（40℃）/(mm²/s)		28.8～35.2	41.4～50.6	61.2～74.8	90.0～110	135～165	198～242	288～352	414～506	612～748	900～1100	1350～1650	GB/T 265
外观		透明											目测[①]
运动黏度（100℃）/(mm²/s)		报告											GB/T 265
黏度指数	≥	90								85			GB/T 1995[②]
表观黏度达 150000mPa·s 时的温度/℃		③											GB/T 11145
倾点/℃	≤	-12				-9				-5			GB/T 3535
闪点（开口）/℃	≥	180			200								GB/T 3536
水分（质量分数，%）	≤	痕迹											GB/T 260
机械杂质（质量分数，%）	≤	0.02											GB/T 511

（续）

项　　目	质量指标											试验方法
黏度等级（GB/T 3141）	32	46	68	100	150	220	320	460	680	1000	1500	
泡沫性（泡沫倾向/泡沫稳定性）/（mL/mL）												GB/T 12579
程序Ⅰ（24℃）　≤	50/0									75/10		
程序Ⅱ（93.5℃）　≤	50/0									75/10		
程序Ⅲ（后24℃）　≤	50/0									75/10		
铜片腐蚀（100℃，3h）/级　≤	1											GB/T 5096
抗乳化性（82℃）												GB/T 8022
油中水（体积分数，%）　≤	2.0							2.0				
乳化层/mL　≤	1.0							4.0				
总分离水/mL　≥	80.0							50.0				
液相锈蚀（24h）	无锈											GB/T 11143（B法）
氧化安定性（95℃，312h）												SH/T 0123
100℃运动黏度增长（%）　≤	6											
沉淀值/mL　≤	0.1											
极压性能（梯姆肯试验机法）												GB/T 11144
OK负荷值/N　≥	200											
承载能力												SH/T 0306
齿轮机试验/失效级　≥	10		12			>12						
剪切安定性（齿轮机法）												SH/T 0200
剪切后40℃运动黏度/（mm²/s）	在黏度等级范围内											

① 取30~50mL样品，倒入洁净的量筒中，室温下静置10min后，在常光下观察。

② 测定方法也包括GB/T 2541。结果有争议时，以GB/T 1995为仲裁方法。

③ 此项目根据客户要求进行检测。

表3-39c　L-CKD的技术要求和试验方法（摘自GB 5903—2011）

项　　目	质量指标								试验方法
黏度等级（GB/T 3141）	68	100	150	220	320	460	680	1000	
运动黏度（40℃）/（mm^2/s）	61.2~74.8	90.0~110	135~165	198~242	288~352	414~506	612~748	900~1100	GB/T 265
外观	透明								目测①
运动黏度（100℃）/（mm^2/s）	报告								GB/T 265
黏度指数　≥	90								GB/T 1995②
表观黏度达150000mPa·s时的温度/℃	③								GB/T 11145
倾点/℃　≤	−12		−9				−5		GB/T 3535

闪点(开口)/℃	≥	180	200	GB/T 3536
水分(质量分数,%)	≤	痕迹		GB/T 260
机械杂质(质量分数,%)	≤	0.02		GB/T 511
泡沫性(泡沫倾向/泡沫稳定性)/(mL/mL)				GB/T 12579
程序Ⅰ(24℃)	≤	50/0	75/10	
程序Ⅱ(93.5℃)	≤	50/0	75/10	
程序Ⅲ(后 24℃)	≤	50/0	75/10	
铜片腐蚀(100℃,3h)/级	≤	1		GB/T 5096
抗乳化性(82℃)				GB/T 8022
油中水(体积分数,%)	≤	2.0	2.0	
乳化层/mL	≤	1.0	4.0	
总分离水/mL	≥	80.0	50.0	
液相锈蚀(24h)		无锈		GB/T 11143(B 法)
氧化安定性(121℃,312h)				SH/T 0123
100℃运动黏度增长(%)	≤	6	报告	
沉淀值/mL	≤	0.1	报告	
极压性能(梯姆肯试验机法)				GB/T 11144
OK 负荷值/N	≥	267		
承载能力				SH/T 0306
齿轮机试验/失效级	≥	12	>12	
剪切安定性(齿轮机法)		在黏度等级范围内		SH/T 0200
剪切后 40℃运动黏度/(mm^2/s)				
四球机试验				
烧结负荷(P_D)/N	≥	2450		GB/T 3142
综合磨损指数/N	≥	441		
磨斑直径(196N,60min,54℃,1800r/min)/mm	≤	0.35		SH/T 0189

① 取 30~50mL 样品，倒入洁净的量筒中，室温下静置 10min 后，在常光下观察。

② 测定方法也包括 GB/T 2541。结果有争议时，以 GB/T 1995 为仲裁方法。

③ 此项目根据客户要求进行检测。

表 3-40 蜗轮蜗杆油（摘自 SH/T 0094—1991）

项目	质量指标																				试验方法
品种	L-CKE										L-CKE/P										
质量等级	一级品					合格品					一级品					合格品					
黏度等级（按 GB/T 3141）	220	320	460	680	1000	220	320	460	680	1000	220	320	460	680	1000	220	320	460	680	1000	—
运动黏度（40℃）/（mm^2/s）	198~242	288~352	414~506	612~748	900~1100	198~242	288~352	414~506	612~748	900~1100	198~242	288~352	414~506	612~748	900~1100	198~242	288~352	414~506	612~748	900~1100	GB/T 265
闪点（开口）/℃ ≥	200	220				180					200	220				180					GB/T 3536
黏度指数 ≥	90										90										GB/T 1995
倾点/℃ ≤	−6										−12					−6					GB/T 3535
水溶性酸或碱	无										—										GB/T 259
机械杂质（质量分数，%） ≤	0.02					0.05					0.02					0.05					GB/T 511
水分 ≤	痕迹																				GB/T 260
中和值/（mgKOH/g） ≤	1.3										1.0					1.3					GB/T 4945
皂化值/（mgKOH/g）	9~25					5~25					≤25										GB/T 8021
腐蚀试验（铜片，100℃，3h）/级 ≤	1										1										GB/T 5096
液相锈蚀试验：蒸馏水	无锈										—					无锈					GB/T 11143
合成海水	—										无锈					—					

项目					试验方法
沉淀值/mL ≤	0.05		—		SH/T 0024
硫含量(质量分数,%) ≤	1.00		1.25		SH/T 0303
氯含量[①] ≤	—		0.03	—	SH/T 0161
抗乳化性(82℃,40-37-3mL)/min ≤	60	—	60	—	GB/T 7305
泡沫性(泡沫倾向/泡沫稳定性)/(mL/mL) 24℃ ≤ 93.5℃ ≤ 后 24℃ ≤	75/10		75/10	-/300 -/25 -/300	GB/T 12579
氧化安定性[②](酸值达到 2mgKOH/g 时间)/h ≥	350	—	350	—	GB/T 12581
综合磨损指数(1500r/min)N ≥	—		392		GB/T 3142
剪切安定性试验[③](40℃运动黏度下降率)(%) ≤	6	—	6	—	SH/T 0505

① 对矿油型，未加含氯添加剂时可不测定含氯量。

② 保证项目，每年测一次。

③ 加有增黏剂的黏度等级油必须测定。

表 3-41 抗氧防锈开式齿轮油（摘自 AGMA 251.02R&0）

项目	指标		试验方法 ASTM
黏度	按 AGMA 黏度分类		D88
黏度指数 ≥	90①		D2270
氧化安定性	总酸值达 2.0mgKOH/g 时所需时间①/h		D943
	AGMA 级别		
	1、2	>1500	
	3、4	>750	
	5、6、7、8	>500	
防锈性			
蒸馏水	AGMA 润滑油级别号 9~13 为无锈		D665A
人工海水	AGMA 润滑油级别号 4~8 为无锈		D665B
防腐性（210℃，3h）	1①		D130
泡沫性/mL	吹气 5min 后	静止 10min 后	D892
24℃（75℉） <	75	10	
93℃（200℉） <	75	10	
后 24℃（75℉） <	75	10	
抗乳化性			D2711
试验 5h 后油中水分（%） <	0.5		
离心分离出的水/mL <	2.0		
整个试验中收集的游离水/mL >	30		
清洁性	必须无沙子和磨料		—

① 仅适用于 AGMA 级 4EP-8EP。

表 3-42 极压型开式齿轮油（摘自 AGMA 251.02Mild EP）

项目	指标		试验方法 ASTM
黏度	按 AGMA 黏度分类		D88
黏度指数 ≥	90		D2270
氧化安定性 98.9℃黏度增加（%） ≤	10		D943
防锈件（蒸馏水）	无锈		D665A
防腐性	1①		D130
泡沫性/mL	吹气 5min 后	静止 10min 后	D892
24℃（75 ℉） <	75	10	
93℃（200 ℉） <	75	10	
后 24℃（75 ℉） <	75	10	
乳化性	AGMA 级别①		D2711
	2EP~6EP	7EP~8EP	
试验 5h 后油中含水（%） ≤	1.0	1.0	
离心分离水/mL ≤	2.0	4.0	
整个试验中收集的总游离水/mL ≥	60	60	
清洁性	必须无沙子和磨料		
极压性			
Timken 试验的 OK 负荷/N ≥	200		
FZG 试验/级	或大于 9		D2782
对添加剂溶解性	过滤通过 100μm 孔而无添加剂损失		—

① 仅适用于 AGMA 级 4EP-8EP。

表 3-43 普通开式齿轮油（摘自 SH/T 0363—1992）

项目	质量指标					试验方法
黏度等级（按 100℃运动黏度划分）	68	100	150	220	320	—
相近的原牌号	1 号	2 号	3 号	3 号	4 号	—
运动黏度（100℃）/（mm^2/s）	60~75	90~110	135~165	200~245	290~350	SH/T 0363 附录 A
闪点（开口）/℃ ≥	200			210		GB/T 267

（续）

项目	质量指标	试验方法
钢片腐蚀(45 钢片,100℃,3h)	合格	GB/T 5096
防锈性(蒸馏水,15 钢)	无锈	GB/T 11143
最大无卡咬负荷/N(kg)≥	686(70)	GB/T 3142
清洁性	必须无沙子和磨料	①

① 用 5~10 倍直馏汽油稀释、中速定量滤纸过滤、乙醇苯混合液冲洗残渣，观察滤纸必须无沙子和磨料。

4）车辆齿轮油。

① 普通车辆齿轮油。采用深度精制的矿物油，加人抗氧、防锈、抗泡及少量极压剂，具有较好的抗氧防锈性和一定的极压抗磨性。与 API GL-3 的质量水平相当。该产品执行行业标准 SH/T 0350—1992(1998 年确认）（见表 3-44)，分为 80W/90、85W/90、90 三个等级（牌号）；适用于一般车辆的弧齿锥齿轮、手动变速器和差速器的润滑。

② 中负荷车辆齿轮油。曲线齿锥齿轮和使用条件不太苛刻的准双曲面齿轮差速器，以及要求使用 API GL-4 齿轮油的国产和进口车辆上使用。该油目前执行中国交通部制订的中国交通部 JT 224—1996(GL-4）标准，见表 3-45。适用于中等负荷车辆的准双曲面齿轮、手动变速器和差速器的润滑。

③ 重负荷车辆齿轮油。该油采用深度精制的矿物油加入硫磷极压抗磨剂、防锈防腐、抗泡剂等。目前执行 GB 13895—2018 国家标准，见表 3-46。该油必须通过锈蚀、抗擦伤、承载能力、热氧化稳定性等台架试验。其质量水平与美军 MIL-L-2105C 规格车辆齿轮油相当，达到 API GL-5 性能水平。适用于操作重负荷车辆后桥双曲面齿轮、差速器，也适用于条件苛刻的准双曲面齿轮差速器、手动变速器，以及要求使用 API GL-5 齿轮油的国产和进口车辆的润滑。

表 3-44　普通车辆齿轮油技术指标（摘自 SH/T 0350—1992)

项目		质量指标			试验方法
		80W/90	85W/90	90	
运动黏度(100℃)/(mm²/s)		15~19			GB/T 265
表观黏度①(150Pa·s)/℃	≤	-26	-12	—	GB/T 11145
黏度指数		—		90	GB/T 1995 或 GB/T 2541
倾点/℃	≤	-28	-18	-10	GB/T 3535
闪点(开口)②/℃	≥	170	180	190	GB/T 267
水分(%)	≤	痕迹			GB/T 260
锈蚀试验 15 号钢棒 A 法		无锈			GB/T 11143
起泡性/(mL/mL) 24℃ 93.5℃ 后 24℃	≤	100/10			GB/T 12579
铜片腐蚀试验(100℃,3h)/级	≤	1			GB/T 5096
最大无卡咬负荷(PB)/kg	≥	80			GB/T 3142
糠醛或酚含量(未加剂)		无			SH/T 0076 或 SH/T 0120
机械杂质③(质量分数,%)	≤	0.05	0.02		GB/T 511
残炭(未加剂)(%)		报告			GB/T 268
酸值(未加剂)/(mgKOH/g)		报告			GB/T 4945
氯含量(质量分数,%)		报告			SH/T 0161
锌含量(质量分数,%)		报告			SH/T 0226
硫酸盐灰分(质量分数,%)		报告			GB/T 2433

① 齿轮油表观黏度为保证项目，每年测定一次。

② 新疆原油生产的各号普通车辆齿轮油闪点允许比规定的指标低 10℃出厂。

③ 不允许含有固体颗粒。

表 3-45 中国交通部 JT 224—1996（GL-4）标准

项目	技术要求			试验方法
	90	85W/90	80W/90	
运动黏度(100℃)/(mm²/s)	13.5~24.0	13.5~24.0	13.5~24.0	GB/T 265
黏度指数 ≥	75	—	—	GB/T 2541
表观黏度达 150Pa · s时的温度①/℃ ≤		-12	-26	GB/T 11145
闪点(开口)/℃ ≥	180	180	165	GB/T 267
倾点/℃ ≤	-10	-15	-30	GB/T 3535
机械杂质(质量分数,%) ≤	0.05	0.05	0.05	GB/T 511
水分 ≤	痕迹	痕迹	痕迹	GB/T 260
铜片腐蚀(121℃,3h) ≤	3h	3h	3h	GB/T 5096
锈蚀试验(15 号钢棒)	无锈	无锈	无锈	GB/T 11143(A 法)
最大无卡咬负荷/N ≥	883	883	883	GB/T 3142
泡沫倾向性/泡沫稳定性/(mL/mL)				GB/T 12579
24℃±0.5℃ ≤	100/0	1130/0	100/0	
93℃±0.5℃ ≤	100/0	1130/0	100/0	
后 24℃±0.5℃ ≤	100/0	100/0	100/0	
磷含量(质量分数,%)	报告	报告	报告	SH/T 0296
硫含量(质量分数,%)	报告	报告	报告	GB/T 387
锌含量(质量分数,%)	无	无	无	SH/T 0309
齿轮台架②	通过	通过	通过	EQE-120-90 暂行

① 表观黏度为保证项目。

② 齿轮台架为保证项目。

表 3-46 重负荷车辆齿轮油（GL-5）的技术要求和试验方法（摘自 GB 13895—2018）

分析项目	质量指标										试验方法
黏度等级	75W-90	80W-90	80W-110	80W-140	85W-90	85W-110	85W-140	90	110	140	
运动黏度(100℃)/(mm²/s)	13.5~<18.5	13.5~<18.5	18.5~<24.0	24.0~<32.5	13.5~<18.5	18.5~<24.0	24.0~<32.5	13.5~<18.5	18.5~<24.0	24.0~<32.5	GB/T 265
黏度指数	报告							≥90			GB/T 1995①
KRL 剪切安定性(20h) 剪切后 100℃运动黏度/(mm²/s)	在黏度等级范围内										NB/SH/T 0845
倾点/℃	报告	报告	报告	报告	报告	报告	报告	≤ -12	≤ -9	≤ -6	GB/T 3535
表观黏度(-40℃)/(mPa · s) ≤	150000	—	—	—	—	—	—	—	—	—	
表观黏度(-26℃)/(mPa · s) ≤	—	150000	150000	150000	—	—	—	—	—	—	GB/T 11145
表观黏度(-12℃)/(mPa · s) ≤	—	—	—	—	150000	150000	150000	—	—	—	
闪点(开口)/℃ ≥	170	180	180	180	180	180	180	180	180	200	GB/T 3536
泡沫性(泡沫倾向)/mL 24℃ ≤ 93.5℃ ≤ 后 24℃ ≤	 20 50 20										GB/T 12579

（续）

分析项目	质量指标										试验方法
黏度等级	75W-90	80W-90	80W-110	80W-140	85W-90	85W-110	85W-140	90	110	140	
铜片腐蚀（121℃，3h）/级 ≤	3										GB/T 5096
机械杂质（质量分数，%） ≤	0.05										GB/T 511
水分（质量分数，%） ≤	痕迹										GB/T 260
戊烷不溶物（质量分数，%）	报告										GB/T 8926 A 法
硫酸盐灰分（质量分数，%）	报告										GB/T 2433
硫（质量分数，%）	报告										GB/T 17040②
磷（质量分数，%）	报告										GB/T 17476③
氮（质量分数，%）	报告										NB/SH/T 0704④
钙（质量分数，%）	报告										GB/T 17476⑤
贮存稳定性 液体沉淀物（体积分数，%） ≤ 固体沉淀物（质量分数，%） ≤	 0.5 0.25										SH/T 0037
锈蚀性试验 最终锈蚀性能评价 ≥	9.0										NB/SH/T 0517
承载能力试验⑥ 驱动小齿轮和环形齿轮 螺脊 ≥ 波纹 ≥ 磨损 ≥ 点蚀/剥落 ≥ 擦伤 ≥	 8 8 5 9.3 10										NB/SH/T 0518
抗擦伤试验⑥	优于参比油或与参比油性能相当										SH/T 0519
热氧化稳定性 100℃运动黏度增长（%） ≤ 戊烷不溶物（质量分数，%） ≤ 甲苯不溶物（质量分数，%） ≤	 100 3 2										SH/T 0520⑦ GB/T 265 GB/T 8926 A 法 GB/T 8926 A 法

① 也可采用 GB/T 2541 方法进行，结果有争议时以 GB/T 1995 为仲裁方法。

② 也可采用 GB/T 11140、SH/T 0303 方法进行，结果有争议时以 GB/T 17040 为仲裁方法。

③ 也可采用 SH/T 0296、NB/SH/T 0822 方法进行，结果有争议时以 GB/T 17476 为仲裁方法。

④ 也可采用 GB/T 17674、SH/T 0224 方法进行，结果有争议时以 NB/SH/T 0704 为仲裁方法。

⑤ 也可采用 SH/T 0270、NB/SH/T 0822 方法进行，结果有争议时以 GB/T 17476 为仲裁方法。

⑥ 75W-90 黏度等级需要同时满足标准版和加拿大版的承载能力试验和抗擦伤试验。

⑦ 也可采用 SH/T 0755 方法进行，结果有争议时以 SH/T 0520 为仲裁方法。

保证项目，每五年评定一次。

75W 油在进行抗擦伤试验时，程序Ⅱ（高速）在 79℃开始进行，程序Ⅳ（冲击）在 93℃下开始进行。喷水冷却，最大温升≤5.5~8.3℃。

75W 油在进行承载能力试验时，高速低扭矩在 104℃下进行，低速高扭矩在 93℃下进行。

3. 液压油

用作流体静压系统（液压传动系统）中的工作介质称为液压油，而用作流体动压系统（液力传动系统）中的工作介质则称为液力传动油，通常将二者统称为液压油（液）。

（1）液压油的性能要求

1）合适的黏度，良好的黏温特性。若液压油的黏度过高，液压泵吸油阻力增加，容易产生空穴和气蚀作用，使液压泵工作困难，甚至受到损坏，液压泵的能量损失增大，机械总效率降低，管路中压力损失增大，也会降低总效率，致使阀和液压缸的敏感性降低，工作不够灵活。若液压油的黏度过低，液压泵的内泄漏增多，容积效率降低，管路接头处的泄漏增多；控制阀的内泄漏增多，控制性能下降，润滑油膜变薄，油品对机器滑动部件的润滑性能降低，造成磨损增加，甚至发生烧结。

由于液压油在工作过程中温度变化较大，不同地区，不同季节也会使油温发生较大变化，要使液压油有合适的黏度，还必须要求液压油有较好的黏温特性，就是其黏度随温度变化不太大，这样才能较好地满足液压系统的要求。

2）要有良好的抗氧化性。液压油和其他油品一样，在使用过程中都不可避免地发生氧化。特别是空气、温度、水分、杂质、金属催化剂等因素的存在，都有利于氧化反应的进行或加速它的反应速度。因此，液压油必须具有较好的抗氧化性。

液压油被氧化后产生的酸性物质会增加对金属的腐蚀性，产生的黏稠油泥沉淀物会堵塞过滤器和其他孔隙，妨碍控制机构的工作，降低效率，增加磨损。

3）要有良好的防腐蚀、锈蚀性能。液压油在工作过程中，不可避免地要接触水分、空气，液压元件会因此发生锈蚀。液压油使用过程的氧化产物或添加剂分解物也会引起液压元件腐蚀或锈蚀，严重地影响液压系统的正常工作，影响液压设备寿命，因此，液压油要有较强的防锈、防腐能力。

4）要有良好的抗乳化性。前面提过，液压油在工作过程中，都有可能混进水分。进入油箱的水，受到液压泵、液压马达等液压元件的剧烈搅动后，容易形成乳化液。如果这种乳化液是稳定的，则会加速液压油的变质，降低润滑性、抗磨性，生成的沉淀物会堵塞过滤器、管道以及阀门等，还会产生锈蚀、腐蚀。因此，要求液压油有良好的抗乳化性，使液压油能较快地与水分离，使水沉到油箱底部，然后定期排放，避免形成稳定的乳化液。

5）良好的润滑性（抗磨性）。在液压设备运转时，总要产生摩擦和磨损，尤其是在机器起动和停止时，摩擦力最大，更易引起磨损。因此，液压油要对各种液压元件起润滑、抗摩作用，以减少磨损。工作压力高的液压系统，对液压油的抗磨性要求就更高。

6）要有良好的抗泡性和空气释放性。液压设备在运转时，由于下列原因会使液压油产生气泡。

① 在油箱内，液压油与空气一起受到剧烈搅动。

② 油箱内油面过低，油泵吸油时把一部分空气也吸进泵里去。

③ 因为空气在油中的溶解度是随压力而增加的，所以在高压区域，油中溶解的空气较多，当压力降低时，空气在油中的溶解度也随之降低，油中原来溶解的空气就会析出而产生气泡。

液压油中混有气泡是很有害的，其害处有以下几条。

① 气泡很容易被压缩，因而会导致液压系统的压力下降，能量传递不稳定，产生振动和噪声，液压系统的工作不规律。

② 容易产生气蚀作用，当气泡受到液压泵的高压时，气泡中的气体就会溶于油中，这时气泡所在的区域就会变成局部真空，周围的油液会以极高的速度来填补这些真空区域，形成冲击压力和冲击波。这种冲击压力可高达几十甚至上百个兆帕。如果这种冲击压力和冲击波作用于固体壁面上，就会产生气蚀作用，使机器损坏。

③ 气泡在液压泵中受到迅速压缩（绝热压缩）时，会产生局部高温（可高达几百到一千摄氏度），促使油品蒸发、热分解、气化、变质和变黑。

④增加液压油与空气的接触面积，增加油中的氧分压，促进油氧化。

因此，液压油应有良好的抗泡性和空气释放性，即在设备运转过程中，产生的气泡要少；产生的气泡要能很快破灭，以免与液压油一起被液压泵吸进液压系统中；溶在油中的微小气泡必须容易释放出来等。

7）较好的抗剪切性。液压油经过泵、阀等元件，尤其是通过各种液压元件的小孔、缝隙时，要经受剧烈的剪切作用。在剪切力的作用下，液压油中的一些大分子就会发生断裂，变成较小的分子，使液压油的黏度降低。当黏度降低到一定限度时该液压油就不能继续使用了。因此，液压油必须具有较好的抗剪切性。

8）良好的水解安定性。液压油中的添加剂是保证油品使用性能的关键成分，如果液压油的抗水解性差，油中的添加剂容易被水解，则液压油的主要性能不可能是好的。

9）良好的可滤性。抗磨液压油在一些使用场合特别是被少量水污染后很难过滤。这种状况引起了过滤系统的阻塞和泵与其他部件污染磨损显著增加。此外，在一些含油液伺服机构非常精密的液压系统中，阀芯尖锐的刃边易被油中的磨损颗粒所伤害，导致精度下降、控制失灵。因此，近年来国内外有些标准对液压油提出了可滤性要求。

10）对密封材料的影响要小。密封元件对保证液压系统的正常工作十分重要。液压油可使密封材料溶胀、软化或硬化，使密封材料失去密封性能。因此，液压油与密封材料必须互相适应，相互影响要小。

液压设备对液压油的要求除以上几点外，特殊的工况还有特殊的要求，如在低温地区露天作业，则要求液压油凝固点要低，以保持其低温流动性；与明火或高温热源接触，有可能发生火灾的液压设备，以及需要预防瓦斯、煤尘爆炸的煤矿井下的某些液压设备，则要求液压油有良好的抗燃性；乳化型液压油还要求乳化稳定性要好，等等。

由此可见，液压油除了要满足一般的理化指标外，更重要的是要有较好的全面的使用性能。切不可认为简单的理化指标达到就是一种好的液压油。

（2）液压油（液）的分类

1）品种分类。2003 年我国液压油（液）产品等效采用 ISO 6743-4—1999 标准，修订、提出了 GB/T 7631.2—2003 分类标准，见表 3-47。在此标准中把液压系统所用的油液分为 L-HH、L-HL、L-HM 等 17 个品种，把液力系统用油分为 L-HA、L-HN 两个品种。

2）黏度等级分类。液压油（液）的黏度分类标准采用 GB/T 3141—1994，该标准等效采用国际标准 ISO 3448—1992《工液体润滑剂 ISO 黏度分类》。该黏度分类以 40℃运动黏度的某一中心值为黏度牌号，共分为 10、15、22、32、46、68、100、150 八个黏度等级，见表 3-48。

（3）液压油主要品种及应用　我国矿物油型和合成烃型液压油产品标准 GB 11118.1—2011 包括 HL、HM、HV、HS、HG 五大类液压油产品，其质量等级、黏度等级、性能指标见表 3-49 和表 3-50。该标准所属产品的品种中，一等品参照法国国家标准 NF：FA8-603—1983，优等品参照美国 D ENISON 液。

表 3-47　润滑剂、工业用油和有关产品（L 类）的分类第 2 部分：H 组（液压系统）的分类

组别符号	应用范围	特殊应用	更具体应用	组成和特性	产品符号 ISO-L	典型应用	备注
H	液压系统	流体静压系统		无抑制剂的精制矿油	HH		
				精制矿油，并改善其防锈和抗氧性	HL		
				HL 油，并改善其抗磨性	HM	有高负荷部件的一般液压系统	
				HL 油，并改善其黏温性	HR		
				HM 油，并改善其黏温性	HV	建筑和船舶设备	
				无特定难燃性的合成液	HS		特殊性能
			用于要求使用环境可接受液压液的场合	甘油三酸酯	HETG	一般液压系统（可移动式）	每个品种的基础液的最小含量应不少于 70%（质量分数）
				聚乙二醇	HEPG		
				合成酯	HEEP		
				聚 α 烯烃和相关烃类产品	HEPR		
			液压导轨系统	HM 油，并具有抗黏-滑性		液压和滑动轴承导轨润滑系统合用的机床在低速下使振动或间断滑动（黏-滑）减为最小	这种液体具有多种用途，但并非在所有液压应用中皆有效

（续）

组别符号	应用范围	特殊应用	更具体应用	组成和特性	产品符号ISO-L	典型应用	备注
H	液压系统	流体静压	用于使用难燃液压液的场合	水包油型乳化液	HFAE		通常含水量大于80%（质量分数）
				化学水溶液	HFAS		通常含水量大于80%（质量分数）
				油包水型乳化液	HFB		
				含聚合物水溶液①	HFC		通常含水量大于35%（质量分数）
				磷酸酯无水合成液①	HFDR		
				其他成分的无水合成液①	HFDU		
		流体动压	自动传动系统		HA		与这些应用有关的分类尚未进行详细的研究，以后可以增加
			耦合器和变矩器		HN		

① 这类液体也可以满足HE品种规定的生物降解性和毒性要求。

表3-48 液压油（液）黏度分类

GB/T 3141—1994规定的黏度等级	40℃运动黏度范围/(mm^2/s)	ISO黏度等级
15	13.5~16.5	VG15
22	19.8~24.2	VG22
32	28.8~35.2	VG32
46	41.4~50.6	VG46
68	61.2~74.8	VG68
100	90~110	VG100
150	135~165	VG150

1）L-HL液压油。采用深度精制的矿物油作为基础油，加入多种相配伍的添加剂，具有较好的抗氧、防锈、抗泡沫、抗乳化、空气释放、橡胶密封适应等性能，分为15、22、32、46、68、100、150七个等级（牌号）。目前执行GB 11118.1—2011，见表3-49a。

该系列产品在我国18个应用试验单位的70余台不同类型的机床上（如车床、刨床、钻床、磨床、镗床、铣床、插齿机、珩磨机、磨齿机、组合机床等）经过平均2500d以上的使用试验表明，其各项性能都优于L-AN全损耗系统用油，达到了减小磨损、降低温升、防止锈蚀、延长机床加工精度保持性等目的，油品的使用寿命也比L-AN全损耗系统用油高一倍以上。

该系列产品适用于一般机床的主轴箱、液压站和齿轮箱或类似的机械设备中、低压液压系统的润滑（2.5MPa以下为低压，2.5~8.0MPa为中压）。

2）L-HM液压油（抗磨液压油）。L-HM液压油是采用深度精制的优质基础油，加入抗氧、抗磨、防锈、抗泡沫、金属钝化等多种添加剂。L-HM液压油较L-HL液压油具有突出的抗磨性（抗磨性要求通过FZG和叶片泵试验）按国家标准GB 11118.1—2011，L-HM液压油分为L-HM（高压）和L-HM（普通），见表3-49b。

L-HM液压油最适用于压力大于10MPa的高压和超高压的叶片泵、柱塞泵等。

L-HM液压油通常分为含锌型（或称有灰型）和无灰型两类。含锌型抗磨液压油，因加入含锌的抗磨剂，燃烧后会残留氧化锌灰，故称之有灰型。此外，油中锌含量（质量分数）低于0.07%者，称为低锌型；锌含量高于0.07%者，称为高锌型。无灰型抗磨液压油中不加入含锌的抗磨添加剂，也不加入其他含金属元素添加剂，因而燃烧后不残留金属氧化物灰分，故称无灰型。含锌型与无灰型抗磨液压油各种性能的比较见表3-51。从表3-51中可以看出，无灰型抗磨液压油在抗氧化性、水解安定性、热安定性、抗磨

表 3-49a　L-HL 抗氧防锈液压油的技术要求和试验方法（摘自 GB 11118.1—2011）

项　目		质量指标							试验方法
黏度等级（GB/T 3141）		15	22	32	46	68	100	150	
密度（20℃）[①]/（kg/m^3）		报告							GB/T 1884 和 GB/T 1885
色度/号		报告							GB/T 6540
外观		透明							目测
闪点/℃ 开口	≥	140	165	175	185	195	205	215	GB/T 3536
运动黏度/（mm^2/s）									
40℃		13.5~16.5	19.8~24.2	28.8~35.2	41.4~50.6	61.2~74.8	90~110	135~165	GB/T 265
0℃	≤	140	300	420	780	1400	2560	—	
黏度指数[②]	≥	80							GB/T 1995
倾点[③]/℃	≤	-12	-9	-6	-6	-6	-6	-6	GB/T 3535
酸值[④]/（以 KOH 计）/（mg/g）		报告							GB/T 4945
水分（质量分数，%）	≤	痕迹							GB/T 260
机械杂质		无							GB/T 511
清洁度		⑤							DL/T 432 和 GB/T 14039
铜片腐蚀（100℃，3h）/级	≤	1							GB/T 5096
液相锈蚀（24h）		无锈							GB/T 11143（A 法）
泡沫性（泡沫倾向/泡沫稳定性）/（mL/mL）									GB/T 12579
程序Ⅰ（24℃）	≤	150/0							
程序Ⅱ（93.5℃）	≤	75/0							
程序Ⅲ（后 24℃）	≤	150/0							
空气释放值（50℃）/min	≤	5	7	7	10	12	15	25	SH/T 0308
密封适应性指数	≤	14	12	10	9	7	6	报告	SH/T 0305
抗乳化性（乳化液到 3mL 的时间）/min									GB/T 7305
54℃	≤	30	30	30	30	30	—	—	
82℃	≤	—	—	—	—	—	30	30	

（续）

项目	质量指标							试验方法
黏度等级（GB/T 3141）	15	22	32	46	68	100	150	
氧化安定性 1000h 后总酸值（以 KOH 计）[⑥]/（mg/g） ≤ 1000h 后油泥/mg	 — —	 2.0 报告						 GB/T 12581 SH/T 0565
旋转氧弹（150℃）/min	报告	报告						SH/T 0193
磨斑直径（392N，60min，75℃，1200r/min）/mm	报告							SH/T 0189

① 测定方法也包括用 SH/T 0604。
② 测定方法也包括用 GB/T 2541，结果有争议时，以 GB/T 1995 为仲裁方法。
③ 用户有特殊要求时，可与生产单位协商。
④ 测定方法也包括用 GB/T 264。
⑤ 由供需双方协商确定，也包括用 NAS 1638 分级。
⑥ 黏度等级为 15 的油不测定，但所含抗氧剂类型和量应与产品定型时黏度等级为 22 的试验油样相同。

表 3-49b　L-HM 抗磨液压油（高压、普通）的技术要求和试验方法（摘自 GB 11118.1—2011）

项目	质量指标										试验方法
	L-HM（高压）				L-HM（普通）						
黏度等级（GB/T 3141）	32	46	68	100	22	32	46	68	100	150	
密度[①]（20℃）/（kg/m^3）	报告				报告						GB/T 1884 和 GB/T 1885
色度/号	报告				报告						GB/T 6540
外观	透明				透明						目测
闪点/℃ 开口 ≥	175	185	195	205	165	175	185	195	205	215	GB/T 3536
运动黏度/（mm^2/s） 40℃	28.8~35.2	41.4~50.6	61.2~74.8	90~110	19.8~24.2	28.8~35.2	41.4~50.6	61.2~74.8	90~110	135~165	GB/T 265
0℃ ≤	—	—	—	—	300	420	780	1400	2560	—	
黏度指数[②] ≥	95				85						GB/T 1995
倾点[③]/℃ ≤	-15	-9	-9	-9	-15	-15	-9	-9	-9	-9	GB/T 3535
酸值[④]（以 KOH 计）/（mg/g）	报告				报告						GB/T 4945
水分（质量分数，%） ≤	痕迹				痕迹						GB/T 260

机械杂质	无				无						GB/T 511
清洁度	⑤				⑤						DL/T 432 和 GB/T 14039
铜片腐蚀(100℃,3h)/级 ≤	1				1						GB/T 5096
硫酸盐灰分(%)	报告				报告						GB/T 2433
液相锈蚀(24h)											
A 法	—				无锈						GB/T 11143
B 法	无锈				—						
泡沫性(泡抹倾向/泡沫稳定性)/(mL/mL)											
程序Ⅰ(24℃) ≤	150/0				150/0						GB/T 12579
程序Ⅱ(93.5℃) ≤	75/0				75/0						
程序Ⅲ(后 24℃) ≤	150/0				150/0						
空气释放值(50℃)/min ≤	6	10	13	报告	5	6	10	13	报告	报告	SH/T 0308
抗乳化性(乳化液到 3mL 的时间)/min											
54℃ ≤	30	30	30	—	30	30	30	30	—	—	GB/T 7305
82℃ ≤	—	—	—	30	—	—	—	—	30	30	
密封适应性指数 ≤	12	10	8	报告	13	12	10	8	报告	报告	SH/T 0305
氧化安定性											
1500h 后总酸值(以 KOH 计)/(mg/g) ≤	2.0				—						GB/T 12581
1000h 后总酸值(以 KOH 计)/(mg/g) ≤	—				2.0						GB/T 12581
1000h 后油泥/mg	报告				报告						SH/T 0565
旋转氧弹(150℃)/min	报告				报告						SH/T 0193
抗磨性 齿轮机试验[6]/失效级 ≥	10	10	10	10	—	10	10	10	10	10	SH/T 0306
抗磨性 叶片泵试验(100h,总失重)[6]/mg ≤	—	—	—	—	100	100	100	100	100	100	SH/T 0307
抗磨性 磨斑直径(392N,60min,75℃,1200r/min)/mm	报告				报告						SH/T 0189
抗磨性 双泵(T6H20C)试验[6]											
叶片和柱销总失重/mg ≤	15				—						—
柱塞总失重/mg ≤	300										

（续）

项目	质量指标										试验方法
	L-HM(高压)				L-HM(普通)						
黏度等级(GB/T 3141)	32	46	68	100	22	32	46	68	100	150	
水解安定性											SH/T 0301
铜片失重/(mg/cm^2) ≤	0.2				—						
水层总酸度(以 KOH 计)/mg ≤	4.0				—						
铜片外观	未出现灰、黑色				—						
热稳定性(135℃,168h)											SH/T 0209
铜棒失重/(mg/200mL) ≤	10				—						
钢棒失重/(mg/200mL)	报告				—						
总沉渣重/(mg/100mL) ≤	100				—						
40℃运动黏度变化率(%)	报告				—						
酸值变化率(%)	报告				—						
铜棒外观	报告				—						
钢棒外观	不变色				—						
过滤性/s											SH/T 0210
无水 ≤	600				—						
2%水[⑦] ≤	600				—						
剪切安定性(250 次循环后,40℃运动黏度下降率)(%) ≤	1				—						SH/T 0103

① 测定方法也包括用 SH/T 0604。

② 测定方法也包括用 GB/T 2541。结果有争议时，以 GB/T 1995 为仲裁方法。

③ 用户有特殊要求时，可与生产单位协商。

④ 测定方法也包括用 GB/T 264。

⑤ 由供需双方协商确定。也包括用 NAS 1638 分级。

⑥ 对于 L-HM（普通）油，在产品定型时，允许只对 L-HM22（普通）进行叶片泵试验，其他各黏度等级油所含功能剂类型和量应与产品定型时 L-HM22（普通）试验油样相同。对于 L-HM（高压）油，在产品定型时，允许只对 L-HM 32（高压）进行齿轮机试验和双泵试验，其他各黏度等级油所含功能剂类型和量应与产品定型时 L-HM 32（高压）试验油样相同。

⑦ 有水时的过滤时间不超过无水时的过滤时间的两倍。

表 3-49c L-HV 低温液压油的技术要求和试验方法（摘自 GB 11118.1—2011）

项目		质量指标							试验方法
黏度等级(GB/T 3141)		10	15	22	32	46	68	100	
密度[①](20℃)/(kg/m^3)		报告							GB/T 1884 和 GB/T 1885
色度/号		报告							GB/T 6540
外观		透明							目测
闪点/℃									
开口	≥	—	125	175	175	180	180	190	GB/T 3536
闭口	≥	100	—	—	—	—	—	—	GB/T 261
运动黏度(40℃)/(mm^2/s)		9.00~11.00	13.5~16.5	19.8~24.2	28.8~35.2	41.4~50.6	61.2~74.8	90~110	GB/T 265
运动黏度 1500mm^2/s 时的温度/℃	≤	-33	-30	-24	-18	-12	-6	0	GB/T 265
黏度指数[②]	≥	130	130	140	140	140	140	140	GB/T 1995
倾点[③]/℃	≤	-39	-36	-36	-33	-33	-30	-21	GB/T 3535
酸值[④](以 KOH 计)/(mg/g)		报告							GB/T 4945
水分(质量分数,%)	≤	痕迹							GB/T 260
机械杂质		无							GB/T 511
清洁度		⑤							DL/T 432 和 GB/T 14039
铜片腐蚀(100℃,3h)/级	≤	1							GB/T 5096
硫酸盐灰分(%)		报告							GB/T 2433
液相锈蚀(24h)		无锈							GB/T 11143（B 法）
泡沫性(泡沫倾向/泡沫稳定性)/(mL/mL)									
程序Ⅰ(24℃)	≤	150/0							GB/T 12579
程序Ⅱ(93.5℃)	≤	75/0							
程序Ⅲ(后 24℃)	≤	150/0							
空气释放值(50℃)/min	≤	5	5	6	8	10	12	15	SH/T 0308
抗乳化性(乳化液到 3mL 的时间)/min									
54℃	≤	30	30	30	30	30	30	—	GB/T 7305
82℃	≤	—	—	—	—	—	—	30	
剪切安定性(250 次循环后,40℃运动黏度下降率)(%)	≤	10							SH/T 0103
密封适应性指数	≤	报告	16	14	13	11	10	10	SH/T 0305

（续）

项　目		质量指标							试验方法
黏度等级（GB/T 3141）		10	15	22	32	46	68	100	
氧化安定性									
1500h后总酸值（以KOH计）[⑥]/（mg/g）	≤	—	—	2.0					GB/T 12581
1000h后油泥/mg		—	—	报告					SH/T 0565
旋转氧弹（150℃）/min		报告	报告	报告					SH/T 0193
抗磨性　齿轮机试验[⑦]/失效级	≥	—	—	—	10	10	10	10	SH/T 0306
抗磨性　磨斑直径（392N，60min，75℃，1200r/min）/mm		报告							SH/T 0189
抗磨性　双泵（T6H20C）试验[⑦]									
叶片和柱销总失重/mg	≤	—	—	—	15				—
柱塞总失重/mg	≤	—	—	—	300				
水解安定性									
铜片失重/（mg/cm^2）	≤	0.2							
水层总酸度（以KOH计）/mg	≤	4.0							SH/T 0301
铜片外观		未出现灰、黑色							
热稳定性（135℃，168h）									
铜棒失重/（mg/200mL）	≤	10							
钢棒失重/（mg/200mL）		报告							
总沉渣重/（mg/100mL）	≤	100							
40℃运动黏度变化（%）		报告							SH/T 0209
酸值变化率（%）		报告							
铜棒外观		报告							
钢棒外观		不变色							
过滤性/s									
无水	≤	600							SH/T 0210
2%水[⑧]	≤	600							

① 测定方法也包括用 SH/T 0604。
② 测定方法也包括用 GB/T 2541。结果有争议时，以 GB/T 1995 为仲裁方法。
③ 用户有特殊要求时，可与生产单位协商。
④ 测定方法也包括用 GB/T 264。
⑤ 由供需双方协商确定。也包括用 NAS 1638 分级。
⑥ 黏度等级为 10 和 15 的油不测定，但所含抗氧剂类型和量应与产品定型黏度等级为 22 的试验油样相同。
⑦ 在产品定型时，允许只对 L-HV32 油进行齿轮机试验和双泵试验，其他各黏度等级所含功能剂类型和量应与产品定型时黏度等级为 32 的试验油样相同。
⑧ 有水时的过滤时间不超过无水时的过滤时间的两倍。

表 3-50a L-HS 超低温液压油的技术要求和试验方法（摘自 GB 11118.1—2011）

项目		质量指标					试验方法
黏度等级(GB/T 3141)		10	15	22	32	46	
密度[1](20℃)/(kg/m^3)				报告			GB/T 1884 和 GB/T 1885
色度/号				报告			GB/T 6540
外观				透明			目测
闪点/℃							
开口	不低于	—	125	175	175	180	GB/T 3536
闭口	不低于	100	—	—	—	—	GB/T 261
运动黏度(40℃)/(mm^2/s)		9.0~11.0	13.5~16.5	19.8~24.2	28.8~35.2	41.4~50.6	GB/T 265
运动黏度 1500mm^2/s 时的温度/℃	≤	-39	-36	-30	-24	-18	GB/T 265
黏度指数[2]	≥	130	130	150	150	150	GB/T 1995
倾点[3]/℃	≤	-45	-45	-45	-45	-39	GB/T 3535
酸值[4](以 KOH 计)/(mg/g)				报告			GB/T 4945
水分(质量分数,%)	≤			痕迹			GB/T 260
机械杂质				无			GB/T 511
清洁度				⑤			DL/T 432 和 GB/T 14039
铜片腐蚀(100℃,3h)/级	≤			1			GB/T 5096
硫酸盐灰分(%)				报告			GB/T 2433
液相锈蚀(24h)				无锈			GB/T 11143(B 法)
泡沫性(泡沫倾向/泡沫稳定性)/(mL/mL)							GB/T 12579
程序Ⅰ(24℃)	≤			150/0			
程序Ⅱ(93.5℃)	≤			75/0			
程序Ⅲ(后 24℃)	≤			150/0			
空气释放值(50℃)/min	≤	5	5	6	8	10	SH/T 0308
抗乳化性(乳化液到 3mL 的时间)/min							GB/T 7305
54℃	≤			30			
剪切安定性(250 次循环后,40℃运动黏度下降率)(%)	≤			10			SH/T 0103
密封适应性指数	≤	报告	16	14	13	11	SH/T 0305
氧化安定性							
1500h 后总酸值(以 KOH 计)[6]/(mg/g)	≤	—	—	—	2.0		GB/T 12581
1000h 后油泥/mg		—	—		报告		SH/T 0565
旋转氧弹(150℃)/min		报告	报告		报告		SH/T 0193

（续）

项目		质量指标					试验方法
黏度等级（GB/T 3141）		10	15	22	32	46	
抗磨性 齿轮机试验⑦/失效级	≥	—	—	—	10	10	SH/T 0306
抗磨性 磨斑直径（392N，60min，75℃，1200r/min）/mm		报告					SH/T 0189
抗磨性 双泵（T6H20C）试验⑦ 叶片和柱销总失重/mg	≤	—	—	—	15		—
抗磨性 双泵（T6H20C）试验⑦ 柱塞总失重/mg	≤	—	—	—	300		
水解安定性							SH/T 0301
铜片失重/（mg/cm²）	≤	0.2					
水层总酸度（以 KOH 计）/mg	≤	4.0					
铜片外观		未出现灰、黑色					
热稳定性（135℃，168h）							SH/T 0209
铜棒失重/（mg/200mL）	≤	10					
钢棒失重/（mg/200mL）		报告					
总沉渣重/（mg/100mL）	≤	100					
40℃运动黏度变化率（%）		报告					
酸值变化率（%）		报告					
铜棒外观		报告					
钢棒外观		不变色					
过滤性/s							SH/T 0210
无水	≤	600					
2%水⑧	≤	600					

① 测定方法也包括用 SH/T 0604。
② 测定方法也包括用 GB/T 2541。结果有争议时，以 GB/T 1995 为仲裁方法。
③ 用户有特殊要求时，可与生产单位协商。
④ 测定方法也包括用 GB/T 264。
⑤ 由供需双方协商确定。也包括用 NAS 1638 分级。
⑥ 黏度等级为 10 和 15 的油不测定，但所含抗氧剂类型和量应与产品定型时黏度等级为 22 的试验油样相同。
⑦ 在产品定型时，允许只对 L-HS 32 进行齿轮机试验和双泵试验，其他各黏度等级油所含功能剂类型和量应与产品定型时黏度等级为 32 的试验油样相同。
⑧ 有水时的过滤时间不超过无水时的过滤时间的两倍。

表 3-50b　L-HG 液压导轨油的技术要求和试验方法（摘自 GB 11118.1—2011）

项目		质量指标				试验方法
黏度等级（GB/T 3141）		32	46	68	100	
密度①（20℃）/（kg/m³）		报告				GB/T 1884 和 GB/T 1885
色度/号		报告				GB/T 6540
外观		透明				目测
闪点/℃						
开口	≥	175	185	195	205	GB/T 3536

项目						试验方法
运动黏度(40℃)/(mm²/s)		28.8~35.2	41.4~50.6	61.2~74.8	90~110	GB/T 265
黏度指数[②]	≥	90				GB/T 1995
倾点[③]/℃	≤	-6	-6	-6	-6	GB/T 3535
酸值[④](以 KOH 计)/(mg/g)		报告				GB/T 4945
水分(质量分数,%)	≤	痕迹				GB/T 260
机械杂质		无				GB/T 511
清洁度		⑤				DL/T 432 和 GB/T 14039
铜片腐蚀(100℃,3h)/级	≤	1				GB/T 5096
液相锈蚀(24h)		无锈				GB/T 11143(A 法)
皂化值(以 KOH 计)/(mg/g)		报告				GB/T 8021
泡沫性(泡沫倾向/泡沫稳定性)/(mL/mL)						GB/T 12579
程序Ⅰ(24℃)	≤	150/0				
程序Ⅱ(93.5℃)	≤	75/0				
程序Ⅲ(后 24℃)	≤	150/0				
密封适应性指数	≤	报告				SH/T 0305
抗乳化性(乳化液到 3mL 的时间)/min						GB/T 7305
54℃		报告			—	
82℃		—			报告	
黏滑特性(动静摩擦系数差值)[⑥]	≤	0.08				SH/T 0361 的附录 A
氧化安定性						
1000h 后总酸值/(以 KOH 计)/(mg/g)	≤	2.0				GB/T 12581
1000h 后油泥/mg		报告				SH/T 0565
旋转氧弹(150℃)/min		报告				SH/T 0193
抗磨性						
齿轮机试验/失效级	≥	10				SH/T 0306
磨斑直径(392N,60min,75℃,1200r/min)/mm		报告				SH/T 0189

① 测定方法也包括用 SH/T 0604。
② 测定方法也包括用 GB/T 2541。结果有争议时，以 GB/T 1995 为仲裁方法。
③ 用户有特殊要求时，可与生产单位协商。
④ 测定方法也包括用 GB/T 264。
⑤ 由供需双方协商确定。也包括用 NAS 1638 分级。
⑥ 经供、需双方商定后也可以采用其他黏滑特性测定法。

性、酸值、减少油泥的生成、对合金的抗腐蚀性等方面都比含锌型优越，是一种很有发展前途的抗磨液压油。但是无灰型抗磨液压油的添加剂来源比较困难，且价格也较高，这是无灰型抗磨液压油未能取代含锌型抗磨油的原因。必须指出，表 3-51 中的性能比较是一种相对的比较，含锌型抗磨液压油对各国的特定标准来说，它完全能够满足，是性能优越的抗磨液压油。

3）L-HV、L-HS 低温液压油。在环境温度较低（-15℃以下）或环境温度变化较大的地区，液压设备在室外工作必须使用凝点低、低温黏度小、黏度指数高的低温液压油。否则，在低温下液压油的黏度就会增至很大，或失去流动性，使液压设备无法正常工作。

低温液压油除了必须具有抗磨液压油的性能外，还必须具有下列特性：

① 具有较低的倾点。通常要求比环境的最低温度低 10~15℃。

② 具有较好的低温流动性。在环境的最低温度下，它的黏度不太高，仍具有较好的流动性。

表 3-51　含锌型与无灰型抗磨液压油的性能比较

性能＼油类	典型含锌型抗磨液压油	无灰型抗磨液压油
灰分	高	无
所含的金属	Zn(有的还含 Ca 或 Ba)	无
酸值/(mgKOH/g)	有的可高达 1.5,通常<0.7 或 1.0	约 0.2
抗氧化性(酸值达 2.0 时的时间)	好(1000h 以上)	很好(可高达 2600h 以上)
水解安定性	一般~劣	很好
热安定性	一般	好
抗乳化性(油水分离性)	好~劣	好
生成沉积物的倾向	中等~强	弱
生成油泥粒子的倾向	强	弱
对铜和铜合金的腐蚀	可能性大	可能性小
油泵的使用	好	极好
总磨损量(SH/T 0307)100h/mg	中等(多数可<60)	很轻微(<20)
气蚀情况	中等~严重	无
防爬性	不好	好
抗磨性	对钢-钢合金摩擦够好 但对钢-铜合金不够好	对两者都好
对橡胶密封材料的适应性	对丁腈橡胶好,但对聚氨酯橡胶不好	对两者都好
多效性	一般~好	极好
对污染的控制问题	成问题的可能性大	成问题的可能性小

③ 具有优越的黏温特性，黏度指数不低于 130。

④ 具有较好的低温稳定性，即低温下长期储存也不会发生可逆变化。

⑤ 具有较好的抗剪切性能，要求喷嘴剪切40℃时的运动黏度降低不超过 10%，确保在高负荷、高剪切力下，黏度不会有大的下降。

L-HV 低温液压油采用精制矿油为基础油，加入抗剪切性能好的黏度指数改进剂、降凝剂，并加入与相配伍的添加剂调配而成，适用于寒冷地区工程机械的液压系统和其他液压设备。

L-HS 低温液压油采用合成油或合成油与精制矿油混用的半合成油为基础油，加入抗剪性能好的黏度指数改进剂和与其相配伍的添加剂调配而成，适用于极寒地区工程机械的液压系统和其他液压设备。

L-HV、L-HS 低温液压油系列产品经过综合评定证明，都具有优良的高低温性能，良好的热稳定性、水解安定性、抗乳化性和空气释放性。两者不同之处是 L-HV 低温液压油的低温性能稍逊于 L-HS 低温液压油，因而 HV 油只适用于寒冷地区，而 L-HS 油适用于极寒冷地区。从经济上说，L-HV 油的成本、价格都低于 L-HS 油。L-HV 有 10、15、22、32、46、68、100 七个牌号见表 3-49c；L-HS 液压油有 10、15、22、32、46 五个牌号；其质量指标见表 3-50a。

4）L-HG 液压油（液压导轨油）。L-HG 液压油专门用于液压-导轨润滑系统合用的机械设备，也称液压导轨油。它是在 L-HM 抗磨液压油的基础上进一步改善其黏-滑性能。L-HG 液压油除具有 L-HM 抗磨液压油的各种性能外，还具有良好的黏-滑特性（防爬特性)。国外的典型规格有法国NFE48-603我参照国外有关先进标准，在国家标准GB 11118.1—2011中制定了L-HG规格，其质量指标见表3-50b，分为32、46、68、100四个牌号。

5）液力传动油（自动变速器油A.T.F)。

① 液力传动油的特性。

有良好的热氧化安定性。由于液力传动油的工作温度可高达140~175℃，油的流速快（可高达20m/s)，在工作中油又不断与空气及铝、铜等有色金属（油品氧化催化剂）接触，所以它比液压油更易氧化变质。液力传动油必须具有更好的热氧化安定性，才能防止在元件上生成漆膜和其他沉积物。

有良好的高温性能。在高温高压下液力传动油要保持合适的黏度，保证液力传动系统具有更高的效率。

有良好的低温性能。在低温（如-25℃）下工作的液力传动油要有更好的低温流动性，即对低温黏度的要求比较严格。

有合适的摩擦特性。

具有良好的润滑性（抗磨性)。因为液力传输系统内的轴承、齿轮摩擦副也要用液力传动油润滑，所以必须要有良好的润滑性（抗磨性)。

有良好的抗泡沫性和放气性。泡沫多会使液力传动油冷却效果下降，轴承及齿轮过热甚至烧坏。泡沫多还会产生气蚀，损坏机器，或使机器工作不正常，效率降低。

除上述外，液力传动油对防锈性、抗腐性，对合成橡胶的溶胀性等都有一定的要求。

② 液力传动油的分类及品种。美国材料试验学会（ASTM）以及美国石油学会（API）提出了液力传动油的分类方案，见表3-52。

表3-52　液力传动油分类（API、ASTM)

分类	符合的规格	适用
PTF-1	通用汽车公司(GM)：DexronⅡ、Ⅲ、Ⅵ 福特（Ford)：M2C138-CJ、M2C166-H、Mercon、MerconV	轿车、轻型卡车的自动传动装置用油
PTF-2	汽车工程师协会：SAE J1285-80 阿里森(Allison)：C-3、C-4	履带车、农业用车、越野车的自动变速器、多级变速器和液力耦合器用油
PTF-3	约翰狄尔(JohnDeere)：J20B、J14B、JTD-303 福特：M2C41 A	农业和野外建筑机器用液力传动油及液压、齿轮、制动共用润滑系统

表3-52所列的三类油中PTF-1类油主要用于轿车、轻型卡车作自动传动液，此类油对低温黏度要求较高，即要有良好的低温起动性；PTF-2类油要求有良好的极压抗磨性，而对低温黏度的要求较宽；PTF-3类油主要用于农业和建筑业中低速运转的变矩器，对极压抗磨性要求比PTF-2类油要求更高。

在ISO分类中，按工作介质分为二类，即HA和HN。我国生产企业一般采用国外的公司规格（OEM）制定企业标准。

4. 压缩机油

压缩机油是一种专用润滑油，主要用于润滑压缩机内部各摩擦机件。

（1）压缩机油的性能要求

1）适当的黏度，良好的黏温特性。压缩机油的主要作用是在摩擦表面。如气缸壁和活塞表面上形成润滑油膜以减少摩擦功耗和磨损，同时冷却摩擦表面和密封气缸的工作室，提高活塞和填料箱的严密性。因此，压缩机油的黏度必须适当，如果黏度过高，则不易输送且耗功大，易于析炭；过低则起不到润滑密封作用。由于压缩机工作时温升大，故要求压缩机油有较好的黏温性能。

2）良好的抗氧化安定性。这是保证润滑油在压缩机运转中少生成油泥和积炭的重要性能。由于气体压缩后温度升高较大，润滑油在高温（排气温度通常均在120~200℃，有的可达300℃以上）下易于氧化生成油泥和积炭，此过程随温度升高而剧增。因此，要求润滑油有足够的稳定性，使之不易分解成积炭和烃类气体。

3）较低的残炭值。残炭是影响压缩机润滑油在使用中产生积炭多少和性质如何的重要指标。残炭值大的油品往往易在排气阀及排气管道生成大量的积炭和气体，积炭的生成对于压缩机的正常工作和安全生产造成极其严重的威胁。空气压缩机中的积炭严重时，可能引起润滑油蒸气和空气混合气的自燃，甚至引起气缸及排气管的爆炸。所以国际标准化组织规定L-DAB级压缩机油减压蒸馏出80%后残留物的康氏残炭（质量分数）≤0.3%~0.6%。另外油的闪点应比压缩气体的最高工作温度高出30~40℃。

4）较好的防腐蚀性。压缩机在间歇操作中，防腐蚀性特别重要。因为压缩机的压缩气体中含有硫化氢、三氧化二硫等酸性物质，冷凝水成酸性溶液会破坏油膜，产生腐蚀。所以要求压缩机油具有较好的防腐蚀性。

5）较好的抗乳化性和抗泡性。压缩机油中存在表面活性物质，此类物质与润滑系统中的空气、冷凝水和油泥形成乳化液。乳化液会影响压缩机阀的功能，增加磨损和氧化作用。回转式空气压缩机油在循环使用过程中，循环速度快，油品处于剧烈搅拌状态，易产生泡沫。因此，压缩机油要有较好的抗乳化性和抗泡性。

（2）压缩机油的分类　我国现行压缩机油分类标准：GB/T 7631.9—2014 见表 3-53。标准中分设了空气压缩机油和气体压缩机油的分类。

空气压缩机油，通常是指用于往复式和回转式压缩机的气缸（内部）或气缸与轴承等运动机构的润滑油。国际标准化组织（ISO）制定了压缩机油的分类和特性要求。我国已经等效采用了 ISO 的分类法，也把压缩机油按压缩机的类型和负荷的轻重分为六个质量等级，牌号也按 ISO 工业润滑剂黏度等级划分，见表 3-54 和表 3-55。目前，已颁布了 L-DAA、L-DAB 压缩机油的国家标准（GB/T 12691—1990），并取消了 SY1216—77 标准，HS-13、HS-19 产品已被淘汰。

表 3-53a　空气压缩机润滑剂的分类（摘自 GB/T 7631.9—2014）

<table>
<tr><th>组别符号</th><th>应用范围</th><th>特殊应用</th><th>更具体应用</th><th>产品类型和(或)性能要求</th><th>产品代号(ISO-L)</th><th>典型应用</th><th>备　注</th></tr>
<tr><td rowspan="11">D</td><td rowspan="7">空气压缩机</td><td rowspan="5">压缩腔室有油润滑的容积型空气压缩机</td><td rowspan="2">往复的十字头和筒状活塞或滴油回转(滑片)式压缩机</td><td>通常为深度精制的矿物油,半合成或全合成液</td><td>DAA</td><td>普通负荷</td><td rowspan="5">—</td></tr>
<tr><td>通常为特殊配制的半合成或全合成液,特殊配制的深度精制的矿物油</td><td>DAB</td><td>苛刻负荷</td></tr>
<tr><td rowspan="3">喷油回转(滑片和螺杆)式压缩机</td><td>矿物油,深度精制的矿物油</td><td>DAG</td><td>润滑剂更换周期≤2000h</td></tr>
<tr><td>通常为特殊配制的深度精制的矿物油或半合成液</td><td>DAH</td><td>2000h<润滑剂更换周期≤4000h</td></tr>
<tr><td>通常为特殊配制的半合成或全合成液</td><td>DAJ</td><td>润滑剂更换周期>4000h</td></tr>
<tr><td>压缩腔室无油润滑的容积型空气压缩机</td><td>液环式压缩机、喷水滑片和螺杆式压缩机、无油润滑往复式压缩机、无油润滑回转式压缩机</td><td>—</td><td>—</td><td>—</td><td>润滑剂用于齿轮、轴承和运动部件</td></tr>
<tr><td>速度型压缩机</td><td>离心式和轴流式透平压缩机</td><td>—</td><td>—</td><td>—</td><td>润滑剂用于轴承和齿轮</td></tr>
<tr><td rowspan="4">真空泵</td><td rowspan="4">压缩腔室有油润滑的容积型真空泵</td><td rowspan="2">往复式、滴油回转式、喷油回转式(滑片和螺杆)真空泵</td><td>—</td><td>DVA</td><td>低真空,用于无腐蚀性气体</td><td rowspan="2">低真空为 10^{-1}kPa ~ 10^{2}kPa</td></tr>
<tr><td>—</td><td>DVB</td><td>低真空,用于有腐蚀性气体</td></tr>
<tr><td rowspan="2">油封式(回转滑片和回转柱塞)真空泵</td><td>—</td><td>DVC</td><td>中真空,用于无腐蚀性气体</td><td rowspan="2">中真空为 10^{-4}kPa ~ 10^{-1}kPa</td></tr>
<tr><td>—</td><td>DVD</td><td>中真空,用于有腐蚀性气体</td></tr>
</table>

（续）

组别符号	应用范围	特殊应用	更具体应用	产品类型和（或）性能要求	产品代号（ISO-L）	典型应用	备注
D	真空泵	压缩腔室有油润滑的容积型真空泵	油封式（回转滑片和回转柱塞）真空泵	—	DVE	高真空，用于无腐蚀性气体	高真空为 10^{-8}kPa ~ 10^{-10}kPa
				—	DVF	高真空，用于有腐蚀性气体	

表 3-53b　气体压缩机润滑剂的分类（摘自 GB/T 7631.9—2014）

组别符号	应用范围	特殊应用	更具体应用	产品类型和（或）性能要求	产品代号（ISO-L）	典型应用	备注
D	气体压缩机	容积型往复式和回转式压缩机，用于除制冷循环或热泵循环或空气压缩机以外的所有气体压缩机	不与深度精制矿物油发生化学反应或不会使矿物油的黏度降低到不能使用程度的气体	深度精制的矿物油	DGA	小于 10^4kPa 压力下的 N_2、H_2、NH_3、Ar、CO_2，任何压力下的 He、SO_2、H_2S，小于 10^3kPa 压力下的 CO	氨会与某些润滑油中所含的添加剂反应
			用于 DGA 油的气体，但含有湿气或凝缩物	特定矿物油	DGB	小于 10^4kPa 压力下的 N_2、H_2、NH_3、Ar、CO_3	氨会与某些润滑油中所含的添加剂反应
			在矿物油中有高的溶解度而降低其黏度的气体	通常为合成液	DGC①	任何压力下的烃类，大于 10^4kPa 压力下的 NH_3、CO_2	氨会与某些润滑油中所含的添加剂反应
			与矿物油发生化学反应的气体	通常为合成液	DGD①	任何压力下的 HCl，Cl_2，O_2 和富氧空气，大于 10^3kPa 压力下的 CO	对于 O_2 和富氧空气应禁止使用矿物油，只有少数合成液是合适的
			非常干燥的惰性气体或还原气（露点 -40℃）	通常为合成液	DGE①	大于 10^4kPa 压力下的 N_2、H_2、Ar	这些气体使润滑困难，应特殊考虑

注：高压下气体压缩可能会导致润滑困难（咨询压缩机生产商）。

① 用户在选用 DGC、DGD 和 DGE 三种合成液时应注意，由于牌号相同的产品可以有不同的化学组成，因此在未向供应商咨询前不得混用。

表 3-54　压缩室有油润滑的往复式空气压缩机用油

负荷	用油品种代号 L-	操作条件	
轻	DAA	间断运转 连续运转	每次运转周期之间有足够的时间进行冷却 压缩机开停频繁 排气量反复变化 排气压力≤1000kPa，排气温度≤160℃，级压力比<3∶1 或 排气压力>1000kPa，排气温度≤140℃，级压力比≤3∶1

（续）

负荷	用油品种代号 L-	操作条件	
中	DAB	间断运转连续运转	每次运转周期之间有足够的时间进行冷却 排气压力≤1000kPa，排气温度>160℃ 或 排气压力>1000kPa，排气温度>140℃，但≤160℃ 或 级压力比>3∶1
重	DAC	间断运转或连续运转	当达到上述中负荷使用条件，而预期用中负荷油（DAB）在压缩机排气系统严重形成积炭沉淀物的，则应选用重负荷油（DAC）

表 3-55　喷油回转式空气压缩机用油

负荷	用油品种代号 L-	操作条件
轻	DAG	空气和空气，油排出温度<90℃，空气排出压力<800kPa
中	DAH	空气和空气，油排出温度<100℃，空气排出压力 800～1500kPa 或 空气和空气，油排出温度 100～110℃，空气排出压力<800kPa
重	DAJ	空气和空气，油排出温度>100℃，空气排出压力<800kPa 或 空气和空气，油排出温度≥100℃，空气排出压力 800～1500kPa 或 空气排出压力>1500kPa

注：在使用条件较缓和情况下，轻负荷（DAG）油可以用于空气排出压力大于 800kPa 的场合。

（3）压缩机油的主要品种及应用范围

1）L-DAA 压缩机油。L-DAA 压缩机油采用深度精制的优质中性基础油，再加入少量添加剂调制而成，具有良好抗氧性能。按现行国家标准分为 32、46、68、100、150 五个等级，见表 3-56。L-DAA 压缩机油属低档压缩机油，适用于低压（排气压力小于 1.0MPa）往复式压缩机的润滑。实验证明，选用低黏度压缩机油能够使摩擦力减小，且能保证气缸的流体润滑。

2）L-DAB 压缩机油。L-DAB 压缩机油采用深度精制的优质中性基础油，再加入几种相配伍的添加剂调制而成，具有良好的抗氧性、防锈蚀、抗乳化性等。按现行国家标准分为 32、46、68、100、150 五个等级（牌号），见表 3-56。L-DAB 压缩机油属中档压缩机油，适用中压、高压和多级往复空气压缩机的润滑。一般动力用的空气压缩机，单级、风冷式可选用 L-DAB100 或 L-DAB150 油，两级水冷式可选用 68 号或 100 号压缩机油。

表 3-56　空气压缩机油质量指标（摘自 GB 12691—1990）

项目		质量指标										试验方法
品种		L-DAA					L-DAB					
黏度等级(按 GB 3141)		32	46	68	100	150	32	46	68	100	150	—
运动黏度/(mm^2/s) 40℃		28.8～35.2	41.6～50.6	61.2～74.8	90.0～110	135～165	28.8～35.2	41.6～50.6	61.2～74.8	90.0～110	135～165	GB/T 265
100℃		报告					报告					GB/T 265
倾点/℃	≤	-9				-3	-9				-3	GB/T 3535
闪点(开口)/℃	≥	175	185	195	205	215	175	185	195	205	215	GB/T 3536
腐蚀试验(铜片,100℃,3h)/级	≤	1					1					GB/T 5096

（续）

项目 / 品种	质量指标 L-DAA		质量指标 L-DAB		试验方法
抗乳化性(40—37—3)/min					
54℃　≤	—		30	—	GB/T 7305
82℃　≤	—		—	30	
液相锈蚀试验(蒸馏水)	—		无锈		GB/T 11143
硫酸盐灰分(质量分数,%)	—		报告		GB/T 2433
老化特性					SH/T 0192
a)200℃,空气					
蒸发损失(质量分数,%)　≤	15		—		
康氏残炭增值(质量分数,%)　≤	1.5	2.0	—		
b)200℃,空气,Fe_2O_3					
蒸发损失(质量分数,%)　≤	—		20		
康氏残炭增值(质量分数,%)　≤	—		2.5	3.0	
减压蒸馏蒸出 80%后残留物性质					GB/T 9168
a)残留物康氏残炭(质量分数,%)　≤	—		0.3	0.6	GB/T 268
b)新旧油 40℃运动黏度之比　≤	—		5		GB/T 265
中和值/(mgKOH/g)					GB/T 4945
未加剂	报告		报告		
加剂后	报告		报告		
水溶性酸或碱	无		无		GB/T 259
水分(质量分数,%)　≤	痕迹		痕迹		GB/T 260
机械杂质(质量分数,%)　≤	0.01		0.01		GB/T 511

3）L-DAG 回转式压缩机油。L-DAG 回转式压缩机油采用深度精制的优质中性基础油，再加入抗氧、抗泡、防锈等多种添加剂调制而成，具有良好的抗氧、防锈、抗泡沫、黏温性及低温水分离性等。按国家标准 GB 5904—1986（见表 3-57）分为 15、22、32、46、68、100 六个等级（牌号）。该产品适用于各种排气温度小于 100℃负荷较轻的喷油内冷（有效工作压力小于 800kPa）回转式空气压缩机的润滑。该产品标准的关键指标是氧化安定性不少于 1000h，现在产品经过改质，氧化安定性已超过 2500h。

4）L-DAH 回转式（螺杆）空气压缩机油。L-DAH 回转式（螺杆）空气压缩机油质量指标见表 3-58。该产品为新型优质螺杆式空压机油，由深度精制的加氢矿物油（Ⅲ类基础油）或合成油，加有多种添加剂调合而成。分为 32、32A、46、46A 四个牌号，其中 L-DAH 32A、46A 为抗磨型回转式（螺杆）空压机油。该产品具有优良的热氧化安定性和低的积炭倾向，适用于低、中负荷螺杆空压机的润滑。

表 3-57　轻负荷喷油回转式空气压缩机油质量指标（L-DAG 级）

项目 / 黏度等级	质量指标 15	22	32	46	68	100	试验方法
黏度等级	15	22	32	46	68	100	GB/T 3141
运动黏度(40℃)/(mm^2/s)	13.5～16.5	19.8～24.2	28.8～35.2	41.4～50.6	61.2～74.8	90.0～110	GB/T 265
黏度指数≥	90						GB/T 2541
倾点/℃　≤	-9						GB/T 3535 及注①
闪点(开口)/℃　≥	165	175	190	200	210	220	GB/T 267
腐蚀(T3 铜片,100℃,3h)级　≤	1						GB/T 5096
起泡性(24℃)/mL							GB/T 12579 及注②
泡沫倾向　≤	100						
泡沫稳定性　≤	0						

（续）

项目	质量指标						试验方法
黏度等级	15	22	32	46	68	100	GB/T 3141
破乳化性（到乳化层为 3mL 的时间）/min 54℃ ≤ 82℃ ≤	30 30						GB/T 7305
防锈试验（15 钢）	无锈						GB/T 11143（用蒸馏水）
氧化安定性/h ≥	1000						GB/T 12581 及注③
机械杂质（质量分数，%） ≥	0.01						GB/T 511
水分（质量分数，%） ≤	痕迹						GB/T 260
水溶性酸或碱	无						GB/T 259
残炭（加剂前）（质量分数，%）	报告						GB/T 268

① 生产厂可根据供需双方的协议，提供倾点更低的油。

② 泡沫稳定性为“0”，可允许量筒周围有不连续的小泡。

③ 氧化安定性指标每年抽查一次，但每次出厂的产品必须保证合格。

表 3-58 L-DAH 32、32A、46、46A 回转式（螺杆）空气压缩机油质量指标

项目	质量指标				试验方法
黏度等级	32	46	32A	46A	GB/T 3141
运动黏度/(mm^2/s) 40℃ 100℃	28.8~35.2 报告	41.4~50.6	28.8~35.2 报告	41.4~50.6	GB/T 265
黏度指数 ≥	90		90		GB/T 2541
色度/号 ≤	1		1		GB/T 6540
密度(20℃)/(g/cm^3)	报告		报告		GR/T 1884
闪点（开口）/℃ ≥	220		220		GB/T 3536
倾点/℃ ≤	-9		-9		GB/T 3535
酸值/(mgKOH/g)	报告		报告		GB/T 7304
抗乳化性(40—37—3mL)/min ≤	30		30		GB/T 7305
泡沫性（泡沫倾向/泡沫稳定性）/(mL/mL) 24℃ ≤	300/0		300/0		GB/T 12579
液相锈蚀（A 法）	无锈		无锈		GB/T 11143
腐蚀试验（铜片，100℃，3h）/级 ≤	1b		1b		GB/T 5096
氧化试验（200℃，空气，Fe_2O_3） 蒸发损失（质量分数，%） ≤ 康氏残炭增加（质量分数，%） ≤	20 2.5		20 2.5		SH/T 0192
FZG 齿轮机失效载荷/级 ≤	—		10		SH/T 0306

5. 冷冻机油

冷冻机的品种很多，只有压缩式冷冻机使用冷冻机油。

（1）冷冻机油的基本性能　根据冷冻机油的工

作条件和不同制冷压缩机对润滑油的要求，冷冻机油的基本性能可归纳为以下几点。

1）适宜的黏度和黏温性能，以保证冷冻机油的润滑、冷却和密封作用。

2）良好的低温流动性，凝点低（一般低于-40℃），含蜡量低，氟氯烷（R-12）浊点低。因冷冻机油有时会在很低的温度下作业，如果低温流动性达不到要求，会在蒸发器等低温处因失去流动能力或析出石蜡而沉积在蒸发器内，堵塞油路，因而影响制冷效率、制冷能力和润滑效果。

3）挥发性小，闪点高。挥发量越大，随制冷剂循环的油量也就越多，这就要求冷冻机油的馏分范围越窄越好，闪点亦应高于冷冻机排气温度 30℃以上。

4）良好的热氧化安定性。对于半封闭和全封闭的制冷机，主要要求油品有良好的热安定性，在出口阀的高温下不结焦、不炭化。

5）良好的化学稳定性。避免冷冻机油可能与制冷剂如卤化烃（RC1、RF）类作用生成耐性腐蚀物质而腐蚀冷冻设备。

6）不含水和杂质。因水在蒸发器结冰会影响传热效率，与制冷剂接触会加速制冷剂分解并腐蚀设备，所以冷冻机油不能含有水和杂质。

7）其他，如良好的电绝缘性（在封闭式冷冻机中使用）、抗泡性，对橡胶、漆包线不溶解、不膨胀等。

（2）冷冻机油的品种分类及应用范围　冷冻机油是一种深度精制的专用润滑油，它以深度精制的矿物油或合成油作基础油，再加人一定量的添加剂调制而成。

我国原执行的是 SH 0349—1992 行业标准见表 3-59，该标准按 ISO 的工业润滑剂黏度等级划分牌号，分为 N15、N22、N32、N46、N685 个等级（牌号）。此类油适用于以氨为制冷剂的冷冻机，其中 N15、N32、N46、N68 四个牌号还可用于氟氯烷（氟利昂）为制冷剂的工业用冷冻机，但不适用于半封闭和全封闭式家用电冰箱的双冷压缩机。

随着科学技术的不断发展，制冷压缩机对其用油的要求也越加苛刻。我国参照国外先进标准，已制订了与国外同等水平的冷冻机油系列国家标准 GB/T 16630—2012，见表 3-60。国家标准 GB/T 16630—2012 把冷冻机油分为 L-DRA、L-DRB、L-DRD、L-DRE、L-DRG 五个等级。L-DRA 和 L-DRB 适用于工业用和商业用制冷；L-DRD 和 L-DRE 适用于车用空调，家用制冷，民用商用空调，热泵等；L-DRG 适用于工业制冷，家用制冷等。

表 3-59　冷冻机油行业标准技术指标（摘自 SH 0349—1992）

项目		技术指标					试验方法
黏度等级		N15	N22	N32	N46	N68	GB/T 3141
运动黏度(40℃)/(mm^2/s)		13.5~16.5	19.8~24.2	28.8~35.2	41.4~50.6	61.2~74.8	GB/T 265
闪点(开口)/℃	≥	150	160	160	170	180	GB/T 267
凝点/℃	≤	-40				-35	GB/T 510
倾点/℃		报告					GB/T 3535
酸值/(mgKOH/g)	≤	0.02			0.03	0.05	GB/T 264
水溶性酸或碱		无					GB/T 259
腐蚀(T3 铜片,100℃,3h)/级	≤	1					GB/T 5096
氧化安定性 氧化后酸值/(mgKOH/g) 氧化后沉淀物(质量分数,%)	 ≤ ≤	0.05 0.005	0.02 0.002	0.05 0.005	0.10 0.02		SH/T 0196
机械杂质		无					GB/T 511
水分		无					GB/T 260
水分		报告	—	报告			GB/T 11133
颜色/号		报告					GB/T 6540
浊点(与氟氯烷的混合液)/℃	≤	—		-28	—		SH/T 0292
灰分(%)	≤	0.005	0.01	0.005	0.01		GB/T 508

表 3-60a L-DRA、L-DRB 和 L-DRD 冷冻机油技术要求（摘自 GB/T 16630—2012）

项目	质量指标																								试验方法
品种	L-DRA						L-DRB						L-DRD												
黏度等级（GB/T 3141）	15	22	32	46	68	100	22	32	46	68	100	150	7	10	15	22	32	46	68	100	150	220	320	460	
外观	清澈透明						清澈透明						清澈透明												目测①
运动黏度（40℃）/（mm^2/s）	13.5~16.5	19.8~24.2	28.8~35.2	41.4~50.6	61.2~74.8	90.0~110	19.8~24.2	28.8~35.2	41.4~50.6	61.2~74.8	90.0~110	135~165	6.12~7.48	9.00~11.0	13.5~16.5	19.8~24.2	28.8~35.2	41.4~50.6	61.2~74.8	90.0~110	135~165	198~242	288~352	414~506	GB/T 265
倾点/℃ ≤	-39	-36	-33	-33	-27	-21	②						-39	-39	-39	-39	-39	-39	-36	-33	-30	-21	-21	-21	GB/T 3535
闪点/℃ ≥	150		160		170		200						130		150		180		180		210				GB/T 3536
密度（20℃）/（kg/m^3）	报告						报告						报告												GB/T 1884③ 及 GB/T 1885
酸值（以 KOH 计）/（mg/g） ≤	0.02④						②						0.10④												GB/T 4945⑤
灰分（质量分数，%） ≤	0.005④						—						—												GB/T 508
水分/（mg/kg） ≤	30⑥						350⑦						100⑧ 300⑦												ASTM D6304⑨
颜色/号 ≤	1	1	1	1.5	2.0	2.5	②						②												GB/T 6540
机械杂质（质量分数，%）	无						无						无												GB/T 511
泡沫性（泡沫倾向/泡沫稳定性，24℃）/（mL/mL）	报告						报告						报告												GB/T 12579
铜片腐蚀（T_2 铜片，100℃，3h）/级 ≤	1						1						1												GB/T 5096

击穿电压/kV ≥	⑩	—	25	GB/T 507
化学稳定性（175℃,14d）	—	—	无沉淀	SH/T 0698
残炭（质量分数,%） ≤	0.05④	—	—	GB/T 268
氧化安定性（140℃,14h） 氧化油酸值（以KOH计）/(mg/g) ≤ 氧化油沉淀（质量分数,%） ≤	 0.2 0.02	②	—	SH/T 0196
极压性能（法莱克斯法）失效负荷/N	报告	报告	报告	SH/T 0187
压缩机台架试验⑪	通过	通过	通过	供需双方商定

① 将试样注入100mL玻璃量筒中，在20±3℃下观察，应透明、无不溶水及机械杂质。
② 指标由供需双方商定。
③ 试验方法也包括SH/T 0604。
④ 不适用于含有添加剂的冷冻机油。
⑤ 试验方法也包括GB/T 7304，有争议时，以GB/T 4945为仲裁方法。
⑥ 仅适用于交货时密封容器中的油。装于其他容器时的水含量由供需双方另订协议。
⑦ 仅适用于交货时密封容器中的聚（亚烷基）二醇油。装于其他容器时的水含量由供需双方另订协议。
⑧ 仅适用于交货时密封容器中的酯类油。装于其他容器时的水含量由供需双方另订协议。
⑨ 试验方法也包括GB/T 11133和NB/SH/T 0207，有争议时，以ASTM D6304为仲裁方法。
⑩ 该项目是否检测由供需双方商定，如果需要应不小于25kV。
⑪ 压缩机台架试验（包括寿命试验、结焦试验和与各种材料的相容性试验等）为本产品定型时和用油者首次选用本产品时必做的项目。当生产冷冻机油的原料和配方有变动时，或转厂生产时应重做台架试验。如果供油者提供的产品，其红外线谱图与通过压缩机台架试验的油样谱图相一致，又符合本标准所规定的理化指标或供需双方另订的协议指标时，可以不再进行压缩机台架试验。红外线谱图可以采用ASTM E1421：1999（2009）方法测定。

表 3-60b L-DRE 和 L-DRG 冷冻机油技术要求（摘自 GB/T 16630—2012）

项目	质量指标																							试验方法
品种	L-DRE											L-DRG												
黏度等级（GB/T 3141）	15	22	32	46	56①	68	100	150	220	320	460	8①	10	15	22	32	46	68	100	150	220	320	460	
外观	清澈透明											清澈透明												目测②
运动黏度（40℃）/（mm^2/s）	13.5~16.5	19.8~24.2	28.8~35.2	41.4~50.6	50.8~61.0	61.2~74.8	90.0~110	135~165	198~242	288~352	414~506	8.5~9.0	9.0~11.0	13.5~16.5	19.8~24.2	28.8~35.2	41.4~50.6	61.2~74.8	90.0~110	135~165	198~242	288~352	414~506	GB/T 265
倾点/℃ ≤	-39	-36	-36	-33	-30	-27	-24	-18	-15	-12	-9	-48	-45	-39	-36	-33	-33	-24	-24	-21	-15	-12	-9	GB/T 3535
闪点/℃ ≥	150		160		170		180	210		225		145	150			160		170		210			225	GB/T 3536
密度(20℃)/(kg/m^3)	报告											报告												GB/T 1884③ 及 GB/T 1885
酸值（以 KOH 计）/(mg/g) ≤	0.02④											0.02④												GB/T 4945⑤
灰分(质量分数,%) ≤	0.005④											—												GB/T 508
水分/(mg/kg) ≤	30⑥											30⑥												ASTM D6304⑦
颜色/号 ≤	0.5	1.0	1.0	1.5	2.0	2.0	⑧					⑧	⑧	0.5	1.0	1.0	1.5	2.0	⑧					GB/T 6540
泡沫性(泡沫倾向/泡沫稳定性,24℃)/(mL/mL)	报告											报告												GB/T 12579

项目																			试验方法
机械杂质（质量分数,%）	无								无										GB/T 511
铜片腐蚀（T_2 铜片 100℃,3h）/级 ≤	1								1										GB/T 5096
击穿电压/kV ≥	25								25										GB/T 507
残炭（质量分数,%） ≤	0.03[4]								0.03[4]										GB/T 268
絮凝点[9]/℃ ≤	-45	-42	-42	-42	-42	-42	-35	-20	-42	-42	-42	-42	-42	-35	-35	-30	-25	-20	GB/T 12577
化学稳定性（175℃,14d）	无沉淀								⑩										SH/T 0698
极压性能（法莱克斯法）失效负荷/N	报告								报告										SH/T 0187
压缩机台架试验[11]	通过								通过										供需双方商定

① 不属于 ISO 黏度等级。
② 将试样注入 100mL 玻璃量筒中，在 20±3℃ 下观察，应透明、无不溶水及机械杂质。
③ 试验方法也包括 SH/T 0604。
④ 不适用于含有添加剂的冷冻机油。
⑤ 试验方法也包括 GB/T 7304，有争议时，以 GB/T 4945 为仲裁方法。
⑥ 仅适用于交货时密封容器中的油。装于其他容器时的水含量由供需双方另订协议。
⑦ 试验方法也包括 GB/T 11133 和 NB/SH/T 0207，有争议时，以 ASTM D6304 为仲裁方法。
⑧ 指标由供需双方商定。
⑨ 只适用于深度精制的矿物油或合成烃油。
⑩ 该项目是否检测由供需双方商定，如需要，应为无沉淀。
⑪ 压缩机台架试验（包括寿命试验、结焦试验和与各种材料的相容性试验等）为本产品定型时和用油者首次选用本产品时必做的项目。当生产冷冻机油的原料和配方有变动时，或转厂生产时应重做台架试验。如果供油者提供的每批产品，其红外线谱图与通过压缩机台架试验的油样谱图相一致，又符合本标准所规定的理化指标或供需双方另订的协议指标时，可以不再进行压缩机台架试验。红外线谱图可以采用 ASTM E1421：1999（2009）方法测定。

6. 汽轮机油

汽轮机油又称透平油，它主要用于润滑汽轮发电机组和大、中型水轮发电机组转子的滑动轴承、减速齿轮和调速装置。

汽轮机油除了主要用于电力工业以外，还广泛用于大型远洋船舶和大、中型军舰的汽轮机、工业燃气轮机以及汽轮压缩机、汽轮冷冻机、汽轮鼓风机、汽轮增压器和汽轮泵等。

(1) 汽轮机油的作用及性能要求　汽轮机油在汽轮发电机组中起以下三种作用。

1) 润滑汽轮机、发电机及其励磁机的各个滑动轴承。如果汽轮机与发电机不同轴而是用齿轮连接，则还要润滑减速齿轮。

2) 冷却各滑动轴承，迅速将热量从轴承上收集并带出机外。

3) 润滑汽轮机的调速系统，除润滑该系统外还起液压传动作用。

要使汽轮机油切实起到上述三种作用，汽轮机油应具备下述性能。

1) 适当的黏度。汽轮机对润滑油黏度的要求，依汽轮机的结构不同而异。用压力循环的汽轮机需选用黏度较小的汽轮机油；对用油环给油润滑的小型汽轮机，因转轴传热，影响轴上油膜的黏着力，需使用黏度较大的油；具有减速装置的小型汽轮发电机组和船舶汽轮机，为保证齿轮得到良好的润滑，也需要使用黏度较大的油。

2) 良好的抗氧化安定性。汽轮机油的工作温度虽然不高但用量较大，使用时间长，并且受空气、水分和金属的作用，仍会发生氧化反应并生成酸性物质和沉淀物。酸性物质的积累，会使金属零部件腐蚀；形成盐类及使油加速氧化和降低抗乳化性能，溶于油中的氧化物，会使油的黏度增大，降低润滑、冷却和传递动力的效果，沉淀析出的氧化物，会污染堵塞润滑系统，使冷却效率下降，供油不正常。因此，要求汽轮机油必须具有良好的氧化安定性，使用中老化的速度应十分缓慢，使用寿命不少于8年。

3) 优良的抗乳化性。汽轮机油在使用过程中往往不可避免地混入水分，所以抗乳化性能是汽轮机油的主要性能之一。如果抗乳化性不好，当油中混入水分后，不仅会因形成乳浊液而使油的润滑性能降低，而且还会使油加速氧化变质，对金属零部件产生锈蚀。压力循环给油润滑的汽轮发电机组，汽轮机油投入的循环油量很大，每分钟约1500L，始终处于湍流状态，遇水易产生乳化现象。要使汽轮机油具有良好的抗乳化性，则基础油必须经过深度精制，尽量减少油中的环烷酸、胶质和多环芳香烃。因深度精制除去了基础油中的天然抗氧剂，故必须加入抗氧防胶剂来提高油的氧化安定性。

4) 良好的防锈蚀性。汽轮机是以蒸汽为工作介质的，如果轴承的密封装置不严密，就会使蒸汽进入汽轮机轴承冷凝并混入汽轮机油中。当油中含有0.1%（质量分数）以上的水分时，就会对金属产生锈蚀作用。同时，在汽轮机的润滑系统中设有冷却器，在船用汽轮机中，油冷却器的冷却介质是海水，由于含盐分多，锈蚀作用很强烈，如果冷却器发生渗漏，就会使金属零部件产生严重锈蚀。因此，用于船舶的汽轮机油，更需具有良好的防锈蚀性能。

5) 良好的抗泡沫性。汽轮机油在循环润滑过程中会由于以下原因吸入空气。

① 油泵漏气。

② 油位过低，使油泵露出油面。

③ 润滑系统通风不良。

④ 润滑油箱的回油过多。

⑤ 回油管路上的回油量过大。

⑥ 压力调节阀放油速度太快。

⑦ 油中有杂质。

⑧ 油泵送油过量。

当汽轮机吸入的空气不能及时释放出去时，就会产生发泡现象，使油路发生气阻，供油量不足，润滑作用下降，冷却效率降低，严重时甚至使油泵抽空和调速系统控制失常。为了避免汽轮机油产生发泡现象，除了应按汽轮机规程操作和做好维护保养，尽可能使油少吸入空气外，还要求汽轮机油具有良好的抗泡沫性，能及时地将吸入的空气释放出去。

(2) 汽轮机油的品种及用途　根据汽轮机的种类可分为蒸汽汽轮机油、水轮机油；根据用途可分为陆用汽轮机油和船用汽轮机油；根据润滑油的组成可分为不含添加剂的汽轮机油（馏分汽轮机油）和含有添加剂的汽轮机油；按照润滑油的特性可分为抗氧防锈汽轮机油、极压汽轮机油、抗燃汽轮机油、抗氨汽轮机油和高温汽轮机油等。ISO提出了用于蒸汽和燃气汽轮机的汽轮机油标准ISO 8086（见表3-61）。

我国参照ISO 8096的标准，制订并颁布了L-TSA汽轮机油（抗氧防锈型）标准GB 11120—2011。

1) 抗氧防锈（L-TSA）汽轮机油。L-TSA汽轮机油分A级和B级两种，A级有32、46和68三个等级（牌号），B级有32、46、68和100四个等级（牌号），见表3-62。L-TSA汽轮机油适用于各种蒸汽汽轮机、燃气汽轮机以及水轮机的润滑。

表 3-61 ISO 8086 汽轮机油标准

项目 \ 黏度等级		32	46	68	试验方法
运动黏度(40℃)/(mm²/s)		28.2~35.2	41.4~50.6	61.2~74.8	ISO 3104
黏度指数	≥	80	80	80	ISO 2909
倾点/℃	≤	-6	-6	-6	ISO 3019
密度(15℃)/(kg/dm³)	≤	报告	报告	报告	ISO 3675
闪点(开口)/℃	≥	177	177	177	ISO 2592
(闭口)	≥	165	165	165	ISO 2719
总酸值/(mgKOH·g)	≤	报告	报告	报告	ISO 6618
抗泡沫试验/(mL/mL)					ISO 6247
程序Ⅰ24℃	≤	450/0	450/0	450/0	
程序Ⅱ93.5℃	≤	100/0	100/0	100/0	
程序Ⅲ24℃	≤	450/0	450/0	450/0	
空气释放值,50℃/min	≤	5	6	8	DIN 51381
水分离度(破乳化时间)第一种方法/s	≤	300	300	360	DIN 51589
第二种方法,54℃至3mL乳化层/min	≤	30	30	30	ISO 6614
液相锈蚀试验(15号钢棒,24h)合成海水		通过	通过	通过	DIS 7120 中 B 法
铜片腐蚀(100℃,3h)/级	≤	1b	1b	1b	ISO 2160
氧化安定性					ISO 7624
第一种方法,总酸值/(mgKOH/g)	≤	1.8	1.8	1.8	
油泥(质量分数,%)	≤	0.4	0.4	0.4	
第二种方法,总酸值达2.0时间/h	≤	2000	2000	1500	ISO 4263

表 3-62 L-TSA 和 L-TSE 汽轮机油技术要求(摘自 GB 11120—2011)

项目	质量指标							试验方法
	A级			B级				
黏度等级(GB/T 3141)	32	46	68	32	46	68	100	
外观	透明			透明				目测
色度/号	报告			报告				GB/T 6540
运动黏度(40℃)/(mm²/s)	28.8~35.2	41.4~50.6	61.2~74.8	28.8~35.2	41.4~50.6	61.2~74.8	90.0~110.0	GB/T 265
黏度指数 ≥	90			85				GB/T 1995[①]
倾点[②]/℃ ≤	-6			-6				GB/T 3535
密度(20℃)/(kg/m³)	报告			报告				GB/T 1884 和 GB/T 1885[③]
闪点(开口)/℃ ≥	186		195	186		195		GB/T 3536
酸值(以 KOH 计)/(mg/g) ≤	0.2			0.2				GB/T 4945[④]
水分(质量分数,%) ≤	0.02			0.02				GB/T 11133[⑤]
泡沫性(泡沫倾向/泡沫稳定性)[⑥]/(mL/mL) ≤	—			—				—
程序Ⅰ(24℃)	450/0			450/0				GB/T 12579
程序Ⅱ(93.5℃)	50/0			100/0				
程序Ⅲ(后 24℃)	450/0			450/0				
空气释放值(50℃)/min ≤	5		6	5	6	8	—	SH/T 0308
铜片腐蚀(100℃,3h)/级 ≤	1			1				GB/T 5096
液相锈蚀(24h)	无锈			无锈				GB/T 11143(B 法)
抗乳化性(乳化液达到 3mL 的时间)/min ≤								GB/T 7305
54℃	15		30	15		30	—	
82℃	—		—	—		—	30	

（续）

项　　目	质量指标							试验方法
	A级			B级				
黏度等级（GB/T 3141）	32	46	68	32	46	68	100	
旋转氧弹⑦/min	报告			报告				SH/T 0193
氧化安定性								
1000h后总酸值（以KOH计）/（mg/g）　≤	0.3	0.3	0.3	报告	报告	报告	—	GB/T 12581
总酸值达2.0（以KOH计）/（mg/g）的时间/h　≥	3500	3000	2500	2000	2000	1500	1000	GB/T 12581
1000h后油泥/mg　≤	200	200	200	报告	报告	报告	—	SH/T 0565
承载能力⑧								
齿轮机试验/失效级　≥	8	9	10	—				GB/T 19936.1
过滤性								SH/T 0805
干法（%）　≥	85			报告				
湿法	通过			报告				
清洁度⑨/级　≤	—/18/15			报告				GB/T 14039

注：L-TSA类分A级和B级，B级不适用于L-TSE类。

① 测定方法也包括GB/T 2541，结果有争议时，以GB/T 1995为仲裁方法。

② 可与供应商协商较低的温度。

③ 测定方法也包括SH/T 0604。

④ 测定方法也包括GB/T 7304和SH/T 0163，结果有争议时，以GB/T 4945为仲裁方法。

⑤ 测定方法也包括GB/T 7600和SH/T 0207，结果有争议时，以GB/T 11133为仲裁方法。

⑥ 对于程序Ⅰ和程序Ⅲ，泡沫稳定性在300s时记录，对于程序Ⅱ，在60s时记录。

⑦ 该数值对使用中油品监控是有用的。低于250min属不正常。

⑧ 仅适用于TSE。测定方法也包括SH/T 0306，结果有争议时，以GB/T 19936.1为仲裁方法。

⑨ 按GB/T 18854校正自动粒子计数器。（推荐采用DL/T 432方法计算和测量粒子）。

2）抗氨汽轮机油。抗氨汽轮机油系采用精制的矿物润滑油或低温合成烃润滑油为基础油，加入抗氧、防锈、抗泡等添加剂调制而成。按行业标准SH/T 0362—1996，分为32、46、68三个等级（牌号），其中32和32D的差别在于后者低温性能优于前者，见表3-63。适用于大型化肥装置离心式合成氨压缩机、冷冻机及汽轮机组的润滑。

7. 全损耗系统用油

全损耗系统在GB/T 7631.1—1987分组中属第A组，它包括一次润滑和某些要求较低、换油期较短的油浴式润滑。虽然全损耗系统包括一次润滑，但并不是所有的一次润滑全部包括在全损耗系统中。如二冲程汽油机油、汽缸油等。总之，全损耗系统润滑油质量要求不高，只有一般的理化指标要求，多采用一般精制的润滑油基础油，不加或加小量添加剂制成。全损耗系统用油主要包括L-AN全损耗系统用油（原来的机械油）和车轴油。

（1）L-AN全损耗系统用油　L-AN全损耗系统用油（原机械油），采用一般精制的润滑油基础油制成。按现行国家标准GB 443—1989，L-AN油分为5、7、10、15、22、32、46、68、100、150十个等级（牌号），见表3-64，适用于一次润滑和某些要求较低、换油期较短的油浴式润滑。必须指出，从表3-64中可以看出，L-AN油的技术要求很低，只有一般理化指标要求，而抗氧、抗磨、抗泡、防锈、抗乳化、黏温特性等均没有要求。这种润滑油不能用于精密机床的液压系统、齿轮、主轴箱等。

表3-63　抗氨汽轮机油（摘自SH/T 0362—1996）

项目	质量指标								试验方法
	一等品				合格品				
牌号	32	32D	46	68	32	32D	46	68	GB 3141
运动黏度（40℃）/（mm^2/s）	28.8~35.2		41.4~50.6	61.2~74.8	28.8~35.2		41.4~50.6	61.2~74.8	GB/T 265
黏度指数≥	95	95①	GB/T 1995						

（续）

项目		质量指标						试验方法
		一等品			合格品			
倾点/℃	≤	-17	-27	-17	-17	-27	-17	GB/T 3535
闪点(开口)/℃	≥	200			180			GB/T 3536
中和值(加剂前)/(mgKOH/g) (加剂后)/(mgKOH/g)	≤	报告 0.03			报告 0.06			GB/T 4945
灰分(加剂前)(质量分数,%)	≤	0.005			0.005			GB/T 508
水分		无			无			GB/T 260
机械杂质		无			无			GB/T 511
氧化安定性(酸值达 2.0mgKOH/g)/h	≥	2000			1000			GB/T 12581②
破乳化时间(54℃)(40—37—3)/min	≤	15		20	30			GB/T 7305
液相锈蚀试验(15 号钢棒,蒸馏水,24h)		无锈			无锈			GB/T 11143
抗氨试验		合格			合格			SH/T 0302

① 中间基原油生产的抗氨汽轮机油黏度指数允许不低于 75。

② 氧化安定性试验作为保证项目，每年测定一次。

表 3-64　L-AN 全损耗系统用油的技术指标（摘自 GB 443—1989）

项目		质量指标										试验方法
品种		L-AN										
黏度等级(按 GB/T 3141)		5	7	10	15	22	32	46	68	100	150	—
运动黏度(40℃)/(mm²/s)		4.1~5.06	6.12~7.48	9.0~11.00	13.5~16.5	19.8~24.2	28.8~35.2	41.4~50.6	61.2~74.8	90.0~110	135~165	GB/T 265
倾点/℃	≤	-5										GB/T 3535
水溶性酸或碱		无										GB/T 259
中和值/(mgKOH/g)		报告										GB/T4945
机械杂质(质量分数,%)	≤	无			0.005		0.007					GB/T 511
水分(质量分数,%)	≤	痕迹										GB/T 260
闪点(开口)/℃	≥	80	110	130	150			160		180		GB/T 3536
腐蚀试验(铜片,100℃,3h)/级	≤	1										GB/T 5096
色度/号	≤	2			2.5			报告				GB/T 6540

注：当本产品用于寒区时，其倾点指标可由供需双方协商后另订。

（2）车轴油　车轴油用于铁路机车及客货车辆的轴瓦、上下滑板以及各部销轴、弹簧吊杆等的润滑（已改滚动轴承的采用锂基脂润滑）。轴瓦润滑多采用油绳法。油绳利用毛细管给油的速度取决于其黏度，故选用车轴油的黏度应低一些。

因车轴轴颈表面比较粗糙、负荷大，且开车停车比较频繁，轴承常处于边界摩擦的情况下工作，因此要求车轴油具有良好的油性。国产 44 号车轴油中加入抽出油成分，目的即在改善其油性。

由于我国幅员广大，南北气温相差悬殊，北方冬季气温最低达-40℃。而铁路车辆全国通行，所应用的车轴油必须是低凝点的才能保证低温时的流动性。因此车轴油中多加有烷基萘抗凝剂。同时为了适应温度的变化，也要求车轴油具有较高的黏度指数。

其次，水分与机械杂质对车轴油的性能也有一定影响。在冬季油中水分会结冰，使油绳失去弹性降低其毛细管导油能力，引起给油不足。机械杂质存在油中也会堵塞油绳，影响给油效果，故车轴油中水分和机械杂质的含量应予以限制。

根据铁道部规定，我国各地换用车轴油的季节气温如下。

车轴油44号，油温在5℃以上时使用，东北及太原铁路局于5月1日至10月31日期间使用，南方及昆明、重庆于4月1日至10月31日期间使用。车轴油23号，温度在5℃以下时使用，东北及太原铁路局于11月1日至4月30日期间使用，南方及昆明、重庆于11月1日至3月31日期间使用。

由于每年两次更换车轴油不仅大量浪费油料和工时，而且大量耗费棉纱和油绳。现我国石油部门已制成一种冬夏通用的车轴油，在几个铁路局试用，效果良好。

车轴油现行行业标准为SH/T 0139—1995，共有三个品种：冬用、夏用和通用。冬用油运动黏度（40℃）为30~40mm²/s，凝点-40℃；夏用油运动黏度（40℃）为70~80mm²/s，凝点-10℃；通用油运动黏度（40℃）为31~36mm²/s，凝点-40℃，一年四季可通用。

8. 电器用油

电器用油也称电器绝缘油，它包括变压器油、油开关油、电容器油和电缆油等。而变压器油和油开关油占整个电器用油量的80%左右。随着电气工业的发展，电器用油的质量要求也不断提高。近年来，为了满足电气工业发展的要求，国外已出现了超高压变压器油。

（1）变压器油　变压器油主要是装在变压器、变阻器、电容器和电路开关器里，作为电绝缘和排热介质之用，在电路开关器内还兼起消灭当电路切断时所产生的电弧（火花）的作用。

1）变压器油的性能要求。

① 良好的抗氧化安定性。绝缘油长期在温度、空气、电场及化学复分解条件影响下会氧化变质。近代大型变压器，一台就得装几十吨，甚至上百吨变压器油，不允许经常换油，要求变压器油耐用时间长（一般要求20~30年），在热、电场作用下变质慢。在变压器内，油与氧气接触逐渐被氧化生成各种氧化物和醇、醛、酮、醚及深度氧化的聚合物，使油品酸值增大并形成不溶性胶质、油泥沉淀析出。这些酸性物质对变压器内部部件如铁心和线圈产生腐蚀作用，破坏其绝缘性能。油泥沉淀对变压器和油开关的危害更大，它们吸附在线圈和铁心的周围，使其散热困难，发生局部过热。同时，加之油泥的吸湿作用，引起绝缘材料破坏，造成线圈短路烧毁。温度对变压器油的氧化影响很大，温度上升10℃，氧化速度增加1.5~2倍。一般变压器运行温度在60~80℃之间，在此温度下，油品与空气接触开始氧化，温度上升氧化加快，所以一般控制变压器线圈下部向上四分之三的地方温度不超过105℃。国际电工协会规定无添加剂油的酸值在0.4mgKOH/g以下，油泥0.1%以下，含添加剂的油的诱导期在120h以上。

② 耐电压（耐击穿）性能。变压器油主要起绝缘作用，因而要求有较高的耐电压能力。一般要求新装入变压器时的耐电压不低于35kV，在使用中的变压器油耐电压不低于12kV，达不到以上要求，就说明油内含杂质和水分。变压器油的耐电压主要与水分和杂质有关，见表3-65。

表3-65　电绝缘油含水量和耐电压关系

含水量(体积分数,%)	0	0.005	0.01	0.02	0.03	0.05	0.1
破坏电压/kV	75	31	22	16	14	12.5	10

击穿强度（耐电压）。将两个直径25mm、相距2.5mm的圆形平板电极水平放置在盛有试油的油杯中，并加电压，当电压升到一定数值时电流突然增大而发生火花，这便是油被电击穿，这个开始击穿的电压便是击穿强度。一般认为绝缘油的击穿点是油内含有杂质最多处，这是因为油在电场作用下发生过热现象所形成的气体的桥梁作用所造成的。同时油中未被除净的不饱和烃在温度和电场作用下产生的氧化物、碳化物以及水溶性低分子酸和分子结合水，它们多数带有极性或极性较强的物质，造成油在较低电压下被击穿。试验证明，当良好的干燥的油中吸入的水分达到0.01%时，油的击穿强度即降低1/8，如果同时含有水分杂质，其影响更为严重，所以要求在出厂的成品油中，水分应控制在0.0015%以内。

介质损失角（介质损耗正切 $\tan\delta$）。变压器油的另一个重要指标是介质损失角。纯烃系非极性化合物，在电场作用下不发生或很少发生转位。但杂质成分，如胶质和酸类是极性化合物，含有偶极子的非对称分子，在电场作用下，偶极子每半周期随电力线方向的变化而转位，这种转位就消耗了部分电能而转为热，造成电能损失，使变压器温度升高，不但减低了变压器的出力，而且造成变压器油加速老化和变质。由于这部分电能损失是通过介质引起的，故称为介质损失。如果没有介质损失，那么施于介质上的电压与通过介质的电流间的相角将准确地等于 90°。但实际上由于介质损失，通过电器用油的电流与它两端的电压的相位差并不是 90°而要比 90°小一个 δ 角，此 δ 角就称为电器用油介质损失角。通常用 δ 角的正切值（$\tan\delta$）来表示，$\tan\delta$ 的值越大损失越大，油的绝缘性越差。最适宜的精制程度可使介质损失角最小，因而精制方法和深度是决定质量的重要因素。介质损失角可以直接用仪器测定，通常在 20℃和 70℃下进行。要求在 20℃时新油≤1%，70℃时≤4%。

良好的低温流动性。普通变压器安放在露天，要求电器用油要有较低的凝点，低于环境温度，不致在低温下失去流动。变压器油的牌号根据凝点的不同分为 10 号（-10℃）、25 号（-25℃）、45 号（-45℃）三种。10 号油用于平均气温不低于-10℃地区，25 号油用于平均气温低于-10℃地区，45 号油用于严寒、平均气温低于-20℃地区。试验证明，凝点为-25℃的变压器油可以在全国范围内使用。黏度也是影响低温流动性的重要因素，相同凝点的油，当温度降低时，总是黏度大的先变稠，其流动性也变坏。变压器油的黏度越小，流动性能越好，其散热快，冷却效果好。

高温安全性。油品的安全性用闪点表示。闪点越低，挥发性越大，油品在运行中损耗也越大，越不安全。这与要求凝点低是矛盾的，但考虑这两种矛盾中闪点是主要的，要求变压器油闭口闪点不低于 135℃。

抗腐蚀性。抗腐蚀性是控制变压器油在使用中对金属材料特别是对铜、银等不发生腐蚀的指标。一般控制硫含量（质量分数）不超过 0.1%，而且不能含活性硫，对硫醇等则要严格控制达到“无”的要求。

2）变压器油的品种牌号及应用范围。目前，我国生产的有 10 号、25 号、45 号三个牌号的变压器油（GB 2536—1990），25 号、45 号油主要是用新疆克拉玛依和大港等环烷基原料油生产，10 号变压器油是用大庆原油的变压器馏分油，经深度精制、脱蜡生产的。国家标准 GB 2536—1990（现已作废，由标准 GB 2536—2011 替代，在此仅作参考）见表 3-66，标准中 10 号、25 号变压器油采用倾点指标而不用凝点指标，其实质是一致的。用倾点表示，在数值上比凝点高 3℃。所以在标准里，10 号油的倾点为不高于-7℃，25 号油的倾点为不高于-22℃。10 号变压器油适用于在我国的长江流域及以南的地区使用。25 号变压器油适用于黄河流域及华中地区使用。45 号变压器油适用于在西北、东北地区使用。实际上，25 号、45 号变压器油在全国范围内都可使用，但是我国能生产低凝点的变压器油的环烷基油有限，从节省资源的角度看，在长江以南最好不使用 25 号、45 号变压器油。另有 25 号及 45 号两个牌号的超高压变压器油（SH 0040—1991），主要用于 500kV 变压器及有类似要求的电器设备中。此外，还有断路器油（SH 0351—1992）主要用于断路器中。

（2）电容器油　电容器是电路中储积电能的基本元件，任何两块金属导体，中间用不导电的绝缘介质隔开，就形成一个电容器。

电容器的浸渍剂使用电容器油，电容器油具有精制纯度高、黏度小、浸渍能力强、凝点低、介质损失正切值小和无毒等优点，其缺点是电容率较低，油的安定性较差，较易析出气体。

1）电容器油的主要性能。

① 电气性能。电容器油在电容器中是作为绝缘介质用的，因此要求它应具有良好的电气性能。电容器油除了应具有高绝缘强度以保证在工作电压下不被击穿，有较小的介质损失角正切值以减少运行中热量的发生外，还应具有大而稳定的电容率和较大的容积电阻系数。

电容率。电容率又称介电常数。它是在同一电容器中用某一物质作为绝缘介质时的电容和其中为真空时电容的比值。不同的绝缘介质具有不同的电容率，如真空的电容率为 1，电容器纸的电容率为 6.5，电容器油的电容率为 2.1~2.3（均为 20℃，50~1000Hz 时）。电容器的电容量与所用绝缘介质的电容率直接有关，绝缘介质的电容率大，电容器的电容量也大，从而可减少电容器的体积和重量。电容率通常随温度和频率而变，因此在实际使用中，要求电容器油的电容率应较大而稳定，即在温度、频率变化的条件下，电容率的升降要小。

容积电阻率在恒定电压下，介质传导电流的能力称为电导率，电导率的倒数称为容积电阻率。一般以长 1cm，截面积 $1cm^2$ 的介质在一定温度下的电阻来表示，其单位为 $\Omega\cdot cm$。任何介质的容积电阻率越大，则其电导率越低，即其绝缘性越强。

击穿电压为保证项目。每年至少测定一次。用户使用前必须进行过滤并更新测定。

测定击穿电压允许用定性滤纸过滤。

介质的容积电阻率受外界因素的影响很大，如介质中混入杂质或受潮，将使其数值降低。例如，清洁

表 3-66 变压器油的质量指标（摘自 GB 2536—2011）

项目		质量指标			试验方法
牌号		10	25	45	
外观		透明,无悬浮物和机械杂质			目测①
密度(20℃)/(kg/m³)	≤	895			GB/T 1884、GB/T 1885
运动黏度/(mm²/s) 40℃	≤	13	13	11	GB/T 265
运动黏度/(mm²/s) -10℃	≤	—	200	—	
运动黏度/(mm²/s) -30℃	≤	—	—	1800	
倾点/℃	≤	-7	-22	报告	GB/T 3535②
凝点/℃	≤	—		-45	GB/T 510
闪点(闭口)/℃	≥	140		135	GB/T 261
酸值/(mgKOH/g)	≤	0.03			GB/T 264
腐蚀性硫		非腐蚀性			SH/T 0304
氧化安定性③					SH/T 0206
氧化后酸值/(mgKOH/g)	≤	0.2			
氧化后沉淀(质量分数,%)	≤	0.05			
水溶性酸或碱		无			GB/T 259
击穿电压(间距 2.5mm,交货时)④/kV	≥	35			GB/T 507⑤
介质损耗因数(90℃)	≤	0.005			GB/T 5654
界面张力/(mN/m)	≤	40		38	GB/T 6541
水分/(mg/kg)		报告			SH/T 0207

① 把产品注入 100mL 量筒中，在 20℃±5℃下目测。如有争议时，按 GB/T 511 测定机械杂质为无。

② 以新疆原油和大港原油生产的变压器油测定倾点时，允许用定性滤纸过滤。倾点指标根据生产和使用实际，经与用户协商，可不受本标准限制。

③ 氧化安定性为保证项目。每年至少测定一次。

④ 击穿电压为保证项目，每年至少测定一次。用户使用前必须进行过滤并重新测定。

⑤ 测量击穿电压允许用定性滤纸过滤。

干燥的电容器油浸纸，其容积电阻率为 1014Ω · cm，吸潮后降为 10~1011Ω · cm。

温度对容积电阻率的影响也很大，当温度升高时，形成介质漏导的离子数及离子移动速度增大，容积电阻率随之下降，大致温度每升高 100℃绝缘电阻约降低 1/2。在使用中要求电容器油的容积电阻率越大越好，这样可以减少电流在介质中的损失。

一般认为电容器油的容积电阻率在 1014Ω · cm 以上为正常良好，下降到 1011~1014Ω · cm 时，应注意它的变化趋势，到达 1011Ω · cm 以下则油已劣化。

② 电老化安定性。电容器油在电容器中长期处在电场强度和温度都较高的条件下运行，并受到电离、金属和纸纤维素等的影响，容易老化变质，使绝缘性能恶化。油中各种烃类的氧化产物都带氧键，极性较大。因此都不同程度地使油的电气性能恶化。例如，当油中的酸值或胶质增加时，油的介质损失角正切值也随之增大。

金属对油的电老化安定性有较强的影响。一方面金属与油中的氧化产物发生作用，生成有机酸的盐类，这些盐类会导致电泳电导，使油的介质损失角正切值增大；一方面油在氧化过程中存在着烃基过氧化氢的化合物（ROOH），这些化合物被电子传递物——铜、铅、铁等分解时，可以生成 RO 或 OH 或二者兼有的离子。这些离子在油中是不安定的，可以进一步反应生成带电的胶体微粒，导致电泳电导，造成油的介质损失角正切值增大。

对电容器油不仅要求良好的电气性能，更要求它在电场作用下具有老化安定性，能经久耐用。含芳香烃较多的电容器油，其电老化安定性较好，所以在精制过程中应保持一定的芳香烃含量。此外，加入添加剂也是提高油的电老化安定性的有效途径。据试验，在油中加入 2,6-二叔丁基对甲酚对稳定介质损失角正切值有效。

③ 析气性。析气性系指油在高压电场作用下，发生一些化学变化而析出气体的性能，这实际上是显示油电老化的过程。

在工作温度下，电容器的介质不断发生膨胀与收缩，因此不可避免地形成气泡。在高压电场作用下气泡容易发生局部放电形成高速离子或电子撞击油分子，使之分解析出气体。析出的气体中主要是氢，其次还含有甲烷及 C2~C4 的烃，有时还有 CO 出现。在析气过程中，同时发生电聚反应，即被离子或电子撞击而脱氢的分子聚合成分子更大的蜡状物，一般称为 X 蜡或电缆蜡。析出的气体又加剧局部放电的发展，逐渐使介质老化，以致破坏。

电容器油在运行中，如析出气体过多，会使电容器箱壳内部的压力突然增大，将造成壳体鼓胀变形，甚至引起爆炸和燃烧。因此要求电容器油的析气性要小，以保证运行安全。

油品的化学组成对析气性有很大影响，越是富有氢的化合物析气性越强，芳香性越强的油，越不易析气，甚至可能吸气，在油中含有少量芳香烃时，能够显著减少析气性，甚至可以完全消除。一般芳香烃随着环数的增加，吸气能力减弱，芳香环上侧链的增加和环烷环的存在都减弱吸气能力。

④ 低温性能。我国幅员辽阔，南北温差很大，有的电容器常装置于户外，为了适应在严寒条件下运行，因此要求作为电容器浸渍剂的电容器油要有良好的低温性能，即较低的凝点。

如果在电容器浸渍介质凝固情况下接入电网，因元件中心温度升高很快，体积骤然膨胀，介质可能发生开裂。相反，在严寒天气断开电容器，介质外部很快凝固，可能使内部产生真空。从理论分析可知，在两种不同介质组成的组合介质上加以电压时，两种介质中的电场强度与其电容率成反比，即

$$E_1/E_2=\varepsilon_2/\varepsilon_1$$

式中　E_1、E_2——两种介质的电场强度；

ε_1、ε_2——两种介质的电容率。

电容器油的电容率通常为 2.2，真空的电容率为 1，故真空点承受的电场强度将为电容器油的 2.2 倍，使它首先被击穿，进而造成电容器的击穿。并且一般认为，介质凝固后的电容量较额定值下降 25%左右。由此可知电容器油低温性能的重要意义。

⑤浸渍性和散热性电容器油浸渍性和散热性的好坏，主要决定于油的黏度。

电容器纸的纤维间隙只有 10～100Å（1Å = 10^{-10}m），是较微细的，油的黏度越小，浸渍能力越强，越容易渗透到电容器纸的纤维间隙中去，绝缘效果越好。

电容器油在电容器中不仅作绝缘介质，也作散热介质用。电容器运行温度是保证电容器安全运行和使用年限的重要条件。运行温度过高可能导致介质击穿电压的降低或介质损失角正切值的迅速增加。若温度继续上升，将破坏热平衡，造成热击穿，影响电容器的寿命。移相电容器设计的热计算，是以绝缘介质所能长期承受的最高温度为依据，对于电容器油浸渍的纸绝缘，最高容许温度为 65～70℃。由于散热条件的关系，电容器内部元件的最热点是在其元件的中心，运行中要测量元件最热点的温度是不易实现的，因此只能从外壳的温度来间接监视元件的温升。国产电容器容许外壳最高温度对电容器油浸渍的规定为 60℃。电容器的散热条件较差，一般都是靠空气自然冷却的，因此要求电容器油的黏度要小，以增强其散热性能，保证电容器在规定温度下运行。

2）电容器油的品种牌号及应用范围。我国的电容器油国家标准 GB 4624—1984（现已作废，在此仅供参考）见表 3-67，分为 1 号、2 号两个品种牌号。1 号为电力电容器油，2 号为电信电容器油。

表 3-67　电容器油质量指标（摘自 GB 4624—1984）

项目		质量标准		试验方法
		牌号		
		1	2	
运动黏度/(mm^2/s)				GB/T 265
20℃	≤	40	37～45	
40℃	≤	15.2	12.4～17.0	
密度(20℃)/(g/cm^3)	≤	0.90	0.90	GB/T 1884
酸值/(mgKOH/g)	≤	0.02	0.02	GB/T 264
氢氧化钠试验/级	≤	1	1	SH/T 0267
灰分(质量分数,%)	≤	0.005	0.005	GB/T 508
闪点(闭口)/℃	≥	135	135	GB/T 261
倾点/℃	≤	-40	-40	GB/T 3535
水溶性酸或碱		无	无	GB/T 259
机械杂质		无	无	GB/T 511
色度/号	≤	9	9	SH/T 0168
水分		无		GB/T 260
透明度		透明	透明	GB 4624

（续）

项目	质量标准		试验方法
	牌号		
	1	2	
容积电阻率/Ω·cm			GB 4624
20℃ ≥	1×1014	1×1014	
100℃ ≥	1×1013	1×1013	
介电强度(20℃,50Hz)/(kV/cm) ≥	200	200	GB/T 507
电容率(20℃)/(F/m)			GB 4624
(1000Hz)	2.1~2.3	2.1~2.3	
(50Hz)	2.1~2.3	2.1~2.3	
介质损耗因数老化前,100℃			SH/T 0268
(1000Hz) ≤	—	0.002	
(50Hz) ≤	0.004	0.006	
老化后,100℃(50Hz)			
无铜 ≤	0.006	—	
有铜 ≤	0.35	—	

1号电容器油是由石油润滑油馏分经溶剂精制的中性油加入适量的抗氧组分和抗氧剂而制得的电容器油。它适用于提高输变电系统功率因素的高、低压移相电容器和中频电容器、串联电容器、直流脉冲电容器等电力电容器。

2号电容器油是由石油润滑油馏分经脱蜡、溶剂深度精制或由含有烯烃的石油馏分经氯化铝重合的生成油，并经分馏及精制而得的电容器油。它适用于电信工业的纸制电容器。

（3）电缆油　电力电缆的构造主要包括三部分，即导体、绝缘层和保护层。其中绝缘层中要浸以绝缘剂。中、低压电缆用的绝缘剂一般是用65%的电缆油和35%的松香在120℃左右混合加热熬煮而成。松香具有良好的绝缘性和防水性，并可溶在石油产品中，因此利用它来和电缆油混合制造绝缘剂。高压充油电缆以纯电缆油作为绝缘层的浸渍剂并充填电缆的油道。

1）电缆油的主要性能。

① 电气性能。无论是作为电缆绝缘层浸渍剂组分，或是直接浸渍电缆绝缘层和充填油道的电缆油，都必须具有良好的电气性能。其绝缘强度高才能使电缆芯线间得到良好的相绝缘及各相与金属保护层有良好的绝缘。

介质损失角正切值对电缆油尤为重要，介质损失大，由电能转化的热能也大，使油的温度升高。油的温度升高反回来又使介质损失增加，导致温度更高，终至破坏绝缘。因此要求高压电缆油在100℃时的介质损失角正切值为0.0015~0.003，而对变压器油仅要求在70℃时为0.005。

温度和金属会促进油老化，从而增大介质损失，为了保证油在电缆工作温度下介质损失的稳定，因此要测定油在老化前和在有铜与无铜催化下老化后的介质损失角正切值，老化前后介质损失角正切值的差越小，则油的介质损失越稳定。

② 电老化安定性在工作着的电缆中，电缆油受到电场和高温的作用并与导线（铜）和保护层材料（铅、铝等）相接触，即逐渐电老化。

在电缆绝缘中总有一定量的空气存在，数量的大小决定于电缆绝缘干燥和浸渍时的真空度。在纤维素受热分解时，也可能分解出氧，这都为电老化及局部放电提供了条件。

油在老化过程中析出氢，使电缆绝缘所含气体增多，促使电缆绝缘中的局部放电加剧。X蜡的生成对电缆的工作也是有害的，因此在X蜡的聚集点绝缘的导热性变坏，当X蜡的数量增多时，可能发生局部温升，引起绝缘中电场的重分布，因而发生绝缘被击穿。

由于铜和铅的催化作用，在直接靠近铜芯线和铅皮的电缆绝缘层，电老化进行得最剧烈。

对电缆油要求其电老化安定性好，在电场、温度影响和金属催化下，电气性能保持稳定，析出气体少，没有X蜡的生成。

③ 浸渍性和流动性作为浸渍剂组分的电缆油要求具有较大的黏度，以便减少松香的用量。制成浸渍剂后，在浸渍温度（130~140℃）下，黏度应小，以便充分浸入绝缘层中，而在电缆工作温度范围（60~80℃），则应有较大的黏度。当充油电缆的敷设落差较大时，浸渍剂易于向电缆方向移动，在安装和敷设

电缆时，浸渍剂的黏度不应变得过大，以免电缆弯曲时各绝缘层间的摩擦力引起绝缘纸带的破裂。

在充油电缆中使用的电缆油要求黏度小、凝点低。黏度小的油易于流动，可以提高补充浸渍的速度，减少油流在油道中的阻力。凝点低的油，可在低温下保持在油道中的正常流动。

2）电缆油的品种牌号及应用范围。电缆油按所制电缆电压的千伏数分为 35 号、110 号、330 号三个牌号。

35 号电缆油系用混合原油的减压渣油调合馏分油，经溶剂精制、脱蜡并白土处理，可用于制造电压为 35kV 及其以下电缆的浸渍剂。

110 号电缆油系用新疆原油的变压器馏分，经溶剂脱蜡、溶剂精制、尿素脱蜡及白土补充精制，并加入适量的抗氧剂制成，适用于 110kV 高压充油电缆作绝缘油。

330 号电缆油系用克拉玛依低凝原油的常压蓝线馏分油经溶剂、白土精制，并加入适量抗氧剂制成，适用于 110kV 以上高压充油电缆作绝缘油。

9. 其他专用润滑油

（1）主轴油　主轴油是精密机床主轴的专用润滑油，它是以精制或深精制矿物油或以聚烯烃合成油为基础油加上各种添加剂所组成。例如，N5 牌号的主轴油的大致配方为：N7 加氢机械油+T202+T501+T746 等添加剂+甲基硅油/10-6+常二线油少量所组成，是抗氧防锈抗磨型轴承油。

1）主轴油的性能要求。

① 合适的黏度和良好的黏温性能。合适的黏度和良好的黏温性能是对主轴油的最基本要求。黏度太高，内摩擦生成的热会引起主轴温升过大而使主轴和轴承部件产生热变形，影响加工精度，甚至会使滑动轴承发生抱轴；黏度太低则不能形成油膜，也会使主轴磨损。若主轴油的黏度随温度变化较大，也会出现润滑不良和磨损现象。

② 良好的润滑性和抗磨性。主轴油要能使主轴与滑动轴承接触面之间保持有均匀的油膜，而且在主轴起动或停止运动产生冲击负荷时，油膜也不破坏，起到减少摩擦及摩擦热、降低主轴温升、保证加工精度的作用，所以，主轴油必须有良好的润滑性和抗磨性。

③ 良好的抗氧化性。机床主轴在采用循环润滑方式时，要求主轴油能长期使用而不变质。主轴油氧化后会产生大量的胶质及沉淀，使循环系统堵塞，也使油的黏度增加，此外，还会产生腐蚀，这都对系统不利。因此，要求主轴油的抗氧性要好。

④ 良好的防锈性和抗泡沫性。由于主轴的润滑系统不可避免地会吸进空气中的凝聚水或混进机床冷却液，所以主轴油的防锈性能和抗泡沫性是十分必要的。

2）主轴油的牌号及应用范围。过去我国的主轴油曾按部标准分为 N2、N3、N5、N7、N10、N15 和 N22 共 7 个品种牌号，为简化油品品种并向 ISO 标准靠拢，1992 年 4 月已把主轴油归入行业标准 SH/T 0017—1990 轴承油类的 L-FD 型。为用户方便应用，可将此类 L-FD 型轴承油看作习惯上所称的主轴油。主轴油主要适用于精密机床的主轴轴承及其他以循环、油浴、油雾润滑的高速滑动轴承或精密滚动轴承的润滑。其中 N5 和 N7 可作为纺织工业高速锭子油；N10 可用作普通轴承润滑油或缝纫机油；N15 和 N22 也可作为低压液压系统用油或其他精密机械油，见表 3-68。

表 3-68　轴承油 L-FD 质量指标（摘自 SH/T 0017—1990）

质量等级	一级品							合格品[①]							试验方法
黏度等级(按 GB/T 3141)	2	3	5	7	10	15	22	2	3	5	7	10	15	22	—
运动黏度(40℃)/(mm^2/s)	1.98~2.42	2.88~3.52	4.14~5.06	6.12~7.48	9.00~11.0	13.5~16.5	19.8~24.2	1.98~2.42	2.88~3.52	4.15~5.06	6.12~7.48	9.00~11.0	13.5~16.5	19.8~24.2	GB/T 265
黏度指数≥	—			报告							报告				GB/T 2541
倾点/℃ ≤	-12							—							GB/T 3535
凝点/℃ ≤	—							-15							GB/T 5510
闪点/℃ ≥ 开口	—			115	140			—							GB/T 3536
闭口不低于	70	80	90	—				60	70	80	90	100	110	120	GB/T 261
中和值/(mgKOH/g)	报告							—							GB/T 4945
泡沫性(泡沫倾向/泡沫稳定性,24℃)/(mL/mL) ≤	100/10							—							GB/T 12579

（续）

质量等级	一级品		合格品[①]				试验方法
腐蚀试验（铜片，100℃，3h）/级 ≤	1(50℃)	1	1(50℃)	1			GB/T 5096
液相锈蚀试验（蒸馏水）	无锈		—				GB/T 11143
抗磨性 最大无卡咬负荷 PB/N (kgf) ≥	—		343 (35)	392 (40)	441 (45)	490 (50)	GB/T 3142
磨斑直径[②]（196N，60min，75℃，1500r/min）/mm ≤	0.5		—				SH/T 0189
氧化安定性 酸值到 2.0mgKOH/g 时间[③]/h ≥	—	100	—				GB/T 12581
氧化后酸值增加/(mgKOH/g) ≤	0.2	—	0.2				SH/T 0196 （用 100℃）
氧化后沉淀（质量分数，%） ≤	0.02	—	0.02				
水分（质量分数，%） ≤	痕迹		痕迹				GB/T 260
机械杂质（质量分数，%） ≤	无		无				GB/T 511
抗乳化性（40-37-3mL）/min ≤	报告（用 25℃）		—				GB/T 7305
橡胶密封适应性指数	报告		—				SH/T 0305
硫酸盐灰分（质量分数，%）	报告		—				GB/T 2433
色度/号	报告		报告				GB/T 6540

① 1995 年 1 月 1 日起取消 L-FD（合格品）。

② FD2（一级品）的磨斑直径测定的温度条件为 50T。

③ 为保证项目。

在 SH/T 0017—1990 轴承油行业标准中，除了 L-FD 型轴承油以外，还有 L-FC 型轴承油，属于抗氧防锈型轴承油，L-FC 型轴承油共有 2、3、5、7、10、15、22、32、46、68 和 100 共 11 个品种牌号，适用于轴承、锭子、齿轮、离合器、液压系统和汽轮机等工业机械设备的润滑。

（2）导轨油　导轨油是用来润滑机床导轨的专用润滑油，它的作用是使导轨尽量接近液体摩擦下工作，保持导轨的移动精度，防止滑动导轨在低速重载工况下发生爬行现象。它是由深度精制的中性基础油加入黏附、油性、抗氧和防锈等添加剂调制而成的。

1）导轨油的主要性能。

① 良好的防爬性能。防爬性能是导轨油重要的性能指标。为了达到防爬的目的，常在油中加防爬的油性剂，并通过黏-滑特性试验，要求静、动摩擦因数的差值≤0.08。

② 良好的黏附性和油膜强度。导轨油应能吸附在摩擦面上，特别是垂直导轨上的导轨油，应能克服重力的影响而牢固地吸附住，且不易被切削液冲洗掉。导轨油应有良好的油性和油膜强度，以防止（或减少）导轨表面产生边界摩擦和过多的金属接触。

③ 良好的抗氧性和防锈性。导轨油粘附在导轨上，因经常接触空气和水蒸气，会腐蚀导轨表面，因此，导轨油必须加入抗氧剂和防锈剂，使导轨油具有良好的抗氧性和防锈性。

2）导轨油的牌号及应用范围。导轨油现行标准 SH/T 0361—1998 见表 3-69，适用于各种精密机床导轨的润滑，共分为 32、46、68、100、150、220、320 七个击振动（或负荷）润滑点的润滑。

（3）汽缸油　用于蒸汽机汽缸的润滑油叫汽缸油，汽缸油除受压力和温度影响外，还受着冷凝水的冲洗。因为缸内蒸汽做功膨胀，压力下降，温度就必然随之降低，而部分蒸汽就会冷凝。这在隔热不好和管道过长的汽缸上特别显著，冷凝水能从摩擦表面上洗涮润滑油而引起干摩擦和磨损。过热蒸汽的温度可

表3-69　导轨油（L-G）技术要求（摘自SH/T 0361—1998）

项目	质量指标							试验方法
黏度等级(按GB/T 3141)	32	46	68	100	150	220	320	
运动黏度(40℃)/(mm^2/S)	28.8~35.2	41.4~50.6	61.2~74.8	90~110	135~165	198~242	288~352	GB/T 265
黏度指数	报告							GB/T 1995
闪点(开口)/℃　≥	150	160	180					GB/T 3536
倾点/℃　≤	-9					-3		GB/T 3535
机械杂质(质量分数,%)　≤	无					0.01		GB/T 511
外观(透明度)	清澈透明				透明			目测
密度(20℃)/(kg/L)	报告							GB/T 1884
中和值/(mgKOH/g)	报告							GB/T 4945
腐蚀试验(铜片,60℃,3h)　≤	2级							GB/T 5096
液相锈蚀试验(蒸馏水)	无锈							GB/T11143
水分(质量分数,%)　≤	痕迹							GB/T 260
抗磨性 磨斑直径(200N,60min,1500r/min)/mm　≤	0.5							SH/T 0189
橡胶相容性								GB/T 1690
黏-滑特性　≤	供需双方可共同商定							供需双方可共同商定
加工液相容性	供需双方可共同商定							供需双方可共同商定

高达350~400℃，有时高达450℃。这时油在工作过程中常受到高温的分解作用。此外汽缸中还会渗漏进空气，汽缸油便与空气接触，会发生氧化作用。

1）汽缸油的性能要求。

① 较高的黏度。汽缸油的黏度要足以在汽缸的高温下保持牢固的油膜，起密封和防咬作用。

② 在高热的汽缸表面有良好的润滑性，有抵抗水汽冲洗的作用。

③ 挥发性低，闪点高。要保证油在高温时不致因挥发掉而影响润滑和密封作用。

④ 热氧化安定性好。在高温与氧接触情况下，油不易氧化变质、结胶或生成积炭。

⑤ 抗乳化性好。凝结水能从油中分离，不发生乳化。

2）汽缸油的品种牌号及应用范围。汽缸油按使用蒸汽的温度和压力可分为饱和汽缸油和过热汽缸油两类，原标准有饱和汽缸油GB 448—1988与过热汽缸油GB 447—1988两种。其中过热汽缸油又可分矿油型汽缸油和合成汽缸油。1994年颁布了蒸汽汽缸油标准GB/T 447—1994，分述如下。

① 饱和汽缸油标准GB 448—1988。饱和汽缸油分为11号、24号两个牌号，见表3-70。11号汽缸油适用于蒸汽压力在0.5MPa以下，蒸汽温度在150℃左右的饱和蒸汽机和蒸汽泵的润滑。24号汽缸油适用于蒸汽压力在0.5~1.6MPa，蒸汽温度在150~200℃的饱和蒸汽机、蒸汽泵、蒸汽锤等的润滑。

② 蒸汽汽缸油标准GB/T 447—1994。蒸汽汽缸油（见表3-71）中有4个品种，其中680号矿油型汽缸油用于蒸汽压力1600kPa、蒸汽温度200℃以下的饱和蒸汽机、蒸汽泵、蒸汽锤和牵引机等设备的润滑，相当于GB 448—1988的24号油。1000号矿油型汽缸油用于蒸汽压力2940kPa以下，过热蒸汽温度低于300℃的蒸汽机械的润滑，相当于GB 447—1988的38号油。1500号矿油型汽缸油用于蒸汽压力3920kPa以下，过热蒸汽温度320~400℃的蒸汽机。合成型油则用于高温、高蒸汽压力的蒸汽汽缸的润滑与密封，亦可用于其他高温、高负荷、低转速机械及重型机械的润滑与密封。

合成过热汽缸油具有黏度大，黏度指数高、闪点高、蒸发性小等优点，特别是比矿物油汽缸油有更好的热氧化安定性，能在摩擦表面形成油膜，以保证润滑。能用于蒸汽压力4.0MPa，温度在420℃的过热蒸汽机上。合成过热汽缸油按行业标准分为33、65、72三个牌号。33号合成汽缸油适用于蒸汽温度在320℃以下的过热蒸汽机的润滑。65号合成汽缸油适用于蒸汽温度在380℃以下，功率为588~1324kW的过热蒸汽机的润滑。72号合成汽缸油适用于蒸汽温度在380~420℃、功率为1324~1839kW的大型蒸汽机的润滑。

表 3-70 饱和汽缸油技术指标（摘自 GB 448—1988）

项目		质量指标		试验方法
		牌号		
		11	24	
运动黏度(100℃)/(mm^2/s)		9~13	20~28	GB/T 265
闪点(开口)/℃	≥	215	240	GB/T 267
凝点/℃	≤	5	15	GB/T 510
酸值/(mgKOH/g)	≤	0.25		GB/T 264
残炭(质量分数,%)	≤	0.8	2.0	GB/T 268
水溶性酸或碱		无	无	GB/T 259
灰分(质量分数,%)	≤	0.02	0.03	GB/T 508
机械杂质(质量分数,%)	≤	0.007	0.1	GB/T 511
水分(质量分数,%)	≤	痕迹	0.05	GB/T 260

表 3-71 蒸汽汽缸油技术指标（摘自 GB/T 447—1994）

项目		质量指标				试验方法
		矿油型		合成型		
黏度等级		680	1000	1500	1500	
运动黏度(40℃)/(mm^2/s)	≤	748	1100	1650	1650	GB/T 11137
运动黏度(100℃)/(mm^2/s)		20~30	30~40	40~50	60~72	GB/T 265
黏度指数	≥	—	—	—	110	GB/T 2541
闪点(开口)/℃	≥	240	260	280	320	GB/T 3536 或 GB/T 267
倾点/℃	≤	18	20	22	—	GB/T 3535
残炭(质量分数,%)	≤	2.0	2.5	3.0	3.8	GB/T 268
灰分(质量分数,%)	≤	0.03	0.03	0.03	0.03	GB/T 508
机械杂质(质量分数,%)	≤	0.03	0.03	0.03	0.03	GB/T 511
沥青质含量(质量分数,%)	≤	0.13	0.13	0.13	0.13	SH/T 0266
水分(质量分数,%)	≤	0.05	0.05	0.05	0.05	GB/T 260
水溶性酸或碱		无	无	无	无	GB/T 259

必须指出，过去由于我国工业齿轮油品种不多，在很多有关设备润滑的手册、教科书及设备说明书上，都注明汽缸油可作为齿轮传动装置的润滑油，这个观点现要纠正过来，汽缸油不具有齿轮油在抗氧、防锈、抗磨、抗泡等方面的性能，不能用作齿轮传动装置的润滑油。

（4）真空泵油　真空泵在真空技术中应用十分广泛，它可以单独抽气以产生低真空，或用来为扩散泵产生预备真空。真空泵的形式较多，有用于一般抽气用的活塞式、多叶片式真空泵，有用于作高真空抽气的扩散真空泵。一般真空泵要求真空度为 1.33×10^{-4}Pa，高的要求到 1.33×10^{-6}Pa，甚至更高。这就要求真空泵油的蒸发性极小，而且要求消耗量极少，一般要用石蜡基窄馏分润滑油，对于扩散真空泵，必要时还用蒸发气压很低的硅油或其他合成油。

1）真空泵油的性能要求。

① 极低的蒸气压，以防蒸发。这是真空泵最重要的性能。

② 合适的黏度，良好的黏温特性。

③ 良好的水分离性。

④ 良好的防锈蚀、防腐蚀性。

⑤ 良好的热氧化安定性。因扩散泵处于很高的环境温度（可达 200℃）下工作，真空泵油很容易氧化分解，使系统内蒸汽压升高，使真空度降低。所以真空泵油的热氧化安定性要好。

2）真空泵油的主要品种及应用。

① 机械真空泵油。机械真空泵油就是过去通称的真空泵油，采用窄馏分的深度精制中性基础油，加入适量的添加剂调制而成。

矿物油型机械真空泵油现执行行业标准 SH/T 0528—1992（1998 年确认），见表 3-72，分为优质品和一级品，各有 46、68、100 三个牌号，适用于活塞式、多叶片式等机械真空泵的润滑。

② 扩散泵油矿油型扩散泵油采用馏程很窄的深度精制基础油加入适量添加剂调制而成，有 1 号、2 号、3 号三个牌号，见表 3-73，可根据真空度的大小进行选用。

表 3-72 矿物油型真空泵油产品系列（摘自 SH/T 0528—1998）

项目		质量指标							试验方法
质量等级		优质品			一级品			合格品	
黏度等级(按 GB/T 3141)		46	68	100	46	68	100	100	
运动黏度(40℃)/(mm²/s)		41.4~50.6	61.2~74.8	90~100	41.4~50.6	61.2~74.8	90~110	90~110	GB/T 265
黏度指数	≥	90	90	90	90	90	90	—	GB/T 2541
密度/(kg/m³)	≤	880	882	884	880	882	884	—	GB/T 1884 或 GB/T 1885
倾点/℃	≤	-9	-9	-9	-9	-9	-9	-9	GB/T 3535
闪点(开口)/℃	≥	215	225	240	215	225	240	206	GB/T 3536
中和值/(mgKOH/g)	≤	0.1	0.1	0.1	0.1	0.1	0.1	0.2	GB/T 4945
色度/号	≤	0.5	1.0	2.0	1.0	1.5	2.5	—	GB/T 6540
残炭(质量分数,%)	≤	0.02	0.03	0.05	0.05	0.05	0.10	0.20	GB/T 268
抗乳化性(40-37-3)/(mL/min)									GB/T 7305
54℃	≤	10	15	—	30	30	—	—	
82℃	≤	—	—	20	—	—	30	报告	
腐蚀试验(铜片,100℃,3h)/级	≤	1	1	1	1	1	1	—	GB/T 5096
泡沫性(泡沫倾向/泡沫稳定性)/(mL/mL)									GB/T 12579
24℃	≤	100/0	100/0	100/0	—	—	—	—	
93.5℃	≤	75/0	75/0	75/0	—	—	—	—	
后 24℃	≤	100/0	100/0	100/0	—	—	—	—	
氧化安定性									
a. 酸值到 2.0mgKOH/g 时间①/h	≥	1000	1000	1000	—	—	—	—	GB/T 12581
b. 旋转氧弹(150℃)/min		报告	报告	报告	—	—	—	—	SH/T 0193
水溶性酸及碱		无	无	无	无	无	无	无	GB/T 259
水分(质量分数,%)		无	无	无	无	无	无	无	GB/T 260
机械杂质(质量分数,%)		无	无	无	无	无	无	无	GB/T 511
灰分(质量分数,%)	≤	—	—	—	—	—	—	0.005	GB/T 508
饱和蒸汽压/kPa									SH/T 0293
20℃	≤	—	—	—	—	—	—	5.3×10^{-6}	
60℃	≤	6.7×10^{-6}	6.7×10^{-7}	1.3×10^{-7}	1.3×10^{-5}	1.3×10^{-5}	6.7×10^{-7}	报告	
极限压力/kPa									GB/T 6306.2②
分压	≤	2.7×10^{-5}	2.7×10^{-5}	2.7×10^{-5}	6.7×10^{-5}	7.6×10^{-5}	6.7×10^{-5}	—	
全压		报告	报告	报告	—	—	—	—	

① 为保证项目。

② 必须用双级优级真空泵作为试验用泵。

表 3-73 矿物油型扩散泵油（摘自 SH 0529—1992）

项目		质量指标			试验方法
		46	68	100	
运动黏度(40℃)/(mm²/s)		41.4~50.6	61.2~74.8	90~110	GB/T 265
平均相对分子质量	≥	380	420	450	SH/T 0220
色度/号	≤	0.5	1.0	2.0	GB/T 6540

（续）

项目		质量指标			试验方法
		46	68	100	
倾点/℃	≤	-9	-9	-9	GB/T 3535
闪点(开口)/℃	≥	220	230	250	GB/T 3536
机械杂质(质量分数,%)		无	无	无	GB/T 511
水分(质量分数,%)		无	无	无	GB/T 260
中和值/(mgKOH/g)	≤	0.01	0.01	0.01	GB/T 4945
灰分(质量分数,%)	≤	0.005	0.005	0.005	GB/T 508
残炭(质量分数,%)	≤	0.02	0.03	0.05	CB/T 268
腐蚀试验(铜片,100℃,3h)/级	≤	1	1	1	GB/T 5096
饱和蒸气压(20℃)/kPa	≤	5×10^{-9}	1×10^{-9}	5×10^{-10}	SH/T 0293
极限压力(全压)/kPa	≤	7×10^{-8}	5×10^{-8}	3×10^{-8}	SH/T 0294
热安定性(150℃,24h)		报告	报告	报告	

非矿油型扩散泵油采用双酯、聚α-烯烃、有机硅油、水银等，在国外已广泛应用。适用于环境温度较高，真空度要求很高，特别是超高真空度（1.33×10^{10}Pa 以上）的扩散泵的润滑。

3.2 润滑脂

润滑脂习惯上称为黄油或干油，是一种凝胶状润滑材料。润滑脂是由基础油液、稠化剂和添加剂（或填料）在高温下混合而成的。它可以说是一种稠化了的润滑油。但是润滑脂的构成并不是简单的机械混合或物理变化，如果从胶体化学的观点看，可认为是作为稠化剂的分散相和作为基础油的分散介质高度分散而形成的二元胶分散体系。也就是说，它是将稠化剂分散于液体润滑剂中所组成的稳定的固体或半固体产品。它可以加入旨在改善某种特性的添加剂和填料。

3.2.1 润滑脂的组成及结构

1. 稠化剂

稠化剂只占润滑脂质量的 5%～30%，一般为 10%～20%。它的主要作用是浮悬油液并保持润滑脂在摩擦表面的密切接触，较液体油液对金属有较高的附着力并能减少润滑油液的流动性，因而能降低其流失、滴落或溅散。它同时也有一定的润滑、抗压、缓冲和密封效应，因而在防腐蚀、沾污方面较液体油液有更大的优点。此外，稠化剂一般对温度不敏感，故能使润滑脂的稠度随温度的变化较小，因而比润滑油液有较好的黏温性能。

常用的稠化剂有脂肪酸金属皂、地蜡、膨润土、硅胶以及一些新型有机合成材料（如酞氰、阴丹士林染料、尿素衍生物、高聚物、胺基衍生物等）。其中脂肪酸金属皂是用得最多的稠化剂。稠化剂的类别和含量直接影响润滑脂的滴点和稠度，如钠皂制成的润滑脂比钙皂制成的润滑脂具有较高的滴点，且皂分越多，滴点越高，稠度也越大。

在润滑脂生产中采用的脂肪酸主要来源于牛油、羊油、猪油、棉籽油、蓖麻油、硬脂酸和 12-羟基硬脂酸等的天然脂肪，但也可采用由石蜡氧化而成的合成脂肪酸。在选用脂肪种类时，须注意脂肪的碘值、酸值、皂化值和标化度等技术性能。

碘值决定油脂的饱和度，碘值越高，不饱和度越大。脂肪越不饱和就越容易氧化，并分解为低分子酸。碘值在 130 以上时称为干性油，如桐油、亚麻仁油等。利用干性油制成的润滑脂滴点和稠度都很低，储存时间不长，容易氧化变质，而其润滑性能也较差。碘值在 100～130 之间称为半干性油，如棉籽油、大豆油等。半干性油因氧化速度较快，仍不宜单独使用。单独由棉籽油制成的钙基脂在数星期后表面即变成红色，而其滴点也低。因此它多与猪油和牛油掺和使用，而棉籽油还必须先加氢制成硬化油然后使用。最理想的制脂原料是不干性油，特别是牛油和猪油。这些油含有适量的饱和与不饱和脂肪酸成分，制成的金属皂对油的溶解度适中，它既易成脂又很安定。植物油含不饱和脂肪酸成分较多，一般虽易成脂，但脂的稠度略低，氧化安定性较差。植物油加氢主要是使易氧化的成分不饱和，并使脂肪酸饱和，使之成为制脂的良好原料。

酸值表示脂肪所含游离脂肪酸量，可以代表脂肪酸变质的程度。酸值超过 10mgKOH/g 的脂肪不宜制皂，因游离脂肪酸常有腐蚀作用的低分子酸，而当其被皂化后又不生成甘油，故使润滑脂内缺少了部分的胶溶剂。

皂化值表示脂肪内可皂化的成分，制润滑脂时碱的用量就是根据皂化值来确定的。一般要求皂化值在180~200mgKOH/g之间为宜。

标化度是指甘油三酸脂中混合脂肪酸的溶点。脂肪酸的溶点一般随相对分子质量的增大而提高，并随不饱和度的增加而降低，因此标化度是相对分子质量不饱和程度的综合指标。钠基润滑脂的纤维长度随皂中使用脂肪的标化度而异，如使用标化度低的脂肪，将会得到极长的纤维；反之使用标化度高的脂肪则可得短的纤维。制脂时所用脂肪的标化度为 37~42℃之间。

2. 润滑脂的基础油

润滑油液一般占润滑脂含量的 70%~90%，润滑脂的流动和润滑性能主要取决于油、液，特别是在低温时的流动性能和在高温时的使用寿命与其液相的油液有极其重要的关系。润滑脂内润滑油液的选择主要根据润滑脂的用途和使用条件确定。例如，低温、轻负荷、高转速轴承润滑脂应选用低凝点、低黏度、高黏度指数的润滑油，如变压器油、仪表油等。温度不太高、负荷速度中等的轴承润滑脂应选用 150ZN、150SN 基础油或 L-AN15~L-AN68 全损耗系统用油等。而温度高、负荷大但转速低的轴承润滑脂，或用于保护机械表面的润滑脂应选用 500SN 或 150BS 等高黏度油。高温用润滑脂最好选用溶剂精制的矿物油，因它对氧化有较高的抵抗能力而且对加入的抗氧化添加剂有较优的接受能力，而一般精制的矿物油抗氧化性能既较差，又难于利用抗氧化剂加以处理。

表 3-74 所列为各种稠化剂（皂基和烃基）所制润滑脂的性能比较。

表 3-75 所列为各种稠化剂（有机和无机）所制润滑脂的性能比较。

表 3-74 各种稠化剂所制润滑脂的性能比较

稠化剂			脂的外观	滴点/℃	最高使用温度/℃	抗水性	防护性	机械安定性	主要使用范围	相对价格
	名称	用量(质量分数,%)								
钙皂	水化钙皂	12~18	光滑,油性的	75~100	60~80	好	好	中等	广用,价廉	100
	复合钙皂	7~12	光滑,油性的	200~250	150~200	中	中	好	多用,高温	150~300
锂皂	硬脂酸锂	8~15	光滑,油性的	200~210	100~120	好	中	低	高温,低温航空用	300~500
	12-羟基硬脂酸	6~12	光滑,油性的	200~210	120~140	好	中	好	多用,航空脂	300~500
钠皂	普通钠皂	15~30	粒状,或纤维状	120~200	110~130	低	低	中	高温,廉价	200~300
	复合钠皂	15~25	粒状,或光滑的	200~250	150~200	低	低	好	高温,仪表	—
钡皂	普通钡皂	20~40	光滑,油性的	90~120	80~100	好	好	好	海洋机械	400~600
	复合钡皂	20~30	光滑或细粒,油性	120~190	120~150	好	好	好	多用	400~600
铝皂	普通铝皂	10~20	光滑,胶黏的半流体	70~100	60~80	很好	很好	低	海洋机械防护脂	100~120
	复合铝皂	6~10	光滑,油性的	250~300	200~220	好	好	很好	多用	—
钙钠皂		—	同 Na 基脂	—	—	—	—	—	—	—
固体烃		15~30	凡士林状	50~70	40~60	很好	很好	好	防护用	30~50

表 3-75 各种稠化剂所制润滑脂的性能比较

稠化剂	稠化剂用量(质量分数,%)	润滑脂的外观	最高使用温度/℃	抗水性	防护性	机械安定性	主要应用范围	相对价格	备注
羟基硬脂酸锂	8~12	光滑、油性的	120~140	好	中	好	多用	100	
硅胶	6~10	光滑,透明油性	150~250	好	中-低	好	多用、核反应堆和火箭机械、高速轻负荷	100~1000	对腐蚀性介质和核辐射安定
膨润土	9~1	光滑	120~150	好	中-低	中-低	多用、航空高温轴承	200~500	对核辐射安定

（续）

稠化剂	稠化剂用量（质量分数，%）	润滑脂的外观	最高使用温度/℃	抗水性	防护性	机械安定性	主要应用范围	相对价格	备注
MoS_2 或石墨（油膏）	50～90	粗黑	300～400	好	中-低	—	螺纹接头、低速轴承	1000～4000	对核辐射安定
染料	20～50	细粒、带色	250～300	好	中-低	好	低负荷、高温轴承	5000～15000	—
脲	8～25	光滑、半透明油性	150～200	好	好	好	宽温范围，高速摩擦部件、多用	10000～40000	—
聚合物含氟烃	20～40	凡士林状细粒	80～150	满意	低	低	同腐蚀性介质接触的部件（火箭及化学生产）等，高温试承	50000～100000	对强氧化剂碱等非常安定，密度约 $2g/cm^3$
聚丙烯（聚乙烯）等	10～15	凡士林状	60～100	好	好	中	真空密封，食品工业机械用	—	有老化倾向

表 3-76 所列为根据摩擦副的运行速度（DN 值）及使用温度范围选用润滑脂的基础油黏度。

表 3-77 所列为润滑脂液相各种基础油液的性能比较。

表 3-78 所列为润滑脂所用稠化剂比例与基础油黏度及其基本技术指标。

表 3-76 根据摩擦副的运行速度及使用温度范围选用润滑脂的基础油黏度

使用温度范围/℃	DN 值	黏度(50℃)/(mm^2/s)	使用温度范围/℃	DN 值	黏度(50℃)/(mm^2/S)
-40～0	75000	～32	65～95	～75000	65～150
	75000～200000	～20		75000～200000	35～65
	200000～400000			200000～400000	20～35
	400000～			400000～	15～25
0～65	～75000	20～65	95～120	～75000	150～350
	75000～200000	15～35		75000～200000	75～250
	200000～400000	～25		200000～400000	45～95
	400000～	～20		400000～	55～65

表 3-77 润滑脂液相各种基础油液的性能比较

基础油	黏温特性	耐高温性	低温流动性	氧化安定性	润滑性	抗燃性	抗辐射
矿油（混合经油）	一般	一般	一般	一般	优	不良	一般
超精制矿油	一般～良	良	良	良	优	差	差
双酯	优	一般～良	优	良	优	差	差
新戊基多元醇酯	优	良	优	良	优	差	差
聚乙二醇醚酯	差	优	差	优	良	一般	优
桂油	优～良	优	优～良	一般	差	良	一般
聚苯醚	差	优	差	优	良	一般	优
聚四氟乙烯（PTFE）	一般～良	优	良	优	优	优	—
聚 α-烯烃	优	良	优	良	优	差	差

表 3-78　润滑脂的稠化剂比例与基础油黏度及其基本技术指标

稠化剂 品种	稠化剂 质量分数（%）	锥入度/0.1mm	基础油黏度（40℃）/（mm^2/s）	滴点/℃	水含量（%）
铝皂	6~9	330~360		93	痕迹
	10~12	265~295	32	90	痕迹
	12~20	265~295	46.2	190	0.1
钡皂	7~9	355~385	35	80	0.8
	10~12	310~340	35	82	82
	12~14	265~295	35	88,78	1.2
	14~16	220~250	35	90	1.5
	17~20	175~205	35	93	1.8
	21~25	130~160	35	96	2.3
钙皂	4~6	半液态		85	0.1
	6~7	370~390		88	0.3
	8~9	340~370		93	0.3
	9~11	265~295	55.2	138	痕迹
锂皂	5~7	355~385	55	171	痕迹
	7~9	310~340	74	182	痕迹
	9~11	265~295	74	182	痕迹
钠皂	9~11	310~340	35	160	0.3
	11~13	265~295	35	166	0.4
	14~18	220~250	35	171	0.5
钙钡皂	4~6	355~385		160	0.3
	7~9	310~340		166	0.5
	14~16	220~250	46	168	0.1
改进膨润土	8~10	310~340	46		0.2
胶体硅	9~11	310~340	46		痕迹

3. 润滑脂的添加剂

添加剂或填充剂的作用是改善润滑脂的使用性能和寿命。按其具体的功能可以分为：

（1）结构改善剂　主要用以稳定润滑脂中的胶体结构，它能提高矿物油对皂的溶解度，故又称为胶溶剂，主要是一些极性较强的半极性化合物如甘油乙醇等。水也是一种特殊的胶溶剂。其他如锂基脂中添加的环烷酸皂，钙基脂中添加的醋酸钙等都属于结构改善剂。

（2）抗氧剂　皂本身易起“氧化强化剂”的作用，而其他影响润滑脂氧化的因素很多，如上所述，制脂用脂肪的碘值越高，越易受氧化，故只能用低碘值的不干性油制脂，还须严格控制原料的质量，尽量避免在润滑脂中含有易氧化或催化的物质，如不饱和脂肪、过多的甘油、过量的游离水分等。另外尚可在润滑脂中添加抗氧剂如二苯胺、苯基-α萘胺、苯基-P萘胺等，以延长在苛刻温度下工作的润滑脂的使用寿命。

（3）极压添加剂　在高速重负荷条件下使用的润滑脂常加入含硫、磷或卤素的化合物，以提高润滑脂的油膜强度。这类添加剂有硫、磷化高级醇锌盐、磷酸脂类（磷酸三酚酯、磷酸三苯酮）、有机酸皂类、氯化石蜡等。

（4）防锈添加剂　在潮湿条件下使用的润滑脂以及仪器仪表防锈用润滑脂常加有防锈添加剂。一般采用亚硝酸钠、司苯-80、石油磺酸钡等于钢铁的防锈上，采用苯骈三氮唑、二壬基萘磺酸钡于有色金属防腐上。根据需要，可以单独使用，也可联合使用，有的还考虑加助溶剂。

（5）抗水添加剂　主要用于无机稠化剂制成的润滑脂。例如，为了提高硅胶基脂的抗水性，可在硅胶表面覆盖一层有机硅氧烷（如八甲基环四硅氧烷）。

（6）增粘剂　润滑脂添加增黏剂能更牢固地黏着在金属表面上，并保持本身的可塑性。润滑脂中常用聚异丁烯为增黏剂，也有采用铝皂、硅酸盐、聚甲基丙烯酸酯的。

（7）填料　添加到润滑脂中不能溶解的固体物质称为填料。大多数填料是无机物，通常是粉状或片状。添加填料可以提高润滑脂的抗摩性，也可在一定程度上提高其使用温度。常用的填料有石墨、二硫化钼、滑石粉、氧化锌、炭黑、碳酸钙、金属粉等，其中石墨和二硫化钼用得最多。一般情况下，石墨和二硫化钼的添加量为 3%-5%（质量分数）。其粒度有几种规格，可根据需要选定。

在润滑脂中添加带润滑性的固体填料能进一步提高脂的润滑性和抗压性。

4. 润滑脂的结构

利用电子显微镜微观摄影技术对润滑脂的微观结构研究的结果说明，润滑脂在显微镜下具有图 3-10 所示的一些结构形式。

润滑脂的结构主要随所用皂型和生产的方法而异。润滑脂纤维短时就表现为光滑而形成乳酪状结构，这种结构对要求黏性拖动力矩的摩擦副特别有利。反之，润滑脂纤维长时就形成丝状结构，这种结构应用在高速装置最有利。

润滑脂的结构能影响其润滑效果。例如从图 3-10 可以看出，上述金属皂中的钠皂和锂皂具有螺旋或扭曲的形状。另外还有长、短和中纤维形和各种细菌形组成的乳酪状结构。这些所谓分散相的稠化剂成脂时，其粒子的直径都非常小，而且并不是单个粒

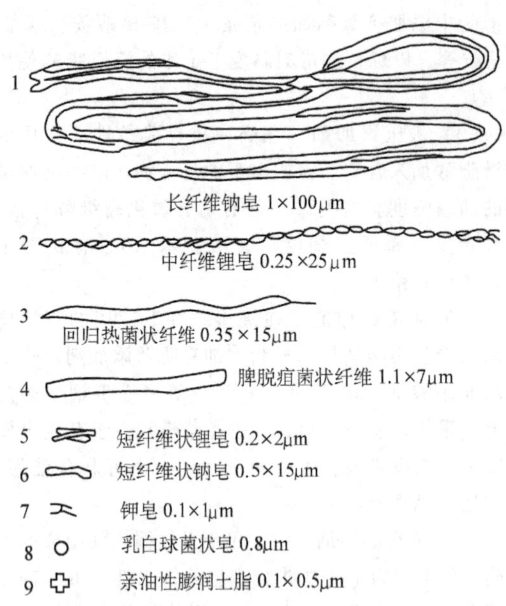

图 3-10 润滑脂纤维的结构形状

子，而是结成各种形状的胶束纤维。松散的外形正是这些胶束纤维纵横交错构成脂的空间网络和骨架。它有似蜂窝或海绵的结构，把基础油吸附和渗透在它无数大小的孔缝里，形成储油的仓库。而这些仓库正是润滑脂使用时供给润滑油的源泉。润滑脂组织里能分出过多的油，必然会增加漏油的倾向；反之如分出的油太少，又会影响到润滑的效果。

润滑脂的结构不只在润滑时而且也在泵送时十分重要。现代大型设备大都利用集中润滑系统将润滑脂泵送到各个润滑点。脂从中央的脂箱按定量泵送而出，常通过很长的管道。为让润滑脂能畅通无阻地达到润滑点而不使泵压降太大，润滑脂应具有良好的流动性能。

3.2.2 润滑脂的生产过程及分类

1. 润滑脂的生产过程

润滑脂的制造是一个比较复杂而牵涉较广的问题。以下只以用得最多的皂基润滑脂为例，简示其生产工艺流程图，如图 3-11 所示。

利用动植物油脂稠化润滑油液的制脂过程，包括皂化、成脂、冷却和研磨等步骤。

（1）皂化 皂化是动植物油脂中的主要成分——酯类（高级脂肪酸内混合甘油三酸脂）和碱液在较高温度下的反应。现在已普遍采用热压罐或接触器的新

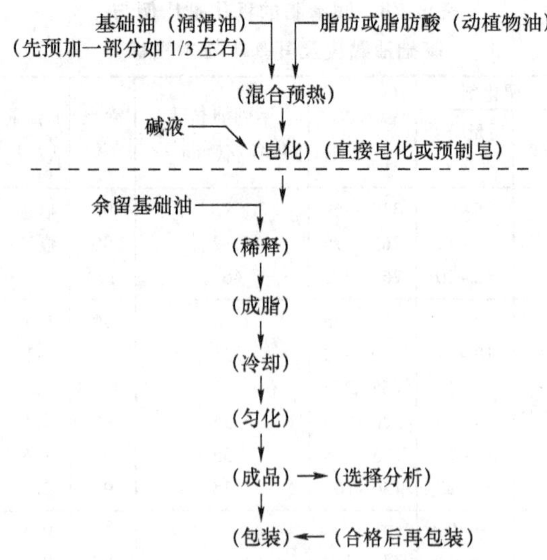

图 3-11 皂基润滑脂生产流程示意图

型制皂方法。大多数皂基润滑脂均是利用脂肪（或脂肪酸）在压力下通过搅拌或泵的循环中进行皂化制成的。热压罐如图 3-12 所示，成套装置如图 3-13 所示。

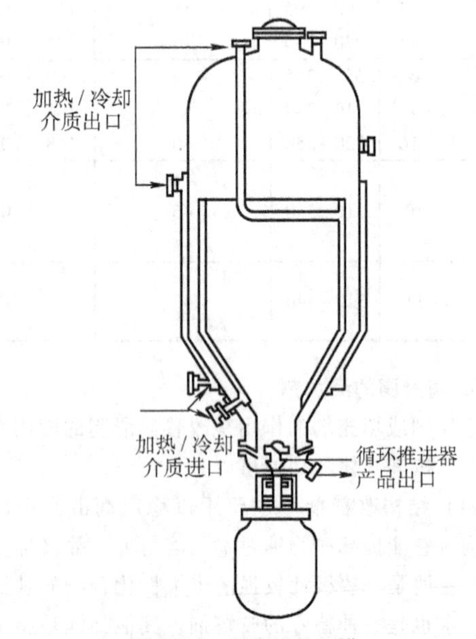

图 3-12 制脂用热压罐

当热压罐充满料后关闭，通过（用油作为加热介质）加热套加热，使其内部的温度（常在 140℃ 以上）和压力升高至所加工润滑脂预定的范围时，起动搅拌器或泵将料加以混合，使各种制脂成分相互间有良好的接触以连续进行皂化反应，在实际的生产中还常预加一些皂、成品润滑脂或乳化能力特别强的环烷酸皂来作为乳化剂，以加快反应速度。在制钙皂

时，除主材氢氧化钙以外，还可随同加入少量的氢氧化钠，反应生成的钠皂也会成为乳化剂。在使用乳化剂时需要加水，因水是溶解碱类形成乳液的必要媒介，一般在 30~45min 完成这一过程。

（2）成脂　在皂化完成后，热压罐内产生的蒸汽压力足以将皂吹下进入混合罐中。经试验室按润滑脂的质量指标鉴定其酸度、碱度和水含量合格后即加入留存的润滑油，稀释并搅拌匀化达到规定的稠度而成脂，并按配方加入需要的添加剂或填料，再通过一次检验证明合格为止。成品脂通过泵、过滤器和匀化器送入包装的容器中。

在整个生产过程中，温度控制是极其关键的。现代工厂常在热压罐和混合罐等重要部位装设感温器接入自动温度记录和控制仪表，以便可靠地控制各生产环节的温度，保证产品的质量。

（3）冷却和匀化　在最后冷却阶段中，配置有加热或冷却外套的混合罐就可以打开（或关闭）循环水冷却或在搅拌的情况下自行冷却，冷却的条件对成品脂的性能有重要的影响。如钠基脂冷却速度快，则所成纤维较短；铝基脂必须在静止情况下冷却，在冷却过程中任何搅动都会影响皂基结构的形成。封闭的罐子对准确控制一般钙基脂中的含水量特别有用。用带有搅拌装置的罐子对生产质量均匀的脂是很重要的。必须避免静态的空气囊，以及防止脂成为薄膜状在罐子壁上沉积和过热。

润滑脂包装前一般均经过匀化器和过滤器，以保证其质量纯净和均匀。

表 3-79 所列为工业润滑脂的理化及使用性能。表 3-80 所列为润滑脂的品种性能及其适用范围。表 3-81 为润滑脂选择的一般标准。

2. 润滑脂的分类

润滑脂品种繁多，组成性能各异，应用范围也很广，因而有各种不同的分类方法。大体来说，可按组成、应用和性能分类，概述如下。

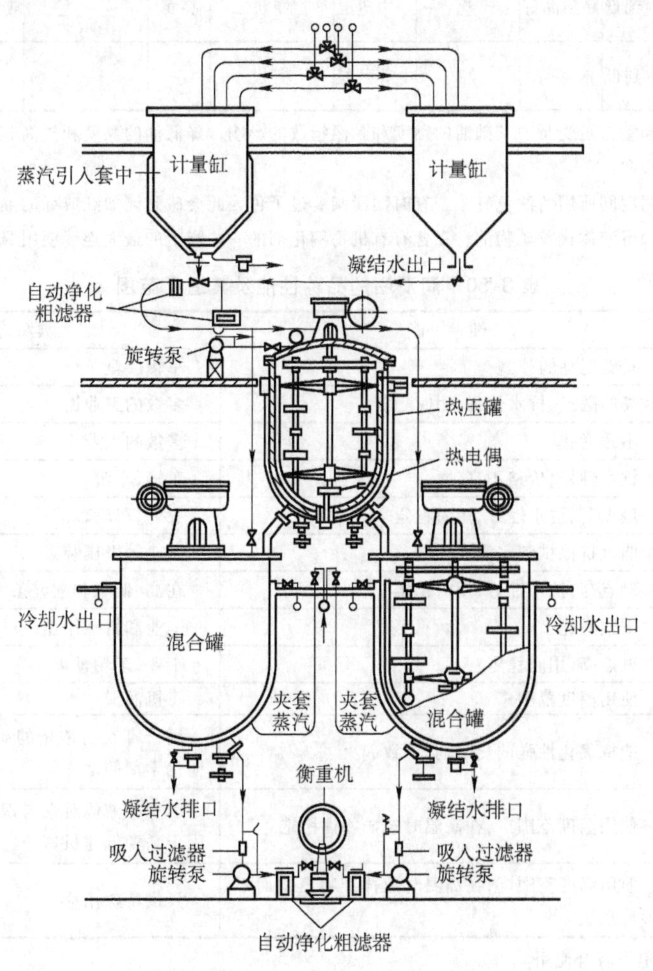

图 3-13　现代润滑脂厂配置示意图

表 3-79 工业润滑脂的理化和使用性能

稠化剂类型		最高连续使用温度/℃	泵送性	低温起动力矩	抗水性	工作稳定性	使用寿命	组织	颜色	透明度	气味	在熔解和冷却后的情况
皂基	铝	80	尚好	中等	尚好	差	短	光滑和线条式	绿色	透明	硬脂酸味	除非缓冷有少量分油
	钡	180	尚好	中等	好	差	中等	糊状或纤维	红或绿	不透明	油味	当使用时无变化
	钙	80	好或尚好	中到低	好	尚好	中等	光滑和纤维	黄或红	不透明	油味	分油
复合钙		95	尚好	中到低	好	尚好	中等	糊状	棕	不透明	油味	在有些情况下分油
锂		150	好和尚好	中到低	好	特好到尚好	中等到长	糊状	棕红	清净到不透明	油味	在使用时无变化
钠		95	好到坏	高到低	差	特好到差	中等到长	纤维到光滑纤维	黄到绿	不透明	碱味	在使用时无变化
钙钠		95	好到尚好	中到低	尚好到差	特好到差	中等到长	糊状	黄到绿	不透明	碱味	在使用时无变化
非皂基	改进的膨润土	95	好到尚好	中到低	到好尚好	差	中等到短	糊状	黄到红	清晰到不透明	有时出现丙酮味	不致熔解但有一些软化
	胶体硅	95	好到尚好	中到低	好到尚好	差	中等	糊状	亮黄	清晰到不透明	液体味	不致熔解但有一些软化
	有机化物	150	好到尚好	中到低	好	好	中等到长	糊状	—	—	—	在多数情况下在230℃以下不致熔解

注：1. 泵送性和低温起动力矩受脂中基础油的黏度和黏温指数的影响，降低油的黏度和提高其黏温指数，有使泵送和起动较为容易的倾向。

2. 因为颜色和透明度同所用的油色有关。有时润滑脂着过了色因此会碰到诸如红或绿的颜色。

3. 如用某种合成润滑液体代替矿物油。在含有有机物稠化剂的一些脂上的最大连续使用温度可以高达205℃。

表 3-80 润滑脂的品种性能及其适用范围

脂型		性能	典型应用实例
按稠化剂分	铝皂	具有明亮的外观	车辆底盘
	钡皂	高的融点，抗水性强，用时稳定	多数的工业用
	膨润土基	不致融化	多数的工业用
	钙皂	抗水性好，价格不高	车辆，车滚
	复合钙皂	融点高，抗水性好，用时稳定	工业，车轮轴承
	铅皂①	能抵抗擦拭和水温	蜗轮等极压装置
	锂皂	融点高，抗水性好，用时稳定	在高、低温和潮湿条件下采用
	细硅基	不致融化	工业和特殊用途
	钠皂	融点高，用时稳定	工业，车轮轴承
按液体分	双酯	使用温度范围广	飞机润滑
	氟碳②	能抗氧化性强的化学剂，不致起火	用于存在有浓密的矿物酸、碱、过氧化物及其他化学剂的地方
	硅油	使用温度范围广，在高温时较矿物油稳定	因这种液体对钢与钢之间的润滑作用差，故只用于高温低速机械
	聚烯乙二醇	使用温度范围广，在高温时液体产物蒸发而不形成焦炭	只供特殊用途

① 铅皂经常与其他种皂类联合使用。

② 氟碳的黏温性能特差，而塑料无须加添稠化剂而能得到脂的稠度。

表 3-81 润滑脂选择的一般标准

润滑部位的条件 \ 润滑脂组成			皂基				非皂基	润滑油黏度①			针入度			注
			钙	钠	铝	锂		高	中	低	硬	中	软	
轴承	滑动		√	√	√	√	√							长时间使用时要求添加抗氧剂
	滚动		√	√	×	√	√							
环境	接触水分		√	×	√	√	√							钠基脂中如入其他耐水性皂基，可在一定程度上提高耐水性
	接触化学品		×	×	×	×	√							
	轴承温度	高	×	√	√	√	√	√	×	×	√	√	×	
		中	√	√	√	√	√	×	√	×	√	√	√	按不同的化学品可选用适用的皂基脂
		低	√	×	×	√	√	×	√	√	×	√	√	复合钙基脂可用于较高的温度条件
运转条件	速度条件	大	×	√	×	√	√	×	√	√	√	√	×	复合钙基脂可用于较高的速度条件
		小	√	√	√	√	√	√	√	×	×	√	√	复合钙基脂用于较大负荷条件，必要时可删减或增加极压添加剂
	负荷	大	×	√	√	√	×	√	×	×	√	√	×	
		小	√	√	√	√	√	×	√	√	×	√	√	复合钙基脂能承受负荷，但要选用黏附性能好的润滑脂
	冲击负荷		×	√	√	√	×	√	√	×	√	√	×	
供油方式	人工		√	√	√	√	√	√	√	√	√	√	×	
	油杯		√	√	√	√	√	√	√	√	√	√	√	
	压力注油器		√	√	√	√	√	×	√	√	×	√	√	
	集中润滑		√	×	√	√	√	×	√	√	×	√	√	

注：√—适用，×—不适用。

① 除黏度外还应考虑原油种类和精制程度。

（1）按组成分类 润滑脂可以按基础油分，分为矿物油润滑脂和合成油润滑脂；也可按稠化剂分，大体上分为两大类，即皂基润滑脂（产量占润滑脂中绝大多数）和非皂基润滑脂。

皂基润滑脂又分为单皂基、混合皂基及复合皂基润滑脂。

非皂基润滑脂又分为有机润滑脂、无机润滑脂及烃基润滑脂。

此外，随着润滑脂的发展，从稠化剂看，出现了皂和非皂基的混合基润滑脂（如锂皂-膨润土脂，复合铝-膨润土脂）、非皂基复合润滑脂（如聚脲脂酸钙复合脂），国内还开始研制不同复合皂的混合基高滴点润滑脂。从基础油看，有些润滑脂是矿物油和合成油的混合油，或不同合成油的混合油。

（2）按应用分类 润滑脂按主要作用可分为减摩润滑脂、保护润滑脂和密封润滑脂。

按应用范围可分为多效润滑脂、普用润滑脂及专用润滑脂。

按应用润滑脂的摩擦部件可分为滚动轴承润滑脂、齿轮润滑脂、阀门脂、螺纹脂等。

按润滑脂应用的工业领域或机械设备可分为汽车工业用润滑脂、航空（或航天）工业用润滑脂、钢铁工业用润滑脂、舰船用润滑脂、食品工业机械用润滑脂等，也可分为汽车用、飞机用、舰船用润滑脂等。

按使用温度范围可分为低温用润滑脂（如-40℃或极低温-60℃、-70℃以下）、高温用润滑脂（如使用温度达到 120℃、150℃、180℃、200℃、232℃、250℃、316℃等，所谓高温是相对而言，随机械设备的发展而不断提高）、宽温用润滑脂（如-60~120℃、-40~300℃）等。按负荷可分为重负荷用极压润滑脂、普通用非极压润滑脂。

（3）按性能分类 按稠度可分为不同等级，如 NLGI 级 000 号、00 号、0 号~6 号。000 号、00 号润滑脂很软，外观似流体，又称为半流体润滑脂。很硬的，且外观似固体的润滑脂称为砖脂。一般用的为半固体油膏状的润滑脂。

除按一般性能，如稠度、抗水性、防锈性及基础油黏度等分类外，还可按特殊性能如抗辐射性等分类。

为了便于润滑脂的选择和使用，同时考虑润滑脂的发展，国内外趋向于按应用并结合性能分类。例如日本工业标准 JISK2220—1980 将润滑脂按应用分类，并结合使用温度范围、负荷大小等再分为若干种，分别制订产品标准。

关于润滑脂的分类，国际标准化组织于 1987 年发布了 ISO 6743/9—1987。我国则于 1990 年发布了与上述标准等效采用的国家标准 GB/T 7631.8—1990，在该标准中规定了润滑脂标记的字母顺序及定义，见表 3-82 及表 3-83。

在表 3-82 中，字母 2 是按设备起动、运转或润滑脂泵送的最低温度分别用 A~E 五个字母表示，字母 3 按在使用中润滑部件的最高温度分别用 A~G 七个字母表示。字母 4 表示水污染是按抗水性和防锈性能分别分为 L、M、H 三级，组合成 A~I 九个符号，见表 3-84，表示抗水和防锈性能。字母 5 表示是否极压，极压用 B 表示，非极压用 A 表示。

综上所述，润滑脂按 GB/T 7631.8—1990 分组，则润滑脂标记的字母顺序如下：

L-X（2）（3）（4）（5）（稠度等级）

例如，润滑脂 L-XBCEB00 则表示在 -20~120℃ 温度范围内与静态蒸馏水接触能防锈的极压润滑脂，其稠度为 00 号。

各种润滑脂按其锥入度范围（25℃），用接近的锥入度系列号区分牌号，锥入度系列号见表 3-85。

表 3-82 润滑脂标记的字母顺序

L	X(字母 1)	字母 2	字母 3	字母 4	字母 5	稠度等级
润滑剂类	润滑脂组别	最低温度	最高温度	水污染(抗水性、防锈性)	极压性	稠度号

表 3-83 X 组（润滑脂）的分类

代号字母（字母 1）	总的用途	使用要求：操作温度范围/℃ 最低温度①	字母 2	最高温度②	字母 3	水污染③	字母 4	负荷 EP	字母 5	稠度	标记	备注
X	用润滑脂的场合	0 -20 -30 -40 <-40	A B C D E	60 90 120 140 160 180 >180	A B C D E F G	在水污染的条件下，润滑脂的润滑性、抗水性和防锈性	A B C D E F G H I	在高负荷或低负荷下，表示润滑脂的润滑性和极压性，用 A 表示非极压型脂，用 B 表示极压型脂	A B	可选用如下稠度号： 000 00 0 1 2 3 4 5 6	一种润滑脂的标记是由代号字母 X 与其他 4 个字母及稠度等级号联系在一起来标记的	包含在这个分类体系范围里的所有润滑脂彼此相容是不可能的。而由于缺乏相容性，可能导致润滑脂性能水平的剧烈降低，因此，在允许不同的润滑脂相接触之前，应和产销部门协商

① 设备起动或运转时，或者泵送润滑脂时，所经历的最低温度。

② 在使用时，被润滑的部件的最高温度。

③ 见表 3-84。

表 3-84 水污染的符号

环境条件①	防锈性②	字母 4	环境条件①	防锈性②	字母 4	环境条件①	防锈性②	字母 4
L	L	A	M	L	D	H	L	G
L	M	B	M	M	E	H	M	H
L	H	C	M	H	F	H	H	I

① L 表示干燥环境；M 表示静态潮湿环境；H 表示水洗。

② L 表示不防锈；M 表示淡水存在条件下的防水性；H 表示盐水存在下的防锈性。

表 3-85 润滑脂锥入度系列编号

系列号	0	1	2	3	4	5	6	7	8	9
锥入度值/0.1mm	355~385	310~340	265~295	220~250	175~205	130~160	85~115	60~80	3~55	10~30

可以看出，这种润滑脂的分类法与市场上和习惯上还有较大的区别，尽管国际标准化组织已经通过确认开始执行，但我国市场习惯上还是使用稠化剂类型的分类方法。

3.2.3　润滑脂的主要品种及适用范围

1. 钙基润滑脂

（1）钙基润滑脂　钙基润滑脂是用天然脂肪酸钙皂稠化中等黏度的矿物润滑油制成的，而合成钙基润滑脂是用合成脂肪酸钙皂稠化中等黏度的矿物润滑油制成的。钙基润滑脂的主要特点如下。

1）由于钙皂和水生成水化物，只有在水的形态下钙皂才能在矿油中形成高度分散的纤维。钙皂的水化物在100℃左右便水解，这是钙基脂滴点低的原因。这就限制了钙基润滑脂的使用温度范围。一般其使用温度不超过60℃，如果超过这一温度，钙基润滑脂就会变软甚至流失，而不能保证润滑。

2）钙基润滑脂具有良好的抗水性，遇水不易乳化变质，能适用于潮温环境或与水接触的各种机械部件的润滑。

3）钙基润滑脂具有较好的泵送性因为钙基润滑脂的纤维较短，具有较低的强度极限，在使用同一矿油和制成同样稠度时，钙基润滑脂比其他皂基润滑脂更易于泵送。

4）钙基润滑脂具有良好的剪切安定性和触变安定性。在使用中经过搅动再静止时，它仍能保持在作用面上，产生封闭作用而不至于甩出。

国家标准GB 491—1987《钙基润滑脂》㊀，分为1、2、3、4四个牌号，见表3-86所示。适用于工业、农业及交通运输等中、低负荷的机械设备的润滑，如用于中小电动机、水泵、拖拉机、汽车、冶金、纺织机械等中转速、中低负荷的滚动和滑动轴承的润滑。

表3-86　钙基润滑脂技术指标

项　目		质量指标				试验方法
		牌号				
		1	2	3	4	
外观		淡黄色至暗褐色均匀油膏				目测
工作锥入度/0.1mm		310~340	265~295	220~250	175~205	GB/T 269
滴点/℃	≥	80	85	90	95	GB/T 4929
腐蚀(T2铜片,24h)		铜片上没有绿色或黑色变化				GB/T 7326
水分(质量分数,%)	≤	1.5	2.0	2.5	3.0	GB/T 512
灰分(质量分数,%)	≤	3.0	3.5	4.0	4.5	SH/T 0327
钢网分油量(60℃,24h)(%)	≤	—	12	8	6	SH/T 0324
延长工作锥入度,1万次与工作锥入度差值1/10mm	≤	—	30	35	40	GB/T 269
水淋流失量(38℃,1h)(%)	≤	—	10	10	10	SH/T 0109
矿物油黏度(40℃)/(mm^2/s)		28.8~74.8				GB/T 265

注：水淋后，轴承烘干条件为77±6℃，16h。

钙基润滑脂是20世纪30年代的老产品，由于其成本低、抗水性好等优点，目前应用仍很广泛。但是由于其滴点低，使用温度受到限制，在国外，大多数场合已被锂基润滑脂取代，我国也将在大多数使用场合（中、重负荷，温度较高）逐步用锂基润滑脂取代钙基润滑脂。

（2）石墨钙基润滑脂　石墨钙基润滑脂为黑色均匀油膏，它具有一般钙基润滑脂的抗水性和其他性质。此外，因加有石墨而具有良好的耐压性。适用于高负荷、低速的粗糙机械的润滑。如压延机的人字齿轮、汽车钢板弹簧、起重机齿轮转盘、矿山机械、绞车和钢丝绳等重负荷低转速的粗糙机械的润滑。由于该润滑脂滴点在80℃以上，故最高使用温度应在60℃以下。石墨钙基润滑脂的技术指标见表3-87。

表3-87　石墨钙基润滑脂技术指标

（摘自SH/T 0369—1992）

项　目		质量指标	试验方法
外观		黑色均匀油膏	目测
滴点/℃	≥	80	GB/T 4929
腐蚀[①]（钢片,100℃,3h）		合格	SH/T 0331
安定性[②③]		合格	SH/T 0452
水分(质量分数,%)	≤	2	GB/T 512

① 腐蚀试验用w_C=0.4%~0.5%的钢片进行。

② 当验收时，安定性指标为生产厂保证项目毋需检查。

③ 在密闭的玻璃器中保存一个月无油析出。

㊀ 现最新标准为GB/T 491—2008。

(3) 无水钙基润滑脂　无水钙基润滑脂是以12-羟基硬脂酸钙稠化润滑油制成的，具有比钙基润滑脂优良的抗水性和优异的机械安定性，中等滴点，可达140℃以上，低温性能好，防锈、抗腐、抗氧化、抗磨性可通过添加剂改善。适用于严寒地区汽车轮毂轴承、底盘、电动机和风机轴承，以及水泵轴承等摩擦部位的润滑。

2. 钠基润滑脂

钠基润滑脂是由天然脂肪酸钠皂稠化中等黏度的矿物润滑油或合成润滑油制成的，而合成钠基润滑脂是由合成脂肪酸钠皂稠化中等黏度的矿物润滑油制成的，它有下述特点。

1) 钠皂-矿油体系的相转变温度是较高的，一般从伪凝胶态到凝胶态的转变温度为140℃左右，凝胶态转变为溶胶态的温度为210℃左右，所以钠基润滑脂属于高滴点润滑脂，可以在120℃较长时间内工作。

2) 钠基润滑脂具有较长的纤维结构和良好的拉丝性，对金属的附着力较强，可以使用于振动较大、温度较高的滚动或滑动轴承上。采用不同饱和度的脂肪酸、不同黏度的矿油和不同的冷却方式，可以制得不同纤维长短的钠基润滑脂。由于长纤维钠基润滑脂的内摩擦大，与金属表面黏着力低，不适用于高速低负荷的机械润滑。在低速高负荷的轴承里，长纤维钠基润滑脂具有优良的剪断安定性，可用于铁路和汽车的轴承、曲柄机械和制动装置、大型绞盘和万能接头等润滑部位。短纤维润滑脂能运用于中速和中等负荷的各种轴承的润滑。

3) 脂肪酸钠皂是所有金属皂中最易溶解于水的一种，皂分子羧基端的水解使皂纤维丧失了稠化能力，因此，钠基润滑脂遇到水时，稠度就下降，也就不能用于潮湿环境或与水及水蒸气接触的机械部件上。

4) 钠基润滑脂具有优良的防护性，因为它本身可吸收外来的水蒸气，延缓了水蒸气渗透到金属表面的过程。

钠基润滑脂按现行国家标准GB/T 492—1989，钠基润滑脂分为ZN-2、ZN-3两个牌号，见表3-88，适用于工业、农业等机械设备中不接触水而温度较高的摩擦部位的润滑。ZN-2、ZN-3号润滑脂使用温度不高于110℃。

表3-88　钠基润滑脂技术指标

(摘自GB/T 492—1989)

项　　目	技术指标		试验方法
	ZN-2	ZN-3	
滴点/℃　≥	160	160	GB/T 4929
工作锥入度/0.1mm	265~295	220~250	GB/T 269
延长工作(10万次)　≤	375	375	
腐蚀试验(T3铜片，室温,24h)	钢片无绿色或黑色变化		GB/T 7326 中乙法
蒸发量(99℃，22h)(%)　≤	2.0	2.0	GB/T 7325

注：原料矿物油运动黏度(40℃)为41.5~165mm²/s。

合成钠基及其他钠基润滑脂合成钠基润滑脂按锥入度应分为两个牌号，其代号分别为ZN-1H和ZN-2H，使用温度不超过100℃。其技术指标见表3-89。

以脂肪酸钠皂稠化24号汽缸油添加少量极压添加剂而制成铁道润滑脂，部颁标准为SH/T 0373—2013。它具有优良的极压性和润滑性，适用于机车大轴摩擦部分及其高速高压的摩擦界面的润滑。其质量要求见表3-89(其代号为ZN42-8、ZN42-9)。

以地蜡和钠皂稠化精密仪表油而制得的特12号精密仪表润滑脂，适用于精密仪器、仪表的滚动轴承上，作为润滑和防护剂，使用温度为-70~110℃，其技术指标见表3-89。

此外，还有4号高温润滑脂(代号为ZN6-4，SH/T 0373—2013)也是硬脂酸钠皂稠化20号航空润滑油并加有胶体石墨的润滑脂，适用于高温下工作的发动机摩擦部位、飞机着陆轮轴承以及其他高温工作部位的润滑。

表3-89　合成钠基润滑脂及其他钠基脂、技术指标

项　　目	ZN-1H	ZN-2H	ZN42-8	ZN42-9	ZN6-4	特12号脂	试验方法
颜色和外观	暗褐色均匀无块状的软膏		绿褐色至黑褐色半固体纤维状砖形油膏		黑绿色均匀油性软膏	—	目测
滴点/℃　≥	130	150	180	180	200	150	GB/T 4929
锥入度(25℃,150g)/0.1mm	225~275	175~225	—	—	170~225	—	GB/T 269
腐蚀(钢片及铜片,100℃,3h)	合格	合格	—	—	合格	—	SH/T 0331
安定性试验	合格	合格	—	—	—	—	—

（续）

项　　目		ZN-1H	ZN-2H	ZN42-8	ZN42-9	ZN6-4	特12号脂	试验方法
游离有机酸（质量分数，%）	≤	无	无	0.3	0.3			SH/T 0329
游离碱（NaOH%）	≤	0.2	0.2	0.3	0.3	0.15	0.15	SH/T 0329
机械杂质（%）		无	无	0.2	0.2	无	无	
水分（质量分数，%）	≤	0.5	0.5	0.5	0.5	0.3	无	GB/T 512
灰分（质量分数，%）	≤	4	4.5			7.0		SH/T 0327
矿物油黏度（50℃）/（mm^2/s）		19~45	19~53	—	—	—	—	GB/T 265
矿物油含量（质量分数，%）	≥	—	—	50	45	—	—	SH/T 0319
分油量（50℃，48h）（%）	≤	—	—	—	—	6	1.5	SH/T 0321
腐蚀（40号钢片，H62铜片2A11硬铝合金片，50℃，48h）		—	—	合格	合格	合格	合格	SH/T 0328
块锥入度（1/10mm）	25℃ 75℃	—	—	35~45 75~100	20~35 50~75	—	—	GB/T 269
相似黏度（-40℃，$10s^{-1}$）/Pa·s	≤	—	—	—	—	2300	2300	SH/T 0048
蒸发度（120℃）（%）≤		—	—	—	—	—	2.5	SH/T 0337

高低温钠基脂国产的几种高低温钠基润滑脂，是由对苯二甲酸酰胺钠皂稠化合成油（硅油、酯类油）而成的，并加有添加剂。产品按使用温度范围分为几个高低温润滑脂牌号：7014号（-60~200℃）、7014-1号（-40~200℃）、7014-2号（-50~200℃）、7015号（-70~180℃）、7016-1号（-60~230℃）、7017-1号（-60~250℃）、7018号（-45~160℃）。其质量要求见表3-90。几种牌号应用部位如下。

表3-90　几种高低温润滑脂的质量要求

项　　目		7014	7014-1	7014-2	7015	7016-1	7017-1	7018	试验方法
外观		浅黄色至褐色均匀油膏				乳白色至浅褐色均匀油膏	灰色均匀油膏	黄色至淡褐色均匀油膏	目测
滴点/℃	≥	230	280	250	200	2501	300	260	GB/T 4929
锥入度（25℃，9.38g）/0.1mm		55~75	62~75	60~75	60~80	66~78	65~80	64~78	GB/T 269
分油量（压力法）（%）	≤	15	15	15	25	15	15	10	GB/T 392
蒸发度（200℃）（%）	≤	5	5	5	3（180℃）	4	4	21.5	SH/T 0337
腐蚀（T2铜片，100℃，3h）		合格	合格（45号钢片）	合格	合格	合格	合格	合格	SH/T 0331
相似黏度（-50℃，$10s^{-1}$）/Pa·s≤		1500	1500（-40℃）	1100（-40℃）	500（-60℃）	1300	1800	1000（-40℃）	SH/T 0048
机械杂质（显微镜法）/（个/cm^3） 直径0.025~0.075mm 直径0.075~0.125mm 直径大于0.125mm	≤ ≤	5000 1000 无	5000 1000 无	5000 1000 无	5000 1000 无	1000 120 无		1000 120 无	SH/T 0336

7014号高低温润滑脂适用于飞机重负荷摆动轴承和操作节点、起落架系统，以及在高速、高负荷下工作的各种滚动轴承的润滑，也可用于一般齿轮的润滑。7014-1号高低温润滑脂和7014-2号高低温润滑

脂也可用于上述部位。

7015 号高低温润滑脂适用于在宽温度范围内工作的滚动轴承（如伺服电动机、自动同步电动机、陀仪、小型精密仪表）的润滑，其中加有锂皂作为润滑脂的裯化剂。

7016-1 号高低温润滑脂适用于航空电机（如发电机、电动机、变流机）的轴承以及其他需要在较高温度下工作的滚动轴承的润滑。

7017-1 号高低润滑脂适用于高温下工作的滚动轴承（如航空电机的滚动轴承）。

7018 号高速轴承润滑脂适用于各种高速轴承、高速长寿命陀螺电动机、高速磨头及其他高速仪表和机械轴承的润滑。

3. 铝基润滑脂

铝基润滑脂是由硬脂酸铝皂稠化矿油制成的，具有高度耐水性。

铝基润滑脂的特点如下。

1）铝基润滑脂不含水也不溶于水，可以用于与水接触的部位。

2）铝基润滑脂在 70℃以上开始软化，因此只能在较低温度下（50℃左右）使用。

3）铝基润滑脂具有良好的触变性，较少的皂量可以制成半流体润滑脂，适用于集中润滑系统。

铝基脂按现行行业标准 SH/T 0371—1992（见表 3-91）只有一个品种牌号。由于它具有抗水性好、本身不含水、不溶于水、氧化安定性好等优点，适用于航运机器摩擦部分润滑及金属表面的防蚀。

表 3-91 铝基润滑脂技术指标

（摘自 SH/T 0371—1992）

项 目	质量指标	试验方法
外观	淡黄色到暗褐色的光滑透明油膏	目测
滴点/℃不低于	75	GB/T 4929
工作锥入度/0.1mm	230~280	GB/T 269
防护性能	合格	SH/T 0333
水分	无	GB/T 512
机械杂质(酸分解法)	无	GB/T 513
皂含量(质量分数,%) ≤	14	SH/T 0319

4. 锂基润滑脂

锂基润滑脂是由天然脂肪酸（硬脂酸或 12-羟基硬脂酸）锂皂稠化中等黏度的矿物润滑油或合成润滑油制成的，而合成锂基润滑脂是由合成脂肪酸锂皂稠化中等黏度的矿物润滑油制成的。锂基润滑脂的特点如下。

1）锂基润滑脂，特别是 12-羟基硬脂酸锂稠化的润滑脂，只有两个相变温度，第一个相变温度（即从伪凝胶态到凝胶态）一般在 170℃以上，第二个相变温度（即从凝胶态到溶胶态）一般在 200℃以上，因此，当选用适宜的矿油时，可以长期使用在 120℃或短期使用到 150℃。

2）锂基润滑脂，特别是 12-羟基硬脂酸锂稠化的润滑脂，通过电子显微镜可见其皂纤维形成双股的、缠结在一起的扭带状，因此，具有良好的机械安定性。

3）通过气相色谱法测定 12-羟基硬脂酸锂和硬脂酸锂对烷烃的吸附热，发现 12-羟基硬脂酸锂和硬脂酸锂对皂纤维表面液相的结合强度，以及对品格内液相结合强度都是较大的。因此，锂基润滑脂具有较好的胶体安定性。

4）碱金属中的锂对水的溶解度较小，因此锂基润滑脂具有较好的抗水性，可以使用于潮湿和与水接触的机械部位。

5）锂皂，特别是 12-羟基硬脂酸锂皂，对矿油或合成油的稠化能力都比较强，因此锂基润滑脂与钙钠基润滑脂相比，稠化剂量可以降低约 1/3，而使用寿命可以延长一倍以上。

锂基润滑脂，特别是以 12-羟基硬脂酸锂皂稠化的润滑脂，在加有抗氧化剂、防锈剂和极压剂之后，就成为多效长寿命通用润滑脂，可以代替钙基润滑脂和钠基润滑脂，用于飞机、汽车、坦克、机床和各种机械设备的轴承润滑。

（1）通用锂基润滑脂　通用锂基润滑脂具有良好的抗水性、机械安定性、防锈性和氧化安定性等特点，属于多用途、长寿命、宽使用温度的一种润滑脂，适用于-20~120℃宽温度范围内各种机械设备的滚动轴承和滑动轴承及其他摩擦部位的润滑。

通用锂基脂现执行国家标准 GB/T 7324—2010，见表 3-92。

（2）极压锂基润滑脂　极压锂基润滑脂属于锂基润滑脂系列产品，具有多效通用、长寿命的特点。该产品具有良好的机械安定性、抗水性、防锈性、极压抗磨性和泵送性，适用温度范围为-20~120℃。该产品适用于压延机、锻造机、减速机等高负荷机械设备及齿轮、轴承的润滑，按现行国家标准 GB/T 7323—2008 的技术要求分为 00 号、0 号、1 号、2 号四个牌号，见表 3-93。00 号、0 号、1 号润滑脂可用于集中润滑系统。

表 3-92 通用锂基润滑脂技术指标（摘自 GB/T 7324—2010）

项目		质量指标			试验方法
		1	2	3	
外观		浅黄色至褐色光滑油膏			目测
工作锥入度/0.1mm		310~340	265~295	220~250	GB/T 269
滴点/℃	≥	170	175	180	GB/T 4929
腐蚀（T_2 铜片，100℃，24h）		铜片无绿色或黑色变化			GB/T 7325 乙法
钢网分油量（100℃，24h）（质量分数，%）	≤	10	5	5	SH/T 0324
蒸发量（90℃，22h）（质量分数，%）	≤	2.0	2.0	2.0	GB/T 7325
杂质（显微镜）/（个/cm^3）					SH/T 0336
10μm 以上	≤	2000	2000	2000	
25μm 以上	≤	1000	1000	1000	
75μm 以上	≤	200	200	200	
125μm 以上	≤	0	0	0	
氧化安定性（99℃，100h，0.76MPa）压力降/MPa	≤	0.07	0.07	0.07	SH/T 0335
相似黏度（-15℃，$10s^{-1}$）/Pa. s	≤	800	1000	1300	SH/T 0048
延长工作锥入度（10 万次）/0.1mm	≤	380	350	320	GB/T 269
水淋流失量（38℃，1h）（质量分数，%）	≤	10	8	8	SH/T 0109
防腐蚀性（52℃，48h）		合格	合格	合格	GB/T 5018

表 3-93 极压锂基润滑脂技术指标（摘自 GB/T 7323—2008）

项目		质量指标				试验方法
		00	0 号	1 号	2 号	
工作锥入度/0.1mm		420~430	355~385	310~340	265~295	GB/T 269
滴点/℃	≥	165	170	175	175	GB/T 4929
腐蚀（T3 铜片，100℃，24h）		铜片无绿色或黑色变化				GB/T 7326 乙法
钢网分油量（100℃，24h）（质量分数，%）	≤	—	—	10	5	SH/T 0324
蒸发量（99℃，22h）（质量分数，%）	≤	2.0				GB/T 7325
显微镜杂质/（个/cm^3）						SH/T 0336
25μm 以上	≤	3000				
75μm 以上	≤	500				
125μm 以上	≤	0				
相似黏度（-10℃，$10s^{-1}$）/Pa · s	≤	100	150	250	500	SH/T 0048
水淋流失量（38℃，1h）（质量分数，%）	≤	—	—	10	10	SH/T 0109
防腐蚀性（52℃，48h）		合格				GB/T 5018
抗擦伤能力（梯姆肯法）OK 值/N	≥	133	156			SH/T 0203 及注
最大无卡咬负荷（四球机法）PB/N	≥	588				GB/T 3142
延长工作锥入度（10 万次）/0.1mm	≤	450	420	380	350	GB/T 269

注：采用专门的润滑脂进样装置。

（3）汽车通用锂基润滑脂　汽车通用锂基润滑脂系由脂肪酸锂皂稠化低凝点基础油并加入防锈剂和抗氧剂制成。该产品具有良好的机械安定性、胶体安定性、抗水性、防锈性和氧化安定性。

汽车通用锂基润滑脂的技术指标按 GB/T 5671—2014，见表 3-94。

该产品适用于-30~120℃范围内汽车轮轴承、底盘、水泵等摩擦部位的润滑，使用寿命可达 30000km。比钙基和复合钙基润滑脂延长润滑期 1~2 倍。此外，还可用于坦克的负重轮和诱导轮轴承的润滑。

（4）石墨锂基润滑脂　石墨锂基润滑脂是由硬脂酸锂皂稠化高黏度润滑油，添加抗氧化剂和胶体石墨油剂制成的。

石墨锂基润滑脂是黑色有光泽的均匀软膏，它具有较高的滴点，良好的耐高温、抗极压性能，其抗水性次于钙基脂。该产品适用于某些部件的结合处，主

表 3-94 汽车通用锂基润滑脂技术指标（摘自 GB/T 5671—2014）

项目		质量指标		试验方法
		2 号	3 号	
工作锥入度/0.1mm		265~295	220~250	GB/T 269
滴点/℃	≥	180		GB/T 4929
钢网分油量(100℃,30h)(质量分数,%)	≤	5		SH/T 0324
游离碱(NaOH,质量分数,%)	≤	0.15		SH/T 0329
腐蚀(100℃,30h,T2 铜片)		铜片无绿色或黑色变化		GB/T 7326 乙法
蒸发量(99℃,22h)(质量分数,%)	≤	2.0		GB/T 7325
漏失量(104℃,6h)/g	≤	5.0		SH/T 0326
水淋流失量(79℃,1h)(质量分数,%)	≤	10		SH/T 0109
延长工作锥入度(10 万次),变化率(%)	≤	20		GB/T 269
氧化安定性(99℃,100h,0.770MPa)压力降/MPa	≤	0.070		SH/T 0325
防腐蚀性(52℃,48h)		合格		GB/T 5018
杂质(显微镜)/(个/cm^3)				SH/T 0336
10μm 以上	≤	2000		
25μm 以上	≤	1000		
75μm 以上	≤	200		
125μm 以上	≤	0		

要是防止结合部件在高温烧结在一起不易分解。

（5）合成锂基润滑脂 合成锂基润滑脂的部颁标准为 SH/T 0380—1992（现已作废），按锥入度分为四个牌号，其代号分别为 ZL-1H、ZL-2H、ZL-3H、ZL-4H。这类产品加有抗氧剂，也是一种多用途润滑脂，具有较好的胶体安定性，适用于-20~120℃范围内各种机械设备滚动轴承和滑动摩擦部位的润滑。虽然合成锂基润滑脂的抗水性和机械安定性比锂基润滑脂要差，但是，在标准规定的质量要求中却没有反映出来，其技术指标见表 3-95。

表 3-95 合成锂基润滑脂四种牌号的技术指标

项目		质量指标				试验方法
		1	2	3	4	
外观		浅褐色至暗褐色均匀软膏				目测
滴点/℃	≥	170	175	180	185	GB/T 4929
工作锥入度/0.1mm		310~340	265~295	220~250	175~205	GB/T 269
延长工作锥入度 1 万次	≤	370	340	295	265	GB/T 269
腐蚀(T3 铜片、100℃,3h)		合格	合格	合格	合格	SH/T 0331
游离碱(NaOH%)	≤	0.1	0.1	0.15	0.15	SH/T 0329
水分(质量分数,%)	≤	痕迹	痕迹	痕迹	痕迹	GB/T 512
杂质(酸分解法)		无	无	无	无	GB/T 513
压力分油(%)	≤	14	12	10	8	GB/T 392
化学安定性(100℃,0.8MPa,100h)压力降/MPa	≤	0.05	0.05	0.05	0.05	SH/T 0335

（6）酯类油-锂基润滑脂 7007 号通用航空润滑脂系由硬脂酸锂皂稠化双酯，并加入结构改善剂及抗氧剂制成，适用于航空电动机和微型电动机的轴承及齿轮操纵机构的支点、组装连接以及某些仪器、仪表的润滑，使用温度范围为-60~120℃。

7008 号通用航空润滑脂系由硬脂酸锂皂稠化双酯，并加入结构改善剂、抗氧剂及防锈剂制成，适用于航空电动机和微型电动机的轴承及齿轮操纵机构的支点、组装连接以及一些仪器、仪表的润滑，使用温度范围为-60~120℃。

7008-1 号通用航空润滑脂由硬脂酸锂皂、铅皂稠化双酯，并加有结构改善剂、抗氧剂、防锈剂及抗磨剂制成，适用于航空电动机和微型电动机的轴承、齿轮、操纵机构的支点、组装连接以及某些仪器、仪表的润滑，使用温度范围为-60~120℃。

7011 号低温极压润滑脂（按 SH/T 0438—2014）由硬脂酸锂皂稠化双酯，并加有 10%胶体二硫化钼及抗氧剂制成，适用于飞机上重负荷齿轮、襟翼操纵机构、尾轮和起落支点轴承以及其他螺旋传动、链条传动等机械部件的润滑，使用温度范围为-60~120℃。

7012 号极低温润滑脂由硬脂酸锂皂稠化双酯和硅油并加有结构改善剂及抗氧剂制成，适用于雷达天线及各种极低温仪表轴承的润滑，使用温度范围为-70~120℃。

7013 号专用密封润滑脂由硬脂酸锂皂稠化双酯和硅油并加有抗氧剂制成，适用于丁腈橡胶活塞环与气缸之间的润滑与密封，也可以做一般仪表轴承的润滑剂，使用温度范围为-60~120℃，其技术指标见表 3-96 所示。

表 3-96 酯类油-锂基润滑脂的技术指标

项 目		7123	7253	7008-1	7011	7012	7013	试验方法
外观		—	—	浅黄至褐色均匀油膏	黑色均匀油膏	浅灰浅褐色均匀油膏	黄色至浅褐色均匀油膏	目测
滴点/℃	≥	170	160	171	177	192	170	SH/T 0115
1/4 锥入度/0.1mm		64~75	60~75	66~76	60~76	65~80	60~80	GB/T 269
腐蚀(T3 铜片,100℃,3h)		合格	合格	合格	合格	合格	合格	SH/T 0331
压力分油(%)(m/m)	≤	16.5	5	5	25	30	25	GB/T 392
相似黏度(-50℃,10s^{-1})/Pa·s	≤	900	(钢网法)1500	(钢网法)1000	1100	1500	600	SH/T 0048
蒸发度(120℃,lh)(%)	≤	1.2	2.0	2.0	2.0	(-70℃)	2.5	SH/T 0337
化学安定性(0.78MPa 氧压下,100℃,1OOh)压力降/MPa	≤	0.034	0.034	0.034	0.034	0.034	—	SH/T 0335
滚筒安定性 1/4 锥入度变化值/0.1mm		测定	测定	测定	测定	测定	测定	SH/T 0122
承载能力(常温)								
最大无卡咬负荷 pb/n		测定	测定	测定	—	—	—	GB/T 3142
综合磨损值 ZMZ/N		291	638	294	490	317	—	
机械杂质(显微镜法)/(个/cm^3)								SH/T 0336
直径 25~74μm	≤	5000	5000	5000	5000	6000	5000	
直径 75~124μm	≤	1000	1000	1000	1000	1000	1000	
直径 125μm		无	无	无	无	无	无	

5. 钡基润滑脂

钡基润滑脂（按 SH/T 0379—1992）是由脂肪酸钡皂稠化中等黏度矿物油制成的，具有良好的抗水性、较高的滴点（不低于 135℃），对金属表面有较好的附着力和防护性能。它不溶于汽油和醇等有机溶剂，故是优良的抑制剂、防溶剂、表面保护材料和间隙密封材料。钡铝基润滑脂及钡基润滑脂技术指标见表 3-97。

钡基润滑脂适用于水泵、船舶螺旋桨等的润滑。

钡基脂的缺点是其胶体安定性差，易析油，不宜长期储存，一般储存期不宜超过半年。

表 3-97 钡铝基润滑脂及钡基润滑脂技术指标

项 目		钡铝基脂(代号 ZBU-3)	钡基润滑脂(SH/T 0379—1992)	试验方法
外观		浅褐色至深褐色均匀油膏	黄到暗褐色均匀油膏	目测
滴点/℃	≥	80	135	GB/T 4929
工作锥入度/0.1mm		21~270	200~260	GB/T 269
水分(质量分激,%)	≤	0.1	痕迹	GB/T 512
杂质(酸分解法)		无	0.2	GB/T 513
防护性能		合格	—	SH/T 0333
水溶性酸或碱		无	—	GB/T 259
灰分(质量分数,%)		2.9~3.5	—	SH/T 0327
相似黏度(0℃,10s^{-1})/Pa·s	≤	600	—	SH/T 0048

（续）

项　　目	钡铝基脂（代号 ZBU-3）	钡基润滑脂（SH/T 0379—1992）	试验方法
强度极限/Pa　≥	196	—	SH/T 0303
腐蚀（钢片，铜片，100℃，3h）	—	合格	SH/T 0331
矿物油黏度（40℃）/（mm^2/s）	—	41.4~74.8	GB/T 265

6. 混合基润滑

混合基润滑脂是指两种金属皂在生产时即混合而成的润滑脂。其品种有钙钠基脂、钠铝基脂、钡铝基脂、钡铅基脂等。

混合基脂的性能由其主要的皂基所决定，而较少的一种皂分起改进的作用。

钡铝基润滑脂的低温性能和耐海水性能较好，适用于与海水接触的机械和仪表。其技术指标见表 3-97。

钙钠基润滑脂（SH/T 0368—1992）属于混合皂基润滑脂，是由钠皂和钙皂稠化矿物油制成的。其滴点较钙基润滑脂高，其抗水性较钙基润滑脂差，但较钠基润滑脂好。该润滑脂适用于铁路机车和列车的滚珠轴承、小电动机和发电机的滚动轴承以及其他高温轴承等的润滑，上限工作温度为 100℃，在低温情况下不适用。钙钠基润滑脂的技术指标见表 3-98。

钡铅基润滑脂由于含有铅皂，因而具有良好的抗磨极压性；由于含有钡皂，具有较好的抗水性；由于其基础油凝点低，故能在 60℃ 的情况下使用；此外，最高使用温度不超过 80℃。该润滑脂适用于高空武器的防水和润滑，其技术指标见表 3-99。

表 3-98　钙钠基润滑脂技术指标（摘自 SH/T 0368—1992）

项　　目	技术指标		试验方法
	2 号	3 号	
外观	由黄色到深棕色的均匀软膏		目测
滴点/℃　≥	120	135	GB/T 4929
工作锥入度/0.1mm	250~290	200~240	GB/T 269
腐蚀（40 或 50 号钢片、59 号黄铜片，100℃，3h）	合格	合格	SH/T 0331
游离碱（NaOH%）　≤	0.2	0.2	SH/T 0329
游离有机酸	无	无	SH/T 0329
杂质（酸分解法）	无	无	GB/T 513
水分（质量分数，%）　≤	0.7	0.7	GB/T 512
矿物油黏度（40℃）/（mm^2/s）	41.4~74.8	41.4~74.8	GB/T 265

表 3-99　钡铅基润滑脂（9 号脂）技术指标

项　　目	技术指标	试验方法
外观	浅黄色至深棕色油膏	目测
滴点/℃　≥	92	GB/T 4929
锥入度（25℃，150g）/0.1mm　≤	330	GB/T 269
（75℃，150g）/0.1mm　≤	370	
相似黏度（-50℃，$10s^{-1}$）/Pa·s　≤	1100	SH/T 0048
分油量（50℃，12h）（%）　≤	3.0	SH/T 0324
水分	无	SH/T 0327
灰分（质量分数，%）　≤	6.5	GB/T 512
游离酸碱	无	SH/T 0329
腐蚀（45 钢片、59 号黄铜片，20~25℃，72h）	合格	GB/T 5018
防腐性能（45 钢片、59 号黄铜片，16~20℃，72h）	合格	GB/T 5018

7. 复合皂基润滑脂

复合皂基润滑脂是金属皂和盐复合成的特殊分子结构，由于盐的存在使晶体结构发生变化。其主要性能如滴点、机械安定性、胶体安定性等比单皂基润滑脂有较大的提高。复合皂基润滑脂的主要品种有复合钙基润滑脂、复合锂基润滑脂和复合铝基润滑脂等。

（1）复合钙基润滑脂　复合钙基润滑脂是由脂肪酸和醋酸的复合钙皂稠化矿物油或硅油等制成的。它具有较高的滴点，一般在 180~240℃ 以上，使用温度较高，有较好的极压性和机械安定性，使用温度范围宽，矿物油复合钙润滑脂可在-40~150℃范围内使用。其缺点是表面易于吸水而发生硬化。

复合钙基润滑脂按标准 SH/T 0370—1995 分为 1、2、3 三个牌号，其技术指标见表 3-100，适用于工作温度在-10~150℃范围及潮湿条件下机械设备的润滑。

表 3-100　复合钙基润滑脂技术指标（摘自 SH/T 0370—1995）

项　目		质量指标			试验方法
		1 号	2 号	3 号	
工作锥入度/0.1mm		310~340	265~295	220~250	GB/T 269
滴点/℃	≥	200	210	230	GB/T 4929
铜网分油(100℃,24h)(%)	≤	6	5	4	SH/T 0324
腐蚀(T2 铜片,100℃,24h)		铜片无绿色或黑色变化			GB/T 7326 乙法
蒸发量(99℃,22h)(%)		2.0			GB/T 7325
水淋流失量(38℃,1h)(%)		5			SH/T 0109
延长工作锥入度(10 万次)变化率(%)		25		30	GB/T 269
氧化安定性(99℃,100h,0.760MPa)压力降/MPa		报告			SH/T 0325
表面硬化试验(50℃,24h),不工作 1/4 锥入度差/0.1mm		35	30	25	附录 A

（2）复合铝基润滑脂　复合铝基润滑脂是由硬脂酸或合成脂肪酸与低分子酸的复合铝皂稠化高黏度矿物油制成的，具有较高的滴点（可达 180~250℃以上）、良好的机械安定性和优良的抗水性，以及较好的胶体安定性和氧化安定性。

复合铝基润滑脂目前执行生产厂的企业标准，一般都分号。适用于各种电动机、发电机、鼓风机、交通运输业、钢铁企业及其他各种工业机械设备的润滑，特别适用于各种较高温度潮湿条件下机械设备摩擦部位的润滑。

（3）复合锂基润滑脂　复合锂基润滑脂是一类新型的复合皂基润滑脂，它是由 12-羟基硬脂酸与二元酸复合锂皂作稠化剂制成的，具有很高的滴点（高于 260℃）和优良的高温流动性、机械安定性、抗水性、防锈性、氧化安定性，以及很好的极压性能和泵送性。用该润滑脂润滑的轴承寿命长，噪声低。

复合锂基润滑脂目前尚无统一的标准，各生产厂按企业标准或参照国外同类标准生产。该润滑脂通用于各种苛刻条件的摩擦副的润滑。

8. 膨润土润滑脂

膨润土润滑脂是用经过表面活性剂处理的膨润土稠化中黏度或高黏度矿物油制成的。膨润土也可用来稠化合成油制成高温航空润滑脂。膨润土润滑脂没有滴点，其耐温性能决定于表面活性剂和基础油的高温性能（本身熔点高，使用温度到 150℃以上），其低温性能决定于选用的基础油；具有较好的胶体安定性，其机械安定性随表面活性剂的类型而异，对金属表面的防腐蚀性稍差，故必须添加防锈剂以改善这种性能，抗水性好，辐射安定。

膨润土润滑脂目前尚无统一的标准，各生产厂按自己的企业标准生产，主要适用于重负荷、中高转速工作条件下机械设备的润滑。

9. 烃基润滑脂

（1）烃基润滑脂特性　烃基润滑脂是以固体烃（地蜡、石蜡、石油脂）稠化润滑油所得的产品。这类润滑脂中有时还添加一些填料或添加剂以提高产品的某种性能，例如，在润滑脂中加入石墨作填料，提高烃基润滑脂的极压性；有的产品加有少量氢氧化钠，使烃基润滑脂呈弱碱性至中性，适用于保护黑色金属以防止锈蚀。

烃基润滑脂是一种均匀油膏状物质，除可用于低温、低负荷条件下作润滑剂外，还可用于保护和密封机件，因为这类润滑脂有防水、防腐蚀等优良性能，以及良好的化学安定性和胶体安定性。和皂基润滑脂比较，它较不易氧化变质，不致因稠化剂氧化分解而使润滑脂稠度改变。烃基润滑脂几乎不溶于水，也不乳化，有良好的抗水性。烃基润滑脂的滴点较低，因此使用温度不高。

（2）烃基润滑脂的牌号、标准和用途

1）3 号仪表润滑脂。3 号仪表润滑脂，代号为 ZJ53—3。Z 表示属润滑脂类，J 表示烃基，53 表示仪表用，3 为牌号。

3 号仪表润滑脂系用 80 号微晶蜡（SH/T 0013—1999）稠化仪表油（SH/T 0138—1994）而成，其中微晶蜡占 24%±2%，其余为仪表油。制造时，是将微晶蜡和仪表油升温并搅拌，至 125~130℃脱水，然后过滤并快速冷却成脂。

3 号仪表润滑脂使用于-60~55℃温度范围内工

作的仪表上。由于其使用温度低，要求有良好的耐寒性，因此用低凝点、低黏度的润滑油（仪表油）作基础油，因为是用微晶蜡为稠化剂，润滑脂的滴点不高（60℃以上），最高使用温度仅为55℃。3号仪表润滑脂的规格见表3-101。

表3-101 3号仪表润滑脂技术指标

（摘自SH/T 0385—1992）

项　目		技术指标	试验方法
外观		均匀无块，凡士林状油膏	目测
滴点/℃	≥	60	SH/T 0115
工作锥入度/0.1mm		230~265	GB/T 269
腐蚀（铜、铝、钢片，100℃，3h）		合格	SH/T 0331
热安定性		合格	SH/T 0325
游离有机酸/(mgKOH/g)	≤	0.1	SH/T 0329
水分		无	GB/T 512
机械杂质	≤	无	GB/T 511

2）工业凡士林。工业凡士林由高黏度润滑油馏分经脱蜡所得的蜡膏掺和机械油经白土精制后加入防腐蚀添加剂而得。它具有良好的抗水性和胶体安定性，但滴点较低。主要用来防止各种金属零件及机器锈蚀，也可在机械工作温度不高、负荷不大的摩擦部位作减摩润滑脂使用。

工业凡士林在舰船上用于舵机的舵轮轴承、舵链、蜗杆、滑轮等外露部分，以及导航仪器磁罗经的未涂漆金属部分及平衡环活动部分的润滑。工业凡士林技术指标见表3-102。

腐蚀试验用45钢片和T2铜片进行。

3）钢丝绳用润滑脂。钢丝绳用润滑脂分两种，一种是钢丝绳表面脂，另一种是钢丝绳麻芯脂。两种润滑脂都是由固体烃类稠化高黏度矿物油并加有添加剂制成的。

钢丝绳表面脂具有良好的化学安定性、防锈性、抗水性和低温性能。主要适用于钢丝绳的封存，同时具有润滑作用。

钢丝绳麻芯脂具有良好的防锈性、抗水性、化学安定性和润滑性能。主要用于钢丝绳麻芯的浸渍和润滑。钢丝绳用润滑脂的标准见表3-103。

表3-102 工业凡士林技术指标（摘自SH/T 0039—1990）

项　目		1号	2号	试验方法
外观		淡褐色至深褐色均质无块软膏		目测
滴点/℃	≥	45~80		GB/T 8026
酸值/(mgKOH/g)	≤	0.1		GB/T 264
腐蚀（钢片、铜片，100℃，3h）①		合格		SH/T 0331
水溶性酸或碱		无		GB/T 259
机械杂质（质量分数，%）	≤	0.03		GB/T 511
水分（质量分数，%）		无		GB/T 512
低温性能（30℃，30min）		合格		SH/T 0387
闪点（开口）/℃	≥	190		GB/T 3536
运动黏度（100℃）/(mm²/s)		10~20	15~30	GB/T 265
锥入度（150g，25℃）/0.1mm		140~210	80~140	GB/T 269

① 腐蚀试验用45号钢片和T2钢片进行。

表3-103 钢丝绳用润滑脂技术指标

项　目		钢丝绳表面脂	钢丝绳麻芯脂	试验方法
外观		褐色至深褐	色均匀油膏	目测
滴点/℃	≥	58	45~55	SH/T 0115
运动黏度（100℃）/(mm²/s)	≥	20	25	GB/T 265
水溶性酸或碱		无	无	GB/T 259
腐蚀（100℃，3h）①		合格	合格	SH/T 0331
滑落试验（55℃，1h）②		实测	—	
水分（质量分数，%）		痕迹	痕迹	GB/T 512
低温性能（-30℃，30min）③		合格	合格	
湿热试验（钢片，30d）		合格	合格	GB/T 2361
盐雾试验（钢片）		实测	实测	SH/T 0081

① 腐蚀试验用w_C=0.4%~0.5%钢片和T3铜片及锌片进行。

② 滑落试验以50mm×50mm×(3~5)mm钢片（共6个试面）上按SH/T 0387—1992标准中附录一规定的方法涂脂后，在55±0.5℃条件下保持1h后观察，如6个试面上有4个面或4个以上脂不滑落则为合格。

③ 低温性能系测定在规定的低温下油脂的低温柔韧性，按SH/T 0387—1992标准中附录二进行，采用70mm×36mm×(0.1~0.5)mm黄铜或纯铜片，在试验温度±1℃保持30min试验。

10. 几种常用润滑脂

表 3-104~表 3-112 所列为几种常用润滑脂的技术性能。

表 3-104 食品机械润滑脂（摘自 GB 15179—1994）

项 目		质量指标	试验方法
外观		无异味，白色光滑油膏	目测
滴点/℃	≥	135	GB/T 4929
工作锥入度(25℃)/0.1mm		265~295	GB/T 269
钢网分油量(100℃,24h)(%)	≤	5.0	SH/T 0324
蒸发量(99℃,22h)(%)	≤	3.0	GB/T 7325
腐蚀(T2 铜片,100℃,24h)		铜片无绿色或黑色变化	GB/T 7326 乙法
水淋流失量(38℃,1h)(%)	≤	10	SH/T 0109
防腐蚀性(52℃,48h)	≤	1 级	GB/T 5018
四球试验,磨损直径 d/mm	≤	0.7	SH/T 0204
延长工作锥入度(10 万次),0.1mm	≤	25	GB/T 269 及注
变化率(%)			
10 万次(加 10%盐水)/0.1mm			
变化率(%)	≤	25	
基础油,紫外吸光度/cm(260~400nm)	≤	0.1	GB/T 11081

表 3-105 7450 航空机轮润滑脂（摘自 GJB 1239—1991）

项 目		质量指标	试验方法
外观		光滑均匀油膏	目测
滴点/℃ 工作锥入度/0.1mm 铜片腐蚀	≥ ≤ ≤	177 250~300 1b 级	GB/T 4929 GB/T 269 GB/T 7326
机械杂质/(颗粒数/cm^3) 直径 25~125μm 直径 75~125μm 直径大于或等于 125μm		 5000 1000 无	甲法 SH/T 0336
氧化安定性(100℃)压力降/kPa 100h 500h	≤	 70 180	SH/T 0325
水淋流失量(41±2℃)(%)	≤	20,胶体不破坏,脂光滑均匀	SH/T 0109
高温性能(140℃),轴承寿命/h	≥	600	SH/T 0428
分油量(%)	≤	5	SH/T 0324
合成橡胶溶胀性(NBR-L)(%)	≤	实测	FS791B3603.4
防腐蚀性	≤	2 级	GB/T 5018
低温转矩(-18±0.5℃)/N·m 起动力矩 运转力矩 1h 后)	 ≤ ≤	 1.5 0.5	SH/T 0338
储存安定性(38±3℃,6 个月) 工作锥入度变化/0.1mm	 ≤	30	SH/T 0452

表 3-106 压延机用润滑脂（摘自 SH/T 0113—1992）

项目		质量指标		试验方法
		1号	2号	
外观		由黄色至棕褐色的均匀软膏		目测
滴点/℃	≥	80	85	GB/T 4929
工作锥入度/0.1mm		310~355	250~295	GB/T 269
腐蚀(40 或 50 钢片,100℃,3h)		合格	合格	SH/T 0331
杂质(酸分解法)		无	无	GB/T 513
水分(质量分数,%)		0.5~2.0	0.5~2.0	GB/T 512
硫含量(质量分数),%	≥	0.3	0.3	GB/T 387
分油量(压力法)(%)		测定项目		GB/T 392

表 3-107 铁道润滑脂（硬干油）（摘自 SH/T 0373—2013）

项目		质量指标		试验方法
		9号	8号	
外观		绿褐色到黑褐色半固体纤维状砖形油膏		目测
滴点/℃	≥	180	180	GB/T 4929
块锥入度/0.1mm				GB/T 269
25℃		20~35	35~45	
75℃		50~75	75~100	
游离酸(油酸)(质量分数,%)	≤	0.3	0.3	SH/T 0329
游离碱(NaOH)(质量分数,%)	≤	0.3	0.3	SH/T 0329
机械杂质(酸分解法)(质量分数,%)	≤	0.2	0.2	GB/T 513
腐蚀(40 或 50 钢片、59 号黄铜片,常温,24h)		合格	合格	SH/T 0373—2013 附录 A
水分(质量分数,%)	≤	0.5	0.5	GB/T 512
矿物油含量(质量分数,%)	≤	45	50	SH/T 0319

注：各成分含量百分数皆指质量分数。

表 3-108 铁道制动缸润滑脂（摘自 SH 0377—1992）

项目		质量指标	试验方法
外观		浅黄色至浅褐色均匀油膏	目测
工作锥入度/0.1mm		280~320	GB/T 269
滴点/℃	≥	100	Gb/T 4929
游离碱(NaOH)(质量分数,%)	≤	0.2	SH/T 0329
游离有机酸		无	SH/T 0329
腐蚀试验(45 钢片,100℃,3h)		合格	SH/T 0331
水分	≤	痕迹	GB/T 512
机械杂质(酸分解法)(质量分数,%)	≤	0.05	GB/T 513
分油量(压力法)(%)	≤	20	GB/T 392
相似黏度($D=10s^{-1}$)/Pa·s			SH/T 0048
45℃	≥	20	
-50℃	≤	1500	
橡胶吸油增重(70℃,24h)(%)		0~10	GB 1690①
橡胶浸脂压缩耐寒系数保持率(-50℃)(%)	≥	80	GB 6034②

① 试验用铁道部鉴定的研-10 或 P-2 皮碗橡胶试件。

② 橡胶试件同注①。浸脂条件：70℃，24h。

表3-109 精密机床主轴润滑脂（摘自SH/T 0382—1992）

项目		质量指标		试验方法
		2号	3号	
滴点/℃	≥	180	180	GB/T 4929
工作锥入度/0.1m		265~295	220~250	GB/T 269
分油量(压力法)(%)	≤	20	15	GB/T 392
游离碱(NaOH)(质量分数,%)	≤	0.1	0.1	SH/T 0329
腐蚀(T3铜片,100℃,3h)		合格	合格	SH/T 0331
机械杂质(酸分解法)		无	无	GB/T 513
水分	≤	痕迹	痕迹	GB/T 512
化学安定性(0.80MPa氧压下,100℃,100h)				
压力降/MPa	≤	0.03	0.03	SH/T 0335
氧化后酸值/(mgKOH/g)	≤	1.0	1.0	SH/T0329

表3-110 电接点润滑脂（摘自SH/T 0641—1997）

项目		质量指标	试验方法	项目		质量指标	试验方法
外观		均匀油膏	目测①	蒸发度(100℃,1h)(%)	≤	2.0	SH/T 0337
1/4锥入度/0.1mm		70~100	GB/T 269	腐蚀(T2铜片,100℃,3h)		合格	SH/T 0331
压力分油(2N)(%)	≤	15	GB/T 392	相似黏度(-20℃,$10s^{-1}$)/Pa·s		150~300	SH/T 0048
滴点/℃	≥	200	SH/T 0115				
水分(质量分数,%)	≤	痕迹	GB/T 512	接触电阻/mΩ	≤	0.1	SH/T 0596
体积电阻率(30℃)/Ω·cm	≤	1×1011~6×1012	SH/T 0019	杂质(>75μm)/(颗/cm^3)		无	SH/T 0336
				寿命试验磨损直径/mm	≤	1.0	附录A

① 将待测润滑脂均匀涂在50mm×70mm×3mm的无色玻璃片上，脂的厚度为2.0±0.5mm，目测观察有无结块或杂质。

表3-111 弹药保护脂（弹保脂）（摘自SH/T 0384—2005）

项目		质量指标	试验方法	项目		质量指标	试验方法
滴点/℃	≥	55	SH/T 0115及注①	酸值/(mgKOH/g)	≤	0.28	GB/T 264
腐蚀(铜片及钢片,100℃,3h)		合格	注②	机械杂质(质量分数,%)	≤	0.07	GB/T 511及注③
反应		中性或弱碱性	SH/T 0332	水分		无	GB/T 512

① 测定滴点时，先将试样加热至100℃然后滴入脂杯内，为使试验冷却速度最快，此皿须先放在倒置的内装碎冰的瓷杯底上，待滴满后，在底杯上留置20min。再按SH/T 0115进行。

② 腐蚀试验用40或50钢片与59号黄铜片的磨光金属片，垂直浸入加热至95℃的试料中，在100±2℃下留置3h。

每一试验同时用同类的金属片两枚，在同一烧杯中进行。

试验完毕，取出金属片，然后移于盛有乙醇与苯的混合物（95%乙醇与纯苯的体积比1∶4）或橡胶工业用溶剂油的瓷杯中，小心洗涤，再用乙醇与苯混合物或溶剂油洗涤，洗涤数次，洗过的钢片立即用干的脱脂棉擦拭，仔细检查；铜片须先行检查，确定有无绿色，再用干脱脂棉轻轻擦拭，重新仔细检查。

如在铜片上无眼睛可见到的绿色、深褐色或钢灰色等斑点，在钢片上不存在褐色或黑色斑点时，即认为合格。

如仅在一个金属片上发现有腐蚀痕迹，应再进行试验，如再发现在某一金属片上即使仅有一个腐蚀斑点，亦认为不合格。

③ 机械杂质的原条文修正为取试料25g，以溶剂油稀释至5倍，然后用温苯洗涤再行测定。但为配合生产，缩短分析时间，将测定机械杂质的试料改为10g。原方法中所使用之溶剂为溶剂油或苯，若试料不能完全溶于上述溶剂时，则可采用四氯化碳作溶剂，用抽油器抽出法测定。

机械杂质中不许有砂粒及其他摩擦物。

表 3-112 炮用润滑脂（摘自 SH/T 0383—2005）

项 目		质量指标	试验方法
滴点/℃	≥	50	SH/T 0115 及注①
腐蚀（钢片及铜片，100℃，3h）		合格	SH/T 0331 及注②
防护性能试验（钢片，50℃，30h）		合格	SH/T 0333 及注③
保持能力（60℃，24h）/（mg/cm^2）	≤	0.6	SH/T 0334
运动黏度（100℃）/（mm^2/s）		12~15	GB/T 265
酸值/（mgKOH/g）	≤	0.3	GB/T 264
反应		中性或弱碱性	SH/T 0332
机械杂质（质量分数，%）	≤	0.07	GB/T 511 及注④
水分		无	SH/T 0320
灰分（质量分数，%）	≤	0.07	SH/T 0327

① 将本试料加热至 100℃，滴入脂杯内，为使试料的冷却速度达到最大，此杯须放于倒置的内装碎冰的瓷杯底上，待滴满后，在杯底上留置 20min，再依 SH/T 0115 进行。

② 腐蚀试验用 40 或 50 号钢片和 T3 铜片的磨光金属试片置入热至 95℃的试料中于 100±2℃的恒温器中留置 3h，每次应用两块金属片。

3h 后取出金属片，先置于盛有温的乙醇与苯混合物（容积比 1：4）或橡胶工业用溶剂油的瓷杯中，小心洗涤，然后再用乙醇与苯混合物或溶剂油洗涤数次。洗涤过的金属片，立即以干脱脂棉擦拭仔细检查。铜片须先行检查，确定有无绿色，再用干脱脂棉轻轻擦拭，重新仔细检查。

如在铜片上无眼睛可见的绿色、虹彩或其他颜色，在钢片上无腐蚀斑点时，则认为合格。

如仅在一个金属片上发现腐蚀痕迹，则须重新试验。如再次发现即使在一个金属片上有一个腐蚀的斑点时，亦认为不合格。

③ 防护性能试验依 SH/T 0333 及下列补充事项进行：将磨光的 40 或 50 号钢片两枚放入盛有试料的玻璃杯或瓷杯中，使钢片上的油层厚度不小于 4mm。注入高达 10mm（自底算起）左右的蒸馏水于干燥器下部，并于干燥器内悬置一清洁的长方形玻璃板（或带孔的圆瓷片）使干燥器的上部空间与下部通连。

将盛有试料及置有金属片的杯放入依上述方法所准备的干燥器中（每一干燥器内不超过两个杯）用盖盖上，此盖之内面贴一厚滤纸圆片，其大小应不遮住干燥器的研磨面。

将干燥器放入恒温器中，温度调整在 50±2℃，于此温度下，保持 30h。

试验完毕，依 SH/T 0333 观察金属片，并加判定，如在金属片表面上无腐蚀斑点时，则认为合格，如仅于一个金属片上发现腐蚀痕迹，应重新试验，如再次发现，即使有一个金属片上有一个腐蚀斑点，亦认为不合格。

④ 机械杂质的原条文修改为取试料 25g，用溶剂油稀释至 5 倍以温苯洗涤再行测定，但为配合生产，缩短分析时间，将试料改为 10g。原方法中所使用之溶剂为溶剂油或苯，若试料不能完全溶于上述溶剂时，则可改用四氯化碳作溶剂，用抽出器抽出法测定。

3.3 合成润滑油及润滑脂

合成润滑油及润滑脂是以化学合成方法制备有机液体再经过调配或进一步加工而制成的润滑油或润滑脂产品。合成润滑剂的研究工作始于 19 世纪 80 年代，在第二次世界大战以后，随着科学技术的蓬勃发展和工业技术的不断进步，原用的石油基润滑剂已不能满足高速、重负荷和宽温度操作的要求。如超声速飞机、原子能电站、火箭导弹、宇宙航行、高速重负荷机械、电子等军事科学和尖端技术的相继出现，对润滑剂提出了更加苛刻的要求。因此，近几十年来合成润滑剂研究取得了巨大进展，许多产品已投入工业，规模生产并广泛应用于航天、航空和民用工业部门。

我国合成润滑剂工业起步于 20 世纪 50 年代。经过几十年的发展已经研制和生产的合成润滑油有酯类油、聚醚、聚硅氧烷、含氟油、磷酸酯和合成烃等。合成润滑油及润滑脂产品有 100 多种，包括航空润滑油及润滑脂、精密仪表润滑油及润滑脂、合成内燃机油、齿轮润滑油及润滑脂、压缩机油、抗燃液压油、汽车制动液、热定型机油、高低温润滑脂、高速轴承润滑脂、耐油密封脂等产品。

3.3.1 合成润滑油

合成润滑油是采用化学合成方法制备的，具有一定化学结构和预定的物理化学性质。在合成润滑油的化学组成中，除了含碳、氢元素外，还分别含有氧、硅、磷、氟、氯等元素。目前已经获得大量生产和使用的有酯类（包括双酯、多元醇酯、复酯）、聚醚、合成烃（包括聚α-烯烃、烷基苯）、聚硅氧烷（包括甲基硅油、甲基苯基硅油、乙基硅油、甲基氯苯基硅油、硅酸酯）、含氟油（包括全氟烃、氟氯碳油、全氟聚醚）和磷酸酯等。

1. 合成润滑油的特性

合成润滑油与矿物油相比具有下列特性：

(1) 优良的耐高温性能　一般来说，合成润滑油比矿物油热安定性好，热分解温度高，氧化安定性好，闪点和自燃点高，见表 3-113。

表 3-113　各类合成油的闪点、自燃点及热分解温度

类别	闪点/℃	自燃点/℃	热分解温度/℃
矿物油	140~315	230~370	250~340
双酯	200~300	370~430	283
多元醇酯	215~300	400~440	316
聚 α-烯烃油	180~320	325~400	338
二烷基苯	130~230	—	—
聚醚	190~340	335~400	279
磷酸酯	230~260	425~650	194~421
硅油	230~330	425~550	388
硅酸酯	180~210	435~645	340~450
卤碳化合物	200~280	>650	—
聚苯醚	200~340	490~595	454

(2) 优良的黏温性能和低温性能　大多数合成润滑油比矿物油黏度指数高，黏度随温度变化小。在高温黏度相同时，大多数合成润滑油比矿物油的凝点低、低温黏度小。从表 3-114 可看出，硅油、硅酸酯的黏温性能最好。

表 3-114　合成油的黏度指数及凝点

类别	黏度指数	凝点/℃
矿物油	50~130	-45~-10
双酯	110~190	-80~-40
多元醇酯	60~190	-80~-15
合成烃	50~180	-80~-40
聚醚	90~280	-65~5
磷酸酯	30~60	-50~-15
硅油	100~500	-90~10
硅酸酯	110~300	-60
卤碳化合物	-200~-100	-75~65

(3) 具有较低的挥发性　合成油的挥发性较低。这是由于合成润滑油一般是一种纯化合物，其沸点范围较窄，图 3-14 所示为矿物油、聚 α-烯烃油、双酯及聚酯馏出温度与馏出量的比较。

油品的挥发性是油品在使用过程中的一项重要性能。合成润滑油挥发损失低，可延长油品的使用寿命。

(4) 优良的化学稳定性　卤碳化合物包括氟碳化合物、氟氯油、聚全氟烷基醚等，具有极好的化学安定性，在 100℃下不与氟气、氯气、硝酸、98%的硫酸、王水等强氧化剂起反应，在国防和化学工业中具有重要的使用价值。

(5) 抗燃性　磷酸酯、全氟碳油、水-乙二醇等合成油具有抗燃性（见表 3-115），广泛作为抗燃液压油，应用于航空、冶金和发电等工业部门。

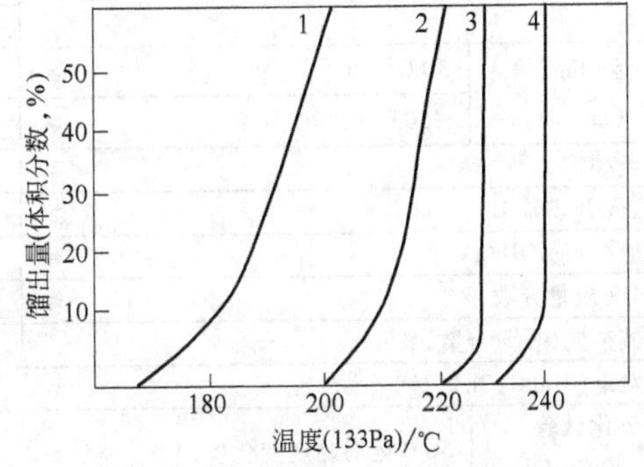

图 3-14　合成油与矿物油馏出量的比较

1—矿物油，37.8℃黏度为 20.59mm²/s

2—聚 α-烯烃油，37.8℃黏度为 33.07mm²/s

3—双酯，37.8℃黏度为 14.42mm²/s

4—聚酯，37.8℃黏度为 20.59mm²/s

表 3-115 合成油的抗燃性

类别	闪点/℃	燃点/℃	自燃点/℃	热歧管点火温度/℃	纵火剂点火
汽轮机油(矿油)	200	240	<360	<500	燃
芳基磷酸酯	240	340	650	>700	不燃
聚全氟甲乙醚	>500	>500	>700	>930	不燃
水-乙二醇抗燃油	无	无	无	>700	不燃

表 3-116 列出了各类合成润滑油与矿物油的性能比较。

2. 合成润滑油的应用

(1) 高低温合成仪表油　随着科学技术的发展，各种高精度陀螺、导航仪表、工业装置上使用的各类精密仪表和微型马达对仪表油要求越来越高，矿物油组分的仪表油已不能满足高温、低挥发、长寿命、宽温度等要求，故采用合成油代替。高低温合成仪表油系列为 4112、4113、4114、4115、4116 和 4116-1 六个产品，均加有抗氧剂、防锈剂。其中：4112～4115 油的使用温度为-60～120℃，短期可达 150℃；4116、4116-1 油的使用温度为-70～150℃。合成高低温仪表油的技术指标见表 3-117。

表 3-116 各种合成润滑油与矿物油的性能比较

类别	黏温性	液态温度范围	低温性能	热安定性	氧化安定性	水解安定性	抗燃性	耐负荷性	体积模量	挥发性	抗辐射性	比重
矿物油	良	良	良	中	中	优	低	良	中	中	高	低
超精制矿物油	优	良	良	中	中	优	低	良	中	低	高	低
聚 α-烯烃油	良	良	良	良	中	优	低	良	中	低	高	低
有机酯类	良	优	良	中	中	中	低	良	中	中	中	中
聚醚	良	良	良	中	中	良	低	良	中	低	中	中
聚苯醚	差	良	差	优	良	优	低	良	高	中	高	高
磷酸酯(烷基)	良	良	良	中	良	中	高	良	高	中	低	高
磷酸酯(苯基)	中	差	差	良	良	中	高	良	高	低	低	高
硅酸酯	优	优	优	良	中	差	低	中	中	中	低	中
硅油	优	优	优	良	良	良	低	差	低	低	低	中
全氟碳油	中	良	中	良	良	中	高	差	低	中	低	高
聚全氟烷基醚	中	良	良	良	良	良	高	良	低	中	低	高

表 3-117 合成高低温仪表油技术指标

项目			质量指标					
			4112	4113	4114	4115	4116	4116-1
运动黏度/(mm^2/s)	50℃	≥	8	11～14	18～23	23～28	36	10
	-50℃	≥	8000	5000	5000	5000	3000	600
凝点/℃		≤	-60	-60	-60	-60	-60	-70
闪点(开口)/℃		≥	200	200	200	200	250	180
酸值/(mgKOH/g)		≤	0.5	0.2	0.2	0.2	0.05	0.05
水分(质量分数,%)		≤	0.08	0.08	0.08	0.08	—	—
机械杂质(质量分数,%)			无	无	无	无	无	无
蒸发量(100℃,3h)(%)		≤	3	—	—	—	2.0	2.0
氧化试验：(120℃,72h,50mL 空气/min,试验后)	50℃运动黏度变化(%)	≤	±5	±5	±5	±5	±5	±5
	酸值增加值/(mgKOH/g)	≤	0.5	0.5	0.5	0.5	0.1	0.1
腐蚀/(mg/cm^2)	45 钢片	≤	±0.2	±0.2	±0.2	±0.2	±0.2	±0.2
	T2 铜片	≤	±0.4	±0.4	±0.4	±0.4	±0.4	±0.4
	2A11 铝片	≤	±0.2	±0.2	±0.2	±0.2	±0.2	±0.2

高低温仪表油适用于各种航空、航海工业仪表和计时仪器的微型电动机轴承及传动齿轮的润滑。

（2）合成压缩机油 压缩机生产技术的发展，以结构紧凑、高效节能为特点的旋转式压缩机构出现，对压缩机油的热氧化安定性提出了更高的要求。往复式压缩机采用矿物油润滑，曾因出口处积炭而引起爆炸着火的事故。合成压缩机油具有热氧化安定性好、积炭少、黏温性好、操作温度宽、磨损少、使用寿命长等特点。国外试验结果表明，使用合成压缩机油，叶片式压缩机的润滑油换油周期由 500h 延长到 4000h，螺杆式压缩机换油周期由 1000h 延长到 8000h，往复式压缩机的换油周期由 1000h 延长到 3000h。中国石化一坪高级润滑油公司研制生产的 4502-1、4502-2、4502-3 合成压缩机油产品，已用在大功率中压单、双螺杆压缩机上，延长了使用寿命、降低了能耗。表 3-118 列出了上述三种合成压缩机油的主要性能。

表 3-118 合成压缩机油主要技术指标

项目	4502-1	4502-2	4502-3
黏度/(mm^2/s)			
100℃	5.61	7.43	9.87
40℃	36.01	58.79	95.59
黏度指数	90	84	77
酸值/(mgKOH/g)	0.49	0.40	0.34
闪点/℃	228	225	253
凝点/℃	-50	-47	-42
蒸发度(150℃、3h)(%)	11.35	1.55	5.75
氧化试验(100℃、72h)			
50℃黏度变化(%)	2.18	1.14	0.36
酸值/(mgKOH/g)	0.13	0.18	0.17
金属腐蚀			
Fe	无	无	无
Cu	无	无	无
Al	无	无	无
Mg	无	无	无

（3）燃气轮机润滑油 燃气轮机广泛用作联合循环发电设备，它要求润滑油具有耐高温、耐高速、耐重负荷和长寿命等特点，燃气轮机多采用合成润滑油。我国大庆油田引进的英国罗尔斯·罗伊斯公司生产的燃气轮机发电机组就使用国产酯类 4106 号合成航空润滑油代替进口油，完全满足了进口发动机的使用要求，效果良好。表 3-119 列出了 4106 号合成航空润滑油的技术指标。

表 3-119 4106 号合成航空润滑油主要技术指标

项目			指标
黏度/(mm^2/s)	100℃		5~5.5
	-40℃	≤	13000
闪点/℃		≥	246
凝点/℃		≤	-54
蒸发损失(205℃,6.5h)(%)		≤	10

（4）难燃液压油 工业难燃液压油有水-乙二醇、磷酸酯等合成油及高水基液压油。主要用于轧钢厂的铸造机、转炉加料及卸料液压设备、燃气涡轮机、采煤机、液压铲车、发电系统的电调液压系统等。这些设备大都与高温源接近，使用矿物液压油易发生重大火灾事故。

水-乙二醇难燃液压油是应用最广的一个品种。一般含水 35%~60%（质量分数），其中乙二醇或丙乙二醇用于改进低温性能，该液压油还添加稠化剂和必要的添加剂。表 3-120 列出了美国、日本水-乙二醇难燃液压油的技术指标。

表 3-120 美国、日本水-乙二醇难燃液压油技术指标

项目		日本三洋化成株式会社		美国好富顿公司
		Nobalube FR-45	Nobalube FR-50	Houghoton safe 620
外观		红色透明液体	红色透明液体	红色透明液体
黏度/(mm^2/s)	37.8℃	44.3	46.3	44.17
	100℃	9.06	8.90	—
黏度指数		205	189	201
凝点/℃		≤-35	≤-35	-54
闪点/℃		无	无	无
pH 值		9.9	9.9	8~10
水分(质量分数,%)		42.5	44	—
防锈试验		合格	合格	合格
泡沫性(24℃)/mL		100	90	—

磷酸酯工业难燃液压油主要以三芳基磷酸酯为基础油，加入抗氧、防锈及酸吸收剂而成。它的使用温度高、抗燃性好，大多数用于大容量的火力发电厂的高压电液压伺服系统，以及冶金和机械工业的高压、高温、高精密的液压控制系统。20 世纪 70 年代，国内研制出了 4613-1、4614、4621 等磷酸酯难燃液压油，分别使用在大型轧钢机、大功率汽轮机及发电机组的液压系统。表 3-121 列出了磷酸酯难燃液压油的主要技术指标。

表 3-121 磷酸酯难燃液压油主要技术指标

项目		4613-1	4614	4621
黏度/(mm^2/s)	100℃	3.76	4.66	5.34
	50℃	14.71	22.14	21.46
	0℃	474.1	1395	—
凝点/℃		-34	-30	-36
酸值/(mgKOH/g)		中性	0.04	0.3
闪点/℃		240	245	231
燃点/℃		322	—	—
动态蒸发(90℃,6.5h)(%)		0.11	0.28	—
四球试验	d1060/mm	0.35	0.34	0.25
	d4060/mm	0.69	0.51	1.32
	Pa/N	539	539	350
超声波剪切 50℃黏度变化(%)		-0.4	0	0.50
氧化试验(120℃,72h,25ml/min 空气)	黏度(50℃)/(mm^2/s)	14.6	22.3	22.1
	酸值(mgKOH/g)	中性	0.04	0.16

(5) 合成制动液 以聚醚和硼酸酯作为制动液的基础液具有沸点高、低温黏度小、对橡胶溶膨无影响等优点，因此，获得广泛应用，逐渐取代蓖麻油-酒精或正丁醇的低沸点制动液。表 3-122 列出了几种国产合成制动液的技术指标，它们已经在多种进口或国产汽车上使用。

其中 4604 号符合 SAEJ1703、DOT3 等标准，SH888 号符合 DOT4 标准，被国内多家汽车制造。厂认定为轿车 OEM 专用的制动液。

(6) 合成齿轮油 聚醚加人抗磨或极压等添加剂，是理想的高速封闭齿轮润滑油。国产聚醚型工业齿轮油和车用齿轮油的技术指标列于表 3-123～表 3-125 中，已用于大中功率传动蜗轮蜗杆、闭式终身润滑的齿轮和汽车减速传动齿轮上，对降低齿轮磨损、延长换油周期和检修期有明显的效果。

表 3-122 合成制动液主要技术指标

项目		4604	SH888(4606)	4603	719	4603-1
平衡回流沸点/℃	干沸点	255	277	196	190	246
	湿沸点	148	158	152	138	148
黏度/(mm^2/s)	100℃	2.15	2.33	2.42	2.54	2.76
	-40℃	1500	1680	4610	2168	4150

表 3-123 聚醚型车用齿轮油技术指标

项目		4404	
		SAE75W-90	SAE80-140
黏度/(mm^2/s)	40℃	13.17	32.01
	-20℃	12597	27597
黏度指数		192	203
凝点/℃		-48	-48
闪点/℃		240	238
四球试验,1500r/min 常温	PD/N	5000	5000
	D2080/mm	0.38	0.35
	ZMZ/N	869	724
梯姆肯试验 OK 值/N		338	336

表 3-124 聚醚型中负荷工业齿轮油技术指标

项目		4405					
		68-EP	100-EP	150-EP	220-EP	320-EP	460-EP
黏度(40℃)/(mm^2/s)		67.2	103.1	152.3	227.5	344	478
黏度指数		180	189	196	207	212	235
闪点/℃		277	281	280	283	283	294
凝点/℃		-50	-46	-44	-41	-43	-43
四球试验,1500r/min 常温	PD/N		2500	2500	2500	2500	3150
	D2060/mm		0.31	0.34	0.34	0.32	0.33
	ZMZ/N		375	504	494	522	603
梯姆肯试验 OK 值/N			157.5	—	157.5	—	292.5

表 3-125 聚醚型重负荷工业齿轮油技术指标

项目	4406					
	68-EP	100-EP	150-EP	220-EP	320-EP	460-EP
黏度(40℃)/(mm^2/s)	67.7	100.3	141.1	217	325	466
黏度指数	174	187	193	206	219	232
闪点/℃	246	248	249	245	238	242

（续）

项　目		4406					
		68-EP	100-EP	150-EP	220-EP	320-EP	460-EP
凝点/℃		-51	-48	-41	-45	-39	-44
四球试验	PD/N	3150	3150	3150	4000	4000	4000
1500r/min	D2060/mm	0.48	0.37	0.35	0.36	0.37	0.37
常温	ZMZ/N	451	549	580	690	730	750
梯姆肯试验 OK 值/N		225	293	293	270	293	423

（7）热定型机油　印染和塑料工业中使用的热定型机和拉伸拉幅机的链条与导轨之间是高温、高速下的滑动摩擦，要求润滑油具有良好的高温氧化安定性，以及结焦少、润滑性好等性能。多年来使用中国石化一坪高级润滑油公司的 4402、4402-1、4402-2 合成热定型机油获得满意的效果。表 3-126 列出上述三种热定型机油的主要技术指标。

表 3-126　热定型机油主要技术指标

项　目		4402	4402-1	4402-2
黏度/(mm^2/s) 100℃	≥	24.0	25.0	65
黏度指数		150	150	220
闪点/℃	≥	240	250	250
凝点/℃	≥	-30	-30	35
使用温度/℃		175	190	220

3.3.2　合成润滑脂

合成润滑脂是指以合成油为基础油的润滑脂。常用的基础油大多为酯类油、硅油、合成烃及含氟油等，稠化剂有锂基皂、复合皂、酰胺盐、聚脲、改质膨润土、硅胶等。

我国已研制和生产了一系列合成润滑脂，如精密仪表润滑脂、通用航空润滑脂、高低温轴承脂、高速轴承脂、真空脂、高温高压密封脂、齿轮脂和其他专用润滑脂等，广泛地应用于航空航天、冶金、交通、轻工、纺织、油气田开发和石油化工等工业部门的机械设备上。

1. 合成润滑脂的特性

合成润滑脂与以矿物油为基础油的润滑脂比较，有以下特性。

（1）优良的高温性能　合成润滑脂具有高滴点、较好的热氧化安定性、低蒸发度等特点。

（2）较好的低温性能　合成润滑脂的低温性能一般都比较好。

（3）良好的机械安定性　滚筒试验和剪断试验结果表明合成润滑脂的机械安定性好。

（4）良好的耐介质性能　由特种稠化剂稠化不同黏度的合成油并加有抗氧、防锈添加剂而制成的合成润滑脂具有耐汽油、煤油、润滑油、水、乙醇及天然气等介质的性能。

表 3-127 所列为 7007、7008 号通用航空双酯锂基润滑脂的技术性能。

表 3-127　7007、7008 号通用航空双酯锂基润滑脂的技术性能（摘自 SH 0437—2014）

项　目		质量指标		试验方法
		7007 号通用航空润滑脂	7008 号通用航空润滑脂	
外观		浅灰色至浅褐色均匀油膏	浅黄色至褐色均匀油膏	目测[①]
滴点/℃	≥	160		GB/T 3498
锥入度/0.1mm 1/4 工作锥入度 工作锥入度 十万次延长工作锥入度		55~76 报告 报告		GB/T 269
腐蚀(T3 铜,100℃,3h)		合格		SH/T 0331[②]
压力分油(质量分数,%)	≤	26.0	20.0	GB/T 392
相似黏度(-50℃,$10s^{-1}$)/(Pa·s)	≤	1100	1000	SH/T 0048
蒸发度(120℃)(质量分数,%)	≤	2.0		SH/T 0337
化学安定性(0.78MPa 氧压下,100℃,100h)压力降/MPa	≤	0.034		SH/T 0335
滚筒安定性(1/4 锥入度变化值)/0.1mm	≤	30		SH/T 0122

（续）

项目	质量指标		试验方法
	7007 号通用航空润滑脂	7008 号通用航空润滑脂	
承载能力(最大无卡咬负荷 PB,常温)/N ≥	491 报告		GB/T 3142 SH/T 0202
杂质含量/(颗/cm^3) 直径 25~74μm ≤ 直径 75~124μm ≤ 直径大于等于 125μm	5000 1000 无		SH/T 0336
防护性能(45 号钢、H62 黄铜,60℃,48h)	—	合格	SH 0437—2014 附录 A
低温转矩(-60℃)/(N·m) ≤ 起动力矩 运转力矩	报告 报告		SH/T 0338

① 本产品遇光变色，不影响使用。

② 金属片尺寸为 25mm×25mm×3mm，烧杯容积为 50mL。

2. 合成润滑脂的应用

（1）精密仪表润滑脂　精密仪表润滑脂是以合成精密仪表油为基础油制成的，包括特 8 号、特 7 号、特 7-5 号、特 12 号精密仪表脂。适用于精密仪器、仪表的轴承和摩擦部件上作润滑剂和防护剂，使用温度范围见表 3-128。

表 3-128　精密仪表脂使用温度范围

产品名称	使用温度范围/℃
特 8 号	-60~60
特 7 号	-70~120
特 7-5 号	-70~80
特 12 号	-70~110

（2）高低温轴承润滑脂　由烷基对苯二甲酰胺钠或聚脲稠化合成油而制成的高低温润滑脂，包括 7015、7016、7017-1、7014、7014-1 等牌号。它们具有良好的高低温性、机械安定性、抗水性和抗辐射性能。适用于高温工作下的各种滚动轴承的润滑，7014 和 7014-1 号也可以用于滑动轴承和齿轮的润滑。使用温度范围见表 3-129。

表 3-129　高低温润滑脂使用温度范围

产品名称	使用温度范围/℃
7014	-60~200
7014-1	-40~200
7015	-70~180
7016	-60~200
7017-1	-60~250

（3）高速轴承润滑脂　7007、7008 号润滑脂是由锂基皂稠化合成酯类油，并加有抗氧化和结构改进剂的添加剂制成的，使用温度范围为-60~120℃，已广泛用于航空电机轴承和电动机构齿轮、操纵节点的润滑。近年来这两种脂已应用于转速为 5000~20000r/min 的内外圆磨床主轴轴承、35000r/min 的气流纺纱转子轴承上，润滑效果良好，一次加脂润滑寿命在一年以上。7018 号高速轴承润滑脂适用于 30000~180000r/min 转速范围内的各种超高速轴承的润滑，使用温度为-50~150℃。除使用在航空和航天工业的高速陀螺马达轴承上，还应用于 40000~60000r/min 磨头轴承上。

（4）窑车轴承润滑脂　7020 号窑车轴承润滑脂是由特种稠化剂稠化合成油并加有抗氧化和极压添加剂制成的，具有优良的高温性能、低的蒸发度和极压润滑性。适用于高温重负荷下低速运转的各种焙烧窑窑车轴承的润滑，其使用温度可达 300℃，近年来被推广到汽车制造、冶金、玻璃陶瓷、纺织印染等行业中，高温下工作的轴承取得了满意的效果。

（5）合成齿轮润滑脂　7407 号齿轮润滑脂（SH/T 0469—1994）是由复合稠化剂稠化特定的基础油并加有抗氧、极压等添加剂制成的，是一种半流体齿轮润滑脂，具有良好的涂覆性、黏附性和极压润滑性能。适用于各种低速，中、重负荷传动的开式和闭式齿轮、链轮和联轴节等机构的润滑。其油膜可承受最高冲击负荷为 2.45×10^5N，使用温度范围为-20~120℃。7407 号齿轮润滑脂使用于行车、立、卧式减速器齿轮的润滑，解决了使用齿轮油长期以来存在的漏油、缺油、需频繁加油的问题，延长了维修周期，效果十分显著。

7412 号半流体齿轮润滑脂，理论上可以与齿轮箱等寿命。在冶金、石油化工企业的各种减速箱上使用，解决了齿轮箱漏油的问题，改善了操作环境，节约了能源。其使用温度范围为-40~150℃。表 3-130 列出了 7412 号半流体齿轮润滑脂的主要技术指标。

表 3-130　7412 号半流体齿轮润滑脂的主要技术指标

项　目		7412 号	
		00 号	000 号
锥入度/0.1mm		400~430	445~475
滴点/℃	≥	250	250
蒸发度(150℃)(%)	≤	4.0	4.0
四球试验 PB/N	≥	1234.8	1234.8
PD/N	≥	3087	3087
ZMZ/N	≥	441	441

（6）防泄漏密封润滑脂　7903 耐油密封润滑脂（SH/T 0011—1990）是由无机稠化剂稠化合成油制得的一种塑性润滑脂，具有耐多种介质的能力，兼有密封和润滑作用。适用于各种油箱、阀门、管线的静密封和低速旋转部件的动密封，已广泛使用在石油、冶金、化工、交通等部门的齿轮箱、阀门的静密封和低速动密封。其使用温度为-20~150℃技术指标见表 3-131。

合成润滑油脂具有许多的优良性能，它解决了矿物油脂所不能解决的润滑问题，因而广泛应用于工业的各个部门。各类合成润滑油脂各具特点，需要加强应用研究，根据使用要求选择适用的润滑剂，才能充分地发挥其优良性能，获得较好的经济效果。

表 3-131　7903 耐油密封润滑脂主要技术指标

项　目		质量指标
外观		黏稠均匀油膏
1/4 锥入度/0.1mm		55~70
滴点/℃	≥	250
溶解度(%)	≤	20

参 考 文 献

[1]　汪德涛. 润滑技术手册［M］. 北京：机械工业出版社，1999.

[2]　中国石油化工股份有限公司科技开发部. 石油产品国家标准汇编 2005［S］. 北京：中国标准出版社，2005.

[3]　中国石油化工股份有限公司科技开发部. 石油产品行业标准汇编 2005［S］. 北京：中国石化出版社，2005.

[4]　谢泉，顾军慧. 润滑油品研究与应用指南［M］. 2 版. 北京：中国石化出版社，2007.

[5]　颜志光，杨正宇. 合成润滑剂［M］. 北京：中国石化出版社，1996.

[6]　颜志光. 新型润滑材料与润滑技术实用手册［M］. 北京：国防工业出版社，1999.

第4章　合成润滑剂

4.1　概述

合成润滑剂是通过化学合成方法制备成的较高相对分子质量的化合物，再经过调配或进一步加工而成的润滑油、脂产品。合成润滑剂具有一定化学结构和预定的物理化学性质，在其化学组成中，除了含碳、氢元素外，还分别含有氧、硅、磷、氟、氯等元素。

合成油的研究开发，首先是从合成烃在20世纪30年代开始的。1934年美国印第安纳州标准油公司沙利文（F. W. Sullivan）等合成了聚α-烯烃，被认为是一种理想的润滑剂。几乎与此同时，德国法本公司的佐恩（H. Zom）领导的一个小组也发现了制备合成烃的方法。从1939年开始，德国即利用蜡裂解生产聚α-烯烃，试图以此解决其润滑剂的短缺问题。

在第二次世界大战初，联合碳化物公司开始生产并出售单烷基聚醚（又称聚烷撑醚），作为汽车制动液，后来被称为Ucon润滑剂。

从1937年开始，佐恩等人合成和研究了许多种类的酯，发现三酯具有较好的性能。1942年美国海军研究室齐斯曼（W. A. Zisman）发现癸二酸双酯具有高黏度指数和低倾点的特性，这有望满足海军飞机和武器仪表的润滑要求。1947年美国航天局批准进行癸二酸双酯和壬二酸双酯的试车试验，之后于1951年12月公布燃气涡轮发动机油标准MIL-L-7808。在20世纪60年代初，美国海军研究室又研究了阻化酯或新戊基多元醇酯，使飞机发动机润滑油的使用温度又提高了50℃以上。1965年公布了新标准MIL-L-23699，从而使酯类油成为产量较大的合成油。

在1949—1953年间，壳牌发展公司开发出了芳基磷酸酯作为难燃液压油，用于民用飞机，后来在工业液压设备和军舰上应用。

我国合成润滑剂工业在1949年的产量只有18t聚烯烃。20世纪50年代后期研究硅油和氟油的合成工艺并开始生产甲基硅油、甲基苯基硅油和全氟烃。60年代开始生产酯类航空发动机润滑油、精密仪表油和高温润滑脂。70年代发展了磷酸酯型航空液压油和工业难燃液压油、全氟聚醚产品等。到目前为止，已研究和生产的合成润滑剂有酯类油、聚醚、聚硅氧烷、含氟润滑油、磷酸酯和聚烯烃等100多种，满足了国防工业和民用工业不断发展的需要。

但与国外相比，国内合成润滑剂的生产规模仍较小。每类合成润滑剂都有其独特的化学结构，特定的原料和制备工艺以及独特的性能和应用范围。表4-1列出了几种主要合成润滑剂的不同性质与典型矿物油进行对比。到目前为止，全国已有几十个单位在从事研究和生产合成润滑剂。

表4-1　合成润滑剂与典型矿油物的性能比较

性质	矿物油（液状石蜡）	聚α-烯烃	双烷基苯	双酯	多元醇酯	聚醚	磷酸酯	硅油
黏温特性	F	G	F	VG	G	VG	P	E
低温性	P	G	G	G	G	G	F	G
高温氧化稳定性（带抑制剂）	F	VG	G	G	E	G	F	G
与矿物油相容性	E	E	E	G	E	P	F	P
低挥发度	F	E	G	E	E	G	G	G
与多数涂料相容性	E	E	E	VG	G	G	P	VG
水解稳定性	E	E	E	F	F	VG	F	G
缓蚀性（带抑制剂）	E	E	E	F	F	VG	F	G
添加剂溶解度	E	G	E	VG	VG	F	G	P
密封材料溶胀性（丁腈胶）	E	E	E	G	F	E	F	E

注：P=不好；F=一般；G=好；VG=很好；E=极好。

4.2　合成润滑剂的分类

根据合成润滑油的化学结构，已工业化生产的合成润滑油分为下列6类：

1）有机酯。包括双酯、多元醇酯及复酯等。

2）合成烃。包括聚α-烯烃、烷基苯、聚异丁烯及合成环烷烃等。

3）聚醚。又名聚烷撑醚、聚乙二醇醚。

4）聚硅氧烷。又名硅油，包括甲基硅油、乙基硅油、甲基苯基硅油、甲基氯苯基硅油及硅酸酯等。

5）含氟油。包括氟碳、氟氯碳、全氟聚醚及氟硅油等。

6）磷酸酯。

在我国 GB/T 7631.1—2008 润滑剂、工业用油和有关产品（L 类）的分类　第 1 部分：总分组中规定的润滑剂的分类是等效采用国际标准 ISO6743/0 制定的标准，其分类原则是根据应用场合划分的，每一类润滑剂中已考虑了应用合成液的润滑剂，因此没有将合成润滑油单独分类，而只有一些产品标准，列举于表 4-2（其中不包括合成润滑脂标准和合成制动液等的标准）。

表 4-2　一些合成润滑油标准

序号	标准编码	标准名称	相应国外标准
1	GJB 135A—1998	4109 号合成航空润滑油	MIL-L-7808J
2	GJB 561—1988	4450 号航空齿轮油	AIR-3525/B79
3	GJB 1085—1991	舰用液压油	
4	GJB 1170—1991	低挥发航空仪表油	MIL-L-6085B(1)-85
5	GJB 1263—1991	航空涡轮发动机用合成润滑油规范	MIL-L-23699C
6	NB/SH/T 0434—2013	4839 号抗化学润滑油	
7	NB/SH/T 0448—2013	4802 号抗化学润滑油	
8	NB/SH/T 0454—2018	特种精密仪表油规范	
9	SH/T 0465—1992	4122 号高低温仪表油	
10	NB/SH/T 0467—2010	合成工业齿轮油	

注：GJB—国家军用标准代号。SH—中国石油化工总公司代号。

4.3　合成润滑剂的特性

与矿物油相比，合成润滑剂具有下列性能：

1）较好的高温性能。合成润滑油比矿物油的热安定性要好，热分解温度、闪点和自燃点都高，允许在较高的温度下使用。表 4-3 为各类合成油的闪点、自燃点及热分解温度等温度特性。

2）优良的黏温性能和低温性能。大多数合成润滑油比矿物油黏度指数高，黏度随温度变化小。在高温黏度相同时，大多数合成油比矿物油的倾点（或凝点）低，低温黏度小，见表 4-3。

3）较低的挥发性。合成油一般是一种纯化合物，其沸点范围较窄，挥发性较低，因此挥发损失低，可延长油品的使用寿命。

4）优良的化学稳定性。卤碳化合物如全氟碳油、氟氯油、氟溴油、聚全氟烷基醚等，具有优良的化学稳定性，在 100℃ 不与氟气、氯气、硝酸、硫酸、王水等强氧化剂起反应，在国防和化学工业中具有重要的使用价值。

5）抗燃性。某些合成油（如磷酸酯、全氟碳油、水-乙二醇等）具有抗燃性，被广泛用于航空、冶金、发电、煤炭等工业领域。表 4-4 为一些合成油的抗燃性。

表 4-3　矿物油及合成油的温度特性

类别	闪点/℃	自燃点/℃	热分解温度/℃	黏度指数	倾点/℃
矿物油	140~315	230~310	250~310	50~130	-45~-10
双酯	200~300	370~430	283	110~190	<-70~-40
多元醇酯	215~300	400~440	316	60~190	<-70~-15
聚 α-烯烃	180~320	325~400	338	50~180	-70~-40
二烷基苯	130~230	—	~	105	~57
聚醚	190~340	335~400	279	90~280	-65~5
磷酸酯	230~260	425~650	194~421	30~60	<-50~-15
硅油	230~330	425~550	388	110~500	<-70~10

（续）

类别	闪点/℃	自燃点/℃	热分解温度/℃	黏度指数	倾点/℃
硅酸酯	180~210	435~645	340~450	110~300	<-60
卤碳化合物	200~280	>650		-200~-100	<-70~-65
聚苯醚	200~340	490~595	454	100~10	-15~20

表 4-4 矿物油及合成油的抗燃性 （单位：℃）

类别	闪点	燃点	自燃点	热歧管点火温度	纵火剂点火性
汽轮机油（矿物油）	200	240	<360	<500	燃
芳基磷酸酯	240	340	650	>700	不燃
聚全氟甲乙醚	>500	>500	>700	>930	不燃
水-乙二醇抗燃油	无	无	无	>700	不燃

6）抗辐射性。某些合成油的烷基化芳烃、聚苯和聚苯醚等具有较好的抗辐射性。

7）与橡胶密封件的适应性。在使用合成润滑油时，应选择与这种合成油相适应的橡胶密封件，因为与矿物润滑油相适应的丁腈橡胶密封件并不与多数合成油相适应。例如与磷酸酯相适应的橡胶是乙丙橡胶，与甲基硅油及甲基苯基硅油相适应的橡胶是氯丁橡胶及氟橡胶。

8）对金属的作用。某些合成油可能在有水存在或高温时腐蚀某些金属，例如有水存在时，磷酸酯及甲基氯苯基硅油的腐蚀性增大，多元醇酯在较高温度下也会腐蚀某些有色金属。

表 4-5 为各种合成油与矿物油的性能对比，表 4-6 为合成润滑剂的用途。

表 4-5 各种合成油与矿物油性能对比

类别	黏温特性	与矿物油相容性	低温性能	热安定性	氧化安定性	水解安定性	抗燃性	耐负荷性	与油漆和涂料相容性	挥发性	抗辐射性	密度	相对价格
矿物油	中	优	良	中	中	优	低	良	优	中	高	低	1
超精制矿物油	良	优	良	中	中	优	低	良	优	低	高	低	2
聚α-烯烃	良	优	良	良	良	优	低	良	优	低	高	低	5
有机酯类	良	良	良	中	中	中	低	良	优	中	中	中	5
聚烷撑醚	良	差	良	优	中	良	低	良	良	低	中	中	5
聚苯醚	差	良	差	优	良	优	低	良	中	中	高	高	110
磷酸酯（烷基）	良	中	中	中	良	中	高	良	差	中	低	高	8
磷酸酯（苯基）	中	中	差	良	良	中	高	良	差	低	低	高	8
硅酸酯	优	差	优	良	中	差	低	中	中	中	低	中	10
硅油	优	差	优	良	良	良	低	差	中	低	低	中	10~50
全氟碳油	中	差	中	良	良	中	高	差	中	中	低	高	100
聚全氟烷基醚	中	差	良	良	良	良	高	良	中	中	低	高	100~125

注：1. 评分标准为优、良、中、差或高、中、低。

2. 相对价格以矿物油为基准相对比较而得，无量纲。

表 4-6 合成润滑剂的用途

种类	用途
合成烃	燃气涡轮润滑油、航空液压油、齿轮油、车用发动机油、金属加工油、轧制油、冷冻机油、真空泵油、减振液、制动液、纺丝机油、润滑脂基础油
酯类油	喷气发动机油、精密仪表油、高温液压油、真空泵油、自动变速机油、低温车用机油、制动液、金属加工油、轧制油、润滑脂基础油、压缩机油
磷酸酯	用于有抗燃要求的航空液压油、工业液压油、压缩机油、制动液、大型轧制机油、连续铸造设备用油
聚乙二醇醚	液压油、制动液、航空发动机油、真空泵油、冷动机油、金属加工油
硅酸酯	高温液压油、高温传热介质、极低温润滑脂基础油、航空液压油、导轨液压油

（续）

种类	用 途
硅油	航空液压油、精密仪表油、压缩机油、扩散泵油、制动液、陀螺液、减振液、绝缘油、光学用油、润滑脂基础油、介电冷却液、脱模剂、雾化润滑液
聚苯醚	有关核反应堆用润滑油、液压油、冷却介质、发动机油、润滑脂基础油
氟油	核能工业用油、导弹用油、氧气压缩机油、陀螺液、减振液、绝缘油、润滑脂基础油

4.4 合成润滑剂的结构与应用

4.4.1 酯类油

酯类油是有机酸和醇的酯化反应产物，酯类油的分子中都含有酯基官能团-COOR′，自然界存在的动物脂肪或植物油多为饱和一元羧酸或不饱和一元羧酸与丙三醇生成的酯。在合成润滑剂中的酯类油可分为双酯、多元醇酯和复酯。

1. 酯类油的特性

1）良好的黏温特性。酯类油的黏温特性良好，黏度指数较高。若加长酯分子的主链，则其黏度增大，黏度指数增高。双酯中常用的癸二酸酯和壬二酸酯的黏度指数均在 150 以上。

2）低温性能好。双酯中带支链醇的，通常具有较低的凝点，常用的癸二酸酯和壬二酸酯的凝点均在 -60℃以下。同一类型的酯，随着相对分子质量的增加及支链酸的引入，酯的低温黏度增加。

3）良好的高温性能。同一类型的酯，随着相对分子质量的增加，闪点升高，蒸发度降低。

4）氧化稳定性好。酯类油的特点之一是氧化稳定性好，但也因其结构的不同而异，实际使用时仍需添加抗腐蚀添加剂。

5）润滑性好。由于酯分子中的酯类具有极性，酯分子易吸附在摩擦表面形成边界油膜，因而酯类油的润滑性一般优于同黏度的矿物油。

2. 酯类油的结构

酯类油有一元醇酯（聚亚烷氧基醚单酯，单酯）、二元醇酯（双酯）、三元醇酯（三羟甲基丙烷酯等）、四元醇酯（如季戊四醇酯），以及复酯。三元以上的醇生成的酯通称为多元醇酯，三羟甲基丙烷酯和季戊醇酯因结构上的共同点又称新戊基多元醇酯。生成酯的除了醇以外，还可以是单醚，如由一元醇和环氧乙烷为原料通过聚合反应生成单醚再酯化获得的聚亚烷氧基单酯、双酯、三酯和四酯。

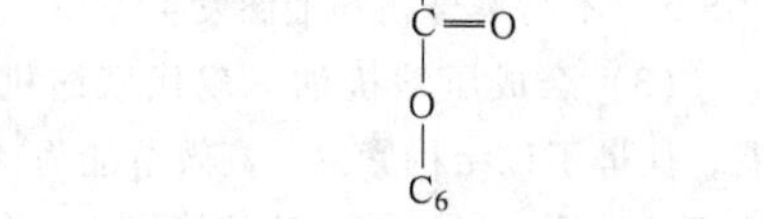

$$C_4H_9—O—[CH_2—CH(CH_3)—O]_n—C(=O)—C_{11}H_{23}$$

单酯

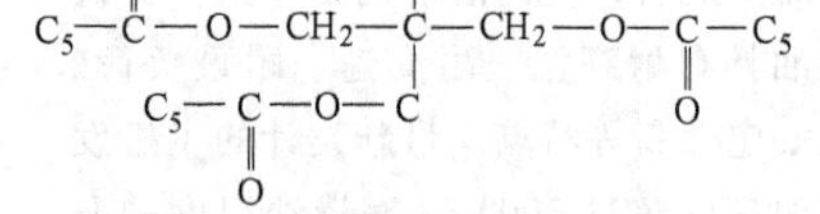

$$C_6H_{13}—C(=O)—O—[CH_2—CH(CH_3)—O]_n—C(=O)—C_6H_{13}$$

双酯

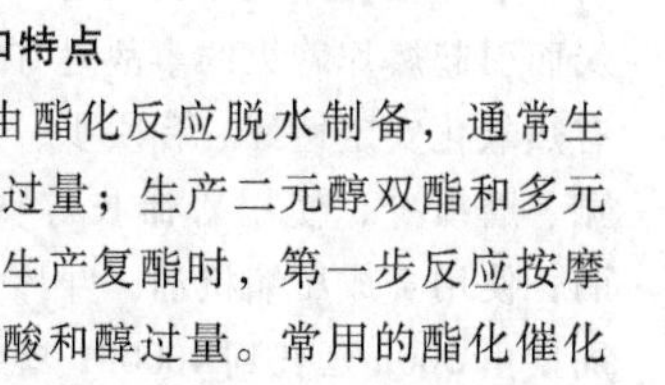

$$C_6—O—C(=O)—C(C_2)(C(=O)—O—C_6)—CH_2—C(=O)—O—C_6$$

三羟甲基丙烷酯

$$C(C—O—C(=O)—C_5)(C—O—C(=O)—C_5)(CH_2—O—C(=O)—C_5)(CH_2—O—C(=O)—C_5)$$

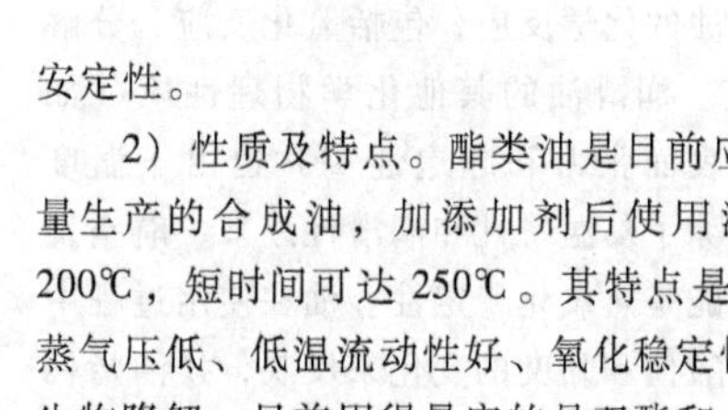

季戊四醇四己酯

3. 酯类油的制备和特点

1）制备。酯类油由酯化反应脱水制备，通常生产二元酸双酯时，为醇过量；生产二元醇双酯和多元醇酯时为脂肪酸过量；生产复酯时，第一步反应按摩尔比，第二步为封头的酸和醇过量。常用的酯化催化剂有硫酸、硫酸氢钠、对甲基苯磺酸、磷酸、磷酸酯、钛酸酯、锆酸酯、活性炭、氧化锌和阳离子交换树脂等，制备时还要经过精制以提高酯类油的抗氧化安定性。

2）性质及特点。酯类油是目前应用最广而又大量生产的合成油，加添加剂后使用温度可达 -60~200℃，短时间可达 250℃。其特点是价廉、油性好、蒸气压低、低温流动性好、氧化稳定性好、无毒和可生物降解。目前用得最广的是双酯和多元醇酯。几种典型酯类油的性质见表 4-7。

表 4-7 几种典型酯类油的性质

序号	名称	相对分子质量	总碳原子数	运动黏度/(mm^2/s)		黏度指数	倾点/℃	热分解温度/℃	四球承载/MPa	四球磨损/mm	振子摩擦因数
				40℃	10℃						
1	癸二酸二异辛酯	426	26	11.7	3.24	153	-72	284	0.50	0.83	0.20
2	癸二酸酯①(双酯)	—	—	53	10.1	151	-51.1	—	—	—	—
3	硬脂酸十八碳醇酯(单酯)	537	36	25.1	6.0	200	70	—	—	—	—
4	丙三醇三(2-乙基己酸)酯(三酯)	471	27	15.9	3.14	123	-66				
5	三羟甲基丙烷三己酯(三酯)	428	24	11.4	2.96	113	<-54	—	—	—	—
6	季戊四醇四己酯(四酯)	528	29	85	4.1	147	-54	307			
7	150SN 中性油	—	—	28~32	—	≥100	≤-9	—	0.45	0.90	0.24

① 2-乙基己醇和聚乙烯醇 200 的双酯。

酯类油在烃基骨架相同的条件下，链长增加，黏度和黏度指数增大。链的分支程度增加，倾点下降。影响酯类油低温性能的有酯的类型、相对分子质量和结构。一般而言，新戊基多元醇的低温性能较二元醇差，相对分子质量大的酯比相对分子质量小的差，结构对称的酯比不对称的酯差。酯类油热解反应是顺式立体定向单分子反应，活化熵是负值。酯结构中醇部分的β-碳原子上的氢、醇的相对分子质量、分子结构、酸的结构，酯类物中酸性及含金属的杂质和催化剂，酯化的完全程度等均对酯的热安定性有一定的影响。酯类油的缺点是难以得到高黏度油，与密封材料相容性差，与涂料不相容，水解稳定性差。

4. 酯类油的应用

酯类油主要是在飞机涡轮发动机润滑油（又称航空涡轮发动机润滑油）中用量最大的油品，其次是精密仪器仪表油、合成压缩机油、汽车发动机油、金属加工油剂、合成润滑脂基础油及塑料、化纤及精细化工领域中的应用。

（1）航空涡轮发动机油　随着航空涡轮发动机性能的不断提高，发动机润滑系统工作温度不断升高，润滑油工作时间延长，使润滑油的工作条件日益苛刻，要求润滑油具有耐高温、耐高速、耐重负荷、寿命长、热氧化安定性高等特点。最新设计的飞机发动机润滑油主体温度已超过 300℃，润滑油温度的升高，加速了润滑油的化学反应，包括氧化反应、分解反应和催化反应。润滑油的其他化学物理性质（如黏度、蒸发性、表面张力和起泡性等）也由于温度的升高而变差。除了黏温特性和润滑性之外，航空发动机油的主要性能是热氧化稳定性。油在使用过程中的变化，可通过酸值和黏度的变化来反映，换油指标随不同用户而定，通常以黏度增加 15%~20%和酸值达 1~2mgKOH/g 为最大允许值。由于润滑油的热氧化安定性不好，在使用过程中产生非油溶性产物，对润滑油系统是潜在危险，它会堵塞过滤器和喷嘴，劣化供油，阻碍传热，造成发动机故障。

（2）精密仪器仪表油　随着科学技术的发展，各种高精密陀螺、导航仪表、微型电动机和各种精密仪器仪表对润滑油提出了越来越高的要求，具体包括：

1）宽温度范围下黏温特性良好，要求在宽温度范围下，油品的黏度变化小，不允许固化，保持足够的力矩。

2）低蒸发速率。精密仪器仪表油品的蒸发速率（挥发性）必须最小，才能尽可能长期保持油量，以保证得到充分的润滑，例如在航空航天工业中使用的自动仪表和设备要求工作温度范围为-40~120℃，飞行寿命达 7~10 年。

3）油滴黏附性好。许多精密仪器仪表要求润滑剂能保持在润滑点上，为此必须采用具有较高表面张力的润滑剂。

4）良好的抗氧化安定性。许多精密仪器仪表一般情况下不允许增添或更换润滑剂，因此要求润滑剂具有良好的抗氧化安定性，才能满足其使用期要求。

5）不与聚合物和油漆发生作用，耐蚀性好。

（3）合成压缩机油　现代压缩机生产技术的发展，促进了以结构紧凑、高效节能为特点的旋转式压缩机的出现，对压缩机油的热氧化安定性提出了更高的要求。往复式压缩机采用矿物油润滑，因出口处积炭而引起爆炸着火的事故时有发生。合成压缩机油具有热氧化安定性好、积炭少、黏温特性好、操作温度宽、磨损少、使用寿命长等特点。国外试验结果表明，使用合成压缩机油，叶片式压缩机的润滑油换油周期由 500h 延长到 4000h；螺杆式压缩机换油周期由 1000h 延长到 8000h；往复式压缩机的换油周期从 1000h 延长到 3000h。中石化高级润滑油公司研制生产的 4502-1、4502-2、4502-3 合成压缩机油产品，已用在大功率中压的单、双螺杆压缩机上，延长了使用寿命、降低了能耗。

（4）车用发动机油　将多元醇酯添加到矿物油中形成的半合成型发动机油，它能降低蒸发损失、提高油品的热氧化安定性与发动机的清净性。可延长发动机油的使用寿命，减少摩擦损失，节约燃料费用约5%等，一般可达到 SE 级标准。

（5）金属加工油　在金属加工油中常应用硬脂酸甲酯、硬脂酸丁酯和硬脂酸已酯等作为油性剂。一些合成型酯类油，如由有机酸和多官能团的醇形成的新戊基多羧基酯，在 300℃以上才分解。

4.4.2　合成烃

聚 α-烯烃是合成烃的一种，它是合成油中目前发展最快的品种。由在碳链端头有一双键的长链 α-烯烃在催化剂作用下聚合而成，聚 α-烯烃的分子通式为：

$$R_1[CH_2-\underset{\displaystyle R_2}{\underset{|}{CH}}]_nR_3$$

式中，R_1、R_2、R_3 为碳数不等的烷基。

（1）结构　α-烯烃指的是高碳端烯烃，工业品 α-烯烃是直链 α-烯烃的混合物。α-烯烃的端烯含量、碳数分布、纯度等均会影响聚 α-烯烃产品的性能。聚 α-烯烃合成油是由 α-烯烃（主要是 $C_8 \sim C_{10}$）在催化作用下聚合（主要是二聚体、四聚体和五聚体）而得到的一类比较规则的长链烷烃。

$$RCH=CH_2 \xrightarrow[\text{温度、压力}]{\text{催化剂}} CH_3-\underset{\displaystyle R}{\underset{|}{CH}}[CH_2-CH]_{n-2}-\underset{\displaystyle R}{\underset{|}{CH_2}} \quad n=3\sim5,\ R=C_mH_{2m+1}\ (m=6\sim10)$$

（2）制备　工业上制备聚 α-烯烃有蜡裂解法和乙烯齐聚法两大类。早在 1931 年国外就使用蜡裂解烯烃在 $AlCl_3$ 催化下聚合得到聚 α-烯烃。我国在 20 世纪 70 年代就开始生产合成烃油。我国原油中含蜡量较高，蜡资源丰富而乙烯短缺，因此，多采用蜡裂解法，用 $AlCl_3$ 为催化剂，生产聚 α-烯烃合成油，产品质量较差。随着乙烯齐聚法生产 α-烯烃工艺日趋成熟，产品质量好，价格接近蜡裂解法，国外已用乙烯齐聚法代替蜡裂解法生产聚 α-烯烃。

聚 α-烯烃合成油分为高黏度（40～100mm^2/s）、中黏度（10～40mm^2/s）和低黏度（2～10mm^2/s）三档。高黏度主要用齐格勒催化剂，中黏度主要用 $AlCl_3$ 为催化剂，低黏度主要用 BF_3 催化剂。

（3）性质及特点　α-烯烃合成油黏度指数高、闪点高、凝固点低、挥发性低、热安定性好，在极低温度下具有独特的低黏度，不但与矿物油基础油相比优越，在合成油中也是一种综合性能优秀的油品。聚 α-烯烃主要应用领域包括：汽车发动机油、齿轮油、航空发动机油、液压油、压缩机油和介电冷却液等。

聚 α-烯烃的主要缺点是会使某些橡胶轻微收缩和变硬，对强极性添加剂的溶解性差。表 4-8 为合成烃与黏度相近的矿物油的主要性能比较。

表 4-8　合成烃与黏度相近的矿物油的主要性能比较

项目		轻组分		重组分	
		聚 α-烯烃	矿物油	聚 α-烯烃	矿物油
运动黏度/(mm^2/s)	100℃	5.7	5.2	29	32
	40℃	29	29.5	391	480
	-17.8℃	1010	太黏，不能测	37000	太黏，不能测
	-40℃	7790	太黏，不能测	太黏，不能测	太黏，不能测
黏度指数		140	102	145	98
凝点/℃		-54	-18（加降凝剂）	-51	-4（加降凝剂）
闪点/℃		235	218	271	274
蒸馏（质量分数，%）（400℃塔顶馏出）		2	20	1	1

（4）聚 α-烯烃的应用　聚 α-烯烃是合成油中发展最快和用量大的品种，目前在汽车和航空发动机油、齿轮油与无级变速器油、循环油、液压油，液力传动油（自动变速器油）、压缩机油、润滑脂基础油、导热油和工艺油等油品中都得到应用。

1）发动机油。由于合成油具有优异的低温性能，轻质 PAO 的挥发性较低，因此适合在寒冷地区使用，也可使用较低黏度的发动机油节约燃料，减少磨损，可得到较好的燃料经济性。目前市售低黏度发动机油是用 PAO 和酯类油调配而成的，使用这种油可得到平均节油 3%～4%的效果。

2）齿轮油。使用 PAO 的车辆齿轮油低温性能较好，可显著提高传动效率，降低能耗。

3）液压油等其他应用。由于聚 α-烯烃所具有的低温性能、较高的闪点、牵引系数及热氧化稳定性、较低的挥发性能等，PAO 已应用于-54～135℃液压油、无级变速器油、介电冷却液及回转式空气压缩机油中。

4.4.3　烷基苯合成油

烷基苯合成油是合成烃润滑油中的一类主要品种，它与聚 α-烯烃及聚丁烯合成油的不同之处是结构中含有芳环。根据烷链的多少，烷基苯可分为单烷基苯、二烷基苯和多烷基苯。作为合成润滑油组分，主要是二烷基苯和三烷基苯。烷链为直链的称直链烷基苯，烷链为支链的称支链烷基苯。

1. 烷基苯合成油的性能

烷基苯合成油具有优良的低温性能，蒸发损失小，不含硫，氧化后沉淀物少，油气性能好，与矿物油能以任意比例混合，能与矿物油所用的非金属材料相配伍，因此，烷基苯是合成烃中较有发展前途的品种。表 4-9 列出了直链与支链烷基苯的性能比较。表 4-10 为二烷基苯油与矿物油的主要物理性质比较。

表 4-9　直链与支链烷基苯的性能比较

性能		$CH_3—CH(C_6H_5)—CH_2—[CH(CH_3)—CH_2]_n—CH(CH_3)—CH_3$		$CH_3—CH(C_6H_5)—CH_2—[CH_2—CH_2]_n—CH_2—CH_3$	
		烷基苯	重烷苯	烷基苯	重烷苯
相对密度(d_4^{15})		0.862	0.872	0.864	0.873
闪点(开杯)/℃		132	160	146	202
运动黏度/(mm^2/s)	40℃	6.29	33.46	4.65	26.20
	100℃	—	4.35	—	4.61

表 4-10　二烷基苯油与矿物油的主要物理性质比较

项目		二烷基苯油	轻质石蜡基矿物油
黏度/(mm^2/s)	98.9℃	5.0	5.7
	37.8℃	30.0	37.0
	-40℃	9700	凝固
黏度指数		100	103
凝点/℃		-53.9	-15
闪点(开杯)/℃		232	210
蒸发损失(204℃,6.5h)(%) 橡胶膨胀		14.4	23.2
F 胶(204℃)(%)(体)		+4.6	+1.6
H 胶(70℃)(%)(体)		+0.8	+1.4
L 胶(70℃)(%)(体)		+0.7	+1.4

2. 烷基苯合成油的生产及应用

由于烷基苯合成油具有优良的低温性能及油气性能，因此广泛用于调制寒区及严寒区车用发动机油、齿轮油及液压油。也常用于制备各种冷冻机油、电器绝缘油及低温润滑脂。表 4-11 为典型的冷冻机油基础油的特性。

表 4-11　典型的冷冻机油基础油的特性

项目		直链重烷基苯	支链重烷基苯	环烷基矿物油
运动黏度/(mm^2/s)	100℃	4.87	4.44	4.32
	40℃	32.0	33.67	29.8
	0℃	361	603	570
	-15℃	130	3250	3630
黏度指数		56	-33	-5
倾点/℃		-57.5	-45.0	-40
浊点/℃		<-70	<-70	-57
闪点/℃		192	172	176
烧结负荷/N(法列克斯试验)		2666	2048	2352

4.4.4　聚醚

聚醚又称聚乙二醇醚或烷撑聚醚，它是在工业中应用最广的一类合成油。它是以环氧乙烷（EO）、环氧丙烷（PO）、环氧丁烷（BO）和四氢呋喃等为原料，在催化剂作用下开环均聚或共聚制得的线型聚合物，其结构通式为：

$$R_1O\!-\!\!\left[CH_2-\underset{}{\overset{R_2}{\overset{|}{C}}}H-O\!\left(CH_2-\overset{R_2}{\overset{|}{C}}H\right)_m O\right]_n\!R_4$$

式中，$n=2\sim500$；R_1、R_2、R_3 可以是氢或烷基。

1. **聚醚的特性**

1）黏度特性。聚醚的突出特点是随着聚醚相对分子质量的增加，其黏度和黏度指数相应增加。它在50℃时的运动黏度在 $6\sim1000mm^2/s$ 范围内变化，聚醚的黏度指数比矿物油大得多，约为 170~245。

2）黏压特性。聚醚的黏压特性也与其分子链长短及化学结构有关，黏压系数通常低于同黏度矿物油的黏压系数。

3）低温流动性。聚醚的凝点一般较低，低温流动性较好。

4）润滑性。基于聚醚的极性，加上具有较低的黏压系数，在几乎所有润滑状态下能形成非常稳定的具有大吸附力和承载能力的润滑剂膜，且具有较低的摩擦因数与较强的抗剪切能力。聚醚的润滑性优于矿油、聚 α-烯烃和双酯，但不如多元醇酯和磷酸酯。

5）热氧化稳定性。与矿物油和其他合成油相比，聚醚的热氧化稳定性并不优越，在氧的作用下聚醚容易断链，生成低分子的羰基和羰基化合物。在高温下迅速挥发掉，而不会生成沉积物和胶状物质，黏度逐渐降低而不会升高。聚醚对抗氧化剂有良好的感受性，加入阻化酚类、芳胺类抗氧化剂后可提高聚醚分解温度，达到 240~250℃。

6）水溶性和油溶性。调整聚醚分子中环氧烷的比例可得到不同溶解度的聚醚，环氧乙烷的比例越高，在水中溶解度就越大。随相对分子质量降低和末端羟基比例的升高，水溶性增强。环氧乙烷、环氧丙烷共聚醚的水溶性随温度的升高而降低。当温度升高到一定程度时，聚醚析出，此性能称为逆溶性，利用这一特性，聚醚水溶液可作为良好的淬火液和金属切削液。经验证明，控制聚醚的结构参数——碳原子与氧原子的数量比值（C/O），可以有效地控制聚醚的溶解性。如 C/O 在 3.5 以上时，聚醚在矿物油中有优良的溶解性；C/O 为 3~3.5 时，聚醚有一定油溶性；C/O 小于 3 时，聚醚有水溶性。

2. **聚醚的应用**

聚醚具有许多优良性能，因此应用范围不断扩大，包括高温润滑剂、齿轮润滑油、制动液、难燃型液压液、金属加工液、压缩机油、冷冻机油、真空泵油等。

1）高温润滑油。良好的黏温特性和在高温下不结焦的特性，使聚醚可以作为玻璃、塑料、纺织、印染、陶瓷、冶金等行业中的高温齿轮、链条和轴承的润滑材料。

2）齿轮润滑油。在聚醚中加入一些抗磨或极压添加剂后，可得到一种理想的齿轮润滑剂，用于大、中功率传动的蜗轮蜗杆副、闭式齿轮和汽车减速齿轮上，可降低齿轮磨损，延长换油期和检修期。

3）金属加工液。由于聚醚的水溶性和油溶性以及逆溶性，在金属加工液中主要用作切削液和淬火液。当用作切削液时，其冷却性、润滑性、无沉淀和起泡倾向、渗透力等方面很好。对大部分金属不腐蚀，较少受水质与水硬度的影响，因此它是一种优良的金属切削液。由环氧烷无规共聚醚和水组成的水溶性淬火液，由于它具有逆溶性，在 75℃ 以下完全溶于水，传热比较均匀。当工件加热后放入淬火液中，由于温度上升，共聚醚析出，在工件表而形成连续均匀并能导热的薄膜，而冷却后共聚醚又逐渐溶解到水中，降低淬火液热导率，使工件的冷却速度减慢，防止工件变形，因此这类淬火液已得到广泛应用。

4）润滑脂基础油。聚醚可用作润滑脂基础油，主要应用领域为制动器和离合器用脂，以及在高于300℃高温下使用的螺栓、链条等高温摩擦件用脂和食品机械用脂等。其中在汽车制动器和离合器中使用时，其主要优点是与其中的橡胶件和制动液有良好的相容性和优良的抗氧化性。

5）热定型机油。印染和塑料工业中使用的热定型机和拉伸拉幅机的链条与导轨之间是在高温和高速下的滑动摩擦，要求润滑油具有良好的高温氧化安定性，以及结焦少、润滑性好等性能，中石化高级润滑油公司生产的 4402 号聚醚型热定型机油能满足使用要求。表 4-12 为热定性机油主要质量指标。

表 4-12　热定型机油主要质量指标

项目	4402	4402-1	4402-2
黏度/(mm^2/s)（100℃）	≥24.0	≥25.0	≥65
黏度指数	150	150	220
闪点/℃	≥240	≥250	≥250
凝点/℃	≥-30	≥-30	≥-35
使用温度/℃	175	190	220

6）压缩机油、冷冻机油和真空泵油。由于聚醚具有良好的黏温特性、低温流动性和氧化稳定性，对烃类气体和氢的溶解度小，与氟利昂气体有好的相溶性，因此很适合作氢气、乙烯和天然气的压缩机油，以及冷冻机油和真空泵油。

7）难燃液压液。水-乙二醇难燃液压液是目前使用量最大的一类难燃液压液，它含水 35%~55%，其余为乙二醇、丙二醇和一定量的聚醚以及各种添加剂，是由这些组分形成的一种水溶液。

8）以聚醚作制动液具有沸点高、对橡胶无影响等优点，获得广泛应用，已经取代蓖麻油-酒精或正丁醇型的低沸点制动液。

3. 油溶性聚醚（Oil Soluble Polyethers，简称 OSP）

聚醚是一类含有醚键的高分子聚合物。它可以分为油不溶性聚醚和油溶性聚醚。油不溶性聚醚主要是由环氧乙烷和环氧丙烷共聚或均聚制得的。它具有优异的润滑性、承载能力、低倾点和高的黏度指数等优点，因此广泛应用在许多领域。

油溶性聚醚是由环氧丙烷与环氧丁烷共聚或环氧丁烷均聚而成的主链中含有醚键结构，可溶于大部分基础油的高分子聚合物，它区别于一般聚醚的主要是 C/O 的不同。由于其独特的结构，决定了油溶性聚醚可以在保持油不溶性聚醚优异性能的同时增加其他性能，如优良的成膜性能，并能在较宽的温度范围内保持这种特性。

油溶性聚醚作为新兴的合成油产品越来越受到广泛的关注。油溶性聚醚可作为合成基础油使用，也可作为辅助基础油或添加剂与矿物油/PAO/酯类油等基础油混合使用，对原配方可促进升级换代，其优势表现在以下方面：

1）可使新配方具有卓越的油泥、积炭和烟炱等沉积物的控制性能。

2）可使配方的空气释放性得到显著改善。

3）与防锈剂、抗磨剂等添加剂起协同作用，为新配方带来更为卓越的腐蚀抑制、摩擦控制等性能。

4）可改善酯类基础油的水解安定性。

上述这些突出的特性使得油溶性聚醚可以应用在液压油、压缩机油、汽轮机油、齿轮油和润滑脂等领域中。

溶性聚醚的制备方法有多种，其中，以氢氧化钾作为催化剂，环氧丙烷与环氧丁烷共聚制备的油溶性聚醚合成反应式如下：

$$m\mathrm{H_3C{-}\overset{\overset{O}{\diagup\ \diagdown}}{CH{-}\!\!-}CH_2} + n\mathrm{CH_3CH_2{-}\overset{\overset{O}{\diagup\ \diagdown}}{CH{-}\!\!-}CH_2} \xrightarrow[\text{催化剂}]{\mathrm{KOH}} \mathrm{R{-}O{+}\overset{H_3C\diagdown}{CH}{-}CH_2{+}_m O{+}\overset{\overset{CH_2CH_3}{|}}{C}HCH_2O)_{n-1}{-}\overset{\diagup CH_2CH_3}{C}HCH_2OH} \quad (\text{R 为烷基})$$

程亮等学者考察了抗氧化剂对油溶性聚醚氧化安定性的影响，指出油溶性聚醚本身的氧化安定性不够好，但可通过加入抗氧化剂来改善。经研究，发现胺类抗氧化剂与油性聚醚具有较好的互配性。同时考察了胺类抗氧化剂与其他抗氧化剂在油溶性聚醚中的协同效应。

一般地说，通过碱催化阴离子聚合反应，可以制得在基础油中溶解性良好的聚醚产品。用氢氧化钾作为催化剂，正丁醇为起始剂，且氢氧化钾/正丁醇质量比为 1/8，70℃下反应，可制得高产率的油溶性聚醚。

有许多因素限制了聚醚的普遍应用，其中最大的问题是与矿物油产品不混溶，这些原因一度使聚醚只能使用在特定的场合，为了寻找一种能克服这些缺点的聚醚，陶氏化学经过深入研究，发现其关键是使用更高碳数的环氧烷，如环氧丁烷及其衍生物（而不是低碳数的环氧烷混合物）作为分子主链形成新型聚醚。因此，陶氏化学公司自 2017 年起基于环氧丁烷生产了一系列商业化的油溶性聚醚产品，其 40℃运动黏度涵盖 18~680mm^2/s。

陶氏将油溶性聚醚基础油注册为牌号 UCON OSP，并在北美和欧洲生产。目前 UCON OSP 在中国也占有相当的市场份额，而其价格与高黏度 PAO 的价格相当。

由于油溶性聚醚为极性有机物，且能与Ⅱ、Ⅲ类基础油完全混溶，因此油溶性聚醚可以直接使用或与Ⅱ类或Ⅲ类基础油混合使用，以提高润滑油的整体溶解能力。

在润滑油的配方研究中，为了提高对添加剂的溶解性，以前一种常用的方法是加入酯。加入酯虽然有利于溶解性能的改进，但也带来水解稳定性的风险。而油溶性聚醚可以改善这一点，因为它可吸附游离水，使水分子吸附在该分子的主骨架上，并将水带离金属表面，避免产生腐蚀。

油溶性聚醚除了具有传统聚醚的低倾点和高黏度指数的性能之外，还具有优良的成膜性能，并且在较宽温度范围内保持这种特性。因此，在使用 ISO 46 黏度等级的应用场合，若使用了 ISO 32 的油溶性聚醚，其润滑膜也不会消失。而且，在确保耐久性的同时，较低黏度等级将有助于降低设备的能源损耗。油溶性聚醚在轴承润滑油、金属加工液、汽轮机油，甚至高性能赛车用油中都有优异表现。对于当今世界占 90%的矿物油油基润滑油来说，油溶性聚醚有着巨大的市场潜力。

中国石油大连润滑油研发中心曾对含有溶性聚醚的汽轮机油的性能进行深入研究。将油溶性聚醚（OSP）作为汽轮机油的基础油组分，考察了油品的抗氧化性、清净性、油泥生成趋势和抗乳化性能等。

研究结果表明：OSP 具有很好的油溶性和独特的醚链结构，显示将 OSP 作为汽轮机油基础油组分是改善汽轮机油性能的有效途径；随着基础油中 OSP 含量的增加，新汽轮机油的黏度等级没有发生改变，而黏度指数增加，倾点降低，其他指标没有明显变化；加入 OSP 的油品具有很好的抗氧化性、清净性、抑制油泥生成性能和抗乳化性。OSP 的醚链结构导致本身具有较大的极性，同时，在高温时可以使得醚键断裂，生成一些易挥发的小分子化合物，因而，OSP 具有较好的清净性能，并可以有效地提高油品的破乳化能力，延长油品的使用寿命。

近期沙索公司推出了沙索油溶性聚醚（SASOL Oil-Soluble PAGS）。据报道，这种高性能合成润滑油完全没有灰分，并可以合成具有特定相对分子质量，特定黏度和结构的产品。这种产品既无灰，又没有有机物残留，倾点非常低，黏度指数高（V1>140），广泛的黏度等级为 20~320mm^2/s。这种产品的抗磨性能突出，并与其他基础油有良好的兼容性，其热稳定性能十分优异。这种新产品已成功地用于下列领域：

① 工业润滑剂：基础油成分、摩擦改进剂、燃油的油泥控制剂、耦合剂及冷冻机油等。

② 风力蜗轮齿轮油：MARLOWETM 沙索油溶性聚醚适用于对最苛刻条件下运行的齿轮箱、轴承和链条提供润滑。它们提供优异的热稳定性、优良的极压抗磨性和微点蚀保护性能。

③ 金属加工油：作为基础油成分的微量润滑油、成形油、切削油、淬火油。

4.4.5　硅油

硅油是最早得到工业化的合成润滑剂之一。有机硅化合物是指至少有一个有机基团通过碳原子和硅直接相连的化合物。以硅氧链为主链的有机硅高聚物已广泛应用到国防和国民经济多个领域，硅油和硅酸酯从一开始就是作为航空润滑剂而研制的，表 4-13 为硅油及其制品在各种领域的主要用途。

表 4-13　硅油及其制品在各种领域的主要用途

工业领域	主要用途
军事工业和尖端技术	仪表油、阻尼油、特种液压油、高低温润滑油脂、抗辐射油、光学仪器密封剂、防霉防雾剂
机械工业	减振液、液力传动液、转矩传递油、阻尼油、扩散泵油、热传递油、高低温润滑油脂
家电、电子和电气工业	电绝缘油脂、阻尼脂、防盐雾脂、导电脂、变压器油、密封剂
石油及石化工业	消泡剂、原油破乳剂、特殊介质的隔离液、高低温润滑油脂、絮凝剂
塑料、橡胶及轻工业	消泡剂、脱模剂、抛光剂、帘子线润滑剂、纸制品防粘剂、化妆品助剂、纤维处理剂、涂料添加剂
汽车工业	制动液、减振液、油封抛光剂
其他	食品消泡剂、脱模剂、复印机油、活化剂、医药用品

硅油又称聚硅氧烷或聚硅醚，它的结构式如下：

$$R-\underset{R}{\overset{R}{|}}{Si}-O\left[\underset{R}{\overset{R}{|}}{Si}-O\right]_n\left[\underset{R'}{\overset{R'}{|}}{Si}-O\right]_m\underset{R}{\overset{R}{|}}{Si}-R$$

R、R′基团为氢、甲基、乙基、苯基、氯苯基等。作为合成硅油使用的主要有甲基硅油、乙基硅油、甲基苯基硅油和甲基氯苯基硅油等。

甲基硅油是以二甲苯基二氯硅烷为原料，先进行水解，得到二甲基硅二醇，再经聚合即得到甲基硅油。乙基硅油是以二乙基二氯硅烷与封头剂一起水解聚合而成。甲基氯苯基硅油是为改良硅油的润滑性能而生产的，是在和硅原子相连的有机基团上引入氯原子而成。

硅油和硅酸酯分子的主链是由硅原子与氧原子交替组成的—Si—O—链节构成的，它与二氧化硅的结构有相似之处，硅原子又通过侧链与其他有机基团相连。这种特殊结构使它兼有无机聚合物和有机聚合物的许多特性，如耐高温、耐老化、耐臭氧，有良好的电绝缘性、疏水性、难燃性、低温流动性、无毒、无腐蚀和生理惰性等，有的品种还有耐油、耐溶剂和耐辐射的特性。

硅油和硅酸酯的分子以硅氧链为主链，因此有很好的热稳定性，这是因为：①共价键能是化合物热稳定性的决定因素，Si—O 键的共价键能比普通有机聚合物中 C—C 键的共价键能大；②硅原子和氧原子的相对电负性差数较大，Si—O 键有较大的极性，使硅原子上连接的有机基团产生偶极感应，提高了所连基团对氧化作用的稳定性；③硅原子与氧原子、硅原子与所连基团中的碳原子形成 dπ—pπ 配键，使得 Si—O 键和 Si—C 键都带有部分双键的性质，体系能量下降，热稳定性增强。

硅油和硅酸酯的特殊结构也决定了它们具有良好的低温流动性和黏温特性。以甲基硅油为例，其结构图如下：

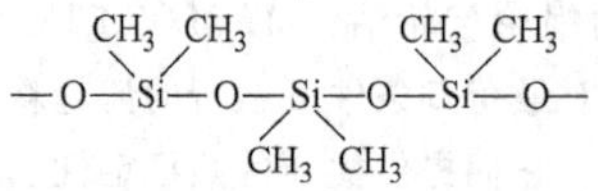

$$-O-\underset{CH_3\ \ CH_3}{\overset{CH_3\ \ CH_3}{Si}}-O-\underset{CH_3\ \ CH_3}{Si}-O-\overset{CH_3\ \ CH_3}{Si}-O-$$

由于 Si 原子比普通有机聚合物中的 C 原子大得多，整个 $(CH_3)_2Si$—基团围绕着硅氧链旋转，在硅氧链上容易缠绕和解开。聚硅氧烷中分子间的作用较弱，甚至在低温下也能伸展开，人们利用核磁共振研究 $(CH_3)_3SiOSi(CH_3)_3$ 的结构时发现，甲基的旋转非常自由，甚至在-196℃也不凝固。因此温度的变化不会引起聚硅氧烷黏度的显著变化，这种分子结构赋予了硅油、硅酸酯优良的黏温特性、可压缩性及抗剪切性能。

1. 硅油的特性

1）黏温特性。硅油的黏温特性好，它的黏温特性变化曲线比矿物油平稳。黏温系数比较小。在各种液体润滑剂中，硅油和硅酸酯的黏温特性是最好的，即使是一些改性硅油，其黏温特性也优于许多其他油品。表 4-14 为几种硅油的黏温特性。

表 4-14 几种硅油的黏温特性

<table>
<tr><th rowspan="2" colspan="2">油品名称</th><th colspan="3">黏度/(mm²/s)</th><th>黏温系数</th><th>黏度比</th></tr>
<tr><th>100℃</th><th>50℃</th><th>-40℃</th><th>(ν₅₀-ν₁₀₀/ν₅₀)</th><th>(ν₋₁₀/ν₁₀₀)</th></tr>
<tr><td rowspan="3" colspan="2">甲基硅油</td><td>9.18</td><td>18.58</td><td>168</td><td>0.51</td><td>18.3</td></tr>
<tr><td>241.5</td><td>492.8</td><td>4796</td><td>0.51</td><td>19.8</td></tr>
<tr><td>771</td><td>377.8</td><td>16135</td><td>0.51</td><td>20.9</td></tr>
<tr><td colspan="2">甲基氯苯基硅油［氯质量分数 5%（质量分数）］</td><td>7.47</td><td>15.9</td><td>410</td><td>0.53</td><td>55</td></tr>
<tr><td colspan="2">甲基苯醚基硅油［苯醚基质量分数 3%］</td><td>10.46</td><td>15.9</td><td>410</td><td>0.53</td><td>55</td></tr>
<tr><td rowspan="2">甲基苯基硅油</td><td>苯基质量分数 10%</td><td>38.9</td><td>88.4</td><td>4511</td><td>0.56</td><td>116</td></tr>
<tr><td>苯基质量分数 20%</td><td>19.10</td><td>48.36</td><td>5726</td><td>0.62</td><td>300</td></tr>
<tr><td colspan="2">甲基十四烷基硅油</td><td>58</td><td>298</td><td>—</td><td>0.81</td><td>—</td></tr>
</table>

2）热稳定性和氧化稳定性。硅油在 150℃下长期与空气接触也不易变质。在 200℃时与氧气接触氧化也较慢，此时硅油的氧化安定性仍比矿物油和酯类油等要好。它的使用温度可达 200℃，闪点在 300℃以上，凝点在-50℃以下。表 4-15 为常用硅油和硅酸酯的热分解温度。

表 4-15 常用硅油和硅酸酯的热分解温度

<table>
<tr><th colspan="2">油品名称</th><th>热分解温度/℃</th></tr>
<tr><td colspan="2">甲基硅油</td><td>316</td></tr>
<tr><td colspan="2">甲基氯苯基硅油（氯质量分数 5%）</td><td>318</td></tr>
<tr><td rowspan="3">甲基苯基硅油</td><td>苯基质量分数 5%</td><td>318</td></tr>
<tr><td>苯基质量分数 20%</td><td>324</td></tr>
<tr><td>苯基质量分数 45%</td><td>371</td></tr>
<tr><td colspan="2">六（2-乙基丁氧基）二硅醚</td><td>331</td></tr>
<tr><td colspan="2">四（2-乙基已基）二硅醚</td><td>336</td></tr>
<tr><td colspan="2">四苯基硅酸酯</td><td>451</td></tr>
</table>

将少量硅油加入矿物油中，矿物油的氧化稳定性能得到一定的提高。

3）黏压系数。硅油的黏压系数比较小。由于 Si—O 键的易挠曲性，使得硅油有较高的可压缩性。压力升高黏度也增大，但黏度随压力的变化较小，即黏压系数较小，硅油的这种特性可被用来制备液体弹簧。

4）甲基硅油还有优良的化学安定性和电绝缘性能，还能抗水、防潮，因此适用于电子工业和仪表工业中。在实际应用中，添加少量硅油于润滑油与液压油中，可以减少产生泡沫的倾向，故常作为抗泡沫剂使用。

2. 硅油的结构

硅油通常是指以 Si—O—Si 为主链，具有不同黏度的线型聚有机硅氧烷，在室温下为油状液体。硅油分子结构主要有以下几种形式：

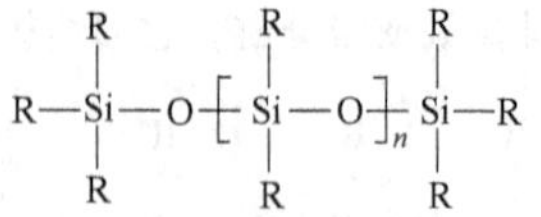

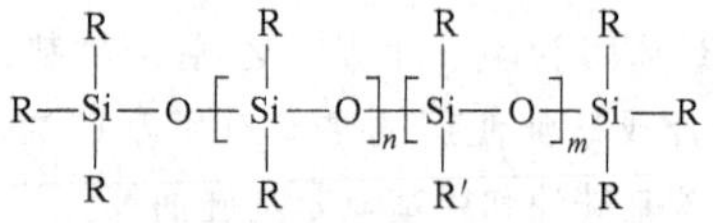

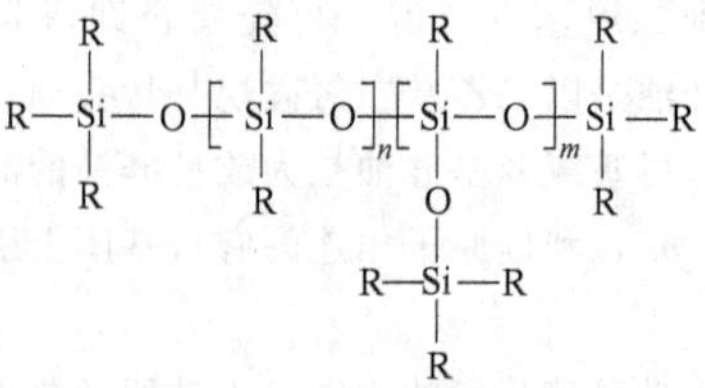

$$R-\underset{R}{\overset{R}{Si}}-O\left[\underset{R}{\overset{R}{Si}}-O\right]_n\underset{R}{\overset{R}{Si}}-R$$

$$R-\underset{R}{\overset{R}{Si}}-O\left[\underset{R}{\overset{R}{Si}}-O\right]_n\left[\underset{R'}{\overset{R}{Si}}-O\right]_m\underset{R}{\overset{R}{Si}}-R$$

$$R-\underset{R}{\overset{R}{Si}}-O\left[\underset{R}{\overset{R}{Si}}-O\right]_n\left[\underset{O-\underset{R}{Si}(R)_2}{\overset{R}{Si}}-O\right]_m\underset{R}{\overset{R}{Si}}-R$$

在a）型结构中，若R全部是甲基，称甲基硅油；若R全部是乙基，称乙基硅油；若R为烷氧基，即为硅酸酯。在b）型结构中，R基团除甲基外，常见的在侧链（特别是R′位置）和末端还有其他基团，如苯基、氢、乙烯基、羟基、苯醚基、氰乙基、三氟丙基、长链烷基、聚醚基等，相应地称为甲苯基硅油、甲基氢硅油、聚醚硅油等。在c）型结构中，常见的R基团有甲基氯苯基硅油（氯苯基、甲基、苯基等）、含支链甲基或苯基硅油等。

在硅油、硅橡胶、硅树脂、硅偶联剂这四大类有机硅产品中，硅油约占1/2，我国从20世纪50年代开始进行有机硅化学研究，1958年进行小规模工业生产，1991年有机硅产品已达1.45万t，其中硅油约0.65万t。近几十年来，开发了各种活性有机硅化合物，有机硅与其他化合物共混，接枝、嵌段、互穿网络聚合物已大量涌现，硅油种类不断扩大。

3. 硅油的制备

有机卤硅烷 R_nSiX_{4-n}（R为 CH_3—、C_2H_5—、丙基、苯基等，X为F、Cl、Br、I，$n=1\sim3$ 是制备硅油的最重要原料，如工业上二甲基硅油可由 $(CH_3)_2SiCl_2$ 与 CH_3SiCl 共水解缩合法制备。改性硅油由硅油和相应的改性剂制备，如聚醚改性硅油等。原硅酸酯由四氯化硅与醇或酚反应制备：

$$4ROH+SiCl_4 \longrightarrow (RO)_4Si+4HCl$$

用作润滑剂的除正硅酸酯外，还有其二聚体和三聚体。

硅油的表面张力小，常温下黏度为 $50mm^2/s$ 以上的甲基硅油的表面张力为0.021N/m，因而具有优良的润滑性。

低黏度甲基硅油对橡胶、塑料、涂料有较大的溶解作用，在高温下，硅油有溶解橡胶中增塑剂的倾向，引起橡胶收缩及硬化。只有氯丁橡胶与氟橡胶等在高温下接触硅油仍能满意地工作。

一般情况下，硅油对金属无腐蚀作用。可以认为它是无毒性的化合物。

4. 硅油的应用

硅油主要用于电子电器、汽车运输、机械、轻工、化工、纤维、办公设备、医药及食品工业等行业领域中。举例如下：

1）仪表油。使用硅油作为仪表油具有使用寿命长、氧化安定性好、挥发性低及能在宽温度范围内使用的特点。

2）特种液体。在现代飞行器的自动控制系统中使用大量的液浮陀螺、浮子式加速度计、磁罗盘、各种传感器等。常采用液体悬浮以减轻轴承负荷和摩擦力矩，提高灵敏度、精度和稳定性。要求使用的液体要有特定的黏度和密度，好的黏温特性和低的凝点等。

3）减振液。硅油是螺旋形的分子结构，因而具有非常高的压缩率，它具有良好的剪切安定性并有吸收振动、防止振动传播的性能。广泛用作减振液和阻尼液。高黏度的硅油用作柴油发动机、汽车、坦克等的曲轴传出的扭转振动及各种仪表指针摆动的减振液，使仪表在剧烈振动时显示出正确的指示。常温黏度为 $300mm^2/s$ 左右的甲基氯苯基硅油可用作坦克的回转叶片式液力减振液。甲基硅油和甲基苯基硅油用作宇宙飞船的液体定时计的工作液。随着汽车的高速化，发动机的散热更显得重要。现代汽车采用了直接与发动机相连的冷却风扇联轴器（离合器），这种联轴器所用的液体就是一种黏度（25℃）为 $(1\sim3)\times10^4mm^2/s$ 的甲基硅油。汽车中利用黏性液体传递转矩的部位还很多，都需填充高黏度的硅油作转矩传递油。

4）润滑脂基础油。使用甲基硅油、乙基硅油及甲基苯基硅油可制成各种真空脂、高低温脂等。使用温度范围宽，低温达-40℃以下，高温分别达200℃、250℃、300℃。广泛应用于精密仪表、航空电动机、热定型机、热熔风机、各种工业隧道窑车等的轴承、齿轮等。使用硅油脂的轴承寿命远比矿物油脂长。

5）雾化润滑剂。雾化润滑剂又称气溶胶润滑剂。硅油雾化润滑剂通常用聚甲基硅氧烷或聚乙基硅氧烷作润滑油，用1∶1的R11和R12混合物作推进剂而制成。广泛用于处理塑料加工和橡胶加工的模具以及压铸模具的脱模剂，合成纤维的喷丝头清净生产和热定型机中防止纺织材料黏附于金属表面，亦可用于食品加工机械的润滑和食品脱膜剂。上述各种脱模剂亦可不用气雾式而采用专门的硅油脱膜剂涂刷或喷涂等。

喷雾硅油还大量用作抛光剂，它能使抛光制品表面平滑，有光泽，疏水性好。油漆中加入0.01%（质量分数）硅油，其流动性得到改善，消除了"漂浮"现象。高黏度硅油还是油漆的锤纹润湿改进剂。硅油用作油墨的添加剂，防止印刷品的黏结。

硅油和氟硅油常用作消泡剂，消泡力强。硅油消泡剂广泛用于石油、化工、纺织、金属加工、医药食品、水及废水处理等方面。硅油在节能（如节能添加剂）、环境保护（如处理污水用的絮凝剂）、文物保护（如砖石防水剂、防风化剂）等方面都有许多重要用途。

6）其他用途。除此以外，各种黏度的甲基硅油可以用作计量传递的标准油，也可用作一些光学仪器的密封剂。在复印机、影片、唱片、录音磁带等许多非金属材料的转动部位上使用甲基硅油作为润滑剂

4.4.6 磷酸酯

磷酸酯分为正磷酸酯和亚磷酸酯两类，其中正磷酸酯又可分为伯、仲、叔磷酸酯，作为合成油使用的主要是叔磷酸酯，其结构式为：

$$R_2O-\overset{\displaystyle OR_1}{\underset{\displaystyle OR_3}{\overset{|}{\underset{|}{P}}}}=O$$

其中，R_1、R_2、R_3 可以为烷基或芳基。

叔磷酸酯按其取代基不同可分为三烷基、三芳基以及烷基芳基磷酸酯等，它们由醇或酚与磷酸的氯化物作用而制得：

$$3ROH+POCl_3 \longrightarrow (RO)_3PO+3HCl\uparrow$$

1. 磷酸酯的特性

1）一般物理性能。磷酸酯的密度大致在 0.90~1.25kg/L 范围内。磷酸酯的挥发性通常低于相应黏度的矿物油。黏度随相对分子质量的增大而增大，烷基芳基磷酸酯黏度适中并有较好的黏温特性。

2）难燃性。磷酸酯具有良好的难燃性，这是它的突出优点，所谓难燃性就是指磷酸酯在极高温度下也能燃烧，但它不传播火焰，或着火后能很快自灭。在高温（700~800℃）下不燃烧，它是抗燃介质的理想材料。

3）润滑性。磷酸酯是一种很好的润滑材料，可用作极压剂和抗磨剂。一些学者认为磷酸酯在边界润滑的条件下，由于磷酸酯在摩擦副表面与金属发生反应，生成低熔点、高塑性的磷酸盐混合物，因此具有很好的抗磨性能。磷酸酯的抗磨机理一般认为如下：

磷酸酯在金属（铁）摩擦面上形成磷酸盐膜，然后进一步分解为磷酸铁极压润滑膜，如 $Fe(PO)_2$、FeP-Fe 及 $FePO_4$ 等。磷酸酯类极压剂在钢铁金属表面遇水发生加水分解并和钢铁金属表面发生摩擦化学反应，生成有良好耐负荷、抗磨损、防烧（黏）结和抗擦伤特性的极压边界润滑膜，如：

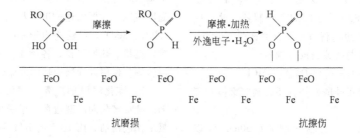

RO(HO)P(=O)OH —摩擦→ RO(O)P(=O)H —摩擦·加热，外逸电子·H_2O→ H(O)(O)P=O

FeO FeO FeO FeO FeO FeO

Fe Fe Fe Fe Fe Fe

抗磨损 抗擦伤

三苯基磷酸酯在钢铁摩擦面上发生摩擦化学和加水分解化学反应，如：

$(C_6H_5O)_3P=O$ —摩擦·加热，外逸电子$+H_2O$→ O=P(O)(O)(O) +3 C_6H_6

FeO FeO

Fe Fe Fe

抗烧(黏)结 抗擦伤

如此，在摩擦金属表面形成极压化学边界润滑膜，因而避免擦伤或烧（黏）结。

4）水解稳定性。在一定条件下磷酸酯可以水解，特别是在油中的酸性物质会起催化作用，加速水解反应。磷酸酯的水解产物为酸性磷酸酯，酸性磷酸酯氧化后会产生沉淀，同时它又是磷酸酯进一步水解的催化剂，因此使用中要及时除去它的水解产物。磷酸酯的水解安定性不好，易发生自催化水解，水解产物是酸性磷酸酯。这个反应可简单用下式表示：

$$(ArO)_3PO+H_2O \xrightarrow{H^+} (ArO)_2\overset{\displaystyle O}{\overset{\|}{P}}-OH + ArOH$$

这一反应可继续进行到二酸单酯 $(ArO)PO(OH)_2$，最终则可得到磷酸。Ar 代表 C_6、C_7、C_8 苯基和烷基取代苯基。

研究工作还表明，路易斯酸（如三氯化铁或二

氯化锡）是更有效的催化剂，比无机酸（如盐酸或磷酸）更能加速磷酸酯的水解，其机理如下所示：

$$(ArO)_3PO+SnCl_2 \longrightarrow (ArO)_3\overset{+}{P}—O—\overset{-}{Sn}Cl_2$$

$$\xrightarrow{H_2O} \left[(ArO)_3P—O—SnCl_2 \;\; \underset{H\quad H}{O^+} \right] \longrightarrow [(ArO)_2\overset{+}{\underset{OH}{P}}—O\overset{-}{Sn}Cl_2] \longrightarrow (ArO)_2OH\cdot PO+SnCl_2$$

Ar 代表 $C_6H_3(CH_3)_2^-$。

5）热稳定性和氧化稳定性。磷酸酯的热稳定性和氧化稳定性取决于酯的化学结构。通常三芳基磷酸酯的使用温度范围不超过 150~170℃，烷基芳基磷酸酯的允许使用温度范围不超过 105~121℃。结构上的对称性是三芳基磷酸酯具有好的热氧化稳定性的重要条件。

6）溶解性。磷酸酯对许多有机化合物具有极强的溶解能力，使各种添加剂易溶于磷酸酯中，有利于改善磷酸酯的性能。但极强的溶解性也会给选择配套的油漆、橡胶密封件和其他非金属材料带来一定困难。与磷酸酯相适应的材料有：环氧和酚型油漆或塑料，硅橡胶、丁基橡胶、乙丙橡胶、聚四氟乙烯等。与磷酸酯不适应的材料有：普通工业油漆、有机玻璃、聚丙烯、苯乙烯与聚氯乙烯等塑料，以及氯丁橡胶、丁腈橡胶等。

7）毒性。磷酸酯的毒性因结构组成不同，差别很大，有的无毒，有的低毒，有的剧毒。如磷酸三甲苯酯的毒性由其中的邻位异构体引起，大量接触后神经肌肉器官受损，呈现出四肢麻痹的症状，此外对皮肤、眼睛和呼吸道有一定刺激作用。因此在制备过程与使用时应严格控制磷酸酯的结构组成，采取必要的安全措施，以降低其毒性，防止其危害。例如美国军方规格 MIL-L-7808 飞机涡轮发动机合成润滑油中明确规定：如果润滑油中含有磷酸三甲苯酯添加剂，供应者必须保证其中邻位异构体不得超过 1.0%。在油品配方中应加入一定量的抗氧化剂以抑制毒物的活化，在操作时操作者应穿戴专门的防护工作服和手套。在短时间接触后，应及时用热水和肥皂洗净。长期接触磷酸酯的工作人员，应给予药物及预防性食物，如维生素 B6、亚硒酸钠、玉米油等。

2. 磷酸酯的制备

由相应的醇或酚与三氯氧磷、三氯化磷反应制备，例如，烷基芳基磷酸酯由下列反应制备：

$$2ROH+POCl_3 \longrightarrow (RO)_2\overset{O}{\overset{\|}{P}}—Cl+2HCl\uparrow$$

$$(RO)_2\overset{O}{\overset{\|}{P}}—Cl+Na—O—C_6H_5 \longrightarrow (RO)_2\overset{O}{\overset{\|}{P}}—O—C_6H_5+NaCl$$

3. 磷酸酯的性能

磷酸酯有很好的抗燃性，在 700~800℃ 的高温下不燃烧。当温度更高，燃烧条件充分时，即使燃烧也不传播火焰，是抗燃的理想介质（见表 4-16）。

磷酸酯的润滑性优于普通矿物油而与抗磨性矿物油相当（见表 4-17）。磷酸酯的缺点是水解安定性不好，易发生催化水解。

表 4-16　磷酸酯与各类油品抗燃性的比较

油品类型	闪点/℃ (JIS. K2274)	自燃点/℃	高压喷射试验 (MIL-F-7100)	熔融金属 着火试验	热歧管试验	灯芯试验 /次
矿物油	150~270	230~250	着火	立刻着火	瞬时着火	3
磷酸酯	230~280	>640	不着火	不着火	不着火	80
水乙二醇	不闪火	410~435	不着火	水蒸发后着火	不着火	60
脂肪酸酯	260	480	—	—	着火	27
油包水乳液	不闪火	430	不着火	水蒸发后着火	不着火	50

表 4-17　磷酸酯与矿物油润滑性的比较

润滑油	四球磨损试验 *D*/mm	Falex 磨损试验 总磨损量/mg	LFW-1 磨损试验 总磨损量/mg	V-104 叶片泵 试验总磨损量/mg
一般矿物油(HL)	0.57	126	25.0	200
抗磨矿物油(HM)	0.40	8.2	6.0	30
磷酸酯	0.44	3.6	10.8	20

注：四球磨损试验，ASTM D2266，294N，30min，1200r/min；Falex 磨损试验，ASTM D-2670，290r/min，3107N，15min。

4. 磷酸酯的应用

根据上述特性，磷酸酯主要用作难燃液压油、润滑性添加剂和煤矿机械的润滑油。

适合作抗燃油品的是正磷酸酯，其结构式为：

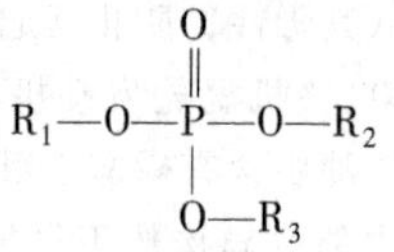

$$R_1-O-\overset{\overset{\displaystyle O}{\|}}{\underset{\underset{\displaystyle O-R_3}{|}}{P}}-O-R_2$$

其中，R_1、R_2、R_3 既可以全部是烷基，也可以全部是芳基，或部分烷基部分芳基。正磷酸酯可分为三烷基磷酸酯、三芳基磷酸酯和烷基芳基磷酸酯三类，制备方法和性能各不相同。表 4-18 是磷酸酯的主要种类及用途。

1）航空液压油。飞机的液压系统靠近高温的发动机排气系统，当液压油发生泄漏时，有发生火灾的危险，所以必须采用磷酸酯作为液压油。

目前世界上许多飞机的客机出于安全考虑，均采用磷酸酯液压油，表 4-19 为使用磷酸酯抗燃液压油的飞机举例。

表 4-18 磷酸酯的主要种类及用途

种类	化学结构	用途
二(叔丁苯基)-苯基磷酸酯	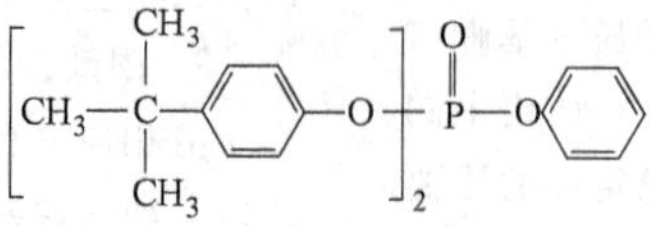 $[CH_3-C(CH_3)_2-C_6H_4-O]_2-P(=O)-O-C_6H_5$	高温抗燃液压油 防爆燃润滑油
甲苯基二苯基磷酸酯	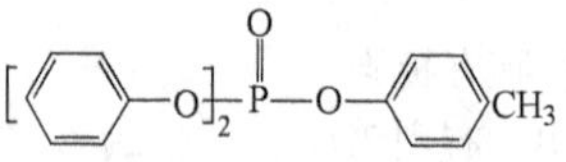 $[C_6H_5-O]_2-P(=O)-O-C_6H_4-CH_3$	抗燃液压油
三甲苯磷酸酯	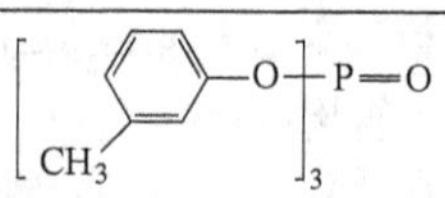 $[CH_3-C_6H_4-O]_3-P=O$	抗燃液压油 压缩机油
三(二甲苯)磷酸酯	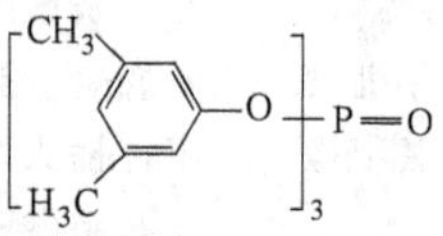 $[(CH_3)_2C_6H_3-O]_3-P=O$	抗燃液压油 抗燃汽轮机油
苯基异丙苯基磷酸酯	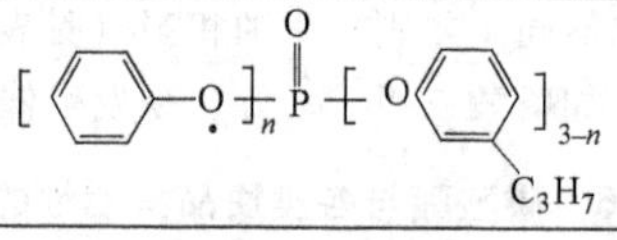 $[C_6H_5-O]_n-P(=O)-[O-C_6H_4-C_3H_7]_{3-n}$	绝缘油 电容器油
三丁基磷酸酯	$[H_9C_4-O]_3-P=O$	航空抗燃液压油
二丁基-苯基磷酸酯	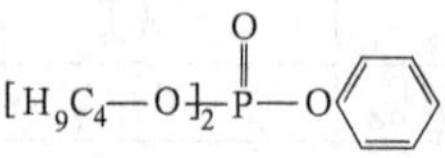 $[H_9C_4-O]_2-P(=O)-O-C_6H_5$	航空抗燃液压油
丁基二苯基磷酸酯	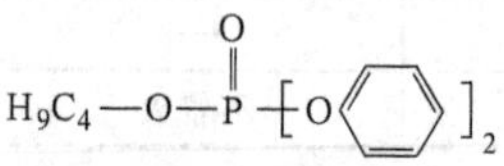 $H_9C_4-O-P(=O)-[O-C_6H_5]_2$	航空抗燃液压油

表 4-19 使用磷酸酯抗燃液压油的飞机举例

飞机公司	飞机型号	使用磷酸酯的飞机架数		
		用 Skydrol Ⅰ 型和 Ⅱ 型油	用 SkydrolⅣ 型油	用 HyjetⅣ 型油
波音(美)	707	170	160	254
	720	46	29	29
	727	135	851	475
	737	82	203	253
	747	14	84	253

（续）

飞机公司	飞机型号	使用磷酸酯的飞机架数		
		用 Skydrol Ⅰ 型和 Ⅱ 型油	用 SkydrolⅣ型油	用 HyjetⅣ型油
麦克唐纳·道格拉斯（美）	DC-8	106	217	147
	DC-9	165	565	118
	DC-10	27	156	103
洛克希德·马丁（美）	L-1011	1	122	40
英国飞机公司	BAC-111	104	61	0
空中客车（法）	A-300	0	10	64
福克（荷兰）	F-28	81	20	3
其他	—	107	—	—
合计		1038	2478	1739

2）工业用抗燃液压油。在冶金、发电、机械制造、煤炭等行业的防火设备上采用磷酸酯作抗燃（或难燃）液压油，以保证设备安全可靠地运转。在汽轮机装置中，泄漏的润滑油呈雾状喷洒在附近的高温蒸汽管上时，易于引起火灾，因此液压介质也采用了磷酸酯型抗燃液压油。

我国从 20 世纪 70 年代开始研制工业磷酸酯抗燃油品，目前已有系列产品并工业化生产。工业磷酸酯油主要用在冶金行业的大型轧钢机、脱锭吊等装置和发电行业的大功率汽轮发电机组的液压系统中。几种主要的国产工业磷酸酯型抗燃油的性能列于表 4-20。

表 4-20　国产工业磷酸酯型抗燃油的性能

项目		4613-1	4614	HP-38	HP-46	试验方法
黏度，mm^2/s	100℃	3.78	4.66	4.98	5.42	GB/T 265
	50℃	14.71	22.14	24.25	28.95	
	40℃	—	—	39.0	46.0	
	0℃	474.1	1395	—	—	
倾点/℃		-34	-30	-32	-29	GB/T 3525
酸值/（mgKOH/g 油）		中性	0.04	中性	中性	GB/T 264
密度（20℃）/（g/mL）		1.1530	1.1470	1.1363	1.1424	GB/T 2540
闪点（开杯）/℃		240	245	251	263	GB/T 3536
四球试验（75℃，1500r/min）	d_{60min}^{98N}/mm	0.35	0.34	—	—	GB/T 3142
	d_{60min}^{392N}/mm	0.69	0.51	0.65	0.58	
P_B/N		539	539	539	539	
动态蒸发（90℃，6.5h）（%）						SH/T 0059
氧化腐蚀试验		0.11	0.20	—	—	
氧化前黏度（50℃）/（mm^2/s）		14.71	22.14	24.25	28.94	SH/T 0450
氧化后黏度（50℃）/（mm^2/s）		14.62	22.39	24.05	28.92	
氧化前酸值/（mgKOH/g 油）		中性	0.04	中性	0.06	
氧化后酸值/（mgKOH/g 油）		中性	0.04	0.03	中性	
金属腐蚀（钢、铜、铝、镁）		无腐蚀	无腐蚀	无腐蚀	无腐蚀	

3）其他应用。除了以上应用之外，由于磷酸酯具有较好的润滑性，可用作润滑油的极压抗磨剂，尤其是用于航空燃气涡轮发动机油中，有很好的抗磨效果，常用作添加剂的有亚磷酸酯、磷酸酯、酸性磷酸酯和其胺盐等。

磷酸酯还可用作抗燃脂基础油，这些脂具有良好的润滑性以及较长的使用寿命，而且抗燃性较好。

4.4.7　氟油

氟油是分子中含有氟元素的合成润滑油，可视为烷烃的氢被氟或被氯取代而得的氟碳化合物或氟氯碳化合物，常用的有氟烃、氟氯碳和全氟醚三类。

全氟烃是烃中的氢元素完全被氟取代，其分子式为 C_nF_{2n-2}（直链全氟烷烃）及 C_nF_{2n}（全氟环烷烃）。

氟氯碳可视为烃中的氢为氟、氯所取代，其分子式可表示如下：

$$R \left[C_n F_{2n-m} Cl_m \right] R'$$

R、R′通常为F。

全氟醚又分为聚全氟异丙醚和聚全氟甲乙醚，其分子式分别表示如下；

聚全氟异丙醚：

$$CF_3—CF_2—CF_2—O \left[\underset{\displaystyle CF_3}{\underset{|}{CF}}—CF_2—O \right]_n CF_2—CF_3$$

聚全氟甲乙醚：

$$CF_3—O \left[CF_2—CF_2—O \right]_m \left[CF_2—O \right]_n CF_3$$

氟硅油是三氟丙基甲基二氯硅烷水解后，再加封头剂聚合的产物，其分子式如下：

$$(CH_3)_3Si—O \left[\begin{matrix} CH_2CH_2CF_3 \\ | \\ Si—O \\ | \\ CH_3 \end{matrix} \right]_n Si(CH_3)_3$$

1. 氟油的特性

1）一般物理性能。全氟油是无色无味液体，它的密度为相应烃的2倍多，相对分子质量大于相应烃的2.5~4倍，凝点较高。氟氯碳的轻、中馏分是无色液体，凝点稍高，黏温特性比全氟烃油好。

聚全氟丙醚油也是无色液体，密度为1.8~1.9g/mL，其凝点较低，黏温特性最好。聚全氟甲乙醚的凝点更低。

2）黏温特性。在上述三类含氟油中，全氟烃油的黏温特性最差，氟氯碳油的黏温特性比全氟烃油好。全氟醚油分子中由于引入了醚键，增加了主链的活动度，因此其黏温特性优于全氟烃，而其稳定性相似。聚全氟甲乙醚的黏温特性比聚全氟异丙醚更好。

3）化学惰性。含氟油具有优异的化学惰性，在100℃以下它们在与浓硝酸、浓硫酸、浓盐酸、王水、氢氧化钾、氢氧化钠的水溶液、氟化氢、氯化氢等接触时不发生化学反应。

4）氧化稳定性。这三类含氟油在空气中加热不燃烧，与气体氟、过氧化氢水溶液、高锰酸钾水溶液等在100℃以下不反应。氟氯碳油与三氟化氯气态（100℃以下）或液态均不发生反应，全氟醚油在300℃时与发烟硝酸或四氧化二氮接触不发生爆炸。

5）热稳定性。这三类含氟油的热稳定温度随精制深度不同而不同，聚全氟异丙醚油为200~300℃，氟氯碳油为220~280℃，全氟烃油为220~260℃。

6）润滑性。含氟润滑油的润滑性比一般矿物油好，用四球机测定其最大无卡咬负荷，氟氯碳油最高，聚全氟异丙醚次之，全氟烃再次之。

但是，由于全氟聚醚液体溶解能力很有限，在其中很少能加入添加剂以改善其性能。因此在真空极压条件下氟醚与金属表面发生作用，造成润滑剂变质，发生腐蚀。为了改善全氟聚醚油在极压下的性能，可以通过抑制或显著降低裸金属与全氟聚醚油之间的相互反应来达到，或是添加特殊的添加剂来达到改善性能的目的。

2. 氟油的应用

由于氟油具有许多优异的性能，如使用温度范围宽、低蒸气压、好的黏温特性和化学惰性等。尽管价格较贵，但在核工业、航天工业以及民用工业中仍然获得了广泛应用。

在核工业中，由于氟油不与六氟化铀反应，因此可用它作为铀同位素分离机械的润滑、密封和仪表液。

在航天工业中，氟油及脂可用于各种导弹和卫星的运载液体发动机的氧化剂泵、燃料泵和齿轮箱的润滑与密封。

在舰船导航的电陀螺仪中，含氟油可作为陀螺球的支承润滑液，满足舰船长期安全航行的要求。用于飞机喷气燃料输送泵的润滑，可大大延长泵的使用寿命，也可用于导弹、火箭、飞机陀螺装置中作悬浮液。

全氟烃油和氟氯碳油的轻油，可用于电子元器件壳封的检漏，对器件壳封的漏速精度可达到氦气精密检漏的上限 $1Pa \cdot cm^3/s$。

由于含氟油不与各种酸、碱、盐、腐蚀性气体作用，在纯氧中不燃烧、不爆炸，因此在石油化工厂、氯碱厂、洗涤剂厂和其他化工厂中使用含氟油、脂作为抗化学腐蚀和抗氧的仪表油和润滑剂，如差压变送器、压力变送器的隔离液或传递液、液面指示液，体积流量计的润滑剂，电动阀门、搅拌机、压缩机、泵、液氧泵、真空泵的润滑与密封剂，反应器的惰性密封剂以及化学反应的惰性溶剂。

含氟油可作为电影胶片和磁带的润滑剂，可提高胶片和磁带的耐磨性，延长使用寿命。含氟油具有高的击穿电压和绝缘电阻，可作为电触点润滑剂和灭弧脂的重要组分。

含氟油还可作为热塑性塑料挤出、射出成型的润滑剂，只需少量含氟油就可起到良好的润滑和脱模效果，以得到耐热性、耐气候性、耐水性好的产品。也可作为橡胶的离型剂、塑料和橡胶的填充剂，以改善其性能。

综合以上合成润滑油的性能与应用可以看到，合成油在许多性能方面优于矿物油，因而能够满足许多苛刻的使用要求，提高机械效率，延长换油期，缩短停机时间，减少维修费用。在很多根本不可能使用矿物油的场合应用合成油脂，可起到独特的润滑、密封作用。但也要看到不足的一面，就是制造合成油脂需要消耗更多的能源，价格也比较昂贵。

综上看来，与矿物油相比，合成润滑剂具有许多优异性能，它能够满足许多苛刻条件下的使用要求。由于技术的不断进步和石油资源的短缺，越来越多的润滑剂将是合成的。可以预言，合成润滑剂在整个润滑剂中所占的份额会逐步增加。在现有的几类主要合成润滑剂中，发展最快的要算 α-烯烃，其次是酯类油和聚醚。

近年来茂金属 PAO 合成基础油受到极大的关注。茂金属（metallocene）是指由过渡金属（如铁、钛、等）与环戊二烯（CP）相连所形成的有机金属配位化合物，以这类有机金属配位化合物合成的高分子材料称为茂金属聚合物。与传统催化剂相比，茂金属催化剂活性高。目前已开发应用的茂金属催化剂有多种结构，如普通茂金属结构、挤链茂金属结构和限定几何构型的茂金属结构等。

高分子材料是国民经济的支柱产业之一，其中占高分子材料 1/3 以上的聚烯烃材料又是合成材料中最重要的一种。其迅速发展，一方面得益于聚烯烃的物美价廉，另一方面归功于德国汉堡大学高分子研究所科学家 Kaminsky 发明的茂金属催化剂。烯烃聚合用茂金属催化剂通常是由茂金属化合物作为主催化剂和一个路易斯酸作为助催化剂所组成的催化体系。如金属催化剂具有优异的催化共聚合能力，几乎能使大多数共聚单体与乙烯共聚合，可以获得许多新兴聚烯烃材料。

用茂金属催化出来的新的 PAO 基础油被称为 mPAO。通常情况下，PAO 分子拥有突出的基干，从基干以无序方式伸出长短不一的侧链，采用茂金属催化剂合成工艺，可得到很均一的物质，故 mPAO 拥有梳状结构，不存在直立的侧链。与常规 PAO 相比，这种形状拥有改进的流变特性和流动特征，从而可更好地提供剪切稳定性、较低的倾点和较高的黏度指数。特别是由于有较少的侧链而具有比常规 PAO 高得多的剪切稳定性。这些特性决定了 mPAO 的使用目标是高苛刻条件下的应用，包括动力传动系统和齿轮油、压缩机润滑油、传动液和工业润滑油。

上海大学马跃锋等人提出了茂金属液化体系下煤制 α-烯烃制备低黏度 PAO 基础油的新工艺。以茂金属为主催化剂，三异丁基铝和有机硼化物为助催化剂，煤制 α-烯烃为原料，采用釜式聚合法合成了低黏度聚 α-烯烃基础油（PAO）。

聚 α-烯烃基础油（PAO）是由 α-烯烃（C_8 ~ C_{12}）在催化剂的作用下聚合，再经过加氢饱和而制得的合成油。PAO 基础油具有黏度指数高、倾点低、闪点高、与矿物油相溶性好、无潜在毒性等特点。合成 PAO 的催化剂有 $AlCl_3$、BF_3、Ziegler-Natta 和茂金属等催化剂，其中茂金属催化体系以活性高、聚合得到的 PAO 结构均一和相对分子质量分布窄等优点而备受关注。

煤制烯烃可以作为生产 PAO 基础油的原料，以乙烯齐聚法生产的 α-烯烃为原料合成 PAO 的报导较多，而以茂金属为催化体系，煤制 α-烯烃为原料合成 PAO 未见相关报道。上海大学经过深入研究，提出了以煤制 α-烯烃为原料，以釜式聚合法合成低黏度聚 α-烯烃合成油 PAO8 的工艺条件。

埃克森美孚化工为全球领先的合成基础油生产商，该公司认为，推出高品质的润滑油确实需要基础油生产商与添加剂公司以及润滑油制造商三方的高度协作。埃克森美孚化工拥有三方面的优势，该公司拥有成熟的茂金属工艺，近几年已推出新一代的合成基础油产品，如 Spectrasyn（Elite）茂金属 PAO。该公司指出，随着技术的发展，对润滑油的研究已进入分子设计领域，润滑油的性能日益趋近于其所能达到的极限，该公司已推出使润滑油的调合具有更大灵活性和更有效率的工艺技术。

据报道，埃克森美孚化工已在美国德克萨斯州贝城的炼化综合体内新建一套世界级的茂金属 α-烯烃（mPAO）合成润滑油基础组分装置。该装置设计年产约 540kt 的高黏度 mPAO，埃克森美孚化学公司是目前全球最大的 PAO 生产商。该公司指出：市场对提高能效和耐用年限以及延长换油周期等方面的要求，正在刺激高级合成基础组分的需求。这种新型茂金属高黏度指数 PAO 的生产能力证实了美孚的科技领先地位以及他们向客户提供高性能高价值合成润滑油的承诺。

特别要指出的是，上海纳克润滑技术公司是我国目前领先的合成基础油应用研究的专业公司。该公司拥有核心专利技术，可生产全系列聚 α-烯烃（PAO）合成基础油和烷基萘（AN）合成基础油，并在全球范围内申请注册了以中国合成为内涵的“Sinosyn”商标。上海纳克与世界五百强之一的山西潞安集团合资成立的山西潞安纳克碳一化工有限公司，是世界首个基于费托合成技术和资源，生产异构烷烃溶剂油和高黏度PAO合成基础油的专业公司。

上海纳克位于上海化学工业区（SCIP）的规模化合成基础油PAO生产装置，已于2014年10月竣工并投入运营，合成基础油产品已出口北美、日本、韩国、欧洲、印度和东南亚等地区，成为合成基础油供应领域的世界新秀。2014年上海纳克成为除美孚之外，全球第二个、亚洲等一个，既生产IV类合成基础油PAO又生产V类合成基础油烷基萘的专业公司。上海纳克自主研究茂金属催化体系，成功投产超高黏度茂金属PAO，填补了国内空白。在烷基萘合成基础油领域，上海纳克是继美孚、美国金氏化学后第三家规模化生产的企业，助力国内润滑油的升级换代。

邓颖等人对茂金属聚α-烯烃制备的复合锂基润滑脂的摩擦学性能进行了深入研究，并指出，基础油类型不同对润滑脂轴承寿命的影响较大，以合成油为基础油的复合锂基脂在轴承寿命方面的表现远远优于矿物油，茂金属聚α-烯烃（mPAO）与常规聚α-烯烃（PAO）相比，具有更好的剪切稳定性，较低的倾点和较高的黏度指数，这些特性使得以mPAO制备的复合锂基润滑脂可满足更苛刻的润滑条件，在相同载荷条件下，应用mPAO基础油进行摩擦试验的摩擦系数和磨损钢球的磨斑直径小于PAO40基础油摩擦试验系数和磨损钢球的磨斑直径。因此，mPAO基础油比PAO40基础油具有更好的减摩抗磨性能。

参考文献

[1] 颜志光，杨正宁. 合成润滑剂［M］. 北京：中国石化出版社，1996.

[2] 林亨耀，汪德涛. 机修手册：第8卷［M］. 3版. 北京：机械工业出版社，1994.

[3] 董浚修. 润滑原理及润滑油［M］. 北京：中国石化出版社，1998.

[4] 王汝霖. 润滑剂摩擦化学［M］. 北京：中国石化出版社，1994.

[5] D克拉曼. 润滑剂及有关产品［M］. 张溥，译. 北京：烃加工出版社，1990.

[6] 程亮，等. 碱催化制备油溶性聚醚［J］. 科技通报，2013，29（4）：58-60.

[7] Cracknell R. Oil soluble polyethers in crankcase lubricants［J］. Journal of Synthetic Lubrication，1993，10（1）47-66.

[8] Day L. The Secret's［J］. Tribology and Lubrication Technology，2008，2（1）：33-38.

[9] Hentschel K H. Polyethers，their preparation and their use as lubricants：US，4481123［P］. 1984.

[10] 程亮，等. 含油性聚醚的汽轮机油性能研究［J］. 石油炼制与化工，2014（8）：87-91.

[11] 马跃峰，等. 茂金属催化体系下煤制α-烯烃制备低黏度PAO基础油的工艺研究［J］. 石油炼制与化工，2016（6）：32-35.

[12] Brown P. Synthetic base stocks（Groups IV and VI）in lubricant applications［J］. Lubrication Engineering，2003，59（9）：20-22.

[13] 张晓秋，等. 茂金属催化剂聚烯烃生产工艺新进展［J］. 中外能源，2008（6）：62-66.

[14] DiMaio AJ. Process for the oligaomerization of alpha-olefins having low Unsaturation：US，7129306［P］. 2006-10-31.

[15] 艾娇艳，等. 茂金属催化剂的发展及工业化［J］. 弹性体，2003，13（3）：48-52.

[16] Ashjiam H，et al. Naphthalene Alkylation process. US，5034563［P］.

[17] 王毓民，王恒. 润滑材料与润滑技术［M］. 北京：化学工业出版社，2005.

第 5 章　工艺润滑材料

工艺润滑材料是在金属加工、热处理等工艺过程与热交换过程中，所使用的润滑冷却材料或工作介质。根据这些工艺过程具有的工艺特点和润滑冷却要求，通常有金属切削（磨削）液、成形加工润滑剂、热处理介质及热传导液等。

5.1　金属切削（磨削）液

5.1.1　金属切削（磨削）液的作用与性能

1. 金属切削过程的润滑冷却特点

在金属切削过程中，刀具切入工件材料，工件坯料受到刀具前刀面的推挤和摩擦，沿着某一斜面剪切滑移（见图 5-1），产生塑性变形，同时伴随着产生高温，使靠近前刀面处金属纤维化，并在切削刃附近与工件本体材料分离，一部分变成切屑而排出，生成新鲜的加工表面，从而达到预定的几何形状、尺寸精度和表面质量。

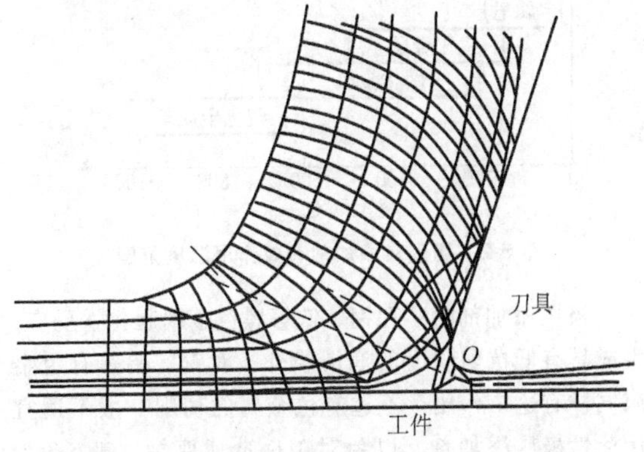

图 5-1　金属切削过程中的滑移线和流线示意图

使用金属切削液的目的，是为了降低切削时的切削力及刀具与工件之间的摩擦，及时带走切削区内产生的热量以降低切削温度，减少刀具磨损，提高刀具寿命，从而提高生产效率，改善工件表面粗糙度，保证工件加工精度，达到最佳经济效果。另外，通过开发高硬度耐高温的刀具材料和改进刀具的几何形状，如随着超硬刀具材料、立方氮化硼、聚晶金刚石、陶瓷刀具材料、物理及化学气相沉积涂层刀具以及硬质合金可转位刀具等的应用，也可使金属切削的加工效率得到迅速提高，工件表面粗糙度和加工精度得到改善，刀具寿命提高。切削液的作用如下：

1）冷却作用。冷却作用是依靠切（磨）削液的对流换热和汽化把切削热从固体（刀具、工件和切屑）带走，降低切削区的温度，减少工件变形，保持刀具硬度和尺寸。

切削液的冷却作用取决于它的热参数，特别是比热容和热导率。此外，液体的流动条件和热导率也起着重要作用。热导率可以通过改变表面活性材料和汽化热的大小来提高。水具有较高的比热容和大的热导率，所以水基切削液的冷却性能要比油基切削液好。表 5-1 为水、油的热参数值。

表 5-1　水、油的热参数值

类别	热导率 /[W/(m·K)]	比热容 /[J/(kg·K)]	汽化热 /(J/g)
水	0.63	4.18×10^3	2260
油	0.125~0.21	$(1.6\sim2.09)\times10^3$	167~314
钢	36~53.2	460.5	—

改变液体的流动条件，如提高流速和加大流量可以有效地提高切削液的冷却效果，特别是对于冷却效果较差的油基切削液，加大切削液的供液压力和加大流量，可有效提高冷却性能。在钻深孔和高速滚齿加工中就采用这个办法。采用喷雾冷却，使液体易于汽化，也可明显提高冷却效果。

切削液的冷却效果受切削液的渗透性能所影响。渗透性能好的切削液，对切削刃的冷却速度快。切削液的渗透性能与切削液的黏度和浸润性有关。低黏度油的渗透性比高黏度油好，油基切削液的渗透性比水基切削液好，而含有活化剂的水基切削液的渗透性能则大大提高。切削液的浸润性与切削液的表面张力有关，当液体的表面张力大时，液体在固体的表面向周围扩张而聚成液滴，这种液体的渗透性就差；当液体的表面张力小时，液体在固体表面向周围扩展，固体-液体-气体的接触角很小，甚至接近零，此时液体的渗透性能就好，液体能迅速扩展到刀具与工件、刀具与切屑接触的缝隙中，便可加强冷却效果。

冷却作用的好坏还与泡沫有关，由于泡沫内部是空气，空气的导热性比水的导热性差，泡沫多的切削液冷却效率要降低。所以一般含活化剂的合成切削液都加入少量的乳化硅油消泡剂。

近年的研究表明，离子型水基的切削液能通过离子的反应，迅速消除切削和磨削时由于强烈摩擦所产生的静电荷，使工件不产生高热，起到良好的冷却效果。这类离子型切削液已广泛用作高速磨削和强力磨削的冷却润滑液。

2）润滑作用。在切削加工中，刀具-切屑、刀具-工件表面之间产生摩擦，切削液就是减轻这种摩擦的润滑剂。

在后刀面，由于刀具带有后角，它与被加工材料接触部分比前刀面少，接触压力也低，因此，后刀面的摩擦润滑状态接近于边界润滑状态，一般使用吸附性强的物质（如油性剂）和使金属接触部分的抗剪强度降低的物质（如极压剂）能有效地减少摩擦。

前刀面的状况与后刀面不同，剪切区经变形的切屑在受到刀具推挤的情况下被迫挤出，其接触压力大，切屑也因塑性变形而达到高温。在供给切削液后，切屑由于受到骤冷而收缩，使前刀面上的刀具-切屑接触长度及切屑与刀具间的金属接触面积减少，同时还使平均切应力降低，这样就导致了剪切角的增大和切削力的减少，从而使工件材料的切削加工性能得到改善。

在磨削过程中，加入磨削液后，磨削液渗入磨粒-工件及磨粒-磨屑之间形成润滑膜，由于这层润滑膜，使得这些界面的摩擦减轻，防止磨粒切削刃的摩擦磨损和黏附切屑，从而减少磨削力、摩擦热与砂轮磨损，降低工件表面粗糙度。

对于切削液的润滑作用来说，一般油基切削液比水基切削液优越，含油性、极压添加剂的油基切削液效果更好。

油性添加剂一般是带有极性基［—COOH、—OH、—C(O)NH_2］的长链有机化合物，如高级脂肪酸、高级醇、动植物油脂等。油基添加剂是通过极性基吸附在金属的表面形成一层润滑膜，减少刀具与工件、刀具与切屑之间的摩擦，从而达到减少切削阻力、延长刀具寿命、降低工件表面粗糙度的目的。油性添加剂的作用只限于温度较低的状况，当温度超过200℃时，油性剂的吸附层受到破坏而失去润滑作用，所以一般低速、精密切削使用含有油性添加剂的切削液，而在高速、重切削的场合，应使用含有极压添加剂的切削液。

所谓极压添加剂，是指一些含有硫、磷、氯元素的化合物。这些化合物在高温下与金属起化学反应，生成硫化铁、磷酸铁、氯化铁等具有低抗剪强度的物质，从而降低了切削阻力，减少了刀具-工件、刀具-切屑的摩擦，使切削过程易于进行。含有极压添加剂的切削液，还可以抑制积屑瘤的生成，改善工件表面粗糙度。表5-2所列为硫、氯极压添加剂生成的固体润滑膜的性质。

表 5-2 硫、氯极压添加剂生成的固体润滑膜的性质

固体润滑膜	熔点/℃	相对抗剪强度(%)	结晶结构
Fe	1525	100	—
FeS	1193	50	
Fe (15) + FeS (85) 合金	985	—	
$FeCl_2$	672	20	层状格子
$FeCl_3$	302	—	层状格子

从表5-2可见，氯化铁的结晶呈层状结构，所以抗剪强度最低。氯化铁与硫化铁相比，其熔点低，在高温下（约400℃）会失去润滑作用。磷酸铁介于氯化铁和硫化铁之间，硫化铁耐高温性能（700℃）最好，在重负荷切削及难切削材料的加工中，一般可考虑使用含有硫极压剂的切削液。

切削液添加剂有效作用温度范围如图5-2所示。

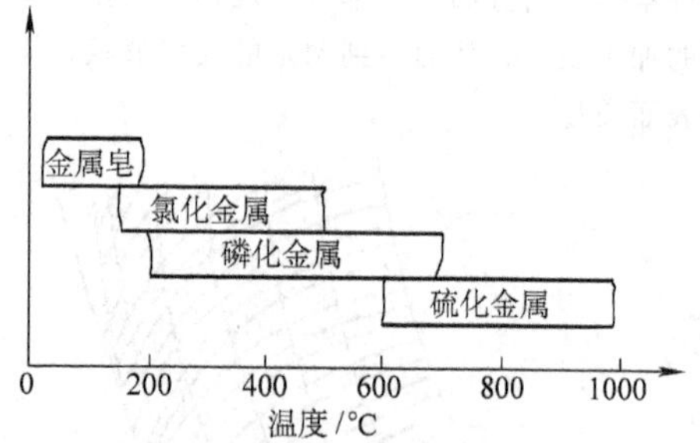

图 5-2 切削液添加剂有效作用温度范围

极压添加剂除了和钢、铁等黑色金属起化学反应，生成具有低抗剪强度的润滑膜外，对铜、铝等有色金属同样有这个作用。不过有色金属的切削一般不适宜用活性极压添加剂，以免对工件造成腐蚀。表5-3为切削液的极压添加剂与金属反应生成物的特性。

切削液的润滑作用同样与切削液的渗透性有关。渗透性能好的切削液，润滑剂能及时渗入到切屑-刀具界面和刀具-工件界面，在切屑、工件和刀具表面形成润滑膜，降低摩擦因数，减少切削阻力。

除上述的润滑效果外，最近的研究认为，切削液可以直接渗入到金属表面的微小裂纹中，改变被加工材料的物理性质，从而降低切削阻力，使切削过程容易进行。

3）清洗作用。在金属切削过程中，切屑、铁粉、磨屑、油污等物易黏附在工件表面和刀具、砂轮上，

表 5-3　切削液的极压添加剂与金属反应生成物的特征

二维切削，$t=0.05\text{mm}$，$\nu=5.5\text{m/min}$，高速钢，$\alpha=15°$						
加工材料	金属的抗剪强度 τ/MPa	切削液	反应生成物	反应生成物的抗剪强度 τ_1/MPa	摩擦减少率（%）	试验得出的摩擦减小率(%)
铁	1305	四氯化碳	$FeCl_2$	372	71	80
			$FeCl_3$	152	88	
		烷基硫	FeS	608	53	60
			FeS_2	—	—	
铜	941	四氯化碳	$CuCl$	102	89	65
		烷基硫	Cu_2S	41	57	55
铝	402	四氯化碳	$AlCl_3$	90	78	65

影响切削效果，同时使机床和工件变脏，不易清洗，所以切削液必须有良好的清洗作用。对于油基切削液来说，黏度越低，清洗能力越强，特别是含有柴油、煤油等轻组分的切削液，渗透和清洗性就更好。含有活化剂的水基切削液，清洗效果较好。活化剂一方面能吸附各种粒子、油泥，并在工件表面形成一层吸附膜，阻止粒子和油泥黏附在工件、刀具和砂轮上；另一方面能渗入到粒子和油污黏附的界面上，把粒子和油污从界面上分离，随切削液带走，从而起到清洗作用。切削液的清洗作用还应表现在对切屑、磨屑、铁粉、油污等有良好的分离和沉降作用。循环使用的切削液在回流到冷却液槽后，能迅速使切屑、磨屑、铁粉、微粒等沉降于底部，油污等物悬浮于液面上，这样便可保证切削液反复使用后仍能保持清洁，保证加工质量和延长使用周期。

4）防锈作用。在切削加工过程中，工件如果与水和切削液分解或氧化变质所产生的腐蚀介质接触，如与硫、二氧化硫、二氧化碳、氯离子、酸、硫化氢、碱等接触就会受到腐蚀，机床与切削液接触的部位也会因此而产生腐蚀。在工件加工后或工序间存放期间，如果切削液没有一定的防锈能力，工件会受到空气中的水分及腐蚀介质的腐蚀，产生化学腐蚀和电化学腐蚀，造成工件生锈，因此要求切削液必须具有较好的缓蚀性，这是切削液最基本的性能之一。切削油一般都具备一定的防锈能力，如果工序间存放周期不长，可以不加防锈添加剂，因为在切削油中加入石油磺酸钡等防锈添加剂，产生竞争吸附，会使切削油的抗磨性能下降。如要求切削油缓蚀性好，可加入质量分数为 0.1%~0.3%的十二烯基丁二酸。要求对铜无腐蚀的切削油，可添加质量分数为 0.2%~0.3%的苯骈三氮唑，能有效地防止铜的变色和腐蚀。乳化油中一般加入石油磺酸钡和石油磺酸钠及三乙醇胺作防锈添加剂，石油磺酸钠和脂肪酸三乙醇胺同时也是一种良好的乳化剂。这些防锈添加剂能定向吸附在金属表面，形成一层吸附膜，使金属表面与水、氧等介质隔离，起到防锈作用。水基合成切削液要加入水溶性的防锈添加剂，如单乙醇胺、二乙醇胺、三乙醇胺、乙醇胺硼酸盐、脂肪酸皂等。亚硝酸钠、硼酸盐也是良好的水溶液防锈剂。对于水基切削液，要求 pH 值为 9~9.5，有利于提高切削液对黑色金属的防锈作用及延长切削液的使用周期。

2. 切削液的性能

切削液必须具备下列性能：

1）贮存安定性好，在机床和冷却系统使用和在仓库贮存期内，切削液不应产生沉淀或分层。

2）对于乳化液和合成型水基切削液，应具备良好的稳定性，不会析油、析皂，对细菌和霉菌有一定的抵抗能力，不易发臭变质，使用周期较长。

3）对人体无害，无刺激性气味，便于回收，不会污染环境。废液经处理后能达到国家规定的工业污水排放标准。

5.1.2　切（磨）削液的分类和组成

按 GB/T 7631.5—1989《润滑剂和有关产品（L 类）的分类　第 5 部分：M 组（金属加工）》(见表 5-4)，用于金属切削加工、磨削加工的润滑剂及有关产品共 14 类，其中油基切削液 6 类，水基切削液 8 类。

1. 油基切削液的分类

油基切削液以矿物油为主要成分，根据加工工艺和加工材料的不同，可以用纯矿物油，也可以加入各类油性添加剂和极压添加剂，以提高其润滑效果。

（1）纯矿物油（L-MHA）　煤油、柴油等轻质油和 L-AN10、L-AN22、L-AN32 等全损耗系统用油。轻质油主要用于铸铁的切削及珩磨、研磨加工，有利于铁粉的沉降。纯矿油成本低，稳定性好，对金属不腐蚀，使用周期长。在使用过程中，即使有少量切削油漏入齿轮箱、轴承和液压系统中，或部分润滑油漏入切削油中，都不致影响机床的使用性能。但纯矿油由于不含润滑添加剂，润滑效果较差，承载能力低，一般只适用于轻荷切削及易切削钢材、有色金属的加工。对于要求低温流动性能好的切削油，可用聚烯烃等合成油，凝点可达-30℃以下，但价值较贵。

表 5-4　金属加工润滑剂的分类（摘自 GB/T 7631.5—1989）

类别字母符号	总应用	特殊用途	更具体应用	产品类型和（或）最终使用要求	符号	应用实例	备注
M	金属加工	用于切削、研磨或放电等金属除去工艺；用于冲压、拉深、压延、强力旋压、拉拔、冷锻和热锻、挤压、模压、冷扎等金属成形工艺	首先要求润滑性的加工工艺	具有抗腐蚀性的液体	MHA	见表5-5	使用这些未经稀释液体具有抗氧化性，在特殊成形加工中可加入填充剂
				具有减摩性的 MHA 型液体	MHB		
				具有极压性（EP）有化学活性的 MHA 型液体	MHC		
				具有极压性（EP）有化学活性的 MHA 型液体	MHD		
				具有极压性（EP）无化学活性的 MHB 型液体	MHE		
				具有极压性（EP）有化学活性的 MHB 型液体	MHF		
				用于单独使用或用 MHA 液体稀释的脂、膏和蜡	MHG		对于特殊用途可以加入填充剂
				皂、粉末、固体润滑剂等或其他混合物	MHH		使用此类产品不需要稀释
		用于切削、研磨等金属除去工艺；用于冲压、拉深、压延、旋压、线材拉拔、冷锻、和热锻、挤压、模压等金属成形工艺	首先要求冷却性的加工工艺	与水混合的浓缩物，具有缓蚀性乳化液	MAA		
				具有减摩性的 MAA 型浓缩物	MAB		
				具有极压性（EP）的 MAA 型浓缩物	MAC		
				具有极压性（EP）的 MAB 型浓缩物	MAD		
				与水混合的浓缩物，具有缓蚀性半透明乳化液（微乳化液）	MAE		使用时，这类乳化液会变成不透明
				具有减摩性的（或）极压性（EP）的 MAE 型浓缩物	MAF		
				与水混合的浓缩物，具有缓蚀性透明溶液	MAG		对于特殊用途可以加填充剂
				具有减摩性和（或）极压性（EP）的 MHG 型浓缩物	MAH		
				润滑脂和膏与水的混合物	MAI		

（2）脂肪油（或油性添加剂）+矿物油（L-MHB）　脂肪油曾被广泛用作切削油，一般用于精车丝杠、滚齿、剃齿等精密切削加工，常用的有菜籽油、豆油、猪油等。脂肪油主要由脂肪酸甘油酯组成，对金属表面有强大的吸附性能，具有良好的润滑性能；其缺点是易氧化变质，并在机床表面形成难于清洗的黏膜（即“黄袍”）。脂肪也可按一定比例（10%~30%，质量分数，下同）加入矿物油中，以提高矿物油的润滑效果。由于脂肪油为食用油，货源少，近年来已逐渐被油性添加剂所替代。如 15%JQ-1 精密切削润滑剂+85%矿油，摩擦因数可达到菜籽油的水平，用于精车丝杠、插齿、刨齿、拉削等均获得良好效果。

（3）非活性极压切削油（L-MHC）　由矿油+非活性极压添加剂组成。所谓非活性极压切削油，是指切削油在 100℃、3h 的腐蚀试验中，铜片腐蚀在 2 级以下（中等程度均匀变色）。氯化石蜡、磷酸酯、高温合成的硫化脂肪油等属非活性极压添加剂。这类切

表 5-5 M 组（金属加工）润滑剂各品种组成、特性和应用场合的比较

ISO-L的符号	组成和特性										应用场合（操作）							
	精制矿油或合成液	乳化液	微（粒）乳化液	溶液	其他	极压性：无化学活性	极压性：有化学活性	极压性	减摩性	备注	切削	研磨	电火花加工	板材金属成形	平整、拉伸旋压	拉丝	模压（锻、冲、挤）成形	轧制
MHA	●									油基液	●		●					●
MHB	●								●	油基液	●			●	●	●	●	●
MHC	●					●				油基液	●	●		●		○	○	
MHD	●						●			油基液	●			●				
MHE	●					●			●	油基液	●	●		●	●			
MHF	●						●		●	油基液	●	●		●				
MHG					●					脂、皂				●		●		
MHH					●					脂、皂						●		
MAA		●								水基液	●			●				○
MAB		●							●	水基液	●			●		●	○	●
MAC		●						●		水基液	●			○		○		
MAD		●							●	水基液	●			●	●			
MAE			●							水基液	●	○						
MAF			●					●和	/或●	水基液	●	○						
MAG				●						水基液	○	●		○				●
MAH				●				●和	/或●	水基液	●	●						
MAI					●					脂、软膏					●			

注：●—主要应用；○—可能应用。

削油的极压润滑性能好，对有色金属不腐蚀，使用方便，被广泛用于多种切削加工。

（4）活性极压切削油（L-MHD） 由矿物油+反应性强的硫系极压添加剂配制而成。这类切削油对铜片的腐蚀为 3～4 级，对有色金属有严重腐蚀。它有良好的抗烧结性能和极压润滑性，可以提高高温和高压条件下的刀具使用寿命，对刀具积屑瘤有强的控制能力，多用于容易啃刀的材料和难加工材料的切削。硫化切削油见表 5-6。

表 5-6 硫化切削油

项目	质量指标	试验方法
运动黏度(50℃)/(mm^2/s)	20～25	GB/T265
恩氏黏度/°E	3.0～3.6	GB/1266
安定性试验(10℃)	合格	注
硫含量(%)	≥1.7	GB/T387
腐蚀(钢片,50℃,3h)	合格	GB/T378
水溶性酸或碱	无	GB/T259
机械杂质(%)	≤0.06	GB/T511
水分	无	GB/T260
闪点(开口)/℃	≥140	GB/T267

注：1. 装入烧瓶容量 3/4 以下的试样，在室温（20±3）℃剧烈摇动 3min，然后分装在两个直径为 15～17mm、高度为 150～160mm 的干净而干燥的试管中（装入量为试管高度 2/3）。将一个试管在室温立置，另一个试管在瓷杯冷煤中冷却到（-10±3）℃，保持 12h 后取出，与未冷却的试管比较，假若冷却的试管底部无沉淀也无变色时，则认为合格。
2. 各成分含量百分数指质量分数。
3. 油基切削液的组成

（5）复合切削油（L-MHE 和 L-MHF） 由矿物油+油性添加剂和极压添加剂配制而成。油性添加剂，如高级脂肪酸、脂肪油等，能在金属表面产生物理吸附和化学吸附，形成一个分子膜吸附层，可降低切削时的摩擦阻力，但这类添加剂只有在较低的温度下才有效，当温度高于 200℃时，极性化合物产生解析和分解而失去润滑作用，这时需要由极压添加剂中的硫、磷、氯元素发挥作用。同时含有油性剂和硫、磷、氯极压添加剂的复合切削油，可以在很宽的温度范围内保持良好的润滑状态，适于多工位切削及多种材料的切削加工。

油基切削液的组成见表 5-7。

2. 水基切削液的分类

（1）防锈乳化液（L-MAA） 由矿油、乳化剂、防锈剂等组成，矿物油的含量（质量分数，下同）为 50%～80%，在水中形成水包油型乳化液。与油基切削液相比，乳化液的优点在于冷却效果好，一般稀释为 5%～10%的水溶液使用，成本较低，使用安全。乳化液最大的缺点是稳定性差，易受细菌、霉菌的侵蚀而发臭变质，使用周期短。乳化油见表 5-8。

（2）防锈润滑乳化液（L-MAB） 这类乳化液含有动植物脂肪或长链脂肪酸（如油酸），具有较好的润滑性。缺点是这些动植物脂肪或长链不饱和脂肪酸更易受微生物的侵蚀而分解，使用周期很短。为了延长其使用周期，可在乳化液中加入少量的碳酸钠、硼

表 5-7 油基切削液的组成

基础油	矿物油：煤油、100N、150N、全损耗系统用油 合成油：聚烯烃油、双酯等
油性剂	脂肪油：豆油、菜籽油、猪油、鲸油、羊毛脂等 脂肪酸：油酸、棕榈酸等 酯类：脂肪酸酯 高级醇：十八烯醇、十八烷醇等
极压添加剂	氯系：氯化石蜡、氯化脂肪酸酯等 硫系：硫化脂肪油、硫化烯烃、聚硫化合物 磷系：二烷基二硫代磷酸锌、磷酸三甲酚酯、磷酸三乙酯等 有机金属化合物：有机钼、有机硼等
防锈剂	石油磺酸盐、十二烯基丁二酸等
铜合金防蚀剂	苯骈三氮唑、巯基苯并塞唑
抗氧化剂	二叔丁基对甲酚、胺系
消泡剂	二甲基硅油
降凝剂	聚烷基丙烯酸酯等

砂或苯甲酸钠（为不稀释后乳化液的 0.1%~0.3%），可提高乳化液的 pH 值和增强抗霉菌的能力，延长使用周期。

（3）极压乳化液（L-MAC 和 L-MAD） 这类乳化液含有油溶性的硫、磷、氯型极压添加剂，具有强的极压润滑性，可用于攻螺纹、拉削、带锯等重切削加工，也可用于不锈钢、耐热合金钢等难切削材料的加工。

（4）微乳化液（L-MAE） 这类乳化液含油量较少（质量分数为 10%~30%），含活化性剂量大，可在水中形成半透明状的微乳液，乳化颗粒在 0.1μm 以下（一般乳化液的颗粒>1μm）。微乳液的优点是稳定性较乳化液大大提高，使用周期也比乳化液长。有工序间防锈期不低于三天的微乳液，适用于缓蚀性要求较高的切（磨）削加工。半合成切削液的主要性能指标（JB/T 7453—2013）见表 5-9。

（5）极压微乳液（L-MAF） 含有硫、磷、氯型极压添加剂，具有缓蚀性、减摩性和（或）极压性，适用于多种金属（含难加工材料）多工序（车、钻、

表 5-8 乳化油

项目		质量指标				试验方法
		1号	2号	3号	4号	
油基外观(15~35℃)		棕黄色至浅褐色半透明均匀油体				目测
乳化液 pH 值		7.5~8.5		7.5~8.5	8.5~9.5	A
乳化液安定性(15~35℃,24h)/mL	皂	0.5	0.5	0.5	0.5	A
	油	无	无	无	无	
乳化液缓蚀性(35±2℃一级铸铁片)/h	单片	48	24	24	24	B
	叠片	8	4	4	4	
食盐允许量(15~35℃,4h)		无相分离				C
乳化液腐蚀试验(55±2℃全浸)/h	钢片	24	24	24	24	D
	铜片	6	1	4	6	
	铝片	4	1	4	4	
乳化油 Pb 值/N		—	—	≥686	—	GB/T 3142
消泡性能(蒸馏水)		10min 后泡沫不超过 2mL				E

注：A、B、C、D、E 参看标准 SH/T 0365 文本。

表 5-9 半合成切削液的主要性能指标（摘自 JB/T 7453—2013）

序号	项目		技术要求		试验方法
			MAE	MAF	
1	浓缩物	外观	均匀透明液体		JB/T 7453
2		储运安定性	无变色、无分层，呈均匀液体		JB/T 7453
3	稀释液	相态	均匀透明或半透明		GB/T 6144
4		pH 值	8.0~10.0		GB/T 6144
5		消泡性 mL/10min	≤2		GB/T 6144
6		表面张力 mN/m	≤40		GB/T 6144

（续）

序号	项 目			技术要求		试验方法
				MAE	MAF	
7	稀释液	腐蚀试验	HT300 灰铸铁	24h 试验后，检验合格		GB/T 6144
			T2 纯铜	8h 试验后，检验合格		
			2A12 铝	8h 试验后，检验合格		
8		防锈试验	HT300 灰铸铁单片	24h 试验后，检验合格		GB/T 6144
			HT300 灰铸铁叠片	8h 试验后，检验合格		
9		稀释液安定性	油	无		JB/T 7453
			皂	无		
10		食盐允许量		无相分离		JB/T 7453
11		硬水适应性		未见絮状物或析出物		JB/T 7453
12		极压性 P_D 值 N		—	≤1100	GB/T 3142
13		减摩性 u 值		—	≤0.13	GB/T 3142
14		对机床油漆的适应性		允许轻微失光和变色，但不允许起泡、发黏、开裂、脱落等不良影响		GB/T 6144

注：1. 半合成切削液不应使用含氯的添加剂和亚硝酸盐。

2. 稀释液试样用蒸馏水按 5%浓度配制。

镗、铰、攻螺纹等）重切削或强力磨削加工。含有硫、磷、氯型极压添加剂的乳化液或微乳液，要特别注意提高其缓蚀性。氯离子的存在很容易对黑色金属产生腐蚀，因此要选择在水中不易分解的含氯极压添加剂。含硫极压剂的乳化液不适合用于加工铜及铜合金。

（6）化学合成切削液（L-MAG） 化学合成切削液包括两种：一种是只含水溶性防锈剂的真溶液，如由亚硝酸钠、碳酸钠、三乙醇胺等组成的水溶液，这类溶液具有一定的冷却、清洗、缓蚀性，不易变质，使用周期较长，但其润滑性和润湿性较差，表面张力较大（与水接近），并且在水分蒸发后在金属表面会留下硬的结晶残留物，所以这类切削液只适于一般的磨削加工；另一种合成液是由活化剂、水溶性防锈剂和水溶性润滑剂组成的，一种颗粒极小的胶体溶液，这种切削液表面张力低，一般小于 400N/m，其润湿性好，渗透能力强，冷却和清洗性能好，也有一定的润滑作用。合成切削液由于是单相体系，其稳定性较乳化液好，使用周期较长，但由于不含油，且清洗能力强，很容易把机床导轨面上的润滑油清洗掉，造成刀架移动困难，并在这些可移动部件的接触面容易产生锈蚀，所以在使用合成切削液时要注意加强设备的防锈管理。合成切削液的主要性能指标参见国家推荐标准 GB/T 6144—2010，见表 5-10。

表 5-10 合成切削液的主要性能指标（摘自 GB/T 6144—2010）

项 目			种类	
			L-MAG	L-MAH
浓缩物	外观		液态：无分层、无沉淀、呈均匀液状 膏态：无异相物析出呈均匀膏状 固体：无坚硬结块物，易溶于水的均匀粉剂	
	贮存安定性		无分层、相变及胶状等。试验后，应能恢复原状	
稀释液①	透明度		透明或半透明	
	pH 值		8~10.0	
	消泡性(mL/10min)/mL		≤2	
	表面张力/(mN/m)		≤40	
	腐蚀试验(55±2℃)/h	一级灰铸铁，A 级	≥24	≥24
		纯铜，B 级	≥8	≥4
		LY12 铝，B 级	≥8	≥4

（续）

项目				种类 L-MAG	种类 L-MAH
稀释液[①]	缓蚀性试验/h	一级灰铸铁 35±2℃，相对湿度 RH≥95%	单片	合格	合格
			叠片	合格	合格
	最大无卡咬负荷 Pb 值/N			≥200	≥540
	对机床油漆的适应性			允许轻微失光和变色，但不允许起泡、发黏、开裂、脱落等不良影响	
	NO_2^- 浓度检测			报告	

① 试液制备，用蒸馏水配制。

（7）极压化学合成切削液（L-MAH） 这种切削液是含有水溶性极压添加剂的化学合成切削液，如硫化脂肪酸皂、氯化脂肪聚醚等，可以使切削液的极压润滑性大幅度提高。含硫的水溶性极压添加剂对铜腐蚀严重，不适宜在有铜零件的设备使用，而且一般硫氯型的水溶性极压添加剂在水中的稳定性较差，易分解出腐蚀性强的硫酸根、氯离子等，对机床和工件会引起腐蚀，必须在切削液中加入防锈能力强的水基金属防锈剂和金属钝化剂。近年来，已开发出非硫磷氯型的水基极压润滑剂，这类润滑剂除有较好的极压润滑性外，还具备一定的防锈能力，对有色金属不产生腐蚀，可扩大水基合成切削液的使用范围。

3. 水基切削液的组成

水基切削液的组成见表 5-11。

表 5-11 水基切削液的组成（浓缩液）

乳化液	矿油：全损耗系统用油（机械油）、基础油等，乳化液一般含油 50%～80%（质量分数），微乳液一般含油 10%～30%（质量分数） 乳化剂：OP-10，TX-10，平平加、脂肪酸皂、石油磺酸钠、司苯-80、太古油等 防锈剂：石油磺酸盐、环烷酸锌、三乙醇胺等 铜合金防蚀剂：苯骈三氮唑 极压添加剂：硫化脂肪油、氯化石蜡、二烷基二硫代磷酸锌等 消泡剂：二甲基硅油 防腐杀菌剂：三丹油、四氯苯酚等 耦合剂：乙醇、异丙醇、多元醇
合成切削液	润滑剂：聚乙二醇、聚醚、脂肪酸皂等 极压添加剂：硫化脂肪酸皂、氯化脂肪聚醚等 活化剂：OP-10、油酸三乙醇胺、TX-10、聚醚等 防锈剂：三乙醇胺、三乙醇胺硼酸缩合物、亚硝酸钠、硼酸盐等 消泡剂：乳化二甲基硅油 铜合金防蚀剂：苯骈三氮唑 防腐杀菌剂：甲醛、二氢三氮杂苯等

4. 膏状及固体润滑剂

在攻螺纹或手铰螺纹时，常在刀具或工件上涂上一些膏状或固体润滑剂。膏状润滑剂主要是含极压添加剂的润滑脂。固体润滑剂主要是二硫化钼蜡笔、石墨、硬脂酸皂、蜡等。用二硫化钼蜡笔涂在砂轮、砂盘、带、丝锥、锯带或圆锯片上，能起到润滑作用并降低工件的表面粗糙度，延长砂轮和刀具的使用寿命，减少毛刺或金属的熔焊。

5. 气体冷却剂

空气是最常用的气体冷却剂，干切削时就有常压的空气存在，起到一定的冷却作用，但冷却效果极差。为了提高气体的冷却效果，可以把空气压缩，使气体以较快的流速吹到切削区，带走切削热，并把切屑吹走，但必须采取防护措施。采用二氧化碳和氮气等惰性气体，其沸点低于室温，经压缩后喷到切削区域，起到蒸发作用。采用惰性气体的优点是冷却性能好，可延长刀具使用寿命，并且透明，可看清加工情况，清除油烟，不会污染工件、切屑和机床润滑剂，但成本相对较高。

5.1.3 切削液的选择

1. 切削液选择的依据

图 5-3 列出了选择切削液的依据。图中，在根据加工方法、要求精度来选择切削液之前，设置了安全性、废液处理等限制项目，通过这些项目可确定是选用油基切削液还是水基切削液这两大类别，如强调防火的安全性，就应考虑选用水基切削液。当选用水基切削液时，就应考虑废液的排放问题，企业应具备废液处理的设施。有些工序，如磨削加工，一般只能选用水基切削液；对于使用硬质合金刀具的切削加工，一般考虑选用油基切削液。一些机床在设计时规定使用油基切削液，就不要轻易改用水基切削液，以免影响机床的使用性能。权衡这几方面的条件后，便可确定选用油基切削液还是水基切削液。在确定切削液的剂型后，可根据加工方法、要求加工的精度、表面粗糙度等项目和切削液的特征来进行第二步选择，然后对选定的切削液能否达到预期的要求进行鉴定。

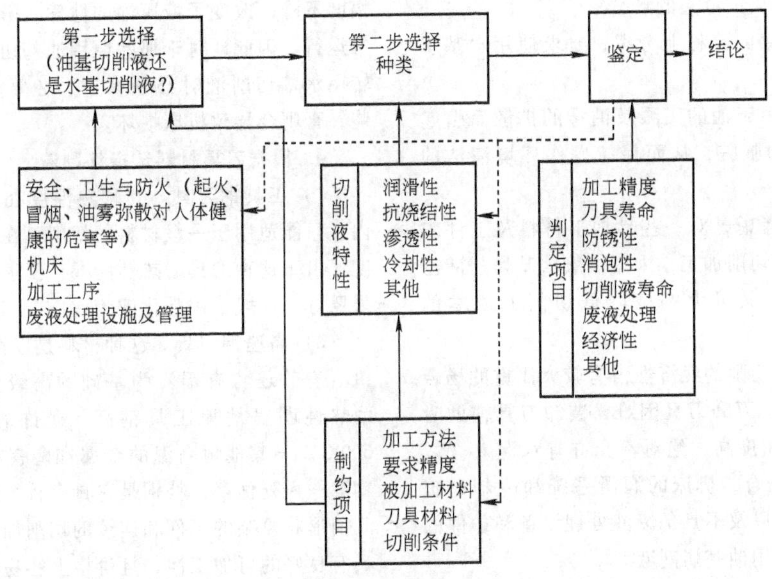

图 5-3　切削液选择的依据

鉴定如果有问题，再反馈回来，查明出现问题的原因，并加以改善，最后做出明确的选择结论。

2. 油基切削液和水基切削液的区别

油基切削液的润滑性能较好，冷却效果较差。水基切削液与油基切削液相比，润滑性能相对较差，冷却效果较好。慢速切削要求切削液的润滑性要强，一般来说，切削速度低于 30m/min 时使用切削油。含有极压添加剂的切削油，不论对任何材料的切削加工，在切削速度不超过 60m/min 时都是有效的。在高速切削时，由于发热量大，油基切削液的传热效果较差，会使切削区的温度过高，导致切削油产生烟雾、起火等现象，并且由于工件温度过高而产生热变形，影响工件加工精度，故多用水基切削液。

乳化液把油的润滑性和缓蚀性与水的极好冷却性结合起来，同时具备较好的润滑冷却性，因而对于有大量热生成的高速低压力的金属切削加工很有效。与油基切削液相比，乳化液的优点在于有较大的散热性、清洗性，用水稀释使用而带来的经济性以及有利于操作者的卫生和安全性而使他们乐于使用。实际上除特别难加工的材料外，乳化液几乎可以用于所有的轻、中等负荷的切削加工及大部分重负荷加工。乳化液还可用于除螺纹磨削、沟槽磨削等复杂磨削外的所有磨削加工。乳化液的缺点是容易使细菌、霉菌繁殖，使乳化液中的有效成分产生化学分解而发臭、变质，所以一般都应加入毒性小的有机杀菌剂。

化学合成切削液的优点在于经济、散热快、清洗性强和极好的工件可见性，易于控制加工尺寸，其稳定性和抗腐败能力比乳化液强。合成切削液的缺点是在某些苛刻的条件下使用时，润滑性欠佳，这将引起机床活动部件的黏着和磨损，而且化学合成液留下的黏稠状残留物会影响机器零件的运动，还会使这些零件的重叠面产生锈蚀。油基切削液和水基切削液的使用性能对比见表 5-12。

表 5-12　油基切削液和水基切削液的使用性能对比

项目		油基切削液	水基切削液
切削性能	刀具寿命	好	差
	尺寸精度	好	差
	表面粗糙度	好	差
操作性能	机床、工件的锈蚀	好	差
	油漆的剥落	好	差
	切屑的分离、去除	差	好
	冒烟、起火	差	好
	对皮肤的刺激	差	好
	操作环境卫生	差	好
	发霉、腐败、变质	好	差
	使用液维护	好	差
	废液处理	好	差
经济性	切削液费用	差	好
	切削液管理费用	好	差
	废液处理费用	好	差
	机床维护保养费用	好	差

一般在下列的情况下应选用水基切削液：

1）对油基切削液潜在发生火灾危险的场所。

2）高速和大进给量的切削，使切削区趋于高温，冒烟激烈，有火灾危险的场合。

3）从前后工序的流程上考虑，要求使用水基切削液的场合。

4）希望减轻由于油的飞溅及油雾的扩散而引起的机床周围污染和肮脏，从而保持操作环境清洁的场合。

5）从价格上考虑，对一些易加工材料及工件表面质量要求不高的切削加工，采用一般水基切削液已能满足使用要求，又可大幅度降低切削液成本的场合。

刀具的寿命对切削的经济性占有较大比重的场合（如刀具价格昂贵，刃磨刀具困难，装卸刀具辅助时间长等），机床精密度高，绝对不允许有水混入（以免造成腐蚀）的场合，机床的润滑系统和冷却系统容易串通的场合，以及不具备废液处理设备和条件的场合，均应考虑选用油基切削液。

在不同的切削加工中油基切削液和水基切削液的应用情况见表 5-13。

表 5-13　油基切削液和水基切削液的应用情况

切削种类	切削液的选用	
	水基切削液	油基切削液
车削、镗削	++	0
多轴车削	0	++
多工位切削	0	++
钻削	+	+
深孔钻削	0	++
铣削	+	+
拉削、铰削	+	+
攻螺纹	+	+
滚齿、插齿、刨齿、剃齿	0	++
内、外圆磨削，平面磨削	++	0
槽沟磨削、螺纹磨削	0	++
高速磨削、强力磨削	++	0
研磨、珩磨	0	++

注：++最常用；+常用；0 很少用。

3. 根据机床的要求选择切削液

在选用切削液时，必须考虑到机床的结构装置是否适应。有些机床，如多轴自动车床、齿轮加工机床等，设计时就已考虑使用油基切削液，所以没有采用特殊的轴承密封盖和特殊的装置来保护机床内部机构免受外界水、汽的侵袭，并且这类机床大都靠油基切削液来润滑接近切削区域的运动部件，因而必须使用油基切削液。如果使用水基切削液，水溶液会渗入到轴承和机床内部机构，使这些零部件脱油而产生腐蚀和加速磨损。水基切削液渗入液压系统，会使液压油乳化变成油包水或水包油的乳化液，使黏度增大或大幅度下降，改变了液压油的性质，影响液压系统的正常运行。因此，对于那些原用油基切削液的机床，要转用水基切削液时必须慎重，必要时要做适当的改装，否则会导致机床损坏。

4. 根据刀具材料选择切削液

1）工具钢刀具。其耐热温度在 200～300℃ 范围内，只能适用于一般材料的切削，在高温下会失去硬度。由于这种刀具耐热性能差，要求切削液的冷却效果要好，一般采用乳化液为宜。

2）高速钢刀具。这种材料是以铬、镍、钨、钼、钒（有的还含有铝）为基础的高级合金钢，它们的耐热性明显地比工具钢高，允许的最高温度可达 600℃。与其他耐高温的金属和陶瓷材料相比，高速钢有一系列优点，特别是它具有较高的坚韧性，适合几何形状复杂的工件和连续的切削加工，而且高速钢具有良好的可加工性，且价格上容易被接受。

使用高速钢刀具进行低速和中速切削时，建议采用油基切削液或乳化液。在高速切削时，由于发热量大，以采用水基切削液为宜。若使用油基切削液会产生较多烟雾，污染环境，而且容易造成工件烧伤，加工质量下降，刀具磨损增大。

3）硬质合金刀具。用于切削刀具的硬质合金是由碳化钨（WC）、碳化钛（TiC）、碳化钽（TaC）和质量分数为 5%～10% 的钴组成的，它的硬度大大超过高速钢，最高允许工作温度可达 1000℃，具有优良的耐磨性能，在加工钢铁材料时，可减少切屑间的黏结现象。

在选用切削液时，要考虑硬质合金对骤热的敏感性，尽可能使刀具均匀受热，否则会导致崩刃。在加工一般的材料时，经常采用干切削；但在干切削时，工件温升较高，使工件易产生热变形，影响工件加工精度，而且在没有润滑剂的条件下进行干切削阻力大，使功率消耗增大，刀具的磨损也加快。硬质合金刀具价格都较贵，所以从经济方面考虑，干切削也是不合算的。在选用切削液时，一般油基切削液的热传导性能较差，使刀具产生骤冷的危险性要比水基切削液小，所以一般选用含有抗磨添加剂的油基切削液为宜。在使用切削液进行切削时，要注意均匀地冷却刀具，在开始切削之前，最好预先用切削液冷却刀具。对于高速切削，要用大流量切削液喷淋切削区，以免造成刀具受热不均匀而产生崩刃，亦可减少由于温度过高产生蒸发而形成的油烟污染。

4）陶瓷刀具。采用氧化铝（Al_2O_3）、金属和碳化物在高温下烧结而成，这种材料的高温耐磨性比硬质合金还要好，一般采用干切削；但考虑到均匀的冷却和避免温度过高，也常使用水基切削液。

5）金刚石刀具。具有极高的硬度，一般采用干切削。为避免温度过高，也像陶瓷材料一样，许多情况下采用水基切削液。

5. 根据工件材料选择切削液

工件材料的性能对切削液的选择很重要。据文献介绍，可把被加工材料按其可切削性的难易划分为不同的级别，以此作为选择切削液的依据。表 5-14 所列为按材料的可切削指数来划分的材料的级别。将铜在固定条件下的可切削指数定为 100，将其他材料在相同的条件下进行切削，按得出的刀具相对寿命进行排列。

按表 5-14，切削指数越小的材料越难加工。在选择切削液时，对于难加工的材料应选择活性度高的含抗磨极压添加剂的切削液；对于易加工材料，可选用纯矿油或其他不含极压添加剂的切削液。切削加工是一个复杂过程，尽管是切削一种材料，但当切削速度改变或切削工件的几何形状改变时，切削液显示的效果就完全不同，所以在选择切削液时，要结合加工工艺和加工工件的特点来综合考虑。

表 5-14　按可切削指数来划分的材料的级别

材料组	材料举例		可切削指数
第一组	普通可切削钢	非合金钢、低合金钢及其淬火钢（15，35，15CrMn）	80
		易切削钢（Y12，Y12Mn）	
		建筑钢材（35，60）	
第二组	较难切削钢	高合金钢及其淬火钢（20CrMo，42CrMo）	50
		高铬合金钢（10Cr17，40Cr13）	
		高铬镍合金钢（12CrNi2）	
		耐腐蚀耐酸的铬镍钢（06Cr19Ni10，1Cr18Mo10Nb）	
		铸钢	
第三组	难切削钢	镍和镍合金（Ni10Cr10，Ni18Cr20）	25
		锰和镍硅钢（40CrMn2，60Si2Mn）	
		铬钼钢（20CrMo）	
		硅钢（38Si2Mn）	
		钛和钛合金	
第四组	灰铸铁和可锻铸件（HT250，KTZ450-06）		60～110
第五组	铜和铜合金（ZCuSn10Pb1）		100～600
第六组	铝和镁合金（5A05，5B05）		300～2000

6. 根据加工方法选择切削液

对于不同切削加工类型，金属的切除特性是不一样的，较难的切削加工对切削液要求也较高。切削过程的难易程度，按从难到易的次序排列如下：

内拉削→外拉削→攻螺纹→螺纹加工→滚齿→深孔钻→镗孔→用成形刀具切削螺纹→高速低进给切削螺纹→铣削→钻孔→刨削→车削（单刃刀具）→锯削→磨削。

上述排列顺序并不是绝对的，因为刀具的几何形状和工件材料的变化也会改变加工的难易程度。

下面对一些常用的加工方法如何选择切削液做简单的叙述。

（1）车削、镗削

1）粗车。粗车时加工余量较大，因而切削深度和进给量都较大，切削阻力大，产生大量切削热，刀具磨损也较严重。主要应选用以冷却作用为主并具有一定清洗、润滑和防锈作用的水基切削液，将切削热及时带走，降低切削温度，从而提高刀具寿命。一般选用极压乳化液效果更好。极压乳化液除冷却性能好之外，还具备良好的极压润滑性，可明显延长刀具使用寿命，提高切削效率。使用水基切削液要注意机床导轨面的保养，下班前要将工作台上的切削液擦干，涂上润滑油。

2）精车。精车时，切削余量较小，切削深度一般只有 0.05～0.8mm，进给量也小，要求保证工件的精度和表面粗糙度。精车时由于切削力小，温度不高，所以宜采用摩擦因数小、润滑性能好的切削液，一般采用高浓度（质量分数 10%以上）的乳化液和含油性添加剂的切削液为宜。对于精度要求很高的车削，如精车螺纹，要采用菜籽油、豆油或其他产品作润滑液才能达到精度要求。正如上面所提到的，由于植物油稳定性差，易氧化，有的工厂采用成分（质量分数）JQ-1 精密切削润滑剂为 15%+L-AN32 全损耗系统用油 85%的液体作为精密切削油，效果良好。

3）镗削。镗削机理与车削一样，不过它是内孔加工，切削量和切削速度均不大，但散热条件差，可采用乳化液作切削液，使用时应适当增加切削液的流量和压力。

（2）铣削　铣削是断续切削，每个刀齿的切削深度时刻变化，容易产生振动和一定的冲击力，所以铣削条件比车削差。用高速钢刀具高速平铣或高速端铣时，均需要冷却性好，并有一定润滑性能的切削液，如极压乳化液。在低速铣削时，要求用润滑性较好的切削油，如精密切削油和非活性极压切削油。对不锈钢和耐热合金钢，可用含硫、氯极压添加剂的切削油。

（3）螺纹加工　切削螺纹时，刀具与切削材料成楔形接触，切削刃三面被切削材料所包围，切削力矩大，排屑比较困难，热量不能及时由切屑带走，刀具容易磨损，切屑碎片挤塞并且容易产生振动。尤其车螺纹和攻螺纹时切削条件更苛刻，有时会出现崩刃和断丝锥，要求切削液同时具备较低的摩擦因数和较高的极压性，以减少刀具的摩擦阻力和延长刀具使用寿命。一般应选用同时含有油性剂和极压剂的复合切削液。此外，攻螺纹时切削液的渗透性很重要，切削液能否及时渗透到切削刃上，对丝锥的寿命影响很大。切削液的渗透性与黏度有关，黏度小的油渗透性较好，必要时可加入少量的柴油或煤油来提高渗透效果。有的场合，如不通孔攻螺纹时，切削液很难进入孔中，这时采用黏度大、附着力强的切削液效果反而更好。

下面列举几个攻螺纹用切削液的传统配方（质量分数）：

1）硫化脂肪油 10%、氯化石蜡 10%、脂肪油 8%、L-AN15 全损耗系统用油 72%，适用于钢、合金钢攻螺纹。

2）JQ-2 极压润滑剂 20%、JQ-1 精密切削润滑剂 10%、L-AN15 全损耗系统用油 70%，适用于钢、合金钢攻螺纹。

3）JQ-2 极压润滑剂 15%＋柴油机油 20%＋L-AN15 全损耗系统用油 65%，适用于铝和铝合金攻螺纹。

4）JQ-2 极压润滑剂 30%＋氯化石蜡 10%＋脂肪油 10%＋L-AN32 全损耗系统用油 50%，适用于不锈钢及不通孔攻螺纹。

5）极压乳化油 20%＋水 80%，适用于钢标准件螺纹加工。

（4）铰削　铰削加工是对孔的精加工，要求精度高。铰削属低速小进给量切削，主要是刀具与孔壁成挤压切削，切屑碎片易留在刀槽或黏结在刃边上，影响刃带的挤压作用，破坏加工精度和表面粗糙度，增加切削转矩，还会产生积屑瘤，增加刀具磨损。铰孔基本上属于边界润滑状态，一般采用润滑性良好并有一定流动性的高浓度极压乳化液或极压切削油，就可以得到良好的效果。对不锈钢、耐热钢可采用高极压性的复合切削液；对深孔铰削，采用润滑性能好的深孔钻切削油便能满足工艺要求。

（5）拉削　拉刀是一种沿着轴线方向按切削刃的齿升并列着众多刀齿的加工工具。拉削加工的特点是能够高精度地加工出具有复杂形状的工件。因为拉刀是贵重刀具，所以刀具寿命对生产成本影响较大。此外，拉削是精加工，对工件表面粗糙度要求严格。拉削时，切削阻力大，不易排屑，冷却条件差，易刮伤工件表面，所以要求切削液的润滑性和排屑性能较好。国内已有专用的含硫极压添加剂的拉削油。

对于不锈钢和耐热合金的拉削，可用下列配方（质量分数）：

JQ-2 极压润滑剂 20%，氯化石蜡 15%，司本-80 1%，L-AN22 全损耗系统用油　64%。

（6）钻孔　使用一般的麻花钻钻孔，属于粗加工，钻削时排屑困难，切削热不易导出，往往造成切削刃退火，影响钻头使用寿命及加工效率。选用性能好的切削液，可以使钻头的使用寿命延长数倍甚至更多，生产率也可明显提高。一般可选用极压乳化液或极压合成切削液。极压合成切削液表面张力低，渗透性好，能及时冷却钻头，对延长刀具寿命、提高加工效率十分有效。对于不锈钢、耐热合金等难切削材料，可选用低黏度的极压切削油。

（7）深孔钻　深孔钻（枪钻）是近年发展起来的深孔加工新工艺。传统的深孔加工（孔深与孔径之比大于 5），需要钻、镗、粗铰、研磨等多道工序才能加工出有较高精度和较低表面粗糙度的孔。新工艺是采用结构特殊的刀具和高压冷却润滑系统，可将上述多道工序简化为一次连续走刀，完成相当深度的高精度和低表面粗糙度的孔加工。这种工艺效率高、经济效益显著。

性能优良的深孔钻切削液是深孔钻加工技术的关键之一，深孔钻切削液必须具备下列性能：

1）良好的冷却作用，消除由于变形及摩擦所产生的热量，抑制积屑瘤的生成。

2）良好的高温润滑性，减少切削刃及支承的摩擦磨损，保证刀具在切削区的高温下保持良好的润滑状态。

3）良好的渗透性、排屑性，使切削液能及时渗透到切削刃上，并保证切屑能顺利排出。因此，深孔钻切削液要求具有高的极压性和低的黏度。目前国内生产的 810 深孔钻切削油具备了良好的高温润滑性、冷却性和排屑性，已被广泛使用在进口和国产的深孔钻机床上，使用性能良好。

（8）齿轮加工　滚齿、插齿时刀齿断续切削并有冲击力，故刀齿容易磨损，尤其在进给量大和高速切削时，刀齿的磨损就更严重，所以要求切削液具备良好的润滑性能。过去在滚齿、插齿中一般都是用 20 号或 30 号机械油作切削油，由于机械油中不含润滑添加剂，故加工的齿轮齿面表面粗糙度较差，刀具寿命也低。近年来，许多工厂在原用机械油的基础上加进15%（质量分数）的JQ-1精密切削润滑剂，使加工的齿轮齿面表面粗糙度和精度达到精密汽车齿轮的要求，刀具寿命也明显提高。这是因为在机械油中加入JQ-1后，摩擦因数约降低30%，承受负荷能力提高50%以上，大大降低了切削时的摩擦阻力，使加工质量和刀具寿命均有明显改善。对于高硬度材料的滚齿、插齿，用氯系添加剂和有机钼添加剂的切削油有明显效果。

对于高速切齿加工，用油基切削液会产生较大油烟，污染环境，而且由于冷却不充分，往往会造成工件表面烧伤，影响加工质量，刀具磨损也加剧。此时最好选用具有强极压性的水基切削液，如含有硫、磷极压添加剂的水基合成切削液或高浓度极压乳化液，可克服高速切削时的油污染，加工质量和刀具磨损情况均比油基切削液好。但对原有的滚齿、插齿机床必须采取措施，防止水进入转动部分，以免机床产生故障。

用硬质合金刀具进行齿轮加工，过去大部分采用干切削，工件温升高、刀具寿命低。最近研制成功的EC滚切硬齿切削油，可以成功地用于滚齿加工，使工件温度下降，提高了齿轮的加工精度，刀具的使用寿命可延长80%~100%。

剃齿加工要求高的表面质量，为了防止黏刀，可采用含活性极压添加剂的切削油；又因为剃齿加工产生细小的切屑，为了使切屑容易冲掉，最好用低黏度的切削油，如果切屑分离不畅，会使已加工表面质量恶化。

(9) 磨削　磨削加工能获得很高的尺寸精度和较低的表面粗糙度。磨削时，磨削速度高、发热量大，磨削温度可高达800~1000℃甚至更高，容易引起工件表面烧伤和由于热应力的作用产生表面裂纹及零件变形，砂轮磨损钝化，磨粒脱落，而且磨屑和砂轮粉末易飞溅，落到零件表面而影响加工精度和表面粗糙度。加工韧性和塑性材料时，磨屑易嵌塞在砂轮工作面上的空隙处，或磨屑与加工金属熔结在砂轮表面，使砂轮失去磨削能力。因此，为了降低磨削温度，冲洗掉磨屑和砂轮末，提高磨削比和工件表面质量，必须采用冷却性能和清洗性能良好，并有一定润滑性和缓蚀性的切削液。

1）普通磨削。可采用防锈乳化液或苏打水及合成切削液，例如：组分（质量分数）

① 防锈乳化液2%，亚硝酸钠0.5%，碳酸钠0.2%，水97.3%。

② 0.8%亚硝酸钠，0.3%碳酸钠，0.5%甘油，98.4%水。

③ 直接用3%~4%的防锈乳化液或化学合成液。

对于精度要求高的精密磨削，使用H-1精磨液可明显提高工件加工精度和磨削效率，使用质量分数为4%~5%。

2）高速磨削。通常把砂轮线速度超过50m/s的磨削称为高速磨削。当砂轮的线速度增加时，磨削温度显著升高。从试验测定，砂轮线速度为60m/s时的磨削温度（工件平均温度）比30m/s时高50%~70%；砂轮线速度为80m/s时，磨削温度比60m/s时又高15%~20%。砂轮线速度提高后，单位时间内参加磨削的磨粒数增加，摩擦作用加剧，消耗能量也增大，使工件表层温度升高，增加了表面发生烧伤和形成裂纹的可能性，这就需要用具有高效冷却性能的磨削液来解决。所以在高速磨削时，不能使用普通的磨削液，而要使用具有良好渗透、冷却性能的高速磨削液，如GMY高速磨削液便可满足线速度为60m/s的高速磨削工艺要求。

3）强力磨削。这是一种先进的高效磨削工艺。例如切入式高速强力磨削时，线速度为60m/s的砂轮，以3.5~6mm/min的进给速度径向切入，切除率可以高达20~40mm^3/(mm·s)。这时砂轮磨粒与工件摩擦非常剧烈，即使在高压大流量的冷却条件下，所测到摩擦区工件表层温度范围也高达700~1000℃，如果冷却条件不好，磨削过程就不可能进行。在切入式强力磨削时，采用性能优良的合成强力磨削液与乳化液相比，总磨削量提高35%，磨削比提高30%~50%，延长正常磨削时间约40%，降低功率损耗约40%。所以强力磨削时，磨削液的性能对磨削效果影响很大。目前国内生产的强力磨削液有QM高速强力磨削液和HM缓进给强力磨削液。

4）金刚石砂轮磨削。这是适用于硬质合金、陶瓷、玻璃等硬度高的材料的磨削加工，可以进行粗磨、精磨，磨出的表面一般不产生裂纹、缺口，可以达到较低的表面粗糙度。为了防止磨削时产生过多的热量和导致砂轮过早磨损，获得较低的表面粗糙度，就需要连续而充分的冷却。这种磨削由于工件硬度高，磨削液主要应具备冷却和清洗性能，保持砂轮锋锐，磨削液的摩擦因数不能过低，否则会造成磨削效率低、表面烧伤等不良效果，可以采用以无机盐为主的化学合成液作磨削液。精磨时可加入少量的聚乙二醇作润滑剂，可以提高工件表面加工质量。对于加工精度高的零件，可采用润滑性能好的低黏度油基磨削液。

5）螺纹、齿轮和丝杠磨削。这类磨削特别重视磨削加工后的加工面质量和尺寸精度，一般宜采用含极压添加剂的磨削油。这类油基磨削液由于其润滑性能好，可减少磨削热，而且其中的极压添加剂可与工件材料反应，生成低抗剪强度的硫化铁膜和氯化铁膜，能减轻磨粒切削刃尖端的磨损，使磨削顺利进行。为了获得较好的冷却性和清洗性，又要保证防火安全，以选用低黏度、高闪点的磨削油为宜。

(10) 珩磨　珩磨加工的工件精度高，表面粗糙度低，加工过程产生的铁粉和油石粉颗粒度很小，容易悬浮在磨削液中，造成油石孔堵塞，影响加工效率和破坏工件表面的加工质量，所以要求磨削液首先要具备较好的渗透、清洗、沉降性能。水基磨削液对细小粉末的沉降性能差，一般不宜采用；黏度大的油基磨削液也不利粉末的沉降；所以一般采用黏度小（40℃时为 $2\sim3mm^2/s$）的矿物油加入一定量的非活性的硫化脂肪油作珩磨油。

金属切削加工用切（磨）削液的选用见表 5-15。

表 5-15　金属切削加工用切（磨）削液的选用

被加工材料		铸铁		碳钢		合金钢		不锈钢		硬质合金钢		铜、铜合金		铝、铝合金	
切削液 加工方法		不含水	含水	不含水	含水	不含水	含水	不含水	含水	不含水	含水	不含水	含水	不含水	含水
切削加工	车削		MAA-C MAB-C MAE-C		MAA-C MAB-C MAE-C		MAB-C MAF-C MAH-C		MAA-C MAE-C MAG-C		MAG-C MAH-C		MAA-C MAE-C		MAA-C MAE-C
	铣削	MHA-C MHB-C		MHB-C MHC-C MHE-C		MHC-C MHE-C		MHB-C MHC-C MHE-C		MHE-C		MHA-C		MHA-C	
	钻(镗)削	MHB-C MHC-C	MAE-C	MHB-C MHC-C	MHF-C	MHC-C MHE-C	MAF-C	MHB-C MHC-C	MAF-C	MHE-C		MHB-C	MAE-C	MHB-C	MAE-C
	深孔钻削	MHC-C MHE-C		MHC-C MHE-C		MHE-C MHF-C		MHC-C MHE-C		MHE-C			MHC-C		MHC-C
	铰削	MHC-C	MAE-C	MHC-C	MAF-C	MHC-C MHD-C	MAF-C	MHC-C MHE-C	MAF-C	MHE-C MHF-C		MHC-C	MAE-C	MHC-C	MAE-C
	齿轮加工			MHC-C MHD-C		MHE-C MHF-C		MHB-C MHC-C		MHE-C MHF-C		MHB-C MHC-C			
	拉削	MHD-C	MAB-C MAE-C	MHD-C MHF-C	MAD-C MAF-C	MHE-C MHF-C	MAD-C MAF-C	MHE-C		MHE-C MHF-C		MHC-C		MHB-C	MAB-C
	攻螺纹	MHD-C		MHD-C MHF-C		MHF-C	MAD-C	MHE-C		MHE-C MHF-C		MHC-C		MHC-C	
	锯削	MHC-C	MAB-C MAC-C	MHC-C MHE-C	MAC-C MAF-C	MHE-C	MAF-C MAH-C	MHE-C		MHE-C MHF-C		MHE-C		MHB-C	MAB-C
	NC 加工中心	MHB-C MHC-C	MAE-C MAF-C	MHC-C MHE-C	MAE-C MAF-C	MHC-C MHE-C	MAE-C MAF-C	MHC-C MHE-C	MAE-C MAF-C	MHE-C MHF-C		MHC-C	MAE-C MAF-C	MHC-C	MAE-C MAF-C
	粗磨		MAG-A		MAG-A MAH-A		MAH-A		MAH-C		MAG-C		MAO-A		MAG-A
	精磨		MAG-A		MAG-A MAH-A		MAG-A		MAG-A		MAG-C MAH-C		MAG-A		MAG-A
	高速磨削		MAH-A		MAH-A		MAH-A		MAH-A		MAG-C		MAG-A		MAG-A
	强力磨削		MAH-A		MAH-A		MAH-A		MAH-A		MAG-C		MAH-A		MAG-A
	珩磨	MHC-A		MHC-A		MHC-A MHE-A MHF-A		MHC-A MHE-A		MHE-A		MHC-A		MHC-A	
	电火花加工	MHA-E		MHA-E		MHA-E		MHA-E		MHA-E		MHA-E		MHA-E	

注：1. 金属切削液符号后面的字母代表加工工艺类别：C 为切削加工；A 为磨削加工；E 为电火花加工。
2. 不含水切削液即油基切削液，含水切削液即水基切削液。

5.1.4　切削液的使用方法及故障处理

1. 切削液的使用方法

切削液的使用方法对刀具寿命和加工质量都有很大影响，即使是最好的切削液，如果不能有效输送到切削区域，也不能起到应有的作用。因此选用以润滑为主的切削液时（如切削油），应当把它输送到能在摩擦表面生成油膜的部位。相反，如果选用的切削液以冷却为主（如水基切削液），就应当使切削液接近刀具的刃部。这种条件下通常要用压力法强迫切削液进入切削区域，从而把刀具、工件、切屑由于摩擦和变形所产生的热量带走。连续应用切削液比间断应用切削液好。间断应用切削液会产生热循环，从而导致硬而脆的刀具材料（如硬质合金刀具）产生裂纹和崩刃；间断使用切削液除了缩短刀具寿命外，还会使工件表面粗糙度不均匀。

正确使用切削液的另一个好处是有效地排除切屑，这也有助于刀具寿命的延长。如适当安放切削液的喷嘴，可防止铣刀和钻头的排屑槽被切屑堵死或排屑不畅。对于一些大工件的加工，或大进给量的强力切削、磨削，采用二排或多排的切削液喷嘴，使之能充分冷却，有利于提高加工效率，保证加工质量。

（1）手工加油法　固体或膏状润滑剂可以用毛笔、刷子将润滑剂涂或滴落到刀具或工件上（主要是攻螺纹、板牙套螺纹时）。最近还研制出手提式供液器，通过加压将润滑剂雾化，喷到刀具和工件上。在没有配量冷却系统的机床上，如果钻孔或攻螺纹的数量不多，用手工加油是有效的方法。当在同一机床上要完成两种不同加工时，用手工加油可以与机床上的溢流冷却系统配合起来使用。

（2）溢流法　最常见的使用切削液的方法是溢流法。用低压泵把切削液打入管道中，经过阀门从喷嘴流出。喷嘴安装在接近切削区域，使切削液流过切削区后，再流到机床的不同部件上，然后汇集到集油盘内，再从集油盘流回切削液箱中，循环使用。因此，切削液箱应有足够的容积，使切削液有时间冷却，并使细的切屑及磨粒等沉降。视加工种类的不同，切削液箱的容积为 20~200L，个别加工则更大，如钻深孔及强力磨削等，切削液箱可达 500~1000L 或更大。在集油盘内应设有粗的过滤器，防止大的切屑进入切削液箱，并在泵的吸油口装设一个精细过滤器。对于磨削、珩磨和深孔钻、深孔镗等机床，由于加工的工件表面质量要求高，必须去除更细的磨屑、砂轮颗粒和切削微粒，如钻深孔加工，要用 10μm 的滤纸进行过滤。采用过滤设备可以避免切削液中含有过多的污染物或过多的金属颗粒，有助于保持切削液的清洁和延长切削液的使用周期。现代自动化机床一般都设有切削液过滤、分离、净化装置。

用溢流法可使切削液连续不断地流到切削区域并冲走切屑。切削液的流量要大一些，才能使刀具和工件被切削液淹没。除了向切削区提供适当的切削液外，还要有足够的切削液来防止不正常的温升。在深孔钻加工中，若切削液箱太小，切削液的温升很快，当油温超过 60℃时，切削便不能继续进行，所以深孔钻床一般都配有较大的切削液箱。

表 5-16 为美国《机械加工切削手册》推荐的典型切削液用量。

表 5-16　典型切削液用量

加工工序		切削液用量/(L/min)	备注
车削	螺纹切削	19(刀具)	
	直径 25mm	132	
	直径 50mm	170	
	直径 75mm	227	
铣削	小铣刀	19(刀具)	
	大铣刀	227(刀具)	
钻孔、铰孔	直径 25mm	7.6~11	
	大钻头钻孔	0.3~0.43×直径/mm	
深孔钻削外排屑型	直径为 4.6~9.4mm	7.6~23	要求用精密滤网。孔越深、直径越大，所用的流量也越大（对同一系列中的钻头来说）
	直径为 9.4~19mm	19~64	
	直径为 19~32mm	38~151	
	直径为 32~38mm	64~189	
深孔钻削内排屑型	直径为 7.9~9.4mm	19~30	
	直径为 9.4~19mm	30~98	
	直径为 19~30mm	98~250	
	直径为 30~60mm	250~490	
套孔钻削外排屑型	直径为 51~89mm	30~182	要求用精密滤网，在同一系列钻头中，直径较大和孔较深的用较大的流量
	直径为 89~152mm	61~303	
	直径为 152~203mm	121~394	
套孔钻削内排屑型	直径为 60~152mm	416~814	
	直径为 152~305mm	814~1287	
	直径为 305~475mm	1287~1741	
	直径为 475~610mm	1741~2158	
珩磨	小孔	11/孔	要求用精密滤网
	大孔	19/孔	
拉削	小孔	38L/mm(行程)×切削长度	
	大孔	0.45L/mm(行程)×切削长度	
无心磨削	小工件	76	要求用精密滤网
	大工件	151	
	其他磨削	0.75×砂轮宽度/mm	

切削液液流的分布方式直接影响到切削液的效率。喷嘴应当安置在使切削液不会因受离心力的作用而抛离刀具或工件之外的位置。最好是用两个或多个喷嘴，一个把切削液送到切削区域，而其他的则用于辅助冷却和冲走切屑。

车削和镗削时，要求把切削液直接送到切削区域，使切削液覆盖刀具的刃部和工件而起到良好的冷却作用。实践经验证明，切削液的喷嘴内径应至少相当于车刀宽度的3/4。

对于重负荷的车削和镗削，需要有第二个喷嘴沿刀具的侧面供给切削液。较低喷嘴供给的切削液可以不受切屑阻挡而顺利送到刀具和工件之间，有助于在低速时起润滑作用。

水平钻孔和铰孔时，最好是通过空心刀具内孔把切削液送到切削区域，保证刃部有足够的切削液并把切屑从孔中冲出来。由于钻头的螺旋槽（为了排出切屑）要起到把切削液从切削区往外排出的作用，因此即使是立钻，进入切削区的切削液也很少，只有空心钻头才能解决这一问题。目前，我国大多数钻孔都采用麻花钻，切削液的进入与排屑方向相反，所以切削液很难进入切削刃上，影响了切削液的冷却润滑效果，以致造成钻头容易烧伤，磨损严重，寿命低。如何改善切削液的供给方法是值得研究的问题。

铣削时最好有两个喷嘴将切削液输送到铣刀的进刀和出刀侧，一个喷嘴流出的切削液被铣刀齿送到切削区域，另一个喷嘴流出的切削液把切屑从刀具中冲出来。窄的铣刀用标准的圆形喷嘴即可，宽的刀具要用扁平的喷嘴，其宽度至少为刀具宽度的3/4才能有良好的覆盖率。对于平面铣削，用有许多小孔的管子制成的环形喷液器较好。这样可以把切削液送到各个刃口，使刀具完全浸在切削液中，起到均匀冷却的作用。如果经常用某种特定尺寸的端面铣刀，最好是带有扇形的环形喷射器，其开口处的曲线与刀具的半径相配。

磨削时采用低压大流量的磨削液，一般可以收到良好的效果。但流量过大时，将会产生不必要的喷溅，特别是对消泡性能较差的合成切削液，更易引起磨削液溢出，可以采用安装防溅板和加入消泡剂的办法解决。

磨削时如用一般喷洒方法效果就很差，在磨削热向整个工件扩散之前，磨削液几乎不能带走什么热量。这是因为砂轮表面速度很高，围绕砂轮的表面始终带有一层空气膜，有碍于切削液渗透到切削区域。应当设计一种特殊的喷嘴，迫使切削液通过空气膜送到砂轮上。这种喷嘴应当尽量靠近工件，以防因砂轮离心力的作用而使切削液完全流失掉。另外一种克服砂轮上产生空气膜的方法，是靠近喷嘴安装一块挡板，以阻断空气流，这样可在砂轮与工件的交接面之间形成部分真空而吸入磨削液。

（3）高压法　对于某些加工，如深孔钻和套孔钻削，常用高压（压力为0.69~13.79MPa）切削液系统供油。深孔钻用的是单刃钻头，与镗孔相似，只是钻头内部有切削液的通路。套孔钻削是一种在工件上钻一个圆柱形孔，但留下一个实心圆柱体的钻孔法。当刀具进入工件时，钻出的实心圆柱体就通过空心的圆柱形刀头，用压力泵把切削液送到刀具周围，迫使切屑从刀具中心流出。套孔钻削用的切削液必须有良好的极压性和抗烧结性，黏度应当很低，才能在刀具周围自由流动；还应具有良好的油性，以降低刀具与工件、刀具与切屑间的摩擦因数。

深孔钻削的主要问题是如何在切削区域维持足够的切削液流量。一种办法是利用钻屑槽作为切削液的通路，切削液压力为0.35~0.69MPa，经过转动的密封套流入钻头，然后直接进入切削区，从孔中流出来的切削液帮助排除切屑。在深孔钻削时，采用油孔钻与溢流法相比是一个大的进步，钻头寿命和生产率都有较大幅度的提高。

高压法有利于切削液到达切削区域，有时也在其他机床上使用。磨削时高压喷嘴有利于砂轮的清洗。

（4）喷雾法　切削液可以用气载油雾的形式喷到刀具与工件上。切削液经一个小的喷嘴，使用压力为0.069~0.552MPa的压缩空气，将切削液分散成很小的液滴并喷入切削区。在这种情况下，用水基切削液比用油基切削液好些，因为油基切削液的油雾污染环境，有碍健康，且易于聚集成较大的油滴。喷雾法最适合切削速度高而切削区域低（如端铣）的加工。选用冷却性能好的切削液，细小的液滴与热的刀具、工件或切屑接触，能迅速蒸发把热量带走。喷雾冷却不需用防溅板、集油盘和回油管，只用很小的球形，而且工件是干的，即使有一点油液也容易擦干。采用喷雾法有以下优点：

1）刀具寿命比干切削长。

2）在没有或不宜使用溢流系统时，可用它来提供冷却作用。

3）切削液可以到达其他方法无法接近的地方。

4）在工件与刀具之间，切削液的流速高于溢流法；冷却效率按同体积的切削液计算，比溢流法高出许多倍。

5）在某些条件下可以降低成本。

6）可以看见被切削的工件。

喷雾法的缺点是冷却能力有限，并且还需要通风。

喷雾装置有3种方式：

1）吸引式。其原理与家用喷雾器一样，主要利用细腰管原理，压缩空气把切削液吸引出液罐而混合雾化于气流中。这种装置之一如图5-4所示。它有一个通压缩空气的管和另一个虹吸切削液的管，并连接于混合接头上。这种装置适于低黏度切削油和乳化液的喷雾。

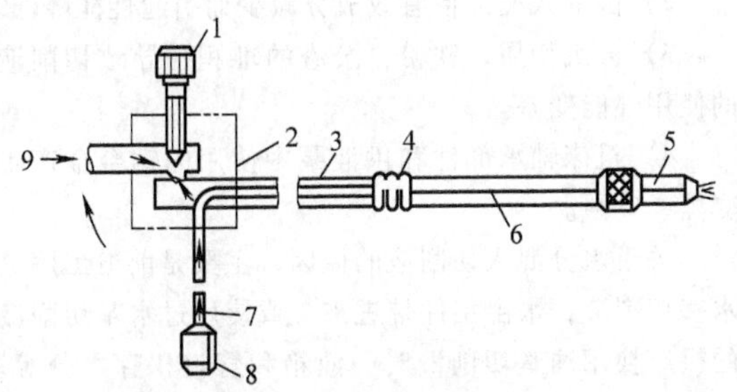

图5-4　吸引式喷雾装置

1—调节螺钉　2—阀体　3—同轴管　4—混合接头　5—喷嘴　6—细管　7—虹吸管　8—切削液罐　9—压缩空气

2）压气式（加压法）。其原理是切削液装于密封液筒内，用0.2~0.4MPa的压缩空气加压，当电磁阀打开时，切削液就被压出，通过混合阀与压缩空气流混合雾化，如图5-5所示。这种装置适于水基合成液和乳化液的喷雾，但水溶液和乳化液中不得含有脂肪油或悬浮的固体物质。雾化混合比可由混合阀和调压阀调整。

3）喷射式。其原理是用齿轮泵把切削液加压，通过混合阀直接喷射于压缩空气流中，使其混合雾化。这种装置适用于将透明冷却水和低黏度切削油雾化。

喷射式可应用于端铣、车削、自动机床加工、数控机床加工。带有电磁阀控制的喷雾装置适用于在数控机床上攻螺纹、铰孔。

（5）制冷液体降温法　制冷液体降温法种类很多，如氮、氩、二氧化碳等气体均可压缩成液体放于钢瓶中，氟利昂气体可用机械装置压缩成液体，使用时放出，经过调节阀，由喷嘴直接注射于切削区，靠汽化吸热来冷却刀具、工件和切屑。这种方法冷却效果非常好，适用于不锈钢、耐热钢、高强度合金钢等难加工材料的切削加工，可以大大提高刀具寿命。

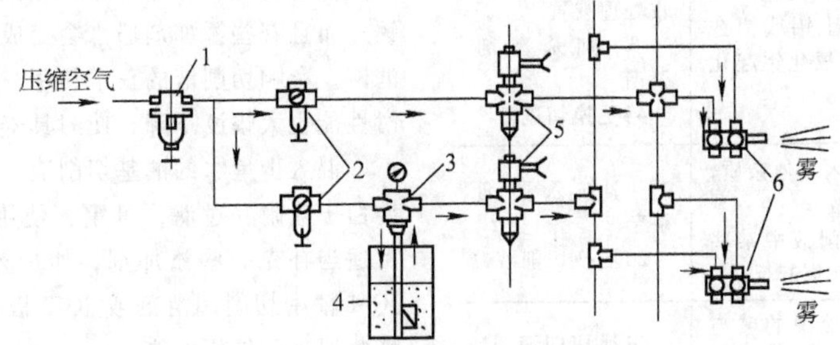

图5-5　压气式喷雾装置

1—过滤器　2—压力调节阀　3—涡流喷嘴　4—切削液筒　5—电磁阀　6—混合阀

（6）切削液的集中供给系统　对于大、中型机械加工厂来说，在可能的情况下，都应当考虑采用集中循环系统为多台机床供应切削液，但各台机床必须采用同一种切削液。几台磨床可以用连接在一起的输送系统处理磨屑。集中处理被切削液润湿的细切屑和磨屑，可以减少人力处理，改善劳动条件。

切削液集中供给系统可使工厂更好地维护切削液。切削液集中在一个大池中，通过定期抽样检查，按照检查结果定期补充原液或水，便于控制切削液的浓度。可以减少抽样检查的次数，从而进行更多项目的检查，保证切削液在使用期的质量。同分开设置的许多单独的多切削液供给系统相比，由于切削液的维护工作减少，成本也相对降低。

集中供给系统最主要的优点是能通过离心处理的方法有效去除切削液中的浮油和金属颗粒，同时也去掉了切削液中一半的细菌（因为细菌很容易在切削液的漂浮油与金属颗粒之间的界面上生长）。连续去除这些脏物，定期检验质量，并根据这些检查结果，有计划地使用添加剂或加入原液，这都是使集中系统十分有效地延长切削液使用寿命的重要因素。这样也减少了水溶性切削液的废液处理。

2. 切削液使用和管理上出现的故障及其处理方法

下面列举的故障，主要从切削液使用和管理的角度来分析其产生原因及处理办法。实际上这些故障常常受到多方面因素的影响，在分析故障时，应从多方面考虑。切削液使用中出现的问题及其解决方法见表5-17。

表 5-17　切削液使用中出现的问题及其解决方法

出现的问题及现象	主要原因	解决的措施与办法
加工精度下降	1）冷却不充分或不均匀 2）切削液选型不合适 3）切削液失效	1）调整与改善供液喷嘴，扩大供液范围，提高供液压力与流量，增大供液量 2）改用切削液品种，选择合适的切削液 3）更换切削液
机床或加工件生锈（含水）	1）切削液的浓度降低 2）切削液 pH 值降低 3）切削液腐败变质	1）经常检测浓度变化，添加新液，保持切削液浓度补充碱，以保持 pH 值在 9 左右 2）加杀菌剂处理或更换切削液
铜、铝合金零件变色	切削液的组分与铜、铝合金起反应	更换切削液
切削液起泡（水） 乳化液分离，转相（含水）	切削液中含活化剂量较大 1）稀释方法不当 2）漏入其他油液 3）腐败、劣化 4）加工铝或铝合金时，氢氧化铝起化学作用	1）加入适量消泡剂，或改用其他切削液按产品使用说明进行稀释 2）安装浮油回收处理装置 3）加杀菌剂杀菌 4）更换切削液
切削液变色发臭	1）漏入其他杂质，引起腐败 2）切削液中某些组分与切屑起反应	1）加杀菌剂杀菌 2）更换切削液
机床涂漆层变色与剥落（含水）	切削液中的碱与活化剂对漆层的作用	更换切削液，选择合适的切削液
对人体危害——皮肤过敏、皮肤炎	切削液中的碱、活化剂等组分对人皮肤起脱脂作用，某些组分对某些人有过敏作用，诱发皮肤炎症等	1）选择对人体皮肤刺激小的切削液 2）操作者采取必要的防护措施，如戴手套等

5.1.5　切削液的维护与管理

1. 油基切削液的维护与管理

油基切削液在使用过程中不易变质，是一种长期使用易于管理的切削液，一般只需定期补充所消耗的一部分，以维持足够的循环油量。所谓易于管理只是相对于水基切削液而言。为了长期保持油基切削液的性能，加强管理也是必要的。

在注入新的切削液时，必须事先将油箱清洗干净，去除切屑、油泥、淤渣等。如果在新的切削液中混入已经变质的切削液、油污等，将加速新液的劣化变质。在使用期间换用别的切削液时，要预先进行两种切削液的相容性和性能变化检查，如不相容或混合后性能下降时，则要将前一种切削液清除后，才能换上后一种切削液。

油基切削液在使用管理上必须注意以下问题：

1）因混入水分而引起润滑性、缓蚀性下降。

2）因混入漏油使有效成分减少而引起性能降低。

3）微细切屑、铁粉、淤渣的堆积，导致切削液的使用性能变差。

4）机床轴承部件和供液泵中使用的铜合金产生变黑、腐蚀。

关于水分混入切削液的原因，主要是前道工序是水基切削液，水由工件带进来，或使用过水基切削液的机床换用油基切削液时，液箱和管道积存水分等。为了除去附着在工件和机床上的水分，必须先用具有水置换性的防锈油和清洗油进行处理，将水分通过置换性防锈油或清洗油带走。水分混入切削液中，使切削液的缓蚀性下降，特别是切削液中有些润滑添加剂遇到水会分解，产生腐蚀性物质，使机床和工件生锈；而且有些添加剂遇水会变成黏稠状物质，堵塞过滤网，影响切削液的正常使用；切削液含水后，其润滑性能也大幅度下降，使刀具寿命缩短。

混入少量水的油基切削液，可加热蒸发，再用活性白土吸附并过滤，可重新使用；如切削性能下降，可适当补充一些添加剂，如加入质量分数为 10% 的 JQ-1 精密切削润滑剂或 JQ-2 极压切削润滑剂，便可恢复原来的使用性能。

在油基切削液的管理上，要特别当心漏油的混入。因油基切削液与机床用的液压油、润滑油同为矿油，故仅从外观不能判断是否有漏油混入。液压油和一般润滑油所含添加剂浓度比油基切削液低，如果大量的润滑油混入到油基切削液中，其添加剂的浓度就会降低，结果使其切削性能下降，刀具的寿命缩短。一般若混入油的量超过质量分数 30%，油基切削液的性能就会显著下降，这时就要补充添加剂或将油降格使用。所以为了保持油基切削液的性能，必须尽量减少漏油的混入。但组合机床、滚齿机等机床，从结构上几乎都会使润滑油流入切削液中，要避免润滑油的漏入似乎很困难。这时应粗略估计一下每月漏入切削液的漏油量，定期补充一些切削润滑剂（如 JQ-1 和 JQ-2），便可使切削液长期保持良好的切削性能。液压油的混入大多是由于密封不良所致，故只要检修好密封装置就能防止液压油的混入。

切削液在使用过程中，存在较大的问题是微细切屑、铸铁粉、淤渣等沉积在油箱内，加速切削油的劣化变质，使油的黏度增高或生成胶状物质等。所以在切削过程中，不仅要除去大切屑，连细微粉末也要定期清除，便可减轻切削液的污浊，延长切削液的使用寿命。

在深孔钻加工、磨削加工中，金属粉混入切（磨）削液，不但会损伤供液泵，而且会使已加工表面粗糙度恶化，所以必须采用过滤法排除切屑。深孔钻机床要求使用 10μm 的滤纸进行切削液过滤。另外切削液的油箱也要足够大，使切削液在循环过程中保持足够的油量，减少切削液的温升。此外，定期补充新液，使供液箱内保持足够的液量，对减少切削液的温升也很重要。切削液的温度过高，不仅影响工件的加工精度，也会加快切削液的劣化。

机床的轴承部件和供液泵中使用的铜合金产生变黑和腐蚀，主要是使用含有活性硫系极压添加剂的切削液引起的，所以对有铜合金与切削液接触的机床，应选用非活性型的切削液。直接用硫黄粉加入矿油中生产的硫化切削液，对铜合金的腐蚀严重。改用硫化脂肪油加入矿油中配制的硫化切削液，其活性度明显下降，基本上对铜合金不产生腐蚀。

2. 乳化液的维护与管理

乳化液的维护保养比油基切削液更加复杂。当配制乳化液时，要先将水加满水箱，然后边搅拌边加入乳化油。要避免将水加入油中或用少量的水稀释乳化油，否则会得到油包水型乳化液，这类乳化液的黏度大，不适合一般的切削使用。

配制乳化液所用的水十分重要，含各种矿物质和盐的硬水常会妨碍乳化过程。用硬水配制的乳化液常会迅速分层，析出大量的油和不溶于水的皂，影响使用效果；如水质太软，泡沫就有可能增多。所以配制乳化液时要预先了解水质的情况，如水质太硬必须经过预处理，可在水中加入质量分数为 0.1%~0.3%的三聚磷酸钠或二乙胺四乙酸钠，便可起到降低水质硬度的作用；但加入三聚磷酸钠过多会导致细菌、霉菌的繁殖。所以如果当地的自来水硬度过大，最好使用去离子水。

乳化液中含有的脂肪油和不饱和脂肪酸很容易被微生物侵蚀。乳化液中经常遇到的微生物有细菌、霉菌和藻类三类。这三类微生物对乳化液的稳定性有不利影响。许多乳化液都含有杀菌剂，但其添加量都受到油溶解度的限制。当配制成乳化液时，杀菌剂的浓度进一步降低，因而降低了它的杀菌作用；乳化液受到微生物的侵蚀后，乳化液中的不饱和脂肪酸等化合物被微生物所分解，破坏了乳化液的平衡，产生析油、析皂及酸值增大，引起乳化液腐败变质。乳化液的腐败现象有如下过程：

1）轻微的腐败臭气发生。

2）乳化液由乳白色变成灰褐色。

3）pH 值、缓蚀性急剧下降。

4）乳化液油水分离，生成沉渣或油泥等物质，堵塞过滤网。

5）切削、磨削性能下降。

6）产生臭味扩散到整个车间，使操作环境恶化，不得不更换新的切削液。

为了防止乳化液腐败，可以采取如下措施：

1）注入新液时，首先要把机床周围及供液系统内的切屑和油污等脏物全清除，并用杀菌剂消毒后才加入新液。不清洗干净就等于向新液中投放腐败的菌种。

2）乳化液稀释要用自来水或软水，避免使用含大肠杆菌和无机盐多的地下水。

3）要进行补给液的管理，保持乳化液在规定的浓度下工作，稀薄浓度的乳化液助长细菌的繁殖。

4）当发现 pH 值有降低倾向时，应添加 pH 值调整剂（如碳酸钠），使 pH 值保持在 9 左右。当乳化液的 pH 值超过 9 时，微生物便难以繁殖。

5）节假日等长期停机时，应向液箱内定期鼓入空气，以防止厌氧菌的繁殖，同时也可除去臭气。

6）在注意防止漏油混入的同时，安装一个能迅速除去混入漏油的装置。

7）采用有效的排屑方式，避免切屑堆积在液箱内。

8）若觉察到腐败的征兆，应立即添加杀菌剂将菌杀灭。

一般酚类的杀菌剂毒性较大，对废液的排放造成污染，已较少使用。目前较常用的低毒杀菌剂为三丹油，添加量的质量分数为 0.1%~0.2%（对稀释后的乳化液），对延长乳化液的使用周期有明显效果。

3. 合成切削液的维护与管理

合成切削液一般属于单相体系，没有乳化液的成分复杂，pH 值也较乳化液高（一般为 9~9.5）；而且合成液中常含有硼酸盐、苯甲酸盐、亚硝酸盐等成分，这些成分都有一定的抗微生物分解的能力，所以合成液的使用寿命一般都较乳化液长，不易腐败变质。

在使用合成切削液时主要应注意三个问题：

1）要控制好使用浓度。在切削液使用一段时间后，由于水分蒸发及工件、切屑带走一部分切削液，在补充水时要按比例加入一定量的原液，最好定期做浓度检查，如浓度变化较大时，应适当调整加入的水量和原液量，使切削液保持在规定的浓度范围内使用。

2）尽量避免在合成液中混入润滑油。由于合成液一般都含有较多的活化剂，混入润滑油后，油便被乳化，使合成液逐渐变为乳化液，影响其使用性能，也容易引起发臭变质。

3）避免使用硬度过大的水。合成液中一般都含有脂肪酸皂作润滑剂，如水的硬度大时，水中的钙、镁离子与脂肪酸反应生成不溶性皂，使润滑性能下降，并影响清洗效果。所以对硬度大的水要进行软化处理后再配制，或在组分中加入抗硬水剂。

在合成液中定期加入一定量的杀菌剂也可以延长换液的周期。

使用合成切削液要特别重视机床和工件的防锈管理。使用的稀释水中若含有多量的氯化钠、硫酸盐，不仅易引起切削液的腐败，也会降低其缓蚀性，所以稀释水应选用好的水质。切削液的缓蚀性与浓度有着密切关系，当缓蚀性降低时，一般采取的措施是补充原液，以提高合成切削液的浓度。合成切削液不含油，水分蒸发后不能在金属表面留下一层油膜，其缓蚀性比油基切削液和防锈乳化液差。工件在工序之间滞留或气象条件骤变、空气湿度大等环境都易引起生锈，应考虑将工件浸入防锈水或涂上防锈油以防止锈蚀。在下班前，应将机床的工作台面抹干净，涂上防锈油。

4. 切削液的净化装置

在切削液使用过程中，由于混入细切屑、磨屑、砂轮末和灰尘等杂质，严重影响工件表面粗糙度，降低刀具和砂轮的使用寿命，并使机床和循环泵的磨损加快。此外，由于机床漏油，使润滑油落入水基切削液中，使乳化液产生乳油，合成液中的活化剂与润滑油作用而转变为乳化液，改变了水基切削液的质量，导致冷却性能下降和缩短使用周期。所以在使用切削液时，必须随时清除杂质和浮油，才能保证切削液循环使用的质量。

（1）沉淀、分离装置

1）沉淀箱（见图5-6）。在箱内设有隔除悬浮污物和浮油的分离挡板和隔板，切屑和固体污物则沉淀于箱底，经沉淀和隔离浮悬物和浮油的净化液，流过隔板上方主沉淀箱的干净部分。这种装置使用于净化各种切削液的切屑和磨屑，特别适应切屑大和密度大的切屑分离。图5-7所示是另一种沉淀箱，它带有刮板链传送带，可刮出和带出沉淀于箱底的细切屑和固体污物，落入污物箱。它适合水基切削液的集中冷却系统，特别适于净化磨削铸铁时的磨削液。沉淀箱对切屑细末、细粒子和高黏度的切削油的分离效果不好。

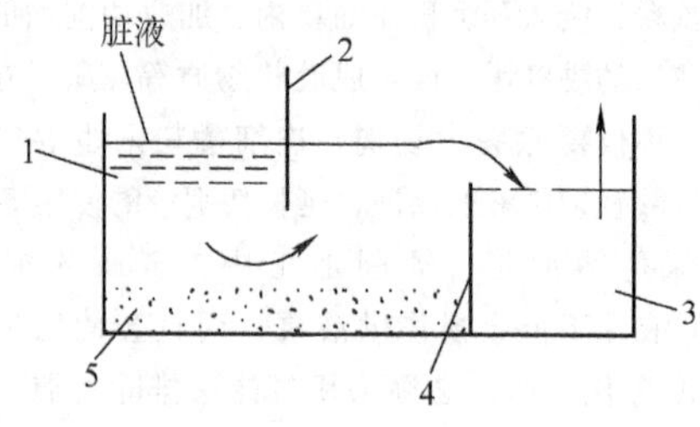

图5-6 沉淀箱

1—悬浮污物和浮油 2—分离挡板 3—净化液 4—隔板 5—沉淀物（切屑或大磨屑）

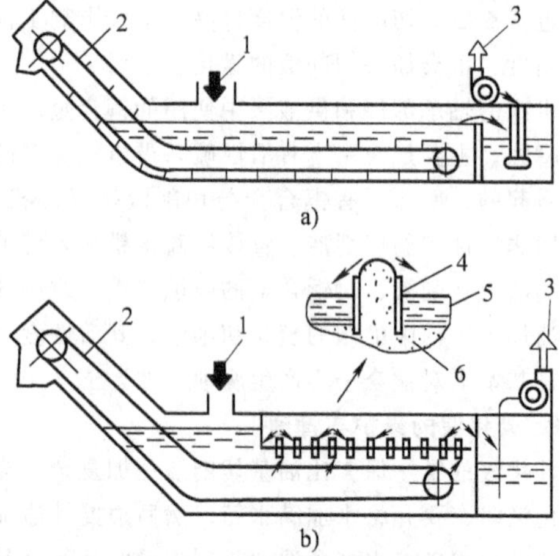

图5-7 带刮板链传送带沉淀箱

1—脏液入口 2—脏物传送带 3—净化液输出 4—细管 5—净化液 6—脏液

2）旋风式分离器。它能分离出切屑细末和细粒子，但不能分离出轻的污物和浮油，其原理图如图5-8所示。其净化过程是：带细末粒子的切削液沿着圆锥体内壁切线方向压入，顺着内壁盘旋而下，其盘旋强度越往下越快，靠盘旋而产生的离心力，促使细末粒子抛向壁周，而后细末粒子顺着内壁排出出口。作用于细末粒子的离心力往往大于细末粒子本身重量的几倍至几十倍，所以细末粒子很易抛出。圆锥体中心由于盘旋而形成一个空气柱，并在此相邻处出现低压区，促使净化过的切削液上升，经过引出管道流出。这种分离器一般供给压力为0.25～0.4MPa，出口压力为0.04～0.06MPa。用来分离含切屑量大或含大切屑的切削液时，为了防止圆锥体出口被堵塞，必须预先把切削液做重力沉淀或磁性分离处理后才能进行。这种分离器适于高速磨削、强力磨削、一般精磨加工中净化合成液、乳化液和

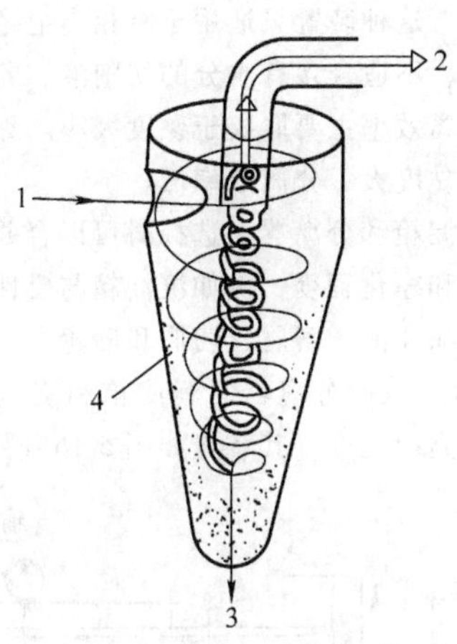

图 5-8　旋风式分离器

1—脏液入口　2—净化液出口　3—脏物出口　4—圆锥体

低黏度油基切削液。

图 5-9 所示为双重式旋风分离器，它可以防止由于气泡混入净化液而造成分离效率不稳定的现象。

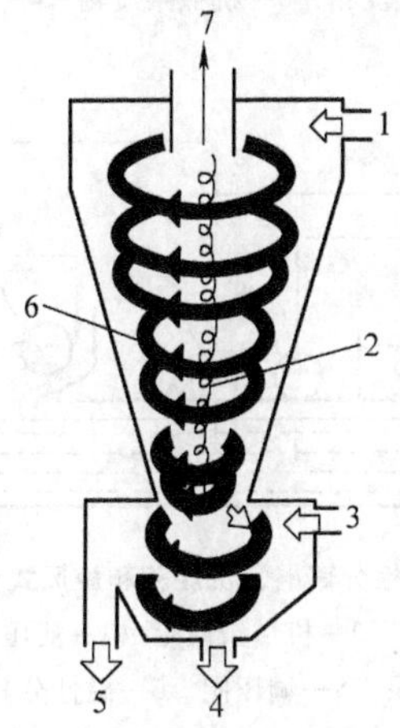

图 5-9　双重式旋风分离器

1—一次入口　2—上升旋涡流　3—二次入口

4—一次脏物出口　5—二次脏物出口

6—下降旋涡流　7—净化液出口

3）磁性分离器。磁性分离器早已应用于磨削加工净化磨削液，它依靠磁鼓清除铁屑和其他导磁金属末。磁性分离器如图 5-10 所示。分离过程为：当脏的磨削液流过缓慢旋转的磁鼓时，磁鼓会吸住其中的铁屑（磨屑），并带出磨削液流动区，经橡胶压滚挤压脱水，然后依靠贴着的刮板把磁鼓上的磨屑刮下。在磁鼓下设有半圆形铸铁架，在磁场作用下使磨屑在磁鼓与铸铁架之间形成滤膜。滤膜能夹住非磁性的固体粒子（如砂轮末），所以这种磁性分离器也能清除部分其他非磁性杂质。它适于乳化液、水基合成液和低黏度切削油的净化。图 5-11 所示为一种传送带型的磁性分离器。

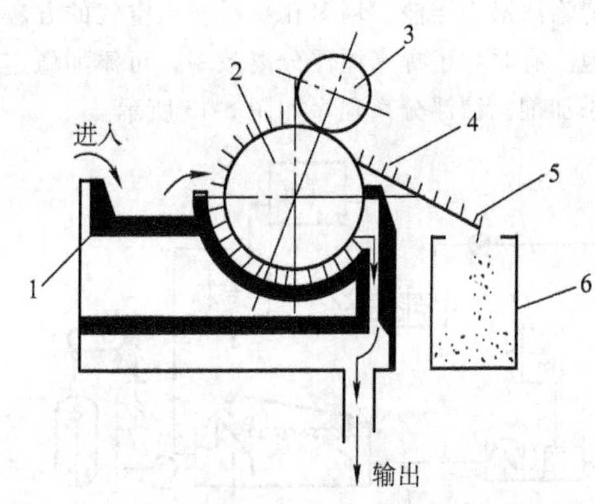

图 5-10　磁性分离器

1—铸铁架　2—磁鼓　3—橡胶压滚

4—机械杂质　5—刮板　6—机械杂质箱

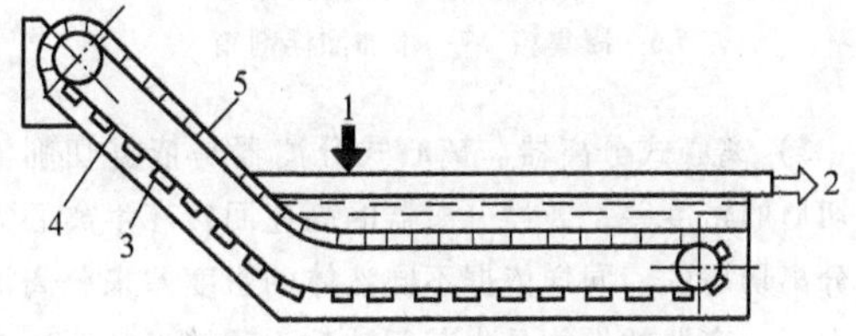

图 5-11　传送带型磁性分离器

1—脏液进入　2—净化液输出

3—永久磁铁　4—传送带　5—不锈钢板

磁性分离器的分离效率取决于流量和黏度，如图 5-12 所示。

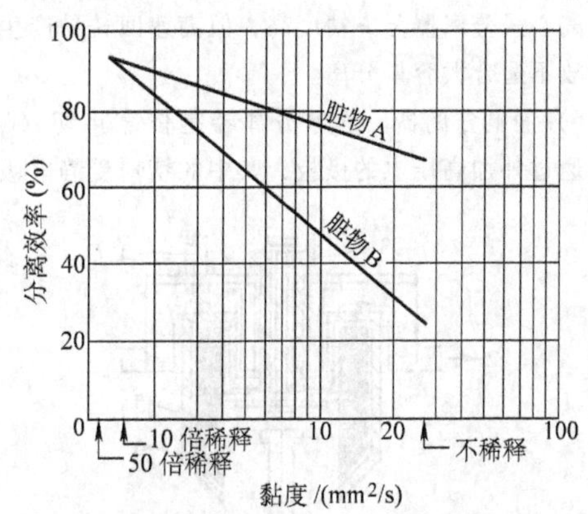

图 5-12　磁性分离器的分离效率

脏物 A 含量（质量分数）：50～100μm 铁屑 92.5%，100～200μm 砂轮粉末 7.5%。

脏物 B 含量（质量分数）：50～100μm 铁屑 77%，100～200μm 砂轮粉末 23%。

4）漂浮分离器。漂浮分离器是利用气、液接触界面的吸附现象的一种装置。它先使切削液产生气泡，气泡吸附切屑细末和砂轮末悬浮于表面，然后用浮渣清除法撇去浮渣。用多孔材料吹入空气的方法产生气泡。有时为了提高漂浮分离效率，可添加稳定气泡的添加剂。漂浮分离程序如图 5-13 所示。

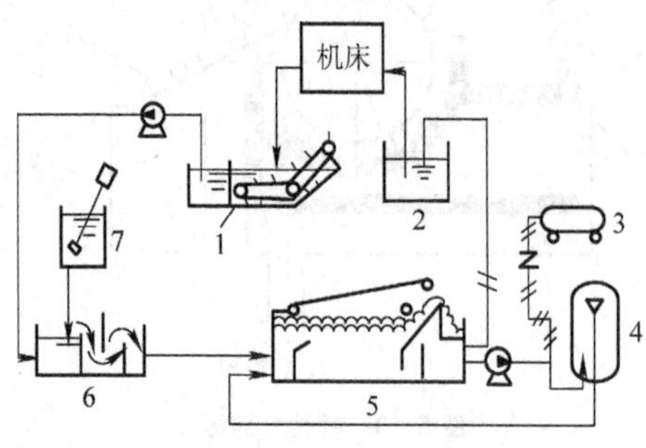

图 5-13　漂浮分离程序

1—沉淀箱　2—净化液箱　3—空气压缩机　4—加压水管　5—漂浮箱　6—凝集箱　7—添加漂浮剂箱

5）离心式分离器。离心式分离器是依据切削液和切屑的密度差，通过分离器的高速回转产生离心力来分离切屑的。同样依据不同液体的密度差来分离油和水。分离器的性能是由其回转数、回转半径所决定的。图 5-14 是一种圆筒型离心分离器，由回转分离体和同心轴、刮板所组成。分离时分离体和同心驱动轴同时回转进行切屑分离，黏结在分离内壁上污物排出是用制动器固定分离器后，由回转刮板来进行的。这种分离器适于乳化液、合成液及低黏度切削油的净化。离心式分离器分离精度高，但高速回转易产生气泡，故不适合大容量分离。

6）静电分离器。静电分离器是依靠将切（磨）削液通过外加高压电的极板，其中的切屑受静电吸引

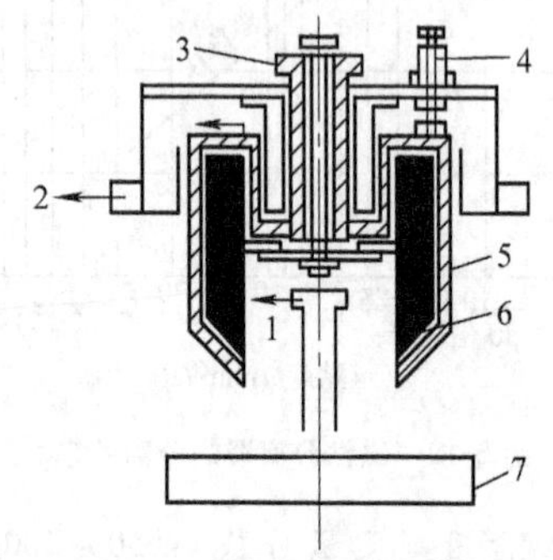

图 5-14　圆筒型离心分离器

1—脏液输入口　2—净化液出口　3—驱动轴　4—制动器　5—回转分离体　6—刮板　7—机械杂质箱

而分离出来。这种装置只适用于有相当绝缘能力的切削液的净化，不适合含有水分的切削液、乳化液和合成液。其分离效率主要取决于黏度大小。黏度小，分离效率高；黏度大，分离效率低。

各种沉淀箱和分离器在选择时可以合并使用，以提高净化率和净化程度，例如沉淀箱与磁性分离器并用，可以清除浮油、磨屑、切屑和砂轮末，其装置如图 5-15 所示。磁性分离器、沉淀箱和旋风式分离器并用可以提高净化度，其装置如图 5-16 所示。

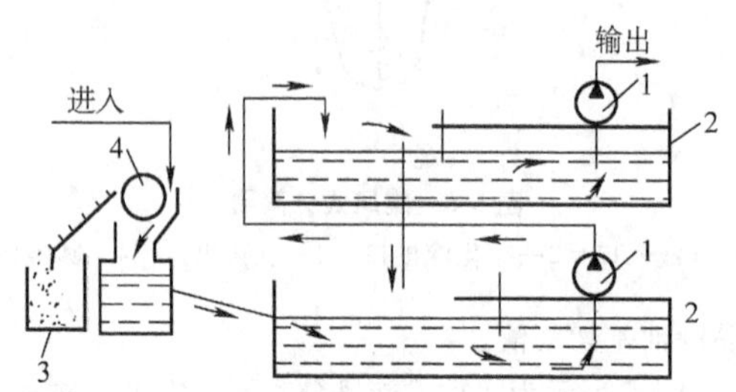

图 5-15　沉淀箱与磁性分离器并用

1—泵　2—沉淀箱　3—机械杂质箱　4—磁性分离器

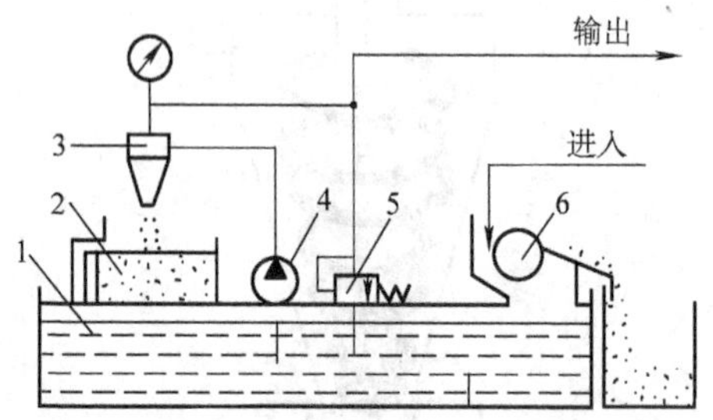

图 5-16　磁性分离器、沉淀箱和旋风式分离器并用

1—切削液箱　2—机械杂质箱　3—液压旋风净化器　4—泵　5—调压阀　6—磁性分离器

（2）介质过滤装置　介质过滤就是以多孔性物质作过滤介质，将切（磨）削液中磨屑、切屑、砂轮末和其他杂质污物分离出来。过滤介质有两种：

1）经久耐用的有钢丝、不锈钢丝等编织的网，尼龙合成纤维编织的平纹或斜纹滤布。这些过滤介质，在筛孔堵塞时均能清洗，其过滤精度取决于筛孔直径的大小，在堆积一定量切屑时，其过滤精度会更高。其他过滤介质如油毛毡、玻璃纤维结合的压缩材料，其过滤精度可达数微米。

2）一次性的用后即报废的过滤介质，有过滤纸、毛毡或纱布等，其过滤精度可达 5～20μm。其他还有硅藻土、活性土等涂层过滤介质，其过滤精度可达 1～2μm，不过有时会把极压添加剂和其他一些添加剂过滤掉。

过滤装置分为重力、真空和加压三种：

1）重力过滤依靠切削液本身重力通过过滤介质来进行。这种装置是由上下对合的壳体、过滤传送带、过滤槽、空气缸组成的。上壳体由空气缸操纵上下移动，下壳体固定在槽上，传送带上放有过滤介质，上下壳体对合边四周敷设防止液体流出的密封垫。脏的切（磨）削液由上壳体进入，通过过滤介质流至下壳体排出，供给机床。当切屑、杂质污物在过滤介质上逐渐堆积时，上壳体内的压力增加，会促动油压开关闭合，空气阀打开，空气压入上壳体，把切（磨）削液排出，此时空气缸把上壳体提起，传送带往前移动，带出切屑等杂质去进行清除；然后由于压力消失，油压开关张开，空气缸动作把上壳体又合上，再次进行过滤（见图 5-17）。

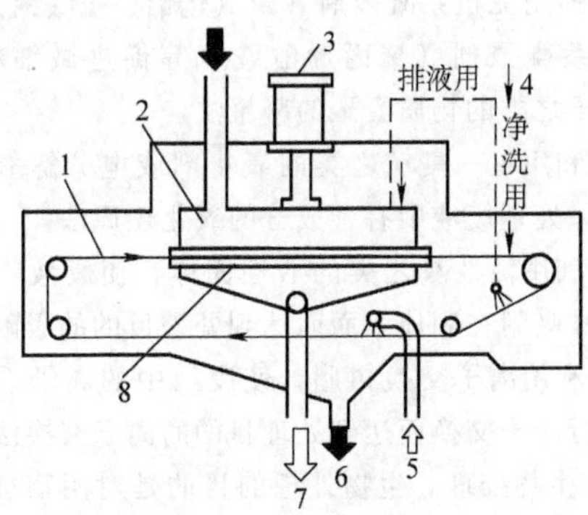

图 5-17　过滤布重力过滤

1—过滤传送带　2—上壳体　3—空气缸
4—空气进口　5—清洗液　6—脏物出口
7—净化液出口　8—固定壳体

这种过滤装置其过滤精度随过滤介质变换而定，也可用于精密过滤。其过滤面积大，流量大，可达 100~4500L/min，适用于集中净化处理，可以吹掉、冲洗掉切屑、杂质、污物，但不适合高黏度油基切削液过滤。

2）真空过滤依靠真空吸引切（磨）削液通过过滤介质来进行。这种装置由传送带、过滤室和真空室组成（见图 5-18）。过滤室和真空室由过滤介质板隔开。流至真空室的净化切（磨）削液由泵打出，送到机床。

这种过滤装置结构简单，成本低，适合油基切削液的过滤，其过滤精度可达 10~15μm，但过滤介质消耗大，占地面积大。

3）加压过滤依靠泵把切（磨）削液加压通过过滤介质来进行。这种装置由尼龙纱网制成的圆盘过滤介质扣在管子上而成（见图 5-19）。加压的切（磨）削液通过过滤介质进入管道，然后由管道一端出口送至机床。过滤介质可通过通入空气反向输送切（磨）削液来清洗。

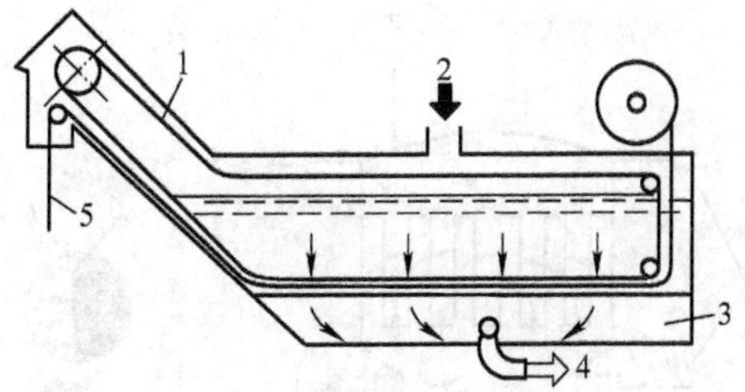

图 5-18　真空过滤装置

1—过滤传送带　2—脏液进入口　3—真空室
4—净化液输出口　5—过滤板

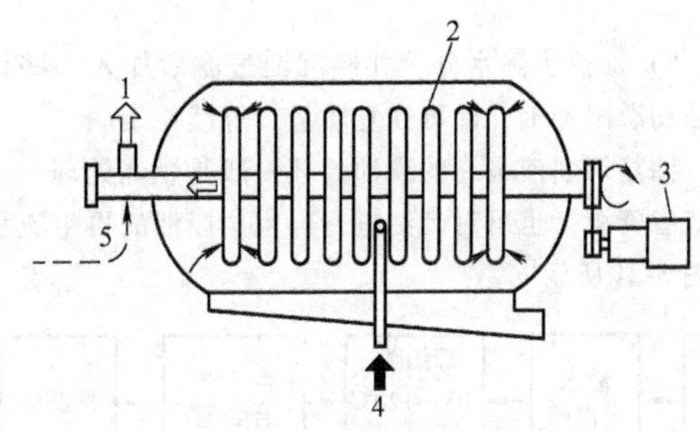

图 5-19　加压过滤装置

1—净化液出口　2—尼龙纱网制过滤圆盘
3—电动机　4—脏液进入口
5—清洗用空气进入处

这种装置体积小，过滤量大，不消耗过滤介质，不过维护较困难。

其他过滤装置有硅藻土或活性土过滤装置（见图 5-20），它由过滤金属丝网弯成栅状作支持体放于箱体内而成。脏污的切削液先与硅藻土混合，进入过滤网时就附着在网上，形成一层过滤层。过滤层形成后，不再加硅藻土。这种装置过滤精度高，过滤面积大，但过滤网堵塞时，需反向通入压缩空气冲洗，所以硅藻土消耗量大，结构稍复杂。

5. 切削液的废液处理

（1）油基切削液的废液处理　油基切削液一般不会发臭变质，其更换切削液的原因主要是由于切削液的化学变化、切屑混入量增大、机床润滑油的大量漏入及水的混入等原因。对此可采取如下措施：

1）改善油基切削液的净化装置。

2）定期清理油基切削液箱中的切屑。

3）通过检修机床防止润滑油漏入。

4）定期补充切削润滑添加剂。

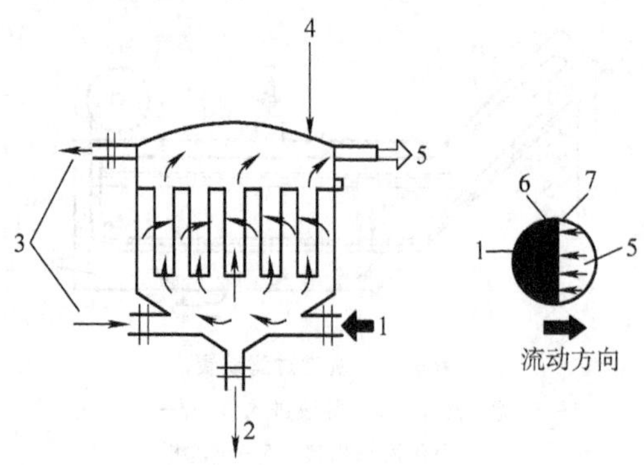

图 5-20 硅藻土过滤器

1—脏液进入 2—脏物出口 3—可与 1、5 进出交替使用的导管 4—清洗过滤器用空气进入口 5—净化液输出 6—硅藻土涂层 7—过滤器

5）加热去除水分，并经沉淀过滤后加入一些切削油润滑添加剂，即可恢复质量，继续使用。

油基切削液最终的废油处理一般是燃烧处理。为了节省资源，也可对废油进行再生，废油的再生流程如图 5-21 所示。

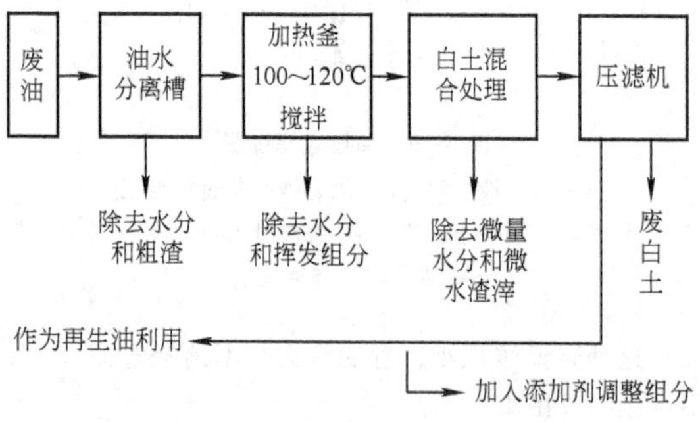

图 5-21 油基切削液废油的再生流程

（2）水基切削液的废液处理 水基切削液的废液处理可分为物理处理、化学处理、生物处理、燃烧处理四大类。废液处理的方式与分类见表 5-18。

1）物理处理。其目的是使废液中的悬浊物（指粒子直径在 10μm 以上的切屑、磨屑粉末、油粒子等）与水溶液分离。其方式有下述三种：

① 利用悬浊物与水的密度差的沉降分离及浮游分离。

② 利用滤材的过滤分离。

③ 利用离心装置的离心分离。

2）化学处理。其目的是对在物理中未被分离的微细悬浊粒子或胶体状粒子（粒子直径为 0.001～10μm 的物质）进行处理，或对废液中的有害成分用化学处理，使之变为无害物质。有下述四种方法：

表 5-18 废液处理的方式与分类

处理方式	分类	
物理处理	沉降分离	
	浮游分离	
	过滤分离	
	离心分离	
化学处理	凝聚法	
	氧化还原法	电分解
		氧、臭氧、紫外线
		用化学试剂氧化还原
	吸附法——活性炭、聚丙烯纤维	
	离子交换法——离子交换树脂	
生物处理	加菌淤渣法	
	散水滤床法	
燃烧处理	高温焚烧	

① 使用无机系凝聚剂（聚氯化铝、硫酸铝土等）或有机系凝聚剂（聚丙烯酰胺）等促进微细粒子、胶体粒子之类的物质凝聚的凝聚法。

② 利用氧、臭氧之类的氧化剂或电分解氧化还原反应，处理废液中有害成分的氧化还原法。

③ 利用活性炭之类的活性固体，使废液中的有害成分被吸附在固体表面而达到处理目的的吸附法。

④ 利用离子交换树脂，使废液中的离子系有害成分进行离子交换而达到处理目的的离子交换法。

3）生物处理。生物处理的目的是对用物理、化学处理都很难除去的废液中的有机物，例如有机胺、非离子系活性剂、多元醇等进行处理。其代表性的方法有加菌淤渣法和散水滤床法。

加菌淤渣法是将加菌淤渣（微生物增殖体）与废液混合进行通气，利用微生物分解处理废液中的有害物质（有机物）。

散水滤床法是当废液流过被微生物覆盖的滤材充填床（滤床）的表面时，利用微生物分解处理废液中的有机物。

4）燃烧处理有直接燃烧法和将废液蒸发浓缩以后再进行燃烧处理的"蒸发浓缩法"。

由于水基切削液组成各异，所以到目前为止还没有一个固定的方法去处理。通常是根据被处理废液的性状综合使用上述各种方法。常用的组合法参见图 5-22。

（3）工业废水排放标准 水基切削液的废液处理最终要达到国家规定的工业污水排放标准。工业污水的排放标准见表 5-19。该标准现已废除 2002 年以前对城市污水处理厂的管理都执行《污水综合排放标准》（GB 8978—1996）。由于该标准多数指标是针对工业废水的，当时城市污水处理厂的建设尚处于起步阶段，处理技术还在发展阶段，因此对城市污水的针对性不强。相当一部分标准值偏宽，而个别指标在技术经济上达标又有一定难度。例如：对于城镇污水处理厂出水来说，重金属、微污染有机物、石油类、动植物油、LAS 等标准值偏宽；而总磷偏严，常规二级处理和强化二级处理工艺难以达到 0.5mg/L 和 1mg/L 的现行综合标准，为此由国家环境保护总局科技标准司 2001 年提出了《城镇污水处理厂污染物排放标准》，并于 2002 年 12 月 27 日由国家环境保护总局和国家技术监督检验总局批准发布，2003 年 7 月 1 日正式实施。

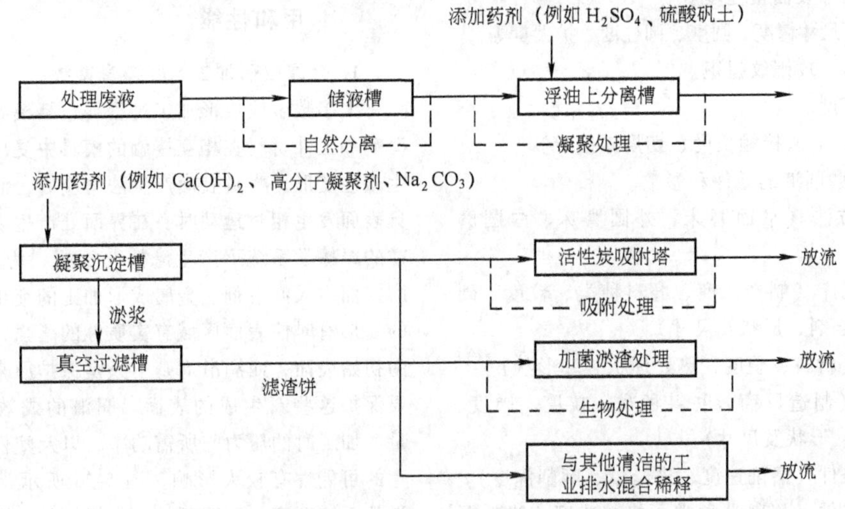

图 5-22　水基切削液废液处理

表 5-19　工业污水排放标准

项目	指标
pH 值	6~9
油类/(mg/L)	5~10
悬浮物/(mg/L)	50~200
挥发酚/(mg/L)	0.5~3.0
硫化物/(mg/L)	0.5~1.5
氰化物/(mg/L)	0.5
COD/(mg/L)	60~200
BOD/(mg/L)	30~100

6. 切削液的有害物质限定描述

切削液中的禁用物质名称和限量要求见表 5-20。

表 5-20　切削液中的禁用物质名称和限量要求（摘自 GB/T 32812—2016）

物质名称	限量要求
亚硝酸根 NO_2^-(蒸馏水新配制的 5%稀释液)	≤20mg/L
壬基酚聚氧乙烯醚	≤0.1%(质量分数)
C10~C13 短链氯化石蜡	≤1%(质量分数)
多环芳烃	≤3%(质量分数)
二乙醇胺	≤0.2%(质量分数)
铅	≤0.1%(质量分数)

注：1. 除亚硝酸根 NO_2^- 外，其他物质均使用原液（浓缩液）进行检测。
2. 亚硝酸根 NO_2^-、壬基酚聚氧乙烯醚、二乙醇胺仅适用于水基切削液。
3. 禁用物质包含但不限于以上物质。

切削液产品中受控物质包括：硼酸、四硼酸钠和氯化石蜡。受控物质应在切削液产品安全技术说明书（SDS）中标明其名称、浓度或浓度范围信息。

注：硼酸、四硼酸钠浓度≤5.5%（质量分数）时无须标明。

5.1.6　切削液性能的评定方法

过去对切削液润滑性能的评定，一般采用四球机测定最大无卡咬负荷（PB 值）。把四球机的试验结果与切削液的切削性能做对比，两者之间并没有明显的相关性。因此，近年来已逐渐采用切削机床进行切削试验来评定切削液的使用性能。由于这种方法与实际切削条件基本相同，所以评定的结果与切削液的实际使用效果基本接近。一般常用的机床有车床、铣床、钻床、攻丝机等。在工件、刀具、切削条件、供液法等全部保持在相同的条件下，仅改变切削液，根据不同的切削液所测定的刀具寿命、加工试件表面粗糙度、尺寸精度、切削力、攻螺纹扭矩等切削特征值来判断切削液的优劣。

（1）评定切削液的条件和主要参数

1）加工方法（车削、铣削、钻削、攻螺纹）。

2）工件（材料、硬度、热处理状态、形状）。

3）刀具（种类、材料、形状、表面处理、生产厂）。

4）机床（制造厂商、种类、型号、刚度）。

5）切削条件（切削速度、进给量、切削深度）。

6）供液方式及供液量。

7）切削液（种类、稀释率）。

（2）评定切削液性能的项目

1）刀具寿命（刀具磨损量、加工零件数）。

2）加工试件表面粗糙度。

3）精度（尺寸精度、圆度、圆柱度、扩大量等）。

4）切削力、攻螺纹扭矩。

5）切削温度。

6）其他（刀-屑接触长度、切屑厚度等）。

（3）评定磨削液的条件和参数

1）加工方法（平面磨床、外圆磨床、内圆磨床）。

2）适用机床（制造厂商、磨料种类、粒度、硬度、组织、结合剂、形状及尺寸）。

3）工件（材料、硬度、热处理状态、形状）

4）砂轮（制造厂商、磨料种类、粒度、硬度、组织、结合剂、形状及尺寸）。

5）磨削条件（磨削速度、进给量、磨削深度）。

6）修整条件（修整器种类、修整速度、修整深度、修整进给量、修整次数）。

7）供液方式及供液量。

8）磨削液（种类、稀释倍数）。

（4）评定磨削液性能的项目

1）砂轮寿命（砂轮磨损量、砂轮的磨损状态等）。

2）磨削力。

3）试件表面粗糙度及尺寸精度。

4）工件表面状态（磨削烧伤、磨削裂纹、加工变质层、残余应力）。

5）磨削温度。

6）磨削比。磨削比的计算如下：

磨削比=工件磨除量/砂轮磨损量

砂轮磨损量=砂轮半径减少量×砂轮直径×π×工件宽度

工件磨除量=（磨前工件高度-磨后工件高度）×工件长度×工件宽度

5.2 金属压力成形加工用油（液）

5.2.1 概述

金属压力成形加工是利用压力加工设备的锤头、砧块、冲头，或者通过模具对坯料施加压力，使之产生塑性变形而获得所需形状和尺寸的成形加工方法。这种方法可以直接出成品或半成品，所以又称为少无切削工艺。主要包括锻造、挤压、精密冲裁、冲压、轧制、拉拔、挤拉等。金属压力铸造（压铸）属特种铸造工艺，因其也是少无切削工艺之一，故在此也作介绍。

5.2.2 金属压力成形加工用油（液）的作用和性能

1. 金属成形加工的摩擦学系统

大多数金属成形加工过程均包括模具、工件及润滑剂。工件材料在相互接触的模具中受压力作用而产生塑性变形，模具表面产生法向应力；而在工件与模具表面发生相对运动时，在界面处产生切应力。在这样的摩擦学系统下产生摩擦与磨损，为了减轻摩擦、磨损而引入润滑剂。金属成形加工的突出特点是工件的变形有时使表面区域有实质性的增强，暴露出新生的初始表面，而润滑剂则不只是保护原来的表面，还要保护这些新生成的表面。润滑的成效对制品的质量、加工时的压力与所需功率，以及塑性变形本身产生的可能性有较大影响。图 5-23 所示是金属加工润滑的系统要素，由图可见，包括模具、润滑剂、工件和环境因素等，图中各个变量的交互作用，决定了加工过程中润滑状态的类型，控制了摩擦、磨损的大小和磨损速率，保证了制品质量。该图还展示了摩擦过程的复杂规律和多学科性。可用以从系统分析的观点分析金属加工过程的润滑状态。

从宏观观点看，金属成形加工过程中的摩擦，发生在工件与模具相对运动时，如图 5-24a 所示。具有屈服应力 σ_f 的发生变形的工件与刚性的模具之间的界面，可看成是插在其间的具有 τ_i 剪切强度的连续膜。此界面在加工过程中各个变量的影响下所发生的变化，可以用选择两个适当的 τ 值（或 μ），然后计算压力、力与所需功率而加以考虑。但必须认识到，模具材料并不是刚性的，而且具有一定的弹性模量与屈服强度，模具名义上的形状总是由于弹性变位而变形，当载荷超过临界值时，则发生塑性屈服或者毁坏性失效。

模具与工具这样的摩擦副有可能发生吸引或黏附而产生磨损。对于冷加工，模具温度 T_D 与工件温度 T_W 在开始加工时是在室温下；变形所做功将转换为热，而摩擦功则引起温度升高，根据润滑与制品的特性而定。对于热加工，T_D 与 T_W 高于室温，产生了润滑与热传导问题。

为了解释清楚金属成形加工过程中的摩擦学问题，还必须从微观观点来看模具与工件界面的情况（见图 5-24b）。首先，模具与工件表面粗糙度与方向性等不只对产生的摩擦起着重要作用，而且对建立与维持润滑膜起着重要作用。其次，模具材料是多相结构，即由硬相耐磨颗粒与周围较软的韧性基体所组成，表面经过强化处理。而工件表面则在加工过程中，由于摩擦及不均匀的塑性变形而产生表面层，包括吸收膜，与周围空气、湿度及润滑剂生成的反应（氧化）膜等。

模具与工件间的润滑状态，可从图 5-23 中见到，从流体动压润滑、塑性流体动压润滑、混合膜润滑到边界润滑、干膜润滑等。这里着重介绍塑性流体动压润滑的机理。其余几种在本书其他章节已作介绍。

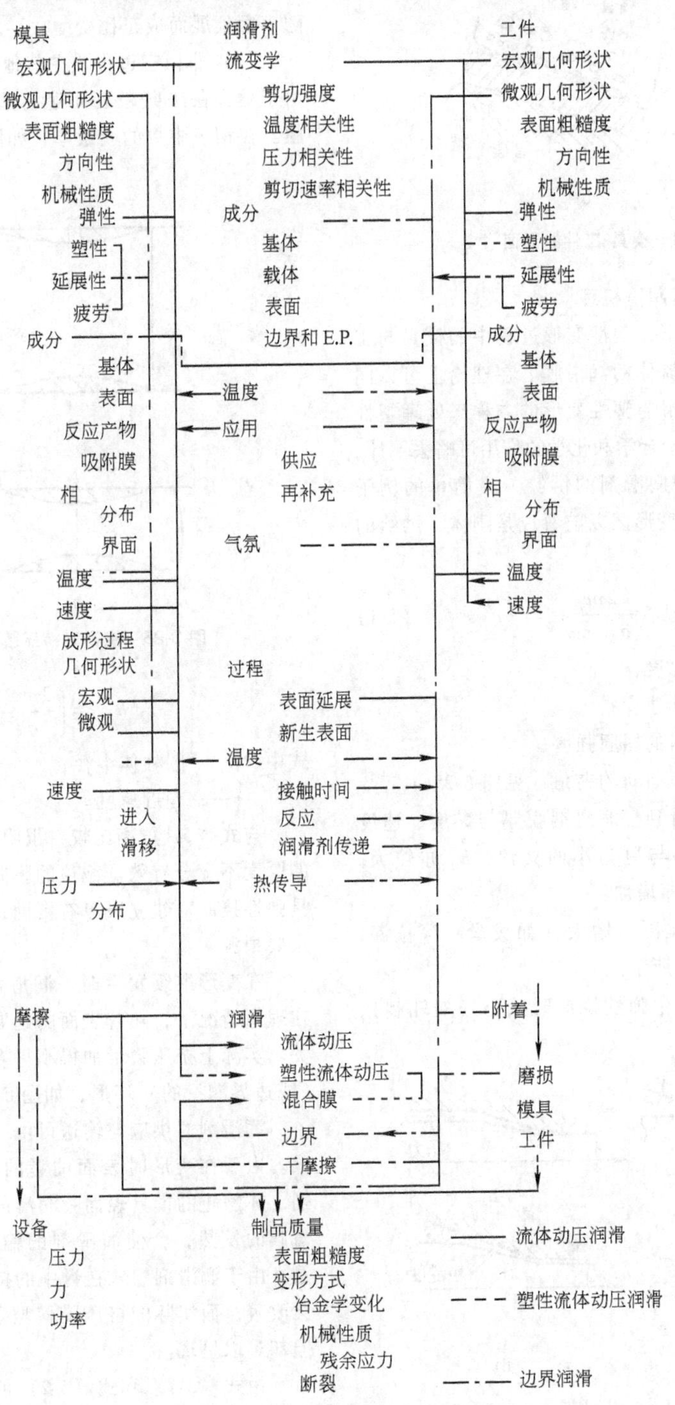

图 5-23 金属加工润滑的系统要素

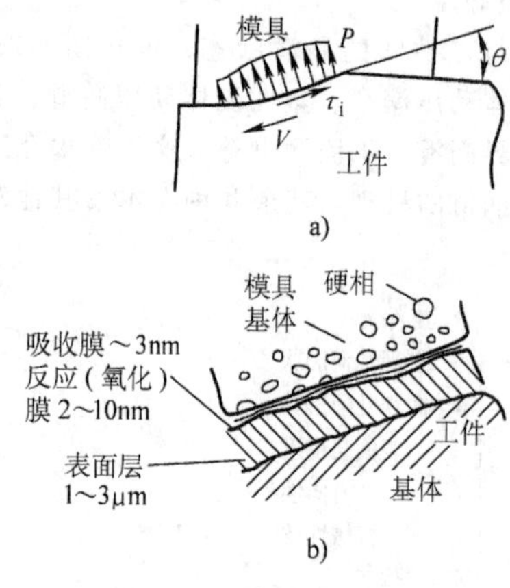

图 5-24 模具-工件的界面

2. 塑性流体动压润滑机理

在某些特定条件下，塑性变形过程中的模具与工件材料间可维持完全流体的润滑膜。在理论上可以同时解支配流体动压润滑与塑性变形的方程来处理塑性流体动压润滑问题，冶金学和化学的作用可略去不计。

（1）稳态过程中润滑剂的供给　最简单的例子是将模具与工件进入变形区以前看成是刚体，供给的润滑膜厚 h_0 为

$$h_0=\frac{2\eta v}{\sigma_f\tan\theta} \tag{5-1}$$

式中　η——润滑油黏度；

v——表面平均速度；

σ_f——工件材料的屈服强度；

θ——两收敛表面间的夹角（见图 5-25a）。

由式（5-1）可看到，润滑剂膜厚与黏度、速度成比例；较软的材料与更为小的夹角，h_0 亦较大。一般在下述情况下膜厚增加：

1）模具入口流体压力增大（如拔丝、深拉深、挤压等），如图 5-25b 所示。

2）θ 角在模具发生弹性挠曲时减小（如轧制），如图 5-25c 所示。

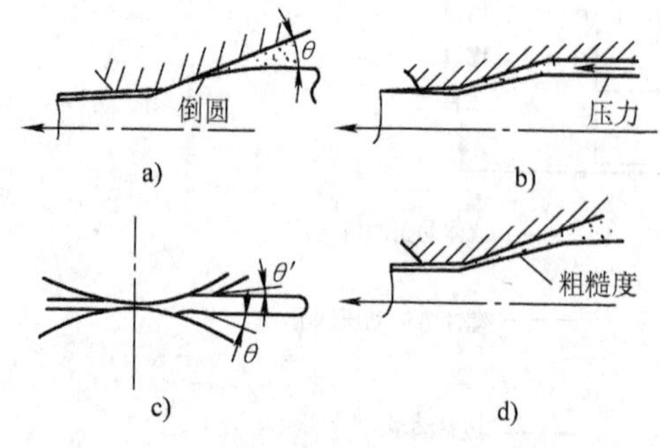

图 5-25 促成塑性流体动压润滑的因素

3）在工件刚好进入模具以前，由于工件变形，使入口角几何形状改变（如拔丝、挤压等），如图 5-25a 所示。

4）工件表面粗糙度有助于将润滑剂带入变形区，如图 5-25d 所示。

一般带入的润滑剂不能由变形区脱离，在变形时随表面延展而成正比变薄。

（2）非稳态过程　在其他加工过程，如镦锻中，由于锤头在法向趋近而建立塑性流体动压润滑挤压膜。在钢坯中央的膜最厚，如图 5-26a 所示。

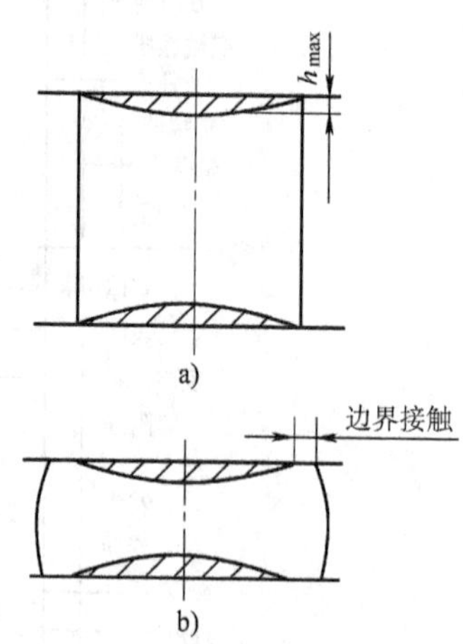

图 5-26 镦锻时挤压膜的发展与破裂

$$h_{max}=\left[\frac{3\eta vr^2}{\sigma_f}\right]^{1/3} \tag{5-2}$$

式中　r——圆柱体半径；

v——趋近速度。

与式（5-1）相比较，很明显，η_v 对提高挤压膜的厚度不十分有效。截住的膜向着边缘逐渐变薄。模具弹性挠曲对建立膜厚有帮助，是低速时截住油膜的主要根源。

在变形继续发生时，润滑剂封闭在大的油囊中，在理想情况下，随着表面的延展而扩展，与其黏度无关。实际上挤压膜增加得小得多，沿周边是未润滑的（或边界润滑的）环形，如图 5-26b 所示。

润滑剂的供应与输送可由一定表面的粗糙度所促成。由于在变形时表面油囊的发展容纳了更多润滑剂，在静止的模具表面，润滑剂流动受到延迟以及润滑膜的发热，会使润滑剂的输送减少。有些反常的是，由于润滑剂卷入在囊中的挤压，在最终阶段润滑会改善；而实际的挤压膜模型虽然有一个好的开端，但却难以呈现。

由式（5-1）和式（5-2）可知，对于所有应用的材料，σ_f 值的变化对油膜厚度的影响约 1 个数量级，

而 η 与 v 变化的影响可能有几个数量级。这样，任何一种材料都有可能发展塑性流体动压润滑膜，但实际上，对较硬的合金几乎不可能发生。因为还受到润滑剂流变学和表面粗糙化等因素的影响。

(3) 理论的应用　塑性流体动压润滑数值计算方法较为复杂，一般理论可在两方面应用：①预测润滑膜厚，这对表面粗糙度至关重要；②预测摩擦切应力，它影响过程中的力学条件，还可提供合理的过程设计与工况，以及开发润滑剂。

塑性流体动压润滑剂也可应用固体与宾汉固体（脂与皂等）等。

3. 润滑状态的类型

在金属成形加工润滑中，可以用改性的斯特里贝克曲线来分析润滑状态的类型，如图 5-27 所示。

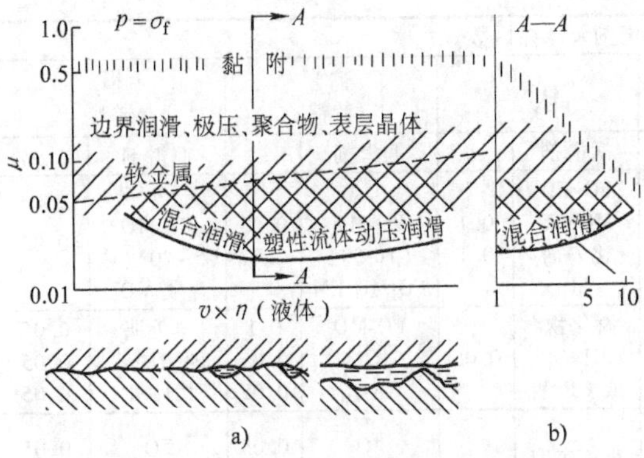

图 5-27　塑性变形的改性斯特里贝克曲线

用界面压力 $p=\sigma_f$ 作图，由于在塑性变形过程中，随着界面压力的提高而所计算的摩擦因数减小，故还可以用其他压力画成三维图。截面 A—A 为摩擦因数为最小处。为了使曲线紧凑，界面压力与摩擦因数均取对数坐标。

4. 润滑剂的作用

金属成形加工中润滑剂的作用如下：

1) 具有良好成膜性能。分离模具与工件表面，防止金属对金属接触，这对降低磨损有利。膜厚不一定相同，只要能保护表面不致受到磨损颗粒的磨耗即可。

2) 控制摩擦。低摩擦力可以降低加工时对力与动力的需求，并可使金属变形均匀。

3) 防止冷焊、黏着和金属转移。即使分开表面的润滑膜局部失去，也不应有模具表面的冷焊；即使在变化的环境下，润滑剂也应能有效地防止初始冷焊点的产生。

4) 控制表面粗糙度。在整个工件表面，表面粗糙度应均匀。

5) 控制表面温度。在热加工时，保持工件温度要求润滑剂具有良好隔热性质；而在冷加工及高速加工时，所使用的润滑剂常需要具有冷却功能。

6) 与工件及模具表面的反应性。在工件通过变形区时，应在工件表面有较高反应性，容易脱膜。如果工件无反应，则模具材料上应形成保护性反应层。膜的损坏应能及时恢复，但润滑剂不应对模具、工件与机床有腐蚀性。

7) 贮存与使用稳定性。在贮存与使用过程中，润滑剂应稳定，不受温度、氧化、微生物的影响，防止污染。

8) 容易应用及除去残留在金属表面的残渣。应对后续工序，如回火、焊接或涂漆无害，并能易于除去。

9) 提高寿命。减少模具磨损，提高模具寿命。

10) 容易处理、安全、低价。所使用的润滑剂应不含毒性物质或产生毒性与有害性气体，对人体无害，不刺激皮肤。废液易于处理，符合环保要求，价格合理。

5.2.3 金属成形加工用油（液）的分类及其选择原则

1. 金属成形加工用油（液）的分类

在前面已经提到，国家标准 GB/T 7631.5—1989《润滑剂和有关产品（L 类）的分类　第 5 部分：M 组（金属加工）》中规定了用于金属加工的润滑剂共 17 种，同样适用于表示金属成形加工润滑剂，见表 5-4，此处不再重复。有关油基切削液及水基切削液的分类，大体上亦适用于金属成形加工润滑剂。

润滑剂的类型按典型的工艺类型可分为锻造、挤压、冲压、精密冲裁、轧制、拉拔、挤拉以及压铸润滑剂等。按其工况条件，每种基本类型又可细分为若干小类，如挤压润滑剂通常有热挤、温挤和冷挤压润滑之分；按其受载状况又可分为轻载、重载之分等。

按照润滑剂本身的特征，如主要组分（如石墨型、非石墨型等）、物理状态（如溶解型、悬浮型、糊膏型、固体或粉末型和薄膜型等）、载体（如溶剂型、水剂型、油剂型等）等。实际上厂家命名时，常常综合考虑这些特征，如非石墨型冲压拉深水基润滑剂。

由于工艺类型多，润滑剂品种繁杂，而目前金属成形加工润滑剂的标准化、系列化、规范化的程度还赶不上润滑油、脂的水平，有关部门正在开展这项工作。表 5-21 和表 5-22 为热加工和冷加工典型润滑剂。

表 5-21 热加工典型润滑剂

加工类型	润滑剂及摩擦因数μ									
	钢		镍基合金不锈钢		钛		铜 黄铜		铝 镁③	
	润滑剂	μ	润滑剂	μ	润滑剂	μ	润滑剂	μ	润滑剂	μ
轧制	不用(GR 悬浮液) (MO-FA-EM)	ST① 0.2 0.2	与钢 相同		与钢 相同		MO- FA-EM	0.2	MO- FA-EM	0.2
挤压②	GL(GR)	0.02 0.2	GL	0.02	GL	0.02	不用 (GR) (GL)	ST 0.2 0.02	不用	ST
锻造	不用 GR	ST① 0.2	GR	0.2	GL MoS2	0.05 0.1	GR	0.12 0.2	GR MoS2	0.1~0.2 0.1~0.2

注：本表括号内是不常使用的品种，短划连字表明润滑剂中有几种成分，EM—乳液（质量分数为1%~5%的水中扩散的乳液）；FA—脂肪酸、醇、胺与酯类；GL—玻璃（有时在模具上与 GR 合用）；GR—石墨；MO—矿物油。

① 黏附性摩擦。

② 界面压力可能很高，如果摩擦因数低，可能会发生黏附。

③ 镁合金通常在热态（200℃以上）下加工。

表 5-22 冷加工典型润滑剂

加工类型	润滑剂及摩擦因数μ									
	钢		铜基合金 不锈钢①		钛②		铜③ 黄铜		铝 镁④	
	润滑剂	μ	润滑剂	μ	润滑剂	μ	润滑剂	μ	润滑剂	μ
轧制	FO FO-EM (FO-MO)	0.03 0.07 0.05	CL-MO CL-FO-EM	0.07 0.1	FO-MO MO+氧 化表面 SP	0.1 0.1	0.1 FO-MO (10-50) FO-MO-EM	0.03 0.07	1%~5% FA-MO (5~20)(或 合成 MO)	0.03
挤压 轻载 重载	EP-MO PH+SP PH+MoS2+SP	0.1 0.05 0.05	CL-MO 草酸酯+SP	0.1 0.05	氟化物- PH+SP 或 GR 酯	0.05	FO-MO GR-FO GR-脂	0.1 0.05 0.05	羊毛脂 硬脂酸锌 PH+SP	0.05 0.05 0.05
锻造 轻载 重载	EP-MO PH+SP	0.1 0.05	EP-MO CL-MO 草酸酯+SP	0.10 0.10 0.05	与挤压同		FO SP	0.05 0.05	FO 羊毛脂	0.05 0.05
拉丝 轻载 重载	SP-FO-EM 石灰或硼 砂+SP	0.1 0.05	CL-MO 草酸酯+SPPC 或 CL-MO	0.1 0.05 0.05	与挤压同		SP-FO-EM FO-MO (20~80) SP-FO-EM	0.1 0.05 0.1	FO-MO (20~40) FO-MO (100~400) FO-MO-EM	0.03 0.05 0.1
拉棒料	石灰或 PH+ EP-FO-MO 脂或 GR 脂	0.1 0.1	CL-EP-MO	0.1	与挤压同 或 PC		FO-MO SP	0.1 0.05	SO FO-MO (50~400)	0.1 0.05
拉管	EP-FO-MO PH+SP	0.1	草酸酯+SP PC	0.05 0.05	与拉棒料同		与拉棒料同		与拉棒料同	
轻载冲压	MO SP-EM	0.05	EP-MO EP-MO-EM	0 0.1	MOS2-MO	0.07	MO-EM	0.1	FA-MO	0.05
重载拉拔	F0;FO-EP-MO SP;PH+SP 着色 FO-SP	0.1 0.05 0.05	SP CL-MO	0.1 0.1	GR-脂⑤	0.07	FO-MO 着色 FO-SP	0.07 0.05	FO	0.05
重载挤拉 (ironing)	EP-GR-脂 PH+SP	0.1 0.05	草酸酯+SP	0.05	GR 脂⑥ GL+GR	0.1 0.05	FO SP	0.1 0.1	羊毛脂	0.05

注：括号内是不常使用的品种，短划连字表明润滑剂中有几种成分，CL—氯化石蜡；EM—乳液（质量分数为1%~20%的水中扩散的乳液）；EP—含硫、氯或磷的极压化合物；FA—脂肪酸、醇、胺与酯类；FO—脂肪与脂肪油，如棕榈油，合成棕榈油；GR—石墨；MO—矿油［单位为 mm^2/s（40℃）的黏度］；PH—磷化转换膜；PC—聚合物涂层；SP—皂（粉末或干燥过的水溶液，或作为 EM 的一种组分）。

① 对不锈钢制品，氯是最有效的极压剂。

② 对钛制品应避免使用氯。

③ 由于铜与硫发生反应，故应避免使用硫。

④ 镁合金通常在热态（200℃以上）加工。

⑤ 界面压力可以很高，如果摩擦因数低，可能会发生黏附。

⑥ 通常导热。

2. 金属成形加工用油（液）的选择原则

因为每类成形工艺都有其特定的工艺条件，对润滑用油（液）也就有其独特的要求。在此仅讨论一般的选择依据。

（1）成形工艺类型　润滑剂的使用效果明显地受工艺类型所制约，只有适应其特定工艺条件下的摩擦学特性，才能发挥模具润滑技术的最佳效果。

（2）成形温度条件　成形温度范围在很大程度上决定了选用什么样的润滑剂。因为在一定温度条件下，润滑剂能否在模具型腔表面形成符合一定要求的致密的润滑膜，和润滑剂的高温成膜性、稳定性和隔热效果等有关。如果所用的润滑剂在成形温度范围内不能在模具表面成膜，或所形成的膜在一定的温度条件下不能保持某些必备的性能，就无法保证成形过程的顺利进行。

（3）单位变形压力　润滑剂在模具和成形件之间要形成完好的隔离膜，才能有效地防止成形表面金属的转移。破坏这个隔离膜的主要因素之一是较高的单位变形压力。例如，冷挤压工艺的单位挤压力可达2000~2500MPa，几乎等于材料的破坏应力。若选用的润滑剂不能抵御这样大的压力，就会导致模具和成形金属的直接接触。

（4）变形程度和变形速度　显然，当变形程度大而变形速度又快时，对润滑剂的要求也就更苛刻。因为润滑剂要几乎在“瞬间”覆盖好较大面积的新生面时，才能有效地使模具与成形金属完全相隔离。

（5）良好的脱模性　润滑剂要有良好的脱模性，以利提高零部件的加工质量和模具使用寿命。

（6）良好的润滑性能　金属压力成形加工液要具有适当的黏度、适宜的摩擦因数和延伸性能，以满足变形过程而产生新表面的润滑需要。

加工液要具有良好的油性或极压性和良好的附着性，能承受成形加工压力的挤压。

热加工用金属成形加工液要有良好的耐热性、热绝缘性，以减少热加工过程中的散热；而冷加工用金属成形加工液要有良好的冷却性和稳定性，在加工过程中不易热分解而失效。

（7）其他后续处理工序的要求及成形金属材质类型等　如果成形后直接出产品，要求有较高的表面质量，而有些成形件还有如喷漆、电镀或焊接等后续处理时，润滑剂必须与这些后续工序有良好的适应性。另外，润滑剂的某些理化性能可能对某些材质的金属制品有不良影响，在选用润滑剂时也必须考虑，例如铜合金制品，一般不宜使用含活性硫的润滑剂，否则可能导致铜制品发黑变色。

由于影响因素繁多，对不同制品要求各有所侧重，所以在选择润滑剂时，往往要综合考虑多种因素。表5-23~表5-28为金属塑性加工液的选择及各种金属加工液选用。

5.2.4　金属轧制用润滑剂

轧制是利用轧辊把金属坯料滚压成各种规格的板材的一种压力加工形式。在轧制中，应用工艺润滑剂的最重要的作用包括：①减小变形区接触弧表面的摩擦因数和摩擦力，因而使轧制总压力和能量消耗随摩擦力减小而降低，从而可增大道次压下量和减少道次数，同时还可提高轧制速度；②润滑剂的良好润滑性能，使轧辊的磨损明显减少，这一点对热轧工艺更为重要；③湿润压延件，防止金属黏着，提高压延效率；④有效冷却轧辊及材料，最终获得符合质量要求的表面形状。

表 5-23　金属塑性加工液的选择

工艺类别	金属加工液种类		
	不含水		含水
金属板材成形	MHB-S MHD-S MHF-S	MHC-S MHE-S MHG-S	MAA-S　MAI-S MAB-S MAD-S
变薄拉深、强力旋压	MHB-I	MHE-I	MAD-I
拉深	MHB-W MHG-W MHH-W		MAB-W　MAG-W MAI-W　MAH-W MAE-W
锻压	MHB-F		MAG-F MAH-F
轧制	MHA-R MHB-R MHC-R	MHD-R MHE-R MAF-R	MAB-R MAG-R MAH-R

注：金属加工液符号后面的字母代表加工工艺类别：S—金属板材成形；I—变薄拉深、强力旋压；W—拉深；F—锻压；R—轧制。

表 5-24 金属板材成形用金属加工液选用

被加工材料	碳钢		合金钢		不锈钢		铜、铜合金		铝、铝合金	
加工液类别 / 加工深度	不含水	含水	不含水	含水	不含水	含水	不含水	含水	不含水	含水
深	MHC-S MHD-S MHE-S MHF-S		MHC-S MHD-S MHE-S MHF-S MHG-S		MHC-S MHD-S MHE-S MHF-S	MAD-S	MHC-S MHE-S	MAD-S	MHC-S MHE-S	MAB-S
中	MHC-S MHE-S	MAB-S MAD-S	MHC-S MHE-S	MAB-S MAD-S	MHC-S MHE-S	MAB-S	MHC-S MHE-S	MAB-S	MHC-S MHE-S	MAA-S MAB-S
浅	MHB-S MHC-S MHD-S MHE-S	MAA-S MAB-S	MHC-S MHE-S	MAB-S MAD-S	MHC-S MHE-S	MAA-S	MHB-S	MAA-S	MHB-S	MAA-S

注：此处不含水即油基液，含水即水基液。下同。

表 5-25 变薄拉深、强力旋压工艺用金属加工液选用

被加工材料	碳钢		合金钢		不锈钢		铜、铜合金		铝、铝合金	
加工液类别	不含水	含水	不含水	含水	不含水	含水	不含水	含水	不含水	含水
冷加工	MHB-I MHE-I	MAD-I	MHB-I MHE-I	MAD-I	MHB-I MHE-I	MAD-I	MHB-I MHE-I	MAD-I	MHB-I MHE-I	MAD-I
热加工		MAD-I		MAD-I		MAD-I				

表 5-26 拉深工艺用金属加工液选用

被加工材料	碳钢		合金钢		不锈钢		铜、铜合金		铝、铝合金	
加工液类别	不含水	含水	不含水	含水	不含水	含水	不含水	含水	不含水	含水
冷拉深	MHB-W	MAB-W	MHB-W	MAB-W	MHG-W MHH-W	MAB-W MAI-W	MHB-W	MAB-W	MHB-W	MAB-W
热拉深							MHG-W		MHB-W	

表 5-27 锻压、工艺用金属加工液选用

被加工材料	碳钢		合金钢		不锈钢		铜、铜合金		铝、铝合金	
加工液类别	不含水	含水	不含水	含水	不含水	含水	不含水	含水	不含水	含水
冷锻	MHB-F	MAG-F MAH-E	MHB-F	MAG-F MAH-F	MHB-F	MAG-F MAH-F	MHB-F	MAG-F MAH-F	MHB-F	MAG-F MAH-F
热锻		MAG-F MAH-F		MAG-F MAH-F		MAG-F MAH-F				

表 5-28 轧制工艺用金属加工液选用

被加工材料	碳钢		合金钢		不锈钢		铜、铜合金		铝、铝合金	
加工液类别	不含水	含水	不含水	含水	不含水	含水	不含水	含水	不含水	含水
冷轧	MHA-R MHB-R MHC-R MHF-R	MAB-R MAC-R MAD-R MAE-R MAF-R	MHA-R MHB-R MHC-R MHE-R	MAB-R MAC-R	MHA-R MHB-R MHC-R MHE-R	MAB-R MAG-R	MHA-R MHB-R MHC-R MHE-H	MAB-R MAC-R MAD-R MAE-R	MHA-R MHB-R MHC-R	MAB-R MAD-R MAE-R
热轧	MHB-R	MAB-R MAG-R		MAB-R MAG-R		MAB-R MAG-R				

1. 黑色金属压延用润滑剂

（1）钢铁压延油（液）

1）热压延油（液）。一般热压延是将钢坯在1250～1350℃的温度下，经粗压延机压到30mm左右；再在钢材的结晶组织 Ar_3 变态点以上的温度下（约900℃）进行精压延。为保证良好的冷却性能和延长轧辊的使用寿命，一般多使用乳化油。油的质量分数通常在1%～10%范围内。

热乳时乳化液的润滑原理可以用“离水展着性”现象来解释，即在轧钢时，乳化液喷射到温度很高的轧制金属表面和轧辊上，乳化液当即受热破坏，乳化液里的水分迅速蒸发，带走大量的热，水被分离后，余下的油分扩展并附着在金属表面起到润滑作用。水基压延乳化液的冷却效果好，适用于高速压延使用，但要注意防止压延制品发生水污和锈蚀问题。

2）冷压延油。冷压延钢板表面温度高达200℃，压力高达几百至几千兆帕，压延速度高达1600m/min。所以冷压延油一般用加极压剂的润滑油，以满足压延加工的边界润滑要求，并具有冷却性能好、散热快、能均匀分布在压延件上，且保持压轧清洁的性能。如使用乳化液，则要求在净化系统的离心机中油水不分离。

下面简单介绍两种常用的冷压延油（液）：

① 我国近年研制成功的1号薄板冷轧油，是由矿油、油性添加剂及乳化剂等组成的。使用时，用软水配成质量分数为1%～4%的乳液，可循环使用。适用于冷连轧机轧制薄板时的工艺润滑。降低能耗效果较好，各种性能相当于荷兰Quaker公司88-183M轧制油。

② 1号硅钢冷轧油是由矿油、油性添加剂、乳化剂、防锈剂组成的水溶性乳制油，用于冷轧硅钢片及普通薄钢板，轧制速度高达450m/min。使用时，以软水配成体积分数为8%～10%的乳状液，循环使用。其润滑性、冷却性、清洗性等方面与日本大同公司SZ-15A相近。

（2）不锈钢压延用油（液）　不锈钢的特点是强度高，在冷变形时急剧硬化，但塑性很好。很多不锈钢在轧制变形过程中，黏辊的倾向很大。为此，必须采用有效的润滑剂以降低摩擦并防止金属转移。一般使用多辊轧机轧制不锈钢。多辊轧机的特点是轧辊安装在闭口机架内，喷到轧辊上的轧制油（液）既是冷却剂，又是工艺润滑剂，也是支撑辊轴承的润滑剂。因此，润滑剂应具有很好的冷却能力，并保证支撑辊轴承的可靠工作。

在大多数情况下，用低黏度矿油作为多辊轧机的工艺润滑剂，它同时也是轴承的润滑剂，如使用含质量分数为2%～3%的油性添加剂，或质量分数为1%～2%磷酸酯的低黏度润滑油（40℃时黏度为3～10mm^2/s。最近几年，由于轧制速度进一步提高，要求压延油具有更高的冷却能力，因而乳化油型的压延油得到更广泛的应用。不过，乳化油对于压延和支撑辊轴承润滑共用一种油的系统是不适宜的，这时支撑辊轴承应用油雾润滑。

2. 有色金属压延用润滑剂

（1）铝及铝合金用压延油

1）铝材热压延用油。铝板热乳温度通常在400～600℃范围内，因此一般采用以冷却轧辊为主的可溶性乳制润滑剂。由于轧制中的高温作用，会使铝粉黏结在轧辊表面，直接影响铝材的表面质量。为此，又必须采用润滑性能好的轧制油和合理的润滑工艺。一般采用矿油、水和活化剂组成的乳化液作为铝材的热轧润滑剂。

过去国内一般多使用阴离子型的松香酸皂乳化液，但它受热易氧化变质，生成沥青状浮渣黏在铝板上，退火后对制品有腐蚀，且易堵塞管道，润滑效果差，使用寿命较短。近年发展的非离子型乳化液，如84号铝热轧乳化液和200号乳化液等，能提高产品质量，延长使用寿命，使用效果良好。

2）铝材冷压延用油（液）。一般是将热压延生产的6mm左右厚度的粗压铝板，经过若干道次的冷压延加工，压成0.2mm厚的薄板。可用低黏度窄馏分的石油系油，加入适量的油性添加剂，即可满足工艺要求。铝压延向高速方向发展，则要求压延油随之向低黏度、高润滑性方向发展才能与之相适应。为保证压延制品表面光泽度，要求使用精制低硫的石油系油，并要求在压延产品退火后不产生油斑。这是保证压延产品质量的重要指标之一。

3）铝箔压延油。一般称厚度在0.15mm以下的铝材为铝箔，其生产工艺都是采用冷压延。由于铝箔要求低表面粗糙度和高光泽度，所以要求润滑油黏度更小而油性更好。常用混有动植物油或合成酯的低黏度精制石油润滑油；也可添加高级醇或者低黏度合成酯等添加剂，进一步改善其润滑性能。在退火等热处理过程中，若产生残留油斑将严重影响铝箔质量，因而所选用的压延油对此有严格的要求。

（2）铜及铜合金压延油（液）

1）热压延用油。铜材热压延是在750～850℃高温下加工的，主要用质量分数为3%～10%的乳化液（或水）冷却压辊。所用材料必须是非活性的，对铜不起反应的乳化剂和油性添加剂；要求抗磨性能好，并能防止在压延机和压延产品上产生黏附物的清洗性好的乳化液。配制黄铜压延用乳化液的润滑油黏度是决定压延效率的关键因素。粗压延和中压延一般用高黏度油，精压延用低黏度油。非离子型溶解油乳化液、含灰分离子型乳化液，对黄铜板压延退火后防止油斑形成有良好效果，而且还可提高压延板材的光泽度，所以最为适用。

铜及铜合金压延用油（液）中，不得加入活性硫或活性氯的添加剂，一般规定含硫的质量分数不应大于0.10%，以防压延产品的腐蚀或变色。

2）冷压延用油。铜冷压延油要求有良好的压延性能，以便能用最小的压下力得到最大的压下量；同时还要有良好的抗氧化性、防腐蚀性和抗泡性，而且不产生油斑。一般粗压延使用40℃时黏度为18～40mm^2/s、含少量油性剂和抗氧化剂的石油基油。精压延使用40℃时黏度为6～18mm^2/s、低硫（最好质量分数在0.2%以下）的石油系润滑油（或乳化液），也有使用加有脂肪酸或合成酯的乳化油，但不能用含硫氯系抗磨性添加剂或极压剂的润滑油。对高压延速度、大压下率的铜压延工艺，由于发热量增加，为防止压辊及轴头热变形，要求使用散热性能更好的低黏度压延油，加入脂肪酸或合成油可改善其润滑性。不过，一般低黏度的压延油闪点低，会有发生火灾的危险，因而可使用不产生残迹的水溶解油或乳化液，这是另一个途径。

铜及铜合金压延中所发生的压延制品热处理沾污问题，是商品质量的关键。沾污的情况有炭沾污、硫沾污和水沾污三种。炭沾污主要由于压延油中有些馏分沸点范围比热处理温度（300～500℃）还高，在热处理过程中便残留在铜表面，经炭化所造成，因而必须控制油的馏分。硫沾污是压延油中的硫化物所造成的，所以最好控制硫的质量分数在0.2%以下。水沾污是由于水中溶解的铜加速了压延油的氧化，氧化分解生成物和水引起产品被沾污，故此要加入抗氧化剂和金属钝化剂；另外，加入质量分数为0.5%左右的苯骈三氮唑以防止铜的变色腐蚀。

5.2.5 锻造挤压工艺润滑剂

锻造有较长的历史，它包括从自由锻开始到高能高速锻、辊锻、镦锻、精密模锻、旋转锻造等多种加工方法。锻造的目的是通过锻造消除金属的铸态疏松，焊合孔洞，提高锻件的力学性能。锻造具有生产批量大、高效、节能等优点。挤压是在锻压加工的基础上发展起来的更加精密的加工方法，加工条件比锻压更加苛刻。从材料的成形工艺温度条件又可分为冷锻冷挤、热锻热挤和温锻温挤等，所以工艺所需的润滑剂也有相应分类。

1. 冷锻冷挤工艺润滑剂

冷锻冷挤是指坯料在室温条件下进行的锻造挤压。其优点是制品表面粗糙度低，且因其变形的强化作用，也提高了制品的强度。其缺点是因为变形抗力，所消耗的能量也大，对设备的负荷容量要求高；加上模具和坯料之间的压力高，摩擦力大，模具磨损严重。在一定的条件下，改善润滑条件是一种经济且见效快的手段。润滑的主要作用如下：

1）降低坯料与模具之间的摩擦力。

2）减少模具的磨损，提高模具使用寿命。

3）改善制品质量。

（1）冷锻压的润滑剂　对于冷锻，目前较成功的润滑方法是对坯料表面进行磷化-皂化处理。所谓“磷化”，就是用化学方法在金属材料表面生成磷酸锌及磷酸铁多孔状的薄膜。膜的厚度一般为10～25μm，其摩擦因数也很低。磷化膜与钢表面结合很牢固，具有一定塑性，在一定程度上能与金属一起变形。这层多孔状薄膜能存储润滑剂，在锻压时，可起到将毛坯与模具隔离开的作用，并降低变形金属与模具间的摩擦力。所谓“皂化”，就是用脂肪酸皂类作为润滑剂，使之与磷化层中的磷酸锌发生化学反应生成硬脂酸锌的润滑处理方法。锻压加工时，在处理后的坯料表面涂上润滑剂，例如，碳钢冷锻件表面磷化处理后，用皂化液作润滑剂；不锈钢冷锻件做草酸盐处理后，用85%的氯化石蜡和15%的二硫化钼组成的润滑剂；黄铜（H62、H68）件做钝化处理后，冷锻加工时用豆油或菜籽油作润滑剂；纯铝冷锻一般用硬脂酸锌润滑；硬铝（2A11、2A12）件进行氧化处理后，冷锻加工时用豆油、菜籽油或蓖麻油作润滑剂。

（2）冷挤压的润滑剂　冷挤压的金属变形量要比冷锻大得多，冷挤压时变形抗力的大小主要受模具强度的约束。现在所用的冷挤压模具材料强度最高达250～300MPa，若超过此值，模具将很快损坏。所以，当计算的单位挤压力超过模具材料的许可值时，就要增加变形次数，减少每次的变形程度，从而降低单位挤压力。在成形过程中，连续的挤压使金属与模具剧烈摩擦，瞬时温度可达200～300℃，甚至高达500℃。可见冷挤压时模具的工作条件严酷。所以除了模具的质量外，还必须采取有效的润滑措施。从塑性加工的特征来看，冷挤压润滑剂应满足下列条件：

1）耐压能力要达到200MPa以上。

2）润滑剂要能充分覆盖挤压新生面。

3）保持低的摩擦因数。

目前一般碳钢冷挤压多数也是采用磷化-皂化的润滑方法（与冷锻相类似）。

尽管磷化-皂化的预处理工序能保证冷挤压工艺的顺利进行，但是，由于磷化-皂化处理工序繁多，处理时间长，磷化质量要求严格，另外磷化废液会对环境造成污染，因而世界各国都在寻求新的润滑方式，以取代磷化-皂化工艺。我国 MJ-884 冷成形新型润滑剂，成功地取代磷化-皂化处理工艺，可满足黑色金属冷成形对润滑的苛刻要求。

（3）多工位冷挤压润滑剂　随着生产率的提高，冷挤压加工的速度加快，出现了多工位冷挤压加工方式，原材料为长棒料或盘料，可连续自动加工，长棒料或盘料的表面虽然预先已作磷化、皂化处理，但切料后每个坯料的两端都会成为裸露的金属面，而冲头则正是在这两端面上进行加工的。显然，为了使多工位机床能稳定地连续生产，需要准确地送料，每工步精确到位，以保护模具，提高使用寿命；同时，必须解决裸露端面的补充润滑问题。鉴于多工位自动加工速度快，一般每分钟可加工 60～90 个坯件，而磷化-皂化的润滑方法需较长的时间才能成膜，在多工位挤压加工过程中，无法形成有效的磷化-皂化润滑膜。多工位冷挤压润滑剂就是要适应这种工况，能瞬时生成极压润滑膜，以有效地覆盖裸露的新生面，保证多工位冷挤压的良好润滑状态。

目前，在用多工位自动机床进行冷挤压和冷镦加工方面，技术上较为先进的国家有美国、德国和日本等。

为了开发配套的压力成形润滑剂，广州机械科学研究院研制了多工位冷挤（冷镦）模具润滑剂。其中 DJ 系列为多工位冷挤压润滑油，DD 系列为多工位冷镦润滑油。油品具有“瞬时”成膜的能力，在冷挤压工作状态下，具有强的附着能力和低的摩擦因数，对降低单位挤压力有较好的效果，在循环使用条件下，油品有长的使用寿命和良好的防锈蚀能力。

2. 热锻热挤工艺润滑剂

热锻热挤工艺是在冷锻冷挤压的基础上发展起来的。提高加工温度可降低金属变形抗力，并大大提高其充模性能；另外由于工作温度高，对润滑也提出了特定的要求，主要如下：

1）在高温高压下性能要稳定，自身不发生氧化变质，不腐蚀模具和工件。

2）有良好的高温浸润性（浸润温度为 400～550℃）。

3）具有良好的润滑、脱模性能。

4）有良好的冷却及隔热性能，可以防止坯料的温度急剧下降，又可防止模具呈现过热现象。

对于自动化的生产线，润滑剂有更进一步的要求，例如，要具有良好的悬浮分散和可喷射性；润滑剂应该低污染并易清除，才能较好地满足生产线连续成形的润滑要求。

随着机械工业，特别是汽车工业的发展，模锻件需求量不断增加，促使热精密模锻工艺更迅速的发展。良好的模具润滑剂是保证精密锻件质量的重要配套材料。热锻热挤压工艺主要都是采用石墨型润滑剂，包括油剂石墨和水剂石墨。从减少烟雾、改善操作环境等考虑，水剂石墨得到最为广泛的应用。上海胶体化工厂和山东南墅石墨矿研究所生产的 MD 系列模锻润滑剂，在热锻热挤工艺生产中获得良好的使用效果；另外，本溪硅酸盐研究所研制的玻璃型热锻热挤润滑剂系列，也已推广应用在热锻热挤的工艺生产中。

3. 温锻温挤工艺润滑剂

（1）温锻工艺的润滑　温锻温挤加工的特点兼有冷锻压和热锻压的优点，其变形抗力要比冷锻压小得多，而坯料的温度又比热锻压低（相变温度以下），加工表面质量比热锻压要好得多；又因在这种温度下坯料的温度下降不明显，所以在一台压力机上不经中间处理就可完成多种变形工序。

由于温锻时模具承受的负荷也比较高，又在高的温度下连续工作而导致模具的硬度下降，特别是凸模顶端范围的凸缘半径处，硬度明显下降，致使耐磨性能降低，所以加工时突出的问题是模具寿命短。

温锻模具润滑的目的为：①充分冷却模具，使模具保持在适当的温度，这样可以防止模具温度过高，引起模具的硬度下降；②减少模具的摩擦与磨损，降低加工负荷，提高模具的使用寿命，保证产品质量。

目前在实际生产中应用最多的是水剂石墨、油剂石墨和油水剂石墨三种。水剂石墨的特点是对模具的冷却效果特别有效，无烟，经济，但高温浸润性略差。油剂石墨则相反，其高温浸润性比水剂石墨好，但冷却效果较差，油烟大，易污染环境和影响操作者健康。油水剂石墨，通过改变含水的含量来获得所要求的冷却作用，并通过控制含油量来提高其浸润性，因而同时达到提高润滑剂的冷却效果和高温润滑性的目的。也有使用二硫化钼代替石墨或与石墨复合使用的。

（2）温挤压工艺的润滑　温挤压是将金属材料加热到 200～800℃范围内挤压加工的一种方法。它是在冷挤压基础上发展起来的一项少无切削新工艺。由于材料在加热后，变形时变形抗力降低，使压力机或模具负荷减少，又可避免冷挤压变形条件苛刻的弊病，特别是在加工新型高强度钢或耐热钢等在常温下难以加工的材料时，温挤压能充分显示其优越性。因此在加工轴承环、活塞销、螺母等零件的成形工艺中得到较好的应用。

温挤压润滑的目的，是防止处于边界润滑的金属与金属的直接接触，减少摩擦及降低磨损，提高模具寿命和改善制品质量等。

选择的润滑剂应满足下列要求：

1）对金属表面的黏附性好。

2）热稳定性好，能有效地保护原始表面和变形中新产生的新生面。

3）有足够的耐压能力，以防止黏模产生金属转移。

4）具有良好的隔热性和冷却性能。

5）无毒，无腐蚀性。

6）工件上残留的润滑剂不影响下一工序的加工效果。

国外普遍使用含石墨、二硫化钼等固体润滑材料的温挤润滑剂。国内近年发展了WS水基石墨型温挤压模具润滑剂，以及WJ非石墨型的水基温挤压模具润滑剂。在生产中的应用表明，能进一步改善操作环境，提高制品质量。

5.2.6 金属冲压加工用润滑油（液）

1. 剪切冲裁润滑剂

一般冲裁对润滑要求不高，而高速和精密冲裁对润滑则有特定的要求。对于高速冲裁来说，润滑油应具有较好的挥发性、润滑性和缓蚀性，而且不影响后处理效果。

精密冲裁是一项少无切削新工艺，它具有优质、低耗、高效等一系列优点，如在钟表、照相机、电传打字机等产品中的精密冲裁件，其尺寸精度、剪切断面的表面粗糙度和几何形状等都无须进行进一步加工即可达到要求。影响精密冲裁效果的主要因素之一是模具润滑剂，在其他条件选定的情况下，精密冲裁润滑剂对提高精密冲裁效果有重要作用。因为精密冲裁过程中，金属材料产生塑性剪切变形，新生的剪切面和模具工作表面之间发生强烈的摩擦，产生局部高温而容易导致“焊合”和黏着磨损。性能良好的润滑剂，可以形成一种耐压、耐温的坚韧润滑薄膜附着在金属表面，将新生的剪切面和模具工作表面隔开，减少摩擦，散发热量，从而达到提高模具寿命、稳定剪切面质量的目的。

根据精密冲裁工艺的特点，要达到良好的润滑状态，必须满足如下条件：

1）模具工作部位应设计相应的存储润滑剂的结构。

2）润滑剂数量充分。

3）润滑剂须耐压耐温并对摩擦表面有强的附着力。

不同材质对冲压油的要求见表5-29。

表5-29 不同材质对冲压油的要求

金属材料	所希望的冲压油
硅钢板	冲压性(极压性)好的油,如磷系油 干燥性好的油,常温下迅速挥发,可省去脱脂工序 退火性好的油,在800℃退火后不附着残渣,以清洁易干燥油为好。硫系油残渣多,不合适 缓蚀性好的油,从冲压完毕到零件组装都具有良好的缓蚀性。退火、焊接后易生锈的氯系油不合适 臭味少的油。为了维持良好的工作环境,应尽可能减少其挥发性臭味 闪点尽可能高的油。为了预防火灾,闪点最好在50℃以上 对人体刺激性小的油。低黏度油对人体渗透性强,皮肤容易生成斑点,使用时要特别当心
冷轧钢板(SPC) 热轧钢板(SPH)	极压性高的油,为了防止卡咬、擦伤,极压性很重要,宜用氯系油、硫系油 滑移性好的油,为了防止裂纹,并使凸模顺利滑进凹模,宜用油性大的油 缓蚀性好的油,钢的最大缺点是易生锈,为防锈宜用硫系油,不宜用氯系油 脱脂性好的油,通常硫系油宜用碱脱脂液脱脂;氯系油宜用三氯乙烯脱脂 氧化安定性好的油,因冲压加工后附着在零件上的油膜易氧化缩合而变硬,造成脱脂不好,故需使用氧化安定性好的油,便于脱脂 冷却性好的油,在高速连续自动化冲压加工中需冷却性好,宜用水溶性油、低黏度油 臭气少的油

（续）

金属材料	所希望的冲压油
镀锌钢板	不产生白锈的油，使用氯系油容易产生白锈，因此要特别注意 容易脱脂的油，宜使用碱液脱脂性好的油 产生粉末少的油，冲压时电镀的锌容易剥离产生粉末，为减少粉末，宜用油性好的硫系油，不宜用水溶性油
不锈钢板	极压性高的油，冲压中不锈钢容易产生划痕、擦伤，为防止擦伤，宜用氯系油，硫系油效果不好 冷却性好的油，宜用水溶性油 三氯乙烯脱脂性好的油，宜用氯系油
铜板 铜合金板	不产生腐蚀、变色的油，严禁使用硫系油 · 含游离脂肪酸的油容易生成铜皂，使产品显露绿色，因此不适用 · 氯系油可用 · 最好在油中加入铜钝化剂 退火性好的油，退火后残渣要少，一般含天然油脂、脂肪酸的油不合适，宜用酯系油
铝板 铝合金板	不产生白锈的油，禁止使用氯系油 · 铝是两性金属，一般不宜使用水缩性油 · 硫系油可用，但应注意长时存放时生锈 加工性好的油，其加工效果有如下顺序： 脂肪酸>油酸>酯>醇

在国外，对于不同材质、不同厚度的工件都有定型的精密冲裁润滑剂系列，如瑞士的 HFF 精密冲裁油系列和日本的 PB 精密冲裁润滑系列等。随着精密冲裁工艺向大、厚、精、复合的方向发展，各国都在研制耐高温、高压的优质润滑剂。我国广州机械科学研究院已完成了系列化的工作，研制的高碳钢厚板、薄钢板、不锈钢板，以及有色金属板所需的 F 系列精密冲裁油，性能指标和使用效果与瑞士 HDV 系列油水平相当。

2. 冲压拉深加工用油（液）

一般冲压拉深条件不太苛刻时，可使用普通全损耗系统用油。深拉深对润滑有较高的要求。深拉深基本过程如图 5-28 所示。拉深所用的模具，一般由凸模 1、凹模 3 和压边圈 2 构成。凸模与凹模的间隙大于板料厚度，由于凹模直径小于坯料的直径，在拉深过程中坯料产生塑性流动，一部分增加制件的高度，另一部分则增加筒壁的厚度。由此看来，拉深过程即是由于坯料受力所引起的金属内部相互作用，使金属内每一单元体之间都产生内应力；在内应力作用下，发生了应变状态，使得材料发生塑性变形，而不断地拉入凹模内，最后成为筒形件。拉深过程的变形点是从坯料的大断面转变成筒件的小断面。在此过程中，坯料面与模具表面必然接触而产生摩擦。为使摩擦因数变小，减少挤压力，必须使用良好的润滑剂。如果在其他条件满足拉深工艺的前提下，润滑的好坏，直接影响拉深力、模具寿命和制品质量等，甚至会成为拉深工艺成败的关键。据资料介绍，在各种工艺中，拉深工艺消耗的润滑剂量最多。

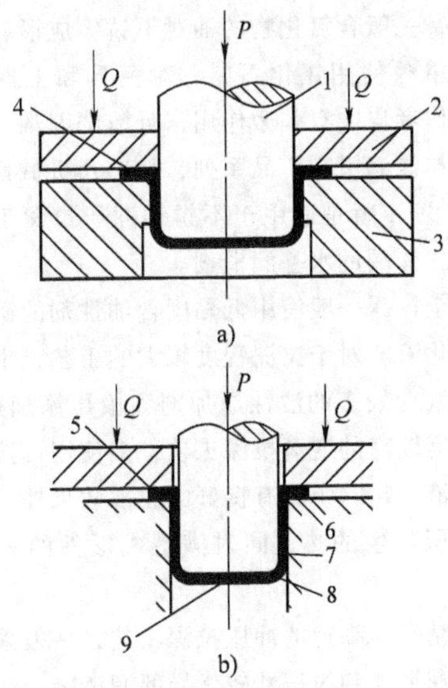

图 5-28　深拉深基本过程

a）拉深过程　b）拉深过程中工件应力应变分布区域

1—凸模　2—压边圈　3—凹模　4—工件

5—凸缘　6—圆角　7—筒形侧壁　8—底部圆角　9—筒底

（1）拉深成形加工工艺润滑的作用　润滑剂在拉深成形中的作用主要如下：

1）减少坯件与模具的摩擦，从而降低拉深力。

2）有助于金属流动，提高变形程度，从而减少拉深次数。

3）防止工件与模具的黏结，保证良好的脱模效果。

4）防止工件表面擦伤和起皱，提高工件质量。

5）冷却模具，从而提高模具的使用寿命。

（2）拉深润滑剂举例　拉深工艺过程中，因材料变形量比较大，要求润滑剂具有优良的润滑性，而且成形速度、载荷和金属材质不同，所用的润滑材料要求也有所不同：对中低碳钢的拉深，一般选用动植物油和矿油，有时加脂肪酸皂；对综合性有特定要求的，则选用含油性剂、极压剂、防锈剂等多种添加剂的拉延油（液）。如广州机械科学研究院开发的ST-1~ST-6冲压及拉深油产品。

有些生产单位没有购到合适的拉深油时，常常使用矿油掺填料的办法，掺合的填料有滑石粉、氧化锌、石墨或二硫化钼等。不过，这种润滑剂的涂布和清洗都较困难。如果下道工序要求清洗干净，最好选用水基润滑剂，如广州机械科学研究院研制的LC-1A型润滑剂具有良好的润滑和极压性能，易于清洗，可提高产品质量和模具寿命。

不锈钢在拉深中容易黏模，加工表面特别容易拉花、起皱，一般含氯化物的油对不锈钢成形有好的效果。但如单独使用氯化石蜡，对模具和工件有腐蚀性，对操作者皮肤有刺激作用，且清洗困难。近年已有专用的拉深润滑剂产品系列，如广州机械科学研究院研制的BC-1就是适用于不锈钢冲压拉深工艺、又可避免上述弊端的水基润滑剂。

铝合金拉深一般使用低黏度含油性剂的矿油、合成油或乳化液。对于拉深程度较大的工艺，也用黏度较高的油（含较多的油性添加剂和极压添加剂），对于成形速度较高的变薄拉深工艺，多使用可溶性油稀释成乳化液。它除了具有良好的脱模效果外，还必须带走加工所产生的热，同时满足成形件的一些特定要求。

对于精密、高速的冲压拉深工艺，一般采用黏度较低，但润滑性和极压性较优异的润滑剂。

5.2.7 拉拔工艺用润滑剂

拉拔制品在工业上和日常生活中应用广泛，而这些制品的质量及生产率，都需要有性能良好的工艺润滑剂予以保证。

1. 棒材、线材拉拔润滑剂

1）钢丝拉拔润滑。钢丝拉拔时，由于存在易黏模的危险，常常采用干膜润滑作为初始防护层。低、中碳钢丝拉拔采用干拉法，润滑剂用石灰或硼砂，也可以使用一般拉拔油；对于重负荷，要求价格最低时，可选用石灰或硼砂。硼砂在高湿度情况下会恢复结晶状态，但在中等湿度时，具有良好的防腐蚀性能。如果拉丝以后不需清除，最好用硬脂酸钙作润滑剂。硬脂酸钙也常与硬脂酸钠、石灰一起用于低碳钢和中碳钢的拉拔。需经退火处理的，必须在退火前将残渣清除，否则在热处理时，残渣转变成炭化沉积物，部分沉积在金属表面，影响拉制品质量。

为了减少拉拔车间的空间粉尘，在润滑处理的“上灰”池中，加入一定的成膜组分，帮助石灰均匀黏附在坯料金属表面，从而抑制工艺过程粉尘的飞扬。

对于高速、中等变形程度的拉拔工艺，常用皂乳化液。其典型成分（质量分数）是：硬脂酸钾35%、动物油25%、矿油8%、硬脂酸2%和水30%。

拉拔硬质合金钢、不锈钢时，需进行预处理，如用草酸盐法处理。本法是由草酸铁及化学促进剂组成溶液的温浴浸泡法使其成膜，处理前必须充分脱脂酸洗，否则拉拔后退火时会发生渗碳而影响质量。拉拔时，还要根据制品的要求及工艺条件使用不同的润滑剂。

不锈钢，特别是奥氏体不锈钢与模具容易产生黏结，这可能与很薄的固有的氧化膜容易破裂以及硬化速度高等因素有关。所以拉拔时，必须使用能形成较厚膜的润滑剂（如使用树脂膜涂层），以达到有效隔离的目的。

2）铝和铝合金的拉拔润滑。铝和不锈钢相似，表面有一层易碎的氧化膜，但比不锈钢好拉得多。铝和铝合金带材及棒材拉拔，常用钙基润滑脂和质量分数为10%~20%的动植物油及皂的润滑剂。近年来也较多地使用合成酯油代替动植物油。

铝线拉拔，一般由直径10mm的铝棒拉成铝线，此时用40℃时黏度为13~14mm^2/s的润滑油喷在拉模和铝棒上。所用润滑油黏度的大小，视拉拔铝线的尺寸、拉拔速度、拉拔直径减小比和表面粗糙度的要求而定。如拉拔5~10mm直径铝线时，一般用50℃时黏度为100~250mm^2/s的混合脂肪润滑油在50~65℃下循环使用；拉拔2~5mm直径铝线，用50℃时黏度为30~50mm^2/s的混合脂肪润滑油；拉拔2mm以下的细铝线，用50℃时黏度为10mm^2/s左右的混合脂肪润滑油。

也有使用乳化液和乳化油膏润滑的，不过使用范围不大，使用时需注意防止白色锈斑的产生。

3）铜和铜合金的拉拔润滑。铜和铜合金的拉拔润滑剂的选择受拉拔速度、棒的直径及模具等诸多因素的影响。一般来说，在低速拉拔棒材时，使用皂-脂肪膏、含动物油或合成脂肪的润滑油，或采用加有脂肪衍生物和极压添加剂的高黏度油，但不能用含活性硫的添加剂，因其易使铜表面变色。如拉拔的棒材直径在 9mm 以上时，可使用加有质量分数 5%的菜籽油和 40℃油酸的黏度为 $100mm^2/s$ 的润滑油；也可用质量分数 5%～6%的脂肪皂的乳化液。棒材直径在 9mm 以下时，可使用含油酸钠、硬脂酸钠质量分数 5%～10%的水基润滑液。

对于高速拉拔，几乎广泛使用水基润滑液、高皂低脂肪乳化液（游离脂肪的质量分数<1%，属阴离子型乳化液）。但当水质较硬和有铜粉存在时，会因形成铜皂而受破坏，掺合非离子型乳化液，可增加乳化液的稳定性。乳化液 pH 值一般应保持在 8～9.5。有时为进一步提高加工质量，可加入适量的极压添加剂。

近年发展的高速拉丝生产线，对润滑液有更高的要求。如要求有适宜的润滑性，以减少磨损，有助于模具寿命的提高；有良好的清洗性，以避免铜粉黏在模具周围而造成磨损；还要有好的冷却效果和较长使用周期，从而保证拉丝质量和高的生产率。目前，开发具有上述良好综合性的高速拉丝润滑冷却剂，是进一步提高拉丝技术所迫切要求的。

2. 管材拉拔用润滑剂

1）钢管拉拔的润滑。钢管的拉拔，一般先将坯管进行酸洗以除去氧化皮，然后经磷化-皂化表面预处理，所形成的润滑膜可满足拉拔工艺的要求。磷化-皂化处理的质量，直接影响管材质量、模具寿命及生产率。特别对于高精度管材的拉拔，良好的润滑状态是保证生产顺利进行的重要因素。

不锈钢管材拉拔的润滑，与棒材、线材拉拔的润滑类同。

2）铝及铝合金管材拉拔的润滑。铝管拉拔一般使用 100℃时黏度为 $27～32mm^2/s$ 的高黏度油，有时根据制品的要求还要加入适量油性添加剂、极压添加剂和抗氧化剂等。铝管的光亮度与润滑油的黏度、拉拔速度和模具状况等因素有关，如使用 100℃时黏度为 $7～8mm^2/s$ 的低黏度油润滑，可获得较好的光亮度。铝管拉拔也可使用石蜡润滑剂，把管坯浸入经溶剂稀释的石蜡溶液或乳化液中，然后进行拉拔。这样可连续进行三次拉拔而不必再涂润滑剂，而且拉制的铝管清洁，能保持良好的环境。对铝管和硬铝管的拉拔使用重柴油润滑也较普遍，不过制品清洗较为困难，有待改善。

3）铜和铜合金管材拉拔的润滑。铜和铜合金管材拉拔，最早是使用一般全损耗系统用油来润滑，后来为改善制品质量，逐渐采用植物油来代替部分全损耗系统用油。由于设备尚无完善的配套润滑系统，采用手工灌油，环境比较脏，植物油对需退火处理的制品容易产生油斑。水基润滑剂在某些方面显示较多的优越性，以脂肪酸皂类为主要成分的水基润滑剂具有较好的综合性能，应用广泛。铜管的拉拔有直拉和盘拉，在直拉生产中，普遍使用水基乳化液。随着拉拔机械设备性能的提高和生产技术的发展，管材拉拔速度成几倍地增长，对润滑剂的要求也越来越高。

无论是水基还是油基润滑剂都应具备以下基本性能：

1）具有良好的润滑性能，以减少拉拔时的振纹、断头等不良影响，保证制品的高质量，提高生产率。

2）不易产生油斑，保证铜管退火后的良好光亮度。

3）不会使铜管变色，不产生难以清除的沉积物。

4）对铜管的力学性能及表面质量均不能有不良影响。

5.2.8　金属压力铸造用润滑剂

压力铸造是所有铸造方法中生产速度最快的一种。在压铸生产中，压铸模具是重要的工艺装备，其工作寿命水平对生产率和成本的高低起着重要作用。然而，影响压铸模具工作寿命的因素较多，如压铸生产设备、工艺参数规范、模具的设计、材质、制造、压铸件本身的设计等。此外，压铸工艺所用的润滑材料的性能，对压铸生产水平的影响也是至关重要的因素。压铸工艺用的润滑材料，主要包括模具型腔用的润滑离型剂和冲头润滑剂两大类。

1. 型腔润滑离型剂（或称脱模剂、润滑脱模涂料）

（1）压铸型腔对润滑涂料的主要要求　压力铸造是在高压作用下，将金属液以较高的速度压入型腔内，在压力下快速凝固而获得优质铸件的一种铸造方法。型腔润滑涂料的主要作用是脱模、润滑、保护模具，促进金属流动，使铸件具有光洁的表面。具体概括为三个环节：①在金属液压射前，涂料先均匀分布在经过预热的型腔表面，从而形成隔离模具和金属液之间的膜，使型腔免受熔融金属液的直接冲刷，并起到适当的冷却作用；②压铸过程中，促进金属液的流动，使冲型完好；③铸件成形后易于离型，以获得良好的铸件和高的生产率。

要使润滑涂料在整个压铸过程中真正起到上述三

个环节的作用，对模具润滑涂料提出以下基本要求：

1）具有良好的高温浸润性和黏附性，因而能在热的型腔表面形成完整均匀，而且有一定强度的润滑膜，可起到保护模具的作用。

2）具有良好的脱模性能，可防止铸件黏附在型腔上。

3）具有良好的润滑性，可对顶杆和型芯滑块进行润滑，减少摩擦和磨损，有助于铸件质量和模具寿命的提高。

4）具有一定的隔热性和冷却性，有助于金属流动，促进完好充型，又能降低模具的热应力。

5）与后续工序有良好的适应性，不影响喷漆、电镀等后续工序的处理效果。

6）不腐蚀模具和工件，不生成有毒气体，符合环保要求。

7）不易产生堆积，便于清理，使铸件轮廓清晰。

实际上，一种涂料要同时满足所有性能要求是较为困难的，所以所选择的涂料只要能满足特定要求即可。例如，生产复杂金属铸件时，使用润滑、离型作用良好的涂料；生产装饰性铸件时，使用对表面粗糙度影响最小的涂料。

（2）型腔涂料对铸件质量的影响　型腔涂料性能不佳，会造成或加剧以下五种主要缺陷：

1）铸件表面残缺。不良的型腔涂料会使铸件表面出现斑纹，或产生冷隔和气泡。目前使用水基涂料可显著减少铸件表面斑纹；但对于难脱模的铸件，斑纹仍是个问题。型腔涂料造成的冷隔难以判断，因为充型时间过长或压型温度过低都会造成冷隔。上涂料工艺不当也会产生铸造缺陷，过多的涂料还会造成气孔。

2）焊合（黏模）。焊合是压铸合金黏结到型腔表面造成的后果，由此在铸件上出现斑痕而导致铸件报废。润滑涂料的主要功效就在于消除或减少产生焊合的倾向。型腔中有些部位比其他部位更易产生焊合，通常是铸件的热节点，或被高速金属液直接冲击的型腔表面、型芯以及拔模斜度很小的侧壁等，这些部位对润滑涂料要求最为苛刻。应用模具表面处理技术，加上使用性能良好的润滑涂料可显著减少焊合。

3）铸件变形。铸件变形是铸造时铸件与型腔黏连造成的。正确设置顶杆对减少铸件变形有重要作用，但在某些情况下，使铸件易于产生变形的主要原因是涂料的防黏模性能差。

4）涂料在型腔表面沉积。润滑涂料要发挥其润滑、脱模、保护模具的作用，先决条件要必须能在型腔表面成膜，沉积物不能产生堆积，否则会影响铸件尺寸精度和轮廓的清晰度。

5）铸件孔隙率高。压型排气设计会影响铸件孔隙率，压型涂料过多，也会造成铸件内孔隙率增高，所以使用涂料时，在保证顺利脱模的前提下，涂料喷涂量越少越好。

（3）涂料对压型寿命的影响　模具寿命的基本概念是：模具由于受到磨损、冲蚀、腐蚀及热疲劳等原因而导致变形、破裂、黏着、龟裂，在铸件上形成毛刺、飞边、脱皮、伤痕、划痕、表面粗糙以及尺寸偏差等现象后，不能进行修复而报废之前，所加工出来的零件数量。一般模具本身有其正常的寿命水准。影响模具寿命的因素众多，既有外因也有内因。外因是指模具工作时的外界环境，其中包括工作条件、设备条件，使用过程中的维护、保养，被加工零件材质、壁厚、尺寸、形状等。内因所指的是：模具本身材质的冶金质量，机械加工和热加工工艺质量，其中包括毛坯锻造及热处理和模具结构的合理性、工艺的先进性以及配合尺寸精度等。提高模具寿命是一项涉及多因素的综合性问题，所以润滑涂料对模具寿命的影响应该在其他多种因素一定的前提下才有可比性。不过在某些情况下，性能优异的润滑涂料确实可大大提高模具的使用寿命。

模具热疲劳而产生的龟裂往往导致模具失效。但实际上引起的龟裂程度很难用试验方法确定。理论上的影响能够通过比较水基润滑涂料、油基润滑涂料和铝合金的热容量，并做出一些关于喷射量、作用时间和温度梯度的基本假设而计算出来。通过这种计算可以发现，无论用哪种载体，润滑涂料对热裂的影响不到对压铸铝合金影响的2%。

（4）涂料对后续表面处理工序的影响　许多压铸件产品要喷漆或电镀，有些涂料的残留成分难以用普通方法清除，而且会影响后续表面处理的效果。因此，对表面需进行后处理的铸件，压铸时选用的压铸涂料必须对后处理无不良影响。

（5）型腔涂料的类别　型腔涂料的类别因分类的着眼点不同而有不同的称谓：以载体分，有水剂、油剂和溶剂型三类；以组分中有无石墨，可分为石墨型和非石墨型；以物理状态分，可分为溶液型、悬浮液型、脂状、固体蜡四类。

（6）型腔涂料的选择和应用　选择压铸模具型腔涂料，首先要求能快速而容易顶出铸件，无害于健康，并按压铸工艺对型腔润滑涂料的要求，结合铸件的特点及操作条件综合考虑选择适宜的涂料。

每一种模具润滑涂料都有自己的特性及所适用的最佳条件，故必须按产品说明合理使用，才能在较低成本下获得最佳效果。这就要考虑下列主要情况：

1）与压铸模具或铸件有关的情况。如模具材质、新旧程度、铸件的复杂程度或壁厚等。

2）工艺过程因素。

3）产品后处理工序和最终要求。

性能优良的润滑涂料要取得最佳的使用效果，还必须采用适宜的涂布方法。水基润滑剂只有用喷涂的方法，才能保证在模具型腔表面形成连续而均匀的润滑膜。目前常用的有手动喷枪喷涂和自动喷涂装置涂布。

2. 压射冲头润滑剂

在压铸生产过程中，每压射一次，冲头就必须在动态下与金属液接触一次，并与压室摩擦一次。压射机构运动的灵活可靠有赖于冲头运动的平滑，及其与压室之间的间隙保持稳定。这就要求润滑剂有良好的润滑性能，又由于冲头是在高压高温的条件下工作，也就要求冲头润滑剂必须满足其特定的工况条件，对柱塞冲头和缸套进行有效的润滑，使磨损和卡死概率降到最低限度。冲头的润滑一向没有受到应有的重视，常常由于润滑不良而导致如下后果：

1）压射冲头的使用寿命降低。

2）压射冲头和压室很快被磨损。

3）润滑剂转移到铸件上，导致废品率高。

压射系统的性能对生产优质压铸件、控制充型期间和充型后的金属压力及压射到压型内的金属体积和速度等都是至关重要的。

良好的压射冲头润滑剂应满足下列要求：

1）良好的高温成膜性和高温润滑性。

2）气体产生量少。

3）燃烧后残留物极少。

4）闪点适当高。

在国外，一直普遍使用的还是以油剂石墨为主，润滑方法则多采用喷射或滴流的施加方法。国内以前没有专用的冲头润滑剂，大部分是使用废机械油掺石墨。一般用刷子刷涂，用量偏多，较易卷入型腔而影响铸件质量，操作环境较脏。

20 世纪 80 年代以后，国外已有不含石墨的冲头润滑剂。在我国，随着压铸生产水平的提高，环境保护的要求也逐渐提到议事日程，加上非石墨型模具润滑涂料的研制成功和推广应用，对提高铸件质量和治理压铸生产环境具有显著效果。压铸厂已应用了非石墨型的冲头润滑剂，如广州机械科学研究院研制的 FCR-1 非石墨型压铸冲头润滑剂，东风电机厂研制的 DFY-1 脂基涂料等。

因为压射机构的作用是将金属液压入型腔，压射过程的压射压力、充填速度等主要工艺参数由压射机构来决定。因此，压射机构动作的可靠性，在很大程度上影响铸件质量和工作效率。尽管影响压射机构工作状态的因素是多方面的，但在其他因素一定的前提下，良好的冲头润滑剂在减少停机时间、提高工作效率、节约金属材料、提高铸件质量等方面发挥积极的作用。

5.2.9　注塑成形润滑脱模剂

注塑成形是非金属材料采用的一种主要的成形工艺，也属于压力成形加工范畴，所以在此也做简略介绍。

在汽车、机械、仪器仪表、家用电器等行业，乃至生活用品方面，都广泛使用塑料及橡胶制品。在这些塑胶制品的生产过程中，为保证好的制品质量和高的生产率，必须使用适宜的润滑脱模剂。目前国内外普遍使用的是注塑喷剂，其基本组分主要包括：润滑离型添加剂、活化剂、溶剂及喷射剂等。根据不同成形材料及制品的后处理工艺，来选用不同类型的脱模剂。

1. 基本类型

根据不同的成形材料及工艺要求，或按照喷剂的基本组分及具体的喷射剂而分为若干类型。

（1）按不同的成形材料分类

1）适用于一般热固性和热塑性塑料的。

2）适用于一般热固性和热塑性塑料及弹性体（如泡沫塑料及橡胶等）的。

3）适用于 PC、PP 塑料的。

（2）按不同的工况条件及产品要求分类

1）适用于冷、热模具的。

2）适用于高温的。

3）适用于二次加工要求（如喷漆、电镀着色等）的。

4）适用于医疗药物及食品卫生要求的。

（3）按喷剂基本组分分类

1）普通硅油型。

2）矿油型。

3）合成烃基油型。

4）改性硅油型。

5）乳化液型。

6）粉剂型。

（4）按喷射剂分类

1）采用的喷射剂是氟利昂（CFC）。

2）采用的喷射剂是液化石油气（LPG）。

3）采用的喷射剂是烃类，如丙烷、丁烷和戊烷等。

4）采用的喷射剂是醚类，如二甲醚、二乙醚等。

2. 注塑喷剂选用的基本原则

主要根据注塑材料、注塑成形产品的要求以及模具状况等方面，综合考虑选择适宜的脱模剂。例如，普通硅油对二次加工有不良影响，而改性硅油油剂在这方面的性能有所改善，所以对需要进行二次加工的制品成形所选用的注塑脱模剂，既要求具有良好的润滑脱模性能，从而保证制品的高质量、生产的高效率和高的模具寿命，又必须能满足二次加工的要求。

3. 注塑脱模剂的发展概况

注塑使用的脱模剂，初期主要使用矿油和普通硅油型的。随着科技的进步，适应产品向精密、复杂及高质量，生产向高效率方向发展的需要，先后开发了如前所述的多种类型的脱模剂，旨在满足注塑成形材料的特性要求，解决着色、油漆、电镀等二次加工的难点，提高生产率，改善制品质量，保护模具，提高其使用寿命，从而取得良好的综合效益。

构成脱模喷剂的要素之一的喷射剂，其性能对喷剂使用效果影响颇大。氟利昂的性能优良、价格便宜，所以得到广泛的应用，但其对大气臭氧层有严重的破坏作用。臭氧层的破坏将对人类健康、农作物、生产、生物带来严重影响，并影响地球生态环境。目前，许多国家为保护臭氧层限用氟利昂，所以世界各国先后研究氟利昂代用品，一些发达国家大部分已用液化石油气代替氟利昂，也有用烃类、醚类等。其中属烃类的丙烷、丁烷使用的比例较大，醚类的二甲醚采用得也比较多，但因其腐蚀性，多数与液化石油气适当配比混合使用。

随着注塑工业的发展，注塑喷剂发展前景很好，特别近几十年来产量增长迅速。据有关资料估计，2016年世界生产量已超200亿瓶。家电产品的发展，加上机械零部件中注塑件的增长，对注塑脱模剂的质和量都将提出更高的要求。我国的喷剂生产规模已基本建立，并不断完善产品的系列，满足注塑生产的多方面的性能需求。

5.3 热处理油及热传导油（液）

5.3.1 热处理油

热处理是将固态金属或合金采用适当的方式进行加热、保温和冷却，以获得所需要的组织结构与性能的工艺。热处理油或热处理介质是工件进行热处理时所使用的介质，可分为淬火和回火用油，水和水溶性盐类、碱类或有机物的水溶液，熔融盐和气体等，主要指淬火冷却用介质。目前世界上许多国家都在研究和开发淬火冷却用介质，品种不断增加，技术性能不断改进。

1. 热处理油的主要性能

（1）运动黏度和黏度指数　热处理油（淬火油和回火油）要求在规定的使用温度下，有较低的黏度和较高的黏度指数，以保持较好的冷却性能和热氧化安定性，油品黏度随温度变化而变动较小。

（2）闪点和燃点　由于淬火油和回火油的使用温度较高，为避免火灾的发生，减少油的蒸发量和油烟对大气的污染，以及保证使用的安全，闪点和燃点是一项必不可少的技术要求，油温应低于闪点一定温度。

（3）热氧化安定性　良好的热氧化安定性是热处理用油的重要指标之一。由于热处理时油温较高，而且不断有大量赤热的淬火件投入油中，促使油品处于热氧化状态，易于老化、变质，油品的黏度、残炭值和酸值急剧增加，并产生不溶于油的沉淀物，影响油品的冷却性能。我国现采用SH/T 0219—1992《热处理油热氧化安定性测定法》测定热处理油的热氧化安定性。

（4）冷却性能　正确选择热处理油，必须全面地了解油品的冷却特性。我国现采用SH/T 0220—1992《热处理油冷却性能测定法》来评定热处理油的冷却性能。常用热处理油的特性温度、特性时间及800→400℃冷却秒三项指标来表示。另有GB 9449—1988《淬火介质冷却性能试验方法》，与SH/T 0220—1992大致相同，该标准现被JB/T 7951—2004替代。

1）特性温度是介质从膜沸腾状态向泡沸腾状态过渡的温度。

2）特性时间又称特性温度秒，指介质到达特性温度的时间。

3）800→400℃；冷却秒是指介质温度从800℃冷却到400℃所需的时间，单位为秒。普通淬火油规定此值不大于5.0s。

（5）其他　除以上指标外，热处理油还须测定水分、残炭值等，有的还要测酸值。

热处理油的性能特点及使用范围见表5-30。

2. 热处理油的分类规格

目前已有的热处理油分类标准，如国际标准化组织（ISO）的TC28分委员会于1994年提出了ISO 6743-14：1994《润滑剂、工业润滑油和有关产品（L

类）分类　第 14 部分：U 组（热处理）》。我国已等效采用此标准，提出了 GB/T 7631. 14—1998《润滑剂和有关产品（L 类）的分类　第 14 部分：U 组（热处理）》，见表 5-31。此外，还参照采用日本 JIS-K-2242—80 标准《热处理油》，提出了 SH/T 0564—1993 热处理油的分类标准，见表 5-32。表 5-33 为按照 SH/T 0564—1993 标准生产的热处理油的牌号及质量指标。

表 5-30　热处理油的性能特点及使用范围

品　种	性能特点	使用范围
普通淬火油	冷却性能强，氧化安定性好	适用于盐溶炉或保护气氛的轴承钢、工模具钢、合金钢和渗碳钢等工件的淬火，最佳使用温度为 50～80℃
快速淬火油	冷却速度快，氧化安定性好，光亮性中等	适用于要求高冷速的调质、渗碳等零件和大型锻造件、大型齿轮及淬火压床的淬火、使用温度为 20～80℃
快速光亮淬火油	冷却速度快，氧化安定性好，光亮性好	适用于轴承钢、工模具钢及其他结构钢材在保护气氛下淬火，使用温度为 20～80℃
超速淬火油	冷却速度更快，氧化安定性好	适用于汽车、轴承、矿山机械、冶金机械及工模具行业大型零件的加热淬火、渗碳或碳氮共渗淬火，也适用于中碳钢及其他类型合金钢淬火，使用温度为 20～60℃
真空淬火油	饱和蒸气压低，冷却性能好，光亮性好	适用于轴承钢、工模具钢、大中型航空结构钢等材料的真空淬火，初用时应在真空下将油中空气脱出，使用温度为 20～80℃
等温分级淬火油	冷却性能好，零件变形小	适用于轴承钢、渗碳钢制的轴承内外圆、精密零件，汽车齿轮、半轴等工件以及易变形零件的淬火。1 号使用温度为 120℃，2 号使用温度为 150℃
回火油	黏度大，闪点低，挥发小，热氧化安定性好	适用于淬火后工件回火，1 号使用温度为 150℃，2 号使用温度为 200℃

表 5-31　润滑剂和有关产品（L 类）的分类第 14 部分：U 组（热处理）（摘自 GB/T 7631. 14—1998）

代号字母	应用范围	特殊用途	更具体应用	产品类型和性能要求	代号 L-	备　注
U	热处理	热处理油	冷淬火 $\theta\leqslant80℃$	普通淬火油	UHA	某些油品易用水冲洗，由于在配方中加入破乳化剂而具有此特性，这类油称为“可洗油”。此特性由最终用户要求，由供应商规定
				快速淬火油	UHB	
			低热淬火 $80℃<\theta\leqslant130℃$	普通淬火油	UHC	
				快速淬火油	UHD	
			热淬火 $130℃<\theta\leqslant200℃$	普通淬火油	UHE	
				快速淬火油	UHF	
			高淬火 $200℃<\theta\leqslant310℃$	普通淬火油	UHG	
				快速淬火油	UHH	
			真空淬火		UHV	
			其他		UHK	
		热处理水基液	表面淬火	水	UAA	
				慢速水基淬火液	UAB	
				快速水基淬火液	UAC	
			整体淬火	水	UAA	
				慢速水基淬火液	UAD	
				快速水基淬火液	UAE	
					UAK	
		热处理熔融盐	$150℃<\theta<500℃$	熔融盐 $150℃<\theta<500℃$	USA	
			$500℃\leqslant\theta<700℃$	熔融盐 $500℃\leqslant\theta<700℃$	USB	
			其他		USK	
		热处理气体		空气	UGA	
				中性气体	UGB	
				还原气体	UGC	
				氧化气体	UGD	
		流化床			UF	
		其他			UK	

注：θ 表示在淬火时液体的温度。

表 5-32　我国热处理油分类（摘自 SH/T 0564—1993）

类别	牌号	名　称	用　途
Ⅰ类 冷淬火油	A	普通淬火油	用于小尺寸及淬透性好的材料淬火
	B	快速淬火油	用于大、中型材料淬火
	C	超速淬火油	用于大型及淬透性差的材料淬火
	D	光亮淬火油	用于中小截面轴承钢、工模具钢、量刃具钢及仪表零件在保护气氛下的淬火
	E	快速光亮淬火油	用于中型及淬透性差的材料在可控气氛下淬火
	F	1 号真空淬火油	用于中型材料在真空状态下淬火
	G	2 号真空淬火油	用于淬透性好的材料在真空状态下淬火
Ⅱ类 热淬火油	A	1 号等温、分级淬火油	用于 120℃左右热油淬火
	B	2 号等温、分级淬火油	用于 160℃左右热油淬火
Ⅲ类 回火油	A	1 号回火油	用于 150℃左右回火
	B	2 号回火油	用于 200℃左右回火

表 5-33　热处理油的牌号及质量指标

项　目			Ⅰ类							Ⅱ类		Ⅲ类		试验方法
			A	B	C	D	E	F	G	A	B	A	B	
			普通淬火油	快速淬火油	超速淬火油	光亮淬火油	快速光亮淬火油	1 号真空淬火油	2 号真空淬火油	1 号等温分级淬火油	2 号等温分级淬火油	1 号回火油	2 号回火油	
运动黏度/(mm^2/s)	40℃	≤	30	26	17	38	38	40	90	—	—	—	—	GB/T 265
	100℃	≤								20	35	30	50	
闪点(开口)/℃		≥	180	170	160	180	180	170	210	200	250	230	280	GB/T 3536
倾点/℃		≤	-9	-9	-9	-5	-5	-5	-5	-5	-5	-5	-5	GB/T 3535
燃点/℃		≥	200	190	180	200	200	190	230	220	280	250	310	GB/T 3536
腐蚀(铜片,100℃,3h)/级			合格	1	1	1	1	1	1	1	1	1	1	GB/T 5096
水分			无	痕迹	痕迹	痕迹	无	无	无	痕迹	痕迹	痕迹	痕迹	GB/T 260
残炭(质量分数,%)		≤	0.2	—	—	0.05	0.08	0.08	0.1	0.6	0.6	0.6	0.6	GB/T 268
光亮性/级		≤	3	2	2	1	1	1	1	2	2	—	—	比色法
饱和蒸气压(20℃)/kPa		≤	—	—	—	—	—	6.7×10^{-6}	6.7×10^{-6}	—	—	—	—	SH/T 0293
酸值/(mgKOH/g)		≤	—	—	—	0.7	0.3	—	—	0.35	0.35	0.35	0.35	GB/T 264
热氧化安定性	黏度比(%)	≤	1.5	1.5	1.5	1.5	1.5	1.5	1.5	1.5	1.5	1.5	1.4	SH/T 0219
	残炭增加值(%)	≤	1.5	1.5	1.5	1.0	1.0	1.5	1.5	1.5	1.5	1.4	1.5	
冷却性能	特性温度(80℃时)/℃	≥	520	600	585	585	600	600	585	—	—	—	—	SH/T 0220
	800→400℃时间(80℃时)/s	≤	5.0	4.0	—	5.5	4.5	5.5	7,5					
	800→300℃时间(80℃时)/s	≤			6.0									
	特性温度(120℃时)/℃	≥								600	600			
	800→100℃时(120℃时)/s	≤		500						5.0	5.5			
	特性温度(160℃时)/℃	≥									600			
	800→400℃时(160℃时)/s	≤									6.0			

从表 5-33 中的数据可以看到，国内按 SH/T 0564—1993 标准生产的热处理油的质量指标，基本上可满足机械行业标准 JB/T 6955—2008《热处理常用淬火介质　技术要求》中规定的技术要求。

各种水基冷却介质的组成、性能和用途见表 5-34。

表 5-34 水基冷却介质的组成、性能和用途

介质种类		介质组成(质量分数)	性能	用途	注意事项
水			优点:汽化热高,热导率较高,化学稳定性好,很便宜,使用方便 缺点:冷却速度随水温的变化而发生明显变化。650~550℃区间冷却速度小于300~200℃区间。因在奥氏体不稳定区域冷却速度低,故会出现淬不硬现象。淬火件在淬火时还会产生巨大的应力,造成开裂和变形。蒸汽膜阶段长,易生气泡。在淬火件的凹槽和孔内,因蒸汽不易逸出,造成冷却不均,因此易出现软点	只用于小截面、形状简单的碳素钢件淬火,工件表面较光洁	使用时最好用搅拌或强制循环的方法,以提高冷却的均匀性,防止产生软点和变形;水中不应混入灰尘、油类等杂质;工作温度不应超过40℃
无机水溶液	氯化钠(食盐)水溶液	NaCl 的质量分数为 5%或 10%	优点:NaCl 能附着于灼热的淬火件表面,剧烈爆炸成雾状(崩膜),使蒸汽膜破坏,蒸汽膜阶段大为缩短,从而明显提高水的冷却速度,冷却也比较均匀;价格便宜,淬火件可达到较高硬度,而且硬度均匀 缺点:冷却速度随溶液温度变化,淬火后淬火件易生锈	用于淬透性低、不易开裂,对防止变形要求低的淬火件,例如碳素钢件(有效厚度30~100mm,采用盐水、油淬火)、合金结构钢(40Cr、40CrMoV,有效厚度30~150mm;38CrMoAl 有效厚度>80mm)	使用时溶液温度应控制在60℃以下;淬火后要清洗,并要进行防锈处理
	氢氧化钠水溶液		优点:冷却曲线与氯化钠溶液基本相同。NaOH 可与淬火件表面的氧化皮相互作用,产生氢气,使氧化皮迅速剥落,使淬火件表面呈现光亮的银白色。冷却能力大于氯化钠 缺点:有腐蚀性,劳动条件较差;在使用中易吸收空气中的 CO_2 而使成分逐渐变化。与前两者一样,冷却速度也随溶液温度而明显变化	用于碳素钢	要定期更换溶液
	饱和氯化钙水溶液		优点:在奥氏体不稳定区(650~550℃)时,有很高的冷却速度。在马氏体转变区,由于它的沸点比水高,对流的开始温度也较高,同时它的黏度比水大,传热性也较差,因此冷却速度较慢,从而减小淬火的应力,防止变形和开裂。它配制方便,容易购买,价格低,使用寿命长 缺点:温度太低时,会有 $CaCl_2$ 结晶析出,堵塞淬火槽管路。淬火件放置时易生锈		淬火件淬火后要及时清洗,进行防锈处理
	过饱和硝酸盐水溶液	三硝溶液 $NaNO_3$ 25% $NaNO_2$ 20% KNO_3 20% 水 35% 使用相对密度应控制在1.4~1.5范围内 二硝溶液 $NaNO_3$ 31.2% $NaNO_2$ 20.8% 水 48% 使用相对密度应控制在1.36~1.41范围内	优点:在高温区(650~550℃),由于大量硝酸盐的存在会破坏蒸汽膜的形成和稳定性,使冷却速度接近水。在低温区(300~200℃),由于溶液浓度高,黏度大,流动性差,对流速度慢,使冷却速度又接近油。三硝溶液与饱和氯化钙溶液相似,淬火硬度高,淬硬层深,变形小,不易开裂。淬火件缓蚀性好,冷却特性介于水与油之间,高温下冷却速度比油快3倍,低温下为油的1倍,但仍比水慢 缺点:价格比 $CaCl_2$ 高很多,$NaNO_2$ 有毒,易生成致癌物质	用于中碳钢、高碳钢、低合金钢和球墨铸件的淬火,还可代替碳钢的水-油双液淬火,45钢有效厚度≤40mm。有些形状简单的合金钢[40Cr, 65Mn, 20Cr(渗碳后), GCr15]工作也可采用	要注意 $NaNO_2$ 有毒,而且有致癌作用,应改用无毒防锈剂,使用温度为30~60℃,当温度升至100℃时,冷却能力就会下降,就会有软点出现

（续）

介质种类		介质组成(质量分数)	性　能	用　途	注意事项
无机水溶液	氯化锌-氢氧化钠水溶液(光亮淬火剂)	$ZnCl_2$12.25% NaOH12.25% 肥皂0.5% 水75%	$ZnCl_2$与NaOH反应，生成$Zn(OH)_2$，呈乳白色，高温区冷却速度比水快，低温区冷却速度比水慢 优点：淬火件硬度高，变形小，不易开裂，表面光亮	用于碳钢和碳素工具钢等形状复杂的工模具的工件的淬火，可代替水-油双液淬火	淬火前要事先搅拌均匀，用压缩空气搅拌更好，工作温度应控制在20～60℃范围内
	水玻璃(硅酸钠)水溶液	单一水玻璃溶液，模数$M=SiO_2/Na_2O=2.4$，相对密度为1.091～1.125 [12～16波美度(Bé)①](硅酸钠可用硅酸钾代替)	1)60SiMn钢汽车钢板弹簧在840℃下淬火，然后在460℃下回火，介质工作温度60～70℃，用相对密度1.125(16波美度)的溶液处理的钢板弹簧，疲劳寿命可比油淬火(寿命40万次)提高6.7～10倍(可达400万次) 2)114淬火剂：在密度为1.10～1.12g/cm^3的水玻璃水溶液中，加NaOH使相对密度调整到1.14，其优点是可减小变形，避免开裂 3)351淬火剂：水玻璃的摩尔比=2.4，相对密度1.634(波美度56)19.1%，NaOH1.1%，NaCl2.6%，KCl2.6%(加NaCl等盐类)，有利于阻止溶液起化学变化(有的资料报道加质量分数为11%～14%的Na_2CO_3) 水玻璃冷却能力介于水与油之间。在低温区(300～200℃)，因为水玻璃能在工件周围形成一层韧性膜，所以冷却速度就明显降低。它的冷却速度可调节，可用作淬火油代用品 缺点：工件表面会附着胶状硅酸钠，难以清洗，它对工件表面有腐蚀作用	用于60SiMn钢汽车钢板弹簧等的淬火 用于形状复杂、厚薄不均的碳钢工件的淬火 用于轴承钢等的淬火 用于大批量需用油淬火的工件，可作为油的代用品使用	
	碳酸钠水溶液	1)低浓度碳酸钠水溶液 2)15%～20%碳酸钠水溶液	性能和用途与氯化钠水溶液相同，但其淬火有效厚度仅为其1/3 适用于有效厚度大于25mm的轴承钢	工件表面较光洁	工作温度不应超过60℃
有机水溶液	聚乙烯醇(PVA)水溶液(简称73合成淬火剂)	最好能使用聚合度为1750、醇解度为88%的聚乙烯醇。水溶液浓度为10%，加有防锈剂、防腐剂、消泡剂等，它是我国用量最大的有机水溶液淬火冷却介质，其组成如下 聚乙烯醇10% 三乙醇胺1% $NaNO_2$1% 苯甲酸钠0.4% 磺化蓖麻油0.02% 水87.58%	使用时可加水稀释，例如可稀释到聚乙烯醇的质量分数为0.1%～0.3%。冬季使用时浓度应比夏季稍高，用于合金钢时应比碳钢稍高 优点：它属于成膜型淬火冷却介质，在冷却第一阶段，淬火件表面蒸汽膜外面被由聚乙烯醇形成的黏性膜包围，因而延长了蒸汽膜的持续时间，冷却速度缓慢。进入沸腾阶段后，黏性膜破裂，冷却速度应明显加快。当温度降至低温区时，聚乙烯醇黏性膜又会重新形成，使冷却速度下降，这有利于防止工件开裂和变形。因此，它在高温区冷却速度与水近似，但低温区则比水慢 缺点：因为在使用过程中它的浓度难以检测和控制，所以它的冷却性能变化大。它易发霉发臭；溶液结冰后再融解时，黏度就会下降，冷却性能就会变差。感应淬火时，析出的聚乙烯醇会堵塞感应圈喷水孔。目前国外已停用	可用于中碳钢及中碳低合金钢的整体淬火，例如45钢，40Cr钢，40MnB钢，42CrMn钢等工件的淬火	$NaNO_2$有毒，又会产生致癌物质，应改用其他无毒防锈剂。使用温度25～45℃

（续）

介质种类		介质组成（质量分数）	性　能	用　途	注意事项
有机水溶液	聚乙二醇	感应淬火时最佳质量分数为 5%～10%；整体淬火时为 15%～20%	优点：它属于成膜型淬火冷却介质，可防止淬火件开裂。所形成的薄膜易清洗掉 缺点：性能上不如聚醚型淬火冷却介质，故欧美一直没采用		使用中必须对介质浓度和温度进行控制
	聚酰胺聚乙二醇（PAM）水溶液	由酰胺与乙二醇共聚制得	稳定性比其他有机聚合物淬火冷却介质都好，当使用的质量分数超过 15%时，淬裂概率可明显减少	可用于直接淬火，锻造余热淬火和感应喷射淬火，特别适用于大型工件的淬火	
	聚醚（PAG）水溶液	由环氧乙烷与环氧丙烷的无规共聚物制得。常用的品种中，主要成分的相对分子质量约为 13000 美国有 UCONA、B、C、HT，AQ251、252、364、365 等，前苏联有 ZSP1、2、3	优点：当温度升高时，聚醚溶解度反而会下降，乃致从水中析出（这叫作逆溶性）。聚醚水溶液在常温下为均匀透明溶液，温度上升到浊点时，溶液就从透明变为混浊。当温度继续上升到逆溶点时，醚的线型大分子就会从水中析出，并与水完全分离。当溶液中聚醚质量分数小于 5%时，淬火时在高温区析出的聚醚，能在工件表面起浸润作用，促使蒸汽膜较快破坏，因此聚醚的冷却能力接近于 NaCl 或碱的水溶液。当聚醚浓度增大时，在淬火过程中能在工件表面形成沉积膜，起着隔热层的作用，使冷却速度下降。沉积膜的厚度取决于聚醚浓度。因此聚醚溶液的冷却速度是可以调节的。沉积膜的存在使散热比较均匀，从而可消除软点，并减小工件的内应力，防止工件变形。当淬火温度下降到逆溶点以下时，已析出的聚醚又会重新溶于水中。聚醚的热稳定性良好，可长期使用，在美国可使用 13～14 年。聚醚无毒，公害小，淬火后工件易清洗 缺点：价格太贵	在世界上聚醚是应用最广的一种有机淬火液，可用于各种汽车工件以及航空工业的铝合金和钛合金、合金钢锻模的淬火、大转矩柴油机曲轴感应加热淬火等。它通常用于高频表面淬火，其质量分数为 1%～2% 如用质量分数为 5%的溶液，可使冷却更加均匀，避免水淬时常常产生的软点。如用 10%～20%的溶液，可加快冷却速度，适用于低淬透性钢的淬火。如用 20%～30%的溶液，可适用于钢件的整体和表面淬火	工作温度一般为 35～50℃。铝合金为 25℃以下。但大截面高淬透性合金钢则需高浴温、高浓度，以避免工件产生不利的应力；某些钢（如 AISI5160）的工作温度为 70℃
	聚丙烯酸钠（SPA）水溶液	通常丙烯酸钠和聚丙烯-甲基丙烯酸钠按 1∶1 的比例混合而成，它是 20 世纪 80 年代出现的淬火冷却介质 我国的 PAS-3 水溶性淬火冷却介质，以聚丙烯酸盐为主要成分 我国的 TZQ 有机水性淬火冷却介质主要成分为丙烯酸衍生物的聚合物，质量分数为 27%，此外还含添加剂 0.63%	冷却曲线几乎是直线形，蒸汽膜阶段时间很长，冷却速度很慢，散热均匀，这对于非马氏淬火以及高淬透性、淬火易裂的钢工件是有利的，可起到正火的效果，可避免淬火件表面脱碳和氧化。热处理件的力学性能与调质处理相同，同时还具有很好的加工性能。由于取消了回火工序，简化了工艺，可以节约能源，降低成本。它可代替油浴、盐浴或铅浴，用于易开裂工件的淬火 用 PAS-3 进行淬火后，工件的表面硬度和心部硬度均能符合国家标准，金相组织与淬火油相同，均为 4 级。疲劳试验结果与用 N15 号机械油淬火较接近 TZQ 的冷却性能与 PAS-3 不同，蒸汽膜阶段短，高温区域冷却速度较快，这对低淬透性钢材的淬火有利	可用于汽车锻件淬火，质量分数为 5%～10%的溶液可用于合金钢的淬火。10%～20%的溶液可用于不锈钢的淬火。15%～25%的溶液可用于高速钢淬火 PAS-3 可用于拖拉机活塞销 20Cr 钢渗碳后淬火和低温回火	

（续）

介质种类		介质组成(质量分数)	性 能	用 途	注意事项
有机水溶液	聚丙烯酰胺(PAM)水溶液	PAM相对分子质量在150万以上,有两种水溶液:1号水溶液相对分子质量为250万以上,2号水溶液相对分子质量为150~(1.5~2.5)×10^6,有效含量为7%±0.2%,可完全溶于水中。此外还有固体的PAM产品,相对分子质量各为(3~5)×10^6和(5~7)×10^6,水溶液中还要加入防锈防腐剂	水溶液中加有$NaNO_2$,除有防锈作用外,还有破坏膜的作用,从而提高淬火临界区域的冷却速度,改善淬火条件(但$NaNO_2$有毒) 前苏联某汽车厂的载重汽车的曲轴(轴径100mm),过去采用油淬,后来为了提高淬透性和防止淬裂,采用质量分数为1%~2%的PAM+质量分数为1%的NaCl水溶液,淬火后轴径可以全部淬透,经高温回火后,心部和表面的力学性能基本一致,疲劳强度极限要比油淬高出25%,经济效益很好		$NaNO_2$有毒,又会产生致癌物质,应改用其他无毒防锈剂
	木质素磺酸盐	它是造纸厂亚硫酸纸浆废液的提出物,通常使用质量分数为5%~15%,溶液中可加入Na_2CO_3来调整	无毒,成本低(仅为淬火油的1/160~1/240),随着它浓度的增加,蒸汽膜阶段的时间就会延长,冷却速度就会降低。木素磺酸盐能被吸附于金属表面,形成胶体膜,使冷却速度明显降低 缺点:容易发霉,从而导致变质分解,影响淬火质量。它还有难闻的气味		
	XL-$ZnCl_2$水溶性淬火冷却介质	XL主要是烷基苯的衍生物,有很高的抗氧化性和热稳定性,它是褐色黏稠液体,相对密度为1.5,溶于水中后为真溶液,可以与$ZnCl_2$等配合使用(加其他盐类效果不如$ZnCl_2$)	$ZnCl_2$可在工件表面起破坏蒸汽膜的作用,提高介质的特性温度,缩短蒸汽膜阶段的时间,提高淬火临界区域的冷却速度,在沸腾阶段后期,由于黏度的增加和不断在淬火工件表面产生的沉积物,减缓了热的传导,降低了冷却速度,因而可降低淬火件内应力,防止开裂,并减小变形量	可用于45钢,GCr15钢等的淬火	
	511水溶性淬火冷却介质	以高分子有机聚合物为主,加有淬火高温区域冷却速度调整剂、防锈剂和防腐剂,可以任意比例与水互溶,冷却速度可调整	无毒、无味、缓蚀性好,泡沫少,防腐性好。淬火后,热处理件的硬度与金相组织都合格	可用于感应喷射淬火、碳钢、合金结构钢和轴承钢的整体浸淬	
	聚乙烯基吡咯烷酮(PVP)水溶液	由N-乙烯基与吡咯烷酮聚合而成,相对分子质量为(0.5~3.6)×10^5(最佳为(1~2)×10^5),根据相对分子质量的不同分为4个牌号,通常还加入15%以下的防锈剂($NaNO_2$、硼砂等和3%以下的防腐剂)	有很强的防止淬裂能力,可在较低浓度下使用,有一定的消泡、缓蚀性 缺点:在使用中,分子链容易断裂,使相对分子质量降低,影响淬火质量,故未被广泛使用	可用于整体直接淬火,锻造余热淬火及感应淬火,使用温度较宽(30℃~沸点附近)	$NaNO_2$有毒,又会产生致癌物质,应改用其他无毒防锈剂

（续）

介质种类		介质组成(质量分数)	性　能	用　途	注意事项
有机水溶液	三乙醇胺水溶液	水溶性好，可直接溶于水中，淬火液浓度通常为 5%~8%	冷却能力介于水和油之间，在低温区域冷却仍嫌过快；当质量分数为 12%时，冷却速度会显著减慢，淬火工件不易生锈，用于盐浴加热淬火时不会与无机盐起化学作用 缺点：消耗量较大，价格较高，淬火时会产生呛人气体	可用于中碳钢淬火	使用温度为 20~55℃
	乳化油淬火液	先用少量温水(40℃左右)溶解乳化油，然后在室温下再加水稀释至所要求的浓度（10%~15%）。69-1 乳化淬火油可配成 1%~5%的水溶液使用	乳化油加入水中后，可使冷却速度下降，使蒸汽膜的稳定性提高，沸腾阶段向低温区域转移。69-1 等质量较好的乳化淬火液不易变质发臭，使用寿命较长，缓蚀性好	可用于中碳钢感应加热淬火	使用温度为 20~45℃

① 波美度（Bé）是用波美比重计浸入溶液中测得的浓度，广泛应用于化工厂中，测得溶液的波美度后，即可从有关表册中查得其相应的质量分数。波美度与密度（ρ）可以按一定公式互相换算如下：$\rho=\dfrac{144.3}{144.3-\text{Bé}}$（$g/cm^3$）

3. 热处理油的选择

1）热处理油的选择和热处理件的技术要求、材料、淬透性、形状复杂程度、尺寸、热处理油的油温、要求的变形量、冷却速度和加工性能等有关。例如：淬透性能好的钢材和小截面尺寸零件，应该选择冷却速度慢的淬火冷却介质；而淬透性能差和大截面尺寸零件，则必须选用冷却速度快的淬火冷却介质。为了达到大截面尺寸淬硬层深度的要求，必须采用具有相应冷却能力的淬火冷却介质，特别是对流阶段起始温度低，800→300℃冷却时间短的淬火冷却介质。并且，还要采用增加搅拌强度、选择喷射等补偿办法。

2）热油淬火油在使用过程中会导致闪点的变化，条件较为苛刻，应选择适当的闪点和热氧化安定性好的淬火油。

3）在使用过程中应进行严格的管理，注意控制黏度的增加、水分含量、冷却性能和规定的油温、渗碳及沉淀物含量等。应定期取样进行检验，当有关指标超过相应的换油指标时，应注意换油。

5.3.2　热传导油（液）

热传导工艺是在工业装置上通过间接传热，或直接传热对物料进行加热，使物料干燥或为物料的化学反应提供热量的一种工艺过程，广泛应用于化工、纤维、造纸、印染、橡胶和塑料等工业生产上的加热工序。热传导油（液）就是热传导工艺中加热物料时所使用的传热介质，主要是矿物油。

1. 热传导油（液）的主要性能

对热传导油的基本要求是：作为优良的传热介质，能在泵线中易于输送，即便在冬季寒冷冰冻的环境下也可以泵送。

1）适宜的黏度。低黏度传热介质在湍流状态下有利于达到高热导率，而且在低温下也有较好的泵送性，使泵送装置易于起动。

2）较高的比热容与热导率。热传导油应有较高的比热容与热导率，以便得到较高的热效率。

3）良好的热稳定性。由于热传导油经常在高温条件下流动，其热稳定性将对它的使用寿命有一定影响。虽然油品的氧化并不严重，因为它们在密闭系统中使用，与大气接触较少；但由于不正确的操作或装置设计不当，造成的热应力可能引起油品的快速老化，因此要求其具有良好的热稳定性。

4）能和设备所使用的材料有较好的适应性，不发生化学反应及对机件的腐蚀。

5）对环境不污染，对人体无毒及不发出刺激气味。

2. 热传导油（液）的分类规格

目前我国提出了 GB/T 7631.12—2014《润滑剂、工业用油和有关产品（L 类）的分类　第 12 部分：Q 组（有机热载体）》见表 5-35。

表 5-35 有机热载体的分类

组别符号	应用范围	特殊应用使用温度范围	更具体应用使用条件	产品类型和类型	符号(ISO)	应用实例	备注
Q	传热	最高允许使用温度≤250℃	敞开式系统	具有氧化安定性的精制矿油或合成液	L-QA	用于加热机械零件或电子元件的敞开式油槽	对特殊应用场合,包括系统、操作环境及液体本身,应考虑着火的危险性 1)带有有机热载体加热系统的装置,应配备有效的膨胀油槽、排气孔和过滤系统 2)在加热食品的热交换装置中,使用有机热载体必须符合国家卫生和安全条例
		最高允许使用温度≤300℃	带有或不带有强制循环的开式和闭式系统	具有热稳定性和精制矿油或合成液	L-QB	有机热载体加热系统,闭式循环油浴	
		最高允许使用温度>300℃且≤320℃	带有强制循环的闭式系统	具有热稳定性的精制矿油或合成液	L-QC	有机热载体加热系统	
		最高允许使用温度>320℃	带有强制循环的闭式系统	具有特殊高热稳定性的合成液	L-QD	有机热载体加热系统	
		最高允许使用温度及最低使用温度>-60℃且≤320℃	带有强制循环的闭式冷却系统或冷却/加热系统	具有在低温时,低黏度和热稳定性的精制矿油或合成液	L-QE	有机热载体冷却系统或冷却/加热系统	

注：在最低使用温度下产品的运动黏度应不大于 $12mm^2/s$。

参考文献

[1] Theo, Mang. Die Schmierun in der Metallbear-beitung [M]. Wurzburg: Vogel Buchverlag, Deutschland, 1983.

[2] Dieter Klamann. Schmierstoffe und VerwandteProduckte [M]. Weimheim: Verlag ChemieGmbH, Deutschland, 1982.

[3] 廣井進，山中康夫. 切削油剂与磨削油剂 [M]. 刘镇昌，译. 北京：机械工业出版社，1987.

[4] 美国可切削性数据中心. 机械加工切削数据手册：2卷 [M]. 3版. 彭晋龄，等译. 北京：机械工业出版社，1989.

[5] 王德文，朱雅年. 模具实用技术 200 例 [M]. 北京：冶金工业出版社，1990.

[6] 日本钢铁协会. 板带轧制理论与实践 [M]. 王国栋，吴目良，等译. 北京：中国铁道出版社，1990.

[7] 吕炎，等. 锻压成形理论与工艺 [M]. 北京：机械工业出版社，1991.

[8] 格鲁捷夫，等. 金属压力加工中的摩擦和润滑手册 [M]. 焦明山，袁瑞深，译. 北京：航空工业出版社，1990.

第6章 固体润滑（剂）

6.1 概述

固体润滑剂就是在两个有载荷作用的相互滑动面间，用以降低摩擦和磨损的固体状态的物质。固体润滑剂涉及面很广，包括金属材料、无机非金属材料和有机材料等。随着工业技术的发展，固体润滑材料也得到迅速的发展。固体润滑技术最早应用于军事工业，接着在一些高新技术领域，如人造卫星、航天器、大功率发动机和高技术含量的电子产品中得到应用，解决了一些液体润滑剂难以解决的难题，进而在各种特殊工况中也得到成功的应用，使固体润滑技术越来越受到重视。

我国从20世纪50年代末开始研究固体润滑技术与固体润滑材料，并逐步在许多高技术含量的机械和各工业领域中的常规机械的润滑中得到成功的应用。实际上，固体润滑剂的应用已有很长的历史，如石墨（graphite）、二硫化钼（Molybdenum disulphide，MoS_2），金属粉末等都在工业上得到很好的应用。还有，如聚四氟乙烯（Ploy tetra flouroethylene，PTFE）粉末已成功应用在润滑脂和润滑油中作润滑添加剂。实践证明，二硫化钼（MoS_2）在高真空、高温和高压工况下的润滑更为有效。中科院兰州物化所固体润滑国家重点实验室是我国在固体润滑技术和固体润滑材料的应用研究领域的标志性单位。

固体润滑剂一般要求其具有低抗剪强度，并与底材有较高的键合力，其适合场合及缺点见表6-1：

表6-1 固体润滑剂的适用场合及缺点

<table>
<tr><td colspan="7">适用场合</td></tr>
<tr><td colspan="5">运行条件苛刻</td><td rowspan="2">避免产品或环境污染</td><td rowspan="2">不易接近、保养困难的润滑部位</td></tr>
<tr><td>超高温和超低温、润滑油脂不能使用或使用寿命极短的场合，固体润滑剂可用于<-200~1000℃范围</td><td>重载：如桥梁的活动支承</td><td>真空：如卫星、X射线仪的润滑</td><td>辐射：核反应器、空间机构的润滑</td><td>其他：氧压缩机（用油可引起爆炸）等</td></tr>
<tr><td colspan="7">缺点</td></tr>
<tr><td colspan="2">润滑膜一旦失效就不易再生</td><td colspan="3">摩擦因数较润滑油脂高</td><td colspan="2">摩擦热不易逸散</td></tr>
</table>

固体润滑剂一般作为两个对摩物体之间的第三体存在于摩擦界面，其主要类型和特性见表6-2。有的固体润滑剂本身可构成整体结构材料，由于其无须另行润滑或只需少量润滑，故也称自（少）润滑材料。自润滑材料的主要类型和特性见表6-2。

表6-2 固体润滑剂的主要类型和特性

<table>
<tr><td colspan="2">类　型</td><td>特　性</td></tr>
<tr><td rowspan="4">层状化合物</td><td>石墨</td><td>在吸附水汽或气体情况下，摩擦因数较小，典型值为0.05~0.15，在真空中，摩擦因数很大，不能用。当温度较高时，减少了吸附水汽，摩擦因数增大；添加某些无机化合物如CdO、PbO或Na_2SO_4等，可扩展低摩擦范围约550℃。在大气中，温度上升到500~600℃，由于发生氧化而使应用受到限制。承载能力较大，但不如MoS_2；无毒，价廉；可用于辐射环境及高速低负荷场合，导电性、导热性良好，热膨胀小</td></tr>
<tr><td>$(CF_x)_n$ 氟化石墨</td><td>耐高温，承载能力优于石墨，能用于真空环境的润滑，承载能力和摩擦因数与MoS_2相仿，使用温度可达550℃；色白；耐高温</td></tr>
<tr><td>MoS_2</td><td>摩擦因数较小，典型值为0.05~0.15；承载能力高，可达3200MPa；抗酸；抗辐射，能用于高真空。在大气中一般用于350~400℃；对强氧化剂不稳定</td></tr>
<tr><td>WS_2</td><td>与MoS_2相似，但高温抗氧化性略好</td></tr>
</table>

（续）

类　型		特　性
金属化合物	PbO	从室温到350℃，摩擦因数约为0.25，在500～700℃时摩擦因数约为0.1，提供有效润滑。在350～500℃范围内氧化成Pb_3O_4，润滑性较差。为填补这一空当，可掺入SiO_2
	CaF_2及BaF_2的混合物	很好的高温润滑剂，CaF_2用陶瓷黏合剂在钢板上生成黏结膜。在800～1000℃时，摩擦因数为0.1～0.15，磨耗很小。混入BaF_2可进一步改善摩擦
	PbS	在500℃时，摩擦因数为0.12～0.25，室温时摩擦较大
软金属	In、Pb、Sn、Cd、Ba、Al、Sb、Bi、Tl、Au、Ag、Cu等	摩擦因数约为0.3，提高温度或载荷，可使摩擦因数下降。主要用于辐射、真空环境及高温条件（金属热压力加工），有较好的润滑效果。常用于电镀、蒸镀、溅射、离子镀等方法生成薄膜
其他	BN	新型耐高温材料，能用于900℃以下，摩擦因数约为0.35，承载能力不高，使用寿命短，不导电，色白
	SiN_4	耐高温（大气中，耐1200℃），硬度大（莫氏9）。粉末状态不具润滑性，只有在成形表面经精加工后，显示低摩擦。耐磨、抗卡咬，可用作空气轴承及无润滑滑动轴承材料
	玻璃	并无边界润滑性。通常将工件预热，浸入玻璃粉末或纤维中，形成薄膜，用于热压加工，在界面上以熔化状态的流体膜保持润滑，故也有人认为不属于固体润滑剂

6.2　固体润滑剂的作用

固体润滑剂的出现克服了传统润滑剂的一些固有缺点，例如，润滑油和润滑脂都易于蒸发，其蒸气压较高，它不能在低于10^{-1}Pa绝对压力的高真空中长时间工作，而高度为1000km的宇宙空间真空度很高，绝对压力达10^{-3}～10^{-2}Pa，因此，人造卫星需要采用蒸气压很低的固体润滑剂。

传统润滑剂在承受高负荷时，油膜会遭受破坏，在高温下会丧失润滑能力。如果使用固体润滑剂则有较高承载能力，且能耐高温。在一些新兴产业部门和生产技术领域中，都在逐渐应用固体润滑材料。以机器人和电子计算机为主的电子机械中，其主要润滑部位（如齿轮机构、减速器、轴承、链索与链轮等），都对润滑剂提出了很高的要求。如要适应各种恶劣环境（高温、辐射、尘埃、潮湿等）下工作，且要求在使用期内不变质。在辐射环境下和在水中工作的机器人都需使用特种固体润滑剂。

6.3　固体润滑发展了润滑技术

随着科学技术的发展，要求摩擦副在高温、低温、高真空、强辐射和高速运动等特殊工况下工作。在特殊工况下发生的摩擦状况各有其特点，因而对润滑剂提出了很苛刻的要求，而润滑油、脂几乎无法完成这些任务。如果将固体润滑剂与润滑油、脂联合使用，可以取长补短，既能扩展润滑油、脂的使用范围，又解决了特殊工况下的润滑问题。

将固体润滑剂、极压添加剂等配制成水基或油基润滑液，用于金属压力加工和切削加工，可以提高质量和成品率，延长精密模具和刀具的使用寿命。

将含有固体润滑剂的齿轮成膜剂、齿轮干膜、齿轮油等涂敷于齿轮表面，可以解决各种变速齿轮箱的润滑和漏油问题，并延长设备的操作周期和使用寿命；同时也可解决各种开式齿轮、万向联轴器和轧钢机械的润滑和漏油问题。

许多工业领域，无论是家用电器、人工关节，还是重型机械或农业机械，越来越多地应用高分子材料取代传统的金属材料。制成的金属-塑料润滑材料（如钢板-多孔性青铜-填充聚四氟乙烯复合材料）是兼顾金属与塑料各自优点的新型材料。它的力学性能和摩擦学性能均很好，可在许多场合下使用。

金属基自润滑复合材料具有机械强度高、导电性能和传热性能好、摩擦因数低和耐磨寿命长的优点，因而在大气中和超真空条件下可作为滑动轴承和电接触材料，应用于军工、航天及民用工业迫切需要解决润滑问题的地方。

陶瓷耐磨润滑材料是世界上近年来比较热门的研究材料之一。攻克这一关键难题，可以大幅度提高内燃机的热能利用率，经济效果十分显著。

应用物理气相沉积（PVD）和化学气相沉积（CVD）技术，将有润滑性的软金属、金属化合物或固体润滑剂涂敷于零件的摩擦表面。在镀软金属膜、碳膜和二硫化钼加银复合膜等方面已获得较好的工艺效果，并对这些固体润滑膜的力学性能、摩擦学性能进行了大量的研究。这些固体润滑膜在真空润滑等方面得到了应用，并利用该技术解决了航天器中的润滑问题。

在底金属上镀氮化钛、碳化钛等固体润滑膜，已在许多工业部门推广应用。特别是氮化钛（碳化钛）镀层刀具和工具得到了实际应用，并取得了较好的效果。

由此可以看出，固体润滑剂的出现，扩充了润滑油、脂的应用范围，弥补了润滑油、脂的缺陷。更重要的是出现了许多应用固体润滑剂的新颖的润滑技术。因此，固体润滑技术的出现，既是新材料又是新技术，意义更为重大。

6.4　固体润滑剂的种类和使用方法

6.4.1　固体润滑剂的种类

用作固体润滑剂的材料有以下几种类型：

1）层状固体。润滑剂易于劈开的化合物或具有减摩作用的单体物质。

按结合形式、结晶体系和组成可分为硫化物（如 ZrS_2、WS_2、MoS_2 等）、硒化物、碲化物、卤化物、氟化物（如 $[CF_x]_n$）、氮化物（如 BN）、氧化物（如云母）、单体（如石墨）、有机物。

2）非层状无机物。如硫化物（PbS、FeS、CdS）、氟化物（如 NaF、BaF_2、CaF_2、LaF_3、YF_3、LiF_3）、陶瓷（如 Fe_2O_3、Al_2O_3、玻璃、MoO_2、PbO 等）、超硬合金等。

3）软金属薄膜。如金、银、铜、锡、铅等。

4）高分子材料。如聚四氟乙烯、尼龙、聚酰亚胺、聚缩醛、环氧树脂、聚酰胺、酚醛树脂、硅树脂等。

5）化学生成膜。如磷酸盐膜。

6）化学合成膜。如在镀钼的金属表面通以硫蒸气，生成 MoS_2 膜等。

6.4.2　固体润滑剂的使用方法

固体润滑剂的使用方法有以下几种：

1）制成整体零部件使用。某些工程塑料如聚四氟乙烯、聚甲醛、聚缩醛、聚酰胺、聚碳酸酯、聚砜、聚酰亚胺、氯化聚醚、聚苯硫醚和聚对苯二甲酸酯等的摩擦因数较低，成型加工性和化学稳定性好，电绝缘性优良，抗冲击能力强，可以制成整体零部件。若采用玻璃纤维、石墨纤维、金属纤维、硼纤维等对这些塑料增强，其综合性能更好，在这方面使用得较多的有齿轮、轴承、导轨、凸轮、滚动轴承保持架等。石墨电刷、电接点、宝石轴承、切削刃支承等则是使用一定特性的材料直接制成零部件来使用的例子。由有机材料制成的零部件的共同缺点是热膨胀系数大，尺寸稳定性差，力学强度都会随温度升高而降低，易于在摩擦界面嵌入污垢、尘土等而增大磨损；由无机材料制成的整体零部件热稳定性、化学稳定性和耐磨性好，导电性或电绝缘性好，但它们的力学强度（特别是抗冲击强度）差。石墨制品应用于真空或惰性气体中的摩擦因数较大。

因此，在设计使用这类零件时，应考虑到固体润滑剂的特点及实际工况条件，合理选材。如在设计塑料滑动轴承时，必须考虑到塑料的热膨胀系数比金属材料大，导热性也较差，轴承的配合间隙必须做相应的改变，同时注意具有冷却散热条件。应用塑料活塞环时也应考虑类似问题。

2）制成各种覆盖膜来使用。通过不同方法将固体润滑剂覆盖在运动副摩擦表面，使之成为具有一定自润滑性能的干膜，这是较常用的方法之一。成膜的方法很多，各种固体润滑剂可通过溅射、电泳沉积、等离子喷镀、离子镀、电镀、化学生成、浸渍、黏结剂黏结、挤压、辊涂等方法来成膜。

不论用什么方法成膜，一般要求所获得的干膜摩擦因数低，耐磨，寿命长，膜对底材的黏结能力大，有较高的抗压强度和足够的硬度。另一方面，也要选择适当的对摩材料和底材以及金属底材的预处理方法，提高干膜与底材的黏结能力。

3）制成复合或组合材料来使用。所谓复合（组合）材料，是指由两种或两种以上的材料组合或复合起来使用的材料系统。这些材料的物理、化学性质以及形状都是不同的，而且是互不可溶的。组合或复合的最终目的是要获得一种性能更优越的新材料，一般都称为复合材料。目前用得最广的有称为“金属塑料”的复合材料（国外牌号有 DU 材料）。它是一种在镀铜钢背上烧结一层多孔青铜球粒子，然后在多孔层上面浸渍一层聚四氟乙烯乳液，或将聚四氟乙烯制成糊状，热辊压在多孔层上，再烧结而成的多层复合材料。与 DU 材料类似的还有表面带自润滑层的聚缩醛 DX 材料。

4）作为固体润滑粉末来使用。将固体润滑粉末（如 MoS_2）以适量添加到润滑油或润滑脂中，可提高润滑油脂的承载能力及改善边界润滑状态等，这也是较常用的使用方法，如 MoS_2 油剂、MoS_2 油膏、MoS_2 润滑脂及 MoS_2 水剂等，这些国内均有商品出售。但是，在实际使用时，往往效果不明显，而且会因添加 MoS_2 而堵塞油路，故应注意了解其特性，慎重选用。

6.5　几种常用固体润滑剂的润滑作用及性能

设备润滑最常用的固体润滑剂包括二硫化钼、石墨、氮化硅和聚四氯乙烯等几种。这几种材料在设备润滑中的使用量占固体润滑剂全部使用量的大部分，下面重点对这几种材料加以介绍。

6.5.1 二硫化钼

二硫化钼作为固体润滑剂已久负盛名，它是从辉钼矿中提纯得到的一种矿物质，外观和颜色与铅粉和石墨近似。

1. 二硫化钼的润滑机理

二硫化钼是层状六方晶体结构物质，其晶体结构和晶体层状结构如图 6-1 所示。

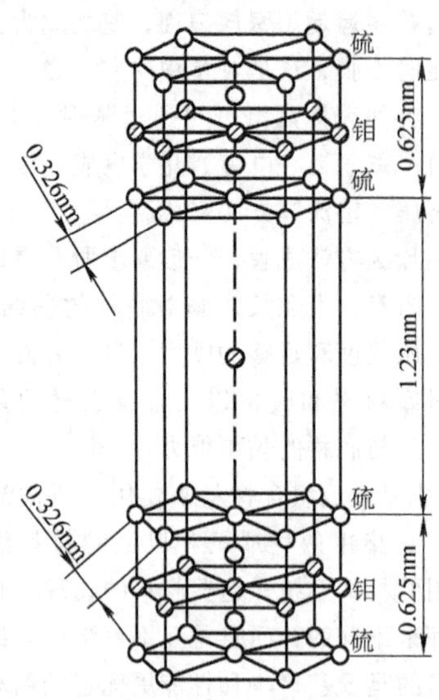

图 6-1 二硫化钼的晶体结构示意图

由结构图可以看出，二硫化钼晶体是由硫-钼-硫三个平面层构成，很像“夹心面包”，由薄层单元所组成。每个钼原子被菱形分布的硫原子包围着，它们以强的共价键联系在一起。邻近的二硫化钼层均以硫层隔开，且间距较远。硫与硫原子结合较弱，其结合力主要是范德瓦尔斯力，因而很容易受剪切。将它们重叠起来就构成了二硫化钼晶体。也就是说，它是以 S-Mo-S-S-Mo-S 的顺序相邻排列而构成的晶体。据推算，一层厚度仅为 0.025μm 的 MoS_2 层就有 40 个分子层和 39 个低剪切力的滑动面。正是由于这些低剪切力的滑动面黏附在金属表面使原来两个金属面间的摩擦转化为 MoS_2 层状结构间的滑移，从而降低摩擦力和减少磨损，达到润滑的目的。图 6-2 所示为硫化钼在受剪切力作用时层与层之间相对滑移的情况。

2. 二硫化钼的主要性能

1）低摩擦特性。从 MoS_2 层状结构可知，在每组 S-Mo-S 中，把原子拖住的力是相当强的共价键。反之，在相邻的两层硫原子之间的力，则是较弱的范德华力。其结果是硫原子的相邻面易于滑动，这就是二硫化钼低摩擦特性的由来。

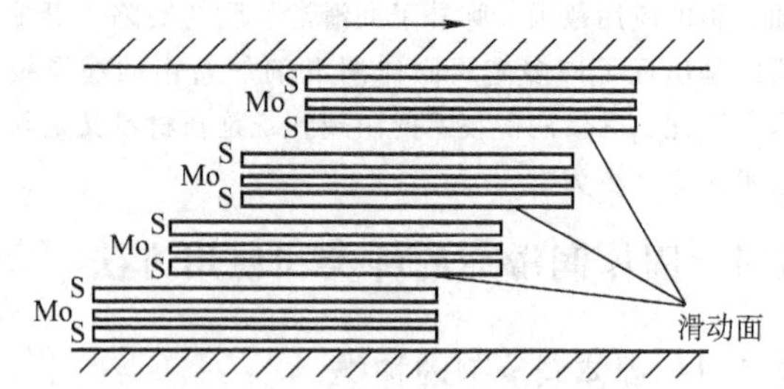

图 6-2 二硫化钼在受剪切力作用时层与层之间相对滑移的情况

2）高承载能力。在极高压力（如 2000MPa）下，一般的润滑膜早已被压破，形成干摩擦，致使金属表面拉毛或熔接。若在金属表面加入 MoS_2，试验表明，当压力增高至 2812MPa 时，金属表面仍不发生咬合或熔接现象。而且往往由于压力增大还能使 MoS_2 的摩擦因数进一步降低。

3）良好的热安定性。大气中，MoS_2 在 399℃ 下可短期使用，在 349℃ 下可长期使用。一般来说，MoS_2 在空气中于-184～+400℃ 下都具有低摩擦的润滑特性。但是，当温度超过 450℃ 以后，MoS_2 要发生明显氧化。尤其当温度高于 538℃ 时，其氧化作用急剧进行，这是指在与空气充分接触的条件下发生的情况。

MoS_2 在真空中温度达 840～1000℃ 时才开始分解，而在氮气中需达到 1350～1550℃ 才分解，但在高温下 MoS_2 附着于金属表面的能力低于常温。MoS_2 在低温下的使用性能是十分突出的。

4）强的化学安定性。二硫化钼对酸的耐蚀性很强，对碱性水溶液要在 pH 大于 10 时才缓慢氧化。但对各种强氧化剂不安定，会被氧化成钼酸。对油、脂、醇的化学安定性很高。

5）抗辐照性。将 MoS_2 制成抗辐照的固体润滑膜，能在-180～+649℃ 的温度范围内使用。这种抗辐照的固体润滑膜对于在外层空间的应用来说具有重大的意义。

6）耐高真空性能。二硫化钼是一种在超高真空和极低温度条件下仍有效的润滑材料，这对于尖端科学技术具有非常重要的作用。国外已将由 MoS_2 和环氧树脂等制成的轴承用于人造卫星上的仪表和控制系统中。二氧化钼的基本特性见表 6-3。

6.5.2 石墨

石墨具有稳定且明显的层状六方晶体结构，是碳结晶的变形体，其结构如图 6-3 所示。在同一平面层内，相邻碳原子间以牢固的共价键相连，其距离较短（0.142nm）。层与层之间的碳原子是由较弱的范德华

表 6-3　二硫化钼的基本特性

外观		灰黑色、无光泽、有一定脂肪感
分子结构和晶体结构、劈开性		具有如图 6-1 所示的分子结构，是六方晶系的层状物质。由于两个硫原子层间的相邻面易产生滑移，所以易于劈开
硬度		莫氏 1.0~1.5
密度/(g/cm^3)		4.7~4.8
熔点/℃		1800
相对分子质量		160.08
热安定性		在真空或惰性气氛中，能稳定到 1093℃，在空气中则易被氧化，氧化温度为 350℃
摩擦因数		随条件而变化，在一般使用条件下为 0.04~0.1
负荷能力/MPa		超过 2745
化学安定性		除不能抗王水、热浓硫酸、盐酸和浓硝酸外，能抗大多数的酸腐蚀；能被 F_2 和 Cl_2 分解，不被 HF 分解。在室温、湿空气中氧化是轻微的。但这种氧化作用的结果能得到一个可观的酸值。在干燥空气中，在 399℃ 时氧化较慢，在 538℃时氧化加剧。其氧化物有 MoO_3 和 SO_2，氧化反应为放热反应。$\Delta H = -116.8$kJ/mol，MoO_3 不能认为是磨料。MoS_2 可以为碱金属（如 Li、Na、K、Rb、Ca、Fr）所浸蚀
可溶性		不溶于水、石油产品、合成润滑剂
磁性		无（抗磁性）
电阻率/(Ω·cm)	−65℃	8.330
	+19.5℃	0.790
	+73℃	0.470
	+92℃	0.409
与水的接触角		60°

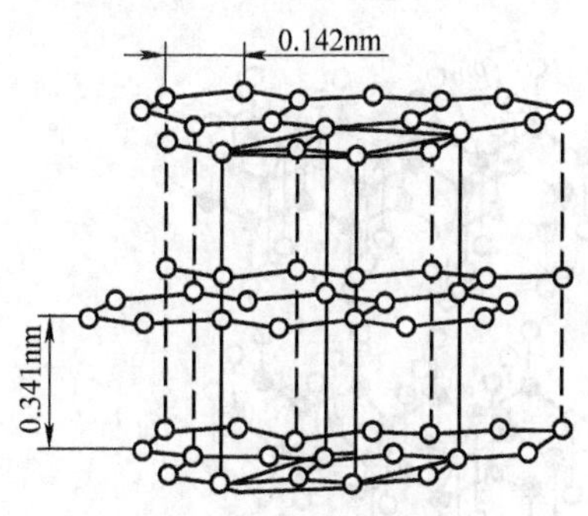

图 6-3　石墨晶体结构模型

力相连接，其距离较大（0.341nm），共有明显各向异性的特性。由于这种晶体结构特点，使得层与层之间的碳原子作用力要比层内弱得多。因此，当晶体受到剪切力作用时，层的劈开远比法向的作用力对层的破坏容易，这样石墨晶体就容易产生层间滑移。

当石墨晶体吸附水汽后，层间的结合力就减弱，因而层与层之间容易被剪断而产生滑移。所以，石墨在有水汽存在的情况下具有良好的润滑性能。但是，在高真空或十分干燥的条件下，它的摩擦因数比在大气中几乎大一个数量级，磨损率也大。也就是说，石墨不宜使用在真空条件下。

石墨在摩擦状态下，能沿着晶体层间滑移，并沿着摩擦方向定向。石墨与钢、铬和橡胶等的表面有良好的黏着能力，因此，在一般条件下，石墨是一种优良的润滑剂，但是，当吸附膜解吸后，石墨的摩擦磨损性能会变坏。所以，人们倾向于在氧化的钢或铜的表面使用石墨作为润滑剂。

用于润滑的石墨是粉末，既可添加在液体中，又可以加工成复合材料或涂层膜。实践证明，石墨的结晶度、平均粒径、粒子形状和杂质含量均对石墨的润滑特性有影响。一般来说，石墨的结晶度越高，它对被润滑的表面保护性就越好。

利用石墨易于吸附气体的特性，可以在其层间引入氟、金属或金属化合物制成层间化合物。通常层间化合物的润滑特性比石墨本身要好一些，因此近年来对层间化合物的研究十分活跃。

石墨的基本特性见表 6-4。

6.5.3　氟化石墨

氟化石墨是一种从灰色到白色的粉末，它是无机高分子化合物，其结晶为六方晶形，氟碳之间以牢固的共价键相结合于“平面层内”。它的结晶构造也具有层状结构，如图 6-4 所示。这种化合物是由石墨与元素氟一起加热直接反应的生成物，即

$$C+xF_2 \xrightarrow{\text{加热}} (CF_x)_n$$

式中，$x=1$ 或 $x=1/2$。反应完成后，粉末就成为白色，有一定滑润感。其摩擦因数比石墨低，在大气中为 0.02~0.2，真空中为 0.2~0.28。其密度为 2.81g/cm^3；莫氏硬度为 1~2；氧化点为 320~340℃，分解温度为 520℃，可在 344℃ 下使用；与水的接触角为 130°。与石墨或二硫化钼相比，它的耐磨性好，能承受的 pv 值也较高，这是由于氟碳键的结合能较强所致，层与层之间的距离比石墨大得多，因此更容易在层间发生剪切。由于氟的引入，使它在高温、高速、高负荷条件下的性能优于石墨或二硫化钼，改善了石墨在没有水汽条件下的润滑性能。

表 6-4　石墨的基本特性

外观	黑色粉末有脂肪质感
分子结构、晶体构造及劈开性	具有图 6-3 所示的分子结构，为六方晶系层状结构，成鳞片状，层间易于劈开。石墨的润滑性不仅与它的层状结构有关，而且与它是否凝聚了水蒸气或吸附了其他气体有关，同时也与摩擦表面是否有氧化物存在有很大关系
硬度	莫氏 1~2、肖氏 90~100
密度/(g/cm^3)	2.23~2.25
松密度/(g/cm^3)	1.67~1.83
熔点/℃	3527
相对分子质量	12.011
耐热性	在大气中，550℃时可短期使用；在 426℃以下时可长期使用；在 454℃时，会发生快速氧化，氧化产物为 CO、CO_2
比热容/[J/(g·℃)]	0.167
热导率/[W/(℃·cm)]	0.3
蒸气压	较低
与金属、橡胶的反应	不起反应
摩擦因数	吸附于其他物体的能力较弱，甚至对洁净金属表面的吸附能力也是如此，石墨的润滑作用受水蒸气及其他气体吸附层的影响较大，在真空中则失去润滑作用，摩擦因数因试验条件而异，一般在 0.05~0.19 范围内变化
电阻率	$10^{-3}\Omega \cdot cm$，比金属的电阻率 $10^{-6}\Omega \cdot cm$ 要大
抗压强度/MPa	2.5~3.5
抗拉强度/MPa	20~24
抗弯强度/MPa	8.5~10
抗冲强度/($N \cdot cm/cm^2$)	140~160
抗辐照性	在 γ 射线辐照后，室温下，摩擦力增加 43%；经中子辐照后，晶格要损伤；辐照时，摩擦因数要降低
线膨胀系数/(1/℃)	$(1.5\sim2.5)\times10^{-6}$
弹性模量/MPa	9140
与水的接触角/(°)	50
平均 *pv* 值/(MPa·m/s)	干摩擦下为 0.3 有润滑液的情况下为 3

注：表中所列石墨的一些力学特性，均为碳-石墨材料的数据。

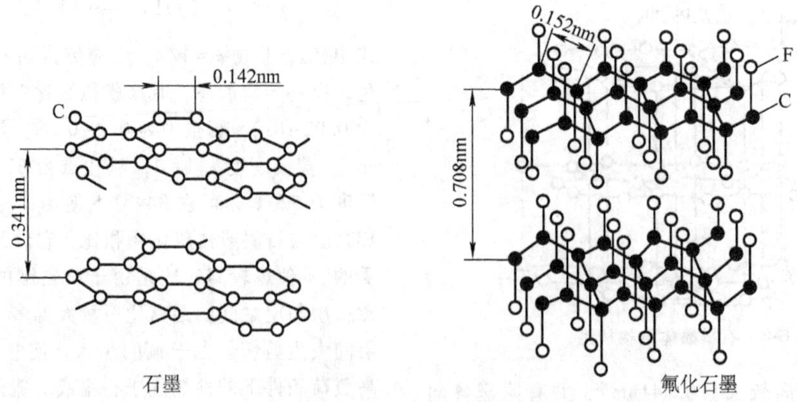

图 6-4　石墨和氟化石墨基本构造比较

6.5.4　氮化硼

氮化硼是一种新型陶瓷材料，在高温、高压下可以烧结成形。它具有与石墨类似的六方晶系层状结构，是一种白色粉末，有“白石墨”之称。每层之间的硼与氮交错地重叠着，结晶层间的结合力比层内结合力弱得多，所以层与层之间容易滑移。氮化硼与石墨的性质有很大不同。

氮化硼的密度为 2.27g/cm^3，熔点为 3100～3300℃，莫氏硬度为 2；在空气中摩擦因数为 0.2，而在真空中为 0.3；在空气中热安定性为 700℃，而在真空中为 1587℃。它耐腐蚀，电绝缘性很好，电阻率大于 $10^{14}\Omega\cdot cm$；抗压强度为 170MPa；在 c 轴方向上的热膨胀系数为 41×10^{-6}/℃，而在 d 轴方向上为 -2.3×10^{-6}/℃；在氧化气氛下最高使用温度为 900℃，而在非活性还原气氛下可达 2800℃，但在常温下润滑性能较差，故常与氟化石墨、石墨、二硫化钼混合用作高温润滑剂。用氮化硼粉末分散在油中或水中可以作为拉丝或压制成形的润滑剂，亦可用作高温炉滑动零件的润滑剂，氮化硼的烧结体可用作具有自润滑性能的轴承、滑动零件的材料。

6.5.5　氮化硅

氮化硅是一种陶瓷材料，属于六方晶系，不具有 MoS_2 及石墨那样的层状构造，也没有氧化铅那样的塑性流动性，由于粒子硬度高，所以在粉末状态下不具有润滑性。但其成形体表面经过适当精加工，由于其接触的微凸体点数减少可呈现出低摩擦因数。据研究结果称，表面精加工至 0.05～0.025μm 时，摩擦因数可达 0.01。氮化硅的耐磨性因环境气氛、负荷、速度等滑动条件及表面粗糙度状态不同而不同。在干摩擦条件下耐磨性也良好。

氮化硅的生产方法有 3 种：①胺类［如 Si $(NH)_2N_4$］热分解；②在氨气中加热氯化硅（$SiCl_4$）；③在氮气中加热硅粉。在工业中常采用③法。氮化硅有 α 相、β 相两种结晶，α 相在 1250℃生成，β 相在 1300～1500℃生成，α 相在 1400～1600℃转变成 β 相。其有关性能如下：抗拉强度为 70～525MPa，抗弯强度为 70～700MPa，硬度为 1000～2000HV，热膨胀系数为 1.6×10^{-6}/℃～2.1×10^{-6}/℃，热导率为 8.37W/(cm·K)，比热容为 0.17～0.26［J/(g·℃)］；电阻率为 $6\times10^{14}\Omega\cdot cm$；表面粗糙度为 0.025～0.05μm 时，摩擦因数为 0.1～0.2。

6.5.6　聚四氟乙烯

聚四氟乙烯（PTFE）的商品名为特氟隆，它是由四氟乙烯聚合而成的相对分子质量为 $(4\sim9)\times10^4$ 的高分子材料，聚四氟乙烯含有“—(CF_2)—”的基本链节，由这种链节形成了牢固的碳链结构；同时它又使聚合物分子间的键能变得很弱。

聚四氟乙烯有很好的化学安定性和热稳定性。在高温下与浓酸、浓碱、强氧化剂均不发生反应，甚至在水中煮沸，其质量及性能都没有变化。PTEE 与绝大多数有机溶剂，如卤化烃、酮类、醇类、醚类都不起作用，仅与熔融态碱金属、三氟化氯、元素氟等起作用，但也只是在高温下作用才显著。PTFE 的耐热、耐寒性都很好，使用温度在 -195～250℃范围内，性能都不变，即使在 250℃下处理 240h，力学性能也不会降低。在温度超过 385℃时能观察到有明显的失重。但是，也有人指出，聚四氟乙烯从室温就有难以察觉的、极缓慢的升华。PTFE 具有极小的表面能，因此它在很宽的温度范围和几乎所有的环境气氛下，都能保持良好的化学安定性、热稳定性以及润滑性。

PTFE 也具有各向异性的特性，在滑动摩擦条件下，也能发生良好的定向。PTFE 的摩擦因数比石墨、MoS_2 都低。一般 PTFE 对钢的摩擦因数的引用值为 0.04，在高负荷条件下，摩擦因数会降低到 0.016。

对 PTFE 的摩擦特性的研究报道很多，解释也各不相同。有人认为，当清洁的 PTFE 表面被压在一起时，一般情况下它的分子可以越过界面与对方形成强的键合，如果想要滑移，会被这种键紧紧地卡住，而且可能使一方的结构破裂。这时，剪切将发生在较软材料体的内部而不是发生在摩擦的表面，此时的摩擦因数值应近似地等于较软材料的抗剪强度与屈服压力之比。但是，有人认为 PTFE 的低摩擦是分子键之间或者是由于转移膜之间的低黏结作用，同时加之 PTFE 体内坚固的键能之间的连接而形成有相当高的体积抗剪强度，这种分子间的低黏结作用和高的体积抗剪强度是带来低摩擦的主要原因。换句话说，PTFE 的低摩擦，实际上不是 PTFE 对其他材料的摩擦，而是 PTFE 在极短时间内，在对摩擦材料表面形成的 PTFE 转移膜与 PTFE 之间的表面摩擦。这样看来，PTFE 也可以认为是一种内在的具有低摩擦特性的材料。另外，PTFE 不论是与金属还是与被氧化的金属表面接触摩擦时，它都能很快地在其表面生成强的化学键合。例如 PTFE 在硬的钨表面滑动时，在钨的表面能形成非常牢固的、有时仅有几个单分子层厚度的 PTFE 转移膜，再如当 PTFE 在软金属锂上滑动时，上述现象不但发生，而且这种作用还相当强，以至金属锂的质点也能转移到 PTFE 的表面，正是由于这种转移膜，它提供了 PTFE 具有低摩擦的根本条件。

PTFE 的耐磨损性不好，很多人正借助于现代分析测试仪器，深入、广泛地研究它的晶体形成过程、晶包的大小以及 PTFE 的生产工艺对晶体结构的影响等，希望能从根本上改善 PTFE 的耐磨损性。此外，必须注意的是 PTFE 在低负荷条件下也会出现“流动”（形变）的倾向，一般称为“冷流现象”，而且 PTFE 的耐辐照性也不好。目前多是通过在 PTFE 中填充其他物质来进行改性。通过大量的实践证明，几乎任何填料，不论是具有润滑性的还是具有研磨作用的填料，对提高聚四氟乙烯的耐磨损性都是有益的。问题的关键是这些填料如何影响 PTFE 的摩擦特性至今还没有得到确切解释，填料的添加多年来还是靠经验决定。此外，用纤维增强 PTFE 的方法，也取得了令人满意的结果，实验证明，不论是用长纤维还是短纤维来增强 PTFE，都会有明显的效果，从而也成功地解决了 PTFE 在负荷作用下的冷流问题。但是，还须说明，用碳纤维来增强 PTFE 后，其耐磨损性的改善没有取得令人满意的结果，这仍然是今后还须进一步研究的课题。在选择不同填料和增强材料来改性 PTFE 时，近年来对添加硬质相物质，如二氧化硅、碳化硅、碳化硼等越来越重视，而且在实际应用中也取得了好的结果。

为改性 PTFE，除添加不同的填料和增强材料外，目前国外还趋向应用化学的共聚、共混的方法来从根本上改变 PTFE 的固有缺陷，这也是塑料基固体润滑材料的共性，必须给予足够的重视。

PTFE 的化学安定性很好，表面能又很小，因此它的成型材料对金属表面的黏结能力很差，这就在很大程度上影响了它作为减摩材料的用途。对于提高它对金属表面的黏结能力，有希望的办法是在黏结剂中加入某种有机酸。PTFE 的一般特性见表 6-5。

6.5.7　尼龙

尼龙（PA）是热塑性聚酰胺树脂族的统称，从定义上讲，它是任意一种长链的合成聚酰胺。一般是二羧酸和二胺缩聚而成或者是 α-氨基酸在熔点以上的温度（200℃）加热合成。不论用哪种方法得到的尼龙，都有酰胺基团作为主要聚合链的组成部分。广泛应用的尼龙有尼龙 6（又叫 MC 尼龙或称为铸型尼龙）、尼龙 66、尼龙 1010，它们的分子式如下：

$$[NH(CH_2)_5—\overset{\overset{\displaystyle O}{\|}}{C}—]_n$$

表 6-5　PTFE 的一般特性

外观	白色粉末，有一定脂肪感
锥晶密度/(g/cm^3)	2.35
密度/(g/cm^3)	1）未淬火样品 2.20（结晶度 65%） 2）淬火样品 2.15（结晶度约 50%） 3）非晶区密度 2.01
吸水率	小于 0.01%
热导率[W/(m·K)]	0.25
热变形温度(4.6MPa)/℃	121
线膨胀系数(-60~280℃)/(1/℃)	$(8\sim25)\times10^{-5}$
可燃性	不燃
断裂伸长率	未淬火样品 150%~350% 淬火样品 160%~300%
抗弯强度/MPa	11~14
耐折次数(0.4mm 厚的试样)	200000 次（用 Z-485 试验机测定）
抗拉强度(20℃±2℃)/MPa	未淬火样品 14~24 淬火样品 16~20
抗压强度/MPa	4.2
冲击韧度/(J/m^2)	10^3
极限 pv 值/(MPa·m/s)	0.048~0.099
摩擦因数	在大气中 0.04~0.2 在真空中 0.04~0.2
体积电阻率/Ω·cm	$>10^{17}$（在 10^6Hz 下测定）
介质损耗因数	$<2.5\times10^{-4}$（在 10^6Hz 下测定）
介质常数	<2.2（在 10^6Hz 下测定）
击穿电压/(kV/mm)	64±2μm，>40
抗拉弹性模量/GPa	0.6
热稳定性/℃	260
比热容/[J/(kg·K)]	1.05×10^3
390℃每小时失重	<0.05%~0.1%

$$[NH(CH_2)_6—NH—\overset{\overset{\displaystyle O}{\|}}{C}—(CH_2)_4—\overset{\overset{\displaystyle O}{\|}}{C}—]_n$$

$$[NH(CH_2)_{10}—NH—\overset{\overset{\displaystyle O}{\|}}{C}—(CH_2)_8—\overset{\overset{\displaystyle O}{\|}}{C}—]_n$$

尼龙在机械工业中能得到较为泛的应用是因为它具有优良的力学性能和耐磨损性，而且干摩擦因数也不很高（对钢的干摩擦因数为 0.2 左右），尼龙部件 pv 值可达 0.55MPa · m/s，此外，尼龙易于成形加工、价格低廉。虽然不能把尼龙完全看作润滑材料，但由于它有上述这些优点，因此它仍然被广泛使用。

尼龙的一般特性见表 6-6。

表 6-6　尼龙的一般特性

项　目		尼龙 6	尼龙 66	尼龙 1010
密度/(g/cm^3)		1.13	1.15	1.04~1.09
熔点/℃		215	256	200~210
吸水率(%)		10.9	10.0	0.5~1
开始可塑温度/℃		160	220	—
软化温度/℃		170	235	—
马丁耐热/℃		40~50	50~60	42~45
热导率/[W/(m·K)]		0.21~0.34	0.26~0.34	—
脆化温度/°		-20~-30	-25~-30	-40
硬度　HBW				17.2
抗拉强度/MPa		70	75	50~54.9
抗弯强度/MPa		70~100	100~110	70~82
抗冲强度(无缺口试样)/($N\cdot cm/cm^2$)			400~500	>1000(无缺口试样) 50(有缺口试样)
屈服强度/MPa			59.75~82.95	59.75~82.95
抗剪强度/MPa			32.34	
伸长率(%)			20	20
抗磨损性(阿姆斯兰试验机测定) (泰伯磨料磨损性)		0.24(mL/1000r)	6~8(mg/1000r) (负荷 1000g,CS-17 磨轮横截面)	0.009(mL/40m) 6~8(mL/1000r)
摩擦因数(对钢干摩擦)		≈0.2	≈0.2	≈0.2
化学稳定性	97%(体积分数)的甲酸中	在 40~45℃时溶解		
	30%(体积分数)的煮沸盐酸中	部分溶解		
	80%(体积分数)的硫酸中	溶解		
	碱	稳定		
	油	稳定		
电击穿强度/(kV/mm)		10~15		
体积电阻率/($\Omega\cdot cm$)		10^{14}~10^{15}		

下面仅就尼龙的摩擦、磨损特性进行简单的讨论。

尼龙的摩擦因数随负荷的增加而降低，在高负荷条件下，摩擦因数可以降至 0.1~0.15；在摩擦界面有油或水存在时，摩擦因数下降的趋势更大。尼龙的摩擦因数还随着速度的增加或界面温度的升高而下降。

尼龙的耐磨损性好，特别是在有大量尘土、泥沙的环境中，它所表现出来的耐磨损性是其他塑料无法与之相比的。例如尼龙 6 在泥沙的质量分数为 5%的泥浆水中与不锈钢对摩时，尼龙 6 的耐磨损性比 ZQAl-10-3-1.5 青铜在相同条件下的耐磨性好 2~3 倍，若在尼龙 6 中添加质量分数为 0.3%的氧化钛，它的耐磨性在上述条件下比青铜好 10 倍左右。在摩擦界面上有泥沙、尘土或其他硬质相材料存在时，尼龙的耐磨性比轴承钢、铸铁甚至比经淬火再表面镀铬的碳钢还要好。

在应用尼龙材料时，要特别注意选择与之对摩的材料。在摩擦界面有硬质微粒存在时，尼龙的耐磨损性是一般钢材不能与之相比的。例如用尼龙轴瓦代替青铜轴瓦时，被磨损的是轴，轴是不易更换的零件，它被磨损后会带来严重后果。

尼龙的缺点是吸水性大、吸潮性强、尺寸稳定性差，这在铸型尼龙方面表现更为突出。为克服这些缺点，一般是将铸型后的毛坯零件在 147~200℃的过热气缸油中处理 24h，然后在沸水中处理 48h，再静置三个月以上的时间，最后精加工成形。设计人员若不考虑尼龙材料的特性，用原有图样上的零部件尺寸，不经修改就用尼龙材料去取代原来的材料，往往达不到预期的效果。

尼龙的热导率小，热膨胀系数大，加之摩擦因数也不算低，因此最好用于有油至少是少油润滑和有特殊冷却装置的条件下。

要改善尼龙的摩擦状态，添加其他填料或填充聚四氟乙烯粉是行之有效的方法。添加玻璃纤维、碳纤维、石墨纤维等可以达到提高机械强度的目的，添加金属粉可以获得满意的热传导性能，等等。但是，对于铸型尼龙，怎样才能将这些材料均匀地混合，这是较突出的问题，添加聚四氟乙烯粉末是降低尼龙摩擦的好方法，但必须找到能把 PTFE 粉末均匀分散在铸型尼龙中的分散剂。据报道，用三乙撑二胺或苄叉丙酮（4-苯基，3-丁烯-2 酮）作为 PTFE 在铸型尼龙中的分散剂能得到满意的效果。

6.5.8 聚甲醛

聚甲醛（POM）是分子主链中含有 $\left[CH_2—O\right]$ 链节的热塑性树脂。它可分为两大类，一类是环状三聚甲醛与少量二氧五环的共聚体，称为共聚甲醛；另一类是三聚甲醛或甲醛的均聚体，称为均聚甲醛。美国杜邦公司生产的品种牌号为“Derlin”。

工业生产上，聚甲醛是以三聚甲醛为单体生产均聚甲醛；以三聚甲醛和二氧五环为单体生产共聚甲醛，聚合时采用阳离子型催化剂，如三氟乙硼-乙醚络合物等。其分子式如下：

$$\left[CH_2O\right]_n \left[CH_2O—CH_2—CH_2\right]_n$$

聚甲醛是一种乳白色不透明的结晶性线型聚合物，具有良好的综合性和着色性的高熔点、高结晶性的热塑性工程塑料，它是在塑料中力学性能与金属较为接近的品种之一，它的尺寸稳定性好，耐冲击、耐水、耐油、耐化学药品及耐磨性等都十分优良。它的摩擦因数和磨耗量较低，而 pv 值又很大，因此特别适用于长期经受滑动的部件，如机床导轨。在运动部件中使用时不需使用润滑剂，具有优良的自润滑作用。聚甲醛的一般特性见表 6-7。

6.5.9 聚酰亚胺

聚酰亚胺（PI）是分子主链中含有 $\left[\overset{O}{\overset{\|}{C}}—\underset{|}{N}—\overset{O}{\overset{\|}{C}}\right]$ 链节的芳杂环高分子化合物。聚酰亚胺可分为 4 类：①芳环和亚胺环连接的聚合物；②在二酐组分中含有杂原子的聚合物；③在二胺组分中含有杂原子的聚合物；④二酐和二胺组分中均含有杂原子的聚合物。主要品种有均苯型聚酰亚胺、可溶性聚酰亚胺、聚酰胺·酰亚胺等。它是目前工程塑料中耐热性最好的品种之一，聚酰亚胺薄膜常用于 H 级绝缘等级的绝缘材料中。

聚酰亚胺的生产采用缩聚物，均苯型产品是以均苯四甲酸二酐和 4,4-二氨基二苯醚为原料，在二甲基乙酰胺溶剂中缩聚，得到聚酰胺酸，再经过脱水环化而得，其分子式为：

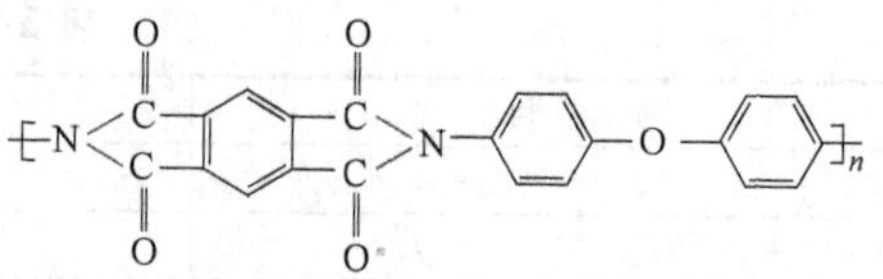

表 6-7 均聚甲醛、均苯型聚酰亚胺及聚对羟基苯甲酸酯的一般特性

项目		均聚甲醛	均苯型聚酰亚胺	聚对羟基苯甲酸酯
密度/(g/cm^3)		1.42	1.43	
熔点/℃		175	不熔	
吸水率(24h)(%)		0.25	0.32	0.02
热变形温度(1.8MPa)/℃		125	243	
冲击韧度	无缺口试样/(J/m^2)	1310		
	有缺口试样/(J/m^2)	76	120	
抗拉强度/MPa		70	87	17.6
弯曲模量/MPa		2880	3160	7900（23℃）
抗压强度/MPa		127	157	110
伸长率(%)		40	6~8	0.44
维卡软化点/℃		162		
硬度		94HRM		Shore D
线膨胀系数/(10^{-5}/℃)		7.5	5.4	6.01
长期使用温度/℃		-40~+120	260	315
热导率/[W/(m·K)]		0.23	0.3	0.56
电击穿强度/(kV/mm)		20	30	30
体积电阻率/Ω·cm		10^{15}	10^{16}~10^{17}	10^{16}
摩擦因数(钢对偶)		0.2	0.17~0.29	0.0005（对铝）
比磨损率/(10^{-7}mm^3/N·m)		12.5	30	
极限 pv 值/(MPa·m/s)	0.05m/s	0.14	4	
	5m/s	0.09		

均苯型聚酰亚胺的长期使用温度为 260℃，具有优良的耐摩擦、磨损性能和尺寸稳定性：在无润滑的情况下，与钢摩擦时的极限 pv 值比其他工程塑料大，可达 4MPa·m/s。在惰性介质中，在高负荷和高速下的磨损量极小。它具有优良的耐油和耐有机溶剂性，能耐一般的酸，但在浓硫酸和发烟硝酸等强氧化剂作用下会发生氧化降解，在高温下仍具有优良的介电性能。但是，它不耐碱，成本也较高，这是它的缺点。

6.5.10 聚对羟基苯甲酸酯

聚对羟基苯甲酸酯是全芳香族的聚酯树脂。分子结构是直链状的线性分子，但结晶度很高（>90%），使它难以熔融流动，因而具有热固性树脂的成型特性。它与金属的性能接近，是目前塑料中热导率和空气中的热稳定性最高的品种，在高温下还呈现与金属相似的非黏性流动。它是一种摩擦因数极低的自润滑材料，可达 0.005（涂覆到铝表面时），甚至比用润滑油、脂润滑时还低。耐磨性也好，承载能力高，能耐溶剂，有抗湿性，弹性模量和介电强度也较高，可在 315℃ 下连续使用。可用来制造滑动轴承、活塞环、密封件、电子元件、耐腐蚀泵、超声速飞机外壳钛合金的涂层材料。但它的热塑成型较为困难，需用高速高能锻成型，或是采用等离子喷涂及一般金属加工方法加工。

这种塑料在 1970 年首先由美国 Carborundum 公司开发成功，商品名为 Ekonol，1972 年日本住友化学株式会社与该公司合资建立日本 Ekonol 公司进行了深入研究，于 1979 年开始单独向市场投放产品。我国晨光化工研究院等单位经研究已获得成功，已投放市场多年。

聚对羟基苯甲酸酯的生产采用酯交换法和苯酚转化法。酯交换法用对羟基苯甲酸和碳酸二苯酯按等摩尔比加入带搅拌的不锈钢反应釜中，以二苄基甲苯为溶剂、钛酸四丁酯为催化剂，先在 180℃ 进行酯交换反应，然后升温至 300~380℃ 进行缩聚反应，反应结束后，经过滤、洗涤及干燥而成，分子式为：

$$H-[O-C_6H_4-\overset{O}{\overset{\|}{C}}]_n-O-C_6H_5$$

6.5.11　软金属

软金属如铅、锌、锡、铟及金、银等均可作为固体润滑剂使用。软金属可以单独使用或是和其他润滑剂一起使用。

其中一种使用方法是将铅、锌、锡等低熔点软金属、合金薄膜当作干膜那样使用，铜和青铜等虽然不是低熔点，有时也可这样使用，在航空航天工业中开发了金、银等的薄膜也作为干膜使用。

另一种使用方法是将软金属添加到合金或粉末合金中作为润滑成分以利用其润滑效果，如一般的白色合金（轴承合金）、油膜轴承合金（Kelmet）等就含有铅、锑、锌、锡、铟等软金属，又如烧结合金摩擦材料与电刷材料集流环和触点等也可使用含软金属，如银、金等成分。

表 6-8 是用作固体润滑剂的软金属的物理性质。表中所列举的金、银、铅、铟等的晶格型都属于面心立方，因而它们的晶体都各向同性，这和 MoS_2 与石墨等的层状结构不同，因此不可能具有 MoS_2 与石墨那样的承载能力。从晶体没有方向性这一性质来看，软金属具有与高黏度流体相似的润滑行为。铅在低摩擦速度下用作润滑剂很有效，金、银、铅在低温环境下也不会丧失润滑性能。银在高温下的蒸发度梯度比 MoS_2 小得多，因此对环境的污染程度要小。软金属的高纯度原料易于得到，其抗剪强度较低。另外软金属具有流动性，一旦接触到润滑膜破裂部位，能通过自行修补而恢复润滑性能。软金属的缺点之一是易受氧化作用的影响而降低其润滑特性。

表 6-8　软金属的物理性质

软金属	硬度/(9.8MPa)	临界剪切应力/(9.8MPa)	熔点/℃	晶型
金	58	0.092	1063	面心立方
银	80	0.060	960	面心立方
铅	4		327	面心立方
锌	38	0.030	419	稠密六方
锡	5.3	0.013~0.019	232	<10℃金刚石型 >16℃体心立方
铟	0.9		156	面心立方

软金属的摩擦因数较大，但与润滑油并用时，可降低其摩擦因数及磨损，膜厚对软金属的润滑特性有影响，如钢膜厚度小于 0.1μm，则润滑膜易于破坏，大于 0.01mm 时则摩擦因数增大，故应有适当的厚度。

6.6　固体润滑机理

如果硬金属在软金属表面滑移，在负荷的作用下，硬金属压入软金属中，真实接触面积增加，则摩擦力也将增加，如图 6-5a 所示，将发生犁沟现象。如果硬金属在硬金属表面滑移，尽管硬金属间的接触面积不会增加，但因硬金属的屈服强度大，则摩擦力也将增加，如图 6-5b 所示，由于摩擦表面的温升，容易发生咬合现象。这两种情况的摩擦因数都比较大。

如果在硬金属基材表面涂覆一层剪切强度很小的薄膜，既使摩擦副间的接触面积不增加，又能使剪切

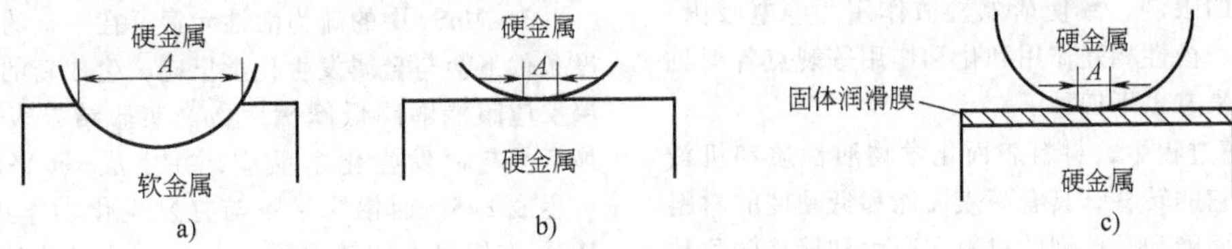

图 6-5　固体润滑膜的润滑作用

强度降低得很多，如图 6-5c 所示，因而摩擦力和摩擦因数都有较大的降低，这就起到了固体润滑的作用。但是，如果这层薄膜涂覆在软金属表面，仍将发生如图 6-5a 所示的现象，这层薄膜不能起到润滑作用。

因此，在摩擦表面黏着一层剪切强度很小的薄膜能够起到减摩的润滑作用，如果这层薄膜由固体物质来充填，则可称该物质为固体润滑剂，而这层极薄的膜称为固体润滑膜。

6.6.1　固体润滑膜的形成

固体润滑膜的形成方法很多，既有把固体润滑剂粉末擦涂在摩擦部位上的原始方法，也有在真空中使固体润滑剂以原子状态溅射成膜的方法。

用各种方式使固体润滑剂黏着于基材表面，以形成固体润滑膜。由于其剪切强度很小，在摩擦过程中，存在于基材表面的固体润滑膜会转移到对偶材料表面，形成转移膜，使摩擦发生在转移膜和润滑膜之间，可以减小摩擦因数和减少磨损。

固体润滑剂能牢固地附着于某基材表面，在摩擦时不易脱落，并且能够稳定而持久地提供转移膜，表示该固体润滑剂黏着强度高，或称黏着性好。对形成黏着现象进行解释的理论较多，影响黏着的因素也很多，但影响黏着的主要原因与物质的匹配有关，在理论上也许是多方面因素组合影响的结果。

6.6.2　摩擦聚合膜

摩擦聚合膜是一种在摩擦过程中形成的聚合物膜。一般以固体膜的形式存在于摩擦表面。它的形成是一个复杂的过程，取决于摩擦条件、成膜物质和基材的性质等。摩擦聚合膜能有效地起到抗磨、极压和抗擦伤的作用。

在摩擦条件下能够形成具有上述性能的聚合膜的物质称为成膜剂。摩擦聚合膜是在磨损部位附近逐渐聚合的。由于它对表面凹谷有填补作用，减轻了凸峰的负荷，因而最终导致了磨损的减少。

6.6.3　固体润滑膜的转移

多年来，人们对转移膜与金属材料相互作用的机理进行了多方面的研究。由于实验条件、研究角度以及实验手段的限制，致使诸如机械作用、静电吸附、自由能效应、极性相互作用和化学作用等观点各树见解。总结起来有以下四种。

1）摩擦过程中，材料表面化学物质性质和机械性质会影响它的转移，具有高表面能和低硬度的材料比具有低表面能和高硬度的材料在产生和接受转移粒子方面有更明显的倾向。按照这种模型，软金属很容易转移，而高硬度的陶瓷材料则不易转移而容易接受转移粒子，它类似于材料的化学吸附效应。这就是说，转移膜的形成取决于材料的硬度和表面能这两个因素。因此要求润滑剂供方具有高的表面能，同时要保证润滑膜的磨损率较低，而对偶材料方应具有低的表面能，保证转移膜的黏着。如碳化钛的表面能为 $9\times10^{-5}J/cm^2$，硬度为 24GPa；而铁的表面能为 $15\times10^{-5}J/cm^2$，硬度为 0.82GPa。在真空中使用的滚动轴承，在其保持架上镀有软金属银，而滚圈和钢球应有足够强的硬度和一定的表面粗糙度，以便在它们表面形成转移膜。如果球用高硬的陶瓷材料（如氮化硅）制作，则无助于从具有润滑作用的保持架材料转移到球上，然后再转移到轴承滚道表面以形成转移膜。

2）转移膜的形成是物理作用的结果。转移膜是以利用对偶材料表面两个凸峰之间存储的弹性能，机械地捕获润滑剂的磨损粒子为基础而形成的。

3）转移膜的形成是机械作用的结果。在摩擦副滑动过程中，润滑剂供方会产生磨损粒子。由于对偶材料表面存在着的微观不平度，磨损粒子将会镶嵌在对偶材料表面的微波谷处，形成转移膜。

4）转移膜的形成是物理吸附或化学吸附效应的结果。

物理吸附效应：石墨和高分子材料中的碳原子具有吸附性。高分子材料中的碳原子数越多，其吸附效应越好，因而摩擦因数越小。

化学吸附效应：它主要是指高分子极性基团与活性金属之间在一定压力和温度条件下形成反应产物。如脂肪酸在金属（特别是活性金属）或金属氧化物表面起化学吸附形成皂膜。化学吸附比物理吸附稳定，在一定的条件下，化学吸附会发展成为化学反应，并生成新的物质。

举例：MoS_2 与金属表面摩擦生成的转移膜，其黏着强度受下列因素影响：

1）在各种摩擦条件下，MoS_2 在金属材料上的转移膜呈明显的取向排列，其基础面平行于金属表面。

2）MoS_2 对不同金属材料的转移不一样。如将它擦涂在铜材上，其膜厚的平均值为 0.77μm，而在铁材上的平均膜厚为 0.45μm，铝材料上的平均膜厚仅为 0.17μm。对硫有较高化学活性的金属材料上的转移膜较厚，其耐磨寿命也长。

3）MoS_2 中的硫为活性元素，在一定的压力和温度条件下会与金属发生化学反应，生成新的物质，这层反应膜能够降低摩擦因数。实验结果表明，MoS_2 最容易与铜发生化学反应，并生成 Cu_2S；铁次之，可生成 FeS；而铝几乎不与它发生化学作用。因此，MoS_2 在铝材上的转移膜最薄，而且容易脱落，耐磨寿命也短。

其中 1）和 2）为物理吸附，3）为化学吸附反应。

6.7　固体润滑材料的应用

6.7.1　概述

固体润滑材料的发展和应用虽有较长的历史，但自润滑复合材料在工业上的广泛使用还是 20 世纪 60 年代以后的事。它的出现弥补了轴承材料的不足，满足了航空航天和其他新技术新产品在苛刻条件下润滑的要求，成为润滑领域里的一类新型材料。同时，它对于农业和其他工业，如钢铁、机械、核能、交通运输、船舶制造、建筑、食品、纺织、家电、医疗设备和各种科学仪器等，也同样重要。

固体润滑材料的使用温度范围广，耐腐蚀，抗污染，能在极压、辐射和真空等条件下工作，使用寿命长，并能直接加工成零部件，如轴承保持架、衬套、轴承、齿轮组合件、止推垫圈及密封环等。这些零部件工作时，一般不需添加润滑油脂，就有良好的润滑和抗磨效果。

空间技术代表了前沿科学和高技术发展的水平。我国从第一颗人造地球卫星起，开展了风云系列卫星、遥感系列卫星、神舟系列飞船、天宫系列飞行器、长征系列火箭等航天工程，已研制出不少固体润滑材料，以中科院兰州物化所固体润滑国家重点实验室为首的科研机构成功地解决了空间机械的许多润滑问题。如人造卫星的拉杆天线、太阳能电池帆板铰链及扭簧机构、卫星姿态控制用重力平衡杆伸缩机构、百叶窗温控轴承、红外线照相机自润滑滚动轴承、光学仪器驱动机构的润滑、万向接头和继电器开关的自润滑，功率环-电刷和电触点的自润滑，液氧输送泵滑动轴承和液氢中工作的齿轮等，都成功地应用了固体润滑材料、特种润滑涂层材料等。

6.7.2　固体润滑材料的应用

固体润滑材料的应用可归纳为以下诸多方面：

1）负荷高的滑动部件，如重型机械、拉丝机械等。

2）高速运动的滑动部件，如弹丸与枪膛之间的滑动面。

3）速度低的滑动部件，如机床导轨等。

4）温度高的滑动部件，如炼钢机械、汽轮机等。

5）温度低的滑动部件。如制冷机械、液氧、液氢输送机械等。

6）高真空条件下的滑动部件，如航天器上的机械等。

7）承受强辐射的滑动部件，如核电站的某些机械等。

8）耐腐蚀的滑动部件，如处于强酸、强碱和海水中的活动部件等。

9）需防止压配安装时损坏的部件，如某些紧固件等。

10）需长期搁置、一旦起动就要求运转很好的部件，如安全装置、汽车转向盘的保险装置、导弹防卫系统等。

11）安装后不能再接近的部件，如核能机械、航天机械等。

12）安装后不能再拆卸的部件，如桥梁支承、人工心脏、航天器的密封部件等。

13）导电性良好的滑动部件，如可变电阻触点、电机电刷等。

14）有微振动的滑动部件，如汽车、飞机等有不平衡件的自动工具等。

15）不能使用油泵油路系统润滑的机械，如航天飞机、人造卫星上的滑动部件等。

16）环境条件很清洁的滑动部件，如超大规模集成电路制造装备（IC 装备）、医疗机器人、办公机械、食品机械、精密仪表、家用电器和电子计算机等。

17）耐磨粒磨损的运动部件，如钻探机械、农业耕作机械等。

18）环境条件很恶劣的运动部件，如矿山机械、建筑机械、潜水机械等。

还可以列出一些固体润滑材料的应用范畴。每一类固体润滑材料可以在多个领域、多种工业或多种工况条件下得到应用。而每一个领域、每一种工业或每一种工况条件下也可以应用多种类型的固体润滑材料。其中涉及固体润滑材料的设计、制备工艺方法和应用技术等，后文列举几方面已得到成功应用的范例。

6.7.3　镀覆型材料的应用

应用表面涂层技术，尤其是物理气相沉积（PVD）、化学气相沉积（CVD）和离子注入技术等，获得显著的减摩和耐磨效果。非常薄的 TiN、TiAlN 和 TiBN 等涂层均已应用于金属切削工具和大型挖掘机的齿轮等不同形状和尺寸的零件上，使生产效率大幅度提高，如在高速钢、热锻模具钢等表面用离子镀（在回火温度 600℃以下）方法镀一层高硬度耐磨镀层（TiN、TiC 等）可用于精密工具。TiN、TiC 等化合物与普通钢的亲和性小于高速钢与普通钢的亲和性，因而在加工普通钢零件时不易发生咬合。所以用它加工的零件的表面粗糙度 Ra 小，且工具的使用寿命也延长。

在高速钢刀具表面离子镀 TiC、TiN 膜，镀层厚 2μm，TiC 膜的硬度高达 30GPa，TiN 膜的硬度高达

25GPa，在连续切削时，刀具的使用寿命可延长 5～10 倍。高速钢丝锥镀 TiC 膜后，其使用寿命可延长 4～5 倍；滚刀镀 TiN 膜后，切削效果可提高 3 倍。十字槽头螺钉冲头镀 TiN 膜后，使用寿命提高了 2 倍。模具钢冲孔冲头镀 TiC、TiN 膜后，其使用寿命延长了 3～5 倍。高速钢冲裁模镀 TiN 膜后，其使用寿命延长了 3～6 倍。高速钢铰刀镀 TiN 膜后，其使用寿命延长了 3～4 倍。另外，离子镀 TiC 膜也已应用于切纸刀、刨刀、家用切菜刀等，其效果也很显著。

用电镀或化学镀的方法将金属与一种或多种非金属微粒共同沉积于材料表面所获得的镀层称为复合镀层。复合镀层具有优良的机械物理化学和摩擦学性能。业界专家将金刚石微粒共沉积于 Ti 镀层中，制得了性能良好的刀具，获得了复合镀层的第一个专利。之后又研制了含氧化物、碳化物硬质材料的 Ni 或 Cr 复合镀层，它们具有极优异的耐磨性能，并在工业上获得了实际应用。复合镀层的种类及其应用可归纳如下：

1）耐磨复合镀层。在复合镀层中，由于添加了氧化物、碳化物等硬质微粒，其硬度将会有明显的提高。当硬度提高 10%～20%时，其耐磨性可成倍地增加。复合镀层的基材通常为 Ni、Cr 和 Co，硬质微粒有 SiC、TiO_2、WC、Cr_3C_2 和 Al_2O_3 等。耐磨复合镀层可用于轴承、活塞环、制动器、起动器叶片、气缸、喷嘴和模具等表面。在汽车旋转发动机的次摆线型的套管内壁上也获得了应用。Co 基复合镀层（如 Co-Cr_3C_2、Co-SiC 等）具有良好的高温耐磨性，可用作 400～600℃下的耐磨镀层。

2）自润滑复合镀层。在 Cu、Ni、Pb 等金属基材镀层内复合固体润滑剂微粒可以获得低摩擦、耐磨损的自润滑复合镀层。这种镀层不仅本身的耐磨性好，而且还能使摩擦对偶件的磨损减少。它适用于轻负荷滑动部件上的减摩抗磨镀层，如制得的镍-氟化石墨复合镀层已用作活塞环上的耐磨自润滑镀层。同时，这种镀层有可能解决航天机械中在空间 1000℃以上的润滑问题。

3）热处理合金镀层。它是由一种金属微粉与另一种金属共同电沉积而获得的含两种金属成分的复合镀层，是经高温热处理，使两种金属合金化而成的一种合金镀层。这种方法可以制得常规电镀难以获得的合金镀层。例如，Cr 粉与 Ni 共同沉积所得的 Ni-Cr 复合镀层，经 1000℃高温热处理，获得了综合性能良好的 Ni-Cr 合金镀层。这是复合镀层的一个重要应用领域。

4）金属-高分子材料间黏结复合镀层。金属与有机高分子材料是两种难以相互黏结的材料。为了提高它们之间的黏结强度，一般采用金属表面处理的方法，如对金属表面进行磷化、铬酸盐处理或镀 Zn 后进行铬酸盐钝化处理等。但这些方法对提高两者的黏结强度并不理想。采用复合镀层的方法为，先在金属表面镀一层含有聚乙烯、环氧树脂、酚醛树脂或橡胶等微粒的 Cu 基或 Zn 基复合镀层，然后将它们与有机高分子材料复合黏结。

6.7.4 背衬型材料的应用

背衬型材料以 DU 和 DX 为典型代表。这类材料国外最有代表性的产品为英国格拉希尔（Glacier）金属公司的 DU 和 DX 材料，国内同类材料有北京机床研究所研制并在北京粉末冶金五厂生产的 FQ-1 机床导轨板材料。另外，还有太湖无油润滑轴承厂的 SF 和嘉善轴承厂的产品等。

三层复合材料是由钢背、青铜和聚四氟乙烯（或聚甲醛）所组成。内层钢背是为了提高材料的机械强度和承载能力。中间层为烧结球形青铜粉或烧结青铜丝网的多孔层，以提高材料的导热性，避免氟塑料的冷流和蠕变，且有利于与表面层塑料的牢固结合，同时又是表面自润滑材料的储库。

在 0.5～3mm 的低碳冷轧钢板上烧结成颗粒直径为 0.06～0.19mm 的球形青铜粉，然后在青铜粉空隙中挤压入一层 0.02～0.06mm 厚的 PTFE 复合自润滑表面层。这种 DU 复合材料的摩擦因数约在 0.15 左右。也有在青铜粉空隙中挤压入一层聚甲醛树脂的，这种材料一般称为 DX 材料。

DU、DX 材料可制成各种规格的轴套、衬套、垫片、导轨、滑板、活塞环等零部件，用于汽车、拖拉机、机车车辆、工程机械、矿山机械、机床、液压齿轮泵等设备。

DU 材料可用于高压齿轮泵轴承，最高压力达 24.5～31.3MPa，最高转速可达 2500～4000r/min，使用寿命比原用滚针轴承长 2～3 倍。同时噪声小，价格便宜，只有滚针轴承的 1/5～1/3。DU 材料用作柱塞泵轴瓦，有效地解决了支承面和支承座的咬伤问题，正反向摇摆运动超过 15 万次，比原结构的寿命提高 6 倍左右。DU 材料还可用作机床导轨板，用于内圆磨床、外圆磨床、数控铣床、电火花机床、插床，可以提高机床精度和使用寿命。具有摩擦因数低、阻尼性好、消振、吸声、杂物嵌入性好、防爬行和耐磨损等优点。DU 材料还可用来修补已磨损严重而不能正常工作和保持精度的机床导轨。

DX 材料在日、美、英等国已广泛用作汽车的轴承、衬套和垫片。在国内也已用作汽车转向节主销衬套，十字轴万向联轴器轴承、方向机转向臂轴衬套，转向节推力轴承、减振器衬套和驾驶室翻轴衬套等。

长春汽车所与辽源市科技所研制的含油聚甲醛钢背复合自润滑材料也得到广泛的应用，北京第二汽车制造厂将这类材料用于 BJ-130 汽车万向联轴器轴承上，通过 6 年时间 1062 辆次车 2138 套复合材料万向联轴器总成的台架道路试验和使用考核表明，行驶 5 万 km 以上的 384 套万向联轴器总成的技术状况良好率在 90%以上（5 万 km 后损坏的为良好）。从行驶 6 万 km 以上 10 套万向联轴器总成数据可知，40 个运动副的平均磨损量，轴承为 0.08mm，轴颈为 0.02mm；平均万 km 磨损量，轴承为 0.012mm，十字轴为 0.003mm。复合材料轴承的使用寿命比原滚针轴承至少提高 2 倍以上。采用复合材料万向联轴器轴的传动效率并不降低，从价格上看，复合材料滑动轴承与原滚针轴承单价相差不大，但复合材料轴承的使用寿命比原滚针轴承高 2 倍以上。

DX 材料用作 ϕ150mm×250mm 两辊冷轧带钢机轧辊主轴轴瓦，代替铜瓦和锡基合金瓦，轧机压下量增加约 1/3，轴瓦不用水冷，比金属瓦水冷时低 40℃，轧制电流降低 46%，使用寿命提高 6 倍。

DX 材料用于水轮机导水叶轴套，与原用铸锡青铜轴套相比，DX 材料轴套的装配工艺性好、尺寸稳定、承载高、耐磨、工作寿命长，经 5 个电站多台机一年试验运行表明，其年平均磨损量为 0.05~0.09mm。

DX 材料还可用作采煤机、打桩机、卷扬机、机床导轨、水坝闸门滑道的轴套和滑板材料。

金属基复合材料：金属基复合材料具有比塑料基复合材料耐热、机械强度大、热和电的传导性好等特性，因而得到广泛应用。其使用方法为两种：一种是复合材料作为机械零件使用，另一种是依靠其摩擦过程中磨损下来的润滑剂转移到对偶表面形成转移膜，但其本身并不支承负荷，实际上起着润滑剂供给源的作用。金属基自润滑材料可用于球轴承、滚子轴承、滑动轴承、套筒、齿轮和电机电刷等。

在使用过程中，当表面塑料层被磨损后，青铜与对偶件发生摩擦，其摩擦力增大，使温度升高。由于塑料的热膨胀远大于金属，故塑料即从多孔层的孔隙中挤出，使自润滑材料不断向摩擦表面补充，因此，这类材料具有良好的自润滑性。表面塑料层的厚度很薄，约为 0.01~0.05mm，因此，安装于机床导轨上后一般不需要再加工。

DU 类材料的磨损过程一般可分为三个阶段，即磨合阶段、稳定磨损阶段和急剧磨损阶段。在磨合阶段，DU 板的表面塑料层聚四氟乙烯在滑动摩擦作用下向配对金属表面转移，填补金属表面的凹坑，并逐渐形成转移膜（或称第三组分）。所以，此阶段内，其磨损较大，摩擦因数也较高。在稳定磨损阶段，由于经磨合阶段后，在配对金属表面已形成一层连续的转移膜，故此阶段内，材料的磨损率较低且稳定。在急剧磨损阶段，由于经过较长时间运转后，原来浸渍在多孔青铜孔隙中的聚四氟乙烯润滑剂已大量消耗掉，致使摩擦界面上没有足够量的润滑剂存在，因而润滑不良，摩擦因数迅速增大，磨损率也急剧加大。图 6-6 为 DU 类材料的摩擦磨损特性曲线。

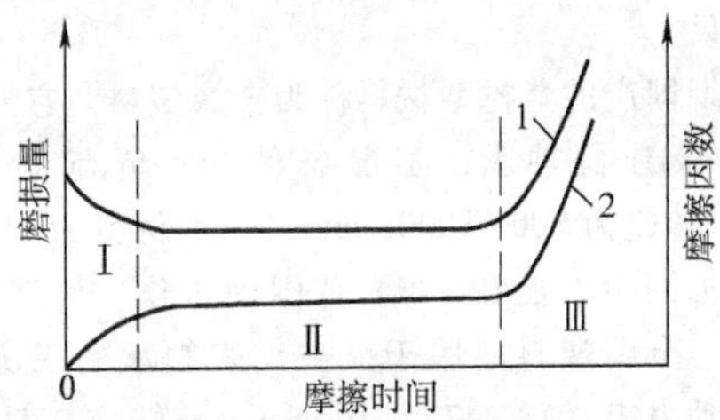

图 6-6　DU 类材料的摩擦磨损特性曲线

1—摩擦因数曲线　2—磨损量曲线

DU 材料在国际上许多国家早有商品生产和供应，应用范围较广，在各种机械、液压与气动元件、超声速飞机、航天机械、船舶、汽车、机床及某些冶金机械的特定部位的零件也使用这种材料。

煤矿机械上用的柱塞油泵起动、停机、变速、变负荷频繁，工作特性和寿命一直不好，采用 DU 材料制作轴瓦后有效地解决了对摩面的咬伤问题，使正反向摇摆运动超过 15 万次，比原结构的寿命提高 6 倍。用 DU 材料作为机床导轨板，具有摩擦因数小、阻尼性好、消振、吸声、防爬行和耐磨损等优点。该材料还在矿山凿岩机、悬挂输送机等设备上应用，并取得了有效的结果。

DX 材料以聚缩醛或尼龙作为表面聚合物，在这层表面上留有均匀分布的存油坑，以便在装配时添加润滑脂或润滑油。DX 作为需要另加润滑剂的材料，具有优良的摩擦和抗磨特性，承载能力大，尺寸稳定性较好，低速下无爬行现象。

DX 材料广泛用作各种汽车的轴承、衬套和垫片等。其中最为有效的零件有转向节主销衬套、十字轴万向联轴器轴承、方向机转向臂轴衬套、转向节推力轴承、减振器衬套和驾驶室翻转轴衬套等。如转向节主销衬套与主销之间经常处于频繁颠簸、扭摆、振动等运动状态，它们承受的扭矩大，瞬时冲击严重，同时经常被水和泥沙侵袭，工况恶劣，原该衬套用 Cu 套、Fe 基粉末冶金材料和尼龙等，其使用寿命依次为 5 万 km、1.5 万 km 和 1 万 km，注油周期均为 2000km，改用 DX 材料衬套后，使用寿命超过 5 万 km（最大的为 16 万 km），注油周期延长至 1 万 km。ϕ150mm×250mm 两辊冷轧带钢机轧辊主轴轴瓦原用 Cu 瓦和 Sn 基合金瓦，轧制时压力大，速度低，压力变化频繁，因润滑不良经常烧瓦，改用 DX 材料轴瓦后，压下量由 0.65mm 提高到 0.98mm，轴瓦温度由 100℃（水冷却）降为 58℃（无冷却），轧制电流由 110A 降为 60A，轴瓦的使用寿命由 6 天提高到 40 天。DX 轴套和板材还在采煤机、打桩机、卷扬机、水轮机、机床导轨、水坝闸门滑道等设备上取得了满意的应用效果。

早期国产的背衬型材料称为金属塑料。它成功地应用于录音机轴承，工况条件为，负荷低于 5×10^4Pa，转速为 800~3000r/min，转轴材料为 20Cr13，实现无油润滑，能在±40℃范围内工作，运转平稳，噪声小。金属塑料应用于航空仪表轴承的工况条件为，起动力矩 $(18\sim47)\times10^{-4}$N·m，转速 2250r/min (1.1m/s)，能承受高空、高湿、振动、冲击、过载等工作条件，并满足高低温（-60~60℃）条件下的性能要求，实现无油润滑，无须维护就能长期可靠工作，耐磨性好。

6.7.5 机械加工中的自润滑技术

1. 机床导轨特性

机床是机械加工的重要母机之一，而导轨又是机床重要的运动部件，导轨精度和使用寿命在很大程度上决定着金属切削机床的工作性能。而机床导轨表面的耐磨性和抗擦伤能力又是影响其精度和使用寿命的关键因素之一。导轨是机床上普遍采用的重要机械摩擦运动元件，大多数是往复运动形式，导轨的几何精度直接影响其导向精度。

传统的机床导轨副的配对形式为铸铁-铸铁，这样的导轨摩擦副在使用一定时间后，导轨面磨损逐渐加重，机床加工精度也随之降低。因此，经过一定时间使用后的机床导轨需要进行维修，我国每年需要停机维修的机床（或其他机械设备）数量十分惊人。

2. 机床导轨用高聚物制造

20 世纪 70 年代，国外采用高聚物来制造机床导轨日趋普遍，以满足机床导轨的低摩擦、耐磨、无爬行和高刚度等的要求。其中用氟碳聚合物来制造机床导轨的发展极为迅速。美国霞板公司（W.S.Shamban）首创的以聚四氟乙烯为基的“得赛 B”（Turcite-B）机床导轨自润滑抗摩软带就是其中的典型产品。后来德国、英国、日本和中国都相继引进了该项新技术，并制成了与 Turcite-B 同类型的导轨自润滑抗摩软带。原第一机械工业部广州机床研究所（国机集团所属国机智能科技有限公司的前身），于 1982 年在国内率先研制成功同类型产品 TSF 导轨抗摩软带，同年通过部级鉴定，对满足国内高精度大型机床的发展起了很大的促进作用。该产品与同类产品相比，摩擦-速度曲线如图 6-7 所示。

3. TSF 导轨抗摩软带

TSF 高分子抗摩软带由于分子结构上的特点，表面具有不可黏性，这严重影响其应用，故必须对 TSF 软带进行表面处理及研制与之相适应的黏合剂，这也是该产品的核心技术之一。研究表明，采用活性钠化学处理比辐射接枝工艺简单，且处理后材料的力学性能保持值较好，黏结强度也较高。在完全无水和有四氢呋喃存在时，金属钠和萘结合成相当稳定的呈现墨绿色的带有萘负离子和钠正离子的可溶性络合物，这种络合物与聚四氟乙烯表面接触时，络合物中的钠破坏 PTFE 表面分子的 C-F 键，使 PTFE 中的氟分离出来，表面发生碳化，即形成活性的碳的双键，表面能提高，其反应式如下：

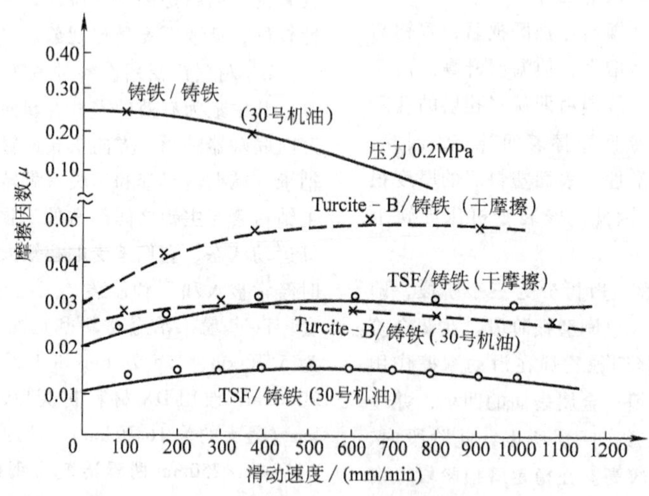

图 6-7 摩擦-速度特性曲线

$$\text{C}_{10}\text{H}_8 + \text{Na} \xrightarrow{\text{四氢呋喃}} [\text{C}_{10}\text{H}_8\cdot\cdot]^- \text{Na}^+ \rightleftharpoons$$

$$[\text{C}_{10}\text{H}_8\cdot\cdot]^- \text{Na}^+ \ 2n \ [\text{C}_{10}\text{H}_8]^- \text{Na}^{++}$$

$$-\!\!\left[\,CF_2-CF_2\,\right]\!\!-_n \rightarrow 2n\,\text{C}_{10}\text{H}_8 + -\!\!\left[\,CF=CF\,\right]\!\!- + 2nNaF$$

原第一机械工业部广州机床研究所（国机集团所属国机智能科技有限公司的前身）同时研制成功与TSF导轨软带相配套的DJ胶黏剂。该胶黏剂是一种以双酚A型环氧树脂为主剂，以低相对分子质量聚酰胺为固化剂，液体羧基丁腈橡胶为增韧剂，并含有其他促进剂的双组分室温固化胶黏剂。其固化反应历程较为复杂，主要有环氧树脂与羧基丁腈橡胶的嵌段反应以及聚酰胺使环氧树脂开环的反应。其反应式如下：

环氧树脂与羧基丁腈橡胶的嵌段反应：

$$\underset{\backslash O/}{CH_2-CH}-CH_2-\sim\sim-CH_2-\underset{\backslash O/}{CH-CH_2} + 2HOOC-\sim\sim \rightarrow \sim\sim-\underset{\|\,O}{C}-O-CH_2-\underset{|\,OH}{CH}-$$

$$-CH_2-\sim\sim-CH_2-\underset{|\,OH}{CH}-CH_2-O-\underset{\|\,O}{C}-\sim\sim$$

环氧树脂在聚酰胺作用下的开环反应：

$$\sim\sim-CH_2-\underset{\backslash O/}{CH-CH_2} + \sim\sim-HN-\underset{\|\,O}{C}-\sim\sim \longrightarrow$$

$$\sim\sim-CH_2-\underset{|\,OH}{CH}-CH_2-N_1-\underset{\|\,O}{C}-\sim\sim$$

4. HNT环氧抗摩涂层

环氧抗摩涂层（Epoxy Resin Antifriction Coating）是另一大类机械加工用的自润滑材料。这种产品是由德国滑动涂层技术公司（Gleitbelag-Technik GmbH）首先研制成功的。其典型产品有SKC-3、SKC-5和SKC-7等。原广州机床研究所承接一机部下达的科研任务，并于20世纪70年代中期研制成功与SKC-3涂层类似的HNT抗摩涂层，随后与北京第一机床厂合作在X2012重型龙门铣床的导轨上进行应用试验，并取得良好效果。

HNT环氧抗摩涂层的形成原理是：由环氧树脂和环氧化物分子结构中活性基团——环氧基与固化剂分子结构中的氨基（$—NH_2$ 或—NH—）起化学反应，生成体型网状结构，并把涂料中的润滑剂、增强材料等包笼下来。下面以三乙基四胺固化剂为例来说明其固化反应过程：

三乙基四胺的结构式为：

$$H_2N-C_2H_4-NH-C_2H_4-NH-C_2H_4-NH_2$$

其固化反应历程如下：

首先，环氧树脂分子中的环氧基 $\left(\underset{\backslash O/}{CH_2-CH}-\right)$ 与三乙基四胺中的氨基发生反应：

$$H_2C-CH-CH_2-R-CH_2-CH-CH_2 \ (\text{环氧}) + H_2N-C_2H_4-NH-C_2H_4-NH-C_2H_4-NH_2$$

$$\downarrow$$

$$H_2C-CH(\text{环氧})-CH_2-R-CH_2-\underset{|\,OH}{CH}-CH_2-HN-C_2H_4-NH-C_2H_4-NH-C_2H_4-NH_2$$

$$+ \quad H_2N-C_2H_4-NH-C_2H_4-NH-C_2H_4-NH_2$$

$$\downarrow$$

$$H_2N-C_2H_4-NH-C_2H_4-NH-C_2H_4-NH-CH_2-\underset{|\,OH}{CH}-CH_2-R-CH_2-\underset{|\,OH}{CH}-CH_2-HN-C_2H_4-NH-C_2H_4-NH-C_2H_4-NH_2$$

（各氨基上的活泼氢再分别与环氧树脂分子 $\underset{\backslash O/}{CH_2-CH}-CH_2-R-CH_2-\underset{\backslash O/}{CH-CH_2}$ 的环氧基反应）

（反应物中分子链上的氨基再与其他环氧树脂分子发生反应）

HNT抗摩自润滑涂层的施工工艺有严格的要求，其中重要的一点是：为了使涂层在导轨基面上黏得牢固，要求将工作台导轨面处理成锯齿形状。锯齿条纹深度为0.5mm，齿尖相距1~2mm，如图6-8所示。

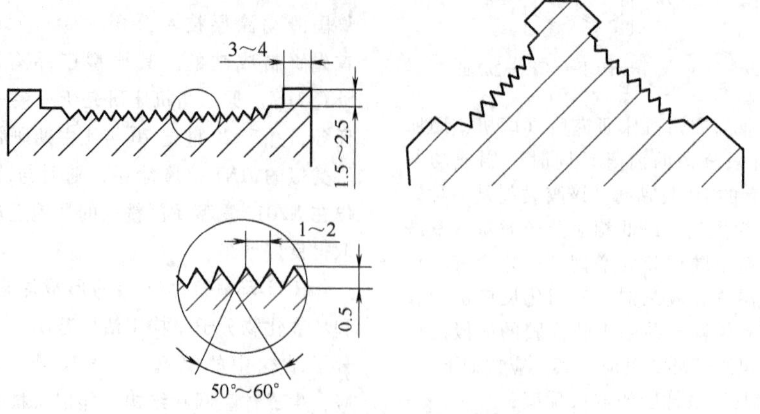

图6-8　涂敷表面的加工形状

若以芳香族胺类HNG-1为固化剂，其反应过程首先是环氧树脂分子中的环氧基与缩胺分子中的氨基发生反应：

$$\underbrace{CH_2—CH}_{O}—CH_2—R—CH_2—\underbrace{CH—CH_2}_{O}$$

$$+\ (H_2NCH_2)C_6H_4—CH_2NHCH_2—C_6H_4(CH_2NH_2)\ \longrightarrow$$

$$\underbrace{CH_2—CH}_{O}—CH_2—R—CH_2—\underset{OH}{CH}—CH_2—$$

$$—NHCH_2—C_6H_4—CH_2NHCH_2—C_6H_4—CH_2NH_2$$

其次是，反应产物中的另一个环氧基进一步与一个缩胺分子反应，得：

$$H_2NCH_2—C_6H_4—CH_2NHCH_2—C_6H_4—CH_2—NH—CH_2—\underset{OH}{CH}—CH_2—$$

$$—R—CH_2—\underset{OH}{CH}—CH_2—NH$$

$$—CH_2—C_6H_4—CH_2NHCH_2—C_6H_4—CH_2NH_2$$

反应产物中分子链上的氨基能进一步与其他环氧树脂分子中的环氧基反应，生成更大分子的交联密度更大的网状体型结构的自润滑涂层。

图6-9和图6-10分别表示几种不同配对的导轨摩擦副的摩擦特性。

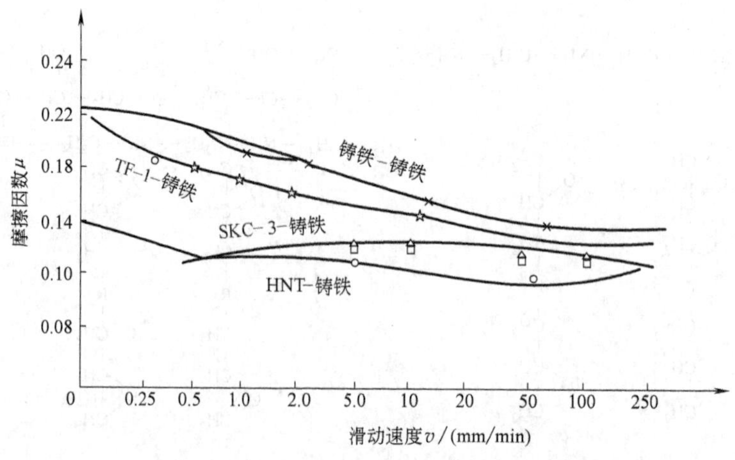

图6-9　HNT耐磨涂层-铸铁摩擦副的摩擦特性曲线

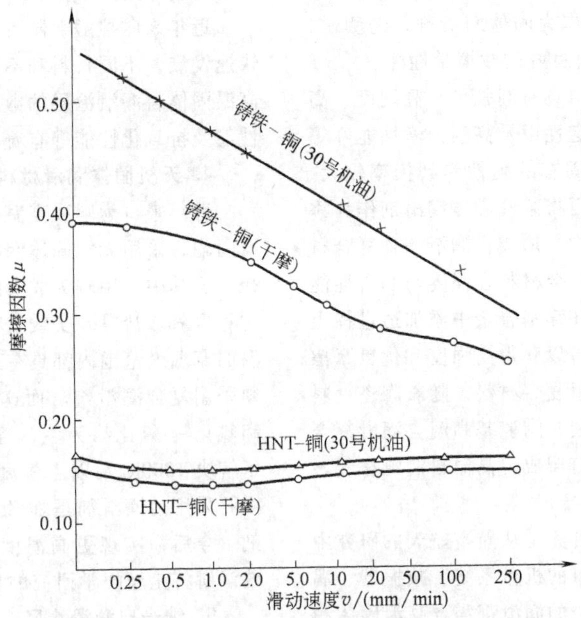

图 6-10　HNT 耐磨涂层-铜摩擦副的摩擦特性曲线

5. JKC 聚酯涂层

除了 HNT 抗摩自润滑涂层外，原第一机械工业部广州机床研究所（国机集团所属国机智能科技有限公司的前身）联合了中山大学、华南工学院等，还成功开发了另一种自润滑材料——JKC 聚酯涂层系列（JKC-B 和 JKC-C），也称不饱和聚酯涂层。该涂层是由不饱和二元醇与不饱和二元酸（或酸酐）缩聚而成的高分子化合物。为了提高性能，有时还加入一些饱和的二元酸。在分子主链中同时含有酯键和不饱和双键（—CH ═CH—），典型的不饱和聚酯涂层具有如下的结构：

$$\mathrm{H}\!\left[\mathrm{O-G-O-\overset{O}{\overset{\|}{C}}-R-\overset{O}{\overset{\|}{C}}}\right]_x\!\left[\mathrm{O-G-O-\overset{O}{\overset{\|}{C}}-CH{=}CH-\overset{O}{\overset{\|}{C}}}\right]_y\mathrm{OH}$$

G 及 R 分别代表二元醇及饱和二元酸中的二价烷基或芳基，x 和 y 表示聚合度。不饱和聚酯导轨涂层是以不饱和聚酯为基，添加交联剂、引发剂、加促剂、减摩材料及增强材质等组成的一种材料体系。

21 世纪以来，应用于机械加工中的自润滑技术得到了更快速的发展，尤其在大型和重型机床导轨的应用中取得了巨大的经济效益，特别得到机床工业界的一致好评。

6.7.6　高温固体自润滑技术

1. 特殊工况环境下的润滑问题

由于油脂润滑的使用温度很难超出－80～350℃，一般的润滑油脂在高温环境下容易蒸发、氧化变质，失去润滑作用。为了满足技术发展需要，特别是国防高科技的发展，迫切需要开发在低温和高温环境下都具有良好抗磨减摩性能的摩擦学材料。而对于在航空、航天和核能等尖端技术领域，以及许多苛刻的工况条件下工作的机器设备，润滑油脂更无能为力了。因此，需要寻找能够在广域温度范围内具有良好润滑效果和摩擦学特性的新型高温固体自润滑材料。

在高温、超低温、超高真空和强辐射等一些极端工况环境下，传统的固体润滑剂如层状结构的石墨以及有机高聚物等也无法满足这方面的使用要求。因此，多年来高温固体自润滑复合材料更是业界研究的重点。这类材料一般是由基体组元和润滑组元等按一定的组成原则和相应的工艺制备而成的。高温固体自润滑复合材料一般有两种类型，即金属基自润滑复合材料和陶瓷基自润滑复合材料。

2. 高温固体自润滑复合材料

金属基自润滑复合材料是以具有高强度的耐热合金作为基体，以固体润滑剂作为弥散相，通过特定工艺制备而成的。其中合金基体起支承负荷和黏结作用，而固体润滑剂则起抗磨减摩作用。常用的合金基体为耐热合金，如镍基高温合金和钴基高温合金等。欧阳锦林等采用银与石墨作为固体润滑剂，经测试，在600℃下其摩擦部件具有良好的摩擦学性能。

陶瓷基自润滑复合材料具有高强度、高硬度、高刚度、低密度、高化学稳定性以及高温力学性能好等特点，但突出的问题是其固有的脆性和磨损率较大。陶瓷是烧结而成的材料，可将某些固体润滑剂作为添加剂加入到结构陶瓷基体中，形成自润滑陶瓷复合材料。但是，要处理自润滑复合材料在强度与润滑性能之间的问题，有研究表明在镍基合金中添加适量稀土氟化物或混合稀土氟化物可以获得高强度和优良摩擦学性能相统一的高温自润滑复合材料。随着陶瓷材料和纤维增强复合材料的发展，陶瓷基高温自润滑复合材料和纤维增强复合材料有望成为高温自润滑材料。

3. 高温固体自润滑涂层

高温固体自润滑涂层首先是从航空航天的研究中发展起来的，像航空发动机的机械系统、减振器、涡轮发动机进气阀顶杆等部位的润滑都需要高温固体润滑技术。其中，在航空紧固件上涂上高温固体润滑涂层，可有效解决高温烧结、卡死和抱死等现象。目前，许多军用和航天用的固体润滑涂层技术已逐步转为民用，在一定程度上促进了机械、机床、工业机器人以及各种工业设备和切削刀具工作动态性能的提高。汽车轻量化是汽车工业发展的必然趋势，德国宝马公司等已将铝合金应用于汽车上，但由于铝合金成形性差，其板料成形温度一般在450 ℃左右。这种工艺也离不开高温固体自润滑涂层的应用。

高温固体润滑涂层材料主要包括基体材料、减摩润滑材料、耐磨材料以及少量填充材料。机体材料是连接底材与润滑材料和耐磨材料的黏结性材料。既要保证涂层与底材的结合强度，又要解决涂层内部材料体系的界面相容性问题。目前高温固体润滑涂层中用的润滑材料的设计已向纳米化、超晶格和智能化的方向发展，而稀土润滑材料受到更大的关注。研究表明，稀土氯化物与碱金属或碱土氯化物的涂层在较宽温度范围内具有一定的润滑性。

高温固体自润滑材料在先进发动机上的应用也已取得一定的成果，能提高燃烧效率及减少热损失。通过高温固体润滑表面改性技术能够解决发动机的气门杆、涡轮增压器部件（如轴承及密封）等由于高温而面临的摩擦问题。

高温固体自润滑涂层在高温下具有优异的力学和摩擦学性能，已成为表面工程摩擦学的关键技术之一。这类自润滑涂层主要是通过涂层组分在高温下向表面扩散，并发生原位氧化反应而生成氧化物润滑相来达到自润滑效果的。

近年来磁控溅射制备高温固体自润滑涂层的技术快速发展，不同材料和不同工艺方法及工业参数等对高温固体自润滑涂层的微观结构、力学性能、摩擦学性能及抗氧化性能等有着不同的影响。

4. 无机固体润滑材料

近年来，为解决高温工程材料在高温条件下的润滑问题，采用无机固体润滑剂已被证明是一条有效途径。这其中应用较为成功的有软金属、氧化物、氟化物和含氧酸盐等。实践表明，为了获取在从低温至高温的宽温度范围内都具有良好润滑效果的润滑剂，必须采用复合润滑剂。而这其中，又以氟化物-软金属和氟化物-氧化物为主，且证明其润滑效果较好。为了解决1000℃及以上温度条件下的润滑问题，目前主要采用的润滑剂是如 ZrO_2 等氧化物及其复合润滑剂。今后，实现更高温度（如高于1500℃）下的有效润滑将是摩擦学研究的重要课题。

5. 纳米自润滑涂层

纳米结构材料在固体自润滑涂层中的应用将会为高温固体自润滑涂层的发展带来革命性的影响。纳米材料技术为新型纳米润滑材料和耐磨材料在高温自润滑涂层中的应用发挥了越来越关键的作用。国外已有不少加工纳米润滑涂层的成熟技术，如美国 Amorphous Technologies International 公司推出的无定形纳米晶体材料，利用热喷涂加工技术获得了优异的纳米涂层。美国国家航空航天局（NASA）也开发了自润滑涂层系列产品。

6. 高温固体润滑涂层的未来发展

高温固体润滑涂层未来的发展趋势是：

1）涂层润滑材料，特别是纳米材料的复合。

2）润滑材料的特性以及固体润滑涂层摩擦过程中的“协合效应”。

3）研究涂层先进的制备工艺和复合制备工艺对涂层性能的影响。

4）智能、自适应涂层的设计，揭示出磨损过程中的化学物理变化机理。

智能涂层（smart coatings）是20世纪90年代在智能材料的基础上发展起来的。所谓智能涂层是一种“有智能的”涂层，是以涂层的形式制备于目标物体上，能对环境产生选择性作用或者对环境变化做出响应，并实时改变自身的一种或多种性能参数向适应环境方向调整的材料或复合材料。由于智能涂层特有的表面特性，一些无法作为整体材料实现的自动应变功能可以通过智能涂层的形式实现，而且智能涂层的用材量少，环境响应快。因此，智能涂层应用价值巨大，越来越受到人们的重视。

智能涂层被认为是 21 世纪新一代涂层发展的方向，在国际上引起人们的广泛兴趣，已经成为纳米科学和材料学研究的热点之一。随着科技的快速发展和人类生存环境的急剧变化，机械零部件的服役环境也不再简单和稳定，服役环境的复杂性及多变性要求制备的涂层能够及时响应周围环境的变化，科学家们针对在特殊工况条件下具有特定功能的智能涂层进行了多角度深层次的研究。外界环境的变化产生刺激信号，材料接收信号而发生响应的改变，刺激响应型材料可以分为以下几种类型：光响应型、pH 响应型、氧化还原响应型、电场和磁场响应型等。因此，发展了刺激响应型涂层，如传感器功能涂层，热触发涂层，腐蚀、降解、缺陷传感涂层，变色涂层，光传感器涂层等。此外，智能涂层还包括生物活性涂层，如光催化涂层、生物催化涂层、防污涂层、抗菌聚合物涂层等；基于纳米技术的涂层，如自组装聚合物和涂层、光学涂层、超绝缘涂层、分子电子学涂层等；自组装智能涂层，如自修复和复原涂层、超疏水涂层、自润滑涂层等。从以上的研究内容来看，服役环境多种多样，只考虑一种工况条件制备功能涂层很可能顾此失彼，将智能涂层与环境变化相配合，实现多种工况条件下的及时响应以及制备具备多种功能的智能涂层成为发展的必然趋势。同时，如何及时且精准地实现涂层对外界环境变化产生的信号进行反馈，以及反馈信号的收集及判断成为环境自适应智能涂层研究领域的难点。

智能涂层的特点主要有：①具有“智能”功能，即能对环境产生自适应的、选择性的、特殊的作用或对环境变化做出较快的响应并实时改变自身以适应环境或避免自身失效，延长使用寿命。②以涂层或薄膜的形式覆盖在目标物体表面，且稳定地存在于自身周围环境中，较难或不能被周围存在的水、油或者其他液体溶解。智能涂层的厚度大多在几个纳米到几个毫米之间。③与周围环境接触的表面积比较大，能迅速地对环境产生作用或响应环境的改变。智能涂层最重要的特点是能够对环境的变化做出响应的改变，以实现涂层性能的有效发挥，这也是智能涂层具备工程应用前景的主要原因，而且涂层服役条件的苛刻性及复杂性也对涂层功能性及智能性提出了更高的要求。因此，对环境自适应智能涂层的研究成为涂层研究领域在深度方面的扩展，也是当前的研究热点。

6.7.7　空间机械中应用的固体润滑材料

空间机械工作的环境条件比较苛刻，它们经常处于高真空、高温、低温以及高低温频繁变化的工况，不能采用液体润滑。固体润滑的成功与否，往往成为空间机械成败的关键。

1. 降低摩擦磨损和延长使用寿命

MoS_2 擦涂膜润滑的滚动轴承在真空度 133.322×10^{-11}Pa 的条件下摩擦因数为 0.0016，与用油润滑时的摩擦因数（0.0013）接近。MoS_2 溅射膜润滑的滚动轴承在真空度 133.322×10^{-8}Pa、转速 3000r/min、负荷 20N 条件下的使用寿命超过 1500h。在相同条件下，MoS_2 黏结膜在真空中的摩擦因数仅约为大气中的 1/3，而使用寿命又比在大气中长几倍甚至几十倍。因而在空间机械中得到了广泛的应用，如人造卫星上的天线驱动系统、太阳能电池帆板机构、光学仪器的驱动机构和温度控制机构、星箭分离机构及卫星搭载机构等都使用了黏结膜。

射频溅射的 WS_2 膜在真空中的摩擦因数为 0.04，使用寿命为 10^5 次（失效前的摩擦次数）。经离子束处理后其摩擦因数降为 0.01，使用寿命大于 2×10^5 次。利用磁控溅射的 MoS_2 膜在真空中的最小摩擦因数为 0.007，可应用于高精度和长寿命的陀螺仪常平架轴承的润滑。金属-MoS_2 共溅射膜的使用寿命明显地比溅射单质 MoS_2 膜的长，且与基材的结合强度高，磨屑少，摩擦因数低而稳定。在相对湿度小于 13%、等于 50%、大于 98%及高真空度（1.33×10^{-5}Pa）条件下，Au-MoS_2 共溅射膜的使用寿命分别是单质 MoS_2 溅射膜在相同条件下的 2.7、6.0、2.4 和 24 倍。为了减少传动装置的噪声和振动，采用塑料基复合材料制作空间机械中的轻载精密齿轮，如聚酰胺齿轮，其磨损率最低，而采用 PTFE 基复合材料加溅射 MoS_2 膜的转矩齿轮，其转动噪声最低。

Ta-MoS_2 复合材料 204 轴承保持架运转了 94000h。以铅青铜制作并以 Pb 膜润滑的保持架已运转了 11 年。离子镀 Au 膜、Ag 膜润滑的滚动轴承在 3000r/min、20N 和真空度 133.322×10^{-8}Pa 条件下使用寿命超过了 1000h。离子镀 Pb 膜润滑的滚动轴承在上述条件下的使用寿命达到 1800h。离子镀 Pb 膜的滚动轴承在卫星日光探测仪驱动机构和止回天线驱动机构中应用，在运转了几百万周（每周 360°）时，润滑膜无明显的磨损，取得了满意的效果。离子镀 Ag 膜也已成功地应用在高温高真空滚动轴承中作为干膜润滑剂。离子镀 Al 的 Fe 质螺钉螺母和 Ti 螺栓等紧固件在飞机上已广泛使用。

一些卫星上常用的滑动电接触材料起着传递电信

号或电能以及接通或切断电路的作用。如滑环常用币Ag（Ag：Cu=90：10质量比，下同）、Cu上镀Ag镀Re、Cu上镀Ni镀Au等；电刷常用含固体润滑剂的Ag基复合材料（如Ag：石墨：MoS_2=75：20：5、Ag：石墨=50：50、Ag：MoS_2=88：12、Ag：MoS_2：Cu=85：12.5：2.5等）；电机换向器常用Cu或Cu上镀Ag镀Au等材料。这些电接触材料都具有良好的摩擦学性能。电接触材料的性能直接影响整个电路系统的可靠性、稳定性、精确性和使用寿命。

2. 用于航天的耐高温固体润滑材料

航天飞机的方向舵轴承和控制装置表面密封，火箭燃气轮机叶片与壳体的密封等都要承受800~1000℃的高温。因此迫切需要研制从常温到800℃乃至1000℃都具有良好摩擦学特性的固体润滑材料。图6-11所示为解决这类高温润滑问题的技术路线。将固体润滑剂分散到整个组织中的复合材料具有较长的使用寿命，在其表面再涂以固体润滑膜可以得到极低的摩擦因数。

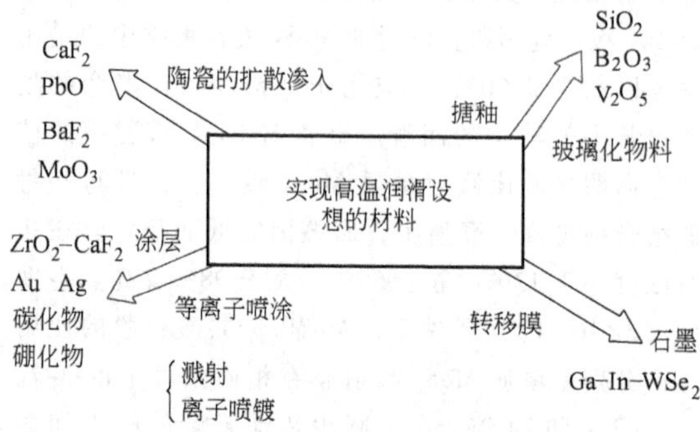

图6-11 为实现高温润滑而设计的材料和工艺

用热压烧结法或在多孔性材料中浸渍固体润滑剂制成的复合材料，既可以用作轴承，也可以用作密封，还可以在耐热金属基材上用等离子喷涂复合涂层。例如，PS100材料可在500~900℃范围内实现有效润滑，PS101材料则在-107~870℃范围内的摩擦因数均为0.2的量级。PS100材料的组成为67.0%（质量分数，下同）Ni-Cr合金、16.5% CaF_2 和16.5%玻璃。PS101材料的组成为30% Ni-Cr合金、30%Ag、25% CaF_2 和15%玻璃。该玻璃由58% SiO_2、21%BaO、8%CaO和13% K_2O 构成，属无Na玻璃，可以防止NiCr合金氧化。

由于金属基复合材料和涂层受氧化的限制，人们又致力于无机非金属和陶瓷复合材料的研究。例如，含有15%CaF_2（质量分数）和NO的等离子喷涂涂层与锂-铝硅酸盐、镁-铝硅酸盐等多孔性陶瓷滑动摩擦具有良好的抗磨性。ZrO_2-CaF_2等离子喷涂陶瓷涂层在室温到930℃范围内的摩擦因数为0.23~0.34，与之对摩的Ni基耐热合金的磨损也很轻微。

含MoS_2、WS_2等固体润滑剂的难熔金属基自润滑材料在室温至800℃范围内于真空中具有良好的摩擦学性能，在从室温到上千摄氏度都需要润滑的燃气配气阀中得到了成功的应用。

喷气轰炸机上大约有2500个各种类型的轴承均需长期工作在高温下，有的温度高达315℃，采用了由玻璃纤维增强的PTFE轴承，解决了用高温润滑脂出现的严重磨损问题。B-1轰炸机和F-14战斗机在应急翼枢轴部位使用PTFE纤维衬套进行润滑。飞机操纵面机构的滑动球轴承是用石墨纤维和聚酰亚胺树脂热压聚合而成的，它可耐320℃的温度。从室温到260℃时，动载荷承载能力为138MPa，320℃时为69MPa。用粉冶工艺制造的Nb-Ta骨架填充MoS_2的衬里轴承，用于高性能操纵面机构，能经受1269MPa的静载和276MPa的动载，以及0.18N和15~2000周/s的振动载荷。用碳纤维、环氧树脂制备的复合材料轴承，在无润滑情况下，转速为30000~40000r/min时未发现有任何响声。在F-15和F-16战斗机的动力装置涡轮风扇发动机上，使用了由MoS_2、Sb_2O_3和硅酮树脂组成的复合材料轴承。

3. 耐低温固体润滑材料

许多设备都需要在超低温条件下运转，如红外探测仪、超导装置、多种望远镜（红外、X射线、γ射线和高能望远镜等）需要在4K的低温下操作，液氧、液氢火箭发动机中的齿轮、轴承和密封件也都要在超低温条件下操作。迄今为止，PTFE是被发现的最好的超低温润滑剂。用玻璃布增强的、玻璃纤维-MoS_2填充的或仅用玻璃纤维填充的内径球轴承中的PTFE保持器都具有良好的润滑性能。其中含15%~25%玻璃布增强的PTFE耐磨性最好。用含PTFE或MoS_2的复合材料保持器润滑的轴承，用含Pb的保持器并用离子镀Pb膜润滑的轴承，在冷至温度为20K时都具有良好的润滑性能。也有采用离子镀Pb膜的青铜保持器来润滑的。

黏结膜的适用温度范围广。如环氧树脂系黏结膜的使用温度为-70~250℃，聚酰亚胺系黏结膜为-70~380℃。而且在适用范围内其膜无相变化，摩擦因数低而稳定。如火箭氢、氧发动机涡轮泵齿轮和超导设备的有关滑动部件上都有黏结膜。

4. 高真空中用的固体润滑材料

真空中使用的润滑材料除了摩擦学特性的要求外，对其蒸发量也应有个限制，不能因蒸发而造成系统的污染。非金属基润滑材料主要使用 PTFE，它在真空中的蒸发速率低，约为 $10^{-9}g/(cm^2 \cdot s)$；所以很少污染周围环境。为了增加强度，常在其中添加玻璃纤维或碳纤维。用 PTFE 基复合材料制成的保持架对轴承进行润滑，仅适于低负荷、工作温度不超过 100℃的场合。在 290℃时 PTFE 开始分解，超过 350℃时蒸发速度剧增。聚酰亚胺树脂的耐热性优于 PTFE，在 260℃的温度下能长期工作，在 500℃时可短时间或间断工作，并且它还具有优异的耐辐照性，可作为高温和高真空的自润滑轴承保持架或滑动轴承。

Au、Ag、Pb 在真空中的蒸发速率非常低，即使在 500℃高温时，也只有 $10^{-8} \sim 10^{-7}g/(cm^2 \cdot s)$，适宜用作高真空条件下的润滑材料。这些软金属通常以电镀、真空蒸镀、溅射和离子镀等方法镀覆在基材表面形成极薄的润滑膜。这种润滑膜与基材的黏着力强，且有良好的润滑性能。其中，Ag 膜和 Pb 膜在大气中的使用寿命均很短，但在高真空中的寿命却很长，所以 Ag、Pb 膜主要在真空环境中应用。Au 膜不受周围环境的影响，适于在空气和真空中做低速运转构件间的润滑。

MoS_2 和 WS_2 在真空中的蒸发速率也很低，在 200℃ 时为 $10^{-10}g/(cm^2 \cdot s)$ 以下，500℃ 时为 $10^{-8}g/(cm^2 \cdot s)$，对周围环境无污染。在大气中的 MoS_2 和 WS_2 分别在 350℃和 500℃时氧化而不能使用，而在真空中它们在 800～1100℃时也不会氧化。它们可以采用黏结干膜或溅射等方法黏着在基材上形成润滑膜。而且，在外加负荷增加时，其摩擦力矩和轴承温度并不增加，这是二硫化系材料在真空中作为润滑材料的特点。另外，含二硫化系固体润滑剂的金属基自润滑复合材料在真空环境中得到了成功的应用：如含 50%MoS_2 的 Ta-Fe 基滚动轴承保持架在高真空（133.322×10^{-8}Pa）、高温（450℃）和高转速（4500r/min）条件下能长时间运转，并使轴承运转平稳，磨损量甚小。在几种粉末型自润滑复合材料保持架对比试验中，WS_2 : Co : Ag = 529 : 118 : 353（质量比）复合材料的使用寿命最长。

6.7.8 医药工程中应用的固体润滑材料

固体润滑材料在医药工程中的应用有人工髋关节、膝关节、踝关节、肩关节、肘关节、腕关节、手指关节和心脏瓣膜等。多年来的研究表明，以超高分子量［相对分子质量 $(1\sim4)\times10^6$］聚乙烯与各种对偶材料对摩制作的人工关节是比较适宜的。如以聚乙烯为球座，其他金属或陶瓷制作股骨等。所研究的与聚乙烯对摩的材料有：022Cr17Ni12Mo2（316L）不锈钢［奥氏体不锈钢，含 Cr17%～20%，Ni10%～14%质量分数，下同］；含 Co、Ni、Cr、Mo、Ti 等组分的多元合金；维塔利姆合金（含 Co59%～65%、Cr28%～32%、Mo5%～7%）；TiN 6-4 合金（含 TiN、Al、V 等组分）；氧化铝陶瓷（含 $Al_2O_3$99.7%、MgO 0.25%）和硅铝化合物（含 Si_4N_3、Al_4N_3 和 Al_2O_3 等组分）等。其中，维塔利姆合金应用最广。

几种金属基复合材料和陶瓷复合材料与聚乙烯对摩时的摩擦学性能也进行过研究。试验是在针-盘式试验机上进行的。试验的负荷分别为 3.5MPa 和 7MPa，这是由于临床实践估计髋关节替代物的平均接触应力约为 3.5MPa，有可能达到的峰值为 7～10.5MPa。润滑剂为经过消毒的牛血浆，这是因为牛血浆作为润滑剂时产生的磨损现象与所观察到的从体内移出的人工关节组分的磨损情况极为相似。由表 6-9 可见，其磨损率都很低，约为 0.3～0.9μm/年，符合人工关节临床以 10 年为一个周期的要求。

表 6-9 聚乙烯对摩副的摩擦学性能

对摩材料名称	表面粗糙度/μm	试验条件	摩擦因数	磨损率	
				$mm^3/10^6$	μm/年
不锈钢	0.05	负荷 7MPa 转速 100r/min	0.03～0.09	0.20;15%	0.7
多元合金	0.05		0.04～0.10	0.13;13%	0.4
TiN 合金	0.05		0.07～0.11	0.27;4%	0.9
硅铝化合物	0.04～0.15		0.03～0.09	0.12;17%	0.4
不锈钢	0.05	负荷 3.5MPa 转速 60r/min	0.03～0.15	0.12;17%	0.4
维塔利姆合金	0.05		0.03～0.16	0.16;33%	0.6

为了提高聚乙烯材料的抗蠕变性，可以在其中添加 10%～20%的碳纤维进行改性。实践证明，这种复合材料是一种耐磨损的材料，而且经较长时间的考查揭示：人体组织能很好地容纳碳纤维及其磨屑，临床

检查也未观察到有害反应。

6.8 其他常用固体润滑材料

其他常用固体润滑材料有很多，如二硫化钨（WS_2）、氮化硼（BN）、氟化钙（CaF_2）、氮化硅（Si_3N_4）、氧化铝（Al_2O_3）、玻璃粉，还有高分子润滑材料和软金属润滑材料，这里主要介绍高分子润滑材料。

高分子润滑材料根据其温度特性分为热塑性和热固性两大类，分别使用在不同场合中。由于其物理、力学性能的某些不足，通常在其中添加某些起增强作用的填料和固体润滑剂制成复合材料后使用。尼龙是人们熟悉的用于制造轴承（瓦）的润滑材料。

高分子润滑材料的润滑机理不同于其他各类固体润滑剂。它不能用于高温环境，但在超低温环境中离不开它。高分子润滑材料的气氛特性较好，能与油、水共存，与其他固体润滑剂有协同效应，因而它的应用领域非常广泛。

6.8.1 高分子材料的种类

高分子材料可分成两大类：即遇热软化的热塑性高分子材料和遇热硬化的热固性高分子材料。前者由长链状高分子构成，有结晶型和非晶型两种。轴承等材料所采用的多为熔点比较固定的结晶型高分子材料，如聚乙烯、尼龙、聚缩醛、聚四氟乙烯和聚酰亚胺等。

常用于滑动部件的热固性高分子材料是酚醛树脂。这种树脂一般都要添加 MoS_2、石墨及纤维等进行增强而制成复合材料。滚动轴承保持架常采用酚醛树脂层压材料。酚醛树脂复合材料的另一个优点是抗磨粒磨损性强，因此，有时也可用于多泥沙的浅水域用船舶的船尾轴套。

注射成型的热塑性塑料中，尼龙轴套使用最广泛。在尼龙轴承中加入 MoS_2，可有效地提高尼龙的弹性模量和蠕变强度。注射成型尼龙 66 是市场上销售最广的以 MoS_2 填充的复合材料。

热塑性高分子材料由长碳链状高分子构成。这种长链形成的板状晶体称为薄层，薄层集中起来形成球晶，链状高分子沿着薄层平面曲折地排列。这种折叠结构可以说是结晶高分子的特征，尼龙和聚乙烯等大多数热塑性高分子都是球晶结构，然而聚四氟乙烯却是带状结构。表 6-10 列出了各种高分子材料对钢的摩擦因数，可以看出，聚四氟乙烯的摩擦因数最低，而以球晶结构的高分子次之。具有三维网状结构的热固性高分子材料的摩擦因数较高，因而只有在添加了其他润滑剂之后，才显示其润滑性能。

表 6-10 各种高分子材料对钢的摩擦因数

（载荷：8.1×10^4Pa；摩擦速度：6.2×10^{-2}m/s）

材料名称		钢-塑料
热固性	酚醛树脂	0.468
	三聚氰酰胺树脂	0.567
	尿素树脂	0.453
非晶型热塑性	MMA 树脂	0.568
	聚苯乙烯	0.368
	ABS	0.366
	PVC	0.219
结晶型热塑性	聚乙烯	0.139
	聚丙烯	0.300
	尼龙 6	0.192
	聚碳酸酯	0.302
	聚缩醛	0.129
	聚四氟乙烯	0.117
钢	钢	0.448

图 6-12 表明了高分子材料的磨损与载荷的关系。而摩擦速度对磨损的影响行为因材料的种类而异。图 6-13 示出了聚酰亚胺的比磨损量与摩擦速度的关系。由图看出，聚酰亚胺的比磨损量大约从摩擦速度超过 3m/s 时就开始下降，这是其分解温度比熔点低而摩擦热导致表面层炭化的结果。

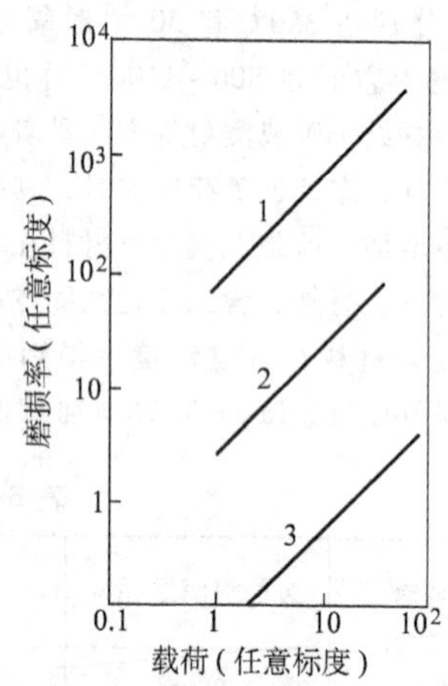

图 6-12 高分子材料的磨损与载荷的关系

1—聚四氟乙烯 2—尼龙 3—聚乙烯

尼龙 6 的磨损率随着速度的增加先减少，并出现极小值，然后又增加，如图 6-14 所示。温度对磨损的影响如图 6-15 所示。

比较图 6-14 和图 6-15 可知，磨损率随温度的增加先是减少，继而又增加。M. Watanage 等人认为，这种现象与尼龙 6 在不同温度下向钢表面转移有关。并认为，速度和载荷对磨损的影响是通过温度来实

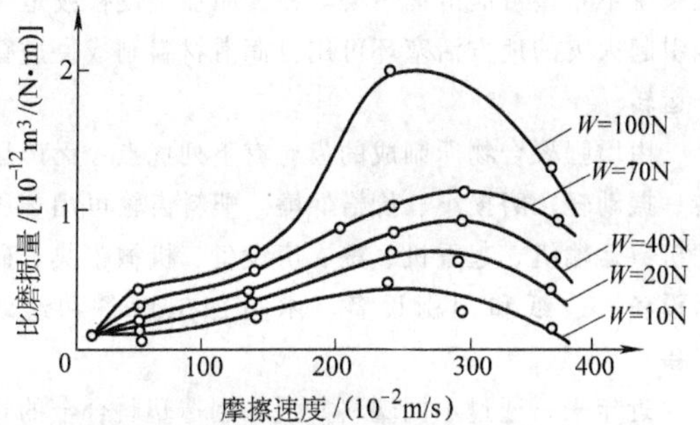

图 6-13 摩擦速度对聚酰亚胺磨损的影响

注：W 为载荷。

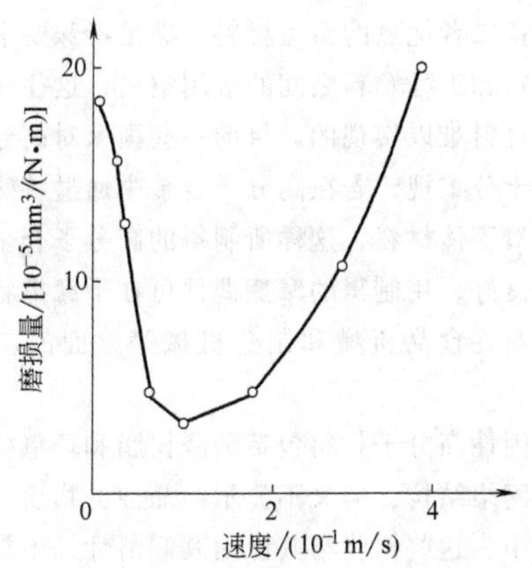

图 6-14 速度对尼龙 6 磨损率的影响

注：载荷为 196N。

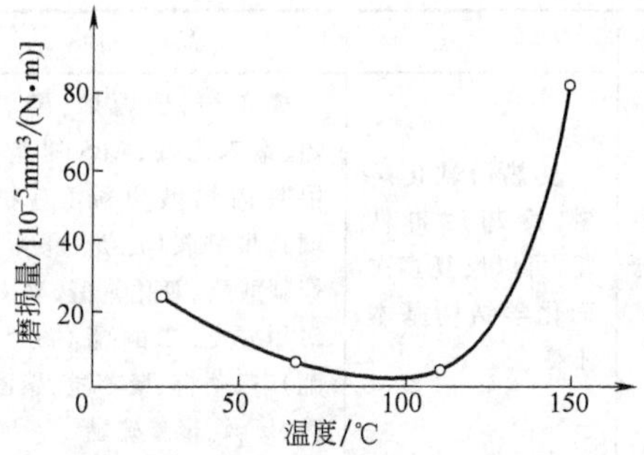

图 6-15 温度对尼龙 6 磨损率的影响

注：载荷为 196N；速度为 20mm/s。

现的。

尼龙在不同滑动速度下的载荷对摩擦因数的影响如图 6-16 所示。由图可以看出，载荷相同时，摩擦因数随速度增加有变小的趋势。而在一定的速度下，摩擦因数随载荷增加先是增大，继而减少。聚乙烯的摩擦因数随温度和速度的变化情况如图 6-17 所示。一般地说，聚乙烯的摩擦因数随温度增加有减少的趋

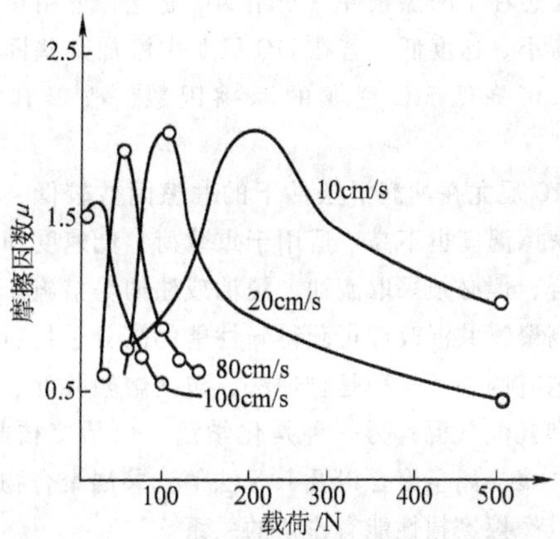

图 6-16 不同滑动速度下载荷对摩擦因数的影响

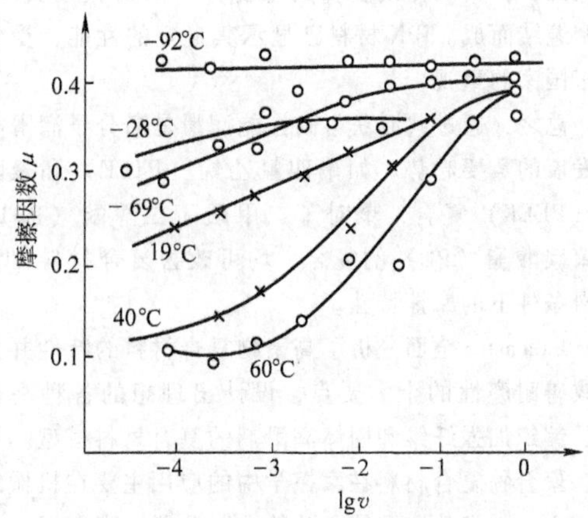

图 6-17 聚乙烯的 μ 值随 T 和 v 的变化

势，而随速度增加而增大。

近年来，国内外开发了含油尼龙，通过特殊工艺方法，将所需的润滑油预先加入到原料中。含油尼龙的摩擦因数小，自润滑性能好，使用过程中不需外界供油润滑。含油尼龙轴套可以取代传统的铜锡轴承，而且延长了轴承的使用寿命，深受工厂和维修工人的欢迎。

MC 尼龙是己内酰胺在强碱作用下的阴离子快速催化聚合反应的产物。当催化剂与助催化剂的用量在 1/250~1/300 克当量/L 时，它的聚合度最高，相对分子质量可高达十万，为普通尼龙 6 的 3 倍以上，结晶度也高 10%以上。MC 尼龙可在较低温度下快速成型，生成均匀而规则的小球晶。这些结构因素使 MC 尼龙具有优良的强度、刚度、韧性、低蠕变、化学安定性及摩擦磨损性能。因此，国内外广泛应用 MC 尼龙作为低摩擦、耐磨损机械零部件（如轴承、齿轮等）的材料。

MC 尼龙的干摩擦因数在高分子材料中是较高

的。要想在干摩擦条件下使用MC尼龙，适用场合必须载荷小、速度低。若在MC尼龙中添加某些固体润滑剂，可降低MC尼龙的摩擦因数，改善其自润滑性。

MC尼龙在油润滑条件下的摩擦因数较低，磨损小，摩擦温度也不高。适用于重载荷、低速度和常温的场合，但必须采取滴油、浸油或注油等措施。

高聚物共混改性可获得新性能的高分子材料。共混工艺有两种：一种是物理法，包括熔融共混、溶液共混和乳液共混；另一种是化学法，包括接枝共聚、嵌段共聚、离子聚合以及IPN法等。共混聚合物的组成与其摩擦磨损性能有密切的关系。

IPN是20世纪80年代才迅速发展起来的一类重要共混物，由两种或多种聚合物分子网络相互贯穿、紧密缠结而成。IPN材料已显示其良好的性能，受到许多国家的重视。

总之，通过共混获得高性能润滑是高分子润滑材料发展的重要趋势。如聚四氟乙烯（PTFE）和聚醚酮（PEEK）复合，聚对苯二甲酸丁二醇酯（PBT）和聚碳酸酯（PC）的复合，均可改善复合材料在无润滑条件下的摩擦特性。

Lancaster全面分析了高聚物复合材料的特性并提出改善耐磨性的十大要点，设计出理想的各种高聚物、编织加强纤维和固体润滑剂的复合材料模型。

聚合物复合材料在摩擦学中的应用主要在机械结构方面，如齿轮、凸轮、叶轮、制动器、离合器、轴承等方面。聚合物复合材料大多用来制作轴承。二硫化钼填充的尼龙66衬套可代替金属用作铲车上的大型枢轴轴承，尤其是钢厂铲车的轴承。

各种填充的和增强的PTFE复合材料已在铁路车辆转向架轴承中应用。PTFE填充酚醛-棉层压材料广泛应用于无油气体压缩机上的叶片。其他由PTFE填充聚合物制造的摩擦部件有：活塞环、大型轴承（填充的酚醛-棉层压材料）和弧齿锥齿轮（填充带有金属嵌件的尼龙）。

最近发展了一种注射模塑材料，这种可模塑材料包含分散在整个热塑性树脂中的油和其他材料，制成一种自润滑的聚合物复合材料。据称这种材料的摩擦磨损性能优于填充的PTFE材料。

滚动轴承应用于高真空度下的宇宙空间设备，在那种场合下无法采用常规润滑。由PTFE-MoS_2-玻璃纤维复合材料制成保持架，用这样的复合材料保持架制造的小型轴承在150～300℃的空气中也是很有效的。

一般发动机的金属活塞环需要润滑，但对于压缩机来说不希望被润滑剂污染。在食品加工设备或是可能引起火灾的地方活塞环可用自润滑材料制成，进行干运转。

由增强聚合物所制成的齿轮有下列优点：无声运转、振动轻、磨损小、价格低廉。塑料齿轮可用于压缩机、运输机、起重机、洗衣房设备、机械工具、研磨设备、造纸和印刷设备、木材加工设备和纺织设备。

近年来，通过不同塑料共混来制造塑料合金的技术发展很快，其原因是该材料的开发建立在现有树脂和生产设备的基础上，因此开发此类材料耗资少、见效快。适当选用一对性能不同的高分子材料，可获得一种兼备二者优点的新型材料，满足特殊要求，填补通用塑料和工程塑料之间的应用空白，这往往是单一高分子材料难以实现的。目前一些国家对高分子合金技术都十分重视，若在高分子合金中通过特殊工艺加入自润滑固体材料，这样所制得的高分子合金的自润滑性能良好，用制得的摩擦偶件可在干摩擦状态下使用，这对在食品机械和制药机械等方面的应用尤为重要。

热固性高分子材料包括酚醛树脂和环氧树脂等具有三维网络结构，但又不显示结晶性的物质。在固体润滑膜中，这些树脂与其说用其润滑性，不如说作为黏结剂而发挥其作用更为合适。高分子材料的分类情况见表6-11。

表6-11 高分子材料的分类情况

类别	特 点	品 种
热塑性高分子材料	受热后软化熔融，冷却后再恢复，可以反复多次而化学结构基本不变	聚乙烯、聚丙烯、聚氧乙烯、聚苯乙烯、ABS树脂、聚甲基丙烯酸甲酯（有机玻璃）、聚酰胺（尼龙）聚甲醛、聚碳酸酯、氯化聚醛，聚对苯对甲酸乙二醇酯（线型聚酯）、氟塑料、聚苯醚、聚酰亚胺、聚砜、聚苯硫醚
热固性高分子材料	可在常温或受热后起化学反应，固体成型，再加热时不可逆	酚醛树脂、乙烯树脂、三聚氰胺树脂，环氧树脂、聚邻（间）苯二甲酸二丙烯酯树脂、有机硅树脂、聚氨酯树脂

6.8.2 高分子材料的基本性能

热导率小、传热困难是高分子材料用作滑动构件（轴承）的突出弱点。所以，高分子材料制作的轴承都有严格的使用温度极限规定。

如聚缩醛和尼龙在100℃时的抗拉强度都只接近室温时的一半。由于热导率低，产生的摩擦热不易散发，所以摩擦部位的力学强度降低。

聚酰亚胺的抗拉强度与金属相当，因此它有较高的承载能力。其力学性能与温度的关系与其他热塑性材料具有相同的规律。随着温度的升高，其力学性能有所下降。但是，聚酰亚胺的耐热性非常好，在316℃的温度下与铝1100具有同样的抗拉强度，热固性高分子材料的物理性质虽然不像热塑性高分子材料那样受温度的影响很大，但其热导率也同样很小，因而也需防止过高的摩擦热。热固性高分子材料对钢的摩擦因数比热塑性高分子材料的大。这就不仅要考虑到容易产生摩擦热，还要注意到高温下可能发生烧焦而使轴承受到损害。因为热塑性高分子材料在高温下呈熔融状态，所以轴承不会遭受损伤。

6.8.3　高分子材料的优缺点

与其他固体润滑剂相比较，高分子材料作为滑动部件具有以下优点：

1）韧性好，能有效地吸收振动，无噪声，不损伤对偶材料。

2）化学稳定性好，摩擦磨损对气氛的依赖性小，在水中或海水中也能使用。

3）低温性能好，即使在液氢、液氧的超低温条件下仍能发挥其润滑作用，在真空中同样可以应用。

4）与润滑油的共存性，这是高分子材料最引人注目的优点。它具有很强的耐油性，诸如酚醛树脂和聚缩醛等都适宜制作为含油轴承，而其他许多承受高负荷的固体润滑膜却不行。

5）电绝缘性能优良。

其缺点如下：

1）力学强度低，承载能力差。

2）不宜在高温下使用。

3）有吸湿性，时效变化明显。

4）轴承的间隙大，因而配合精度低。

6.8.4　高分子材料的摩擦磨损特性

PTFE（聚四氟乙烯）的非结晶部分容易滑动，这有利于摩擦，但也引起磨损的增加。同样条件下，PTFE的磨损率比尼龙和聚乙烯至少高出10~100倍。

随着负荷的增加，磨损率便增大。这是所有高分子材料的共性。像聚乙烯或聚丙烯材料的表面层会因摩擦发热而呈熔融状态。如果摩擦条件进一步苛刻，则熔融层相应扩大，并流出摩擦接触区，变成所谓熔融磨损态。

6.8.5　高分子材料的气氛特性

与其他固体润滑剂相比，高分子材料的摩擦磨损特性基本不受气氛的影响或者所受的影响很小（尼龙除外）。在存在水蒸气时尼龙的摩擦因数增大。

尼龙在水中的磨损增大，其他热塑性高分子材料在水中或海水中的耐磨性都比干燥状态下差。水下轴承都是采用热固性酚醛树脂。

6.8.6　固体润滑膜

固体润滑膜是固体润滑法中应用最久的一类润滑材料。固体润滑膜的制备方法很多，既有把固体润滑粉末涂敷在摩擦部位上的原始方法，也有在真空中使固体润滑剂以原子状态溅射成膜的方法。固体润滑膜用途广泛，从家用电器和小客车之类的民用产品到核能和航天工业等尖端技术领域的应用都有涵盖。固体润滑膜的一些应用实例见表6-12。

表6-12　固体润滑膜的一些应用实例

应用举例	使用的部件	所利用的特性
照相机，快速摄影机 电视摄像机 磁带录音机，录音机走带装置 放大器，调谐器，唱机	快门，光圈，变焦距镜筒 离合器压盘分离杆，连杆机构 磁带盘座，清洗机构 筒形线圈	耐磨性，耐蚀性，色彩 承载能力 稳定的摩擦因数 耐磨性，耐蚀性
复印机，计算机	滑轨，分离器	耐磨性，非黏附性，抗黏滑性，耐载荷性
汽车，摩托车，船舶 铁道，高速公路，桥梁	活塞，花键轴 联轴器，汽化器 汽车冷气装置，自动关门机 离合器，风窗玻璃刮水器，天线侧支撑，导电弓架柱塞，支撑	初期磨合，干润滑性 耐磨性，承载能力 耐磨蚀性

1. 固体润滑膜的特征

同其他固体润滑剂一样，固体润滑膜起初也是作为军用品研制的，后来才逐步扩展到民用，但直到现在，美国军用固体润滑膜的市场占有率仍很高。表6-13所列举的是固体润滑膜的美国军用标准。日本也采用这些标准来衡量固体润滑膜的润滑性能。

表 6-13　固体润滑膜的美国军用标准

MIL-L-8937D	寿命长,能黏着在一般金属上,发热处理,使用温度上限为 120℃
MIL-L-23398B	室温干燥型,寿命短,防止烧结使用
MIL-L-4617A(MR)	树脂黏结,寿命与 MIL-L-8937D 接近,耐腐蚀,使用温度上限为 120℃
MIL-L-46147A	室温干燥型,具有长期耐蚀性和耐溶剂性,使用温度范围为-70~90℃
MIL-L-81329A(ASG)	使用温度范围为-185~400℃,可在滚动轴承、液氢、辐射、真空等极端条件下使用,耐腐蚀

固体润滑膜之所以大多作为军用，这是因为需要润滑的军工设备的使用环境和条件非常苛刻，并且要求承受重载荷，在润滑油或脂的油膜不能承受的重载荷情况下，固体润滑膜同样能发挥润滑作用而不破裂。另外，固体润滑膜还具有防腐蚀性。但是，固体润滑膜的使用寿命一般较短，通常使用的膜厚约为 10μm，在承受 10^5~10^6 次以上的重复摩擦后，就达到了膜的寿命。为了使润滑膜在其寿命终止后仍能维持润滑特性，就必须采取适当的方法向摩擦部件补充固体润滑剂。

2. 固体润滑膜的摩擦磨损性能

固体润滑膜是通过底材承受载荷而发挥本身润滑作用的，因此，底材硬度必然对膜的摩擦磨损特性产生影响。一般来说，固体润滑膜的摩擦因数随底材硬度的增大而减小，磨损寿命随底材的硬度增大而延长。

在重复摩擦过程中，固体润滑膜对偶材料同样要遭受磨损，对偶材料的硬度越大，耐磨性就越好。此外，底材韧性对磨损也起重要作用。实际使用情况也是很复杂的，既有硬度和韧性之类的物理性质的影响，又有底材、对偶材料与固体润滑剂之间的化学反应，以及底材与对偶材料的相互作用等，这些都是影响固体润滑膜摩擦磨损特性的重要因素。例如，对于钢上的石墨来说，在钢表面分别经过磷酸锌处理和硫化处理的两种情况下，尽管前者的表面硬度还不及后者的 50%，但是前者的膜的寿命却为后者的 13 倍以上。

影响固体润滑膜摩擦磨损性能的其他物理性质还有热膨胀系数。为了更有效地散发摩擦热，膜的热导率显然越高越好。

3. 影响固体润滑膜润滑特性的因素

影响固体润滑膜摩擦磨损特性的因素是温度、速度、载荷、气氛和滑动方向等。它们对膜的润滑性能的影响均随主要成分固体润滑剂的不同而不同。

（1）温度的影响　图 6-18 所示是对氟化石墨膜、二硫化钼膜以及它们的黏结剂聚酰亚胺膜摩擦磨损的温度特性进行考查的结果。可以看出，除了聚酰亚胺膜在室温下的情形之外，这三种膜的摩擦因数均不受温度上升的影响。但是，聚酰亚胺的膜在室温下具有很高的摩擦因数和磨损速率，这是在低于 50℃ 的条件下聚酰亚胺丧失空间排列的结果。

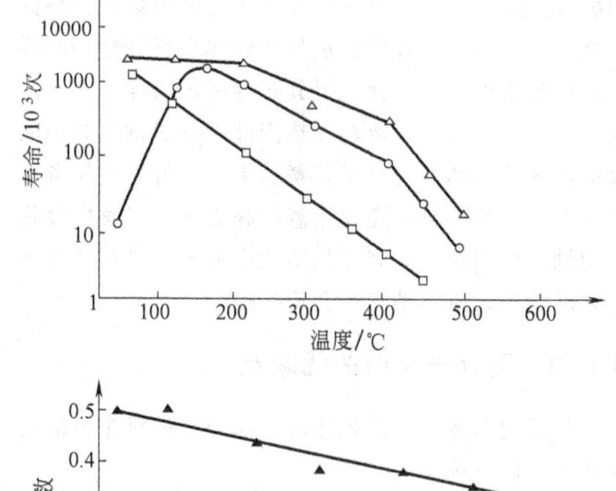

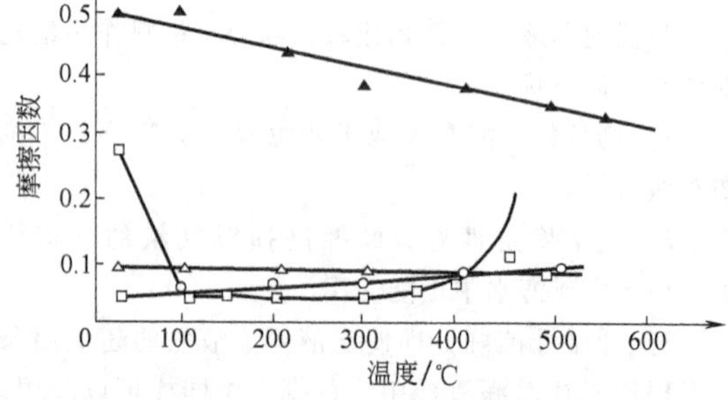

图 6-18　聚酰亚胺黏结膜的摩擦磨损与温度的关系

○—聚酰亚胺膜　△—聚酰亚胺黏结氟化石墨膜

□—聚酰亚胺黏结二硫化钼膜　▲—无润滑

这些固体润滑膜的适用温度范围是从室温到 360℃，在更高的温度条件下，它们的耐久性就很差。可以在 350℃ 以上使用的固体润滑膜有一氧化铅膜，其寿命和摩擦因数的温度特性曲线如图 6-19 所示。可以看出，摩擦因数在从室温到 800℃ 时变化很小，而且稳定。寿命在 400~700℃ 的温度范围内较好。

从上述结果来看，可以说从室温到高温范围内，只含一种固体润滑剂的膜很难满足使用要求。因此，人们又开展了低温和高温用两种固体润滑剂混合使用的研究。例如：在以 CaF_2 为主要成分的高温用固体润滑膜中添加银，这是为了使高温用固体润滑膜在低温区也具有低摩擦特性。

润滑油遇到低温就凝固而丧失润滑能力，即使是低温特性好的润滑油，在-70℃ 左右也不能再起润滑作用了。相反，如聚四氯乙烯和铅之类的固体润滑剂，在超低温下也仍然具有润滑性能。如 PTFE 在液

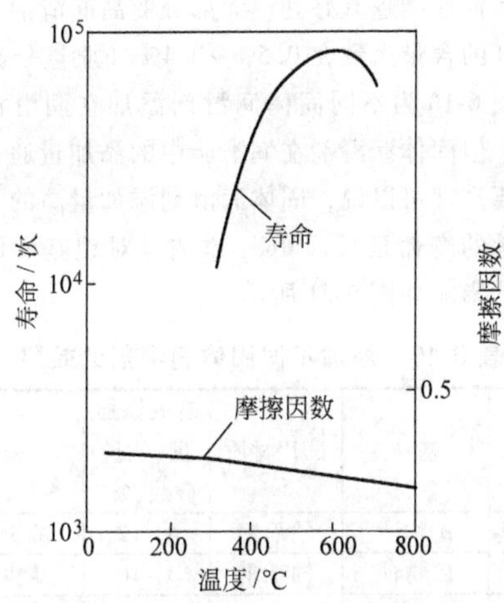

图 6-19　PbO 喷镀膜的寿命和摩擦因数的温度特性曲线

氢（沸点-253℃）或液氧（沸点-183℃）中还能润滑旋转的滚动轴承。

（2）速度及载荷的影响　一般来说，速度和载荷越大，固体润滑膜的耐久性就越差，如图 6-20 所示。

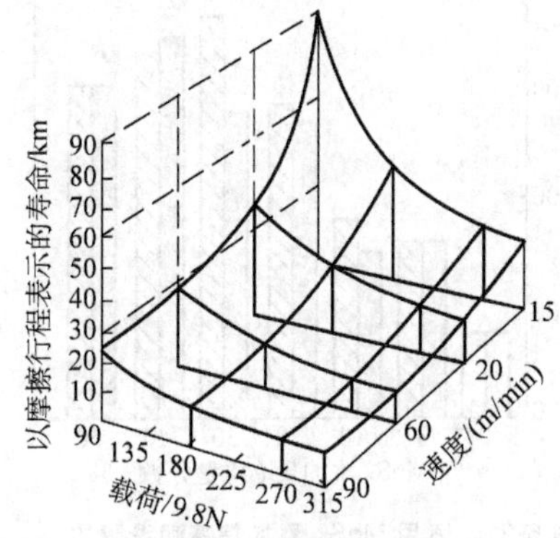

图 6-20　固体润滑膜的寿命与速度和载荷的关系

（3）气氛的影响　固体润滑剂的润滑效果对气氛有依赖性，这种影响又因润滑剂而不同。气氛对固体润滑膜磨损特性的影响见表 6-14。

表 6-14　气氛对各种固体润滑膜磨损特性的影响（对偶材料和底材都是铁系材料）

	有氧气氛	无氧气氛	真空中	湿气中
铅膜	--	+	+++	
金膜	-	+	+	-
银膜	--	+	+++	
MoS_2 膜	--	++	+	---
石墨膜	+	-		-
PTFE 膜	不受影响			

注：+表示耐久性提高；-表示耐久性降低。

4. 固体润滑膜的制备方法

按成膜的方法，可将固体润滑膜分为擦入膜、挤压膜、溅射和离子镀膜以及黏结膜四大类。

1）擦入固体润滑膜。这是一种借助人力或机械力的方法将固体润滑剂擦涂在要润滑的表面形成的膜。按具体成膜工艺又可分为擦涂、辊涂及振涂成膜。这些擦入固体润滑膜都有一定的润滑效果，特别适于在低速轻载荷下运转的精密仪器上使用。

2）挤压固体润滑膜。挤压膜就是将固体润滑成膜剂放在既有滚动又有滑动的机械力作用下在摩擦表面形成的润滑膜。中国科学院兰州化学物理研究所开发了各种挤压膜。目前国内若干厂矿企业将挤压膜用于桥式起重机减速器齿轮机构，实现了“无油润滑”。

3）溅射和离子镀膜。所谓溅射成膜，原理是在高真空条件下，接通高压电源使靶与样品之间产生辉光放电，少量容易电离的气体在辉光下电离，这些电离粒子在电场下被加速，以高速轰击靶材表面，使靶材表面的原子或分子飞溅出来，镀敷在需要成膜的样品上形成一层薄膜。溅射膜特别适用于高真空、高温、强辐射等特殊工况环境下的高精度、低载荷的滚动或滑动部件，以及用在精密光学仪器上作固体润滑膜。所谓离子镀膜，它与真空溅射一样，首先在正负两极之间建立一个低压气体放电的等离子区。在镀膜过程中，这个离子流连续轰击作为负极的工件，除去工件表面物理吸附的气体污染层，因而整个镀膜过程始终保持膜层新鲜清洁。离子镀膜比溅射成膜所用的电压更高。

溅射和离子镀均系在真空条件下成膜，因此可以使用离子轰击的方法来清洗工件表面。从而可使膜与底材的结合更牢固，也提高了膜的寿命。

4）黏结固体润滑膜。几十年来，我国发展了数十种黏结固体润滑膜。应用比较成功的黏结膜是以无机盐（硅酸钾）为黏结剂的膜，如 SS-2、SS-3 黏结固体润滑膜（即干膜），近年来又发展了一大批有机干膜。

上海跃进电机厂、中国科学院兰州化学物理研究所、四川新都机械厂等单位已经用等离子喷镀技术，以金属作为黏结剂研制了等离子喷镀固体润滑膜。

6.9　添加固体润滑剂的油脂

润滑油是通过形成油膜而发挥润滑作用的，而黏度对润滑油的使用性能影响很大。黏度过高，黏性阻力增大，使摩擦损耗增大，若黏度过低，则润滑油膜承载力下降。更重要的问题是润滑油的黏度随温度变化非常明显。随着温度升高，使原来吸附的润滑油膜的附着力下降，影响润滑效果，另外，温度上升还常伴随着润滑油的氧化。因此，在商品润滑油中常添加黏度指数改进剂、流动点降凝剂、抗氧化剂和极压添加剂等。尽管如此，在某些情况下还是不能满足使用要求，必须选用某些固体润滑剂添加于润滑油脂中。

（1）用于润滑油脂中的固体润滑剂　一般添加于润滑油脂中的固体润滑剂如下：

① 二硫化钼和石墨等层状结构物质。

② 硫代磷酸锌和三聚氰胺、三聚氯酸酯等非层状结构物质。

③ 聚四氟乙烯（PTFE）和尼龙等高分子材料。

④ 硫代钼化合物等油溶性有机金属化合物。

在上述固体润滑剂中，硫代磷酸锌可与摩擦表面反应生成具有润滑性能的磷化物。目前使用最多的添加在润滑油中的固体润滑剂是 MoS_2，其次为石墨和 PTFE。典型的添加量与用途见表 6-15。

表 6-15　固体润滑剂典型的添加量与用途

类别	固体润滑剂的添加量(质量分数,%)	用途
润滑油	0.5~5	耐磨损、耐载荷、节省能源、耐高温
润滑脂	3~50	耐载荷、耐磨损、抗烧结
润滑油膏	10~60	初期磨合、抗咬合，安装用

（2）分散安定性与附着性　要使固体润滑剂发挥润滑作用，重要的问题是必须使其进入到摩擦面之间。要使固体润滑剂粉末能进入摩擦面间，这不仅要求粉末的形状和粒度要适当，而且还要求固体润滑粉末能稳定地分散在润滑油中，同时具有足够的表面活性。有两种方法可以达到上述要求，一是把界面活性剂敷于粉末表面；二是使粉末表面获得亲油性。利用这些方法可防止粉末间发生相互聚集。

（3）粒度与粒度分布　分散在润滑油中的固体润滑剂必须经历附着在摩擦表面，因摩擦剪切而微细化和从表面脱离的过程。而粒度和粒度分布对固体润滑粉末能否导入到摩擦面之间影响较大。对于粒径小于 10μm 的粉末来说，据报道，它们的粒度差别的影响是不一致的。以 MoS_2 为例，7μm 以下的粉末在润滑性能上没有多大差异。

一般来说，固体润滑剂制造厂商把平均粒径大于 10μm 的粉末除掉，并对小于该尺寸的粉末进行粒度分布调节，之后再添加到润滑油脂中。

（4）固体润滑剂的添加量　一般来说，在润滑油脂中，固体润滑剂的添加量越大，对改善润滑油脂的摩擦磨损性能越有好处。大部分商品润滑油中，固体润滑剂的含量大致在 0.5%~0.4%（质量分数）范围内。表 6-16 为不同固体润滑剂添加在润滑油脂中的效果。但固体润滑剂在润滑脂中的添加量通常比润滑油中要高。可以说，固体润滑剂添加量高的润滑脂能使轴承的寿命延长。MoS_2 添加量对锂基润滑脂使用性能的影响如图 6-21 所示。

表 6-16　添加不同固体润滑剂的效果

固体润滑剂	基油	试片材质	有效添加量(质量分数,%)	效果
WS_2, MoS_2	矿物油	轴承钢	1~12	减少磨损
MoS_2	矿物油	轴承钢	1~10	减少磨损
MoS_2	矿物油	铝合金	2~15	降低摩擦
PTFE	矿物油	工具钢	—	降低摩擦
$(CF)_n$	矿物油	轴承钢/钢	1~20	减少磨损
MoS_2	矿物油系润滑脂	轴承钢	1~10	减少磨损
MoS_2	双酯润滑脂	轴承钢	3~20	提高承载能力
MoS_2	锂基润滑脂	轴承钢	1~3	降低摩擦

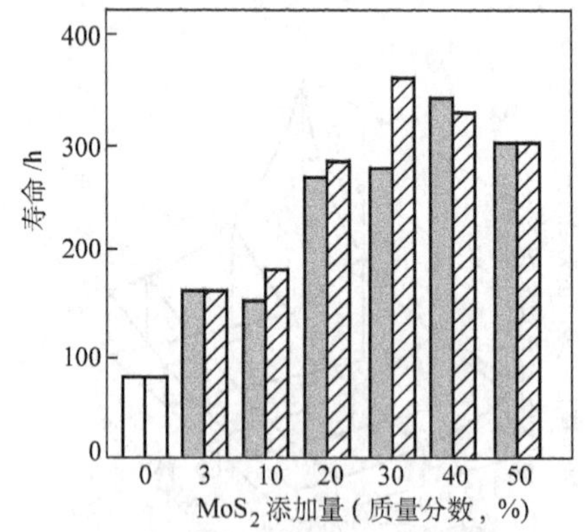

图 6-21　适用 MoS_2 添加锂基润滑脂的 ASTM 滚珠轴承的寿命试验结果

注：黑色柱线表示粒径 7μm 的 MoS_2；
斜影柱线表示粒径 0.7μm 的 MoS_2。

MoS_2 油脂能降低机械部件的磨损。在一个运输队的试验统计表明，在各种重型汽车操纵零件用油脂中加入 MoS_2，结果使磨损率降低 88%。但另一方面，由于 MoS_2 的加入，使油脂中石油烃和双酯的抗氧化性和耐蚀性降低。因此需要加入适量抗氧化、抗腐蚀添加剂以克服这一问题。

（5）基油与其他添加剂的相互作用　固体润滑剂的润滑特性是随着基油的性状而有明显变化的。实际上商品润滑油均含有各种各样的添加剂。例如，发动机油添加了抗氧化剂、清净分散剂、黏度指数改进剂、流动点降低剂、极压添加剂、防锈剂和消泡剂等，其添加总量有时高达百分之几十。不难想象，在商品润滑油中添加固体润滑剂，它一定会与上述这些添加剂发生相互作用。有人曾发表过关于极压添加剂和清净分散剂与 MoS_2 相容性的研究报告，认为 MoS_2 的添加效果是随这些添加剂的种类和浓度而不同的，并且指出它们共同作用的结果是优劣皆有。

要发挥添加剂固体润滑剂的油脂的润滑作用，必须注意下面几个问题：

① 摩擦面应当具有将固体润滑剂导入到摩擦面间的形状。

② 与滑动摩擦相比，应当采用滚动摩擦或滚动滑动摩擦。

③ 在滑动摩擦的情况下，摩擦表面的表面粗糙度在一定程度上大一些为好。

为了把固体润滑剂粉末导入摩擦面间，应当注意粉末的粒度和粒度分布状态。通常应把所添加的固体润滑剂的平均粒度大于 10μm 的粉末除掉。因为较大粒度的颗粒不容易进入摩擦面间，同时还会引起其他一些不利因素（如堵塞油路的微小孔隙等），对于小于 10μm 尺寸的粉末，应该对粒度分布进行调节之后再使用。

实际上，添加固体润滑剂的油脂在齿轮和高温滚动轴承上的应用已十分成功，其原因就在于它们的接触面形状能很好地满足上述的要求。

添加了固体润滑剂的润滑油、润滑脂和润滑油膏（添加了固体润滑剂的油脂）能在低速、高温、高负荷条件下油膜遭受破坏时发挥润滑作用。而润滑油脂在这种情况下是作为载体向需要润滑的部位输送固体润滑剂而已。

（6）添加固体润滑剂油脂的应用　这类加有固体润滑剂的油脂已成功应用于机械传动部件和机械加工中。机械传动部件中的固体润滑包括轴承的润滑、齿轮的润滑、导轨的润滑、气缸与活塞的润滑以及其他零部件的润滑（如导电滑动面、密封环和紧固件等）。

机械加工中所用的固体润滑剂，一般是作为添加剂加入油基或水基润滑冷却液中，主要的应用领域为压力加工和切削加工。在压力加工中，工具与坯料之间的接触压力很高，工具与坯料表面直接接触时有可能会发生金属的黏结。如果两者间存在润滑剂，则润滑剂将承担部分接触载荷以降低工具与坯料间的摩擦力。在压力加工中固体润滑剂的主要应用对象包括拉深、拉拔、锻造、挤压和压铸等工艺过程。

金属压力加工中的摩擦磨损和润滑问题，这些是决定工艺成败的关键。由于摩擦两表面之间的接触压力极高且高压接触面积又很大，因此，对润滑剂的要求也很苛刻。在压力加工中应用的固体润滑剂必须具有某些特殊要求，包括能牢固地黏着在模具与坯料的表面，在加工温度下有良好的热稳定性、润滑性能优良、脱模性好以及不污染环境等。

在机械加工中使用的固体润滑剂通常是以油基和水基切削液为主，以解决切削加工中的冷却润滑问题。有利于提高刀具及砂轮的寿命、提高机械加工效率以及确保机加工件的精度和表面粗糙度。

6.10　固体润滑剂的选用原则

1. 根据工作特性来选用

在选用固体润滑剂时，首先要明确其工作环境（温度、气氛或液体介质）、工作参数（压力、速度）和对摩擦学性能（摩擦因数、磨损量、使用寿命）的要求以及散热等情况，参照各种材料的耐温性、环境适应性、承载能力、极限 pv 值和在工作 pv 值下的磨损速率等，并考虑温度和润滑的影响，考虑负荷的性质（如是否存在冲击振动负荷、往复运动和间歇运动等）以及原料和加工等方面的经济因素，才能合理地选择出性能指标略高于工作参数的理想固体润滑材料。

选用固体润滑剂时，首先确定选用何种类型的原料，如层状类材料、高分子类、软金属类或是金属化合物类材料等。如果选用高分子材料或软金属基型复合材料，还应首先选择合适的基材，如选用铁基材还是铜基材等。在选择基材时，同时应考虑对偶材料的性质和结构等，使基材与对偶材料形成合理的匹配，以免固体润滑破裂时发生金属间的咬合。

在同时选用几种固体润滑剂制作复合材料时，应该考虑各种润滑剂之间的团体协同效应。

2. 根据使用性能来选用

固体润滑膜的润滑特性随气氛而变化，若同时使用润滑油或脂，则膜的寿命就会明显降低。如果想要延长润滑膜的使用寿命，可以将其同时黏结在对摩的两个滑动面上，膜的寿命可以延长 3~5 倍。如果只在一个摩擦面上黏结固体润滑膜，那就要求对偶材料的表面粗糙度 $Ra \leqslant 0.8\mu m$，表面粗糙不平或有毛刺，都会降低润滑膜的使用寿命。

含油自润滑复合材料大部分属于烧结型结构。在烧结时预留下一定比例的气孔，在其中浸入润滑油后，可以在摩擦过程中缓慢释放，起到润滑作用。

3. 根据环境特性来选用

各种润滑材料的润滑性能对环境气氛均有不同程

度的依赖性。这主要取决于固体润滑剂的性质、填料和黏结剂的耐蚀性等。因而在选用固体润滑剂时应该考虑它的环境特性。

例如，聚四氟乙烯具有最好的化学惰性，它耐强酸、强碱、强氧化剂和任何溶剂的作用，仅与熔融碱金属、高温氟、三氟化氯起反应。聚苯硫醚的耐酸、碱和与溶剂相互作用的性能均良好。聚酰亚胺的耐辐照、耐化学性良好，它还可以耐油、大多数有机溶剂和稀酸，但不耐浓硫酸和碱的作用。

二硫化钼具有降低黏滑现象、改善摩擦磨损的作用，最适宜在真空中使用。但其易与氧、氟、氯、浓盐酸、浓硫酸、王水等化学试剂作用，应该避免在这些介质中使用。

金属的化学性质活泼，耐腐蚀性差，不宜在腐蚀介质中工作。有时，软金属还易与化工生产中的某些气体和液体介质起反应，因此在选用软金属或金属基自润滑复合材料时，必须对化学环境做全面的了解。

参考文献

[1] 林亨耀．塑料导轨与机床维修［M］．北京：机械工业出版社，1989.

[2] 石森森．固体润滑材料［M］．北京：化学工业出版社，2000.

[3] 周国民，党鸿辛，我国固体润滑材料的发展状况［J］．固体润滑材料，1981，1（2）：114.

[4] 颜志光．新型润滑材料与润滑技术实用手册［M］．北京：国防工业出版社，1999.

[5] 林亨耀，汪德涛．设备润滑机修手册：第8卷［M］．3版．北京：机械工业出版社，1994.

[6] Sliney HE. Solid Lubricant Materials for High Temperatures-A Review［J］. Tribology Internatianal, 1982, 5（5）, 255-263.

[7] 松永正久．固体润滑手册［M］．范煜，等译．北京：机械工业出版社，1986.

[8] 林亨耀．塑料导轨与机床维修［M］．北京：机械工业出版社，1989.

[9] 薛群基，吕进军．高温固体润滑研究的现状及发展趋势［J］．摩擦学学报，1999（1）.

[10] 李玉峰，等．高温固体润滑材料研究的发展现状［J］．热处理技术与装备，2007（6）.

[11] 胡大樾，林亨耀．环氧耐磨涂层及其应用［M］．北京：机械工业出版社，1987.

[12] 林亨耀．COC含油抗摩涂层研究［J］．润滑与密封，1990（2）：30-35.

[13] 张祥林，等．高温固体润滑涂层最新研究与进展［J］．材料导报，2007，21（6）：4-8.

[14] 陈亚军，等．磁控溅射高温固体自润滑涂层的研究与进展［J］．材料导报，2017（2）：32-36.

[15] Wenchao Wang, Applicating of a High temperature self-lubricating Composite coating on steam turbine components［J］. Surface and coatings Technology, 2014：177-178-12-17

[16] 黄志坚．润滑技术及应用［M］．北京：化学工业出版社，2015.

[17] 王毓民，王恒．润滑材料与润滑技术［M］．北京：化学工业出版社，2015.

[18] 张剑，等．现代润滑技术［M］．北京：冶金工业出版社，2008.

第7章　润滑油脂的性能检测评定

7.1　概述

在工矿企业的实际应用过程中，设备因用油选型错误、新油质量问题、在用油品污染变质、油品理化性能劣化等原因所导致的润滑不良往往是造成设备异常磨损并引发设备故障的主要原因。设备的润滑状态好坏主要由油液的物理化学性能所决定，因此在开展油液监测及故障诊断工作时，必须对设备用油的理化性能进行检测，以判断设备的润滑状态是否符合设备的使用要求。

油液监测技术中的油品理化分析主要是通过对其理化性能指标的检测来实现的。油液理化性能指标按其反映油品性能的特征分类，主要有油液的物理性能指标、油液的化学性能指标和油液的台架性能指标三方面的内容。这些性能指标种类繁多，总数约有百余种。在工矿企业从事油液监测分析工作的工程技术人员只能部分掌握。本章主要针对工矿企业开展油液监测工作可能涉及的十余种常规理化性能指标，就其基本概念、测试方法和检测目的加以介绍。其中油液理化性能的测试方法在国内外都已标准化，例如中国国家标准（GB/T）和美国材料与试验协会标准（ASTM D），且基本上均能互相通用。

了解和掌握油液理化性能分析技术是工矿企业开展设备润滑磨损及故障诊断，进而开展设备润滑管理的前提条件。对于现代企业来说，设备的润滑故障诊断在一定程度上要比机械磨损故障诊断更为重要，因为设备的润滑故障往往是导致设备磨损故障的主要原因。要从根本上减少、避免设备的异常磨损，必须重视设备的润滑管理，加强油液的理化性能监测，使设备处于最佳润滑状态。目前国际上对机械设备油液监测诊断的系统观念也在不断发展，由早期的磨损故障诊断逐步过渡到设备润滑系统的全过程监测，而且更加重视监测和发现那些导致设备磨损故障的润滑隐患问题。这也是“标本兼治”的哲理在设备油液诊断领域的具体体现。本章在介绍油液理化性能指标检测项目的内容中，将着重介绍各种理化指标的变化对设备润滑状态的影响，使从事设备油液监测及润滑管理的工程技术人员从中了解到导致设备异常磨损的根本原因和设备润滑故障的分析方法。

7.2　润滑油理化指标的检测

反映油液物理化学性能的检测指标很多。本节主要从工矿企业油液监测和润滑管理的角度介绍对设备润滑状态有着直接影响的理化性能指标。这其中主要包括：黏度、黏度指数、水分、闪点、酸值、碱值、凝点和倾点、机械杂质、不溶物、斑点测试、抗乳化性、泡沫特性、抗磨性和极压性、液相锈蚀、铜片腐蚀、氧化安定性、添加剂元素含量、污染度、润滑油剩余使用寿命测定（RULER）、漆膜倾向指数（MPC）、LNF磨粒分析、残炭、蒸发损失和挥发性、空气释放值、橡胶相容性（密封性）、剪切安定性等。

7.2.1　黏度

1. 基本概念

黏度源于液体的内摩擦。油液受到外力作用而发生相对移动时，油分子之间产生的阻力使油液无法进行顺利流动，描述这种阻力的大小的物理量称为黏度。黏度的度量方法有绝对黏度和相对黏度两大类。其中绝对黏度分为动力黏度、运动黏度两种；相对黏度主要有恩氏黏度、赛氏黏度和雷氏黏度三种。润滑油品的黏度性能主要用运动黏度来表示。

（1）动力黏度（Dynamic Viscosity）　它是液体在一定剪切应力下流动时内摩擦的量度。其定义为所加于流动液体的剪切应力与剪切速率之比，用符号 η 表示，其法定计量单位为 Pa·s 或 MPa·s。

（2）运动黏度（Kinematic Viscosity）　定义为液体的动力黏度与其同温度下的密度之比，用符号 ν 表示，其法定计量单位为 m^2/s，一般常用 mm^2/s。

（3）恩氏黏度（Engler Viscosity）　定义为在规定温度条件下流经恩氏黏度计 200mL 液体所需的时间（s）与同体积蒸馏水在 20℃时流经恩氏黏度计所需的时间（s）之间的比值，其单位为°E。

（4）赛氏黏度（Saybolt Viscosity，常用 SSU 表示）　定义为在某规定温度下从赛氏黏度计流出 60mL 液体所需的时间。赛氏黏度还分为赛氏黏度和赛氏重油黏度（Saybolt Furol，常用 SSF 表示），法定单位都为秒（s）。

（5）雷氏黏度（Redwood Viscosity）　以 50mL 液

体在规定温度下流过雷氏黏度计所需时间来表示。雷氏黏度还分为雷氏一号黏度和雷氏二号黏度，法定单位都为秒（s）。

2. 测试方法和分析仪器

国际上使用的黏度单位和测试方法并不统一。英、美等国家多采用赛氏和雷氏黏度，德国和西欧一些国家常采用恩氏黏度和运动黏度，我国则主要采用运动黏度。国际标准化组织（ISO）为了使黏度度量单位得到一致，规定统一采用运动黏度之后，各国都逐步改用了运动黏度，单位以 mm^2/s 表示。

目前我国运动黏度测定方法的国家标准有 GB/T 265 和 GB/T 11137。其中 GB/T 265 中的方法是使用品氏黏度计测定透明石油产品的运动黏度，GB/T 11137 中的方法是用逆流式黏度计测定不透明的深色石油产品和使用后的润滑油品的运动黏度。相应的美国材料与试验协会的运动黏度测定标准是 ASTM D445。

运动黏度的测定采用毛细管法。其操作方法是在某恒定的温度（如常用 20℃、40℃、100℃）下，测定一定体积的液体在重力作用下流过一个经标定的玻璃毛细管黏度计的时间。这个时间与毛细管黏度计标定常数的乘积即为该温度下测定液体的运动黏度。测定运动黏度时，首先必须控制好被测油品的温度，控温精度要求达到±0.05℃。其次则是根据被测油品的黏稠特性选择恰当的毛细管内径尺寸，保证被测油品流经毛细管黏度计的时间在规定范围之内。另外，测定过程中毛细管黏度计必须保持垂直；毛细管黏度计常数必须定期重新标定。

运动黏度的检测仪器主要由毛细管黏度计、恒温浴缸、温度计和秒表等组成。玻璃毛细管黏度计应符合 SH/T 0173《玻璃毛细管黏度计技术条件》的要求，如图 7-1 所示为毛细管黏度计示意图。为进一步缩短黏度检测时间，美国材料与试验协会发布了 ASTM D7279，采用自动黏度计测定油品黏度，所需检测样品仅为 0.5mL 左右，可在 8~10min 内完成实验。图 7-2 为自动黏度仪示意图，恒温浴缸要有观察孔，恒温浴的高度不小于 180mm，容积不小于 2 L，并且有自动搅拌装置和自动控温装置。用于测定黏度的秒表、毛细管黏度计都必须定期检定。

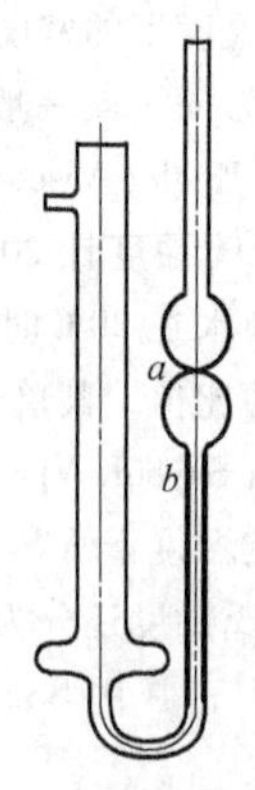

图 7-1　毛细管黏度计示意图

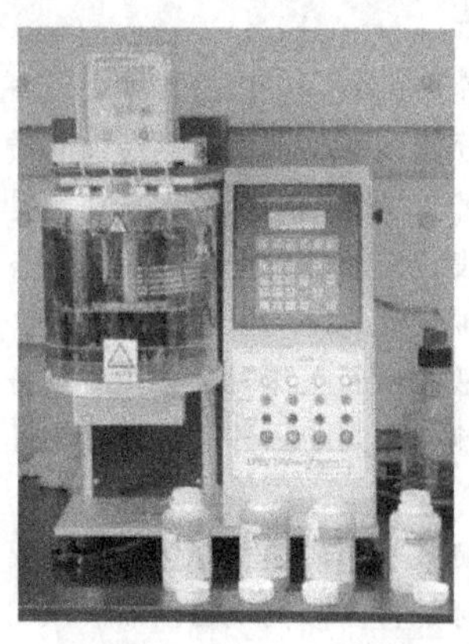

图 7-2　自动黏度仪示意图

3. 五种黏度单位之间的换算

在相同的温度下，运动黏度、动力黏度、恩氏黏度、赛氏黏度、雷氏黏度可用下列近似经验公式进行换算：

1）动力黏度（η）与运动黏度的换算：

$$\text{运动黏度}(mm^2/s)=\eta/\rho(\rho\text{—相同温度下油品的密度}) \tag{7-1}$$

2）恩氏黏度（°E）与运动黏度的换算：

$$\text{运动黏度}(mm^2/s)=7.31°E-6.31/°E \tag{7-2}$$

3）赛氏通用黏度（SVS）与运动黏度的换算：

$$\text{运动黏度}(mm^2/s)=0.22SVS-1.35/SVS \tag{7-3}$$

4）赛氏重油黏度（SFS）与运动黏度的换算：

$$\text{运动黏度}(mm^2/s)=2.24SFS-1.84/SFS \tag{7-4}$$

5）雷氏一号黏度（Rt）与运动黏度的换算：

$$\text{运动黏度}(mm^2)=0.26Rt-1.79/Rt \tag{7-5}$$

6）雷氏二号黏度（RAt）与运动黏度的换算：

$$\text{运动黏度}(mm^2/s)=0.2458RAt-1.0/RAt \tag{7-6}$$

4. 检测目的

黏度是润滑油品的重要理化性能指标。设备所用油的黏度是否合理，直接影响设备的润滑效果。企业在开展油液监测的过程中，黏度往往是必检项目。

1）绝大多数润滑油品的牌号就是根据其某一温度下运动黏度的大小来划分的。如工业齿轮油、液压油是以 40℃ 时的运动黏度值划分的。发动机油、车辆齿轮油则是以 100℃ 时运动黏度范围划分的。黏度检测是确定油品符合某种牌号的重要依据，也是检验新油质量的重要指标。

2）黏度是设备选用润滑油的主要依据。设备主要靠润滑油膜起到抗磨、减摩作用，而润滑油膜的形成好坏主要由油品的黏度决定。机械设备所用油品的黏度必须适当，若黏度过小，难以形成足够厚度的润滑油膜，不能起到有效的抗磨作用；若黏度过大，将增大机械的运动阻力，而且在起动时间里润滑油不能迅速流到润滑部位，这将导致机械部件的局部异常磨损，油温也难以散发，不能起到有效的冷却和冲洗作用。从综合效果考虑，往往是在保证设备处于良好的流体润滑条件的前提下，尽可能选择低黏度润滑油。

3）润滑油品在使用过程中因污染、劣化等原因会使其黏度发生较大的变化。如油品氧化产生的油泥、外界污染的粉尘泥沙都会使油品黏度升高；而轻质油（如燃油）的污染将使黏度降低。一旦黏度变化超出了设备润滑允许的范围，将导致设备润滑不良，产生异常磨损。因此在日常油液监测工作中，必须对油品黏度进行检测。这是判断设备润滑状态、确定是否换油的重要依据。

4）黏度是现场加换油管理重要的监督指标。加换油错误对设备造成的异常在工业企业时有发生，设备的润滑台账与现场检测黏度值不符合，说明现场的润滑管理存在缺陷，这就主要表现在油品仓储管理与加换油操作上。

7.2.2 黏度指数

1. 基本概念

（1）黏温特性　温度是影响润滑油黏度的最重要因素。润滑油的黏度随温度的升高而变小，随温度的降低而变大，这就是润滑油的黏温特性。通常指黏度随温度变化较小即黏度的热稳定性好的润滑油为黏温特性好；反之，则称为黏温特性差。

（2）黏度指数　黏度指数是国际上广泛采用表示润滑油黏温特性的定量指标。黏度指数值越高，表示润滑油的黏温特性越好；黏度指数越低，表示该种油品的黏温特性差。

2. 测试方法

黏度指数是一个经验比较值。它是用黏温特性较好（黏度指数定为 100）和较差（黏度指数定为 0）的两种润滑油为标准油，以 40℃和 100℃时的黏度为基准进行比较而得出的。

为了计算石油产品的黏度指数，国际标准化组织石油产品技术委员会专门制定了石油产品黏度指数计算方法 ISO 2909。我国也参照采用 ISO 2909 制定了国家标准 GB/T 1995。该标准规定了石油产品从其 40℃和 100℃的运动黏度基准计算黏度指数的两个方法。其中方法 A 适用于黏度指数低于 100 的计算，方法 B 适用于黏度指数高于或等于 100 的计算。

3. 检测目的

用黏度指数表示的润滑油黏温特性对润滑油的使用有着重要意义，是设备用油选型的重要因素。使用环境温差大、润滑油温度变化大的设备都要求使用具有较好黏温特性，即具有较高黏度指数的润滑油。例如，若发动机使用了黏温特性不好的润滑油，在运行环境温度较低时黏度过大。柴油机起动后，润滑油不易流到摩擦副间隙，造成机械部体的异常磨损。反之，在油品温度升高时，润滑油黏度过小，机械摩擦副间又不能形成适当厚度的油膜，使摩擦面产生擦伤或胶合。因此，要求设备要使用黏度指数高的润滑油。黏度指数的测定主要用于新油的质量验收，对使用过的旧油无多大检测意义。

7.2.3 水分

1. 基本概念

水分表示油品中含水量的多少，用质量分数或体积分数表示。

润滑油中水分一般呈游离水、乳化水和溶解水三种状态存在。一般来说，游离水比较容易脱去，而乳化水和溶解水都不易脱去。

2. 测试方法和分析仪器

测定润滑油中水分含量的方法有三种：蒸馏法（GB/T 260，ASTM D95）、容量法（GB/T 11133）和库仑法（GB/T 7600，ASTM D6304）

1）蒸馏法水分的测定标准为 GB/T 260，ASTM D95。测试原理是将一定量的试样与无水有机溶剂混合，在规定的仪器中加热蒸馏。溶剂和水一起被蒸发并冷凝到一个计量接受器中，而且溶剂和水不断分离。由此从润滑油样中分离出水分并测定出水分含量（体积分数，下同）。GB/T 260 方法的水分含量最小计量值为 0.03%。若水分含量大于 0.00%小于 0.03%则称为痕迹；而 ASTM D95 方法的水分含量最小计量值为 0.05%。

水分测定器主要由容量为 500mL 的圆底玻璃烧瓶、水分接受器、长度为 250~300mm 的直管式冷凝管和可调温电热加热器所组成。图 7-3 所示为水分测定器。水分测定器的各部分要用磨口塞连接。接受器的刻度在 0.3mL 以下设有十等分的刻线；0.3mL 和 1.0mL 之间设有七等分的刻线；1.0mL 和 1.0mL 之间每分度为 0.2mL。

2）容量法和库伦法统称卡尔菲休水分测定法，二者测定的基本原理一致，在合适的弱碱如吡啶存在时，试剂中 1mol 的 I_2 将 1mol 的 SO_2 氧化为 H_2SO_4 同时消耗 2mol 的 H_2O。两者最大的区别在于 I_2 的来源不同，容量法中的 I_2 来自于滴定剂，根据消耗的卡氏试剂的消耗量，计算试样的水含量；库仑法中的 I_2 则是通过电解含 I^- 离子的电解液产生，依据法拉第定律，电解所消耗的电量与碘的物质的量成正比，即电解 1mol 的碘，消耗 1mol 的水，需要 2 倍的 96493C 的电量，所以可通过滴定中消耗的电量计算试样的水含量。就应用而言，容量法更适用于水分含量高的样品的测量，而库仑法则仅适用于微量、痕量水的测定。库仑法、容量法水分测定仪如图 7-4 所示。

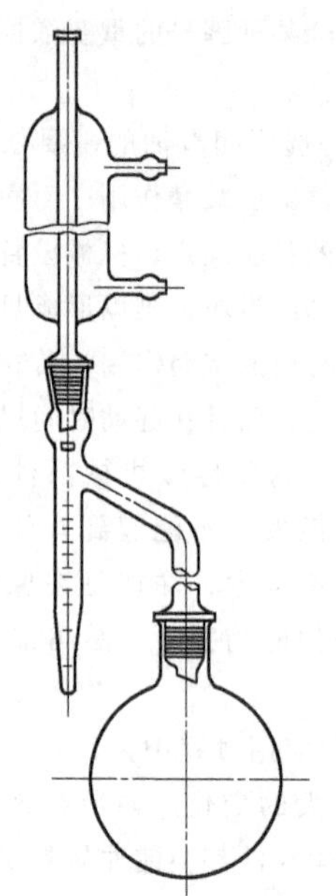

图 7-3 蒸馏法水分测定器

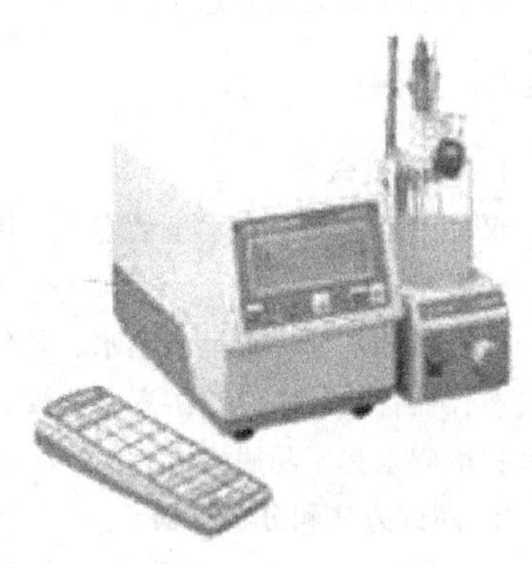

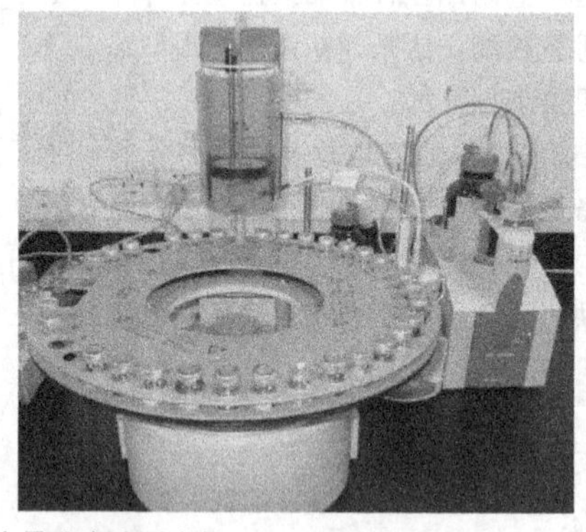

图 7-4 库仑法、容量法水分测定仪

3. 检测目的

油中过多的水分将严重影响设备的润滑效果，必须将油中的水分含量控制在尽可能低的程度。无论是对新油还是对在用旧油，水分都是一项重要的必检项目。其检测目的主要有以下几点：

1）水分会促使油品乳化，降低油品黏度和油膜强度，使润滑效果变差。

2）水分会促使油品氧化变质，增加油泥，恶化油质。甚至加速有机酸对金属的腐蚀，例如使变压器油的绝缘性能下降。

3）水分会使油中添加剂发生水解反应而失效，并产生沉淀堵塞油路，导致不能正常循环供油。

4）低温时，水分使润滑油流动性变差，黏温特性变坏；高温时，水分发生汽化，不仅破坏油膜，而且产生气阻，影响润滑油的循环。

7.2.4 闪点

1. 基本概念

润滑油（或燃油）的蒸气与空气所形成的混合气与火焰接触发生瞬间闪火时的最低温度称为闪点。

闪点又分为开口闪点和闭口闪点。开口闪点用于重质润滑油和深色润滑油闪点的测定，闭口闪点用于轻质润滑油和燃料油的闪点测定，一般情况下，开口闪点要比闭口闪点高出 20~30℃。

2. 测定方法和分析仪器

1）开口闪点测定按 GB/T 3536 的规定执行。其基本操作步骤是把试样装入内坩埚中到规定的刻线，先迅速升高试样的温度，当接近闪点时再缓慢地以恒速升温。在规定的温度间隙下，用点火器火焰按规定通过试样表面，使试样表面的蒸气发生闪火的最低温度作为该样品的开口闪点。

2）闭口闪点测定按 GB/T 261 的规定执行。其基本方法是把试样装入封闭的加热杯内，在连续搅拌下用很慢的恒定速度加热。在规定的温度间隙和同时中断搅拌的情况下，将一小火焰引入杯内，引起试样上的蒸气闪火时的最低温度即为闭口闪点。开、闭口闪点示意图如图 7-5 所示。

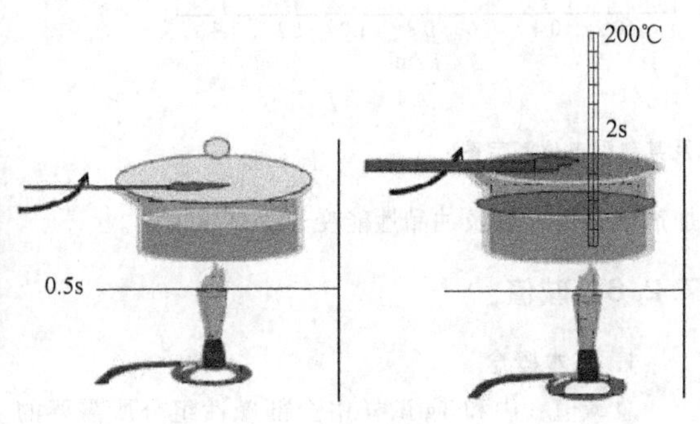

图 7-5　开、闭口闪点示意图

3. 检测目的

1）闪点是一项安全性指标。在选用润滑油时，应根据使用温度考虑选择润滑油的闪点指标。一般要求闪点比使用温度高 20~30℃，保证使用安全和减少油品挥发损失。

2）在用油闪点的高低既取决于自身的特性，又取决于油中是否混入轻质组分及其含量的多少。如发动机油的闪点若在使用过程中下降较快，则表明该发动机燃油泄漏严重，影响润滑效果，应立即修理发动机。对于发动机的油液监测，闪点是必检项目。

3）对于某些润滑油品来说，同时测开、闭口闪点，可以作为油品组分均匀性、挥发性的测定方法。这是因为，测开口闪点时有一部分油蒸气挥发了，若同一油样开、闭口闪点之差太大，则表明该油组分不均匀，易挥发，在使用中应加以注意。

7.2.5　酸值

1. 基本概念

酸值：中和 1g 油液试样中全部酸性组分所需要的碱量，以 mgKOH/g 表示。

酸值分为强酸值和弱酸值两种，两者合并即为总酸值。通常所说的酸值即是指总酸值。国内常用酸值，国外常用总酸值。

2. 测试方法和分析仪器

酸值的测试方法分为颜色指示剂法、电位滴定法、温度滴定法三大类。

（1）颜色指示剂法　主要有 GB/T 264《石油产品酸值测定法》和 GB/T 4945《石油产品和润滑剂酸值和碱值测定法（颜色指示剂法）》。国外标准主要有 ASTM D974。颜色指示剂法主要用于浅色油品的酸值检测，深色油品由于基体颜色的干扰，不适宜采用颜色指示剂法。酸值颜色指示剂法测定的基本原理是：将试样溶解于方法规定的溶剂中，并用标准溶液滴定，以指示剂的颜色变化确定滴定终点，并按滴定所消耗的标准溶液的体积数量及其浓度来计算试样的酸值。

（2）电位滴定法　主要有 GB/T 7304、ASTM D664 石油产品和润滑剂酸值测定法。基本原理是：将试样溶解在含有少量水的甲苯异丙醇混合溶剂中，在用玻璃电极和参比电极作为电极对的电位滴定仪上，用氢氧化钾的异丙醇标准溶液进行滴定，以电位计读数对滴定溶剂作图，取曲线的突跃点作为滴定终点。若无明显的突跃点时，则以新配的水性酸和碱缓冲溶液的电位值作为滴定终点。

（3）温度滴定法　温度滴定法是基于测定化学反应体系的温度变化来测定待测组分含量的。目前，关于 TAN 温度滴定法的 ASTM 标准正在制定中。

总酸值温度滴定法的基本原理是：将试样溶解在甲苯异丙醇或其他合适的混合溶剂中，加入适量的多聚甲醛粉末，在使用温度电极的温度滴定仪上，用氢氧化钾异丙醇标准溶液进行滴定，以温度对滴定溶剂体积作图，取温度突跃点作为滴定终点，如图 7-6 所示。

温度滴定法作为一种新的物理化学分析方法，是基于测定化学反应体系的温度变化来测定待测组分含量的，具有操作简便、快捷、灵敏度高等优点，近年来备受分析化学领域的关注。在酸碱中和反应中，随着氢氧化钾的滴加，温度逐步降低，当达到滴定终点时，过量的氢氧化钾与温度指示剂发生强烈的放热反应，温度急剧上升，产生温度轨点，亦即滴定突跃点。在温度滴定过程中，反应体系封闭，仅对体系温度进行监测，反应体系对滴定过程基本没有干扰。在实验中仅需一个热敏电阻探头监测反应体系温度，根据滴定温度曲线拐点确定滴定终点。所以在检测复杂基体样品，如在用润滑油时，温度滴定具有更高的准确度和精密度。

3. 检测目的

润滑油的酸性组分主要来源于润滑油中的有机酸

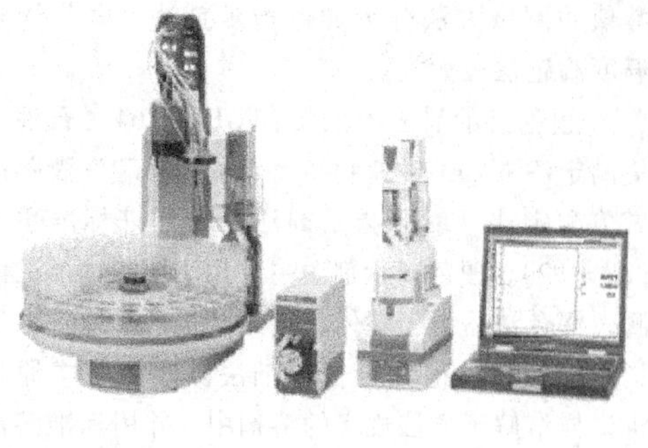

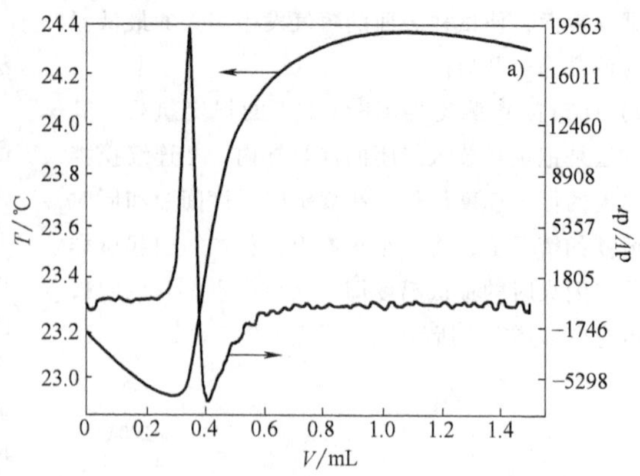

图 7-6　温度滴定仪示意图及其典型电位滴定图

和酸性添加剂，一般情况下润滑油中不含无机酸。主要检测目的有以下方面：

1）对新油酸值的检测，一方面能反映基础油的精制程度，酸值越低，表示基础油的精制程度越深，质量越好；另一方面对于含有酸性添加剂的润滑油，酸值的高低，一定程度上能间接反映润滑油酸性添加剂添加量的多少。酸值是成品油质量的控制指标。

2）对于不含酸性添加剂的在用油来说，酸值表示油品氧化变质的程度。油品在使用过程中与空气中的氧发生反应，生成一定量的有机酸，会对机械部件造成一定程度的腐蚀。所以，对在用油的监测中酸值是项重要检测项目，是判断设备润滑状况的重要指标。

3）含酸性添加剂的在用油，其酸值在运用初期会有所下降。这主要是油品酸性添加剂逐渐损耗的原因。之后，酸值又逐步上升，这是因油品氧化变质所造成的。所以在对油液酸值的监测中，可以根据酸值的变化情况，并结合其他检测指标，综合分析获得添加剂消耗情况以及油品性能变化等多组信息。

7.2.6　碱值

1. 基本概念

总碱值：中和 1g 试样中全部碱性组分所需要的酸量，并换算为等当量的碱量，以 mgKOH/g 表示。

润滑油中碱性组分主要有有机碱、无机碱、氨基化合物和碱性添加剂等。内燃机油的清净分散剂是碱性的，所以碱值主要用于间接检测内燃机油清净分散剂的数量。

2. 测试方法和分析仪器

润滑油总碱值的测定方法有 SH/T 0251、ASTM D2896，亦称为高氯酸电位滴定法。该方法规定可用正滴定法或返滴定法，通常用正滴定法。其原理是：将试样溶解于滴定溶剂中，以高氯酸-冰乙酸标准滴定溶液为滴定剂，以玻璃电极为指示电极，甘汞电极为参比电极进行电位滴定，用电位滴定曲线的电位突跃来判断滴定终点，如图 7-7 所示。

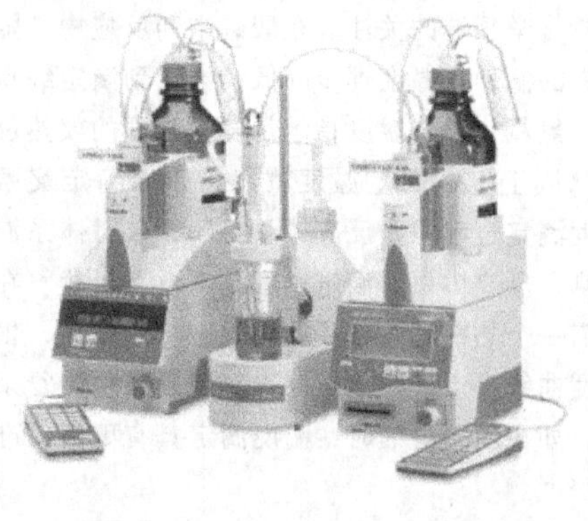

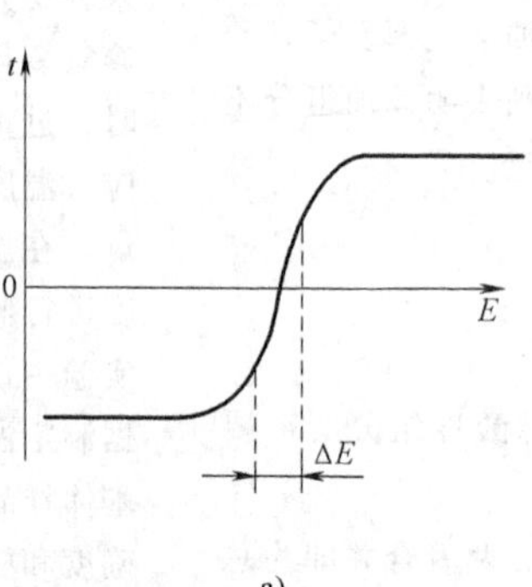

a)

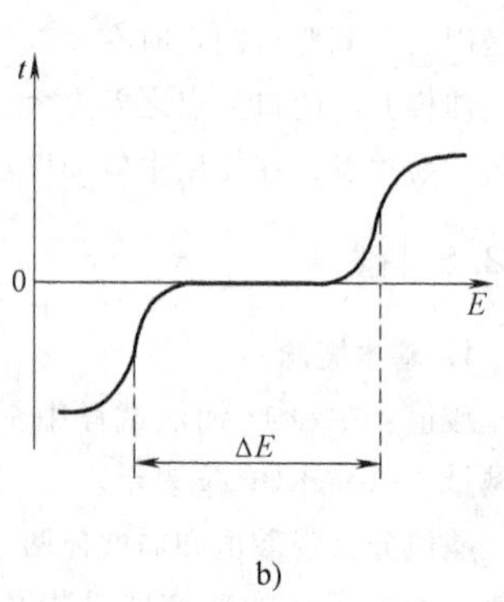

b)

图 7-7　电位滴定仪示意图及典型电位滴定图

3. 检测目的

1）总碱值是内燃机油的重要质量指标，能反映内燃机油中碱性清净分散添加剂的多少。在内燃机运行过程中，燃料油中的含硫组分在燃烧过程中产生SO_2，与冷凝水接触生成稀硫酸，这对柴油机零部件具有强烈的腐蚀性。因此内燃机油中必须要有足够量的碱性添加剂来中和燃料油产生的酸性物质。

2）内燃机油的工作环境温度较高，易与空气中的氧发生化学反应产生酸性物质，使油品氧化变质，产生较多的油泥。因此内燃机油中的碱性添加剂还起到防止油品氧化的作用，通过检测总碱值可以监测碱性添加剂防油品氧化的能力。

3）对新油总碱值的检测，能反映油品质量是否达到相应等级柴油机油的质量指标。对在用油品总碱值的检测，可反映油中碱性添加剂的损耗和油品氧化变质的程度，从而指导设备视情况换油或增添高碱值的新油。例如柴油机发电厂用的高碱值柴油机油，在使用过程中碱值会不断下降。为了保证柴油机油中有足够的碱值，就需定期检测碱值的变化，并不断补加新油。

7.2.7 凝点和倾点

1. 基本概念

凝点：润滑油在规定的试验条件下冷却，将样品试管倾斜45°，经1min后试样液面不移动的最高温度即为凝点。

倾点：润滑油在规定的试验条件下冷却，每间隔3℃检查一次试样的流动性，直至试样能够流动的最低温度即为倾点。

凝点和倾点都是表示油品的低温流动性，无原则性差别，只是测定方法有所不同。一般情况下倾点高于凝点2~3℃。过去前苏联和我国多用凝点指标，西方国家多用倾点。现在都逐步改用倾点来表示润滑油的低温性能。

2. 测试方法与分析仪器

凝点的测定方法按GB/T 510的规定进行。测定样品凝点时，将试样装在规定的试管中。在冷却到接近预计温度时，将试管倾斜45°，经过1min后，观察液面是否移动。记录试管内液面不流动时的最高温度作为凝点。

倾点的测定方法按GB/T 3535的规定进行，等效于ISO 3016的规定。

凝点和倾点测试示意图如图7-8所示。

倾点试验仪主要由试管、套管、温度计、木塞、垫圈和冷浴组成，凝点试验仪的结构组成与倾点试验仪基本相同。

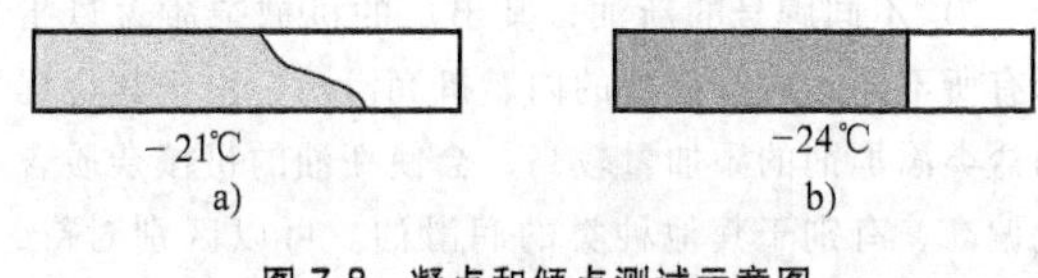

图7-8　凝点和倾点测试示意图

a）倾点　b）凝点

3. 检测目的

1）润滑油的凝点和倾点是润滑油低温性能的重要质量指标。倾点或凝点高的润滑油不能在低温下使用，否则将堵塞油路，不能正常润滑。

2）对于发动机来讲，使用倾点或凝点高的润滑油将造成起动困难。尤其是在寒冷地区，应选择较低倾点或凝点的润滑油。

3）对于低温环境下使用的机械设备，在选用润滑油时，一般选用倾点或凝点比使用环境温度低10~20℃的润滑油。

4）倾点往往是鉴别多级机油的重要参数，也是鉴别伪劣产品的重要指标。

7.2.8 机械杂质

1. 基本概念

所有悬浮和沉淀于润滑油中的固体杂质统称为机械杂质。机械杂质主要来源于生产、贮存、使用过程中的外界污染、机器磨损和腐蚀污染，大部分情况下是由粉尘、铁屑和积炭颗粒组成。

2. 测试方法和分析仪器

机械杂项的测定方法按GB/T 511的规定进行。其测试原理是称取一定量试样加热到70~80℃后再加入2-4倍的溶剂。将混合液在恒重的滤纸上过滤，用热溶剂清洗滤纸后再进行恒重，定量滤纸过滤前后的质量之差即机械杂质的质量。

机械杂质测定装置主要由锥形烧瓶、称量瓶、玻璃漏斗、吸滤瓶、干燥器和水浴等组成，所用过滤材料为定量滤纸（滤速为31~60s，直径为11cm）。也可用坩埚式微孔玻璃滤器，过滤板孔径为4.5~9μm。

3. 检测目的

1）机械杂质是新油质量的重要控制指标，因为油品在生产、储运过程中都会带来机械杂质。

2）对于在用油品来说，定期检测油中机械杂质含量的变化趋势也十分必要。机械杂质是工矿企业润滑管理的常规监测项目之一。因为油品中的外来粉尘砂粒污染以及机件磨损的磨损碎屑等都会加速机械设备的异常磨损，同时还会堵塞油路及过滤器，导致设备产生润滑故障。机械杂质是判断设备是否需要换油的指标之一。

3）不同牌号的新油，其出厂的机械杂质含量指标有所不同。有些品牌的内燃机润滑油，由于其金属的盐类添加剂的添加量较高，会使新油的机械杂质含量偏高，有别于其他种类的润滑油。可以区别对待，但必须满足出厂标准。

7.2.9 不溶物

1. 基本概念

不溶物指标是指在用润滑油中不溶于正戊烷或甲苯溶剂的物质含量。不溶物的多少能反映在用润滑油的污染和劣化情况。不溶物按其溶剂溶解性分类为正戊烷不溶物和甲苯不溶物两类。

正戊浣不溶物主要指油中磨损金属颗粒、粉尘杂质、积炭等固体杂质；以及油品裂解、降解产生的树脂状物质。

甲苯不溶物则主要指油中的磨损金属颗粒、粉尘杂质和积炭等固体物质。

由上述定义可见，在用油正戊不溶物和甲苯不溶物的差值能反映油品裂化衰败的程度，从而反映油品的润滑效能。

2. 测试方法和分析仪器

在用润滑油不溶物测定方法的标准是 GB/T 8926、ASTM D893。具体方法是把一份在用润滑油样品与正戊烷溶剂混合，并在离心机上分离后慢慢地倒出上层油溶液。用正戊烷中洗涤沉淀物两次，再干燥称重，即得到正戊烷不溶物。测甲苯不溶物时，则是在已用正戊烷洗涤沉淀物两次后，分别用甲苯-乙醇溶液和甲苯溶液各洗涤一次，然后干燥称重，即得到甲苯不溶物。

不溶物的测定装置主要由离心管、离心机、烘箱、天平、量筒和洗瓶等组成。其中对技术参数要求较高的是离心机。首先离心机要满足正常使用时的所有安全要求，要防静电、防爆。其次是离心机的转速，要能达到使离心管的末端获得（600~700）g 的相对离心力的要求。根据所用离心机的具体技术性能，计算达到（600~700）g 相对离心力所需转速的计算公式如下：

$$n=1337\sqrt{f/d} \tag{7-7}$$

式中 n——离心机旋转头的转速（r/min）；

f——离心管末端给出的相对离心力，（600~700）g。

d——在旋转位置时，相对的两个离心管末端之间的距离（mm）。

根据式（7-7）计算出的转速，设置离心机的旋转速度。在放置离心管时，要用水平衡每一对已装好试样的离心管。特别要在离心管底座注入水，使离心管末端所承受的离心力通过水的平衡而缓解，避免玻璃离心管的破碎。

3. 检测目的

1）不溶物是评价在用润滑油污染程度及衰败变质的一项质量指标。主要用于对在用润滑油的检测，以判断油品的污染变质情况。

2）对于柴油机油来说，不溶物是评定其质量变化的尤为重要的指标。特别是若同时测定正戊烷不溶物和甲苯不溶物，能有效检测油品高温氧化、裂解所形成树脂状物质的数量。而树脂状物质是油泥的重要组成部分，反映了油品的衰败程度。

3）国外许多石油公司和柴油机供应商都用不溶物作为评价柴油机油质量衰败程度的重要指标。我国也有一些企业用该项指标来指导设备定质换油。

7.2.10 抗乳化性

1. 基本概念

乳化是指一种液体在另一种液体中紧密分散而形成乳状液的现象。它是两种液体的混合而并非相互溶解。润滑油在使用过程中与水接触，在一定条件下就会产生不同程度的乳化。

润滑油的抗润滑性或破乳化度是指油品遇水发生乳化经过加温静置能迅速实现油水分离的能力。

影响润滑油水分离性能的主要因素有基础油的精制程度、油品污染程度和油品添加剂的配伍状况。对于调配好的成品油，使用过程中产生的机械杂质、油泥等污染物都会严重影响油品的水分离性或破乳化度。

2. 测试方法和分析仪器

润滑油的该性能指标主要按 GB/T 7305《石油和合成液水分离性测定法》测试，该方法等效于 ASTM D1401。当测定 40℃ 运动黏度小于 90mm^2/s 油品的水分离性时，测定温度为 54±1℃；当测定 40℃ 运动黏度大于 90mm^2/s 油品的水分离性时，测定温度为 82±1℃。

方法是将试样和蒸馏水各 40mL 装入同一量筒内。在规定温度下，以 1500r/min 的转速将混合液搅拌 5min。停止搅拌并提起搅拌叶片，每隔 5min 从侧面观察记录量筒内油、水、乳化层体积的毫升数和响应的时间，如图 7-9 所示。结果报告方式是：（油层 mL-水层 mL-乳化层 mL）时间 min，例如（40-37-3）15min。

GB/T 7305 中水分离性的测定装置主要由量筒、

图 7-9　水分离性能测试示意

水浴、电动机搅拌器和秒表等组成。其中量筒由耐热玻璃制成，刻度在 5~100mL 范围内，分度为 1mL。量筒内径为 27~30mm，高度为 225~260mm，刻度误差不应大于 1mL。水浴具有足够的大小和深度，水浴温度的自控精度为±1℃。搅拌器由不锈钢叶片和连杆组成，叶片长（120±1.5）mm，宽（19±0.5）mm，厚 1.5mm，连杆直径约为 6mm。电动机转速为（1500±15）r/min。

另外还有 GB/T 8022《润滑油抗乳化性能测定法》。该方法主要用于测定高黏度润滑油的抗乳化性能。方法是在专用分液漏斗中加入 405mL 试样和 45mL 蒸馏水，在 82℃温度下以（4500±500）r/min 的转速搅拌分离 5min，静置 5h 后测量记录油中分离出来的水的体积、乳化液的体积和油中水的百分数。

在日常油液监测工作中，常用的方法是 GB/T 7305。测试过程中应注意到对于成品油是用蒸馏水来检测，但对于监测在用油的抗乳化性能时，最好要用设备现场可能进入润滑油的水质来检测。例如检测钢厂轴承油的抗乳化性能时，用蒸馏水和钢厂冷却水所测的差别较大，这是因为钢厂冷却水中的污染物较多，加强了油品的乳化性能。所以要准确判断钢厂轴承油对于特定条件下的抗乳化性，就应该用钢厂轴承冷却水来检测该油的抗乳化性能。

3. 检测目的

1）润滑油的抗乳化性很大程度上取决于基础油的精制程度。对新油的抗乳化性的检测，能反映新油的质量好坏，是鉴别真假油品质量的指标之一。

2）润滑油品在一些场合下不可避免要进入不少水分，这就要求油中所进的水分能迅速从油中分离出来，否则水和油所形成的乳化液将降低润滑油的润滑性能，增加磨损、产生腐蚀、生成油泥，阻碍润滑油的正常循环。所以要求润滑油品具有较好的抗乳化性能。

3）用于循环系统的工业润滑油，如液压油、齿轮油、汽轮机油、轴承油等，在使用过程中都要与冷却水或水蒸气接触，其量之大以致需要定期从循环油箱底部排放混入的水分。因此对这些油品的抗乳化性都有较高的要求，特别是汽轮机油和轴承油。

4）油品随着使用时间的延长，其被氧化程度、所含酸性物质增加，这将产生更多的机械杂质。这些物质都会使油品的抗乳化性能变差。所以抗乳化性也是判断油品是否需要更换的重要质量指标。

7.2.11　泡沫特性

1. 基本概念

泡沫是气体分散在润滑油中的产物。润滑油产生泡沫现象主要有以下原因：

1）机械设备在运转过程中，将空气带进油中而产生泡沫。

2）润滑油中一些极性添加剂具有表面活性作用，促使油品产生泡沫。

3）在用油中的油泥、胶质和其他污染物质都能促使油品泡沫产生。

4）油品使用过程中老化变质，使油品表面张力下降，也促使泡沫产生。

用油品生成泡沫的倾向和生成泡沫后的稳定性来表示油品的抗泡沫性。泡沫倾向性越小，泡沫稳定性越差，表明油品的抗泡沫性能越好。

2. 测试方法和分析仪器

测试方法是 GB/T 12579、ASTM D892 润滑油泡沫特性测定方法。具体方法步骤是：将 200mL 油样放入 1000mL 量筒内，按 24℃、93.5℃、再 24℃三个温度顺序进行测定。每个程序通入净化过的空气 5min，空气流量为 94mL/min。同时记录油面上的泡沫体积，这个体积称为泡沫倾向性，用 mL 数表示。停止通气后泡沫不断破灭，10min 后再记录油面上残留的泡沫体积，用这个体积来表征泡沫稳定性，同样用 mL 数表示。测试结果表示为：泡沫倾向性（mL）/泡沫稳定性（mL）。

泡沫特性试验设备如图 7-10 所示，主要由 1000mL 量筒、直径为 25.4mm 的气体扩散头、恒温浴、流量计和进出气导管等组成。其中量筒的直径应满足从量筒内底至 1000mL 刻线的距离为（360±25）mm。量筒的顶口配有合适的带孔的橡胶塞，中心孔安装进气管，旁边的孔安装出气管。当橡胶塞紧紧地塞在量筒上后，调节进气管的位置，使气体扩散头恰好刚接触到量筒的底部，并在其周截面的中心。气体扩散头应符合下列技术要求：最大孔径不大于 80μm，空气渗透率在 2.45kPa 压力下为 3000~6000mL/min。

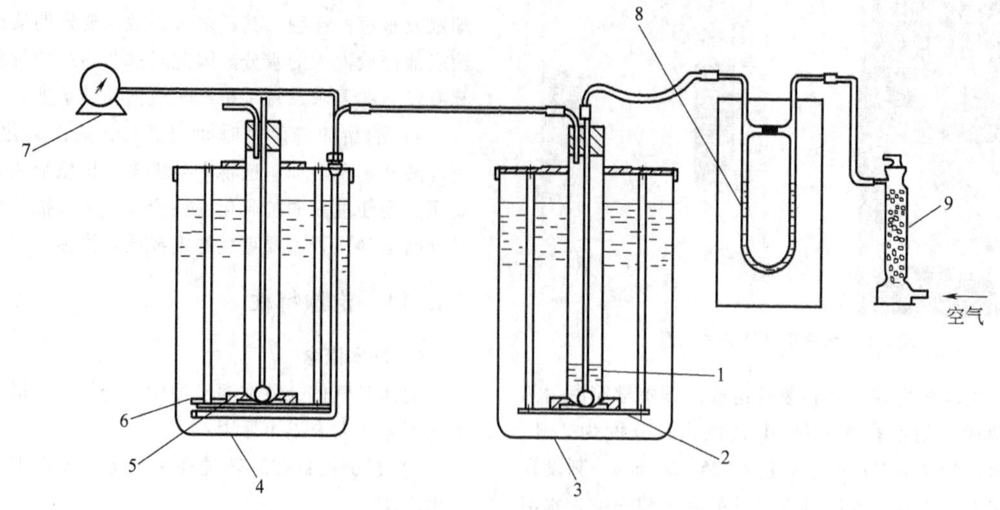

图 7-10 泡沫特性试验设备

1—1000mL 刻度量筒 2—气体扩散头 3—93.5℃试验浴 4—24℃试验浴 5—铅块 6—盘管 7—流量计 8—压差式流量计 9—干燥塔

3. 检测目的

由于设备运行过程中不可避免地在油中会产生许多泡沫，要求油品具有良好的抗泡沫性，否则油中过多的泡沫将产生如下危害：

1）使润滑油从呼吸孔和注油管中溢出，在油位指示器中显示出假的油位，导致供油量不足，产生润滑不良。

2）使润滑油压缩性增大，油泵效率下降，供油系统发生气阻，从而造成摩擦副断油，产生磨损或烧结。

3）泡沫进入摩擦副，会因压力作用而在瞬间破裂，导致油膜形成不良，产生异常干摩擦。

4）润滑油和空气接触面积增大，加速油品氧化，使油品使用寿命缩短。

5）抗泡沫特性是评价设备新油及在用旧油质量好坏的重要指标，特别是对液压油、汽轮机油和齿轮油都要求具有较好的抗泡沫特性。

7.2.12 抗磨性和极压性

1. 基本概念

润滑油的抗磨性和极压性是衡量润滑油润滑性能的重要指标。抗磨性是指润滑油在轻负荷和中等负荷条件下，能在摩擦副表面形成润滑油薄膜以抵抗摩擦副表面磨损的能力。极压性是指润滑油在低速高负荷或者高速冲击负荷条件下，抵抗摩擦副表面发生烧结、擦伤的能力。评定润滑油抗磨性和极压性的试验方法很多，本文从油液监测的实际情况出发，只介绍应用面最为广泛的“四球法”。下面是“四球法”测定润滑油抗磨性和极压性的主要检测指标。

1）最大无卡咬负荷 PB 值，即在试验条件下钢球不发生卡咬的最高负荷。它表征油膜强度。

2）烧结负荷 PD 值，即在试验条件下使钢球发生烧结的最低负荷。它表征润滑油的极限工作能力。

3）综合磨损值 ZMZ，是润滑油在所加负荷下使磨损减少到最小的抗极压能力的一个指数，它等于若干次校正负荷的算术平均值。

4）磨斑直径 $D_{60\text{min}}^{392\text{N}}$，是指润滑油在负荷为 392N、时间为 60min 的长磨条件下，钢球表面的磨损斑痕的直径，用来评价润滑油的抗磨能力。

2. 试验方法和分析仪器

在四球极压试验机中三个直径为 12.7mm 的钢球被夹紧在一起，装于油盒中，并以试验油浸没。另一个同直径的钢球安装在主轴上，并以不同的转速及负荷向上述三个固定的钢球施加负荷，如图 7-11 所示。在试验过程中，四个钢球的接触点都被浸没在润滑油中。通过测定每次试验后钢球表面的磨痕直径来求出代表润滑油抗磨极压性能的有关指标。PB、PD、ZMZ 的测定方法分别有 GB/T 3142［主轴转速为 (1450±50) r/min］、GB/T 12583 和 ASTM D2783［主轴转速为 (1760±40) r/min］；$D_{60\text{min}}^{392\text{N}}$ 的测定方法有 SH/T 0189。

试验装置主要由四球极压试验机、显微镜和计时器等组成。四球机主轴转速按所选用的试验方法来确定，应满足试验条件的上限要求，负荷范围为 60~

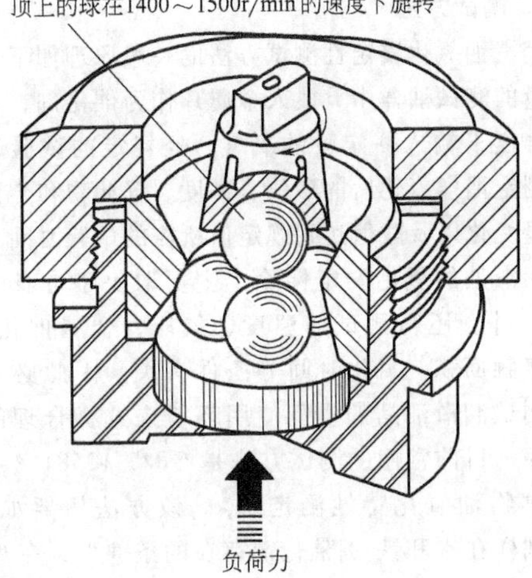
顶上的球在1400～1500r/min的速度下旋转
负荷力
图 7-11　四球试验示意图

8000N。四球机应有刚性耐振结构，四球机上弹簧夹头中的钢球径向圆跳动不应大于 0.02mm。显微镜装有测微尺，读数精度为 0.01mm。秒表精度为 0.1s。钢球为用优质铬合金轴承钢 GCr15A 制造的、直径为 12.7mm、硬度为 64HRC 的四球机专用试验钢球。

3. 检测目的

（1）对润滑油抗磨性能的评定　润滑油在使用过程中时常会因新油的品质以及使用过程的劣化而使油品的抗磨性能变差，导致设备润滑部件的异常磨损。在开展设备润滑磨损状态监测过程中，有必要对新油和在用油的抗磨性能进行不定期的抽查，以确保润滑油品的抗磨性。对于润滑油抗磨性能测试的方法很多，但四球法是最简单和实用的方法。例如对于抗磨液压油的抗磨性能的测定，标准做法往往推荐采用威克斯泵的磨损失重方法。但该方法试验复杂，试验仪器和检测费用也很昂贵，难以在油液监测工作中普及。而采用四球法的各项指标已能较好地反映抗磨液压油的抗磨性能，而且检测费用也很便宜。同样，发动机油、齿轮油等的抗磨性能都可以用四球法来做出简单而实用的评定。

（2）对润滑油极压性能的评定　现代设备负荷的增高和工作环境的恶劣，使许多设备特别是那些低速重载的摩擦副表面间难以形成完整连续的抗磨润滑油膜。在这种条件下，全凭润滑油中的极压抗磨添加剂与金属起化学反应、在摩擦副表面生成剪切应力和熔点都比原金属要低的极压固体润滑膜来防止摩擦副表面相互烧结磨损。例如重负荷的工业齿轮油、车辆齿轮油等对其极压抗磨性能都有较高的要求。若极压性能不好，则在高负荷、冲击负荷的作用下，润滑油很难起到良好的抗磨作用，加速摩擦副的异常磨损。因此，对有极压性能要求的润滑油必须进行极压性能检测。四球法的 PD 值检测是评价润滑油极压性能最简单且最实用的方法之一。

7.2.13　液相锈蚀

1. 基本概念

锈蚀：指金属表面与水分及空气中氧接触生成金属氧化物的现象。

缓蚀性：指润滑油品阻止与其相接触的金属表面被氧化的能力。

2. 测试方法和分析仪器

液相锈蚀测试方法常用的有 GB/T 11143、ASTM D665 加抑制剂矿物油在水存在下防锈性能试验法。该方法适用于加抑制剂矿物油，例如表征汽轮机油、液压油以及循环油等在与水混合时对铁质部件的防锈能力。对于防锈油，其缓蚀性则用其他方法来评定，主要有 GB/T 2361《防锈油脂湿热试验法》和 SH/T 0081《防锈油脂盐雾试验法》。

GB/T 11143 方法的概要如下：将 300mL 试样与 30mL 蒸馏水或合成海水混合，将符合标准的圆柱形试验钢棒全部浸入混合液中。在温度为 60℃ 并以 1000r/min 的转速进行搅拌的条件下，经 24h 或约定时间后将钢棒取出。用溶剂汽油、石油醚清洗干净，并立即目测评定试验钢棒的锈蚀程度。锈蚀程度分为以下四个等级：

无锈：试验钢棒上没有锈斑。

轻微锈蚀：锈斑不超过 6 个，每个锈斑直径不大于 1mm。

中等锈蚀：锈斑超过 6 个，但锈斑面积小于试验钢棒表面积的 5%。

严重锈蚀：锈斑面积超过试验钢棒表面积的 5%。

缓蚀性测试装置主要由油浴、烧杯、搅拌器和试验钢棒组合件等组成。其中油浴保持试样温度为 (60±1)℃；搅拌器的搅拌速度为 (1000±50) r/min；试验钢棒组合件应包括一个装设塑料手柄的圆柱形试验钢棒；塑料手柄由 PMPA 树脂制成。试验钢棒材质所含其他微量金属含量应符合以下规定：

碳 (0.15%～0.20%)，锰 (0.60%～0.90%)，硫 (标准为≤0.20%，应为≤0.05%)，磷 (≤0.04%)，硅 (<0.10%)。

3. 检测目的

在工矿企业，发动机、齿轮箱、液压系统等装置在运行过程中都不可避免地有水浸入，为了防止机械零部件表面与水接触而产生锈蚀，要求相应的发动机油、齿轮油、液压油等具有较好的缓蚀性，润滑油的防锈能力是新油质量验收的重要指标，特别是对容易进水的设备，在选择油品时必须考虑该油的缓蚀性。

7.2.14　铜片腐蚀

1. 基本概念

腐蚀：金属表面受周围介质的化学或电化学作用而被破坏的现象称为金属的腐蚀。防腐性：指润滑油品阻止与其相接触的金属表面被腐蚀的能力。

2. 测试方法和分析仪器

常用的测试方法是 GB/T 5096—2017《石油产品铜片腐蚀试验法》，该方法用润滑油对铜片的腐蚀程度来评价油品的防腐性能。

GB/T 5096—2017 方法概要是：将一块已磨光好的铜片浸没在一定体积的试样中，根据试样的产品类别加热到规定的温度，并保持一定的时间。加热周期结束时，取出铜片，经洗涤后，将其与铜片腐蚀标准色板进行比较，评价铜片变色情况，确定腐蚀级别。工业润滑油常用的试验条件为温度 100℃、时间 3h。腐蚀级别分为 4 级，其中 1 级为轻度变色，2 级为中度变色，3 级为深度变色，4 级为表面被侵蚀。

防腐性能测试装置由试验弹、试管、恒温浴、温度计、试片和标准色板等组成，其中试验弹用不锈钢制作，并能承受 689kPa 的压力。恒温浴能维持试验所需的（40±1）℃、（50±1）℃或（100±1）℃范围内的测试温度。试片材料为纯度大于 99.9% 的电解铜。铜片腐蚀标准色板是由按变色和腐蚀程度增加顺序排列的典型试验铜片的颜色复制品组成。它是由典型试片全色复制而成，是在一块铝薄板上采用四色加工过程制成的，并嵌在塑料板中以便防护。在每块腐蚀标准色板的反面给出了腐蚀标准色板的使用说明。

3. 检测目的

润滑油对机械零部件的腐蚀，主要是油中活性硫化物、有机酸、无机酸等腐蚀性物质引起的。这些腐蚀性物质一方面是基础油和添加剂生产过程中残留下来的，另一方面则是油品在使用过程中的氧化产物。为了保证油品对机械设备不产生腐蚀，腐蚀试验几乎是评定新油质量的必检项目。

7.2.15　氧化安定性

1. 基本概念

润滑油在受热和金属的催化作用下抵抗氧化变质的能力，称为润滑油的抗氧化安定性。它是反映润滑油在实际使用、贮存和运输过程中氧化变质和老化倾向的重要指标。

2. 测试方法

润滑油氧化安定性测试方法的一般原理如下：在一定量的测试油样中，放入金属片作为催化剂，在一定的温度下输入一定量的氧气，经规定的试验时间后，测定油样氧化后的酸值、黏度、沉淀物和金属片的质量变化以及酸值达到规定值所需的试验时间。

润滑油的氧化安定性除了主要取决于自身的化学组成外，还与测试的温度、氧压、金属催化片、金属接触面积、氧化时间等条件有关。因此必须根据所测试润滑油品的实际使用环境来选择合理的试验条件，目前常用的测试方法是 GB/T 12581《加抑制剂矿物油氧化特性测定法》。该方法概要如下：检测试样在水和铁-铜催化剂存在的条件下，在 95℃条件下与氧反应，定期测定试验的酸值，酸值达到 2.0mgKOH/g 或试验时间达到 10000h，试验结束，使酸值达到 2.0mgKOH/g 的试验时间称为试样的“氧化寿命”。由于 GB/T 12581 试验时间较长，在实际检测中也多采用 SH/T 0193《润滑油氧化安定性的测定　旋转氧弹法》来评价不同批次相同组成润滑油氧化安定性的连续性或润滑油的剩余氧化试验寿命。

3. 检测目的

1）监测润滑油的氧化安定性的变化，防止因润滑油的氧化变质生成更多有机酸，使设备润滑部件发生腐蚀。

2）防止因润滑油氧化严重所产生的更多油泥、胶质和沥青质，增大润滑油的黏度，妨碍设备的润滑和散热。也防止因过多的油泥堵塞油路而影响润滑油的流动，增加设备的磨损。

3）润滑油的氧化变质还会使油品的添加剂发生裂解失效，使油品的有关理化性能发生劣化，如油品的泡沫性、乳化性、抗磨性能等都会明显下降。

润滑油的氧化安定性测试很费时、费力，所以在工矿企业的油液监测工作中往往是通过检测油品的黏度、酸值和不溶物等指标来间接反映在用润滑油品的氧化劣化程度。除了上述外界条件外，在用润滑油品的氧化安定性最主要的还是取决于新油的品质，其中更主要的是受基础油的影响，因此主要是对大量采购的新油进行氧化安定性检测，以保证新油的品质。

7.2.16　添加剂元素含量

1. 基本概念

不同牌号的商品润滑油是在基础油中加入相应添

加剂调配而成的。润滑油的许多重要特性及使用性能往往是由所加添加剂的种类、数量和质量所决定的。添加剂是决定润滑油质量的极为重要的因素。润滑油添加剂的种类很多，但大致可以分为两大类。一类是改善润滑油物理性能的添加剂，如黏度指数改进剂、低温性能改进剂、消泡剂等；另一类是改善润滑油化学性质的添加剂，如清净分散剂、抗氧化剂、抗磨剂、极压剂和防锈剂等。这些添加剂基本上都是有机或无机物组分，以化学基团形式存在于润滑油之中。对于含有金属成分的盐类或碱类的有机添加剂，可以从检测油中相关元素的种类和浓度入手，间接推断与该元素相对应的添加剂的存在和数量。例如 Ca、Mg 元素主要来源于润滑油中的清净剂和分散剂，这是因为常用的清净分散剂是磺酸钙、水杨酸钙和环烷酸镁等。通过检测油中的 Ca、Mg 元素含量，就可大致推断该油所加清净分散剂的数量。再如元素 Zn、P 主要来源于抗磨剂、极压抗磨剂、抗氧化剂和防锈剂、元素 Na 主要来源于防锈剂、元素 Si 主要来源于消泡剂等。

2. 测定方法

润滑油添加剂元素含量的测定方法主要有原子吸收光谱法和原子发射光谱法。

（1）原子吸收光谱法　油样首先进行预处理，配制成待测样品。将样品吸入火焰并汽化转变成气态自由原子状态，同时将具有与被分析元素相同特征波长的光束射入火焰。所测元素的自由原子吸收射入的特征波长的光能而产生吸收信号，吸收光能量的大小与被测油样中该元素的含量成正比，原子吸收光谱原理如图 7-12 所示。主要添加剂元素的原子吸收测定方法有 SH/T 0228《润滑油中钡、钙、锌含量测定法（原子吸收光谱法）》，SH/T 0061《润滑油中镁含量测定法（原子吸收光谱法）》等。润滑油添加剂元素原子吸收光谱分析法的主要特点是精度高，测定元素范围广。但该方法的检测速度较慢，难以满足油液监测快速、大量的要求，所以应用面不广。

（2）原子发射光谱法　油样可不经过消解直接稀释后测定。将待测油样或经稀释后的油样放置在光谱仪的高压火花里激发"燃烧"，使油样中的各元素原子被激发为高能态。核外电子从不稳定的高能轨道跃迁回原轨道，同时释放出具有特征波长的光子，形成发射光束。发射光束由光栅按其波长分开，通过光电倍增管或固体检测器将各光谱的光信号转化为电信号而被测定。各特征波长发射光的强度大小与油样中相应元素的含量成正比，原理图如图 7-13 所示。

在油液监测领域常用的是 GB/T 17476 或 ASTM D5185，用感应耦合等离子体原子发射光谱法（ICP-AES）测定使用过的润滑油中的添加元素、磨损金属和污染物以及基础油中选定元素。该方法的特点是检测速度快、测定元素范围广、操作简便，故被广泛用于油液监测领域，但测量精度比原子吸收光谱要低。

3. 检测目的

1）添加剂元素含量的测定是评价润滑油质量等级及好坏的重要方法。因为润滑油的质量等级主要是由添加剂种类及含量来决定的。评定试验要用台架试验来进行，但由于台架试验费用十分昂贵，实际评定时很难实行，通常用添加剂种类及含量来间接反映润

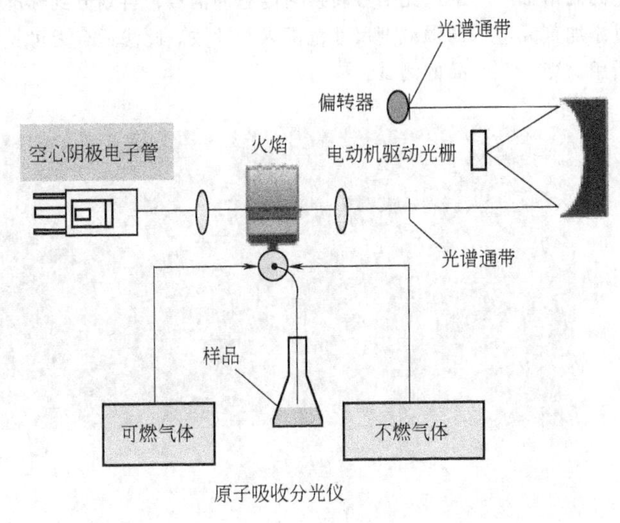

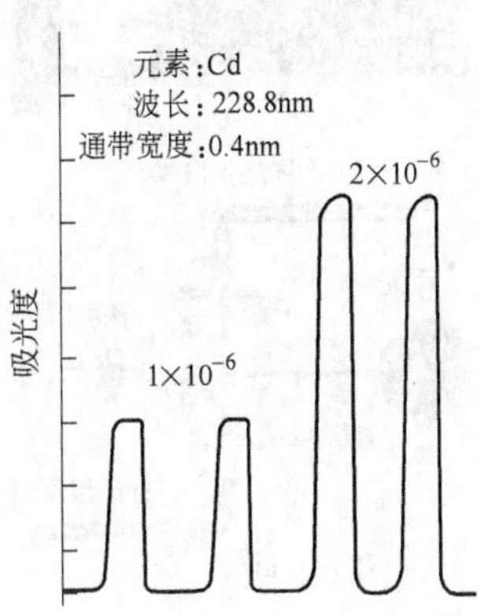

图 7-12　原子吸收光谱原理

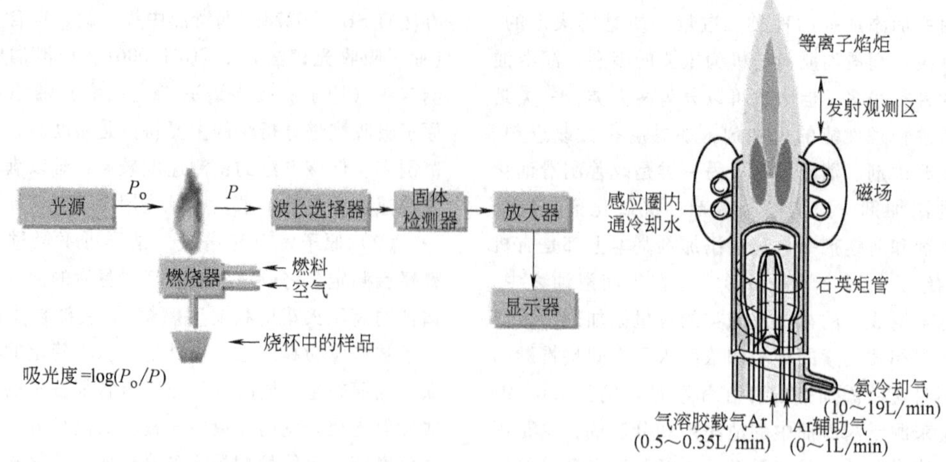

图 7-13 原子发射光谱原理

滑油的质量等级。润滑油中的 Ca、Mg、Zn、P 等添加剂元素的含量能间接反映该油的质量等级和质量好坏，在新油质量把关过程中能起到很好的作用。

2）润滑油在使用过程中因自身的氧化、劣化以及外界的污染，将使其添加剂元素含量逐渐被消耗。例如，柴油机润滑油中的 Ca 元素主要来源于清净分散剂，使用过程中燃料油在燃烧时产生的酸性物质以及润滑油自身氧化变质所产生的油泥等都将使 Ca 元素含量逐步减少。所以，对在用润滑油的添加剂元素的定期分析能有效地分析判断油品的使用情况，从而为设备视情况换油和润滑磨损状态的评价提供依据。

添加剂元素分析还是鉴别油品是否混入了其他油品的重要方法。因为在实际工矿企业的润滑管理中，时常会出现错用油或混用油的现象，因为不同润滑油的添加剂含量及种类都有所不同，所以通过添加剂元素分析能帮助鉴别油品是否误用、混用和错用。

7.2.17 污染度

1. 基本概念

污染度是指通过检测油液中污染粒子的分布、大小尺寸及数量来评价油品的清洁程度。

2. 测试方法和分析仪器

润滑油污染度测试及评定方法有 GB/T 14039、DL/T 432、NAS 1638、ISO 4406、SAE AS4059 等。根据仪器测试的原理不同，可以分为两类：自动颗粒计数法和显微镜对比法，如图 7-14 所示。

自动颗粒计数仪法：依据遮光原理来测定油的颗粒污染度。当油样通过传感器时，油中颗粒会产生遮光，不同尺寸颗粒产生的遮光不同，转换器将所产生的遮光信号转换为电脉冲信号，再划分到标准设置好的颗粒度尺寸范围内并计数。此法适合无可见颗粒样品的测试。

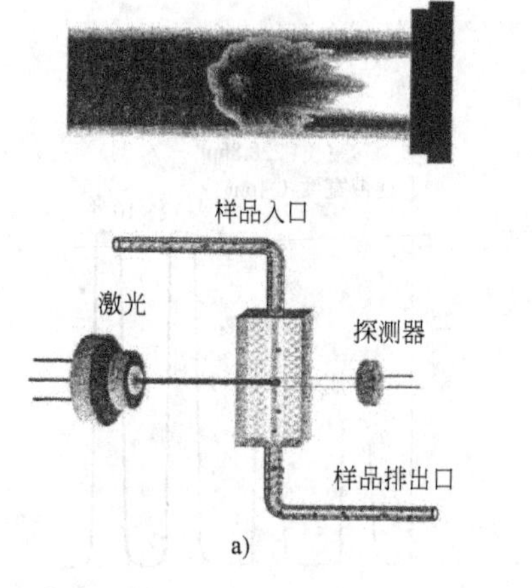

a)

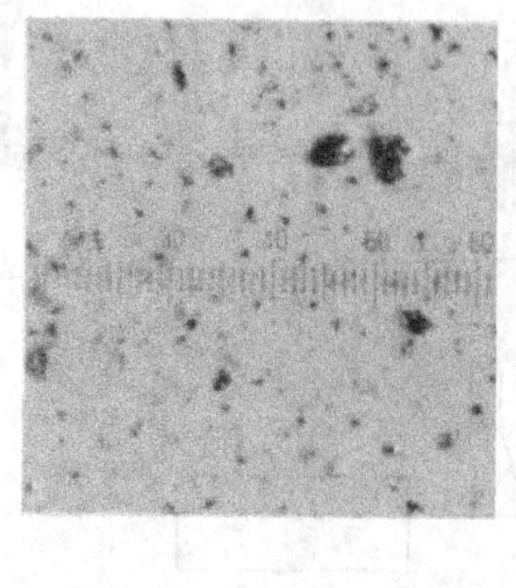

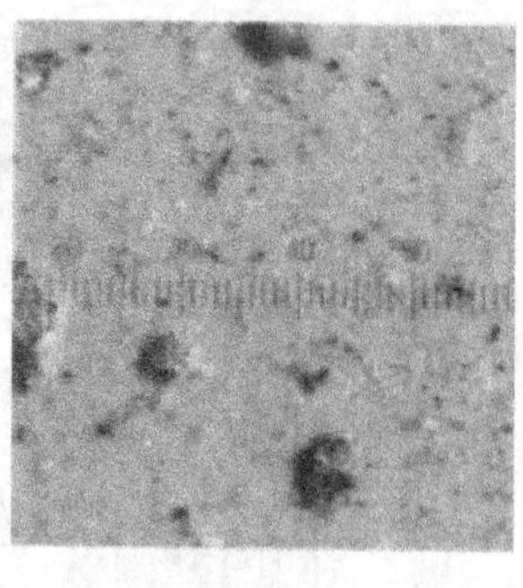

b)

图 7-14 污染度测试图
a）自动颗粒计数法 b）显微镜对比法

显微镜对比法：将油样经真空过滤，使油样中的颗粒平均分布于微孔滤膜上，在油污染度比较显微镜的透射光下，与油污染度分级标准模板进行比较，确定油样的颗粒污染度等级。

3. 检测目的

1）在液压传动系统中，功率是通过封闭回路内的受压液体来传递和控制的。但在液压油液中，总是存在着固体颗粒污染物。油液中的颗粒污染物是液压系统发生故障及液压元件过早磨损或损坏的主要原因，由此引起的损失占液压系统全部故障损失的 70%～80%。为了严格和有效地控制液压系统的清洁度，以保证液压系统的工作可靠性和液压元件的使用寿命，对油液中颗粒污染物质的控制与定期监测是现代液压系统获得最佳工作效果所必需的技术措施之一。

2）将油品的污染度控制在规定范围内，不仅可以减少油系统故障的发生，保证机组更加安全可靠地运行，还可以延长油系统的使用寿命。

7.2.18　润滑油剩余使用寿命测定（RULER）

1. 基本概念

通过测量润滑油中抗氧化剂的剩余浓度来定量地测定润滑油的剩余使用寿命。

润滑油中的抗氧化剂主要通过延长氧化诱导期和在金属表面形成保护膜等途径，阻碍润滑油氧化过程中的链式反应，从而防止烃类混合物的迅速氧化。在设备的长期高温运行过程中，润滑油中的抗氧化剂不断地损耗，由此将造成油泥与沉积物的生成、过滤堵塞、油品变稠以及油品酸度增加等异常状况。因此，定期监测润滑油中抗氧化剂使用状态，对设备的状态监测，尤其是高温旋转条件下运行的设备的状态监测具有重要的意义。

2. 测试方法与仪器

润滑油剩余使用寿命测定的方法有 ASTM D7590、ASTM D6971、ASTM D6810 和 ASTM D7527。

RULER 的测量基础基于线性伏安法，此电化学方法能够在没有水、燃料、烟炱、灰尘、金属、残渣或其他污染物的干扰下对宽范围的抗氧化剂进行评估。

检测步骤：添加低于 0.5mL 的油样至电解试验溶液中，并将 RULER®探头插入到此溶液里。在特定的电压值下，溶液中抗氧化剂的化学活性被激活，形成氧化电流，并得出一条氧化电流对电压的曲线。随后将新油与旧油的 RULER 图进行对比，由仪器软件算出旧油的剩余抗氧化剂含量，如图 7-15 所示。

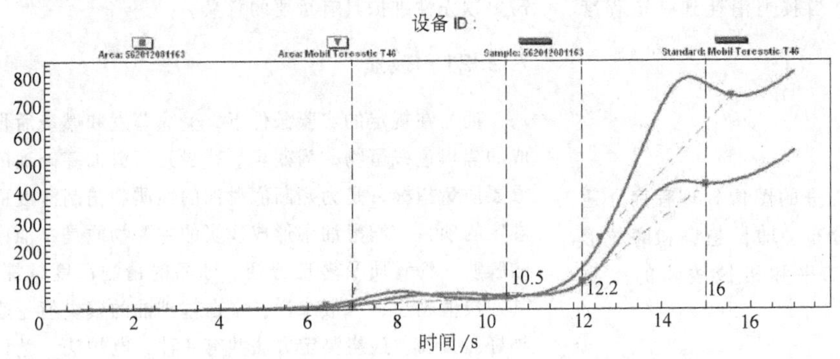

图 7-15　抗氧化剂含量测定

润滑油中抗氧化剂种类主要分为胺类和酚类。酚类抗氧化剂易挥发，先降解；胺类抗氧化剂耐高温，后降解，但易形成漆膜。通常情况下，在 8～12s（或者外加电压在 0.8～1.2V）产生芳香胺的吸收峰；在 13～16s（或者外加电压在 1.3～1.6V）伏安图上产生受阻酚的吸收峰。

3. 检测目的

1）及时了解油液中抗氧化剂的使用状况，有助于确定油液的使用寿命和预测最佳的换油期。

2）评估矿物与合成烃类油、酯类油与生物降解油类的抗氧化能力。

3）定量测定贮存油品的抗氧化剂水平，为评估润滑油品质提供参考。

7.2.19　漆膜倾向指数（MPC）

1. 基本概念

汽轮机油漆膜倾向指数的检测是指通过滤膜光度分析技术（MPC）检测汽轮机油中的降解产物，包括溶解态降解产物和非溶解态降解产物，而降解产物是形成漆膜和油泥的必要条件。因此，通过 MPC 可评估汽轮机油产生漆膜的倾向。

2. 测试方法与仪器

测试润滑油产生漆膜倾向的方法有 ASTM D7843。

测试步骤：首先对样品进行前处理。将样品摇匀，置于65℃条件下加热1天，而后置于室温、阴暗处放置3天。再将一定量的样品与非极性溶剂充分混合，通过0.45μm滤膜过滤，再用光度分析仪测量滤膜的颜色等级ΔE，如图7-16所示。不同的颜色代表降解产物形成的多少，颜色越深，ΔE值越大，产生漆膜的倾向越大。

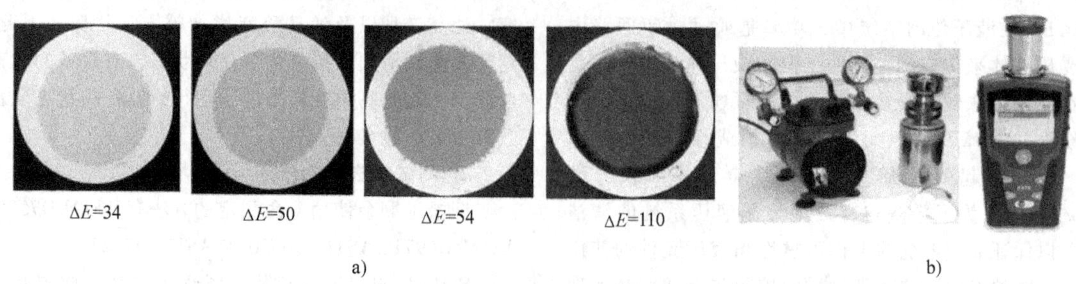

图7-16 漆膜倾向指数测定

a）颜色等级ΔE b）光度分析仪

3. 检测目的

漆膜有极性，容易沉积附着在金属表面，影响设备散热、导致油温上升、油品氧化以及润滑不良。

评估汽轮机油，尤其是高温、旋转条件下工作的燃汽轮机油在使用过程中产生漆膜的倾向。

与RULER相结合，共同监测汽轮机油中抗氧化剂酚类和胺类的使用状态，当胺类消耗到一定程度时，设备更容易产生漆膜。

7.2.20 LNF磨粒分析

1. 基本概念

使用CCD成像技术和先进的图像处理程序，通过测量润滑油中颗粒尺寸分布、增长趋势和磨粒形状，来识别颗粒形貌、生产率和机械故障的严重程度。

2. 测试方法与仪器

LNF磨粒分析测试方法有ASTM D7596。

测试步骤：将样品置于LNF磨粒分析仪的转盘中，样品通过检测器上的导管进入成像仪内自动进行颗粒计数和形貌分析，仪器设备如图7-17所示。

图7-17 LNF磨粒分析仪

3. 检测目的

通过LNF能同时了解到油品的NAS、ISO清洁度以及五种磨损颗粒（切削磨损颗粒、疲劳磨损颗粒、滑动磨损颗粒、非金属颗粒、其他颗粒）的大小、数量等信息，从而系统地掌握润滑系统中的磨损颗粒和污染物的情况，对判断设备是否运行正常或者是否需要预先性维护具有重要的意义。

7.2.21 残炭

油品在规定的实验条件下，受热蒸发和燃烧后形成的焦黑色残留物称为残炭。残炭是润滑油基础油的重要质量指标，是为判断润滑油的性质和精制深度而规定的项目。润滑油中形成残炭的主要物质是：油中的胶质、沥青质及多环芳烃。油品的精制深度越深，其残炭值越小，一般来说，空白基础油的残炭值越小越好。目前，残炭测定方法共有4种：电炉法、兰氏法、康氏法和微量法。鉴于不同残炭测定方法的工作原理、实验装置、操作条件等因素均存在一定差别，利用不同方法得到的测定结果间的相关性如何一直是油品分析工作者关心的问题。

1. 测试方法概要

在规定的试验条件下，用电炉来加热蒸发润滑油、重质液体燃料或其他石油产品的试样，并测定燃烧后形成的焦黑色残留物（残炭）的质量分数。

2. 仪器与材料

（1）仪器　电炉法残炭测定仪器包括加热设备和配电设备两部分（见图7-18），还需要用到高温炉、干燥器、坩埚盖和瓷坩埚。

（2）材料　细砂：要预先充分灼烧过。在残炭测

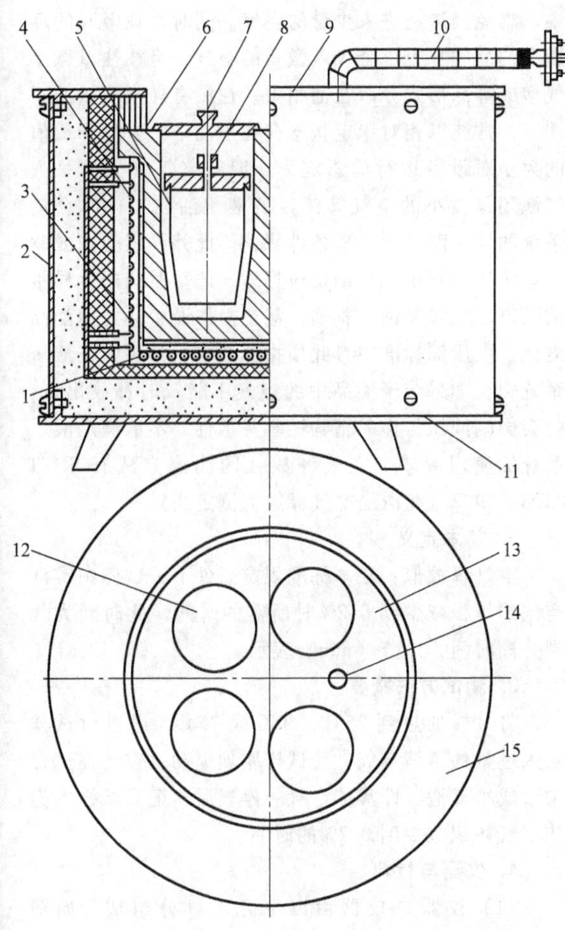

图 7-18　电炉法残炭测定仪

1—电热丝（300W）　2—壳体　3—电热丝（600W）
4—电热丝（1000W）　5—瓷坩埚　6，13—钢浴
7—钢浴盖　8—坩埚盖　9，15—加热炉盖
10—热电偶　11—加热炉底　12—空穴　14—热电偶插孔

定仪器中，每个装坩埚的空穴底部装入细砂 5~6mL。

3. 准备工作

1）安装仪器。将仪器的电加热炉和温度测量控制系统按照仪器说明书安装调整好。其中热电偶要经过校正，并用相应的补偿导线引出冷端，再用普通导线连接冷端和温度指示调节仪表；冷端要插入盛有变压器油的玻璃管内，并放进盛有冰水的保温瓶，以保障冷端恒温于 0℃；温度测量和控制要用热电偶检验结果进行补正，以确保准确地测量控制电炉温度。

2）将清洁的瓷坩埚放在（800±120）℃的高温炉中煅烧 1h 之后，取出，在空气中放置 1~2min 后移入干燥器中。在干燥器中冷却约 40min，然后称出瓷坩埚的质量，精确至 0.0002g。新的瓷坩埚第一次在高温炉中煅烧时要不少于 2h，在干燥器中冷却约 40min，然后称量，精确至 0.0002g。再重新放在高温炉中煅烧 1h，并进行如上的准确称量；如此重复煅烧、冷却和称量，直至两次连续称量间的差数不大于 0.00048g 为止。

3）瓶中的试样不要超过瓶内容积的四分之三。将试样摇匀 5min。黏稠和含蜡的石油产品要预先加热到 50~60℃再进行摇匀。

4）对于水的质量分数大于 0.5% 的石油产品，要在测定残炭前进行脱水。

5）进行柴油 10% 残留物的残炭测定时，应该按 GB/T 255 或 GB/T 6536 的规定将试样进行不少于两次的蒸馏。收集试样的 10% 残留物，供测定柴油 10% 残留物的残炭用。

6）在测定残炭前，接通电源，使炉温达到（520±5）℃的规定范围。利用电子自动温度控制器控制炉温。

4. 试验步骤

1）在预先称量过的瓷坩埚中放入一份如下数量的试样，精确至 0.01g：

润滑油或柴油的 10% 残留物 7~8g；

重质燃料油 1.5~2g；

渣油沥青 0.7~1g。

2）用钳子将盛有试样的瓷坩埚放入电炉的空穴中，立即盖上坩埚盖，切勿使瓷坩埚及盖偏斜靠壁。未用空穴均应盖上钢浴盖。如果同时使用四个空穴，则此时炉温会有下降。

当试样在高温炉中加热到开始从坩埚盖的毛细管中逸出蒸气时，立刻引火点燃蒸气，使它燃烧，在燃烧结束时，用空穴的盖子盖上高温炉的空穴。然后将炉温维持在（520±5）℃，煅烧试样的残留物。

试样从开始加热，经过蒸气的燃烧，到残留物的煅烧结束，共需 30min。

3）当残留物的煅烧结束时；打开钢浴盖和坩埚盖，并立即从电炉空穴中取出瓷坩埚，在空气中放置 1~2min，移入干燥器中冷却约 40min 后，称量瓷坩埚和残留物的质量，精确至 0.0002g。

注：在确定试验结果时，必须注意瓷坩埚里面的残留物情况，它应该是发亮的，否则重新进行测定。如果在第二次分析时仍获得同样的残留物，才认为测定正确。

5. 计算

试样的残炭 X（质量分数，%）按下式计算：

$$X=\frac{m_1}{m}\times 100\%$$

式中　m_1——残留物（残炭）的质量（g）；

m——试样的质量（g）。

残炭的计算结果，精确到0.1%。

6. 精密度

重复性：同一操作者重复测定的两个结果之差不应大于下列数值：

残炭	重复性
柴油10%残留物	较小结果的15%
润滑油	较小结果的10%
重质燃料油及渣油沥青	较小结果的5%

7. 报告

取重复测定两个结果的算术平均值作为试样的残炭。

7.2.22 蒸发损失和挥发性

润滑油的蒸发损失，即润滑油在一定条件下通过蒸发而损失的量，用质量分数来表示。润滑油的挥发性与油耗、黏度稳定性、氧化安定性有关，这些性质对多级油和节能油尤其重要。蒸发损失与润滑油的挥发度成正比，蒸发损失越大，实际应用中的油损耗就越大，因此，对润滑油一定条件下的蒸发损失的量要有限制。润滑油在使用过程中蒸发，造成润滑系统中润滑油量逐渐减少，需要补充，黏度增大，影响供油。液压油在使用中蒸发，还会产生气穴现象和效率下降，可能给液压泵造成损害。

润滑油蒸发损失的测试方法有GB/T 7325—1987《润滑脂和润滑油蒸发损失测定法》和NB/SH/T 0059—2010《润滑油蒸发损失测定法　诺亚克法》，NB/SH/T 0059—2010方法参照ASTM D5800-08标准编写并进行了修订。

GB/T 7325方法是把放在蒸发器中的润滑油试样置于规定温度的恒温浴中，热空气通过试样表面22h，然后根据试样的质量损失计算蒸发损失，可以测定在99~150℃范围内的任一温度下润滑油的蒸发损失。该方法主要用于合成润滑油和润滑脂的蒸发损失评定。NB/SH/T 0059方法是试样在规定的仪器中，在规定的温度和压力下加热1h，蒸发出的油蒸气由空气流携带出去。根据加热前后试样量之差来测定润滑油的蒸发损失。

国外主要测试方法有ASTM D972、DIN51581和JISK2220（5.6）等。

7.2.23 空气释放值

1. 空气释放性

空气释放性是指汽轮机油、液压油、抗燃油等石油产品的分离雾沫空气的能力。润滑油在加工过程中，难免会渗透进入少量的空气。同时，在敞开的环境下油品的呼吸也会吸入微量的空气，且往往以微小气泡或雾沫形式分散在油相中。在没有外来能量的干涉下，常能以相对稳定状态存在于油中。空气释放值的大小对设备运行的影响为：混有空气（无论是大气泡还是微小的空气雾沫）的液压油在工作时会使系统的效果降低，润滑条件恶化。此外，还会造成驱动系统压力不足和传动反应迟缓。严重时会产生异常的噪声、气穴腐蚀、震动，甚至损伤设备，并使油品老化。液压油标准中有此项指标要求，是因为在液压系统中，如果溶于油品中的空气不能及时释放出来，将会影响液压传递的精确性和灵敏性，不能满足液压系统的使用要求。空气释放性的测定方法有SH/T 0308—1992《润滑油空气释放值测定法》。

2. 基本定义

空气释放值：在本标准规定条件下，试样中雾沫空气的体积减少到0.2%时所需的时间，此时间为气泡分离时间，以分（min）表示。

3. 测试方法概要

将试样加热到25℃、50℃或75℃，通过对试样吹入过量的压缩空气，使试样剧烈搅动，空气在试样中形成小气泡，即雾沫空气。停气后，记录试样中雾沫空气体积减少到0.2%的时间。

4. 仪器与材料

（1）仪器　仪器由以下几个部分组成，如图7-19所示。

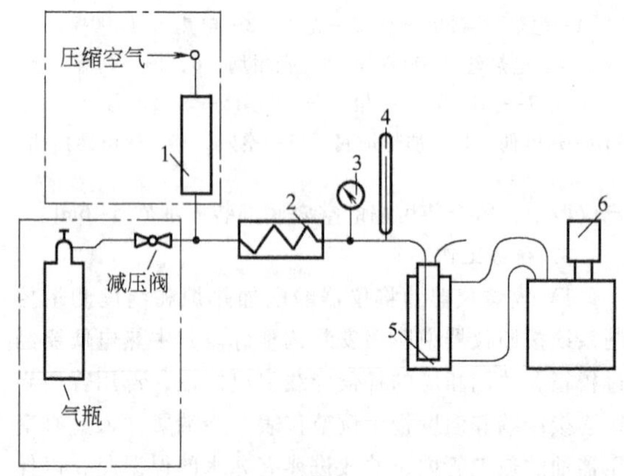

图7-19　空气释放值仪示意

1—空气过滤器　2—空气加热炉　3—压力表
4—温度计　5—耐热夹套玻璃试管　6—循环水浴

1）耐热夹套玻璃试管（见图7-20）：一个可通循环水的夹套试样管，管口磨口要配合紧密，可承受

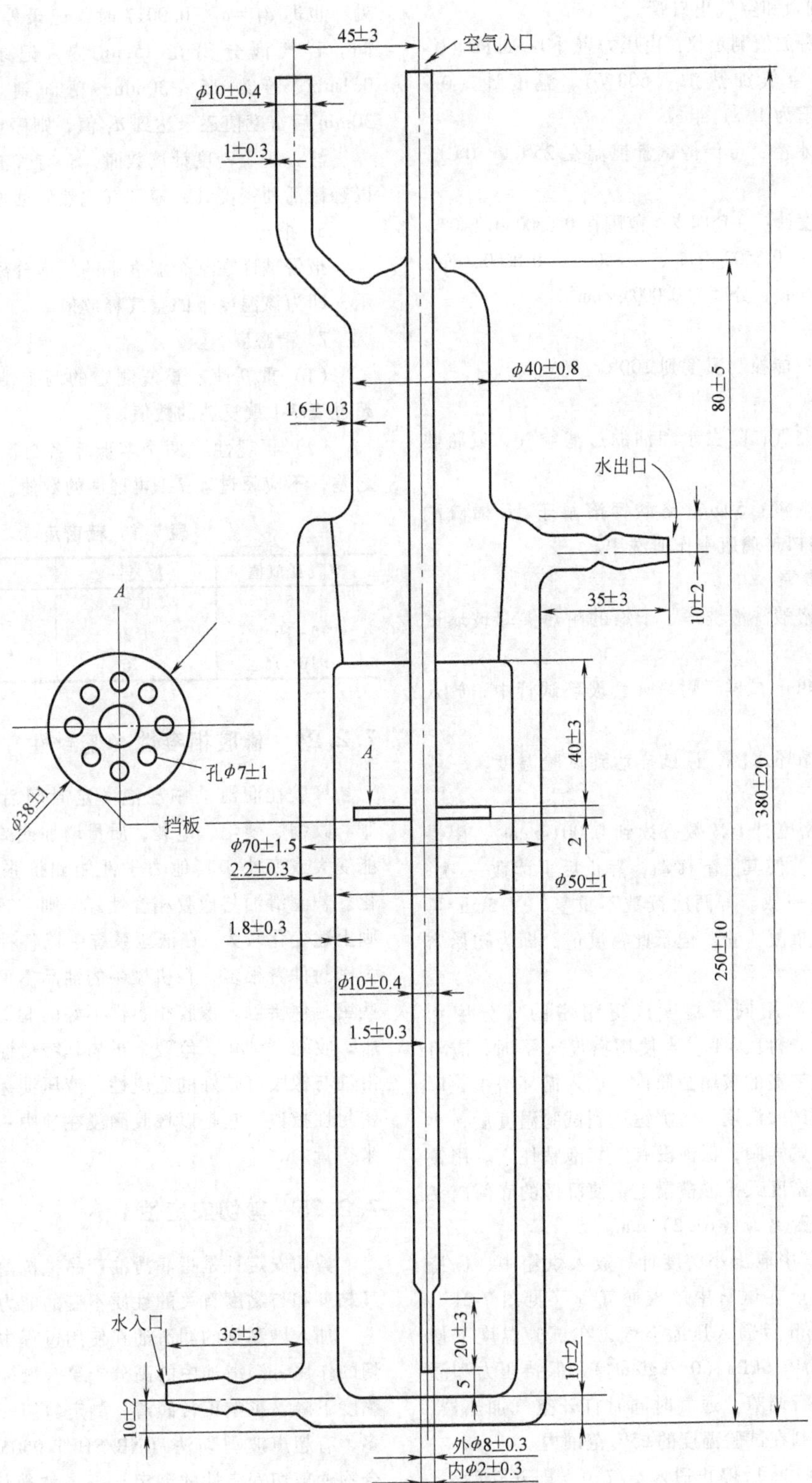

图 7-20　耐热夹套玻璃试管

19.6kPa（0.2kgf/cm²）的压力。管中装有空气入口毛细管、挡油板和空气出口管。

2）空气释放值测定仪：由压力表［0~98kPa（0~1kgf/cm²）］、空气加热炉（600W）、温度计（0~100℃，分度值为1℃）组成。

3）循环水浴：可保持试管恒温在25℃、50℃或75℃（±1℃）。

4）小密度计：一套四支，范围在0.8300~0.8400g/cm²、0.8400~0.8500g/cm²、0.8500~0.8600g/cm²、0.8600~8700g/cm²，分度为0.0005g/cm²。

5）秒表。

6）烘箱：能控制温度到100℃。

（2）材料

1）压缩空气：除去水和油的过滤空气，或瓶装压缩空气。

2）铬酸洗液：50g重铬酸钾溶解于1L稀硫酸中，贮存在磨口玻璃瓶中作清洗用。

5. 试验步骤

1）将用铬酸洗液洗净、干燥的耐热夹套玻璃试管装好。

2）倒180mL试样于耐热夹套玻璃试管中，放入小密度计。

3）接通循环水浴，让试样达到试验温度，一般循环30min。

4）从小密度计上读数，读到0.001g/cm³，用镊子动小密度计，使其上下移动，静止后再读数一次，两次读数应当一致。若两次读数不重复，过5min再读一次，直至重复为止。记录此密度值，即为初始密度d_0。

注：也可以用同一精度或更精密的（分度为0.0001g/cm³）密度天平。当使用密度天平时，应将沉锤置于一个带盖的玻璃圆筒内，放入循环浴中，以便使沉锤达到试验温度。当沉锤达到试验温度后，小心地将其浸入试样中，保证没有空气泡粘住它。用铂丝将沉锤加到密度天平的横梁上，使沉锤的底部离夹套试管的底部距离为（10±2）mm。

5）从试管中取出小密度计，放入烘箱中，保持在试验温度下。在试管中放入通气管（见图7-21），接通气源，5min后通入压缩空气，在试验温度下使压力达到表压19.6kPa（0.2kgf/m²），保持压力和温度，必要时进行调节。通气时同时打开空气加热器，使空气温度控制在试验温度的±5℃范围内。

6）（420±1）s后停止通入空气，立即开动秒表。迅速从试管中取出通气管，从烘箱取出小密度计再放回试管中。

7）当密度计的值变化到空气体积减少至0.2%处，也即$d_1=d_0-0.0017$时，记录停气到此点的时间。若气泡分离在15min内，记录时间精确到0.1min；若为15~30min，精确到1min；若停气30min后密度值还未达到d_1值，则停止试验。

注：对小密度计读数时，若有气泡附在杆上，可以轻微活动密度计，避开气泡然后读数。

6. 报告

报告试样在某个温度下的气泡分离时间，以分表示，即为该温度下的空气释放值。

7. 精密度

（1）重复性　重复测定的两个结果之差，不应超过表7-1重复性的数值。

（2）再现性　两个实验室各自测定的两个结果之差，不应超过表7-1再现性的数值。

表7-1　精密度　（单位：min）

空气释放值	重复性	再现性
<5	0.7	2.1
5~10	1.3	3.6
>10~15	1.6	4.7

7.2.24 橡胶相容性（密封性）

橡胶在润滑油中浸泡一定时间后，可能发生溶胀、收缩、硬化、龟裂，质量增加或减少，硬度也可能变大或变小，其他力学性能如抗张强度也可能变化。若润滑油与橡胶相容性好，则上述变化较小，否则上述变化较大。在液压系统中以各种类型的橡胶作为密封件者很多，在机械中的油品不可避免地要与一些密封件接触。橡胶相容性不好的润滑油可使橡胶溶胀、收缩、硬化、龟裂，影响其密封性，因此要求润滑油与橡胶有较好的适应性。液压油标准中要求橡胶密封性指数，它是以橡胶圈浸在油中一定时间的变化来衡量的。

7.2.25 剪切安定性

剪切安定性是指润滑油产品抵抗剪切作用，保持其黏度和与黏度有关的性质不变的能力。

加入增黏剂的润滑油在使用过程中，由于机械剪切的作用，润滑油中的高分子聚合物被剪断，使油品黏度下降，影响正常润滑。测定剪切安定性的方法很多，有超声波剪切法（NB/SH/T 0505—2017《含聚合物油剪切安定性的测定　超声波剪切法》）、喷嘴剪切法（SH/T 0103—2007《含聚合物油剪切安定性的测定 柴油喷嘴法》）、威克斯泵剪切法、FZG齿轮机剪切法，这些方法最终都是测定润滑油品的黏度下降率。通过测定润滑油在高温高剪切速率条件下的表观黏度测定也可以反映油品的剪切安定性［SH/T 0703—2001 润滑油在高温高剪切速率条件下表观黏度测定法（多重毛细管黏度计法）］。

7.3 润滑脂理化指标的检测

润滑脂（俗称干油），是由稠化剂分散在润滑油中而得的半流体（或半固体）状的膏状物质，如图 7-21 所示。润滑油和稠化剂，不是简单的溶解，也不是简单的混合，而是稠化剂胶团均匀地分散在油中。润滑脂在使用上有着很多润滑油所无法相比的优点，如附着力强，密封性能好，可以抗水冲淋，防锈，不易漏失等特点，用于机械的摩擦部分，起润滑和密封作用；也用于金属表面，起填充空隙和防锈作用。

图 7-21　工业润滑脂

不同种类的润滑脂具有不同的性能，不同机械在不同的工作条件下对润滑脂有不同的性能要求。因此了解润滑脂的各性能的理化指标，如外观、锥入度、强度极限、相似黏度、低温转矩、滴点、蒸发损失、氧化安定性、胶体安定性、抗水淋性等，对润滑脂的生产、应用、研究都具有重要的意义。

7.3.1 外观

1. 基本概念

润滑脂的外观是通过目测和感观检验来控制其质量的一个检验项目。外观检验的主要内容包括颜色、光亮度、透明度、黏附性、均一性和纤维状况等。

2. 测试方法

润滑脂的外观检验一般是直接用肉眼观察，最好用刮刀把它涂抹在玻璃板上，在层厚约 1~2mm 时对光检查，仔细地进行观察。此外，还可以用手捻压来检查判断。

外观的主要检查内容包括：①观察颜色和结构是否正常，是否均匀一致，有无明显析油倾向；②观察有无皂块，有无粗大颗粒，硬粒杂质以及外来杂质；③观察纤维状况、黏附性和软硬程度。

3. 检测目的

1）可以初步区别润滑脂的类型。例如，一般钠基脂具有长纤维状；钡基脂具有粗大的纤维；锂基脂呈光滑均匀、色泽稍深的油膏状，并有细小的纤维；普通钙基脂纤维很短，呈半透明软膏状；而用中黏度油制的铝基脂，呈光滑透明的凝胶状；复合钙基脂色泽深黄，纤维较长，直观较硬；钙钠基脂则大多呈现团粒状结构。

2）初步判断润滑脂的锥入度牌号。稠化剂含量越高，成品润滑脂越稠厚，稠度牌号也越高，一般可通过外观和手的捻压感觉来判断。

3）初步判断润滑脂稠化剂种类。通常，天然脂肪酸制得的润滑脂颜色较浅；合成脂肪酸制得的润滑脂的颜色较深且暗，并稍有特殊臭味；烃基脂类产品的外观一般为淡黄色至黄褐色半透明或不透明的油膏，一般都不具有光泽，有很强的黏稠性、拉丝性和黏附性；用无机稠化剂制成的润滑脂带有纤维结构。

4）从外观也可以初步判断润滑脂质量的优劣。如有的润滑脂表面氧化变色；有的严重析油，有的呈现明显龟裂或凝胶状等，由此可推断出产品在原料组成上存在一定的问题。

7.3.2 锥入度

1. 基本概念

所谓锥入度值是指标准圆锥体自由下落而穿入装于标准脂杯内的润滑脂，经过 5s 所达到的深度，其单位为 0.1mm。

润滑脂锥入度测定方法如下：

（1）工作锥入度　工作锥入度是指润滑脂在工作器中以 60 次/min 的速度工作 1min 后，在 25℃ 下测得的锥入度。

（2）延长工作锥入度　延长工作锥入度是指润滑脂样品在工作器中多于 60 次往复工作后的测得的锥入度。延长工作锥入度是反映润滑脂结构稳定性的重要指标，它在一定程度上反映润滑脂的寿命。

（3）不工作锥入度　将润滑脂样品在尽可能不搅动的情况下，移到润滑脂工作器中，在 25℃ 下测得的锥入度。

（4）块锥入度　试验在没有容器情况下，具有保持其形状的足够硬度时测得的锥入度。

除上述按标准方法规定的全尺寸圆锥体测定锥入度外，还有用 1/4 尺寸或 1/2 尺寸的圆锥体测定的锥入度，只适用于样品量少不能用全尺寸测定的情况。

2. 测试方法及分析仪器

锥入度是润滑脂质量评定的一项重要指标，测定标准有 GB/T 269《润滑脂和石油脂锥入度测定法》，等效 ISO 2137，ASTM D217。方法概要是：在 25℃ 时，将锥体组合件从锥入度计上释放，使锥体下落 5s，并测定其刺入的深度。

所需试验仪器有锥入度计、锥体、润滑脂工作器、润滑脂切割器、温度计、刮刀、秒表等，如图 7-22 所示。

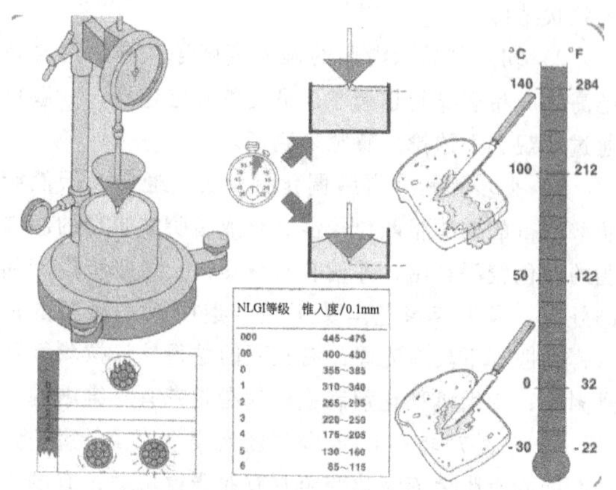

NLGI等级	锥入度/0.1mm
000	445~475
00	400~430
0	355~385
1	310~340
2	265~295
3	220~250
4	175~205
5	130~160
6	85~115

图 7-22 润滑脂锥入度测定示意图

3. 检测目的

1）锥入度反映了润滑脂在低剪切速率条件下的变形与流动性能。锥入度值越高，脂越软，即稠度越小，越易变形和流动；锥入度值越低，则脂越硬，即稠度越大，越不易变形和流动。由此可见，锥入度可有效地表示润滑脂的稠度，是选用润滑脂的重要依据。

2）在润滑脂研制中筛选配方和在生产中控制质量。由于润滑脂制成后放置会硬化，因此在生产后的头一个月，不搅动的锥入度数值会减小。

3）由锥入度变化表示润滑脂的其他性能。如表示润滑脂的机械安定性、抗水性、硬化倾向和贮存安定性等。

7.3.3 强度极限

1. 基本概念

半固体状态的润滑脂具有弹性和塑性。在受到较小的外力时，像固体一样表现出弹性，产生的变形和所受外力成线性关系；在外力逐渐增大到某一临界数值时，润滑脂开始产生不可逆的变形（即开始流动）。使润滑脂开始产生流动所需的最小的剪应力，称为润滑脂的剪切强度极限，简称为强度极限。

2. 测试方法

按 SH/T 0323《润滑脂强度极限测定法》的规定测定。使充填在毛细管中的样品受到缓慢递增的剪切力作用，测定润滑脂在管内开始发生位移时的压力。通过计算，求出润滑脂的强度极限。

3. 检测目的

1）评估润滑脂使用场合。由于润滑脂具有一定的强度极限，所以润滑脂用于不密封的摩擦部件中不会滚出。在部件的垂直面上使用的润滑脂，如所受剪应力大于其强度极限，便会滑落。在高速旋转的机械中使用的润滑脂如强度极限过小，便会被离心力抛出。

2）估计润滑脂使用温度。在高温下，润滑脂的强度极限会减小。如果在高温下能保持适当的强度极限，则不易滑落，适合使用，如果强度极限变得过小，则使用上限温度受限制。与此相反，在低温使用时，要求润滑脂在低温下强度极限不应过大，如果强度极限很大，便会使机械起动困难，或消耗过多的动力。

7.3.4 相似黏度

1. 基本概念

润滑脂在一定温度条件下的黏度是随着剪切速率而变化的变量，这种黏度称为相似黏度，单位为 Pa·s。

润滑脂中相似黏度随着剪切速率的增高而降低，但剪切速率继续增高，润滑脂的相似黏度接近其基础油的黏度后便不再变化。润滑脂相似黏度与剪切速率的变化规律称为黏度-速度特性。黏度随剪切速率变化越显著，其能量损失越大。另外，润滑脂的相似黏度也随温度上升而下降，但仅为基础油的几百甚至几千分之一，所以，润滑脂的黏温特性比润滑油好。

2. 测试方法及分析仪器

润滑脂相似黏度测定法有 SH/T 0048，等效原苏联国家标准 ГОСТ 7163。

SH/T 0048 润滑脂相似黏度测定法采用一种非恒定流量式的毛细管黏度计，它的测定原理是根据在压力变化过程中流量的测定，按泊肃叶方程式计算出相似黏度，此法适用于不同温度下不同平均剪速时 1~10000Pa·s 的润滑脂的相似黏度测定。

润滑脂相似黏度仪如图 7-23 所示，仪器主要由毛细管、样品管、供压系统和记录系统等组成。毛细管有三种不同的半径，样品管容积约 21mL，供压系统由两个不同弹性模量的弹簧组织和压缩弹簧用的螺杆等组成，记录系统包括可转动的记录筒、记录等。测定时，在预先被压缩了的弹簧的作用下，顶杆就使润滑脂样品经过毛细管流出，在记录筒上记下弹簧的压缩度和顶杆下降速度的工作曲线，最后计算出相似黏度。

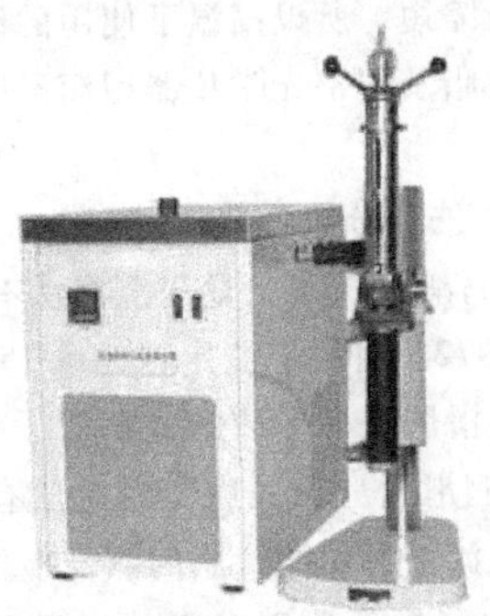

图 7-23　润滑脂相似黏度仪

3. 检测目的

1）预测润滑脂是否容易通过导管被移动或泵送到使用部位。

2）反映润滑脂低温流动性能，是选择低温润滑脂参考的重要指标。一般可以根据低温条件下润滑脂相似黏度的允许值来确定润滑脂的低温使用极限。

7.3.5　低温转矩

1. 基本概念

润滑脂的低温转矩是指在低温时，润滑脂阻滞低速滚珠轴承转动的程度。

低温转矩是在一定低温下，以试验润滑脂润滑 204 型开式滚珠轴承，当其内环以 1r/min 的速度转动时，阻滞该轴承外环所需的力矩。用起动转矩和运动转矩来表示：

1）起动转矩——开始转动时测得的最大转矩。

2）运转转矩——在转动规定的时间后测得的平均转矩值。

目前我国的低温和宽温用润滑脂规格中，一般要求低温黏度不应过大。在美国军用润滑脂规格中，低温和宽温用的航空润滑脂，大多数要求在其使用温度下的起动转矩不大于 0.15mN·m，运转转矩不大于 0.05mN·m。

2. 测试方法

常用的测试方法有 SH/T 0338《滚珠轴承润滑脂低温转矩测定方法》，等效 ASTM D1478。

滚珠轴承润滑脂低温转矩试验装置由低温箱、传动装置、低温试验装置、转矩测定装置及脂杯、芯轴、专用装脂器、D204 向心球轴承组成。

试验步骤：将清洁干燥的 D204 型试验轴承安装在芯轴上，用垫片和螺钉固紧轴承的内环；用刮刀将润滑脂试样装入脂杯内至脂杯 3/4 处，尽量避免混入空气；将轴承压入杯内的试样里，正反两个方向反复缓慢转动内环，使试样能够进入轴承各部位；当轴承的端面与脂杯的上端面对齐时，将轴承拔出并卸下；再将轴承端面颠倒并重新固定后压入脂面，当轴承的端面与脂杯的上端面对齐时，将轴承慢慢拔出，除去轴承边缘多余试样，排除可见气泡并填满试样，取下芯轴用刮刀刮平轴承两端，将装好试样的轴承仔细安装在轴承座内，当低温箱预冷到试验温度时，把试验轴承和轴承座安装在试验机上并固定好，注意不能转动试验轴承；将测力绳挂在轴承座外钩上，调整绳子到接近拉紧为止；达到温度时开始计时，恒温 2h。试验结果用起动转矩（mN·m）、运转转矩（mN·m）表示。

3. 检测目的

润滑脂低温转矩是衡量润滑脂低温性能的一项重要指标。润滑脂低温转矩特性好，则表明润滑脂在规定的轴承中，在低温试验条件下的转矩小。润滑脂低温转矩的大小关系到用润滑脂润滑的轴承低温起动的难易和功率损失，如果低温转矩过大将使起动困难并且功率损失增多。

7.3.6　滴点

1. 基本概念

润滑脂的滴点是用滴点测定器测定的，是对润滑脂组成赋予的数值。表示润滑脂在规定的加热条件下，从仪器的脂杯中滴出第一滴液体并到达试管底部时的温度。

滴点在不同情况下可以分别表示润滑脂的几种性质：

（1）表示熔点　滴落温度能近似地表示润滑脂的熔点，但不能作为准确的熔点。

（2）表示分油　在测定热安定性不好的润滑脂的滴点时，往往皂油分离而滴油。此时并不代表其熔点，而仅能代表其明显的分油温度或分解温度。

（3）表示软化　某些润滑脂并没有发生明显的相转变，也并没有完全熔化，而仅仅是变软，软到一定程度（大约相当于锥入度在 400 以上），则成油柱而自然垂下，拉长条而不成滴。此时滴点仅代表其软化温度。

2. 测试方法和分析仪器

1）润滑脂滴点测定法按 GB/T 4929 的规定进行，

该法等效于 ISO 2176。

GB/T 4929、ASTM D566 及 ISO 2176 中规定用油浴加热，控制升温速度。

在滴点测定方法中，装脂杯的方法如下：从脂杯大口压入试样，脂杯小口朝下，垂直放置，从小口轻轻插入金属棒，棒伸出脂杯大口约 25mm，使棒同时接触脂杯上下口圆周，挤压杯中的脂，将棒螺旋形地向下移动，脂的锥体部分被黏附在棒上而被除去，当脂杯从棒的下端滑出后，脂杯内留下一层能重复的厚度的脂样，如图 7-24 所示。

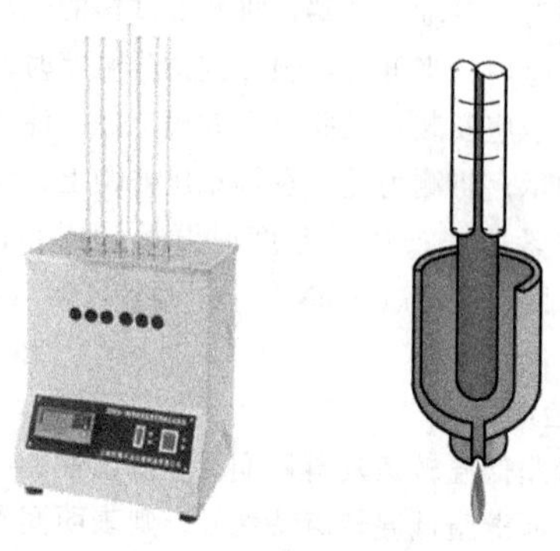

图 7-24　润滑脂滴点测定示意图

2）宽范围滴点的测试方法按 GB/T 3498 的规定进行。

GB/T 3498、ASTM D2265 中规定采用铝块炉对滴点测定仪进行加热，可测定滴点高达 330℃以上的各类润滑脂的滴点，且所需测定的时间较短。

测定时，按规定的方法将润滑脂样品在仪器的脂杯中形成一层能重复厚度（即再做一次，使用同样的厚度）的平滑脂膜。安装好仪器后，将其放入已调好温度的铝块炉中加热，记录从脂杯滴落第一滴试样时的温度，然后按照下式计算滴点：

$$T=T_0+(T_1-T_0)/3 \tag{7-8}$$

3. 检测目的

1）粗略估计润滑脂最高使用温度。一般最高使用温度要比滴点低 20~30℃，如果超过这个温度，润滑脂因软化会逐渐流出摩擦面或机械部件，从而失去润滑剂应有的功能。

2）大致区别不同类型的润滑脂。不同稠化剂制成的润滑脂滴点不同，烃基润滑脂滴点低，为 50~60℃；不同皂基润滑脂滴点高低不同，钙基润滑脂和铝基润滑脂滴点均较低，钠基及锂基润滑脂滴点在单皂基润滑脂中最高。

3）在研制、生产、验收和贮存中控制检查质量。

7.3.7　蒸发损失

1. 基本概念

润滑脂在高温或真空条件下工作，其基础油会蒸发损失。基础油蒸发损失过大，会使润滑脂的稠度增大、使用寿命缩短，所以高温下使用的润滑脂、真空下使用的润滑脂及精密光学仪器用润滑脂要有低的蒸发量。

2. 测试方法和分析仪器

1）普通润滑脂“蒸发量”测定法有 GB/T 7325，等效 ASTM D972。适用于测定在 99~150℃范围内的任一温度下润滑脂或润滑油的蒸发量。

2）复合润滑脂“蒸发度”测定法有 SH/T 0337。适用于自然气流下测定润滑脂的蒸发损失。将盛满厚 1mm 润滑脂的蒸发皿置于专门的恒温器内，在规定温度下保持规定的试验时间（1h），测定其损失的质量。以蒸发量的质量分数表示。

3）润滑脂宽温度范围蒸发损失测定法有 SH/T 0661，等效 ASTM D2595。此法适用于测定在 93~316℃范围内的润滑脂的蒸发损失，比 GB/T 7325 测定的温度范围宽。

3. 检测目的

1）润滑脂的蒸发性是影响润滑脂使用寿命的一个重要因素，尤其是对于在高温、宽温度范围或高真空条件下使用的润滑脂显得特别重要。

2）对光学仪器仪表和人造卫星等，要求润滑脂蒸发性小，以保证仪器的长期正常使用。

7.3.8　氧化安定性

1. 基本概念

润滑脂在贮存与使用时抵抗大气的作用而保持其性质不发生永久变化的能力称为氧化安定性。润滑脂的氧化与其组分，即稠化剂、添加剂及基础油有关。润滑脂中的稠化剂和基础油，在贮存或长期处于高温的情况下很容易被氧化。

润滑脂氧化后性质发生以下变化：

1）游离碱减少或酸值增加。由于氧化产生酸性物质，致使润滑脂游离碱减少甚至出现游离酸而使酸值增加。

2）滴点降低。由于氧化后产生的氧化产物对润滑子相转变温度有影响，从而使润滑脂滴点降低。

3）强度极限改变。润滑脂氧化后对强度极限有影响，润滑脂氧化后强度极限大多下降。

4）锥入度改变。一般润滑脂氧化后锥入度大多增大。

5）颜色外观改变。润滑脂氧化后颜色会加深，严重氧化后还可能在表面出现裂纹或硬块，出现分油现象等。

6）相转变温度、介电性能及结构的改变。例如电子显微镜观察显示，润滑脂氧化后出现皂纤维结构骨架的破坏。

2. 测试方法

1）常用的润滑脂氧化安定性测试方法为氧弹法，测试方法有 SH/T 0325、ASTM D942。

该法是将待测润滑脂放在不锈钢制的氧弹中，在99℃和 0.770MPa 的氧气压力下，样品经规定的时间（100h）氧化后，测定压力降。

2）润滑脂化学安定性测定法 SH/T 0335。

该法是在五只洁净干燥的玻璃皿中分别装入约4g 润滑脂样品，再放入氧弹中，在一定温度、一定氧压下氧化一定时间后，测定其酸值或游离碱，比较其氧化前后的差值，变化值越小表示润滑脂的氧化安定性越好。

3. 检测目的

氧化安定性是润滑脂的重要性质之一，对润滑脂的贮存和使用都有影响，尤其是对于高温、长期使用的润滑脂，更具有重要的意义。润滑脂氧化后性质改变，会对贮存和使用产生不良后果，因而氧化安定性是关系润滑脂最高使用温度和使用寿命长短的一个重要因素。

7.3.9 胶体安定性和钢网分油

1. 基本概念

胶体安定性是指润滑脂在贮存和使用时避免胶体分解，防止液体润滑油析出的能力。

润滑脂是一个由稠化剂和基础油形成的胶体结构分散体系，它的基础油在有些情况下会自动从体系中分出。例如，当形成结构骨架的弥散相聚沉时，结构骨架空隙中的基础油就会有一部分被挤出；在结构被压缩时，也会有一部分基础油被压出；当弥散相聚结程度增大时，膨化到皂纤维内部的基础油也会有一部分被挤出，从而使润滑脂出现分油。如图 7-25 所示为桶装润滑脂分油现象。

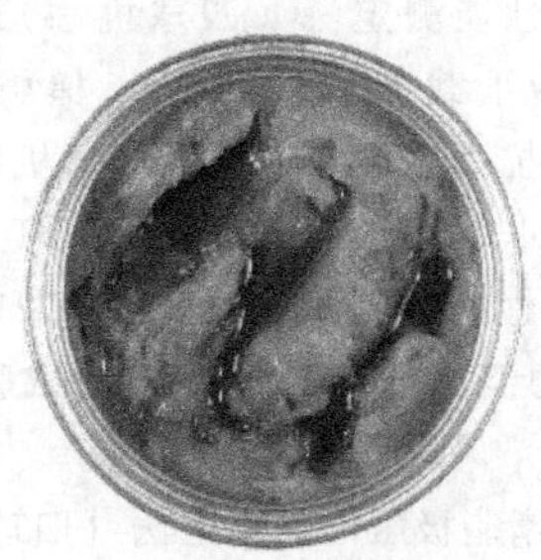

图 7-25　桶装润滑脂分油现象

润滑脂发生皂油分离的倾向性大说明其胶体安定性不好，将直接导致润滑脂稠度改变。

2. 测试方法

润滑脂的胶体安定性有许多测试方法。利用升高温度来加速分油的方法有钢网分油（SH/T 0324），利用加压来加速分油的方法有压力法（GB/T 392）。

1）润滑脂钢网分油法 SH/T 0324 中评价润滑脂在受热（100℃，24h 或 30h）情况下分油的百分率。

钢网分油是用 60 目镍丝钢网或不锈钢丝钢网盛样品 10g，在 100℃温度下，试验 30h，测定润滑脂从锥圆网中分出油量，结果用质量分数表示。使用仪器为钢网分油器，如图 7-26 所示。

图 7-26　钢网分油器

2）润滑脂压力分油测定法 GB/T 392 中评价润滑脂在常温、受压情况下（2h）分油的百分率，是模拟润滑脂在大桶中贮存时的析油倾向。

加压分油是测定温度为室温（15～25℃）、加压时间为 30min 时，利用加压分油器将油从润滑脂内压出，然后测定压出的油量，以质量分数表示。

3. 检测目的

1）胶体安定性差，稠化剂与油易分离，导致析出的油渗出系统，影响润滑。

2）表征润滑脂抵抗温度和压力的影响、保持结构稳定、防止基础油从脂中析出的能力。

3）是保证润滑脂质量和延长润滑脂储运期的重要参考指标。

7.3.10 抗磨极压性

1. 基本概念

润滑脂的抗磨极压性能是指在重负荷、冲击负荷下，润滑脂降低金属的摩擦磨损的性能。

2. 测试方法

润滑脂抗磨极压性能的评价方法有：SH/T 0202

《润滑脂极压性能测定法（四球机法）》，NB/SH/T 0203《润滑脂承载能力的测定　梯姆肯》、SH/T 0204《润滑脂抗磨性能测定法（四球机法）》、SH/T 0427《润滑脂齿轮磨损测定法》、SH/T 0716《润滑脂抗微动磨损性能测定法》和SH/T 0721《润滑脂摩擦磨损性能的测定　高频线性振动试验机（SRV）法》等。

（1）《润滑脂极压性能测定法（四球机法）》SH/T 0202、ASTM D2596　四球机评定润滑脂性能的指标很多，国内外最常用的评定指标有最大无卡咬负荷、烧结负荷及综合磨损值ZMZ（负荷磨损指数LWI）等。

1）最大无卡咬负荷PB。最大无卡咬负荷是表示在试验条件下不发生卡咬的最大负荷，在该负荷下所测得的摩痕平均直径不超过相应负荷补偿线上数值的5%。表示在此负荷下摩擦表面间尚能保持完整的油膜，如超过此负荷则油膜破裂，摩擦表面的磨损将急剧增大。

2）烧结负荷PD。烧结负荷是四球机上试验时，四个球发生烧结的最小负荷，它表示润滑脂的极压能力，超过此负荷后润滑剂完全失去润滑脂作用。

3）综合磨损值ZMZ。综合磨损值ZMZ和国外的相似指标负荷磨损指数LWI意义是相同的，即表示润滑脂在所加负荷下抗极压能力的一个指数。表示单位润滑脂从低负荷到烧结负荷整个过程中的平均抗磨性能。

方法概要：在规定的负荷下，上面一个钢球对着下面静止的三个钢球旋转，转速为（1770±60）r/min，试样温度为（27±8）℃，然后逐级增大负荷进行一系列10s试验，每次试验后测量球盒内任何一个或三个钢球的磨痕直径，直到发生烧结为止。

（2）《润滑脂承载能力的测定　梯姆肯法》SH/T 0203、ASTM D2509　适用于用梯姆肯试验机测定润滑脂的承载能力，用试验结果OK值——试件不发生擦伤或卡咬的最大负荷来表示润滑脂的极压性能。

方法概要：试验润滑脂在（24±6）℃被压到试验环上，由试验机主轴带动试验环在静止的试块上转动，主轴转速为（800±5）r/min，试验时间为（10±15）s。试环和试块之间承受压力，通过观察试块表面磨痕，可以得出不出现擦伤时的最大负荷OK值。

（3）《润滑脂抗磨性能测定法（四球机法）》SH/T 0204、ASTM D2266　润滑脂抗磨性能是指润滑脂在高负荷运转设备中保持润滑部件不被磨损的能力。此方法适用于润滑脂在钢对钢摩擦副上的抗磨性能，不能用来区分极压润滑脂和非极压润滑脂。

方法概要：在加载的情况下，上面的一个钢球对着表面涂有润滑脂的下面三个静止钢球旋转。在试验结束后，测量下面三个钢球的磨痕直径，以磨痕直径平均值的大小来判断润滑脂的抗磨性能。

3. 检测目的

润滑脂的抗磨极压性是评价润滑脂在重负荷、冲击负荷下降低金属的摩擦磨损的性能。润滑脂含有稠化剂，而稠化剂具有润滑作用，所以有些基础润滑脂，如复合磺酸钙、复合钙、聚脲等就具有良好的抗磨极压性能。

7.3.11　铜片腐蚀

1. 基本概念

润滑脂在金属表面能起到防锈、防腐蚀作用，铜片腐蚀是测定润滑脂对铜的腐蚀性，以评估润滑脂对金属的防护效果。

2. 测试方法

1）润滑脂铜片腐蚀测定法GB/T 7326，等效ASTM D4048。

条件：100℃，24h。

结果报告：甲法是通过将试验铜片与铜片腐蚀标准色板进行比较，确定腐蚀级别，见图7-27和表7-2。乙法则检查试验铜片有无变色。

表7-2　铜片腐蚀标准色板的分级

分级（新磨光的铜片）	标志	说　明
1级	轻度变色	1）淡橙色，几乎和新磨光的铜片一样 2）深橙色
2级	中度变色	1）紫红色 2）淡紫色 3）带有淡紫蓝色或银色或两种都有并分别覆盖在紫色上的多彩色 4）银色 5）黄铜色或者金黄
3级	深度变色	1）洋红色覆盖在黄铜色上的多彩色 2）由红和绿显示的多彩色（孔雀绿），但不带灰色
4级	腐蚀	1）透明的黑色、深灰色或有轻微孔雀绿的棕色 2）石墨黑色或无光泽黑色 3）有光辉黑色或者乌黑发亮的颜色

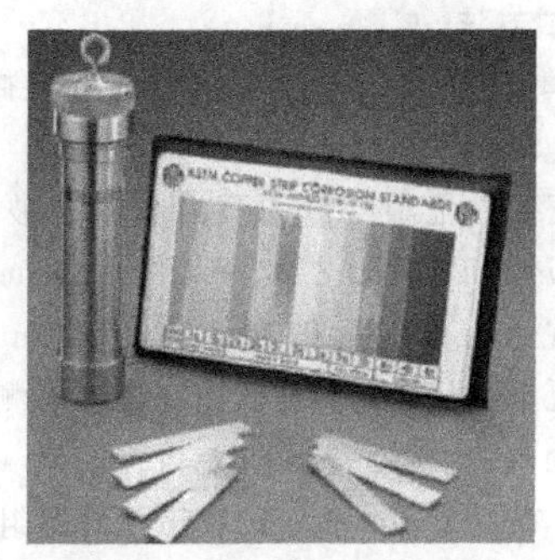

图7-27 铜片腐蚀标准色板

2）润滑脂腐蚀试验测定法 GB/T 5018、ASTM D1743。

条件：蒸馏水，52℃、48h。

轴承表面生锈的情况：一级（无腐蚀），二级（少于3个斑点），三级（多于3个以上斑点）。以合格或不合格作为评定结果，报告在三个轴承试验中至少两个一致的结果。

3. 检测目的

1）通过铜片腐蚀试验可判断润滑脂中是否含有能腐蚀金属的活性硫化物。

2）腐蚀试验是润滑脂的重要质量指标之一。任何润滑脂均不允许对金属产生腐蚀。

7.3.12 抗水淋性

1. 基本概念

润滑脂的抗水淋性是指润滑脂在使用过程中与水和水蒸气接触时抗水冲洗和抗乳化的能力。

润滑脂的抗水最取决于稠化剂的类型，烃类稠化剂的抗水性好、不吸水、不乳化。皂基润滑脂的抗水性取决于金属皂的水溶性，对于一般润滑脂的金属皂来说，除钠皂和钙钠皂外，其他皂抗水性都较好，钠皂既能吸水又能被水溶解，因此用钠皂制成的润滑脂抗水性很差，遇水后，轻则颜色变白，重则乳化变稀，加水后稠度变化很大，继续加水还可使润滑脂从油包水型乳化体变为水包油型的乳化体，甚至变为流体而失去润滑作用。

2. 测试方法

（1）润滑脂抗水淋性能测定法 SH/T 0109、ASTM D1264　润滑脂抗水淋性是指在试验条件下，评价润滑脂抵抗从滚珠轴承中被水淋洗出来的能力，测定润滑脂的抗水淋性能与实际应用有着密切关系，是正确选用在潮湿环境下机械设备用脂必须注意的问题。

润滑脂抗水淋性测试指标为“水淋流失量”，其方法是将试样装入球轴承中，以（600±30）r/min 的速度转动。用控制在一定温度的水以 5mL/s 的速度喷淋，以 60min 内被水冲掉的润滑脂量来衡量润滑脂的抗水淋能力。

（2）润滑脂抗水喷雾性测定法 SH/T 0643，等效 ASTM D4049　润滑脂抗水喷雾性能是指润滑脂在直接接触水喷雾时，润滑脂对金属表面的黏附能力，其测定结果可以预测润滑脂在直接接受水喷雾冲击的工作环境下的使用性能。

方法概要：将润滑脂涂在一块不锈钢板上，用在规定试验温度和压力下的水喷雾。经 5min 后，测定润滑脂的喷雾失重百分数，作为润滑脂抗水喷雾性的量度。

3. 检测目的

1）抗水淋性好可保证在有水或水汽存在的情况下仍起良好的润滑作用。

2）抗水淋性表示脂接触水不溶解、不乳化、不被水冲洗掉以及不从周围介质中吸收水分的能力。

7.3.13 水分

1. 基本概念

水分是指润滑脂含水的质量分数，在产品规格上用来控制含水分的百分率。

水分在润滑脂中存在两种形式。一种是结合水，形成水合物结晶，这种水是润滑脂的稳定剂，是不可缺少的成分，是在润滑脂中允许存在的。另一种是游离水，被吸附或夹杂在润滑脂中，对润滑脂是有害的，会降低润滑脂的润滑性、机械安定性和化学安定性。如游离水过多，会对机件产生腐蚀作用，因此须加以限制。

根据不同润滑脂提出不同含水量的要求：一般烃基润滑脂、铝基润滑脂及锂基润滑脂均不允许含水分；钠基及钙基润滑脂仅允许含很少量水分；钙基润滑脂的水分依不同牌号润滑脂含皂量的多少而规定在某一范围，水分过多或过少均将影响润滑脂的质量。

2. 测试方法

润滑脂水分测定方法按 GB/T 512《润滑脂水分测定法》的规定进行。

试验步骤：将 20~25g 润滑脂试样放入预先清洁干燥的圆形烧瓶中，注入直馏汽油 150mL，安装好接受器和冷凝管后，徐徐加热，当回流开始后，应保持落入接受器的冷凝液为每秒 2~4 滴。当接受器中水的容积不再增加及上层溶剂完全透明时，停止蒸馏，蒸馏时间不超过 1h，待降至室温后，记录接受器中水的容积。测定结果水分，以质量分数表示。

3. 检测目的

润滑脂中往往含有结构水与游离水。结构水是其不可缺少的组分，其含量多少会影响润滑脂的稠度，如钙基润滑脂的稠度随含水量的增加而增大；除此之外，润滑脂中的结构水，能起到稳定的作用，水分的损失会引起润滑脂分油的现象。

润滑脂中不允许含有游离水，特别是钠基润滑脂，一方面高含水量会破坏润滑脂的结构骨架；另一方面水分会影响润滑脂的润滑性，并且加速腐蚀，从而降低润滑脂的使用性能。

7.3.14 皂分

1. 基本概念

皂分就是皂基润滑脂皂的含量。以质量分数来表示。

一般来说，当润滑脂的原料和制造工艺条件一定时，随着润滑脂的含皂量增多，它的稠度、黏度和强度极限增大，分油量减少，滴点也较高。如果润滑脂的皂分稠化能力强，制造工艺条件好，则制造某一稠度的润滑脂所需皂量少，产品收率高，可降低成本。

2. 测试方法

润滑脂皂分按 SH/T 0319《润滑脂皂分测定法》的规定测定。

方法概要：将润滑脂溶于苯中，用丙酮沉淀润滑脂苯溶液中的金属皂，然后用质量法测定皂量。

具体试验步骤：将润滑脂样品 1~2g 溶于 5~10mL 苯中，再用 50mL 丙酮在室温下将皂从苯溶液中沉淀析出，过滤，然后用热丙酮洗涤皂的沉淀数次，烘干后称重，所得结果计算为质量分数，并减去润滑脂中的机械杂质（按抽出法测定）的含量，即得含皂量的质量分数。

3. 检测目的

皂分的大小影响润滑脂的性能。含皂量过高，润滑脂在使用过程中易硬化结块，缩短使用寿命；含皂量过低，会使润滑脂机械安定性下降。

7.3.15 机械杂质

1. 基本概念

润滑脂内的机械杂质，一般是指溶剂不溶物，也指显微镜观察到的一定程度的固体物质。其来源有：金属氢氧化物中的无机盐（不溶物），制脂设备上磨损的金属，以及制脂、包装、储运和使用过程中自外界混入的杂质（如尘土、沙粒等）。

2. 测试方法

（1）润滑脂机械杂质含量测定法（显微镜法）执行标准：SH/T 0336。

方法概要：把很少量的润滑脂涂在玻璃计数板上，计数板中间平面比二侧平面低 0.1mm，中间平面正中刻有边长分别是 0.2mm 和 0.05mm 的正方形网纹。当覆上盖片后，用显微镜观察即可测定润滑脂内存在的颗粒杂质的大小和数目，记录 10~25μm、25~75μm、75~125μm 和大于 125μm 的四组尺寸级别的不透明外来粒子和半透明纤维状外来粒子的数量。

（2）润滑脂机械杂质测定法（酸分解法） 执行标准：GB/T 513。

测定润滑脂中不溶于盐酸、石油醚（溶剂汽油或苯）、乙醇-苯混合液及蒸馏水的机械杂质的含量，以质量分数表示。所测主要对象是尘土、沙粒等硅化物类磨损性杂质。对于大部分润滑脂来说，这种机械杂质是不允许存在的。

（3）润滑脂机械杂质测定法（抽出法） 执行标准：SH/T 0330。

测定润滑剂中不溶于乙醇-苯混合液及热蒸馏水内的杂质含量，以质量分数表示。抽出法能测出润滑脂中全部机械杂质，包括金属屑和其他能溶于 10%盐酸的杂质。酸分解法不能测出溶于盐酸的机械杂质，如铁屑、碳酸钙等，但能测出砂粒、黏土杂质。

在润滑脂规格中，一般规定不允许含有酸分解法机械杂质，抽出法机械杂质允许含微量。如在皂及润滑脂中允许其质量分数最高不超过 0.5%，烃基润滑脂内允许其质量分数在 0.01%~0.1%范围内。

（4）润滑脂有害粒子鉴定法 执行标准：SH/T 0322。

检查和估算润滑脂内的有害粒子数目。所谓有害粒子是指能划伤用聚甲基丙烯酸甲酯制成的磨光塑料试片的表面但不一定能划伤钢及其他的轴承材料的粒子。

有害粒子鉴定法是评价润滑中磨损性杂质含量的一个简单方法，较其他机械杂质测定法能更好地反映润滑脂中所有磨损性杂质。

3. 检测目的

1）润滑脂中机械杂质超过一定量时，润滑脂应立即报废。

2）润滑脂内存在机械杂质，加剧被润滑摩擦点和工作面的磨损，并能造成摩擦面擦伤等。

7.3.16 游离有机酸和游离碱

1. 基本概念

游离酸和游离碱是指润滑脂在生产过程中未经充

分皂分后的有机酸和过剩的碱量。游离碱含量用含 NaOH 的质量分数来表示。游离有机酸用酸值表示，即中和 1g 润滑脂内的游离酸所消耗的 KOH 的毫克数。

2. 测试方法

润滑脂游离碱和游离有机酸的测定按照 SH/T 0329 的规定进行。

方法概要：将润滑脂试样加入溶剂油（或苯）-乙醇混合溶剂中，加热回流至试样完全溶解。酚酞为指示剂，以盐酸标准滴定溶液滴定其游离碱或以氢氧化钾乙醇标准滴定溶液滴定其游离有机酸。

3. 检测目的

1）极少量的游离碱对润滑脂质量影响不大，允许甚至必须含有少量的游离碱。润滑脂在长期贮存中，因受氧化作用，某些烃类物质变质后，成为有机酸，这会使游离碱中和、含量减少。所以一定量的游离碱的存在是必要的，能抑制润滑脂的氧化变质。但是，润滑脂中含有游离碱量过大时，润滑脂的胶体安定性和机械安全性都会受到影响，会产生分层、析油，损失润滑性能。

2）润滑脂中不允许有游离酸的存在，特别是低分子有机酸，会对金属产生腐蚀作用。润滑脂呈酸性时，会使脂骨架失效，脂发软变稀。

7.3.17　橡胶相容性

1. 基本概念

润滑脂与橡胶的相容性又称橡胶适应性，是指润滑脂与橡胶接触时不使橡胶体积、质量、硬度等发生过大变化的性质。

橡胶在润滑脂中浸泡一定时间后，可能发生体积膨胀或收缩，质量增加或减少，硬度也可能变大或变小，其他力学性能如抗张强度也可能变化。润滑脂与橡胶相容性好，则上述变化较小，否则上述变化较大。

2. 测试方法

常用方法为润滑脂与合成橡胶相容性测定法 SH/T 0429、ASTM D4289。

方法概要：将具有规定尺寸的标准橡胶试片置于润滑脂或液体润滑剂试样中，在 100℃（CR 或类似的橡胶）或 150℃（NBR-L）或润滑剂产品规格要求的其他温度下，经 70h 试验后，根据其体积变化和硬度变化来评价试样与橡胶的相容性。

3. 检测目的

测定润滑脂对橡胶的相容性，以确保所选用的润滑脂不影响橡胶密封件的工作性能。润滑脂在使用时，有些场合会与橡胶密封元件接触，有时润滑脂要在金属与橡胶间进行润滑并起密封作用。在润滑脂兼起润滑和辅助密封作用的条件下，使橡胶适当少量膨胀对润滑和密封有利，如果它与橡胶相容性差，橡胶发生将发生过分溶胀、变软变黏，或过分收缩、硬化。

7.3.18　机械安定性

1. 基本概念

机械安定性是指润滑脂在机械剪切力的作用后，其稠度改变的程度，体现润滑脂骨架结构体系抵抗从变形到流动的能力。一般用机械作用前后锥入度（或微锥入度）的差值来表示，差值越大，机械安定性就越差。机械安定性是润滑脂的重要使用性能，取决于稠化剂本身的强度、纤维间接触点的吸附力和稠化剂量，而与基础油黏度无直接关系，在铰链、平面支承和滑动轴承中尤为重要，是影响润滑脂使用寿命的重要因素。但是，润滑脂在机械作用下，稠化剂纤维的剪短是在所难免的，故润滑脂的稠度必因使用时间延长而降低。

2. 测试方法

机械安定性的测定方法有 SH/T 0122—1992《润滑脂滚筒安定性测定法》和 GB/T 269—1991《润滑脂和石油脂锥入度测定法》。

延长工作锥入度测定法是将润滑脂试样填入工作器中并安装在剪切试验机上，在室温条件下，以 60 次/min 往复工作 1 万次、10 万次或更多，然后将试样在 25℃静置一段时间再往复工作 60 次后测定其锥入度，并计算与 60 次工作锥入度的差值。国外相应的测试方法有 ASTM 217、DIN 51804 和 JIS K2220（5.11）等。国际上润滑脂产品标准中的机械安定性都采用延长工作锥入度。

参考文献

[1]　中国机械工程学会设备维修分会．机修手册：第 8 卷［M］．3 版．北京：机械工业出版社，1994.

[2]　Dowson D. History of Tribology［M］. London：Longman，1979.

[3]　王汝霖．润滑剂摩擦化学［M］．北京：中国石化出版社，1994.

[4]　松永正久，津谷裕子．固体润滑手册［M］．范煜，等译．北京：机械工业出版社，1986.

[5] 润滑通信社. 润滑油铭柄便览 [M]. 1992 版. 东京：润滑通信社，1992.

[6] 龚云表，石安富. 合成树脂与塑料手册 [M]. 上海：上海科学技术出版社，1993.

[7] 中国机械工程学会摩擦学学会. 润滑工程 [M]. 北京：机械工业出版社，1986.

[8] 西村允. 固体润滑概论 [J]. 王均安，译. 固体润滑，1986，6（3）.

[9] 林亨耀. 塑料导轨与机床维修 [M]. 北京：机械工业出版社，1989.

第8章　润滑系统的设计和润滑装置

8.1　润滑系统的分类和选择要求

润滑系统是向机器或机组的摩擦点供送润滑剂的系统，包括用以输送、分配、调节、冷却和净化润滑剂的装置及对其压力、流量和温度等参数和故障进行指示、报警和监控的整套装置。在润滑工作中，根据各种设备的实际工况，合理选择和设计其润滑方法、润滑系统和装置，对保证设备具有良好的润滑状况和工作性能及保持较长的使用寿命，具有十分重要的意义。

近年来，由于各种机械向着高速度、高精度、大功率和高度自动化发展，对润滑系统的工作和可靠性提出了更高的要求。

一般来说，机械设备的润滑系统应满足以下要求：

1）保证均匀、连续地对各润滑点供应具有一定压力的润滑剂，油量充足，并可按需要调节。

2）工作可靠性高。采用有效的密封和过滤装置，保持润滑剂的清洁，防止外界环境中的灰尘、水分进入系统，并防止因泄漏而污染环境。

3）结构简单，尽可能标准化，便于维修及调整，便于检查及更换润滑剂，起始投资及维修费用低。

4）带有工作参数的指示、报警、保护及工况监测装置，能及时发现润滑故障。

5）当润滑系统需要保证合适的润滑剂工作温度时，可加装冷却及预热装置以及热交换器。

在设计润滑系统时必须考虑以下三种润滑要素：①摩擦副的种类（如轴承、齿轮、导轨等类支承元件）和其运转条件（如速度、载荷、温度及油膜形成机理等）；②润滑剂的类型（如润滑油、脂或固体、气体润滑剂）及其性能；③润滑方法的种类和供油条件等。

8.1.1　润滑系统和方法的分类

1. 润滑系统和方法类型

目前机械设备使用的润滑系统和方法的类型很多，通常可按润滑剂的使用方式和利用情况分为分散润滑系统和集中润滑系统两大类；同时这两类润滑系统又可分为全损耗型和循环润滑两类。图8-1所示为润滑系统的分类（JB/T 3711.1—2017、JB/T 3711.2—2017、GB/T 6576—2002）。

除以上分类以外，还可根据所供给的润滑剂类型，将润滑方法分为润滑油润滑（或称稀油润滑）、润滑脂润滑（或称干油润滑）及固体润滑、气体润滑等。其中固体润滑已在第6章中介绍过。

（1）分散润滑　常用于分散的或个别部件的润滑点。在分散润滑中还可分为全损耗（或“一次给油润滑”）型和循环型两种基本类型，如使用便携式加油工具（油壶、油枪、手刷、气溶胶喷枪等）对油孔、油嘴、油杯、导轨表面等润滑点手工加油，以及油绳或油垫润滑、飞溅润滑、油浴润滑、油环或油链润滑等。

（2）集中润滑　使用成套供油装置同时对许多润滑点供油，常用于变速器、进给箱、整台或成套机械设备及自动化生产线的润滑。集中润滑系统按供油方式可分为手动操纵、半自动操纵及自动操纵三类系统。它同时又可分为全损耗型（又称消耗型）系统、循环型系统及静压系统三种基本类型。其中全损耗型润滑系统是指将润滑剂送至润滑点以后，不再回收循环使用，常用于润滑剂回收困难或无须回收、需油量很小、难以设置油箱或油池的场合。而循环润滑系统的润滑剂输送至润滑点进行润滑以后，又流回油箱再循环使用。静压润滑系统则是利用外部的供油装置，将具有一定压力的润滑剂输送到静压支承中进行润滑的系统。

2. 集中润滑系统的类型

集中润滑系统是在机械设备中应用最广泛的系统，类型很多，大致可分为图8-2所示的7种类型：

（1）节流式　参见图8-2a，利用流体阻力分配润滑剂，所分配的润滑剂量与压力及节流孔尺寸成正比。供油压力范围为0.2～1.5MPa，润滑点可多至300以上。

（2）单线式　参见图8-2b，润滑剂在间歇压力（直接的或延迟的）下通过单线的主管路被送至喷油嘴，然后送至各润滑点。供油压力范围为0.3～21MPa，润滑点可多至200以上。

（3）双线式　参见图8-2c，润滑剂在压力作用下通过由一个方向控制阀交替变换流向的两条主管路

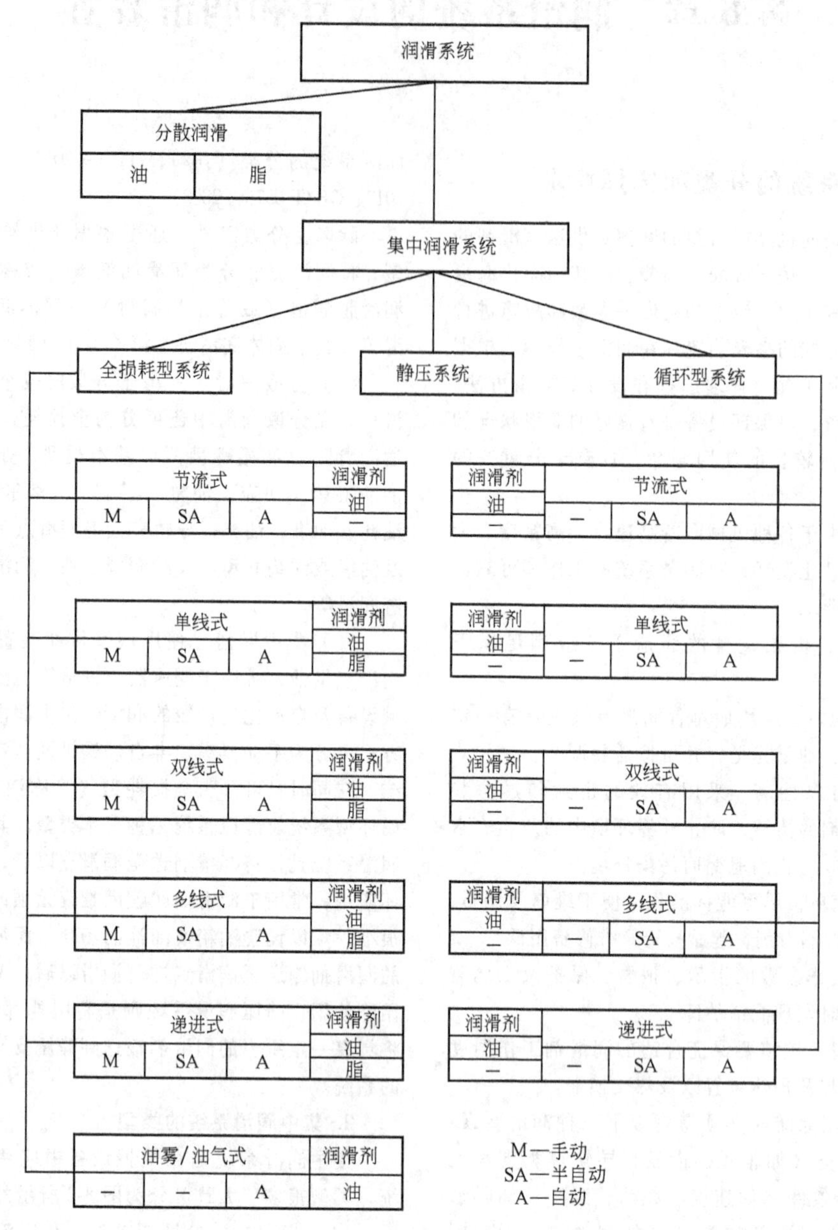

图 8-1 润滑系统的分类

送至定量分配器，依靠主管路中润滑剂压力的交替升降操纵定量分配器，使定量润滑剂供送至润滑点。供油压力范围为 0.3~40MPa，润滑点可多达 2000 个。

（4）多线式　参见图 8-2d，多头油泵的多个出口各有一条管路直接将定量的润滑剂送至相应的润滑点。管路的布置可以是并联或串联安装。供油压力范围为 0.3~40MPa，润滑点亦可多达 2000 个。

（5）递进式　参见图 8-2e，由压力升降操纵定量分配器按预定的递进程序将润滑剂送至各润滑点。供油压力范围为 0.3~40MPa，润滑点在 800 个以上。

（6）油雾/油气式　参见图 8-2f、g，将压缩空气与润滑油液混合后，借助气体载体输送经凝缩嘴或喷嘴分配、呈油雾或微细油滴的油量至各润滑点。

类型	全损耗型润滑系统	循环润滑系统
a)节流式系统	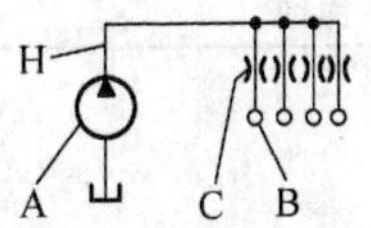 H A C B	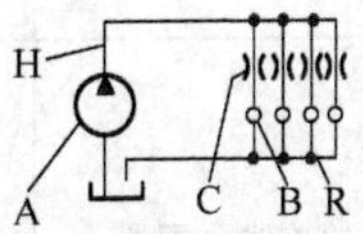 H A C B R
b)单线式系统	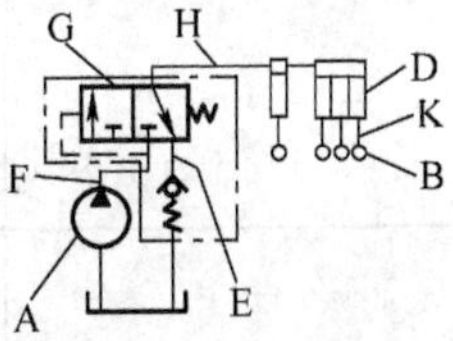 G H D K B F A E	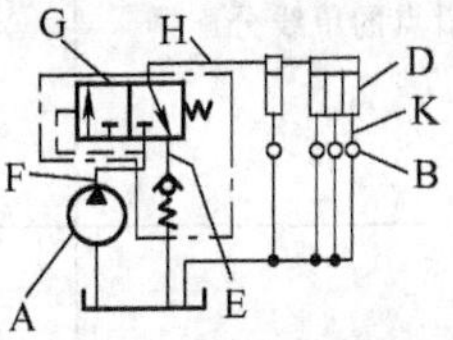 G H D K B F A E
c)双线式系统	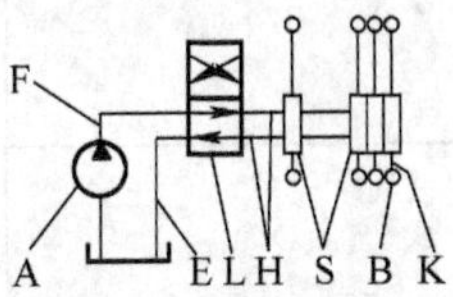 F A E L H S B K	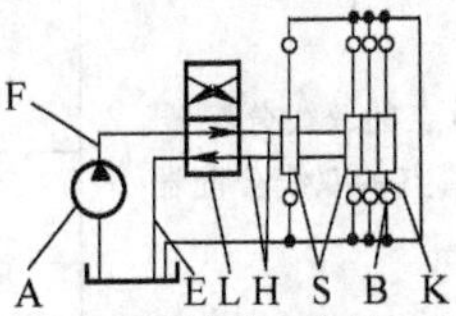 F A E L H S B K
d)多线式系统	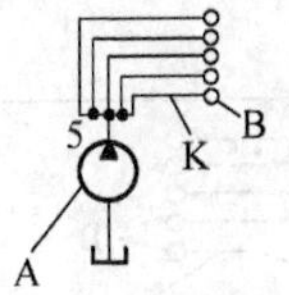 5 K B A	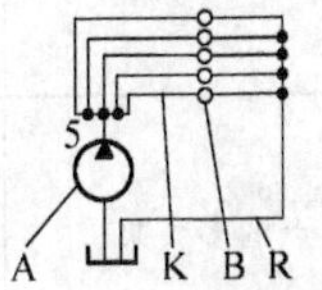 5 A K B R
e)递进式系统	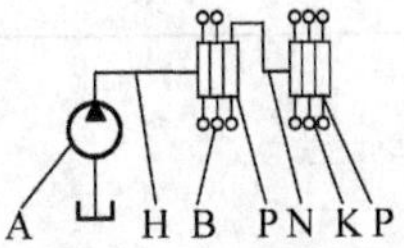 A H B P N K P	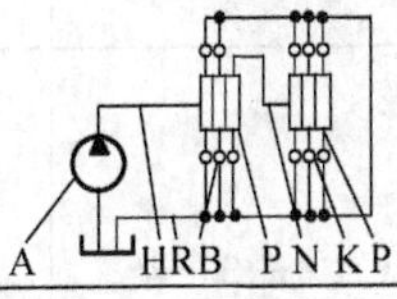 A HRB P N K P
f)油雾式系统	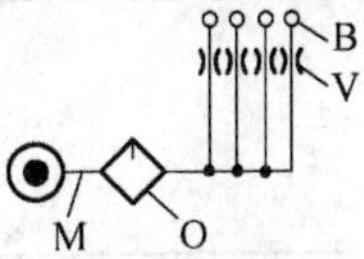 B V M O	
g)油气式系统	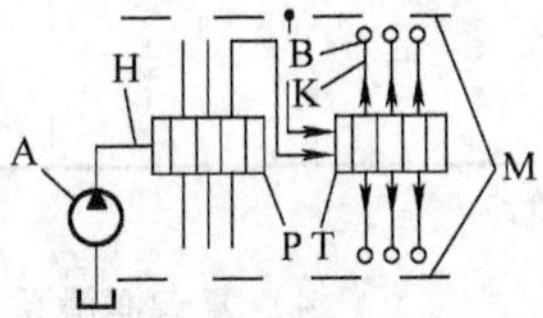 H B K A M P T	

A—带油箱的泵；B— 润滑点；C—节流阀；D—单线分配器；E— 卸荷管路；F—压力管路；G—卸荷阀；H—主管路；K—润滑管路；L—4/2 换向阀；M—压缩空气管路；N—支管路；O—油雾器；P—递进分配器；R—回油管路；S—双线分配器；T—油气混合器；V—凝缩嘴

图 8-2　集中润滑系统类型

注：图中所用符号见表 8-1。

表 8-1　图 8-2 中所使用符号的说明

名称	代号	符号	
		详细	简化
节流器组	—	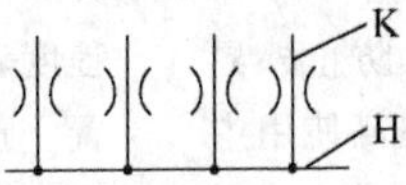 K H	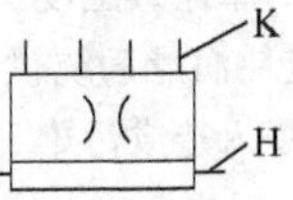 K H

（续）

名称	代号	符号	
		详细	简化
1个润滑点的单线分配器、3个润滑点的单线分配器	D	—	K H
	D	—	K H
2个润滑点的双线分配器、6个润滑点的双线分配器	S	—	K H H K
	S	—	K H H K
5个润滑点的多头泵	A	B K	K B
6个润滑点的递进分配器、10个润滑点的递进分配器	P	—	K H/N K
	P	—	K H/N K
凝缩嘴	V	—	

注：H—主管路；B—润滑点；K—润滑管路；N—支管路。

8.1.2 润滑系统的选择原则

1）在设计润滑系统时，应对机械设备各部分的润滑要求做全面分析，确定所使用润滑剂的品种，尽量减少润滑剂和润滑装置的类别。在保证主要部件的良好润滑的条件下，综合考虑其他润滑点的润滑，要保证润滑质量。

2）应使润滑系统既满足设备运转中对润滑的需要，又与设备的工况条件和使用环境相适应，以免产生不适当的摩擦、温度、噪声及过早的失效。

3）应使润滑系统供送的油保持清洁，防止外界尘屑等的侵入造成污染、损伤摩擦表面，提高使用中的可靠性。

4）复杂润滑系统的主要元件如泵、分配阀、过滤器等应适当地组合在一起并尽可能标准化，便于接近并进行维护、清洗，降低设备运转与维修、保养费用，防止发生人身、设备安全事故。

表8-2所列为各种润滑方法类型及特点的比较。

随着机械设备自动化程度和结构复杂程度的不断提高，工况和环境条件日益严酷，对润滑系统的要求进一步提高，因为一条高度自动化的生产线，往往因一处发生润滑故障就会使全线停产，造成严重经济损失。因此在选择润滑系统时，要注意该系统的自动化程度和可靠性，注意装设指示、报警和工况监控装置，预测和防止早期润滑故障，以提高设备开动率和使用寿命。

表 8-2　润滑方法类型及特点

润滑方法			适用范围	供油质量	结构复杂性	冷却作用	可靠性	耗油量	初始成本	维修工作量	劳务费
润滑油润滑	全损耗型润滑	手工加油润滑	轻载、低速、间歇运转的一般轴承、开式导轨及齿轮	差	低	差	差	大	很低	小	高
		滴油润滑	轻、中载荷与低、中速的一般轴承、导轨及齿轮	中	中	差	中	大	低	中	中
		油绳或油垫润滑	轻、中载荷与低、中速的一般轴承及导轨	中	中	差	中	中	低	中	低
		压力强制润滑	中、重载荷与中、高速的各种机械的轴承、导轨及齿轮	好	高	好	好	中	中至高	中	中
		集中润滑	各种场合广泛应用	好	高	优	好	中	高	中	中
		油雾润滑	高速、高温滚动轴承、电动机、泵、成套设备	优	高	优	好	小	中至高	大	中至高
		油气润滑	高速、高温滚动轴承、导轨、齿轮、电动机、泵、成套设备	优	高	优	好	小	中至高	大	中至高
	循环润滑	飞溅或油浴润滑	从低速到高速普通轴承、齿轮箱、密闭机构	好	中	好	好	小	低	小	低
		油环、油轮或油链润滑	轻、中载荷普通轴承	好	中	中	好	小	低	小	低
		喷油润滑	封闭齿轮、机构	好	中	好	好	中	中至高	中	中
		压力循环润滑	滑动轴承、滚动轴承、导轨、齿轮箱	优	高	优	好	中	高	中	中
		集中润滑	机床、自动化设备、自动生产线	优	高	中	优	中	高	小	中
润滑脂润滑	全损耗型润滑	填装脂封闭式(终生)润滑	滚动轴承、小型轴套,亦可用于精密轴承	中	低	差	中	中	低	无	低
		手工补充脂润滑	滚动轴承、导轨、含油轴承	中	低	差	中	低	低	中	高
		手工集中补充脂润滑	滚动轴承、导轨、含油轴承	好	高	差	好	中	中	小	中
		自动集中补充脂润滑:单线式、双线式、多线式、递进式	连续运转的重要轴承、高精度滚动轴承、导轨	好	高	中	好	中	中至高	小	中

8.2　常用润滑油润滑方法和装置

8.2.1　手工给油装置

手工给油润滑是由操作工人用油壶或油枪向润滑点的油孔、油嘴及油杯加油，主要用于低速、轻载和间歇工作的滑动面、开式齿轮、链条以及其他单个摩擦副。加油量依靠工人的感觉与经验加以控制。

（1）油孔、油嘴及油杯　一般在位置受到限制时只能采用带喇叭口的油孔，油孔内可填充毛毡或毛绳，使之起储油和过滤的作用。表 8-3~表 8-7 为一些注油杯的基本形式和尺寸。

（2）油壶和油枪　油壶和油枪是常用的供油装置，种类繁多，选择时主要看它的出油处能否与所用油孔、油嘴、油杯相适应，使用方便可靠即可。

表 8-3　直通式压注油杯基本形式与尺寸（摘自 JB/T 7940.1—1995）　（单位：mm）

d	H	h	h_1	S 公称尺寸	S 极限偏差	钢球（GB/T 308）
M6	13	8	6	8	0 -0.22	3
M8×1	16	9	6.5	10		
M10×1	18	10	7	11		

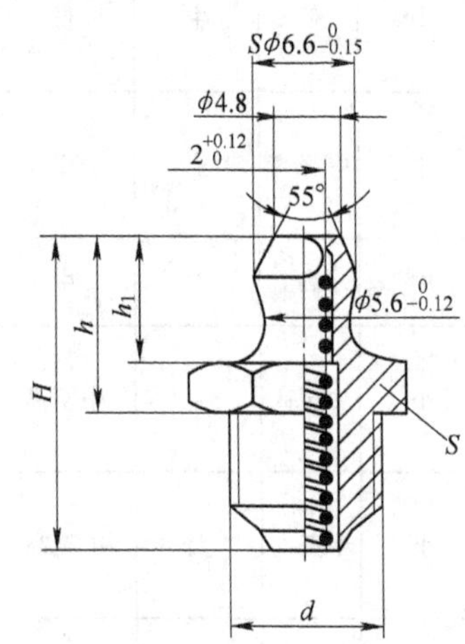

标记示例：

连接螺纹 M10×1，直通式压注油杯的标记为：

油杯 M10×1 JB/T 7940.1

表 8-4　接头式压注油杯基本形式与尺寸（摘自 JB/T 7940.2—1995）　（单位：mm）

d	d_1	α	S 公称尺寸	S 极限偏差	直通式压注油杯（JB/T 7940.1—1995）
M6	3	45°，90°	11	0 -0.22	M6
M8×1	4				
M10×1	5				

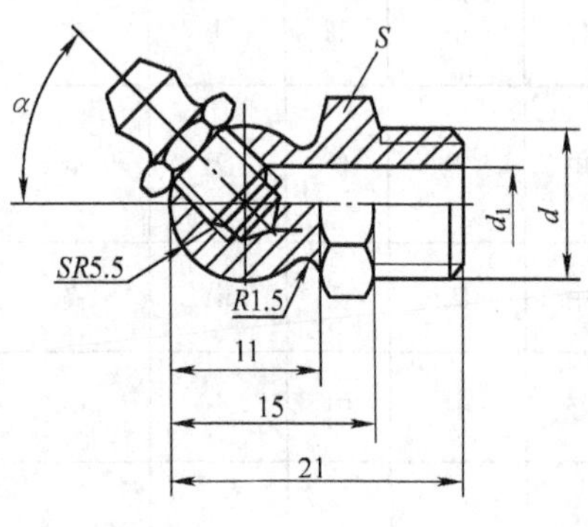

标记示例：

连接螺纹 M10×1，45°接头式压注油杯的标记为：

油杯 45° M10×1 JB/T 7940.2

表 8-5　旋盖式油杯基本形式与尺寸（摘自 JB/T 7940. 3—1995）　　（单位：mm）

A 型

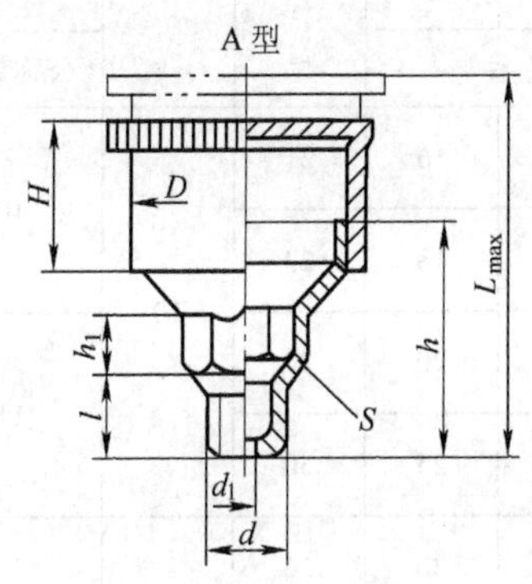

B 型

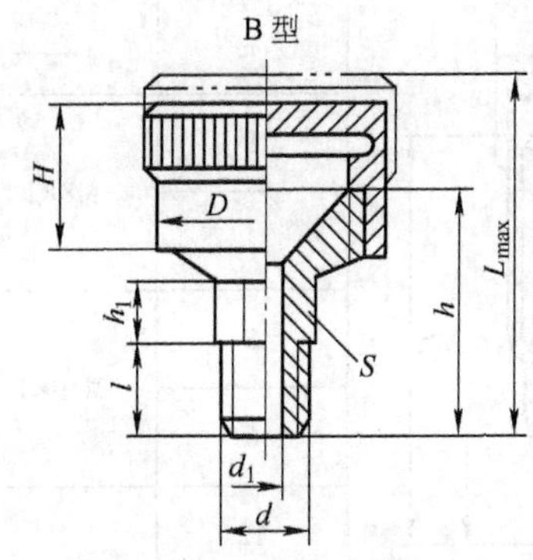

标记示例：

最小容量 25cm³，A 型旋盖式油杯的标记为：

油杯　A25　JB/T 7940. 3

最小容量 /cm³	d	l	H	h	h_1	d_1	D		L_{max}	S	
							A 型	B 型		公称尺寸	极限偏差
1.5	M8×1	8	14	22	7	3	16	18	33	10	0 −0.22
3	M10×1		15	23	8	4	20	22	35	13	0 −0.27
6			17	26			26	28	40		
12	M14×1.5	12	20	30	10	5	32	34	47	18	
18			22	32			36	40	50		
25			24	34			41	44	55		
50	M16×1.5		30	44			51	54	70	21	0 −0.33
100			38	52			68	68	85		
200	M24×1.5	16	48	64	16	6	—	86	105	30	—

表 8-6　压配式压注油杯基本形式与尺寸（摘自 JB/T 7940. 4—1995）　　（单位：mm）

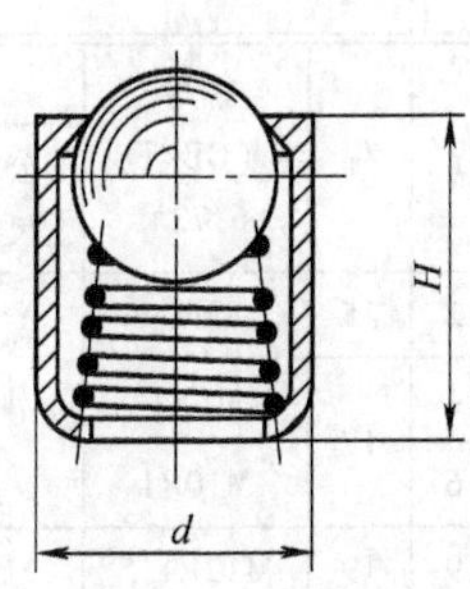

1. 与 d 相配孔的极限偏差按 H8。
2. 标记示例：

d=6mm，压配式压注油杯的标记为：

油杯 6　JB/T 7940. 4

d		H	钢球（GB/T 308）
公称尺寸	极限偏差		
6	+0.040 +0.028	6	4
8	+0.049 +0.034	10	5
10	+0.058 +0.040	12	6
16	+0.063 +0.045	20	11
25	+0.085 +0.064	30	13

表 8-7 弹簧盖油杯基本形式与尺寸（摘自 JB/T 7940.5—1995） （单位：mm）

A 型

最小容量 /cm³	d	H ≤	D ≤	l_2 ≈	l	S 公称尺寸	S 极限偏差
1	M8×1	38	16	21	10	10	0 −0.22
2		40	18	23			
3	M10×1	42	20	25		11	0 −0.27
6		45	25	30			
12	M14×1.5	55	30	36	12	18	
18		60	32	38			
25		65	35	41			
50		68	45	51			

标记示例：

最小容量 3cm³，A 型弹簧盖油杯的标记为：

油杯 A3 JB/T 7940.5

B 型

d	d_1	d_2	d_3	H	h_1	l	l_1	l_2	S 公称尺寸	S 极限偏差
M6	3	6	10	18	9	6	S	15	10	0 −0.22
M8×1	4	8	12	24	12	8	10	17	13	0 −0.27
M10×1	5									
M12×1.5	6	10	14	26	−14	10	12	19	16	
M16×1.5	8	12	18	28				23	21	0 −0.33

标记示例：

连接螺纹 M10×1，B 型弹簧盖油杯的标记为：

油杯 BM10×1 JB/T 7940.5

C 型

d	d_1	d_2	d_3	H	h_1	L	l_1	l_2	螺母（GB/T 6172）	S 公称尺寸	S 极限偏差
M6	3	6	10	18	9	25	12	15	M6	13	0 −0.27
M8×1	4	8	12	24	12	28	14	17	M8×1		
M10×1	5					30	16		M10×1		
M12×1.5	6	10	14	26	14	34	19	19	M12×1.5	16	
M16×1.5	8	12	18	30	18	37	23	23	M16×1.5	21	0 −0.33

8.2.2 滴油润滑

滴油润滑主要使用油杯向润滑点供油润滑。常用的油杯有：针阀式注油杯、压力作用滴油油杯、跳针式润滑油杯、热膨胀油杯、连续压注油杯、均匀滴油油杯、活塞式滴油油杯等。油杯多用铝或铝合金等轻金属制成骨架，杯壁和检查孔多用透明的塑料或玻璃制造，以便观察其内部油位。

常用油杯的结构如下：

（1）针阀式注油杯　见表 8-8 中的结构，这种注油杯的滴油量受针阀的控制，油杯中油位的高低可直接影响通过针阀环形间隙的滴油量。

表 8-8　针阀式注油杯基本形式与尺寸（摘自 JB/T 7940. 6—1995）

（单位：mm）

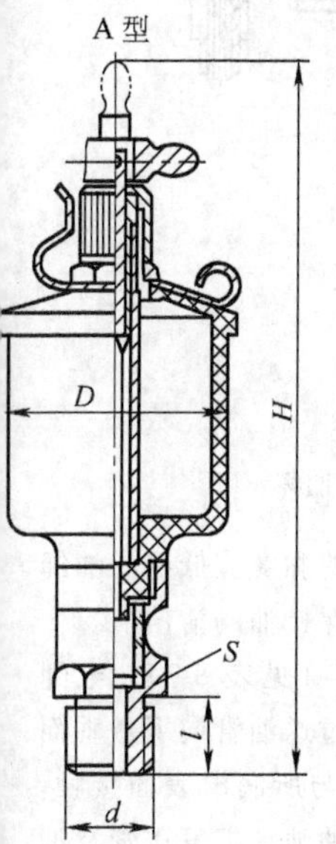

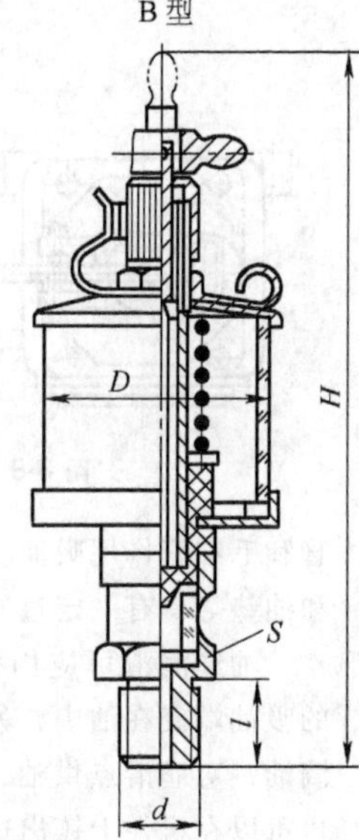

标记示例：最小容量 $25cm^3$，A 型针阀式油杯的标记：
油杯 A25　JB/T 7940. 6

最小容量 $/cm^3$	d	l	H	D	S 公称尺寸	S 极限偏差	螺母 (GB/T 6172)
16	M10×1	12	105	32	13	0 −0. 27	M8×1
25	M14×1. 5		115	36	18		
50			130	45			
100			140	55			M10×1
200	M16×1. 5	14	170	70	21	0 −0. 33	
400			190	85			

（2）压力作用滴油油杯　结构如图 8-3 所示，这种油杯的底面有一个针阀 1，其阀杆通过油杯上的操作缸伸出外部，连接调节螺母 2。这是装在透平式压缩机上的滴油杯，阀的启闭由压缩机的排气通过弹簧压着的活塞 3 加以控制，并可用阀杆上的螺母 2 来调节油杯的滴油量。

（3）跳针式润滑油杯　结构如图 8-4 所示，这种润滑油杯一般直接装在摩擦副上，通过摩擦副轻微的垂直振动产生泵送的作用，使油沿着跳针下降而润滑摩擦副。

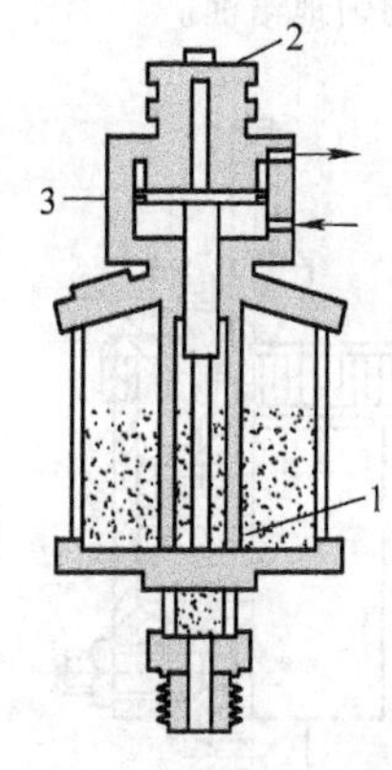

图 8-3　压力作用滴油油杯

1—针阀　2—调节螺母　3—活塞

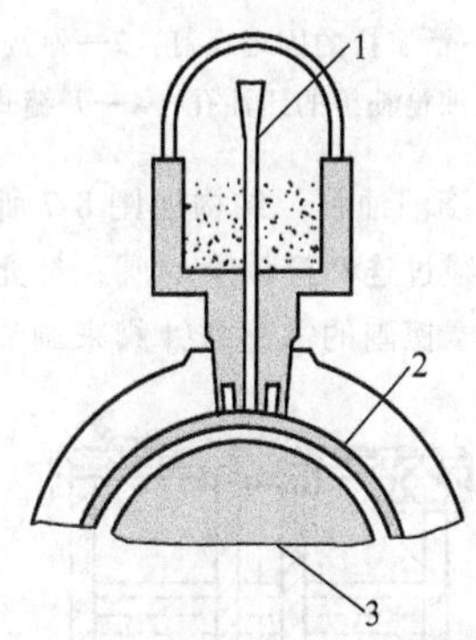

图 8-4　跳针式润滑油杯

1—跳针　2—轴承　3—轴

（4）热膨胀油杯　结构如图 8-5 所示，这种油杯能由摩擦副的温度变化来控制。摩擦副中的温度变化通过油杯的金属管传到油杯的上腔使其中的空气膨胀或收缩。当空气膨胀时，油杯上面空腔内的气压增大，强迫少量润滑油流出油杯送入摩擦副；而在空气收缩时，油流即停止，如此连续不断地动作。这种油杯在某些要求先加油然后起动的摩擦副上不能应用。

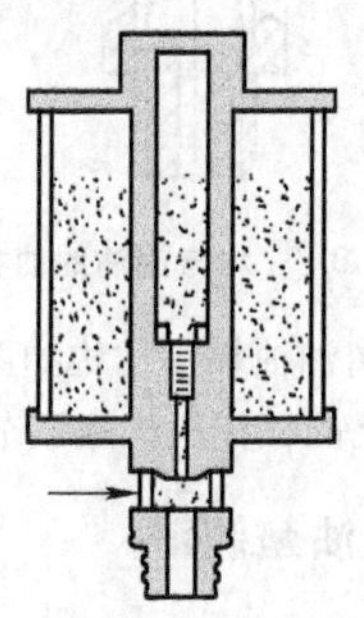

图 8-5　热膨胀油杯

（5）连续压注油杯　结构如图 8-6 所示，这种连续压注油杯由于其下面储油器能保持着不变的油压，所以能保证自动均匀地给油。

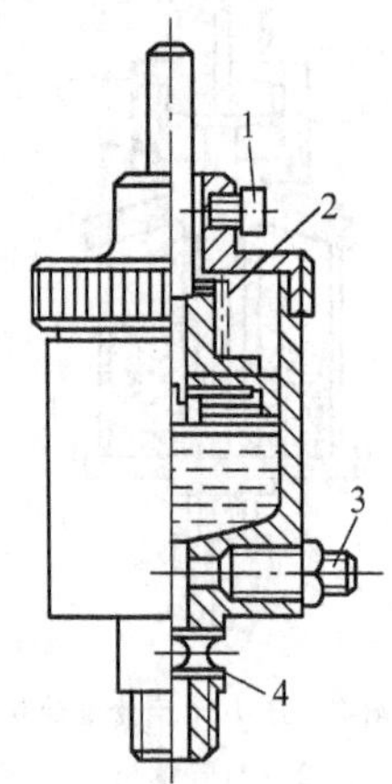

图 8-6　连续压注油杯
1—活塞杆的固定螺钉　2—弹簧
3—利用油枪补给的压注孔　4—开缝式油门

（6）均匀滴油油杯　结构如图 8-7 所示，润滑油从上面储油器经过连在浮飘上的阀，补充到下面的储油器，其送往摩擦副的油量靠针阀来调节。

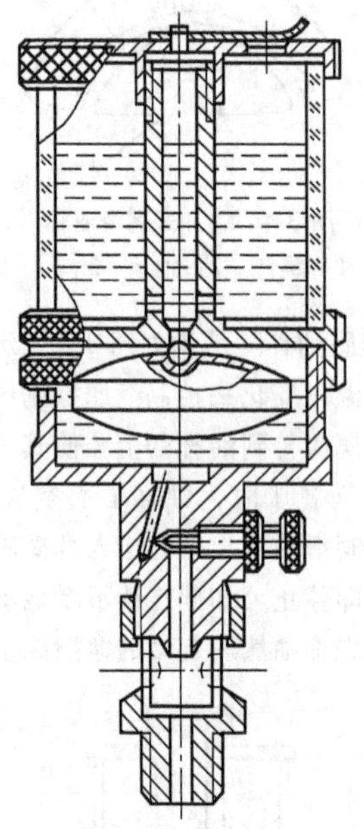

图 8-7　均与滴油的油杯

（7）活塞式滴油油杯　结构如图 8-8 所示，它的滴油量可通过杯上的杠杆机构来调节。

8.2.3　油绳和油垫润滑

主要使用油绳、毡垫等浸在润滑油中，应用虹吸

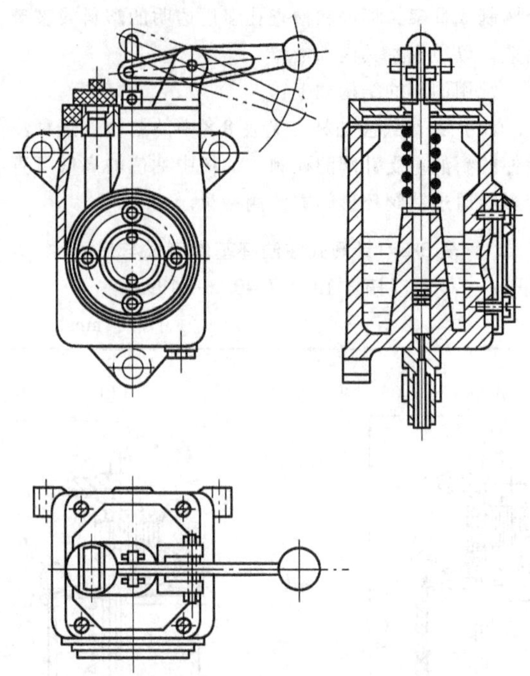

图 8-8　活塞式滴油油杯

管和毛细管作用吸油。所使用油的黏度应低些。油绳和油垫等具有一定过滤作用，可保持油的清洁。

油绳润滑可应用弹簧盖油杯（见表 8-7），毛绳的吸油端浸在油中，另一端则通过送油管向下悬垂而滴油，对润滑点供油，但毛绳不与所润滑表面接触。也可以在机件上铸出边缘，形成油池，把发送管及油绳接到润滑点上。图 8-9 所示是进给丝杠的毛绳润滑法。油杯或油池的油位应保持在机件全高的 3/4 以

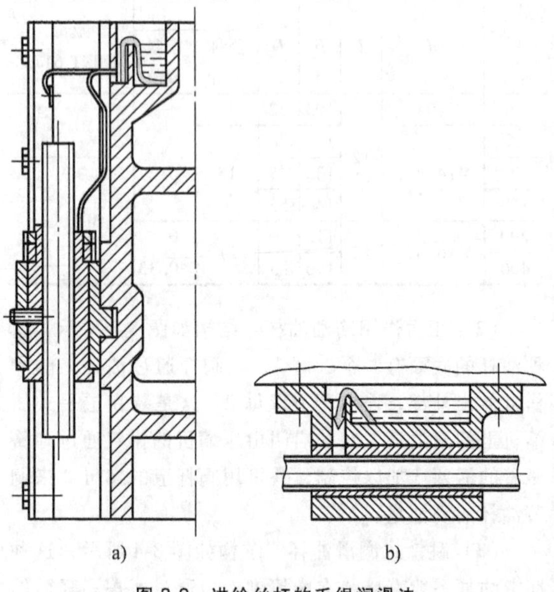

图 8-9　进给丝杠的毛绳润滑法

上，以保证吸油量。滴油端应低于杯底 50mm 以上，一个容积为 0.12L 的油杯，可维持润滑 4~10h。

油垫润滑一般应用于加油有困难或不易接近的轴承，如图 8-10 所示，但所润滑的表面的速度不宜过高。油垫从专用的储油槽中吸进润滑油以供给与它相接触的轴颈。油垫主要应用粗毛毡制造，使用时应定期清洗并加以烘干，然后重新装配使用。

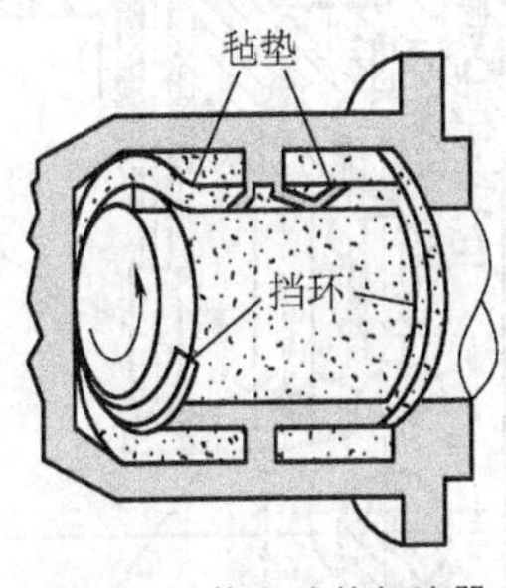

图 8-10 饱和毡垫加油器

8.2.4 油环或油链润滑

油环或油链润滑仅适用于润滑载荷较小的水平轴的滑动轴承。当轴承长度与轴径之比大于 1.5 时，应设两个环。油环套在轴颈上，环的下部浸在油池内，利用轴转动时的摩擦力带着油环一起旋转，将润滑油带到轴颈上，流散到润滑点。表 8-9 及表 8-10 所列为油环浸入油内的深度及尺寸。但应注意使转轴无冲击振动，转速不宜过高。油环的结构型式可分为整体式和可分式两种。

表 8-9 油环浸入油内的深度

油环的内径 D/mm	油环浸入油的深度 t/mm
25~40	$t=D/4=6\sim10$
40~65	$t=D/5=9\sim13$
70~310	$t=D/6=12\sim52$

表 8-10 油环尺寸 （单位：mm）

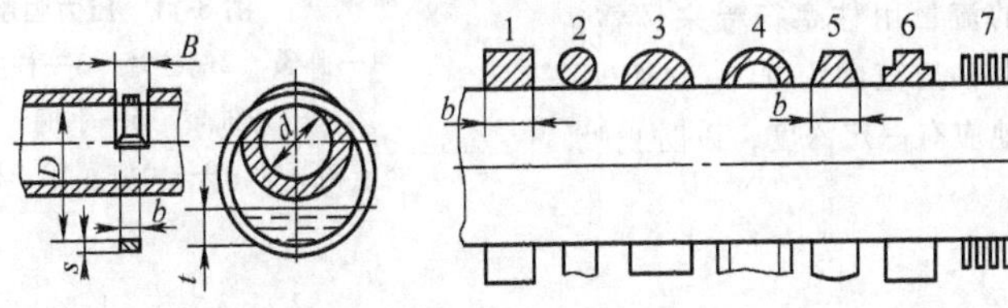

d	D	b	s	B min	B max
10 12 13	25 30	5	2	6	8
14 15 16 17 18	35	6	2	7	10
20	40				
22	45				
25 28	50	8	3	9	12
30	55				
32	60				
35	65	10	3	11	14
38	70				
40	70				
42	75				

d	D	b	s	B min	B max
45 48 50 52 55	80 90	12	4	13	16
60	100	12	4	13	16
62 65	110				
70 75	120				
80	130				
80 90	140	15	5	18	20
95	150				
100 105	165				
110 115 120	180				

注：轴的圆周速度以 0.5~32m/s（转速 250~1800r/min）为宜。

8.2.5 油浴和飞溅润滑

主要用于闭式齿轮箱、链条和内燃机等。一般利用高速（不高于 12.5m/s）旋转的机件从专门设计的油池中将油带到附近的润滑点。有时在轴上设置带油的轮子把油带到轴颈上。飞溅润滑所用油池应装设油标，油池的油位深度应保持最低齿轮被淹没 2~3 个齿高。最好在密闭的齿轮箱上设置通风孔以加强箱内外空气的对流，以帮助散热。

8.2.6 压力强制润滑

压力强制润滑是在设备内部设置小型润滑泵通过传动机件或电动机带动，从油池中将润滑油供送到润滑点。供油是间歇的，它既可用作单独润滑，又可将几个泵组合在一起润滑。近年由于小型润滑站已实现标准化，在机外附装一套小型电动或手动润滑站，利用设备内部的油池进行润滑的系统已得到广泛使用。

图 8-11 所示为压力强制润滑泵，是用单个柱塞泵强制供润滑油的。强制润滑时，润滑油随设备的开、停而自动送、停。油的流量由柱塞行程来调整，由每秒几滴至几分钟 1 滴。油压范围为 0.1~34MPa。为保持润滑油的清洁，油池应有一定深度，以防止吸入油池中的沉淀物。

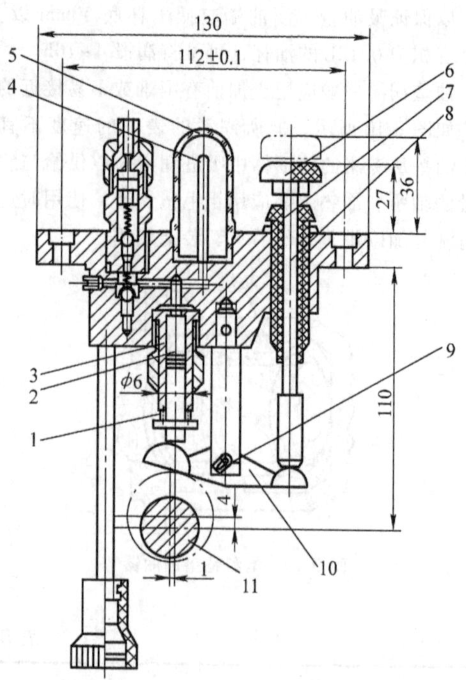

图 8-11 压力强制润滑泵

1—弹簧 2—柱塞 3—柱塞套 4—滴油管 5—视油罩 6—手柄 7—调节螺套 8—调节杆 9—销钉 10—杠杆 11—偏心轮

8.2.7 喷油润滑

喷油润滑是将由润滑泵提供的润滑油与一定压力的压缩空气在喷射阀混合后，通过喷嘴向润滑点喷射润滑油的润滑方式，又称喷射润滑。常用于润滑高速重载齿轮及轴承。当齿轮分度圆圆周速度大于 10m/s 时，因有离心力作用使油自齿面抛离。对齿轮的润滑要求使用喷油方法，在直接压力下把润滑油从轮齿的啮合方向送到啮合的齿隙中以进行润滑。对双向转动的齿轮，则需在齿轮的两面均安装喷油孔管。在蜗杆传动中，喷油应从蜗杆的螺旋开始与蜗轮啮合的一面喷射。图 8-12 所示为大转速齿轮的喷油润滑。对于速度系数 $d_m \cdot n$ 大于 1.6×10^6mm · r/min 并承受重负荷的滚动轴承，轴承高速旋转时，滚动体、保持架也以相当高的速度旋转，使其周围空气形成气流，用一般润滑方法难以将润滑油输送到轴承中，也需使用喷油润滑的方法进行润滑。

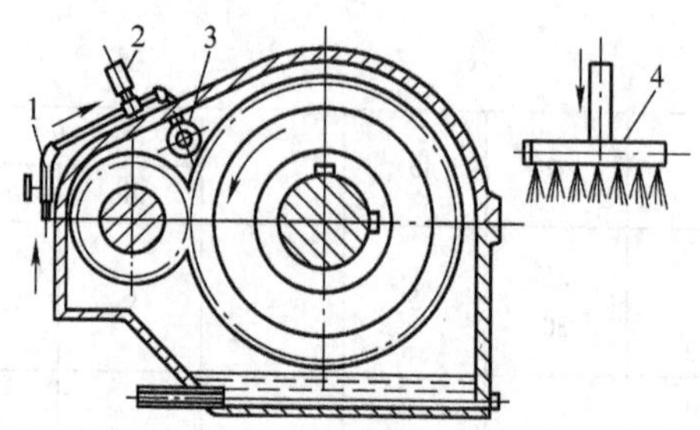

图 8-12 大转速齿轮的喷油润滑

（分度圆圆周速度在 20m/s 以内）

1—封闭开关 2—压力计 3—检查孔 4—喷油器

8.3 常用润滑脂润滑方法和装置

8.3.1 脂杯润滑

脂杯润滑是一种简便易行、效果良好的干油润滑方法。根据润滑点不同结构、不同部位和不同工作特点，采用相适应的脂杯固定在设备润滑点上。

图 8-13 所示为带阀的润滑脂杯，用于压力不高

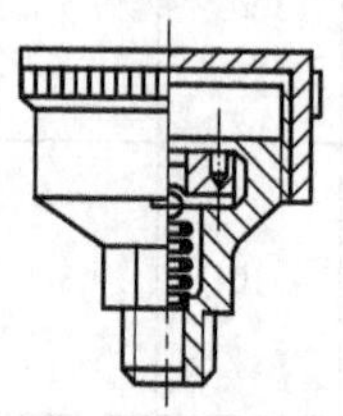

图 8-13 带阀的润滑脂杯

而分散间歇供脂的地方。这种脂杯的结构不能达到均匀可靠地供脂，仅在旋转杯盖时，才能间歇地送脂。当机械正常运转时，每隔 4h 将脂杯盖回转 1/4r 即可。这种脂杯应用在滚动轴承上时，其速度不应超过 4m/s。

图 8-14 所示为连续压注的脂杯，利用弹簧 4 压在装有油封 6 或塑料碗的活塞上挤出润滑脂供给摩擦副。如活塞已落到最下的位置，就说明脂已用完，等待补充。如果停止供脂，可利用手柄 1 拉出活塞并略加回转，即将活塞用销钉 3 锁在顶部位置上。当补充脂时，须从脂杯座上旋下套筒 5。这种脂杯的缺点是加脂麻烦。

图 8-15 所示的脂杯则消除了上述脂杯的缺点，

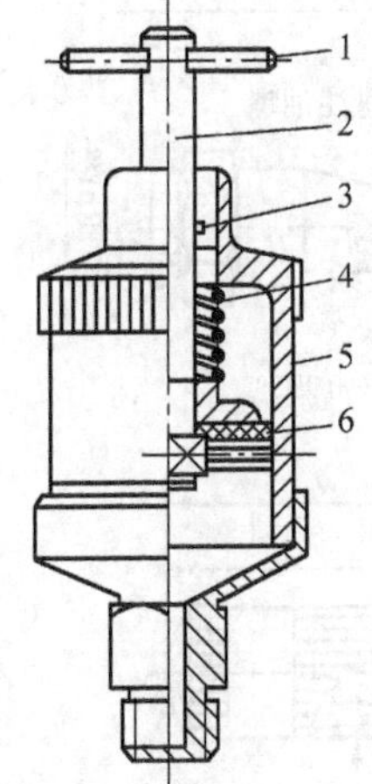

图 8-14　连续压注的脂杯 1

1—手柄　2—活塞　3—销钉
4—弹簧　5—套筒　6—油封

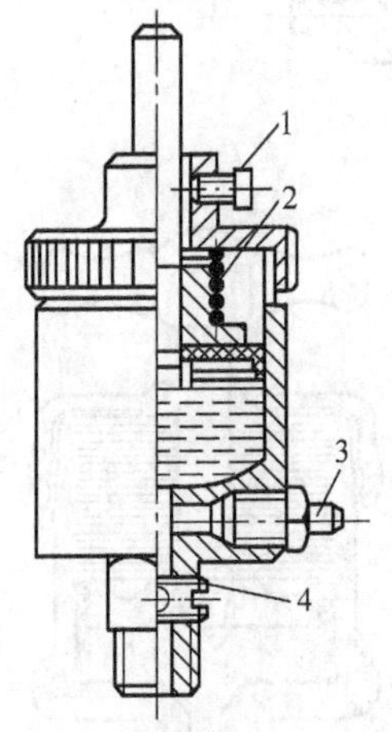

图 8-15　连续压注的脂杯 2

1—活塞杆的固定螺钉　2—弹簧
3—压注杯　4—开缝式油门

它可以用脂枪通过压注杯 3 来补充脂。用螺钉 1 固定活塞，就可以切断脂的供应。开缝式油门 4 可以调节供脂量，所以当活塞处于下部位置时，弹簧力虽为最小，也能保证充分供脂。

图 8-16 所示为安装在旋转部件上（例如带轮）的脂杯，当部件旋转时，活塞受离心力作用而上升，润滑脂即随通过空心杆挤出送到润滑点。当部件停止转动时，亦停止供应润滑脂。

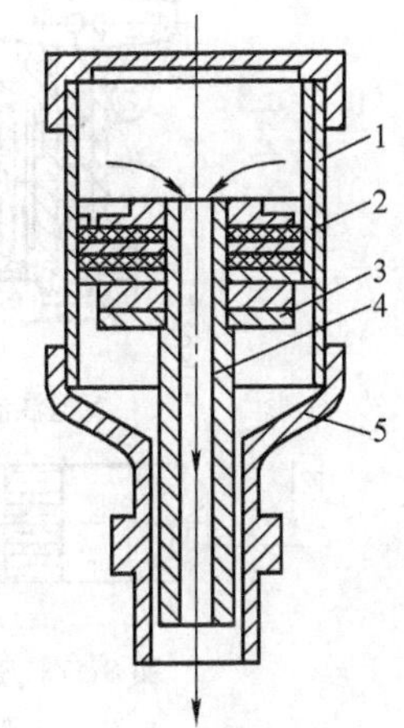

图 8-16　旋转部件用润滑脂杯

1—油杯壳　2—活塞　3—推动压板
4—空心杆　5—空气孔

8.3.2　脂枪润滑

脂枪实际是一种储脂器。它能将脂通过润滑点上的脂嘴挤到摩擦副上。使用时，其注油嘴必须与每个润滑点上的脂嘴相匹配，具有灵活、方便的特点。手动脂枪不需要外在能源。如果脂枪需要外加压力，可以利用压缩空气。如需在很多润滑点上有规律地加脂时，脂枪的缸筒则需不断补给润滑脂。

手动操纵的压力脂枪有螺旋式、压杆式和手推式数种。图 8-17 所示为常用的压杆式脂枪简图和与之相匹配的注油嘴，其参数见表 8-11。图 8-18 所示为手推式脂枪简图，其参数见表 8-12。螺旋式脂枪如图 8-19 所示，是利用枪筒壁和手柄活塞螺纹的转动使活塞落下而供脂。这种脂枪以一定的周期补充消耗的润滑脂，其作用较手填充更为有效。

图 8-20 所示为一种较大型的脂枪。在枪座上配装有柱塞、落脂板、弹簧和止回阀等操纵元件。用手柄在预定泵送范围内来回驱动柱塞。手柄向外的行程使柱塞向里压送，缸中的存脂通过止回阀进入供脂管道。手柄向里的行程使柱塞向外，而使弹簧将止回阀

压回原来位置，从而封闭通道到供脂管道的通路，保持管道中的脂压，而且，在行程中打开了通脂桶的通道，使脂进到缸里，补充失脂，完成一个供脂的循环。这种手摇泵能给管道加压达 16.7MPa。可向大件摩擦副供脂，或联合给油器多点供脂。

手摇脂枪和给油器联合使用，可以用在小型集中润滑系统上。图 8-21 所示为这种联合脂枪的工作示意。这种脂枪通过来回给供脂管道加压和卸压而完成供脂的循环，其循环中的每一个环节都自动控制给油器的加脂过程。

利用压缩空气驱动的脂枪结构如图 8-22 所示。

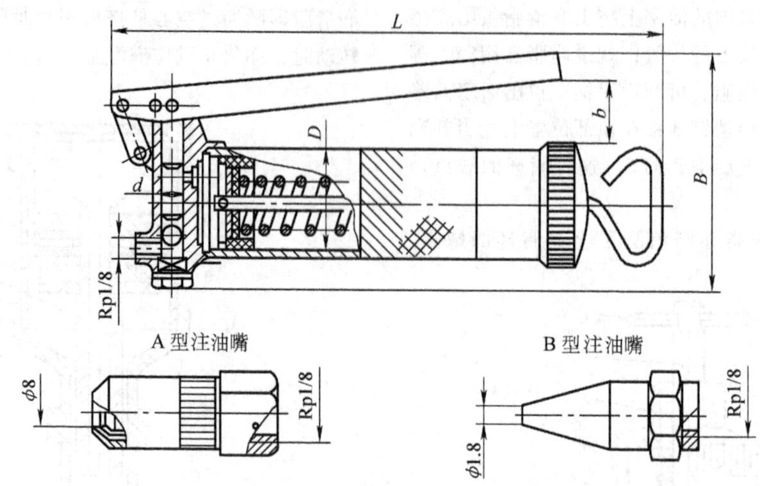

图 8-17 压杆式脂枪和注油嘴（摘自 JB/T 7942.1—1995）

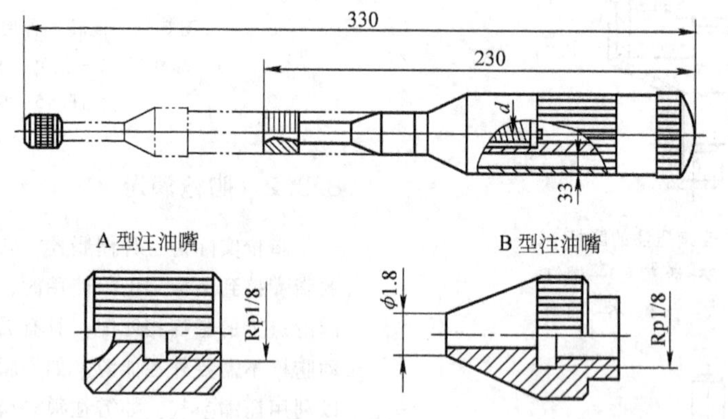

图 8-18 手推式脂枪（摘自 JB/T 7942.2—1995）

表 8-11 压杆式脂枪参数

储油量/cm³	公称压力/MPa	出油量/cm³	D/mm	L/mm	B/mm	b/mm	d/mm
100	1.6	0.6	35	255	90	30	8
200		0.7	42	310	96		
400		0.8	53	385	125		9

表 8-12 手推式脂枪参数

储油量/cm³	公称压力/MPa	出油量/cm³	d/mm
50	6.3	0.3	5
100		0.5	6

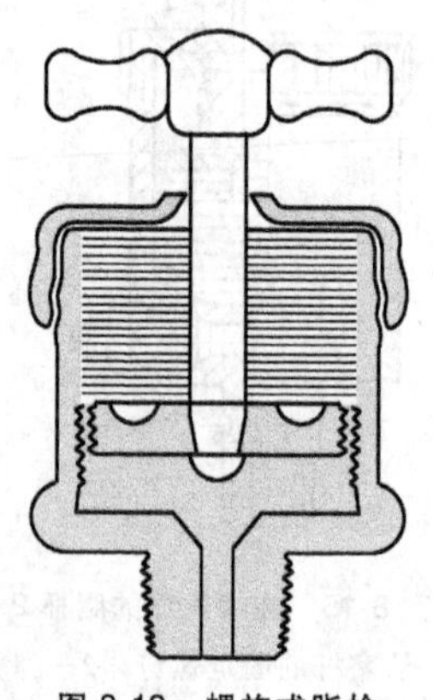

图 8-19 螺旋式脂枪

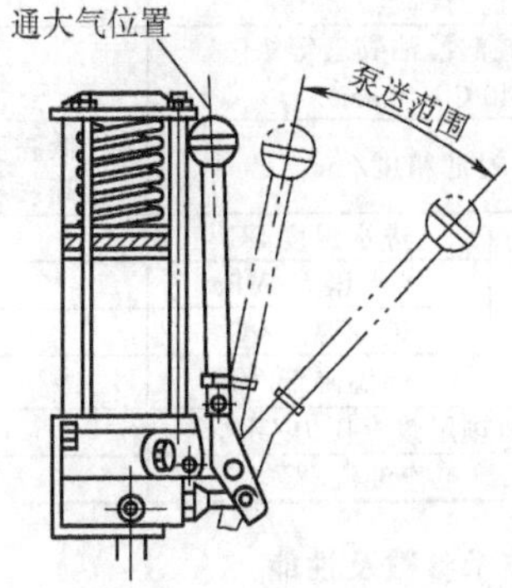

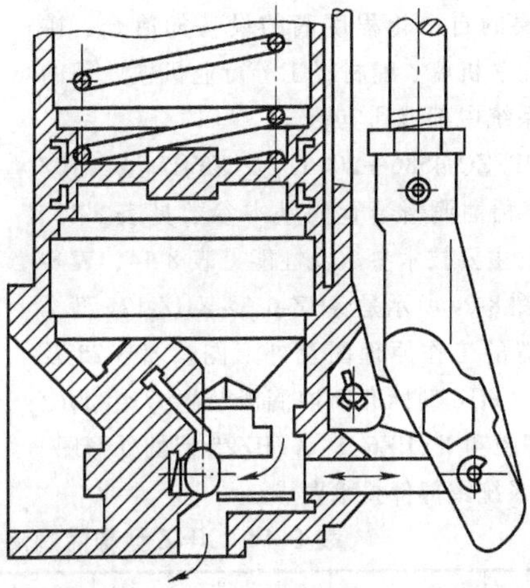

图 8-20　大型脂枪

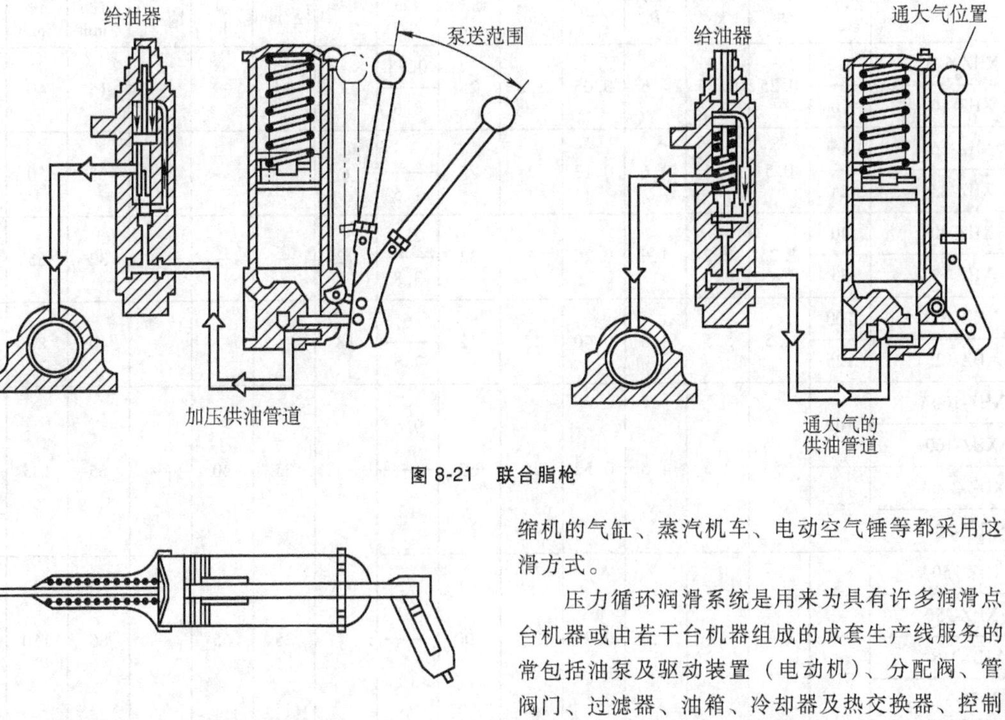

图 8-21　联合脂枪

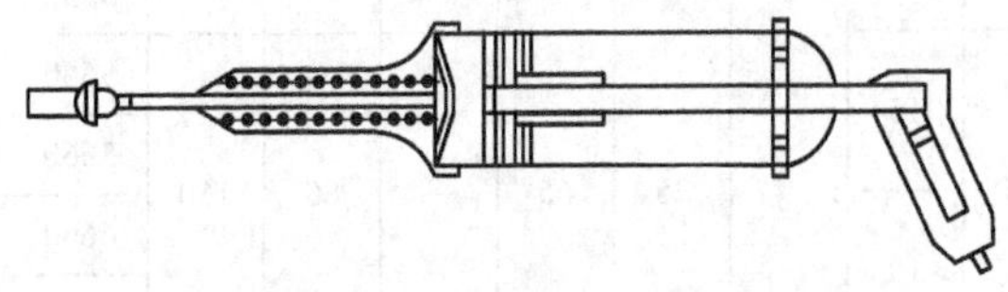

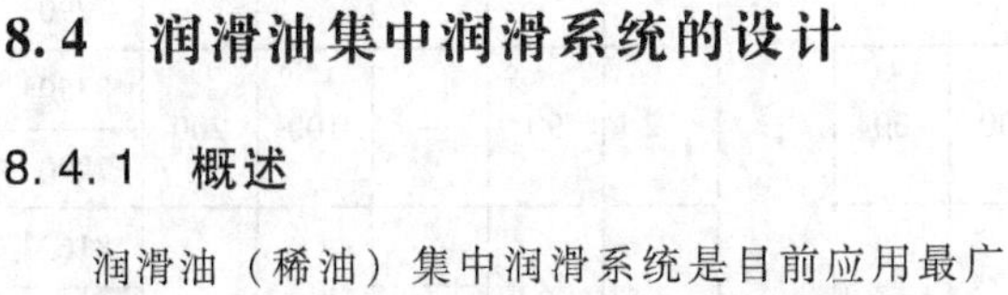

图 8-22　压缩空气驱动的脂枪

8.4　润滑油集中润滑系统的设计

8.4.1　概述

润滑油（稀油）集中润滑系统是目前应用最广泛的润滑系统，包括全损耗型系统与循环系统的节流式、单线式、双线式、多线式及递进式等类型，参见图 8-1。全损耗型系统中的压力强制润滑，是由主机上的转轴、凸轮或其他传动机构带动附装在主机上的油泵或润滑器向各润滑点强制供送润滑油，但使用过的润滑油不再流回油池循环使用。例如活塞式空气压缩机的气缸、蒸汽机车、电动空气锤等都采用这种润滑方式。

压力循环润滑系统是用来为具有许多润滑点的单台机器或由若干台机器组成的成套生产线服务的。通常包括油泵及驱动装置（电动机）、分配阀、管路及阀门、过滤器、油箱、冷却器及热交换器、控制装置及仪表、指示、报警及监测装置等，一般是标准的成套润滑站。

现行标准稀油润滑装置一般由两套齿轮泵装置（一套备用，通过转换开关来控制使之交替使用），油箱，双筒网式过滤器、安全阀，单向阀，截止阀，油冷却器，管路，温度、压力及液面指示、控制仪表等组成。整个润滑站安装在油箱顶部及周围，形成一个整体，以油箱为支撑体，安装在地基基础上。

这种稀油润滑装置的供油压力、流量及温度均可控制，如果出现不正常现象，可以自动发出声、光报警信号，以便使现场工作人员能及时制止和消除故障。在许多重要的自动化程度高的设备如冶金、矿山、电力、石化、机床、建材轻工等行业机械设备的稀油循环润滑系统中都得到应用。

XHZ 型（JB/ZQ 4586—2006）及 XYHZ 型（JB/T 8522—2014）稀油润滑装置的基本参数见表 8-13、表 8-15，产品的主要技术参数及性能见表 8-14、表 8-16。图 8-23 及图 8-24 所示是 XHZ-6.3～XHZ-125 型标准稀油润滑装置的工作原理图及外形图。图 8-25 及图 8-26 所示是 XYHZ 型标准稀油润滑装置 $Q \leqslant 800$L/min 的工作原理图和 XYHZ6.3～XYHZ25 型的外形图。表 8-17 为润滑系统零部件技术要求。

表 8-13 XHZ 稀油润滑装置的基本参数

项目		参数值
装置公称压力/MPa		0.63(D)
装置润滑油黏度等级（40℃）/(mm^2/s)		22～460
过滤精度/mm		低黏度介质 0.08 高黏度介质 0.12
列管式冷却器	进水温度/℃	≤30
	进水压力/MPa	≤0.4
	进油温度/℃	50
	油温降低/℃	≥8
油箱加热用蒸汽压力/MPa		0.2～0.4
系统工作油温/℃		35～45

表 8-14 XHZ 型稀油润滑装置主要技术参数及性能

型号	公称流量/(L/min)	油箱容量/m^3	电动机		过滤面积/m^2	换热面积/m^2	冷却水管通径/mm	冷却水耗量/(m^3/h)	电加热器功率/kW	蒸汽管通径/mm	蒸汽耗量/(kg/h)	压力罐容量/m^3	出油口通径/mm	回油口通径/mm	质量/kg ≈
			功率/kW	极数 *P*											
XHZ-6.3	6.3	0.25	0.75	4,6	0.05	1.3	25	0.38	3	—	—	—	15	40	820
XHZ-10	10							0.6							
XHZ-16	16	0.5	1.1	4,6	0,13	3	25	1	6	—	—	—	25	50	980
XHZ-25	25							1.5							
XHZ-40	40	1.25	2.2	4,6	0.20	6	32	2.4	12	—	—	—	32	65	1520
XHZ-63	63							3.8							
XHZ-100	100	2.5	5.5	4,6	0.40	11	32	6	18	—	—	—	40	80	2850
XHZ-125	125							7.5							
XHZ-160A	160	5	7.5	4,6	0.52	20	65	9.6	—	25	40	—	65	125	4570
XHZ-160															3950
XHZ-200A	200							12							4570
XHZ-200															3950
XHZ-250A	250	10	11	4,6	0.83	35	100	15		25	65	—	80	150	5660
XHZ-250															5660
XHZ-315A	315							19							6660
XHZ-315															5660
XHZ-400A	400	16	15	4,6	1.31	50	100	24		32	90	—	100	200	8350
XHZ-400															7290
XHZ-500A	500	16	15	4,6	1.31	50	100	30		32	90	—	100	200	8350
XHZ-500															7290
XHZ-630	630	20	17.5	6	1.31	60	100	55		32	120	—	100	250	8169
XHZ-630A1												2			10140
XHZ-630A															10160
XHZ-800	800	25	22	6	2.2	80	125	70		40	140	—	125	250	11550
XHZ-800A1												2.5			13610
XHZ-800A															13780

（续）

型　号	公称流量/(L/min)	油箱容量/m³	电动机		过滤面积/m²	换热面积/m²	冷却水管通径/mm	冷却水耗量/(m³/h)	电加热器功率/kW	蒸汽管通径/mm	蒸汽耗量/(kg/h)	压力罐容量/m³	出油口通径/mm	回油口通径/mm	质量/kg ≈
			功率/kW	极数 P											
XHZ-1000	1000	31.5	30	6	2.2	100	125	90	—	50	180	—	125	300	13315
XHZ-1000A1												31.5			15500
XHZ-1000A															15500

注：1. 本系列尚有 1250、1250A1、1250A、1600、1600A1、1600A、2000、2000A1、2000A 等型号。

2. 冷却器的冷却水如采用江河水，需经过滤沉淀。

3. XHZ-160～XHZ-500 润滑装置，除油箱外所有元件均安装在一个公共的底座上；XHZ-160A～XHZ-500A 润滑装置的所有元件均直接安装在地面上；XHZ-630～XHZ-1000 润滑装置不带压力罐；XHZ-630A～XHZ-1000A 润滑装置带压力罐，正方形布置；XHZ-630A1～XHZ-1000A1 润滑装置带压力罐，长方形布置。本装置还带有电控柜和仪表盘。

4. 标记示例：

1）公称流量为 500L/min，油箱以外的所有零件均装在一个公共底座上的稀油润滑装置的标记为：

XHZ-500 型稀油润滑装置 JB/ZQ 4586—2006

2）公称流量为带压力罐正方形布置的稀油润滑装置的标记为：

XHZ-800A 型稀油润滑装置 JB/ZQ 4586—2006

5. 生产厂：中国重型机械研究院试制公司，江苏省启东市南方润滑液压设备有限公司，南通市南方润滑液压设备有限公司，启东江海液压润滑设备厂，启东润滑设备有限公司，常州华立液压润滑设备有限公司，太原矿山机器润滑液压设备有限公司，上海润滑设备厂，温州润滑设备厂，永嘉流遍机械润滑有限公司，象山甬兴润滑液压设备制造有限公司，沈阳北方润滑设备厂，沈阳水泥机械有限公司润滑设备厂，重庆润滑设备厂。

表 8-15　XYHZ 型稀油润滑装置的基本参数

项　目			单　位	参数值	备　注
公称压力			MPa	0.5	
润滑油黏度等级(40℃)			mm²/s	22～460	
过滤精度			mm	0.08～0.13	
冷却器	进水温度		℃	≤30	
	进水压力		MPa	0.4	
	进油温度		℃	≤50	
	油温降		℃	≥8	
加热方式	电加热		—	—	用于 $Q \leq 800$L/min 装置
	蒸汽加热	蒸汽温度	℃	≥133	用于 $Q \geq 1000$L/min 装置
		蒸汽压力	MPa	0.3	
		公称流量	—	—	
油介质工作温度			℃	40±5	

表 8-16　XYHZ 型稀油润滑装置主要技术参数及性能

型号	公称流量/(L/min)	油箱容积/m³	电动机		过滤能力/(L/min)	换热面积/m²	冷却水管通径/mm	冷却水耗量/(m³/h)	电加热器功率/kW	压力罐容量 m³	蒸汽耗量/kg/h)	蒸汽管通径/mm	出油口通径/mm	回油口通径/mm	质量/kg
			极数 P	功率/kW											
XYHZ6.3	6.3	0.25	4	0.75	100	1.3	15	0.38	3	—	—	—	15	32	375
XYHZ10	10							0.6							400
XYHZ16	16	0.5	4	1.1		3	25	1	6	—	—	—	25	50	500
XYHZ25	25							1.5							530

（续）

型号	公称流量/(L/min)	油箱容积/m^3	电动机		过滤能力/(L/min)	换热面积/m^2	冷却水管通径/mm	冷却水耗量/(m^3/h)	电加热器功率/kW	压力罐容量 m^3	蒸汽耗量/(kg/h)	蒸汽管通径/mm	出油口通径/mm	回油口通径/mm	质量/kg
			极数 P	功率/kW											
XYHZ40	40	1.25	2;4;6	2.2	270	6	32	2.4	12	—	—	—	32	65	1000
XYHZ63	63					7		3.8							1050
XYHZ100	100	2.5	4;6	4	680	13	50	6	18	—	—	—	50	80	1650
XYHZ125	125			5.5		15		7.5							1700
XYHZ160	160	4.0	2;4;6	5.5		19	65	9.6	24	—	—	—	65	125	2050
XYHZ200	200			7.5		23		12							2100
XYHZ250	250	6.3	2;4;6	11	1300	30	65	15	36	—	—	—	80	150	2950
XYHZ315	315					37		19							3000
XYHZ400	400	10.0	2;6	15		55	65	24	48	—	—	—	80	200	3800
XYHZ500	500							30							3850
XYHZ630	630	16.0	2;4;6	17.5	2300	70	80	38	48	—	—	—	100	250	5700
XYHZ800	800			30		90		48							5750
XYHZ1000	1000	31.5	2;4;6	30	2800	120	150	90	—	3	180	60	125	250	—
XYHZ1250	1250	40.0	2;4;6	37	4200	120	150	113	—	4	220	60	125	250	—
XYHZ1600	1600	40.0	2;4;6	45	6800	160	200	144	—	5	260	60	150	300	—
XYHZ2000	2000	63.0	2;4;6	55	9000	200	200	180	—	6.3	310	60	200	400	—

注：1. 过滤能力是在过滤精度 0.08mm、介质黏度 460mm^2/s、过滤器压降 $\Delta p = 0.02$MPa 条件下的过滤能力。

2. 冷却器的冷却水如采用江河水，需经过滤沉淀。

3. 对于 $Q \geq 1000$L/min 的装置，标准中只规定了型式和参数，具体结构根据用户要求进行设计。

4. 生产厂：江苏省南通市南方润滑液压设备有限公司，启东市南方润滑液压设备有限公司，启东江海液压润滑设备厂，江苏省启东润滑设备有限公司，中国重型机械研究院试制公司，太原矿山机器润滑液压设备有限公司，太原兴科机电研究所，太原宝太润液设备有限公司，常州华立液压润滑设备有限公司，上海润滑设备厂，象山甬兴润滑液压设备制造有限公司，温州润滑设备厂，沈阳北方润滑设备厂。

5. 标记示例：

1）公称流量 6.3L/min，用温度调节器调温，供油泵用摆线齿轮泵，用继电器、接触器控制，不带压力罐装置的标记为：

XYHZ6.3-BBT 稀油润滑装置 JB/T 8522—1997

2）公称流量 315L/min，用温度调节器调温，供油泵用人字齿轮油泵，用继电器、接触器控制，不带压力罐装置的标记为：

XYHZ315-BRT 稀油润滑装置 JB/T 8522—1997

3）公称流量 1000L/min，用温度调节阀调温，供油泵用螺杆泵，用 PLC 控制，带压力罐装置的标记为：

XYHZ1000-ALPP 稀油润滑装置 JB/T 8522—1997

表 8-17　润滑系统零部件技术要求（摘自 GB/T 6576—2002）

名称	技术要求
润滑油箱	1)损耗型润滑系统的油至少应装有工作 50h 后才加油的油量;循环润滑系统的油至少要工作 1000h 后才放掉旧油并清洗。油箱应有足够的容积,能容纳系统所需的全部油量,除装有冷却装置外,还要考虑为了发散多余热量所需的油量。油箱上应标明正常工作时最高和最低油面的位置,并清楚地示出油箱的有效容积 2)容积大于 0.5L 的油箱应装有直观的油面指示器,在任何时候都能观察油箱内从最高至最低油面间的实际油量。在自动集中损耗型润滑系统中,要有最低油面的报警信号控制装置。在循环系统中,应提供当油面下降到低于允许油面时发出报警信号并使机械停止工作的控制装置 3)容积大于 3L 的油箱,在注油口必须装设具有适当过滤精度的筛网过滤器,同时又能迅速注入润滑剂。同时必须有密封良好的放油旋塞,以确保迅速完全地将油放尽。油箱应当有盖,以防止外来物质进入油箱,盖上应有一个通气孔 4)在循环系统油箱中,管子末端应当浸入油的最低工作面以下。吸油管和回油管的末端距离尽可能远,使泡沫和乳化影响减至最小 5)如果采用电加热,加热器表面供热量一般应不超过 1W/cm^2

（续）

名称	技术要求
润滑脂箱	1）应装有保证泵能吸入润滑脂的装置，和充脂时排除空气的装置 2）自动润滑系统应有报警信号装置，以警示达到最低脂面 3）加脂器盖应当严实并装有防止盖丢失的装置，过滤器连接管道中应装有筛网滤器，且应使装脂十分容易 4）设计大的润滑脂箱时，应设有便于排空润滑脂和进行内部清理的装置 5）润滑剂箱内表面的防锈涂层应与润滑脂相容
管道	1）软、硬管材料应与润滑剂相容，不得起化学作用。其机械强度应符合能承受系统的最大工作压力的要求 2）润滑脂管内径：主管路应不小于 4mm，供脂管路应不小于 3mm 3）在管子可能受到热源影响的地方，应避免使用电镀管。此外，如果管子要与含活性或游离硫的切削液接触，应避免使用铜管

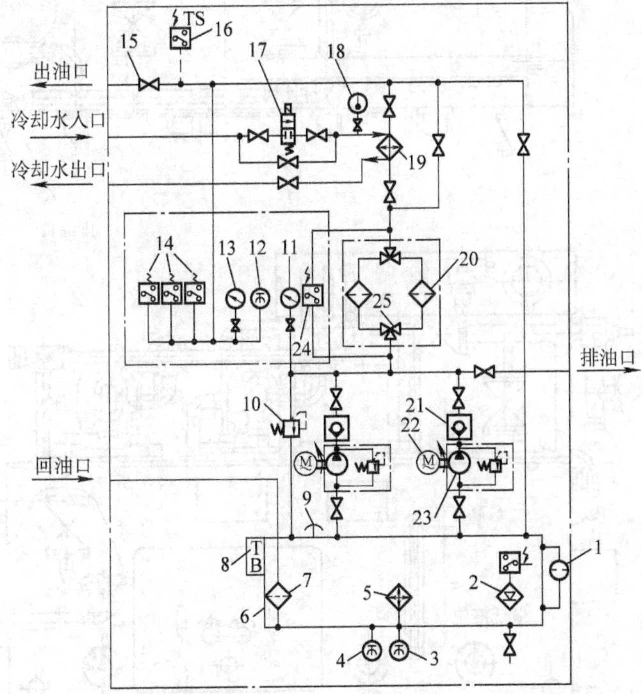

图 8-23　XHZ-6.3～XHZ-125 型标准稀油润滑装置工作原理

1—油液指示器　2—油高、低面控制器　3、4、12—电接触式温度计　5—加热器　6—油箱　7—回油过滤器　8—电气模线盒　9—透气孔盖　10—安全阀　11、13—压力计　14—压力继电器　15—截断阀　16—温度开关　17—二位二通电磁阀　18—温度表　19—冷却器　20—双筒式过滤器　21—单向阀　22—电动机　23—带安全阀的齿轮油泵　24—压差开关　25—过滤器切换阀

8.4.2　稀油集中润滑系统设计的任务和步骤

润滑油（稀油）集中润滑系统的设计要根据机械设备总体设计中各机构和摩擦副的润滑要求、工况和环境条件，进行集中润滑系统的技术设计并确定合理的润滑系统。设计任务包括润滑系统的形式确定、计算及选定组成系统的各种润滑元件及装置的性能、规格、数量，确定系统中各管路的尺寸及布局等。

集中润滑系统的设计步骤如下：

（1）围绕润滑系统设计要求、工况和环境条件，收集必要的参数，确定润滑系统的方案　几何参数：最高、最低及最远润滑点的位置尺寸，润滑点范围，摩擦副有关尺寸等；工况参数：速度、载荷及温度等；环境条件：温度、湿度、沙尘、水汽等；运动性质：变速运动、连续运动、间歇运动、摆动等；力能参数：传递功率、系统的流量、压力等。在此基础上考虑和确定润滑系统方案。对于如机床主轴轴承等精密、重要部件的润滑方案，要给予特别的分析、对比。

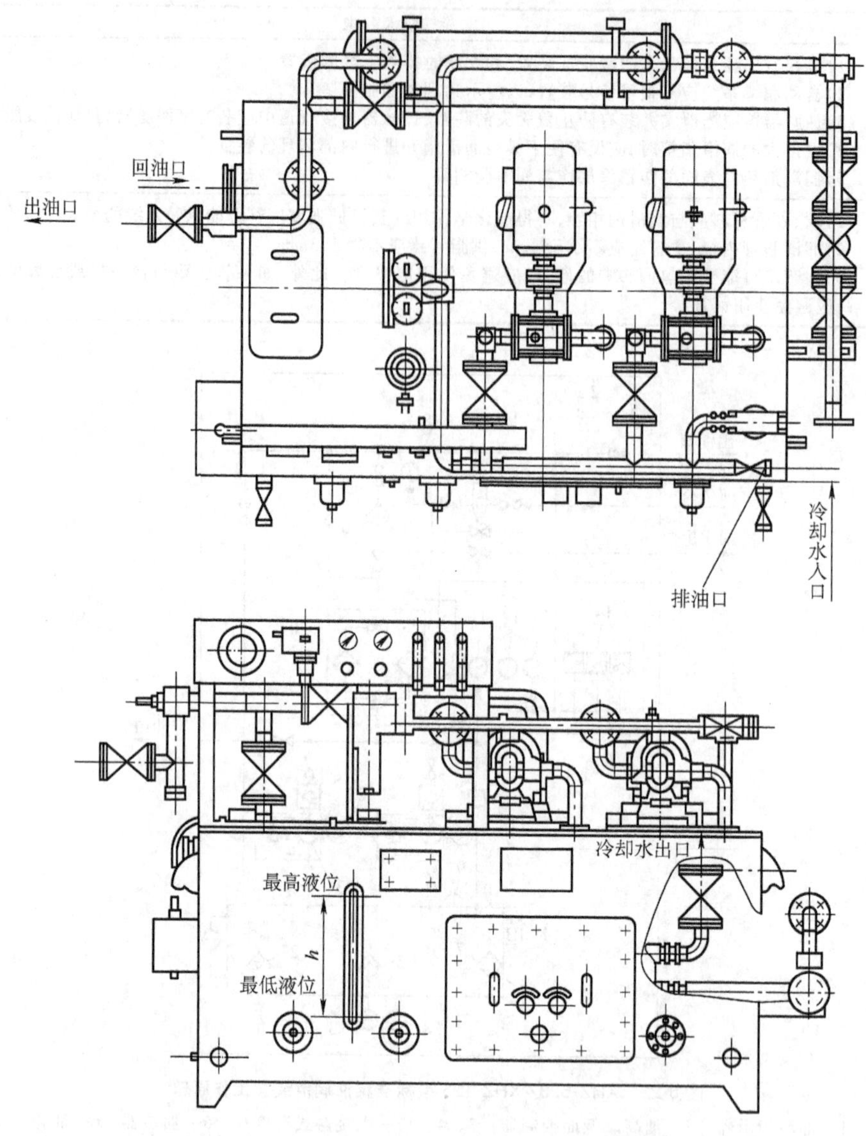

图 8-24 XHZ-6.3~XHZ-125 型标准稀油润滑装置外形

(2) 计算各润滑点所需润滑油的总消耗量 根据初步拟定的润滑系统方案，计算润滑各摩擦副工作时克服摩擦所消耗的功率和总效率，然后计算出带走摩擦副在运转中产生的热量所需的油量，再加上形成润滑油膜、达到流体润滑作用所需油量，即为润滑油的总消耗量。但由于后一部分的消耗的油量比前一部分要少得多，故在计算中往往略去不计。

各种典型摩擦副为克服摩擦而消耗的功率及所产生的热量的计算方法在有关手册或资料中可以找到，此处不重复。

(3) 计算及选择润滑泵 根据系统所消耗的润滑油总量，可确定润滑泵的最大流量 Q、工作压力 p、润滑泵的类型和相应的电动机。

1) 确定润滑泵的工作压力。润滑系统的润滑泵压力计算与液压系统类似，不同的是一些关键摩擦副如机床主轴轴承、汽轮机轴承、轧钢机的油膜轴承等，除了要求能形成一定的油膜厚度外，还要求供油量一定，而且要求使用品质优良的油品，以免造成轴承发热、磨损，因此要求在规定的压力范围供油。而对于一般摩擦副及设备，只要保证有足够的油供至润滑点即可，因此在润滑点的油压不高。润滑泵的实际压力 p，除润滑点的油压 p_1 外，还应包括润滑系统中各项压力损失 Δp，即

$$p \geqslant p_1 + \Delta p \tag{8-1}$$

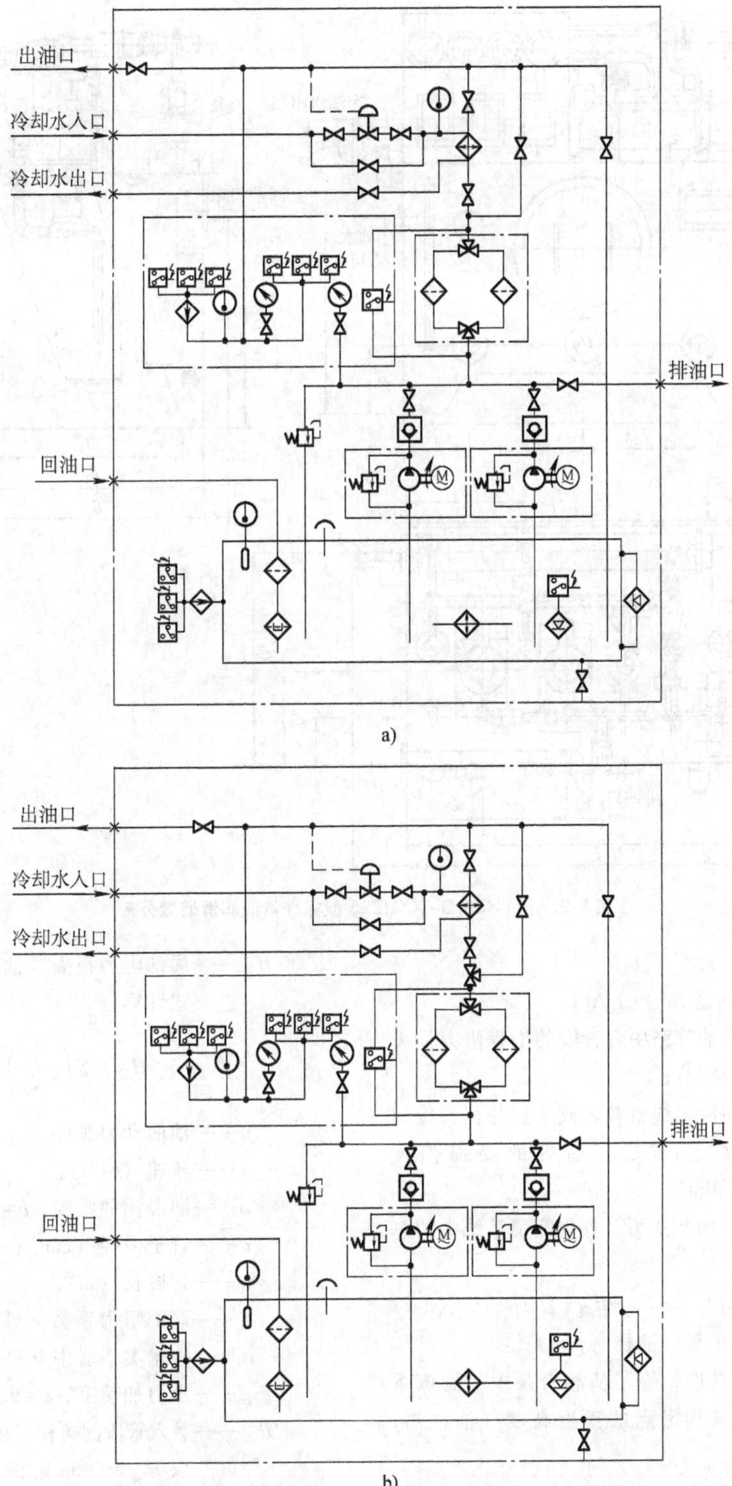

图 8-25　$Q\leqslant800$L/min 的 XYHZ 型标准稀油润滑装置工作原理

a）$Q\leqslant800$L/min 用自力式温度调节阀的装置系统

b）$Q\leqslant800$L/min 用温度调节器的装置系统

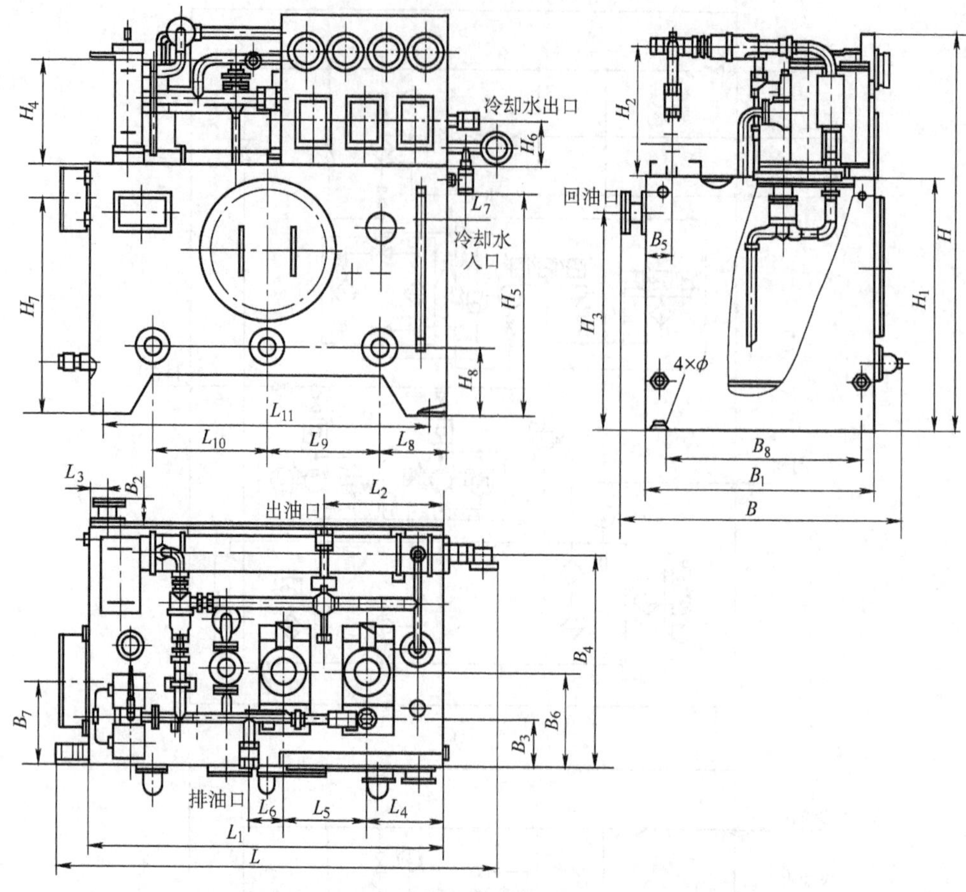

图 8-26 XYHZ6.3~XYHZ25 型标准稀油润滑装置外形

其中:

$$\Delta p=\sum\Delta p_{沿}+\sum\Delta p_{局}$$

式中 $\sum\Delta p_{沿}$——输油管路中各管段的沿程阻力损失(MPa);

$\sum\Delta p_{局}$——润滑系统中各种阀、过滤器、冷却器、弯头、三通等的局部损失(MPa)。

为了计算方便,用下式可计算出润滑系统中的总扬程:

$$H_{总}=H_{静}+H_{直}+H_{局}+H_{吸}+\sum H_i \tag{8-2}$$

式中 $H_{总}$——总的扬程(油柱高,m);

$H_{静}$——静压高度,等于从润滑泵中心到该系统最高润滑点的垂直高度(油柱高,m);

$H_{直}$——直段管路的沿程损失(油柱高,m),可按下式计算:

$$H_{直}=\sum\left(0.032\frac{\mu v}{\rho g d^2}l_i\right)$$

$H_{局}$——局部阻力损失(油柱高,m),可按下式计算:

$$H_{局}=\sum\left(\xi\frac{v^2}{2g}\right)$$

μ——油的动力黏度(10^{-3}Pa · s);

v——流速(m/s);

ρ——润滑油的密度,$\rho=0.9\text{kg/m}^3$;

d——管子内径(mm);

l_i——管段长(m);

ξ——局部阻力系数,可在流体力学及液压技术类手册中查到;

g——重力加速度,$g=9.81\text{m/s}^2$;

$H_{吸}$——吸入管段的扬程,在计算泵轴功率时可取 $H_{吸}=0.5\text{m}$(油柱高),或 $\rho g H_{吸}=4.4\text{kPa}$;

$\sum H_i$——包括过滤器、冷却器的进出油压差,对片式或网式过滤器可取 $\rho g H_i=0.05\sim0.06\text{MPa}$,列管式冷却器 $\rho g H_i=$

0.02MPa，板式冷却器 $\rho g H_i$=0.15～0.2MPa。

由式（8-1）与式（8-2）可得

$$p=p_1+\Delta p=\rho g H_{总}\times 10^{-6}$$

2）确定润滑泵的排量 Q。润滑泵的排（流）量是根据润滑系统的最大耗油量确定的。可参考下式确定：

$$Q \geqslant K\sum_{i=1}^{n} Q_i$$

式中　Q——润滑泵的流量（L/min）；

K——考虑系统漏油、泵的磨损及计算误差的系数，一般可取 1.05～1.5，根据设备类型而定；

$\sum_{i=1}^{n} Q_i$——各润滑点需油量总和，可参看有关零部件的需油量计算（L/min）。

3）润滑泵的有效功率 N_e。润滑泵的有效功率按下式计算：

$$N_e=\frac{pQ_i}{60\eta}$$

式中　η——油泵总效率；

p——工作压力（MPa）；

Q_i——润滑泵最大流量（L/min）。

目前我国标准稀油站（XHZ-6.3～XHZ-2000）系列产品的公称压力为 0.63MPa，国外有的产品压力可达 40～50MPa，但也有不少在 2.5～5MPa 范围内。

（4）确定定量分配系统　根据各润滑点的耗油量，确定每个摩擦副上安置几个润滑点，选用哪种类型的润滑系统（见图 8-1），然后选择相应的润滑泵及定量分配器。其中多线式系统是通过多点式或多头式润滑油的每个给油口直接向润滑点供油。而单线式、双线式及递进式润滑系统则用定量分配器（或称分油器）供油。图 8-27 所示是典型定量分配器线路。

在设计时，首先按润滑点数量、位置、集结程度，按尽量就近接管原则将润滑系统划分为若干个润滑点群，每个润滑点群设置 1～2 个片组，按片组数初步确定分油级数。在最后 1 级分油器中，单位时间内所需循环次数 n_n 可按下式计算：

$$n_n=\frac{Q_1}{Q_n}$$

式中　n_n——单位时间内所需循环次数，一般在 20～60 循环/min 范围内；

Q_1——该分配器所供给的润滑点群中耗油量最小的润滑点的耗油量（mL/min）；

Q_n——选定的合适的标准分配器每一循环的供油量（mL）。

在同一片组分配器中的一片的循环次数 n_1 确定后，则其他各片也按相同循环次数给油。对供油量大的润滑点，可选用大规格分配器或采用数个油口并联的方法。

每组分配器的流量必须相互平衡，这样才能连续供油。此外，还须考虑到阀件的间隙、油的可压缩性损耗（可估算为 1%容量）等，然后就可确定标准分配器的种类、型号、规格。

表 8-18 是在设计稀油集中润滑系统时的简要计算表。表 8-19～表 8-21 为 JPQ 系列递进分配器的基本参数与形式、尺寸；表 8-22 为 SSPQ 系列双线分配器的基本参数，图 8-28 为其外形尺寸；表 8-23 为 JPQ-J 型块式递进式分配器的基本参数及安装尺寸。表 8-24 为 T86 型分配器的基本参数与尺寸。表 8-25 为润滑系统与元件设计注意事项

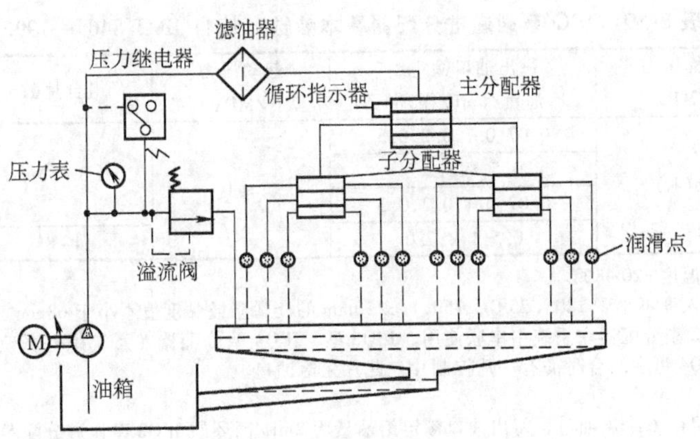

图 8-27　典型定量分配器线路

表 8-18 稀油集中润滑系统的简要计算

序号	计算内容	公式	单位	说明
1	闭式齿轮传动循环润滑给油量	$Q=5.1\times10^{-6}P$ 或 $=0.45B$	L/min	P—传递功率(kW) B—齿宽(cm)
2	闭式蜗杆传动循环润滑给油量	$Q=4.5\times10^{-6}C$	L/min	C—中心距(cm)
3	滑动轴承循环润滑给油量	$Q=KDL$	L/min	K—系数,高速机械(涡轮鼓风机、高速电动机等)的轴承 0.06~0.15,低速机械的轴承 0.003~0.006 D—轴承孔径(cm) L—轴承长度(cm)
4	滚动轴承循环润滑给油量	$Q=0.075DB$	g/h	D—轴承内径(cm) B—轴承宽度(cm)
5	滑动轴承散热给油量	$Q=\dfrac{2\pi nM_1}{\rho c\Delta t}$	L/min	n—转速(r/min) M_1—主轴摩擦转矩(N · m) ρ—润滑油密度,0.85~0.91kg/L c—润滑油比热容,1674~2093J/(kg · K) Δt—润滑油通过轴承的实际温升(℃) T—摩擦副的散热量(J/min) K_1—润滑油利用系数,0.5~0.6
6	其他摩擦副散热给油量	$Q=\dfrac{T}{\rho c\Delta tK_1}$	L/min	
7	水平滑动导轨给油量	$Q=0.00005b\times L$	mL/h	b—滑动导轨或凸轮、链条宽度(mm) L—导轨滑板支承长度(mm) I—滚子排数 D—凸轮最大直径(mm) L—链条长度(mm)
8	垂直滑动导轨给油量	$Q=0.0001b\times L$	mL/h	
9	滚动导轨给油量	$Q=0.0006L\times I$	mL/h	
10	凸轮给油量	$Q=0.0003D\times b$	mL/h	
11	链轮给油量	$Q=0.00008L\times b$	mL/h	
12	直段管路的沿程损失	$H_1=\Sigma\left(0.032\dfrac{\mu v}{\rho d^2}l_0\right)$	油柱高,m	l_0—管段长度(m) μ—油的动力黏度(10Pa · s) d—管子内径(mm) v—流速(m/s) ρ—润滑油密度,0.85~0.91kg/L ξ—局部阻力系数,可在流体力学及液压技术类手册中查到 g—重力加速度,9.81m/s^2 q—润滑油流量(L/min)
13	局部阻力损失	$H_2=\Sigma\left(\xi\dfrac{v^2}{2g}\right)$	油柱高,m	
14	润滑油管道内径	$d=4.63\sqrt{q/v}$	mm	

注：1. 吸油管路流速一般为 1~2m/s，管路应尽量短些，不宜转弯和变径，以免出现涡流或吸空现象。
2. 供油管路流速一般为 2~4m/s，增大流速不仅增加阻力损失，而且容易带走管内污物。
3. 回油管路流速一般小于 0.3m/s，回油管中油流不应超过管内容积的一半以上，以使回路畅通。

表 8-19 JPQ 系列递进分配器基本参数（摘自 JB/T 8464—1996）

型号	公称压力 /MPa	每出油口额定给油量/(mL/循环)	起动压力 /MPa	组合片数	给油口数
×JPQ1-K×	16(K)	0.07,0.1,0.2,0.3	≤1	3~12	6~24
×JPQ2-K×		0.5,1.2,2.0			
xJPQ3-K×		0.07,0.1,0.2,0.3			
×JPQ4-K×		0.5,1.2,2.0		4~8	6~14

注：1. 适用工作环境温度-20~80℃。
2. 适用介质为锥入度不小于 220（25℃，150g）1/10mm 的润滑脂或黏度值不小于 68mm^2/s 的润滑油。
3. JPQ1 型、JPQ2 型分配器在系统中串联使用。JPQ3 型、JPQ4 型分配器在系统中并联使用，根据需要可以安装超压指示器。JPQ4 型在组合时需有一片控制片，此片无给油口。
4. 标记示例：
公称压力 16MPa，6 个出油口，每出油口额定给油量为 2mL/循环的 JPQ2 型递进分配器标记为：
6JPQ2-K2 分配器 JB/T 8464—1996
5. 同种形式，额定给油量不同的单片混合组合或多个出油口合并给油，订货时须另行说明。

表 8-20　JPQ1 型（无控制管路）、JPQ3 型分配器形式与尺寸

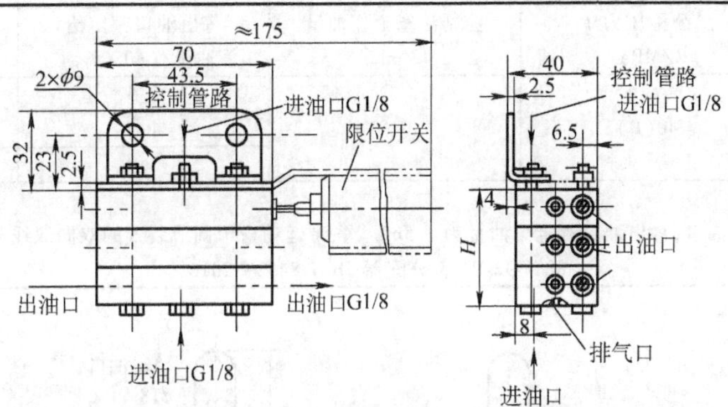

出油口数/个	6	8	10	12	14	16	18	20	22	24
片数	3	4	5	6	7	8	9	10	11	12
H/mm	48	64	80	96	112	128	144	160	176	192
质量/kg	0.91	1.2	1.5	1.7	2.0	2.3	2.5	2.8	3.1	3.3

表 8-21　JPQ2 型、JPQ4 型分配器形式与尺寸

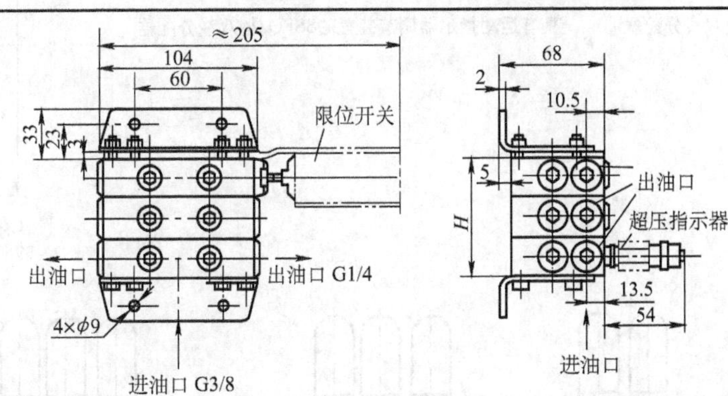

出油口数/个	6	8	10	12	14	16	18	20	22	24
片数	3	4	5	6	7	8	9	10	11	12
H/mm	75	100	125	150	175	200	225	250	275	300
质量/kg	3.5	4.5	5.5	6.5	7.5	7.5	9.5	10.5	11.5	12.5

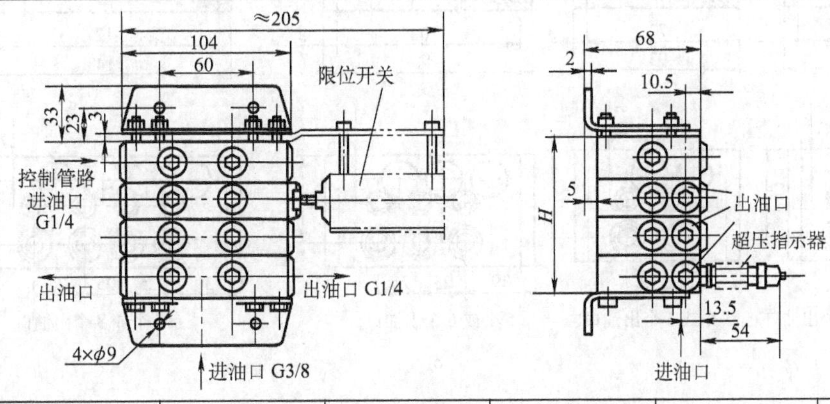

出油口数/个	8	10	12	14	16
片数	4	5	6	7	8
H/mm	100	125	150	175	200
质量/kg	4.5	5.5	6.5	7.5	7.5

表 8-22 SSPQ 系列双线分配器基本参数（摘自 JB/T 8462—2016）

型　　号	公称压力 /MPa	控制活塞工作油量 /mL	每出油口额定给油量/(mL/次)	出油口数
×SSPQ×-P0.5	40(P)	0.3	0.5	1~8
×SSPQ×-P1.5			1.5	
×SSPQ×-P3.0			3.0	1~4

标记示例：

公称压力为 40MPa，8 个出油口，每出油口额定给油量为 1.5mL/次，带运动指示调节装置的双向双线分配器标记为：

8SSPQ2-P1.5 分配器 JB/T 8462—2016

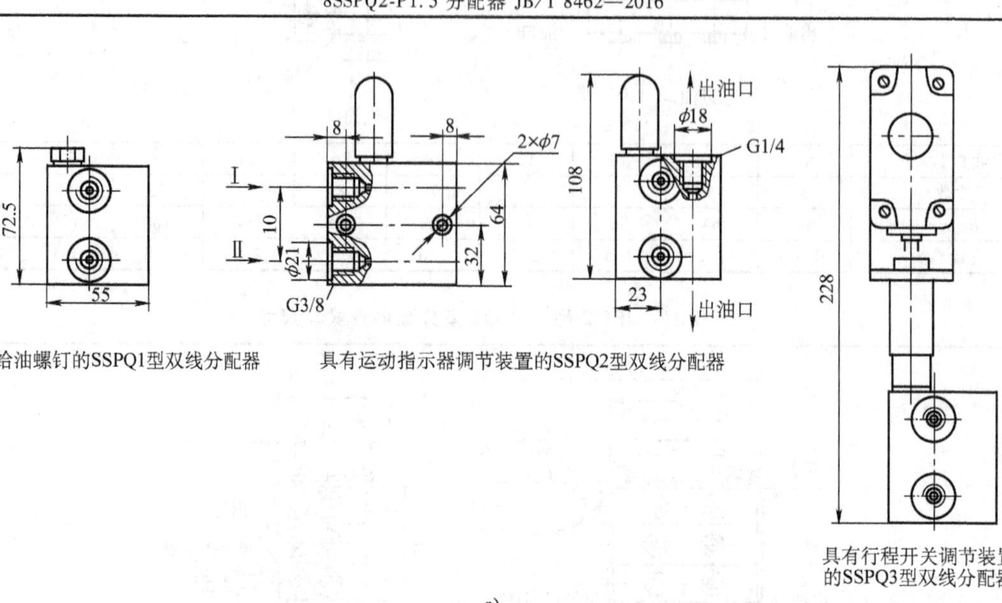

a)

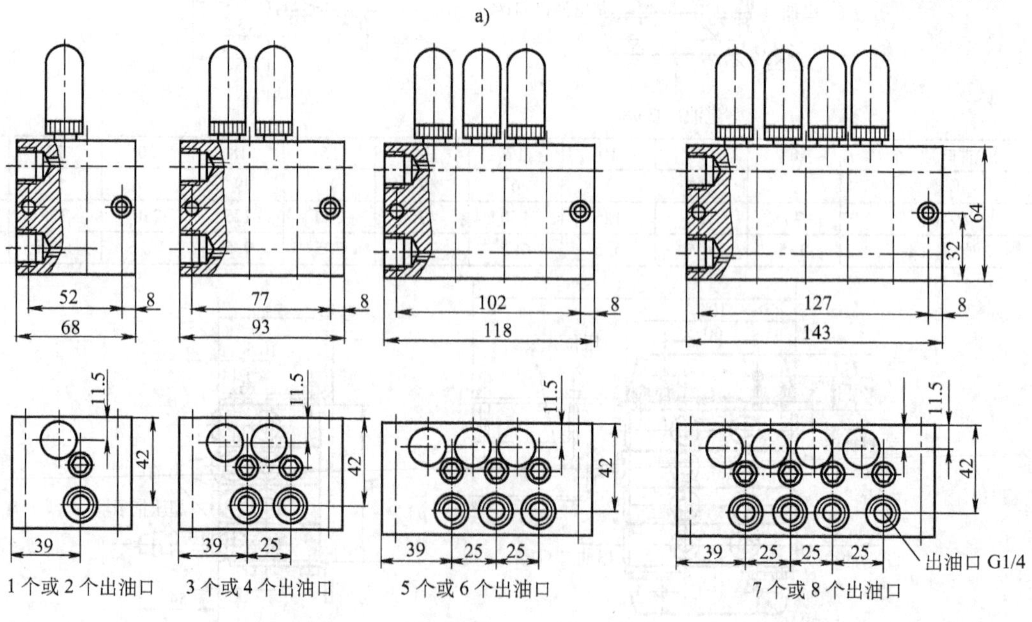

b)

图 8-28 SSPQ 系列双线分配器外形尺寸

a）以具有 1~2 个出油口的分配器为例，具有各种不同配带装置的外形尺寸图

b）以配带运动指示调节装置的双线分配器为例，具有不同出油口数目的分配器外形尺寸图

表 8-23　JPQ-J 型块式递进式分配器基本参数及安装尺寸（摘自 JB/T 8651.4—1997）

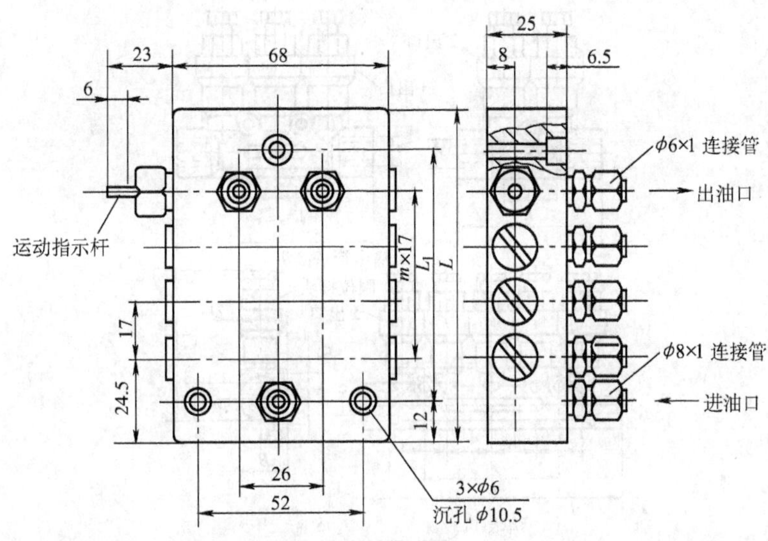

型　号	公称压力 /MPa	给油孔数 n /个	每孔给油量 /(mL/次)	L /mm	L_1 /mm	m /mm
6JPQ-J0.25A	10	6	0.23	83	59	2
8JPQ-J0.25A		8		100	76	3

(5) 油箱的设计及选择　油箱的用途是：存储系统所需足够的润滑油液；分离及沉积油液中的固体和液体沉淀污物及消除泡沫；散热和冷却作用。

1) 油箱的容量。油箱除了要容纳设备运转时所必需存储的油量以外，还必须留有一定预备裕度（一般为油箱容积的 1/5～1/4），以便使系统中的油回到油箱中时不致溢出。为了将油中所含杂质和水分沉淀下来并消除泡沫，须让循环油停留在油箱内一定时间，故油箱容量将以润滑泵流量乘以停留时间的倍数来表示，即

$$V=\frac{3}{4}\times\frac{Q_{泵}t}{1000}$$

式中　V——油箱容积（m^3）；

$Q_{泵}$——油泵的额定流量（L/min）；

t——油停留在油箱内的时间（min），参见表 8-26。

表 8-27 为油箱的性能参数，图 8-29 为几种工业上常用的油箱结构，图 8-29a 为一种带沉淀池的油箱，这种小型油箱的排污阀常安装在底部，便于清洗。图 8-29b 为常用机床的油箱结构，容积约有 0.9m^3，这种油箱常有切削液或水等侵入，需经常清理保持清洁。图 8-29c 为大型设备生产线上的油箱结构，装有浮动的吸油管，可自动调节油位的高低。

图 8-30 为 YX2 型油箱外形尺寸。表 8-28 为其法兰尺寸。

2) 油箱的组件。油箱常安装在设备下部，并有 1∶10～1∶30 的倾斜度，以便让润滑油顺利流回油箱。在油箱最低处装设泄油或排污油塞或阀，加油口设有粗滤网，以过滤油中的污染物。

为了增加润滑油的循环距离，扩大散热效果，并使油液中的气泡和杂质有充分的时间沉淀和分离，油箱内加设挡板，以控制箱内油的流动方向（使之改变 3～5 次），挡板的高度为正常油位的 2/3，其下端有小的开口。另外要求吸油管和回油管的安装距离要尽可能远。回油管应装在略高于油面的上方，截面比吸油管直径大 3～4 倍，并通过一个有筛网的挡板以减缓回油的流速，减少喷溅和消除泡沫。而吸油管离箱底距离为管径 D 的 2 倍以上，距箱边的距离不小于 $3D$。吸油管口设有过滤器以防止较大的磨屑进入油中。

油箱一般还设有通风装置或空气过滤器，以排除湿气和挥发的酸性物质。也可以用风扇强制通风或设置油冷却器和热油器调节油温。在环境污染或有沙尘环境工作的油箱，应使用密封严密类型的油箱。此外，在油箱上均设有油面指示器、温度计和压力表等，油箱内部应涂有耐油防锈涂料。

表 8-24 T86 型分配器的基本参数与尺寸

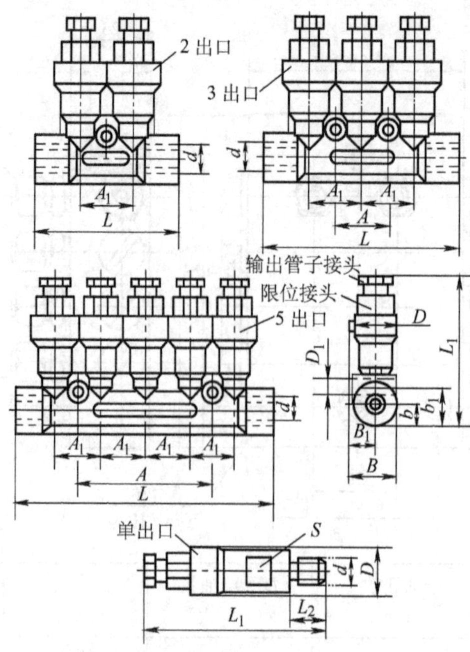

型号	出口数	出口通径	外形连接尺寸/mm													各种规格代号排油口/[流量/(mL/次)]	限位接头打印数字	限位接头代号
			连接螺纹 d	A	A_1	L	L_1	L_2	D	D_1	B	B_1	b	b_1	S			
T8611	1		M8×1				50	7	15						12			
T8612	2					48												
T8613	3	2.5	M10×1	17	17	65	53		15	4.5	12.5	7.5	8	14.5		A(0.03)	3	T8613-22
T8614	5			51		99										B(0.06)	6	
T8615	1		M8×1				51	7	15						12	C(0.10)	10	
T8616	2					48										D(0.16)	16	
T8617	3	4	M10×1	17	17	65	54		15	4.5	12.5	7.5	8	14.5				T8619-12
T8618	5			51		99												
T8621	1		M10×1				75	7	18						14	A(0.10)	10	
T8622	2	4				48										B(0.20)	20	T8623-22
T8623	3		M12×1.25	11	17	65	81.5		18	6.5	17	10	9	17		C(0.40)	40	
T8624	5			51		99										D(0.60)	60	
T8625	1		M14×1.5				83	8	22						17	A(0.20)	20	
T8626	2	4				50										B(0.40)	40	
T8627	3		M12×1.25	21	21	71	83		22	6.5	18	12	9	18		C(0.60)	60	T8627-22
T8628	5			63		113										D(1.00) E(1.50)	100 150	

表 8-25 润滑系统与元件设计注意事项（摘自 GB/T 6576—2002）

名　称	设计注意事项
润滑系统	系统设计应确保润滑系统和切削液系统完全分开。只有当液压系统和润滑系统使用相同的润滑剂时，液压系统和润滑系统才能合在一起使用同一种润滑剂，但务必要过滤除去油中污染物及杂质
油嘴和单个润滑器	1)油嘴和润滑器应装在操作方便的地方。使用同一种润滑剂的润滑点可装在同一操作板上，操作板应距工作地面 500~1200mm 并易于接近 2)建议尽量不采用油绳、滴落式、油脂杯和其他特殊类型的润滑器

（续）

名　称	设计注意事项
油箱和泵	1)用手动加油的油箱,应距工作地面 500~1200mm,注油口应位于易于与加油器连接处。放油孔塞易于操作,并能将油箱的油放尽 2)油箱应备有油标,且应位于操作者及加油人员容易看见的位置 3)在油箱中充装润滑脂时,最好使用装有过滤器的辅助泵 4)泵可放在油箱的里面或外面,应有适当的防护。调整和维修均要方便
管道和管接头	1)管路的设计应使压力损失最小,避免急弯。软管的安装应避免产生过大的扭曲应力 2)除了内压以外,管路不应承受其他应力,也不应被用来支撑系统中其他大的元件 3)在循环系统中,回油管应有远大于供油管路的横截面积,使回油顺畅 4)在油雾/油气润滑系统中,所有主管路均应倾斜安装,以便使油回到油箱,并应提供防止积油的措施。例如,在下弯管路底部钻一个直径约 1mm 的小孔。如果用软管,应避免管子下弯 5)管接头应位于易接近处
过滤器和分配器	1)过滤器和分配器应安装在易于接近,便于安装、维护和调节处 2)过滤器的安装应避免吸入空气。分配器的位置应尽可能接近润滑点。除油雾/油气润滑系统外,每个分配器只给一个润滑点供油
控制和安全装置	1)所有直观的指示器(压力表、油标、流量计等)应位于操作者容易看见处 2)在装有节流分配器的循环系统中,应装有直观的流量计

表 8-26　典型油循环系统

设备类型	润滑零件	油的黏度(40℃)/(mm^2/s)	油泵类型	在油箱中停留时间/min	过滤器过滤精度/μm
冶金机械	轴承、齿轮	150~460 68~680	齿轮泵	20~60	150
造纸机械	轴承、齿轮	150~220	齿轮泵	40~60	120
汽轮机及大型旋转机械	轴承	32	齿轮泵及离心泵	5~10	5
电动机	轴承	32~68	齿轮泵	5~10	50
往复空压机	外部零件、活塞、轴承	68~165		1~8	
高压鼓风机				4~14	
飞机	轴承、齿轮、控制装置	10~32	齿轮泵	0.5~1	5
液压系统	泵、轴承、阀			3~5	5~100
机床	轴承、齿轮	4~165	齿轮泵	3	10~100

表 8-27　YX2 型油箱的性能参数（摘自 JB/ZQ 4587—2006）

型号	YX2-5	YX2-10	YX2-16	YX2-20	YX2-25	YX2-31.5	YX2-40	YX2-50	YX2-63
容积/m^3	5	10	16	20	25	31.5	40	50	63
适用油泵排油量/(L/min)	160/200	250/315	400/500	630	800	1000	1250	1600	2000
加热器加热面积/m^2	2	3.5	5.5	7	9	10.5	14	18	21
蒸汽耗量/(kg/h)	40	65	90	120	140	180	220	260	310
过滤面积/m^2	0.48	0.56	0.58	0.63	0.75	0.8	0.88	0.96	1.1
过滤精度/mm	0.25								
最高液面/mm	1190	1240	1440	1540	1640	1690	1890	2110	2290
最低液面/mm	290	340	340	290	340	340	340	390	390
质量/kg	2395	3290	4593	5264	6062	6467	7607	11006	13813

注：1. 最高液面和最低液面是指油站工作时（泵在运行中）的液面最高极限和最低极限位置，用液位信号器发出油箱极限液面信号。信号器的触点容量：220V、0.2A。
2. 蒸汽耗量是指蒸汽压力为 0.2~0.4MPa 时的耗量。
3. 油箱有结构独特的消泡、脱气装置，能够有效地消除油中夹杂的气泡，并将空气从油中排出。
4. 油箱除设有精度为 0.25mm 的过滤装置外，还设有磁性过滤装置，用于吸收回油中的微细铁磁性杂质。
5. 该油箱可与 JB/ZQ 4586—2006《稀油润滑装置》配套。
6. 其主要用途为储油，同时起沉淀、散热和散发气体作用。
7. 标记示例：
公称容积为 50m^3 的油箱标记为：
YX2-50 油箱 JB/ZQ 4587—2006
8. 生产厂：启东江海液压润滑设备厂，上海润滑设备厂，太原矿山机器润滑液压设备有限公司，江苏省启东润滑设备有限公司，江苏省南通市南方润滑液压设备有限公司，启东市南方润滑液压设备有限公司。

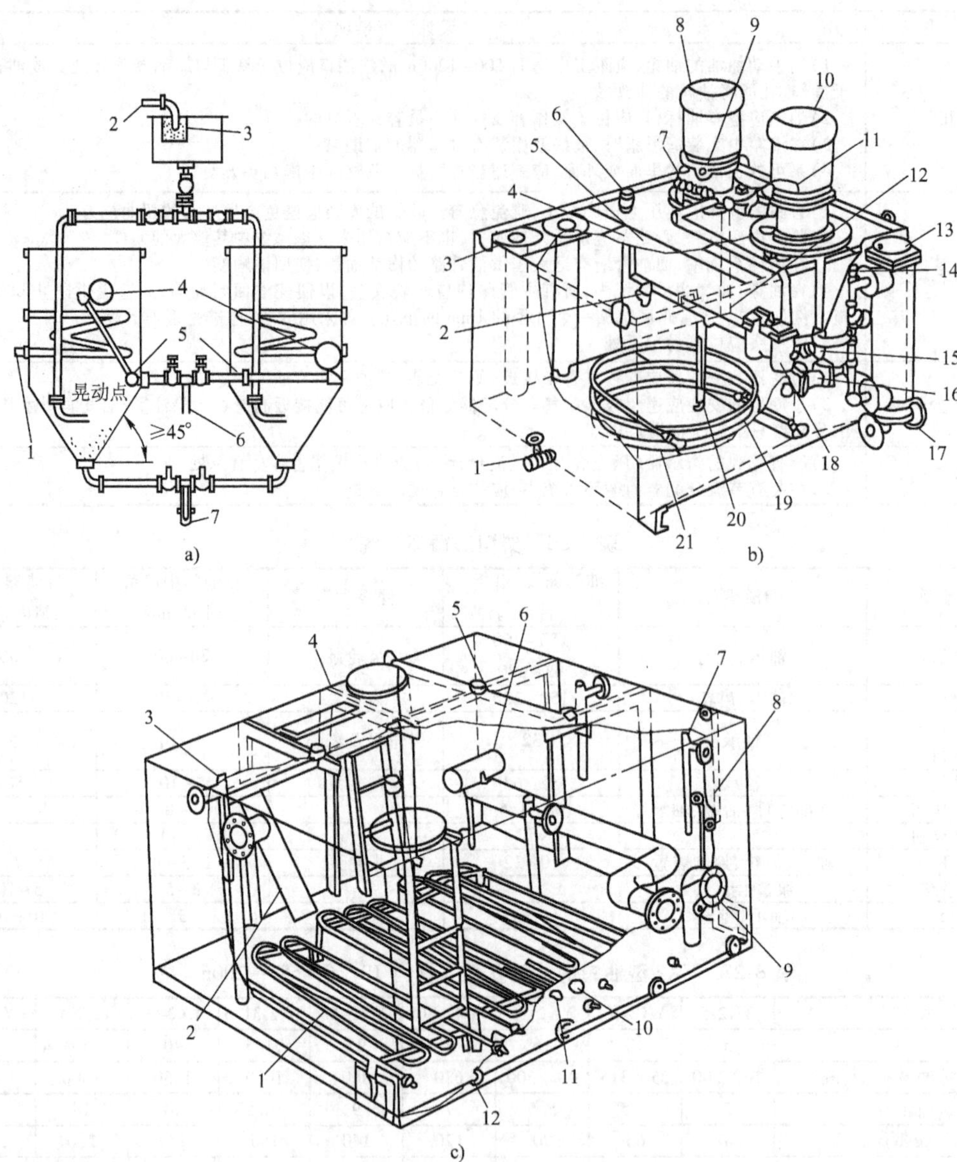

图 8-29 几种工业上常用的油箱结构

a）带沉淀池的油箱

1—加热盘管 2—旧油进口 3—粗滤器 4—浮球 5—摆动接头 6—净油进口 7—排油口

b）常用机床的油箱结构

1—放油阀塞 2—呼吸器 3—回油接管 4—可卸盖 5—闸板和粗滤器 6—充油接管 7—止回阀 8—润滑油主循环泵 9—关闭阀 10—润滑油备用循环泵 11—压力表 12—脚阀和吸油端粗滤器 13—冷油器 14—温度表 15—永磁放油塞 16—溢流阀 17—冷却水接头 18—双重过滤器 19—恒温控制器 20—油标 21—加热盘管

c）用于大型设备生产线上的油箱结构

1—蒸汽加热盘管 2—主要回油 3—从净化器回油 4—蒸汽盘管回槽 5—通气孔 6—正常吸油盘（浮动式） 7—压力表（控制回油） 8—油标 9—低吸口 10—温度表 11—温度控制器 12—净化器吸管接头

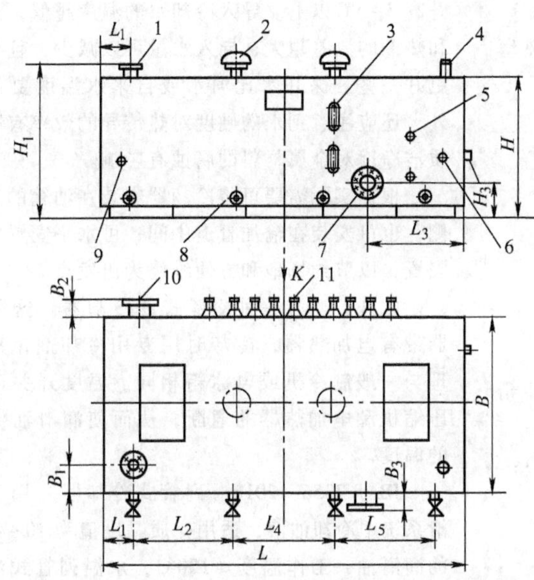

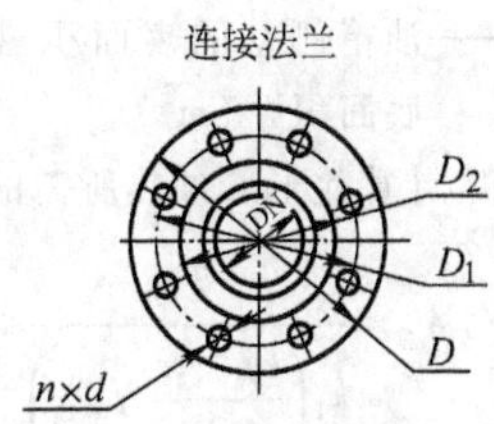

图 8-30　YX2 型油箱外形尺寸

1—自循环回油口　2—空气过滤器　3—长形油标　4—油位信号器　5—弯嘴旋塞　6—电接点式直读温度计　7—吸油口　8—排油口（净油机接口）　9—直读温度计　10—回油口　11—蒸汽加热管

（6）冷却器和热油器的设计及选择

1）冷却器。在选择冷却器时，首先确定冷却面积 A（m^2）：

$$A=\frac{T}{k\left[\frac{(t_1+t_2)}{2}-\frac{(t_3+t_4)}{2}\right]}\times\frac{1}{3600}$$

式中　T——热负荷（为降低润滑油温冷却器必须排除的热量）（J/h），

$$T=c\rho(t_1-t_2)Q_{泵}+10^{-3}$$

c——润滑油的比热容，取 c = 1884 ~ 2093 J/(kg·K)

ρ——润滑油的密度，取 $\rho=900\text{kg/m}^3$；

$Q_{泵}$——泵的排油量（L/h）；

k——总热导率 [W/(m^2·K)]；当冷却器内润滑油的平均流速为 0.2~0.3m/s 时，k = 116.3 ~ 151.2W/(m^2·K)，该值可由冷却器生产厂提供；

t_1、t_2——润滑油进、出冷却器的温度（℃）；可取 t_1 = 50~55℃，t_2 = 42~47℃；

t_3、t_4——冷却水进、出冷却器的温度（℃）；一般情况下，北方可取 t_3 = 20℃、南方可取 t_3 = 25℃，$t_4=t_3+4$℃。

油冷却器的实际冷却面积应比计算值大 10%~15%，或选用规格略大于计算值的一种冷却器。

冷却水消耗量 $Q_水$（L/h）：

$$Q_水=\frac{T}{c_水\rho_水\Delta t}\times10^3$$

式中　T——热负荷（J/h）；

$c_水$——水的比热容，取 $c_水$ = 4186J/(kg·K)；

$\rho_水$——水的密度，取 $\rho_水=1000\text{kg/m}^3$；

Δt——水通过冷却器后降低的温度（℃），$\Delta t=t_4-t_3$。

通常，冷却器水管内水的流速为 0.785~1.12m/s，冷却器的阻力损失规定小于 0.02MPa。

如在油箱内装设蒸汽蛇形管，则管的长度是根据加热油箱中油所需的总热量计算出蛇形管加热所需的面积后，才能确定蛇形管的长度及直径，计算公式如下：

$$T_{总}=T_1+T_2+T_3$$

式中　T_1——提高润滑油温需要的热量（J/h），

$$T_1=c\rho(t_2'-t_1')Q\times10^{-3}$$

c 和 ρ——同前；

t_1'、t_2'——润滑油加热前、后的温度（℃）；

Q——油箱所装润滑油量（L），按装满量的 3/4 计算；

T_2——油箱吸收的热量（J/h），

$$T_2=Wc_1(t_2'-t_1')\frac{1}{t'}$$

W——油箱金属的质量（kg）；

c_1——油箱金属的比热容，取 c_1 = 502J/(kg·K)；

t'——油箱金属由 t_1' 升至 t_2' 所需时间（h）；

T_3——加热时从油箱侧壁散失到大气中的热量（J/h），

$$T_3 = k'A'(t_{平均} - t_{空气})$$

k'——油箱壁的热导率［W/(m^2·K)］；

$$k' = 2.2\sqrt{t_{平均} - t_{空气}}$$

$t_{平均}$——油的平均温度（℃），

$$t_{平均} = \frac{t_1' + t_2'}{2}$$

$t_{空气}$——周围空气的温度（℃）；

A'——油箱侧壁的表面积（一般不计入油箱底面积）（m^2）。

根据 $T_总$ 计算蛇形管加热所需的面积 $A_总$（m^2）：

$$A_总 = \frac{T_总}{k_1\left(\frac{t_蒸 + t_凝}{2} - t_{平均}\right)} \times \frac{1}{3600}$$

式中 k_1——蛇形管的热导率，81～116W/(m^2·K)；

$t_蒸$——通入蒸汽的温度（℃）；

$t_凝$——放出蒸汽的温度（℃）。

蛇形管的长度 L（m）：

$$L = \frac{A_总}{\pi d_内}$$

式中 $d_内$——蛇形管的内径（m），常用 $d_内$ = 20mm。

冷却器的进油最高温度一般不宜超过 55～65℃，温度过高会缩短油的使用寿命。

冷却水的流速越高则压降越大，增加了润滑泵的消耗功率，但能提高导热效率，因而能减小冷却器的尺寸，降低制造成本。

冷却器的油压损失常在 0.03～0.1MPa 的范围，水压损失常在 0.01～0.03MPa 的范围。

冷却器出口处的水温一般比导入冷却器时的水温升高 3～5℃以上。导入冷却水的温度越低，则导入水和热油的温差越大，导入水量可以减少，且冷却效果更好一些。深井水比河水或自来水温度要低些。此外，还应注意到水的硬度对热传导的效率有影响，水质洁净度对金属材料的腐蚀有影响。

根据实际需要可将冷却器安装在油箱的上面或近侧，也可安装在输油管道中间；可水平安置也可垂直安置，以节约场地和方便维修为出发点。

此外，还有一种冷媒式油冷却器。这种油冷却器带有电加热器，冷却时用专用冷却剂，其制冷原理与一般制冷机或电冰箱相同。温度开关可以调节压缩机和电加热器的通断，从而使润滑油保持预定的温度。

JB/T 7356—2016《列管式冷却器》用于稀油润滑系统中冷却油液，适用介质黏度值为 10～460mm^2/s 的润滑油，工作温度≤100℃，水温列管式油冷却器有两种类型：①GLC 型：换热管形式为翅片管，水侧通道为双管程填料函浮动管板式，其形式与尺寸见表 8-29；②GLL 型：换热管形式为裸管，水侧通道为双管程或四管程填料函浮动管板式，有立式和卧式两种形式，卧式的形式与尺寸见表 8-30，立式的形式与尺寸见表 8-31。冷却器基本参数见表 8-32。BRLQ 型板式油冷却器（JB/ZQ 4593—2006）基本参数与尺寸见表 8-33～表 8-35。

2）热油器。在高寒地区的冬季，环境温度常在零度以下，润滑油如不加热，则油的黏度增大，使机械设备得不到充分润滑而不能起动。将油加热的设备称为热油器。通常多利用电加热器或蒸汽盘管装在油箱内对润滑油进行短期加热。此外，润滑油净化时，为了提高净化效率，在过滤之前也应将油加热，以降低油的黏度。表 8-36 为 DRQ 型电加热器的基本参数。

表 8-28 YX2 型油箱法兰尺寸（单位：mm）

型号		YX2-5	YX2-10	YX2-16	YX2-20	YX2-25	YX2-3L5	YX2-40	YX2-50	YX2-63
吸油口法兰	DN	100	125	150	150	200	200	250	250	300
	D	220	250	285	285	340	340	395	395	445
	D_1	180	210	240	240	295	295	350	350	400
	D_2	158	184	212	212	268	268	320	320	370
	n	8	8	S	8	8	8	12	12	12
	d	17.5	17.5	22	22	22	22	22	22	22
	b	22	24	24	24	24	24	26	26	28
回油口法兰	DN	125	150	200	250	250	300	300	350	400
	D	250	285	340	395	395	445	445	490	540
	D_1	210	240	295	350	350	400	400	445	495
	D_2	184	212	268	320	320	370	370	430	482
	n	8	8	8	12	12	12	12	12	16
	d	17.5	22	22	22	22	22	22	22	22
	b	24	24	24	26	26	28	28	28	28

（续）

型　号		YX2-5	YX2-10	YX2-16	YX2-20	YX2-25	YX2-3L5	YX2-40	YX2-50	YX2-63
自循环回油口法兰	DN	50	80	100	100	125	125	150	150	200
	D	165	200	220	220	250	250	285	285	340
	D_1	125	160	180	180	210	210	240	240	295
	D_2	102	133	158	158	184	184	212	212	268
	n	4	8	8	8	8	S	8	8	8
	d	17.5	17.5	17.5	17.5	17.5	17.5	22	22	22
	b	18	20	22	22	24	24	24	24	24
蒸汽加热管法兰	DN	50	50	50	50	50	50	50	50	50
	D	165	165	165	165	165	165	165	165	165
	D_1	125	125	125	125	125	125	125	125	125
	D_2	102	102	102	102	102	102	102	102	102
	n	4	4	4	4	4	4	4	4	4
	d	17.5	17.5	17.5	17.5	17.5	17.5	17.5	17.5	17.5
	b	18	18	18	18	18	18	18	18	18

注：1. 连接法兰按 JB/ZQ 4476—2005《焊接法兰（PN＝1MPa）》的规定。

2. 表中 b 为法兰厚度。

表 8-29　GLC 型列管式油冷却器形式与尺寸　（单位：mm）

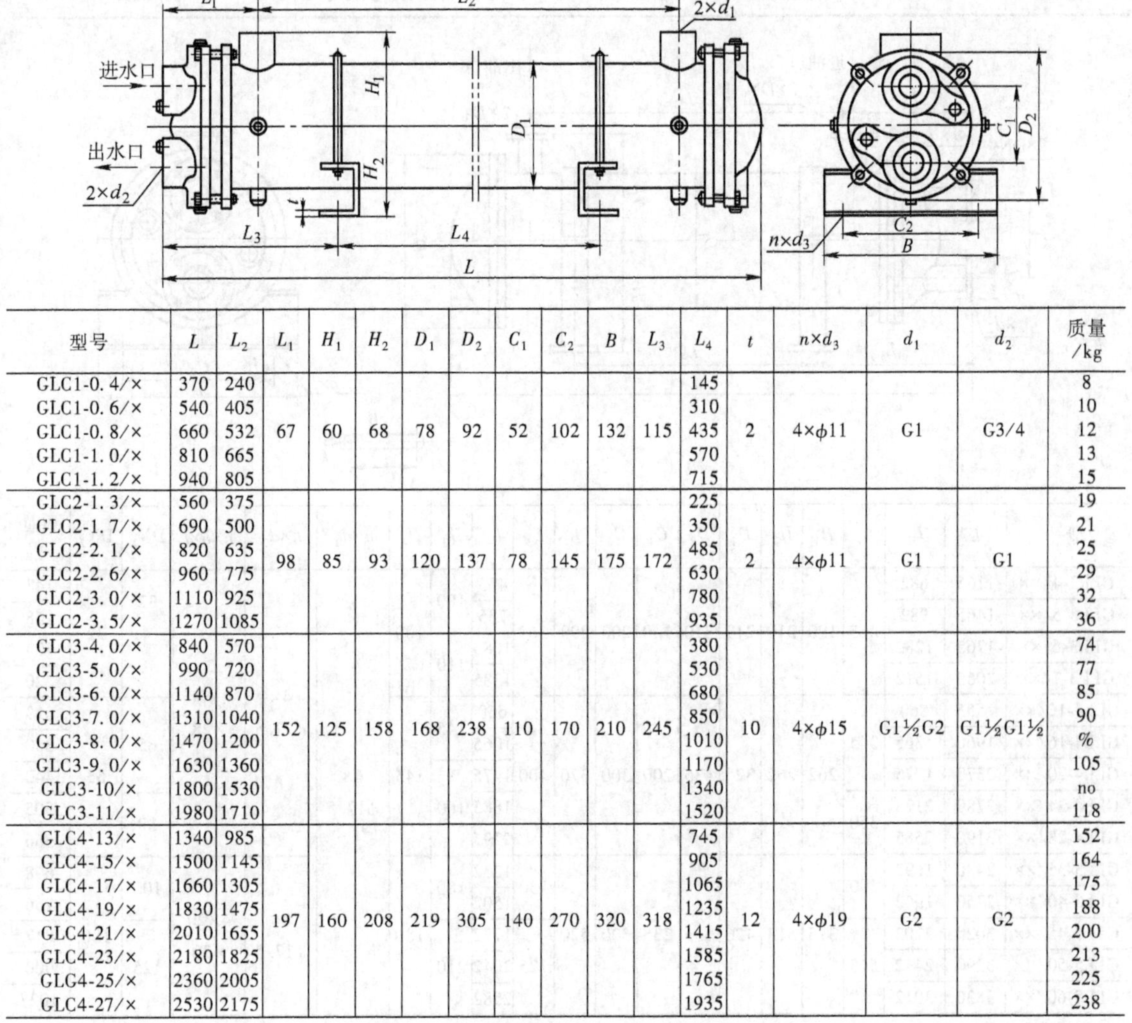

型号	L	L_2	L_1	H_1	H_2	D_1	D_2	C_1	C_2	B	L_3	L_4	t	$n\times d_3$	d_1	d_2	质量/kg
GLC1-0.4/×	370	240	67	60	68	78	92	52	102	132	115	145	2	4×ϕ11	G1	G3/4	8
GLC1-0.6/×	540	405										310					10
GLC1-0.8/×	660	532										435					12
GLC1-1.0/×	810	665										570					13
GLC1-1.2/×	940	805										715					15
GLC2-1.3/×	560	375	98	85	93	120	137	78	145	175	172	225	2	4×ϕ11	G1	G1	19
GLC2-1.7/×	690	500										350					21
GLC2-2.1/×	820	635										485					25
GLC2-2.6/×	960	775										630					29
GLC2-3.0/×	1110	925										780					32
GLC2-3.5/×	1270	1085										935					36
GLC3-4.0/×	840	570	152	125	158	168	238	110	170	210	245	380	10	4×ϕ15	G1½G2	G1½G1½	74
GLC3-5.0/×	990	720										530					77
GLC3-6.0/×	1140	870										680					85
GLC3-7.0/×	1310	1040										850					90
GLC3-8.0/×	1470	1200										1010					%
GLC3-9.0/×	1630	1360										1170					105
GLC3-10/×	1800	1530										1340					no
GLC3-11/×	1980	1710										1520					118
GLC4-13/×	1340	985	197	160	208	219	305	140	270	320	318	745	12	4×ϕ19	G2	G2	152
GLC4-15/×	1500	1145										905					164
GLC4-17/×	1660	1305										1065					175
GLC4-19/×	1830	1475										1235					188
GLC4-21/×	2010	1655										1415					200
GLC4-23/×	2180	1825										1585					213
GLG4-25/×	2360	2005										1765					225
GLC4-27/×	2530	2175										1935					238

（续）

型号	L	L_2	L_1	H_1	H_2	D_1	D_2	C_1	C_2	B	L_3	L_4	t	$n\times d_3$	d_1	d_2	质量/kg
GLC5-30/×	1932	1570	202	200	234	273	355	180	280	320	327	1320	12	4×ϕ23	G2	G2½	—
GLC5-34/×	2152	1790										1540					—
GLC5-37/×	2322	1960										1710					—
GLC5-41/×	2542	2180										1930					—
GLC5-44/×	2712	2350										2100					—
GLC5-47/×	2872	2510										2260					—
GLC5-51/×	3092	2730										2480					—
GLC5-54/×	3262	2900										2650					—
GLC6-55/×	2272	1860	227	230	284	325	410	200	300	390	362	1590	12	4×ϕ23	G2½	G3	—
GLC6-60/×	2452	2040										1770					—
GLC6-65/×	2632	2220										1950					—
GLC6-70/×	2812	2400										2130					—
GLC6-75/×	2992	2580										2310					—
GLC6-80/×	3172	2760										2490					—
GLC6-85/×	3352	2940										2670					—
GLC6-90/×	3532	3120										2850					—

注：型号中×为标准公称压力值。

表 8-30 GLL 型卧式列管式油冷却器形式与尺寸 （单位：mm）

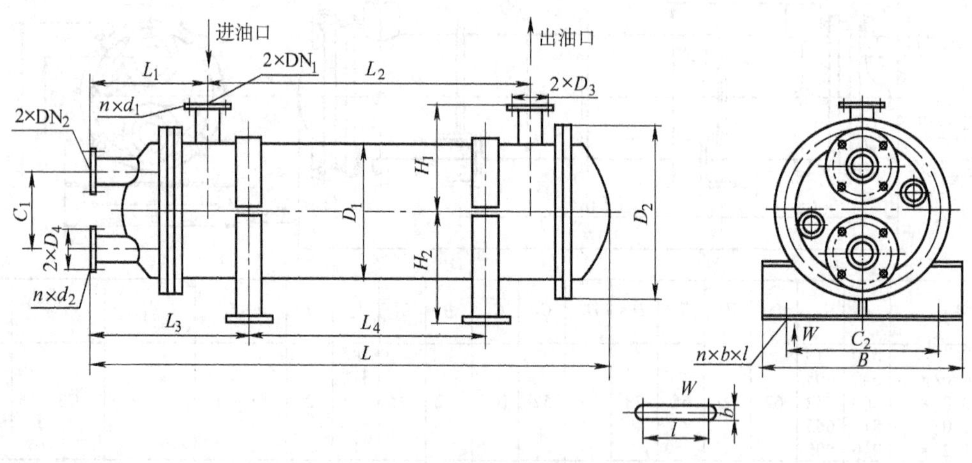

型号	L	L_2	L_1	H_1	H_2	D_1	D_2	C_1	C_2	B	L_3	L_4	D_3	D_4	$n\times d_1$	$n\times d_2$	$n\times b\times l$	DN_1	DN_2	质量/kg
GLL3-4/××	1165	682	265	190	210	219	310	140	200	290	367	485	100	100	4×ϕ17.5	4×ϕ17.5	4×20×28	32	32	143
GLL3-5/××	1465	982										785								168
GLL3-6/××	1765	1282										1085	110					40		184
GLL3-7/××	2065	1512										1385								220
GLL4-12/××	1555	860	345	262	262	325	435	200	300	370	400	660	145	145				65	65	319
GLL4-16/××	1960	1365										1065								380
GLL4-20/××	2370	1775										1475	160							440
GLL4-24/××	2780	2175	350									1885						80		505
GLL4-28/××	3190	2585										2295								566
GLL5-35/××	2480	1692	500	315	313	426	535	235	300	520	730	1232	180	180		8×ϕ17.5	4×20×30	100	100	698
GLL5-40/××	2750	1962										1502								766
GLL5-45/××	3020	2202	515								725	1772	210					125		817
GLL5-50/××	3290	2472										2042								900
GLL5-60/××	3830	3012										2582								1027

（续）

型号	L	L_2	L_1	H_1	H_2	D_1	D_2	C_1	C_2	B	L_3	L_4	D_3	D_4	$n\times d_1$	$n\times d_2$	$n\times b\times l$	DN_1	DN_2	质量/kg
GLL6-80/××	3160	2015	700	500	434	616	780	360	750	550	935	1555	295	295	8×φ22	8×φ22	4×25×32	200	200	1617
GLL6-100/××	3760	2615										2155								1890
GLL6-120/××	4360	3215										2755								2163

注：1. 第一个×标注公称压力值，第二个×标注水程管程数（四管程标 S，双管程不标注）。

2. 法兰连接尺寸按 JB/T 81—2015《板式平焊钢制管法兰》中 PN = 1MPa 的规定。

3. 标记示例：

公称冷却面积 0.3m^2，公称压力 1.0MPa，换热管形式为翅片管的列管式油冷却器标记为：

GLL1-0.3/1.0 冷却器 JB/T 7356—2016

表 8-31　GLL 型立式列管式油冷却器形式与尺寸　（单位：mm）

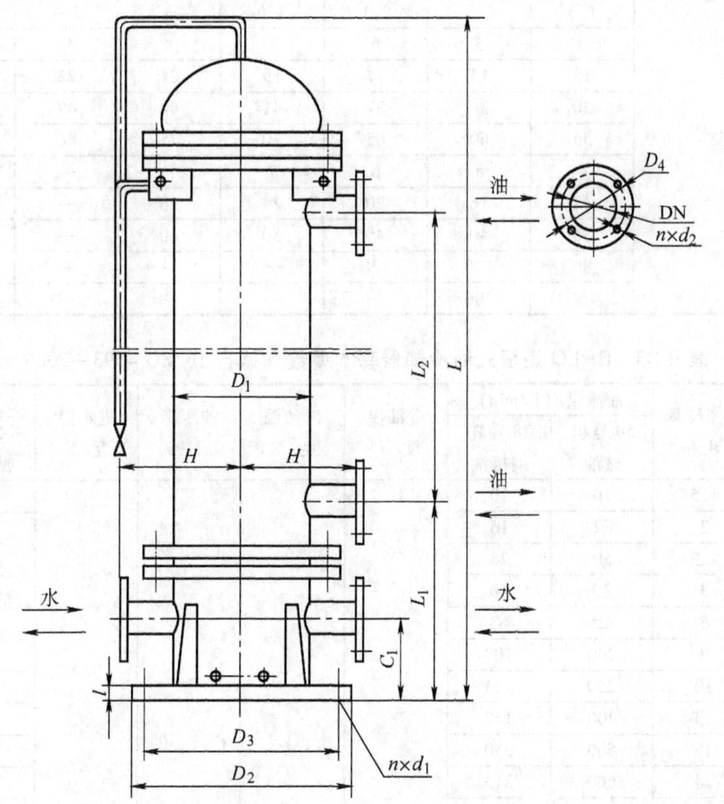

型号	L	L_2	L_1	C_1	H	D_1	D_2	D_3	DN	D_4	$n\times d_1$	$n\times d_2$	质量/kg
GLL5-35/××L	2610	1692	470	150	315	426	640	590	80	160	6×φ30	8×φ17.5	734
GLL5-40/××L	2880	1962											802
GLL5-45/××L	3120	2202							100	180			853
GLL5-50/××L	3390	3472											936
GLL5-60/××L	3930	3012											1063
GLL6-80/××L	3255	2015	705	235	500	616	1075	1015	125	210	6×φ40		1670
GLL6-100/××L	3855	2615											1943
GLL6-120/××L	4455	3215							150	240		8×φ22	2216

（续）

型号	L	L_2	L_1	C_1	H	D_1	D_2	D_3	DN	D_4	$n×d_1$	$n×d_2$	质量/kg
GLL7-160/××L	3320	2010	715	235	602	820	1210	1150	200	295	6×ϕ40	8×ϕ22	2768
GLL7-200/××L	3970	2660											3340

注：1. 法兰连接尺寸按 JB/T 81—2015《板式平焊钢制管法兰》中 PN=1MPa 的规定。

2. ××标注见表 8-30。

3. 标记示例：

公称冷却面积 60m^2，公称压力 0.63MPa，换热管形式为裸管，水侧通道为四管程的立式列管式油冷却器标记为：

GLL 5-60/0.63SL 冷却器 JB/T 7356—2016

表 8-32 冷却器基本参数

型号	公称压力/MPa	公称冷却面积/m^2							
GLC1	0.63~1.6	0.4	0.6	0.8	1	1.2	—	—	—
GLC2		1.3	1.7	2,1	2.6	3	3.5	—	—
GLC3		4	5	6	7	8	9	10	11
GLC4		13	15	17	19	21	23	25	27
GLC5		30	34	37	41	44	47	51	54
GLC6		55	60	65	70	75	80	85	90
GLL3		4	5	6	7	—	—	—	—
GLL4		12	16	20	24	28	—	—	—
GLL5		35	40	45	50	60	—	—	—
GLL6		80	100	120	—	—	—	—	—
GLL7		160	200	—	—	—	—	—	—

表 8-33 BRLQ 型板式油冷却器基本参数（摘自 JB/ZQ 4593—2006）

型号	公称冷却面积/m^2	油流量/(L/min)		进油温度/℃	出油温度/℃	油压降/MPa	进水温度/℃	水流量/(L/min)	
		50 号机械油	28 号轧钢机油					用 50 号机械油时	用 28 号轧钢机油时
BRLQ0.05-1.5	1.5	20	10	50	≤42	≤0.1	≤30	16	8
BRLQ0.05-2	2	32	16					25	13
BRLQ0.05-2.5	2.5	50	25					40	20
BRLQ0.1-3	3	80	40					64	32
BRLQ0.1-5	5	125	63					100	50
BRLQ0.1-7	7	200	100					100	80
BRLQ0.1-10	10	250	125					200	100
BRLQ0.2A-13	13	400	160					320	130
BRLQ0.2A-18	18	500	250					400	200
BRLQ0.2A-24	24	600	315					500	250
BRLQ0.3A-30	30	650	400					520	320
BRLQ0.3A-35	35	700	500					560	400
BRLQ0.3A-40	40	950	630					800	500
BRLQ0.5-60	60	1100	800					900	640
BRLQ0.5-70	70	1300	1000					1050	800
BRLQ0.5-80	80	2100	1600					1670	1280
BRLQ0.5-120	120	3000	2100					2400	1600
BRLQ1.0-50	50	1000	715					850	570
BRLQ1.0-80	80	2100	1600					1670	1280
BRLQ1.0-100	100	2500	1800					2040	1440
BRLQ1.0-120	120	3000	2100					2400	1600
BRLQ1.0-150	150	3500	2500					2950	2400

（续）

型号	公称冷却面积/m^2	油流量/(L/min)		进油温度/℃	出油温度/℃	油压降/MPa	进水温度/℃	水流量/(L/min)	
		50 号机械油	28 号轧钢机油					用 50 号机械油时	用 28 号轧钢机油时
BRLQ1.0-180	180	4000	2850	50	≤42	≤0.1	≤30	3500	2600
BRLQ1.0-200	200	4500	3150					3800	3000
BRLQ1.0-250	250	5000	3500					4400	3400

注：1. 板式冷却器油和水流向应相反，其选用说明见标准附录 A（提示的附录）。

2. 冷却水用工业用水，如用江河水需过滤或沉淀。

3. 适用于稀油润滑系统中冷却润滑油。介质为黏度值不大于 460mm^2/s 的润滑油。50 号机械油相当于 L-AN100 全损耗系统用油或 L-HL100 液压油。28 号轧钢机油行业标准已废除，可考虑使用 L-CKD460 重载荷工业齿轮油。

4. 工作压力小于 1MPa。工作温度为-20～150℃。

5. 标记示列：

单板冷却面积为 0.3m^2，公称面积为 35m^2，第一次改型的悬挂式板式油冷却器标记为：

BRLQ0.3A-35X 冷却器 JB/ZQ 4593—2006

6. 生产厂：启东市南方润滑液压设备有限公司，启东江海液压润滑设备厂，四平维克斯换热设备有限公司，四平中基液压件厂，福建江南冷却器厂，常州市华立液压润滑设备有限公司，常州风凯换热器制造有限公司。

表 8-34　BRLQ 型板式油冷却器尺寸　（单位：mm）

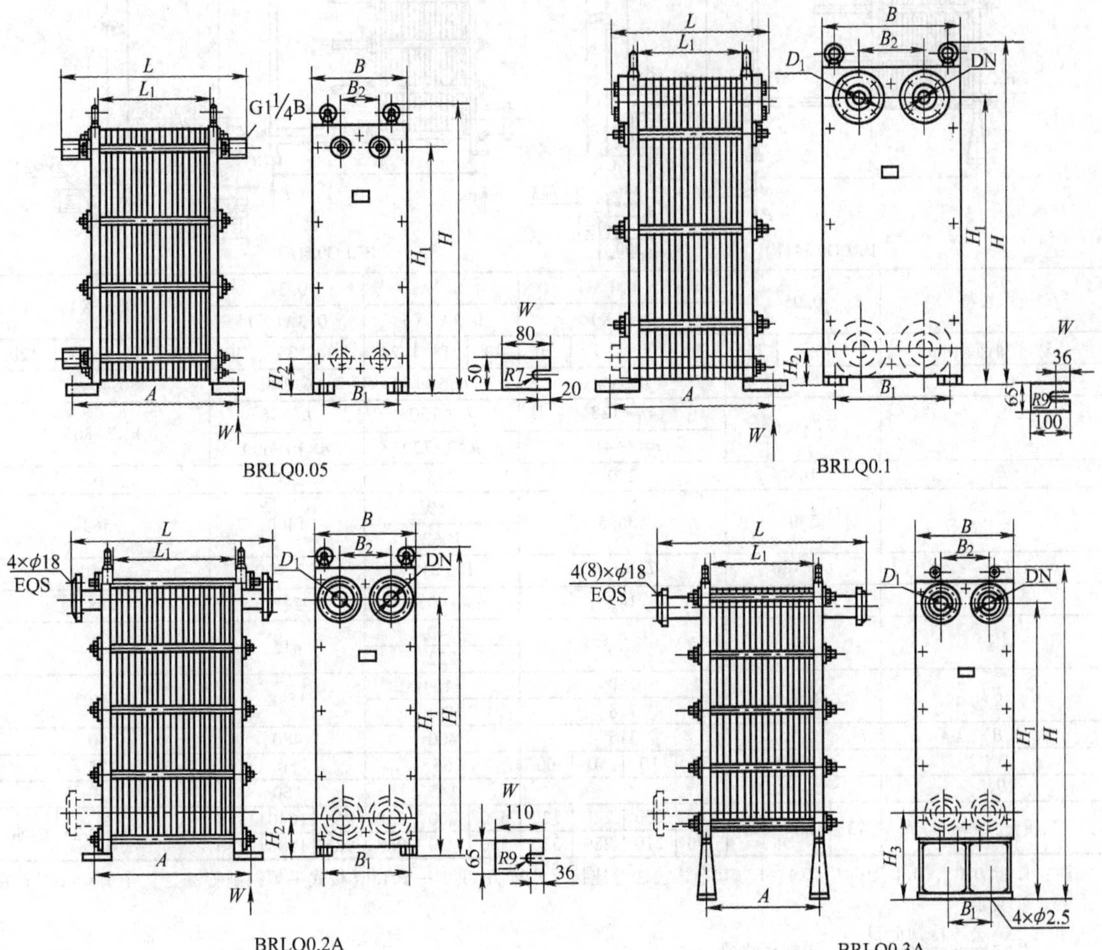

（续）

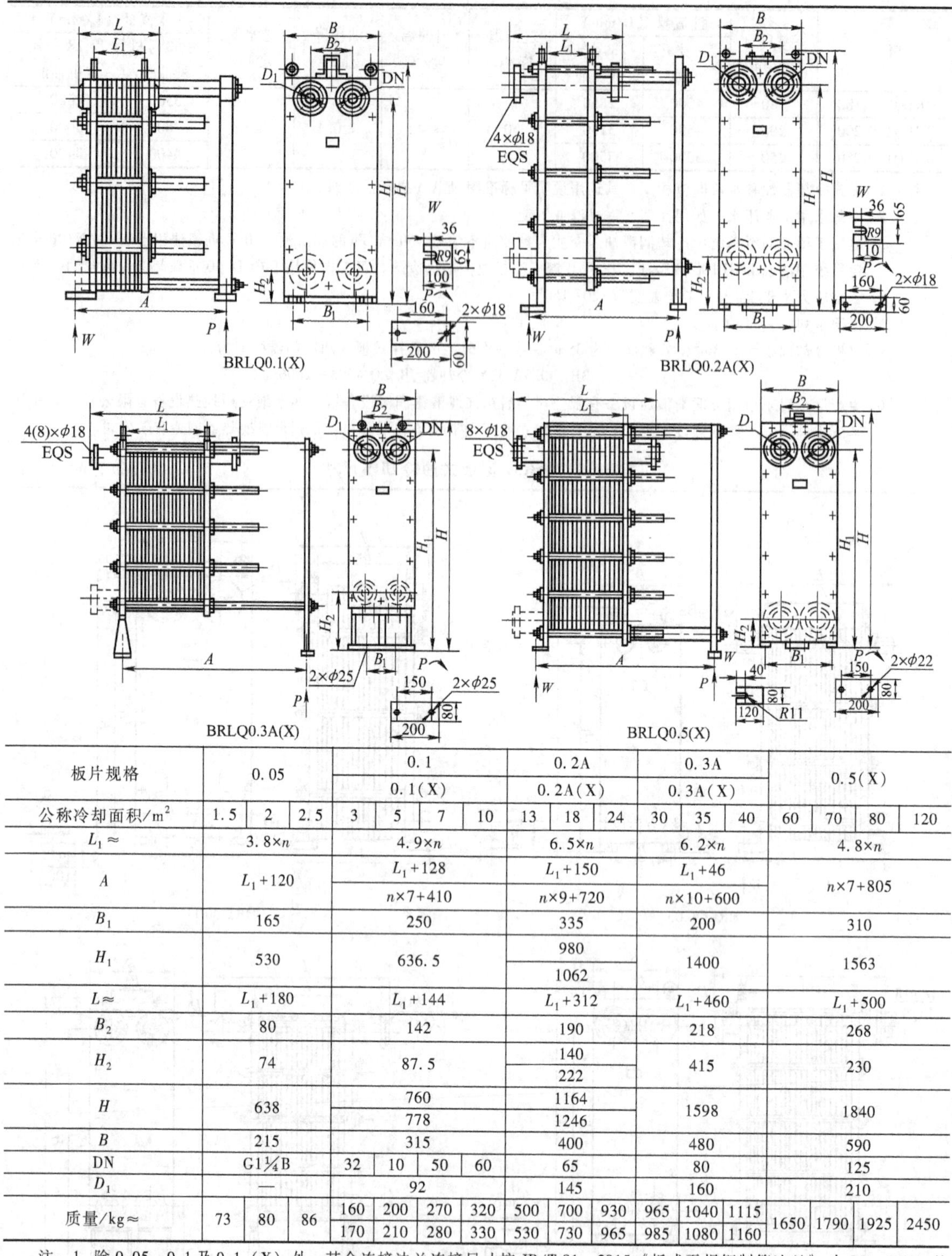

BRLQ0.1(X)　　BRLQ0.2A(X)

BRLQ0.3A(X)　　BRLQ0.5(X)

板片规格	0.05			0.1				0.2A			0.3A			0.5(X)			
				0.1(X)				0.2A(X)			0.3A(X)						
公称冷却面积/m^2	1.5	2	2.5	3	5	7	10	13	18	24	30	35	40	60	70	80	120
$L_1\approx$	3.8×n			4.9×n				6.5×n			6.2×n			4.8×n			
A	L_1+120			L_1+128 n×7+410				L_1+150 n×9+720			L_1+46 n×10+600			n×7+805			
B_1	165			250				335			200			310			
H_1	530			636.5				980 1062			1400			1563			
$L\approx$	L_1+180			L_1+144				L_1+312			L_1+460			L_1+500			
B_2	80			142				190			218			268			
H_2	74			87.5				140 222			415			230			
H	638			760 778				1164 1246			1598			1840			
B	215			315				400			480			590			
DN	G1¼B			32	10	50	60	65			80			125			
D_1	—			92				145			160			210			
质量/kg≈	73	80	86	160 170	200 210	270 280	320 330	500 530	700 730	930 965	965 985	1040 1080	1115 1160	1650	1790	1925	2450

注：1. 除0.05、0.1及0.1（X）外，其余连接法兰连接尺寸按JB/T 81—2015《板式平焊钢制管法兰》中PN=1MPa的规定。

2. $n=\dfrac{\text{公称冷却面积}}{\text{单板冷却面积}}+1$，表示板片数。

3. 型号中A为改型标记，（X）为悬挂式，无（X）标记的为落地式。

表 8-35　BRLQ 1.0（X）型板式油冷却器基本参数　（单位：mm）

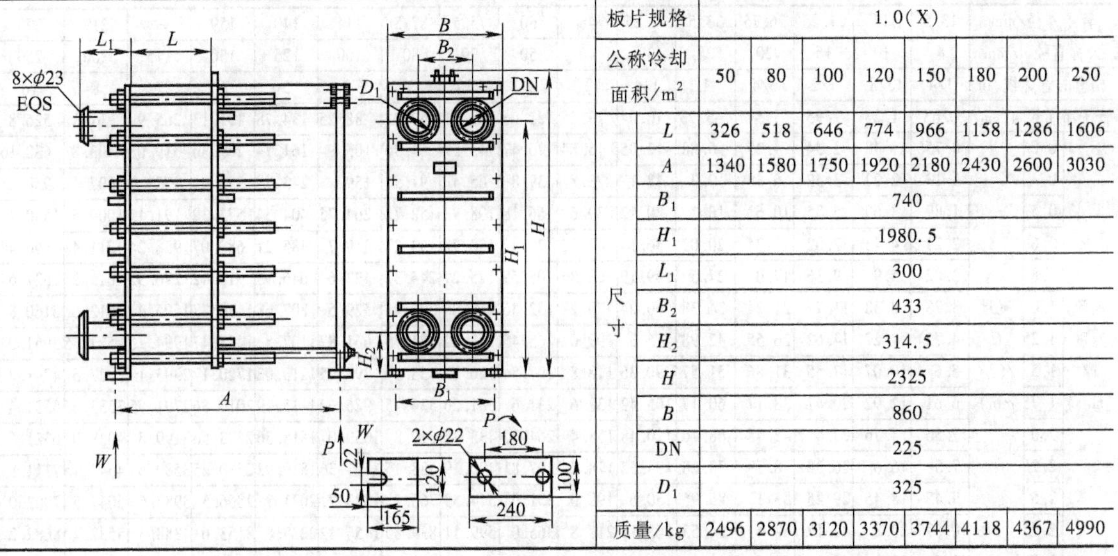

板片规格		1.0(X)							
公称冷却面积/m²		50	80	100	120	150	180	200	250
尺寸	L	326	518	646	774	966	1158	1286	1606
	A	1340	1580	1750	1920	2180	2430	2600	3030
	B_1	740							
	H_1	1980.5							
	L_1	300							
	B_2	433							
	H_2	314.5							
	H	2325							
	B	860							
	DN	225							
	D_1	325							
质量/kg		2496	2870	3120	3370	3744	4118	4367	4990

表 8-36　DRQ 型电加热器的基本参数（摘自 JB/ZQ 4599—2006）

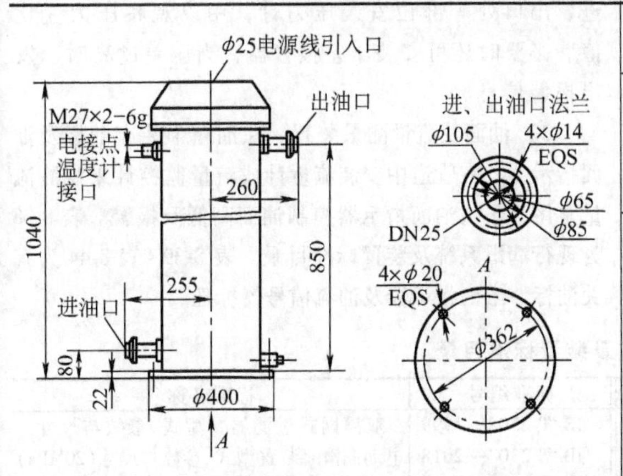

型号	功率/kW	公称流量/(L/min)	公称压力/MPa	温升/℃
DRQ-28	28	25	0.25(G)	≥35
	最高允许温度/℃	电热元件型号	电压/V	质量/kg
	90	GYY2-220/4	220	90

1. 进出口法兰按 JB/T 81—2015《板式平焊钢制管法兰》中 PN = 1MPa, DN = 25mm 的规定
2. 用于稀油集中润滑系统。当脏油进入净油机之前将其加热以降低油的黏度
3. 被加热油品的闪点应不低于 120℃
4. 标记示例：
   功率为 28kW 的电加热器标记为：
   DRQ-28 加热器 JB/ZQ 4599—2006

注：生产厂：太原矿山机器润滑液压设备有限公司，常州市华立液压润滑设备有限公司，江苏省南通市南方润滑液压设备有限公司，启东市南方润滑液压设备有限公司。

（7）油管直径的选择　根据油的流量和流速的大小，可按下式计算油管的直径 d（mm）：

$$d \geqslant 4.6\sqrt{\frac{Q}{v}}$$

式中　Q——流量（L/min）；

v——流速（m/s）。

根据使用要求不同，送油管、支油管、吸油管和回油管的油流速度不同。送油管的油流速度推荐取 1~5m/s，支油管取 1~2m/s，吸油管取 1~2m/s，回油管取 0.3~1m/s。

表 8-37 为按上式计算得出的通径与流速的关系。由于润滑系统中管路液压损失较小，且难于精确计算，一般只做概算。管路的沿程损失可取为 0.05~0.06MPa。

吸油管一般选得直径大、长度短，这样可防止产生气蚀现象，回油管直径一般为吸油管的两倍，以免产生过大的压力降。

8.4.3　润滑系统的测置、监测及报警装置

为了保证润滑系统向各润滑点持续供油、防止因供油不足而损坏，常在系统中配置测量、监测及报警装置。

在润滑系统中常见的故障是油泵失效、供油管路堵塞、轴承过热及磨损甚至咬黏、污染严重、分流器工作不正常、给油循环时间不准确等。润滑系统中通常采用以下测量装置：

表 8-37 通径与流速的关系

管子外径/mm		13.5	17	21.25	26.75	33.5	42.25	48	60	75.5	87.5	114	140	159	—	219	273
公称直径 d/mm		8	10	15	20	25	32	40	50	70	80	100	125	150	175	200	250
相应的管螺纹/in		1/4	3/8	1/2	3/4	1	1¼	1½	2	2½	3	4	5	6	7	8	10
管子净面积 A/cm^2		0.63	1.23	1.95	3.54	5.73	10.04	13.2	22.06	36.31	50.9	88.25	134.78	191.13	265.9	336.5	526.8
油流速度 v/(m/s)，流量 Q/(L/min)	0.2	0.756	1.48	2.34	4.25	6.88	12.05	15.84	26.47	43.57	61.96	105.9	161.74	229.36	319.08	403.8	632.16
	0.3	1.13	2.22	3.52	6.38	10.3	18.1	23.8	39.8	65.4	91.5	159	243	345	477	607	950
	0.5	1.89	3.69	5.85	10.62	18.19	30.12	39.6	66.18	108.93	152.7	264.75	404.34	573.39	191.1	1009.5	1580.4
	0.6	2.27	4.43	7.02	12.74	20.03	36.14	47.52	79.42	130.72	133.24	318.7	485.21	688.07	958.24	1211.4	1896.48
	0.8	3.02	5.9	9.36	17.0	27.5	49.19	63.36	105.59	175.29	244.32	423.6	646.95	918.42	1276.32	1615.2	2527.64
	1.0	3.78	8.38	11.7	21.24	34.38	60.24	79.2	132.36	217.86	305.4	529.5	807.68	1146.78	1595.4	2013.0	3160.8
	1.25	4.72	9.22	14.62	26.55	42.98	75.3	99.0	165.45	212.32	381.75	661.87	1107.5	1433.47	1994.25	2523.75	3951.0
	1.5	5.67	10.07	17.55	31.86	51.57	90.36	118.8	197.54	326.79	458.1	794.25	1213.02	1720.17	2393.1	3027.5	4741.2
	1.75	6.61	12.92	20.47	38.17	60.17	105.42	138.6	231.6	381.26	534.45	926.62	1415.19	2016.86	2791.95	3533.25	5531.4
	2.0	7.56	14.76	23.4	42.48	68.76	120.48	158.4	264.72	435.72	610.8	1059.0	1518.36	2293.56	3190.5	4038.0	6321.6
	2.25	7.5	16.6	26.32	48.79	78.28	135.52	178.2	297.81	490.19	688.15	1191.36	1819.93	2580.25	3589.6	4542.75	7111.8
	2.5	9.45	18.45	29.25	53.1	85.95	150.6	198.0	331.9	544.59	763.5	1323.7	2021.7	2866.5	3987.5	5047.5	7902.0
	2.75	10.39	20.3	32.17	58.41	94.55	165.12	217.8	365.0	599.11	839.85	1456.12	2223.8	3153.6	4388.3	5532.2	8682.2
	3.0	11.34	22.14	35.1	63.72	103.14	180.72	237.6	397.06	653.56	916.2	1587.5	2426.04	3440.3	4786.2	6097.0	9482.4

1）测温装置。在油箱、润滑泵出口、冷却器的进口与出口、重要的轴承等部件处安装测温装置及显示、控制装置，如水银温度计、热电偶及接触温度计等，可以及时看到这些部位的温度变化。这些测温装置还可以和自动报警装置联合使用，在温度不正常时自动报警或使设备停止运转，也可开动油冷却器及加热器调节润滑系统温度。

2）压力测量装置。在润滑泵出口处，过滤器的进、出口处等部位安装压力计，用以观察压力变化值。必要时还可安装压差报警器，当压差过高时，发出报警信号。

3）油面及流量测量装置。在油箱中装有油标及油面指示器，在管道中安装流量计或流量监控计来观测流量常用浮子式油面指示器控制油面高低及报警。表 8-38 为现行润滑系统及装置标准目录。表 8-39~表 8-44 为有关油标、给油指示器及油流信号器标准。

表 8-38 润滑系统及装置标准目录

标准编号	标准名称	标准编号	标准名称
GB/T 6576—2002	机床润滑系统	JB/T 2302—1999	双筒网式过滤器 型式、参数与尺寸
JB/T 3711.1—2017	集中润滑系统 第 1 部分：术语和分类	JB/T 2304—2018	电动润滑泵装置型式、参数与尺寸(20MPa)
JB/T 3711.2—2017	集中润滑系统 第 2 部分：图形符号	JB/T 2306—1918	单线干油泵及装置 型式、参数与尺寸
JB/T 3711.3—2017	集中润滑系统 第 3 部分：技术量和单位	JB/T 8376—1996	定流向摆线转子润滑泵
JB/T 4121—1993	润滑元件及装置型号编制方法	JB/T 8462—2016	双线分配器(40MPa)
JB/T 7451—2007	静压支承润滑系统供油装置 技术条件	JB/T 8463—2017	润滑系统 二位四通换向阀(40MPa)
JB/T 7452—2007	数控机床润滑系统供油装置 技术条件	JB/T 8464—1996	递进分配器 16MPa
JB/T 7943.1—2017	润滑系统及元件 第 1 部分：基本参数	JB/T 8465—1996	压差开关 40MPa
JB/T 7943.2—2017	润滑装置及元件 第 2 部分：检查验收规则	JB/T 7356—2016	列管式油冷却器
JB/T 8072—1999	机床润滑说明书 格式	JB/ZQ 4085—2006	精密过滤机
JB/T 8522—2014	稀油润滑装置 型式、基本参数与尺寸	JB/ZQ 4087—1997	手动润滑泵(7MPa)
JB/T 8651.1—2011	机床润滑系统元件 第 1 部分：手动油脂润滑泵	JB/ZQ 4088—2006	多点干油泵(10MPa)
JB/T 8651.2—2011	机床润滑系统元件 第 2 部分：电动多点油脂润滑泵	JB/ZQ 4089—1997	双线分配器(10MPa)
JB/T 8651.3—2011	机床润滑系统元件 第 3 部分：微型电动油脂润滑泵	JB/ZQ 4540—2006	手动加油泵(0.63MPa)
JB/T 8651.4—2011	机床润滑系统元件 第 4 部分：块式递进分配器	JB/ZQ 4543—2006	电动加油泵(1MPa,2.5MPa)
JB/T 8826—1998	磨床动静压支承润滑油箱	JB/ZQ 4550—2006	递进分配器(16MPa)
JB/T 8810.1—2016	油脂润滑泵 第 1 部分：电动润滑泵(40MPa)	JB/ZQ 4557—2006	手动润滑泵(10MPa,20MPa)

（续）

标准编号	标准名称	标准编号	标准名称
JB/T 8810.2—1998	单线润滑泵　31.5MPa	JB/ZQ 4559—2006	电动润滑泵(20MPa)
JB/T 8810.3—2016	油脂润滑泵 第 3 部分:多点润滑泵(31.5MPa)	JB/ZQ 4560—2006	双线分配器(20MPa)
JB/T 8811.1—1998	电动加油泵　4MPa	JB/ZQ 4561—2006	递进分配器(20MPa)
JB/T 8811.2—1998	手动加油泵　2.5MPa	JB/ZQ 4562—2006	压力操纵阀(20MPa)
JB/T 2301—1999	润滑设备斜齿轮油泵与装置 型式、参数与尺寸	JB/ZQ 4563—2006	电磁换向阀(20MPa)
JB/ZQ 4564—2006	压力控制阀(20MPa)	JB/ZQ 4592—2006	双筒网式磁芯过滤器
JB/ZQ 4565—2006	液压换向阀(20MPa)	JB/ZQ 4593—2006	板式油冷却器
JB/ZQ 4566—2006	喷射阀(10MPa)	JB/ZQ 4594—2006	安全阀(0.8MPa)
JB/ZQ 4567—2006	链条自动润滑装置	JB/ZQ 4595—2006	单向阀
JB/ZQ 4733—2006	链条喷射润滑装置	JB/ZQ 4596—1997	油流信号器
JB/ZQ 4710—2006	油雾润滑装置	JB/ZQ 4597—2006	给油指示器
JB/ZQ 4711—2006	油气润滑装置	JB/ZQ 4598—2006	净油机
JB/ZQ 4732—2006	油气喷射润滑装置	JB/ZQ 4599—2006	电加热器
JB/ZQ 4738—2006	油气润滑装置	JB/ZQ 4601—2006	平床过滤机
JB/ZQ 4749—2006	油气分配器	JB/ZQ 4701—2006	双列式电动润滑脂泵(31.5MPa)
JB/ZQ 4147—2006	稀油润滑装置(0.4MPa)	JB/ZQ 4702—2006	干油过滤器(40MPa)
JB/ZQ 4569—1997	管接头(20MPa)	JB/ZQ 4703—2006	递进分配器(40MPa)
JB/ZQ 4555—2006	过压指示器(16MPa)	JB/ZQ 4704—2006	双线分配器(40MPa)
JB/ZQ 4587—2006	油箱	JB/ZQ 4705—2006	悬挂输送机自动润滑装置
JB/ZQ 4588—2006	人字齿轮油泵及装置	JB/ZQ 4706—2006	喷油泵装置(10MPa)
JB/ZQ 4589—2006	齿轮油泵	JB/ZQ 4707—2006	油气混合器
JB/ZQ 4590—2006	卧式齿轮油泵及装置	JB/ZQ 4708—2006	积水报警器
JB/ZQ 4591—2006	斜齿轮油泵及装置		

表 8-39　压配式圆形油标（摘自 JB/T 7941.1—1995）　（单位：mm）

A型　油位线　≥8　D　d　d_1　d_3　H

B型　油位线　≥8　D　d　d_1　d_2　d_3　H　H_1

d	D	d_1 公称尺寸	d_1 极限偏差	d_2 公称尺寸	d_2 极限偏差	d_3 公称尺寸	d_3 极限偏差	H	H_1	O形橡胶密封圈(GB/T 3452.1)
12	22	12	-0.050 -0.160	17	-0.050 -0.160	20	-0.065 -0.195	14	16	15×2.65
16	27	18		22	-0.065 -0.195	25				20×2.65
20	34	22	-0.065 -0.195	28		32	-0.080 -0.240	16	18	25×3.55
25	40	28		34	-0.080 -0.240	38				31.5×3.55
32	43	35	-0.080 -0.240	41		45		18	20	38.7×3.55
40	58	45		51		55				48.7×3.55
50	70	55	-0.100 -0.290	61	-0.100 -0.200	65	-0.100 -0.290	22	24	—
63	85	70		76		30				

标记示例：

视孔 $d=32$，A 型压配式圆形油标标记为：

油标 A32 JB/T 7941.1

注：1. 与 d_1 相配合的孔极限偏差按 H11。

2. A 型用 O 形橡胶密封圈沟槽尺寸按 GB/T 3452.3 的规定，B 型用 O 形橡胶密封圈由制造厂设计选用。

表 8-40 旋入式圆形油标（摘自 JB/T 7941.2—1995） （单位：mm）

A型指示油位

B型
观察油位

d	d_0	D 公称尺寸	D 极限偏差	d_1 公称尺寸	d_1 极限偏差	S	H	H_1	h
10	M16×1.5	22	−0.065 −0.195	12	−0.050 −0.160	21	15	22	8
20	M27×1.5	36	−0.080 −0.240	22	−0.065 −0.195	32	18	30	10
32	M42×1.5	52	−0.100 −0.290	35	−0.080 −0.240	46	22	40	12
50	M60×2	72		55	−0.100 −0.290	65	26	—	14

标记示例：
视孔 $d=32$，A 型旋入式圆形油标标记为：
油标 A32 JB/T 7941.2

表 8-41 长形油标（摘自 JB/T 7941.3—1995） （单位：mm）

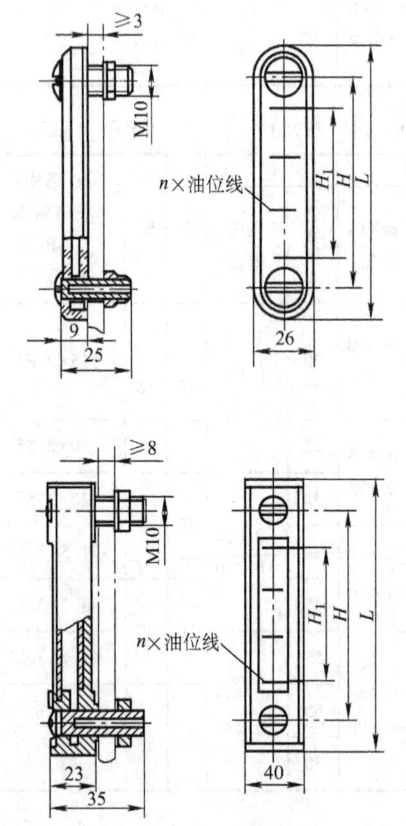

H 公称尺寸 A型	H 公称尺寸 B型	H 极限偏差	H_1 A型	H_1 B型	L A型	L BM	n（条数）A型	n（条数）B型	O型橡胶密封圈（GB/T 3452.1）	六角螺母（GB/T 6172）	弹性垫圈（GB/T 861）
80		±0.17	40		110		2		10×2.65	M10	10
100	—		60	—	130	—	3	—			
125	—	±0.20	80	—	155	—	4	—			
160			120		190		6				
—	250	±0.23	—	210	—	280	—	8			

说明：O 形橡胶密封圈沟槽尺寸按 GB/T 3452.3 的规定

标记示例：
$H=80$，A 型长形油标标记为：
油标 A80 JB/T 7941.3

表 8-42　管状油标（摘自 JB/T 7941.4—1995）　　（单位：mm）

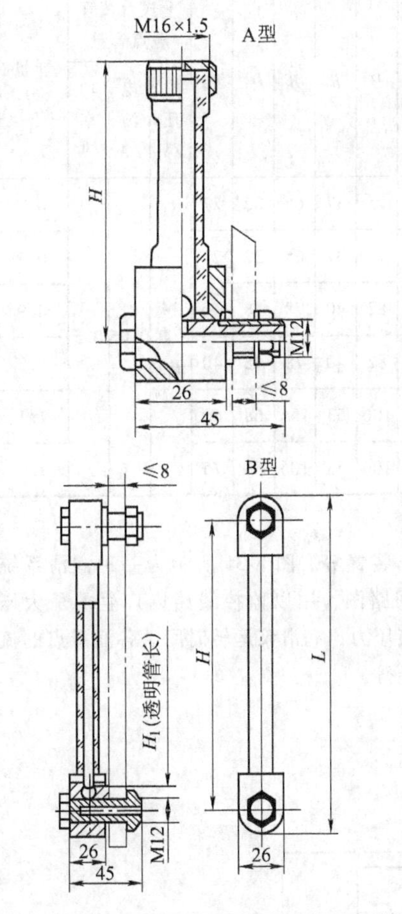

型式	H	O 形橡胶密封圈（按 GB/T 3452.1）	六角薄螺母（按 GB/T 6172）	弹性垫圈（按 GB/T 861）
A 型	80、100、125、160、200	11.8×2.65	M12	12

型式	H 公称尺寸	H 极限偏差	H_1	L	O 形橡胶密封圈（按 GB/T 3452.1）	六角薄螺母（按 GB/T 6172）	弹性垫圈（按 GB/T 861）	标记示例
B 型	200	±0.23	175	226	11.8×2.65	M12	12	标记示例：$H=200$，A 型管状油标标记为：油标 A200 JB/T 7941.4
	250	±0.23	225	276	11.8×2.65	M12	12	
	320	±0.26	295	346	11.8×2.65	M12	12	
	400	±0.28	375	426	11.8×2.65	M12	12	
	500	±0.35	475	526	11.8×2.65	M12	12	
	630	±0.35	605	656	11.8×2.65	M12	12	
	800	±0.40	775	826	11.8×2.65	M12	12	
	1000	±0.45	975	1026	11.8×2.65	M12	12	

表 8-43　GZQ 型给油指示器（摘自 JB/ZQ 4598—2006）　　（单位：mm）

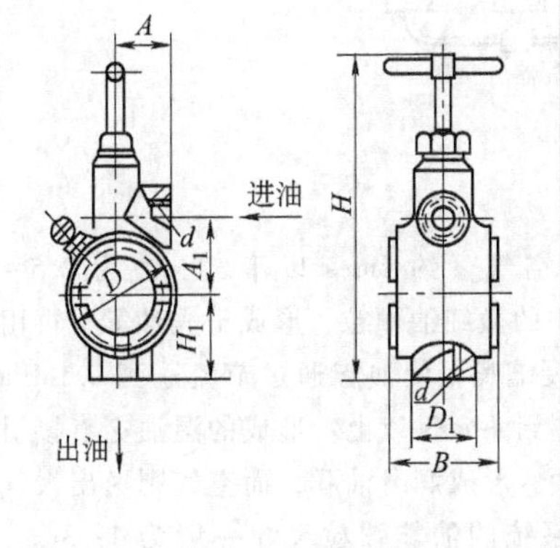

型号	公称通径 DN	公称压力/MPa	d	D	B	A_1	A	H	H_1	D_1	质量/kg
GZQ-10	10	0.63	G⅜	65	58	35	32	142	45	32	1.4
GZQ-15	15	0.63	G½	65	58	35	32	142	45	32	1.4
GZQ-20	20	0.63	G¾	80	60	28	30	150	60	41	2.2
GZQ-25	25	0.63	G1	80	60	28	38	150	60	41	2.2

生产厂：太原矿山机器厂润滑分厂、西安润滑设备厂、上海润滑设备厂、沈阳市润滑设备厂。

表 8-44 YXQ 型油流信号器（摘自 JB/ZQ 4596—1997） （单位：mm）

型号	公称通径 DN	公称压力 /MPa	连接螺纹 d	L	D	H	h	B	D_1	S	千式舌簧管触点容量			质量 /kg
											电压 /V	电流 /A	功率 /W	
YXQ-10	10	0.4	G$\frac{3}{8}$	100	70	75	37	65	32	27	12（直流）	0.05	0.5	0.7
YXQ-15	15		G$\frac{1}{2}$	100	70	75	37	65	32	27				0.7
YXQ-20	20		G$\frac{3}{4}$	120	82	82	40	78	48	40				0.9
YXQ-25	25		G1	120	82	82	40	78	48	40				0.9
YXQ-40	40		G1$\frac{1}{2}$	150	110	106	53	106	68	60				1.1
YXQ-50	50		G2	150	110	106	53	106	68	75				1.2

生产厂：沈阳市润滑设备厂。

在集中润滑系统的控制系统中一般需考虑到润滑循环时间和给油时间的调整，以及当润滑剂供应不足或过量和润滑泵过载时的显示及控制等。当发生故障时，应开动备用润滑泵，打开辅助给油管路及调节装置或紧急停车装置等。图 8-31 所示为一种润滑系统的监控装置回路图，用以监控线路内产生的最大压力、最小溢流压力、润滑泵运转时间、各润滑点的流量及油箱油面等。

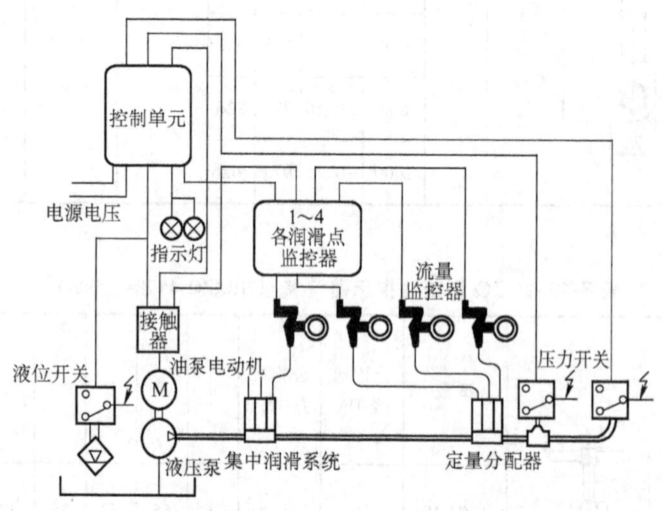

图 8-31 润滑系统监控回路图

8.5 油雾润滑及油气润滑系统的设计

8.5.1 概述

油雾是指在高速空气喷射流中悬浮的油颗粒。油雾润滑系统（见图 8-32）是将由压缩空气管线引来的干燥压缩空气通入油雾发生器，利用文氏（Venturi）管或涡旋效应，借助压缩空气载体将润滑油雾化成悬浮在高速空气（约 6m/s 以下，压力为 2.5～5kPa）喷射流中的微细油颗粒，形成干燥油雾，再用润滑点附近的凝缩嘴，使油雾通过节流达到 0.1MPa 压力，速度提离到 40m/s 以上。形成的湿油雾直接引向各润滑点表面，形成润滑油膜，而空气则逸出大气中。油雾润滑系统的油雾颗粒尺寸一般为 1～3μm，空气管线压力为 0.3～0.5MPa，输送距离一般不超过 30m。图 8-33 所示为一种齿轮油雾润滑示意图。

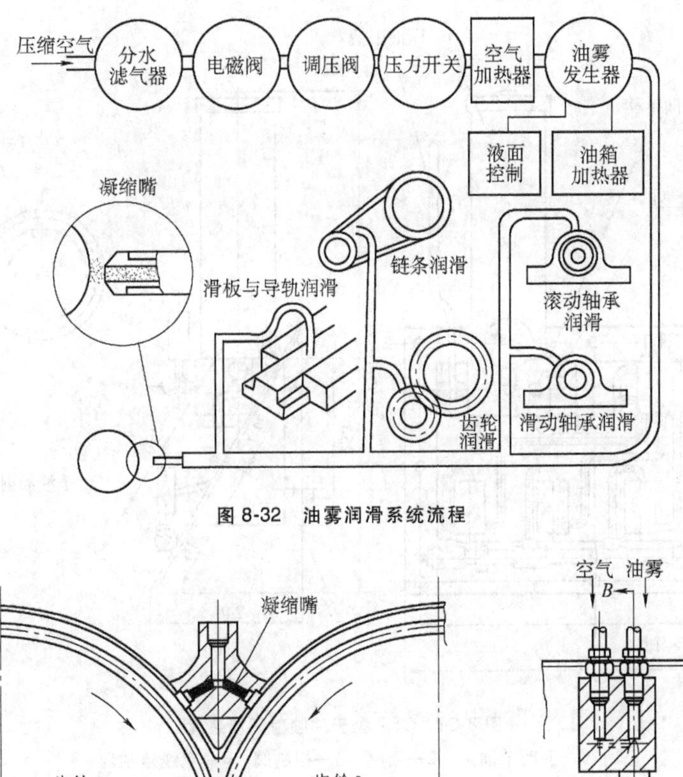

图 8-32　油雾润滑系统流程

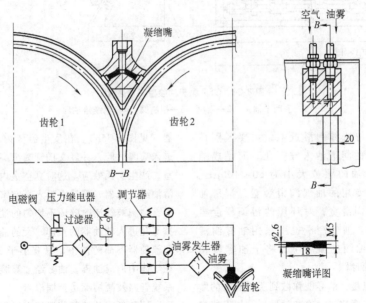

图 8-33　一种齿轮油雾润滑示意图（分度圆圆周速度 2.3m/s）

使用润滑脂为润滑介质的油雾润滑系统通常称为干油喷射脂润滑系统。这种润滑系统以压缩空气为喷射动力源，使用特别设计的喷嘴，每次将定量喷射的雾状润滑脂喷涂在润滑点中，起润滑作用。图 8-34 所示为干油喷射润滑装置的结构。表 8-45 为常用干油喷射润滑装置基本参数。

表 8-45　干油喷射润滑装置基本参数

型号	喷射嘴数量	空气压力/MPa	给油器每循环给脂量/mL	喷射带尺寸（长×宽）	*L*	*l*	质量/kg
				mm			
GSZ-2	2	0.45～0.6	1.5～5	200×65	520	240	40
GSZ-3	3			320×65	560	260	52
GSZ-4	4			450×65	600	280	55
GSZ-5	5			580×65	730	345	60

注：标记示例：

空气压力为 0.45～0.6MPa，喷射嘴为 3 个的干油喷射润滑装置标记为：

GSZ-3 喷射润滑装置 JB/ZQ 4539—1997

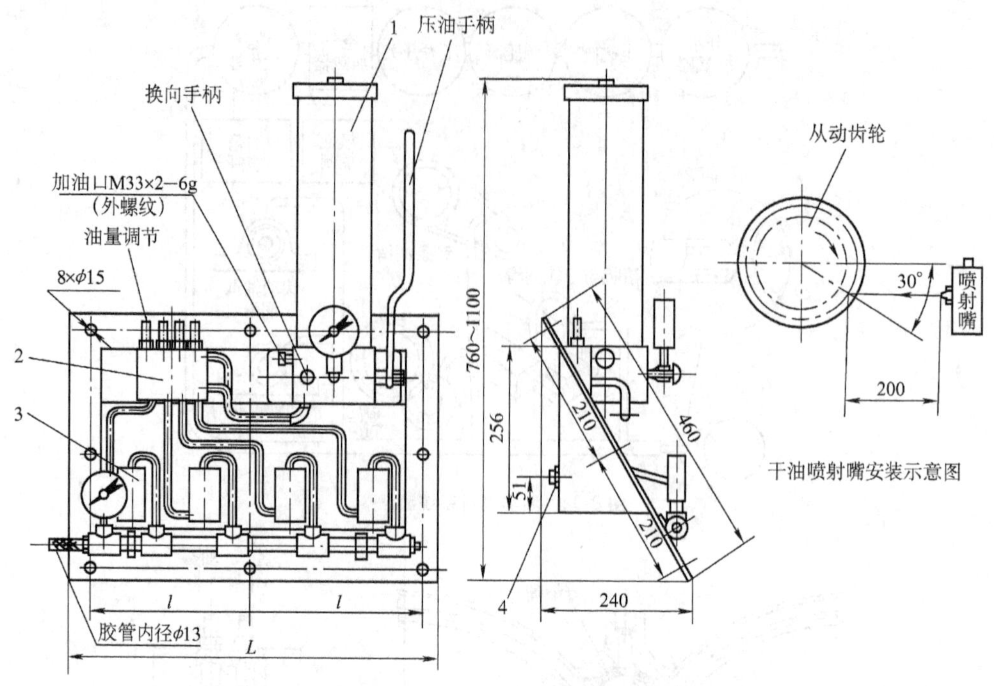

图 8-34　GSZ 型干油喷射润滑装置

1—手动干油站　2—喷嘴　3—控制阀　4—双线给油器

油气润滑原理与油雾润滑近似，主要区别在于油气润滑系统中的润滑油未被雾化，而是成油滴状进入润滑点，油的颗粒大小为 50 ~ 100μm。油气润滑一般使用专用的油气润滑装置，润滑油的黏度范围较油雾润滑宽，对环境的污染程度要比油雾润滑低得多。油气润滑也可采用油雾润滑系统，使用可产生油滴的凝缩嘴，将干油雾转化成润滑油滴，进行润滑。

油雾润滑的优点是：油雾能弥散到所需润滑的摩擦表面；很容易带走摩擦热，冷却效果好，从而能降低摩擦副的工作温度，提高轴承等的极限转数，延长使用寿命；由于油雾具有一定压力，避免了外界的杂质、尘屑、水分等侵入。油雾润滑的缺点是：排出的空气中含有悬浮油微粒，污染环境，对操作人员健康不利，需增设排雾通风装置及防护罩；需具备压缩空气源；冬季气温低时或昼夜温差大时，会影响所供油雾的稳定性和效率。

8.5.2　油雾润滑装置工作原理及结构组成

油雾润滑装置工作原理如图 8-35a 所示，当电磁阀 5 通电接通后，压缩空气经分水滤气器 2 过滤，进入调压阀 3 减压，使压力达到工作压力。经减压后的压缩空气，经电磁阀 5、空气加热器 7 进入油雾发生器（见图 8-35b）。在发生器体内，沿喷嘴的进气孔进入喷嘴内腔，并经文氏管喷出高速气流，进入雾化室，产生文氏效应。这时真空室内产生负压，并使润滑油经过滤器、喷油管吸入真空室，然后滴入文氏管中，油滴被气流喷碎成不均匀的油粒，再从喷雾罩的排雾孔进入储油器的上部，大的油粒在重力作用下落回储油器下部的油中，只有小于 3μm 的微小油粒留在气体中形成油雾，油雾经油雾装置出口排出，通过系统管路及凝缩嘴送至润滑点。

这种形式的油雾装置配有空气加热器，使油雾浓度大大提高，在空气压力过低、油雾压力过高的故障状态下可进行声光报警。

在油雾的形成、输送、凝缩、润滑过程中的较佳参数如下：油雾颗粒的直径一般为 1 ~ 3μm；空气管线压力为 0.3 ~ 0.5MPa；油雾浓度（在标准状况下，每立方米油雾中的含油量）为 3 ~ 12g/m^3；油雾在管道中的输送速度为 5 ~ 7m/s；输送距离一般不超过 30m；凝缩嘴根据摩擦副的不同，与摩擦副保持 5 ~ 25mm 的距离。

油雾润滑系统由油雾润滑装置、系统管道、凝缩嘴三部分组成，如图 8-36 所示。表 8-46 所示为常用的 WHZ4 系列油雾润滑装置（JB/ZQ 4710—2006）的基本参数和外形尺寸。

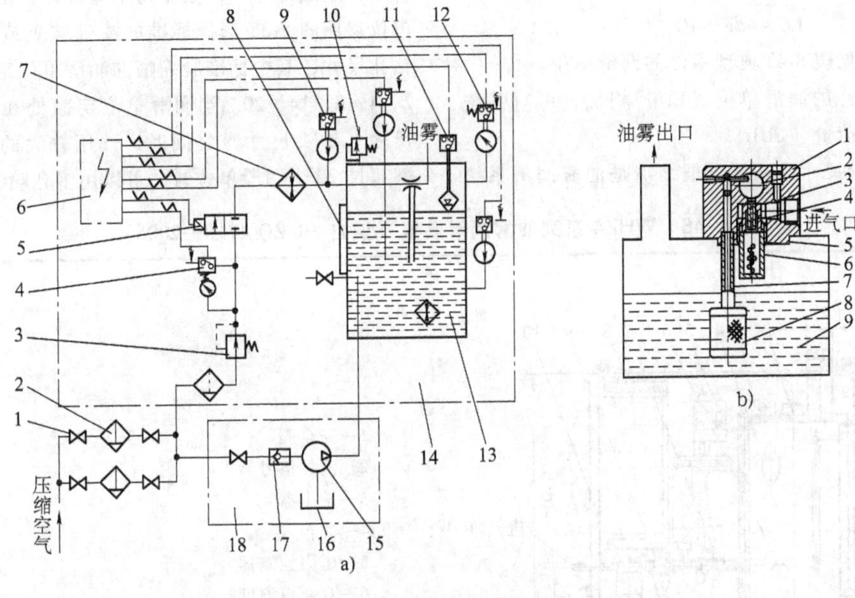

图 8-35　油雾润滑装置系统

a）油雾润滑装置工作原理

1—阀　2—分水滤气器　3—调压阀　4—气压控制器　5—电磁阀　6—电控箱　7—空气加热器　8—油位计　9—温度控制器　10—安全阀　11—油位控制器　12—雾压控制器　13—油加热器　14—油雾润滑装置　15—加油泵　16—储油器　17—单向阀　18—加油系统

b）油雾发生器的结构及原理

1—油雾发生器体　2—真空室　3—喷嘴　4—文氏管　5—雾化室　6—喷雾罩　7—喷油管　8—过滤器　9—储油器

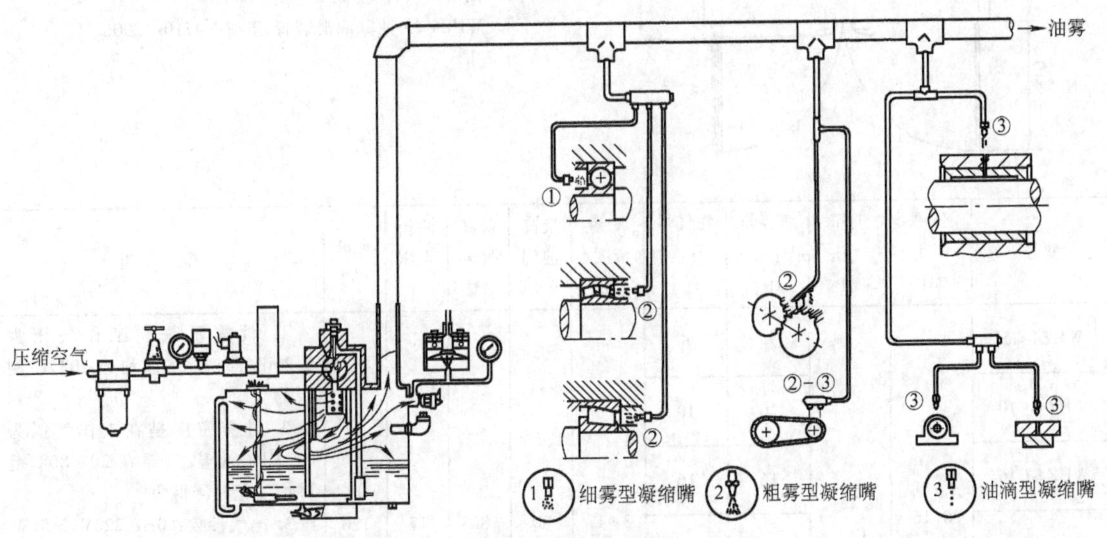

图 8-36　油雾润滑系统

另一种类型油雾润滑系统是在气动系统中直接连接三件组合式油雾润滑装置，如图 8-37 所示。

8.5.3　油雾润滑系统的设计

油雾润滑系统的设计，包括计算各润滑点所需的油雾量，选择凝缩嘴、管道尺寸、润滑油以及油雾润滑装置，现分述如下：

1）计算各润滑点所需的油雾量。现在常用计算各机械零件所需油雾量的“润滑单位”之和来计算整个系统所需油雾量。例如滚动轴承的润滑单位可用下式求出：

$$LU=4dKi\times10^{-2}$$

式中有关符号见表 8-47 典型零件的润滑单位。

把所有零件的润滑单位（LU）相加，可得系统总润滑单位载荷量（LUL）。

2）凝缩嘴尺寸的选择。凝缩嘴是油雾润滑系统的重要组成部分。可根据每个零件计算出的定额润滑单位参照图 8-38 选择标准的喷嘴装置或适当的喷嘴钻孔尺寸，其中标准凝缩嘴的润滑单位定额 LU 有 1、2、4、8、14、20。当润滑单位定额处在两标准钻孔尺寸（钻头尺寸）之间时，选用较大的尺寸。当定额超过 20 个润滑单位时，可以用多孔喷嘴。

表 8-46 WHZ4 系列油雾润滑装置（摘自 JB/ZQ 4710—2006）

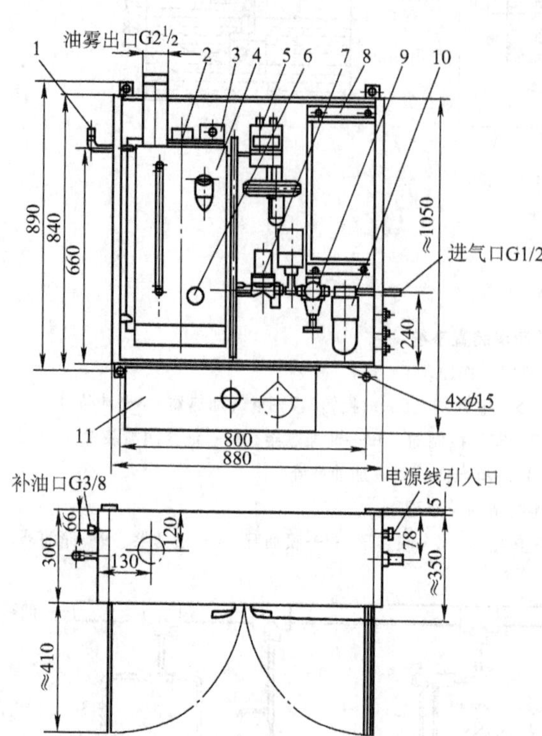

1—安全阀
2—液位信号器
3—发生器
4—油箱
5—压力控制器
6—双金属温度计
7—电磁阀
8—电控箱
9—调压阀
10—分水滤气器
11—空气加热器

标记示例：

工作气压为 0.25~0.50MPa，油雾量为 $25m^3/h$ 的油雾润滑装置标记为：

WHZ4-25 油雾润滑装置 JB/ZQ 4710—2006

型号	公称压力/MPa	工作气压/MPa	油雾量/(m^3/h)	耗气量/(m^3/h)	油雾密度/(g/m^3)	最高油温/℃	最高气温/℃	油箱容积/L	质量/kg	说明
WHZ4-C6	0.16	0.25~0.5	6	6	3~12	80	80	17	120	1. 油雾量是在工作气压为 0.3MPa，油温、气温均为 20℃ 时测得的 2. 油雾密度是在工作气压为 0.3MPa，油温、气温在 20~80℃ 范围内变化时测得的 3. 电气参数：50Hz，220V，2.5kW 4. 适用介质为黏度值 22~1000mm^2/s 的润滑油 5. 过滤精度不低于 20μm 6. 本装置在空气压力过低、油雾压力过高的故障状态时进行声光报警
WHZ4-C10			10	10						
WHZ4-C16			16	16						
WHZ4-C25			25	25						
WHZ4-C40			40	40						
WHZ4-C63			63	63						

生产厂：启东江海液压润滑设备厂、太原矿山机器润滑液压设备有限公司。

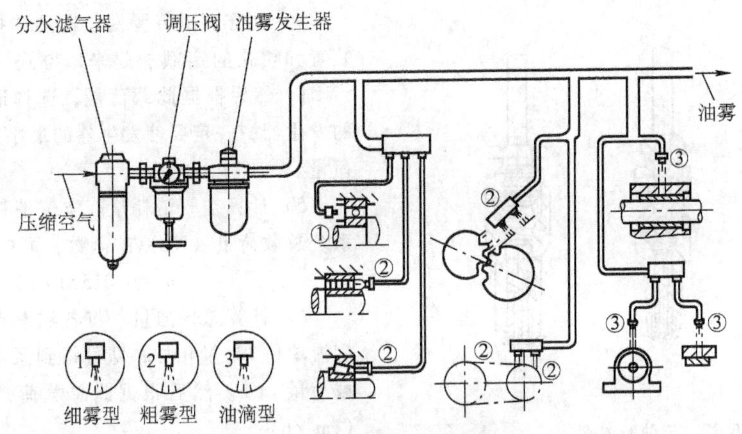

图 8-37　一种油雾润滑装置

表 8-47　典型零件的润滑单位

零件名称	计算公式	零件名称	计算公式	说　明
滚动轴承	$4dKi\times10^{-2}$	齿轮-齿条	$12d'_1b\times10^{-4}$	1. 如齿轮反向转动，按表中公式计算后加倍 2. 如齿轮副的齿数比大于 2，就取 $d'_2=2d'_1$ 3. 如链传动 $n<3\text{r/s}$，则取 $n=3\text{r/s}$
滚珠丝杠	$4d'[(i-1)+10]\times10^{-3}$	凸轮	$2Db\times10^{-4}$	
径向滑动轴承	$2dbK\times10^{-4}$	滑板-导轨	$8lb\times10^{-5}$	
齿轮系	$4b(d'_1+d'_2+\cdots+d'_n)\times10^{-4}$	滚子链	$d'pin^{1.5}\times10^{-5}$	
齿轮副	$4b(d'_1+d'_2)\times10^{-4}$	齿形链	$5d'bn^{1.5}\times10^{-5}$	
蜗轮蜗杆副	$4(d'_1b_1+d'_2b_2)\times10^{-4}$	输送链	$5b(25L+d')\times10^{-4}$	
式中符号意义	i—滚珠、滚子排数或链条排数；d—轴径(mm)；D—凸轮最大直径(mm)；n—转速(r/s)；d'—齿轮、链轮、滚珠丝杠的节圆直径(mm)；b—径向滑动轴承、齿轮、蜗轮、凸轮、链条或滑板支承宽度(mm)；l—滑板支承宽度(mm)；L—链条长度(mm)；p—链条节距(mm)；K—载荷系数，由轴承类型及预荷程度而定，参看表 8-48；F—轴承载荷(N)			

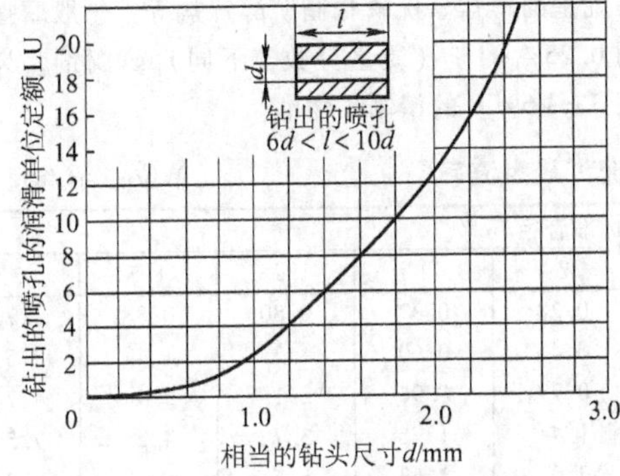

图 8-38　钻头尺寸和喷孔的润滑单位定额的关系

表 8-48　载荷系数 K

轴承类型		球轴承	螺旋滚子轴承	滚针轴承	短圆柱滚子轴承	调心滚子轴承	圆锥滚子轴承	径向滑动轴承
未加预荷		1	3	1	1	2	1	
已加预荷		2	3	3	3	2	3	
$\frac{F}{bd}$/MPa	<0.7							1
	0.7~1.5							2
	1.5~3.0							4
	3.0~3.5							8

单个凝缩嘴所能润滑的最大零件尺寸参看表 8-49。当零件尺寸超出表 8-49 中的极限尺寸时，或对于齿轮系或反向齿轮，可用多个较低润滑单位定额的凝缩嘴，凝缩嘴间保持适当的距离和尺寸。凝缩嘴的结构有油雾型、喷淋型及凝结型等，以适应不同的润滑要求。其中油雾型凝缩嘴具有较短的发射孔，使空气通过时产生最少涡流，因而能保持均匀的雾状，适用于要求散热好的高速齿轮、链条、滚动轴承等的润滑（见图 8-39a）。喷淋型凝缩嘴则具有较长的小孔，能使空气有较小的涡流，适用于中速零件的润滑（见图 8-39b）。凝结型凝缩嘴则应用挡板在油气流中增加涡流，使油雾互相冲撞，凝聚成为较大的油粒，更多地滴落和附着在摩擦表面，适用于低速的滑动轴承和导轨（见图 8-39c）。

3）管道尺寸的选择。在确定了凝缩嘴尺寸以后，即可将每段管道上实际凝缩嘴的定额润滑单位之和作为配管载荷，按表 8-50 选用相应尺寸的管子。

表 8-49　一个凝缩嘴能润滑的最大零件尺寸

零件名称	支承面宽度	轴承	链	其他零件
极限尺寸/mm	150	$B=150$	$b=12$	$b=50$

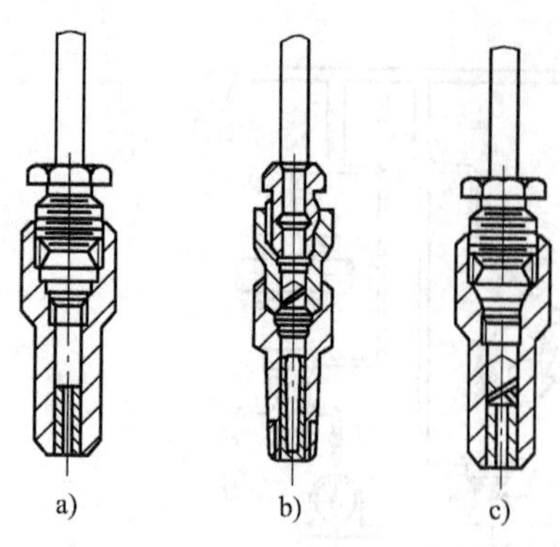

图 8-39　三种凝缩嘴

a）油雾型　b）喷淋型　c）凝结型

表 8-50　管子尺寸　（单位：mm）

凝缩嘴载荷量（以润滑单位计）		10	15	30	50	75	100	200	300	500	650	1000
管径	铜管（外径）	6	8	10	12	16	20	25	30	40	50	62
	钢管（内径）	—	6	8	10	—	15	20	25	32	40	50

注：铜管按 GB/T 1527—2017 和 GB/T 1528—1997，钢管按 GB/T 3091—2015。

若油雾润滑装置的工作压力和需用风量已知，则可由表 8-51 查得应用的管子规格。

4）油雾润滑装置发生器的选择。将所有凝缩嘴装置和喷孔的定额加起来，得到总的凝缩嘴载荷量（NL），然后根据此载荷量，选择适于润滑单位定额的发生器，一定要使发生器的最小定额小于凝缩嘴载荷量。

5）计算空气消耗量。空气消耗量 q_r（m^3/s）是系统总载荷量（NL）的函数，可按下式计算：

$$q_r = 0.015NL \times 10^{-3}$$

6）计算总耗油量。将各润滑点选定的凝缩嘴的润滑单位 LU 量相加，即可得到系统的总的润滑单位载荷量 LUL。然后根据此总载荷量算出总耗油量 Q（cm^3/h）：

$$Q = 0.25LUL$$

选用相应的油雾润滑装置，使其油雾发生能力大于或等于系统总耗油量。

7）油雾发生器的选择。将所有凝缩嘴装置和喷孔的定额润滑单位相加，得到总的凝缩嘴载荷量（NL），然后根据此载荷量，选择适合润滑单位定额的发生器，而且一定要使发生器的最小定额小于凝缩嘴的载荷量。

8）润滑油的选择。油雾润滑使用的润滑油，一般选用掺加部分抗泡剂（每吨油要加入 5～10g 的二甲基硅油作为抗泡剂，硅油加入前应用 9 倍的煤油稀释）和防腐剂［二烷基二硫代磷酸锌、硫酸烯烃钙盐、烷基酚锌盐、硫磷化脂肪醇锌盐等，一般摩擦副使用 0.25%～1%（质量分数，下同）防腐剂，齿轮使用 3%～5%］的精制矿物油。

表 8-51　通过标准管子的允许最大流率　（单位：m^3/s）

压力/MPa	公称标准管径/in①								
	1/8	1/4	3/8	1/2	3/4	1	1.25	1.5	2
0.03	0.02	0.045	0.10	0.147	0.28	0.37	0.80	0.88	1.73
0.07	0.031	0.07	0.16	0.22	0.45	0.60	1.25	1.42	2.5
0.14	0.054	0.125	0.22	0.36	0.77	0.96	2.1	2.4	4.7
0.27	0.10	0.224	0.50	0.68	1.4	1.75	3.7	4.2	7.5
0.4	0.14	0.33	0.75	0.97	2.0	2.63	5.5	6.4	12.2
0.5	0.19	0.43	0.96	1.28	2.6	3.4	8.2	8.2	16.0
0.65	0.23	0.54	1.2	1.52	3.2	4.25	9.1	10.3	20.0
1.0	0.36	0.80	1.75	2.26	4.8	6.2	13.4	15	30.0
1.3	0.47	1.05	2.38	3.1	6.4	8.4	17.6	20	35.5
1.7	0.60	1.21	3.0	3.75	8.0	10.5	22.7	25	48.0

注：本表的数据系基于下列标准而来：

每 10m 管子的压力降 ΔP	应用管径/in①
所加压力的 6.6%	1/8、1/4、3/8
所加压力的 3.3%	1/2、3/4
所加压力的 1.7%	1、1¼
所加压力的 1%	1½、2

① 1in = 2.54cm。

润滑油的黏度可按表 8-52 选取。图 8-40 为润滑油工作温度和润滑油黏度的关系。当黏度值在曲线 A 以上曲线 B 以下时，需将油加热；在曲线 B 以上时，空气、油均需加热；在曲线 A 以下时，空气、油均不需加热。

表 8-52　油雾润滑用油黏度选用表

润滑油黏度 (40℃)/ (mm^2/s)	润滑部位类别
20~100	高速轻负荷滚动轴承
100~200	中等负荷滚动轴承
150~330	较高负荷滚动轴承
330~520	高负荷的大型滚动轴承，冷轧机轧辊辊颈轴承
440~520	热轧机轧辊辊颈轴承
440~650	低速重载滚子轴承，联轴器，滑板等
650~1300	连续运转的低速高负荷大齿轮及蜗杆传动

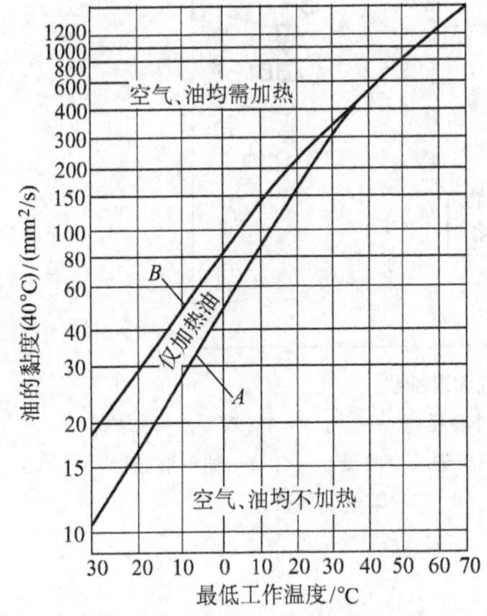

图 8-40　润滑油工作温度和黏度的关系

8.5.4　油气润滑装置工作原理及结构组成

油气润滑与油雾润滑都属气液两相流体冷却润滑技术，但在油气润滑中，油未被雾化，润滑油以与压缩空气分离的极精细油滴连续喷射到润滑点，用油量比油雾润滑大大减少，而且润滑油不像油雾润滑那样挥发成油雾，对环境造成污染。对于高黏度的润滑油，也不需加热，输送距离可达 100m 以上，一套油气润滑系统可以向多达 1600 个润滑点供送油气流，连续地供给准确的润滑油量。这种新型润滑技术适用于高温、重载、高速、极低速，以及有冷却水、污物和腐蚀性气体侵入润滑点的工况条件恶劣的场合。如机床高速轴承（$d_n \geqslant 10^6 m \cdot r/min$）、各类黑色和有色金属冷热轧机的工作辊、支承辊轴承，平整机、带钢轧机、连铸机、高速线材轧机和棒材轧机滚动导轨和活套、轧辊轴承和托架、链条、行车轨道、机车轮缘、大型开式齿轮（磨煤机球磨机和回转窑等）、铝板轧机拉伸弯曲矫直机工作辊的工艺润滑等。

图 8-41 所示为一种油气润滑装置的工作原理，压缩空气经电磁阀 1 进入气液泵 2。油由气液泵从油箱 3 中抽出，送至定量柱塞式分配器 5，经单向阀后与压缩空气混合，再经喷嘴 6 喷出。时间继电器 9 用来定时控制电磁阀的动作，压力继电器 4、8 分别用以控制油和气的压力，节流阀 7 用来控制喷出空气的压力。

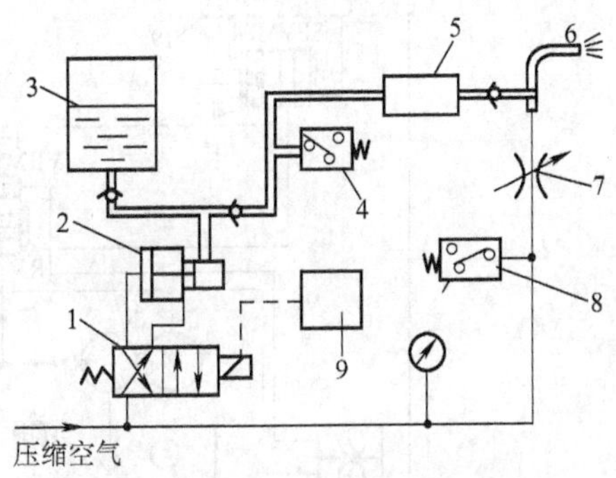

图 8-41　油气润滑装置的工作原理

1—电磁阀　2—气液泵　3—油箱
4、8—压力继电器　5—定量柱塞式分配器
6—喷嘴　7—节流阀　9—时间继电器

此外，新型油气润滑系统还配置有机外程序控制（PLC）装置，控制系统里的最低空气压力、主油管的压力建立、储油器里的油位与间隔时间等。

图 8-42 所示为四重式轧机轴承（均为四列圆锥滚子轴承）的油气润滑系统。其中的关键部件如油气润滑装置、油气分配器和油气混合器等均已形成专业标准。

（1）油气润滑装置（JB/ZQ 4711—2006）　装置由气站、PLC 控制、JPQ2 或 JPQ3 主分配器、喷嘴及系统管路组成，并分为气动式（见图 8-43、图 8-44）和电动式（见图 8-45、图 8-46）两种类型。图 8-47 为 PLC 控制电控柜，表 8-53 为润滑装置的基本参数。

（2）油气分配器（JB/ZQ 4738—2006）　装置分为气动式（见图 8-48、图 8-49）和电动式（见图 8-50、图 8-51）两种。气动式（MS1 型）主要由油箱、润滑油的供给、计量和分配部分、压缩空气处理部分、油气混合和油气流输出部分以及 PLC 控制等组成。电动式（MS2 型）主要由油箱、润滑油的供给、控制和输出部分以及 PLC 控制等部分组成。MS1 型用于 200 个润滑点以下的场合；MS2 型用于 200 个润滑点以上的场合。其基本参数见表 8-54。

（3）油气混合器（JB/ZQ 4707—2006） QHQ 型油气混合器主要由递进分配器和混合器组成，其分配器工作原理如图 8-52 所示。表 8-55 是其基本参数。

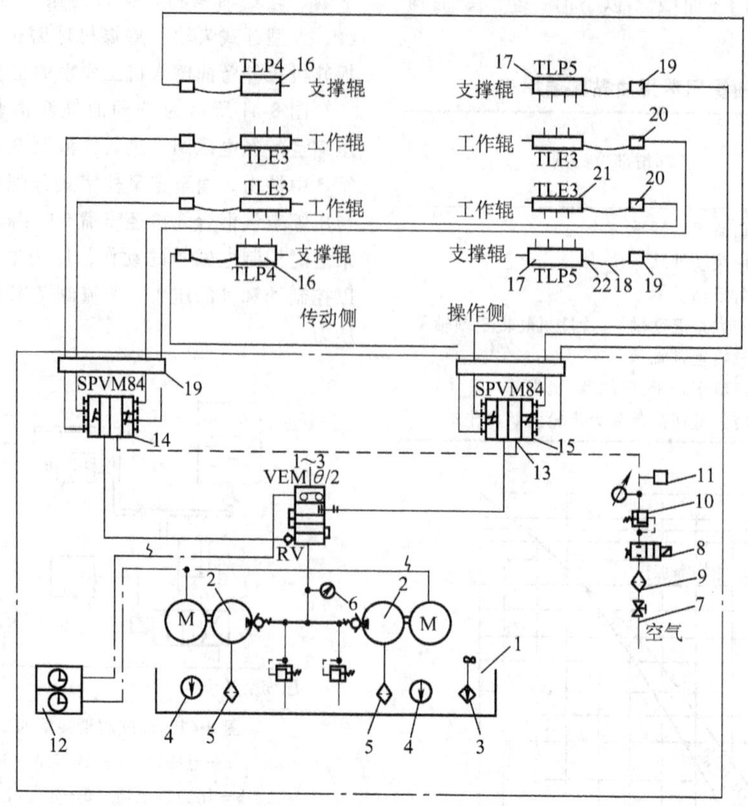

图 8-42 四重式轧机轴承油气润滑系统

1—油箱 2—油泵 3—油位控制器 4—油位镜 5、9—过滤器 6—压力计 7—阀 8—电磁阀 10—减压阀 11—压力监测器 12—电子监控装置 13—步进式给油器 14、15—油气混合器 16、17—油气分配器 18—软管 19、20—阀 21、22—软管接头

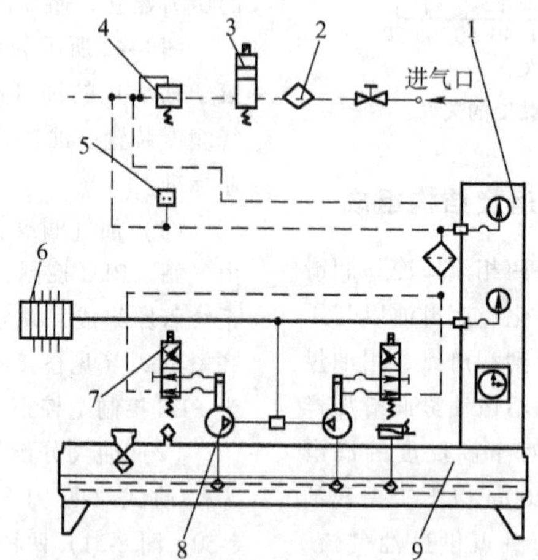

图 8-43 QHZ-C6A 气动式油气润滑装置系统原理

1—电控柜 2—空气过滤器 3—二位二通电磁阀 4—空气减压阀 5—压力控制器 6—分配器 DL 或 DM（中间片数：3~8 片） 7—二位五通电磁阀 8—气动泵 9—油箱

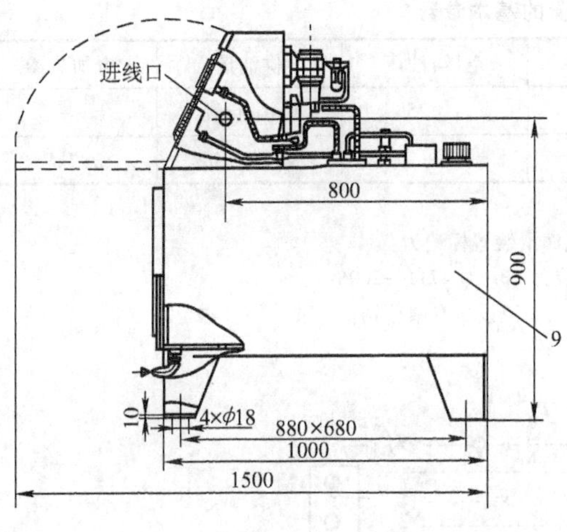

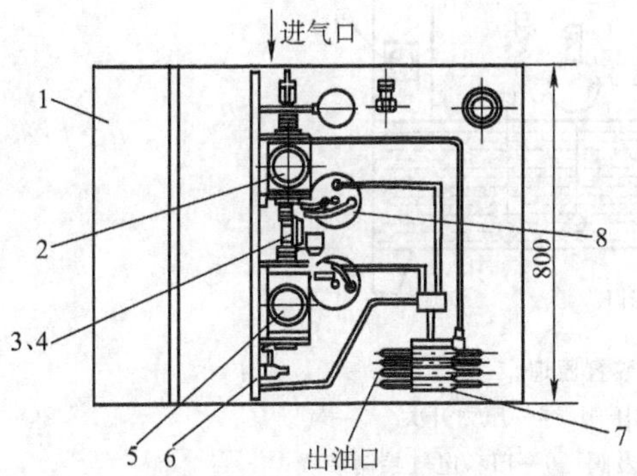

图 8-44　QHZ-C6A 气动式油气润滑装置

1—电控柜　2—空气过滤器　3—二位二通电磁阀
4—二位五通电磁阀　5—空气减压阀　6—压力控制器
7—分配器 DL 或 DM　8—气动泵　9—油箱

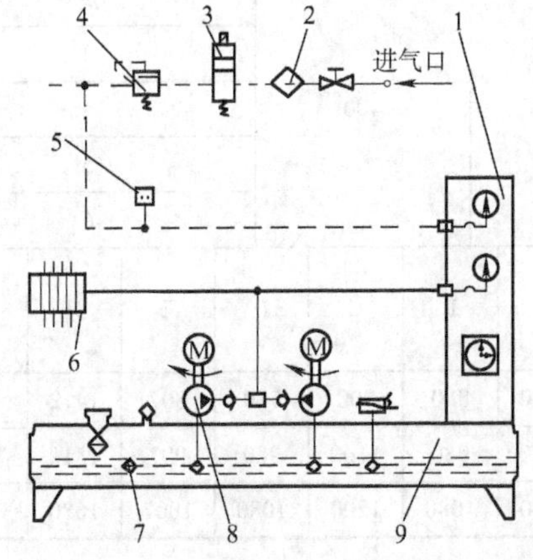

图 8-45　QHZ-C2.1B 电动式油气润滑装置系统原理

1—电控柜　2—空气过滤器　3—二位二通电磁阀
4—空气减压阀　5—压力控制器
6—分配器 DL 或 DM（中间片数：3~8 片）
7—电加热器　8—电动泵　9—油箱

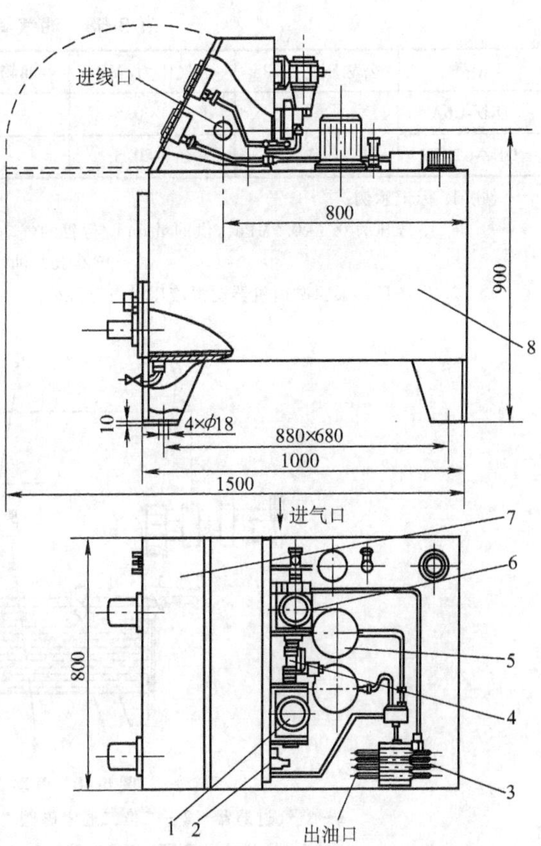

图 8-46　QHZC2.1B 电动式油气润滑装置

1—空气减压阀　2—压力控制器
3—分配器 DL 或 DM（中间片数：3~8 片）　4—电磁阀
5—电动泵　6—空气过滤器　7—电控柜　8—油箱

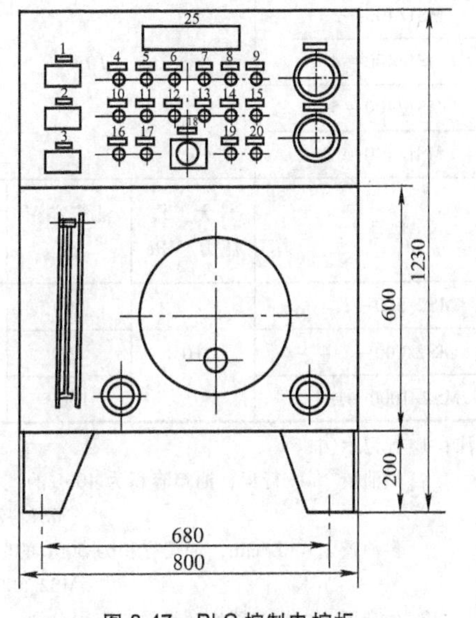

图 8-47　PLC 控制电控柜

表 8-53 油气润滑装置的基本参数

型号	公称压力/MPa	空气压力/MPa	油箱容积/L	空压:油压	供油量	电加热器
QHZ-C6A	10(J)	0.3~0.5	450	1:25	6mL/行程	—
QHZ-C2.1B		0.3~0.5	450	—	2.1L/min	2×3kW

注：1. 标记示例：

空气压力 0.3~0.5MPa，供油量 6mL/行程的气动式油气润滑装置标记为：

QHZ-C6A 油气润滑装置 JB/ZQ 4711—2006

2. 生产厂：太原矿山机器润滑液压设备有限公司、太原宝太润液设备有限公司。

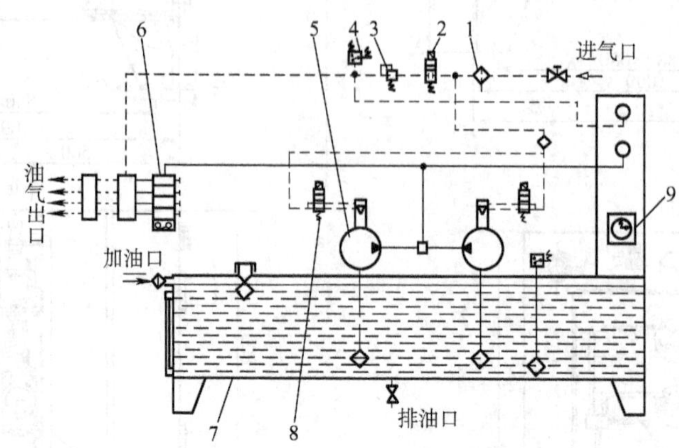

图 8-48 气动式油气润滑装置原理

1—空气过滤器 2—二位二通电磁阀 3—空气减压阀 4—压力开关 5—气动泵 6—递进式分配器 7—油箱 8—二位五通电磁阀 9—PLC 电气控制装置

表 8-54 油气润滑装置基本参数

型号	最大工作压力/MPa（空气压力为 0.4MPa 时）	空气压力/MPa	油箱容积/L	供油量/（mL/行程）
MS1/400—2	10	0.4~0.6	400	2
MS1/400—3				3
MS1/400—4				4
MS1/400—5				5
MS1/400—6				6

型号	最大工作压力/MPa	油箱容积/L	供油量/(L/min)	A	B	C	D	E	H	L
MS2/500—1.4	10	500	1.4	1000	880	900	780	807	1412	170
MS2/800—1.4		800		1100	980	1100	980	907	1512	270
MS2/1000—1.4		1000		1200	1080	1200	1080	1007	1680	320

注：1. 标记示例：

供油量 2mL/行程，油箱容积为 400L 的气动式油气润滑装置标记为：

MS1/400-2 油气润滑装置 JB/ZQ 4738—2006

供油量 1.4mL/min，油箱容积为 500L 的电动式油气润滑装置标记为：

MS2/500-1.4 油气润滑装置 JB/ZQ 4738—2006

2. 生产厂：上海澳瑞特润滑设备有限公司。

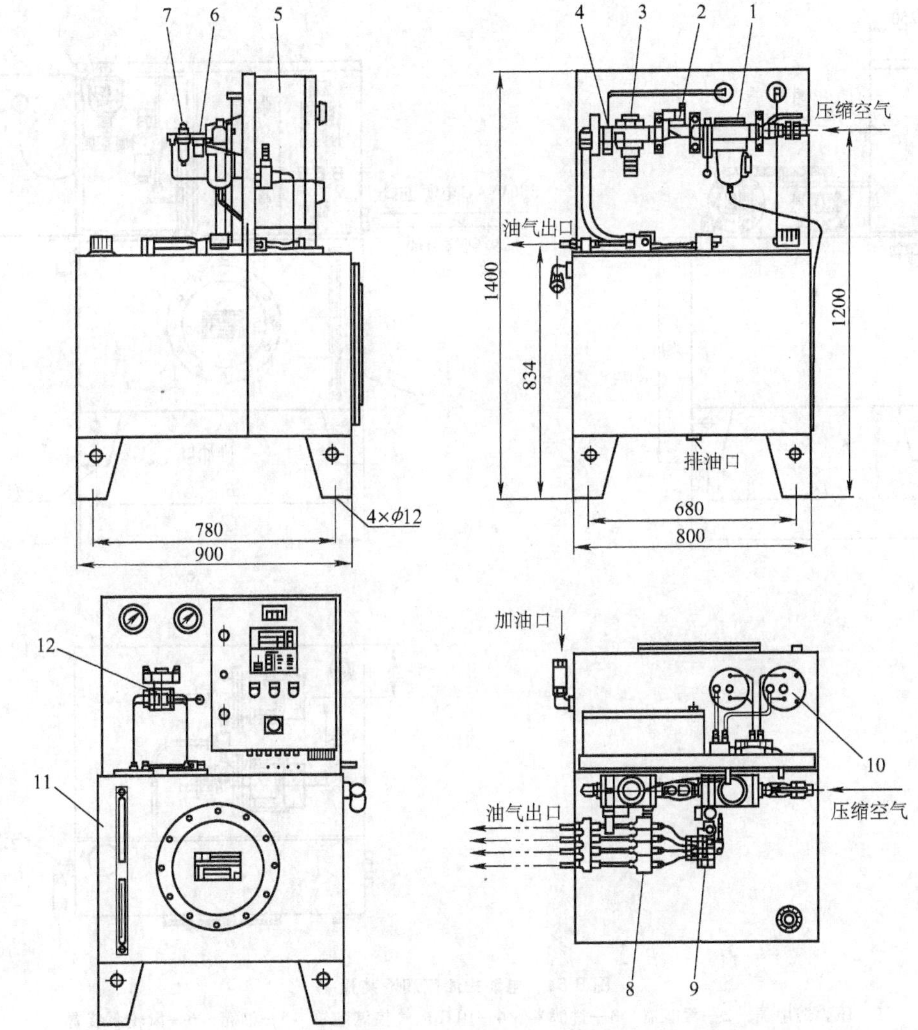

图 8-49 气动式油气润滑装置

1—空气过滤器 2—二位二通电磁阀 3—空气减压阀 4—压力开关 5—PLC 电气控制装置 6—调压阀 7—油雾器 8—油气混合块 9—递进式分配器 10—气动泵 11—油箱 12—二位五通电磁阀

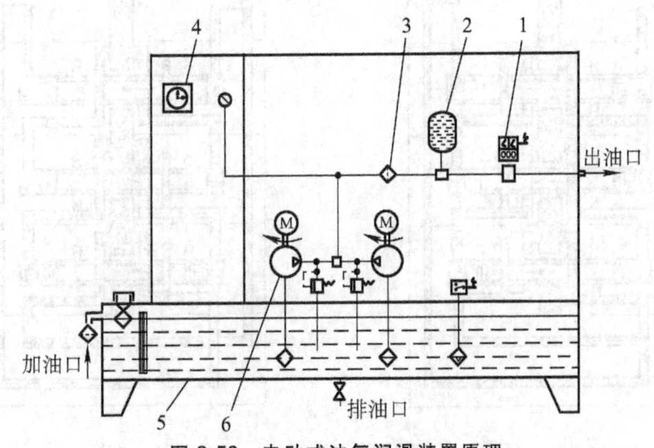

图 8-50 电动式油气润滑装置原理

1—压力继电器 2—蓄能器 3—过滤器 4—PLC 电气控制装置 5—油箱 6—齿轮泵装置

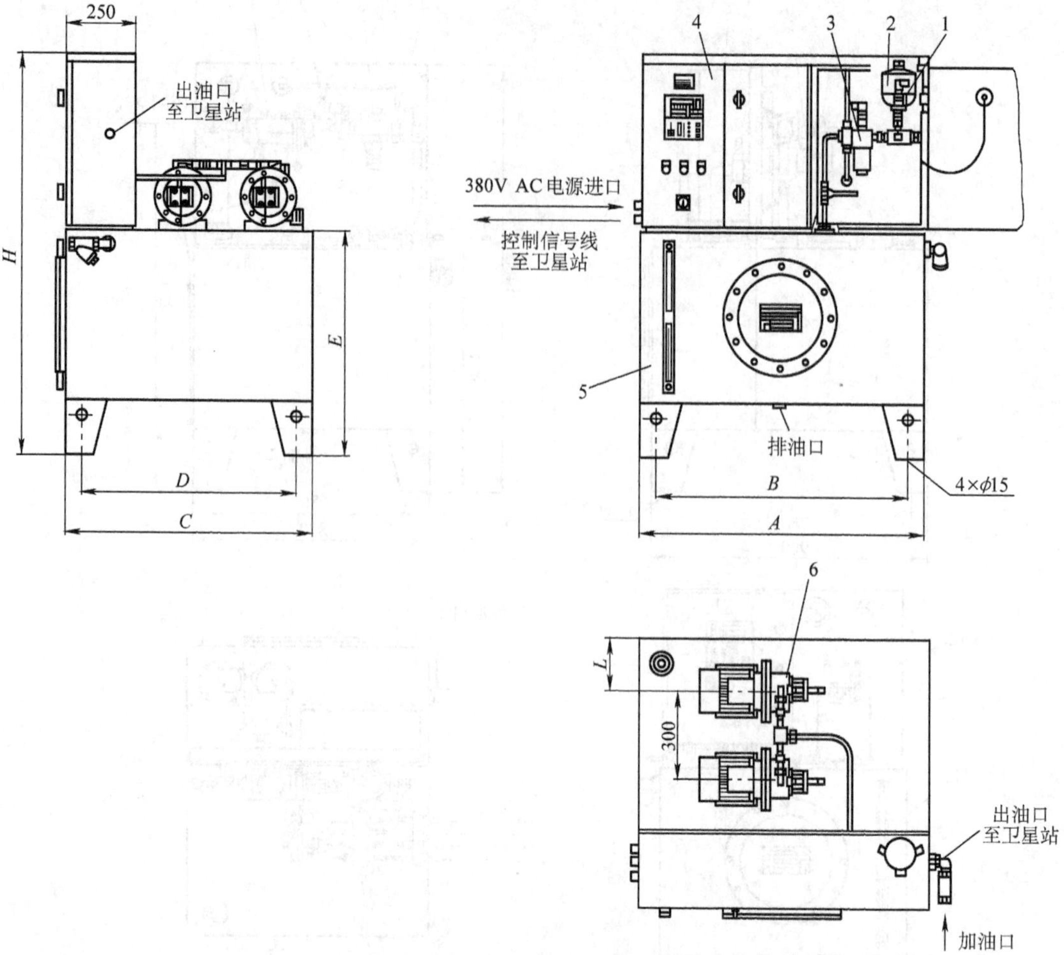

250
出油口
至卫星站
H
E
D
C
4
3
2
1
380V AC电源进口
控制信号线
至卫星站
5
排油口
B
A
4×ϕ15
6
L
300
出油口
至卫星站
加油口

图 8-51　电动式油气润滑装置

1—压力继电器　2—蓄能器　3—过滤器　4—PLC 电气控制装置　5—油箱　6—齿轮泵装置

1
I
2
II
3
III
4
I
5
II
6
III

动作 1　　　动作 2

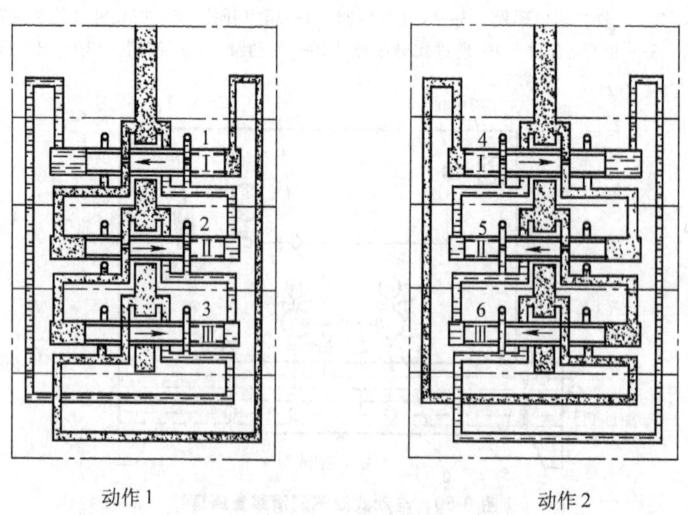

图 8-52　油气混合器的分配器工作原理

表 8-55　油气混合器的基本参数

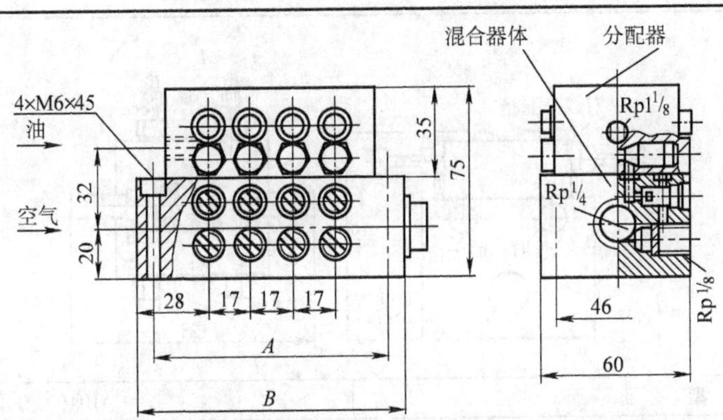

型号	最大进油压力/MPa	最小进油压力/MPa	最大进气压力/MPa	最小进气压力/MPa	每口每次给油量/mL	每口空气耗量/(L/min)	油气出口数目	A/mm	B/mm
QHQ-J4A1	10(J)	2.0	0.6	0.2	0.08	19	4	59	73
QHQ-J4A2					0.08	30			
QHQ-J4B1					0.16	19			
QHQ-J4B2					0.16	30			
QHQ-J6A1	10(J)	2.0	0.6	0.2	0.08	19	6	76	90
QHQ-J6A2					0.08	30			
QHQ-J6B1					0.16	19			
QHQ-J6B2					0.16	30			
QHQ-J8A1	10(J)	2.0	0.6	0.2	0.08	19	8	93	107
QHQ-J8A2					0.08	30			
QHQ-J8B1					0.16	19			
QHQ-J8B2					0.16	30			
QHQ-J10A1	10(J)	2.0	0.6	0.2	0.08	19	10	110	124
QHQ-J10A2					0.08	30			
QHQ-J10B1					0.16	19			
QHQ-J10B2					0.16	30			
QHQ-J12A1	10(J)	2.0	0.6	0.2	0.08	19	12	127	141
QHQ-J12A2					0.08	30			
QHQ-J12B1					0.16	19			
QHQ-J12B2					0.16	30			

注：1. 适用于油气润滑系统中油气混合器。其功能是将润滑油定量分配，并经压缩空气携带输送到润滑部位，起到润滑及冷却作用。

2. 标记示例：

QHQ 型油气混合器、最大进油压力 10MPa，油气出口数目 12，每口每次给油量 0.08mL，每口每次空气量 19L/min，标记为：

QHQ-J12A1 油气混合器 JB/ZQ 4707—2006

3. 生产厂：太原矿山机器润滑液压设备有限公司，太原宝太润液设备有限公司，温州润滑设备厂。

双线油气混合器由一个或多个双线分配器和一个混合块组成，油在分配器中定量分配后，通过不间断压缩空气进入润滑点，其基本参数见表 8-56。

单线油气混合器由两个或多个单线分配器和一个混合块组成，油在分配器中定量分配后，通过不间断压缩空气进入润滑点，其基本参数见表 8-57。

（4）油气分配器（JB/ZQ 4749—2006）　分配器适用于在油气润滑系统中对油气流进行分配，其中 AJS 型用于油气流的预分配，JS 型用于到润滑点的油气流分配。其基本参数及型号、尺寸应符合图 8-53、表 8-58 和表 8-59 的规定。

（5）油气喷射润滑装置（JB/ZQ 4732—2006）　装置适用于在大型设备如球磨机、磨煤机和回转窑等设备中对大型开式齿轮等进行喷射润滑。润滑装置主

表 8-56 双线油气混合器的基本参数

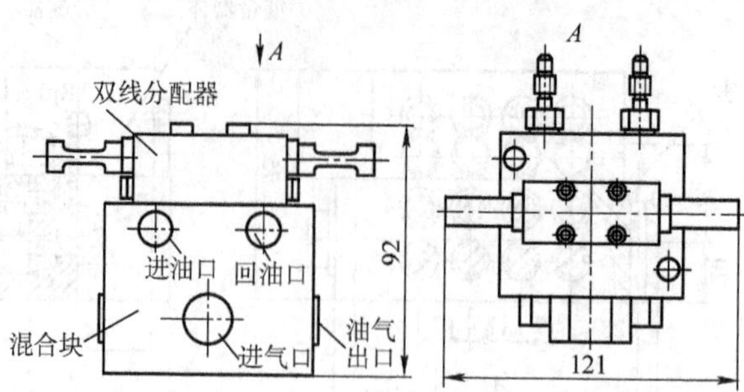

型号	AHQ(NFQ)
公称压力/MPa	3
开启压力/MPa	0.8~0.9
空气压力/MPa	0.3~0.5
空气耗量/(L/min)	20
出油口数	2、4、6、8

注：1. 双线油气混合器有两个油口：一个进油，另一个回油。使用时在其前面加电磁换向阀切换进油口和回油口。
2. 生产厂：太原矿山机器润滑液压设备有限公司。

表 8-57 单线油气混合器的基本参数

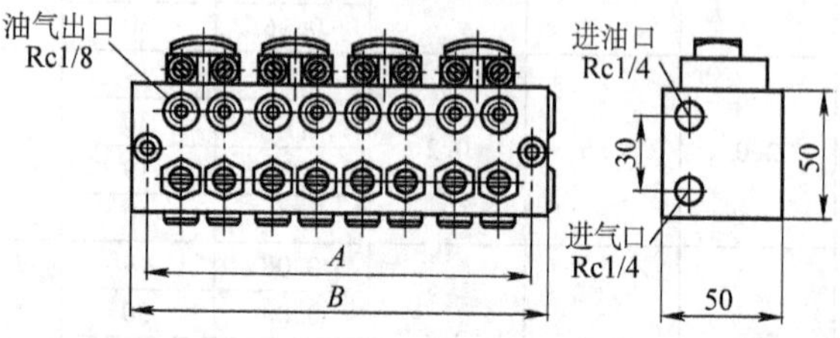

型号	MHQ(YHQ)
公称压力/MPa	6
每口每次排油量/mL	0.12
开启压力/MPa	1.5~2
空气压力/MPa	0.3~0.5
空气耗量/(L/min)	20
出油口数	2、4、6、8、10

注：1. 适用于润滑点比较少或比较分散的场合。
2. 生产厂：太原矿山机器润滑液压设备有限公司。

表 8-58 油气分配器的型号、尺寸

型号	H	L
JS2	80	56
JS3		66
JS4		76
JS5		86
JS6		96
JS7		106
JS8		116

型号	H	L
AJS2	100	74
AJS3		94
AJS4		114
AJS5		134
AJS6		154

表 8-59　油气分配器基本参数

型号	空气压力/MPa	油气出口数	油气进口管子外径/mm	油气出口管子外径/mm
JS	0.3~0.6	2、3、4、5、6、7、8	8、10	6
AJS		2、3、4、5、6	12、14、18	8、10

注：1. 标记示例：

用于到润滑点的油气流分配的油气出口数6个，进口管子外径10mm，出口管子外径6mm的油气分配器标记为：

JS6-10/6 油气分配器 JB/ZQ 4749—2006

用于油气流的预分配的油气出口数4个，进口管子外径14mm，出口管子外径10mm的油气分配器标记为：

AJS4-14/10 油气分配器 JB/ZQ 4749—2006

2. 生产厂：上海澳瑞特润滑设备有限公司。

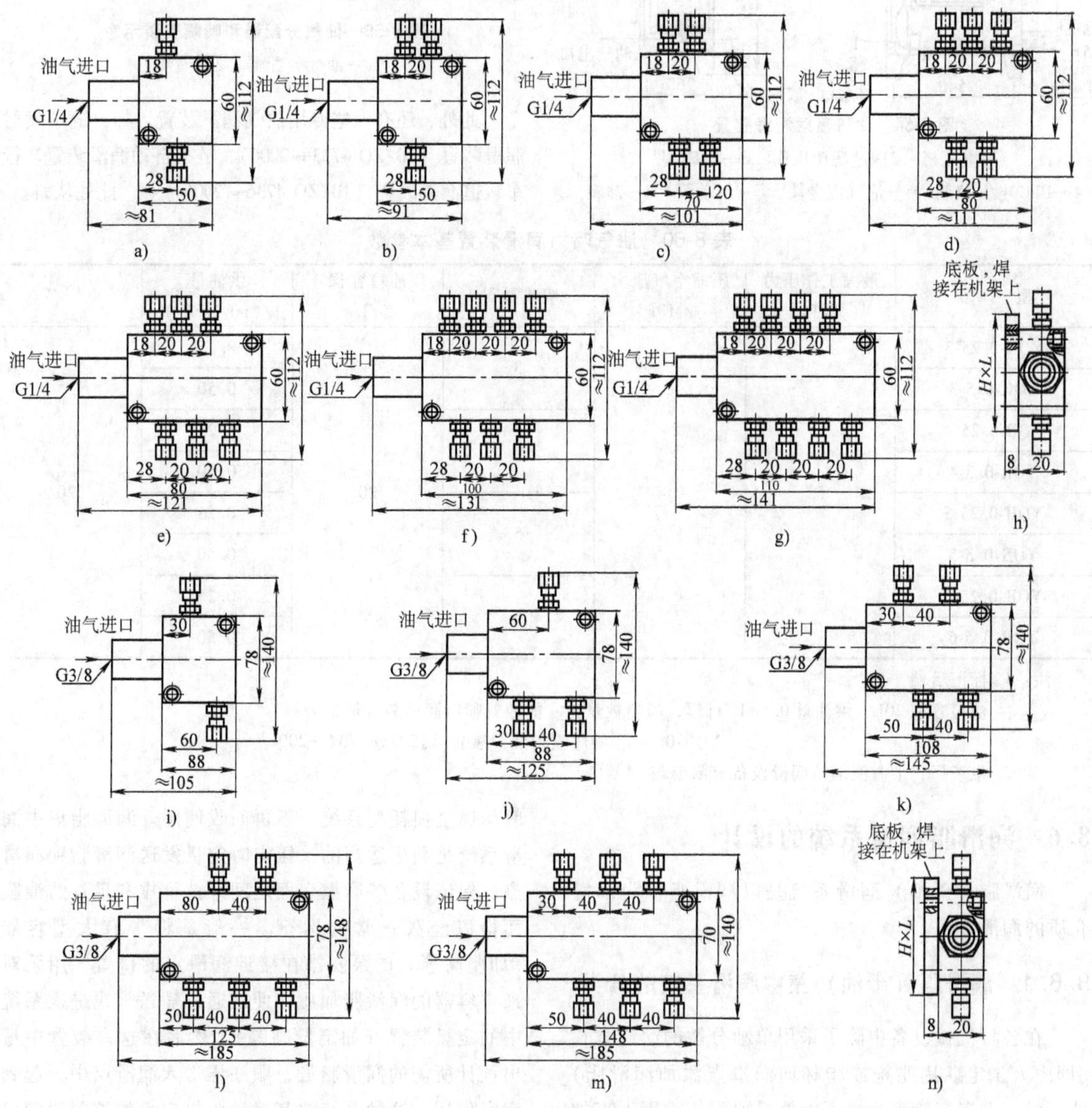

图 8-53　油气分配器

a）JS2型　b）JS3型　c）JS4型　d）JS5型　e）JS6型　f）JS7型　g）JS8型
h）JS型油气分配器底板安装　i）ASJ2　j）AJS3型　k）AJS4型　l）AJS5型　m）AJS6型　n）AJS型油气分配器底板安装

要由主站（带 PLC 控制装置）、油气分配器和喷嘴等组成。其基本参数见表 8-60，型式、尺寸如图 8-54 所示，油气分配器和喷嘴的安装示意图如图 8-55 所示。

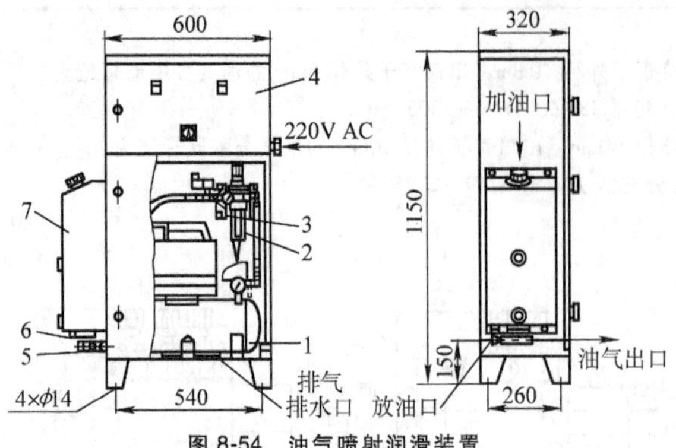

图 8-54 油气喷射润滑装置

1—空压机 2—过滤调压阀 3—电磁阀 4—PLC 电气控制 5—油气混合块 6—气动泵 7—油箱

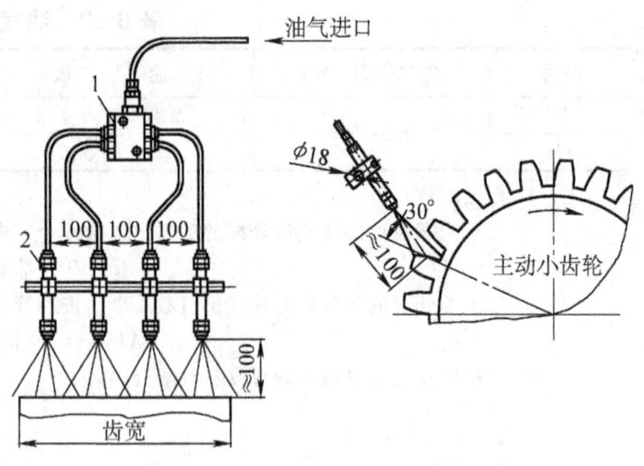

图 8-55 油气分配器和喷嘴安装示意

1—油气分配器 2—喷嘴

此外，还有一些专用油气润滑装置，如：链条喷射润滑装置（JB/ZQ 4733—2006）、链条自动润滑装置、行车轨道润滑装置（JB/ZQ 4736—2006）等，此处从略。

表 8-60 油气喷射润滑装置基本参数

型　　号	最大工作压力/MPa	压缩空气压力/MPa	喷嘴数量	油箱容积/L	供油量/(mL/行程)	电压/V
YQR-0.25-3	5	0.4	3	20	0.25	220
YQR-0.5-3					0.50	
YQR-0.25-4			4		0.25	
YQR-0.5-4					0.50	
YQR-0.25-5			5		0.25	
YQR-0.5-5					0.50	
YQR-0.25-6			6		0.25	
YQR-0.5-6					0.50	

注：1. 标记示例：

油箱容积 20L，供油量 0.5mL/行程，喷嘴数量为 4 的油气喷射润滑装置标记为：

YQR-0.5-4 油气喷射润滑装置 JB/ZQ 4732—2006

2. 生产厂：上海澳瑞特润滑设备有限公司。

8.6 润滑脂润滑系统的设计

润滑脂（干油）润滑系统是以润滑脂作为润滑介质的润滑系统。

8.6.1 润滑脂（干油）集中润滑系统的分类

在各种机械设备中除了采用单独分散的润滑方式（即由人工定期用脂枪或脂杯向润滑点添加润滑脂）外，对大型多润滑点，或不能停机加脂，或用人工加脂危险及有一定困难（如高温下的润滑点多，用人工加脂忙不过来而不易接近润滑点）的部位，则必须采用干油集中润滑系统定期加润滑脂进行润滑。一般均属全损耗型系统，不再回收使用。润滑脂集中润滑系统是利用适当的泵压定时定量发送润滑脂到润滑点，保证设备各摩擦表面之间维持可靠和足量的油膜而得以经久正常的运行。一般是将带有大型容器（如脂筒等）的泵安排在接近润滑点的位置。用泵对来自容器的润滑脂加压，使之通过输送管线进入系统中的定量装置（如定量阀等）。然后在这一装置中量出预计所需的润滑脂量，顺序压送入润滑点中，起到润滑作用。这种系统按其对油脂供应量的控制原理可以分为直接系统和间接系统。表 8-61 是集中供脂系统的类型，表 8-62 是干油集中润滑系统的分类及组成。

表 8-61　集中供脂系统的类型

类型		简图	运转	驱动	适用的锥入度/0.1mm(25℃,150g)	管路标准压力/MPa	调整与管长限度
直接供脂式	单独的活塞泵	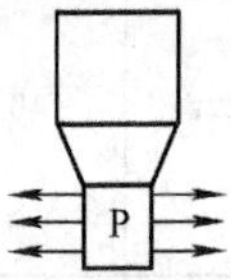	由凸轮或斜圆盘使各活塞泵 P 顺序工作	电动机机械手动	>265	0.7~2.0	在每个出口调整冲程 9~15m
	阀分配系统	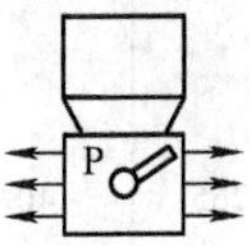	利用阀把一个活塞泵的输出量依次供给每条管路	电动机机械手动	>220 <265	0.7~2.0	由泵的速度控制输出 25~60m
	分支系统	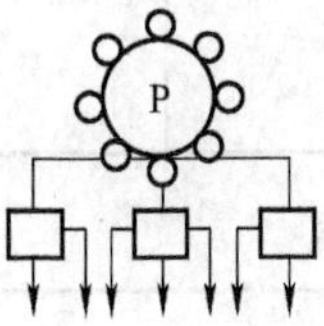	每个泵的输出量由分配器分至各处	电动机机械	>220	0.7~2.8	在每个输出口调整或用分配阀组调整泵到分配阀 18~54m、分配阀到支承 6~9m
间接供脂递进式	单线式 1	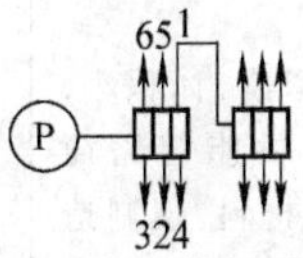	第一阀组按 1、2、3…顺序输出。其中的一个接口用来使第二阀组工作。以后的阀组照此顺序工作	电动机机械手动	>265	14.0~20.0	用不同容量的计算阀，否则靠循环时间调整干线 150mm（视脂和管子口径）、到支承的支线 6~9mm
	单线式反向	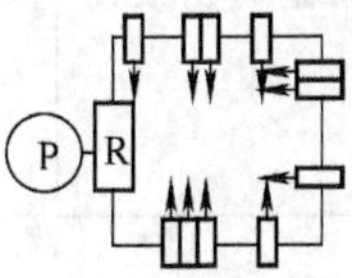	回动阀 R 每动作一次各阀依次工作			1.4~2.0	
	双线式 1	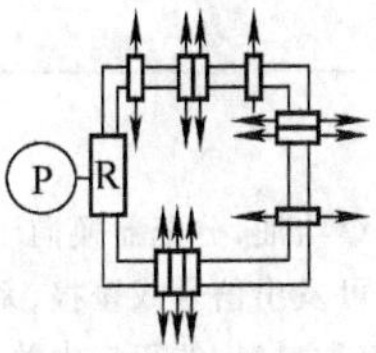	脂通过一条管路按顺序运送到占总数一半的出口。回动阀 R 随后动作，消除第一条管路压力，把脂送到另一条管路，供给其余半数出口				
	单线式 2	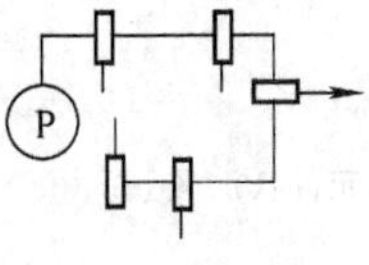	由泵上的装置使管路交替加压、卸压，有两种系统：利用管路压力作用在阀的活塞上射出脂；利用弹簧压力作用在阀的活塞上射出脂	电动机手动	>310	-17.0~8.0	工作频率能调整，输出量由脂的特性决定 120m

（续）

类型		简图	运转	驱动	适用的锥入度/0.1mm(25℃,150g)	管路标准压力/MPa	调整与管长限度
间接供脂递进式	油或气调节的单线式	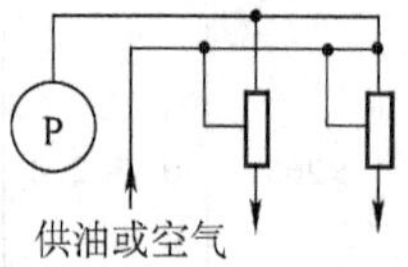 供油或空气	泵使管路或阀工作,用油压或气压操纵阀门	电动机	>220	-40.0	用周期定时分配阀调整 600m
	双线式 2	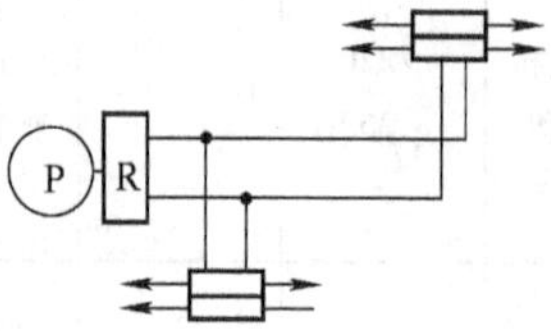 P R	润滑脂压力在一条管路上同时操纵占总数一半的排出口。然后R阀反向,消除此条管路压力,把脂导向另一条管路,使其余一半排出口工作	电动机手动	>265	-40.0	用周期定时分配阀调整,自动120m、手动60m

表 8-62 干油集中润滑系统的分类及组成

分类		系统简图	特点	应用
单线式	终端式与环式	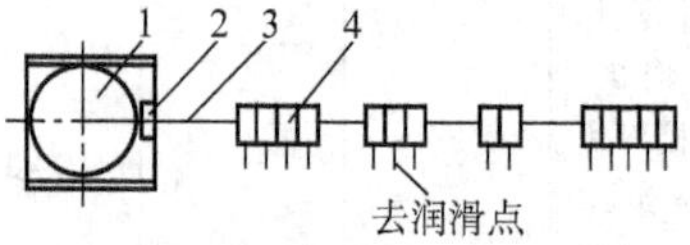 去润滑点 单线终端式干油集中润滑系统 1—干油泵站 2—操纵阀 3—输脂主管 4—分配器 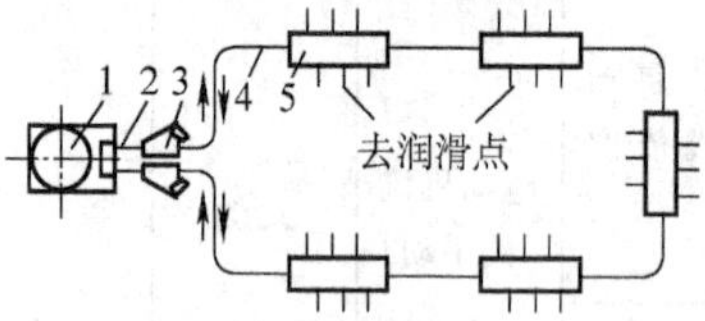 去润滑点 单线环式干油集中润滑系统 1—干油泵站 2—换向阀 3—过滤器 4—输脂主管 5—分配器	结构紧凑,体积小,质量小,供脂管路简单,节省材料,但制造工艺性差,精度要求高,供脂距离比双线式短 适用元件:①、②、⑪	主要用于润滑点不太多的单机设备
	递进式	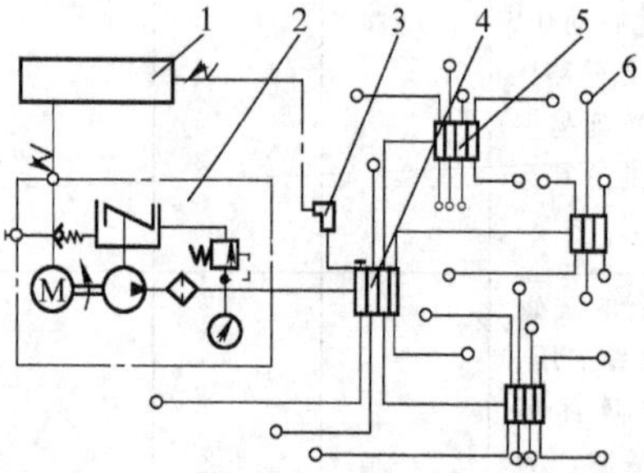 M 1—电控设备 2—电动润滑脂泵 3—脉冲开关(分配器自带) 4—次分配器 5—二次分配器(三个) 6—润滑点	可连续给油,分配器换向不需换向阀,分配器有故障可发出信号或警报,系统简单可靠,安装方便,节省材料,便于集中管理。广泛用于各种设备 适用元件:③、④、⑤、⑥	

（续）

分类		系统简图	特点	应用
双线式	手动终端式	1—泵　2—换向阀　3—过滤器 4—分配器（出口装单向阀）　5—单向阀接口　6—二次分配器	系统简单，设备费用低，操作容易，润滑简便 适用元件：③、⑦、⑧、⑨、⑩、⑪	用于给油间距较长的中等规模的机械或机组
	电动终端式	1—泵　2—分配器　3—过滤器 4—控制器　5—电控箱　6—换向阀	配管费用较低，采用末端压力进行给油过程控制，设计容易 适用元件：⑨、⑩、⑪、⑫、⑬、⑭、⑮、⑯、⑰、⑱	用于润滑点分布较广的场合
	电动环式	1—泵　2—分配器　3—过滤器 4—电控箱　5—换向阀	利用返回压力直接进行换向，动作可靠，故障少，换向阀装在油泵附近，电气配置费用低，能在油泵处进行压力调整、检查，操作维护方便 适用元件：⑩、⑪、⑬	用于润滑点较多且较集中的场合

（续）

分类		系统简图	特点	应用
双线式	电动终端-递进式	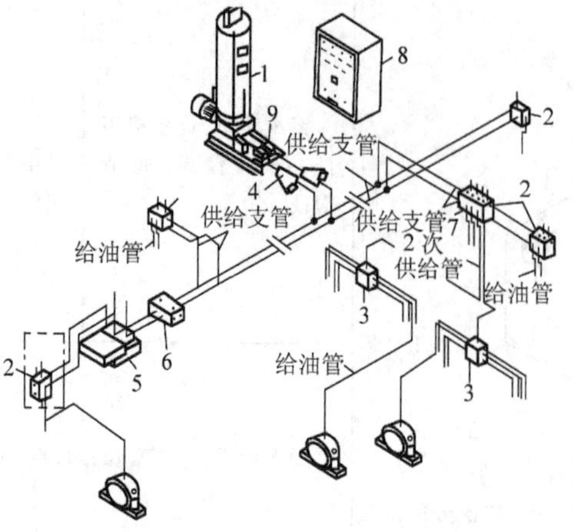 1—泵　2、3—分配器　4—过滤器　5、6—控制器　7—单向阀　8—电控箱　9—换向阀	和定比减压阀配合使用，可采用细长的管道，检查点集中，便于维护管理（在空间窄小难于确认分配器动作的场合使用，有较好的效果）	适于润滑点很多、给油量相同，而集中布置的场合
			适用元件：③、⑩、⑪、⑬、⑰、⑲	
	电动喷射式	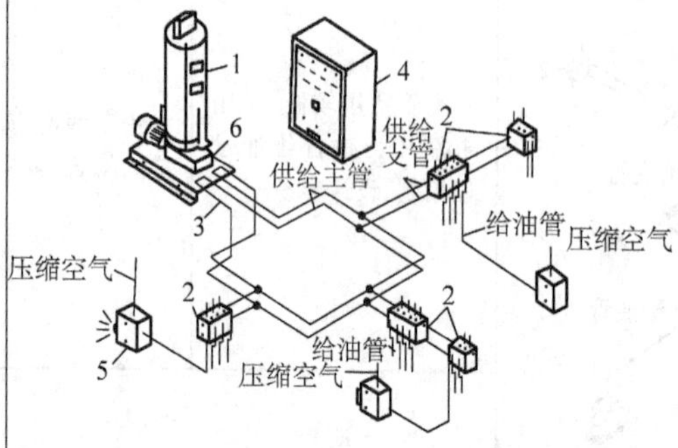 1—泵　2—分配器　3—过滤器　4—电控箱　5—喷射阀　6—换向阀 喷射式系统可由手动终端式、电动终端式系统加喷射阀组成，其压缩空气入口处，须设置过滤器、减压阀、油雾器	可使用润滑脂、高黏度润滑油或加入挥发性添加剂的其他润滑材料，使用的压缩空气压力低，给油时间可调，可显示给油时间间隔、储油器无油、过负荷运转等故障	适于开式齿轮传动、支承辊轮、滑动导轨等摩擦部位的润滑
			适用元件：⑩、⑬、⑳	
	经管线直接供油式 经给油器供油式	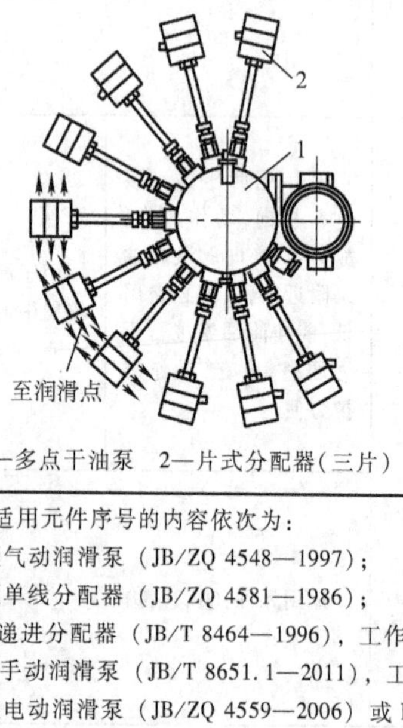 1—多点干油泵　2—片式分配器（三片） 经管线直接供油式是采用多点干油泵，经输油管线直接与润滑点连接供脂 图示是多点干油泵与片式分配器联合组成的多点干油集中润滑系统	可增加润滑点数，如采用三片组合的片式分配器，则多点干油泵的每个出油孔可供6个润滑点 多线式供油管线较多，布置困难，安装、维护、检修不便	多线式一般用于润滑点数量不多，系统简单的小型机械，由于左列不足，在大型机械上应用不多
			适用元件：㉑、㉒	

注：表内适用元件序号的内容依次为：

① QRB 型气动润滑泵（JB/ZQ 4548—1997）；

② DPQ 型单线分配器（JB/ZQ 4581—1986）；

③ JPQ 型递进分配器（JB/T 8464—1996），工作压力 16MPa；

④ SNB 型手动润滑泵（JB/T 8651.1—2011），工作压力 10MPa；

⑤ DRB 型电动润滑泵（JB/ZQ 4559—2006）或 DBJ 型微型电动润滑泵（JB/T 8651.3—2011）；

⑥ JPQ 型递进分配器（JB/T 8464—1996）；
⑦ SGZ 型手动润滑泵（JB/ZQ 4087—1997），工作压力 6.3MPa；
⑧ SRB 型手动润滑泵（JB/ZQ 4557—2006），工作压力 10MPa、20MPa；
⑨SGQ 型双线给油器（JB/ZQ 4089—1997），工作压力 10MPa；
⑩ DSPQ、SSPQ 型双线分配器（JB/ZQ 4560—2006），工作压力 20MPa；
⑪ GGQ 型干油过滤器（JB/ZQ 4535—1997 或 JB/ZQ 4702—2006、JB/ZQ 4554—1997 等）；
⑫ DXZ 型电动干油站（JB/T 2304—1978），工作压力 10MPa；
⑬ DRB 型电动润滑泵（JB/ZQ 4559—2006），工作压力 20MPa；
⑭ DRB1 型电动润滑泵（JB/T 8810.1—2016），工作压力 40MPa；
⑮ SSPQ 型双线分配器（JB/T 8462—2016，或 JB/ZQ 4704—2006），工作压力 40MPa；
⑯ YZF-J4 型压力操纵阀（JB/ZQ 4533—1997），工作压力 10MPa；
⑰ YZF-L4 型压力操纵阀（JB/ZQ 4562—2006），工作压力 20MPa；
⑱ YCK 型压差开关（JB/T 8465—1996），工作压力 40MPa；
⑲ YKF 型压力控制阀（JB/ZQ 4564—2006），工作压力 20MPa；
⑳ PF 型干油喷射阀（JB/ZQ 4566—2006），工作压力 10MPa；
㉑ DDB 型多点干油泵（JB/ZQ 4088—2006），工作压力 10MPa；
㉒ DDRB 型多点润滑泵（JB/T 8810.3—2016），工作压力 31.5MPa。

（1）手动干油集中润滑系统　在某些润滑点数不多和不需要经常使用（稀油）润滑的单台机器上，广泛地采用了手动干油润滑站供脂的系统。图 8-56 所示为属于双线供脂的手动干油集中润滑系统。手动干油集中润滑系统所用的干油润滑泵的外形及技术性能见图 8-57 及表 8-63。表 8-64 及表 8-65 为两种手动润滑泵的基本参数与形式。

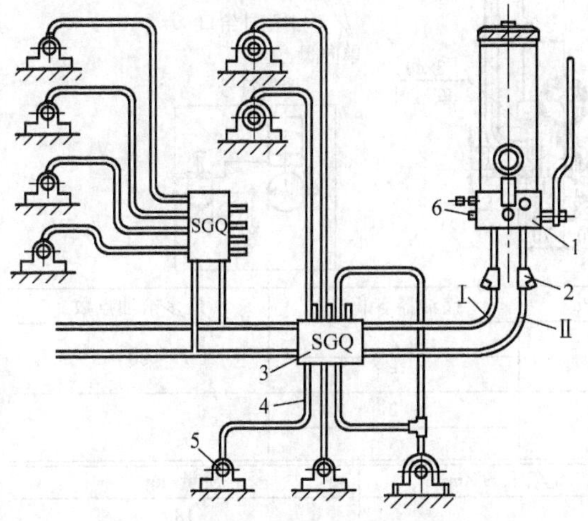

图 8-56　手动干油集中润滑系统

1—手动干油泵站　2—干油过滤器
3—双线给油器　4—输油脂支管　5—轴承副
6—换向阀　Ⅰ、Ⅱ—输油脂主管

（2）自动干油集中润滑系统　自动干油集中润滑系统是由自动（风动或电动）干油润滑站、两条输脂主管、通到各润滑点的输脂支管、在主管与支管之间相连接的给油器、有关的电器装置、控制测量仪表等组成。共分 4 种类型，下面分别介绍。

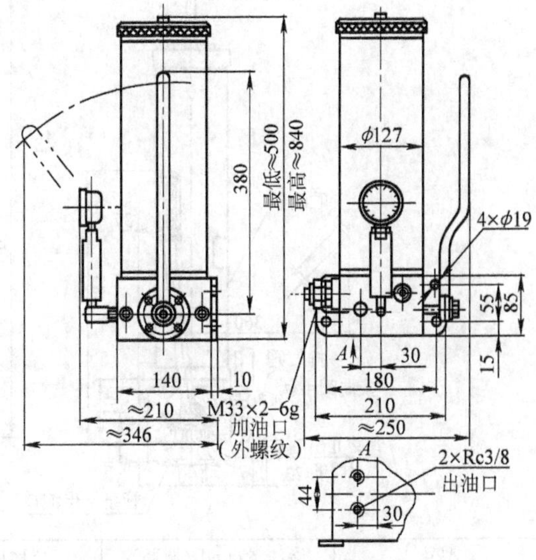

图 8-57　SGZ-8 型手动干油润滑泵外形

表 8-63　SGZ 型手动干油润滑泵的技术性能（摘自 JB/ZQ 4087—1997）

型号	给油量/(mL/循环)	公称压力/MPa	储油器容积/L	质量/kg
SGZ-8	8	6.3(Ⅰ)	3.5	24

注：1. 用于双线式和双线喷射式干油集中润滑系统采用锥入度不低于 265（25℃，150g）1/10mm 的润滑脂。
2. 环境温度为 0~40℃。
3. 标记示例：
给油量为 8mL/循环的手动润滑泵标记为：
SGZ-8 润滑泵 JB/ZQ 4087—1997

1）直接式系统。直接式系统是用泵的行程直接控制供脂量，其工作原理如图 8-58 所示。它的主要控制元件为凸轮和往复运动的活塞。这种活塞是空心的，并与其周围的若干沟道连通。当活塞向上移动进入配合腔体时（见图 8-58b），脂的压力增加，打开了活塞上端的单向阀，并让润滑脂流入活塞的心部。在活塞向上行程中，活塞周围的孔道之一便接通泵体上的左面沟道，使润滑脂从活塞空心发送到一个摩擦副。当活塞继续向上运动时（见图 8-58c），左面的沟道被封闭，而右面的沟道连接到活塞的孔道上，从而使润滑脂流到右面的摩擦副表面去。当活塞向下运动时，单向阀关闭，而润滑脂从容器流入压力腔（见图 8-58a）。如此循环不断地发送润滑脂。

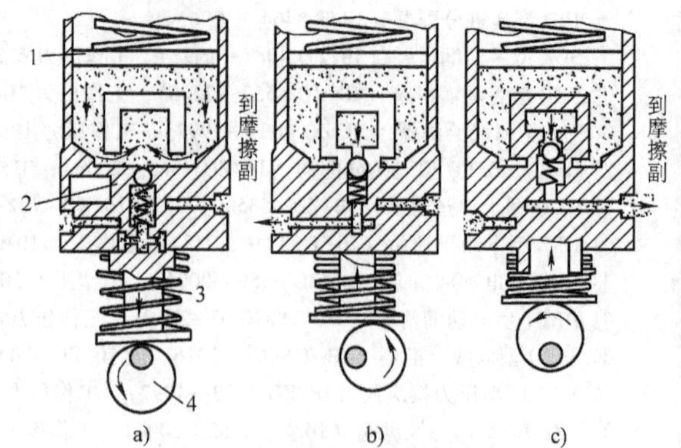

图 8-58　直接式集中润滑系统

a）活塞向下运动　b）活塞向上运动　c）活塞向上运动到最高

1—随动板　2—单向阀　3—活塞　4—凸轮

表 8-64　SRB 型手动润滑泵（摘自 JB/ZQ 4557—2006）

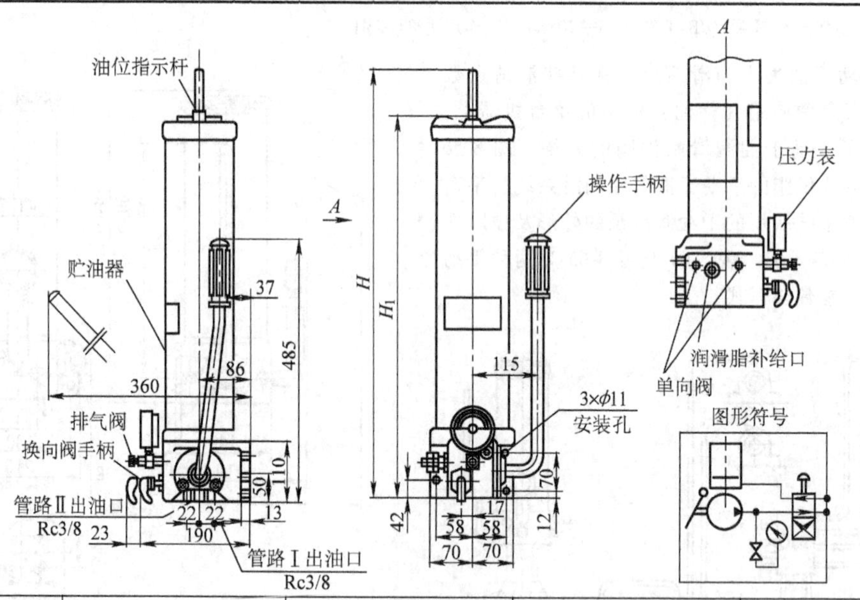

型号	给油量/(mL/循环)	公称压力/MPa	储油器容积/L	最多给油点数
SRB-J7Z-2	7	10	2	80
SRB-J7Z-5			5	
SRB-L3. 5Z-2	3. 5	22	2	
SRB- L3. 5Z-5			5	

型号	配管通径/mm	配管长度/m	质量/kg
SRB-J7Z-2	20	50	18
SRB-J7Z-5			21
SRB-L3. 5Z-2	12	50	18
SRB-L3. 5Z-5			21

型号		H	H_1
SRB-J7Z-2	SRB-L3. 5Z-2	576	370
SRB-J7Z-5	SRB-L3. 5Z-5	1196	680

注：1. 本泵与双线式分配器、喷射阀等组成双线式或双线喷射干油集中润滑系统，用于给油频率较低的中小机械设备或单独的机器。工作时间一般为 2~3min，工作寿命可达 50 万个工作循环。

2. 适用介质为锥入度 310~385（25℃，150g）1/10mm 的润滑脂。

3. 标记示例：

公称压力为 20MPa，给油量为 3. 5mL/循环，使用介质为润滑脂，储油器容积为 5L 的手动润滑泵标记为：

SRB-L3. 5Z-5 润滑泵 JB/ZQ 4557—2006

表 8-65　SNB-J 型手动润滑泵（摘自 JB/T 8651.1—2011）

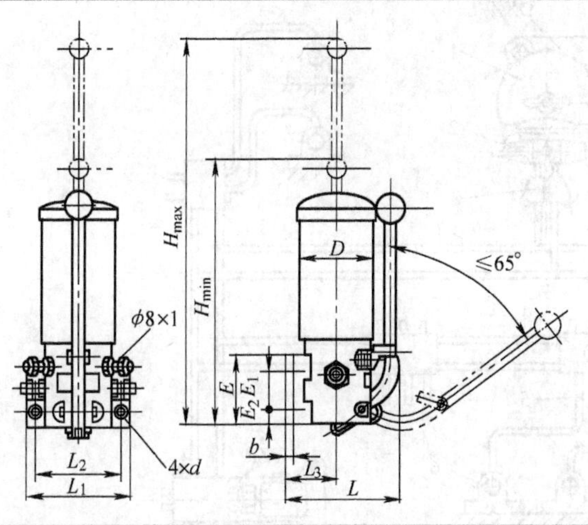

标记示例：

给油点数 5 个，每嘴出油容量 0.9mL/循环，储油器容积 1.37L 的手动润滑泵标记为：

5SNB-Ⅲ润滑泵　JB/T 8651.1—2011

型号	1SNB-J			2SNB-J			5SNB-J			6SNB-J			8SNB-J		
主参数代号	Ⅰ	Ⅱ	Ⅲ	Ⅰ	Ⅱ	Ⅲ	Ⅰ	Ⅱ	Ⅲ	Ⅰ	Ⅱ	Ⅲ	Ⅰ	Ⅱ	Ⅲ
给油点数/个	1			2			5			6			8		
每嘴出油容量/(mL/次)	4.50			2.25			0.90			0.75			0.56		
公称压力/MPa	10(J)														
储油器容积/L	0.42	0.75	1.37	0.42	0.75	1.37	0.42	0.75	1.37	0.42	0.75	1.37	0.42	0.75	1.37
供油嘴连接管/mm	φ8×1														

外形尺寸/mm	主参数代号	H_{max}	H_{min}	D	L	L_1	L_2	L_3	E	E_1	E_2	d	b
	Ⅰ	392	292	74	128	120	98	50	94	61	15	11.5	14
	Ⅱ	500	350	86	145								
	Ⅲ		360	114	175								

注：1. 供油嘴的连接管 φ6×1 根据需要可特殊订货。

2. 允许在 0~40℃的环境温度下工作，使用介质锥入度大于 295（25℃，150g）1/10mm 的符合 GB/T 491—2008、GB/T 492—1989、GB/T 7324—2010 要求的润滑脂。

3. 这种泵每一次行程可以润滑 12 个以上的润滑点，但这种泵的制作较间接系统的阀要复杂些。

2）流出（端流）式自动干油集中润滑系统。流出式自动干油集中润滑系统，可供给更多的润滑点和润滑点分布范围较宽的地方，尤其是面积呈长条形（如轧钢设备中的辊道组）的机器。其系统如图 8-59 所示。

由电动润滑泵 1（见表 8-66）供送的压力润滑脂经换向阀 2，通过干油过滤器 3 沿输脂主管Ⅰ经给油器 4 从输脂支管 5 送到润滑点（轴承副 6）。当所有给油器工作完毕后，输脂主管Ⅰ内的压力迅速提高，这时装在输脂主管末端的压力操纵阀在润滑脂液压力的作用下，克服了弹簧力，使滑阀移动，推动极限开关接通电信号，使电磁换向阀换向，转换输脂通路，由原来的输脂主管Ⅰ供脂改变为输脂主管Ⅱ供脂。与此同时，操作盘上的磁力起动器的电路断开，电动润滑泵的电动机停止工作，干油柱塞泵停止向系统中供脂。

按照加脂周期，经过预先规定的间隔时间后，在电气仪表盘上的电力气动控制器使电动机起动，油站的柱塞泵即按照电磁换向阀已经换向的通路向输脂主管Ⅱ压送润滑脂。当润滑脂沿主管Ⅱ输送时，另一条主管Ⅰ中的润滑脂的压力卸荷，多余的润滑脂经过电磁换向阀内的通路返回到储脂器内。

表 8-66~表 8-71 为 5 种电动润滑泵及干油站的基本参数与形式尺寸。表 8-72 及图 8-60~图 8-63 为 DRB 系列电动润滑泵的形式、尺寸与基本参数。

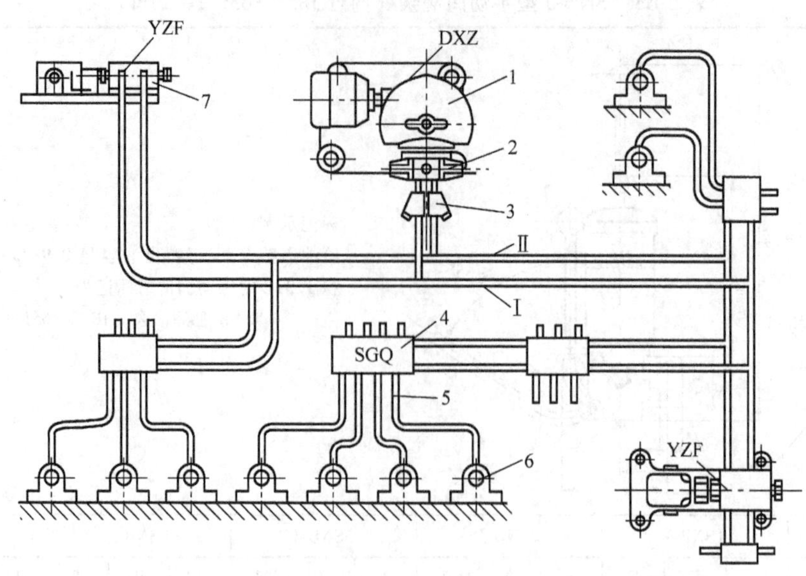

图 8-59 流出式自动干油集中润滑系统

1—电动润滑泵 2—电磁换向阀 3—干油过滤器 4—给油器

5—输脂支管 6—轴承副 7—压力操纵阀 Ⅰ、Ⅱ—输油脂主管

表 8-66 电动润滑泵装置（20MPa）的基本参数与尺寸（摘自 JB/T 2304—2018）

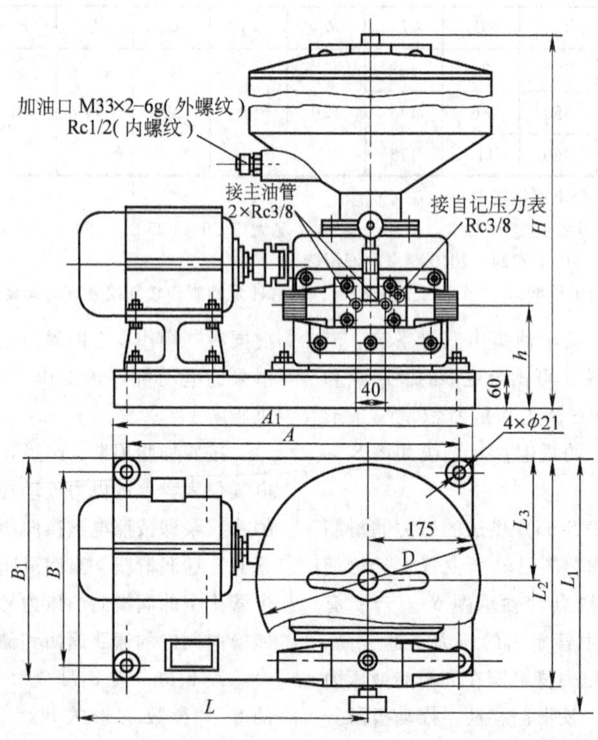

（续）

型号	给油能力 /(mL/min)	公称压力 /MPa	储油器容积 /L	电动机			电磁铁电压 /V	质量 /kg
				型号	功率 /kW	转速 /(r/min)		
DRZ-L100	100	20 (L)	50	Y801-4-B_3	0.55	1390	220	191
DRZ-L315	315		75	Y90S-4-B_3	1.1	1400		196
DRZ-L630	630		120	Y90L-4-B_3	1.5	1400		240

型号	A	A_1	B	B_1	h	D	$L\approx$	$L_1\approx$	L_2	L_3	$H\approx$ 最高	$H\approx$ 最低
DRZ-L100	460	510	300	350	151	408	406	414	368	200	1330	925
DRZ-L315	550	600	315	365	167		474	434	392	210	1770	1165
DRZ-L630						508	489				1820	1215

注：1. 电磁换向阀上留有连接螺纹为 Rc3/8 的自记压力表接口，如不需要时可用螺塞堵塞。

2. 使用润滑脂的锥入度为 250~350（25℃，150g）1/10mm，工作环境温度为 0~40℃。

表 8-67　电动润滑泵（40MPa）的形式与尺寸（摘自 JB/T 8810.1—2016）

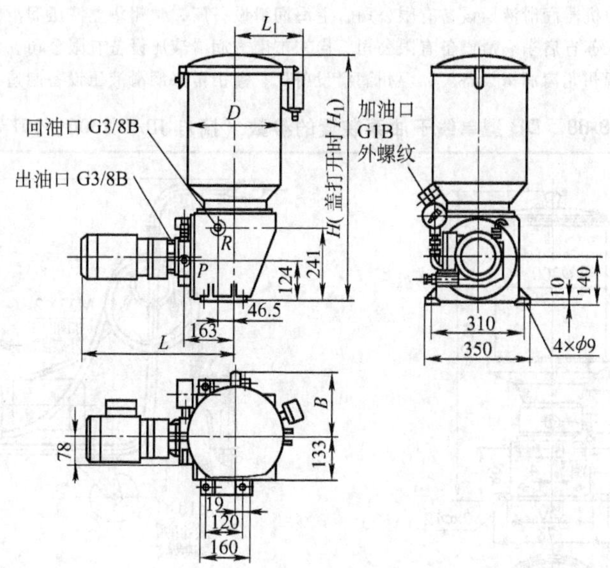

规格		尺寸/mm D	H	H_1	B	L	L_1
储油筒	30L	310	760	1140	200	—	233
	60L	400	810	1190	230	—	278
	100L	500	920	1200	280	—	328
电动机功率	0.37kW,80r/min	—	—	—	—	500	—
	0.75kW,80r/min	—	—	—	—	563	—
	1.5kW,160r/min	—	—	—	—	575	—
	1.5kW,250r/min	—	—	—	—	575	—

型　号	公称压力 /MPa	额定给油量 /(mL/min)	储油器容积 /L	减速电动机		环境温度 /℃	质量/kg
				功率/kW	电压/V		
DRB1-P120Z	40 (P)	120	30	0.37	380	0~80	56
DRB2-P120Z				0.75		-20~80	64
DRB3-P120Z			60	0.37		0~80	60
DRB4-P120Z				0.75		-20~80	68
DRB5-P235Z		235	30	1.5		0~80	70

（续）

型　　号	公称压力/MPa	额定给油量/(mL/min)	储油器容积/L	减速电动机		环境温度/℃	质量/kg
				功率/kW	电压/V		
DRB6-P235Z	40（P）	235	60	1.5	380	0~80	74
DRB7-P235Z			100				82
DRB8-P365Z		365	60				74
DRB9-P365Z			100				82

注：1. 适用介质为锥入度 220（25℃，150g）1/10mm 的润滑脂。

2. 润滑泵为电动高压柱塞式，工作压力在公称压力范围内，可任意调整，有双重过载保护。

3. 储油器具有油位自动报警装置。

4. 标记示例：

公称压力为 40MPa，额定给油量为 120mL/min，储油器容积为 30L，减速电动机功率为 0.75kW 的电动润滑泵标记为：

DRB2-P120 润滑泵 JB/T 8810.1—2016

5. 生产厂：太原矿山机器润滑液压设备有限公司，上海润滑设备厂，常州华立液压润滑设备有限公司，启东江海液压润滑设备厂，江苏省启东润滑设备有限公司，启东市南方润滑液压设备有限公司，江苏省南通市南方润滑液压设备有限公司，温州龙湾润滑设备厂，温州润滑设备厂，象山甬兴润滑液压设备制造有限公司。

表 8-68　DB 型单线干油泵装置的参数（摘自 JB/T 2306—2018）

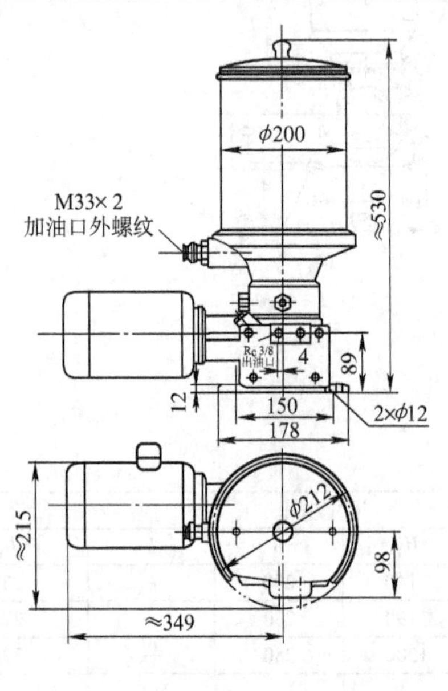

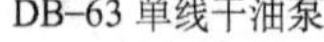

DB-63 单线干油泵

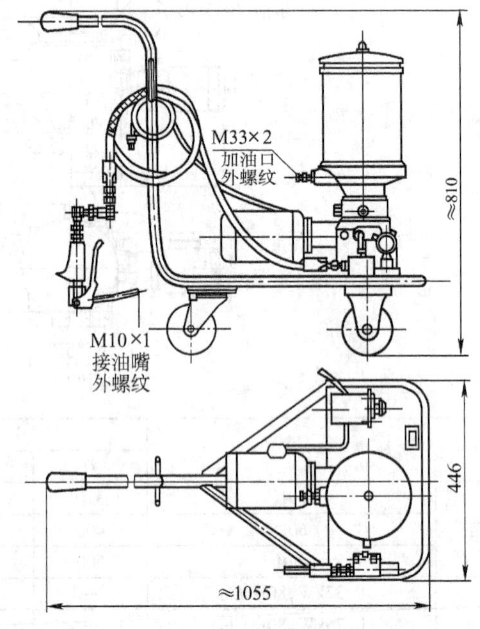

DBZ-63 单线干油泵装置

参　　数	型　　号	
	单线干油泵	单线干油泵装置
	DB-63	DBZ-63
公称压力/MPa	10	
润滑脂锥入度/0.1mm	265~385	
给油能力/(mL/min)	63	
储油器容积/L	8	

（续）

参　数		型　号	
		单线干油泵	单线干油泵装置
		DB-63	DBZ-63
塞柱直径/mm		8	
塞柱行程/mm		4	
塞柱个数/个		4	
电动机	型号	A06324	
	功率/kW	0.25	
	转速/(r/min)	1400	
质量/kg		23	52

注：1. 电动机安装结构型式为 A3 型。

2. 润滑脂锥入度按 GB/T 7631.8—1990《润滑剂和有关产品（L 类）的分类　第 8 部分：X 组（润滑脂）》的规定。

3. 标记示例：

单线干油泵标记为：　DB-63 干油泵 JB/T 2306—2018

单线干油泵装置标记为：　DBZ-63 JB/T 2306—2018

表 8-69　单线润滑泵（31.5MPa）的形式、尺寸与基本参数（摘自 JB/T 8810.2—1998）

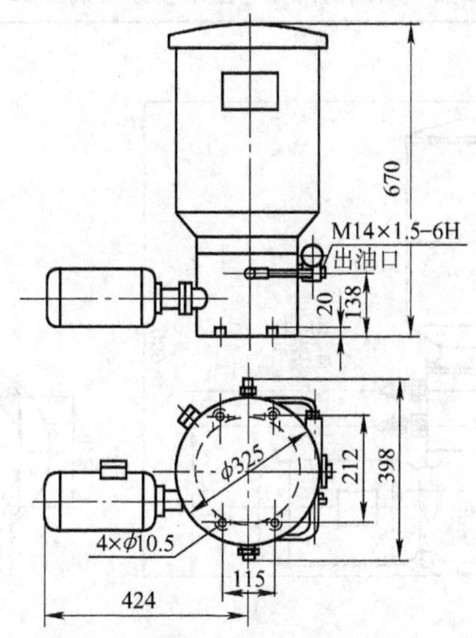

型号	公称压力/MPa	额定给油量/(mL/min)	储油器容积/L	电动机		质量/kg
				功率/kW	电压/V	
DB-N25	31.5(N)	0~25	30	0.37	380	37
DB-N45		0~45				39
DB-N50		0~50				37
DB-N90		0~90				39

注：1. 适用介质为锥入度不低于 265（25℃，150g）1/10mm 的润滑脂或黏度值不小于 68mm²/s 的润滑油。工作环境温度为-20~80℃。

2. 标记示例：

DB-N50 单线润滑泵 JB/T 8810.2—1998

3. 生产厂：江苏省南通市南方润滑液压设备有限公司，启东市南方润滑液压设备有限公司，启东江海液压润滑设备厂，启东润滑设备有限公司，上海润滑设备厂，象山甬兴润滑液压设备有限公司。

表 8-70 多点润滑泵（31.5MPa）的形式、尺寸与基本参数（摘自 JB/T 8810.3—2016）

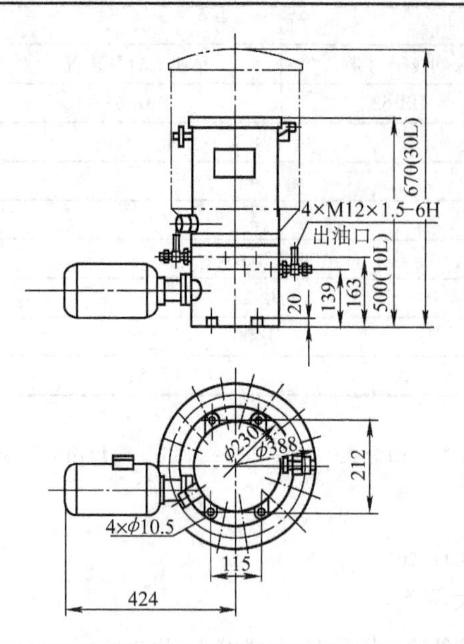

公称压力/MPa	出油口数	每出油口额定给油量/(mL/min)	储油器容积/L	电动机		质量/kg
				功率/kW	电压/V	
31.5(N)	1~14	0~1.8 0~3.5 0~5.8 0~10.5	10.30	0.18	380	43

1)适用介质为锥入度不低于 265(25℃,150g)1/10mm 的润滑脂或黏度值不小于 46mm²/s 的润滑油。工作环境温度为-20~80℃。

2)标记示例：

公称压力为 31.5MPa,出油口数为 6 个,每出油口额定给油量为 0~5.8mL/min,储油器容积为 10L 的多点润滑泵标记为：

6DDRB-N5.8/10 多点泵 JB/T 8810.3—2016

3)生产厂：江苏省启东市南方润滑液压设备有限公司,南通市南方润滑液压设备有限公司,启东江海液压润滑设备厂,启东润滑设备有限公司,上海润滑设备厂,温州龙湾润滑设备厂,象山甬兴润滑液压设备有限公司。

表 8-71 DDB 型多点干油泵的尺寸与基本参数（摘自 JB/ZQ 4088—2006）

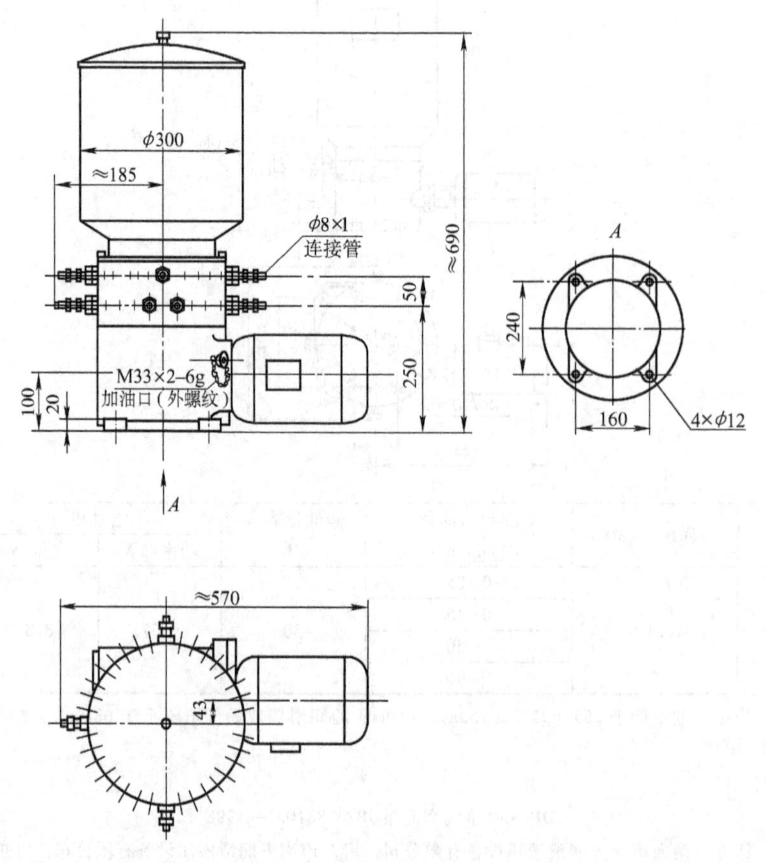

（续）

型号	油口数（点）	公称压力/MPa	每口给油量/（mL/次）	给油次数/（次/min）	储油器容积/L	电动机功率/kW	质量/kg
DDB-10	10	10（J）	0~0.2	13	7	0.37	19
DDB-18	18				23	0.55	75
DDB-36	36						80

注：1. 工作环境温度为 0~40℃。

2. 适用介质为锥入度不低于 265（25℃，150g）1/10mm 的润滑脂。

3. 标记示例：出油口数量为 10 个点的多点干油泵标记为：

DDB-10 干油泵 JB/ZQ 4088—2006

4. 生产厂：太原矿山机器润滑液压设备有限公司，太原兴科机电研究所，太原宝太润液设备有限公司，江苏省启东市南方润滑液压设备有限公司，南通市南方润滑液压设备有限公司，启东润滑设备有限公司，启东江海液压润滑设备厂，常州市华立液压润滑设备有限公司，温州润滑设备厂，象山兴驰液压润滑设备有限公司，象山甬兴润滑液压设备有限公司。

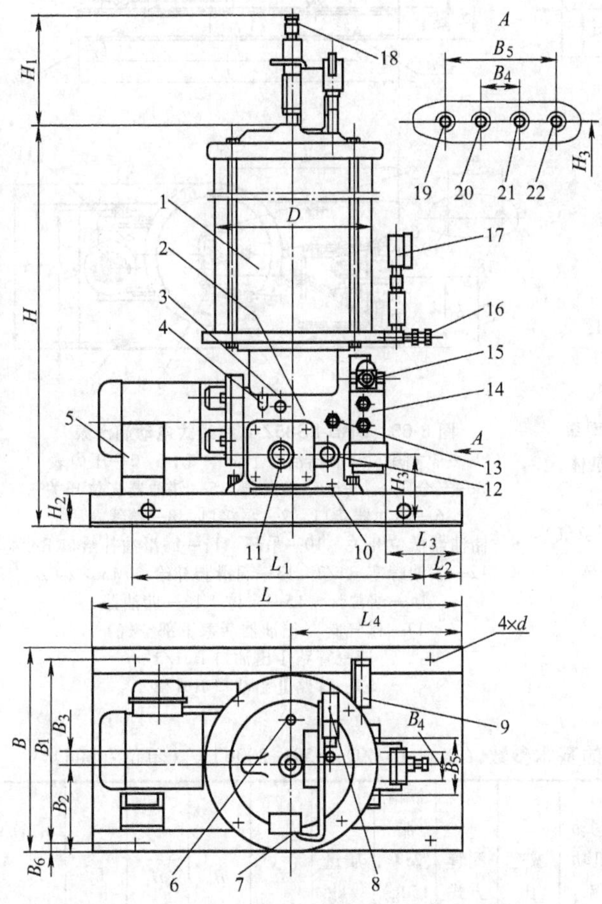

图 8-60　DRB-L60Z-H、DRZB-L195Z-H 环式电动润滑泵

1—储油器　2—泵体　3—排气塞　4—润滑油注入口　5—接线盒　6—排气阀（储油器活塞下部空气）　7—储油器低位开关　8—储油器高位开关　9—液压换向限位开关　10—放油螺塞　11—油位计　12—润滑脂补给口 M33×2-6g　13—液压换向阀压力调节螺栓　14—液压换向阀　15—安全阀　16—排气阀（出油口）　17—压力表　18—排气阀（储油器活塞上部空气）　19—管路Ⅰ出油口 Rc3/8　20—管路Ⅰ回油口 Rc3/8　21—管路Ⅱ回油口 Rc3/8　22—管路Ⅱ出油口 Rc3/8

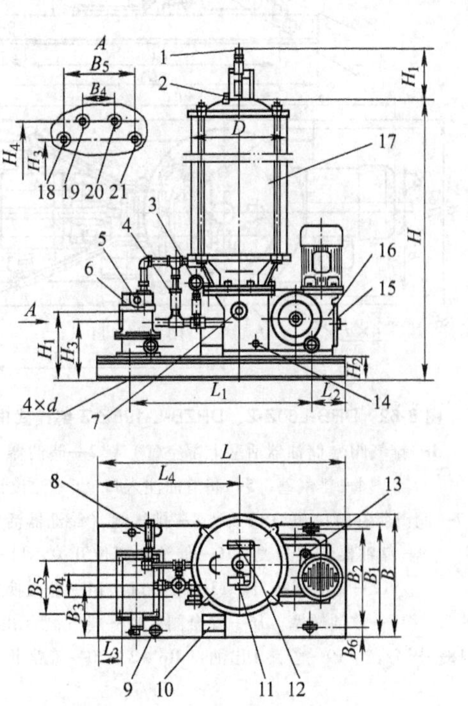

图 8-61　DRB-LS85Z-H 环式电动润滑泵

1—排气阀（储油器活塞下部空气）　2—排气阀（储油器活塞上部空气）　3—压力表　4—安全阀　5—液压换向阀　6—滚压换向阀调节螺栓　7—润滑脂补给口 M33×2-6g　8—液压换向阀限位开关　9—吊环　10—接线盒　11—储油器低位开关　12—储油器高位开关　13—润滑油注入口 R3/4　14—放油螺塞 R1/2　15—油位计　16—泵体　17—储油器　18—管路Ⅱ回油口 Rc1/2　19—管路Ⅰ出油口 Rc1/2　20—管路Ⅱ出油口 Rc1/2　21—管路Ⅰ回油口 Rc1/2

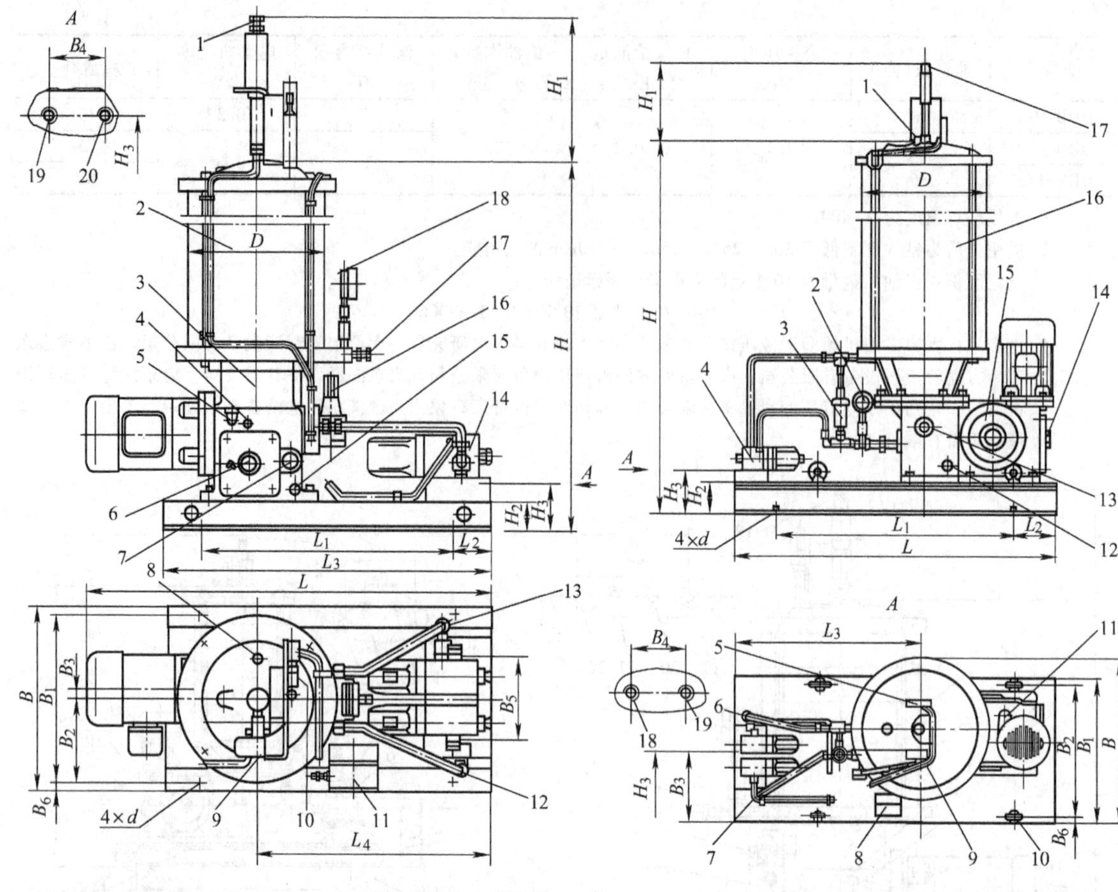

图 8-62 DRB-L60Z-Z、DRZB-L-195Z-Z 终端式电动润滑泵

1—排气阀（储油器活塞上部空气） 2—储油器 3—泵体 4—排气塞 5—润滑油注入口 6—油位计 7—润滑脂补给口 M33×2-6g 8—排气阀（储油器活塞下部空气） 9—储油器低位开关 10—储油器高位开关 11—接线盒 12—储油器接口 13—泵接口 14—电磁换向阀 15—放油螺塞 16—安全阀 17—排气阀（出油口） 18—压力表 19—管路Ⅰ出油口 Rc1/2 20—管路Ⅱ出油口 Rc1/2

图 8-63 DRB-LS85Z-Z 终端式电动润滑泵

1—排气阀（储油器活塞上部空气） 2—压力表 3—安全阀 4—电磁换向阀 5—储油器高位开关 6—储油器接口 7—泵接口 8—接线盒 9—储油器低位开关 10—吊环 11—润滑油补给口 R3/4 12—放油螺塞 R1/2 13—润滑脂补给口 M33×2-6g 14—油位计 15—泵体 16—储油器 17—排气阀（储油器活塞下部空气） 18—管路Ⅰ出油口 Rc1/2 19—管路Ⅱ出油口 Rc1/2

表 8-72 DRB 系列电动润滑泵的基本参数（摘自 JB/ZQ 4559—2006） （单位：mm）

型号	公称流量/(L/min)	公称压力/MPa	转速/(r/min)	储油器容积/L	减速器润滑油量/L	电动机功率/kW	减速比	配管方式	润滑脂(25℃,150g)/0.1mm	质量/kg	L	B	H	L_1	L_2
DRB-L60Z-H	60	20(L)	100	20	1	0.37	1:15	环式	310~385	140	640	360	986	500	60
DRB-L60Z-Z								终端式		160	780				
DRB-L195Z-H	195		75	35	2	0.75	1:20	环式		210	800	452	1056	600	100
DRB-L195Z-Z								终端式		230	891				
DRB-L585Z-H	585			90	5	1.5		环式	265~385	456	1160	585	1335	860	150
DRB-L585Z-Z								终端式		416					

（续）

型号	L_3	L_4	B_1	B_2	B_3	B_4	B_5	B_6	H_1 max	H_1 min	H_2	H_3	H_4	D	d	地脚螺栓
DRB-L60Z-H	126	290	320	157	23	42	118	20	598	155	60	130	—	269	14	M12×200
DRB-L60Z-Z	640	450		200		160	—					85				
DRB-L195Z-H	125	300	420	226	39	42	118	16	687	167	83	164	—	319	18	M16×400
DRB-L195Z-Z	800	500				160	—					108				
DRB-L585Z-H	100	667	520	476	244	111	226	22	815	170	110	248	277	457	22	M20×500
DRB-L585Z-Z	667				239	160	—					135	—			

注：1. 用于公称压力为 20MPa 的双线式干油集中润滑系统，通过分配器向润滑点供送润滑脂。泵的形式为柱塞式定量容积泵，结构型式分为环式和终端式（流出式）两种。环式电动润滑泵由泵体、储油器、液压换向阀等组成；终端式电动润滑泵，由油泵、储油器、电磁换向阀等组成。两种结构型式的电动润滑泵使用时对系统的配管方式及换向控制要求不同，可以组成双线环式集中润滑系统和双线终端式集中润滑系统；双线环式系统：系统的主管路成环状布置，由返回润滑泵的主管路末端的系统压力来控制液压换向阀换向，使两条主管路交替地供送润滑脂的集中润滑系统；双线终端式系统：由主管路末端的压力操纵阀来控制电磁换向阀交替地使两条主管路供送润滑脂的集中润滑系统。

2. 适用介质为锥入度为 250~350（25℃，150g）1/10mm 的润滑脂或黏度值为 46~150mm²/s 的润滑油。

3. 标记示例：

公称压力为 20MPa，公称流量为 585mL/min，环式配管，使用介质为润滑脂的电动润滑泵标记为：

DRB-L585Z-H 润滑泵

4. 生产厂：江苏省启东市南方润滑液压设备有限公司，南通市南方润滑液压设备有限公司，启东润滑设备有限公司，启东江海液压润滑设备厂。常州华立液压润滑设备有限公司，太原矿山机器润滑液压设备有限公司，太原兴科机电研究所，太原宝太润液设备有限公司，温州龙湾润滑设备厂，温州润滑设备厂，象山兴驰液压润滑有限公司，象山甬兴润滑液压设备制造有限公司。

3）环式（回路式）自动干油集中润滑系统。环式自动干油集中润滑系统由带有液压换向阀的电动干油站、供脂回路的输脂主管及给油器等组成，如图 8-64 所示。

它是双线供脂。这种环式布置的干油集中润滑系统，一般多用在机器比较密集，润滑点数量较多的地方。其工作原理是以一定的间隔时间（按润滑周期而定），由电动机经蜗杆减速器 6，带动柱塞泵 3，将润滑脂由储脂器 2 吸出，并压到液压换向阀 1，再从换向阀 1 出来经干油过滤器及压力输脂主管 Ⅰ 或 Ⅱ，压力润滑脂由输脂主管 Ⅰ 压入给油器，使给油器 7 在压力润滑脂作用下开始工作，向各个润滑点供给定量的润滑脂。当系统中所有给油器都工作完毕时，油站的油泵仍继续往输脂主管 Ⅰ 内供脂。输脂主管 Ⅰ 的润滑脂不断地得到补充，只进不出，相互挤压，使管内油脂压力逐渐增高，整个系统的输脂路线形成一个闭合的回路。在油脂压力作用下，推动液压换向阀换向，也就是使润滑脂的输送由原来输脂主管 Ⅰ 转换为输脂主管 Ⅱ。在换向的同时，液压换向阀的滑阀伸出端与极限开关电气联锁，切断电动机 5 的电源，泵停止工作。在液压换向阀未换向之前，在输脂主管 Ⅰ 的输脂过程中，另一条输脂主管 Ⅱ。则经过液压换向阀 1 的通路与油站储脂器 2 连通，使输脂主管 Ⅱ 的压力卸荷。换向后，具有一定压力的输脂主管 Ⅰ 经过液压换向阀 1 内的通路与油站储脂器连通，则输脂主管 Ⅰ 的压力卸荷。

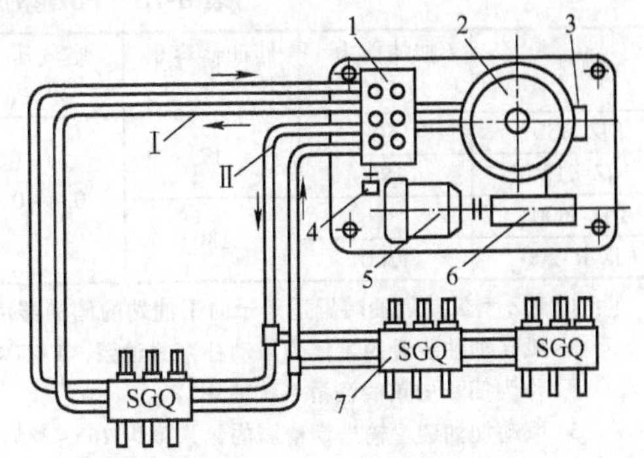

图 8-64　环式干油集中润滑系统

1—液压换向阀　2—储脂器　3—柱塞泵　4—极限开关　5—电动机　6—蜗杆减速器　7—给油器　Ⅰ、Ⅱ—输脂主管

当按润滑周期调节好的时间继电器起动时，接通油站电动机电源，带动活塞泵工作，使润滑脂从换向以后的通路送入输脂主管 Ⅱ，经给油器 7，从输脂支管送到润滑点。在供脂过程中，因主管 Ⅰ 沿液压换向阀的通路与储脂器相通，所以压力卸荷。当系统中所有给油器都工作完毕时（即按定量压送润滑脂到润滑点），主管 Ⅱ 中的压力增高，在压力作用下，又推动液压换向阀换向，在换向的同时，因液压换向阀的滑阀伸出端与极限开关电气联锁，则切断电动机电源，干油站停止供脂。这样油站时间继电器定期起动，间隔供脂，达到良好的润滑目的。

4）风动干油集中润滑系统。风动干油集中润滑系统主要由风动干油站与输脂主管、给油器等组成。根据需要可以布置成流出式，也可以布置成环式。其工作原理和上述电动干油集中润滑系统一样，只是供脂的动力不同。图 8-65 及图 8-66 所示分别为 FJZ-M50、FJZ-K180 型及 FJZ-J600、FJZ-H1200 型风动加油装置外形，表 8-73 是其基本参数。表 8-74 是 QRB 型气动润滑泵的基本参数。

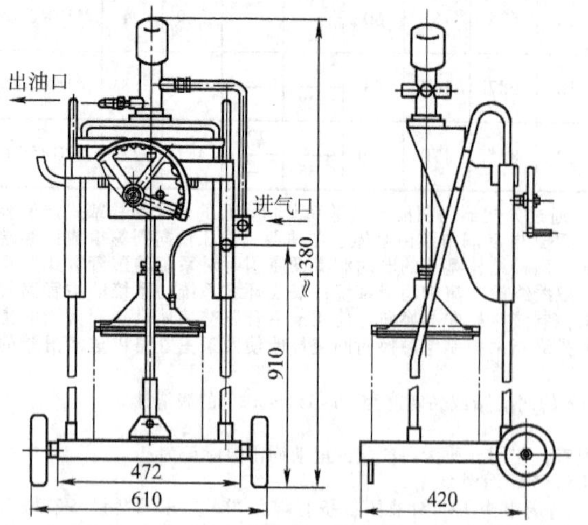

图 8-65　FJZ-M50、FJZ-K180 风动加油装置外形

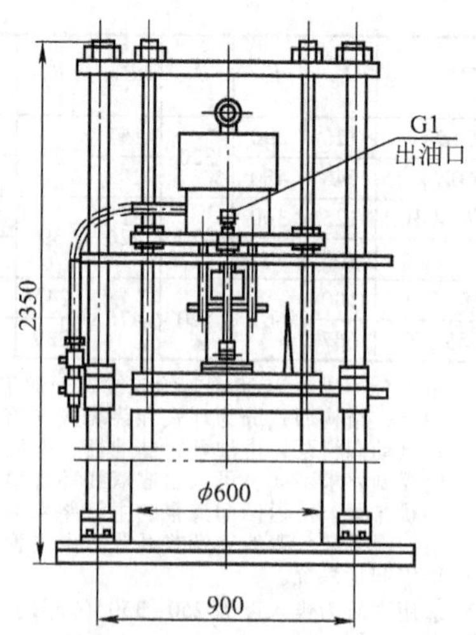

图 8-66　FJZ-J600、FJZ-H1200 风动加油装置外形

表 8-73　FJZ 型风动加油装置的基本参数

型号	加油能力/(L/h)	储油器容积/L	空气压力/MPa	压送油压比	空气耗量/(m^3/h)	每次往复排油量/mL	每分钟往复次数
FJZ-M50	50	17	0.4~0.6	1∶50	5	4.72	180
FJZ-K180	180			1∶35	80	50	60
FJZ-J600		180		1∶25	200	180	
FJZ-H1200	1200			1∶10	200	350	

注：1. FJZ 型风动加油装置适用于向干油站的储油器填充润滑脂，也可用于各种类型的润滑脂供应站。
2. 风动加油装置的主体为风动柱塞式油泵。FJZ-M50 和 FJZ-K180 两种装置配上加油枪可以给润滑点直接供油，也可作为简单的单线润滑系统使用。
3. 风动加油装置输送润滑脂的锥入度为 265~385（25℃，150g）1/10mm。
4. 生产厂：太原矿山机器润滑液压设备有限公司，太原兴科机电研究所，太原宝太润液设备有限公司。

表 8-74　QRB 型气动润滑泵（16MPa）的基本参数（摘自 JB/ZQ 4548—1997）

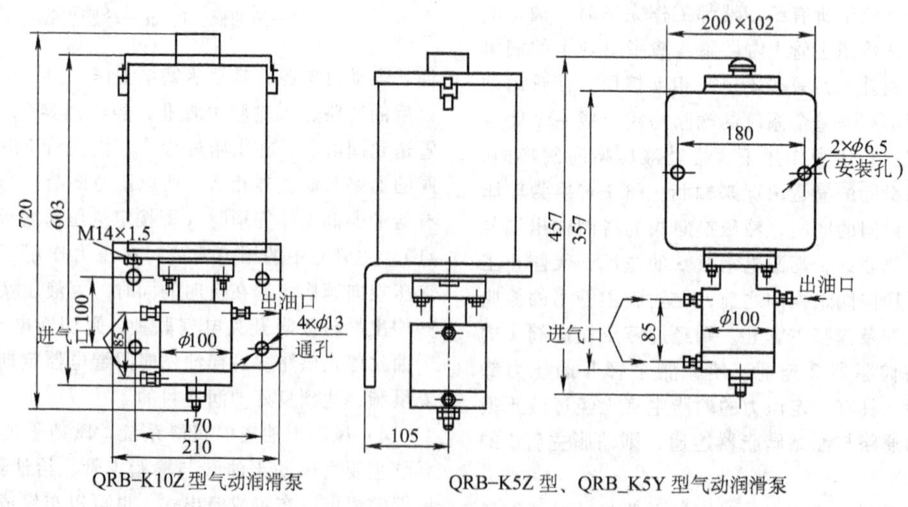

QRB-K10Z 型气动润滑泵　　QRB-K5Z 型、QRB_K5Y 型气动润滑泵

（续）

型　　号	QRB-K10Z	QRB-K5Z	QRB-K5Y
出油压力/MPa	16		
进气压力/MPa	0.63		
每次出油量(可调)/(mL/次)	0~6		
储油器容积/L	10	5	5
进气口螺纹	M10×1-6H		
出油口螺纹	M14×1.5-6H		
油位监控装置	有	无	无
最大电源电压/V	220	—	—
最大允许电流/mA	500	—	—
润滑介质	润滑脂	润滑脂	润滑油
质量/kg	39.10	13.26	12.81

注：1. 适用介质为锥入度 250~350（25℃，150g）1/10mm 的润滑脂或黏度值 46~150mm²/s 的润滑油。

2. 标记示例：

供油压力为 16MPa，储油器容积为 5L，使用介质为润滑脂的气动润滑泵标记为：

QRB-K5Z 润滑泵 JB/ZQ 4548—1997

供油压力为 16MPa，储油器容积为 5L，使用介质为润滑油的气动润滑泵标记为：

QRB-K5Y 润滑泵 JB/ZQ 4548—1997

3. 生产厂：江苏省启东江海液压润滑设备厂，启东润滑设备有限公司。

8.6.2　干油集中润滑系统设计计算

1. 设计步骤

（1）计算润滑脂的消耗量并选择给油器的型号和大小　每个润滑点消耗的润滑脂定额（即每平方米的摩擦表面积，每小时所需要的润滑脂量）可按下式计算：

$$q=11K_1K_2K_3K_4K_5$$

式中　q——每小时每平方米摩擦表面所需的润滑脂量［$cm^3/(m^2\cdot h)$］；

11——轴承直径≤100mm，转速≤100r/min 的最低消耗定额［$cm^3/(m^2\cdot h)$］；

K_1——轴承直径对润滑脂的影响系数，由表 8-75 中选取；

K_2——轴承转速对润滑脂消耗系数的影响系数，由表 8-76 中选取；

K_3——表面情况系数，一般取 $K_3\approx1.3$，表面光滑可取 $K_3=1.0\sim1.05$；

K_4——轴承工作温度系数，当轴承温度 $t<75$℃ 时取 $K_4=1$，当 $t=75\sim150$℃ 时取 $K_4=1.2$；

K_5——负荷系数，一般取 $K_5=1.1$。

（2）根据计算出的 q 值，计算各个润滑点在工作循环时间内所需润滑脂总量　每个润滑点所需给油器的供脂量由下式确定：

$$V_{给}=qAT$$

式中　$V_{给}$——给油器每一个工作柱塞，每次动作供给润滑点润滑脂的总容量（cm^3）；

q——润滑点的单位消耗定额［$cm^3/(m^2\cdot h)$］；

A——润滑点摩擦副的理论摩擦面积（m^2），为简化计算，把它推算成轴承的理论摩擦表面积，即：$A=\pi D_yL_y$，D_y、L_y 分别为推算的轴承直径与长度，参考表 8-77 计算；

T——工作循环时间（或润滑周期），即前后两次供脂的间隔时间（h）。

表 8-75　系数 K_1 的值

轴承类型	直径/mm				
	100	200	300	400	500
滑动轴承	1	1.4	1.8	2.2	2.5
滚动轴承	1	1.1	1.2	1.25	1.3

表 8-76　系数 K_2 的值

转速 n/(r/min)	100	200	300	400
K_2	1	1.4	1.8	2.2

（3）选择润滑站的型号、大小和数量　当润滑点为 30~40 个，输脂主管延伸长度的范围（区间半径）为 2~15m 时，若选用手动干油集中润滑站，其数量可按下式计算：

$$n=\frac{24\sum n_iQ_i}{1000aTQ_c}$$

式中 24——每昼夜工作时间（h）；

n_i——各种给油器的个数（个）；

Q_i——各种给油器单位给脂量（cm^3/支管·行程）；

a——油站利用系数（考虑系统中润滑脂受压缩，容积减小，油站工作时的漏耗等），一般取 = 0.8～0.9；

T——给脂周期，参考表 8-78；

Q_c——手动干油润滑站储脂器的容积，国产 SGZ 型手动干油站储脂容积 Q_c = 3.5L。

表 8-77 轴承理论摩擦面积 A 计算表

<table>
<tr><td colspan="2">平面滑动</td><td colspan="2">圆柱面</td><td colspan="2">螺杆和螺母</td></tr>
<tr><td colspan="2">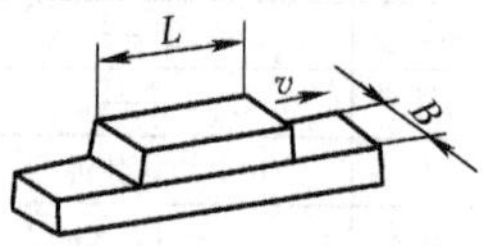
</td><td colspan="2">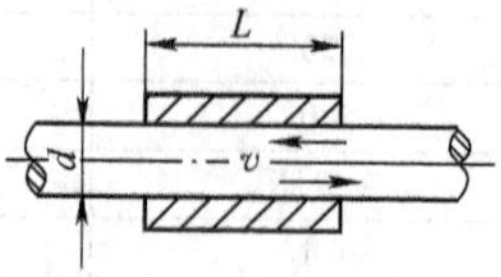
</td><td colspan="2">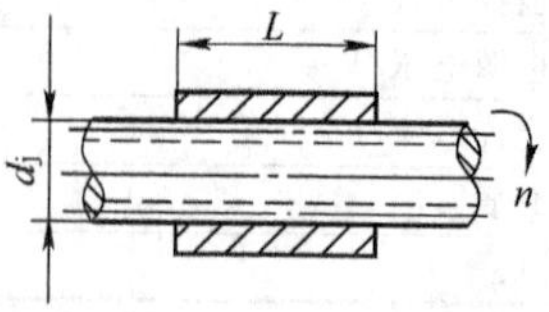
</td></tr>
<tr><td>直径 D_y</td><td>长度 L_y</td><td>直径 D_y</td><td>长度 L_y</td><td>直径 D_y</td><td>长度 L_y</td></tr>
<tr><td>$\frac{L}{\pi}$</td><td>B</td><td>$\frac{L}{\pi}$</td><td>πd</td><td>d_j</td><td>$2L$</td></tr>
<tr><td colspan="2">环状轴颈(空心)</td><td colspan="2">实习轴颈</td><td colspan="2">万向联轴器头</td></tr>
<tr><td colspan="2">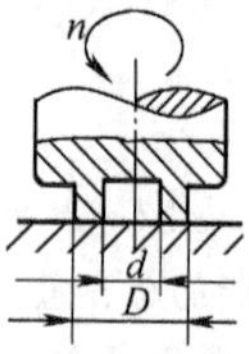
</td><td colspan="2">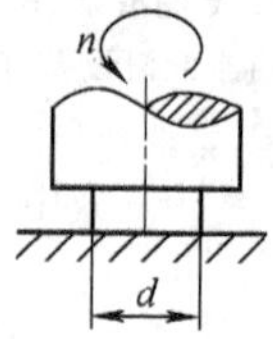
</td><td colspan="2">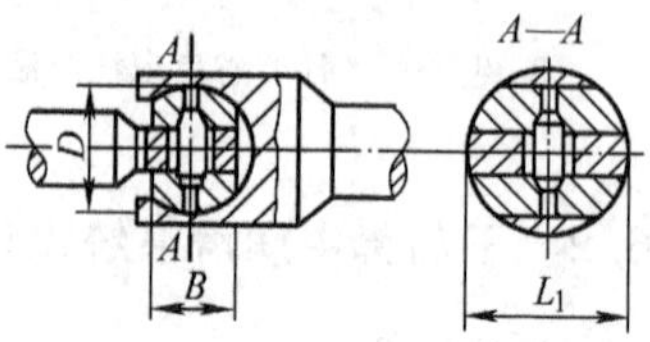
</td></tr>
<tr><td>直径</td><td>长度</td><td>直径</td><td>长度</td><td>直径</td><td>长度</td></tr>
<tr><td rowspan="4">$\frac{D+d}{2}$</td><td rowspan="4">$\frac{D-d}{2}$</td><td rowspan="4">$\frac{d}{2}$</td><td rowspan="4">$\frac{d}{2}$</td><td colspan="2">一个平面用</td></tr>
<tr><td>B/π</td><td>L_1</td></tr>
<tr><td colspan="2">两个平面用</td></tr>
<tr><td>$2B/\pi$</td><td>L_1</td></tr>
</table>

注：d_j 为螺纹中径。

由以上的数据选择合适的给油器。

（4）确定润滑制度 润滑制度（润滑周期）或干油站工作循环时间（油泵工作时间加上油泵的停歇时间），通常决定于摩擦表面的特点和工作条件（如工作温度、载荷、速度，周围环境是否有水落入、潮湿、多灰尘、受腐蚀介质的影响等）等。

对于手动干油站：润滑周期不短于 4h；

对于自动干油站：参考表 8-78。

表 8-78 干油集中润滑站的润滑周期

序号	初 轧 机	润滑周期
1	受料辊道、前后工作辊道、输出辊道、回转台、导板、切头推出机、剪切机、移动挡板和辊道、初轧开坯和板坯落下辊道、挡板、叠板装置等	2～4h
2	工作机架、推床、翻钢机、剪切机等	1～2h
	钢轨钢梁轧机	
1	冷床的辊道、冷却后矫直机前的冷床和辊道链条输送机等	2～4h
2	剪切机前辊道，移动挡板，落下挡板、辊道和输送机	2～4h
3	升降台、推床、工作机架附近的辊道、推送机、翻钢机输出辊道、剪切机连接轴等	2～4h
4	加热炉辊道（出钢侧）、工作机架、翻钢机、推钢机	1～2h

注：使用此表时，应从实际出发，结合现场经验确定润滑周期。尤其是润滑脂新产品性能改进后，润滑周期的确定也应随之改变。

选择润滑站时应考虑以下因素：

1）润滑点的数目。润滑点数不多，供脂量不大，润滑周期较长（如某些单机设备）时，可采用手动润滑站或多点干油泵；润滑点在 500 个以上，或润滑点虽不多，但机器工作繁重时，应考虑采用自动润滑站。

2）机器润滑点的分析情况。若分布在一条直线上（如辊道），可采用流出式；若分布比较集中或邻近的，可采用环式。

3）润滑脂的总容积，包括给油器的总容积和管道的总容积。

4）管道（输脂主管）的延伸长度。

2. 自动干油集中润滑站能力的确定

自动干油集中润滑站，润滑点可达 500 多个，润滑范围（区间半径）可达 5～120m，供脂能力 $Q_{自}$（cm^3/min）可按下式计算：

$$Q_{自} \geqslant \frac{\sum n_i Q_i}{t\eta}$$

式中　t——每个周期电动机工作时间（min）；

η——油站利用效率，$\eta \approx 0.75 \sim 90$。

计算应按机械的具体工作频繁程度、受载情况、周围环境、温度等条件，预选工作循环时间。当工作循环周期 T 较长时，则电动机每次工作时间（即油泵压送润滑脂时间）t 可以长些；反之，可以短些，这样求出的油站供脂能力 $Q_{自}$ 不但能满足系统的要求，而且更为合理。

根据选好的干油站 $[Q_{自}]$，按下式来校正电动机（油泵压油）的工作时间

$$t_{实} = \frac{\sum n_i Q_i \sum V_c}{[Q_{自}]\ \eta} \approx 5 \sim 10\text{min}$$

式中　$[Q_{自}]$——自动干油站的实际能力（cm^3/min）；

$\sum V_c$——管道内润滑脂压缩和管道弹性膨胀体积之和（cm^3）；

$V_c \approx 0.0001 V p_i$（cm^3）

V——被计算的管段内净体积（cm^3）；

p_i——被计算的管段内平均压力（MPa）。

通常，V_c 值只计主输脂管部分，对压力不大的分支管的 V_c 值可以忽略不计。

干油集中润滑系统的工作压力不大于 7.8～9.8MPa，工作温度一般为 15～35℃。当温度过低时，可在输脂管道上同时敷设一条 $\phi 20 \sim \phi 25$mm 的蒸汽管道，间断通蒸汽。蒸汽管与输脂管相距 10～30mm，并用保温材料将它们包扎在一起。

3. 计算输脂管路中的压力损失

黏性流体如润滑脂在管路中流动时，都要受到与流动方向相反的流体阻力，消耗能量，而以压力降的形式反映出来，称为压力损失。但润滑脂的流变特性与润滑油有很大不同，它的流动具有宾汉（Bingham）塑性流体类非牛顿流体的特性。它的流动不遵循牛顿黏性流动的规律，只有在足够的外力作用下，才能产生变形和流动。当摩擦副运动时成为黏度接近基础油的流体而起润滑作用。除去外力或摩擦副停止运动时又成为半流体。此外，在工作温度下降时，润滑脂的锥入度变小，压力损失增高，计算输脂管路时需考虑此种特性。一般计算时总的压力损失应小于 4～6MPa。

在计算压力损失后，可绘制润滑系统的管线布置示意图。图 8-67 为某设备流出式干油集中润滑站的润滑系统管线示意图，按此示意图逐项进行计算，计算结果见表 8-79。

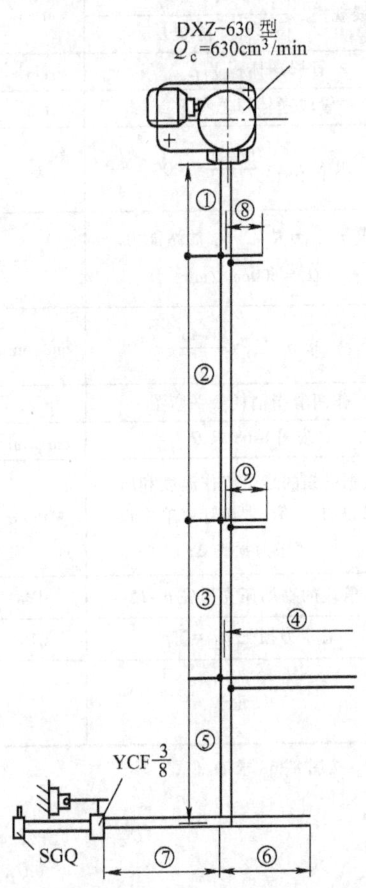

图 8-67　流出式干油集中润滑系统管线示意图

4. 几种机械零件润滑脂消耗量的计算

除了上述计算方法以外，另一种计算方法也经常

得到应用，表 8-80 中列举了推荐应用的润滑脂机械零件消耗量的计算公式。

滚动轴承是应用润滑脂最多的机械零件，一些国外滚动轴承生产厂如德国的公司，推荐了定期添加轴承润滑脂量（g）的估算式：

$$m_1 = DBX$$

式中 D——轴承外径（mm）；

B——轴承宽度（mm）；

X——系数，每周加一次时 $X = 0.002$，每月加一次时 $X = 0.003$，每年加一次时 $X = 0.004$。

当环境条件不好时，系数 X 应有增量，增量值可参见表 8-80 中的增量值 K_2。

另外，极短的再润滑间隔所添加的润滑脂量（kg/h）为

$$m_2 = (0.5 \sim 20)V$$

式中 V——轴承里的自由空间（m^3），

$V = (\pi/4)B(D^2-d^2)\times10^{-9}-G/7800$

d——轴承内孔直径（mm）；

G——轴承质量（kg）。

停用几年后起动前所添加的润滑脂量（g）为

$$m_3 = 0.01DB$$

表 8-79 计算举例表

序号	计算项目		单位	图 8-67 中管线代号 ①	②	③	④	⑤	⑥	⑦	⑧	⑨
				计算数值								
1	确定系统最低工作温度		℃	本例设最低工作温度为 10℃								
2	管线规格	内径 d_g	mm	40	40	40	20	20	8	8	15	10
		长度 L		4500	35000	15000	10000	10000	5000	5000	1000	1000
3	管段净体积 $V_{(1-n)}$		cm^3	5652	43960	18840	3140	3140	251	251	1765	735
4	管段净体积总和 V_Σ		cm^3	77784								
5	求 $K_{(1-n)} = \dfrac{V_{(1-n)}}{V_\Sigma}\times100\%$		%	8.26	56.52	24.22	4.04	4.04	0.32	0.32	2.27	1.01
6	求 $q_{(1-n)} = K_{(1-n)}Q_c$ 油站能力 $Q_c = 600cm^3/min$		cm^3/min	43.56	339.12	145.32	24.24	24.24	1.92	1.92	13.62	6.06
7	求 $q_{j(1-n)} = \dfrac{q_{(1-n)}}{2}$		cm^3/min	21.78	169.56	72.66	12.12	12.12	0.96	0.96	6.81	3.03
8	作润滑脂消耗量平衡图			如图 8-68 所示								
9	按图 8-68 求 Q_j		cm^3/min	578.22	373.26	124.98		15.96		0.96		
10	根据已知的最低工作温度和所求得的 Q_j 值，求出管道单位长度压力损失 Δp		MPa/m	0.026	0.025	0.02	—	0.04	—	0.045	—	—
11	各管段的平均压力损失 $p = l\Delta p$		MPa	0.12	0.85	0.29		0.39		0.22		
12	总压力损失 $p_\Sigma = \Sigma p$		MPa	1.88								
13	结论			总压力损失 $p_\Sigma = 1.88MPa < 4MPa$ 本系统满足生产要求，可用								

注：1. 按图 8-68 求 Q_j 值，

$$Q_{j1} = Q_c - q_{j1} = 578.22$$

$$Q_{j2} = q_3+q_4+q_5+q_6+q_7+q_9+q_{j2} = Q_c-(q_1+q_8+q_{j2}) = 373.26$$

$$Q_{j3} = q_4+q_5+q_6+q_7+q_{j3} = 124.98$$

$$Q_{j5} = q_6+q_7+q_{j5} = 15.96$$

$$Q_{j7} = \frac{1}{2}q_7 = 0.96$$

2. 当 Q_j 值小于 $50cm^3/mm$ 时，可以用 $Q_j = 50cm^3/mm$ 计算（本例没有按此计算）。

表 8-80　润滑脂消耗量的计算

<table>
<tr><th>序号</th><th>部位</th><th colspan="9">公式及数据</th><th>单位</th><th>说　明</th></tr>
<tr><td>1</td><td>滑动轴承</td><td colspan="9">$Q=0.025\pi DL(K_1+K_2)$</td><td rowspan="8">mL/班
(每班 8h)</td><td rowspan="8">D—轴孔直径(mm)
L—轴承长度(mm)
N—系数,单列轴承为 2.5,双列轴承为 5
B—滑动平面的宽度(cm)
L_1—滑动平面的长度(cm)
b—小齿轮的齿宽(cm)
d—小齿轮的节圆直径(cm)</td></tr>
<tr><td>2</td><td>滚动轴承</td><td colspan="9">$Q=0.025\pi DN(K_1+K_2)$</td></tr>
<tr><td>3</td><td>滑动平面</td><td colspan="9">$Q=0.025\pi BL_1(K_1+K_2)$</td></tr>
<tr><td rowspan="4">—</td><td rowspan="4">—</td><td colspan="2">转速/(r/min)</td><td>微动</td><td>20</td><td>50</td><td>100</td><td>200</td><td>300</td><td>400</td></tr>
<tr><td colspan="2">K_1</td><td>0.3</td><td>0.5</td><td>0.7</td><td>1.0</td><td colspan="2">1.8</td><td>2.5</td></tr>
<tr><td>工况条件</td><td>粉尘作业</td><td>室外作业</td><td colspan="3">高温(>80℃)</td><td colspan="3">气体及水污染</td></tr>
<tr><td>K_2</td><td colspan="2">0.3~1</td><td colspan="6">0.3~6</td></tr>
<tr><td>4</td><td>齿轮</td><td colspan="9">$Q=0.025bd$</td></tr>
</table>

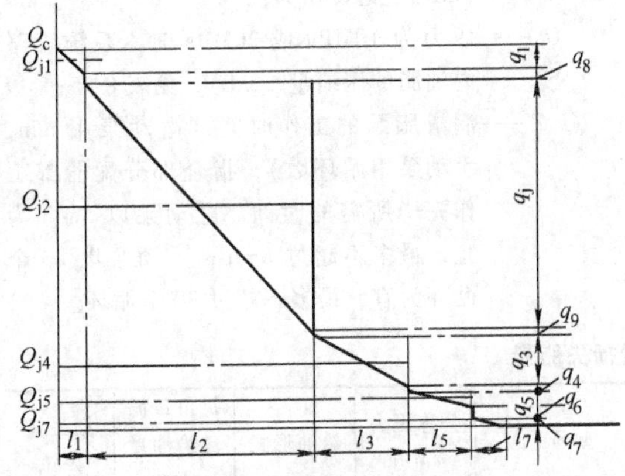

图 8-68　润滑脂消耗量平衡图

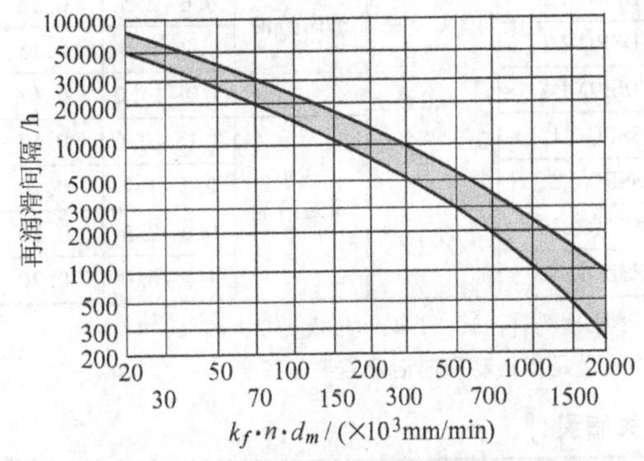

图 8-69　在正常环境条件下轴承的润滑间隔

滚动轴承润滑脂使用寿命的计算值与润滑间隔是根据失效可能性来考虑的。轴承的工作条件与环境条件差时，润滑间隔将减少。通常润滑脂的标准再润滑周期，是在环境温度最高为 70℃，平均轴承负荷 $P/C<0.1$（P 为压力，C 为基本额定动载荷）的情况下计算的。矿物油型锂基润滑脂在工作温度超过 70℃以后，每升温 15K，润滑间隔将减半。此外，轴承类型、灰尘和水分、冲击负荷和振动、负荷高低、通过轴承的气流等都对润滑间隔有一定影响。图 8-69 是速度系数 nd_m 值对润滑间隔的影响，应用于轴承，失效可能性为 10%~20%。k_f 值与轴承类型有关，称为再润滑间隔校正系数，承载能力较高的轴承，k_f 值较高，参见表 8-81。当工作条件与环境条件差时，减少的润滑间隔可由下式求出：

$$t_{fq}=f_1f_2f_3f_4f_5t_f$$

式中　t_{fq}——减少的润滑间隔；

t_f——润滑间隔；

$f_1 \sim f_5$——工作条件与环境条件差时润滑间隔减少因数，见表 8-82。

表 8-81　一些类型轴承的再润滑间隔校正系数

轴承类型	形式	k_f
深沟球轴承	单列	0.9~1.1
	双列	1.5
角接触球轴承	单列	1.6
	双列	2
主轴轴承	$\alpha=15°$	0.75
	$\alpha=25°$	0.9
四点接触球轴承		1.6
调心球轴承		1.3~1.6
推力球轴承		5~6
角接触推力球轴承	单列	1.4
圆柱滚子轴承	单列	3~3.5①
	双列	3.5
	满装	25
推力圆柱滚子轴承		90
滚针轴承		3.5
圆锥滚子轴承		4
中凸滚子轴承		10
无挡边球面滚子轴承(E 型结构)		7~9
有中间挡边球面滚子轴承		9~12

① $k_f=2$（适用于径向负荷或增加止推负荷）；$k_f=3$（适用于恒定止推负荷）。

表 8-82 工作与环境条件差时的润滑间隔减少因数

灰尘和水分对轴承接触面的影响	
中等	$f_1=0.7\sim0.9$
强	$f_1=0.4\sim0.7$
很强	$f_1=0.1\sim0.4$
冲击负荷和振动的影响	
中等	$f_2=0.7\sim0.9$
强	$f_2=0.4\sim0.7$
很强	$f_2=0.1\sim0.4$
轴承温度高的影响	
中等(最高 75℃)	$f_3=0.7\sim0.9$
强(75~85℃)	$f_3=0.4\sim0.7$
很强(85~120℃)	$f_3=0.1\sim0.4$
高负荷的影响	
$P/C=0.1\sim0.15$	$f_4=0.7\sim1.0$
$P/C=0.15\sim0.25$	$f_4=0.4\sim0.7$
$P/C=0.25\sim0.35$	$f_4=0.1\sim0.4$
通过轴承的气流的影响	
轻气流	$f_5=0.5\sim0.7$
重气流	$f_5=0.1\sim0.5$

再润滑过程中通常不可能去除用过的润滑脂。再润滑间隔 t_{fq} 必须降低 30%~50%。一般采用的润滑脂的量见表 8-80。

5. 润滑脂泵的选择计算

润滑脂泵的最小流量可按下式计算：

$$Q=\frac{Q_1+Q_2+Q_3+Q_4}{T}$$

式中 Q——润滑脂泵的最小流量［mL/min（电动泵），mL/循环（手动泵）］；

Q_1——全部分配器给脂量的总和（mL），若单向出脂时为 Q_1，双向出脂时为 $Q_1/2$；

Q_2——全部分配器损失脂量的总和（mL），见表 8-83；

Q_3——液压换向阀或压力操纵阀的损失脂量（mL），见表 8-84；

Q_4——压力为 10MPa 或 20MPa 时，系统管路内油脂的压缩量（mL），见表 8-85；

T——润滑脂泵的工作时间（电动泵用 min，手动泵用循环数），指全部分配器都工作完毕所需的时间。电动泵以 5min 为宜，最多不超过 8min；手动泵以 25 个循环为宜，最多不超过 30 个循环。

表 8-83 分配器损失脂量

型号	公称压力/MPa	给油形式	每孔每次给油量/mL	每孔损失量/(滴/min)	型号	公称压力/MPa	给油形式	每口每循环给油量/mL	损失量/mL
SGQ-※1	10	单向给油	0.1~0.5	4	※DSPQ-L1	20	单向给油	0.2~1.2	0.06
SGQ-※2			0.5~2.0	6	※DSPQ-L2			0.6~2.5	0.10
SGQ-※3			1.5~5.0	8	※DSPQ-L3			1.2~5.0	0.15
SGQ-※4			3.0~10.0	10	※DSPQ-L4			3.0~14.0	0.68
SGQ-※5			6.0~20.0	14	×SSPQ-L1		双向给油	0.15~0.6	0.17
SGQ-×1S		双向给油	0.1~0.5	4	×SSPQ-L2			0.2~1.2	0.20
SGQ-×2S			0.5~2.0	6	×SSPQ-L3			0.6~2.5	0.20
SGQ-×3S			1.5~5.0	8	×SSPQ-L4			1.2~5.0	0.20
SGQ-×4S			3.0~10.0	10					

注：1. 表中数据参见 JB/ZQ 4089—1997 及 JB/ZQ 4560—2006；※依次为 1，2，3，4；×依次为 2，4，6，8。

2. 表中的给油量是指活塞上下行程给油量的算术平均值；损失量是指推动导向活塞需要的流量。

表 8-84 阀件损失脂量

型号	名称	公称压力/MPa	调定压力/MPa	损失量/mL
YHF-L1	液压换向阀	20(L)	5	17.0
YHF-L2				2.7
YZF-L4	压力操纵阀		4	1.5
YZF-J4		10(J)	4	1.0

表 8-85 管道内润滑脂压缩量

公称直径/mm		8	10	15	20	25	32	40	50
单位压缩量/(mL/m)	10MPa	0.16	0.32	0.58	1.04	1.62	2.66	3.74	6.22
	20MPa	0.29	0.57	1.06	1.88	2.95	4.82	6.80	11.32

6. 系统工作压力的确定

系统的工作压力主要用于克服主油管、给油管的压力损失和确保分配器所需的给油压力，以及压力控制元件所需的压力等。干油集中润滑系统主油管、给油管的压力损失见表 8-86，分配器的结构及所需的给油压力（以双线式分配器为例）见表 8-87。

考虑到干油集中润滑系统的工作条件随季节的更换而变化，且系统的压力损失也难以精确计算，在确定系统的工作压力时，通常以不超过润滑脂泵额定工作压力的 85%为宜。

表 8-86　主油管、给油管的压力损失

（单位：MPa/m）

	公称通径/mm	公称流量/(mL/min)					公称流量/(mL/循环)	
		600	300	200	100	60	3.5	8
主油管	10	—	—	—	—	0.32	0.33	0.41
	15	—	—	0.26	0.22	0.19	0.20	0.25
	20	0.21	0.18	0.15	0.13	0.11	0.12	0.14
	25	0.13	0.11	0.10	0.09	0.07	—	
	32	0.08	0.07	0.06	0.05	0.05		
	40	0.06	0.05	0.05	主管所有数值在环境温度为 0℃，使用 GB/T 7323—2008 中的 1 号极压锂基润滑脂时测得，如用 0 号脂则为上列数值的 60%			
	50	0.04	—					

	公称通径/mm	温度为 0℃时的公称流量 10mL/min 1 号润滑脂	温度为 0℃时的公称流量 10mL/min 0 号润滑脂	最大配管长度/m
给油管	4	0.60	0.35	4
	6	0.32	0.20	7
	8	0.21	0.14	10

注：环境温度为-5℃、15℃、25℃时，相应数值分别为表中数值的 150%、50%、25%。

表 8-87　分配器所需的给油压力

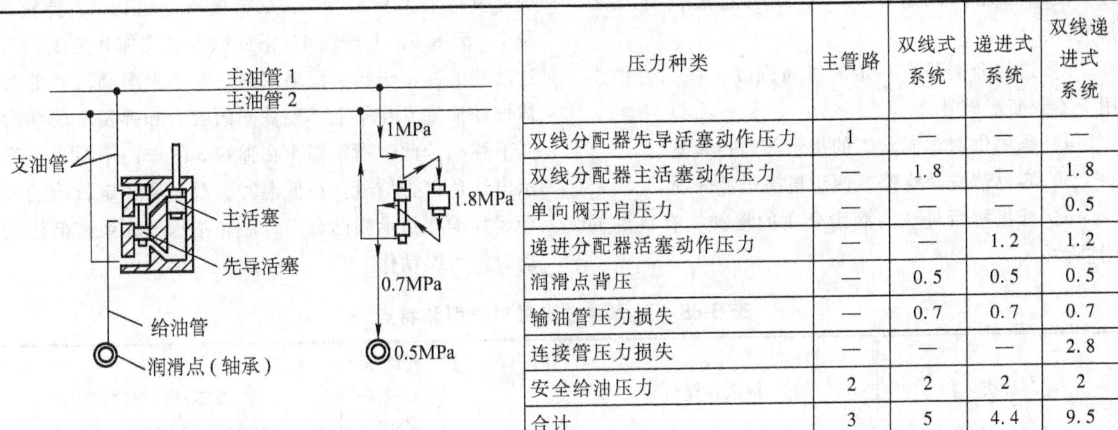

压力种类	主管路	双线式系统	递进式系统	双线递进式系统
双线分配器先导活塞动作压力	1	—	—	—
双线分配器主活塞动作压力	—	1.8	—	1.8
单向阀开启压力	—	—	—	0.5
递进分配器活塞动作压力	—	—	1.2	1.2
润滑点背压	—	0.5	0.5	0.5
输油管压力损失	—	0.7	0.7	0.7
连接管压力损失	—	—	—	2.8
安全给油压力	2	2	2	2
合计	3	5	4.4	9.5

注：1. 双线式分配器主活塞动作压力，只给出最大的动作压力。每一规格分配器的动作压力详见产品参数表

2. 输油管、连接管的压力损失，随管道直径、长度和油温而变化

3. 安全给油压力是使分配器不发生意外动作的设计中预加的压力

4. 本表是以递进式系统为例

8.7　润滑油的过滤净化和污染控制

8.7.1　概述

在润滑系统中，由于润滑剂被周围环境中的及系统工作过程中产生的各种杂质、尘埃、水分、磨屑、微生物及油泥等污染，造成润滑剂劣化、变质，使被润滑零件表面磨损及损伤、腐蚀，从而使润滑系统和元件发生故障，可靠性降低，使用寿命缩短。所以，实施润滑系统的污染控制，及时净化润滑剂中的污染物或更换新油，保持润滑剂的清洁，是润滑系统维护管理中的重要环节。

润滑系统的污染控制可概括为以下几方面内容：

1）润滑系统污染分析。

2）润滑元件的污染耐受度分析。

3）润滑剂的过滤与净化。

4）润滑系统的污染平衡与合理控制。

润滑系统污染控制的内容和目的是通过污染控制

措施使润滑剂的污染度保持在润滑元件的污染感受度以内，以确保润滑系统的可靠性和使用寿命。

设备润滑油液的净化方法有四种：过滤，沉淀和离心，黏附，磁选。后两种方法常作为与前者同时使用的净化方法。

8.7.2 过滤及过滤器

过滤是润滑油液最常用的净化方法。一般机械设备中的润滑和液压系统均设有过滤器，在设备加油及油料库中，常采用过滤车、过滤机等使油液净化。

过滤器就是利用过滤介质分离悬浮在润滑剂中污染微粒的装置。它是在压力差的作用下，迫使流体通过过滤介质孔隙，将润滑剂中的固体微粒截留在过滤介质上，从而达到从润滑剂中分离悬浮在其中的污染微粒的目的。

对过滤器的要求如下：

1）具有较高的过滤精度，能满足系统对润滑剂提出的过滤要求。

2）通油性能好。在润滑剂通过过滤器时，单位过滤面积通过的流量要大，不致引起过高的压力损失。

3）过滤介质要有一定的机械强度，在压力油作用下不致变形破坏。

4）须提供对过滤状态的指示与监控装置。

5）容易清洗及维修，便于更换过滤介质。

6）能抵抗所过滤的润滑介质的侵蚀，有良好的耐蚀性。

7）价格便宜，易于购置。

（1）过滤器的类型　从过滤器的结构型式看，可分为沉淀式过滤器与直通式过滤器两大类，其中又可分为有、无安全阀与压差发信器（或指示器）两种结构型式。

按过滤材料可分为表面型过滤器、深度型过滤器与磁性过滤器三类。表面型过滤器是指被滤除的微粒污染物被看作全部截留在滤芯元件靠油液上游的一面，它可滤除所有大于滤芯材料孔隙尺寸的粒子，如线隙式、片式及编制方孔网的滤芯等。深度型过滤器的滤芯元件为多孔可透性材料，内部具有曲折迂回的通道，大于表面孔径的粒子进入过滤材料内部，碰撞到通道的壁上，并由于吸附作用使其保持在那里而得到滤除。另外在这些通道上流体的流动方向和速度发生变化，也有利于污染粒子的沉积和截留，这类滤芯有不锈钢烧结纤维毡、烧结金属和陶瓷、毛毡、纸类及各种纤维毡制品等。表 8-88 为过滤器过滤材料类型和特点分析，图 8-70 为几种常用的过滤器结构简图，图 8-71 为一种组装式压差发信器结构。组装式压差发信器由指示帽 1、双金属锁定机构 2、弹簧 3 及 7、活塞 6、上磁铁 4、下磁铁 5 及壳体 8 组成。当过滤器滤芯由于污染而堵塞时，滤芯上游高压腔的液体推动活塞 6 克服上下磁铁间的吸力和弹簧 7 的弹力向下移动。此时指示帽 1 在弹簧 3 的作用下跳出，显示出红色警告信号。在低温时，双金属锁定机构的双金属片卡在指示帽凸台上，防止指示器在系统低温起动时产生误动作。

表 8-88　过滤器过滤材料类型和特点

滤芯种类名称		构造及规格	过滤精度/μm	允许压力损失/MPa	滤芯材料特性
金属丝网编织的网式滤布		0.18mm、0.154mm、0.071mm 等的黄铜或不锈钢丝网	80 100 180	0.01	结构简单,通油能力大,压力损失小,易于清洗,但过滤效果差,精度低
线隙式滤芯	吸油口	在多角形或圆形金属框架外缠绕直径为 0.4mm 的铜丝或铝丝而成	80 100	≤0.02	结构简单,过滤效果好,通油能力大,压力损失小,但精度低,不易清洗
	回油口		10 20	≤0.35	
纸式滤芯	压油口	用厚 0.35~0.75mm 的平纹或厚纹酚醛树脂或木浆微孔滤纸制成。三层结构:外层用粗眼铜丝网,中层过滤纸式滤材,内层为金属丝网	10 20	0.08~0.2	过滤效果好,精度高,通油能力较大,抗腐蚀,容易更换但压力损失大,易阻塞,不能回收,无法清洗,需经常换滤芯
	回油口		30 50	≤0.35	
烧结式滤芯		用颗粒状青铜粉烧结成杯、管、板、碟状滤芯。最好与其他滤芯合用	10~100	0.03~0.06	能在很高温度下工作,强度高,耐冲击,抗腐蚀,性能稳定,容易制造。但易堵塞,清洗困难

（续）

滤芯种类名称	构造及规格	过滤精度 /μm	允许压力损失 /MPa	滤芯材料特性
磁性滤芯	设置高磁能的永久磁铁与其他滤芯合用效果更好			可吸除油中的黑色金属微粒，过滤效果好
片式滤芯	金属片（铜片）叠合而成，可旋转片进行清洗	80~200	0.03~0.07	强度大，通油能力大，但精度低，易堵塞，价高，将逐渐淘汰
高分子材料滤芯（如聚丙烯、聚乙烯醇缩甲醛等）	制成不同孔隙度的高分子微孔滤材亦可用三层结构	3~70	0.1~2	质量小，精度高，流动阻力小，易清洗，寿命长，价廉，流动阻力小
熔体滤芯	用不锈钢纤维烧结毡制成各种聚酯熔体滤芯	40	0.14~5	耐高温（300℃），耐高压（30MPa），耐腐蚀，渗透性好，寿命长，可清洗，价格贵

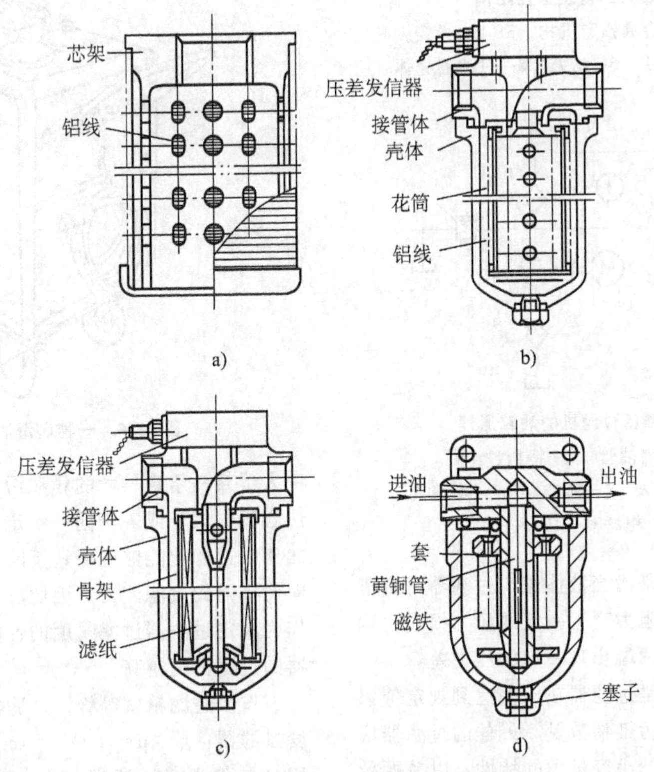

图 8-70　几种常用的过滤器结构简图

a）线隙式过滤器（进油口用）　b）线隙式过滤器（管道用）　c）纸质过滤器　d）圆柱形永磁过滤器

在 20 世纪 80 年代末，我国还开发了多种过滤机和过滤车。图 8-72 所示为一种三级精密过滤机的油路原理。从图中可以看出，在齿轮泵吸油管上设置了 80 目铜丝网布粗滤器 9，滤除大于 0.222mm 的杂质以保护齿轮泵；污染油经第一级粗过滤后由齿轮泵 8 输入 200 目铜丝网布精滤器 6，滤除大于 0.074mm 的杂质，此为第二级精过滤；最后输入装有 PVF 聚乙烯醇缩甲醛筒状特精过滤介质的过滤缸 3 进行深层第三级特精过滤，可滤除大于 5μm 的微细杂质（见图 8-73）。

图 8-74 所示为一种润滑油过滤车外形，该过滤车可在现场进行油的过滤处理。

（2）过滤器的主要性能参数　过滤器的主要性能参数有压差特性、纳污容量、过滤精度、过滤效率与工作压力等。

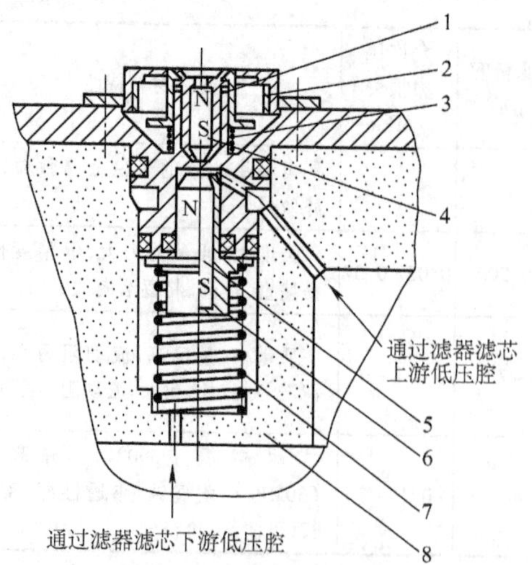

图 8-71　组装式压差发信器结构

1—指示帽　2—双金属锁定机构　3、7—弹簧
4—上磁铁　5—下磁铁　6—活塞　8—过滤器壳体

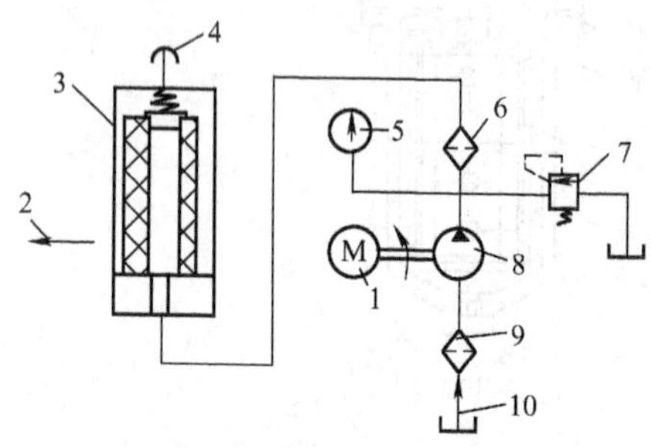

图 8-72　三级精密过滤机的油路原理

1—电动机　2—出油管　3—特精过滤缸
4—排气阀　5—压力表　6—精滤器　7—溢流阀
8—齿轮泵　9—粗滤器　10—进油管

过滤器的压差特性是指当液体流经过滤器时由于过滤介质对液体流动的阻力产生一定的压力损失，因而在滤芯元件的出入口两端出现一定的压力差。

过滤器的纳污容量是过滤器在压差达到规定值以前，可以滤除并容纳的污染物数量。最佳的过滤器应同时具有过滤效率高和纳污容量大的特性，以兼顾效率与经济两个方面。

过滤器的过滤精度是指过滤器能有效滤除的最小颗粒污染物的尺寸。它反映了过滤器对某些尺寸颗粒污染物控制的有效性，具有过滤效率与颗粒尺寸两方面。根据对过滤精度中的有效性的规定，通常有三种过滤精度的表示方法：①名义过滤精度：指由过滤器制造厂给定的微米（μm）值；②绝对过滤精度：指能够通过滤芯元件的最大球形颗粒的直径，以微米（μm）表示；③过滤比：指过滤器上游油液单位容积

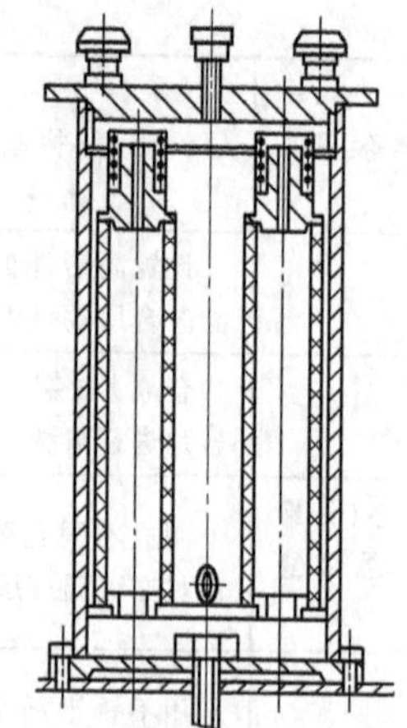

图 8-73　特精过滤缸结构简图

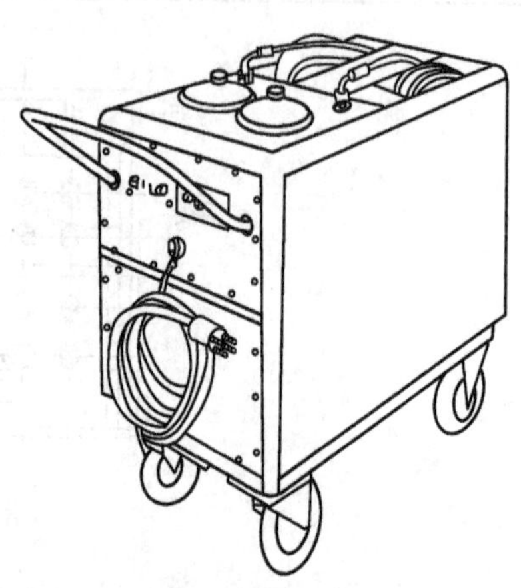

图 8-74　一种润滑油过滤车外形

中大于某一给定尺寸的颗粒污染物数量与下游油液单位容积中大于或等于同一给定尺寸的颗粒污染物数量之比。过滤比能够确切地反映过滤器对于不同尺寸颗粒污染物的过滤能力，因此已被国际标准化组织采纳作为评定过滤器过滤精度的性能指标。值越大，过滤器的过滤精度越高。

按照过滤精度等级，过滤器有四种类型：①高精度过滤器：$x=4\mu m$（c）、$5\mu m$（c）、$6\mu m$（c）（$\beta_x \geqslant 100$）；②精密过滤器：$x=10\mu m$（c）、$15\mu m$（c）、$20\mu m$（c）（$\beta_x \geqslant 100$）；③中等精度过滤器：$x=30\mu m$（c）、$40\mu m$（c）（$\beta_x \geqslant 100$）；④粗过滤器：$x \geqslant 50\mu m$（c）（$\beta_x \geqslant 100$）。

此外还可以用过滤效率表示过滤器滤除油液中污染粒子的能力，即

$$E_c=\frac{N_u-N_d}{N_u}=1-\frac{N_d}{N_u}=1-\frac{1}{\beta_x}$$

式中　E_c——过滤效率。

表 8-89 为过滤器性能及评定方法。

表 8-89　过滤器性能及评定方法

类　别	项　目	评定方法标准代号
过滤性能	压差-流量	ISO 3968:2017
	过滤精度	ISO 16889:2008
	纳垢容量	ISO 16889:2008
结构性能	滤芯结构完整性	GB/T 14041.1—2007(ISO 2942:2004)
	滤芯材料与工作液体的相容性	GB/T 14041.2—2007(ISO 2943:1998)
	滤芯抗破裂性	GB/T 14041.3—2010(ISO 2941:2009)
	滤芯额定轴向载荷	GB/T 14041.4—1993(ISO 3723:1976)
	滤芯对流量波动的耐疲劳特性	ISO 3724:2007

(3) 过滤器的选用　在选择过滤器（滤油器）时，应当考虑的一些因素如下：

1) 所过滤油液的性质与过滤材料（滤芯）和壳体材料的相容性。注意它是否有可能腐蚀滤芯或壳体。

2) 具有合适的过滤精度。不同的系统和不同的工作状态，可选择不同过滤精度的过滤器。

用于静压轴承的粗过滤器推荐采用的过滤精度应小于轴承半径间隙，过滤比推荐为 20；而精过滤器的过滤精度推荐小于轴承受载后轴承宽度中的最小间隙，过滤比推荐为大于 75。

一般来说，选用较高精度的过滤器可大大提高润滑系统的工作可靠性和元件寿命，但过滤器的过滤精度越高，过滤器滤芯元件堵塞越快，滤芯更换与清洗周期就越短，成本越高。故选择过滤器时应根据工况和设备情况合理地选择过滤器的过滤精度，以达到所需的油液清洁度。

3) 具有足够的通油能力。当过滤器压力降达到规定值以前可以滤除并容纳的污染物数量大，即纳垢容量大，则过滤效率高。一般来说，过滤器的过滤面积越大，其纳垢容量就越大，在流量一定的情况下，随着过滤面积的增大，单位过滤面积上通过的流量减小，滤芯的压差也减小，因而达到额定压差时滤芯能够容纳更多的污染物。

过滤器的有效过滤面积（片式过滤器除外）按下式计算：

$$A=\frac{Q\mu}{\alpha\Delta p}\times\frac{1}{60}$$

式中　A——有效过滤面积（cm^2）；

Q——过滤器的额定流量（L/min）；

μ——液体的动力黏度（Pa · s）；

α——过滤材料单位面积通油能力（L/cm^2），在液体温度为 20℃ 时，对于特种滤网，α 值为 0.003～0.006L/cm^2；纸质滤芯，α 值为 0.035L/cm^2；线隙式滤芯，α 值为 1L/cm^2；一般网式滤芯，α 值为 2L/cm^2；

Δp——压力降（Pa）。

4) 选择过滤器的流量。过滤器的流量决定后，可按样本规定选择过滤器的规格。

5) 温度适当。过滤液体的温度影响液体的黏度、壳体腐蚀速度以及过滤液体与过滤材料的相容性。随着温度的升高，液体的黏度降低。如果液体的黏度过高，可进行适当的预热，但重要的是根据润滑系统工作温度确定液体的黏度，合理地选择滤芯。

6) 容易清洗并便于更换过滤材料。

(4) 过滤器的使用注意事项

1) 安装过滤器时要注意过滤器壳体上标明的液流方向，正确安装在工作系统中。否则，将会把滤芯冲毁，造成系统污染。

2) 当过滤器压差指示器显示红色信号时，要及时清洗或更换滤芯。

3) 在清洗或更换滤芯时，要防止外界污染物侵入工作系统。

4) 清洗金属编织方孔网滤芯元件时，可用刷子在汽油等中刷洗，而清洗高精度滤芯元件则需用超净的清洗液或清洗剂。金属丝编织的特种网和不锈钢纤维烧结毡等可以用超声波清洗或液流反向冲洗。而纸质滤芯及化纤滤芯切忌用超声波清洗，只能在清洗液中刷洗。

5) 滤芯元件在清洗时应堵住滤芯端口，防止清洗下的污物进入滤芯内腔造成内污染。

8.7.3　润滑油液污染度的测定

润滑系统内部生成的微粒污染物是反映系统工作状况的信息，通过对油液中微粒污染物的分析，可以为系统的磨损监测和系统故障诊断提供重要线索和依据。

目前常用光学显微镜观察颗粒污染物的形状、尺寸和表面特征，使用光谱法、X射线能谱法等分析颗粒污染物的化学成分和含量，使用铁谱法鉴别油液中与磨损过程有关的颗粒污染物。

润滑油液污染度是指单位体积油液中固体颗粒污染物的含量。常用油液污染度的表示方法有质量污染度和颗粒污染度两种。质量污染度是指单位体积油液中所含的固体颗粒污染物质量，单位一般为 mg/L；颗粒污染度是指单位体积油液中所含的各种尺寸固体颗粒污染物数量。相应的油液污染度的测定方法如下：

(1) 质量污染度的测定　按照国际标准 ISO 4405：2009 规定的测定方法和步骤，采用两片直径 47mm、孔径 0.8μm 的微孔滤膜。将两片滤膜上下重叠并夹紧在滤膜夹持器内，用真空吸滤瓶过滤 100mL 样液，然后将滤膜烘干，并分别称取微孔滤膜过滤前后的质量。用下式计算样液中颗粒污染物的质量浓度 W（mg/L）即为油液的质量污染度：

$$W=\frac{(M_E-m_E)-(M_T-m_T)}{V}\times 1000$$

式中　M_E、m_E——上片过滤样液后、前的质量（mg）；

M_T、m_T——分别为下片过滤样液后、前的质量（mg）；

V——样液体积（mL）。

称重时天平读数应精确到 0.05mg。

(2) 颗粒污染度的测定　颗粒污染度的测定有显微镜计数法、自动颗粒计数器计算法两种定量方法。此外还有显微镜比较法、滤网堵塞法两种半定量方法。下面主要介绍两种定量方法。

1) 显微镜计数法。按照国际标准 ISO 4407—2002 规定的操作方法和步骤，采用微孔滤膜将一定体积的油液过滤，油液中的颗粒收集于滤膜的表面，然后将滤膜制成试片，在光学显微镜下对试片上的颗粒进行人工计数，从而计算出油液的颗粒污染度。

2) 自动颗粒计数器计数法。在国际标准 ISO 11171：2016 中详细规定了这种计数法的标定方法和步骤，采用遮光原理和激光光源的自动颗粒计数器是油液颗粒污染度测定的主要仪器。其工作原理是让被测试油液通过一面积狭小的透明传感区，激光光源发出的激光沿与油液流向垂直的方向透过传感区，透过传感区的光信号由光电二极管转换为电信号。若油液中有一个颗粒通过，则光源发出的激光有一部分被该颗粒遮挡，使光电二极管接收到的光量减弱，于是产生一个电脉冲。电脉冲的幅度与颗粒的投影面积成正比，即与颗粒的大小成正比，电脉冲的数量即为颗粒的数量。

表 8-90 为目前通用的颗粒计数方法和仪器。

表 8-90　颗粒计数方法和仪器

方法	原理	仪器	测量范围/μm
视场扫描	自测	光学显微镜	>5
	自动扫描	图像分析仪	>1
		扫描电子显微镜	0.02~50
液流扫描	遮光	遮光型自动颗粒计数器	1~9000
	光漫射	激光型自动颗粒计数器	0.5~25
	电阻变化	电阻型自动颗粒计数器	1~100

(3) 油液颗粒污染度等级　目前常用的油液颗粒污染度等级表示方法在 ISO 4406：2017、NAS 1638—2011、ISO/DIS 11218：2017、SAE749D—1963 国际、国外标准中予以规定。

1) 国际标准 ISO 4406：2017 油液固体颗粒污染等级代号。我国等效采用 ISO 4406—1999 的现行国家标准为 GB/T 14039—2002。本标准使用三个代码组成用自动颗粒计数器计数所报告的污染等级代号，3 个代码间用斜线隔开，从左向右依次代表每毫升油液中颗粒尺寸≥4μm（c）、6μm（c）、14μm（c）的颗粒数范围。例如颗粒污染度等级 22/18/13 表示，在每毫升油液中，尺寸≥4μm（c）的颗粒数为 20000~40000 个），尺寸≥6μm（c）的颗粒数为（1300~2500 个），尺寸≥14μm（c）的颗粒数为（40~80 个）。μm（c）是指按照 GB/T 18854—2015 校准的自动颗粒计数器测量的颗粒尺寸。油液固体颗粒污染度等级代号的代码见表 8-91。

而用显微镜计数所报告的污染等级代号，则由≥5μm 和≥15μm 两个颗粒尺寸范围的颗粒浓度代码组成。该代码分别代表如下的颗粒尺寸及其分布：第一个代码按的颗粒数来确定，第二个代码按≥15μm 的颗粒数来确定。为了与用自动颗粒计数器所得的数据报告相一致，代号由三部分组成，第一部分用符号“—”表示，例如—/18/13 表示在每毫升油液中颗粒尺寸≥5μm 的颗粒数为（1300~2500 个），尺寸≥15μm 的颗粒数为（40~80 个）。代号的图示法见图 8-75。在用自动颗粒计数器分析确定污染度等级时，根据≥4μm（c）总颗粒数确定第一个代码，根据≥

6μm（c）的总颗粒数确定第二个代码，根据≥14μm（c）的总颗粒数确定第三个代码，然后将这三个代码依次书写，并用斜线分隔。例如：图 8-75 中的 22/18/13。在用显微镜进行分析时，用符号“—”替代第一个代码，并根据≥5μm 和≥15μm 的颗粒数分别确定第二个和第三个代码（注：允许内插，但不允许外推）。

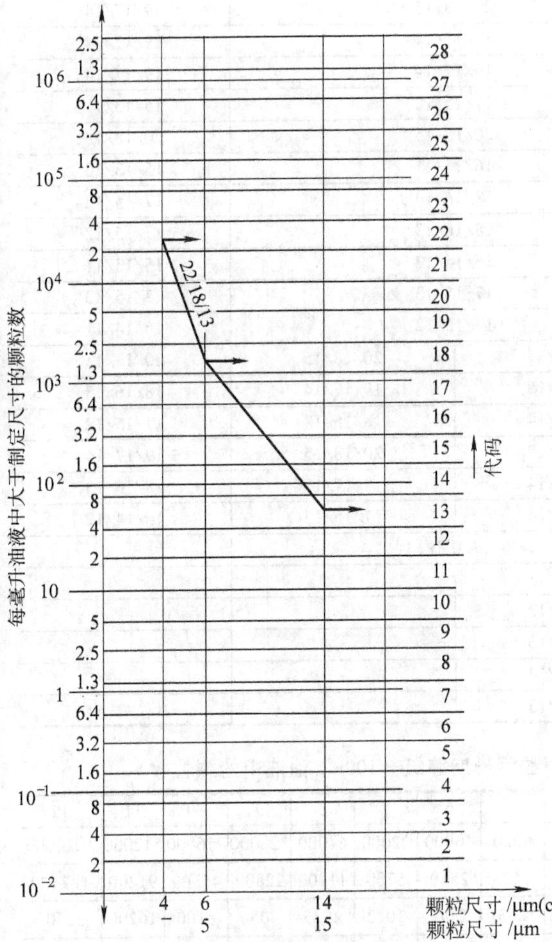

图 8-75　油液固体颗粒代号的图示法

注：采用自动颗粒计数器法，列出在 4μm（c）、6μm（c）和 14μm（c）的等级代码；采用显微镜计数法，列出 5μm（c）和 15μm（c）的等级代码。

表 8-92 为液压与润滑系统所需要的油液清洁度。

2）NAS 1638—1964 油液颗粒污染度等级是美国国家航空航天工业联合会在 1964 年提出的标准，在我国曾得到广泛应用（现已更新为 NAS 1638—2011）。它以颗粒浓度为基础，按照 100mL 油液中在给定的 5 个颗粒尺寸区间的最大允许颗粒数划分为 14 个污染度等级，见表 8-93，最清洁的等级为 00，相邻两个等级颗粒数的递增比为 2，因此还可以向外推至 16 级以上。

3）国际标准 ISO/DIS 11218：2017 油液颗粒污染度等级是航天工业液压系统油液颗粒污染度等级的国际标准。它是为适应航天工业的需要，而在 NAS 1638 标准的基础上增加了 000 级，最小计数颗粒尺寸减小到 2μm。

表 8-91　油液固体颗粒污染等级代号的代码（摘自 GB/T 14039—2002）

每毫升的颗粒数		代码	每毫升的颗粒数		代码
>	≤		>	≤	
2500000	—	>28	80	160	14
1300000	2500000	28	40	80	13
640000	1300000	27	20	40	12
320000	640000	26	10	20	11
160000	320000	25	5	10	10
80000	160000	24	2.5	5	9
40000	80000	23	1.3	2.5	8
20000	40000	22	0.64	1.3	7
10000	20000	21	0.32	0.64	6
5000	10000	20	0.16	0.32	5
2500	5000	19	0.08	0.16	4
1300	2500	18	0.04	0.08	3
640	1300	17	0.02	0.04	2
320	640	16	0.01	0.02	1
160	320	15	0.00	0.01	0

注：代码小于 8 时，重复性受液样中所测的实际颗粒数的影响，原始计数值应大于 20 个颗粒，如果不可能，在该尺寸范围的代码前应注“≥”符号。例如：代号 14/12/≥7 表示在每毫升油液中，≥4μm（c）的颗粒数在>80～160 范围内（包括 160 在内）；≥6μm（c）的颗粒数在>20～40 范围内（包括 40 在内）；第三个代码≥7 表示每毫升油液中≥14μm（c）的颗粒数在>0.64～1.3 范围内（包括 1.3 在内），但计数值小于 20。这时，统计的可信度降低。由于可信度较低，14μm（c）部分的代码实际上可能高于 7，即表示每毫升油液中的颗粒数可能大于 1.3 个。

4）SAE 749D—1963 油液颗粒污染度等级是美国汽车工程师学会在 1963 年提出的标准，在我国汽车及电力等行业中曾得到广泛应用。此标准将油液中的颗粒分为 5～10μm、10～25μm、25～50μm、50～100μm 和>100μm 共 5 个尺寸段，按 100mL 油液中上述尺寸段中颗粒数的多少确定油液的污染度等级。标准给出了 7 个污染度等级，见表 8-94。

表 8-92 液压与润滑系统所需要的油液清洁度

元件种类		工作压力		
		<14MPa	14~21MPa	>21MPa
动力元件	定量齿轮泵	20/18/15	19/17/15	18/16/13
	定量叶片泵	20/18/15	19/17/14	18/16/13
	定量柱塞泵	19/17/15	18/16/14	17/15/13
	定量叶片泵	18/16/14	17/15/13	17/15/13
	变量柱塞泵	18/16/14	17/15/13	16/14/12
控制元件	电磁换向阀	20/18/15		19/17/14
	压力控制阀(调压阀)	19/17/14		19/17/14
	流量控制阀(标准型)	19/17/14		19/17/14
	比例方向阀(节流阀)	17/15/12		15/13/11
	单向阀	20/18/15		20/18/15
	伺服阀	16/14/11		15/13/10
	插装阀	18/16/13		17/15/12
	液压遥控阀	18/16/13		17/15/12
	比例压力控制阀	16/14/12		15/13/11
	流量控制阀	17/15/13		17/15/13
	比例插装阀	17/15/12		16/14/11
执行元件	缸	20/18/15	20/18/15	20/18/15
	叶片马达	20/18/15	19/17/14	18/16/13
	轴向柱塞马达	19/17/14	18/16/13	17/15/12
	齿轮马达	21/19/17	20/18/15	19/17/14
	径向柱塞马达	20/18/14	19/17/13	18/16/13
	摆线马达	18/16/14	17/15/13	16/14/12
轴承		(<7.0MPa)		
滚珠轴承		15/13/11		
滚柱轴承		16/14/12		
止推轴承(高速)		17/15/13		
止推轴承(低速)		18/16/14		
一般工业齿轮箱		17/15/13		

表 8-93 美国 NAS 1638—2011 规定的油液颗粒污染度等级(100mL 油液中的颗粒数)

污染度等级		00	0	1	2	3	4	5	6	7	8	9	10	11	12
颗粒尺寸范围/μm	5~15	125	250	500	1000	2000	4000	8000	16000	32000	64000	128000	256000	512000	1024000
	>15~25	22	44	89	178	356	712	1425	2850	5700	11400	22800	45600	91200	182400
	>25~50	4	8	16	32	63	126	253	506	1012	2025	4050	8100	16200	32400
	>50~100	1	2	3	6	11	22	45	90	180	360	720	1440	2880	5760
	>100	0	0	1	1	2	4	8	16	32	64	128	256	512	1024

表 8-94 美国 SAE749D—1963 规定的油液颗粒污染度等级(100mL 油液中的颗粒数)

等级	颗粒尺寸范围/μm				
	5~10	10~25	25~50	50~100	>100
0	2700	670	93	16	1
1	4600	1340	210	26	3
2	9700	2680	350	56	5
3	24000	5360	780	110	11
4	32000	10700	1510	225	21
5	87000	21400	3130	430	41
6	128000	42000	6500	1000	92

参考文献

[1]　陈田才，夏顺明，等．设备润滑基础［M］．北京：冶金工业出版社，1982.

[2]　胡邦喜．设备润滑基础［M］．2 版．北京：冶金工业出版社，2002.

[3]　冶金部钢铁企业润滑组．冶金设备润滑技术基础知识［M］．北京：中国石化出版社，1991.

[4]　尼尔 M J．摩擦学手册［M］．王自新，等译．北京：机械工业出版社，1984.

[5]　BOOSER E R，et al. CRC Handbook of Lubrication (Tribology)［M］．Boca Raton：CRC Press，1984.

[6]　JONES M H. Industrial Tribology［M］．Amsterdam：Elservier，1983.

[7]　CONSTANTINESCU V N. Sliding Bearings［M］．New York：Allerton Press，1985.

[8]　中国机械工程学会摩擦学学会《润滑工程》编写组．润滑工程［M］．北京：机械工业出版社，1986.

[9]　雷天觉．新编液压工程手册［M］．北京：北京理工大学出版社，1998.

[10]　WILCOCK D F，Booser E R. Lubrication Techniques for Journal Bearings［J］．Machine Design，1987，25 (14)：85-89.

[11]　丁振乾．流体静压支承设计［M］．上海：上海科学技术出版社，1989.

[12]　成大先．机械设计手册：第 3 卷［M］．5 版．北京：化学工业出版社，2008.

[13]　刘新德．袖珍液压气动手册［M］．2 版．北京：机械工业出版社，2004.

[14]　路甬祥．液压气动技术手册［M］．北京：机械工业出版社，2002.

[15]　吴晓铃．润滑设计手册［M］．北京：化学工业出版社，2006.

[16]　汪德涛．润滑技术手册［M］．北京：机械工业出版社，1999.

第9章　典型机械零部件的润滑

9.1　齿轮传动的润滑

9.1.1　概述

1. 齿轮的分类

利用一对相互啮合的齿轮副传递运动和动力的传动方式称为齿轮传动。齿轮传动几乎是所有机械设备（包括车辆与工业设备两大类设备）的主要传动部件。

齿轮传动按大类划分主要有圆柱齿轮、锥齿轮、蜗杆与行星齿轮传动四大类，其中圆柱齿轮的用量占齿轮总产量的90%左右。按齿廓曲线来分类，则可分为渐开线齿轮、圆弧齿轮与摆线齿轮。此外若按齿轮传动装置的工作条件，可分为闭式、开式与半开式三类。

2. 齿轮的损坏类型与润滑的关系

（1）正常磨损（磨合磨损）　这种磨损发生于齿轮运转寿命的早期阶段，齿面的机加工凹凸不平痕迹磨失，常呈光亮状态。在这类磨损中，中等磨损是指齿面的上齿面和下齿面都有金属移失，而在齿面上节曲面附近表面开始呈现出一条连续的线带。这种磨损的产生是由于齿轮表面的更大不规则、齿轮齿形的误差大、有载荷变化、润滑剂黏度不足或在某种条件下使齿轮工作在混合膜润滑的边界润滑条件下等原因所造成的。润滑剂中的磨料也能产生这类磨损。

（2）严重磨损　严重磨损是指迅速去除齿面材料，破坏齿的形状和齿轮装置的平稳运转，在完全没有润滑剂的条件下或严重过载或接触齿表面有严重偏移等情况下发生的磨损。如果破坏的原因没有找到并纠正，则齿形的破坏将缩短齿轮装置的寿命。通常润滑问题容易考虑到和改变，过载是引起这种类型磨损的最普遍原因。

（3）轮齿折断　轮齿的过载折断通常只在一次或几次严重过载（包括冲击载荷及强烈振动引起的载荷）时发生。有时，由过载产生的初始裂纹会像疲劳裂纹一样缓慢发展后而折断，这种初始裂纹区域在裂纹发展中通常还存在有微动腐蚀的迹象。过载折断通常使齿轮的几个齿损伤，而由疲劳裂纹引起的轮齿折断一般是折断一个轮齿。很明显，润滑不是导致断裂的原因，必须找出引起断裂的机械缺陷。

（4）点蚀　滚动接触或滚动与滑动混合接触的齿面在交变接触应力重复作用下发生齿表面疲劳，随后在次表面产生微观裂纹，分离出磨粒或屑片而剥落，使齿面形成的小凹坑或麻点称为点蚀。如果点蚀不断扩展，由较少的表面来承受载荷，点蚀的发展将会加速。如果不能及时纠正，齿面的材料将逐渐减少，最后导致轮齿破裂。这种现象往往是由齿轮轮齿发生偏移，齿面上局部小面积承受载荷而导致高应力，或使用的齿轮材料太软，或运转中使用了大于设计值的载荷而造成的。采用高黏度油有利于在较大面积内传递载荷，但调整润滑剂作用不大。油中若采用某些极压添加剂可以延长齿轮寿命，但还不能彻底解决问题。

（5）剥落　剥落的机理和点蚀的相同。此术语也可用来代替术语片蚀。剥落即从硬齿面或表面硬化齿面上去除由于热处理不当而引起的应力或由于次表面裂痕产生的较大金属屑。它是由材料缺陷、过载或其他使用问题而引起的。

（6）塑性流动　这是由于重载，使表面应力超过齿轮材料的弹性极限而引起的轮齿表面变形。通常在较软的材料中会出现这种情况，表面材料可能沿齿端面和齿顶挤压，最后在齿面上形成毛刺。节线起皱凸起或齿根凹陷也属于这个范畴。如果这类破坏现象是由强烈振动或冲击载荷引起，则高黏度润滑剂有缓冲载荷的作用，但仅靠改变润滑剂不能解决这类问题。

（7）磨料磨损　指由悬浮在润滑剂中或嵌入啮合齿面上的坚硬微粒（如金属碎屑、氧化皮、锈蚀物、砂粒、研磨粉或类似物）造成的齿面材料移失或错位。在各轮齿端部可见塑性变形。

（8）擦伤　磨料磨损的一种类型。当硬颗粒尺寸大于隔开轮齿表面的油膜厚度，并且进入齿轮啮合区域时，齿表面在滑动方向就会出现擦伤。这些颗粒可能是以各种方式进入润滑系统的灰尘、沙、铸造氧化皮、齿轮或轴承材料或任何其他磨屑。

（9）胶合　指轮齿齿面在滑动方向上形成的带状粗糙部分。轮齿齿面的表面粗糙度随胶合的严重程度而变化。齿面间润滑油膜的破裂可导致齿面间局部焊合，并在随后齿面的相对运动中产生齿面材料迁移，同时沿滑动方向犁削啮合面并留下沟痕。通常在齿顶或齿根部位的小面积胶合可自行恢复正常。齿面大面积的严重胶合则会引起噪声和振动增大，降低齿轮传动的平稳性。

(10) 腐蚀磨损　轻微点蚀或齿表面生锈或暴露的无油漆的金属表面会出现腐蚀和腐蚀磨损。腐蚀可能由油中的冷凝水或者热交换器中漏出的水而引起，也可能由润滑油中的酸或腐蚀添加剂而引起。某些润滑油添加剂可以防止齿轮表面生锈，从而达到防止腐蚀的作用。还有一些润滑油添加剂则可阻止油发生氧化而生成酸。如果知道产生腐蚀的原因来自外部，则可以纠正。

(11) 过热　过热是指由于不适当的润滑或过小的齿轮副侧隙造成的齿轮温度过高。在后一种情况下，轮齿工作面和非工作面都会有承受过重载的痕迹，齿面可见回火色，也常可看到胶合区和塑性变形。如果是润滑不当问题，则要重新考虑润滑剂的类型和润滑方式；如果是齿轮副侧隙过小问题，则需调整其侧隙。

图 9-1 所示为在不同载荷与圆周速度下齿轮的损伤区。表 9-1 列出了齿轮失效形式及其原因。表 9-2 列出了防止齿轮失效的润滑对策。

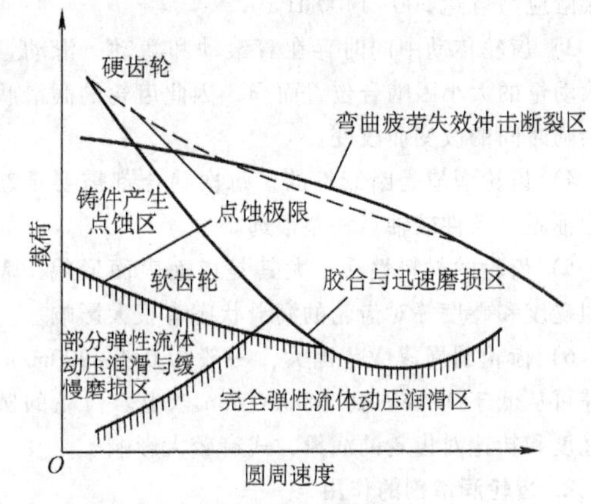

图 9-1　齿轮损伤区

9.1.2　齿轮传动润滑的特点和作用

1. 齿轮润滑的特点

1) 与滑动轴承相比较，渐开线齿轮的诱导曲率

表 9-1　齿轮失效形式及其原因

失效原因		断裂			齿面失效										
		过载断裂	疲劳断裂	剥落	点蚀	压痕	塑性变形	磨损	擦伤、刮伤、胶合	裂纹	腐蚀、微动腐蚀	冷屈服	热屈服	过热	分层剥落
制造影响			√		√	√	√	√		√				√	√
卡紧超载		√		√											
经常交变的载荷			√	√											
材料疲劳			√	√	√	√									
多种工况(速度、载荷)				√	√	√		√	√		√	√			√
润滑剂	黏度				√	√		√	√		√				
	质量				√	√		√	√						
	无污染物							√	√						
	有污染物							√	√		√				

注：√表示有此项。

表 9-2　防止齿轮失效的润滑对策

失效形式	对　策
点蚀	提高润滑油黏度或采用含极压添加剂的中负荷工业齿轮油
剥落	选用含极压剂的中、重负荷工业齿轮油，提高润滑油的黏度
磨损	提高润滑油黏度，选用合适的润滑剂，降低油温，采用合适的密封形式，在润滑装置中增设过滤装置，适时更换润滑油和清洗有关零件
胶合	必须保证齿轮在一定载荷、速度、温度下始终具有良好的润滑状态，使齿面润滑充分，采用含极压添加剂的润滑油或合成齿轮润滑油，还可使用重负荷工业齿轮油，润滑系统加冷却装置
起脊、鳞皱	改善润滑状况，采用含极压添加剂的工业齿轮油，增加润滑油的黏度，经常更换润滑油，润滑装置增加过滤系统
齿体塑变	对循环润滑的齿轮传动，应防止润滑油供油不足和中断，油池润滑时应注意油面位置，提高润滑油的黏度

半径小，因此形成油楔条件差。

2）齿轮的接触应力非常高，一些重载机械（如轧钢机、水泥磨机、卷扬机、起重机）的减速器齿轮接触应力可达500~1400MPa。

3）齿轮传动中同时存在着滚动和滑动，滑动量和滚动量的大小因啮合位置而异，因此齿轮的润滑状态会随时间的改变而改变。

4）齿轮润滑是断续性的，每次啮合都需要重新建立油膜，条件较轴承相差很远。

5）齿轮的材料性质，尤其是齿面表面形貌、表面粗糙度和硬度等对齿轮的润滑状态有很大影响。

6）齿轮圆周速度范围大，一般为0.1~200m/s，转速可从低于1r/min到20000r/min以上。齿轮的圆周速度和转速对齿轮的润滑方式有较大影响。

2. 齿轮润滑剂的作用

齿轮润滑剂的作用有以下几方面：

1）降低摩擦。两齿面被润滑剂隔开，避免了金属与金属间的直接接触，使干摩擦变为了流体摩擦；或者由于在齿面上形成物理、化学吸附膜或化学反应膜，降低了摩擦，避免了齿轮点蚀和胶合的发生。

2）减少磨损。可减少齿面磨损及划伤。

3）散热。润滑油可以带走热量，起冷却作用。

4）降低齿轮的振动、冲击和噪声。

5）排除齿面上的污物。

6）润滑剂可改善抗胶合性，防止齿面胶合及点蚀。

对齿轮润滑剂所要求的特性在前面第3章中已讨论过，此处只着重讨论齿轮油的配伍性。所谓配伍性是指齿轮油的基础油与不同品种、含量的添加剂掺和时的最佳组合，此种组合的复合效果最好，不产生相互间的对抗作用。配伍性好的齿轮油可发挥各种添加剂的复合相加作用，而不会在使用中产生过量胶泥和沉淀。

9.1.3　选择齿轮润滑油的几种典型方法

1. 选用齿轮润滑油应考虑的因素

目前，一些国家和相关齿轮制造行业组织（如美国的AGMA）根据使用经验与试验研究结果制定了各种齿轮润滑油选用规范，在使用上各有方便之处，如有的按转速、功率、润滑方式及传动比推荐油品黏度，有的按中心距、环境温度及载荷级别推荐油品黏度，有的按圆周速度、齿面硬度和材料选择油品黏度。由于影响齿轮润滑状态的因素较为复杂，根据生产实践经验，在选择合适的齿轮润滑油品和黏度级别时，需考虑以下重要因素以及与之有关的性能：

1）从齿轮啮合原理考虑。不同形式的齿轮传动由于其啮合几何学特征不同，也对润滑剂提出了不同的要求，如渐开线直齿、斜齿轮平行轴传动，其啮合线与滑动速度方向基本垂直，因此具有较好的形成油膜条件，而蜗杆传动、准双曲面齿轮等轴交叉或交错传动属于空间啮合，其啮合线与相对速度方向的夹角较小，不利于形成油楔，因此这些传动就需要黏度较高且含有一定的添加剂来改善润滑条件。

2）从负荷与速度考虑。按负荷与速度的大小来分，在工业生产中常用的是高速轻载、高速重载和低速重载三类齿轮传动。高速轻载齿轮的齿面负荷低且速度高，形成油膜的条件好，一般用黏度低的不含极压添加剂的润滑油即可，而高速重载，特别是低速重载齿轮传动形成动压油膜条件差，应选用油性较好、极压抗磨性能较好的齿轮润滑油。

3）从齿轮的润滑状态考虑。齿轮的润滑状态分为边界润滑、全膜润滑和混合润滑三类。

在边界润滑状态下，由于油膜比厚$\lambda<1$，无法靠油膜将两齿面分开，只能靠边界膜来保护金属表面不受损伤，因此应使用含极压抗磨添加剂的润滑油。

在齿轮全膜润滑状态（弹性流体动压润滑）下，润滑油的黏度越高，油膜厚度越大。此时润滑油黏度是主要的，而添加剂不起什么作用。

在混合润滑状态下，边界润滑和全膜润滑兼而有之，因此应当选用黏度适当、含少量添加剂的润滑油。

4）从工作、环境条件考虑。齿轮的用途相当广泛，对于一些特殊的场合，对润滑油提出了特殊的要求，如用于钢铁企业的齿轮，工作环境为高温、多水，需要具有较强的抗氧化、抗乳化、抗泡性的齿轮油，而用于电力、大型化肥设备等领域的高速齿轮，由于常常采用集中润滑，油量大，要求润滑油具有良好的抗氧化性、防锈性、油水分离性和抗氨性等。

环境温度和工作温度高时，油液黏度会明显降低，故宜选用黏度较高的齿轮油，而当环境温度较低时，宜选用倾点较低、低温流动性能较好的齿轮油。如果环境潮湿，油液中有进水的可能时，宜选用防锈性、抗乳化性和抗氧化性能较好的齿轮油。

总之，在齿轮油的黏度选择上，应在保证齿轮润滑要求的前提下，尽量选择黏度较低的油品，以达到节约资金和节能的目的。

2. AGMA标准规范《工业闭式齿轮传动的润滑》

工业闭式齿轮传动润滑的美国齿轮制造商协会AGMA标准规范可参见表9-3~表9-5。

表 9-3　各种类型齿轮应用的润滑剂类型

齿轮类型	直齿轮	斜齿轮	蜗杆	锥齿轮	准双曲面齿轮
抗氧化和抗腐蚀的矿物油	正常载荷	正常载荷	轻载荷低速	正常载荷	不推荐使用
极压油	重载荷或冲击载荷	重载荷或冲击载荷	对于大多数应用场合能满足要求	重载荷或冲击载荷	大多数应用场合可满足要求
复合油(约加质量分数为 5%的脂肪)	通常不推荐使用	通常不推荐使用	对大多数齿轮生产厂可优先选用	通常不推荐使用	只用于轻载荷下
高黏度的开式齿轮油	低速开式齿轮传动	低速开式齿轮传动	低速(需要使用加极压添加剂的开式齿轮油)	低速开式齿轮传动	低速(需要使用加极压添加剂的开式齿轮油)
润滑脂					不推荐

表 9-4　美国 AGMA 工业闭式齿轮油黏度分类

抗氧防锈型齿轮油(AGMA 润滑剂牌号)	运动黏度范围(40℃)/(mm^2/s)	相应的 ISO 黏度等级	极压型齿轮油(AGMA 润滑剂牌号)	以前的 AGMA 系统的黏度(100 ℉)/SSU
1	41.4~50.6	46	—	193~235
2	61.2~74.8	68	2EP	284~347
3	90~110	100	3EP	417~510
4	135~165	150	4EP	626~765
5	198~242	220	5EP	918~1122
6	288~352	320	6EP	1335~1632
7Comp①	414~506	460	7EP	1919~2346
8Comp	612~748	680	8EP	2837~3467
8AComp	900~1100	1000	8AEP	4171~5098

① 带有标记 Comp 的油是带有质量分数为 3%~10%油脂或合成油脂的复合油。

表 9-5　关于闭式直齿轮、斜齿轮、人字齿轮、直齿锥齿轮、弧齿锥齿轮装置的 AGMA 润滑剂牌号

低速级齿轮 装置的类型	中心距/mm	AGMA 润滑剂牌号① 环境温度② −10~10℃③	10~50℃
平行轴(单级减速)	<200	2~3	3~4
	200~500	2~3	4~5
	>500	3	4~5
平行轴(双级减速)	<200	2~3	3~4
	>200	3~4	4~5
平行轴(三级减速)	<200	2~3	3~4
	200~500	3~4	4~5
	>500	4~5	5~6
行星齿轮箱壳体外径 φ<400mm		2~3	3
壳体外径 φ>400mm		3	4~5
弧齿锥齿轮或直齿锥齿轮锥母线<300mm		2~3	4~5
锥母线>300mm		3~4	5~6
齿轮电动机		2~3	4~5
高速齿轮装置④		1	2

① AGMA 润滑剂黏度等级牌号可以采用抗氧防锈型齿轮油，也可以采用相应黏度等级的极压型齿轮油。
② 如果环境温度超出表中所列范围，可以向齿轮制造商咨询是否改用其他润滑剂，如在高低温领域使用某些类型合成润滑剂。
③ 用户所选用油品的凝固点最少应低于最低起始环境温度 5℃。如果起始环境温度接近润滑剂的凝固点，则要求用户在油箱内加装加热器以便于起动和保证正确的润滑。
④ 此处“高速”是指转速大于 3600r/min 或节线速度大于 25m/s。

从表 9-3 可以看出，由于蜗杆副的速度高而且接触面积大，要求油有特殊的添加剂。大部分蜗轮制造厂推荐使用复合油，因为脂肪酸添加剂能减少摩擦和稍微提高蜗杆副所固有的低传动效率。也可使用极压齿轮油。准双曲面齿轮必须使用极压油，因为它承受很高的载荷和滑动速度。

表 9-4 和表 9-5 分别为美国 AGMA 润滑剂类型、黏度等级和根据各种类型齿轮的中心距和环境温度来选油品的黏度。表 9-6 为 AGMA 齿轮油与常用齿轮油黏度级的换算。

表 9-6 AGMA 齿轮油与常用齿轮油黏度级的换算

ISO-VG 及 GB 黏度等级	黏度中值（40℃时）/（mm^2/s）	运动黏度的范围（40℃时）/（mm^2/s）		40℃时赛氏黏度中值 /SSU	AGMA 润滑油级号 N（40℃时）	SAE 齿轮油级号	相当于 50℃时的黏度等级 /（mm^2/s）	DIN51502 50℃时的黏度值 /（mm^2/s）
		最小	最大					
32	32	29.8	35.2				22	25±4
46	46	41.4	50.6	214	1EP		32	36±4
68	68	61.2	74.8	316	2.2EP		42	49±5
100	100	90.0	110	464	3.3EP		61	68±6
150	150	135	165	696	4.4EP	80	89	92±7
220	220	198	242	1020	5.5EP	90	126	(114±8)～(144±11)
320	320	288	352	1484	6.6EP		180	169±13
460	460	414	506	2132	7EP	140	251	225±25
680	680	612	748	3152	7Comp（复合）8EP 8Comp（复合）		360	324±35
1000	1000	900	1100	4635	8AEP 8AComp		513	

注：1. 各种黏度等级的换算为近似值。50℃时的黏度（mm^2/s）是黏度指数 VI=95 时的值。

2. ISO-VG 黏度等级的黏度范围允许有±10%的变动。

3. 我国机械行业标准 JB/T 8831—2001《工业闭式齿轮的润滑油选用方法》

（1）概述　我国原国家专业标准 ZBJ 17003—1989《工业齿轮润滑油选用方法》是由原广州机床研究所、郑州机械研究所、洛阳矿山机械研究所及有关单位共同对我国工业齿轮应用技术进行大量系统的研究、理论计算及试验应用，并参照国外有关标准规范，结合我国国情制定的。从一些应用实例可知，采用该标准选用工业齿轮油的设备延长了齿轮使用寿命，经济效益显著。该标准号于 1999 年 4 月调整为 JB/T 8831—1999。随着近年来工业齿轮油的升级换代以及工业齿轮油应用水平的不断提高，我国于 2000 年参照采用美国齿轮制造商协会 1994 年发布的标准 ANSI/AGMA9005—D94《工业齿轮的润滑》对该标准进行了修订，修订后的标准为 JB/T 8831—2001《工业闭式齿轮的润滑油选用方法》，并已于 2001 年发布实施。

在 JB/T 8831—2001 标准中，主要在下列几个方面做了修改：①增加了齿轮节圆圆周速度不超过 80m/s 的齿轮的选油方法，包括高速齿轮润滑油的分类和选择方法；②将圆弧齿轮传动的润滑包括在本标准的适用范围内；③在工业闭式齿轮润滑油的使用要求中增加了环境温度、低温工业齿轮及冷却等要求；④在 ZBJ 17003—1989 标准中，润滑油的黏度是根据力-速度因子来选择的，这主要是基于当时考虑从润滑机理上讲，润滑油的黏度起主要作用，因此负荷大的齿轮传动就应该选择较高黏度的润滑油，再加上各项黏度修正条款，使得一些情况下所选润滑油的黏度明显偏高，另外在黏度选择方法上计算复杂，还要查曲线图确定油品黏度，再加上各项修正条款，使用起来很不方便，随着润滑油添加剂种类和性能的不断提高，添加剂的复配技术不断更新、成熟，中高档齿轮润滑油得到了普遍的应用，齿轮油的承载能力已不是主要取决于黏度，而主要是取决于添加剂的种类和含量，决定润滑油黏度等级的因素主要是齿轮节圆圆周速度和环境温度两个参数，因此修订后的标准参照 ANSI/AGMA9005—D94 的有关规定，改用根据低速级齿轮圆周速度和环境温度两个参数利用查表法来选择其黏度等级，简单明确、实用；⑤增加了工业闭式齿轮油和汽轮机油换油指标和汽轮机油质量指标要求。

（2）工业齿轮润滑油的使用要求

1）环境温度和操作条件。在国家标准 GB/T 7631.7—1995（等效采用国际标准 ISO 6743.6—

1990)《润滑剂和有关产品（L 类）的分类　第 7 部分：C 组（齿轮）》中，为了理解标准中所提到的“负荷”的含义，提出了在选用工业齿轮润滑剂时可作为参考的两个参数，即油的恒定温度（或环境温度）和齿轮的操作条件（负荷水平和滑动速度），见表 9-7 和表 9-8。

表 9-7　油温、环境温度的分类

温度分类	温度/℃
更低温	<-34
低温	-34~16
正常温度	-16~70
中等温度	70~100
高温	100~120
更高温	>120

表 9-8　齿轮负载的分类

载荷分类	齿面接触应力	v_g /v	说　明
轻载	<500MPa	<0.3	当齿轮工作条件为齿面接触应力小于 500MPa,而且齿轮表面最大滑动速度与节圆线速度之比小于 0.3 时,这样的载荷水平称为轻载
重载	≥500MPa	>0.3	当齿轮工作条件为齿面接触应力大于或等于 500MPa,而且齿轮表面最大滑动速度与节圆线速度之比大于或等于 0.3 时,这样的载荷水平称为重载

注：v_g 为齿轮表面最大滑动速度，v 为齿轮节圆线速度。

一般情况下，安装的齿轮装置可在环境温度为 -40~55℃条件下工作。在某种程度上，所使用的润滑油的具体种类和黏度等级要与环境温度相适应。

2）油池温度。通常矿物基工业齿轮油的油池温度最高上限为 95℃，合成型工业齿轮油的油池温度最高上限为 107℃，因为在超过上述规定的油池最高温度值时，许多润滑剂已失去了其稳定性能。

3）油池加热器与冷却器。如果环境温度与所选润滑油的倾点接近，齿轮传动装置需配置油池加热器，用以将润滑油加热到在起动时能自由流动，同时保持在工作温度下所需的润滑油黏度，以承受负荷。

当齿轮传动装置长期连续运转以至引起润滑油的工作温度超过上述规定的油池最高温度时，就必须采取冷却措施，如加装冷却器冷却润滑油。

4）低温工业齿轮油。在寒冷地区工作的齿轮传动装置应选择合适的低温工业齿轮油（低凝工业齿轮油或低凝重负荷工业齿轮油），以保证润滑油能自由循环流动且不引起过大的起动转矩。所选用润滑油的倾点至少要比预期的环境温度最低值低 5℃。润滑油在起动温度下应能自由流动，同时保持承受负荷所需的足够黏度。

5）其他需要考虑的条件。对于在太阳光直射、高湿度、多灰尘或受化学制品影响的环境条件下使用的齿轮装置，应采取防护措施或使用适当的润滑油。

（3）润滑油种类的选择

1）工业闭式齿轮油种类的选择。

① 渐开线圆柱齿轮齿面接触应力 σ_H 按式（9-1）计算：

$$\sigma_H = Z_H Z_E Z_\varepsilon Z_\beta \sqrt{\frac{F_t}{d_1 b} K_A K_V K_{H\beta} K_{H\alpha} \frac{u \pm 1}{u}} \quad (9\text{-}1)$$

式中的“+”号用于外啮合传动，“-”号用于内啮合传动。式中具体参数的选择及计算，按 GB/T 3480—1997《渐开线圆柱齿轮承载能力计算方法》的规定。

② 锥齿轮齿面接触应力 σ_H 按式（9-2）计算：

$$\sigma_H = Z_H Z_E Z_\varepsilon Z_\beta Z_K \sqrt{\frac{F_{mt}}{d_{v1} b_{eH}} K_A K_V K_{H\beta} K_{H\alpha} \frac{u_v + 1}{u_v}} \quad (9\text{-}2)$$

式中具体参数的选择及计算按 GB/T 10062.1~10062.3—2003 的规定。

③ 双圆弧齿轮齿面接触应力 σ_H 按式（9-3）计算：

$$\sigma_H = \left(\frac{T_1 K_A K_V K_1 K_{H2}}{2\mu_\varepsilon + K_{\Delta\varepsilon}}\right)^{0.73} \frac{Z_E Z_u Z_\beta Z_a}{z_1 m_n^{2.19}} \quad (9\text{-}3)$$

式中具体参数的选择及计算按 GB/T 13799—1992《双圆弧圆柱齿轮承载能力计算方法》的规定。

式（9-1）~式（9-3）中

b——工作齿宽（mm）；

b_{eH}——锥齿轮接触强度计算的有效齿宽（mm）；

d_1——小齿轮的分度圆直径（mm）；

d_{v1}——锥齿轮小轮当量圆柱齿轮分度圆直径（mm）；

F_t——端面内分度圆周上的名义切向力（N）；

F_{mt}——锥齿轮齿宽中点分度圆上的名义切向力（N）；

K_1——接触迹间载荷分配系数；

$K_{\Delta\varepsilon}$——接触迹系数；

K_A——使用系数；

K_V——动载系数；

K_{H2}——接触迹内载荷分布系数；
$K_{H\alpha}$——接触强度计算的齿间载荷分配系数；
$K_{H\beta}$——接触强度计算的齿向载荷分布系数；
T_1——小齿轮名义转矩（N·m）；
Z_a——接触弧长系数；
Z_H——节点区域系数；
Z_E——弹性系数（$\sqrt{N/mm^2}$）；
Z_u——齿数比系数；
Z_β——接触强度计算的螺旋角系数；
Z_ε——接触强度计算的重合度系数；
μ_ε——重合度的整数部分；
Z_K——锥齿轮接触强度计算的锥齿轮系数；
u——齿数比，$u=z_2/z_1$；
z_1——小齿轮齿数；
z_2——大齿轮齿数；
u_v——锥齿轮当量圆柱齿轮齿数比；
σ_H——齿轮的计算接触应力（MPa）。

④ 根据计算出的齿面接触应力和齿轮使用工况，参考表 9-9 即可确定工业闭式齿轮油的种类。

2）高速齿轮润滑油种类的选择。

① 齿面接触负荷系数按式（9-4）计算：

$$K=\frac{F_t}{bd_1}\times\frac{u\pm1}{u} \tag{9-4}$$

式中 K——齿面接触负荷系数（MPa）；
F_t——端面内分度圆周上的名义切向力（N）；
b——工作齿宽（mm）；
d_1——小齿轮的分度圆直径（mm）；
u——齿数比，$u=z_2/z_1$。

式中的“+”号用于外啮合传动，“-”号用于内啮合传动。

② 根据计算出的齿面接触负荷系数和齿轮使用工况，参考表 9-10 即可确定高速齿轮润滑油的种类。

表 9-9 工业闭式齿轮油种类的选择

条件		推荐使用的工业闭式齿轮油
齿面接触应力 σ_H/MPa	齿轮使用工况	
<350	一般齿轮传动	抗氧防锈工业齿轮油(L-CKB)
350~500(轻负荷齿轮)	一般齿轮传动	抗氧防锈工业齿轮油(L-CKB)
	有冲击的齿轮传动	中负荷工业齿轮油(L-CKC)
500~1100[①]（中负荷齿轮）	矿井提升机、露天采掘机、水泥磨、化工机械、水利电力机械、冶金矿山机械、船舶海港机械等的齿轮传动	中负荷工业齿轮油(L-CKC)
>1100（重负荷齿轮）	冶金轧钢、井下采掘、高温有冲击、含水部位的齿轮传动等	重负荷工业齿轮油(L-CKD)
<500	在更低的、低的或更高的环境温度和轻负荷下运转的齿轮传动	极温工业齿轮油(L-CKS)
≥500	在更低的、低的或更高的环境温度和重负荷下运转的齿轮传动	极温重负荷工业齿轮油(L-CKT)

① 在计算出的齿面接触应力略小于1100MPa时，若齿轮工况为高温、有冲击或含水等，为安全计，应选用重负荷工业齿轮油。

表 9-10 高速齿轮润滑油种类的选择

条件		推荐使用的高速齿轮润滑油
齿面接触负荷系数 K/MPa	齿轮使用工况	
硬齿面齿轮：$K<2$ 软齿面齿轮：$K<1$	不接触水、蒸汽或氨的一般高速齿轮传动	防锈汽轮机油
	易接触水、蒸汽或海水的一般高速齿轮传动，如与蒸汽轮机、水轮机、涡轮鼓风机相连的高速齿轮箱，航海轮船、汽轮机齿轮箱等	防锈汽轮机油
硬齿面齿轮：$K<2$ 软齿面齿轮：$K<1$	在有氨的环境气氛下工作的高速齿轮箱，如大型合成氨化肥装置离心式合成气体压缩机、冷冻机及汽轮机齿轮箱等	抗氨汽轮机油
硬齿面齿轮：$K\geqslant2$ 软齿面齿轮：$K\geqslant1$	要求改善齿轮承载能力的发电机、工业装置和船舶高速齿轮装置	极压汽轮机油

注：硬齿面齿轮的硬度≥45HRC，软齿面齿轮的硬度≤350HBW。

（4）润滑油黏度的选择

1）齿轮节圆圆周速度的计算。

齿轮节圆圆周速度 v 按式（9-5）计算：

$$v=\frac{\pi d_{w1} n_1}{60000} \tag{9-5}$$

式中 v——齿轮节圆圆周速度（m/s）；

d_{w1}——小齿轮的节圆直径（mm）；

n_1——小齿轮的转速（r/min）。

2）根据计算出的低速级齿轮节圆圆周速度和环境温度，参考表 9-11 即可确定所选润滑油的黏度等级。

表 9-11 工业闭式齿轮传动装置润滑油黏度等级的选择

平行轴及锥齿轮传动低速级齿轮节圆圆周速度②/(m/s)	环境温度/℃			
	-40~10	-10~10	10~35	35~55
	润滑油黏度等级①，ν_{40}/(mm²/s)			
≤5	100(合成型)	150	320	680
>5~15	100(合成型)	100	220	460
>15~25	68(合成型)	68	150	320
>25~80③	32(合成型)	46	68	100

① 当齿轮节圆圆周速度≤25m/s 时，表中所选润滑油黏度等级为工业闭式齿轮油。当齿轮节圆圆周速度>25m/s 时，表中所选润滑油黏度等级为汽轮机油。当齿轮传动承受严重冲击负荷时，可适当增加一个黏度等级。

② 锥齿轮传动节圆圆周速度是指锥齿轮齿宽中点的节圆圆周速度。

③ 当齿轮节圆圆周速度大于 80m/s 时，应由齿轮装置制造者特殊考虑并具体推荐一合适的润滑油。

（5）润滑方式的选择 润滑方式直接影响齿轮传动装置的润滑效果，必须予以重视。

齿轮传动装置的润滑方式是根据节圆圆周速度来确定的（见表 9-12）。若采用特殊措施，如使用冷却装置和专用箱体等，节圆圆周速度可超过表 9-12 给出的标准值。

表 9-12 节圆圆周速度与润滑方式的关系

节圆圆周速度/(m/s)	推荐润滑方式
≤15	油浴润滑①
>15	喷油润滑

① 特殊情况下，也可同时采用油浴润滑与喷油润滑。

4. 德国标准 DIN51509 第 1 部分《齿轮传动润滑剂的选择》

德国标准 DIN51509 第 1 部分中列举了齿轮油品的选择方法，在标准中根据 Stribeck 滚动压力 K_S 和力-速度因子来选择润滑油的黏度，参看式（9-6），一般取 $Z_H^2 Z_\varepsilon^2=3$。

$$K_S=\frac{F_t}{bd_1}\frac{u\pm1}{u}Z_H^2 Z_\varepsilon^2 \tag{9-6}$$

式中 K_S——Stribeck 滚动压力（N/mm²）。

式（9-6）中的“+”号用于外啮合传动，“-”号用于内啮合传动。

力-速度因子 ξ 的计算：

$$\xi=\frac{K_S}{v} \tag{9-7}$$

用求得的 ξ 值，从图 9-2 中可查出所需的运动黏度。

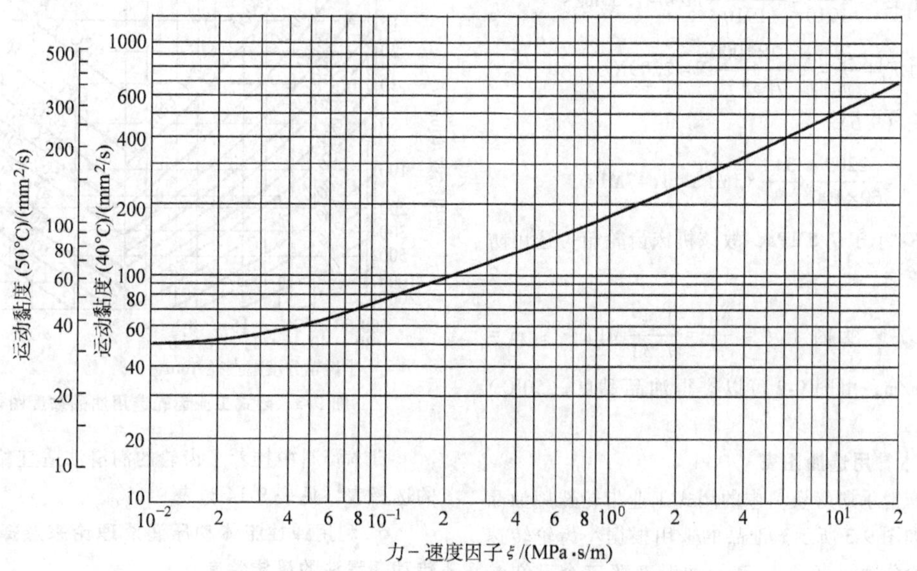

图 9-2 渐开线圆柱齿轮和锥齿轮所需黏度的选择

在该标准中推荐，对于钢对钢的材料配对的齿轮副，接触应力的计算式为：

$$\sigma_H = 268.4\sqrt{K_S} \tag{9-8}$$

式中，当 $K_S = 7.5$ 时，$\sigma_H = 735.04\text{MPa}$。

因此，当 $K_S > 7.5\text{MPa}$ 时，齿面接触应力大于 735.04MPa，选用含减摩添加剂的润滑油，即中载荷工业齿轮油；而当 $K_S < 7.5\text{MPa}$ 时，可使用不含减摩添加剂的润滑油。

在 DIN51509 标准中还规定了一些不使用含减摩添加剂的条件，见表 9-13。

表 9-13 工业齿轮润滑油种类的选择

条件				推荐使用的工业齿轮润滑油
齿面接触应力/MPa		齿轮状况	使用工况	
<350			一般齿轮传动	抗氧防锈工业齿轮油
低载荷齿轮 350~500		1)调质处理，啮合精度等于 8 级 2)每级齿数比 $i<8$ 3)最大滑动速度与分度圆圆周速度之比：$v_g/v<0.3$ 4)变位系数 $x_1=x_2$	一般齿轮传动	抗氧防锈工业齿轮油
		变位系数 $x_1 \neq x_2$	有冲击的齿轮传动	中载荷工业齿轮油
中载荷齿轮	>500~750	1)调质处理，啮合精度等于或高于 8 级 2) $v_g/v>0.3$	矿井提升机、露天采掘机、水泥磨、化工机械、水利电力机械、冶金矿山机械、船泊海港机械等的齿轮传动	中载荷工业齿轮油
	>750~1100	渗碳淬火、表面淬火和热处理，硬度 58~62HRC		
重载荷齿轮>1100			冶金轧钢、井下采掘、高温有冲击、含水部位的齿轮传动等	重载荷工业齿轮油

例如，某龙门刨床的减速器，齿宽 $b=60\text{mm}$，齿轮 $z_1=20$，模数 $m=5\text{mm}$，$n=1400\text{r/min}$，$P=16.2\text{kW}$，$i=3$。

小齿轮分度圆直径 $d_1 = z_1 m = 20 \times 5\text{mm} = 100\text{mm} = 10\text{cm}$。

圆周速度 $v = \dfrac{d_1 n}{1910} = \dfrac{10 \times 1400}{1910}\text{m/s} = 7.33\text{m/s}$

圆周力 $F_t = \dfrac{P}{v} = \dfrac{16.2 \times 1000}{7.33}\text{N} = 2209\text{N}$

根据式（9-6）

$$K_S = \frac{2209}{60 \times 100} \times \frac{3+1}{3} \times 3\text{MPa} = 1.47\text{MPa}$$

因为 K_S 小于 7.5MPa，故该机床齿轮箱可选用防锈抗氧齿轮油。

由于力-速度因子 $\xi = \dfrac{K_S}{v} = \dfrac{1.47}{7.33}\text{MPa} \cdot \text{s/m} = 0.2\text{MPa} \cdot \text{s/m}$，由图 9-2 可以查得油品黏度（50℃）为 $60\text{mm}^2/\text{s}$。

5. 日本常用选油图表

日本润滑手册等资料中的闭式工业齿轮选用油品黏度图表如图 9-3 所示。油品的选用根据小齿轮转速 n_1、小齿轮分度圆直径 d_1 和给油温度 T 三个已知参数来确定。

例如，已知小齿轮转速 750r/min，小齿轮分度圆直径为 25cm，油池的温度为 40℃，根据以上三个已知条件查图 9-3（虚线所示），所选定的油品黏度为 $70 \sim 100\text{mm}^2/\text{s}$ 或 L-AN150。

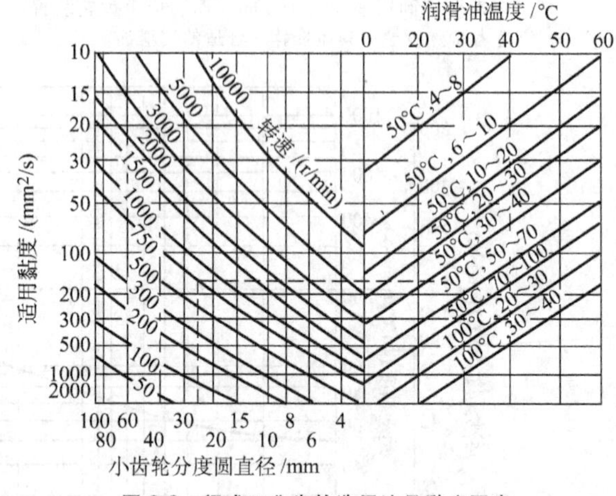

图 9-3 闭式工业齿轮选用油品黏度图表

日本资料中推荐了齿轮的润滑油适宜黏度与品种的选择表，见表 9-14 与表 9-15。

6. 利用弹性流体动压润滑理论来选择闭式齿轮传动润滑油的最佳黏度

现代润滑理论已经能够比较接近实际的利用弹性

表 9-14　闭式直齿轮、斜齿轮与人字齿轮等的润滑油适宜黏度

减速器类型	减速器的轴心距离/mm	适宜使用的润滑油黏度(40℃)/(mm^2/s),ISO · VG 范围	
		环境温度-10~15℃	环境温度 15~50℃
平行轴减速器（1 级减速）	≤200	68	150,220
	200~500	68	150,220
	>500	150,220	150,220
平行轴减速器（2 级减速）	≤200	68	150,220
	200~500	150,220	150,220
	>500	150,220	150,220
平行轴减速器（3 级减速）	≤200	68	150,220
	200~500	150,220	150,220
	>500	150,220	100℃时 15,22mm^2/s
行星齿轮减速器	机架尺寸 400 以下	68	150,220
	机架尺寸 400 以上	150,220	150,220
锥齿轮	圆锥距 300 以下	68	150,220
	圆锥距 300 以上	150,220	100℃时 15,22mm^2/s
齿轮电动机	各种规格	68	150,220

表 9-15　工业用齿轮的类型、使用条件与油品种

齿轮类型	使用条件	应选油品
直齿轮、斜齿轮、锥齿轮	轻载荷	抗氧防锈型齿轮油
	重载荷	极压型齿轮油
蜗杆蜗轮	任何使用条件	极压型或合成型齿轮油
准双曲面齿轮	任何使用条件	双曲面齿轮油
开式齿轮	任何使用条件	开式齿轮用合成齿轮油

流体动压润滑理论来解决齿轮传动润滑问题。美国齿轮制造商协会建议将弹流油膜厚度计算作为齿轮传动设计的一个重要部分。在弹性流体动压润滑的条件下，当摩擦副表面状态一定时，可以用迭代法求解弹流润滑厚度以判断其油膜厚度是否有效。

按照英国学者道森-希金森在“刚性、等黏”润滑理论的基础上，先后两次提出的线接触弹流润滑的最小油膜厚度计算公式来分析各种齿轮的润滑问题，提出了如下的节点啮合的油膜厚度计算公式：

$$h_{\min}=\frac{1.6\alpha^{0.6}(\eta_0 U)^{0.7}R^{0.43}E'^{0.03}}{\left(\dfrac{W}{L}\right)^{0.13}} \tag{9-9}$$

或者

$$h_{\min}=\frac{1.6\alpha^{0.54}(\eta_0 U)^{0.7}R^{0.43}}{E'^{0.03}\left(\dfrac{W}{L}\right)^{0.13}} \tag{9-10}$$

式中　R——当量曲率半径（m），$R=\dfrac{R_1R_2}{R_1+R_2}$，其中 R_1、R_2 为齿轮 1、2 的半径；

E'——当量弹性模量，$\dfrac{1}{E'}=\dfrac{1}{2}\left[\dfrac{1-\nu_1^2}{E_1}+\dfrac{1-\nu_2^2}{E_2}\right]$，其中 E_1、E_2 为齿轮 1、2 的材料弹性模量，ν_1、ν_2 为其泊松比；

$\dfrac{W}{L}$——单位接触宽度上的载荷（N/m），其中 W 为载荷；

U——两个当量圆柱的平均速度（卷吸速度）（m/s），$U=\dfrac{U_1+U_2}{2}$，其中 U_1、U_2 为两共轭齿面当量圆柱的线速度；

η_0——润滑油常温黏度，9.8Pa · s；

α——润滑油的压黏系数。

将以上两方程应用于齿轮润滑计算时，须用齿轮的啮合参数表示式中的 R、U 和 $\dfrac{W}{L}$ 的数值。在一对轮齿的啮合循环中，这些参数都是变量，因而油膜厚度也随啮合位置而变化。为计算方便，可只考虑在节点上的油膜厚度。

各类齿轮的有关参数如下：

(1) 换算（或当量）曲率半径 R

圆柱齿轮 $R=\frac{a\sin\alpha_n}{\cos^2\beta}\times\frac{u}{(u\pm1)^2}$

锥齿轮 $R=\frac{L_m\sin\alpha_n}{\cos^2\beta_m}\times\frac{u}{u^2+1}$

式中 a——中心距（m）；

α_n——齿轮法向啮合角；

β——齿轮分度圆螺旋角；

u——齿数比（速比）；

L_m——锥齿轮齿宽中点处的节锥长（m）；

β_m——弧齿锥齿轮齿宽中点处的分度圆螺旋角。

(2) 根据在法面上相对于节点的表面速度求得平均速度

圆柱齿轮 $U=\frac{\pi n_1}{30}\left(\frac{\alpha}{u\pm1}\right)\frac{\sin\alpha_n}{\cos\beta}$

锥齿轮 $U=\frac{\pi n_1 L_m \sin\alpha_n}{30\ u\ \cos\beta_m}$

式中 n_1——小齿轮的转速（r/min）。

(3) 单位接触宽度上的载荷$\frac{W}{L}$

圆柱齿轮 $\frac{W}{L}=\frac{F_t\cos\beta_b}{b\cos\alpha_n\cos\beta}$

锥齿轮 $\frac{W}{L}=\frac{F_t\cos\beta_b}{b\cos\alpha_n\cos\beta_m}$

式中 F_t——节点啮合时的圆周力（N），

$$F_t=\frac{9550N}{n_1 r_1}$$

b——轮齿宽度；

β_b——基圆螺旋角；

r_1——主动轮分度圆半径；

N——功率。

将以上数据代入式（9-10），可得

对于圆柱齿轮

$$h_{min}=\frac{2.65\alpha^{0.54}}{E'^{0.03}\left(\frac{W}{L}\right)^{0.13}}\left(\frac{\pi n_1\eta_0}{30}\right)^{0.7}\frac{(a\sin\alpha_n)^{1.13}}{\cos^{1.56}\beta}\frac{u^{0.43}}{(u\pm1)^{1.56}} \quad (9\text{-}11)$$

对于锥齿轮

$$h_{min}=\frac{2.65\alpha^{0.54}}{E'^{0.03}\left(\frac{W}{L}\right)^{0.13}}\left(\frac{\pi n_1\eta_0}{30}\right)^{0.7}\frac{(L_m\sin\alpha_n)^{1.13}}{\cos^{1.56}\beta}\frac{u^{0.27}}{(u^2+1)^{0.43}} \quad (9\text{-}12)$$

由此可得润滑油在常压下的黏度 η_0

$$\eta_0=\frac{W^{0.18}}{Gn_1}h_{min}^{1.43} \quad (9\text{-}13)$$

式中

$$G=\left[\frac{\cos^{1.56}\beta}{0.33\alpha^{0.6}E'^{0.03}(\alpha\sin\alpha_n)^{1.13}}\times\frac{(u\pm1)^{1.56}}{u^{0.43}}\right]^{1.43}$$

或 $$G=\left[\frac{E'^{0.03}\cos^{1.56}\beta}{0.546\alpha^{0.54}(\alpha\sin\alpha_n)^{1.13}}\times\frac{(u\pm1)^{1.56}}{u^{0.43}}\right]^{1.43}$$

应用这些方程即可计算各类齿轮的油膜厚度和所需黏度，并由此可以看出：随着油黏度和齿轮转速的提高，油膜厚度将增大，同时油膜厚度与两表面的表面粗糙度值 Ra 的比值 λ 也随之增大。表 9-16 为 $\lambda=4$ 时用小齿轮的速度和分度圆直径确定的最佳黏度。从表中数据可看出，采用较低黏度的油，可以得到较高速度下相同的油膜厚度。例如，一个分度圆直径为 100mm 的齿轮，在转速为 50r/min 时可采用黏度为 68mm^2/s 的润滑油润滑，而在转速为 3600r/min 时，可采用黏度为 10mm^2/s 的润滑油润滑。在同样转速下，与齿轮相比，蜗杆副要求采用较大黏度的油，当转速为 750r/min 时，要采用黏度为 680mm^2/s 的油，而直齿轮只需使用黏度为 150mm^2/s 的油。

表 9-16 直齿轮最佳黏度选择

直齿轮的最佳黏度/(mm^2/s)(假定 $\lambda=4$)						
小齿轮转速/(r/min)	小齿轮分度圆直径/mm					
	25	38	60	100	250	500
50	680	220	150	68	32	32
100	680	150	68	32	32	10
750	150	68	68	10	10	10
1000	68	32	32	10	10	10
1800	32	32	32	10	10	10
3600	10	10	10	10	10	10

表 9-17　6 种选择齿轮润滑油的方法比较

序号	比较项目 / 方法简称	解决润滑油种类的选用问题	解决润滑油黏度的选用问题	使用本方法的实用性及准确性
1	美国 AGMA 标准规范	×	√	本标准规范来源于实践经验，又通过多年实践积累了大量的经验数据，并经过多次修改和补充，其实用性及准确性都比较好，由于易于取得数据，使用本标准最简单和最经济。本标准只解决了润滑油黏度的选用问题，所以必须配合其他方法解决润滑油种类的选用问题
2	德国标准 DIN 51509	√	√	本标准同时解决了润滑油种类和黏度选用问题，其适用性能都比较好
3	我国行业标准 JB/T 8831—2001	√	√	本标准通过多年系统的研究，吸收了国外先进方法的优点，并根据国内实际情况制定，可同时解决齿轮润滑油种类和黏度选用问题，适用性能好，是选择齿轮润滑油的首选方法
4	ISO 提案	√	×	本提案仅解决了润滑油种类的选用问题，必须配合其他方法来解决润滑油黏度的选用
5	日本常用选油图表	×	√	本方法经多年应用，解决了油品的黏度选择问题，其油品种类的选用问题可配合其他方法解决
6	弹性流体动压润滑理论选用法	×	√	现代弹流润滑理论已经能够比较接近实际地处理齿轮润滑问题，是齿轮传动设计的重要部分，但用户目前还难以应用

7. 选择齿轮润滑油的各种方法的比较

为了概括地总结上述 6 种齿轮润滑油选择方法的优缺点，表 9-17 列出了 6 种选择齿轮润滑油的方法比较。

9.1.4　齿轮润滑方式的选择和供油量控制

齿轮的润滑方式是由齿轮的分度圆速度来确定的，参看表 9-18。

表 9-18　齿轮的分度圆速度与润滑方式的关系

分度圆速度/(m/s)	润滑方式
<0.8	涂润滑脂
0.8~4.0	高速下采用浸油润滑，其他情况用润滑脂
4.0~12	浸油润滑
>12	压力喷油润滑

齿轮的润滑油量与润滑方式是有密切联系的。下面介绍油池浸浴法和循环压力喷油法的油量控制。

1. 油池浸浴法

该方法适用于齿轮圆周速度≤12m/s 的场合。

齿轮浸油深度可按下述方法确定：

1）在单级减速器中，大齿轮浸油深度为 1~2 倍齿高。

2）在多级减速器中，各级大齿轮均应浸入油中。高速级大齿轮浸油深度为 0.7 倍齿高，但一般不应超过 10mm；当齿轮圆周速度相当低时（0.5~0.8m/s），浸油深度可增加到高速级齿轮半径的 1/6。

3）在锥齿轮减速器中，大齿轮的整个齿长应浸入油中。

4）在多级减速器和复合减速器中，应当浸入油中的轮齿有时不可能都同时浸入油中，就须采用打油惰轮、甩油盘和油环等措施，油池的体积可按每千瓦需油 0.35~0.7L 来确定，大功率时可用较小值。

2. 循环压力喷油法

供给齿轮面的油量由供给油所带走的热量来决定，若以齿轮箱中轴承温度不超过 55℃、返回油箱的油温不超过 50℃ 为基准，此时供油量可按下述方法确定：

1）齿宽每厘米给油 0.45L/min。

2）对于设备功率每千瓦给油量可按表 9-19 计算。

表 9-19　齿轮压力喷油的喷油量和喷油压力

喷油量/(m^3/s)	速度/(m/s)				
	10	25	50	100	150
$85\times10^{-6}\times$设备功率	喷油压力/MPa				
	0.01	0.1	0.15	0.18	0.21

9.1.5　开式齿轮传动的润滑

1. 开式齿轮传动润滑的特点和对其润滑剂性能的要求

开式齿轮传动中易落入尘、屑等外部介质而造成润滑油污染，齿轮易于产生磨料磨损。当对开式齿轮给以覆盖时，在相同的工作条件下，开式齿轮的润滑要求与闭式齿轮相同。

开式齿轮传动通常使用高黏度油、沥青质润滑剂或润滑脂，并在较低的速度下能工作得较为有效。开式齿轮油有三个档次的分类，即抗氧防锈开式齿轮油（L-CKH）、极压型开式齿轮油（L-CKJ）及溶剂稀释型开式齿轮油（L-CKM），见表9-20。

表9-20 开式齿轮油种类选择

开式齿轮油种类	适用范围
抗氧防锈开式齿轮油	适用于一般轻负荷半封闭式或开式齿轮传动
极压型开式齿轮油	适用于重载开式齿轮传动。齿面接触应力参考值大于500MPa
溶剂稀释型开式齿轮油	适用于重载开式齿轮传动。齿面接触应力参考值大于500MPa

在选择开式齿轮传动润滑油时，应考虑下列因素：①封闭程度；②圆周速度；③齿轮直径尺寸；④环境；⑤润滑油的使用方法；⑥齿轮的可接近性。

除了在某些场合下润滑油可以循环回流以外，一般应设置油池。开式齿轮传动的润滑方法一般是全损耗型的，而任何全损耗型润滑系统最终在其齿轮表面只有薄层覆盖膜，它们常处在边界润滑条件下，因为当新油或脂补充到齿面时，由于齿面压力作用而挤出，加上齿轮回转时离心力等的综合作用，只能在齿面上留下一层薄油膜，再加上考虑齿轮磨合作用，因此润滑油必须具备高黏度或高稠度和较强的黏附性，以确保有一层连续的油膜保持在齿轮表面上。

开式齿轮暴露在变化的环境条件中，如北方运河水闸的开式齿轮在冬季工作在0℃以下的环境中，造纸机干燥机滚筒的开式齿轮系统工作在高湿度和60℃以上的环境温度中，水泥窑转筒环形齿轮工作在热、雨和灰尘环境条件下，而在自动化生产工厂中，对于大型机械压力机中的大型开式齿轮，其环境虽然不是苛刻的因素，但如果齿轮上的润滑剂被抛离的话，那么损坏齿轮的危险照样存在。

开式齿轮传动润滑油的最通用类型是一种像焦油沥青那样具有黑色、胶黏的极重石油残渣材料。这种材料对齿轮起保护作用，要使用它们，必须加热软化，现在一般是通过添加一种溶剂，使它们变成一种液体，这种溶剂是一种挥发性无毒氯化烃，使用时直接涂上或喷上，当其溶剂挥发后，就会有一层塑性的类似橡胶膜的物质覆盖在齿面上，可达到阻止磨损、灰尘和水的损害，最终达到保护齿轮的目的。某些类型的开式齿轮润滑剂加入极压抗磨添加剂，与大气接触后，就会有点干并牢固地附着在齿轮表面，从而阻止灰尘的沉积和水的侵蚀。

在考虑润滑方式时，应该知道：循环油比周期性加油对齿轮润滑更为有效和方便。对于小开式齿轮和齿轮轮系可使用比较软的润滑脂。

2. 美国齿轮制造商协会AGMA推荐的开式齿轮油品种

美国齿轮制造商协会AGMA 251.02推荐的开式齿轮润滑油品种有抗氧防锈型、极压型和溶剂稀释型残渣复合物三种，参见表9-21～表9-23。

表9-21 美国齿轮制造商协会推荐的AGMA开式齿轮油牌号数

抗氧防锈型齿轮油（AGMA润滑剂牌号）	黏度范围(37.8℃)/(mm^2/s)	极压齿轮油（AGMA润滑剂牌号）	溶剂稀释型残渣复合物（AGMA润滑剂牌号）①	黏度范围(37.8℃)①/(mm^2/s)
4	140～170	4EP	14R	429.5～856.0
5	200～250	5EP	15R	857.0～1714.0
6	300～360	6EP		
7	420～500	7EP		
8	650～800	8EP		
9	1400～1700	9EP		
10	3000～3600	10EP		
11	4200～5200	11EP		
12	6300～7700	12EP		
13	190～220(99.9℃)②	13EP		

① 溶剂稀释型残渣复合物是在重油中加入一种非燃性溶剂，溶剂挥发后，在齿轮表面留下一层厚膜。表中所指黏度是指未加入溶剂前的黏度。其溶剂要求无毒，对皮肤无刺激，使用时要求听从油品公司的指导。

② 由于重油难于在37.8℃条件下测定其黏度，所以AGMA13是在99.9℃条件下测定其黏度的。

表 9-22　美国齿轮制造商协会推荐用于连续润滑的 AGMA 润滑剂牌号数

环境温度①/℃	操作特点	节圆速度/(m/s)				
		压力润滑		飞溅润滑		浸油润滑
		<5	>5	<5	5~10	<1.5
-9~16②	连续运行	5 或 5EP	4 或 4EP	5 或 5EP	4 或 4EP	8~9 8EP-9EP
	正、反转或经常起动、停车	5 或 5EP	4 或 4EP	7 或 7EP	6 或 6EP	8~9 8EP-9EP
10~52②	连续运行	7 或 7EP	6 或 6EP	7 或 7EP	6 或 6EP	11 或 11 EP8EP~9EP
	正、反转或经常起动、停车	7 或 7EP	6 或 6EP	9~10③ 9EP~10EP	8~9④ 8EP~9EP	

① 所谓环境温度是指靠近操作齿轮的温度。

② 当环境温度达到表中所列温度的最低点时，要求装上加热装置，以便于正确循环，防止其油品成沟，并核对润滑剂和泵的制造商所提供的性能是否一致。

③ 当环境温度在所有时间内都在 32~52℃范围内时，要求采用 10 或 10EP 油。

④ 当环境温度在所有时间内都在 32~50℃范围内时，要求采用 9 或 9EP 油。

表 9-23　美国齿轮制造商协会推荐关于圆周速度小于 8m/s 时的间隔润滑的 AGMA 润滑剂牌号数①

环境温度②/℃	机械喷射法加油③		重力法或滴油法加油使用极压齿轮油
	极压齿轮油	残渣复合油	
-9~16	—	14R	—
4~38	12EP	15R	12EP
21~52	13EP	15R	13EP

注：使用这种产品时，要用溶剂稀释以便于使用。

① 加油装置必须能使所选用的齿轮油准确加到所需要的位置上。

② 环境温度是指靠近操作齿轮的温度。

③ 有时利用机械喷射法把润滑脂喷射到开式齿轮上。一般来说应选择 Nol 极压润滑脂，但使用前必须请教齿轮制造商和机械喷射器制造商。

3. 日本润滑学会推荐的开式齿轮及蜗杆传动润滑油黏度表

日本润滑学会推荐的开式齿轮及蜗杆传动润滑油黏度见表 9-24 及表 9-25。

表 9-24　开式齿轮润滑油适宜黏度

润滑方法	适宜使用润滑油黏度(40℃)/(mm²/s)		
	环境温度-15~15℃	环境温度 5~35℃	环境温度 20~50℃
油浴润滑	150~220	15~20(100℃)	20~25(100℃)
加热涂抹	180~260	180~260	320~530
常温涂抹	20~25(100℃)	32~40(100℃)	180~260
手填充	150~220	20~25(100℃)	32~40(100℃)

表 9-25　开式蜗杆传动润滑油适宜黏度

润滑方法	适宜使用润滑油黏度(100℃)/(mm²/s)	
	环境温度-15~5℃	环境温度 5~40℃
常温涂抹	20~30	30~40

9.1.6　蜗杆传动的润滑

轻载齿轮传动还可采用润滑脂润滑，用齿轮润滑脂或铝基润滑脂可延长其使用寿命。表 9-26 是开式齿轮及蜗杆传动润滑脂选择表。

1. 三种常用蜗杆副类型及其润滑特点

普通圆柱蜗杆传动、圆弧齿圆柱蜗杆传动及环面蜗杆传动三种常用蜗杆传动接触线分布情况及接触线与相对滑动速度之间的夹角 Ω 大小如图 9-4 所示。影响蜗杆传动承载能力的主要因素包括接触线长度、当量曲率半径和接触线分布情况。环面蜗杆传动 Ω 角接近90°，形成油楔条件好，同时接触齿数多，当量曲率半径大，所以承载能力高。圆弧齿圆柱蜗杆传动和普通圆柱蜗杆传动相比较，Ω 角和当量曲率半径都较大，所以形成油楔条件好和承载能力高。

表 9-26 开式齿轮及蜗杆传动润滑脂选择

环境温度/℃	传动形式	选用脂锥入度(25℃)/0.1mm
0~20	齿轮传动	290~330
20~60	齿轮传动	230~290
0~50	蜗杆传动	320~370

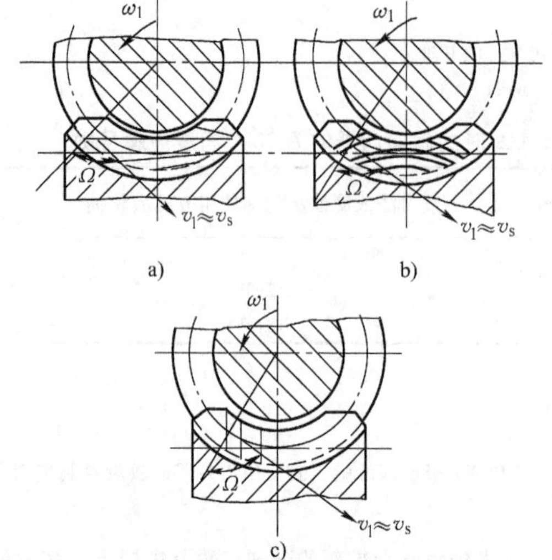

图 9-4 接触线分布情况

a）普通圆柱蜗杆传动 b）圆弧齿圆柱蜗杆传动 c）环面蜗杆传动

v_1—分度圆圆周速度

v_s—相对滑动速度

同齿轮传动相比，蜗杆副的相对滑动速度较高，对大多数工业齿轮而言（准双曲面齿轮除外），它们的相对滑动速度仅为其节圆速度的1/3左右，而蜗杆副的相对滑动速度还略大于其节圆速度。蜗杆副传动中沿齿高方向和齿向方向都存在滑动速度，但是以齿向为主。计算蜗杆副滑动速度 V_g 的方法有下列两种：

$$v_g = \frac{mn_1}{19100}\sqrt{z_1^2 + q^2}$$

式中 z_1——蜗杆头数；

q——蜗杆直径系数；

m——蜗杆轴向模数（mm）；

n_1——蜗杆转速（r/min）。

$$v_g = \frac{v_{us}}{\cos\gamma}$$

式中 v_{us}——蜗杆的分度圆速度；

γ——蜗杆分度圆螺旋导角。

由于蜗杆传动的滑动速度值大，所以它是影响蜗杆传动承载能力的重要因素，因此在选择蜗杆副润滑油时，一定要计算出其相对的滑动速度，为正确选油提供最基本的数据。

2. 蜗轮润滑剂的作用及蜗杆副润滑剂的特性

蜗轮润滑剂的作用如下：

1）减少蜗杆副的磨损。

2）减少摩擦力和功，提高传动效率。

3）散热，即起冷却剂的作用。

4）减少噪声、振动和蜗杆副之间的冲击。

5）排除脏物。

蜗杆副润滑剂的特性参见第3章。

3. 选择蜗杆副润滑油的几种典型方法

（1）蜗轮蜗杆油种类的选择 根据蜗轮蜗杆传动装置的使用工况，参考表9-27即可确定润滑油的品种。

表 9-27 蜗轮蜗杆油种类的选择

使用工况	推荐使用的蜗轮蜗杆油	使用说明
主要用于钢-铜配对的圆柱形和环面蜗杆等类型的承受轻负荷、传动中平稳无冲击的蜗轮蜗杆副，包括该设备中的齿轮、轴承、气缸及离合器等部件的润滑，以及在潮湿环境下工作的其他机械的润滑 该类油品不能用于承受重负荷、传动中有振动和冲击的蜗杆副。在使用过程中应防止局部过热和油温在100℃以上的长期运转	复合型蜗轮蜗杆油(L-CKE)(相当于美军MIL-L-15019E6135油，美国齿轮制造商协会AGMA250.04Comp油)	该类油品油性好、摩擦因数低、减摩性能好、油温低，可明显提高滑动速度较大的钢-铜匹配蜗杆副的传动效率，使用寿命长
主要用于钢-铜配对的圆柱形承受重负荷、传动中有振动和冲击、起动频繁的蜗杆副，包括该设备中的齿轮、轴承等部件的润滑。如果要用于环面蜗杆等类型的蜗杆副(承受重负荷、传动中有振动和冲击)，必须有油品生产厂的说明且经蜗杆副制造者同意	极压型蜗轮蜗杆油(L-CKE/P)[相当于美军MIL-L-18486B(OS)油]	该类油品极压性能好、油性好、摩擦因数低、油温低，可提高承受重负荷钢-铜匹配的蜗杆副的传动效率及承载能力，使用寿命长

（2）蜗轮蜗杆油黏度的选择

1）中心距及蜗杆转速法。根据美国 AG-MA250.04 标准《工业闭式齿轮传动的润滑》，按齿轮中心距及蜗杆转速选择蜗轮蜗杆油的黏度，见表 9-28。蜗杆副润滑油黏度的选择及闭式蜗轮润滑适宜黏度见表 9-29 和表 9-30。

表 9-28　根据中心距及蜗杆转速选择蜗轮蜗杆油的黏度

类型	中心距 a/mm	蜗杆转速 n_1/(r/min)	环境温度 -10~10℃		环境温度 10~50℃		蜗杆转速 n_1/(r/min)	环境温度 -10~10℃		环境温度 10~50℃	
			AGMA 黏度级	ISO-VG 或 GB 级	AGMA 黏度级	ISO-VG 或 GB 级		AGMA 黏度级	ISO-VG 或 GB 级	AGMA 黏度级	ISO-VG 或 GB 级
圆柱蜗杆传动	≤150	≤700	7Comp. 7EP	460	8Comp. 8EP	680	>700	7Comp. 7EP	460	8Comp. 8EP	680
	>150~300	≤450	7Comp. 7EP	460	8Comp. 8EP	680	>450	7Comp. 7EP	460	7Comp. 7EP	460
	>300~450	≤300	7Comp. 7EP	460	8Comp. 8EP	680	>300	7Comp. 7EP	460	7Comp. 7EP	460
	>450~600	≤250	7Comp. 7EP	460	8Comp. 8EP	680	>250	7Comp. 7EP	460	7Comp. 7EP	460
	>600	≤200	7Comp. 7EP	460	8Comp. 8EP	680	>200	7Comp. 7EP	460	7Comp. 7EP	460
环面蜗杆传动	≤150	≤700	8Comp.	680	8AComp.	1000	>700	8Comp.	680	8Comp.	680
	>150~300	≤450	8Comp.	680	8AComp.	1000	>450	8Comp.	680	8Comp.	680
	>300~450	≤300	8Comp.	680	8AComp.	1000	>300	8Comp.	680	8Comp.	680
	>450~600	≤250	8Comp.	680	8AComp.	1000	>250	8Comp.	680	8Comp.	680
	>600	≤200	8Comp.	680	8AComp.	1000	>200	8Comp.	680	8Comp.	680

注：1. 蜗杆转速 n_1>2400r/min 或滑动速度 v_s>10m/s 时，应采用压力喷油润滑。此时，应选用比本表中黏度值低的油。

2. 表中“Comp.”指复合油，“EP”指极压齿轮油，数字为 AGMA 润滑油级别。对于圆柱蜗杆传动，两种油均适用；对于环面蜗杆传动，如果拟采用 EP 油，应征询蜗杆减速器制造厂的意见。还可采用合成油作为各类蜗杆传动的润滑油，其黏度值同上面推荐的级别。

表 9-29　蜗杆副润滑油黏度的选择

中心距 a/mm	蜗杆转速 n_1/(r/min)				
	250	750	1000	1500	3000
<75	17	17	17	17	17
75~150	43	31	31	31	31
150~300	43	31	31	24	17
>300	31	24	24	17	14

注：表中油的黏度是在 100℃ 条件下的值，当蜗杆的分度圆速度超过 10m/s 时应采用循环压力喷油法，并且要喷到全齿宽上。

表 9-30　闭式蜗轮润滑适宜黏度

轴心距离/mm	蜗杆转速/(r/min)	蜗杆类型	适宜使用润滑油黏度(100℃)/(mm^2/s)	
			环境温度-10~15℃	环境温度 10~50℃
<150	>700	圆柱型	25~30	30~40
		弧面型	30~40	30~40
<150	<700	圆柱型	25~30	30~40
		弧面型	30~40	40~50
150~300	>450	圆柱型	25~30	25~30
		弧面型	30~40	30~40
	<450	圆柱型	25~30	30~40
		弧面型	30~40	40~50
300~450	>300	圆柱型	25~30	25~30
		弧面型	30~40	30~40
	<300	圆柱型	25~30	30~40
		弧面型	30~40	40~50

（续）

轴心距离 /mm	蜗杆转速 /(r/min)	蜗杆类型	适宜使用润滑油黏度(100℃)/(mm²/s)	
			环境温度-10~15℃	环境温度 10~50℃
450~600	>250	圆柱型	25~30	25~30
		弧面型	30~40	30~40
	<250	圆柱型	25~30	30~40
		弧面型	30~40	40~50
600 以上	>200	圆柱型	25~30	25~30
		弧面型	30~40	30~40
	<200	圆柱型	25~30	30~40
		弧面型	30~40	40~50

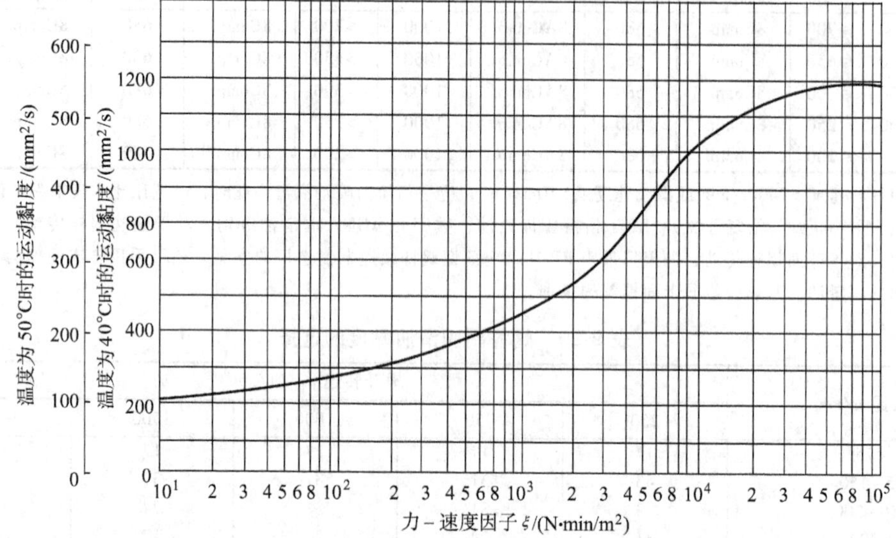

图 9-5　蜗杆传动所需润滑油黏度的选择

2）力-速度因子法。根据德国 DIN51509Teil1 标准，按速度-因子选择蜗轮蜗杆润滑油黏度，不仅考虑到速度，而且把输出转矩也考虑在内，因此该方法比较全面科学，值得推荐应用，参见图 9-5。

力-速度因子选油方法如下：

蜗轮 Stribeck 滚动压力 K_S（N/m^2）可计算如下：

$$K_S = \frac{M_2}{a^3}$$

$$力\text{-}速度因子\ \xi = \frac{K_S}{v} = \frac{M_2}{a^3 n_1}$$

式中　ξ——力-速度因子（$N \cdot min/m^2$）；

v——圆周速度（m/s）；

M_2——输出转矩（N·m）；

a——蜗轮蜗杆中心距（m）；

n_1——蜗杆转速（r/min）。

计算出 ξ 值后，可按下列数据选择润滑油黏度等级：

力-速度因子 ξ 值	润滑油黏度等级
<70	220 号
70~400	320 号
400~2500	460 号
>2500	680 号

例如，某蜗杆副中心距为 150mm，速比 = 40/1，蜗杆转速 n_1 = 1000r/min，输出转矩 = 841N·m，试选择蜗轮蜗杆油的黏度。计算过程如下：

$$力\text{-}速度因子\ \xi = \frac{K_S}{v} = \frac{M_z}{a^3 n_1} = \frac{841}{0.15^3 \times 1000} N \cdot min/m^2$$

$$= 249.2 N \cdot min/m^2$$

由此可选用 320 号蜗轮蜗杆油。

3）分度圆速度法（见图 9-6）。

4）滑动速度法（见表 9-31）。

5）选择蜗轮蜗杆油的各种方法（见表 9-32）。

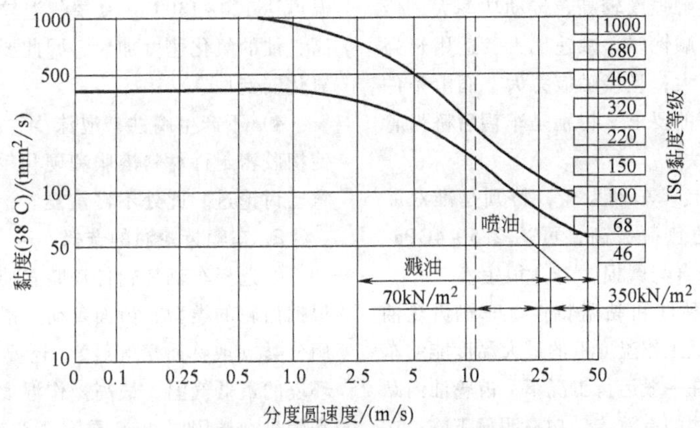

图 9-6　工业闭式蜗轮用油的选择

表 9-31　根据滑动速度选择蜗轮蜗杆油的黏度

滑动速度 v_s/(m/s)	≤1.5	>1.5~3.5	>3.5~10	>10
黏度值/(mm²/s)	>612	414~506	288~352	198~242
ISO-VG 级或 GB 级	680	460	320	220

注：表内黏度值用于蜗杆下置浸油润滑，若蜗轮上置可将黏度值提高 30%~50%。

表 9-32　选择蜗轮蜗杆油黏度的各种方法

序号	方法简称	使用本方法的实用性及准确性
1	美国 AGMA 标准规范	美国齿轮制造商协会根据中心距、蜗杆的转速、类型及不同环境温度选择的蜗杆副润滑油黏度应在 460~1000 号范围内，但其选择黏度范围太宽，当蜗杆速度大于 700r/min 时，在推荐表中找不到相应数据，因此说本方法应用范围窄
2	德国 DIN51509Teil1	这种方法简便易行，考虑全面，不仅考虑速度影响，而且把输出转矩也考虑在内，值得推广使用
3	中心距转速法	本方法之一（表 9-29）是英国壳牌石油公司通过钢对磷青铜台架试验后而提出的推荐黏度表格，表 9-30 是日本常用选油表。本方法简便易行，可以推广使用
4	节圆滑动速度法	使用方法简便，但由于只考虑速度，因此其准确性差
5	相对滑动速度法	
6	力-速度因子法	本方法也是英国壳牌石油公司提出的一种选择蜗杆副润滑油黏度的方法。这种方法简便易行，考虑全面，值得推广使用

4. 蜗杆副润滑方式的选择和供油量控制

当蜗杆圆周速度 $v \leq 10$m/s 时，可采用油池浸浴法；当蜗杆圆周速度 $v>10$m/s 时，可采用循环压力喷油法。

蜗杆副供油量根据下列两种润滑方式控制：

1）油池浸油法蜗杆传动浸油深度。蜗轮在蜗杆下面时，油面可以在一个齿高到蜗轮的中心线的范围间变化，速度越高，搅拌损失越大，因此浸油深度要浅；速度低时，浸油深度可深些，并有散热作用。

蜗轮在蜗杆上面时，油面可保持在蜗杆中心线以下，此时，飞溅的油可以通过刮板给蜗轮的轴承。

2）循环压力喷油法蜗杆传动的供油量由其中心距确定，见表 9-33。

表 9-33　蜗杆传动喷油的喷油量和喷油压力

喷油量 /(m³/s)	圆周速度/(m/s)			
	10	15	20	25
$75\times10^{-6}\times$ 中心距	喷油压力/MPa			
	0.1	0.17	0.27	0.34

9.1.7　车辆齿轮传动的润滑

1. 车辆齿轮的润滑特点

车辆齿轮主要用于各种车辆的变速器和转向器以及前、后桥的减速机构，主要类型有直齿圆柱齿轮、斜齿圆柱齿轮、人字齿圆柱齿轮、直齿锥齿轮、斜齿锥齿轮、弧齿锥齿轮和准双曲面齿轮等。准双曲面齿轮的轮齿弯曲强度和接触强度较高，传动功率大，传动平稳，齿面间啮合平顺性好，减速比大，适用于高速，但齿面间滑移速度大，且接触应力大，润滑条件苛刻，对润滑剂有较高的要求，特别是车辆后桥齿轮油，要求更为苛刻。

1）极压抗磨性优良。车辆齿轮，特别是准双曲面齿轮，齿面所承受的负荷极高，可达 2.5~4GPa，润滑油膜容易破裂、胶合与磨损，寿命很短。

2）要求有适当的黏度和黏温特性。车辆齿轮油的黏度性质应保证在最低工作温度下的最大黏度能使车辆不经预热顺利起动，在一般运行工况下，齿轮油内摩擦损耗不应当使传动机构的有效传动功率明显下降，在最高工作温度时的黏度须保证齿轮的正常润滑。

3）热氧化安定性好。车辆齿轮传动装置中的润滑油温度较高，变速器油温为 60~70℃，差速器油温在 70℃以上，一些小汽车的准双曲面齿轮差速器油温可达 120~130℃。夏季气温较高，油温也较冬季为高，油的氧化速度加快，因此要求齿轮油有较好的热氧化安定性。

4）不产生腐蚀，泡沫少，抗乳化安定性好，不使橡胶密封件材料溶胀和硬化等。该要求在前面第 3 章已讨论过，此处不再重复。

2. 车辆齿轮油的选择

在选择车辆齿轮传动装置使用的齿轮油时，需要根据齿轮的类型、齿面负荷、滑动速度和工况确定使用分类（或称质量等级），还要根据车辆载荷和使用环境的最低气温、最高操作温度选择相应的黏度级别和牌号。选用时可参看第 3 章有关表格中的分类情况。表 9-34 为不同车型驱动桥齿轮油推荐表，表 9-35 为美国 1995 年主要汽车车型要求采用的齿轮油及底盘、转向装置换油周期，表 9-36 为主要 OEM 重负荷后桥齿轮油换油周期和规格。

表 9-34　不同车型驱动桥齿轮油推荐表

汽车类型	选用油	代表车型
国产、进口轻型货车、运输车、载货车等	GL-5 双曲线齿轮后桥用油	福田、一汽、重汽、日野、日产、三菱部分车型等
国产、进口重型货车、工程机械车、公交汽车、矿山车等	GL-5+长寿命重载车后桥用油	东风、解放、重汽、红岩部分车型等
国产、进口前置前驱型轿车	GL-4 中负荷车辆齿轮油	大众、奥迪、东风雪铁龙、长安铃木、吉利、奇瑞、南京菲亚特、别克赛欧等
国产、进口前置后驱型轿车	GL-5 双曲线齿轮后桥用油	尼桑 G35 型轿车、卡迪拉克 GTS 型轿车、丰田锐志等
国产、进口四轮驱动型轿车	GL-5 双曲线齿轮后桥用油	斯巴鲁和奥迪的部分车型等

表 9-35　美国 1995 年主要汽车车型要求采用的齿轮油及底盘、转向装置换油周期

汽车制造厂和车型		变速器	驱动桥		使用时间/月	行驶里程/mile[①]	加油方法
			标准	增补			
克莱斯勒公司	Stealth，SummitTolou W/turbo	75W~85W、75W-90GL-4	80W-90GL-5	80W-90GL-5		（不要求润滑）	
	Viper	DEXRON-ⅡE	—	75W-140GL-5	24	30000	油嘴加油
	其他车型	Mopar 手动变速液	—	—	6	6000	油嘴加油
福特公司	Probe	75W-90GL-4	—	—		30000	油嘴加油
	其他车型	MERCON	80W-90GL-5	80W-90GL-5		15000	油嘴加油
通用汽车公司	Comaro，Firebird Crorvette 其他 RWO 车型 FWO 车型 MetroFireflyPrizm Sotum 其他车型	DEXRON-Ⅲ 产品号 1052931 — 75WGL-4、75W-90GL-5DEXRON-11E 或-Ⅲ 同步变速装置用油	80W-90GL-5 — 80W-90GL-5 — — —	80W-90GL-580W-90GL-580W-90GL-5	—	（不要求润滑）15000	油嘴加油

① 1mile=1.609km。

表 9-36　主要 OEM 重负荷后桥齿轮油换油周期和规格

OEM		换油期/10^4km	适用规格
欧洲	Daimler-Chrysler	25	235.8
	Volvo	40	97312
	MAN	32	342SL
	RVI	35	03.08.4002
美国	Mack	80	GO-J+
	Dana/Eaton	80	PS163

9.1.8　风电齿轮箱的润滑

2018 年，我国的清洁能源投资达 1001 亿美元，占当年全球清洁能源投资总额 3321 亿美元的 30.1%。截至 2019 年底，我国风电、水电、光伏发电、煤电装机容量居世界第一，核电在建规模世界第一、装机容量世界第三，我国清洁能源发电装机量占比约为 40%。其中，全国电力行业中的风电装机量占比约为 10.5%。2020 年，全球陆上风电装机量约为 65GW。齿轮箱作为风力发电机组的主要传动部件，一旦发生故障需下架维修，将对风电场的经济效益有着一定的影响。而风电齿轮箱的润滑油对于齿轮箱的运行起着至关重要的作用。

风电齿轮箱常用合成基础油，如 PAO（聚 α 烯烃）和 PAG（聚醚）等。

合成基础油的添加剂分为：①表面保护添加剂，如抗磨和极压剂、减摩剂、抗微点蚀/抗点蚀剂和抗蚀防锈剂等；②流体保护添加剂，如抗氧钝化剂和抗泡剂等；③性能改进添加剂，如黏度改进剂、降凝剂和抗乳化剂等。

风电齿轮箱润滑油常规检测项目有：外观、黏度、总酸值、水分、金属元素分析、PQ 磨损指数、磨粒铁谱分析和清洁度等。

1. 风电齿轮箱中润滑油的功能

润滑油是齿轮箱中流动的血液，起着至关重要的作用。润滑油最基本的是润滑功能，它在齿面和轴承上形成一层油膜，可防止齿轮件之间的相互摩擦，减少磨损；同时在转动的过程中，润滑油还能带走各摩擦副之间运动时产生的大量热量，防止烧伤齿轮和轴承。另外，润滑油有着良好的防锈防腐功能，可避免齿轮箱中的水分和氧气腐蚀齿轮件。润滑油在不断的流动过程中也可以带走杂质，保证齿轮箱内部的清洁。

对润滑油定期进行检查可保证润滑油的周期性监测，在润滑油出现问题时要及时采取措施，更换新的润滑油，以延长齿轮箱的使用寿命。

2. 影响润滑油质量的因素

在日常的维护过程中，对于润滑油的保护尤为重要。

（1）水分因素　如果风电齿轮箱地处潮湿环境，不能及时更换空气呼吸器，或者由于运行环境温度低，或者长时间停机，将导致水分沉淀。水分作为影响齿轮箱润滑油质量的一个重要因素，将会直接导致油品乳化，齿轮件锈蚀。

（2）清洁度因素　齿轮箱滤芯的及时更换能有效控制另一个影响齿轮箱润滑油质量的重要因素——清洁度。如果齿轮箱清洁度较差，那么润滑油中就会含有较多的颗粒，初期对齿轮箱造成的损伤可能是亮斑或压痕，若长期在这种不良状况下运转，齿面和轴承就会逐渐出现点蚀情况，甚至导致齿面剥落、断齿等问题。这将直接影响齿轮箱的使用寿命。

（3）氧化因素　润滑油在长时间的使用过程中，由于高温、循环不良，或者运行时油位过低，再加上可能受到的各种污染，会增加油品的氧化程度，从而导致油品性能下降，会形成腐蚀齿轮件的酸性物质，加速滤芯消耗。

3. 风电齿轮箱润滑油的选用标准

风电齿轮箱对润滑油的选用有着诸多要求。为了能让润滑油更好地保护齿轮箱，在选用过程中，会要求其具有黏温指数高、抗氧化能力强、低温流动性好、抗磨损、摩擦功耗低、挥发性低、换油周期长及抗微点蚀能力强等优点。而合成油则符合其要求，在加入各类保护性添加剂提升润滑油性能后，可以很好地起到保护齿轮箱的作用。

齿轮箱中的齿轮和轴承在转动过程中实际上都是非直接接触的，即通过润滑油建成的油膜，使其形成非接触性的滚动和滑动，这时油起到了润滑的作用。虽然是非接触性的滚动和滑动，但由于加工精度等原因，使其在转动中都有相对的滚动摩擦和滑动摩擦，从而产生一定的热量。如果这些热量在它们转动的过程中没有去除，势必会越积越多，最后导致高温，烧毁齿轮和轴承，因此齿轮和轴承在转动过程中必须用润滑油来进行冷却。由此可见，润滑油除了起润滑作用，同时还起着冷却作用。

齿轮箱中的润滑油的主要功能是润滑（形成油膜，减噪、吸振、减少摩擦等）、冷却（热量传导、降低齿轮和轴承温度）、清洁（带走污染物）以及防护（防止腐蚀）。综上所述，源源不断的、干净、适宜温度的润滑油能够很好地提升齿轮、轴承的可靠性，提高齿轮箱的运行寿命。

风电齿轮箱中润滑油的性能要求有以下几个方面：

1）合适的黏度及良好的黏温性。

2）足够的减摩、抗磨性。

3）良好的氧化安定性。

4）良好的密封性。

5）良好的冷却性能。

6）良好的防锈、防腐蚀性。

在风力发电行业中，齿轮传动应用广泛并且极为重要，因此齿轮的损伤和失效倍受关注。风电齿轮失效可分为两大类：轮体失效和轮齿失效。轮体失效一般情况下很少出现，因此齿轮的失效通常是指轮齿失效。轮齿失效是指齿轮在运转过程中由于某些原因导致轮齿在尺寸、形状以及材料性能等方面发生改变而不能正常完成工作。轮齿失效形式主要有折断、点蚀、磨损、胶合及塑性变形。

齿轮箱在最初使用的一年内，应每三个月检查一次油液品质；在使用一年之后，应每半年检查一次油液状况。抽样检测油液对于评定各种油液的特性（黏性、老化性、水溶性、颗粒度等）是非常重要的。

9.2 滑动轴承的润滑

9.2.1 概述

轴承是机器和仪器等的重要基础件，这些器械靠轴承在做相对回转运动的零件间传递力。轴承的功能是：①支承运动部件；②减小摩擦力；③减少磨损量；④提供便于更换的磨损表面。

轴承一般分为滑动轴承和滚动轴承两大类。仅在滑动摩擦下运转的轴承是滑动轴承，其最基本的结构要素是轴瓦（套）和轴颈，与轴颈相配的整体元件为轴套，对开元件为轴瓦（统称为轴瓦）。

滑动轴承主要用于滚动轴承难以满足支承要求的场合，如高回转速度、长寿命、低摩阻、耐大冲击载荷、低噪声、无污染等要求的场合，以及极简单的且要求低成本的回转支承，如宇航器的高精度陀螺仪、汽轮发电机组、水轮发电机组、自动化办公设备、家用电器等大部分采用滑动轴承，相当数量的机床（特别是高速、高精度机床）以及极大型的和微型轴承也采用了滑动轴承。

9.2.2 滑动轴承的分类与选择

1. 滑动轴承的分类

表9-37列出了滑动轴承的分类。

表9-37 滑动轴承分类

分类依据	轴承类型	说明
承载方向	径向轴承	受径向载荷
	径向推力轴承	受径向轴向联合载荷
	推力轴承	受轴向载荷
载荷性质	静载轴承	载荷大小和方向不变
	动载轴承	载荷大小和(或)方向变化
润滑机理	动压轴承	流体摩擦
	静压轴承	流体摩擦
	动静压混合轴承	流体摩擦
	自润滑轴承	流体摩擦、混合摩擦或固体摩擦
	磁力轴承	几乎无摩擦
	静电轴承	几乎无摩擦
润滑剂	液体润滑轴承	油、水、磁流体、液态金属等
	气体润滑轴承	空气、氢、氩、氮等
	脂润滑轴承	润滑脂
	固体润滑轴承	MoS_2、石墨、铅、软金属、聚合物等

（续）

分类依据		轴承类型	说明
轴瓦材料		普通金属轴承	轴承合金、铜合金、铝合金、铸铁等
		粉末冶金轴承	铜基、铁基、铝基粉末冶金
		多孔质轴承	粉末冶金、成长铸铁、聚合物等
		塑料轴承	聚四氟乙烯、聚酰胺等
		宝石轴承	人造刚玉、玛瑙等
		橡胶轴承	合成橡胶、天然橡胶
		木轴承	枧木、橡木等
轴瓦结构	轴承孔形状	圆轴承	内孔各横截面均为圆形
		部分瓦轴承	局部圆弧瓦面
		椭圆轴承	双圆弧瓦面
		多油楔轴承	内孔呈特殊形状，能形成若干动压楔
	轴瓦自调性	（固定）瓦块轴承	瓦块位置固定
		可倾瓦块轴承	瓦块能自行调整位置
	其他	浮环轴承	轴颈与轴承间有浮动环
		螺旋槽轴承	轴颈或轴承表面有螺旋槽
		自位轴承	能自动调整轴线位置

2. 滑动轴承的选择

选择滑动轴承类型的依据是各种滑动轴承的性能及其使用范围。表 9-38 是几种主要滑动轴承的性能比较。图 9-7 所示为几种主要径向滑动轴承在给定轴颈直径条件下宽径比为 1 时的极限转速曲线，可供选择径向滑动轴承类型时参考。对动压轴承，按中等黏度润滑油进行计算。对无润滑轴承和混合润滑轴承，按磨损寿命为 10^4h 计算。为了便于比较，在图 9-7 中还将疲劳寿命为 10^4h 的滚动轴承的极限承载能力和极限转速曲线标出。对静压轴承，理论上在材料强度允许的载荷与转速范围内均可应用。

表 9-38　滑动轴承性能比较

项目	动压轴承		静压轴承		混合润滑轴承（含油轴承）	无润滑轴承
	液体润滑	气体润滑	液体润滑	气体润滑		
油（气）膜刚度	$K=\mathrm{d}F/\mathrm{d}e$					
	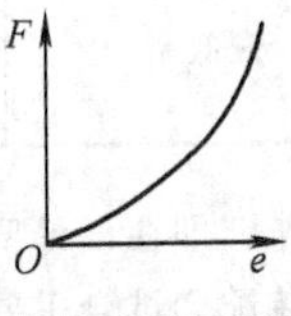	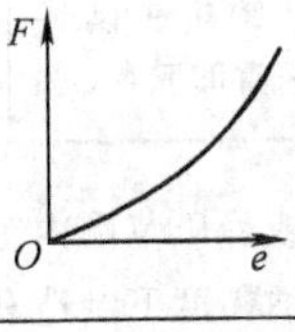	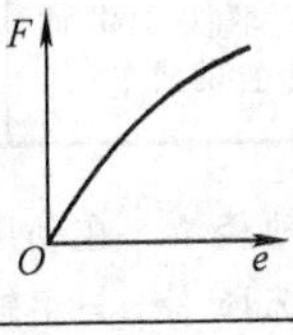	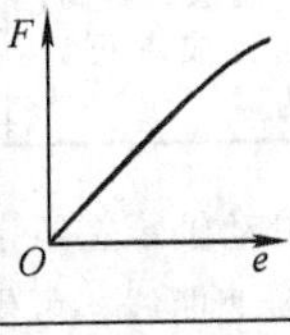	—	—
阻尼	最大	中等	最大	较大	较小	最小
位置精度	较高	较高	最高	最高	中等	低
功耗	较大	较小	中等	最小	较大	最大
	与润滑剂黏度、转速成正比		与润滑剂黏度、转速成正比。另有泵功耗		与载荷有较大关系	与轴瓦材料有较大关系
起动转矩	中	大	较小	最小	大	最大
运转噪声	很小		轴承本身噪声很小，但另有泵噪声		很小	稳定载荷下较小
工作寿命	有限寿命，决定于起动次数		理论上轴承本身寿命无限；供油（气）装置寿命有限		有限寿命，取决于轴瓦材料的耐磨性	

（续）

项目		动压轴承		静压轴承		混合润滑轴承（含油轴承）	无润滑轴承
		液体润滑	气体润滑	液体润滑	气体润滑		
润滑		循环润滑，供油量较多。重要轴承采用压力供油装置	可以采用环境气体润滑，无需特殊供气装置	循环润滑，供油量最多。供油装置压力较高，润滑系统较复杂	专门的供气装置，提供干燥、清洁的气体	使用前浸渍润滑油。使用时无需润滑装置	无需润滑
维护		经常检查，定期清洗润滑系统和更换润滑油	采用环境气体润滑时无需维护	经常检查，定期清洗润滑系统和更换润滑油	经常检查并定期清洁供气系统	定时补充润滑油	无需维护
环境适应性	高温	温度限制取决于润滑油的抗氧化能力	温度限制取决于轴颈或轴瓦材料	温度限制取决于润滑油的抗氧化能力	温度限制取决于轴颈或轴瓦材料	温度限制取决于润滑油的抗氧化能力	温度限制取决于轴瓦材料
	低温	温度限制取决于起动转矩	必须使气体干燥	温度限制取决于起动转矩	必须使气体干燥	温度限制取决于起动转矩	
	真空	可以，但要用特殊润滑剂	不可以	可以，但要用特殊润滑剂	不可以	可以，但要用特殊润滑剂	最好
	潮湿	好	好，但轴瓦和轴颈材料必须耐腐蚀	好	好，但轴瓦和轴颈材料必须耐腐蚀	可以，注意密封	可以，但轴瓦和轴颈材料必须耐腐蚀
	灰尘	可以，注意润滑系统密封和润滑剂过滤	可以，密封很重要	可以，注意润滑系统密封和润滑剂过滤	好，注意润滑气体过滤	好，注意密封	可以，注意密封
	辐射	受润滑剂限制	好	受润滑剂限制	好	受润滑剂限制	好
	制造和装配误差	差		中		好	
运动适应性	频繁起动	中	差	优			
	双向回转	有时可以		可以			
	摆动	不可以		可以			
标准化程度		较差		最差		好	较好
成本		取决于润滑系统的复杂性	制造成本高，运转成本可以为零	取决于供油装置的成本	取决于供气装置的成本	最低	较低

图 9-8 所示为几种主要推力滑动轴承在给定轴径条件下内外径比为 1/2 时的极限转速曲线，可供选择推力滑动轴承类型时参考。其余计算条件与径向轴承完全相同，在图中也列入了滚动轴承的相应曲线供比较。

3. 滑动轴承的失效类型与润滑关系

表 9-39 列出了滑动轴承失效的类型和原因。如果轴承获得了充足的、清洁的润滑材料，那么除了运行条件不利外，造成滑动轴承早期损坏的主要原因是加工和装配有问题。润滑材料欠缺和润滑材料不洁净引起的破坏作用是明显的，如滑动面的损坏，包括擦伤、刮伤、磨损、腐蚀等。表 9-39 表明：如果保证在动压或静压范围内工作，即在设计要求的轴承间隙与主轴油黏度下制造和装配调试合乎要求，则滑动轴承基本上是属于长寿命的。

4. 主轴温升与热变形

机床主轴温升过高可引起热变形，以致破坏机床工作精度或造成抱轴停转，由于滑动轴承润滑方式或润滑剂选用不当而造成这种情况的例子不少。

动压轴承，特别是在机床主轴与轴承的配合间隙比较紧密、主轴速度较高的情况下，更容易出现机床主轴温升高、变形大的现象。例如，螺纹磨床轴承间隙为 2~3μm，必须采用低黏度的 N2 主轴油或 9 : 1 混合油对其润滑，并且使油进行循环，加速冷却，否

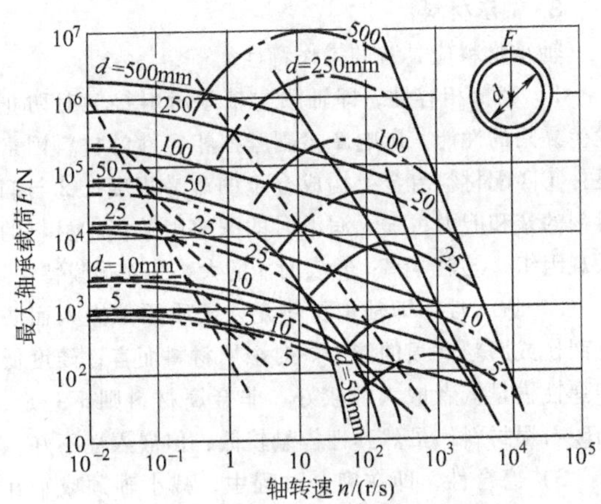

图 9-7　径向滑动轴承的极限转速曲线

- - - -无润滑轴承　——滚动轴承　— - —液体动压轴承　— - - —多孔质金属含油轴承

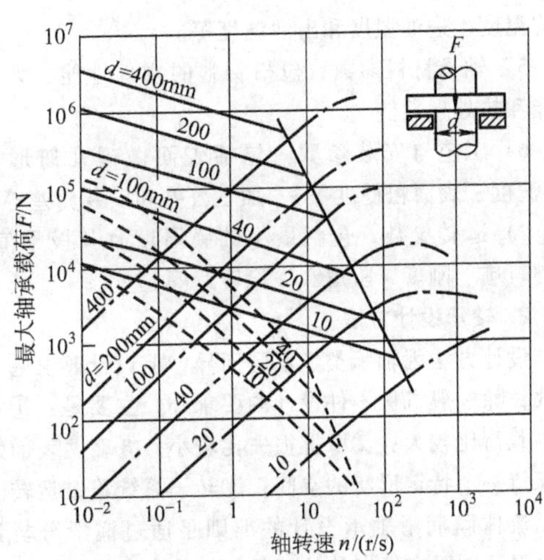

图 9-8　推力滑动轴承的极限转速曲线

- - - -无润滑轴承、多孔质金属含油轴承　——滚动轴承　— - —液体动压轴承

则就会出现温升高和变形大的现象，引起砂轮与工件的相对位移，使加工丝杠的螺纹精度和表面质量达不到要求。

对于圆筒形整片瓦滑动轴承来说，可设计适当的油槽来加快油的流速或者加大油的压力来降低主轴的温升。

表 9-39　滑动轴承的失效类型和失效原因

失效原因＼失效类型		擦伤	刮伤	磨损	接触形式不均匀	抱轴	裂纹	衬层材料剥落	裂开掉皮	浸蚀	汽蚀	腐蚀	变形
轴承	接触材料有气孔								√				
	安装不当												√
	不对中				√								
	咬黏失效							√					
	轴承油槽污染												√
	液流紊乱									√		√	
	多种工况										√	√	
	过载	√	√	√			√						
	材料疲劳						√	√					
润滑剂	缺乏	√	√	√									√
	污染	√	√	√		√				√		√	
	黏度选择不当					√							

9.2.3　滑动轴承的设计

目前，在滑动轴承的设计方面已有许多专著或设计手册做了介绍，此处简单介绍参考文献［8］中推荐的方法。

轴承设计即在有限的给定条件下，确定全部轴承参数与性能。这些参数相当多，如几何参数，工况参数，润滑剂与润滑装置参数，温度参数，轴承材料，运转特性参数，与轴承生产、安装和控制有关的说明，关于维护保养的规定等。这些参数中，只有少量的可以通过轴承分析计算获得，大量参数需凭设计师的经验选定。有些参数往往只有在很窄的范围内，设计方能成功，因此轴承设计是一项困难的工作。另一方面，还有一些环境因素的可变性影响轴承分析的可靠性。所以，可认为滑动轴承设计还没有完全脱离经验，设计师的经验、技巧和能力对设计成功有重要作用。

1. 轴承参数

滑动轴承参数很多，可以分为下列几种：

1）几何参数，包括各种尺寸（如直径、宽度、长度、间隙等）和结构参数（如瓦块数、支点位置等）。

2）工况参数，包括载荷（大小、方向、特性等）和两表面的运动学特性（如转速）。

3）润滑剂及供油参数，包括润滑剂品种、特性（特别是黏度、黏温指数、黏压指数等）、供油压力、流量及油路各部分尺寸。

4）热流动状况参数，包括功耗、散热量、油膜平均温度、进油温度和出油温度等。

5）轴承材料参数，包括材料的物理性能、力学性能和热处理性能。

6）工艺与安装参数，包括表面微观几何形貌（如波度、表面粗糙度等）、加工公差和安装允差等。

7）运转参数，包括最小油膜厚度及其极限值、轴心轨迹、刚度、阻尼和失稳转速等。

2. 轴承设计方法

设计方法因轴承类型不同而异，但设计要求基本一致，除一般机械零件设计的要求外，主要是：①承受的载荷比较大；②摩擦损失比较小；③在两表面之间保持一个特定形状的空间；④转子系统稳定运转。

流体膜润滑轴承设计的准则是通过润滑分析计算，保证轴承在给定的外部条件下能在流体膜润滑状态下稳定运转。设计方法有下列三种：

1）表格曲线法。将轴承性能参数无量纲化，用数值计算方法解润滑方程，得出这些无量纲特征数与偏心率或最小油膜厚度的关系曲线，再辅之以一些经验数据表格和曲线。设计时，根据这些数据表格和曲线，确定需要的轴承参数。

这种方法简便、经济、迅速，对大多数滑动轴承都适用。

2）拟合公式法。得出无量纲特征数与偏心率或最小油膜厚度的关系曲线之后，找出这些曲线的拟合公式，再辅之以选择某些轴承参数的经验公式，通过计算确定需要的轴承参数。

3）数值计算法。除已知参数外，再根据经验选定一些必需的参数，然后用数值计算法直接解润滑方程，计算出轴承的主要参数。这种方法适用于大型、重要轴承。

可以将各种类型滑动轴承的计算程序及不同目标的优化设计程序编制好后放入程序库，并且建立起滑动轴承设计的工程设计数据库（包括载荷谱、结构参数、性能参数、标准、规范、材料数据、经验知识和推理规则等），构成滑动轴承设计的专家系统。

动压轴承在起动和停车过程中，形成动压油膜前，处于混合润滑状态，为此，在选择轴瓦材料时，应按混合润滑轴承的设计计算方法，使轴瓦材料的许用压力 $[p]$、许用发热指标 $[p_v]$ 值大于轴承实际的比压 p、发热指标 p_v 值。

无润滑、固体润滑、混合润滑轴承的设计更多地依赖于经验和试验。因为这种轴承磨损不可避免，故磨损计算是其主要依据。设计的准则是控制其磨损率，保证轴承有预期的工作寿命。

目前这种轴承的计算方法主要是表格曲线法。

3. 轴承材料

轴承材料应具备的工作特性如下：

1）摩擦相容性，即轴颈与轴承材料接触时防止发生黏附的性能。影响摩擦副摩擦相容性的材料因素是：①匹配材料冶金上构成合金的难易程度；②与润滑剂的亲和能力；③无润滑时的摩擦因数；④材料的微观组织；⑤热导率；⑥表面能的大小和氧化膜特性。

2）嵌入性，即轴承材料允许硬质颗粒嵌入而防止刮伤或磨粒磨损的能力。对金属材料而言，硬度低和弹性模量低者嵌入性较好。非金属材料则不一定，如碳石墨材料，虽然弹性模量较低，但嵌入性不好。

3）磨合性，即在磨合过程中，减小轴颈或轴瓦（套）加工误差、同轴度误差、表面粗糙度，使接触均匀，从而降低摩擦力、磨损度的能力。

4）摩擦顺应性，即材料靠表层的弹塑性变形补偿滑动表面初始配合不良的性能。材料弹性模量低者摩擦顺应性好。

5）耐磨性，即材料抵抗磨损的能力。在规定的摩擦条件下，耐磨性可以用磨损率或磨损度的倒数来表示。

6）抗疲劳性，即在循环载荷下材料抵抗疲劳破坏的能力。在使用温度下，轴承材料的强度、硬度、抗冲击强度和组织的均匀性对抗疲劳性是十分重要的。磨合性、嵌入性好的材料通常抗疲劳性低。

7）耐蚀性，即材料抵抗腐蚀的能力。润滑油氧化产生酸性物质，这些酸性物质和油中的极压添加剂都会腐蚀轴承材料。因此，需重视轴承材料的耐蚀性。

8）耐汽蚀性，即材料抵抗汽蚀的能力。油中气泡在固体表面附近破裂，产生局部冲击高压或局部高温，引起的材料磨损称为汽蚀。通常，铜铅合金、锡基轴承合金和锌硅系合金的耐汽蚀性较好。

滑动轴承材料的分类见表 9-40。

9.2.4 液体润滑动压轴承

1. 液体润滑动压轴承的分类及特点

液体润滑动压轴承是滑动轴承中应用最广泛的一类，包括液体（油与非油润滑介质）与气体润滑两种类型。从润滑理论分析，这类轴承可以利用油楔效应、表面伸缩效应和挤压效应形成承载油膜。实际上绝大多数液体润滑动压轴承都是利用油楔效应的。油楔几何参数将影响动压轴承的性能，是其主要参数之一。表 9-41 是油楔形成方法。具有不同类型油楔的动压轴承，各有其不同的特点，一般要求在回转时产生动压效应，主轴与轴的间隙较小（高精度机床要求达到 0.5～3μm），要有较高的刚度，温升较低等。表 9-42 是液体润滑动压轴承的分类。举例如下：

表 9-40 滑动轴承材料的分类

轴承种类	材料品种	轴瓦结构	轴承材料
无润滑轴承	塑料类	单层轴瓦	聚四氟乙烯类、聚缩醛类、其他塑料类
		双层轴瓦	聚四氟乙烯类、聚缩醛类、其他塑料类
	金属类	单层轴瓦	高密度复合粉末冶金类、含油粉末冶金类、含油成长铸铁类
		双层轴瓦	高密度复合粉末冶金类
润滑轴承	金属类	单层轴瓦	铜合金类、铝合金类、经表面处理的钢材类
		双层轴瓦	轴承合金类、铜铅合金类、铝合金类
	非金属类	油润滑轴瓦	塑料类
		水润滑轴瓦	酚醛塑料、聚四氟乙烯、橡胶等，碳石墨类、陶瓷类

表 9-41 油楔形成方法

形成方法	轴颈偏心	成形加工	弹性变形	可倾瓦块
示意图	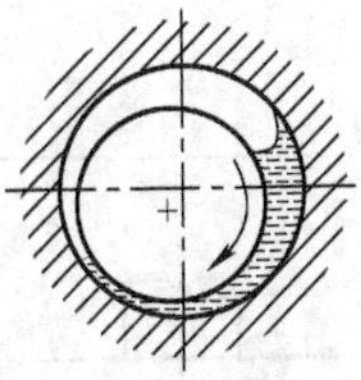	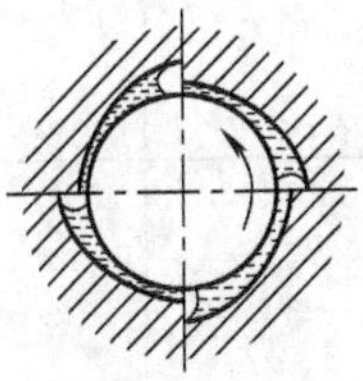	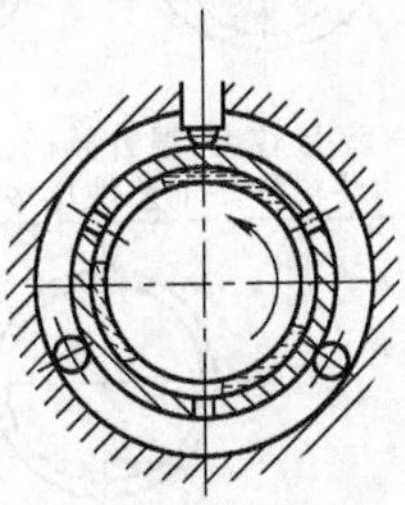	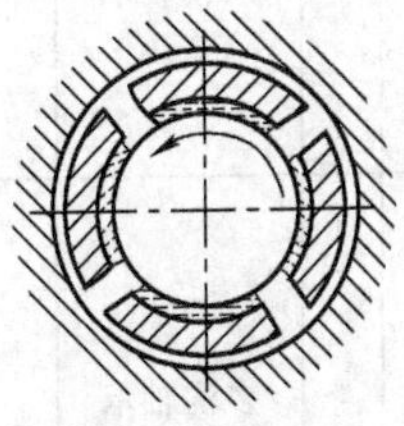
特性	装配与加工工艺简单，只需加工出两个尺寸略有差异的圆柱表面。油楔参数随偏心距改变。只能用于径向轴承，构成单油楔圆轴承，承载能力大而稳定性差	油楔形状和参数靠加工获得，加工工艺复杂，但装配工艺简单。由于工艺原因，不能加工出合理的油楔参数。常用成形面有阿基米德螺旋面、偏心圆弧面、阶梯面、斜面等。可用于径向和推力轴承，构成固定瓦多油楔轴承	油楔形状和参数靠装配时或受载后轴瓦弹性变形获得，故其可以调整，便于维修。轴承孔通常加工成圆柱面，工艺简单，但对装配、调整技术要求高。轴瓦刚度较低。可用于径向和推力轴承，构成固定瓦多油楔轴承	瓦块能自动调整油楔参数，以适应工况的变化。加工工艺较简单，维护调整方便。支点刚度较低，影响轴承系统的刚度。稳定性最好，故常用于高速轻载转子的支承。可用于径向和推力轴承，构成可倾瓦块轴承

表 9-42 液体润滑动压轴承的分类

名称			轴承简图	
			径向轴承	推力轴承
单油楔	固定瓦	圆轴承	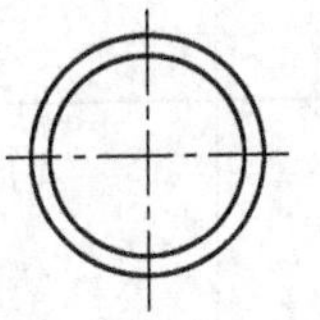 结构简单，制造方便，高速稳定性差	—
		浮环轴承	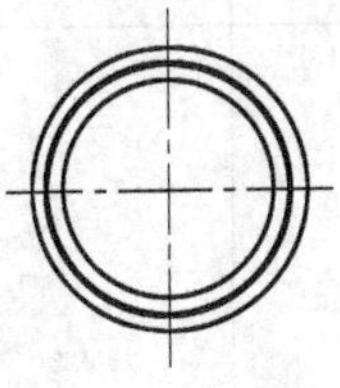 流量大，温升小，高速稳定性好，可用于小尺寸的高速空载轴承	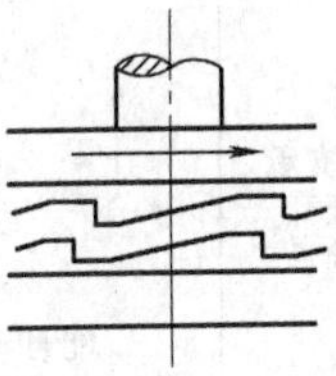

（续）

名称			轴承简图	
			径向轴承	推力轴承
单油楔	固定瓦	部分瓦轴承	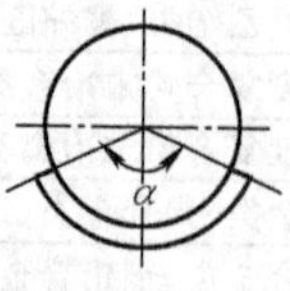 α $\alpha \leqslant 180°$，结构简单，功耗、温升都低于圆轴承。承载能力大但高速稳定性差。适用于载荷方向基本不变的重载轴承	—
		椭圆轴承和双楔轴承	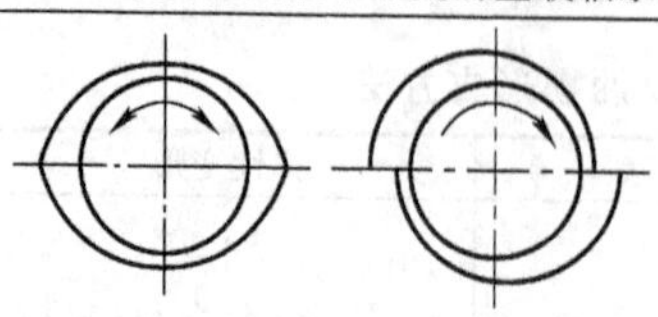 流量较大，温升较低，高速稳定性较好。工艺性比多楔轴承好	—
多油楔	固定瓦	多沟轴承	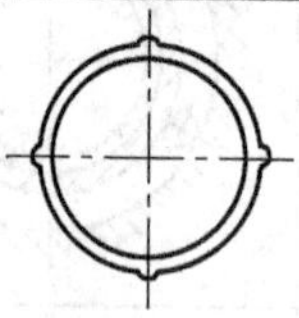 结构简单，制造方便，承载能力低，只能在轻载下使用，稳定性稍好于圆轴承	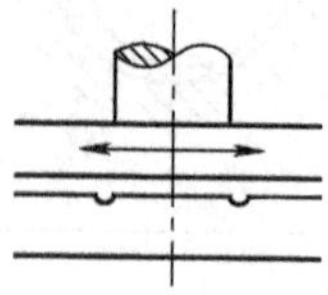
		多楔轴承	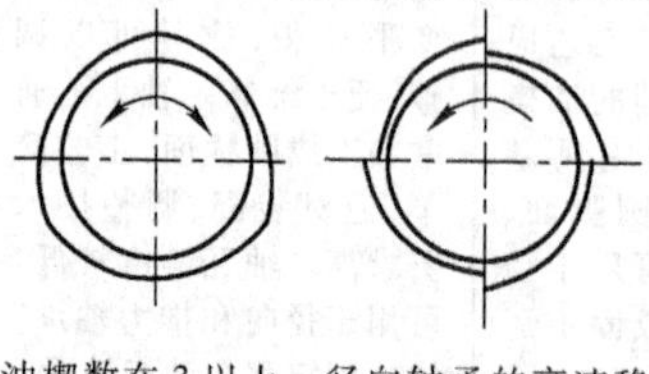 油楔数在3以上。径向轴承的高速稳定性好。工艺性不如圆轴承和椭圆轴承	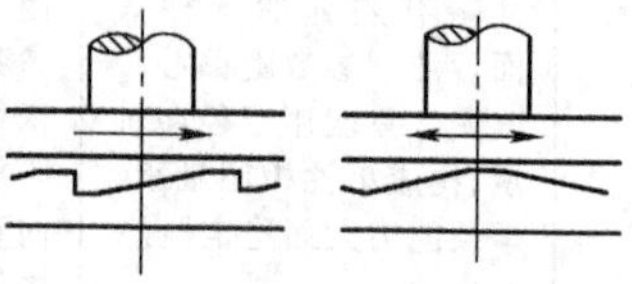
		阶梯面轴承	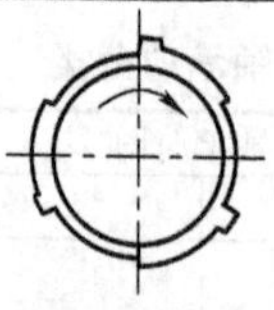 承载能力较强，是推力轴承最佳油膜形状	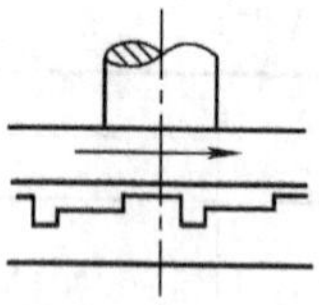
		螺旋槽轴承	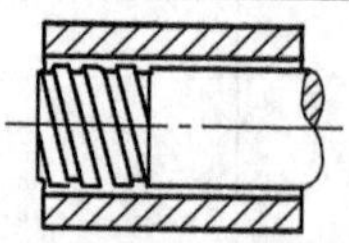 除楔形效应外尚有泵唧效应，承载能力高，温升低。高速稳定性好	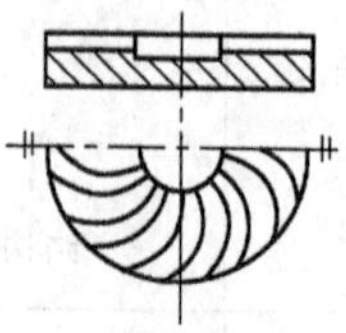
	可倾瓦	弹性支承可倾瓦块轴承	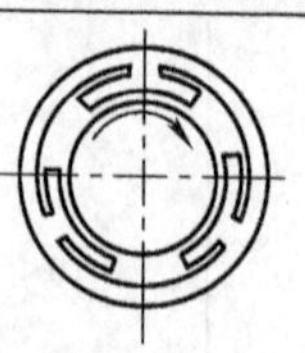 能自动随工况调节瓦块斜度。工艺性差，支承刚度较高。高速稳定性好，主要用于高速轻载	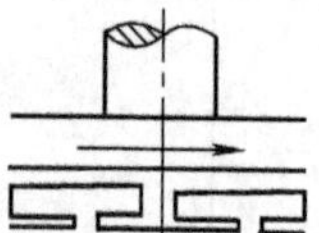

（续）

名称			轴承简图	
			径向轴承	推力轴承
多油楔	可倾瓦	摆动支承可倾瓦块轴承	能自动随工况调节瓦块斜度。工艺性较好，支承刚度较低。高速稳定性好，主要用于高速轻载	

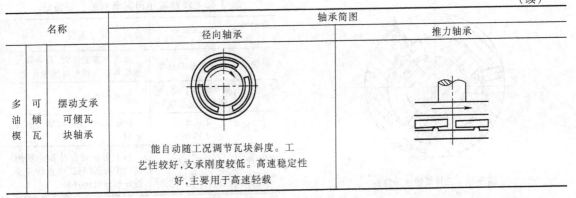

（1）整体式弹性变形轴承　具有这种结构的典型代表是马更生（Mackensen）轴承。这种轴承的形状与内圆外锥式滑动轴承相似，它与箱体锥孔仅有三条较窄的弧面接触，如图 9-9 所示。当主轴高速转动时，就形成了三个油楔，主轴将浮在中央（这种轴承与主轴的同轴度很好）。这种轴承的径向间隙可以调整到很小（2～3μm），因此轴承的精度高。这种轴承的缺点是轴承套较薄，故刚性差，仅用在切削力不大（小于 980N）的高精度机床（如磨床、精密镗床）上，如我国的 Y7520W 万能螺纹磨床、意大利 Zocca 公司的“RU 型”机床、德国的 Lindner 螺纹磨床、日本三井公司的 TPG 15/50 外圆磨床。根据某工厂对此轴承进行试验的结果，可得出下列结论：

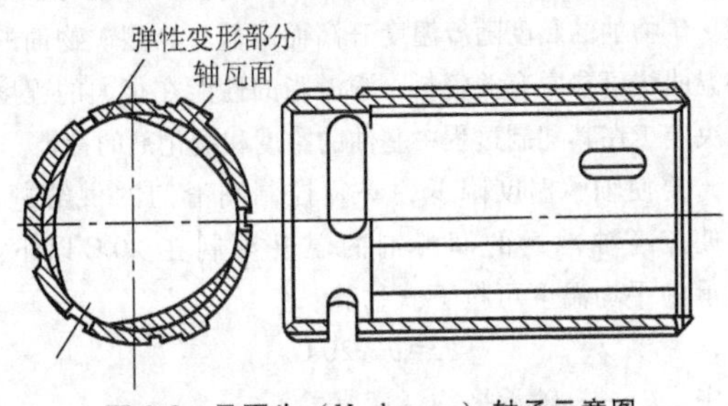

图 9-9　马更生（Mackensen）轴承示意图

1）由于主轴速度高，当主轴速度高于 2000r/min 时，因为间隙小，要求采用带有油性添加剂的低黏度润滑油（2 号主轴油）；当主轴转速为 1200～1500r/min 时，采用 5 号主轴油。

2）根据砂轮主轴的结构要求，设计最合理的润滑管道并选择合理的油箱、油泵，使润滑油进行循环，从而使其起到润滑及冷却的双重作用。另外，要求进油量比出油量多，以保证经常有一部分油在轴承中起润滑及冷却作用。

（2）整体式成形面轴承　这种形状的代表性轴承是瑞士的 Studer 轴承（见图 9-10）。这种轴承是一个五面式锥形滑动轴承，润滑油越过衬套中部的外沟

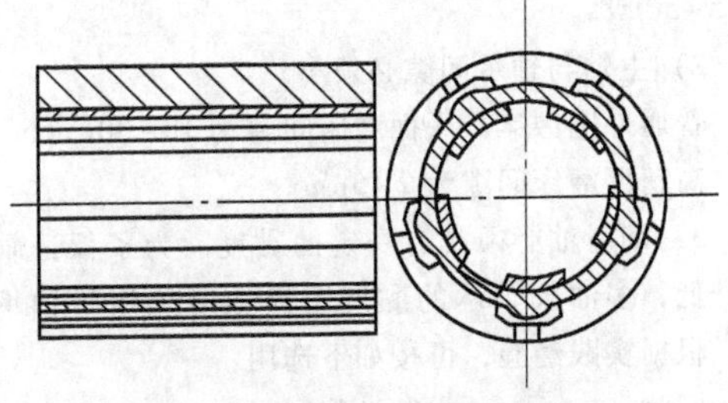

图 9-10　整体式成形面轴承示意图

槽，经由径向孔到达各个造成油楔的滑动面上。这种轴承的优点是：

1）间隙小（大端间隙为 3μm，小端间隙为 0.1μm），轴承内表面形成阿基米德螺旋线。

2）油膜刚性及接触刚性高。

3）轴心稳定性好。

4）温升低。

5）间隙调整方便。

这种轴承间隙为 2～4μm，所以用低黏度的油（2 号主轴油）；如果为 5～8μm 间隙在可用 5 号主轴油。

采用这种轴承结构的有我国的 MBG1432 高精度半自动外圆万能磨床、MG1431 外圆磨床、MGB1420 万能磨床、MGB1412 高精度半自动外圆磨床和瑞士的 NRK 螺纹磨床。

（3）多瓦可倾瓦轴承（扇形体径向轴承）　多瓦可倾瓦轴承的全套轴瓦由三个或三个部分以上组成，国内最常用的有三片瓦轴承，其次为五片瓦轴承。每个轴瓦都在轴承体内，具有一个支座，如图 9- 11 所示。支座的位置要根据轴的旋转方向来选择，这种位置保证了主轴旋转时能在轴瓦和主轴之间形成油楔。这种轴承承载能力小，多数用在磨床上，如 M7120A 平面磨床、M1431B 外圆磨床和 MQ1420 万能外圆磨床。

根据流体润滑理论和实践经验证明，此类轴承要实现液体润滑必须具备下列条件：

1）主轴必须以较高速回转，即主轴的速度 $v=$

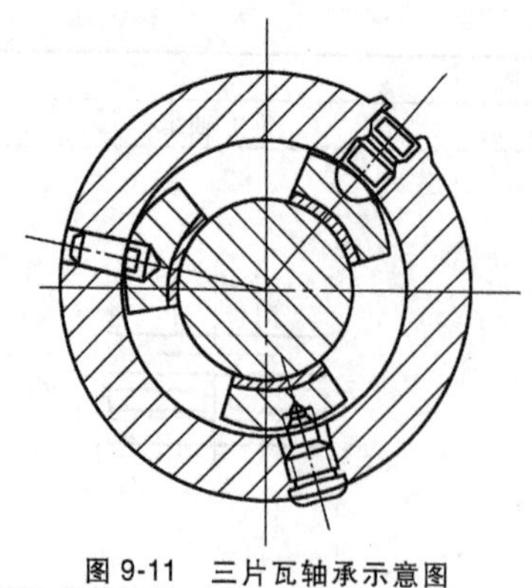

图 9-11 三片瓦轴承示意图

0.15~50m/s。

2）主轴与轴承间隙必须小。

普通外圆磨床、平面磨床间隙为 10~30μm。

高精度磨床间隙为 2~5μm。

3）润滑油必须具有一定的黏度。为了保证轴承温升低，多油楔轴承的黏度选择主要依赖于轴承间隙。根据实践经验，可按如下选用：

间隙	主轴油牌号
2~6μm	2 号主轴油
6~10μm	5 号主轴油
10~30μm	7 号主轴油

2. 滑动轴承润滑剂的选择

滑动轴承一般使用普通矿物润滑油和润滑脂作为润滑剂，在特殊情况下（如高温系统），可用合成油、水和其他液体。这些润滑剂的一般特性见表 9-43。至于轴承金属对润滑油中添加剂的适应性，可见表 9-44。

3. 在选择滑动轴承润滑油时应考虑的主要因素

（1）载荷　根据一般规律，重载荷应采用较高黏度的油，轻载荷应采用低黏度的油。为了准确衡量滑动轴承负荷的大小，一般以轴承单位面积所承受的载荷大小来定义载荷等级。表 9-45 列出了区分轴承载荷大小的 3 个等级。

表 9-43 滑动轴承用润滑剂的一般特性

润滑剂种类	运转范围	备注
矿物油	各种载荷和速度	油的黏度变化大，某些带添加剂的油对轴瓦有腐蚀作用
合成油	如果黏度合适，则所有情况都能用	油黏度变化小
润滑脂	速度小于1~2m/s	间歇运动，要对污物和水分密封
其他液体	根据液体的性质而定	为了防止对食品和化学药品的污染，需特别注意轴承的设计和材料的选择

（2）速度　主轴线速度的高低是选择润滑油黏度的重要因素。根据油楔形成的理论，高速时，主轴与轴承之间的润滑处于液体润滑的范围，为了降低内摩擦，必须采用低黏度的油；低速时，处于边界润滑的范围，必须采用高黏度的油。

（3）间隙　主轴与轴承之间的间隙取决于工作温度、载荷、最小油膜厚度、摩擦损失，以及轴与轴承的偏心度、轴与轴承的表面粗糙度、被加工件的表面粗糙度。间隙小的轴承要求采用低黏度油，间隙大的采用高黏度油。

（4）轴承温度　对于普通滑动轴承，润滑剂最重要的性质是它的黏度。如果黏度太低，则轴承的承载能力不够；如果黏度太高，则功率损耗和运转温度将会过高。矿物油的黏度随着温度升高而降低。典型矿物油的黏温曲线可参看有关资料。润滑脂的性能在很大的程度上决定于在其配制过程中基油的黏度和稠化剂的种类。

要使轴承温度降低，必须控制润滑剂的供给量，以使流经轴承后的润滑剂的温升限制在 20℃ 以下。轴承的平均温度可按下式估算：

$$\theta_b = \theta_s + 20℃$$

式中 θ_b——轴承平均温度（℃）；

θ_s——润滑剂出口温度（℃）。

表 9-44 轴承金属的抗腐蚀能力

轴承金属材料名称	最高运转温度/℃	添加剂或污染物				
		极压添加剂	抗氧剂	弱有机酸	强无机酸	合成油
铅基巴氏合金	130	良	良	中等~差	可	良
锡基巴氏合金	130	良	良	优	优	良
铜铅合金(无表面层)	170	良	良	差	可	良
铅青铜(无表面层)	180	高质量青铜(良)	良	差	中等	良
铝-锡合金	170	良	良	良	可	良
银	180	含硫添加剂不可用	良	良	中等	良
磷青铜	220	要看青铜的质量，含锌添加剂会加剧腐蚀	良	(除硫外)可	可	良
铜铅或铅青铜(有适当的表面层)	170	良	良	良	中等	良

注：轴承金属的腐蚀是个复杂问题。本表列出的是一般规律，对于使用含极压添加剂的油要特别注意它们对轴承金属的适应性，最好通过试验后再使用。

表 9-45　滑动轴承载荷等级

载荷分类	单位面积压力/MPa
轻中载荷	<3
重载荷	3~7.5
极重载荷	7.5~30

(5) 轴承结构　滑动轴承结构与选油的关系已在“1. 液体润滑动压轴承的分类及特点”中举例叙述过，此处不再赘述。

载荷、速度、间隙、温度、轴承结构等是共同作用的因素，在选择滑动轴承润滑油时，要综合考虑这些因素的影响。

4. 选择滑动轴承润滑油的典型方法

轴承材料和结构设计合适的压力供油的滑动轴承，在稳定的载荷作用下保持一定的速度和温度时，润滑油的黏度及给油量与轴承在流体动压润滑状态下的安全运转有很大关系。而低速重载、有冲击或供油不充分以及起动、停止、变换过度频繁时，轴承往往处于边界润滑状态下，此时润滑油的油性和极压性起较大作用。

在选择润滑油种类和黏度时，通常根据不同的已知轴承参数，采用如下的计算法或图解法。

(1) 计算法　图 9-12 所示为一般滑动轴承的计算流程框图。由图可见，通过计算无量纲的轴承特性系数 S（即索莫菲尔德数）和其他参数可确定润滑油黏度，其关系式如下：

$$\eta=\frac{pc^2}{Snr^2}\times10^8 \tag{9-14}$$

式中　η——润滑油的动力黏度（Pa·s）；

c——半径间隙（m）；

r——轴的半径（m）；

n——轴的转速（r/s）。

p——轴承单位载荷压力（Pa），

$$p=\frac{F}{DB}$$

其中，F 为径向载荷（N），D 为轴颈直径（m），B 为轴承宽度（m）；

$$\varepsilon=1-\frac{h_0}{c}$$

式中　ε——轴和轴承的偏心率；

h_0——最小油膜厚度（m）。

当轴和轴承的中心重合一致时，$\varepsilon=0$，随偏心率的增大，$\varepsilon\approx1$。表 9-46 为一些滑动轴承的最小油膜厚度的容许值。

表 9-46　滑动轴承最小油膜厚度的容许值 h_{min}

轴承	h_{min}/mm	用途
青铜、铅青铜制高精度轴承	0.002~0.004	飞机、汽车发动机
一般白合金轴承	0.01~0.03	电动机、发电机等
一般大型轴承	0.05~0.10	汽轮机、鼓风机

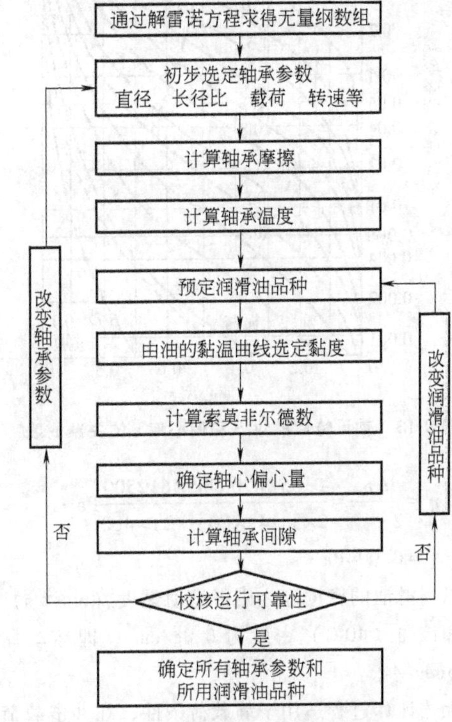

图 9-12　滑动轴承计算流程框图

图 9-13 所示为轴承特性系数 S 和偏心率 ε 的关系曲线。图中 B/D 为轴承宽度与直径之比值。由图 9-13 与式（9-14）可以算出合适的黏度值。

由常用的计算径向滑动轴承摩擦力的彼德洛夫公式，可转换为用于轻负荷高转速的轴颈轴承用润滑油的黏度计算式：

$$\eta=\frac{fcp}{2\pi^2rn} \tag{9-15}$$

式中　f——摩擦因数。

例如，已知回转式压缩机的全轴颈轴承的直径 D=0.1m，宽度 B=0.08m，径向间隙 c=0.00005m，轴转速 n=24000r/min，径向载荷 F=4900N，摩擦因数 f=0.05，轴承工作温度为 50℃，试计算应用多大黏度的润滑油。计算过程如下：

$$p=\frac{F}{DB}=\frac{4900}{0.1\times0.08}\text{Pa}=612500\text{Pa}$$

$$n=\frac{24000}{60}\text{r/s}=400\text{r/s}$$

代入式（9-15），则得

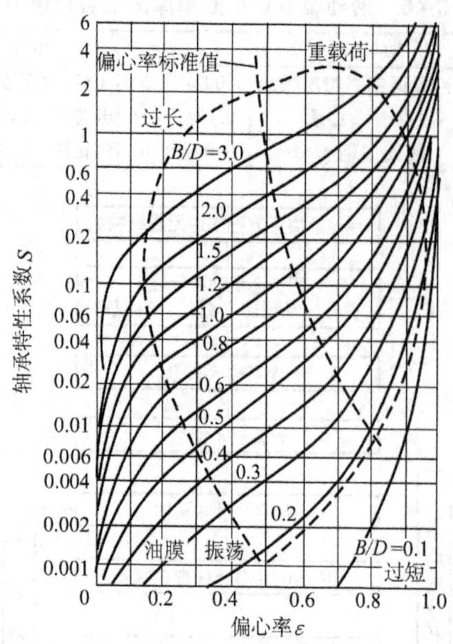

图 9-13 轴承特性系数 S 和偏心率 ε 的关系曲线

$$\eta=\frac{fcp}{2\pi^2 rn}=\frac{0.05\times0.00005\times612500}{2\times3.14^2\times(0.1/2)\times400}\text{Pa}\cdot\text{s}$$
$$=0.004\text{Pa}\cdot\text{s}$$

以润滑油的密度除之则得运动黏度（mm^2/s）数值，如该油（40℃）密度为 $0.8g/cm^3$，即运动黏度约为 $5mm^2/s$。

上述计算过程适用于静载荷条件，在冲击载荷条件时，其偏心率是按图 9-14 所示波动的。

冲击载荷系数

$$K_s=\frac{\Delta lc^2 p_s}{DB\eta}\times10^7 \qquad (9\text{-}16)$$

式中，Δl 为冲击位移。将以式（9-14）求得的 η 值代入式（9-16），算出 K_s 值，由图 9-14（$\varepsilon=\varepsilon_0$）查

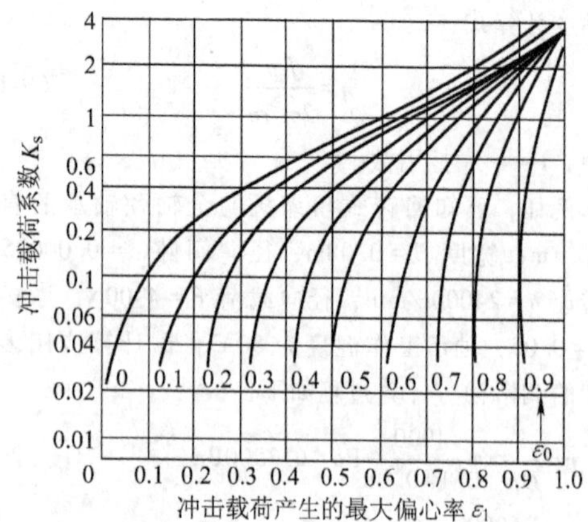

图 9-14 轴承受冲击载荷时 K_s 和 ε_1 的关系曲线

ε_0—静载荷的偏心率

出冲击载荷时的最大偏心率，则此时的最小油膜厚度 $h_{min}=c(1-\varepsilon_1)$。当油膜厚度小于 0.00001m 时，则处于边界润滑状态，必须使用加有油性或极压性抗磨剂的润滑油。

一般冲击系数 K_a：在几乎无冲击载荷时为 1～1.2（电气机械），在一般冲击载荷时为 1.2～1.5（车辆、往复机械、机床等）；在较大冲击载荷时为 1.5～2.5（粉碎机、压延机等）。

（2）图表法　滑动轴承参数包括：

n——主轴转速（r/min）；

D——轴承直径（mm）；

B/D——轴承宽度与轴承直径的比值；

p——轴承所承受的载荷（Pa）；

T——轴承的工作温度（℃）；

v——主轴圆周速度（m/s）；

c——半径间隙（mm）。

1）已知 n、D、B/D，求所需润滑油黏度。可从图 9-15、表 9-47 和表 9-48 求润滑油的黏度，方法如下：例如，已知 $n=350$r/min，$D=110$mm，从图 9-15 中查得运动黏度为 $33mm^2/s$。对于 $B/D\neq1.5$ 的情况，可由表 9-47 中查出修正系数，然后乘以上述黏度即可。

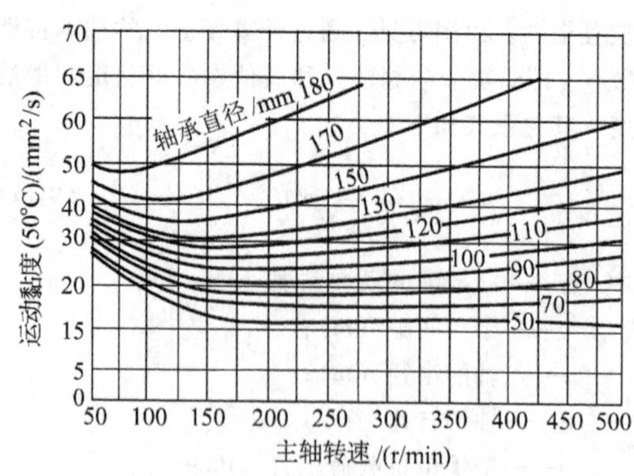

图 9-15 当 $B/D=1.5$ 时润滑油黏度与轴承直径和主轴转速的关系

表 9-47 滑动轴承在各种 B/D 值下润滑油黏度的修正系数

B/D 比值	系数	B/D 比值	系数
0.8	1.88	1.7	0.88
0.9	1.66	1.8	0.83
1.0	1.50	1.9	0.79
1.1	1.36	2.0	0.75
1.2	1.25	2.1	0.71
1.3	1.15	2.2	0.68
1.4	1.07	2.3	0.65
1.5	1.00	2.4	0.63
1.6	0.94	2.5	0.60

表 9-48　各种机器滑动轴承受的最大载荷和轴承宽度与直径之比

机器名称	轴承所属部位	最大载荷/MPa	B/D
汽车和飞机发动机	主轴	4.2~12.6	0.75~1.75
	曲轴	4.2~24.5	0.75~1.50
	活塞销	10.5~35.0	1.50~2.25
内燃机	主轴	2.4~9.4	0.75~2.00
	曲轴	7.0~12.6	0.75~1.50
	活塞销	9.4~15.4	1.5~2.00
高速固定蒸汽机	主轴	1.1~1.8	1.50~3.00
	曲轴	1.8~9.4	1.00~1.25
	活塞销	6.3~12.6	1.40~1.60
低速固定蒸汽机	主轴	1.1~2.8	1.25~2.00
	曲轴	5.6~10.5	1.00~1.25
	活塞销	7.0~12.6	1.20~1.50
船用蒸汽机	主轴	1.4~3.5	1.00~1.50
	曲轴	2.8~4.2	1.00~1.50
	活塞销	7.0~10.5	1.25~1.75
空压机和往复式泵	主轴	1.1~1.8	1.25~2.00
	曲轴	1.8~4.2	1.00~1.25
	活塞销	2.8~7.0	1.20~1.50

机器名称	轴承所属部位	最大载荷/MPa	B/D
往复式蒸汽机车	主轴	1.4~39.5	1.00~1.40
	曲轴	10.5~12.6	0.90~1.00
	活塞销	21~28	0.90~1.25
转子发动机	车轴	2.1~3.5	1.80~2.00
汽轮机	主轴	0.5~1.9	1.00~2.00
电动发动机	主轴	0.3~1.1	1.00~2.50
机床	主轴	0.4~2.1	1.50~4.00
压力机和剪板机	主轴	7.0~14	1.00~2.00
	曲轴	14~28	1.00~2.00
	活塞销		
起重机械		0.5~0.6	1.50~2.00
传送机械	轻载荷	0.1~0.2	2.00~4.00
	重载荷	0.7~1.1	2.00~4.00
研磨机	研磨轴轴颈	10.5~21	1.00~1.50
偏心机构		0.6~0.7	

2）已知 p、T、v，求所需润滑油黏度。可根据表 9-49~表 9-51 来进行选择。

表 9-49　滑动轴承润滑油的选择（轻、中载荷）

主轴轴颈线速度/(m/s)	工作温度 10~60℃，轴颈压力 3MPa 以下	
	黏度(40℃)/(mm²/s)	适用的润滑油
>9	5~27	L-AN5、L-AN10、L-AN15 全损耗系统用油
9~5	15~50	L-AN15、L-AN32 全损耗系统用油，L-TSA32、L-TSA46 汽轮机油
5~2.5	32~60	L-AN32、L-AN46 全损耗系统用油，L-TSA46 汽轮机油
2.5	42~70	L-AN46、L-AN68 全损耗系统用油，L-TSA46 汽轮机油，20 号汽油机油
1~0.3	42~80	L-AN46、L-AN68 全损耗系统用油，L-TSA46 汽轮机油，20 号汽油机油
0.3~0.1	70~150	L-AN68、L-AN100、L-AN150 全损耗系统用油，30 号汽油机油
<0.1	80~150	L-AN100、L-AN150 全损耗系统用油，30 号、40 号汽油机油

表 9-50　滑动轴承润滑油的选择（中、重载荷）

主轴轴颈线速度/(m/s)	工作温度 10~60℃，轴颈压力 3~7.5MPa	
	黏度(40℃)/(mm²/s)	适用的润滑油
2~1.2	68~100	L-AN68、L-AN100 全损耗系统用油，20 号汽油机油
1.2~0.6	68~110	L-AN68、L-AN100 全损耗系统用油，20 号、36 号汽油机油
0.6~0.3	68~150	L-AN100、L-AN150 全损耗系统用油，30 号汽油机油，N100 压缩机油
0.3~0.1	100~200	L-AN100、L-AN150 全损耗系统用油，40 号汽油机油
<0.1	100~220	L-AN150 全损耗系统用油，40 号汽油机油

表 9-51 滑动轴承润滑油的选择（重、特重载荷）

主轴轴颈线速度/(m/s)	工作温度 20~80℃，轴颈压力 7.5~30MPa		
	黏度(40℃)/(mm^2/s)	润滑方式	适用油名称、牌号
1.2~0.6	100~150	循环、油浴	30 号、40 号汽油机油，L-AN100、L-AN150 全损耗系统用油
	100~180	滴油、手浇	40 号汽油机油，N100、150 压缩机油
0.6~0.3	100~220	循环、油浴	40 号汽油机油，150 压缩机油
	150~400	滴油、手浇	150 压缩机油，150~460CKD 齿轮油
0.3~0.1	100~150	循环、油浴	100、150 齿轮油
	150~460	滴油、手浇	150~460CKD 齿轮油
<0.1	150~460	循环、油浴	150-460CKD 齿轮油
	460~680	滴油、手浇	460、680CKD 齿轮油

3）已知 c、n，求所需润滑油黏度。根据一些机床滑动轴承润滑油温升试验的实践，精密机床主轴滑动轴承间隙与主轴油黏度之间的关系见表 9-52。各种机械一般采用的滑动轴承间隙范围及计算平均轴承间隙的近似公式见表 9-53。

表 9-52 精密机床主轴滑动轴承间隙与主轴油黏度之间的关系

主轴油牌号	运动黏度(40℃)/(mm^2/s)	主轴与轴承之间半径间隙/mm	主轴转速/(r/min)
2	2~3	0.002~0.006	1000~3000
5	4~5	0.006~0.010	
7	6~7.5	0.010~0.030	
15	11.5~19	0.030~0.060	

表 9-53 各种机械一般采用的滑动轴承间隙范围及计算平均轴承间隙的近似公式①

设备形式	摩擦表面		下列轴颈直径下轴承直径间隙范围②/mm				计算平均轴承直径间隙的公式	相应的润滑油
	轴颈	轴承	12	25	50	125		
精密主轴 dn③<50000	淬硬磨制钢	研磨(Ra2μm)	0.008 0.025	0.018 0.033	0.030 0.056	0.075 0.12	$2C=0.0007D+0.0003\times25.4$mm	L-AN15~32 全损耗系统用油或 L-HL 液压油
			0.015 0.025	0.025 0.035	0.038 0.064	0.10 0.13	$2C=0.0008D+0.0003\times25.4$mm	L-AN5、L-AN15 全损耗系统用油或 L-HL 液压油
发电机、电动机及类似设备	磨制钢	拉及铰(Ra0.2~0.4μm)	0.013 0.038	0.025 0.050	0.05 0.075	0.09 0.14	$2C=0.0008D+0.0006\times25.4$mm	L-AN32~46 全损耗系统用油或 L-HL 液压油
连续转动和往复运动的一般机械	车制或冷轧	钻及铰(Ra0.4~0.8μm)	0.025 0.050	0.038 0.064	0.050 0.10	0.150 0.180	$2C=0.001D+0.001\times25.4$mm	L-AN46~100 全损耗系统用油或 L-HL 液压油
重型及粗糙工作机械	车制或冷轧	车制(Ra6μm)	0.120 0.160	0.15 0.20	0.20 0.30	0.43 0.53	$2C=0.003D+0.004\times25.4$mm	L-AN100~150 全损耗系统用油

① 计算平均轴承直径间隙的公式是以铸造青铜轴承为基准的。
② 轴与轴承的间隙与轴承材料有关，应按轴承材料规定的间隙。巴氏合金、镉合金、铜合金及铝合金的轴承间隙之比应为：1.0∶1.2∶1.5∶1.8。
③ dn 值的单位是 mm · r/min。

4）已知 p、n，求所需润滑油黏度。由图 9-16 可以最简便地直接查出所需要的润滑油合适黏度。

另外，图 9-16 还列出了黏度-温度关系图。

例如，由已知转速 $n=750\text{r/min}$，载荷 $p=2\text{MPa}$，工作温度为 55℃，可查出适当润滑油的黏度为 $60\text{mm}^2/\text{s}$（37.8℃）。

5）已知 p、n、T，求所需润滑油的黏度（见表 9-54）。

6）已知 D、n、T，求所需润滑油的黏度（见表 9-55）。

7）经验计算法。除可由表 9-56 的 $\eta n/p$ 值计算出适用黏度外，一般用经验公式或由流体润滑理论推导的简化公式计算是最简便的。对于轴颈式滑动轴承，一般在轴承宽度与直径的比值 $B/D=0.5\sim1.5$ 的范围内，可用式（9-17）和式（9-18）直接计算出该轴承的工作温度下所需的润滑油黏度 η（mPa·s）。

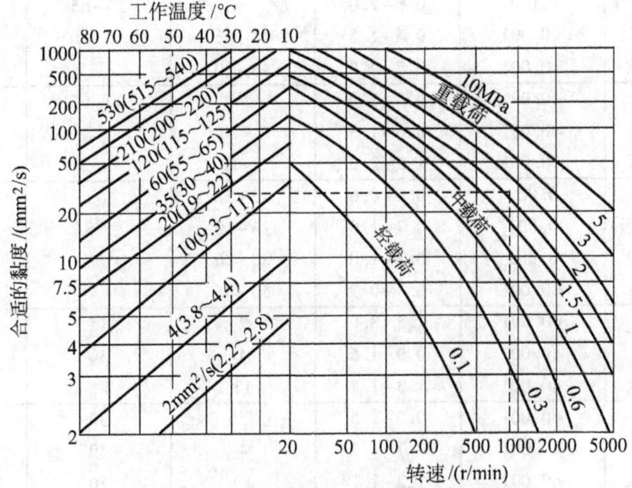

图 9-16　径向轴承适用润滑油的黏度选择图

表 9-54　滑动轴承适用润滑油黏度

载荷/MPa	转速/(r/min)	循环、油浴、飞溅、油环、油链	滴油、手浇：良好设计、正确维护和润滑	滴油、手浇：有冲击载荷或维护不良
		适用黏度(40℃)/(mm²/s)		
		-10~60℃	-10~60℃	-10~60℃
<3	<50	130~190（N150）	130~220（N150，N220）	150~320(N150,N220,320)
	50~100	100~140（N100）	100~180（N100，N150）	120~260（N150，N220）
	100~500	60~80（N68）	60~100（N68，N100）	90~180（N100，N150）
	500~1000	50~70（N68）	50~80（N68）	70~120（N100）
	1000~3000	25~50（N32，46）	30~60（N32，N46）	40~80（N68）
	3000~5000	15~30（N22）		
	>5000	7~20（N10，15）		
3~7.5	<50	260~350（N320）	260~380（N320）	320~460（N320）
	50~100	160~270（N220）	180~320（N220）	240~400（N320）
	100~250	130~190（N150）	140~220（N150，N220）	200~300（N320）
	250~500	100~160（N100,150）	120~180（N150）	180~220（N220）
	500~750	80~100（N100）	92~120（N100）	120~190（N150）

表 9-55　滑动轴承适用润滑油黏度（50℃）　　（单位：mm²/s）

轴速/(m/min)(*dn* 值)	轴承温度/℃：小于 0	0~30	30~60	大于 60
小于 60(小于 2×10⁴)	15~30	40~60	120~160	160~300
60~150（2~5×10⁴）	10~20	30~45	100~130	130~220
150~300（5~10×10⁴）	8~15	20~30	60~100	100~180
300~750(10~24×10⁴)	6~10	10~20	35~50	80~150
750（大于 24×10⁴）	4~8	4~10	25~40	60~120

表 9-56　各种轴承适用润滑油黏度（mPa·s）和 $\eta n/p$ 值的关系

机械名称	轴承种类	标准间隙比 Φ	标准宽径比 B/D	最大负荷 p/MPa	适用黏度 /mPa·s	容许最小 $\eta n/p$[①]值/[(mPa·s·r/min)/MPa]	容许最大压力速度系数 pv/(MPa·m/s)
汽车、汽油发动机	主轴承	0.001	0.8~1.8	6[②③]~12[④]	7~8	2000	200
	连杆轴承	0.001	0.7~1.4	10~35		1400	400
	活塞销轴承	<0.001	1.5~2.2	15~40		1000	—
柴油发动机（4 冲程）	主轴承	0.001	0.6~2.0	6[②③]~12[④]	20~65	2800	15-20
	连杆轴承	<0.001	0.6~1.5	12~15		1400	20-30
	活塞销轴承	<0.001	0.5~2.0	15~20		700	—
柴油发动机（2 冲程）	主轴承	<0.001	0.6~2.0	4[②③]	20~65	3500	10-15
	连杆轴承	<0.001	0.6~1.5	7~10		1700	15-20
	活塞销轴承	<0.001	1.5~2.0	8~13		1400	—
航空发动机	主轴承	0.001	0.4~0.6	12~22	7-8	3600	800
	连杆轴承(排形)	0.001	0.7~1.0	13~20		2300	1000
	连杆轴承(星形)	0.001	0.7~1.0	20~26		2300	1000
	活塞销轴承	<0.001	0.8~0.9	50~85		1800	1000
陆用蒸汽机(高速)	主轴承	<0.001	1.5~3.0	2	15	3500	3~4
	连杆轴承	<0.001	0.9~1.5	4	30	800	4~8
	活塞销轴承	<0.001	1.3~1.7	13	25	700	—
船用蒸汽机	主轴承	<0.001	0.7~1.5	3.5	30	2800	4~7
	连杆轴承	<0.001	0.7~1.2	4	40	2000	7~10
	活塞销轴承	<0.001	1.2~1.7	10	30	1400	—
蒸汽机车	驱动轮轴承	0.001	1.0~1.8	4	100	4000	10~15
	连杆轴承	<0.001	0.7~1.1	14	40	700	20~25
	活塞销轴承	<0.001	0.8~1.3	18	30	700	—
客、货车	车轮轴承	0.001	1.4~2.0	3~5	100~150	7000	10~15
汽轮机	主轴承	0.001	0.8~1.5	1~2	2~16	15000	85
发电机、电动机、离心泵	转子轴承	0.0013	0.8~1.5	1.0~1.5	25	25000	2~3
传动轴	轻负荷轴承	0.001	2.0~3.0	0.2	25~60	14000	1~2
	自动调心轴承	0.001	2.5~4.0	1~0		4000	
	重负荷轴承	0.001	2.0~3.2	1~0		4000	
机床	主轴承	<0.001	1.0~4.0	0.5~5	40	5700	0.1~5
压力机	主轴承	0.001	1.0~2.0	28	100		
	连杆轴承	0.001	1.0~2.0	55	100		
轧钢机	主轴承	0.0015	0.8~1.5	5~30	50	1400	50~80
往复泵、往复压缩机	主轴承	0.001	1.0~2,2	2~10	30~60	4000	2~3
	连杆轴承	<0.001	0.9~2.0	4~10	30~80	2800	3~4
	活塞销轴承	<0.001	1.5~2.0	7~13	30~60	1400	5
精纺机	锭子轴(主轴)	0.005	—	0.01~0.02	2	150000	—
减速齿轮	轴承	0.001	2.0~4.0	0.5~4	30~50	5000	3~10

① $\eta n/p$ 以量纲为 1（旧称无量纲）表示时，将表中数值乘以 1.7×10^{-11} 即可。设计时为了安全，须取此值的 2~3 倍数据。

② 滴油或油环润滑。

③ 飞溅润滑。

④ 强制润滑。

轴颈圆周速度<180m/min时，计算润滑油黏度 η 的公式为

$$\eta=\frac{120p}{v} \tag{9-17}$$

轴颈圆周速度>180m/min时，计算润滑油黏度 η 的公式为

$$\eta=\frac{2}{3}p \tag{9-18}$$

式中　p——轴承负荷，取0.1MPa；

v——轴颈的圆周速度（m/min）。

对于推力轴承（见图9-17），则用式（9-18）求得轴承工作温度下所需润滑油的黏度 η（mPa·s）为

$$\eta=1.6\frac{p}{v}\left(\frac{D}{B}\right) \tag{9-19}$$

式中　p——轴承平均载荷，取0.1MPa；

v——推力挡圈的平均圆周速度（m/min）；

D——轴承组装时的垫圈或推力挡圈的平均直径（mm）；

B——挡圈或推力滑块的半径方向宽度（mm）。实际上，须保持推力挡圈或滑块的公称面积，在由 πDB 求得的面积的80%以下，应保证挡圈和滑块的供油充足，且设有冷却所需的适当的间隙。对于高速推力轴承，一般为使轴承全部浸入油中，须保持足以防止挡圈或滑块之间形成漏流或存留气泡所必需的润滑油压力。

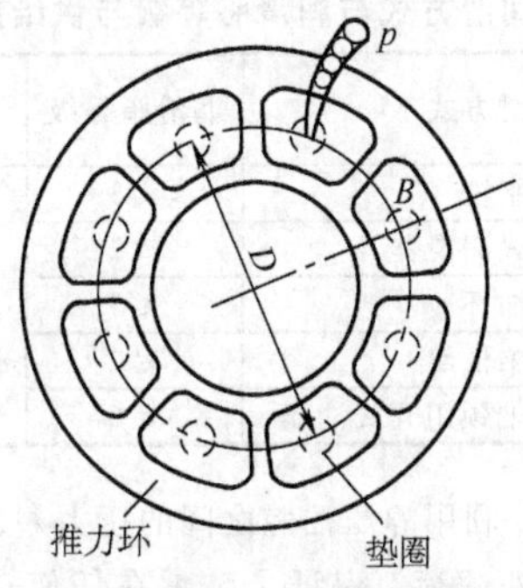

图9-17　推力轴承滑块配置图

5. 滑动轴承润滑方式的选择和供油量控制

（1）滑动轴承润滑方式的选择　根据轴承平均载荷系数 K 来决定轴承的润滑方式。

$$K=\sqrt{p_{ep}v^3} \tag{9-20}$$

式中　p_{ep}——轴颈上的平均单位压力（10MPa）；

v——轴颈的圆周速度（m/s）。

1）$K\leqslant6$，用润滑脂润滑（可用黄油杯）。

2）$6<K\leqslant50$，用润滑油润滑（可用针阀式注油杯）。

3）$50<K\leqslant100$，用油杯，飞溅润滑，需用水或循环油冷却。

4）$K>100$，必须用压力循环润滑。

（2）滑动轴承供油量控制　滑动轴承供油量对轴承的发热及润滑状态都有很大的影响，必须根据不同的轴承供给合适的油量。滑动轴承一般所需的油量可由图9-18查出来。

例如，已知 $n=300$r/min，$d=90$mm，$B/D=1.0$，求此轴承所需的润滑油量。可先从图9-18上 $n=300$r/min处引一条垂直线与轴颈直径 $d=90$ 的直线相交于0点。0点所对应的润滑油量约为27g/h，将此数据再乘上表9-47中 $B/D=1.0$ 相对应的系数1.5，即得40.5g/h。

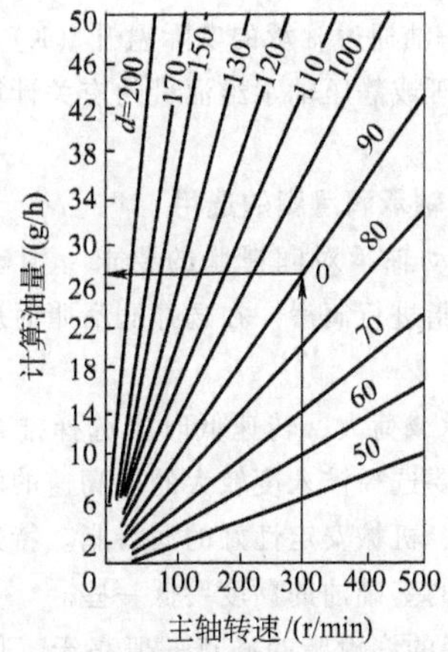

图9-18　$B/D=1.5$ 时，滑动轴承所需润滑油量与轴承直径和转速之间的关系

由此图表查得的只是大致的数字，使用时还要做到不间断地定量给油。如果从轴承里流出的油量非常少，使轴承的温度上升，则油在轴承内会加速变质，因此要适当多加油；若流出的油都是新油，可能是给油量太多。

不同结构的滑动轴承的供油量还可以用下面的公式计算。

1）边界摩擦的滑动轴承间隙中保持的油量 Q(g)为

$$Q=\frac{\pi(D^2-d^2)B\rho}{4} \tag{9-21}$$

式中　ρ——润滑油的密度（$\rho\approx0.9\text{g/cm}^3$）；

D、d——轴承孔径及轴颈直径（cm）；

B——轴承宽度（cm）。

2）循环给油的滑动轴承供油量计算如下：

① 高速机械（如涡轮鼓风机、高速电动机等）：

$$Q=(0.06\sim0.15)DB$$

式中 Q——给油量（L/min）；

D、B——轴承孔径及轴承宽度（cm）。

② 低速机械：

$$Q=(0.03\sim0.06)DB$$

③ 润滑油主要用于冷却时：

$$Q=\frac{2\pi nM}{\rho c\Delta T}\times10^3 \tag{9-22}$$

式中 Q——给油量（L/min）；

n——主轴转速（r/min）；

M——主轴的摩擦转矩（N·m）；

ρ——润滑油的密度（kg/m^3）；

c——润滑油的比热容，$c=1884\sim2093J/(kg\cdot K)$；

ΔT——油通过轴承的实际温升（K）。

液压动压或静压轴承给油量的有关计算方法此处从略。

6. 滑动轴承润滑脂的选用

（1）滑动轴承对润滑脂的要求　滑动轴承也可以采用润滑脂进行润滑。在选择润滑脂时应考虑下面几点：

1）轴承载荷大、转速低时应选择锥入度小的润滑脂，反之要选择锥入度较大的。高速的轴承选用锥入度小些的、机械安定性好的润滑脂。特别要注意的是，润滑脂的基础油的黏度要低一些。

2）选择的润滑脂的滴点一般高于工作温度20~30℃，在高温连续运转的情况下，注意不要超过润滑脂允许的使用温度范围。

3）滑动轴承在水淋或潮湿环境里工作时，应选择抗水性能好的钙基、铝基或锂基润滑脂。

4）选择具有较好黏附性能的润滑脂。

（2）滑动轴承对润滑脂的选用和使用方法　滑动轴承选用润滑脂牌号及使用方法可参考表9-57和表9-58。润滑方式与润滑脂等级与供给量的关系见表9-59。

7. 滑动轴承润滑槽

滑动轴承润滑槽的结构尺寸参见表9-60。

9.2.5 液体润滑静压轴承

1. 液体润滑静压轴承的工作原理

液体润滑静压轴承是在液体静力润滑状态下工作的滑动轴承。如图9-19所示，这种轴承依靠外部供油装置向轴承供给压力油，通过补偿元件输送到轴承的油腔中，在油腔内形成的具有足够压力的润滑油膜将轴颈浮起，利用静压油腔之间的压力差，由液体的静压力支承外载荷，保证了轴承在任何转速（包括转速为0）和预定载荷下都与轴承处于完全液体摩擦的状态。

常用的恒压供油静压轴承系统组成包括径向和推力轴承、补偿元件（小孔节流式、毛细管式、内部节流式、滑阀反馈式和薄膜反馈式节流器等）、供油装置三部分。其中补偿元件的作用是使轴承的油腔压力能够随着外载荷的变化自动调节。由于调节压力方式的不同，静压轴承的供油方式分为恒压力供油系统和恒流量供油系统两种。

表9-57　滑动轴承用润滑脂的选用

载荷/MPa	轴颈圆周速度/(m/s)	最高工作温度/℃	选用润滑脂的牌号
≤1	<1	75	3号钙基脂
1~6.5	0.5~5	55	2号钙基脂
>6.5	<0.5	75	3号钙基脂
≤6.5	0.5~5	120	2号钙基脂
>6.5	<0.5	110	2号钙-钠基脂
1~6.5	<1	50~100	2号锂基脂
>5	0.5	60	2号压延机脂

注：1. 在潮湿环境下，温度在75~120℃的条件下，应考虑用钙-钠基润滑脂。

2. 在潮湿环境下，工作温度在75℃以下，没有3号钙基脂，也可用铝基脂。

3. 工作温度为110~120℃时，可用锂基脂或钡基脂。

4. 集中润滑时，稠度要小些。

表9-58　滑动轴承用润滑脂的润滑周期

工作条件	轴转速/(r/min)	润滑周期
偶然工作，不重要零件	<200	5天一次
	>200	3天一次
间断工作	<200	2天一次
	>200	1天一次
连续工作，工作温度低于40℃	<200	1天一次
	>200	每班一次
连续工作，工作温度为40~100℃	<200	每班一次
	>200	每班二次

表9-59　润滑方式与润滑脂等级与供给量的关系

润滑方式	润滑脂等级	供给量/(cm^3/h)
脂枪	≤3	$4\times10^{-2}D$ [D为轴承内径(m)]
机械式润滑器	≤2	
油杯	≤5	
集中供给	≤2	
高温运转的轴颈用开式油壶	≤6	

表 9-60　润滑槽（摘自 GB/T 6403.2—2008）

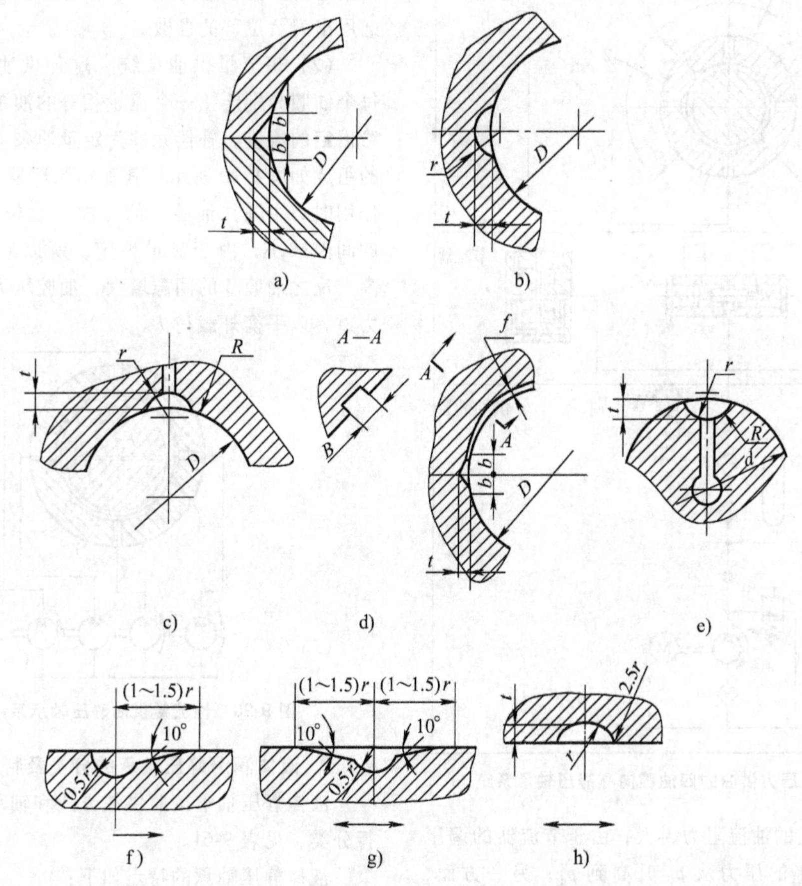

图 a~d 用于径向轴承的轴瓦上，图 e 用于径向轴承的轴上，图 f 和 g 用于推力轴承上，图 h 用于推力轴承端面上。图 f~h 下面的箭头说明运动方向为单向或双向

直径 D	直径 d	t	r	R	B	f	b
≤50		0.8	1.0	1.0	—	—	—
		1.0	1.6	1.6	—	—	—
		1.6	3.0	6.0	5.0	1.6	4.0
>50~120		2.0	4.0	10	9.0	2.0	6.0
		2.5	5.0	16	10	2.0	9.0
		3.0	6.0	20	12	2.5	10
>120		4.0	9.0	25	16	3.0	12
		5.0	10	32	20	3.0	16
		6.0	12	40	25	4.0	20

注：标准中未注明尺寸的棱边按小于 0.5mm 倒圆。

（1）恒压力供油系统　这种供油方式的静压轴承的整个系统一般由供油系统、补偿元件和轴承三部分组成。补偿元件有小孔节流器、毛细管节流器、内部节流器、滑阀反馈节流器和薄膜反馈节流器等。

图 9-19 所示为典型恒压力供油的四油腔向心静压轴承系统。其工作原理是：当油泵尚未工作时，油腔内没有压力油，主轴压在轴承上。油泵起动后，从油泵输出的具有一定压力的润滑油通过各个节流器后分别进入各节流器对应的油腔内。如果忽略主轴自重，则主轴被浮起至轴承中心位置；此时，轴承各处的间隙都相同，都等于设计间隙 h_0，各油腔压力 p_0 相等，轴承处于纯液体摩擦状态。

当主轴受到外载荷 F 的作用时，主轴往油腔 1 的方向产生微小位移 e，使油腔 1 的间隙从 h_0 减小到

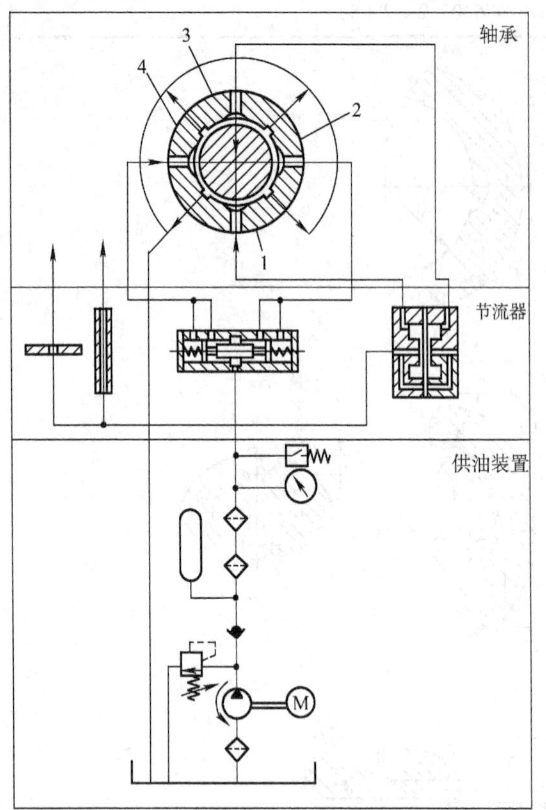

图 9-19 恒压力供油的四油腔向心静压轴承系统

h_0-e，封油面上的油流阻力增大，由于节流器的调压作用，使油腔 1 的压力从 p_0 升高到 p_1；另一方面，油腔 3 的间隙从 h_0 增大到 h_0+e，封油面上的油流阻力减小，由于节流器的调压作用，使油腔 3 的压力从 p_0 降至 p_3。因此，两个油腔的压力不相等，压力差 $\Delta p=p_1-p_3$。设各个油腔的有效承载面积为 A_e，则 $A_e(p_1-p_3)$ 即形成静压轴承的承载力，以平衡外载荷 F。

主轴的位移 e 与参数的选择和节流器的形式有关。采用小孔、毛细管和内部节流的节流器时，在外载荷 F 的作用下，主轴必须产生小位移，使间隙改变，才能形成静压轴承的承载力，位移量的大小则取决于参数的选择。若采用滑阀和薄膜等反馈节流器，则由于节流器的反馈作用，使控制各油腔的节流器油流阻力能随着外载荷的变化而变化。主轴的位移随着参数的不同，可能出现下列三种位移状态：

1）零位移：在外载荷作用下，主轴仍能保持在原始位置稳定下来。

2）正位移：在外载荷作用下，主轴沿外载荷的方向产生位移并在某一位置上稳定下来。

3）负位移：在外载荷作用下，主轴沿外载荷的相反方向产生位移并在某一位置上稳定下来。一般不选用出现负位移的参数。

（2）恒流量供油系统　这种供油方式的特点是每个油腔分别连接一个流量相等的油泵或定量阀，供给恒定的流量，补偿元件为定量油泵或定量阀，系统的组成如图 9-20 所示。其工作原理是：当受外载荷 F 作用时，主轴往油腔 1 的方向产生位移 e，使油腔 1 的间隙减小，由于流量恒定，所以油腔 1 的压力升高，反之油腔 3 的间隙增大，油腔压力降低，形成压力差，以平衡外载荷 F。

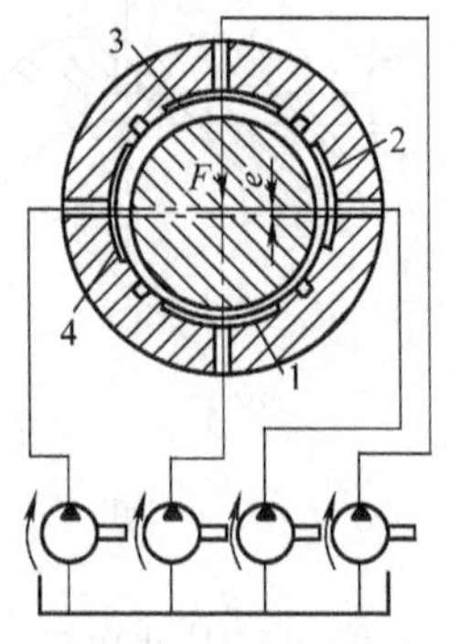

图 9-20 恒流量供油静压轴承系统的组成

2. 液体润滑静压轴承的分类及特点

液体静压轴承按照供油方式和轴承结构的不同进行分类，见表 9-61。

液体静压轴承的特点如下：

1）静压轴承始终处于纯液体润滑状态，摩擦阻力小，主轴起动功率小，传动效率高。

2）正常运转和频繁起动时，都不会发生金属之间的直接接触造成的磨损，精度保持性好，使用寿命长。

3）由于轴颈的浮起是依靠外部供油的压力来实现的，因此在各种相对运动速度下，都具有较高的承载能力，速度变化对油膜刚度影响小。

4）润滑油膜具有良好的抗振性能，轴运转平稳。

5）油膜具有均化误差的作用，能减少轴与轴承本身制造误差的影响，轴的回转精度高。

6）设计静压轴承时，只要选择合理的设计参数，如主轴与轴承之间的间隙、封油面尺寸、节流器形式、压力、节流比等，就能使轴承的承载能力、油膜刚度和温升等满足从轻载到重载、低速到高速、小型到大型的各种机械设备的要求。

7）需要一套过滤效果非常好而且可靠的供油装置。在高速场合，还需安装油冷却装置，用以保证控制润滑油温度在一定范围内。

表 9-61　液体静压轴承的分类

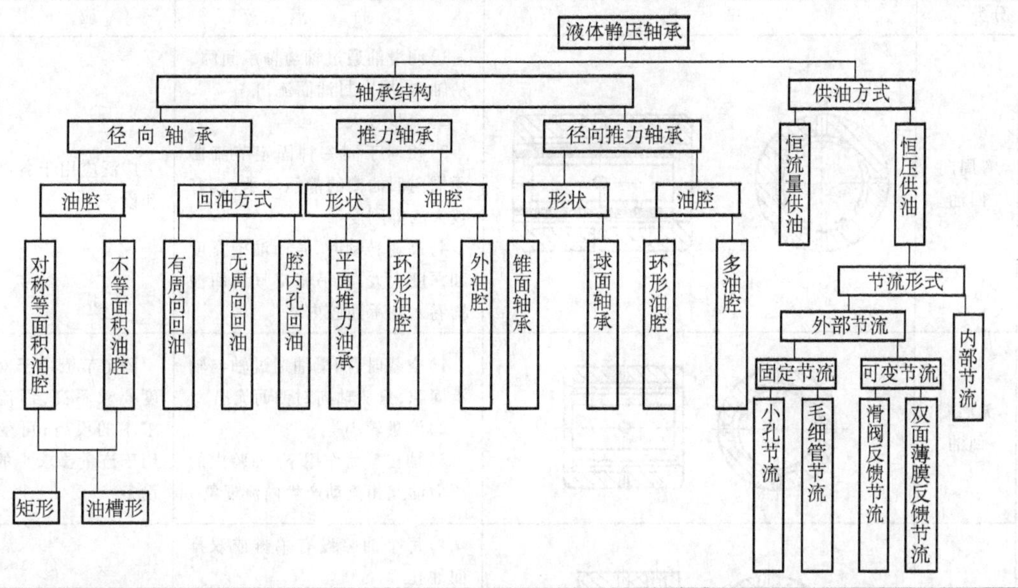

3. **液体静压轴承的应用范围**

液体静压轴承的应用范围可按其供油方式来考虑，见表 9-62。

4. **静压轴承润滑最佳润滑油黏度的计算**

当其他参数固定时，由 $\partial N_t/\partial \eta_t=0$ 得

$$\frac{\partial N_t}{\partial \eta_t}=N_p-N_f=0 \tag{9-23}$$

所以

$$N_p=N_f$$

式中　N_t——供油系统的总功率；

N_p——油泵输入功率；

N_f——主轴回转时摩擦功率；

η_t——润滑油的最佳黏度。

从以上结果可以看出：摩擦功率消耗等于油泵功率时，具有最佳的润滑油黏度。

图 9-21 所示为润滑油黏度 η_t、支承间隙 h_0 与功率消耗 N 的关系。当 $N_p \leqslant N_f \leqslant 3N_p$ 时，总功率消耗 N_t 最小，且变化不大，约小于 15%。

由

$$\frac{\overline{B}h_0^3p_s^2}{\eta_t\beta}=\eta_t v^2\frac{A_f}{h_0}$$

可求得最合适的润滑油黏度

$$\eta_t=\frac{p_s h_0^2}{v}\sqrt{\frac{K_N\overline{B}}{\beta\overline{A}_f}}=\frac{p_s}{4\pi n_s}\left(\frac{2h_0}{D}\right)^2\sqrt{\frac{K_N\overline{B}}{\beta\overline{A}_f}} \tag{9-24}$$

式中　p_s——供油压力（Pa）；

n_s——轴转速（r/min）；

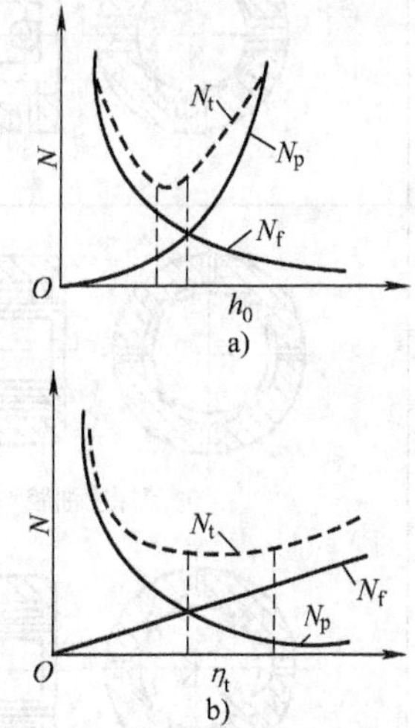

图 9-21　最小功率消耗的条件

a）功率消耗与支承间隙　b）功率消耗与润滑油黏度

h_0——支承间隙（m）；

D——轴承直径（m）；

$K_N=\dfrac{N_f}{N_p}\approx 1\sim3$；

$\overline{B}$——支流量系数；

β——节流比，$\beta=\dfrac{p_s}{p_{r0}}$，其中 p_{r0} 为设计状态时的油腔压力（Pa）；

$\overline{A}_f$——一个油腔的量纲为 1 的摩擦面积，$\overline{A}_f=\dfrac{A_f}{D^2}$；

v——支承相对运动速度（m/s）。

表 9-62 液体静压轴承的结构及应用范围

分类		结构	特点	应用
按回油方式	有周向回油	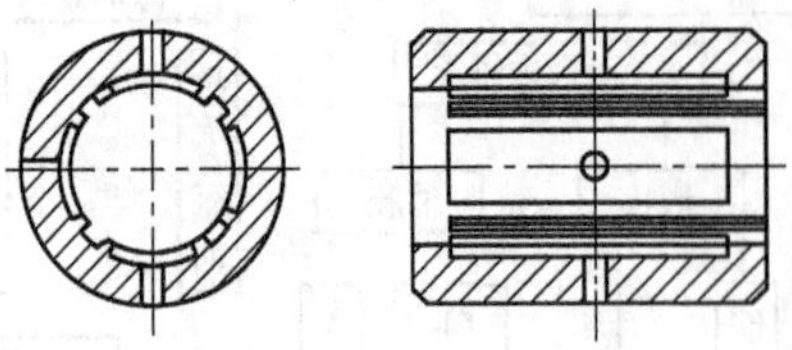	1)润滑油通过轴与轴承间隙,从轴向、周向封油面流出 2)流量较大 3)相对于同一种固定节流器无周向回油槽的静压轴承,具有较大的静刚度 4)高速转动时,若回油槽宽度和深度太大,容易将空气从回油槽卷入轴承油腔内	广泛应用于各种机床和设备
	无周向回油	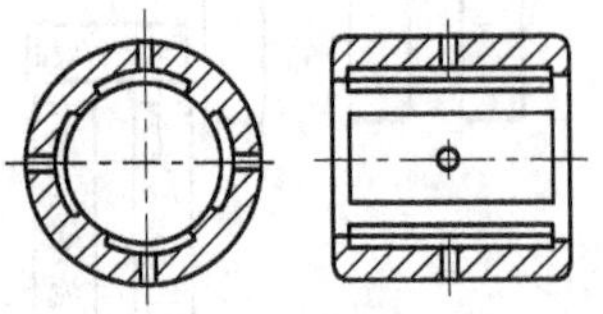	1)空载时,润滑油通过轴与轴承间隙,只从轴向封油面流出 2)流量较小 3)轴在载荷作用下,油腔内的压力油互相流动产生内流现象	固定节流用于对静刚度要求不高,而流量要求小的设备;可变节流用于流量要求小的重型设备
	腔内孔式回油	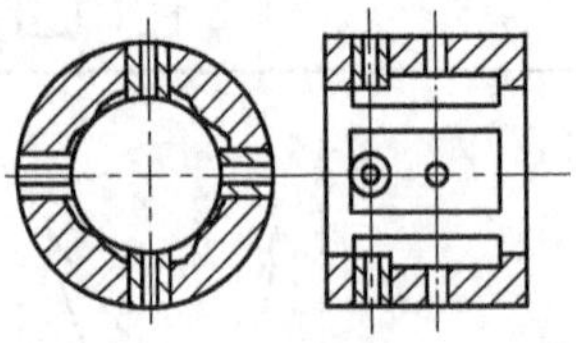	1)每个油腔设有单排或双排回油孔 2)各油腔间可有周向回油槽或无周向回油槽 3)油膜刚度可提高40%以上 4)高速下,动压效应明显 5)结构比较复杂	正在广泛推广
按油腔形状	矩形油腔	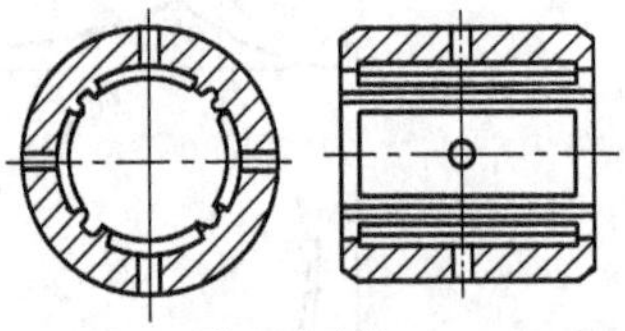 等深度油腔 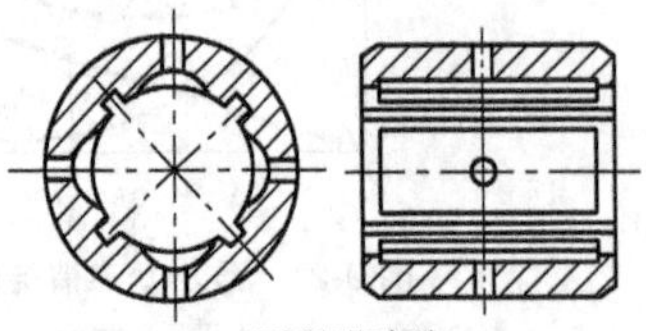 圆弧形油腔	1)摩擦面积小,功率消耗小,温升低 2)静止时轴与轴承的接触面积小 3)同一直径、同一宽度的轴承,只要轴向、周向封油面尺寸相等,虽然油腔形状不同,仍具有相等的有效承载面积	广泛应用于各种高速轻载的中小型机床和设备
	油槽形油腔	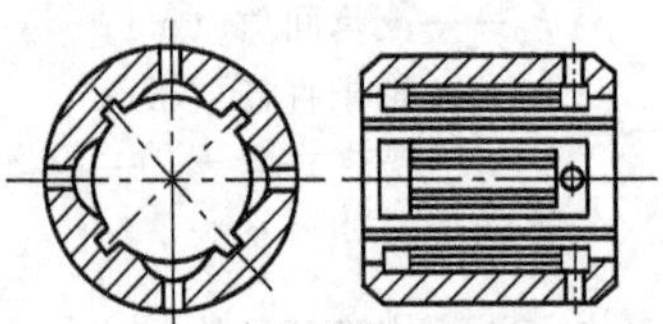 直油槽 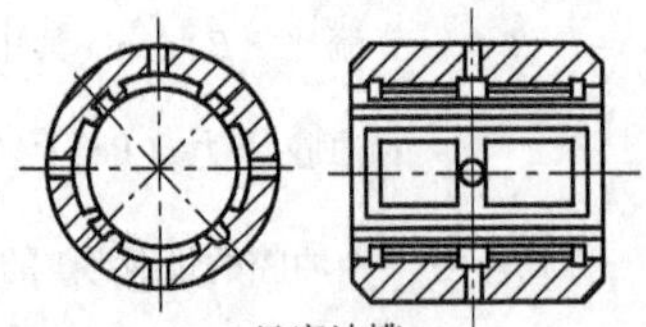 日字油槽	1)摩擦面积大,驱动主轴的功率消耗大 2)静止时,轴与轴承的接触面积大(比压较小),起保护油腔封油面的作用。在没有建立油腔压力,即轴颈支承在轴承表面时,不易影响轴承精度;若供油装置发生故障,能减少磨损 3)抗振性好,油膜挤压力大	应用于速度较低及轴系统自重较大的机床和设备

（续）

分类		结　构	特　点	应　用
按油腔面积	对称等面积	见“矩形油腔”结构图	1）各油腔有效承载面积相等，并对称分布 2）承载能力和刚度方向性小 3）若略去主轴自重，空载时主轴浮在轴承中心	广泛应用
	不等面积	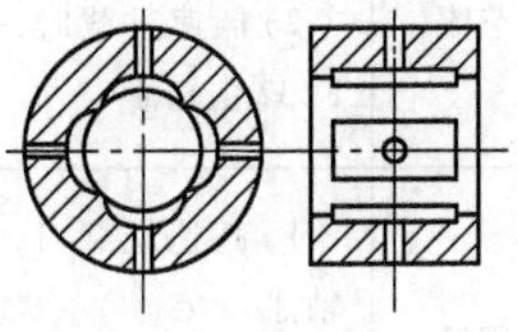	1）各油腔有效承载面积不相等 2）允许载荷方向的变化较小，油腔面积大的承载能力大，而油腔面积小的承载能力小 3）可以提高某一方向的承载能力，并且可节省油泵功耗 4）只有在设计载荷下轴才浮在中心	适用于自重较大或载荷方向恒定的机床设备
按油腔数量	三油腔	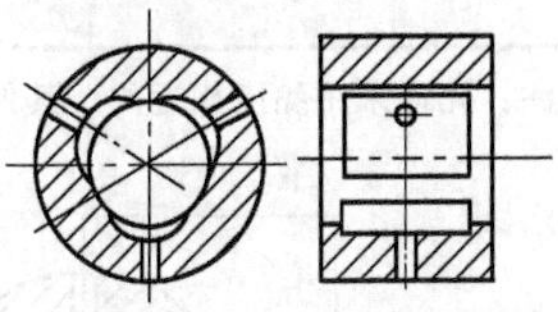	1）沿圆周方向均匀分布三个油腔 2）能承受任意方向的径向力，但承载能力及刚度的方向性较大（即不同的载荷方向、刚度和承载能力的差别较大）。正对油腔的承载能力及刚度最大	适用于轴承直径小于 40mm 的机床设备
	四油腔	见“有周向回油”“无周向回油”及“矩形油腔”图	1）沿圆周方向均匀分布四个油腔 2）若是设计成对称等面积四油腔结构，承载能力及刚度的方向性较小，可承受任意方向的载荷；若是不等面积四油腔结构，大油腔承载能力大，小油腔承载能力小	广泛应用于各种机床设备
	六油腔	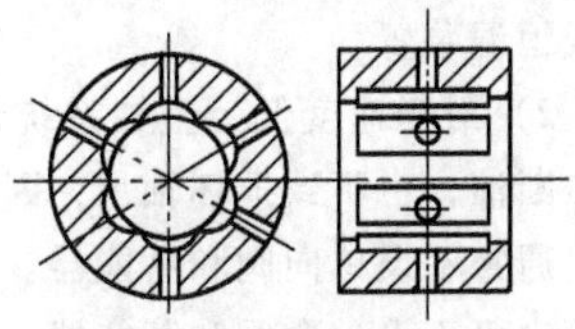	1）沿圆周方向均匀分布六个油腔 2）承载能力和刚度的方向性很小，主轴回转精度高 3）结构复杂，节流器数目较多	适用于高精度机床和设备
按轴承的开闭	开式	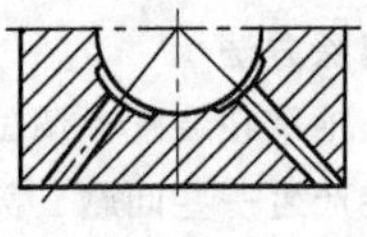	轴瓦为半瓦，载荷方向作用在垂直位置内且变动范围较小	用于重型机床的附加支承或大型机床工件的托架
	闭式	除开式结构外均为闭式	整体轴承，在大多数情况下允许载荷变化的方向较大	广泛应用于各种机床

由式 9-24 可知，当其他条件不变时，支承相对运动速度 v 越高，所选用的润滑油黏度 η_t 应越低。若在高速下仍使用较高的润滑油黏度，则必须增大支承间隙 h_0 或减小封油面的宽度，以免功率消耗过大和温升过高。

前面已经叙述过静压轴承承载能力与油黏度无关，但由于静压轴承与轴颈之间的摩擦是液体摩擦，摩擦力与润滑油黏度与主轴速度成正比，通过许多工厂生产实践证明，静压轴承用润滑油的黏度对轴承的摩擦损失和轴承温升等指标影响极大。从表 9-63 可以看出，在润滑油黏度相同的情况下，流体静压轴承的摩擦损失和轴承温升比流体动压轴承小得多。

5. 静压轴承润滑油的选择

静压轴承使用的润滑油应具有较高的黏度指数、良好的抗氧化性、防锈性和抗泡沫性，一般推荐使用 L-FC 和 L-FD 主轴油（SH/T 0017—1990），根据不同的节流形式和工作条件选择，见表 9-64。对于对功耗和温升要求严格的静压轴承，应尽可能使主轴回转摩擦功耗同供油装置中的油泵功率消耗之和为最小。此外，还需特别注意油液的清洁，润滑油必须经过严格过滤。

表 9-63 高转速主轴下的流体静压轴承和流体动压轴承参数对比

参数	轴承类型		
	静压轴承	动压轴承	
动力黏度 η/mPa·s	10.0	10.0	2.0
摩擦因数	0.0026	0.0136	0.006
摩擦损失/L·s	3.6	19.5	9.4
泵的功率/L·s	1.2	—	—
进给压力/MPa	1.6	—	—
半径间隙 h/μm	115	33.0	15.0
油耗量/(L/min)	34.0	34.0	16.0
油的温升/℃	2.8	14.4	14.4

6. 典型的供油系统

（1）恒流量供油系统　图 9-22 所示为恒流量供油系统，它由一组流量相同的油泵或由一个油泵和一组流量相同的定量阀组成。系统中不宜设置蓄能器，系统的油路应尽量短，以保证较好的动态特性。

（2）恒压力供油系统　图 9-23 所示为目前应用较广的一种供油系统。在实际应用时，可根据具体情况对供油系统做适当的变动，如：

表 9-64 推荐静压轴承使用的润滑油

节流形式	润滑油
小孔	1）轴颈线速度 $v<15\text{m/s}$ 时，用 L-FC5 或 50%L-FC2+50%L-FC5 主轴油 2）轴颈线速度 $v>15\text{m/s}$ 时，用 L-FC2 或 L-FC3 主轴油
毛细管内部节流	1）高速轻载时，用 L-FC7 或 L-FC10 主轴油 2）低速重载时，用 L-FC15、L-FC22 或 L-FC32 主轴油
滑阀反馈薄膜片反馈	1）高速轻载时，用 L-FC15 或 L-FC22 主轴油 2）中速中载时，用 L-FC32 或 L-FC46 主轴油 3）低速重载时，用 L-FC46 或 L-FC68 主轴油

注：允许采用黏度相近的、其他牌号的润滑油。

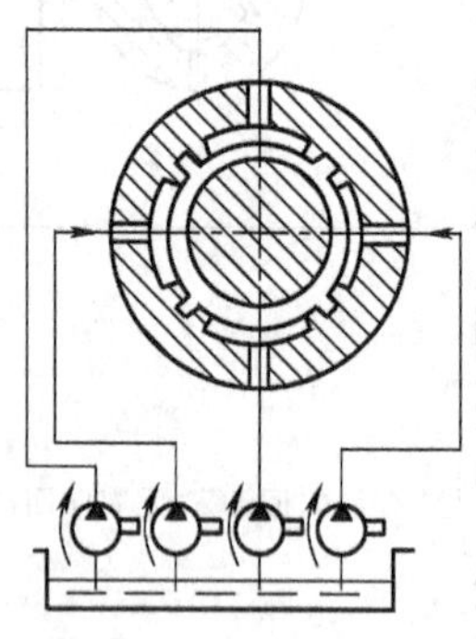

图 9-22　恒流量供油系统

1）当严格要求控制润滑油温时，应安装油冷却器或恒温装置。

2）对于速度低、主轴系统惯性小的机床，即使偶然断油，也不致损坏轴承，因此可适当简化供油装置，通常不设单向阀和蓄能器。对于有制动装置的机床，也可不设单向阀和蓄能器。

7. 静压轴承的装配、调试与使用中常见的失效问题及消除方法

静压轴承在装配、调试与使用过程中，由于种种原因常会产生一些问题，甚至发生故障，使轴承工作性能受到影响，因此必须查明原因，采取措施加以消除。表 9-65 是静压轴承在装配、调试与使用中可能出现的故障及消除方法。

表 9-65　静压轴承在装配、调试与使用中可能出现的故障及消除方法

类型	现象	原因	消除的方法
纯液体润滑建立不起来	起动油泵后，若已建立了纯液体润滑，一般应能用手轻松地转动，若转不动或比不供油时更难转动，即表明纯液体润滑未建立	轴承某油腔的压力未能建立，或轴承装配质量太差，如： 1）某油腔有漏油现象，致使轴被挤在轴承的一边 2）轴承某油腔无润滑油，加工和装配时各进油孔有错位现象，或节流器被堵塞 3）各节流器的液阻相差过大，造成某个油腔无承载能力 4）反馈节流器的弹性元件刚度太低，造成一端出油孔被堵住 5）向心轴承的同轴度太大，或推力轴承的垂直度太小，使主轴的抬起间隙太小	1）检查各油腔的压力是否已建立。对漏油或无压力的油腔，找出具体原因，采取相应措施加以克服 2）调整各油腔的节流比，使之在合理的范围内 3）合理设计节流器 4）保持润滑油清洁 5）保证零件的制造精度和装配质量
压力不稳定	1）当主轴不转时，开动油泵后，各油腔的压力都逐渐下降或某几个油腔的压力下降 2）主轴转动后，各油腔的压力有周期性的变化（若变化量大于0.05~0.1MPa 时，须检查原因） 3）主轴不转时，各油腔的压力抖动（超过 0.05~0.1MPa 时应检查） 4）当主轴转速较高时，油腔压力有不规则的波动	1）各油腔压力都下降，表明过滤器逐渐被堵塞。若某油腔的压力单独下降，表明与该油腔相对应的节流器被杂质逐渐堵塞 2）由于主轴转动时有附加力作用于主轴上或因主轴圆度超差 3）由于油泵系统的脉动太大 4）由于空气被吸入油腔或动压力的干扰	1）更换油液，清洗过滤器及节流器 2）检查轴及轴上零件是否存在较大的离心力，若是，则进行动平衡消除之，检查卸荷带轮是否有干扰力，纠正卸荷带轮与主轴的同轴度 3）检修油泵及压力阀 4）改进油腔的形式
油膜刚度不足	主轴轴承的油膜刚度未达到设计要求	1）节流比 β 值超差 2）供油压力 p_s 太低 3）轴承间隙太大 4）节流器设计不合理	按油膜刚度的调整进行
主轴拉毛或抱轴	在轴转动一段时间后，主轴发现有拉毛现象或在运转时发生抱轴现象	1）油液不干净，过滤净度不够 2）轴承及油管内积存的杂质未清除 3）节流器堵塞 4）轴颈刚度不足，产生了金属接触 5）安全保护装置失灵	1）检修过滤器 2）清洗零件 3）核算轴颈刚度 4）维修安全保护装置
油腔压力升高不足	节流器油液虽通畅，但油腔压力升高不足	1）轴承配合间隙太大 2）油路有漏油现象 3）油泵不合格 4）润滑油黏度 η_t 太低	1）测量配合间隙，若太大，则需重配主轴 2）消除漏油现象 3）更换油泵 4）选用合适的润滑油
轴承温升过高	在主轴运转 2h 左右后，油池或主轴箱体外壁温度超差	1）轴承间隙过小 2）油泵压力太高 3）润滑油黏度 η_t 太高 4）油腔摩擦面积太大	1）加大轴承间隙 2）在承载能力与刚度允许的条件下降低油泵压力 3）降低润滑油黏度 4）减小封油面宽度，但需使所有封油面宽度均大于间隙的 40 倍（$40h_0$）并保证雷诺数 Re>2000

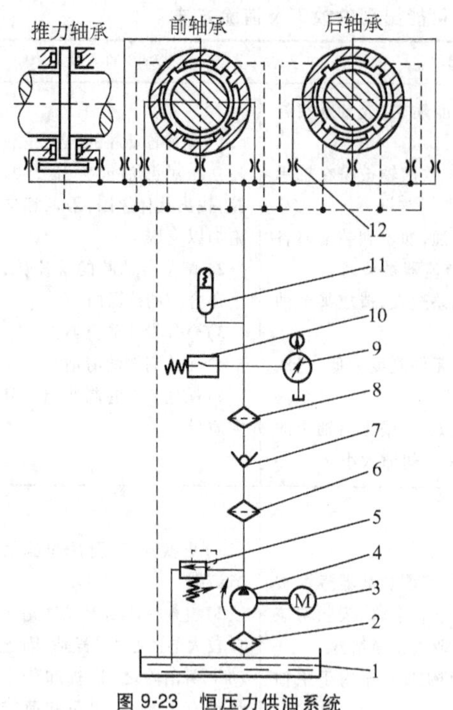

图 9-23 恒压力供油系统

1—油箱 2—吸油过滤器 3—电动机 4—油泵 5—溢流阀 6—粗过滤器 7—单向阀 8—精过滤器 9—压力表及压力表开关 10—压力继电器 11—蓄能器 12—节流器

9.3 滚动轴承的润滑

9.3.1 滚动轴承的特点

滚动轴承在运转时既有滚动摩擦也有滑动摩擦。滑动摩擦是由于滚动轴承在表面曲线上的偏差和在负载下轴承产生的变形而造成的。例如，滚动体和环之间由于球和环不是绝对刚体，它们的接触区域总是要产生弹性变形的，接触区域理论上为点接触或线接触，而实际上在负载工作条件下总是要变成面接触，因此具有不同直径的接触点具有不同的线速度，从而产生滑动摩擦。同样，由于各种原因，也会使滚动体和保持架以及保持架和内外环之间产生滑动摩擦。而滑动摩擦随着速度和负荷的增加而增大，为了减少摩擦和磨损，降低温升和噪声，防止轴承和部件生锈，应正确地选用润滑剂和采用合理的润滑方式，适宜地控制润滑剂数量以提高轴承寿命。

(1) 滚动轴承选油或选脂的依据

1) 滚动轴承使用润滑油润滑的优点：

① 在一定的操作规范下，使用润滑油比润滑脂润滑的起动力矩和摩擦损失显著地小。

② 由于润滑油在循环中带走热量，可起到冷却作用，故能使轴承达到相对高的转动速度。

③ 可保证采用比较高的使用温度。

④ 换脂时必须拆卸有关连接部件，用油润滑时就无此麻烦。

⑤ 在减速器中的轴承用润滑油润滑是很合适的，因为油以飞溅的方式达到同时润滑齿轮和轴承的目的。

⑥ 在轴承中，润滑脂会逐渐被产品磨损的产物、磨料、从外面经过密封装置渗透的和本身老化的产品所沾污，如果不及时更换，将引起轴承加速磨损，而应用润滑油时，可通过过滤而保证其正常运转。

2) 滚动轴承用润滑脂润滑的优点：

① 个别轴承点须用手经常加油，如果换用脂润滑则既省事又可避免因缺油而造成事故。

② 脂本身就有密封作用，故可允许密封程度不高的机构达到简化设计的目的。

③ 经验证明，在一定转速范围内（$n<20000$r/min 或 $dn<200000$mm·r/min），用锂基脂润滑比用滴油法有更低的温升且可使轴承寿命更长。

(2) 滚动轴承润滑理论基础 滚动轴承的润滑机理属于弹性流体动压润滑理论。

(3) 滚动轴承失效类型与润滑关系 表 9-66 为滚动轴承的失效形式及其原因。从表 9-66 可看出，滚动轴承的大多数失效原因都与装配、密封不良有关，少数失效的原因是润滑剂欠缺或过量或不适当造成的磨损、胶合、腐蚀和过热等。

(4) 润滑油与润滑脂使用性能比较 本节的前面已论述了使用润滑油和润滑脂各自的优缺点，为了便于机械设计者选用，表 9-67 列举了滚动轴承选择润滑油或润滑脂的一般原则。

(5) 润滑脂的基本特性和选择润滑脂的一般标准 选择润滑脂时，必须选择与使用条件（温度、速度、负荷和环境等）相适应的润滑脂，这些都和润滑脂的基本特性有关，而润滑脂的基本特性取决于稠化剂和基础油的种类。

9.3.2 选择滚动轴承润滑油的几种典型方法

滚动轴承参数：

n——主轴转速（r/min）；

d——轴承内径（mm）；

d_m——轴承内外径平均值（mm）；

T——轴承工作温度（℃）；

p——轴承所承受的负荷（Pa）。

表 9-66　滚动轴承的失效形式及其原因

失效原因		失效形式														
		皱裂	变形	剥落	凹陷、球压痕	裂纹、热裂纹	擦伤、刮伤	变粗糙	运转轨迹不均	磨损	划伤	胶合	腐蚀	震纹	波纹	过热
装配	不正常预热		√													
	锤击	√		√	√	√										
	工具搬运不适当	√	√													
	倾斜			√			√									
	未使用装配工具		√		√											
	支座松开					√				√						
	碰撞					√				√						
	刮伤			√		√		√	√	√						
	支承不平衡			√		√										
	振动			√	√		√	√						√		
	液流紊乱										√					
	材料疲劳			√		√		√								
密封	有污染物				√		√		√	√			√			√
	潮湿												√			
润滑剂	欠缺		√							√		√				√
	过量											√				√
	不适当									√		√	√			√

表 9-67　选择润滑油或润滑脂的一般原则

影响选择的因素	用润滑脂	用润滑油
温度	当温度超过 120℃时，要用特殊润滑脂。当温度升高到 200~220℃时，再润滑的时间间隔要缩短	油池温度超过 90℃或轴承温度超过 200℃时，可采用特殊的润滑油
速度系数（dn 值）①	dn 值<400000	dn 值=500000~1000000
载荷	低到中等	各种载荷直到最大
轴承形式	不用于不对称的球面滚子推力轴承	用于各种轴承
壳体设计	较简单	需要较复杂的密封和供油装置
长时间不需维护的地方	可用。根据操作条件，特别要考虑工作温度	不可以用
集中供油	选用泵送性能好的润滑脂。不能有效地传热，也不能作为液压介质	可用
最低转矩损失	如果填装适当，比采用油的损失还要低	为了获得最低的功率损失，应采用有清洗泵或油雾装置的循环系统
污染条件	可用。正确的设计可防止污染物的侵入	可用，但要采用有防护、过滤装置的循环系统

① dn 值=轴承内径（mm）×转速（r/min）。对于大轴承（直径大于 65mm），用 $d_m n$ 值（d_m=内外径的平均值）。

1）已知 d、n、T，求润滑油黏度及牌号。

例如，已知 $d=60$mm，$n=1500$r/min，$T=75$℃。

如图 9-24 所示，可从轴承内径 60mm 处引垂线与转速为 1500r/min 的斜线相交于 K 点，再从 K 点引水平线，与从温度 75℃处所引垂线交得 H 点，而 H 点处于 46 号油的黏温曲线区域内。根据图 9-24 中的附表，如果轴承承受普通负荷，则推荐用 L-TSA46 汽轮机油或 L-AN46 全损耗系统用油；如果轴承承受重载荷或冲击载荷，则推荐用 L-HL46 液压油。

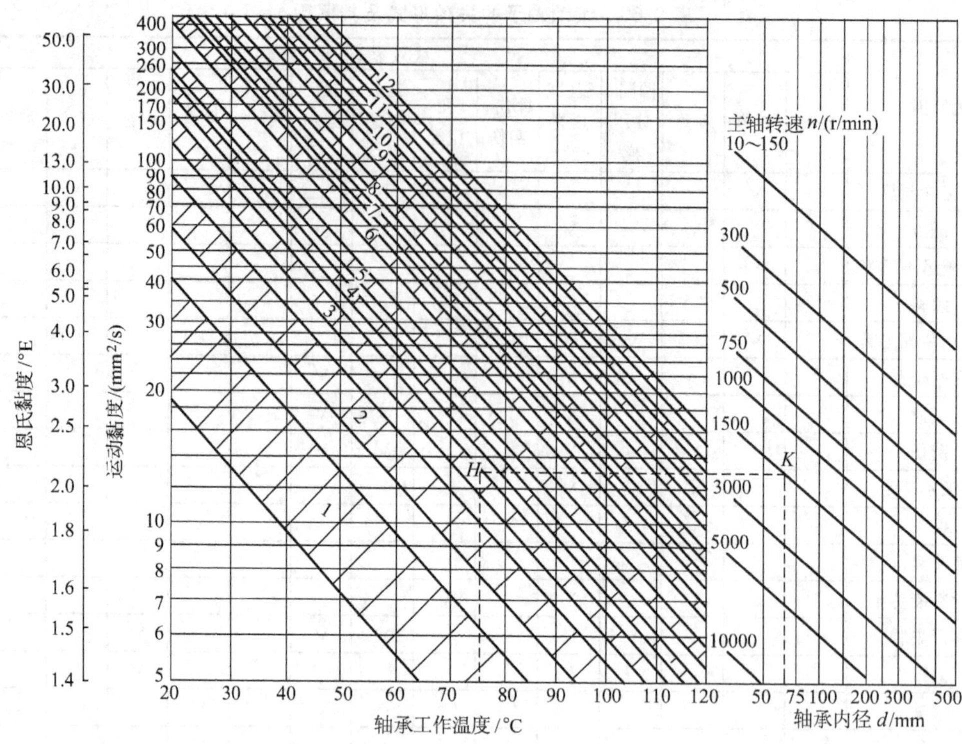

代号	推荐的油品		代号	推荐的油品	
	普通载荷	重载荷或冲击载荷		普通载荷	重载荷或冲击载荷
1	10 号变压器油 L-AN15 全损耗系统用油	L-FC15 轴承油	7	L-AN150 全损耗系统用油	
2	L-TSA32 汽轮机油 L-AN32 全损耗系统用油	L-HM32 液压油	8	150 号循环油	
3	L-TSA46 汽轮机油 L-AN6 全损耗系统用油	L-HM46 液压油	9		220 号、320 号抗氧防锈工业齿轮油
4	L-TSA68 汽轮机油 L-AN68 全损耗系统用油	L-HM68 液压油 L-HG68 导轨液压油	10		460 号抗氧防锈工业齿轮油
5	L-TSA100 汽轮机油 L-AN100 全损耗系统用油	100 号循环油	11		460 号抗氧防锈工业齿轮油
6	L-AN150 全损耗系统用油	150 号循环油	12		140 号 GL-5 重负荷车辆齿轮油

图 9-24　滚动轴承润滑油黏度及牌号的选择

2）已知 dn 值及 T，求润滑油黏度（见表 9-68 及图 9-25）。

3）已知 dn 值、p、T、轴承结构及润滑方式，求润滑油黏度（可参考表 9-69~表 9-71）。

滚动轴承用油润滑的各种方法见表 9-72。

9.3.3　滚动轴承选用润滑脂应考虑的因素

（1）速度　主轴转速和轴承内径是滚动轴承选用润滑油或脂的重要依据。通常各种轴承使用润滑脂时都有一个使用速度极限，不同的轴承速度极限相差很大，以 dn 值或 d_mn 值来表示，见表 9-73。一般原则是速度越高，选锥入度越大（锥入度越大则脂越软）的脂，以减少其摩擦阻力。但过软的脂在离心力作用下，其润滑能力会降低。根据实践经验，若用球轴承，对 $n=20000$r/min 的主轴，其脂的锥入度宜在 220~250 之间，当 $n=10000$r/min 时，宜选锥入度为 175~205 的脂；若用滚锥、滚子轴承，由于它们与主轴配合比较紧密，甚至有些过盈结构，因此即使主轴转速 $n=1000$r/min 左右，其用脂的锥入度也应在 245~295 范围内。

表 9-68　按照 *dn* 值、温度推荐的油黏度

dn 值/(mm·r/min)	润滑油黏度/(mm^2/s)(37.8℃)			
	0~30℃	30~60℃	60~90℃	90~120℃
1000	60	115	360	750
10000~25000	35	95	270	550
25000~60000	35	70	270	550
6000~75000	20	60	220	360
75000~100000	20	60	160	360
100000~250000	9	35	115	270
250000 以上	9	35	95	270

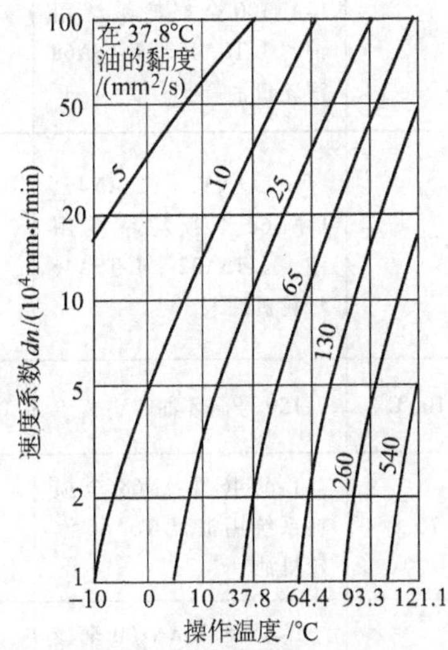

图 9-25　推荐球轴承润滑油黏度

表 9-69　滚动轴承用润滑油种类、牌号的选择

轴承工作温度/℃	速度系数(*dn* 值)/(mm·r/min)	工作条件			
		普通载荷(3MPa)		重载荷或冲击载荷(3~20MPa)	
		适用油黏度(40℃)/(mm^2/s)	选用油名称、牌号	适用油黏度(40℃)/(mm^2/s)	选用油名称、牌号
-30~0		15~32	L-DRA15、L-DRA22、L-DRA32 冷冻机油	15~60	L-DRA22、L-DRA32、L-DRA46 冷冻机油
0~60	<15000	32~70	L-AN32、L-AN46、L-AN68 全损耗系统用油，L-TSA32、L-TSA46 汽轮机油	70~162	L-AN68、L-AN100、L-AN150 全损耗系统用油，L-TSA68、L-TSA100 汽轮机油
	15000~>5000	32~50	L-AN32、L-AN46 全损耗系统用油，L-TSA32 汽轮机油	42~90	L-AN46、L-AN68、L-AN100 全损耗系统用油，L-TSA46、L-TSA68 汽轮机油
	75000~150000	15~32	L-AN15、L-AN32 全损耗系统用油，L-TSA32 汽轮机油		L-AN32 全损耗系统用油，L-TSA32 汽轮机油
	15000~300000	9~12	L-FC5、L-FC7 轴承油	15~32	L-FC15 轴承油，L-AN15 全损耗系统用油

（续）

轴承工作温度/℃	速度系数（*dn* 值）/（mm·r/min）	工作条件			
		普通载荷（3MPa）		重载荷或冲击载荷（3~20MPa）	
		适用油黏度（40℃）/（mm^2/s）	选用油名称、牌号	适用油黏度（40℃）/（mm^2/s）	选用油名称、牌号
60~100	<15000	110~162	L-AN150 全损耗系统用油	172~240，15~24（100℃）	680 号汽缸油，150 号循环油
	15000~75000	70~100	L-AN68、L-AN100 全损耗系统用油	110~162	L-AN150 全损耗系统用油，SD30 汽油机油
	75000~150000	50~90	L-AN46、L-AN68、L-AN100 全损耗系统用油，L-TSA46、L-TSA68 汽轮机油	70~120	L-AN68、L-AN100 全损耗系统用油，L-TSA68、L-TSA100 汽轮机油
	150000~300000	32~70	L-AN32、L-AN46、L-AN68 全损耗系统用油，L-TSA32、L-TSA46 汽轮机油	50~90	L-AN46、L-AN68、L-AN100 全损耗系统用油，SD20 汽油机油，L-TSA46、L-TSA68 汽轮机油
100~150		13~16（100℃）	150 号循环油	15~25（100℃）	40 号、50 号汽油机油，24 号汽缸油
滚针轴承 0~60		50~70	L-AN46、L-AN68 全损耗系统用油，L-TSA46 汽轮机油	70~90	L-AN68、L-AN100 全损耗系统用油，L-TSA68 汽轮机油
滚针轴承 60~100		70~90	L-AN68、L-AN100 全损耗系统用油，L-TSA68 汽轮机油	110~162	L-AN150 全损耗系统用油

表 9-70 滚动轴承运转条件与适用润滑油黏度

轴承运转温度/℃	*dn* 值（速度系数）	适用黏度（50℃）/（mm^2/s）（40℃，mm^2/s）	
		一般载荷	重载荷或冲击载荷
-10~0	全部	10~20（15~30）	15~30（27~55）
0~60	<15000	20~35（30~60）	40~60（80~110）
	15000~80000	15~30（22~50）	30~45（55~70）
	80000~150000	10~20（15~30）	15~25（22~45）
	150000~500000	6~10（10~15）	10~20（15~32）
60~100	<15000	50~80（100~150）	90~150（150~240）
	15000~80000	40~60（80~110）	60~90（110~140）
	80000~150000	25~35（45~60）	40~80（70~140）
	160000~500000	15~20（22~32）	25~35（45~60）
100~150	全部	120~250（200~380）	
0~60	自动调心滚动轴承	20~35（35~60）	
60~100		50~90（100~160）	

表 9-71 滚动轴承适用润滑油黏度（40℃） （单位：mm^2/s）

负荷		一般载荷	重载或冲击载荷	轴承类型
-30~0	≈界限转速	16~32	26~52	各种

（续）

负荷		一般载荷	重载或冲击载荷	轴承类型
0~60	~15000	36~62	62~105	各种
	~75000	26~50	50~72	
	~150000	16~32	26~40	推力球型除外
	~300000	8~16	16~30	单列角接触球型及圆柱滚子型
	~450000	5~12	8~20	
60~100	~15000	90~140	140~220	各种
	~75000	72~100	100~140	
	~150000	42~60	60~120	推力球型除外
	~300000	30~45	40~80	单列角接触球型及圆柱滚子型
	~450000	12~35	30~50	
100~150	≈界限转速	140~200	180~280	各种
>150		170~280	260~320	
0~60		30~50	40~60	自动调心型
60~100		40~60	80~150	

注：本表指用油浴或循环润滑法；150℃以上时，用高黏度、耐热氧化性好的润滑油，由试验试用决定。

表 9-72 滚动轴承用油润滑的各种方法

序号	种类	概要	特点	适合范围	油量及给油特点	部件结构	维护检查	其他注意事项
1	油浴润滑	轴承的一部分浸入油槽中	最简单的一种方法，一般用于低速（dn 值<10^5）	低、中速	对水平轴，油面在最下面的转动体的一半地方；对垂直轴，浸泡轴承70%~80%	对垂直轴特别要注意下部的密封结构，要安装油面计	检查油面是否正确，如果温升高可降低油面	为了防止磨损，最好装设磁铁栓使产生的铁粉沉淀
2	滴油润滑	用给油器使油成滴滴下，油因转动部分的搅动，在轴承箱内形成油雾状	滴下的油将运动中摩擦热量带走起冷却作用，轴承最高温度应低于70℃	较高速度和中等速度	一般是每分钟5~6滴。要调到1mL/h以下是困难的	轴承的下面没有存油的机构	运转停止时，注意停止滴油	给定量的滴油量
3	飞溅润滑	用浸入油池内的齿轮或甩油环的旋转使油飞溅进行润滑	可同时对若干轴承供油	较高速度	油面与给油量有关系	为防止磨损粉末进入轴承内，可设密封板或挡板	必须保持一定量的油	特别是减速器，在底部要安装磁铁栓以防止铁粉分散在油中
4	油绳润滑	利用纤维物质油绳吸上的油，甩油环使其雾化	油可以过滤，简单便利	轻载荷且相当高的速度	油绳的直径、根数及油面应根据给油量而变化。冬天有蜡析出的油不适用	要有大面积的给油槽	油绳表面被灰尘等附着后给油量会变化	黏度随温度变化大的油给油量变化大
5	压力循环润滑	用油泵将过滤后的油输送到轴承部件中，进行润滑后的油又返回油箱，再经过滤、冷却后循环使用	给油与冷却有保证，给油量及油的温度容易控制	高速搅动、给油点多的地方不适用	油的压力为0.15MPa左右。1cm^2轴承投影面积（外径×宽）的给油量为0.6cm^3/min	必须有油箱、循环泵、给油装置、冷却器以及加热器、过滤器、调节阀等，需要油量也大	由于自动给油，安全可靠，不需人管	由于油使用后会劣化，注意油的更换期

(续)

序号	种类	概要	特点	适合范围	油量及给油特点	部件结构	维护检查	其他注意事项
6	油雾润滑	用净化无水的压缩空气将少量的油雾化后再像空气一样吹向轴承	冷却效果好，给油量与空气量分别可以调节	超高速的轴承可以使用，高速、轻载荷的中、小轴承最适用	空气压力为0.05~0.5MPa，内径为40~50mm的轴承给油量为(4~83)×10^{-6}L/min。在苛刻条件下，用较高黏度的极压润滑油	必须有喷雾发生器、带搅拌的油箱、水分离器、空气净化器和喷嘴。轴承箱内空气压力要高，以防止尘土进入	油雾浓度、温度、压力等所有调节系统组合在一起	给油量很少，油不能回收，主轴润滑面给油量不足时会引起事故，要十分注意
7	喷油润滑	将压力油强制送入润滑面，油通过喷嘴喷射到润滑面	油确实能送入润滑面，冷却效果大	高速重载荷轴承适用，安全	给油压力为0.1~0.5MPa，给油量为0.5~10L/min	必须有压力给油泵、过滤器、冷却器。喷嘴的直径为0.5~2mm。喷嘴安装在离轴承端面10mm处。发热量大的轴承需增设2~4个喷嘴	油面必须保持在一定高度以上	设计的排油口必须要很大，以防止不必要滞流。油流要好。最好用油泵强制排油

表9-73 滚动轴承的各种润滑剂的速度系数极限（$d_m n$值）

轴承结构	保持架	润滑脂	油浴润滑	滴油润滑	油雾润滑
深沟球轴承	冲压保持架	300000	500000	600000	1000000
	实体保持架	300000	500000	500000	1000000
角接触球轴承（α=15°）	实体保持架	200000	500000	500000	1000000
	酚醛树脂保持架	400000	700000	800000	1000000
角接触球轴承（α=25°）	冲压保持架	280000	400000	—	—
	实体保持架	280000	500000	500000	900000
	酚醛树脂保持架	400000	600000	800000	900000
角接触球轴承（α=40°）	冲压保持架	250000	350000	—	—
	实体保持架	250000	400000	400000	—
调心球轴承	冲压保持架	200000	300000	—	—
	实体保持架	200000	300000	—	—
成对安装角接触球轴承	冲压保持架	150000	300000	—	—
	实体保持架	150000	—	—	—
推力球轴承	冲压保持架	70000	100000	—	—
	实体保持架	100000	150000	200000	—
圆柱滚子轴承	冲压保持架	300000	300000	300000	—
	实体保持架	300000	500000	500000	—
圆锥滚子轴承	冲压保持架	250000	350000	350000	450000
调心滚子轴承	实体保持架	150000	250000	—	—

注：推力调心滚子轴承一般不用润滑脂润滑。成对安装角接触推力球轴承的值约为角接触球轴承的70%。

(2) 温度　轴承的温度条件及变化的幅度对润滑脂的润滑作用和寿命有明显的影响，如图9-26所示。

润滑脂是一个胶体分散体系，它的可塑性和相似黏度随着温度而变化。当温度升高时，润滑脂的基础油会蒸发、氧化变质，润滑脂的胶体结构也会变化而加速分油，当温度达到润滑脂稠化剂的熔点或稠化剂

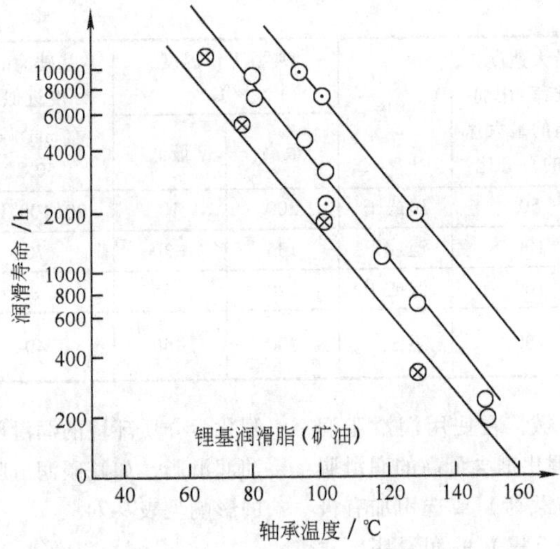

符号	轴承形式	转速/(r/min)	径向负荷/(N/m²)	*dn* 值	*C/p*
⊙	6205ZZ	1800	9*	4.5×10^4	50
○	6305ZZ	3600	10	9	166
	6310ZZ		50	18	97
⊗	6314	3600	965	25	9.5
	6318		1530	32	7.3

图 9-26　润滑脂润滑寿命与温度的关系

注：*—轴向负荷；*C*—基本额定动负荷　*p*—径向负荷

纤维骨架维系基础油的临界点时，胶体结构将完全破坏，润滑脂不能继续使用。如果温度变化幅度大且温度变化频繁，则其凝胶分油现象更为严重。一般来讲，润滑脂高温失效的主要原因都是由凝胶萎缩和基础油的蒸发而造成的，当基础油损失达 50%~60%时，润滑脂即丧失了润滑能力。轴承温度每升高 10~15℃，润滑脂的寿命缩短 1/2。

在高温部位润滑时，要考虑选用抗氧化性好、热蒸发损失小、滴点高的润滑脂。在低温下使用的润滑脂要有低的起动阻力且相似黏度小。这类润滑脂的基础油大多是合成油，如酯类油、硅油等，它们都具有低温性能。各种润滑脂的工作温度见表 9-74。

表 9-74　环境条件对选用润滑脂种类和牌号的影响

润滑脂类型	润滑脂等级/号	最大速度(推荐)用润滑脂的最大速度的百分比	环境	典型工作温度/℃		基础油的黏度近似值/(mm²/s)(50℃)	备　注
				最高	最低		
锂基脂	2	75~100	湿或干	100~135	-25	70	多用途的、内径在 65mm 以上，并在最高速度或最高温度情况下或垂直轴上的轴承不应采用。建议用于有振动载荷的最高速度处
	3	75~100	湿或干	100~135	-25	70	
极压锂基脂	1	75	湿或干	90	-15	14	推荐用于轧辊轴承和重载圆锥滚子轴承
	2	75~100	湿或干	70~90	-15	(100℃)	
钙基脂	1、2、3	50	湿或干	60	-10	到 70	
极压钙基脂	1、2	50	湿或干	60	-5	14(100℃)	
钠基脂	3	75~100	干	80	-30	20	有时含 20%钙基脂

（续）

润滑脂类型	润滑脂等级/号	最大速度（推荐）用润滑脂的最大速度的百分比	环境	典型工作温度/℃		基础油的黏度近似值/(mm²/s)(50℃)	备　注
				最高	最低		
膨润土脂		50	湿或干	200	10	20(100℃)	
膨润土脂		100	湿或干	135	-30	70	
膨润土脂		100	湿或干	120	-55	8	以合成酯为基
硅油锂基脂		100	湿或干	200	-40	40	不要用于高速和高载荷下有滑动处

（3）载荷　对于重载荷机械，在使用润滑脂润滑时，应选用基础油黏度高、稠化剂含量高的润滑脂（稠度大的润滑脂可以承受较高载荷）或选用加有极压添加剂或填料（二硫化钼、石墨）的润滑脂。对于低、中载荷的机械，应选用1号或2号稠度的短纤维润滑脂，基础油以中等黏度为宜。

（4）环境条件　环境条件是指润滑部位的工作环境和所接触的介质，如空气的湿度、尘埃和是否有腐蚀性介质等。在潮湿环境或接触水的情况下，要选用抗水性好的润滑脂，如钙基、锂基和复合钙基脂。条件苛刻时，应选用加有防锈剂的润滑脂。处在有强烈化学介质环境的润滑部件应选用抗化学介质的合成油润滑脂，如氟碳润滑脂等。环境条件对选用润滑脂的影响见表9-74。

9.3.4 滚动轴承用脂的选择实例

1）电动机滚动轴承用油黏度的选择见表9-75。一般电动机轴承用润滑脂的推荐指标见表9-76。

2）汽车轮毂轴承。汽车前后轮毂一般各使用一组锥形球轴承，由于轴承的工作温度高，有时可超过100℃，通常使用2号或3号锂基脂润滑。较老式汽车也有使用复合钙基润滑脂润滑的。

表9-75　电动机滚动轴承用油黏度的选择（40℃）　（单位：mm²/s）

电动机/hp	3600r/min	1750r/min	1200r/min	720r/min
<2	68	68	150	150
2～7.5	32	68	68	68
7.5～50	22	68	68	68
>50	10	32	68	—

注：1hp=745.7W。

表9-76　一般电动机轴承用润滑脂的推荐指标

	性能项目	开式轴承（一般用）	双封轴承	高温轴承（-34～177℃）	低温轴承（-54～100℃）
	工作锥入度(25℃)/0.1mm	265～295	230～280	270～300	260～300
	基础润滑油类型	石油	石油	硅油	酯油
	润滑油黏度(40℃)/(mm²/s)	30～80	30～80		
	稠化剂(皂型)	锂,钙	钠,锂	锂	锂
	N-H弹试验(99.9℃压力降0.14MPa)　min	750	750	1000	750
	析油试验(100℃,500h)(质量分数,%)　max	10	5	7	8
	蒸发损失(质量分数,%)　max	6	2	2	4
	滴点/℃　min	166	171	213	163
使用性能试验	低温转矩极限(1000g·cm·h)/℃　max	-29	-29	-34	-54
使用性能试验	6306轴承寿命试验(3600r/min,100℃)/h　min	10000	5000	1500	1500
使用性能试验	装满6306轴承工作25h后锥入度10.1mm　max	250	150	150	150
使用性能试验	防锈性试验	通过	通过	通过	通过
使用性能试验	混溶性	可	可	可	可

9.4　导轨的润滑

9.4.1　概述

导轨是在机床上用来支承和引导部件沿着一定的轨迹准确运动或起夹紧定位作用的运动副，一般由机床的支承部件（床身、立柱、横梁）和执行部件（主轴箱、变速箱、溜板箱、刀架）上的一组平面或曲面匹配而成。在支承部件上的导轨称支承导轨或固定导轨，又称上导轨。在执行部件上的导轨称运动导轨或动导轨，又称下导轨。

导轨是机床的重要部件，它在很大程度上决定着机床的刚度、精度和精度保持性。而导轨的润滑又与导轨的摩擦磨损、精度保持、寿命和失效有着十分重要的关系，因此需给予充分重视。

9.4.2　导轨的分类及工作特点

1. 导轨的分类

按照导轨运动面间的摩擦性质，导轨可分为滑动导轨和滚动导轨两大类，其中滑动导轨又可分为普通滑动导轨（金属对金属、金属对塑料或复合材料）、流体静压导轨（液体或空气）导轨及卸荷导轨等。表 9-77 列出了机床导轨的分类。导轨按导轨材料、结构型式、运动性质、摩擦性质和磨损类型等来分类。导轨的截面形状主要有 V 形、矩形、燕尾形、圆柱形及平面形等，如图 9-27 所示。常用机床导轨的主要特性见表 9-78。

表 9-77　机床导轨的分类

分类方法	导轨类型	特点与应用
按导轨材料	铸铁导轨 钢导轨 塑料导轨	机床导轨用钢材和非铁合金材料，见表 9-79 常用塑料导轨的构成见表 9-80
按结构型式	开式三角形导轨 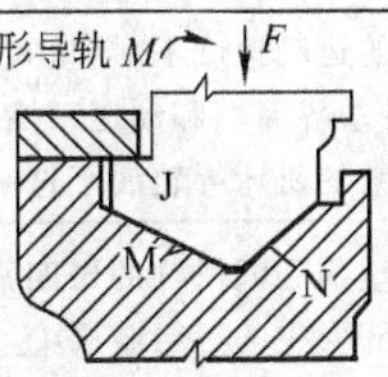 M F J M N M—主支承面　N—导向面及辅助支承面　J—压板面	开式三角形导轨只能用于水平或倾斜配置的部件，且不能受向上的力 F 和大的颠覆力矩 M
	闭式导轨 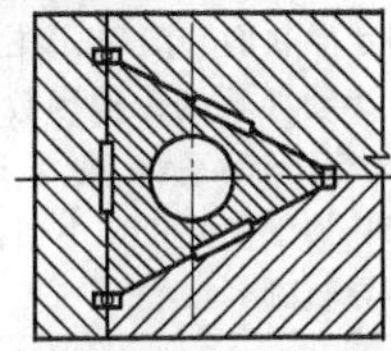	当受任意方向的力和力矩作用，或垂直配置的导轨，需要用压板形成闭式导轨，如卧式镗床滑枕必须用全封闭导轨，但辅助导轨面与压板之间必须留有适当间隙。燕尾形导轨不用压板也可形成闭式导轨。圆柱形导轨与运动部件配合表面少于半圆时为开式，反之便构成闭式导轨
	镶装导轨 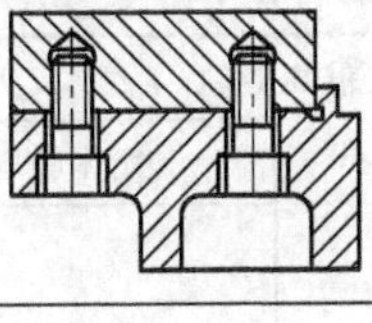	在固定导轨上，在铸造床身上通常镶装淬硬钢块、钢板或钢带，在焊接结构床身上镶装铸铁导轨。在工作台、床鞍等活动导轨上，一般镶装塑料导轨、合金铸铁或耐磨非铁合金板
按导轨作用	主运动导轨	动导轨做主运动，与支承导轨之间的相对运动速度比较高，如立式车床的花盘和底座导轨、龙门刨床的工作台和床身导轨都属于主运动导轨
	进给运动导轨	进给运动导轨的相对运动速度比较低，但定位精度要求高。这类导轨在机床中用得最多，也是最容易出现低速爬行现象的一种导轨
	移置导轨	用于调整部件之间的相对位置，在机床工作时没有相对运动，它的技术要求比较低，如卧式镗床的后立柱和床身导轨

（续）

分类方法	导轨类型	特点与应用
按摩擦性质	滑动导轨	滑动导轨指滑动摩擦的导轨副。按摩擦状态又可分为以下6种：
	1）液体静压导轨	摩擦副表面被一层润滑剂隔开而完全不接触，属于纯液体摩擦。液体的摩擦因数小，发热量也不大，导轨磨损也比较小。静压导轨即属于这种纯液体摩擦，它在主运动导轨和进给运动导轨中都能应用，但用于进给运动导轨中较多
	2）气体静压导轨	空气静压导轨利用空气作为流体介质。由于空气的黏度比液体小得多，故消耗的功率小，但刚度也小，可用于特轻载荷。这种导轨有良好的冷却作用，有利于减少热变形
	3）液体动压导轨	两个导轨表面的相对滑动速度较高（1.5~10m/s），在油囊处形成油楔，把两个导轨面隔开（具有动压效应），从而形成液体摩擦，故称液体动压导轨，如龙门刨床工作台直线运动导轨和立式车床工作台圆周运动导轨属于这一类导轨
	4）边界摩擦导轨	运动速度低，摩擦表面的油膜极薄（其厚度小于表面粗糙度的高度），不能形成动压效应，因此两个摩擦表面之间形成部分直接接触和部分被油膜隔开的状态。精密机床的进给导轨副大多属于这一类
	5）混合摩擦导轨	在一定的运动速度下，导轨间除了边界摩擦外，还有动压效应存在，这种边界摩擦和动压摩擦同时存在的导轨，称为混合摩擦导轨。多数的机床导轨属于这一类导轨
	6）自润滑导轨	含有增塑剂和润滑剂的聚四氟乙烯滑动导轨软带（TSF）或以改性聚甲醛为主的三层金属-塑料复合板（Du）经磨合后会在导轨面上形成比较稳定的低摩擦因数固体润滑膜，它有良好的自润滑作用。塑料导轨在数控机床和精密机床中已日益广泛地得到了应用
	滚动导轨	滚动导轨由固定导轨面和滚珠、滚柱等滚动体组成，导轨副之间为滚动摩擦。滚动导轨的摩擦因数一般在0.0025~0.005范围内，不易产生爬行，运动平稳、灵活，微量移动准确 现代数控机床和加工中心机床中还普遍采用直线滚动导轨副和滚动花键副等导轨副

表9-78　常用机床导轨的主要特性

特性内容	滑动导轨		静压导轨		滚动导轨
	金属对金属	金属对塑料	液体静压	气体静压	
摩擦特性	铸铁-铸铁的摩擦因数： $\mu=0.07\sim0.12$ $\mu_s=0.18$ 铸铁-淬火钢的摩擦因数： $\mu=0.05\sim0.15$ $\mu_s=0.30$ 动、静摩擦因数相差较大	铸铁-聚四氯乙烯导轨的摩擦因数： $\mu=0.02\sim0.03$ $\mu_s=0.05\sim0.07$ 动、静摩擦因数相差甚小	摩擦因数小且与速度呈线性关系，但变化不大 起动摩擦因数可小到$\mu=0.0005$	摩擦因数低于液体静压导轨	摩擦因数小且与速度呈线性关系 中等尺寸部件的摩擦因数： 淬火钢：$\mu=0.001$ 铸铁：$\mu=0.0025$

（续）

特性内容	滑动导轨		静压导轨		滚动导轨
	金属对金属	金属对塑料	液体静压	气体静压	
承载能力平均比压/MPa	通用机床进给： 导轨：120~150 主运动导轨：<40~50 重型机床高速： 导轨：<20~30 低速导轨：<50	聚四氯乙烯导轨软带： 间断使用：≤175 短暂峰值：≈350 连续干使用：<35	油膜承载能力大，平均比压可达滑动导轨的1.5倍	受供气压力影响，承载能力小于液体静压	淬火钢（≥60HRC）： 滚珠导轨：12~16 滚柱导轨：300~350 铸铁（≥200HBW）： 滚珠导轨：0.4~0.5 B滚柱导轨：35~50
刚度	面接触，刚度高	塑料层与金属支承完全接触时刚度也较高	刚度高，但不及滑动导轨	刚度低	无预紧的V形平导轨比滑动导轨低25%。有预加载荷的滚动导轨可略高于滑动导轨
定位精度和调位移动灵敏度/μm	不用减摩措施：10~20 用防爬行油或液压卸荷装置：2~5	用聚四氯乙烯导轨软带导轨：2	微量进给定位精度：2 重型镗床立柱定位精度：5	可达0.125	传动刚度/（N/μm）灵敏度/μm 22~45　0.1 8　钢：0.6 　铁：0.4 2　0.4
运动平稳性	低速时（1~60mm/min）容易产生爬行	低速无爬行	运动平稳，低速无爬行		低速无爬行。预载过大或制造质量差时会有爬行
抗振性	激振力小于摩擦力时起阻尼作用，激振力大于摩擦力时振幅显著增加	塑料复合导轨板有良好的吸振性	吸振性好，但不及滑动导轨		有预加载荷的滚动导轨，垂直于运动方向的吸振性近似于滑动导轨。沿运动方向的吸振性差
寿命	非淬火铸铁低，表面淬火或耐磨铸铁中等，淬火钢导轨高	聚四氟乙烯在260℃以下有良好的化学稳定性，可长期使用	很高		防护措施好时，寿命高
应用	仅用于卧式精密机床，数控机床已不采用	现代数控机床及重型机床大多采用	用于数控机床和重型机床	用于数控坐标磨床和三坐标测量机	用于要求定位精度高、移动均匀、灵敏的数控机床

注：μ—动摩擦因数；μ_s—静摩擦因数。

2. 导轨工作的特点

1）机床导轨上的载荷与速度变化范围较大，由于载荷分布不均匀，可能造成局部过载与刚度低。

2）要求具有较小的配合间隙和摩擦力，较高的精度、刚度、运动均匀性和耐磨性。

3）根据导轨结构和工作条件（载荷、速度和温度等）的不同，导轨可能在液体摩擦、混合摩擦、边界摩擦或干摩擦状态下工作。

4）在导轨摩擦区有尘砂、切屑、磨料、氧化铁皮和乳化液等的污染，因此在润滑系统中应设有过滤器来过滤润滑剂，并在导轨上设置可靠的刮屑板及防护罩进行保护。

表 9-79 机床导轨用钢材和非铁合金材料

类别	牌号	热处理要求	应用举例
低碳低合金钢	15Cr、20Cr、15CrMnMo、20CrMnTi	渗碳淬火回火至 56~62HRC,属于中层深度,导轨磨削后淬火层不低于 1.4mm	适用于长度大且精度高的导轨。只有这类钢可直接焊在钢板焊接结构的床身和立柱上
高碳高合金钢	T8、T10、9SiCr、GCr15、GCr15SiMn、38CrMoAlA	工具钢高频淬火至 52~58HRC 轴承钢高频淬火至 58~62HRC 高级氮化钢 38CrMoAlA,渗氮层深 0.5mm,硬度 800~1050HV。变形小	导轨材料只能用机械镶装或粘接镶装方法 截面尺寸小的用轴承钢 38CrMoAlA 只用于精密机床
弹簧钢带	60Si2CrVA、55CrVA	钢带厚 0.25~1.2mm,允许偏差 ±0.02mm,不均匀度在 500mm 长度上为 6μm。淬火硬度为 56HRC,抗拉强度为 16~18MPa,精细抛光后使用	用于镗床、车床、摇臂钻床、刨边机的导轨上
非铁合金	ZZnAl11Cu5Mg、QAl9-2、ZCuSn5Pb5Zn5、H62、H68	最好与淬火铸铁或钢匹配使用 非铁合金中最耐磨粒磨损的材料,最好与铸铁匹配	用于立车和龙门刨床工作台 用于润滑条件不好或无润滑条件下工作的导轨

表 9-80 常用塑料导轨制品的构成

材料名称	基体	增强材料		生产厂家
		中间层	表面层	
填充聚四氟乙烯导轨软带 Turcite-B、TSF、4FJ、TF	聚四氟乙烯	玻璃纤维、663 青铜粉、MoS_2 和石墨等,通过烧结制成 0.35~3.2mm 导轨软带。其中 663 青铜中的主要成分为锡、锌、铅和铜粉末		美国霞板公司 广州机械科学研究院 陕西省塑料厂 上海航天局 上海工程塑料厂
三层复合导轨板 DU、DX、FQ-1、SF	钢板、钢背镀铜、镍或锌保护层	铜网烧结多孔青铜层	改性塑料聚四氟乙烯和铅混合物或改性聚甲醛	英国格拉西亚公司 北京机床研究所 北京双金属轴瓦厂 嘉善自润滑轴承厂
环氧涂层 SKC-3 含氟涂层 FT 聚酯涂层 JKC-B、C	详见第 4 章			德国 HansSchmidt 公司 广州机械科学研究院
酚醛夹布胶木板	酚醛塑料	以棉织物(布)为最好。也有的用纸、纱头、橡胶布做填充材料		上海材料研究所 上海工程塑料厂
改性聚甲醛板	加入聚四氟乙烯进行改性	炭墨和紫外线吸收剂		上海溶剂厂 吉林化学工业公司 石井沟联合化工厂

9.4.3 导轨的磨损与失效以及润滑剂的作用

1. 导轨的磨损与失效

导轨的磨损与失效和机床与导轨类型有十分密切的关系。就常用的开式滑动导轨而言，由于在导轨摩擦区受到污染，润滑不良，加上工作台（刀架）频繁开停和反向运动，移动缓慢，不易形成具有足够承载能力的油楔，造成导轨的不均匀磨损。磨损的形式有以下几种：

1）磨料磨损及擦伤。磨料磨损及擦伤是导轨上常见的磨损状况。落在导轨面上的切屑、尘砂、磨料或氧化铁皮等都会使导轨受到污染，造成磨损、擦伤等，当导轨面上有刮屑板及密封装置时，可以最大限度地减少磨损，防止擦伤。

2）黏附磨损。在导轨两表面相对运动时，当润滑剂不足或局部过载时，会出现黏附磨损，甚至出现胶合或咬粘，使导轨大面积刮伤。对于大型及重型机床，常常由于油温过高或较大的热变形，局部压力过高，将润滑油挤走，造成润滑不足而引起黏附磨损。

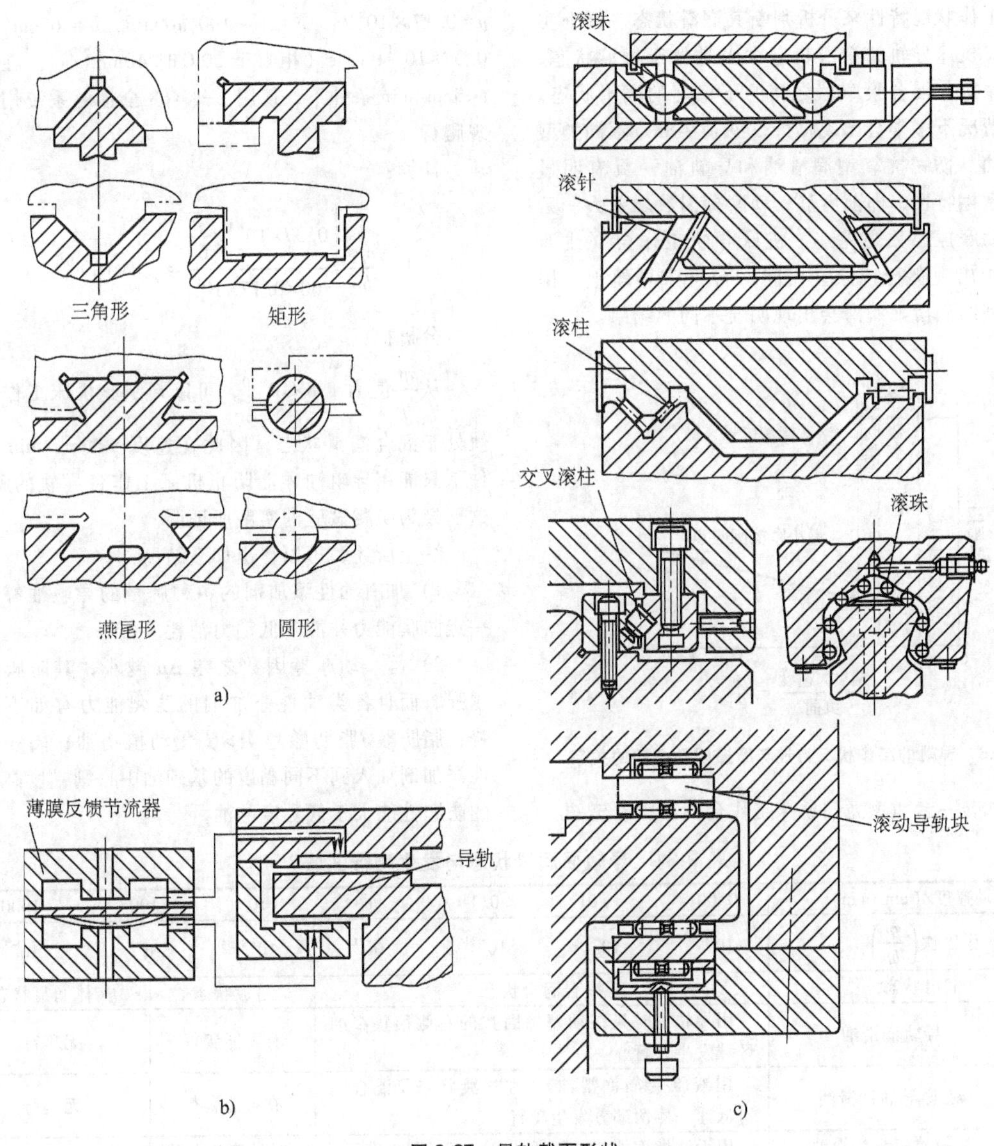

图 9-27　导轨截面形状

a）滑动导轨　b）静压导轨　c）滚动导轨

3）疲劳磨损。在润滑剂未受污染，表面未受到黏附影响时，表面层也会出现疲劳磨损。这类磨损在滚动导轨中常可见到。

2. 导轨润滑剂的作用

1）导轨润滑剂的作用之一是使导轨尽量在接近液体摩擦的状态下工作，以减小摩擦阻力，降低驱动功率，提高效率。

2）减少导轨磨损，防止导轨腐蚀。流动的润滑油还起到冲洗作用。

3）避免低速重载下发生爬行现象，并减少振动，提高阻尼特性。

4）降低高速运转时产生的摩擦热，减少热变形。

9.4.4　机床导轨润滑状态分析

图 9-28 所示为导轨的工作状况特性与摩擦因数之间的关系。从图中曲线可看到，当导轨润滑油的黏度 η 和滑动速度 v 的乘积与负荷 p 的比值达到某一值时，摩擦因数将最小，导轨的润滑状态将开始呈现液体摩擦，进入液体摩擦区域，此时的速度称为临界速度。而导轨润滑状态则取决于导轨副对偶面的材料特性、接触表面尺寸、精度、表面粗糙度，以及润滑油槽（或油腔）尺寸与分布状况、润滑油的黏度、负载等。一般导轨在低速重载时常处于混合或边界润滑状态下，很容易出现爬行和起动冲击现象，因此常用

导轨的工作状况特性来分析判断其润滑状态。调查实践发现，机床导轨的润滑状态大多是处于过渡状态，即液体摩擦与混合膜摩擦之间的不稳定的润滑状态。在这种情况下多半会出现爬行，见表9-81。不同类型的润滑油（防锈抗氧型润滑油和导轨油）具有明显不同的摩擦特性，即前者静、动摩擦因数之差大，后者静、动摩擦因数之差小。机床导轨工作台（或溜板）能否出现爬行现象，在同一台机床导轨上，用不同类型的润滑油润滑会出现明显不同的结果。

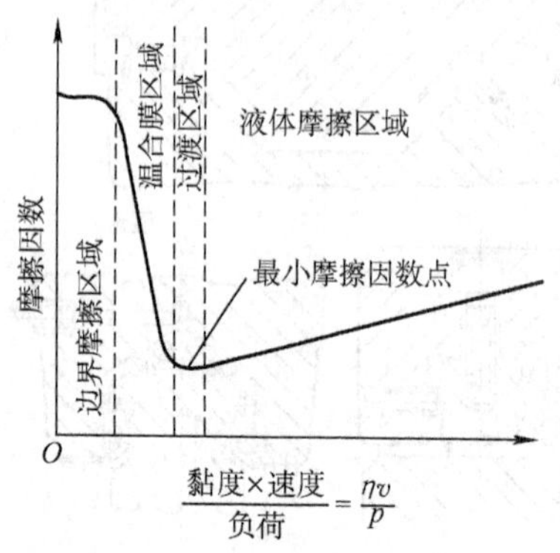

图9-28 导轨的工作状况特性与摩擦因数之间的关系

例如，一台重型龙门铣床工作台的导轨，已知 $p=0.17\times10^6$Pa，$v=1\sim100$cm/min，$b=60$cm，$\eta=0.37\times10^{-1}$Pa·s（相当于50℃时40mm²/s）。在速度 $v<3$cm/min 条件下，使用L-AN68全损耗系统用油出现爬行。

计算：

$$\frac{\eta v}{bp}=\frac{0.37\times10^{-1}\times\frac{3}{60}}{60\times0.17\times10^{6}}=1.8\times10^{-10}$$

分析：

从 $\frac{\eta v}{bp}$ 值为 1.8×10^{-10}，可以判断此机床工作台导轨处于混合润滑状态，因此在速度 $v<3$cm/min 的条件下只能用导轨油才能防止机床工作台导轨的爬行。这已经为防爬试验的实践所证明。

综上所述，可以得出如下结论：

1）加有油性添加剂的各种牌号的导轨油都具有一定防爬能力并能降低动力消耗。

2）静、动摩擦因数之差 $\Delta\mu$ 越小，其防爬能力越强，而且各类油性添加剂的防爬能力有如下的趋势：脂肪酸>脂肪酸皂类>硫化动植物油；同一种油性添加剂加入到不同黏度的基础油中，则黏度高的油的防爬性能大于低黏度的油。

表9-81 导轨面润滑状态与发生爬行区域

滑动速度/(mm/min)		0.001	0.01	0.1	1	10	100	1000
无因次$\left(\frac{\eta v}{bp}\right)$		10^{-13}	10^{-12}	10^{-11}	10^{-10}	10^{-9}	10^{-8}	10^{-7}
润滑状态		混合润滑状态				过渡状态	流体润滑状态	
发生爬行区域	导轨润滑油	用导轨油时只在动摩擦因数的右侧很狭窄的区域发生爬行				有可能爬行	无爬行	
	液压-导轨润滑油	用液压-导轨润滑油时，在过渡状态及混合润滑低速一侧两部分发生爬行				有可能爬行	无爬行	
	防锈抗氧型润滑油 防锈抗氧型液压油	用无油性添加剂的润滑油时，与面压、黏度无关系，在过渡状态的低速侧都发生爬行					无爬行	

3）从 μ-v 特性曲线来看，具有正向特性的都有一定的防爬效果，并且曲线的陡度越大，其防爬效果越好。对于 $\Delta\mu$ 同样为0的两种油脂，可以从它们陡度的大小来衡量，纯矿物油具有负向特性，因此没有防爬能力。

4）机床工作台、溜板或立柱的爬行现象往往由于机械传动装置运转时的不稳定以及刚度差等其他许多因素的影响而产生，为此，还必须采取相应措施，因为导轨润滑油不能解决由这些因素引起的爬行。

9.4.5 机床导轨润滑油的正确选择

根据经验及数据，选用机床导轨润滑油时主要考虑下列因素：

1）同时用作液压介质的导轨润滑油。根据不同类型机床导轨的需要，同时用作液压介质的导轨润滑油，既要满足导轨的要求，又要满足液压系统的要求。例如，对于像坐标镗床之类的机床，导轨油的黏度（40℃）应选择得高些（40~150mm²/s）；但各类磨床常常将导轨润滑油由液压系统供给，而液压系统的要求较高，必须满足，此时导轨-液压润滑油的黏度（40℃）应选得低些（20~68mm²/s），即液压系统所需要的黏度。

2）按滑动速度和平均压力来选择黏度。表9-82列出了按照导轨滑动速度和平均压力来选择的润滑油黏度（40℃时的黏度），其中的黏度与国标GB/T7632—1987《机床用润滑剂的选用》中所推荐的两种导轨油 L-G68、L-G150（相当于老牌号 40 号、90 号）和两种导轨液压油 L-HG32 与 L-HG68（相当于老牌号 20 号和 40 号）的黏度相当。

3）根据国内外机床导轨润滑实际应用来选择。在选择使用导轨润滑剂时，还可参考国内外现有机床导轨润滑实际应用的例子来选用。根据多年来实践经验，机床导轨润滑油的选择见表 9-83。

表 9-82 按导轨滑动速度和平均压力来选择润滑油黏度（40℃）（单位：mm^2/s）

比压/MPa	滑动速度/(mm/min)					
	0.01	0.1	1	10	100	1000
0.05 0.1	N68	N68	N68	N68	N32	N32
0.2 0.4	N150 或 N220	N150 或 N220	N150 或 N220	N150 或 N220	N68	N68

表 9-83 机床导轨润滑油的选择

机床类型	润滑油名称、牌号	机床类型	润滑油名称、牌号
卧式车床、钻床、铣床	L-HG32、L-HG46 液压导轨油	镗床、镗铣床	L-G68、L-G150 导轨油
万能磨床、外圆磨床、内圆磨床、平面磨床	L-HG32、L-HG46 液压导轨油	大型滚齿机、落地镗床、光学坐标镗床	L-G100、L-G150 导轨油
齿轮磨床、其他齿轮加工机床	L-G32、L-G68 导轨油	镗铣床（超重型）	L-G220 导轨油
龙门铣床、刨铣床、曲轴磨床、导轨磨床、大型车床	L-G68 导轨油		

9.4.6 液体润滑静压导轨

液体静压导轨依靠外部供油装置向两个相对运动的导轨面间供给压力油，通过补偿元件输送到导轨的油腔中，在油腔中形成具有足够压力的润滑油膜，将上导轨浮起，使导轨面间处于完全液体摩擦状态。这种导轨称为静压导轨。

液体静压导轨的分类见表 9-84。表中按导轨结构型式分为开式、闭式和卸荷式三类静压导轨。按导轨供油方式分为恒压力供油和恒流量供油两类静压导轨。

表 9-84 液体静压导轨的分类

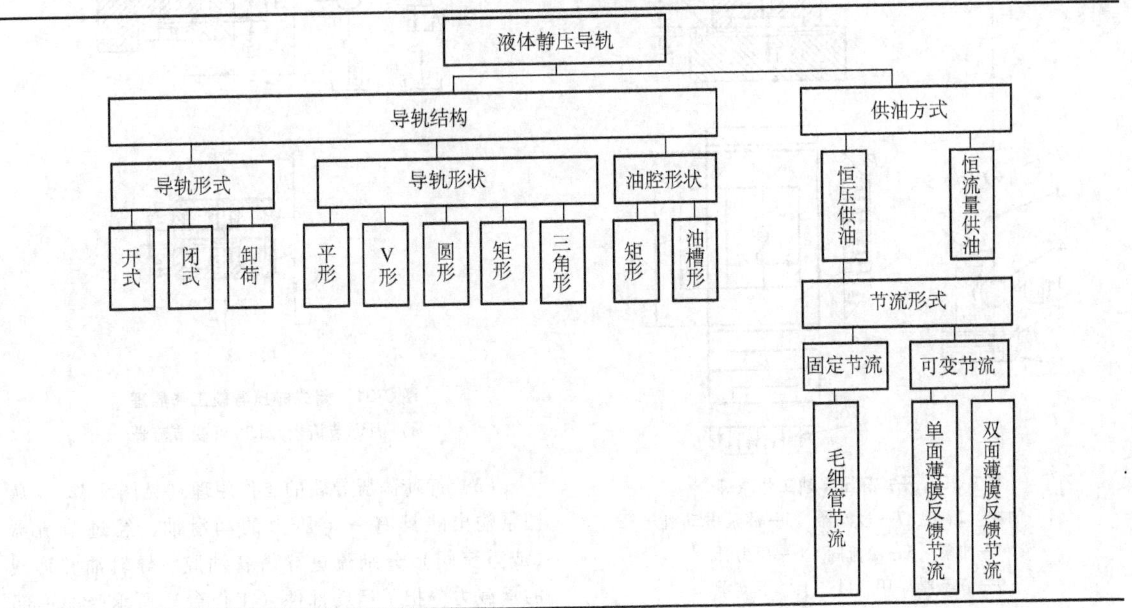

这里所谓开式静压导轨是指导轨只设置在床身的一边，依靠运动件自重和外载荷保持运动件不从床身上分离，因此只能承受单向载荷，而且承受偏载力矩的能力差。这种导轨适用于载荷较均匀、偏载和倾覆力矩小、水平放置（或仅有小倾角）的场合。而闭式静压导轨是指导轨设置在床身的几个方向，并在导轨的几个方向开若干个油腔，能限制运动件从床身上分离，因此能承受正、反向载荷，承受偏载荷及颠覆力矩的能力较强，油膜刚度较高。这种导轨可应用于载荷不均匀、偏载大及有正反向载荷的场合。卸荷静压导轨没有油膜将两导轨面分开，因此两导轨面是直接接触的，但润滑油在接触表面之间仍有少量流动。虽然它与开式和闭式静压导轨不同，但其油腔结构、节流器和供油装置等与开式静压导轨有许多共同之处，故将其列入静压导轨。卸荷静压导轨的接触刚度较大，结构较简单，适用于导轨的接触刚度大，同时又要减少导轨磨损，工作台在低速下运动均匀或运动件特别长的机床导轨。

常用的恒压供油静压导轨系统组成包括开式、闭式和卸荷导轨，补偿元件（毛细管节流式、单面或双面薄膜反馈式节流器等），供油装置三部分。静压导轨的供油方式分为恒压力供油和恒流量供油两种。其中节流器和供油装置与静压轴承大致相同。

（1）开式静压导轨的工作原理（见图 9-29） 从油泵 4 输出的具有一定压力 p_s 的润滑油经过节流器 9，压力降为 p_r 后进入导轨相应的各油腔内。当上支承（如工作台）受到载荷 F 作用后，上支承沿载荷方向产生微小的位移 e，使上支承和下支承（如床身）之间的间隙发生变化，由 h 改变为 h_0（$h=h_0-e$）。由于节流器的调压作用，油腔压力升高，使导轨油腔的承载力同载荷 F 平衡，该承载力始终抵抗上支承继续沿载荷方向移动，将上支承的微小位移限制在一定范围内。

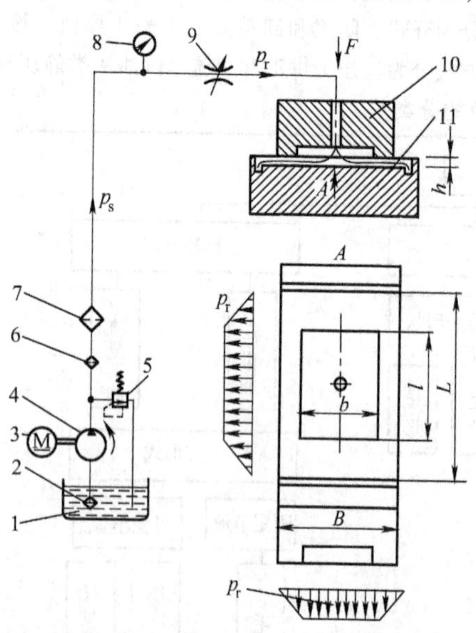

图 9-29 开式静压导轨工作原理

1—油箱 2、6、7—过滤器 3—油泵电动机 4—油泵 5—溢流阀 8—压力计 9—节流器 10、11—上、下支承

（2）闭式静压导轨的工作原理 闭式静压导轨是指导轨设置在下支承的几个方向，并在导轨的各个方向的工作面上设置若干个油腔，如图 9-30 所示。闭式静压导轨的工作原理（见图 9-31）与静压轴承基本相同，此处从略。

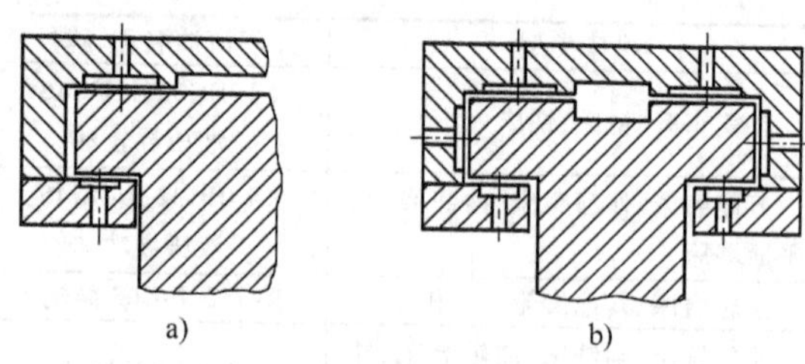

图 9-30 闭式静压导轨

a）油腔开设在床身的上下方向

b）油腔开设在床身的上下、左右方向

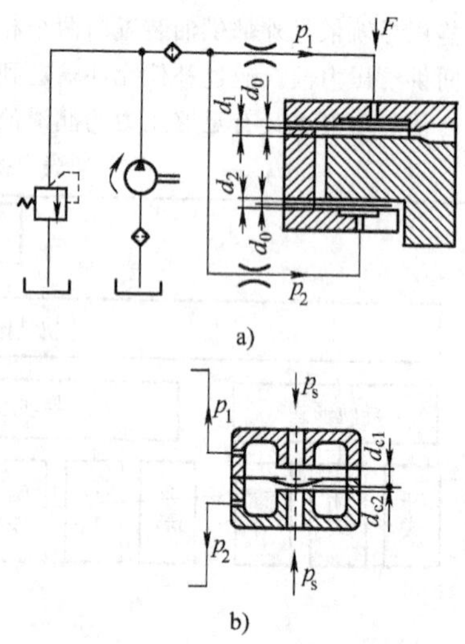

图 9-31 闭式静压导轨工作原理

a）固定节流器 b）可变节流器

（3）卸荷静压导轨的工作原理（见图 9-32） 从油泵输出的具有一定压力的润滑油，经过节流器（或溢流阀）分别流进导轨各油腔。导轨油腔形成的承载力分担了运动部件（工作台）所承受的一部

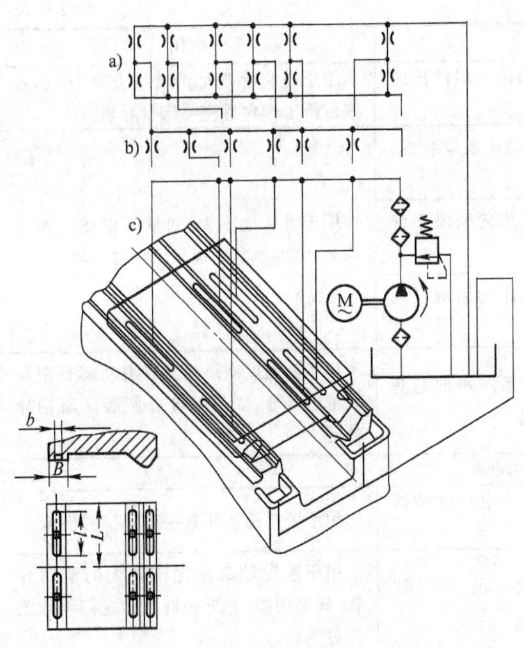

图 9-32　卸荷静压导轨工作原理

a）各油腔压力分别由两个节流器控制

b）各油腔压力分别由一个节流器控制

c）全部油腔压力由供油系统的溢流阀控制

分载荷（包括工作台自身重量、工件重量和切削力），使导轨面的比压减小，从而减少导轨面的摩擦阻力和磨损。

9.4.7　机床导轨润滑方法的选择

机床导轨的润滑方法可按机床使用说明书的规定，如设计新机床导轨，考虑选择润滑方式时，可参考表 9-85。

表 9-86 为机床压力强制润滑方式的特点及其应用，其中又可分为连续供油和间歇供油两类润滑方式。强制润滑方式的供油系统原理如图 9-33 所示。

9.4.8　滑动导轨润滑油槽的形式和尺寸

为使润滑油能均匀分布在导轨工作面上，通常在导轨面上设置润滑油槽。表 9-87 为推荐的油槽尺寸和数目。由于在导轨中间采用纵向油槽或对角线油槽（参见图 9-37）容易破坏油膜，削弱油膜承载刚度并增加侧向泄漏，故不推荐使用这些油槽。横向油槽也不宜太多，以免导轨承压力下降。

运动部件的导轨在行程末端伸出下导轨面时，在导轨的外露部分上不应开油槽，以免油漏在床身外。但是，为了减少两端导轨的磨损，可以开与润滑系统不相通的盛油槽（参见图 9-38a）。

表 9-85　机床导轨的润滑方法

导轨类型	润滑剂	润滑方法	备注
普通的滑动导轨	L-AN 全损耗系统用油	油绳、油轮、油枪、压力循环	没有爬行的卧式机床
	液压-导轨油	由液压系统供油	各类的磨床导轨和液压系统采用同一种油
	导轨油	油绳、油枪、油轮、压力循环	适用于有爬行现象的机床
		油雾	排除空气，并要求工作表面没有切屑
	润滑脂	滑动面较短时用脂枪或压盖脂杯注入油槽里	适用于垂直导轨和偶尔有慢速运动的导轨
静压导轨	空气或润滑油	在高压下，经过控制阀进入较短的滑动面的油腔中	摩擦很小，没有爬行，同时有较高的局部刚度。要求工作面没有切屑
滚动导轨	润滑油	下滚动面应恰好接触油槽里的油	必须防止污染
	润滑脂	组装时填好，但应装有润滑脂嘴，以便于补充	必须防止污染

表 9-86　机床压力强制润滑方式的特点及其应用

序号	润滑方式	结构特点	应用
		间歇压力润滑	
1	手动油泵供油	结构简单，不需动力，但润滑油不能回收	用于低中速、载荷小、小行程或不常运动的导轨上，如不便人工加油的立柱和横梁导轨

（续）

序号	润滑方式	结构特点	应用
2	手动分油阀供油	从机床润滑系统中分油润滑。用油比较经济	用于需油量不大、间歇工作的导轨，如滚齿机工作台滑座与床身导轨
3	凸轮推动油泵供油	供油原理见图 9-33a，不需专用驱动装置，润滑可靠	用于需油量不大、间歇工作或低速运动的导轨，如坐标镗床工作台导轨
4	凸轮操纵分油阀供油	供油原理见图 9-33b，从机床的润滑系统中分油润滑	
5	液压换向阀分油供油	供油原理见图 9-33c，从机床的润滑系统中分油润滑	
6	用压力油推动油泵供油	供油原理见图 9-33d，液压系统用油与润滑用油分开，便于选择用油量	用于高黏度润滑油或含有防爬行剂导轨油的场合，如高精度外圆磨床滑动导轨等
		定时或连续压力润滑	
7	定时压力供油润滑	供油原理见图 9-33e，能减少电量和油量消耗，但系统复杂	用于卧式镗床和数字程序控制机床
8	连续压力供油润滑	供油原理见图 9-33f，供油充足，并可调节，但系统复杂	用于速度较高或比压较大的滑动导轨，如平面磨床、外圆磨床和龙门刨床工作台导轨

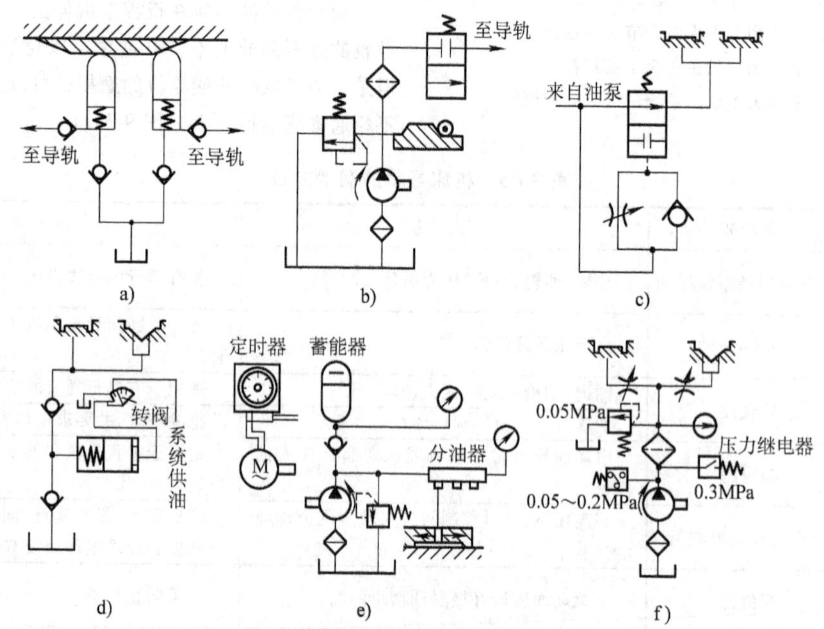

图 9-33　强制润滑方式的供油系统原理图

a）凸轮推动油泵　b）凸轮操纵分油阀　c）液压换向阀分油
d）压力油推动油泵　e）定时压力供油润滑系统　f）连续压力供油润滑系统

当导轨不外露时，可以在工作台导轨面的油槽两端各开一条放气槽（参见图 9-38b），使油槽与大气相通，一方面可以排除油槽内空气，另一方面当润滑油压力过高时，可从此槽泄压，以防止工作台漂浮。

通常都由固定的部件（如床身）往导轨面送油。油槽开在运动部件上，而床身导轨上不开油槽，但在进油孔附近可开直的进油槽（参见图 9-38c）。进油槽长度 l 大于上导轨油槽间距 t，以保证润滑油能充分地流到整个导轨面，避免局部导轨面因缺油而出现干摩擦。

表 9-87　润滑油槽尺寸和数目　（单位：mm）

b	a	a_1	a_2	R
20~40	1.5	3	4~6	0.5
>40~60	1.5	3	6	0.5
>60~80	3	6	8~10	1.5
>80~100	3	6	10~12	1.5
>100~150	5	10	14~18	2
>150~200	5	10	20~25	2
>200~300	5	14	30~50	3

L_n/b	横向油槽数 K	槽距 t
10	2~4	$\frac{L_n}{K}$
20	4~8	
30	6~12	
40	8~16	

注：1. L_n—导轨的工作长度；b—导轨宽度。

2. 能将润滑油送入每个横向油槽时，应优先选用Ⅰ型油槽。

3. 往每个横向油槽送油有困难时，用Ⅱ型油槽；导轨面为垂直或倾斜时，纵向油槽应放在上方（见图 9-34a）；由运动部件供油时，进油孔应对正纵向油槽（与Ⅰ型相比，Ⅱ型的缺点是减少了形成动压效应的导轨宽度）。

4. 润滑油来自比它高的邻近导轨时，可采用Ⅳ型油槽（见图 9-34b）。

5. 垂直运动部件上的导轨为避免润滑油很快流失，可采用Ⅱ型曲回式油槽，进油孔在上部油槽内，纵横油槽可以交错（见图 9-35b）。

6. 为加工方便，可以用圆环形油槽代替直油槽，槽距 t（见图 9-35a）按表 9-87 选择。

7. 油槽末端因加工方法不同，可开成如图 9-36 所示的两种形式。

8. 也可以用其他截面形状的油槽，其流通面积应和表列相似。

9. 油槽表面粗糙度不大于 6.3μm。

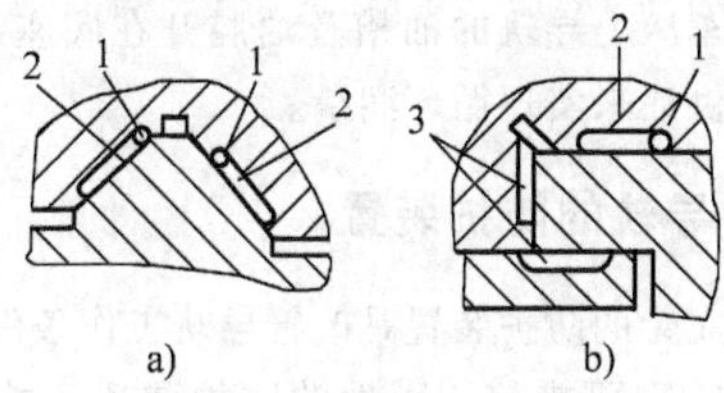

图 9-34　油槽应用举例

a）用Ⅱ型油槽　b）用Ⅳ型油槽

1—纵向油槽　2—横向油槽　3—Ⅳ型油槽

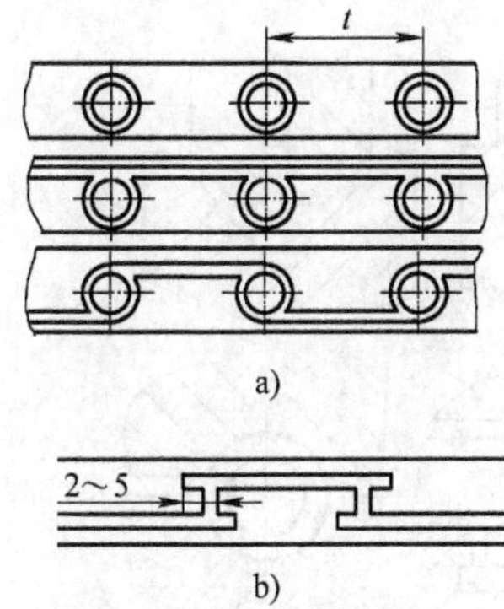

图 9-35　油槽形状

a）圆环形油槽　b）Ⅲ型油槽的变形

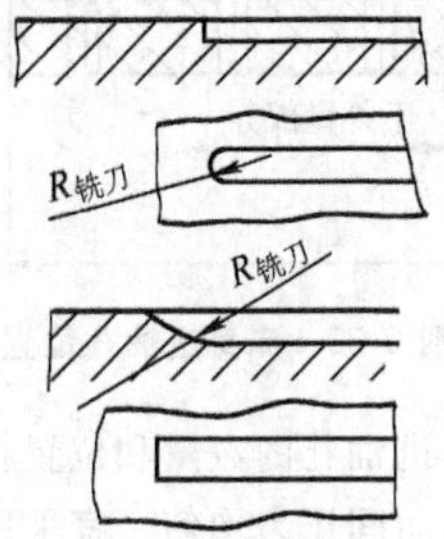

图 9-36　油槽末端形状

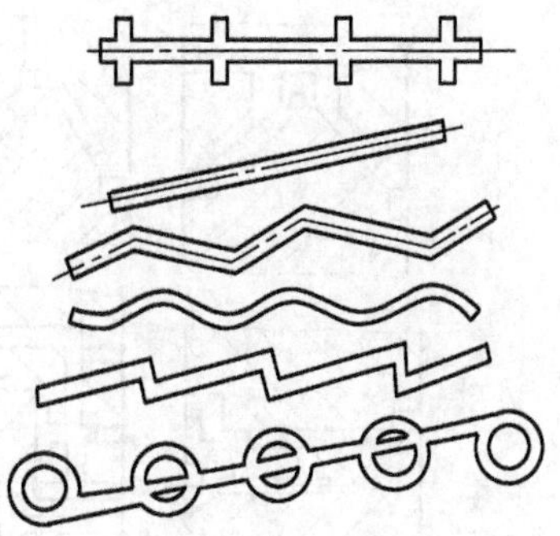

图 9-37　不推荐采用的油槽

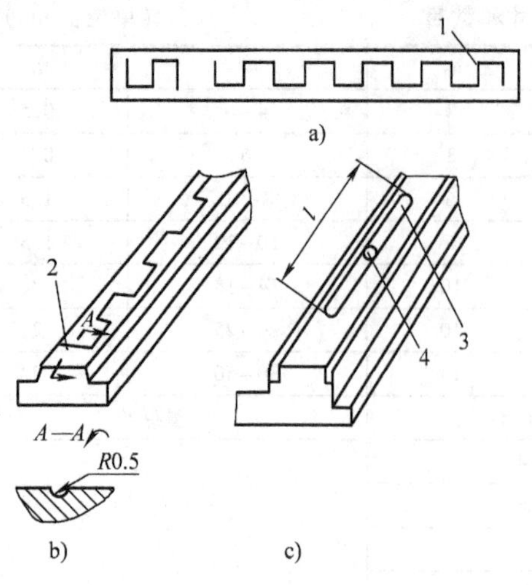

图 9-38 油槽形式

a）盛油槽 b）放气槽 c）进油槽

1—盛油槽 2—放气槽 3—进油槽 4—进油孔

床身导轨上的进油孔和进油槽应开在导轨不外露的部分，油孔要正对工作台导轨上的纵向油槽。如果不外露的导轨长度还不及床身的一半，则在外露的导轨上也可以钻油孔，如图 9-39 中的 1 和 2 所示。

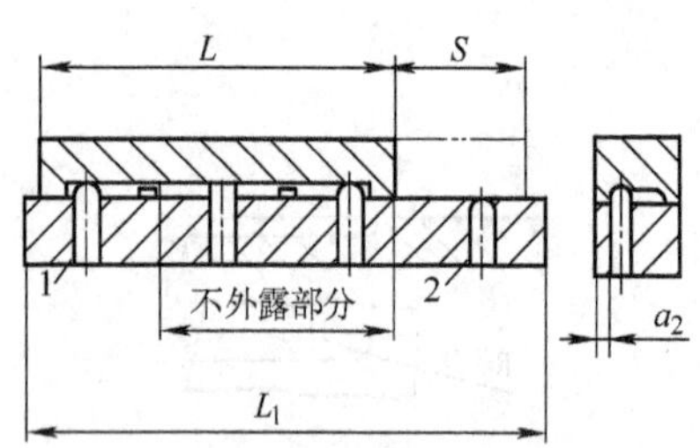

图 9-39 床身进油孔位置

润滑油槽内进油孔的数量和位置根据具体结构而定。为了使导轨面间压力均匀，宜采用 I 型油槽，此时每个油槽上均有进油孔；或者采用如图 9-40 所示的油槽形式，每个油槽上有进油孔并单独供油，这样不仅供油压力均匀，而且当一条油路堵塞时，导轨面不致因缺油而磨损。

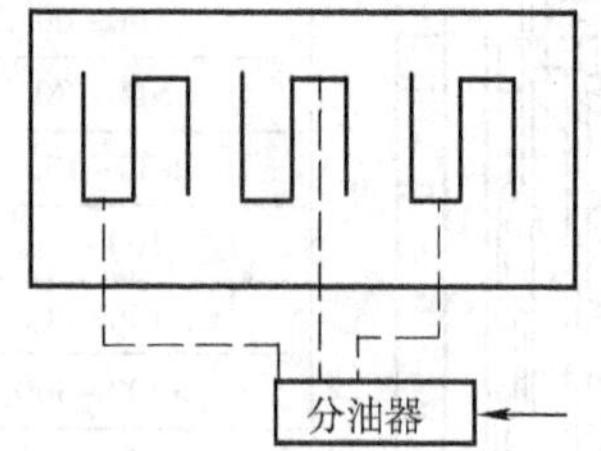

图 9-40 单独供油的进油孔

进油孔的形式如图 9-41 所示。

对于龙门刨床和立式车床等类机床的主运动导轨，其最高工作速度为 90～600m/min，可采用动压和静压联合的润滑系统。

圆周运动动压导轨的油槽和油腔尺寸推荐按表 9-88 选择。直线运动动压导轨的油槽和油腔尺寸推荐按表 9-89 选择。

龙门刨床导轨的油槽及油腔开在工作台上，由床身进油，进油孔要正对工作台上的纵向油槽，以较低压力（<0.1MPa）供以充分的润滑油。在龙门刨铣联合机床上油压应能够调节，刨削时工作台为高速运动，供低压油；铣削时工作台为低速运动，动压力很小，应供高压油，以实现静压卸荷。

立式车床上导轨的油槽及油腔开在底座导轨上，并由底座供油来实现循环润滑。

9.4.9 导轨的防护装置

设计完善的防护装置是改善导轨工作条件，提高导轨寿命的重要措施。刚性的防护装置还能防止工件、扳手等物偶然掉落而损伤导轨。重型机床上常采用有足够强度的防护装置，以供操作者在其上走动，便于操作，改善工人劳动条件。

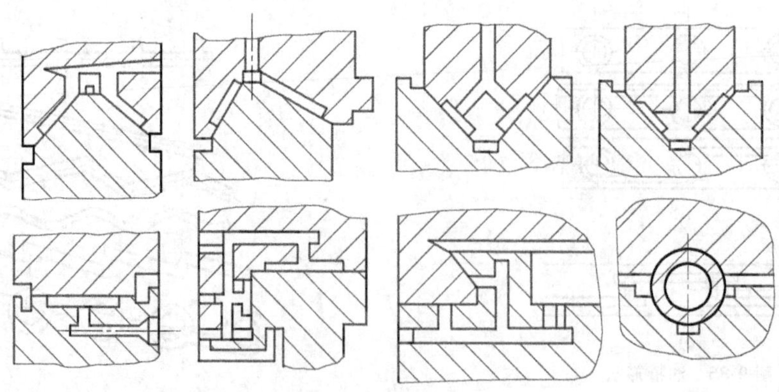

图 9-41 进油孔的形式

表 9-88　圆周运动动压导轨的油槽和油腔尺寸　（单位：mm）

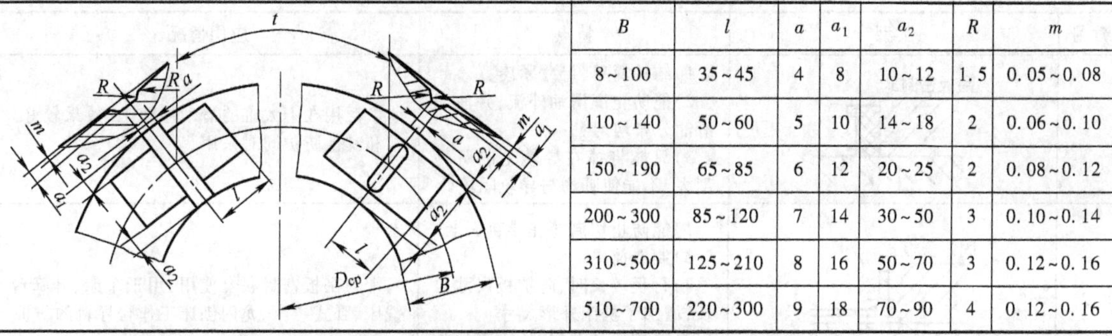

B	l	a	a_1	a_2	R	m
8～100	35～45	4	8	10～12	1.5	0.05～0.08
110～140	50～60	5	10	14～18	2	0.06～0.10
150～190	65～85	6	12	20～25	2	0.08～0.12
200～300	85～120	7	14	30～50	3	0.10～0.14
310～500	125～210	8	16	50～70	3	0.12～0.16
510～700	220～300	9	18	70～90	4	0.12～0.16

注：1. m 的小值用于铸铁-铸铁和铸铁-有色合金导轨；m 的大值用于铸铁-塑料导轨。

2. $t=(3.5\sim4.5)l$，并满足润滑槽数 $i=\frac{\pi D}{t}$（取整数），且不少于 6（$D<800$mm 时 $t=150\sim300$mm；$D>800$mm 时 $t=400\sim600$mm）。

3. 在工作台底座导轨上加工出整数个依次相间的两种油槽，一半是开通的，一半是封闭的。开通的送入低压油，封闭的通入高压油，形成静压卸荷（封闭油槽不少于 3 个，均布在圆周上）。

4. 圆锥和 V 形导轨的长边均可开油槽及斜面油腔，短边上不需要开油槽及油腔。

5. 不需反向时，仅在每个油槽一侧开出斜面油腔。

表 9-89　直线运动动压导轨的油槽和油腔尺寸　（单位：mm）

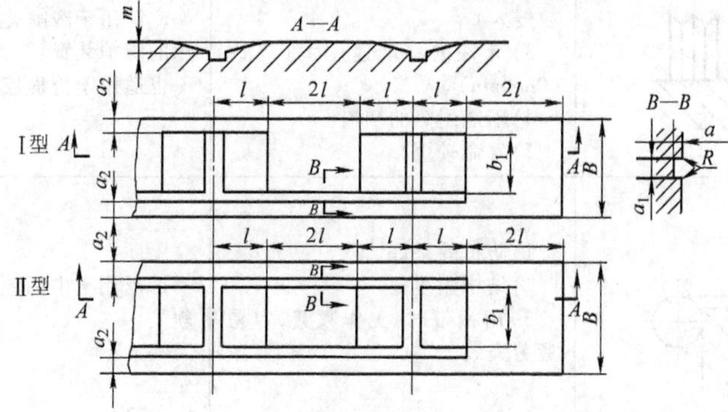

B	l	a	a_1	a_2	R	润滑槽形式
40～50	0.6	2	4	6～8	1	Ⅰ
60～70	0.6	3	6	8～10	1.5	Ⅰ
80～100	0.6	4	8	10～12	1.5	Ⅰ
110～140	0.6	5	10	14～18	2	Ⅰ
150～190	0.6	6	12	20～25	2	Ⅱ
200～300	0.6	7	14	30～50	3	Ⅱ

注：1. $l=0.6b_1$ 时承载能力最大，其中 $b_1=B-2a_2-a_1$（Ⅰ型油槽）；$b_1=B-2a_2-2c_1$（Ⅱ型油槽）。

2. 斜面高度按下表选取：

工作台长度 L/m	2～6	6～12	>12
最小油膜厚度 h/mm	0.06	0.08	0.10
斜面高度（$m\approx1.2h$）/mm	0.08	0.10	0.12

导轨的防护装置应满足下列要求：

1）能挡住外物进入导轨，以免擦伤表面。

2）能耐红热的切屑和切削液的腐蚀。

3）清理导轨时便于装卸。

4）具有一定强度、刚度和使用寿命。

5）外形美观。

6）制造容易，成本低。

导轨防护装置的类型见表 9-90。

表 9-90 导轨防护装置的类型

序号	类型	特点	应用情况
1	刮板密封式	1)结构简单,尺寸紧凑 2)能防止润滑油外流,并使润滑油分布均匀 3)只能将掉在导轨上的脏物刮去,不能使脏物与导轨隔绝	广泛用在不太脏的滑动导轨上,效果较好。常和其他防护同时采用
2	固定盖板式	1)能防止切屑掉在导轨面上 2)制造简单 3)行程较长时,防护板尺寸也长,增加了机床外形尺寸 4)采用短的盖板时,不可能将导轨完全遮盖住	常与刮板密封联合使用,用于车床、升降台铣床、卧式镗床、龙门刨床工作台导轨的防护
3	伸缩板式	1)导轨不外露,防护可靠 2)能耐热的切屑 3)使用寿命长 4)制造复杂 5)刚度不足,层数较多,配合不良时容易卡住	用于防护水平导轨,移动行程0.5~10m,较少用于垂直导轨 用滑动支承时,移动速度为5~6m/min 用滚动支承时,移动速度为10~15m/min 适用于大型机床、静压导轨、滚动导轨的防护
4	风箱式	1)结构简单 2)防护效果好(能防止微小磨粒侵入) 3)允许的移动速度大(高达60m/min) 4)不能耐热的切屑 5)寿命较短	广泛用于磨削类机床,是立柱、横梁导轨常用的防护装置 也适用于行程较大的部件(行程长达6m)
5	带式	1)防护效果好 2)结构紧凑 3)用钢带时,工作频繁,容易疲劳失效	广泛用于坐标镗床的工作台导轨(滚动导轨)
6	曲路隙缝式	1)密封隙缝不直接接触,不受运动速度限制 2)多次曲路隙缝效果较好 3)制造简单 4)只能用于侧面防护	主要用于磨床导轨和滚动导轨侧面防护,导轨外露部分需用其他防护

9.4.10 机床导轨的维护保养

1. 静压导轨的维护保养

液体静压导轨在使用中应注意保持导轨面及润滑油的清洁，因此应有可靠的防护装置。同时还应注意导轨回油的回收，注意将回油引回油池，以免因泄漏而影响工作环境，浪费润滑油。

在导轨工作过程中，当导轨油腔压力已达到设计要求时，工作台即应浮起。如果工作台不能浮起，则可能有以下几方面原因：①节流器堵塞，润滑油无法进入油腔；②过滤器污染严重或已不能正常工作；③润滑油在油腔内泄漏太多；④导轨精度差，导轨的某些部分有金属接触，未能形成纯液体润滑。上述种种现象可用压力表观察出来。一旦故障排除，油腔建立了正常压力后，即能正常工作。

2. 滑动导轨的维修保养

一般暴露式的机床导轨面易进入切屑和磨屑，而且还有进入切削液的可能，从而引起导轨油性能降低，出现导轨面的磨损、烧伤以及出现爬行现象等，应经常注意导轨刮屑板及防护罩的作用是否正常。使用中应定期检视过滤器及切削液过滤器。表 9-91 为一些润滑系统事故分析。

表 9-91　滑动导轨面润滑系统事故特例分析

事故原因	事故现象
尘埃、切屑及磨屑混入	导轨面烧伤，严重磨损 集中供油装置末端的过滤器堵塞，导轨面烧伤 上下导轨面黏着
非水溶性切削油、水溶性切削油混入	集中供油装置末端的过滤器堵塞，导轨面烧伤 导轨面油的性能降低，产生爬行 在液压-导轨同一润滑系统的情况是：非水溶性切削油中的油脂、水溶性切削油中的防锈添加剂老化变质引起黏着性，产生导轨的冲击；同时使进油端过滤器堵塞，液压阀黏着、烧坏，使液压缸、油泵叶片黏着等

9.5　液压油和液力传动油的选用

9.5.1　概述

在机械设备中，用液体压力能来转换或传递机械能的传动方式称为液压传动。以液体为工作介质，在两个或两个以上的叶轮组成的工作腔内通过液体动量矩的变化来传递能量的传动称为液力传动。两者所使用的工作介质分别称为液压油和液力传动油。

液压油是液压系统中借以传递和转换能量的工作介质，此外还兼有润滑、冷却、密封和防锈等功能。在使用水基工作介质以及周围环境介质中存在水分、氧等因素影响的场合下，还需要具有一定的防锈性、抗泡沫性和抗乳化性等。在特殊工况下使用的工作介质还需要注意抗燃性或低凝固点方面的要求。有关情况在第 3 章中已做了分析，这里不再赘述。

9.5.2　液压油的正确选择与合理使用

1. 正确选择液压油的依据

在选用液压设备所使用的液压油时，应从液压系统的工作条件（如所使用液压泵的类型、工作压力、工作温度、转速等）、所处环境条件、液压系统及元件结构和材质、经济性等几个方面因素进行综合考虑，按图 9-42 所示的流程来选择。下面对其中的几个因素介绍如下。

（1）工作压力　主要对液压油的润滑性即抗磨性提出要求。高压系统的液压元件，特别是液压泵中处于边界润滑状态的摩擦副，由于正压力加大、速度高而使摩擦磨损条件较为苛刻，必须选择润滑性即抗磨性、极压性优良的 HM 油。按液压系统和液压泵工作压力选液压油见表 9-92。

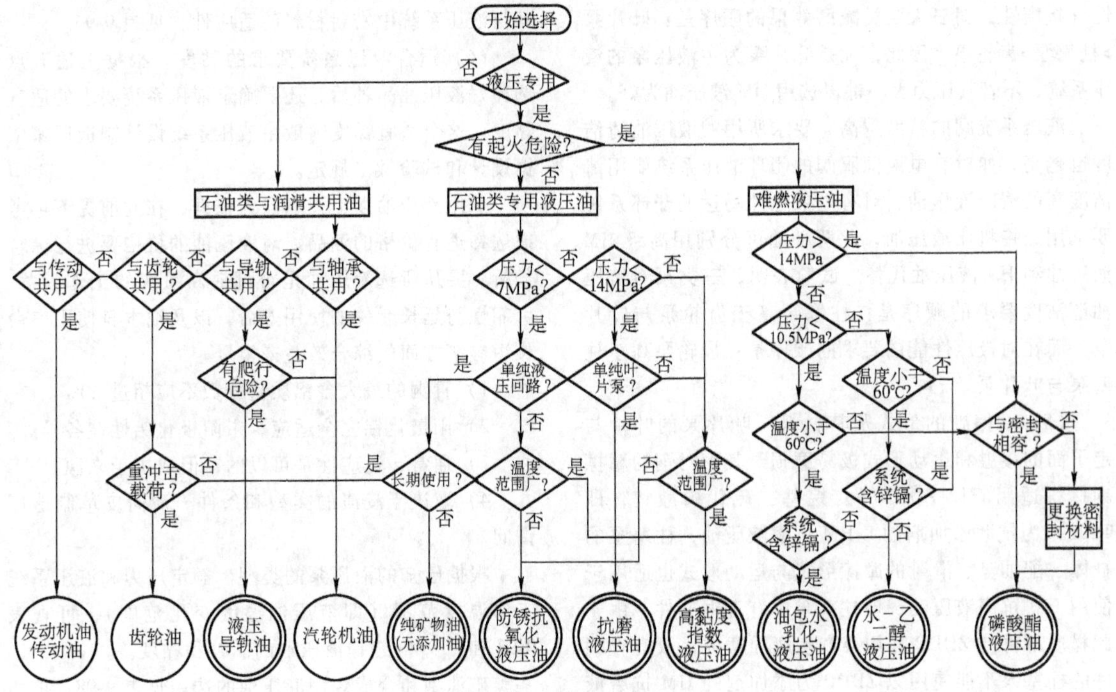

图 9-42　液压油种类的选择顺序图

表 9-92 按液压系统和液压泵工作压力选液压油

工作压力	<8MPa	8~16MPa	>16MPa
液压油品种	L-HL， 叶片泵则用 L-HM	L-HL、L-HM、L-HV	L-HM、L-HV

液压系统的工作压力一般以其主液压泵额定压力或最大压力为标志。

（2）工作温度　系指液压系统液压油在工作时的温度，其主要对液压油的黏温性和热安定性提出要求，见表 9-93。

环境温度和液压油工作温度（操作温度）的一般关系见表 9-94。

表 9-93 按液压油工作温度选液压油

液压油工作温度/℃	-10~90	<-10	>90
液压油品种	L-HL,L-HM	L-HR、L-HV、L-HS （优质的 L-HL、L-HM 在-10~-25 可用）	选用优质的 L-HM、L-HV、L-HS

表 9-94 环境温度和液压油工作温度（指没有冷却控温的液压设备）**的一般关系**

液压设备所在环境	正常工作温度比环境温度升高值/℃
车间厂房	15~25
温带室外	25~38
热带室外日照下	40~50

（3）工作环境　一方面，要考虑液压设备工作的环境是室内还是室外、地下、水上，在气候处于冬夏温差大的寒区、内陆沙漠区等工作环境；另一方面，若液压系统靠近 300℃以上高温的表面热源或有明火场所，就要选用难燃液压油。按使用温度及压力选择难燃液压油见表 9-95。

表 9-95 按使用温度及压力选择难燃液压油

工况 环境	压力:<7MPa	压力:7~14MPa		压力:>14MPa
	温度:<50℃	温度:<60℃	温度:50~80℃	温度:80~100℃
高温热源或明火附近	L-HFAE、L-HFAS	L-HFB、L-HFC	L-HFDR	L-HFDR

（4）泵阀类型及液压系统的特点　液压油的润滑性（抗磨性）对三大泵类减磨效果的顺序是：叶片泵>柱塞泵>齿轮泵。因此，凡是叶片泵为主液压泵的液压系统，不管其压力大小都以选用 HM 液压油为好。

液压系统阀的精度越高，要求所用的液压油清洁度也越高，如对有电液伺服阀的闭环液压系统要用清洁度高的清净液压油，对有电液脉冲马达的开环系统要求用数控机床液压油，此两种油可分别用高级 HM 液压油和 HV 液压油代替。试验表明，三类泵对液压油清洁度要求的顺序是：柱塞泵高于齿轮泵与叶片泵。而在对极压性能的要求的顺序是：齿轮泵高于柱塞泵与叶片泵。

（5）摩擦副的形式及其材料　叶片泵的叶片与定子面的接触和运动形式极易磨损，其钢对钢的摩擦副材料适用于以 ZDDP（二烷基二硫代磷酸锌，即 T202）为抗磨添加剂的 L-HM 抗磨液压油；柱塞泵的缸体、配油盘、滑靴的摩擦形式与运动形式也适用于使用 HM 抗磨液压油，但柱塞泵中有青铜部件，由于此材质部件与 ZDDP 作用会产生腐蚀磨损，故有青铜件的柱塞泵不能使用以 ZDDP 为添加剂的 HM 抗磨液压油。同样道理，含镀银滑靴件的柱塞泵也不能使用有 ZDDP 的 HM 液压油。同时，选用液压油还要考虑其与液压系统中密封材料的适应性，见表 9-96。

（6）适合液压系统要求的黏度　根据上述五点选择好液压油品种后，还要确定液压系统要求的适宜黏度。这个适宜黏度一般由液压系统设计制造厂家依据设计和试验做出规定。

选用液压油以上述六点为依据，在此前提下再考虑选择适宜价格的油品。对液压油的价格要进行综合分析，要从所选液压油是否可提高系统的工作效益、可靠性与延长元件的使用寿命，以及油本身使用寿命长短等诸方面的综合效益来衡量。

1）青铜的最大含铝质量分数不应超过 20%。

2）阳极化铝完全适应，未阳极化铝性能各异。

3）通常，适应性是可以的，但取决于来源。

4）取决于浸渍的类型和条件。请向皮革制造厂询问。

根据已知的液压泵的类型、额定压力和液压系统工作温度范围（即液压油温度变化范围），可查表 9-97 和图 9-43 选择液压油的品种和黏度。

矿油型和合成烃型液压油的选用见表 9-98，抗燃液压油的适用范围及典型用例见表 9-99。

表 9-96　各种液压油与密封材料的适应性

材料		油				
		L-HM 油（抗磨液压油）	L-HFAS 液（高水基液）	L-HFB 液（油包水乳化液）	L-HFC 液（水-乙二醇液）	L-HFDR 液（磷酸酯合成液）
金属	铁	适应	适应	适应	适应	适应
	铜、黄铜	无灰 L-HM 适应	适应	适应	适应	适应
	青铜	不适应（含硫剂油）	适应	适应	有限适应[①]	适应
	隔和锌	适应	不适应	适应	不适应	适应
	铝	适应	不适应	适应	有限适应[②]	适应
	铅	适应	适应	不适应	不适应	适应
	镁	适应	不适应	不适应	不适应	适应
	锡和镍	适应	适应	适应	适应	适应
涂料和漆	普通耐油工业涂料	适应	不适应	不适应	不适应	不适应
	环氧型与酚醛型	适应	适应	适应	适应	适应
	搪瓷	适应	适应	适应	适应	适应
塑料	丙烯酸塑料（包括有机玻璃）	适应	适应	适应	适应	不适应
	苯乙烯塑料	适应	适应	适应	适应	不适应
	环氧塑料	适应	适应	适应	适应	适应
	酚醛塑料	适应	适应	适应	适应	适应
	硅酰塑料	适应	适应	适应	适应	适应
	聚氯乙烯塑料	适应	适应	适应	适应	不适应
	尼龙	适应	适应	适应	适应	适应
	聚丙烯	适应	适应	适应	适应	适应
	聚四氟乙烯	适应	适应	适应	适应	适应
橡胶（弹性密封）	天然胶	不适应	适应	不适应	适应	不适应
	氯丁胶	适应	适应	适应	适应	不适应
	丁腈胶	适应	适应	适应	适应	不适应
	丁基胶	不适应	不适应	不适应	适应	适应
	乙丙胶	不适应	适应	不适应	适应	适应
	聚氯酯胶	适应	适应	不适应	不适应	有限适应[③]
	硅胶	适应	. 适应	适应	适应	适应
	氟胶	适应	适应	适应	适应	适应
其他密封材料	皮革	适应	不适应	有限适应[④]	不适应	有限适应[④]
	含橡胶浸渍的塞子	适应	适应	不适应	不适应	有限适应[④]
过滤材质	醋酸纤维-酚型树脂处理	适应	适应	适应	适应	适应
	金属网	同有关金属	同有关金属	同有关金属	同有关金属	同有关金属
	白土	适应	不适应	不适应	不适应	适应

2. 合理使用液压油的要点

1）换油前液压系统要清洗。液压系统首次使用液压油前必须彻底清洗干净，在更换同一品种液压油时也要用新换的液压油冲洗 1~2 次。

2）液压油不能随意混用。如果已确定选用某一牌号液压油，则必须单独使用。未经液压设备生产制造厂家同意和没有科学根据时，不得随意与不同黏度牌号液压油或是同一黏度牌号但不是同一厂家的液压油混用，更不得与其他类别的油混用。

3）注意液压系统密封的良好使用。液压油的液压系统必须保持严格的密封，防止泄漏和外界各种尘砂、水液介质混入。

4）根据换油指标及时更换液压油。对液压设备中的液压油应定期取样化验，一旦油中的理化指标达到换油指标后（单项达到或几项达到）就要换油。这种以换油指标为根据的换油周期，是科学的换油周期。

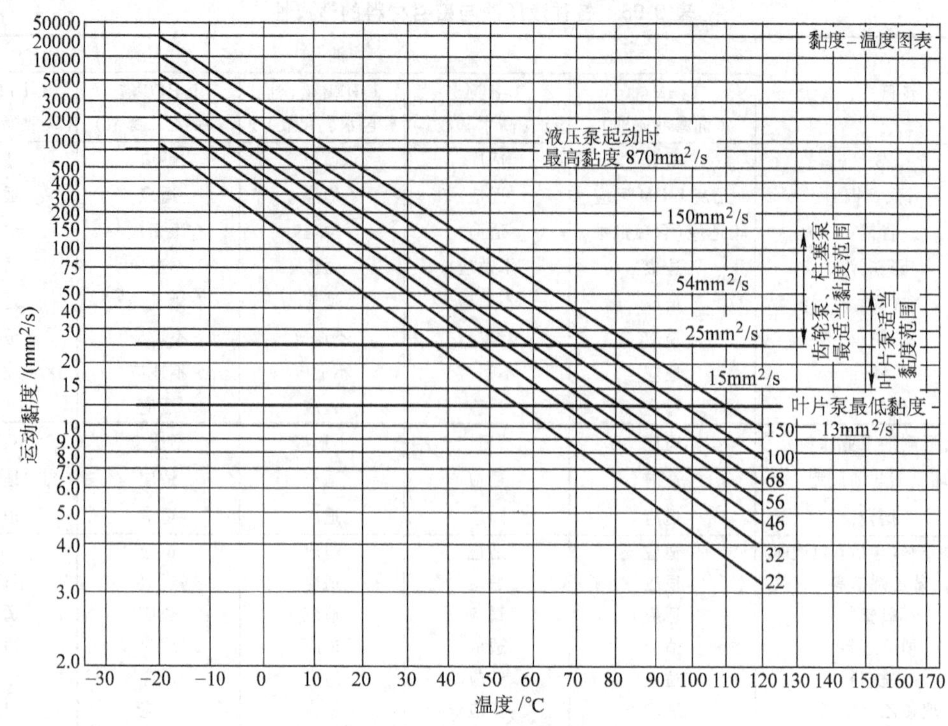

图 9-43 各种液压泵用油黏度范围

表 9-97 各种液压泵选用的液压油

泵型		黏度(40℃)/(mm²/s)		适用液压油种类和黏度牌号
		5~40℃①	40~80℃①	
叶片泵	<7MPa	30~50	40~75	HM 液压油、N32、N46、N68
	>7MPa	50~70	55~90	HM 液压油、N46、N68、N100
螺杆泵		30~50	40~80	HL 液压油、N32、N46、N68
齿轮泵②		30~70	95~165	HL 液压油、高压时用 HM 液压油、N32、N46、N68、N100、N150
径向柱塞泵		30~50	65~240	
轴向柱塞泵		40~75	70~170	

① 5~40℃、40~80℃是指液压系统温度。

② 中、高压以上时，可将抗氧防锈油改用为同黏度的抗磨液压油。

表 9-98 矿油型和合成烃型液压油的选用

国家标准 GB/T 7631.2—2003 分类符号	组成和特性	应用场合
L-HH（精制矿油）	精制矿油（或加少量抗氧剂）	最高使用温度为70℃。适用于对润滑油无特殊要求的一般循环润滑系统(如卧式车床的低压液压系统和有十字头压缩机的曲轴箱循环润滑系统等),也可用于其他要求换油期较长的非循环润滑系统,如轻载荷工业闭式齿轮和轴承的润滑。本产品质量比全损耗系统用油(L-AN)高,虽抗氧和防锈性比各种抗氧防锈润滑油(R&O)差,但抗磨性好 无本产品时,可用各种 H&O 型油代用,L-HH 油不适用于各种叶片泵
L-HL(通用型机床液压油)	精制矿油(改善了其防锈和抗氧性)R&O	最高使用温度为80℃。常用于低压液压系统,也适用于非循环润滑系统而要求换油期较长的机械部位,如轻载荷工业闭式齿轮、轴承、活塞式压缩机曲轴箱和喷油回转式空压机的代用油。本产品可用各种 R&O 型油代用(只要低温黏度合适)。L-HL 油不适用于各种叶片泵

（续）

国家标准 GB/T 7631.2—2003 分类符号	组成和特性	应用场合
L-HM（抗磨液压油）	精制矿油（改善了抗磨性的 HL 油）R&O、AW	最高使用温度为90℃。适用于低、中或高压液压系统，也可用于其他中等载荷的润滑部件。无本产品时可用 L-HV 油代用。在环境温度 0℃以上和操作条件缓和情况下还可用普通 L-HL 液压油代用。摩擦副材质为青铜-钢或镀银钢-钢的柱塞泵可选用抗银液压油。常用于工程机械和车辆的液压系统
L-HV（低凝液压油或低温液压油）	精制矿油（改善了黏温特性的 HM 油）R&O、AW	最高使用温度为95℃。适用于环境温度变化较大和工作条件恶劣的（野外工程和远洋船舶等）低、中或高压液压系统和其他中等载荷的润滑部位。本产品黏度指数大于170时还可用于数控机床液压系统
L-HR	精制矿油 R&O、HVI	最高使用温度为90℃。适用于环境温度变化较大和工作条件恶劣的（野外工程和远洋船舶等）低压液压系统和其他轻载荷润滑部位，也可用于带青铜或银部件的液压系统在北方使用（南方可使用 L-HL油）
L-HS（合成低温液压油）	合成烃、R&O、AW、HVI	最高使用温度为90℃。应用同 L-HV 油。本产品的液压泵低温起动性能好，可用于北方严寒区，也可全国四季通用
L-HG（液压导轨油）	精制矿油 R&O、AW（黏滑性好）	最高使用温度为90℃。本产品有良好的黏滑特性，是液压系统和导轨润滑系统通用的机床专用油

注：R&O—抗氧防锈；AW—抗磨；HVI—高黏度指数。

表 9-99 抗燃液压油的适用范围和典型用例

国家标准 GB/T 7631.2—2003 分类符号	组成和特征	适用范围和典型用例
L-HFAE（水包油乳化液）	含水量大于80%	适用于要求抗燃、经济、不要求有良好润滑性、不回收废液的低压液压系统，如煤矿液压支架、冶金轧辊、转炉、水压机的液压系统
L-HFAS（水的化学溶液、高水基液）	含水量大于80%	适用于要求抗燃、经济的低压液压系统和金属加工机械的液压系统
L-HFB（油包水乳化液）		适用于要求抗燃，有良好防锈、润滑性的中压液压系统，如连续采煤机、凿岩机、汽车、自动电焊机、钢厂的脱锭吊、冶金轧机等液压系统
L-HFC（水的聚合物溶液、水-乙二醇）	含水45%左右	适用于要求抗燃、清洁的中、低压液压系统，可在低温（-20℃以上）环境下使用，如钢厂钢包滑动水口、转炉排气升降机、初压延设备、焦炉炉门、锻造机、自动进料器等的液压系统
L-HFDR（磷酸酯无水合成液）		适用于要求抗燃、高压、精密的液压系统，但价格较贵，要求较特殊的密封材料（氟硅胶），如汽轮机电液伺服控制、汽轮机调速、舰船、民航客机、压铸机、连续采煤机等的液压系统

9.5.3 液力传动油的正确选择与合理使用

1. 液力传动油的特点

液力传动是以液体为工作介质，在两个或两个以上液轮组成的工作腔内，通过液体动量矩的变化来传递能量的传动。液力传动的基本单元有两种，即液力变矩器和液力偶合器，所使用的工作介质即液力传动油。

在现代的汽车、工程机械、农机、内燃机车、舰船等的传动装置中，有不少设置了自动变速器（AT），其中装有液力元件、离合器、齿轮、调速器和液压装置等，因此要求在自动变速器中使用的自动变速器油（ATF）具有多方面的性能，除了作为液力元件的工作介质以外，还需满足齿轮机构的抗烧结性能；同时作为液压介质，要求具有良好的低温流动性；作为离合器传递动力的润滑介质，要求油品能适合离合器材质的摩擦特性，功率损失适当，温升不过分高，具有较好的清净分散性。此外，为延长油品使用寿命，要求油品具有良好的氧化安定性、抗泡沫性、防锈性以及与橡胶密封件的适应性等。因此，自动变速器油比一般液力传动油具有更高的性能。近年来，随着对换档品质、燃油经济性等方面要求的不断提高，在轿车上自动换档变速器（CVT）的装车率也在逐渐提高，其所使用的油称为无级变速传动油（CVTF）。这种油一般为长寿命油，要求润滑油具有更高的热氧化安定性、剪切稳定性、抗泡沫性和摩擦耐久性，起到驾驶操作平稳、舒适、维修和保养费用减少的作用。目前，国际上没有通用的无级变速传动油（CVTF）标准，但大部分汽车厂商都制定了自己的CVT变速器及相应的用油规范，并指定了专用的CVT变速器油。

目前液力传动油的国际标准（ISO）分类中分为L-HA自动传动（变速器）油与一般液力变矩器和液力偶合器适用的L-HN液力传动油两类。对于L-HA系列产品，我国尚无相关的国家或行业标准，设备制造商推荐的通常为汽车自动变速器油（ATF）（详见10.3.5小节中的“1. 自动变速器油的介绍”）。对于L-HN系列产品，我国制定了机械行业标准JB/T 12194—2015《液力传动油》，该标准将液力传动油分为液力偶合器和液力变矩器用液力传动油。另外，我国机械行业也规定了拖拉机专用的传动、液压两用油和传动、液压、制动通用油的用油指标（具体可参考JB/T 7282—2016《拖拉机用润滑油品种、规格的选用》），档次接近美国API分类的PTF-3，能够满足大功率液力机械变速器、液力变矩器、齿轮传动润滑和液压操作等综合要求，适用于传动和液压共用油箱的拖拉机、车辆和工程机械。

铁路内燃机车液力传动油现在已有铁道行业标准（TB/T 2957—1999），适用于各种类型铁路机车的液力传动装置。

2. 正确选择液力传动油

如上所述，根据液力传动油的特点，将液力传动油分为了自动变速器油与一般液力传动油两类，并对其性能与应用范围有严格的要求。因此，在选择液力传动油时，应根据所使用的液力传动结构的特点，结合不同类型液力传动所适用的液力传动油类型，严格按照产品使用说明书的要求选用相适应的油品，且使用时应避免与其他油混用。在自动变速器使用过程中，注意其运行温度是否过高，性能有无变化，如是否有离合器打滑、换档冲击大、加速性能差、低温起动不良、换档不圆滑、有机械滞后等故障发生，以防止自动变速器的损坏。液力传动油的换油周期应根据汽车生产厂商推荐的公里数、汽车运行工况以及油品的质量监测结果来确定是否需要更换用油。

由于我国生产的部分液力传动油的质量指标和评定手段尚不完善，与国外产品相比还有较大差距，在订购时请与生产厂协商解决。

9.6 螺旋副的润滑

螺旋副包括丝杠、螺杆与螺母，可用于螺纹联接与螺旋传动。螺纹联接是利用螺纹零件构成的可拆联接；螺旋传动在几何和受力关系上与螺纹联接相似，主要用以变回转运动为直线运动，同时传递能量或力，也可用以调整零件的相互位置，有时兼有几种作用。螺纹联接与螺旋传动的摩擦和润滑具有不同的特点，分述如下。

9.6.1 螺纹联接的润滑

螺纹联接由螺纹紧固件或被联接件的螺纹部构成，如螺钉、螺栓、螺母和管件螺纹联接等，通常要求能圆滑地旋紧、松开并兼有自锁作用，有的还要求紧密性。其对所加润滑剂要求不高，但长期固定放置会因环境介质（如潮湿、受热等）影响而变质，使金属腐蚀，因此要求有一定防锈性能。螺纹联接可使用黏度（40℃）为20~40mm^2/s的防锈润滑油。管件螺纹联接用润滑组合物的组成及性质见表9-100。

在一些受振动影响的机械（如行走机械和车辆）的螺纹联接部位，虽然名义上静止，但相互间有微幅摆动，可能会发生微动磨损，因此须采取措施减轻微动磨损的影响。推荐使用含二硫化钼或二硫化钨及极压剂的润滑油膏来减少微动磨损。

表9-100 管件螺纹联接用润滑组合物的组成及性质

润滑介质名称	改进丝扣脂中含量(质量分数)	硅酸丝扣脂中含量(质量分数)	成品性质		指标
基础脂	36.0%±2.5%	20.5%±0.5%	锥入度25℃,工作后/0.1mm(NLG1号1)		310~340
硅组合物	—	12.9%±0.3%	-18℃冷却后	最低	200
			滴点/℃	最低	87.8
硅油	—	2.6%±0.2%	蒸发量(100℃,24h)(质量分数,%)	最大	2.0
石墨	19.0%±1.0%	19.0%±1.0%	分油量(镍锥,24h,65.6℃)(质量分数,%)	最大	5.0
铅粉	30.5%±0.6%	30.5%±0.6%	放气量(65.6℃,120h)/mL	最大	2.0
锌粉	12.2%±0.6%	12.2%±0.6%	水漂溶量	最大	5.0
铜薄片粉	3.2%±0.3%	3.3%±0.3%	抗刷性		-18℃适用

9.6.2　回转变位及微调用螺旋副的润滑

回转变位及微调用螺旋副如主动螺杆和行进螺杆或螺母，以及微细调整的变位螺旋、测微计或卡尺上的尺寸放大或缩小的调位螺旋副等，一般承受面压不大，但运动频度高，为了使运动圆滑、均匀并减少磨损，须使用适当的润滑油进行润滑。对小型轻载的螺旋副，可应用低黏度的 L-AN 全损耗系统用油，中型或载荷较重的应用 L-AN 全损耗系统用油或汽轮机油，大型、重载的应用高黏度（N100 以上）的气缸油或工业齿轮油。对一些加油方便的小型机械的螺旋副可手浇或滴油润滑，但对一些在机械内部的行进螺杆和螺母，则需直接向螺母（或行进内螺杆）加油润滑，对一些不能靠油自然流入的螺旋，则需采用加压给油进行润滑。

对这种螺杆和螺母的润滑，一般要用有较好的极压性和油性的润滑油，推荐使用 L-HM32～L-HM100 抗磨液压油。

9.6.3　机床螺旋传动的润滑

机床螺旋传动可分为滑动螺旋、滚动螺旋和静压螺旋，它们具有不同的润滑特点。分述如下：

（1）滚动螺旋副的润滑　滚动螺旋副即滚珠丝杠副，滚珠丝杠所使用的润滑剂原则上与滚动轴承所使用的各种润滑剂相同。主轴用的各种润滑剂和润滑方法都可用于精密滚珠丝杠。它的润滑方法一般多采用润滑脂（如 2 号锂基润滑脂）润滑，将脂充填在螺母内及丝杠螺纹滚道上。高速运转和需要严格控制温升（如用于数控机床）时，可使用 L-HL32～L-HL68 液压油或 L-HG 液压油，也可采用主轴油、导轨油或汽轮机油循环润滑、喷雾润滑或滴油润滑。

（2）静压螺旋副的润滑　静压螺旋副（即静压丝杠副）的供油装置及所使用的润滑油基本上与静压轴承或导轨所使用的相同，应特别注意润滑油的清洁，润滑油必须经过严格过滤。用于机床进给运动的静压丝杠副一般要求能得到准确的传动精度，因此希望润滑油温度变化所引起的热变形小，所以供油系统中需要有恒温装置或冷却装置。

（3）滑动螺旋副的润滑　不同类型机床的螺旋传动对润滑的要求也不同，如立式车床中的螺旋传动表面压力可高达 100MPa，所以必须选用黏度高及抗磨性好的导轨油；精密机床中的螺旋传动要求长期保持其精度、较小的温升和较低的摩擦因数，宜用黏度低及抗磨性好的主轴油或液压油。各种机床中螺旋传动的润滑油牌号见表 9-101。

表 9-101　各种机床中螺旋传动的润滑油牌号

机床名称	润滑部位	润滑油牌号
立式车床	横梁升降用	L-G100、L-G150 导轨油
落地镗铣床	横梁升降用	L-G100、L-G150 导轨油
坐标镗床	横梁升降用	L-HG68 液压油
坐标镗床	传动用	I. -HG68 液压油
摇臂钻床	升降用	L-G100、L-G150 导轨油
铣床	升降用	L-G68 导轨油
龙门铣床	升降用	L-G100、L-G150 导轨油
龙门刨床	升降用	L-G68 导轨油
螺纹磨床	进给用	L-HM46 液压油
螺纹车床	走刀用	L-HM46 液压油
刻线机	分度系统用	N7 主轴轴承油

（4）重载荷螺旋副的润滑　如压力机、压榨机、压延机、剪板机、大虎钳和大管钳等的螺旋驱动部分的面压力很大（一般在 1～5MPa 以上），一般用淬火硬化钢等热处理材料，而润滑油黏度（40℃）则多用 20～50mm^2/s，甚至到 350mm^2/s 以上。

（5）蜗杆和蜗轮架的润滑　这是最近随着大型机床的发展，为降低过去常用的齿条和小齿轮或螺杆及螺架等的面压力而广泛采用的移动机构。蜗杆和蜗轮架需用黏性极好的高黏度油（一般用有油性或极压添加剂的润滑油），其黏度（40℃）为 40～90mm^2/s。

（6）球窝型螺旋副的润滑　球窝螺旋副的摩擦阻力小，并多用于行进螺旋装置上。在公螺旋和母螺旋间有很多小球，起滚动接触作用，因而大大降低了摩擦因数。由于接触面是经淬火并精研磨加工的，而摩擦机构大体类似滚动轴承，因而一般只需用黏度（40℃）为 40mm^2/s 的润滑油即可。

（7）高温腐蚀环境下螺旋副的润滑　在高温环境下螺旋副的润滑推荐一种金色的膏剂，它含有高成分的金属及润滑性添加剂，对在腐蚀环境或高温下的螺钉、双头螺柱、连接头及其他固定牙有防止腐蚀性及抗磨的作用。在国内没有这种润滑剂，建议采用英国的 Rocol Anti-Seize Compound 166 螺钉护理膏和 Rocol Anti-Seize Spray 螺钉护理喷剂。前者耐高温可达 1100℃，后者性能与前者相同，但它使用起来极为方便。

9.7　钢丝绳的润滑

9.7.1　钢丝绳的摩擦、磨损

虽然一般将钢丝绳作为一种工业材料，但实际上它是由若干运动元件（钢丝、股绳、衬芯等）所组成的，各个元件之间仍存在或多或少的相对运动，它和齿轮、轴承、链条等运动副有相似的情况。钢丝绳在受到拉伸、弯曲和扭转时，每根钢丝、每股扭绳以及衬芯各自和相互之间都有摩擦和磨损。在它通过滑轮等转向或压紧装置时不免有滑动，也同样有相对的摩擦和磨损。具体表现为下列几种现象：

1）由于润滑不足、压力过大，在上述实际接触摩擦部位出现连续磨损和黏着磨损。

2）由于尘屑、磨料的附着和掺入而引起磨料磨损。

3）钢丝绳暴露在潮湿、酸、碱或酸性气体中时会引起腐蚀和化学侵蚀。钢丝和股绳内部的腐蚀因不易察觉而有继续发展、不断降低强度的倾向，故极为危险。外部腐蚀不难看出，并可以迅速加以防止。通过检查发现外部腐蚀，还能给润滑失效所引起的内部腐蚀提供信号。

4）由于超载、冲击或弯曲过度，使钢丝结构变化、强度降低的疲劳现象为一种不易察觉的逐渐累积、突然破坏形式。

5）由于钢丝相互之间、钢丝与绳轮和鼓轮之间比压过大而油膜强度不足，出现印痕和变形。

6）由于金属直接接触所带来的摩擦热而引起的高温和继之快速的冷却，有使钢丝淬火而变脆变硬的倾向。如果钢丝表面已变脆，则其脆化表面更易开裂、疲劳而最终断裂。

9.7.2 钢丝绳润滑剂的选择及润滑

由于钢丝绳润滑的复杂性并不太为人们所了解，因而常受到忽视。实际上，钢丝绳在制造过程中就须进行预润滑，而在使用和工作中还须保证维护润滑。钢丝绳是否需要连续的润滑和其润滑的周期，则应按其使用的工作条件而定。润滑剂的选择将在下面叙述。

（1）钢丝绳润滑剂应有的性能

1）能黏附在扭绳上，不致轻易被擦掉，并在温度变化时不影响润滑效果。这种黏附性能还对防止卷扬鼓轮打滑有一定作用，特别是对提升缆绳的附着摩擦力有重要的意义。

2）具有良好的流动和渗透能力，能迅速渗入扭绳内部以及衬芯进行润滑和防锈，并防止细菌在纤维上滋生。

3）较高的油膜强度能在极重载荷下抵抗相互接触钢丝之间存在的极高正压力。

4）有较高的内聚力，能减少润滑油的滴落，并避免运动时离心甩失。

5）不能含有引起锈蚀的成分，以免使钢丝锈蚀。钢丝绳润滑油的主要功能是防止其锈蚀。

6）自复的能力强。钢丝绳工作时不断在弯曲变形，致使其表面油膜也不断受到扩展或挤压，这要求油膜较为柔和，并有较高湿润性才不致出现断裂，即使偶尔断裂也较易自复。在低温工作的钢丝绳（-23℃以下），润滑油还须不硬化和不开裂。

7）能抵抗水洗或乳化，有助于在水湿条件下减少润滑油损失并防止腐蚀和锈蚀。船用钢丝绳常须镀锌防锈。油田钻井设备的钢丝绳常受化学侵蚀，故其润滑用油必须能抵抗这种侵蚀。

8）如果润滑油需用溶剂稀释以进行喷涂，则在溶剂蒸发之后，润滑油应能迅速黏着并抵抗流失。

9）如果为重质油而必须加热使用时，则在涂敷后应能固化，以提供光滑而均匀的膜层。

（2）制造时的润滑

1）主绳芯。纤维绳芯在制造时应得到适当的修整（涂油），这比制好后浸泡在加热的润滑油脂里更有效。

嵌在各绳股里的单独的钢丝绳芯子要与绳股一样地给以润滑。

2）绳股。制成的绳股里的每条钢丝都成螺旋形，因而留下一系列螺旋形管状的空隙，这些空隙必须填满润滑剂以抵抗腐蚀。润滑剂总是在扭绳股时在扭转位置加进去。

3）钢丝绳。把钢股（由3~50股）拧在一起最后成为一股绳子时，也会留出空隙，必须填充润滑剂。如果需要一层厚的表面层，可以在制造过程中将润滑剂加在把各股拧成绳子的地方，或者随后浸泡在油池里。

根据钢丝绳的用途来选择股绳和整个绳子用的润滑剂可以是矿脂基的或沥青基的化合物。对于某些用途，制造厂可以用专门的技术施加润滑剂。

尽管钢丝绳是在制造时施加过润滑剂的，但是钢丝绳性能的提高与工作期间适当的和正确的润滑密切相关。

（3）钢丝绳在工作期间的润滑　钢丝绳选用润滑剂要根据所使用的设备类型和工作条件来进行，见表9-102和表9-103。日本设备维护保养协会推荐的钢丝绳及缆绳用润滑油的黏度见表9-104。

（4）加润滑剂方法　理想的方法是把L-AN全损耗系统用油或汽油机油等润滑剂加在钢丝绳经过绳轮或卷筒时靠近绳股有张开趋势的地方。图9-44所示为股绳截面张开情况，箭头所示方向为加润滑剂处。图9-45~图9-49所示为各种加润滑剂方法。

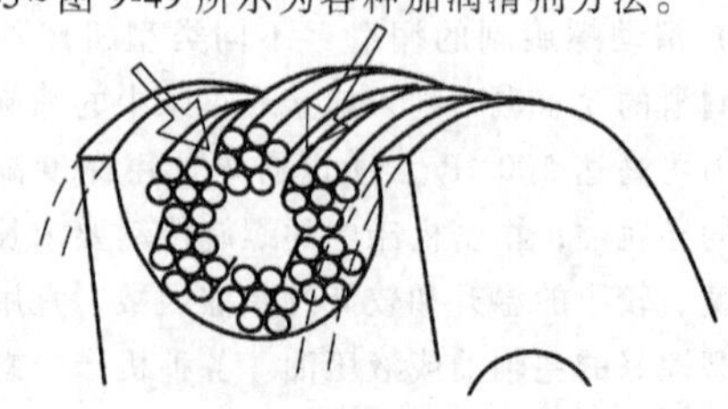

图9-44　加润滑剂示意图

表 9-102　各种工作条件下钢丝绳采用的润滑油品种

应用范围	应用设备举例	品种	黏度范围(40℃)/(mm^2/s)
低速重载荷吊运用缆索	摇臂式起重机、桥式起重机、挖掘机、电铲等用吊绳、拉车绳	纯矿物残留油(特殊制备高黏着、高渗透能力油品)及重载荷工业齿轮油或钢丝绳防锈脂	320~630
在高速运行下的卷扬缆绳	矿用卷扬机或提升机、电梯	纯矿物残留油(特殊制备高黏着、高渗透能力油品)及重载荷工业齿轮油	100~320
以高速和重载荷在斜坡上运行的牵引绳	木材及矿石吊运、鼓风炉及挖斗机卷扬	纯矿物残留油(特殊制备高黏着、高渗透能力油品)及重载荷工业齿轮油或钢丝绳防锈脂	220~320
以中高速旋转,中、轻载荷的牵引绳	牵引机、货物卷扬机	纯矿物残留油(特殊制备高黏着、高渗透能力油品)及重负荷工业齿轮油或钢丝绳防锈脂	220~320
固定不动或暴露在水湿化学气氛中的钢丝绳	加固和悬挂用绳	纯矿物残留油(特殊制备高黏着、高渗透能力油品)或钢丝绳防锈脂	200~250

表 9-103　各种工作条件下钢丝绳损坏的原因及润滑对策

工作条件	1)钢丝绳在工业或海运环境中工作	2)钢丝绳承受严重磨损	3)钢丝绳绕绳轮工作,但 1)、2)条件不是关键的	4)同 3),但用于摩擦传动	5)钢丝绳不承受弯曲,吊挂用
钢丝绳损坏主要原因	腐蚀	磨损	疲劳	疲劳、腐蚀	腐蚀
典型用途	在船上、码头或污染的空气里工作的起重机、吊杆	矿山牵引机、挖掘机、拉铲式挖掘机、括斗和扒矿绞车	起重机、抓斗、杆子吊绳、打桩机、打井机、钻井机	升降机吊挂、补偿和控制绳,摩擦绞盘上的矿山提升绳	起重机和挖掘机的下垂绳、桅杆和烟筒拉绳
涂油要求	能很好地穿透到钢绳内部,有排出湿气的能力,可防止内外腐蚀。能耐冲刷,耐乳化	好的抗磨特性,好的黏附性,耐机械力磨损	能很好地穿透到绳内部,具有好的润滑性能和耐甩掉的性能	具有不打滑的特性,能很好地穿透到绳内部,具有排出湿气的能力,可防止内外腐蚀	具有好的耐蚀性和耐冲刷能力,能耐表面破裂性
润滑剂种类	通常用溶剂,以便留下一层(0.1mm)厚而软的润滑膜	通常用很黏的油或含 MoS_2 或石墨的软润滑脂	通常用质量好的、一般用途的、约 SAE30 的黏度的润滑油	通常用溶剂分散的、暂时的防腐蚀剂,使留下一薄层半硬膜	通常用相当稠的沥青类化合物并加溶剂以利于施用
施用技术	人工或机械	人工或机械	机械	人工	人工
施用时间间隔①	每月	每月	每日 10~20 次	每月	6 个月~2 年

① 时间间隔指的是一般情况。用运转的频率、环境条件和涂油的经济性将可更正确地决定所需要的工作时间间隔。

表 9-104　钢丝绳及缆绳用润滑油黏度

种类	用途	黏度(40℃)/(mm^2/s)	ISO VG 牌号
静止绳	支撑绳	460~680	460、680
	架空缆绳(索道)	320~680	320、460、680
移动绳	矿山卷扬机	220~460	220、320、460
	工程机、土建机	220~320	220、320
	天车、提升机 室内 室外	220~320 320~460	220、320 320、460

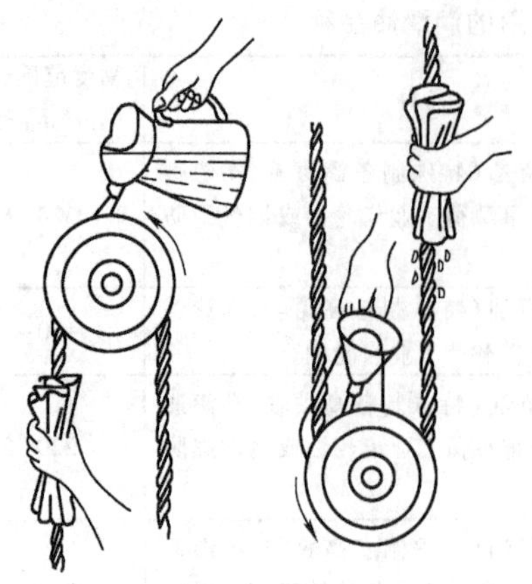

图 9-45 用手加润滑剂示意图

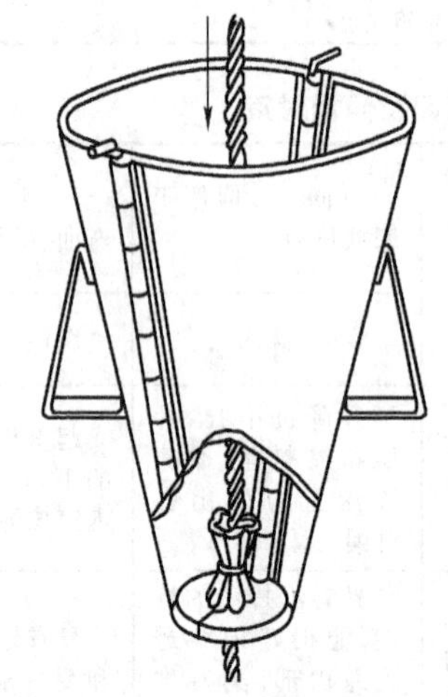

图 9-46 用油桶机械加油

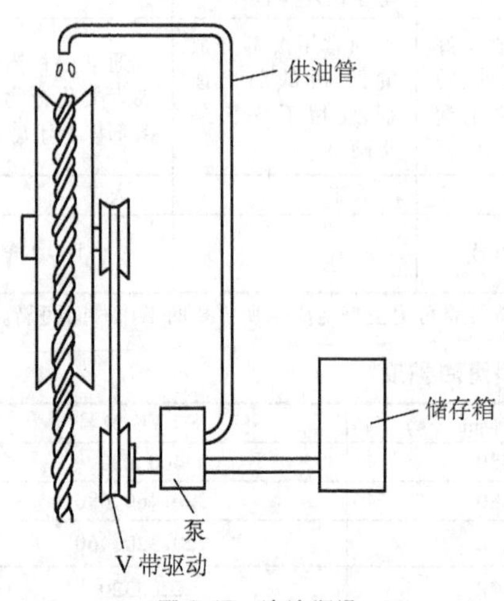

图 9-47 滴油润滑

润滑剂可以用人工或机械加上去。浸润时先把钢丝绳各线股空隙中的污物、尘土、油泥等用过热蒸汽或压缩空气和钢刷清理干净，然后放入油浴中淹浸，使用的油应加热到 50℃左右，以便渗入。浸润的间隔期在常温条件下为每 3 个月 1 次。钢丝绳的润滑一般用带油刷的手提油壶或专门的给油器加油，前者用于短钢丝绳。润滑间隔期约 5 天 1 次，多灰沙、高温或露天条件下为 3 天 1 次。

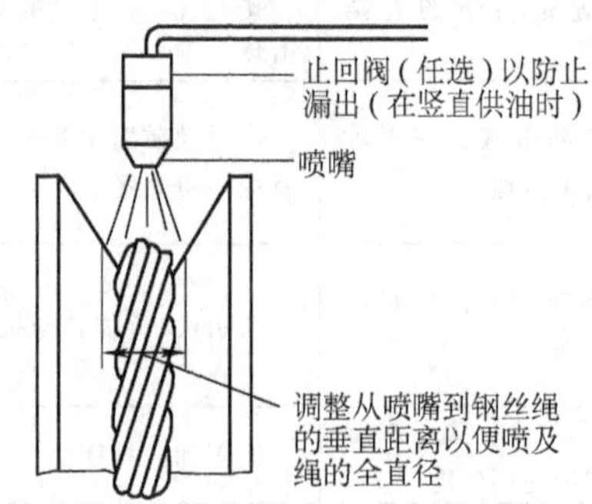

图 9-48 用固定喷嘴喷油到绳轮上

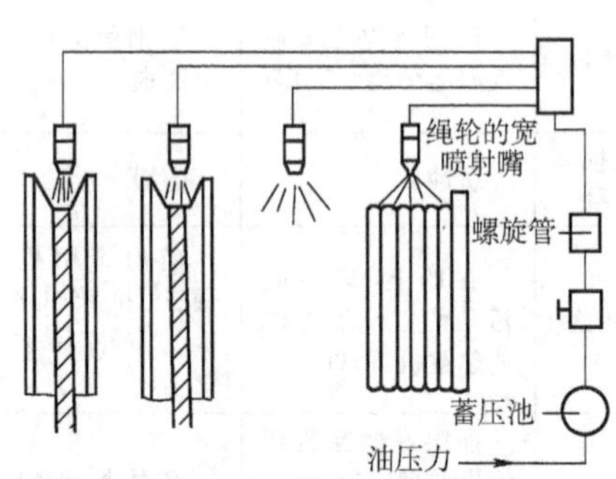

图 9-49 喷油到多绳绳轮或卷筒

9.8 链条的润滑

9.8.1 链条的类型

传动链有三种基本类型：①可延展性铁链；②套筒滚子链；③齿形链。

可延展性铁链是一种重载荷链，用在如煤炭拖动机构、升降机、传送带等上。这种链的链环是通过钢销来连接。钢销在链环的末端，链环被嵌入在一个衬套中，而衬套被固定在另一个链环的末端。每个链环的一个末端的开钩与相邻的活络环的末端销轴相连接，一个环连接另一个环。这种链在遭受侧滑动作用时不产生弯曲，因此即使链很长也不会产生分离。这种链由钢制成，在某些情况下，难以对这种链进行润滑。

滚子链是很容易挠曲的，它通常以两排结构（或单排结构）、张力控制和某些挠性联轴器一起使用。滚子链环是由末端的销子把相邻环中的销子连接在一起的钢环板和由销子、衬套支承的两个滚子组成，衬套在销子和滚子之间起着内支承作用，而滚子板支承滚子。当链和链轮以滚动接触时，滚子将起减少摩擦的作用，同时滚子起到分隔链环末端的作用。

滚子链的速度范围和承载能力可分别达到 25m/s 和 46kW，链尺寸将依赖于快速运转轴的速度；工作能力将通过链速、操作条件和动力来调节。很明显，润滑不仅依赖于边带的设计和油槽的可靠性，而且也依赖于链张力和链轮误差。当一种装置设计成能承载并使销与套之间的润滑膜能维持时，必须使供给的油在操作温度下能够渗透到摩擦面，如果这种链能得到正确润滑，那么拉伸链节磨损也就很慢。换句话说，链轮磨损只能在链出现磨损时才出现，除非链暴露在外遇到灰尘、磨料，否则表面润滑不是太重要。

齿形链又称无声链，它是用销轴将多对具有 60°角的工作面的链片组装在一起而成。链片的工作面与链轮相啮合。为防止链条在工作时从链轮上脱落，链条上装有内导片或外导片，啮合时导片与链轮上相应的导槽嵌合。

齿形链传动稳定、高效率，可正确地传递（没有滑动）运动和动力。它适用于高速系统，某些设计速度超过 25m/s。它们适用于链轮长短同距。要得到较好的效果，小链轮的齿最少要有 21 个齿。与光亮的钢滚子链相比，齿形链适用于速比为 10∶1 和速度大于 3.5m/s 的场合。光亮滚子链和齿形链都需要带切削齿的链轮，而不要铸齿的链轮，后者只适用于闭式或带沟槽可延展性或挤压钢链。齿形链传动特别适用于轻载荷或重载荷场合，而滚子链传动适用于二次传动。

9.8.2　链传动装置的摩擦与磨损

传动链的连接环节的结构近似于一连串的小型轴颈轴承，其销轴外圆和套孔（滚子链）或链板孔（齿形链）之间、平行邻近的链板孔端面之间都存在滑动的摩擦。在链条通过链轮时，链轮和链条之间存在滚动和滑动两种摩擦，而其大小的比例则视链的类型和其制造与安装的精度而异。

滚子链和齿形链链条正常的磨损是由链环节在挠曲时引起的相对运动造成的，而这种链环节的磨损常决定其使用寿命。由于这种磨损引起链条的松弛和伸长，即增长了链的节距，因此人们常以链条节距的伸长多少来衡量其磨损的程度。这种节距的增长将使链条跨骑在链轮齿上，造成链条和链轮齿间的位置不稳定和相对滑动，从而形成链轮的磨损。实际上链轮的磨损来源于链条的磨损。在链轮轮齿的设计时只允许链条的节距有微小的伸长，如果出现过大的伸长，则必须加以更换。

齿形链正常工作时，其销轴和套孔表面的接触十分均匀，故磨损极小，即有磨损时其节距的伸长可以通过径向调整加以补偿。这种精密结构在运行时，链环与其相应的链轮齿能完全吻合，使链条能折叠进入链轮齿而无挤轧和噪声，自然也很少磨损。

9.8.3　传动链对润滑剂的要求和选用

如果选择传动链润滑剂时，已考虑了其速度和载荷，操作条件将不会对链润滑起到坏的作用。正常的使用，可以使销子、套筒和链等其他零件在链和链轮间承受高速冲击的瞬时破坏的油膜重新形成油膜。如果油在操作温度下是液体并能最大限度地发挥毛细管作用，那么油膜重新形成过程就能实现。在某些特殊情况下，某些滚子链专家赞成采用比原推荐油黏度更高的油，以抵消由于反常载荷条件所带来的影响。但要注意，对小间隙的零件来说，高黏度油的流动性和渗透性太差。事实上，这样对密封有利，但妨碍接触表面的连续润滑。

链的间隙大小依赖于链环的类型，其次是润滑剂的稠度或黏度。在预测操作温度下，达到最佳的稠度或黏度时，其间隙大小应足以使油进入。如果没有这种润滑油膜，那么固体磨料或腐蚀性气体将进入其间隙内。很明显，当链必须操作在有磨料、化学气体或水分存在的条件下时，载荷将增加润滑剂的负担，此时，润滑剂将起双重效应——润滑和保护。

对于高温操作的地方，如炉子，传送带链应该用带有二硫化钼或石墨粉的润滑剂，这些固体润滑剂在热蒸汽下由于溶剂挥发可沉积在链表面。在温度低于 260℃时，也可以使用合成液体（如氯氟烃聚合物），它们具有好的热稳定性、润滑性且无毒。

可采用一种预浸渍油的烧结钢轴承，并对滚子链的润滑做某些改进，使其在运转时离开此种轴承的润滑油，当链未运转时将油重新吸附在轴承上。然而对于周期性使用的链，最好在停机时间把这种轴承浸泡到用油箱装好的一种轻油［黏度（40℃）为 30mm^2/s］中，以便于这种轴承重新吸附油。在食品工业中，暴露的链若通过手加油将会污染食品，但如果链条的销子和套筒采用这种自润滑方法，则既能保护链又能防止污染食品。

根据以上对于链的速度、载荷、间隙、工作温度等各种条件的分析，表 9-105 和表 9-106 列出了这些参数与润滑剂黏度的关系。至于润滑剂品种，可根据润滑方式、周围温度及链轮节距来选择，见表 9-107。日本设备维护保养协会推荐的链条用润滑剂见表 9-108。

9.8.4 链条润滑方法的选择

链传动常用润滑方法有手工涂抹、滴油、油浴（链条部分通过油池）和喷油润滑等。表 9-109 列出了各种润滑方法所允许的最高链速。链传动润滑油需要量可参考美国标准 ANSIB29.1 的规定，见表 9-110。

表 9-105 链条润滑用润滑油（脂）黏度（锥入度） （单位：1/10mm）

链条载荷/MPa	链条速度/(m/s)						
	<1	1~5	>5	<5	5~10	10~100	>100
	手加油			通过油箱			
<10	70~100	50~80	30~60	50~80	30~60	20~40	10~20
10~20	80~120	70~100	60~80	80~110	70~100	40~60	20~40
>20	160~240	120~160	80~120	160~200	120~160	80~120	65~100
可用锥入度 310~340 的二硫化钼锂基脂							

表 9-106 链条润滑用润滑油黏度

工作环境温度/℃	适用黏度(40℃)/(mm²/s)	润滑方法		
		链速<3m/s	链速=3~8m/s	链速>8m/s
<0	30~40	油浴、涂抹、手浇	油浴、涂抹、滴油	圆盘、喷射、循环
0~10	50~60			
10~40	100~120			
40~70	160~240			

表 9-107 链传动使用的润滑油牌号

润滑方式	周围温度/℃	小节距/mm	中等节距/mm	大节距/mm
		9.525~15.875	19.05~25.4 31.75	39.1~76.2
用刷子或油壶人工周期润滑、滴油润滑、油浴润滑	-10~0	L-AN46	L-AN68	L-AN100
	0~40	L-AN68	L-AN100	L-EQB30
	40~50	L-AN100	L-EQB30	L-EQB40
	50~60	L-EQB30	L-EQB40	工业齿轮油 150(冬季用 90 号 GL-4 车辆齿轮油)
飞溅润滑	-10~0	L-AN46		L-AN68
	0~40	L-AN68		L-AN100
	40~50	L-AN100		L-EQB30
	50~60	L-EQB30		L-EQB40

表 9-108 链条用润滑剂

运转条件	润滑方法	黏度(40℃)/(mm²/s)	ISO VG 牌号
高速	油浴	77~117	68、100
	喷雾	45~72	46,68
低速	手浇	135~320	150、220、320
	涂抹	混脂齿轮油 120~250(100℃),润滑脂 310~340(25℃,锥入度)	

表 9-109 各种润滑方法所允许的最高链速 （单位：m/s）

润滑方法	链号									
	35	40	50	60	80	100	120	140	160	200
手工	2	1.6	1.3	1.1	0.9	0.8	0.7	0.6	0.5	0.4
滴油	9.3	7.0	5.5	4,6	3.5	2.8	2.3	2.0	1.8	1.4
油浴	15	12.5	11.0	10.0	9.3	7.1	6.6	6	5.5	5.0
泵送	适用最大链速									

表 9-110　链传动润滑油需要量（ANSIB29.1）

传递功率/kW	40	75	110	150	190	220	300	370	450	520	600	670	750	1120	1500
最低给油量/(g/min)	0.25	0.5	0.75	1	1.25	1.5	2	2.5	3	3.25	3,75	4.25	4.75	7	10

（1）手工涂抹润滑　用刷子或注油壶定期地在链条松边的内外链板环接处加油，最好是每工作 8h 加一次。其加油量和周期应足以防止链环接处的润滑油不变色。在低速范围内（v<1m/s）采用标准的猪毛刷，高速范围内（v>5m/s）采用尼龙毛刷，在中速范围内（v=1~5m/s）两者都可使用。但在速度极高时（v>10m/s）要求强制送油润滑以便散热降温，其一般温度不应超过 70℃。

（2）滴油润滑　利用滴油杯将油滴落在两铰接板之间。其加油量和周期应足以防止链环铰接处的润滑油不变色。单排链每分钟滴油 5~20 滴，速度高时多滴些。必须防止油滴受风吹而出现偏离，如滴油在链的中心，不能有效润滑其结合的面积，必须将润滑油导引到销轴内侧和滚子侧板表面上。

（3）油浴或油盘润滑　利用油浴润滑时，将下侧链条通过变速器中的油池。油池的油面应达到链条最低位置的节圆线上。利用油盘润滑时，则链在油面之上工作，油盘从油池里带上的油常利用一油槽导引，使油沉降至链上。油盘的直径应足以产生 3.3~4.5m/s 的旋转速度。链宽大于 125mm 时，应在链轮两侧都装油盘。

（4）喷油润滑　这种润滑方式是对每条传动链都供给一连续的油流。油应加在链环的内侧，正好对准链板环接处，沿着链宽很均匀地流至松弛一侧的链上。

9.9　离合器、联轴器和无级变速器的润滑

9.9.1　离合器的润滑

1. 概述

离合器是一种可以通过各种操作方式，实现机械主、从动部分在同轴线上传递动力，或运动时具有接合或分离功能的装置。

对离合器的基本要求是：①离、合迅速，平稳，无冲击，分离彻底，操作方便、省力，动作准确可靠；②结构简单，重量轻，外形尺寸小，惯性小，工作安全；③调整维修方便，散热性能好，使用寿命长。

离合器按照接合元件传动的工作原理，可分为嵌合式和摩擦式离合器；按实现离合动作的过程，可分为操纵式和自控式离合器。操纵式离合器可分为机械式、气压式、液压式和电磁式等，自控式可分为超越式、离心式和安全式离合器。

2. 离合器的润滑

（1）电磁离合器的润滑　这种离合器多数装在变速器中，和轴承、齿轮等摩擦副共用一种润滑油。考虑到各摩擦副润滑的需要和油的黏性太大会使脱开时间太长，推荐用 N15 主轴油或低黏度基础油+1%油性添加剂，使用油的黏度（40℃）最大不超过 30mm^2/s。

（2）摩擦式离合器的润滑与冷却　摩擦式离合器有干式和湿式两种。干式摩擦离合器应严格防止润滑剂进入摩擦表面，以避免摩擦因数发生变化而影响传递转矩的工作能力和起动性能。其散热一般是通过离合器壳体散逸到周围环境中，也可采用风扇等强制冷却。湿式离合器则要求保证润滑充分，润滑剂与摩擦表面的黏附力大，油膜强度高，具有适当的黏度指数，既可防止两摩擦表面直接接触又具有高的摩擦因数。

除了电动起重机中的摩擦离合器外，只要求润滑引导摩擦片压紧和松开的离合器轴承可用油或脂润滑。用脂润滑时，用脂枪加脂，推荐用短纤维的 4 号钠基脂。用油润滑时，推荐用 100 号汽轮机油；某些种类的起重机摩擦离合器要求用油润滑和冷却，推荐选用 L-HM46 液压油或离合器专用油。

（3）超越离合器的润滑　超越离合器是利用主、从部分的速度变化或旋转方向的变换，具有自行离合功能的离合器。按照工作原理，超越离合器可分为嵌合式（棘爪式）和摩擦式两种。后者又可分为滚柱式和楔块式。

滚柱式离合器可根据速度来选择润滑油，高速时选用 L-HM68 液压油，低速重载荷时选用 150 号循环油。楔块式离合器使用脂润滑时，推荐用 2 号钠基脂。既有滚柱又有楔块的组合式离合器，应选用具有极压性和抗磨性的润滑剂。操作环境在-10℃以下时，要求采用倾点为-35℃和黏度（40℃）为 15mm^2/s 的润滑油。

9.9.2　联轴器的润滑

联轴器是联接两轴或轴与回转件，在传递运动和动力过程中一同回转，在正常情况下不脱开的一种装置。此外，联轴器还可能具有补偿两轴相对位移、缓

冲和减振以及安全防护等功能。

啮合式联轴器一般使用润滑油或脂润滑，可根据联轴器的类型参考表 9-111 选用。用油润滑时应注意油的注入及密封，还应开通气孔。

表 9-111 选用联轴器润滑油、脂的规范

联轴器类型	最高圆周速度/(m/s)	能补偿偏移的种类①	润滑剂类型	润滑剂牌号②	润滑剂用量	换油、脂周期③	对润滑剂的特殊要求④
双头齿形联轴器 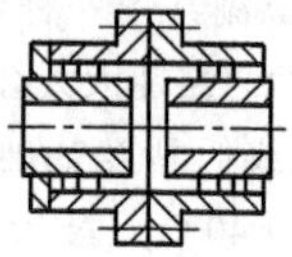	≈60	θ、δ、s	脂	0 号或 1 号脂	装满联轴器	6~12 个月	黏着性要好，对密封要求不严
	≈60	θ、δ、s	油	N150 齿轮油 N220 齿轮油	装一半，使静止时不漏油	12 个月	对密封要求不严
	≈150	θ、δ、s	油	N150 齿轮油 N220 齿轮油	足够的流量		沿轴向连续地通过联轴器，无密封
单头齿形联轴器 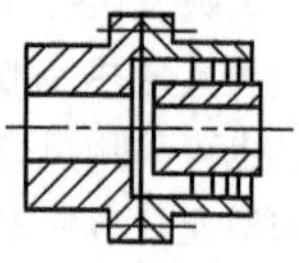	≈60	θ、s	脂	0 号或 1 号脂	装满联轴器	6~12 个月	附着性要好，对密封要求不严
	≈60	θ、s	油	N150 齿轮油 N220 齿轮油	装一半，使静止时不漏油	12 个月	普通矿物油，对密封要求不严
	≈30	θ、δ、s	脂	0 号或 1 号	联轴器两端都装满	6 个月	附着性要好，对密封要求不严
牙嵌式联轴器 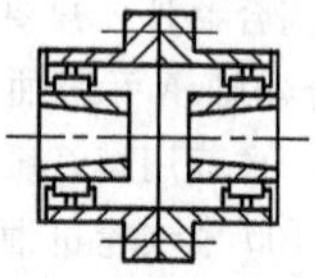	≈150	s	油	N150 齿轮油 N220 齿轮油	足够的流量		沿轴向连续地通过联轴器，无密封
弹簧片式联轴器 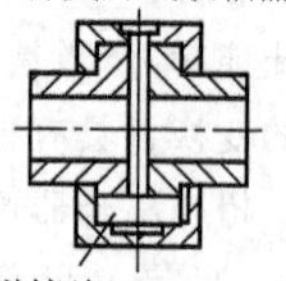 弹簧片	≈30	θ、s、ϕ	脂	1 号	装满联轴器	1000h	对密封要求不严
盘式弹簧联轴器 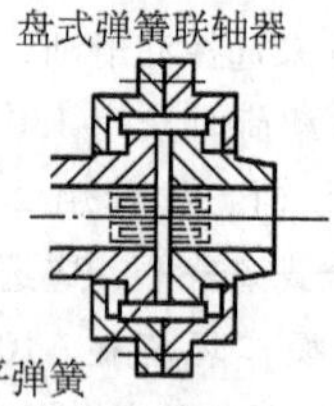 平弹簧	≈60	θ、s、ϕ	脂	2 号或 3 号	装满联轴器	12 个月	对密封要求不严
	≈150	θ、s、ϕ	油	N150 齿轮油 N220 齿轮油	足够的流量		沿轴向连续地流向联轴器
十字滑块式联轴器 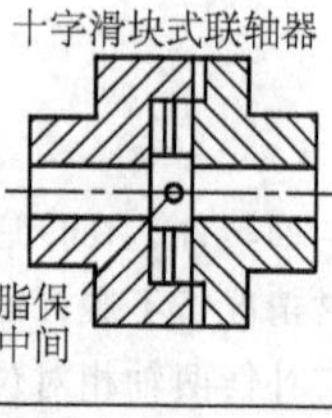 润滑脂保留在中间	≈30	θ、δ、s	脂	2 号	中间滑块的空隙充满脂	100h	适合采用球轴承脂
	≈30	θ、δ、s	油	N220 齿轮油	中间滑块的空隙充满油	1000h	有时采用浸满油的毛毡垫

（续）

联轴器类型	最高圆周速度/(m/s)	能补偿偏移的种类[①]	润滑剂类型	润滑剂牌号[②]	润滑剂用量	换油、脂周期[③]	对润滑剂的特殊要求[④]
滚子链式联轴器（滚子链；转向剖分的壳体）	≈12.5	θ、δ、s	脂	1 号或 2 号	充满壳体	1000h	对密封要求不严
滚子链式联轴器（滚子链；转向剖分的壳体）	≈12.5	θ、δ、s	油	N150 齿轮油	充满壳体	500h	对密封要求不严

① θ—角偏移，δ—平行偏移，s—轴向偏移，ϕ—转角。

② 也可以采用联轴器生产厂推荐的润滑剂；对于载荷大的部位，建议用黏度高的润滑油或二硫化钼锂基脂；对于低运转温度下的整装联轴器，应该用合成润滑脂。

③ 润滑剂的寿命受工作条件的影响大。功率小、温度不超过 50℃ 又无漏泄的联轴器，换油周期可比表中的数据延长 1 倍。换润滑剂时应该把联轴器冲洗干净。

④ 在通常情况下，普通润滑油和润滑脂都可采用。对于载荷大或速度高以及偏移虽大但在第一次装配时已校正的，建议用极压齿轮油或极压润滑脂，但必须对非铁金属不产生坏的影响。

9.9.3　机械无级变速器的润滑

机械无级变速器主要是指依靠变速器的摩擦元件或齿链等啮合件做相对运动来实现连续无级地改变输入轴与输出轴的传动比或输出轴转速的机械变速器。它的常用类型有钢球式、环锥式、棱锥式、多盘式和齿链式等。在无级变速器的传力元件接触区内，润滑油膜承受高压力、高剪切率和高应变率（高牵引力），同时还由于受到剪切而发热。变速器的摩擦特性与所用润滑油有很大关系，选用不当将会产生不良影响，因而对润滑油品有许多特殊要求。

1. 机械无级变速器油的特点

在机械无级变速器内，牵引传动传力元件接触区的润滑状况一般属于弹性流体动压润滑。极薄的润滑油膜在高压下受剪切时应能传递足够的负载，提供良好的润滑，通常具有较高的牵引系数，所以又称牵引油。

机械无级变速器油必须具备的条件是内摩擦阻力大，附着性能好，所形成的油膜能牢固附着在金属表面上，而且摩擦因数大，能满足传递动力的需要。同时，可吸收散发集积在摩擦部位的热量，降低温升，分散摩擦部位的接触应力；减少摩擦部件的磨损，以及清洗摩擦部件的表面，提高其机械效率，延长使用寿命。此外，油品的抗泡沫能力强，起动操作灵活，工作噪声小，防锈性好。

2. 机械无级变速器油的选用

机械无级变速器的润滑油及黏度推荐见表 9-112 及表 9-113。目前已生产的产品中有矿物油类型和合成油类型两类，其中 Ub 系列无级变速器油是广州机械科学研究院（原广州机床研究所）研制生产的产品，见表 9-114。表 9-115 是北京石油化工研究院研制生产的 S 系列无级变速器油技术性能。表 9-116 是美国孟山都（Monsanto）公司 Santotrac 系列无级变速器油的技术性能。

3. 机械无级变速器油的合理使用

1）机械无级变速器油是无级变速器专用油品，使用时不能用其他润滑油代替。

2）机械无级变速器油的牵引系数受很多因素的影响，如滑滚比、滑动率 ε、摩擦副的材料匹配、表面形貌、载荷和温度等。应在设计时进行设计计算。由于我国生产的油品现时未列入牵引系数指标，请参考设计时的牵引系数选择油品。

表 9-112 机械无级变速器的类型及所使用的润滑油品种

油名	名称	简图	机械特性	特性参数	特点及应用举例
Ub-1油	钢球外锥轮式(Kopp-B)	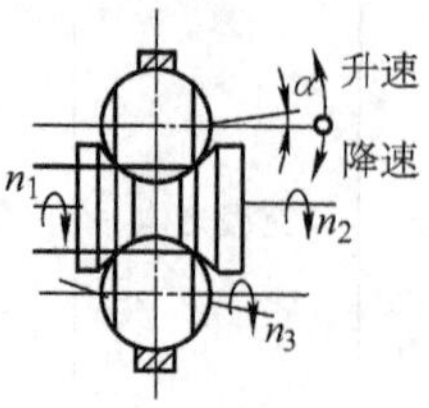 升速 降速 α n_1 n_2 n_3	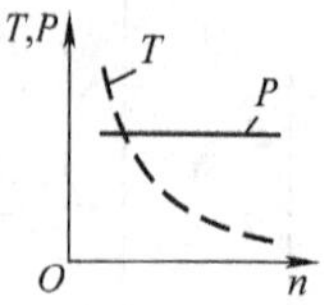 T,P T P O n	$i=0.33\sim3$ $R_n=9$ $\eta=0.8\sim0.92$ $P_1=0.2\sim40$kW $\varepsilon=0.5\%\sim3.8\%$	同轴线，升、降速型，对称调速，结构紧凑，体积小，但输出轴转速偏高，在机床上采用时，需要较大速比的齿轮降速 用于机床主传动或进给系统、纺织和电影机械等
Ub-2油	钢球内锥轮式	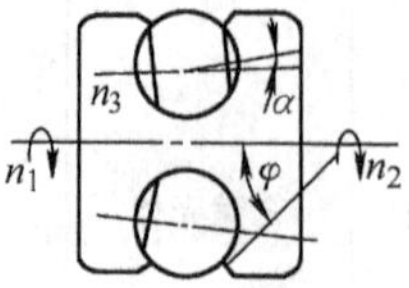 n_3 α φ n_1 n_2	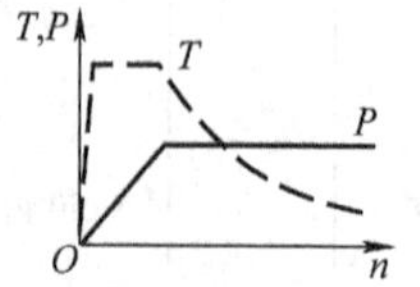 T,P T P O n	$i=0.1\sim2$ $R_n=10\sim12$ $\eta=0.85\sim0.90$ $P_1=0.2\sim5$kW	同轴线，升、降速型，可逆转，结构紧凑，体积小 用于机床、电工机械、钟表机械及转速表等
Ub-3油	菱锥式(Kopp-K)	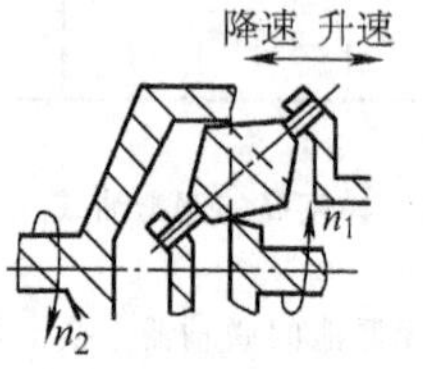 降速 升速 n_1 n_2	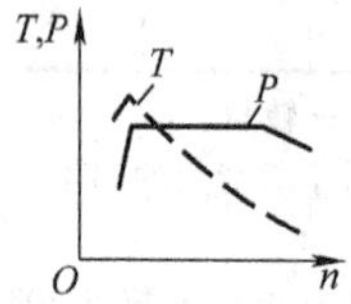 T,P T P O n	$i=0.14\sim1.7$ $R_n=4\sim12(17)$ $\eta=0.80\sim0.93$ $P_1=1\sim88$kW $\varepsilon=2\%\sim4\%$	同轴线，升、降速型，变速范围宽，传递功率大，输出转速低，体积比Kopp-B型大 用于化工、印染、工程机械、机床主传动及试验台等
	内锥输出行星锥式(B1US)	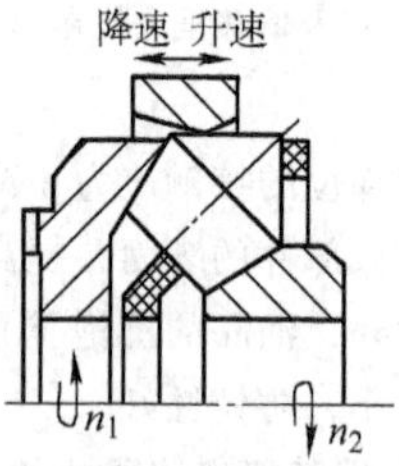 降速 升速 n_1 n_2	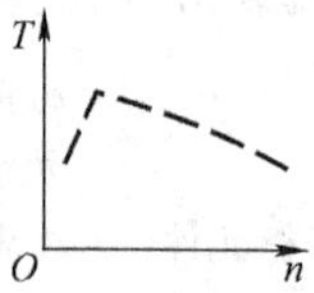 T O n	$R_n=39.5(\infty)$ $\eta=0.60\sim0.70$ $P_1\leqslant2.2$kW $\varepsilon=5\%\sim10\%$	同轴线，降速型，可以在停车变速，变速范围宽，结构紧凑。但制造精度要求高 用于机床的进给系统，如坐标镗床和镗铣床等
	行星环锥式(DISCO)	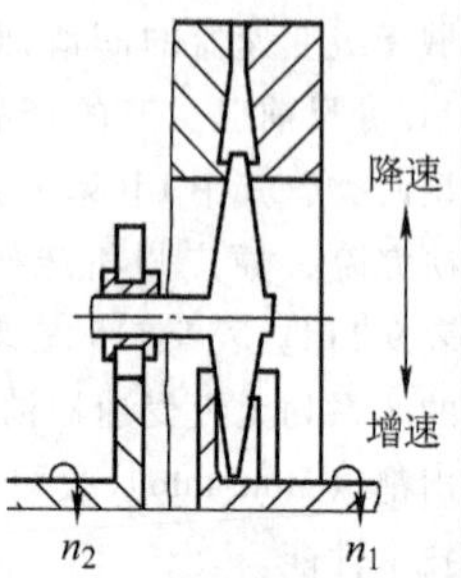 降速 增速 n_2 n_1	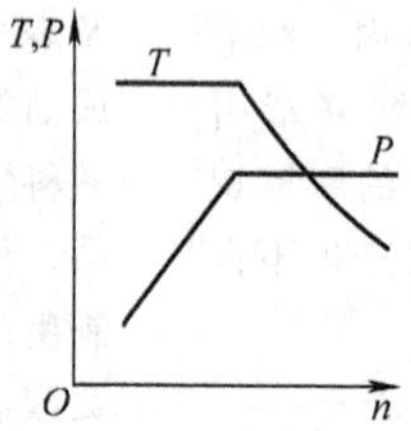 T,P T P O n	$i=0.11\sim0.67$ $R_n=5\sim6$ $\eta=0.75\sim0.84$ $P_1<22$kW $\varepsilon=2\%\sim8\%$	同轴线，降速型，可正向、反向运转，在运转时调速，体积小，结构紧凑，噪声低，性能稳定 用于化工、纺织、印染、食品、陶瓷、包装、医药和电工等机械上
	锥盘环盘式(s型)	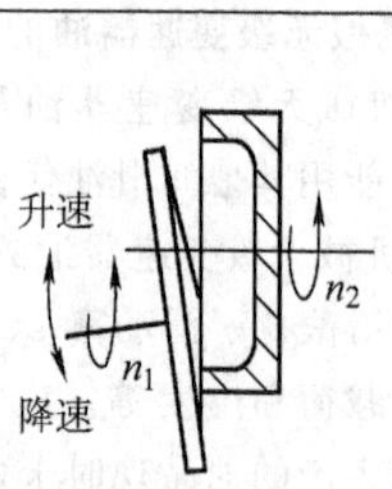 升速 降速 n_1 n_2	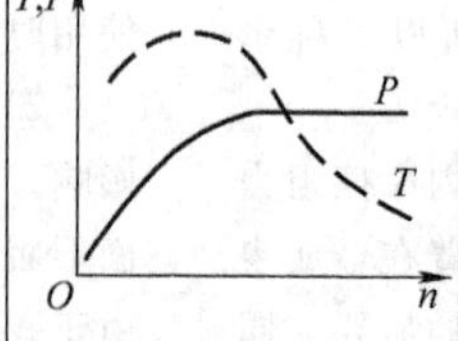 T,P P T O n	$i=0.083\sim0.83$ $R_n\leqslant10$ $\eta=0.50\sim0.92$ $P_1=0.05\sim7.5$kW	平行轴或相交轴，降速型，可在停车时调速，结构简单，可以制成开式。但主要传动件磨损大，不适用于大功率 用于食品机械、变速电动机及小型机床的主传动系统

（续）

油名	名称	简图	机械特性	特性参数	特点及应用举例
Ub-3 油	封闭行星锥式（0M 型）	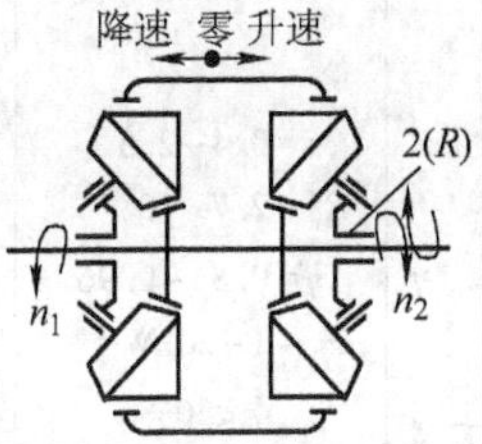	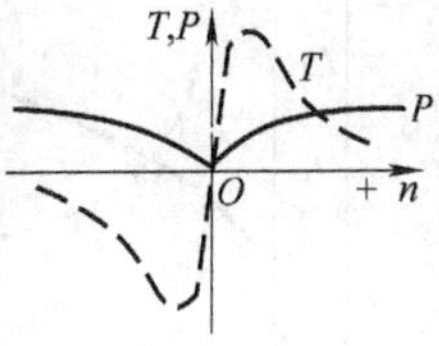	实用 $R_n=15$ 时 通常 $n_2>20$ $\eta=0.65$ $P_1=0.1\sim3.7\text{kW}$	同轴线，降速型，可逆转，有零输出转速，但特性不佳，变速范围大 用于机床主传动或进给系统和变速电动机
	转臂输出行星锥式（SCM 型）	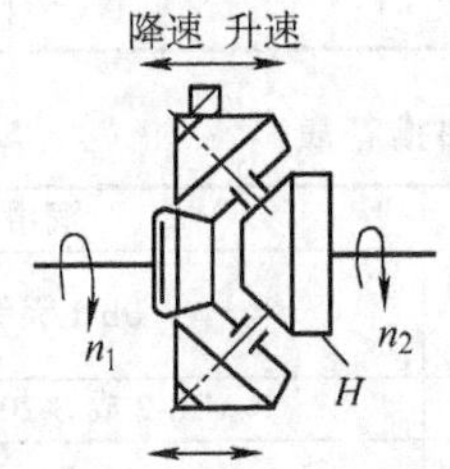	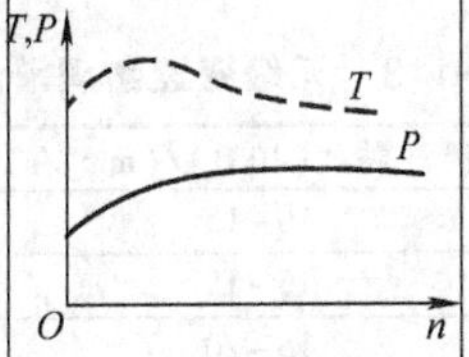	$R_n\leqslant4$ $\eta=0.60\sim0.80$ $P=0.1\sim15\text{kW}$	同轴线，降速型，结构简单，操纵方便 用于机床主传动或进给系统和变速电动机
	滚锥平盘式（FU）	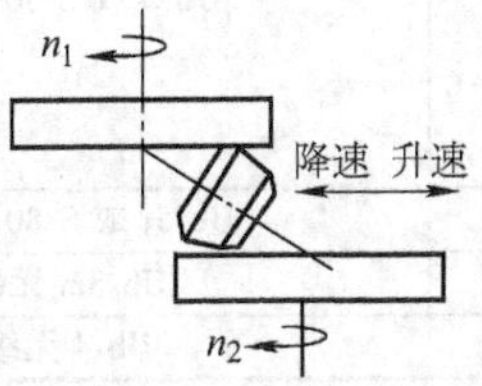	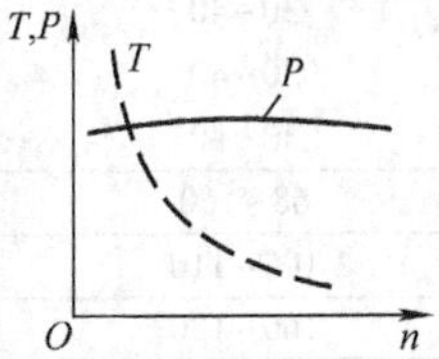	$i=0.18\sim1.46$ $R_n\leqslant9.5$ $P_1=0.1\sim37\text{kW}$ $\eta=0.80\sim0.93$ $\varepsilon<4\%$	平行轴线，升、降速型，结构简单，传动功率大，使用寿命长。但箱体呈长方形，外形尺寸大 用于试验设备，机床的主传动系统，运输、印染及化工机械等
	脉动式	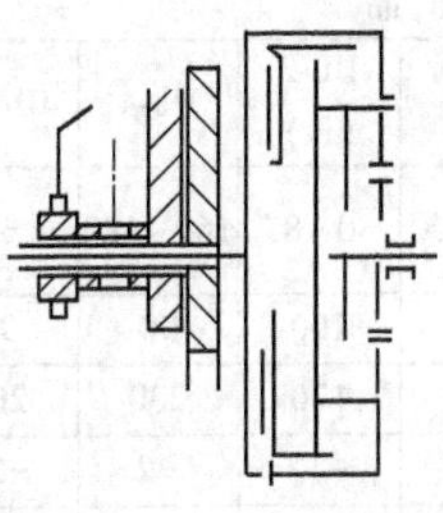	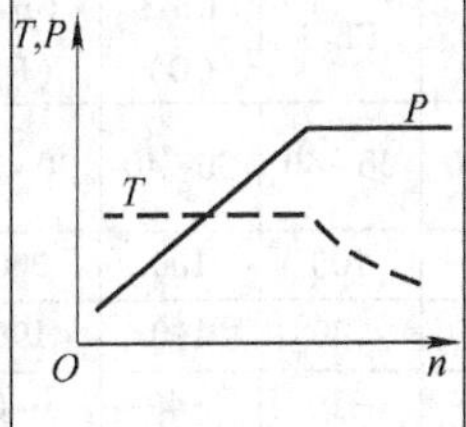	实用 $R_n=10\sim20$ $\eta=0.75\sim0.8$	平行轴线，变速范围大，结构简单，调速稳定，静止和运行时可调速 用于塑料、食品、电缆、纺织、电器、热处理和清洗等机械设备
Ub-4 油	多盘式（Beier）	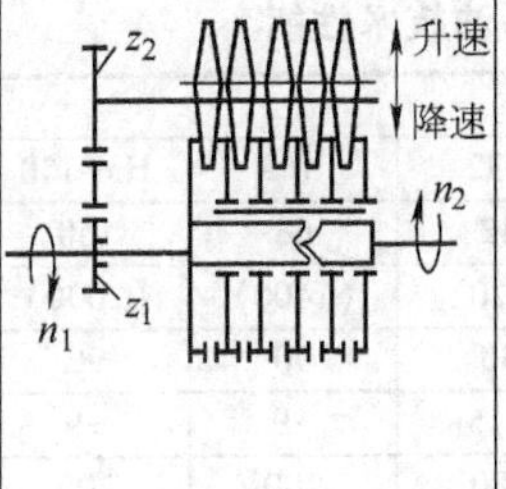	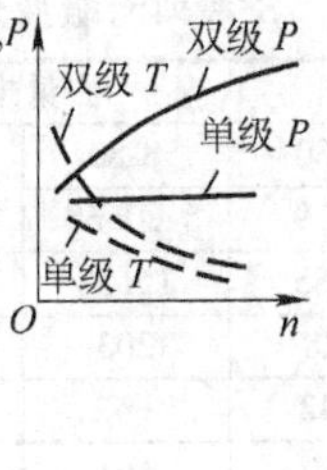	单级： $i=0.2\sim0.8$ $R_n=3\sim4$ $\eta=0.80\sim0.85$ $\varepsilon=2\%\sim5\%$ 双级： $i=0.076\sim0.76$ $R_n=10\sim12$ $\eta=0.75\sim0.85$ $\varepsilon=4\%\sim9\%$ $P_1=0.2\sim150\text{kW}$	平行轴线，降速型，结构紧凑，重量轻，能传递较大的功率，变速灵活、方便，传动效率较高，冷却润滑条件较好等 用于化纤、纺织、造纸、橡塑、电缆、搅拌机械、旋转泵和机床等

（续）

油名	名称	简图	机械特性	特性参数	特点及应用举例
Ub-5A、Ub-5B 油	齿链式（P. I. V）		T,P；P；T；O；n	i=0.4~2.5 R_n=2.7~10 η=0.84~0.96 P_1=1~20kW ε<30%	平行轴对称调速，具有齿轮传动的优点，工作可靠，运动稳定，使用寿命长，过载能力强，中心距较大，结构紧凑 用于机床主传动或进给系统和纺织、化工、重型机械等

表 9-113 无级变速器润滑油推荐表

无级变速器的名称	润滑油黏度（40℃）/（mm^2/s）	润滑油牌号
钢球无级变速器	10~15	Ub-1 无级变速器油
钢球平盘式无级变速器	10~15	
钢球内锥轮式无级变速器	15~20	Ub-2 或 S-20 无级变速器油
行星锥轮式无级变速器	30~40	Ub-3 或 S-30 无级变速器油
棱锥式无级变速器	30~40	
滚锥平盘式无级变速器	30~40	
锥盘-环盘式无级变速器	30~40	
转臂输出行星锥滚子式无级变速器	30~40	
封闭行星锥滚子式无级变速器	30~40	
齿链式无级变速器	68~160	Ub-5(或 S-80)无级变速器油
脉动式无级变速器	100~110	Ub-3m 无级变速器油
多盘式无级变速器	160~180	Ub-4 无级变速器油

表 9-114 Ub 系列无级变速器油技术性能

项目	油品										
	Ub-1	Ub-1（H）	Ub-2	Ub-3	Ub-3（D）	Ub-3（F）	Ub-3（m）	Ub-4	Ub-5A	Ub-5B	试验方法
运动黏度/（mm^2/s），40℃	10~15	10~15	15~20	30~40	30~40	30~35	80~85	160~180	68	100	GB/T 265
黏度指数 不低于	90	90	90	100	160	200	100	90	95	95	GB/T 1995
开口闪点/℃ 不低于	135	135	160	170	190	190	170	200	200	210	GB/T 510
凝固点/℃ 不高于	-12	-25	-12	-10	-40	-40	-12	-2	-20	-20	GB/T 3536
水溶性酸碱	无	无	无	无	无	无	无	无	无	无	GB/T 259
铜片腐蚀（100℃，3h）	合格	合格	合格	合格	合格	合格	合格	合格	合格	合格	GB/T 5096
最大无卡咬负荷 p_B/N	539	539	686	882	784	980	1274	735			GB/T 3142

表 9-115 S 系列无级变速器油技术性能

项目		质量指标						试验方法
		S-20	S-30	S-80	N32	N68	HM-150	
运动黏度/（mm^2/s）	40℃	19.8	31.9	80.6	32	68	150	GB/T 265
	100℃（0℃）	3.55	5.85	15.38	（420）	（1400）	（2000）	
黏度指数		17	128	203	90	90	90	GB/T 1995
凝点/℃		-42	-42	-42	-15	-9	-9	GB/T 510
闪点（开口）/℃		160	160	161	180	200	200	GB/T 3536
酸值/（mgKOH/g）		中性	中性	中性	中性	中性	中性	GB/T 264

表 9-116　Santotrac 系列无级变速器油的技术性能

项　目		Santotrac			
		30	40	50	60
运动黏度 /(mm²/s)	40℃	13.6	26.32	32.02	80.7
	100℃	3.0	3.6	5.7	11.7
	-40℃	23400	31600(-29℃)	41500(-29℃)	93904(-18℃)
黏度指数		—	24	121	123
凝点/℃		-50	-40	-35	-29
闪点/℃		163	169	163	168
牵引系数(%)		9.4	9.5	9.5	9.5

3）新的无级变速器开始使用时，由于磨合过程所产生的金属碎屑较多，一般使用约 200h 就必须更换新油，清除金属碎屑后，方可使用，以防止由于金属碎屑的存在而使变速器工作不正常。

4）无级变速器油的使用寿命与其使用温度的高低有很大关系，故应根据油温的高低来考虑油品的寿命。例如，油温保持在 45~55℃时，油品寿命可保持在一年以上；而在 70℃以上时，油品寿命仅 3 个月左右。

5）在使用中还须经常观察油品颜色、黏度、酸值、无级变速器有无不正常噪声等的变化情况，在发现异常时应及时更换油品。

参 考 文 献

[1] 中国机械工程学会摩擦学学会润滑工程编写组．润滑工程［M］．北京：机械工业出版社，1986．

[2] 林亨耀，汪德涛．机械手册第 8 卷：设备润滑［M］．3 版．北京：机械工业出版社，1994．

[3] 汪德涛．润滑技术手册［M］．北京：机械工业出版社，1999．

[4] 陈家靖，李文哲．典型机械零部件润滑理论与实践［M］．北京：中国石化出版社，1994．

[5] 林济猷，阎杏町．矿山机械与设备用油［M］．北京：中国石化出版社，1995．

[6] 尼尔 M J．摩擦学手册［M］．王自新，等译．北京：机械工业出版社，1984．

[7] 斯科特 D，等．工业摩擦学［M］．上海市机械工程学会摩擦学学组，译．北京：机械工业出版社，1982．

[8] 机械工程手册编委会．机械工程手册：机械零部件设计卷［M］．2 版．北京：机械工业出版社，1996．

[9] 日本润滑油协会润滑管理普及对策委员会．润滑管理マニエアルブッリ［M］．东京：润滑协会，1990．

[10] 欧风．石油产品应用手册［M］．北京：中国石化出版社，1999．

[11] O´CONNOR J J，et al. Standard Handbook of Lubrication Engineering［M］．New York：McGraw-Hill，1969．

[12] RADOVICH J L. Gears，CRC Handbook of Lubrication Vol. II［M］．Boca Raton：CRC Press，1984：539-564．

[13] BARTZ W J. Failuresand Failure Analysis of Lubricated machine Elements Gears. Roller Bearing and Journal Bearingsand Journal Bearings［M］．Esslingen：Technische Akademie Esslingen，1980．

[14] 现代实用机床设计手册编委会．现代实用机床设计手册［M］．北京：机械工业出版社，2006．

[15] 全国齿轮标准化技术委员会工业闭式齿轮的润滑油选用方法：JB/T 8831—2001［S］．北京：机械科学研究院，2001．

[16] 广州机床研究所．液体静压技术原理及应用［M］．北京：机械工业出版社，1978．

[17] 丁振乾．液体静压支承设计［M］．上海：上海科学技术出版社，1989．

[18] 哈姆罗克 B，道森 D．滚动轴承润滑［M］．汪一麟，沈继飞，译．北京：机械工业出版社，1989．

[19] 鲍登 F P，泰伯 D．固体的摩擦与磨损［M］．陈绍澧，等译．北京：机械工业出版社，1982．

[20] 林子光，徐大耐，郁明山，等．齿轮传动的润滑［M］．北京：机械工业出版社，1980．

[21] 中国齿轮专业协会．中国齿轮工业年鉴 2006［M］．北京：北京理工大学出版社，2006．

[22] 冯明星，范毓菊，周立贤，等. 液压和液力传动油、液［M］. 北京：中国石化出社，1991.

[23] 林济猷. 液压油概论［M］. 北京：煤炭工业出版社，1986.

[24] 进口液压设备用油情况调查组. 全国进口及国产精密液压设备用油调查报告［J］. 润滑与密封，1987（4）：4-13.

[25] 雷天觉. 新编液压工程手册［M］. 北京：北京理工大学出版社，1999.

[26] 刘新德. 袖珍液压气动手册［M］. 2版. 北京：机械工业出版社，2004.

[27] 路甬祥. 液压气动技术手册［M］. 北京：机械工业出版社，2002.

[28] 成大先. 机械设计手册：第3卷［M］. 5版. 北京：化学工业出版社，2009.

[29] 吴晓铃. 润滑设计手册［M］. 北京：化学工业出版社，2006.

[30] 谢泉，顾军慧. 润滑油品研究与应用指南［M］. 2版. 北京：中国石化出版社，2007.

第10章　典型设备的润滑

10.1　金属切削机床的润滑

金属切削机床（简称机床）是量大面广、品种繁多的设备，其结构特点、加工精度、自动化程度、工况条件及使用环境条件有很大差异，对润滑系统和使用的润滑剂有不同的要求。

10.1.1　机床润滑的特点

（1）机床中的主要零部件　多为典型机械零部件，标准化、通用化、系列化程度高，如滑动轴承、滚动轴承、齿轮、蜗杆副、滚动及滑动导轨、螺旋传动副（丝杠螺母副）、离合器、液压系统、凸轮等。各种零部件的润滑情况各不相同。

（2）机床的使用环境条件　机床通常安装在室内环境中使用，夏季环境温度最高为40℃，冬季气温低于0℃时多采取供暖方式，使环境温度高于5℃。高精度机床要求恒温环境，一般在20℃上下。但由于不少机床的精度要求和自动化程度较高，故对润滑油的黏度、抗氧化性（使用寿命）和油的清洁度的要求较严格。

（3）机床的工况条件　不同类型和不同规格尺寸的机床，甚至在同一种机床上由于加工件的情况不同，工况条件有很大不同，对润滑的要求也有所不同。例如，高速内圆磨床的砂轮主轴轴承与重型车床的重载、低速主轴轴承对润滑方法和润滑剂的要求有很大不同，前者需要使用油雾或油/气润滑系统润滑，使用较低黏度的润滑油，而后者则需用油浴或压力循环润滑系统润滑，使用较高黏度的油品。

（4）润滑油品与润滑冷却液、橡胶密封件、涂料材料等的适应性　在大多数机床上使用了润滑切削液，在润滑油中，常常由于混入切削液而使油品乳化及变质、机件生锈等，使橡胶密封件膨胀变形，使零件表面涂层起泡、剥落。因此，应考虑润滑油品与润滑切削液、橡胶密封件、涂料材料的适应性，防止漏油等，特别是随着机床自动化程度的提高，在一些自动化和数控机床上使用了润滑/切削通用油，其既可作为润滑油，也可作为润滑切削液使用。

10.1.2　机床润滑剂的选用

由于金属切削机床的品种繁多，结构及部件情况有很大变化，故很难对其主要部件润滑剂的选用提出明确意见。表10-1是根据有关标准整理的一些机床主要部件合理应用润滑剂的推荐表，表10-2列出了部分机床主要部件用油牌号，供选用润滑剂时参考。

表10-1　机床用润滑剂选用推荐表

字母	一般应用	特殊应用	更特殊应用	组成和特性	L类（润滑剂）的符号	典型应用	备注
A	全损耗系统			精制矿油	L-AN32 L-AN68 L-AN220	轻负荷部件	常使用HL液压油
C	齿轮	闭式齿轮	连续润滑（飞溅、循环或喷射）	精制矿油，并改善其抗氧性、耐蚀性（黑色金属和有色金属）和抗泡性	L-CKB32* L-CKB68* L-CKB100 L-CKB150	在轻负荷下操作的闭式齿轮（主轴箱轴承、走刀箱、滑架等）	L-CKB32和L-CKB68也能用于机械控制离合器的溢流润滑，L-CKB68可代替L-AN68。对机床主轴箱，常用L-HL类液压油
				精制矿油，并改善其抗氧化性、耐蚀性（黑色金属和有色金属）、抗泡性、极压性和抗磨性	L-CKC100 L-CKC150* L-CKC200 L-CKC320* L-CKC460	在正常或中等恒定温度和在重负荷下运转的任何类型闭式齿轮（准双曲面齿轮除外）和轴承	也能用于丝杠、进刀螺杆和轻负荷导轨的手控和集中润滑

（续）

字母	一般应用	特殊应用	更特殊应用	组成和特性	L类（润滑剂）的符号	典型应用	备注
F	主轴、轴承和离合器		主轴、轴承和离合器	精制矿油并由添加剂改善其耐蚀性和抗氧性	L-FC2 L-FC5 L-FC10 L-FC22 L-FC32	滑动轴承或滚动轴承和有关离合器的压力、油浴和油雾润滑	在有离合器的系统中，由于有腐蚀的危险，所以采用无抗磨和极压剂的产品是有必要的
			主轴、轴承	精制矿油并由添加剂改善其耐蚀性、抗氧性和抗磨性	L-FD2 L-FD5 L-FD10* L-FD22* L-FD32	滑动轴承或滚动轴承的压力、油浴和油雾润滑	也能用于要求油的黏度特别低的部件，如精密机械、液压或液压气动的机械、电磁阀、油气润滑器和静压轴承的润滑
G	导轨			精制矿油，并改善其润滑性和黏滑性	L-G68* L-G100 L-G150 L-G220* L-G320	用于滑动轴承、导轨的润滑，特别适用于低速运动的导轨润滑，使导轨的爬行现象减少到最小	也能用于各种滑动部件，如丝杠、进刀螺杆、凸轮、棘轮和间断工作的轻负荷蜗轮的润滑
H	液压系统	液压系统		精制矿油并改善其防锈性、抗氧性和抗泡性	L-HL32 L-HL46 L-HL68		
				精制矿油并改善其防锈性、抗氧性、抗磨性和抗泡性	L-HM15 L-HM32* L-HM46* L-HM68*	包括重负荷元件的一般液压系统	也适用于滑动轴承、滚动轴承和各类正常负荷的齿轮（蜗轮和准双曲面齿轮除外）的润滑，L-HM32和L-HM68可分别代替L-CKB32和L-CKB68
				精制矿油并改善其防锈性、抗氧性、黏温性和抗泡性	L-HV22 L-HV32 L-HV46	数控机床	在某些情况下，L-HV油可代替L-HM油
		液压和导轨系统		精制矿油并改善其抗氧性、防锈性、抗磨性、抗泡性和黏滑性	L-HG32* L-HG68*	用于滑动轴承、液压导轨润滑系统合用的机械，以减少导轨在低速下运动的爬行现象	如果油的黏度合适，也可用于单独的导轨系统，L-HG68可代替L-G68
X	用润滑脂的场合	通用润滑脂		润滑脂并改善其抗氧性和耐蚀性	XBA或XEB1 XBA或XEB2 XBA或XEB3	普通滚动轴承、开式齿轮和各种需加脂的部位	

注：1. 带＊的为优先选用的产品。

2. L类代号说明：AN—全损耗系统用油；CKB—抗氧化、防锈工业齿轮油；CKC—中负荷工业齿轮油；FC—轴承油；FD—改善抗磨性的FC轴承油；G—导轨油；HL—液压油；HM—液压油（抗磨型）；HV—低温液压油；HG—液压-导轨油；XBA—抗氧及防锈润滑脂；XEB—抗氧、防锈及抗磨润滑脂。

表 10-2　部分机床主要部件用油牌号

用油部件	主轴箱、主传动齿轮箱	变速箱或车床溜板箱	进给箱	床身导轨	立柱导轨	横梁、摇臂、滑枕导轨	尾架	升降丝杠、升降箱	主轴轴承	砂轮主轴轴承	油箱	液压油箱
卧式车床	L-HM15~68 液压油	L-HM32~68 液压油	L-HM32~68 液压油	L-HM46~68 液压油			L-HM46~68 液压油		L-HM32~68 液压油			
仪表车床	L-HM15、L-HM32 液压油	L-HM15~32 液压油	L-HM32 液压油									
单轴自动车床	L-HM15、L-HM32 液压油	L-HM15、L-HM32 液压油			蜗轮箱 L-HM32~68 液压油							
多轴自动及半自动车床、转塔车床	L-HM32、L-HM46 液压油	L-HM32、L-HM46 液压油	L-HM32、L-HM46 液压油									L-HM46 液压油
仿形及多刀车床	L-HM32、L-HM46 液压油										L-HM32、46 液压油	L-HM32 液压油
立式车床		L-HM32~68 液压油	L-HM32~68 液压油		L-HM46~100 液压油	L-HM46~100 液压油		L-G68~150 导轨油	L-HM32~68 液压油		L-HM 46~100 液压油	
立式钻床	L-HM32、L-HM46 液压油		L-HM32、L-HM46 液压油		L-HM46 液压油			L-HM32、L-HM46 液压油	L-HM32、L-HM46 液压油			
摇臂钻床	L-HM32、L-HM46 液压油		L-HM32、L-HM46 液压油		L-HM46、L-HM68 液压油	L-HM46、L-HM68 液压油		L-HM 32~68 液压油、L-G68~100 导轨油	L-HM32、L-HM46 液压油			
深孔钻床	L-HM46 液压油	L-HM46、L-HM68 液压油										
坐标镗床	L-FD2~15 轴承油、L-HG32~68 液压-导轨油		L-HM32、L-HM46 液压油	L-G68、L-HM100 导轨油				L-HG32~68 液压-导轨油	2 号主轴脂、L-FD15 轴承油			
卧式镗床	L-HM32、L-HM46 液压油		L-HM32~68 液压油	L-HM68 液压油	L-HM68 液压油			L-HM68、L-HM100 液压油	L-HM68 液压油		L-HM32、L-HM46 液压油	
金刚镗床及专用镗床	L-HM32、L-HM46 液压油		L-HM46 液压油								L-HM32 液压油	

（续）

用油部件	主轴箱、主传动齿轮箱	变速箱或车床溜板箱	进给箱	床身导轨	立柱导轨	横梁、摇臂、滑枕导轨	尾架	升降丝杠、升降箱	主轴轴承	砂轮主轴轴承	油箱	液压油箱
外圆磨床	L-HM15、L-HM32 液压油			L-HG32~68 液压-导轨油			L-HM32~68 液压油			L-FD2~7 轴承油		L-HG32、L-HM46 液压-导轨油
内圆磨床	L-HM15、L-HM32 液压油									L-FD2~7 轴承轴	L-HM32 液压油	L-HG32 液压-导轨油
平面磨床及端面磨床				L-HG32~68 液压-导轨油	L-HM32~68 液压油			L-HM32~68 液压油		L-FD2~7 轴承油		L-HM32 液压油
珩磨机及研磨机	L-HM32~68 液压油	L-LH46、L-HM68 液压油										L-HM32、L-HM46 液压油
导轨磨床		L-HM46、L-HM68 液压油								L-FD7 轴承油		L-HM32、L-HM46 液压油
工具磨床及专用磨床	L-HM15、L-HM32 液压油	L-HM32、L-HM46 液压油								L-FD 2~15 轴承油		L-HM32、L-HM46 液压油
圆柱齿轮磨齿机		蜗轮箱：L-HM68、L-HM100 液压油		L-G68 导轨油								L-HM32~68 液压油
螺纹磨床	L-HM15 液压油			L-HM32 液压油					3 号主轴脂	L-FD2-7 轴承油		
锥齿轮加工机床		L-HM46、L-HM68 液压油	L-HM46 液压油								L-HM32、L-HM46 液压油	
滚齿机	L-HM46 液压油	蜗轮箱：L-HM46~100 液压油	L-HM46 液压油	L-HM46 液压油	L-HM46 液压油						L-HM46 液压油	
插齿机		蜗轮箱：L-HM46~100 液压油	L-HM46 液压油	分齿箱：L-HM46 液压油								
剃齿机及珩齿机			蜗轮箱：L-HM68、L-HM100 液压油								L-HM46、L-HM68 液压油	

卧式铣床及立式铣床	L-HM46 液压油		L-HM46 液压油	L-HM46 液压油				L-HM68、L-HM100 液压油，L-G68 导轨油				
龙门铣床及双柱铣床	L-HM46、L-HM68 液压油	L-HM46、L-HM68 液压油	L-HM46、L-HM68 液压油			L-HM68 液压油		L-HM68、L-HM100 液压油，L-G100、L-G150 导轨油			L-HM32、L-HM46 液压油	
仿形铣床	L-HM32、L-HM46 液压油											L-HM32、L-HM46 液压油
龙门刨床	L-HM46~100 液压油		L-HM46、L-HM68 液压油	L-HM46、L-HM68 液压油	L-HM46、L-HM68 液压油	L-HM46、L-HM68 液压油		L-HM46~100 液压油			L-HM 46~100 液压油	
牛头刨床		L-HM46 液压油		L-G32、L-G68 导轨油							L-HM46 液压油	
插床			L-HM32、L-HM46 液压油								L-HM32、L-HM46 液压油	L-HM32、L-HM46 液压油
刨边机及刨模机		L-HM46 液压油	L-HM46 液压油								L-HM46 液压油	
拉床											L-HM32、L-HM46 液压油	L-HM32、L-HM46 液压油
电加工机床				L-G32、L-G68 导轨油								
圆锯机	L-HM46 液压油											L-HM32 液压油
弓锯机											L-HM32 液压油	L-HM32 液压油
带锯机及锉锯机											L-HM32、L-HM46 液压油	

10.1.3 机床上常用的润滑方法

机床上常用的润滑方法见表 10-3。

表 10-3 机床上常用的润滑方法

润滑方法	润滑原理	使用场合
手工加油润滑	人工使用便携式加油工具或手动泵定时将润滑油或脂加到摩擦部位	轻载、低速或间歇工作的摩擦副,如卧式机床的导轨、交换齿轮及滚子链(注油润滑)、齿形链(刷油润滑)、$dn<0.6\times10^6$mm · r/min 的滚动轴承及滚珠丝杠副(涂脂润滑)等
滴油润滑	润滑油靠自重(通常用针阀滴油杯)滴入摩擦部位	数量不多、易于接近的摩擦副,如需定量供油的滚动轴承、不重要的滑动轴承(圆周速度<4m/s,轻载)、链条、滚珠丝杠副、圆周速度<5m/s 的片式摩擦离合器等
油绳润滑	利用浸入油中的油绳、油垫的毛细管作用或利用回转轴形成的负压进行自吸润滑	中、低速齿轮,需油量不大的滑动轴承,装在立轴上的中速、轻载滚动轴承等油垫润滑
		圆周速度<4m/s 的滑动轴承等自吸润滑
		圆周速度>3m/s,轴承间隙<0.01mm 的精密机床主轴滑动轴承
离心润滑	在离心力的作用下,润滑油沿着圆锥形表面连续地流向润滑点	装在立轴上的滚动轴承
油浴润滑	摩擦面的一部分或全部浸在润滑油内运转	中、低速摩擦副,如圆周速度<12m/s 的闭式齿轮,圆周速度<10m/s 的蜗杆、链条、滚动轴承,圆周速度<12m/s 的滑动轴承,圆周速度<2m/s 的片式摩擦离合器等
油环润滑	使转动零件从油池中通过,将油带到或激溅到润滑部位	载荷平稳,转速为 100~2000r/min 的滑动轴承
飞溅润滑		闭式齿轮、易于溅到油的滚动轴承、高速运转的滑动轴承、滚子链、片式摩擦离合器等
刮板润滑		低速(30r/min)滑动轴承
滚轮润滑		导轨
喷射润滑	用油泵使高压油经喷嘴喷射入润滑部位	用于 $d_m n\geq1.6\times10^6$mm · r/min 高速旋转的滚动轴承
手动泵压油润滑	利用手动泵间歇地将润滑油送入摩擦表面。用过的润滑油一般不再回收循环使用	需油量少、加油频度低的导轨等
压力循环润滑	使用油泵将压力油送到各摩擦部位。用过的油返回油箱,经冷却、过滤后可循环使用	高速、重载或精密摩擦副的润滑,如滚动轴承、滑动轴承、滚子链和齿形链等
自动定时定量润滑	用油泵将润滑油抽起,并使其经定量阀周期地送入各润滑部位	数控机床等自动化程度较高的机床上的导轨等
油雾润滑	使用油雾发生器,借助压缩空气载体将润滑油雾化,经凝缩嘴分配油量至摩擦表面,形成润滑油膜,起润滑兼冷却作用。可大幅度地降低摩擦副的温度	高速($dn>1\times10^6$mm · r/min)、轻载的中小型滚动轴承,高速回转的滚珠丝杠,齿形链,闭式齿轮,导轨等。一般用于密闭的腔室,使油雾不易跑掉
油气润滑	油气润滑原理与油雾润滑近似,与油雾润滑的主要区别在于供油未被雾化,而以 50~100μm 的油滴进入摩擦表面	$d_m n\geq10^6$mm · r/min 高速、高温滚动轴承,导轨,齿轮,电动机,泵,成套设备
静压系统	参见本手册第 8 章	

10.2　锻压设备的润滑

10.2.1　机械压力机的润滑

机械压力机包括热模锻压力机、冲压压力机、精压机及平锻机等类。它们都采用类似的带轮与齿轮传动机构、离合器与制动器机构、曲柄连杆或肘杆机构、凸轮机构、螺杆机构等。图 10-1 所示为曲柄压力机的传动原理。各类产品有许多类似的润滑方式和系统，但由于功用不同，速度、负荷等有较大差异，故润滑特点也有较大差异。

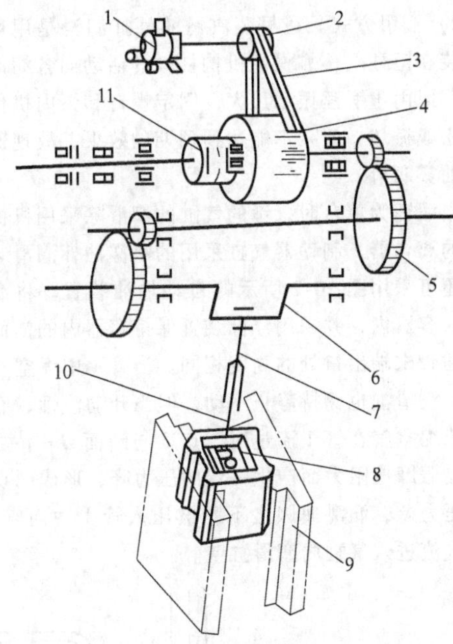

图 10-1　曲柄压力机的传动原理

1—主电动机　2—小带轮　3—V 带　4—飞轮　5—齿轮　6—曲轴　7—连杆　8—滑块　9—立柱导轨　10—调整螺杆　11—离合器

1. 润滑方式

由于机械压力机是机械传动，传动环节多，摩擦副多，故润滑点也必然多，同时大型压力机高度很高，人工加油也不方便，因此为了保证润滑效果，减少维修工作量，机械压力机通常采用集中润滑。对于不易实现集中润滑，或采用某些专用润滑方式更好时，才辅以分散润滑。

(1) 稀油集中润滑　稀油集中润滑多数情况下是压力循环润滑。一般是把润滑站（油箱、泵、阀等）安放在压力机的底座旁边或地坑内，用齿轮泵通过控制阀将润滑油送到各润滑点。该方式常用在小吨位机械压力机的轴承、导轨和连杆上。

(2) 稀油分散润滑　稀油分散润滑有人工润滑和自动润滑两种。人工加油润滑一般只用在不经常动作的小部件上不易接通由集中润滑站供油的部位或不易回收的部位，如凸轮和滚轮。稀油分散自动润滑在机械压力机上常被采用的有油池润滑和油雾润滑。封闭齿轮采用油池润滑维护简单，润滑效果也不错。气缸采用油雾润滑是结构上的特殊需要。

(3) 干油集中润滑　干油集中润滑分机动油泵和手动油泵两种。机动油泵一般放在压力机顶部，也有安装在底座旁边的。手动油泵都安装在立柱上操作方便的地方。机动油泵由专用电动机带动，可以根据压力机运转的需要，开动或停止油泵供油；也有的油泵没有电动机，而是靠主传动通过一套另加的传动装置来驱动油泵。

大型机械压力机的轴承和导轨常采用干油集中润滑。

(4) 干油分散润滑　干油分散润滑用在供油不易到达的部位，如一些旋转部件上。一般是定期用油枪加少量的油或直接涂抹。干油分散润滑比稀油分散人工润滑用得更广泛些。机械压力机上的开式齿轮、连杆螺纹和离合器轴承常采用干油分散润滑。

机械压力机的常用润滑方法见表 10-4。

表 10-4　机械压力机的常用润滑方法

润滑方法	使用场合
手工加油润滑	开式齿轮、滑轮销轴、蒸汽锤导轨、水压机导轨、蒸汽锤操纵机构
飞溅润滑	离合器飞轮轴承、蜗杆副
油浴润滑	密闭式齿轮、蜗杆副、调节螺杆
油环润滑	摩擦轮滑动轴承
压力循环润滑	传动轴轴承、滑块导轨、齿轮、调节螺杆、连杆轴承、销轴轴承、小型快速压力机曲轴轴承、空气锤曲轴轴承、压缩缸及工作缸、导轨、蒸汽锤及水压机导轨
油雾润滑	开式齿轮、离合器和制动器气缸、蒸汽锤气缸、摩擦压力机气缸
手工加脂润滑	螺杆、蒸汽锤、螺旋压力机及水压机导轨、空气锤气缸导轨、操纵机构和滑动销轴、传动系统及摩擦轮滚动轴承
电动干油站润滑	大型压力机主传动轴承及曲轴轴承
润滑脂润滑	滚动轴承、离合器飞轮滚动轴承、小型快速压力机主传动轴承及曲轴轴承

2. 润滑材料的选用

在机械压力机的润滑中，以采用 L-HL 液压油或 L-AN 全损耗系统用油和钙基润滑脂为主。当这两种润滑材料不满足需要时，再选用其他材料。

采用集中润滑时，润滑点较多，而这些润滑点的负荷、速度、温度有可能不同，又不可能采用多种黏度的润滑材料来满足各润滑点的需要。在这种情况下，可采用以下两种办法：

1）按照最关键的润滑点的需要选择润滑材料。

2）采取折中的办法，即选择的润滑材料的黏度比这些润滑点所需黏度的中间值偏高一些，见表10-5。

10.2.2 螺旋压力机的润滑

螺旋压力机适用于模锻、精密锻造、镦锻、挤压、校正、切边、弯曲和板料压制。它们的行程比机械压力机大，而每分钟行程次数比机械压力机少。螺旋压力机分摩擦压力机和液压螺旋压力机两类。

摩擦压力机的传动原理是电动机利用带轮带动可做轴向往复移动的两个同轴摩擦盘旋转，交替压向飞轮，使其正、反旋转，并通过与飞轮连接的螺杆推动滑块上、下移动。滑块向下接触工件时，储存在旋转飞轮中的动能转换为冲击能，打击工件成形。

液压螺旋压力机的传动原理是利用推力液压缸或液压马达迫使螺杆和与螺杆连接在一起的飞轮旋转储存能量，螺母与机架固定，螺杆旋转时必然推动滑块上、下运动。滑块向下接触工件时，储存在旋转飞轮中的动能转换为冲击能，打击工件成形。

从液压螺旋压力机的传动原理可知：它采用油作为液压传动介质，液压缸、液压马达、顶出器等自身可以润滑。需要润滑的是螺旋副和导轨，润滑点少，一般采用分散润滑，但也有对导轨采用集中润滑的。

摩擦压力机是机械传动，润滑部件较多，除螺杆、导轨外，还有摩擦轮轴承、操纵杆销轴轴承和各种气缸。可以采用分散润滑，也可以采用集中润滑。螺旋压力机的润滑方法和润滑剂见表10-4及表10-5。

10.2.3 锻锤的润滑

锻锤分空气锤、蒸汽-空气锤、无砧座锤和液压锤等。

锻锤的特点是打击速度非常快，且伴有冲击、振动。使用蒸汽的锤，其气缸温度很高，因此给润滑剂提出了很高的要求。

液压锤采用液压驱动液压缸，当压力油进入液压缸下腔、使锤头上升到所需高度后，进油阀关闭，排油阀打开，锤头落下，靠位能打击。液压锤用油作为传压介质，液压缸自身可以润滑。导轨可以利用打击时液压缸密封处渗漏的油飞溅到导轨上的油滴进行润滑，所以液压锤无需特别加以润滑。

1. 蒸汽-空气锤和无砧座锤的润滑

蒸汽-空气锤和无砧座锤结构较简单。二者共同的润滑部件是气缸、分配阀和导轨；不同的润滑部件，蒸汽-空气锤是操纵机构的销轴，无砧座锤是滑轮。

（1）气缸的润滑

1）工作特点。大型自由锻锤、模锻锤等采用过热蒸汽，温度高达300℃以上，故对润滑油提出了十分严格的要求。气缸和分配阀的润滑油应具有较高的闪点、最小的蒸发量、较高的黏度和优良的油性、较好的抗水性和防锈性。

2）润滑方式。最早蒸汽锤的气缸润滑是用稀油泵安装在锤柱上，靠操纵机构杠杆的活动向各润滑点注油，但由于锻锤振动过大，固定螺钉和泵内机件常被振松或振坏，使泵不能达到预期的效果，故现通常改用油雾润滑。

当锻锤为单台时，锤的气缸的润滑除采用机械压力机的离合器、制动器气缸采用的喷雾油杯润滑装置外，还可采用图10-2所示的自动加油装置。将润滑油加入容器内，并采用浮标装置保持容器内的油面高度与油管末端出口处的高度相同。当管1中无空气流动时，润滑油也保持静止不动，但当开动汽锤，有蒸汽或压缩空气在管1流过时，点3与断面 $B—B$ 之间由于克服摩擦阻力而产生一定的压力降，形成两点之间的压力差，润滑油因之不断被压入管1中而雾化，随着气流进入气缸内润滑缸壁。

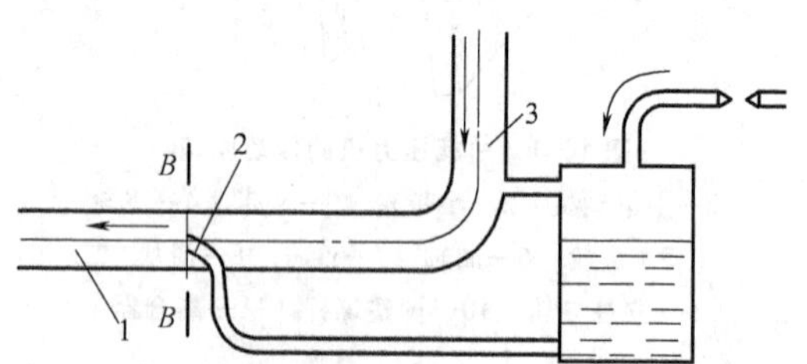

图10-2 锻锤的蒸汽气缸自动加油装置原理图

1—压力气体管 2—油管嘴

3—储油箱与压力气体管道连接处

润滑油管道上应设置阀门，以便调节进油量。盛油容器应安置在远离锤身的地方，以防止锤振动将调节阀振松，使润滑油失控。

当锤锻为多台时，车间内各台锻锤的气缸可采用稀油集中润滑，如图10-3所示。通过设置单独的油泵装置，油泵以3MPa的压力将油喷入蒸汽总管，经过安装在总管内的细小喷嘴将润滑油喷成雾状与蒸汽混合进入各锻锤的气缸内，并可根据锻锤开动数量的

表 10-5 部分锻压设备主要部件用油牌号

用油部件	滑动轴承	滚动轴承	闭式齿轮	开式齿轮	蜗杆副	调节螺杆	导轨	汽(气)缸	凸轮及滚轮	闭合高度调整机构	螺杆副	操纵机构	泵分配阀
机械压力机及机械锻压机	L-AN100、L-AN150 全损耗系统用油①，2 号或 3 号钙基脂或压延机脂	2 号或 3 号钙基脂或压延机脂	L-AN100、L-AN150 全损耗系统油或 L-CKC100、CKC150 工业齿轮油	2 号、3 号二硫化钼锂基脂或钙基脂	L-CKC150 工业齿轮油或 L-CKE-220 蜗轮蜗杆油	L-AN46、L-AN68 全损耗系统用油	L-AN100 全损耗系统用油或 2 号钙基脂、二硫化钼锂基脂	L-AN32、L-AN46 全损耗系统用油，模锻锤 11 号、680 号气缸油	2 号、3 号钙基脂或二硫化钼锂基脂	L-CKC150 工业齿轮油或 L-CKE-220 蜗轮蜗杆油			
螺旋压力机	L-AN100、L-AN150 全损耗系统用油①，2 号或 3 号钙基脂或压延机脂						L-CKC150 工业齿轮油或 L-HM-100 液压油，或 2 号、3 号钙基脂	L-AN32、L-AN46 全损耗系统用油，模锻锤 11 号、680 号气缸油			L-CKC150 工业齿轮油或 L-HM-100 液压油		
蒸汽-空气锤		3 号锂基脂					680 号气缸油	680～1500 号蒸汽气缸油及 1500 号合成 L-HG65H 或气缸油				L-AN46、L-AN68 全损系统用油或 1 号、2 号钙基脂	
空气锤	L-AN100	2 号、3 号钙基脂，1 号钙钠基脂	L-AN100、L-AN150 全损耗系统用油或 L-CKC-100、L-CKC150 工业齿轮油	2 号、3 号二硫化钼锂基脂或钙基脂				L-DAA100 空压机油或 11 号、680 号气缸油				L-AN46、L-AN68 全损系统用油或 1 号、2 号钙基脂	L-DAA100 空压机油或 680 号气缸油
液压机							垂直导轨：1 号、2 号钙基脂或 L-AN100、L-AN150 全损系统用油 水平导轨：L-AN32～100 全损系统用油或 11 号气缸油	水压缸及泵、阀：专用乳化脂				L-HM32、L-HM46 液压油	L-HM68、L-HM100 液压油
冷镦机		L-HM46、L-HM68 液压油					L-HM46、L-HM68 液压油		2 号、3 号钙基脂或二硫化钼锂基脂				

① 可使用 L-AN 全损耗系统用油，也可使用 L-HM 液压油。

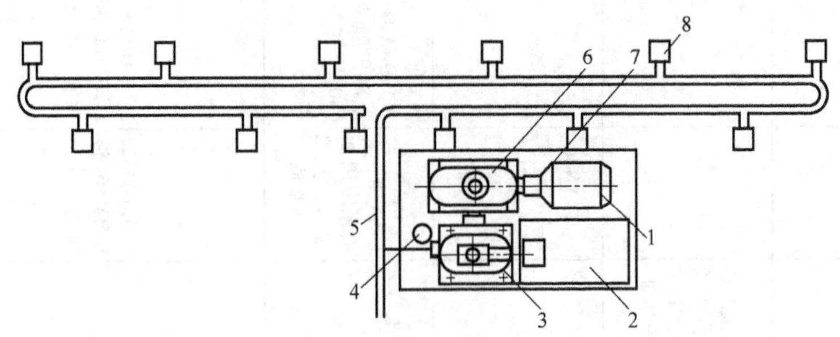

图 10-3 锻锤集中润滑示意图

1—电动机 2—油箱 3—油泵 4—压力表

5—进气管 6—蜗杆减速器 7—联轴器 8—锻锤

多少来改变泵的出油量。这种润滑装置较简单，便于维修，能保证连续供油，对拥有多台锻锤的工厂是适用的。它的缺点是对近点供油量大，而对远点供油量小。

任何喷雾润滑装置都不是很理想的润滑方式，都是在特定条件下被迫使用的。因为蒸汽或压缩空气中的油雾有相当部分不能落到缸壁上，而随空气排出，污染环境，或随蒸汽排回锅炉，当油过量时会引起锅炉内沸水发泡，甚至造成事故，因此要求进入锅炉凝结水的油含量不应超过 10^{-5}mg/kg。

3）润滑材料：

① 气缸内壁。采用过热蒸汽的气缸应使用 680~1500 号气缸油，采用饱和蒸汽的气缸应使用 680 号气缸油。

② 活塞杆（锤杆）。活塞杆的密封通常采用高压石棉铜丝布 V 形密封圈或聚四氟乙烯（PTFE）塑料密封圈。但采用这两种密封圈，润滑油常被擦掉，不易进入密封圈内，故常采用固体润滑方式。

高压石棉铜丝布 V 形密封圈是先用长纤维石棉绳加上铜丝织成布，再在每层石棉铜丝布之间刷一层二硫化钼、石墨润滑脂和耐热橡胶，然后经压制而成的。其中，石墨、二硫化钼润滑脂起润滑作用，铜丝除作为加强肋外，也可减小摩擦。

（2）导轨润滑的工作特点

1）由于锤杆易坏，锤击时不允许出现大的偏心。

2）滑块速度高，可达 7~9m/s。

3）锻锤结构紧凑，导轨离热工件很近，加上气缸温度高，所以导轨温度高。

4）导轨垂直。

由于这些特点，故要求润滑剂耐高温并具有中等黏度。导轨所用润滑方法与润滑剂见表 10-4 和表 10-5。

2. 空气锤的润滑

空气锤比蒸汽-空气锤复杂得多，其除了与蒸汽锤具有相同的部分外，还有空压机的一套装置。其中，工作气缸、导轨、操作机构销轴等润滑部件是相同的。但增加了传动轴轴承、曲轴轴承、连杆、齿轮和压缩缸等润滑部件。

空气锤润滑点多，有采用集中润滑的必要。同时，空气锤由于安装传动轴和压缩缸等的需要，锤身刚性很大。另外，其吨位小，所以振动较小，润滑油泵及元件不易被振松、振坏，锤身内又有足够空间安装这些元件，这就具备了采用集中润滑的可能性。空气锤摩擦副的负荷一般较小，且速度较快，所以采用稀油集中润滑。

稀油集中润滑的自动油泵可采用气动油泵或单柱塞油泵。

气动油泵是利用压缩气缸的气压作为动力，其结构如图 10-4 所示。上部为一个油桶，下部有一个水平活塞，油桶和活塞之间的通路上有一个止回阀，压缩空气接口与压缩气缸的上腔相通。空转、提锤和压锤工位时，压缩气缸上腔始终与大气相通，气体无压力，气动油泵不动作。当锤处于轻、重连续打击工位时，压缩气缸上腔随曲拐的转动而处于压气和吸气的交替过程中。曲拐在轴线上部，压缩气缸上腔的空气被压缩，压缩空气进入水平活塞左端，推动活塞向右移动，将活塞右端的润滑油压向各润滑点。由于止回阀的作用，活塞右端的油不会压回油箱。当压缩缸上腔吸气（与大气相通）时，水平活塞在弹簧力的作用下回到原始位置，同时油桶里的油被吸到活塞右端。锤头每下落一次，就供给一定的润滑油，调节活塞的行程即可调节供油量。相反，压缩空气接口也可与压缩气缸下腔相接，其原理相同，而供油时间略有差别。

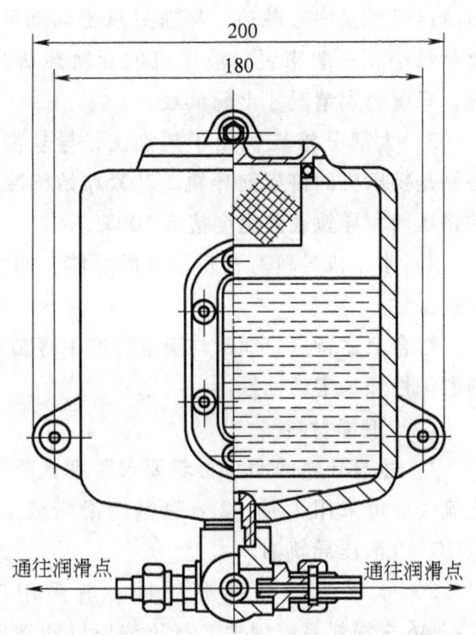

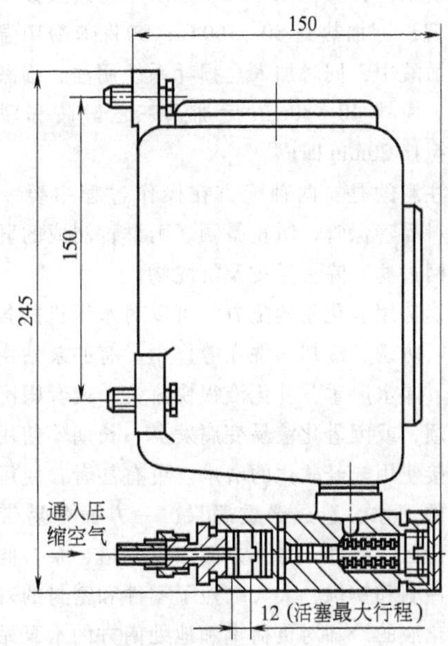

图10-4 气动油泵

单一柱塞泵可利用传动轴作为动力，经过带驱动另一带凸轮（或曲拐）的轴，传动轴带动凸轮轴旋转。凸轮轴旋转一圈，泵的柱塞就工作一个循环。其结构比气动油泵复杂得多。

空气锤所用润滑方法与润滑剂见表10-4和表10-5。

10.2.4 液压机的润滑

液压机按传压介质不同分为水压机和油压机，按工艺用途不同主要分为锻造液压机、模锻液压机、冲压液压机和挤压液压机等。从润滑观点出发，只需考虑水压机和油压机两大类。

由于液压机是液压传动，没有机械传动中的轴承、齿轮等摩擦副，而且传压介质的液体本身可以同时起到润滑和冷却双重作用，所以液压机的润滑问题简单得多。主要润滑部件是泵、阀元件、液压缸和导轨。

油压机用油作为传压介质，泵、阀元件浸泡在油中，不必考虑润滑问题，只有导轨需要润滑。

水压机用水作为传压介质。水虽有一定的润滑性，但润滑性能很低，而且有很强的锈蚀性，泵、阀元件和水压缸会很快锈蚀，因此有必要在水中加入乳化剂，以提高水的润滑性和防锈性。

无论是水压机，还是油压机，需要单独润滑的是导轨。导轨润滑点少，通常不必采用集中润滑，采用分散润滑即可。只有大型水压机的移动工作台有采用稀油集中润滑的。

1. 水压机泵、阀元件和水压缸的润滑

（1）工作特点

1）负荷较大，通常主系统采用21~32MPa的工作压力，运动件间常采用橡胶或夹布橡胶作为密封材料，摩擦力很大。

2）元件浸泡在水中，锈蚀严重。

3）水的过滤不良，水中含有杂质。

（2）润滑方式和润滑材料　水压机泵、阀元件的润滑靠采用乳化水。把体积分数为2%~5%的乳化剂加入软水中，经乳化液搅拌器搅拌后送入水箱。这里介绍两种乳化脂的配方供参考。

第一种配方（按质量分数）：L-AN15~L-AN32全损耗系统用油68%、松香10%、油酸（工业用）12%、碱液（质量分数为32%的NaOH）5%、酒精（工业用）5%。

配制工艺：①将全损耗系统用油、油酸、松香混合在一起，加热到120℃左右，使松香全部熔化，搅拌均匀；②松香熔化后将温度保持在110℃左右，徐徐加入碱液，边加边搅拌；③待冷至35~40℃时加入酒精，搅拌20min即可。

第二种配方（按质量分数）：L-AN15~L-AN68全损耗系统用油70%、油酸（工业用）12%、苯酚（工业用）2%、三乙醇胺（工业用）4%、联环已胺（工业用）2%、石油磺酸钡和甲苯（1：2）溶液10%。

配制工艺：①在15~30℃常温下将磺酸钡加入甲苯中溶解，可加热到80~100℃；②将苯酚用温水烫化加入油酸中，同时加入全损耗系统用油、磺酸钡甲苯溶液，搅拌40~80min后加入三乙醇胺和联环已胺，再搅拌20min即成。

要注意的是：两种配方在操作过程中要一直搅拌；原料妥善保管，防止暴晒、雨淋；制成的乳化脂需用筛网过滤，除去浮皮及沉淀物。

正确选用乳化脂的配方，可以对水压机的各部分起润滑、防锈、冷却和洗涤等作用。有的泵站由于管理不善，漏水严重，乳化液很快流失；或者嫌配制乳化水麻烦，或因乳化液易变腐发臭，长期不使用乳化液，直接使用未经软化的清水。更有甚者，使用含泥沙极重的河水，造成严重恶果：一方面容易带进杂质，研伤运动部件；另一方面加速管道、泵、阀、容器中的冲刷和锈蚀，大大缩短了零件和密封的寿命。

乳化液的冷却对负荷重和地处南方的水泵站非常重要，不仅可以防止乳化液变质发臭，而且可以延长密封的使用寿命。为此，应考虑采用较大容积的水箱，增大自然散热面积，同时要设置冷却器。

对水压工作缸这样承受重载摩擦的部件，仅仅采用乳化液还不够，必须给以单独的重点润滑。过去的润滑方法是在缸的压套上开环形油槽，用油枪注入润滑脂或润滑油，但大多数压力机是立式，工作缸离地面很高，加油十分不便，结果形同虚设，时间长了之后，油路堵塞，想加油也加不进去。比较简便的办法是在安装V形夹布橡胶密封圈时，在密封圈的所有表面上涂上二硫化钼润滑脂，更换一次密封就涂一次，并在一个月左右定期在柱塞表面涂一层，二硫化钼润滑脂有很强的附着力并具有抗水性，能保持较长时间。

对水压缸的柱塞来说，耐磨是主要的，减少摩擦阻力是次要的。因此，更彻底的办法是提高柱塞表面硬度和减小表面粗糙度，在柱塞表面镀铬，这样可使表面硬度提高，柱塞不易磨损和拉伤，故而提高了密封的寿命。

2. 导轨的润滑

（1）工作特点

1）速度较慢（除快锻液压机），间歇运动。速度较快的锻造液压机，其工作行程速度为60~150mm/s。

2）各种液压机作用在导轨上的负荷各不相同。锻造液压机如果操作不当会出现较大的偏心负荷，立柱上会出现较大局部压力，它的移动工作台负荷也较大；模锻液压机、冲压液压机的加工件是预先设计的，偏心较小，因而作用在立柱上的负荷也较小；挤压液压机承受中心载荷，导轨只承受运动部件重量，负荷最小。一般来说，液压机的导轨载荷为低到中等，只有个别情况才出现重载。

3）大部分液压机用于热加工，导轨温度较高，特别是挤压机的挤压筒导轨，其紧靠始终保持400℃的挤压筒，导轨表面温度接近100℃。

4）水压机导轨有被水浸蚀的可能，润滑材料要求抗湿性。

综合上述特点，润滑材料应具有中等黏度、较好的耐蚀性和一定的油性。

（2）润滑材料

1）垂直导轨的润滑材料要求黏度大一些，以防止流失，可采用1号、2号钙基润滑脂或L-HG100、L-HG150液压导轨油。

2）水平导轨的润滑材料一般采用L-AN32、L-AN46全损耗系统用油。挤压液压机的挤压筒导轨和移动模架导轨温度较高，可采用11号气缸油。

（3）润滑方式　以前通用的方法是在立柱铜套或导向板中开油槽，用油枪加油，这种方法只要能保证定时加油，润滑效果还是可以的。但是在实际使用中，由于这些导轨负荷较轻，短时间内看不出明显的损伤，故润滑问题往往被忽视，长期不加油，致使油槽、油孔中的油被污染、变质、积炭而堵塞，不能继续润滑。因此，从某种意义上讲，润滑的管理和维护比选择合适的润滑材料和润滑方式更重要。

导轨采用油线润滑在维护管理上比较简单。在水平导轨的导向装置两端面设置防尘刷，防尘刷与导轨紧密接触，刷子由羊毛毡制作，在刷子上面适当位置安放一个油盒，油盒和刷子之间连接着线绳，由线绳的毛细管作用而将油盒中的油输向毛刷，毛刷随导向装置的移动再将润滑油涂到导轨面上。这样，润滑油量由线绳的粗细来控制，导轨上润滑油的分布也均匀。维护工作是隔较长一段时间向油盒加油并清洗羊毛毡。

立式液压机用立柱作为导轨，活动横梁回程时，限程套有可能与上梁接触。限程套上端无法设置油盒，油盒可安置在限程套侧面，比上端面略低一些。立柱的铜导套比限程套短一些，在铜套上部放置防尘毡，其他情况与水平导轨相同。

锻造液压机和模锻液压机移动工作台的防尘问题要给以特别重视。当需要取出锻件时，移动工作台移出，导轨面会暴露出来，此时移动工作台上的锻件氧化皮易落入导轨，造成导轨拉伤。

10.3 汽车及内燃机的润滑

10.3.1 概述

汽车是自带能源、借助于自身的动力装置驱动的机动轮式无轨车辆。汽车上的动力装置（即发动机）大多是内燃机。从广义上说，内燃机是一种动力机械，它的燃料在机器内部燃烧，释放出的热能直接转换为动力。通常内燃机是指活塞式内燃机，包括往复式和旋转式活塞式发动机，但不包括其他内燃机，如自由活塞式发动机、旋转叶轮式燃气轮机和喷气式发动机等。

除了汽车以外，拖拉机、农业机械、工程机械、小型移动电站、各种战车、船舶、舰艇以及某些小型飞机均以内燃机作为动力。内燃机的润滑对防止内燃机机件处于干摩擦状态，减小零件之间的摩擦和磨损，提高使用寿命，起着十分重要的作用。内燃机润滑油的消耗量约占全部润滑油耗量的 50%。图 10-5 所示为内燃机的分类。从图 10-5 中可以看出，内燃机的类型繁多，可以按它所使用的燃料（如汽油、柴油、液化石油气等）和工作循环的行程数（四冲程、二冲程）进行分类，也可按冷却介质、气缸排列进行分类，还可按点火方式、进气是否增压来进行分类。不同类型的内燃机的润滑系统，所使用的润滑油有所不同，这是在考虑内燃机的润滑问题时需要注意的。

10.3.2 内燃机的润滑系统

内燃机的类型不同，供油方式也有所不同。表 10-6 为内燃机润滑系统的供油方式。其中，循环式润滑的油在机内使用，定期补加机油，使用一段时间或里程后，油的变质达到某个程度时需换新油；非循环式是油润滑某润滑点后，即行烧掉，随排气排出，没有废机油。

按照润滑油大量储存部位的不同，润滑油循环系统分为湿曲轴箱式和干曲轴箱式两种。

1）湿曲轴箱式润滑系统如图 10-6 所示。润滑油都储存在油底壳内，当发动机工作时，润滑油通过油池内的滤网和油管进入齿轮式油泵 6，再经过粗过滤器 1 被压送到主油道 3，然后分别进入各个主轴承和配气机构凸轮轴承等部件，其中一部分润滑油经细过滤器 4 回到油底壳；进入主轴承的润滑油分别沿着曲轴内的油孔进入连杆大端轴承，然后再送到连杆小端轴承；从连杆轴颈两端流出的润滑油靠曲柄的旋转运动甩到气缸、活塞或活塞销等摩擦表面进行润滑。润滑后的润滑油都回到油底壳中，所以这种湿曲轴箱式润滑系统也是属于压力循环润滑和飞溅润滑的混合方式。小型及车用发动机普遍采用这种润滑系统，它不需要专用的油箱。

2）干曲轴箱式润滑系统如图 10-7 所示，主要用于船舶、赛车、飞机以及某些运输机械等发动机上。它有独立的油箱，可储存较多的润滑油，而且布置也

表 10-6 内燃机润滑系统的供油方式

供油方式		特点	优点	缺点	适用机型
循环式	飞溅	由曲轴及连杆下部油匙把曲轴箱中的油溅起甩到曲轴箱周围的部件（如活塞、气缸、轴承和凸轮表面等）进行润滑	结构简单	可靠性差，润滑范围少，油变质快	小型单缸机
	压力（强制）	通过机油泵把油打到各润滑部位，如曲轴主轴承、连杆轴承、凸轮轴轴承、摇臂轴轴承等	润滑可靠，能保证发动机位置倾斜时的润滑	结构复杂	大型柴油机及工作时位置有变动的内燃机
	复合	曲轴箱内周围用飞溅润滑，其他部位用压力润滑	兼有上述二者的优点		一般中小型发动机
非循环式	油雾	油和燃料按一定比例混合，从燃料供给系统进到曲轴箱，减压时燃料蒸发进到燃烧室，润滑油分离出来润滑气缸及轴承后燃烧掉	不需要专门的润滑系统，简化了内燃机结构	机油耗量大，排烟大，对润滑油有特殊要求	小型二冲程汽油机
	注油	用注油泵定时定量将油打到气缸及轴承等润滑部位，最后烧掉	供油可靠性好使燃烧质量更好	对油有特殊要求	小型二冲程汽油机及大型十字头二冲程柴油机

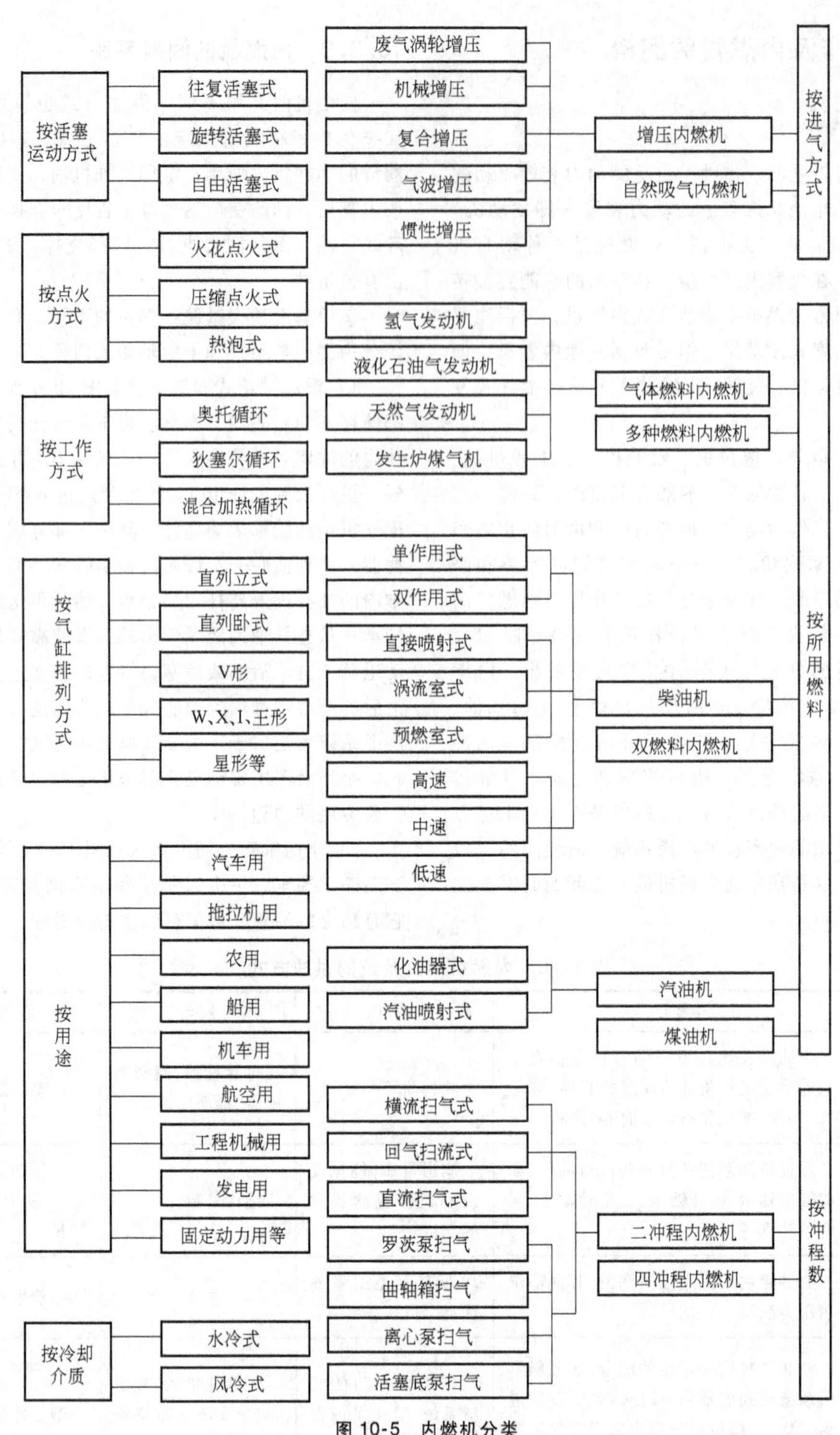

图 10-5 内燃机分类

比较自由。发动机油底壳内的润滑油很少，这样可以缩小油底壳的尺寸。当发动机工作时，润滑油被供油泵 2 从油箱 1 内通过油管不断地输送到各润滑表面。

为了保持油管内的正常压力，安装了定压阀 3，通过调节它可控制主油管内的最高压力（一般为 0.3~0.9MPa），并用它可防止低温起动时所产生的高压导致油管的破裂。

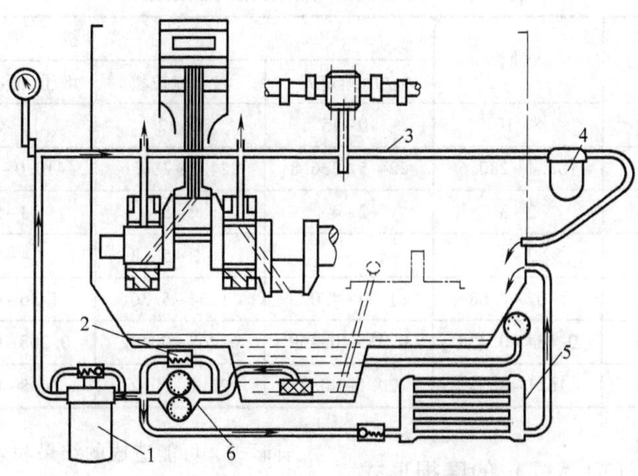

图 10-6　湿曲轴箱式润滑系统

1—粗过滤器　2—定压阀　3—主油道　4—细过滤器　5—润滑油冷却器　6—齿轮式油泵

图 10-7　干曲轴箱式润滑系统

1—油箱　2—供油泵　3—定压阀　4—过滤器　5—抽油泵　6—润滑油冷却器　7—旁通阀

M—压力表　T—温度表

系统中装有过滤器 4，用来过滤滑油中的杂质，将清净的润滑油送到各摩擦表面。这样能减少发动机各部件的磨损并延长润滑油的使用期限。

内燃机润滑系统一般由润滑油泵、过滤器、安全阀和冷却器等组成。

1）润滑油泵：把润滑油供给各摩擦表面的泵油件。

2）过滤器：起过滤润滑油的作用，以免金属屑、硬质颗粒等杂质混入摩擦表面。

3）安全阀：过滤器堵塞时仍可通过安全阀将润滑油旁通供应给摩擦表面。

4）冷却器：润滑油流过摩擦表面后接受摩擦热使油温增高，冷却器则将润滑油冷却到适于轴承工作的温度。

5）油底壳：用于储存润滑油。

6）压力表：用于监视供油压力是否正常。压力过高可能引起管道破裂、密封件损坏和影响润滑油膜的形成；压力过低则难以保证润滑作用。

7）调压阀：按内燃机运转需要对供油压力进行调节。

8）温度表：用于监视润滑油温度。大功率柴油机还装有低温油压自动停车或卸载装置。

一般内燃机润滑系统的主要参数范围见表 10-7。表 10-8 为某些国产内燃机润滑系统的有关数据。

表 10-7 内燃机润滑系统主要参数范围

参数	汽油机	柴油机			
		农用固定式	汽车拖拉机	增压,油冷活塞	大型、船用
油进、出口温差/℃	8~10	10~15	8~12	15~25	5~15
油带走热量/[kJ/(kW·h)]	168.4~280.6	224.5~336.8	224.5~280.6	4410.0~561.2	67.4~84.2
主油道流量/(mL/s)	2~3	2~4	2~5	3~5	2~3
主油道油压/kPa	2~3	2~4	2~5	4~8	1~3
机油消耗量/[g/(kW·h)]	1.07~2.68	1.34~4.02	1.34~5.36	1.36~4.62	0.67~2.68
机油箱容量/(L/kW)	0.134~0.335	0.335~0.469	0.268~0.402	0.268~0.603	—
单位流量/[L/(kW·h)]	16.1~33.5	20.1~40.2	20.1~40.2	26.8~67.0	6.7~20.1

10.3.3 汽车发动机（内燃机）的磨损形式

1. 汽车发动机（内燃机）的工作特点

现代汽车对发动机总的发展趋势是热效率高、速度高、高强度、大功率、体积小、质量轻、防止废气污染，这就要求其摩擦副具有它本身的不同特点：

1）温度高、温差大。发动机除了在运行中产生摩擦热以外，还要受到燃料燃烧产生热量的影响，因此摩擦副的温度较高。热变形和热膨胀会影响各运动零件正常的配合间隙，使摩擦面发生黏着和烧损。

2）运动速度快。由于摩擦副的运行速度高，摩擦面上难以形成润滑油膜，常处于边界润滑状态；一些做往复运动的零件，如活塞和气门等，其运动速度在上、下止点处瞬间变为零，使此处油膜形成困难。

3）运动零件单位承受的负荷量大。一些摩擦副（如凸轮和气门挺杆等）断续处于极压润滑状态，连杆轴需要承受冲击负荷。

4）燃烧室内及其周围难以充分提供润滑油。在燃烧室里生成的燃烧产物会促进润滑油的变质以及腐蚀金属，同时燃油和润滑油及其中的某些添加剂在燃烧时产生的沉积物积聚在活塞上，会起促进磨损的作用。

5）环境因素的影响。汽车大多在室外使用，需能适应全天候的环境因素的影响，如环境温度在-20~50℃。冬季在低温下冷起动和开始运转时，摩擦面常处于干摩擦和半干摩擦状态，进气中吸入的灰尘、盐分等有害物质会加速摩擦面的磨损。

2. 汽车发动机（内燃机）的磨损形式

汽车发动机中的摩擦副，如曲轴与凸轮轴等的轴颈与轴承、气缸与活塞中的缸体与活塞环、凸轮与挺杆、齿轮、气门杆与气门座、喷油泵与喷油嘴等的磨损形式、可能造成的结果和采取的措施见表 10-9。

10.3.4 内燃机油的选用

正确选择和使用润滑油是保证发动机正常运转，减少机件磨损，延长使用寿命，降低油耗和费用的重要因素。

不同类型的发动机对润滑油有不同的要求，而每种润滑油又有一定的使用范围。通常根据发动机类型、结构特点、有关参数、工作条件和工作环境温度来选用适当的润滑油。对新开发的发动机，初次选择润滑油时还需进行考核试验。首先确定其适合的质量等级，再根据发动机的使用工况、车况、外部环境温度等选择该质量等级中的黏度等级。在实际选油时，应严格按照发动机使用说明书中规定的用油等级选取油品。一般来说，高等级的内燃机油可以代替低等级的内燃机油，但低等级的油不能代替高等级的油。

在本书第 3 章中已介绍了内燃机油的分类、品种、规格以及其使用范围，该内容是合理选用内燃机油的主要依据。选用的基本原则如下。

1. 汽油机油的选用

随着环保、节能等方面的要求日益苛刻，汽油机的机械载荷及热载荷越来越高，需要不断改进发动机以满足这些要求，而这些改进往往也对油的性能提出新的要求，如为了防止汽车排气系统对环境的污染而在发动机进、排气系统增加了一些附加装置，以减少汽车尾气中排出的有害物质。但使用这些附加装置会使润滑油的工作条件恶化，对润滑油的性能也提出了进一步的要求。例如，有曲轴箱正压通风装置（PCV）的发动机可用 SE 级以上汽油机油（GB 11121—2006），有废气循环装置（EGR）的发动机可用 SE 级以上汽油机油（GB 11121—2006），有废气催化转化器的发动机可用 SF 级以上汽油机油。

表 10-8　国产内燃机润滑系统的有关数据

机型		标定功率/kW	转速/(r/min)	缸径/mm	行程/mm	润滑油泵形式	润滑油泵转速/(r/min)	润滑油泵供油量/(L/min)	润滑系统压力/MPa	油底壳容量/L	润滑油消耗量/[g/(kW · h)]	润滑油出口温度/℃
汽油机	CA-72	154.56	4400	100	90	转子泵	2200	43	0.15~0.5	5.5		
	SH-490Q	55.2	4000	90	90	转子泵	2000	16	0.2~0.5	6		
	25y-6100Q	103.04	3000	100	115	转子泵	1500	35	0.15~0.5	11		
柴油机	195	8.832	2000	95	115	转子泵	1000	6~7	0.2~0.3	3.6		
	485	27.232	2000	85	100	转子泵	2000	17	0.3~0.6	6.8		
	490	210.44	2000	90	100	转子泵	2800	23	0.35~0.45	10		
	4105	44.16	2000	105	120	转子泵	2875	29	0.3	13		
	6120Q	117.76	2000	120	140	齿轮泵	2000	67	0.5	32		
	6135Q	117.76	1800	135	140	齿轮泵	1895	53	0.6	2		
	6150	110.4	1500	150	180	齿轮泵		65	0.6~0.9		≤12.24	<95
	6160A	910.36	750	160	225	齿轮泵		50	0.7		≤5.44	<85
	42-160	2428.8	2000	160	170	齿轮泵	25210.8	≤450	0.9~1.2			
	轻 12-180	736	1700	180	200	齿轮泵	31810.5	120	0.6~0.9			
	重 12-180	6610.76	1500	180	205	双齿轮泵	2500	240	0.46~0.65			
	6250GZC	8010.6	1000	250	270	齿轮泵		530	0.5~0.6		≤6.8	60~75
	6260ZCD	294.4	400	260	340	齿轮泵			0.15~0.25		4.08	≤65
	6270CZ	471.04	600	270	340	齿轮泵		363	0.3		2.72	≤65
	6300ZC	441.6	400	300	380	齿轮泵		9500	0.4		≤3.4	≤70
	6350ZC	794.88	350	350	500	齿轮泵		185	0.4		6.12	<70
	6E390	1472	500	390	450	齿轮泵		压入>900，抽出>1400	0.3~0.35		10.52	<70
	6ESDZ75/160B	883.2	115	750	1600	齿轮泵			0.25~0.35		0.408~0.68	<70

表 10-9 汽车发动机摩擦

发动机零件		磨损形式	破坏形式	可能造成的结果	随机的(○)或明显的(×)限制因素
活塞环区	活塞环和缸套	黏着 磨料 腐蚀 疲劳	擦伤、咬伤 轻擦伤、重擦伤腐蚀 活塞环断裂	机油消耗,因下述原因造成燃烧室脏:辛烷值要求增加,非正常燃烧、漏气,机油污染 排气冒烟,大气污染噪声 最终状态性能降低 发动机破坏	○ ×
	活塞环槽	疲劳 摩擦腐蚀	将环槽撞坏	环断裂及其后果(压缩力和功率损失) 机油消耗增加及其后果 噪声	×
轴承		磨蚀抱紧和黏着抱紧 疲劳 气蚀 腐蚀 保持层蚀	擦伤剥落 裂缝气穴 点蚀 靠近油流的腐蚀 保护层的摩擦腐蚀	轴承损坏 连杆烧坏和发动机损坏 噪声	○
凸轮和挺杆		疲劳黏着	点蚀 划伤	功率损失(点火错误) 噪声	○
气门杆及导管		黏着磨蚀	划伤划痕	机油消耗、气门杆粘住、燃烧室脏、冒烟污染	×
气门杆和气门座		磨蚀和在高温下的腐蚀摩擦 腐蚀	擦伤点蚀	功率损失(压缩不良) 排气门破坏	×
活塞销		黏着	咬伤	噪声 发动机故障	×
齿轮		疲劳 黏着 磨粒	点蚀和剥落 划伤	噪声 点火错误 啮合不对	×
附件	机油泵	疲劳 黏着 磨粒	点蚀和剥落 划伤	噪声 大量泄漏和流动,油压降低润滑不良	×
	燃油泵杠杆	黏着 磨粒 疲劳	划伤 点蚀	燃油供给不良	
	喷油泵和喷油嘴	黏着腐蚀和腐蚀	划伤、咬伤、擦伤	喷射压力降低,燃烧不良,最后喷射系统损坏(咬伤)	×
	分电器	黏着腐蚀 火花造成的腐蚀	划伤 电点蚀	点火调整错误导致非正常燃烧、早燃 性能不良	×

副零件的磨损形式

设计者可能采取的措施	润滑剂的有关性质	对磨损有某种影响的其他参数
环的形状和材料 缸套形式和材料 改变间隙 机油滤清限度	黏度和流变性能 挥发性 边界性能 可润滑性 化学性质 可氧化性	工作温度 载荷 速度 使用 润滑剂氧化性 大气情况
镶环槽使间隙合适	化学性质 可氧化性	温度 载荷 振动(临界速度)
对轴承的影响： —材料 —形状和尺寸 —间隙 —应用滚子轴承 对油泵的影响： —流量 —压力 对过滤限度的影响 冶金和热处理作用	黏度和流变特性 在起动速度和过渡期间的边界特性和可润滑性 负荷承载能力 油中空气泡沫 黏弹特性 化学性质 可氧化性 黏度和流变特性 边界特性和弹性 液体动力特性 介电特性 化学性质	温度 负荷(强度和循环变化) 速度 使用 油泵流量(压力降和泄漏) 进油管的位置 排气效率 磨粒的分散 机油腐蚀性 弹簧载荷 运动质量的惯性 振动和临界速度 凸轮型面和宽度 摇臂间隙 润滑剂液流温度
气门杆密封 气门管材料 表面质量	高温时黏度 挥发性 高温时极限特性 热稳定性	
气门设计材料性质(钨铬钴合金面) 气门头和座、气门的冷却(钠)	高温下极限特性	温度 载荷 弹簧硬度 使用
活塞销尺寸间隙 材料和表面处理 活塞的冷却和机油供给	高温下极限特性 载荷承载能力 化学性质	载荷 速度 使用
齿轮切削 材料和表面处理 轮齿尺寸 润滑流量	极限和弹性 液体动力性能(载荷承载能力) 化学性质	温度 速度 油泵流量 使用 机油渗气
齿轮切削材料和表面处理 轮齿尺寸润滑流量	极限和弹性液体 动力性能(载荷承载能力) 化学性质	温度 速度 油泵流量使用 机油渗气
材料和表面处理	极限和弹性液体 动力性能(载荷承载能力) 化学性质	温度 速度 使用 振动
材料和表面处理 零件设计间隙 工艺装备和表面粗糙度燃油滤清	燃油润滑性(化学性质和添加剂)	温度 使用 燃油滤清燃油性质
材料和表面处理	黏着性高放电能力	温度 速度 使用 振动 电气系统状态

(1) 四冲程汽油机油质量等级的选用　主要根据发动机的技术参数、所处的环境温度、运转条件、排放水平及工作条件苛刻度等因素来选择不同质量级别和黏度级别的发动机油。

越新和越高档的车建议使用质量等级越高的机油产品，同时考虑用车环境温度来选择黏度等级，如全年温差大的地区建议选用复级机油。另外，经常在高负荷条件下工作、使用已久、磨损严重、各部位间隙比较大及在高温下工作的发动机要用黏度较大的发动机油，反之要用黏度较小的发动机油。

汽车发动机用油还可根据美国石油学会（API）“内燃机油分类”（参见第3章）中规定的该车型的生产年代大致区分所要求使用的质量等级来选用，例如：

1964~1967年用SC级汽油机油；

1968~1971年用SD级汽油机油；

1972~1980年用SE级汽油机油；

1981~1986年用SF级汽油机油；

1987~1993年用SG级汽油机油；

1994~1997年用SH级汽油机油；

1998~2000年用SJ级汽油机油；

2001~2003年用SL级汽油机油；

2004~2010年用SM级汽油机油；

2010~2018年用SN级汽油机油；

2018年至今用SP级汽油机油。

此外，所用机油容量与功率比也是选用内燃机油质量等级的因素。机油容量大，对机油的质量要求不严格；机油容量小，对机油质量要求高，如小轿车发动机体积小，功率大，要求使用高等级汽油机油。

表10-10为我国主要汽车OEM用油要求。

表10-10　我国主要汽车OEM用油要求

OEM	推荐发动机油规格
上海通用	Dexos1™5W/30;5W/20
广州丰田	SN 5W/30;5W/20
东风尼桑	SN 5W/30
北京现代	SN 5W/30;5W/20
广州本田	SN 5W/30
长安福特	M2C 930-A 5W/20;SW/30
吉利	SN 5W/30
一汽大众	VW 502/505/50501;5W/40
上海大众	VW 504/507;5W/30
奇瑞	SN 5W/30
东风雪铁龙	SN 5W/30

对内燃机油黏度等级的选择，一方面要根据内燃机所处的最低环境温度，以便所选择的内燃机油可在此温度下能保证内燃机顺利起动，另一方面要根据发动机的负荷及自身环境温度来考虑，使所选择的油品在内燃机工作时具有适宜的油膜强度，可以保证内燃机的良好润滑。

表10-11为SAE发动机油的黏度等级。

表10-11　SAE发动机油的黏度等级

黏度等级	低温动力黏度/(mPa·s) 不大于 ASTM D5293	低温泵送黏度/(mPa·s) 在无屈服应力时，不大于 ASTM D4684	运动黏度(100℃)/(mm²/s) 不小于 ASTM D445	运动黏度(100℃)/(mm²/s) 不大于 ASTM D445	高温高剪切黏度(150℃,10^6s^{-1})/(mPa·s) 不小于 ASTM D4683,ASTM D4741,ASTM D5481
0W	6200(-35℃)	60000(-40℃)	3.8	—	—
5W	6600(-30℃)	60000(-35℃)	3.8	—	—
10W	7000(-25℃)	60000(-30℃)	4.1	—	—
15W	7000(-20℃)	60000(-25℃)	5.6	—	—
20W	9500(-15℃)	60000(-20℃)	5.6	—	—
25W	13000(-10℃)	60000(-15℃)	9.3	—	—
8	—	—	4.0	<6.1	1.7
12	—	—	5.0	<7.1	2.0
16	—	—	6.1	<8.2	2.3
20	—	—	6.9	<9.3	2.6
30	—	—	9.3	<12.5	2.9
40	—	—	12.5	<16.3	3.5(0W/40,5W/40和10W/40等级)
40	—	—	12.5	<16.3	3.7(15W/40,20W/40,25W/40,40等级)
50	—	—	16.3	<21.9	3.7
60	—	—	21.9	<26.1	3.7

(2) 二冲程汽油机油质量等级的选用　我国现有二冲程汽油机油三个质量等级，即EGB、EGC和EGD。一般根据升功率（或称强化程序）的大小并参考其排量来选择。

升功率50kW/L左右、排量50~100mL的小型风冷二冲程汽油机通常选用EGB二冲程汽油机油。该油能防止发动机高温堵塞及防止由燃烧室沉积物引起的提前点火。

升功率大于73kW/L、排量250mL左右的中型风冷二冲程汽油机常选用EGC二冲程汽油机油。该油可防止高温活塞环粘接及防止由燃烧室沉积物引起的提前点火。

例如，济南轻骑 QM50W 与 QS90、重庆建设 JS50 与 CY80、重庆嘉陵 CJ50、玉河 50、洛阳 LY30、沈阳航空 50、明星 50、天津迅达 80 与 100、株洲南方 NF125、北京 BM022、长春 AX100 等型号摩托车均可选用 EGB 二冲程汽油机油。

2. 柴油机油的选用

（1）四冲程柴油机油的选用　选择四冲程柴油机油，主要根据的是柴油机强化系数 K 的大小，以及柴油机的单位热负荷与结构上的特殊需要。

计算柴油机强化系数 K 的公式如下：

$$K=p_e C_m Z$$

$$p_e=\frac{N_e \tau \times 30S}{Vn}$$

式中　p_e——活塞平均有效压力（0.1MPa）；

τ——冲程数（四冲程 $\tau=4$，二冲程 $\tau=2$）；

V——工作容积（L）；

n——转速（r/min）。

C_m——活塞平均线速度，$C_m=\frac{sn}{30}$（m/s）；

Z——冲程系数（四冲程柴油机 $Z=0.5$，二冲程柴油机 $Z=1.0$）；

N_e——柴油机功率（kW）；

S——活塞行程（m）。

计算柴油机增压比的公式如下：

$$\pi_k=p_k/p_0$$

式中　π_k——增压比；

p_k——增压器压力；

p_0——标准大气压。

按照强化系数和增压比，可分为三类情况：

1）$K<30$，非增压柴油机，活塞上部环区温度在 230℃以下，一般可以选用普通 CA 级柴油机油。

2）$K=30\sim50$，低增压，即增压比在 1.4 以下，活塞上部环区温度在 230~250℃之间的柴油机，可选用 CC 级柴油机油。

3）$K>50$，中高增压，即增压比为 1.4~2 或 2 以上，活塞上部环区温度在 250℃，应选用 CF 级或更高质量等级的柴油机油。

此外，当柴油机燃用的柴油中硫的质量分数增加 1%时，应将柴油机油的质量级别提高一级。翻斗车、拖拉机及大负荷重型柴油车必须选用 CF-4 级柴油机油。

除了以上根据柴油机强化系数选择柴油机油质量等级的方法以外，还可以根据图 10-8 所示的发动机工况苛刻程度与柴油机油质量等级的关系图来选择。图 10-8 中，纵坐标是活塞平均有效压力，横坐标是活塞平均线速度，图中曲线划分出了 CA（MIL-L-2104A）、CB（MIL-L-2104A Supply1）、CC（MIL-L-2104B）、CD（MIL-L-2104C）四个质量等级的区域。由活塞平均线速度与平均有效压力两个坐标的交点所处区域，可确定选用油的质量等级。

有关我国汽车行业的用油要求可参见表 10-10。

（2）铁路内燃机车柴油机油的选用　铁路内燃机车功率大，超过 4000 马力（1 马力=735.5W）。柴油机油由于受到空间和重量的限制，功率提高主要是提高增压压力和转速、缩短冲程、增大缸径等措施。因此，机车的机械负荷和热负荷系数都很大，强化系数可高达 70~90。又因铁路机车长期在野外行驶，环境条件甚差，且使用较多的重质燃料，所以对铁路内燃机车柴油机油的抗磨、抗腐蚀、高温清净性和低温分散性都提出了要求。此外，机车用内燃机具有较大的储备功率，绝大部分时间在部分载荷及多变工况下工作，因此与一般内燃机的用油有较大差别。

我国在 1997 年已制定了内燃机车三、四代柴油机油的国家标准（GB/T 17038—1997），过去使用三、四代油的内燃机车，可根据使用要求和车型，对照标准技术要求选用适当的油品。举例如下：

1）要求改进防止粘环的增压内燃机车，可选用能改善控制环区沉积物清净性的三代油（相当于 CD 级柴油机），如 NY5、NY6、NY7 和 ND4 型等增压内燃机车。

2）要求降低油耗和使用高硫燃料的增压内燃机车，可选用相当高的碱性和分散性的四代油（相当于 CD^+ 级柴油机油），如 ND5 型增压内燃机车。

1988 年后，节能发动机问世，其强化系数可达到 90，机油温度升至 120~130℃，四代油已经不能满足新型机车的使用要求，于是发展了五代油，同时多级油在铁路机车上的应用得到首肯而且被广泛应用，多为 SAE15W/40、20W/40。

铁路内燃机车五代油首先要满足大功率、运行条件苛刻、高强化系数发动机的使用要求，应具有良好的黏温性、载荷性、清净分散性和抗氧化性。随着铁路机车柴油机设计的不断改进，强化系数不断提高，油品氧化产物也越来越多，加之在怠速运转条件下，积炭在机油中的分散量增加，使油品黏度增长速度加快，换油周期缩短，因此要求五代油具有更高的清净分散性、抗氧化性及抗磨性。

表 10-12~表 10-14 为国、内外机车使用的内燃机油性能及对比情况。

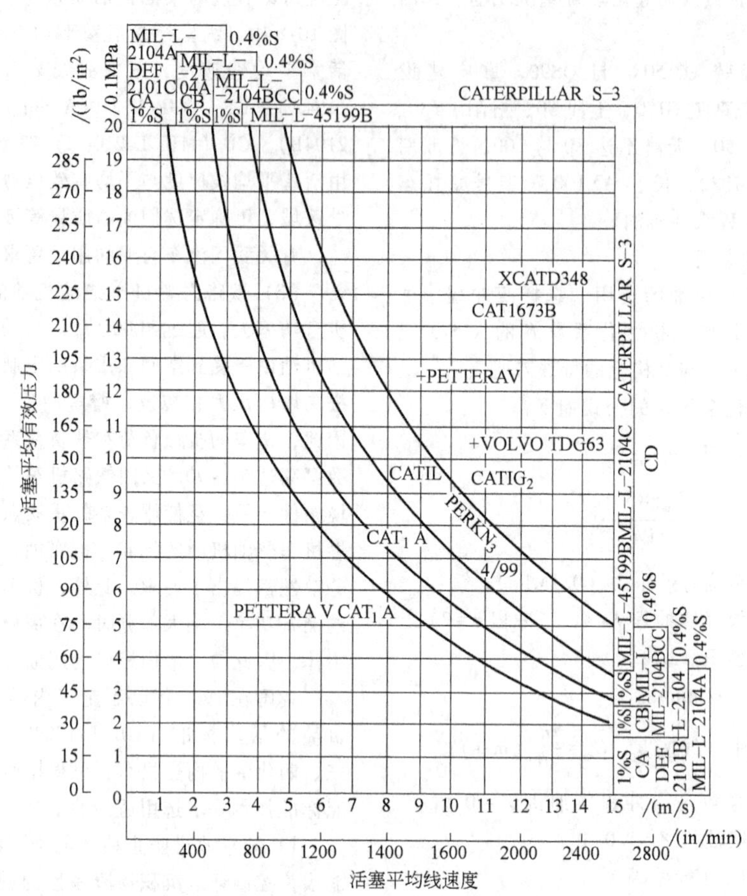

图 10-8 柴油机油质量等级选择图

表 10-12 我国内燃机车柴油机油选用及换油指标

机型		东风 1、2、3	东风 4	北京	东方红	NY,ND2	ND4,ND5
选用油名称		40CA(或 CC)	1 号、2 号油				四代油
换油期/10^4km		5	8~10	4~6 (1 号油) 8~12 (2 号油)	6~8	5.5	6
换油指标	$\nu_{100℃}$/(mm^2/s)	<10.5,>0.17	<10.5,>18			<11,>18	<13,>19
	闪点/℃	>170	<180				
	水分(质量分数,%)>	0.1	0.1				0.2
	不溶物(质量分数,%)>	3.5	5	7	4	6	5.0
	pH 值 <	4.5	5.0				
	碱值 <		2.5				0.5(D-664)
	斑点	4 级	4 级				
	备注	国标	专标				专标

表 10-13　美国内燃机车柴油机油分类与适用我国机型的对照

GM 公司	GE 公司	要求	特性	适用机型
一代油		防止粘环	清净、抗氧	东方红等 207E
二代油	优质Ⅰ类	延长滤清器换滤芯期	具有分散性	东风 1~4 型
三代油	优质Ⅱ类(7TBN)	改善粘环	强清净性	北京型、东风 6 等
	优质 Ⅲ 类(10TBN)	碱值保持性好	高碱值、用重油作为燃料	ND-4 进口机型
四代油	超性能(13TBN)	机油耗小,燃料含硫高	高分散性及碱性	ND-5 等

表 10-14　机车柴油机制造厂对铁路柴油机油的性能要求

机车柴油机制造厂	SAE 黏度级别	TBN ASTM D2896	硫酸盐灰分(%)	Zn 含量(%)		API 性能等级	行车试验要求
				最大	最小		
美国通用汽车公司	40	10~20	—	10×10^{-6}	—	—	三台车,一年行车试验
GM-EMD	40	10~20	—	—	—	CD	三台车,最少 10×10^4km
美国通用电气公司 GE	20W40	10~20	—	—	—	CD	三台车,最少 10×10^4km
德国发动机和燃气轮联营公司	30	—	1.5	—	0.05	SE/CC	需要进行行车试验
	40	—	1.5	—	0.05	SE/CD	需要进行行车试验
MTU	15W40	—	1.8	—	0.05	SE/CD	需要进行行车试验
英国帕克斯曼公司 Paxman	40	最小 9	—	不允许		SE/CC SE/CD	—
Alco 公司	40	10~20		—	—	CD	—
加拿大邦巴的尔公司 Bombar-dier	40	7~10 ①	—	—	—	CD	—
		10~13 ②	—	—	—	CD	
瑞士苏尔寿公司 Sulzer	40	—	—	—	—	CD	需要进行行车试验
法国热机研究所一大西洋公司 SEMT-Pielstick	40	最小 10	—	—	—	CD	需要进行行车试验
法国阿尔萨斯机械制造公司 S、A、C、M	40	10	—	—	—	CD	需要进行行车试验

注：各成分含量皆为质量分数。

① 柴油硫含量不大于 0.7%（质量分数）。

② 柴油硫含量不大于 0.7%（质量分数）。

（3）气体燃料发动机油的选用　目前常用气体燃料发动机有使用液化石油气（LPG）、压缩天然气（CNG）以及液化石油气/柴油双燃料的发动机。与汽油、柴油发动机相比，天然气发动机产生的排放物少，对环境的污染要少得多，而且在燃油日益紧张的今天，较低的燃料费用也具有很好的经济性，因此压缩天然气（CNG）作为汽车代用燃料，最具有发展潜力和实用价值。

天然气的主要成分是甲烷，与汽油相比有较高的热值。但气体不能像汽油、柴油燃料那样靠液体蒸发降温，在燃烧过程中也没有过量的空气来冷却燃烧气，因此发动机温度较高，很容易引起润滑油品的氧化和硝化反应，促使油老化；添加剂中过量的灰分含量也容易引起预点火；气体含有腐蚀性时，还需在润滑油中考虑耐蚀性。这是在使用燃气发动机油时需要注意的问题。

燃气发动机润滑油目前还没有统一的标准，一般使用原设备厂商的规格，而且多半采用多级润滑油以适应可变化的操作条件和保证在低温下使用。对于重型柴油发动机，同时以压缩天然气驱动的公共汽车为主要使用领域的专用润滑油，一般要经过发动机制造厂商行车试验和检验性试验，如梅塞德斯·奔驰（Mercedes-Benz）MB226.9、MAN M3271、康明斯（Cummins）CES20074 等规格的试验。一些厂商是根据 300~10000h（约 2 年）的行车试验来提出对润滑油的要求。我国中国石化长城润滑油公司现已开发生产系列天然气发动机油以及液化石油气/汽油机油和液化石油气/柴油机油双燃料发动机油，制定了企业标准，可供选用（参见第 3 章）。

（4）农用柴油机油的选用　为简化管理，拖拉机用油往往具备多功能的要求。目前国际上比较常用的类型有拖拉机传动装置万能润滑油 STOU，主要用于拖拉机的液压系统、齿轮箱和湿式闸；超级拖拉机万能润滑油 UTTO，主要用于拖拉机的液压系统、齿轮箱、湿式闸和发动机。UTTO 作为发动机润滑油，也要求有较好的清净分散性，有适合使用的黏度级别和质量级别。对这种类型的润滑油，国外拖拉机制造厂商也有相应的技术要求，见表 10-15。

表 10-15 国外拖拉机制造厂商关于拖拉机润滑油的规范

制造厂商	润滑油类型	规范
Ford	STOU	ESN-M2C-159-C
Ford	UTTO	ESN-M2C-86-C
John Deere	STOU	JDM J27
John Deere	UTTO	J20C、J20D
Massey Ferguson	STOU	CMS M1139、CMS M1144
Massey Ferguson	UTTO	CMS M1135、CMS M1143

农用车是具有中国特色的产品之一，具有价廉、实用、多功能的特点，介于汽车和拖拉机之间，兼具两者的功能，主要以单缸直喷柴油机为动力，农用车的用油需要使用专用的柴油机油。

(5) 船用柴油机润滑油的选用　由于船用柴油机的负荷比较大，发动机缸套与活塞等主要摩擦副之间的温度比较高，航行在高温线时，船舶环境温度也比较高，因此在选择润滑油时，首先应该考虑选用黏度等级较高的油品。平均有效压力大于 0.8MPa 的发动机要用黏度等级高于 SAE40 的油；反之，则可选用 SAE40 以下的油。然后根据燃料油的含硫量，选择合适的总碱值 TBN。

另外，用户也可以根据产品使用说明书中推荐的润滑油牌号、黏度等级和总碱值等进行选油。表 10-16 列出了 MAN B&W 机型所需润滑油黏度等级和总碱值。表 10-17 为国内外船用柴油机所使用的润滑油。

表 10-16 MAN B&W 机型所需润滑油的质量要求

分　类	低速柴油机		发电机的原动机
	系统润滑油	气缸	系统润滑油
黏度等级	SAE30	SAE50	SAE30
总碱值 TBN	TBN5~10	TBN70~80	TBN20~25

表 10-17 国内外船用柴油机所使用的润滑油

国别	机型	系统润滑油	气缸润滑油	备注
中国	6-135	30、40 号柴油机油	—	夏季用黏度大的，冬季用黏度小的
中国	6-150	50 号柴油机油	—	
中国	42-160	20 号航空润滑油	—	
中国	轻 12V-180	20 号航空润滑油	—	
中国	重 12V-180ZC	50 号柴油机油或 MK-22[①] 航空润滑油	—	
中国	6250GZC	40 号柴油机油	—	
中国	6260ZCD	30、40 号柴油机油	—	
中国	6300ZC	30、40 号柴油机油	—	
中国	6350ZC	30、50 号润滑油	—	
中国	6E390	50 号柴油机油	—	
中国	6ESDZ75/160B	40 号车用机油	40 号润滑油	
法国	PA6-280	SAE40HD 级	—	
法国	PC2-5	SAE40CD 级	—	
瑞士	苏尔寿 RLA56	SAE30	SAE50	
瑞士	苏尔寿 ZV40/48	SAE30HD 级	SAE40HD 级	
日本	三菱 UEV42/56C	SAE30	SAE40	
日本	赤坂 U50 型	SAE30HD 级	SAE40	
日本	三井 L-V42M	SAE30	SAE40	

注：表中所列柴油机油为 CC 级。

① MK-22 为苏联牌号航空润滑油。

1）系统油的选用。系统油的选用主要根据柴油机的机型、运转工况、工作环境和所用燃油的质量而定。对于低速十字头柴油机的系统油，对 TBN 的要求并不高，所以可选用相对低些的 TBN，一般选用 10mg KOH/g 以下，而黏度等级可用 SAE30、SAE40，黏度指数应大于 80。

国内在沿海和内河一般用“八五”期间研制的系统油，黏度等级为 SAE40，TBN 和国外同类产品相当，有良好的抗水性。

2）中速机油的选用。中速筒状活塞柴油机除了作为动力输出装置用在船舶上外，还可以作为电力输出装置用在发电机组上。中速机油兼有气缸油和系统油的双重功能，因此在油品的选择过程中需要重点考虑油品的总碱值。中速机油总碱值的选择可以参考表 10-18。

对于工况条件较缓和、所用燃料含硫量不高的中速筒状柴油机，也可选用低速十字头发动机用的系统油。国内研制成功的 TBN12、TBN25、TBN40、SAE40 的中速机油经实际使用，得到了用户的肯定，应该是很好的选择。

用户在使用过程中，应注意保持循环油箱中有一个稳定的 TBN 值。TBN 稳定值的推算公式如下：

$$TBN_{\infty}=TBN_0-6.5\frac{S}{C}$$

式中　TBN_0——新油总碱值（mgKOH/g）；

TBN_{∞}——总碱值稳定值（mgKOH/g）；

S——燃料油含硫量（质量分数,%）；

C——润滑油耗量［g/(kW · h)］。

国外有些发动机厂商也规定了 TBN≥(40%～50%)TBN_0。

表 10-18　中速机油总碱值的选择

工况	燃油含硫量（质量分数,%）	中速机油 TBN /(mgKOH/g)
苛刻	3.5～4.0	40
苛刻	2.0～3.5	30
苛刻	1.0～2.0	20
苛刻	0.5	12
中等苛刻	1.5～2.0	25
中等苛刻	0.5～1.5	15
中等苛刻	0.5	10
缓和	<0.5	7

3）船用气缸油的选用。气缸油用于低速十字头柴油主机气缸的润滑时，可根据所用油的质量、机型、工作条件等来选择。

TNB 是否和所用燃料的含硫量相匹配，是气缸油首选的指标，见表 10-19。若 TBN 太低，不能有效中和燃烧产物，会造成严重的腐蚀磨损；若 TBN 偏高，则不但不经济，过量碱值的气缸油在燃烧后还会使灰分增多。

气缸油在使用中的注油量也是一个重要的指标。

表 10-19　气缸油适宜碱值的选择

燃料油含硫量(质量分数,%)	0.5	0.5～1.0	1.0～1.5	1.5～2.0	2.0 以上
气缸油总碱值(mgKOH/g)	5	5～10	0～20	20～40	40～75

在 MAN B&W 公司、Wartsila 公司开发的润滑油供油系统中，出于环保和经济性的考虑，都降低了注油量，以更有效地使用气缸油。在 MAN B&W 公司设计的 ALPHA 供油系统中，可以根据燃料油中的含硫量计算润滑油的注入量，也可以混配两种气缸油用以调整所需的碱值，通过实时监控气缸油废油调整气缸油的加入量。一般气缸油的耗量可通过下列传统公式来推算：

$$L=0.35BXS/TBN_{min}$$

式中　B——燃料耗量［g/(kW · h)］；

S——燃料中硫的含量（质量分数,%）；

TBN_{min}——新油时的最低 TBN（mg KOH/g）；

X——燃料中硫生成酸与气缸中清洁性的比值。X 值与缸径有关，关系如下：

缸径/mm	110	300	400	500	600	700
X 值	0.35	0.20	0.15	0.12	0.10	0.08

10.3.5　汽车等车辆的润滑

由于汽车等车辆的品种众多，结构不断更新改进，对安全性、环保、节能、舒适性各方面的要求日益严格，因此对润滑系统及润滑油不断提出新的要求，主要涉及发动机、底盘、变速器及自动变速器、传动轴、制动器、离合器、液压系统、各种轴承等有关总成和零部件的润滑。其中，发动机（内燃机）、车辆齿轮、自动变速器、制动器、离合器、液压系统、轴承等的润滑均在第 3 章、第 8 章等做过专题论述。图 10-9 所示为某轿车的发动机润滑系统，图 10-10 所示为该轿车在保养中需要润滑的部位（件号注释见表 10-20），表 10-20 为其润滑剂加注位置及推荐使用的润滑剂，可供参考。表 10-21 为解放 CA1090 及东风 EQ1091 等同类汽油汽车用油，表 10-22 为使用低增压柴油发动机的汽车用油。

表 10-23 及表 10-24 为建筑机械用润滑剂的选用表。

合理使用润滑油的关键是选择合理的换油期，而换油期的长短是由油品质量变化情况和报废指标决定的。柴油机油和汽油机油的换油指标分别见表 10-25 及表 10-26。表 10-27 列出了主流重型牵引车质保期和换油周期。

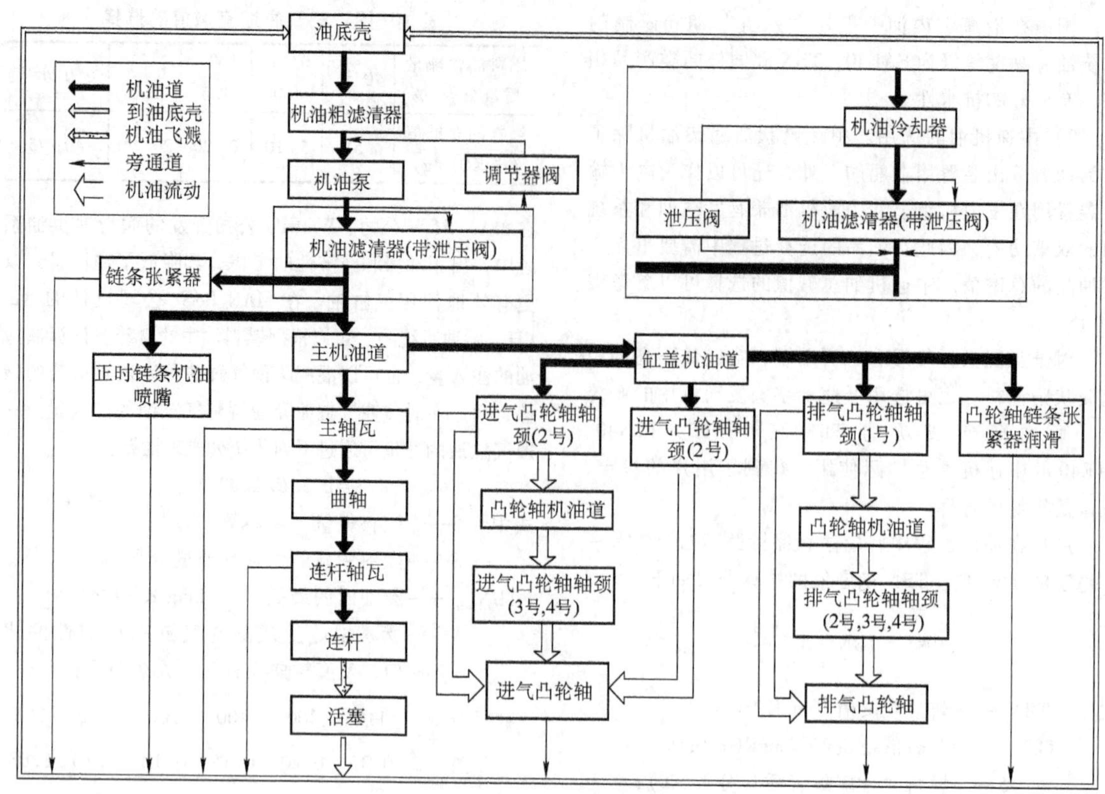

图 10-9 发动机润滑系统

表 10-20 轿车润滑剂加注位置及推荐使用的润滑剂

件号	润滑位置	润滑剂
1	发动机	使用标有"API Service SN"以上的高效发动机润滑油
2	变速器	Genuine Honda ATF PREMIUM(高级自动变速器油)或 DEXRON Ⅲ、DEXRON H 或 DEXRON Ⅳ自动变速器油
3	制动管路(包括 ABS)	DOT3 或 DOT4[①] 制动液
4	离合器管路	DOT3 或 DOT4[①] 制动液
5	动力转向齿轮箱	P/N 08773-B070E 转向机润滑脂
6	释放拨叉(手动变速器)	润滑脂 UM264(P/N41211-PY5-305)
7	换档拉索或选档拉索(手动变速器)	
8	节气门拉索端部(仪表板下板孔处)	聚硅酮润滑脂
9	节气门拉索端(节气门操纵杆)	多用途润滑脂
10	制动器总泵推杆	
11	离合器总泵推杆	多用途润滑脂
12	发动机盖铰链和发动机盖锁闩	
13	蓄电池电极桩	
14	燃油加注口盖	
15	行李箱铰链和锁闩	
16	车门上下铰链和锁闩	
17	车门开启卡销	
18	制动卡钳	聚硅酮润滑脂
19	动力转向系统	纯正的 Honda 动力转向油(V、II 或 S)
20	空调压缩机	压缩润滑油:NDOIL8(P/N38897-PR7-033 或 38899-PR7-A01)所用的制冷剂为 HFC-134a(R-134a)

注:件号为图 10-10 中的件号。

① 建议使用纯正的 Honda 制动液。

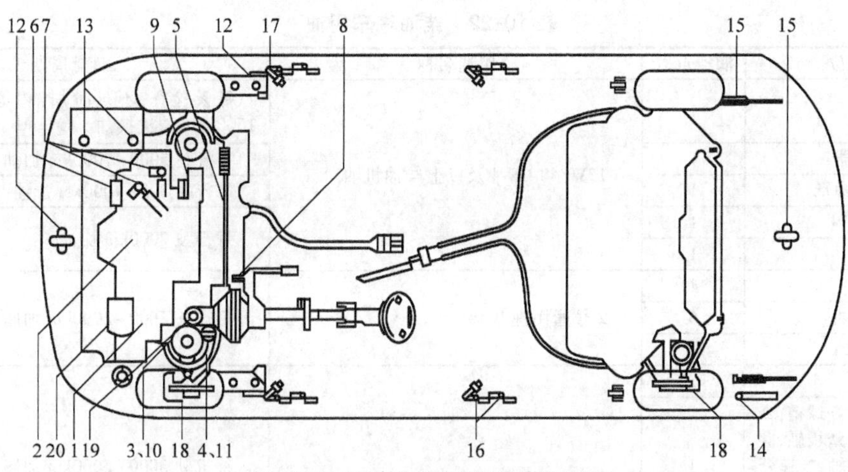

图 10-10　轿车保养中需要润滑的部位

表 10-21　汽油汽车用油

润滑部位	润滑点数	用油名称	润滑周期
曲轴箱	1	5W/30 SN 汽油机油	每天检查油面，不足时添加，每行驶 5000~15000km 清洗机件换油
离合器分离轴承	1		每行驶 5000~7000km 用油壶注油 5~8g
分电器凸轮衬套及断电臂轴	2		每行驶 1000km 加注几滴
变速器	1	75W/90、85W/90、80W/90GL-5 车辆齿轮油	每行驶 5000~7000km 加油到注油孔为止，换油期 5000~100000km
后桥	1		
转向器	1		
传动轴滚针轴承	3	2 号通用锂基脂	每行驶 1500km 用油枪加注一次
后轮轮毂及前轮轮毂	各 2		每行驶 20000~25000km 清洗轴承换脂
水泵轴	1	2 号通用锂基脂或 2 号钙基脂	使用锂基脂，每行驶 2000~3000km 加脂；使用钙基脂，每行驶 1000~2000km 加脂
变速器第一轴前球轴承	1	2 号通用锂基脂或 2 号钙基脂	每行驶 14000km 加脂
分电器轴	1		每行驶 1000km 转动油杯盖
发电机	2	1 号复合钙基脂	每行驶 15000~20000km 换脂，如果脂未硬化还可继续使用
前后钢板弹簧销	12	2 号通用锂基脂	每行驶 1000~2000km 加脂
前后制动器凸轮轴	6		
驻车制动蹄片轴	2		
转向节主销	1		
传动轴滑动叉、离合器踏板轴	各 1		每行驶 3000~5000km 加脂
转向拉杆球销、传动轴中间支承装置	各 1		
离合器分离叉	2		
分电器凸轮	1		每行驶 6000km 将毛毡浸少量润滑脂
筒式减振器	2	减振器油	每行驶 25000km 或每年清洗换油
前、后及辅助钢板弹簧	6	石墨钙基脂	当钢板弹簧发出响声后涂脂，或每行驶 6000~14000km 在每片钢板弹簧表面涂脂

表 10-22 柴油汽车用油

润滑部位	润滑点数	用油名称	润滑周期
曲轴箱	1	15W/40 CF-4 及以上柴油机油	每天检查,不足时加油,每行驶 1000~15000km 清洗换油
喷油泵调速器	1		每行驶 5000~7000km 加油
离合器分离轴承	1		每行驶 500~1000km 加油
驻车制动杆座	1		每行驶 2000km 加油
加速踏板轴	1		
转向节销	1	2 号通用锂基脂	每行驶 1000~2000km 加脂
前后制动凸轮轴	6		
前后钢板弹簧销	12		
转向器轴	1	2 号通用锂基脂	每行驶 3000~5000km 加脂
转向横、直拉杆球销,牵引装置,离合器踏板轴,驻车制动第一、二轴,变速器拉杆换档轴,驻车制动棘轮轴,传动轴滑动叉	1		
离合器分离叉轴	2		
水泵轴			使用锂基脂,每行驶 2000~3000km 加脂;使用钙基脂,每行驶 1000~2000km 加脂
前后轮毂轴承	4	2 号通用锂基脂	使用锂基脂,每行驶 20000~25000km 清洗轴承换脂;使用钙基脂,每行驶 10000~15000km 清洗轴承换脂
蓄电池电极柱		工业凡士林	清除氧化物后涂抹,每季进行一次
减振器	1	减振器油	每行驶 6000~10000km 加油,每年清洗换油一次
变速器、后桥主减速器、转向器	各 1		每行驶 5000~7000km 加油到注油孔为止,行驶 50000~100000km 换油
传动轴万向节轴承	1		每行驶 3000km 加油,20000~30000km 清洗轴承换油
圆锥主动齿轮轴承	1		
前后钢板弹簧		石墨钙基脂	当钢板弹簧发出响声后涂脂,或每行驶 6000~14000km 在每片钢板弹簧表面涂脂

表 10-23 建筑机械用内燃机油、齿轮油、液压油、液力传动油和汽车制动液

序号	润滑油组别字母	润滑油品种	代号或牌号	应用场合
1 2 3 4 5	内燃机油 E	CF-4 及以上柴油机油 5W/30, 10W/30, 15W/40, 20W/50	CC30 CC40 CC5W/30 CC10W/30 CC15W/40	适用于高速低增压或自然吸气非增压的柴油机润滑
6 7 8 9 10		CI-4 及以上柴油机油 5W/30, 10W/30, 15W/40, 20W/50	CD30 CD40 CD5W/30 CD10W/30 CD15W/40	适用于要求高效地控制磨损和沉积物的高速高负荷增压柴油机的润滑
11 12 13	齿轮油 C	普通车辆齿轮油	90 80W/90 85W/90	适用于汽车手动变速器和曲线齿锥齿轮后桥的润滑
14 15 16 17 18		重负荷车辆齿轮油 (GL-5)	90 140 80W/90 85W/90 85W/140	适用于在高速冲击负荷、高速低转矩和低速高转矩工况下使用的车辆齿轮,特别是客车和其他各种车辆的准双曲面齿轮驱动桥,也可用于手动变速器

（续）

序号	润滑油组别字母	润滑油品种	代号或牌号	应用场合
19	液压油 H	HM	L-HM32	适用于低、中、高压液压系统，也可用于其他具有中等负荷的机械润滑部位
20			L-HM46	
21			L-HM68	
22		HV	L-HV32	适用于环境温度变化较大和野外作业的低、中、高压液压系统及其他中等负荷的机械润滑部位
23			L-HV46	
24			L-HV68	
25		L-HS	L-HS46	适用于北方冬季，也可全国四季通用
26	液压油 H	液力传动油	—	适用于液力传动、变矩器、液力偶合器、动力换挡变速器
27	制动液	合成制动液	HZY3	适用于机动车辆液压制动系统
28			HZY4	
29			HZY5	

表 10-24 建筑机械用润滑脂（摘自 SH/T 0601—1994）

序号	润滑剂组别字母	润滑脂品种	代号或牌号①	应用场合
1	润滑脂 X	通用锂基润滑脂	L-XBCHA2 号	适用于工作温度在-20～120℃范围内的各种机械设备的滚动轴承和滑动轴承及其他摩擦部位
2		极压锂基润滑脂	L-XBCHB2 号	适用于工作温度在-20～120℃范围内的高负荷机械设备的轴承及齿轮的润滑
3			L-XBCHB00 号	适用于工作温度在-20～120℃范围内，可用于集中润滑系统
4		二硫化钼极压锂基润滑脂	L-XBCHB2 号	适用于工作温度在-20～120℃范围内的重负荷齿轮和轴承的润滑，并能用于有冲击负荷的部件
5		7014-1 号高温润滑脂	2 号	适用于高温下工作的各种滚动轴承的润滑，也可用于一般滑动轴承和齿轮的润滑。使用温度范围-40～200℃

① 表中所列产品均采用现有产品标准确定的产品名称、代号或牌号。

表 10-25 柴油机油换油指标（摘自 GB/T 7607—2010）

项目		换油指标				试验方法
		CC	CD、SF/CD	CF-4	CH-4	
运动黏度变化率(100℃)(%)	超过	±25		±20		GB/T 11137 和本标准 3.2
闪点(闭口)/℃	低于	130				GB/T 261
碱值下降率(%)	大于	50②				SH/T 0251③、SH/T 0688 和本标准 3.3
酸值增值(以 KOH 计)/(mg/g)	大于	2.5				GB/T 7304
正戊烷不溶物(质量分数,%)	大于	2.0				GB/T 8926 B 法
水分(质量分数,%)	大于	0.20				GB/T 260
铁含量/(μg/g)	大于	200 100①	150 100①	150		SH/T 0077、GB/T 17476③ ASTM D6595
铜含量/(μg/g)	大于	—	—	50		GB/T 17476
铝含量/(μg/g)	大于	—	—	30		GB/T 17476
硅含量(增加值)/(μg/g)	大于	—	—	30		GB/T 17476

① 适用于固定式柴油机。
② 采用同一检测方法。
③ 此方法为仲裁方法。

表 10-26 汽油机油换油指标（摘自 GB/T 8028—2010）

项目		换油指标		试验方法
		SE、SF	SG、SH、SJ(SJ/GF-2)、SL(SL/GF-3)	
运动黏度变化率(100℃)(%)	>	±25	±20	GB/T 265 或 GB/T 11137① 和本标准的 3.2
闪点(闭口)/℃	<	100		GB/T 261
(碱值-酸值)(以 KOH 计)/(mg/g)	<	—	0.5	SH/T 0251 GB/T 7304
燃油稀释(质量分数,%)	>	—	5.0	SH/T 0474
酸值(以 KOH 计)/(mg/g) 增加值	>	2.0		GB/T 7304
正戊烷不溶物(质量分数,%)	>	1.5		GB/T 8926 B 法
水分(质量分数,%)	>	0.2		GB/T 260
铁含量/(μg/g)	>	150	70	GB/T 17476① SH/T 0077 ASTM D 6595
铜含量/(μg/g) 增加值	>	—	40	GB/T 17476
铝含量/(μg/g)	>	—	30	GB/T 17476
硅含量/(μg/g) 增加值	>	—	30	GB/T 17476

① 此方法为仲裁方法。

表 10-27 主流重型牵引车质保期和换油周期

品牌	中国一汽	东风汽车	中国重汽	福田戴姆勒汽车	陕汽重卡
型号	J6/J6P/JH6	天龙启航	汕德卡	欧曼牵引车	德龙 X3000 牵引车
国五车质保最新政策	36 个月 无里程限制	36 个月 无里程限制	36 个月 无里程限制	36 个月 无里程限制	36 个月 无里程限制
	10 万 km 换油	4 万 km 换油	10 万 km 换油	10 万 km 换油	6 万 km 换油
发展趋势	根据新的排放法规，质保期可能延长至 60 个月或 70 万公里 牵引车柴机油 ODI 为 10 万~12 万公里，齿轮油 ODI 为 10 万~20 万公里				

自动变速器润滑油简称 ATF（Automatic Transmission Fluid）。通常 ATF 的基础油是从石蜡基原油中提炼出来，简称矿物油（约占 90%）。但由于基础油固有的特性（局限性），必须添加各种类型的添加剂（约占 10%）以适应各种工况的要求，才能满足变速器正常的使用，故又衍生出各种合成油的 ATF。合成 ATF 的温度适应性更广，抗氧化能力强，使用寿命长，综合性能好，是未来 ATF 发展的主流方向。

随着现代汽车工业的不断发展，对 ATF 的使用要求越来越高，其功能包括减少摩擦、减少磨损、降低工作温度、耐高低温、防腐、防锈、清洗、动力传动、防震、密封、导热、绝缘等。ATF 的添加剂多种多样，有抗氧化剂、清洁剂、分散剂、倾点抑制剂、黏度指数改进剂、抗泡剂、摩擦改进剂、金属减活剂、抗乳化剂、腐蚀抑制剂和极压添加剂等，这些添加剂都是为了加强基础油某些方面的性能，赋予基础油某些天然并不具备的特性，所以含有各种添加剂的 ATF 比比皆是，其性能各有所长，参差不齐。ATF 的品质主要体现在物理指标的黏度、黏度指数、闪点和倾点等。以下是自动变速器润滑油的基本检测指标：

黏度（Kinematic Viscosity）@ 100℃，cSt（ASTM D-445）4~8；

黏度（Kinematic Viscosity）@ 40℃，cSt（ASTM D-445）20~40；

黏度指数（Viscosity Index）（ASTM D-2270）≫150；

闪点（Flash Point）℃（℉）（ASTM D-92）≫170；

倾点（Pour Point）℃（℉）（ASTM D-97）≪-40。

黏度（Kinematic Viscosity，cSt ASTM D-445）是指油温在100℃（工作温度）时的运动黏度（ATF在流动时内部的摩擦力即流滞阻力）。普通的ATF黏度指数一般是在4~8之间，ATF的黏度与发动机机油的黏度不同，发动机机油的黏度指数可以高至20以上，这是因为变速器ATF的黏度过高会增加阻力和摩擦力，使离合器颤抖，功率损耗增加，阀体工作不灵活，换档缓慢、滞后；摩擦力一旦增高也会使工件发热，而容易造成磨损，同时黏度的偏高也影响了ATF的流动性，从而使变速器工作温度上升，影响变速器的使用寿命。高品质的ATF的黏度指数都在7左右，特点是反应迅速，换档快捷而平稳，摩擦系数小，工作温度低，使用寿命长。

黏度指数（Viscosity Index ASTM D-2270）是指ATF在40℃时至100℃时的黏度指数，一般在150以上。也就是说，ATF在常温下与工作温度的黏度变化，高品质的ATF不应随着温度的高升而使黏度变稀像水一样，也不能随着温度的降低使黏度上升像糨糊一样，而是使其黏度控制在最佳的润滑状态，保证变速器的正常工作。

闪点（Flash Point ASTM D-92）是指ATF在高温下的闪火点（闪爆点）。一般闪点的指标以不低于170℃为好。闪点偏低会加速ATF的氧化，同时容易挥发，增加不稳定因素和安全因素，直接影响使用寿命。

倾点（Pour Point ASTM D-97）是指装在容器中的ATF以45°的角度倒出，在低温下多少摄氏度不能流动，好的ATF的倾点不能高于-40℃。以前国内是以凝点为检验标准，但ATF在凝固前可能已经失去了流动性（半凝固状态），故此检验方法不够科学，欠准确，后改为国际统一的检验标准。

综合以上的情况，ATF的品质基本要符合高温下的稳定性，即抗氧化能力强，变成酸性的机会少，有利于防止油泥和油膜氧化物的产生，避免变扭器和离合器打滑，延长ATF的使用寿命；在低温状态下有着良好的流动性，可保证冷车起动的有效润滑，减低磨损的可能性。黏度控制在一个合理的工作范围内，可及时有效地传递转矩，保持变速器正常的工作温度，润滑和清洁变速器各个部件。

美国通用汽车公司DEXRON和美国福特公司MERCON这两种最有代表性的规范中给出了具体的性能指标：

（1）适当的黏度　ATF的使用温度为-40~170℃，范围很宽，又因自动变速器对其工作油的黏度极其敏感，所以黏度是ATF重要的特性之一。不同种类的变速器，所需要的ATF黏度也不相同，因此不能随意地更换汽车使用ATF的标准油，以免由于ATF黏度与自动变速器对黏度的要求不适应，导致出现不良反应。当使用ATF的黏度偏大时，不仅影响变矩器的效率，而且可能造成低温起动困难；当使用ATF的黏度偏小时，会导致液压系统的泄漏增加，特别是变速器在高速工作时，铝制阀体膨胀量大，此时黏度小则可能引起换档不正常。

（2）良好的热氧化安定性　ATF的热氧化安定性是使用中的一个极为重要的问题。和机油一样，油品的氧化安定性直接决定着ATF的使用寿命和自动变速器的使用寿命。因为ATF的使用温度很高，如果其热氧化安定性不好，就会形成油泥、清漆、积炭及沉淀物等，从而造成离合器片和制动片打滑，导致控制系统失灵等故障的发生。美国的一专业公司测定了出租车和自用小轿车自动变速器中的油温，其中自用小轿车在高速公路上的油温为82.2~87.8℃，而出租车在市内停停走走时的油温更高，一般在93.3~111.7℃之间。由于亚洲路况、驾驶因素等影响，可能有一定差别，但据科学估计，ATF油温保持在100℃左右，极端情况下可能会达到150℃，而在离合器片表面温度可达393℃。因此，亚洲车辆自动变速器的工作状况更为恶劣。

（3）良好的抗泡沫性　自动变速器中的ATF产生泡沫对传动系统危害很大，这是由液力自动变速器油的工作性质所决定的。由于采用的液力变矩器和变速器由同一油路系统供油，因此它既是变矩器传递功率的介质，又是变速器自动控制的介质和润滑冷却的介质。泡沫可导致变矩器传递功率下降，泡沫的可压缩性可导致液压系统压力波动和油压下降，严重时可使供油中断。油中混入大量空气，实际上是减少了润滑油量。这些气泡在压缩过程中，温度的升高又加速了油品老化，影响了油品使用寿命，且导致机件早期磨损。

（4）良好的抗磨性能　只有良好的抗磨性能才能保证：①行星齿轮中各齿轮传动的需要；②离合器片工作效能的需要；③自动变速器寿命的需要。

（5）与系统中橡胶密封材料的匹配性好　自动

变速器中使用的多是丁腈橡胶、丙烯橡胶及硅橡胶等，要求 ATF 不能使其有太明显的膨胀，也不能使之硬化变质。

（6）良好的摩擦特性（换档性能）　这是保证传动齿轮各件工作平顺的关键，且能降低噪声，延长寿命。

（7）防腐（防锈）性能优良　在传动装置和冷却器中安装有铜接头、黄铜轴瓦、黄铜过滤器及止推垫圈等部件，这些部件中均含有大量的有色金属，因此 ATF 必须要保证不会引起铜腐蚀和其他金属生锈。

（8）贮存安定性优良　ATF 在一定温度范围和一定时间内应该保证均相，没有分解，且 ATF 各成分不应该出现分层或析出等现象。

10.3.6　农业机械的润滑

1. 农业机械润滑的特点

1）农业机械大多在农田、山地作业，气候环境及工作条件恶劣，经常处于风吹、雨淋、日晒、寒冷（冬季）以及泥沙、水浸环境中，不易维护润滑剂的清洁和保护摩擦表面免受磨损和腐蚀。

2）农业机械的负荷随耕作种类和土地情况不同而有所不同，有时满负荷，有时又空负荷（退程），还往往带有冲击性和振动。因此，要求润滑油有较好的抗摩擦性，以保证良好的润滑。

3）农业机械大多是移动式，振动和颠簸严重，润滑油处于剧烈晃动状态，会使油中杂质不易沉降，并对润滑油的氧化起促进作用。因此，要求润滑油有良好的抗乳化性、抗氧化性和抗泡沫性。

4）要求简化所使用的品种数，便于储存和管理。

2. 农业机械润滑剂的选用

农业机械所用内燃机油、车辆齿轮油、液压油、液力传动油、制动液和润滑脂等大致和汽车、建筑机械等相似，可参照选用。

我国农业机械主要有小型拖拉机、大中型拖拉机和其他机械。其中拖拉机主要用到的润滑油有柴油机润滑油、拖拉机底盘用润滑油（包括车辆齿轮用油、液压油、液压-传动两用油、多功能传动系用油）。液压-传动两用油具有车辆齿轮油和液压油的性能，能同时应用于除湿式离合器和湿式制动器以外的拖拉机传动系统和液压系统。多功能传动系统用油具有车辆齿轮油和液压油的性能以及一定的摩擦特性，能同时应用于具备湿式离合器和湿式制动器的拖拉机传动系统、液压系统和制动系统。目前，拖拉机底盘用润滑油的趋势是简化用油品种，主机厂推荐指定专用油。

国外对拖拉机用油的应用进行了分类，包括 UTTO、STOU 及 ERTTO 三类。其中，UTTO 能满足液压-传动-刹车系统用油，STOU 能满足发动机-液压-传动-刹车系统用油，ERTTO 能满足液压-传动-刹车系统用油，且可生物降解，是未来发展的方向。

我国拖拉机用油标准是参照国外标准制定的，目前执行的通用标准为 JB/T 7282—2016《拖拉机用润滑油品种、规格的选用》。该标准对拖拉机用柴油机润滑油、液压-传动两用油、多功能传动系用油、齿轮油等油品的质量标准做出了较为明确的规定，这对国内用户选用拖拉机用油具有重要的指导意义。

10.3.7　铁路车辆的润滑

1. 内燃机车柴油机的特点及对润滑的要求

1）除了早期的机车外，都采用增压技术，因而热载荷及机械载荷较高，加上列车速度不断提高，因此要求选择适当的润滑材料和润滑方式，以降低摩擦和磨损，节约能源，延长部件寿命。

2）要求较长的换油期。它的油箱较大，故换油量较大，一般换油期为 60000～100000km。在实际使用中要参考换油指标，定期检查运行中的油品，当有任何一项指标超标时，应更换旧油。表 10-28 为铁路机车柴油机油的质量检验项目及改进方法。

表 10-28　铁路机车柴油机油质量检验项目及改进方法

油品使用检验项目		质量变化控制指标	附记
基本检验项目	外观与气味	迅速变化	由观察者判断
	斑点试验	密集，黑和小	测定戊烷不溶物
	爆裂试验	有水	测水
	黏度/(mm^2/s)		
	40℃降低	35%	
	40℃增加	25%	
	总碱值 TBN/(mgKOH/g)	2	不考虑最初 TBN

（续）

	油品使用检验项目	质量变化控制指标		附记
补充检验项目	燃料稀释(体积分数,%)	5		测定黏度降低
	闪点/℃	170		只用在确定有燃料稀释的情况
	水(体积分数,%)	0.2		只用在爆裂试验是水的情况
	乙二醇	有乙二醇		只用在有抗冰剂的情况
	凝结不溶物(质量分数,%)			
	戊烷	3.0		只用在斑点试验不合格情况
	苯	2.5		只用在戊烷不熔物>3.0%的情况
	微量磨损金属/(mg/kg)	EMD 型	其他型	金属来源
	铝	20	20	活塞、轴承
	铬	20	20	环、缸套、水质
	铜	100	40	轴承、轴瓦
	铁	100	100	发动机部件
	铅	100	100	轴承
	硅	20	20	沙和灰尘,调整空气滤清器
	银	3	不测定	轴承
	钠	100	100	水质
	锌	10	不限	电镀表面
	使用油品状况	原因		改进方法
	黏度降低	补加低黏度油		重新装入合适的油品
		燃料稀释		调整喷嘴操作和燃烧因素
	黏度增加	补加高黏度油		重新装满合适的油品
		高温操作		调整冷却系统,减少超负荷操作
		超过或延长换油周期		勤换油,或用较适合使用条件的油,增加给油率
	TBN 迅速降低	高硫燃料		用高 TBN 油,勤换油,增加给油率
		油品氧化		减少高温操作
	有水	低温操作		调整发动机自动调温器,勤换油
		冷却剂泄漏		纠正冷却系统漏损
	不溶物含量高	燃料烟怠		调整喷嘴操作
		油品氧化		减少高温操作,不超过或不延长换油期
		沙和灰尘		调整空气滤清器
	磨损金属迅速增加	空气过滤有缺陷		调整空气和油滤清器
		油过滤有缺陷		调整发动机操作条件
		发动机起动失败		检查维修程序

3）发动机运行时储备功率较大，以备超载、上坡时用，正常运行时仅用其部分功率，而且车站与车站的距离不长，因而怠速工况多，一般怠速时间占总运转时间的 1/3~1/2，因而缸套壁温较低。

4）由于发动机在低工况及怠速工作时间多，柴油喷嘴雾化不良，因而机油易被柴油稀释。燃料中的硫燃烧后生成的氧化硫易于凝结成硫酸而产生腐蚀磨损，因而用同等含硫量的燃料时，内燃机车柴油机油要求的碱值高于一般车用柴油机油。又由于要求的换油期长，因此要求油的碱值保持性好。同时由于燃烧不够完全，易于生成烟灰及冷凝水，使油泥沉积多，易堵塞滤清器，因此要求油的分散性好。

5）对 GM 公司 20 世纪 80 年代前出厂的发动机，要限制油中的锌含量，因为这类发动机的活塞销镀银，而锌盐对银有腐蚀作用。

6）为了保证柴油机运行安全，一般机车柴油机每月进行一次润滑油光谱分析，高速铁路列车（HST）动车的润滑油每 2~3 天进行一次分析，并且要严密监视，以防发生故障。

2. 铁路车辆的润滑剂选用

铁路车辆除了机车或动车柴油机润滑以外，还要考虑齿轮润滑、车辆轮轴润滑、牵引电动机轴承润滑、内燃机车调速器油、减振器油与绝缘油的选择以及电气化接触网导线与轮轨润滑等。

（1）柴油机的润滑　在前面已做介绍。

（2）齿轮的润滑　齿轮是机车或动车通过牵引电动机电枢轴传递动力使车轮转动的重要部位，要求选用80~140号GL-5或PG-1级车辆齿轮油。对于从国外引进的ND5内燃机车以及8K、8G、6K型电力机车，需要使用专用的铁路机车齿轮油。

内燃机车及电力机车牵引齿轮润滑系统一般为封闭式飞溅润滑，主要有以下特点：

1）速度变化范围宽。目前客、货干线机车速度一般为60~160km/h，这种随机多变的速度加上频繁的减速与起动，对形成油膜不利。

2）载荷变化大。空、重载列车交替变化，线路不平顺，弯道以及钢轨接头引起的冲击负荷都会使牵引齿轮受力变化频繁。

3）滚动、滑动结合运动复杂。机车牵引齿轮为渐开线齿轮，主动与从动齿轮的啮合运动为滚动与滑动的组合，难以形成充分的流体润滑或弹性流体润滑状态，尤其在低速运转条件下，往往为半干摩擦的边界润滑状态。

4）全天候户外作业。风沙、雨雪、南北冬夏气温差别甚大的自然环境给齿轮润滑系统带来不利的影响。

（3）滚动轴承的润滑　机车、动车及车辆与牵引电动机轴承均广泛采用滚动轴承，铁路货车轴质量大、转速低，要求轴承润滑脂的基础油具有较高的黏度，而一般速度较高、冲击负荷较大的客车则要求有较低的黏度，故应分别对待。目前机车或动车轴承润滑脂多选用2号或3号锂基、极压锂基或锂钙基脂，也可选用聚脲基脂（较高速机车用）。牵引电动机轴承润滑脂，国外常采用与机车或动车轴承相同的润滑脂。

（4）电气化接触网导线与受电子滑板的润滑　国外采用固体石蜡、石墨等复合润滑剂或石墨脂及金属化炭滑板的办法来减少摩擦磨损，延长导线寿命。

（5）内燃机车调速器的润滑　内燃机车大功率柴油机使用的是液压式调速器控制。调速器具有独立的供油系统、稳压系统、配速系统和功率调节系统等。其功能特点是：可使停机柔和，转速波动小，稳定性好，功率调节平稳。目前，我国内燃机车使用的调速器油是以聚a-烯烃合成油为基础油，加入抗氧化、防诱蚀、抗乳化及抗泡沫等添加剂调配而成，具有优良的热氧化安定性、防锈蚀、抗乳化和抗泡沫能力以及优异的低温性。

10.3.8 船舶的润滑

1. 船舶的结构特点及对润滑的要求

用于船舶上的中高速且功率不高的柴油机用油已在前面介绍，这里只介绍装备于排水量为2000t以上的船舶柴油机用油。表10-29为柴油机的转速和应用范围，表10-30为船用柴油机对润滑油的要求。

表10-29　柴油机的转速和应用范围

柴油机种类	十字头低速柴油机	中速筒状柴油机	中速/高速柴油机	高速柴油机
转速/(r/min)	60~120	300~1000	600~1500	600~2250
缸径/mm	350~900	200~620	195~255	98~185
单缸功率/kW	567~3855	77~1066	75~185	15~127
应用范围	远洋货船、油轮、集装箱2000t~50万t超大货船	主机用于小、中、大船电站发电和大船辅机渡轮	火车头、拖网渔船、拖船、小货船、电站发电	载货汽车、小船、泵、发电用辅机、压缩机
油品要求	船用气缸油船用系统油	中速机油	中速机油、普通柴油机油	中速机油、普通柴油机油

表10-30　船用柴油机对润滑油的要求

性能		中和效率	极压性	高温清净性	抗磨损性	抗氧抗腐性	抗乳化性	抗泡沫性	碱值保持性	油膜扩散性	热稳定性
低速十字头二冲程柴油机	气缸	√√√	√√√	√√√	√√√	√	√	/	√	√√√	√√√
	系统	√	√√	√	√	√√√	√√√	√√√	/	/	√√√
中速筒状活塞柴油机		√√√	√√√	√√√	√√√	√√√	√√√	√√√	√√√	√√√	√√√

注：√√√表示有最高的要求；√√表示有很高的要求；√表示有一定要求；/表示无要求。

按照船舶的发动机结构和性能的不同，可将其分为低速十字头二冲程柴油机和中速筒状活塞四冲程柴油机。低速十字头柴油机的特点是功率高、缸径大，著名的制造厂家为 MAN-B&W Sulzer 及三菱等。瑞士 Sulzer 的 RTA84T 单缸功率达 35000kW。MAN-B&W 的 MC 系列最大单缸功率达 51840kW，平均有效压力 1.8MPa，活塞平均速度 8m/s，因此其机械载荷及热载荷十分高。这类柴油机的气缸润滑系统与曲轴润滑系统隔开，各用各的润滑油。气缸使用船用气缸油，由注油器将气缸油经气缸壁上的注油孔（一般均布 8~12 个）喷注到气缸壁表面，润滑气缸及活塞等。其注油量可控，能保证可靠的气缸润滑。但由于这种润滑方式将油直接接触高温及劣质燃料中的硫燃烧后生成的酸性物，因此在高温清净性、酸中和性、极压性及油膜扩展性上有很高的要求。由于油在润滑后即燃烧排出，属一次性润滑，因而对抗氧化性、抗泡沫性和抗乳化性等要求不高。曲轴箱系统的润滑油称系统油，它不直接接触高温及酸性物，仅润滑轴承及齿轮等部件，但由于船上接触海水的机会多，故要求有好的抗乳化性，而对高温清净性、酸中和性及极压性等要求较低。

图 10-11 所示为大型低速柴油机润滑系统的示意图。润滑油循环柜 3 中的润滑油经磁性粗滤清器 4 由润滑油泵 5 抽出，通过细滤清器 6 和润滑油冷却器 7 输送至柴油机的润滑油总管中，再经由总管上的支管送至十字头轴承，经减压阀减压后送至主轴承、凸轮轴轴承等处润滑点。系统中还设有专门管路，将润滑、冷却用润滑油送至活塞中进行润滑，回油从各轴承的间隙溢出后落入油底壳，汇集于循环油柜。润滑油就这样在系统中不断循环。

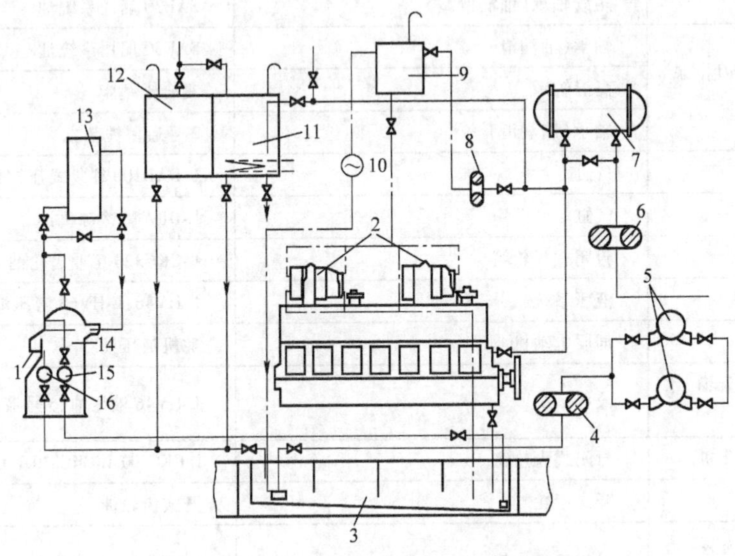

图 10-11　大型低速柴油机润滑系统的示意图

1—主机　2—涡轮增压器　3—润滑油循环柜　4—磁性粗滤清器　5—油泵　6—细滤清器　7—润滑油冷却器　8—增压器用细滤清器　9—重力油柜　10—溢流管观察镜　11—润滑油污油柜　12—润滑油储存柜　13—润滑油加热器　14、15—分油机　16—分油机排出泵

系统中设有两台润滑油泵，其中一台备用。为了保证润滑油压力稳定和流动均匀，常采用螺杆泵。在油泵的吸油管路上设有真空表，用于了解泵的工作情况。真空度通常不超过 250mmHg（1mmHg = 133.3Pa）。泵的排油管上还设有安全阀和调节出口压力的旁通阀。

中速筒状活塞柴油机的结构与一般的陆用高速柴油机相似，只是比一般的高速柴油机要大得多，气缸与曲轴箱共用一种润滑油，即中速筒状活塞柴油机油（简称中速机油）。

在某些中速筒状活塞柴油机中，除了采用飞溅润滑方式润滑气缸以外，也采用注油润滑作为气缸润滑的辅助措施。

2. 船舶润滑剂选用

船舶各润滑部位使用的润滑剂见表 10-31。

10.3.9　飞机的润滑

随着大功率发动机和超音速飞机的发展，对飞机润滑的要求越来越高。美国燃气涡轮发动机在 20 世纪 40 年代的推重比为 2~3，80 年代已达到 8。为了提高推重比而采取的重要设计措施之一是提高燃气涡

表 10-31 船舶各润滑部位使用的润滑剂

机器名称	润滑部位	润滑油脂
柴油机(大型、低速)	气缸、燃烧燃料油的船舶、烧柴油的船舶	船用气缸油、船用系统油
	曲轴箱轴承、推力轴承、减速齿轮、调速器	船用系统油
	增压器	L-TSA 防锈汽轮机油、船用系统油
	排气阀连接机构	2 号通用锂基脂
柴油机(中速或高速)	气缸及曲柄箱(烧柴油的船舶)	船用中速机油,CF-4、CH-4、CI-4 柴油机油
应急设备动力柴油机	气缸及曲柄箱	10W/30 CC 汽油机油
蒸汽汽轮机	轴承、减速齿轮及推力轴承	L-TSA68 防锈汽轮机油
往复蒸汽机	气缸	680 号、1000 号、1500 号气缸油
	轴承(闭式曲柄箱)	L-TSA68 防锈汽轮机油
推进器	中间轴承	SAE30 船用系统油
	尾管轴承(油润滑型)	SAE30 船用系统油
电动机、发电机、电扇、泵、离心泵等	轴承(油润滑)	SAE30 船用系统油
	高温轴承	复合锂基脂
	轴承(脂润滑)	2 号通用锂基脂
空气压缩机	气缸	L-DAB100 往复式压缩机油
冷冻机	气缸	L-DRA46 冷冻机油
离心净油机、分油机	封闭式齿轮箱	L-CKC320 工业齿轮油
液压泵、液压起重机	液压系统	L-HV46、L-HV68 液压油、6 号液力传动油
舵机	伺服电动机	舵机液压油
控制机构、舱盖板天窗、水密门	液压系统	L-HV46 液压油、6 号液力传动油
转车机、起重机、起货机	封闭式齿轮箱	L-CKC100、L-CKC320、L-CKC460 工业齿轮油
绞机、起锚机	开式齿轮	开式齿轮油
压载泵、甲板清洗泵、渣油泵	封闭式齿轮箱	L-CKC100 工业齿轮油
一般油润滑摩擦节点	SAE30 CC 柴油机油	
一般脂润滑摩擦节点	2 号通用锂基脂	

轮入口温度，使冷却涡轮的空气量降到最低。这就使靠近燃烧室的轴承温度及润滑油总体温度不断提高，如轴承温度已达到 300~350℃，润滑油主体温度已达 200℃。为适应这一发展而开发了一系列润滑油，从矿物油过渡到双酯、聚 α-烯烃、新戊基多元醇酯等合成油，相应的规格在美国有 MIL-L-7808J（1982 年）与 MIL-L-23699D（1990 年）等。在苏联有 Гост 6457-66（MK-8、MK-8П 低黏度矿物润滑油，使用温度为 -25 ~ 150℃）、Гост38101163-78（MC-8П 航空润滑油）、Гост3801294-83（иПМ-10 合成烃航空润滑油）、Ty38101000-00（π3-240 中黏度季戊四醇酯型航空润滑油，可用于 200℃）、TY38401286-80（ВНииНП-50-14y 双酯型航空润滑油）。我国有 4109 号低黏度酯型合成航空润滑油（GJB 135A—1998）与 4106 号及 4050 号中黏度酯型航空涡轮发动机用合成润滑油（GJB 1263—1991），基本上与 MIL-L-7808 及 MIL-L-23699 相当。还有 8A 号及 8B 号烯烃型合成航空喷气机润滑油（GB 439—1990），20 号矿油型航空润滑油（GB 440—1977），适用于活塞发动机；4104 号合成航空润滑油（SH 0460—1992，现已作

废），适用于涡轮螺旋桨发动机轴承。

在选择润滑油时，需要根据使用时的最高及最低工作温度、飞机负荷、推重比、结构特点与说明书规定的用油牌号，选用相应的润滑油。表 10-32 列出了俄罗斯各种型号飞机及飞机发动机润滑系统所用主润滑油，可供参考。

表 10-32　俄罗斯各种型号飞机及飞机发动机润滑系统所用主润滑油

飞机名称	发动机型号	发动机主油牌号	代用油牌号
苏-27	АЛ-31Ф	ИПМ-10	ВНИП НП-50-1-4у
苏-25	Р13-330	МК-8п 或 МС-8п	МС-8рк
苏-24	Р29-300	ИПМ-10	ВНИП НП-50-1-4у
米格-27	Р29-300	ИПМ-10	ВНИП НП-50-1-4у
米格-23	Р29-300	ИПМ-10	ВНИП НП-50-1-4у
米格-21	Р13-330	МК-8п 或 МС-8п	МС-8рк
米-32	ТВ-3-117КМ ТВ-3-117ВК	Б-3В	ЛЗ-240
米-26	Д-136	ИПМ-10 或 ВНИИ НП-50-1-4у	ВНИП НП-50-1-4у
米-17	ТВ-3-117	Б-3В	ЛЗ-240
米-10	Д-25В	МК-8,МК-8п 或 МС-8П	МС-8рк
米-8 及其改进型	ТВ-2-117А ТВ-3-117Б ТВ-3-117МТ	Б-3В	ЛЗ-240
米-6	Д-25В	МК-8,МК-8п 或 МС-8п	МС-8рк
图-154 及其改进型	НК-8-2 НК-8-2у	МК-8п,МС-п 或 ВНИИ НП-50-1-4ф	ИПМ-10 或 ВНИИ НП-50-1-4у
图-134 及其改进型	д-30	МК-8п,МС-8п 或 ВНИИ НП-50-1-4ф	ИПМ-10 或 ВНИИ НП-50-1-4у
图-124	Д-20П	МК-8п 或 МС-8п	МС-8рк
伊尔-86	НК-86	МК-8п 或 МС-8п	МС-8рк
伊尔-76 及其改进型	Д-30КП	МК-8 或 МС-8п	МС-8рк
伊尔-62	НК-8-4	МК-8п 或 ВНИИ НП-50-1-4ф	ИПМ-10 或 ВНИИ НП-50-1-4у
伊尔-62М	Д-30КУ	МК-8п 或 МС-8п	МС-8рк
雅克-42	д-зб	ИПМ-10 或 ВНИИ НП-50-1-4ф	ВНИИ НП-50-1-4у
雅克-40	АИ-25	МК-8п 或 МС-8п	МС-8рк
安-24РВ	РУ19-300	МК-8п 或 МС-8п	МС-8рк
安-24	АИ-24	СМ4. 5	МН-7. 5у
安-30 及其改进型	АИ-24Т РУ19А-300	МК-8 或 МС-8п	МС-8рк
安-28	ТВД-10Б	СМ-4. 5	МН-7. 5у
安-26 及其改进型	АИ-24	СМ-4. 5	МН-7. 5у
	АИ-24ВТ	МК-8	МС-8рк
	РУ19А-300	МК-8 或 МС-8п	МС-8рк

10.4　矿山设备的润滑

10.4.1　概述

矿山通常分井下开采和露天开采两大类型。矿山机械的特点是：

1）由于矿井空间有限，要求矿山机械的结构紧凑，体积小，因而轴承和齿轮承受的压力和负荷较大。

2）矿山机械要能便于经常移动，工作条件多变，负荷变化大。

3）矿山机械多属重负荷、中速或低速传动，大都要求频繁起动，并经常承受冲击负荷。

4）矿山环境恶劣、潮湿、有岩尘、煤尘及瓦斯（主要成分是甲烷），有的矿山还有含硫的有害气体（SO_2、H_2S），因此许多矿山机械都会遇到防火、防爆、防腐蚀问题。

5）露天矿山机械要能经受风吹、日晒、雨淋以及夏热冬冷等气候变化。

6）由于矿井空间狭小，机器的维修较地面困难，因此要求矿山机械要耐用，要便于维修。

10.4.2 矿山机械对润滑油的要求

根据矿山机械的特点，对润滑油提出了如下要求：

1）矿山机械的体积和油箱的容积都小，所装的润滑油的量也少，因此工作时油温较高，这就要求润滑油要有较好的热稳定性和抗氧化性。

2）因为矿山机械的工作环境恶劣，煤尘、岩尘、水分较多，润滑油难免受到这些杂质的污染，所以要求润滑油要有较好的防锈、抗腐蚀、抗乳化性能；要求润滑油在受到污染时，其性能变化不会太大，即对污染的敏感性要小。

3）露天矿的机械冬夏温度变化很大，有的地区昼夜温差也大，因此要求润滑油黏度随温度的变化要小，既要避免在温度高时油品黏度变得太低，以致不能形成润滑膜，起不到应起的润滑作用，又要避免在温度低时黏度太高，以致起动、运转困难。

4）对于某些矿山机械，特别是在容易发生火灾、爆炸事故的矿山中使用的一些机械，要求使用抗燃性良好的润滑剂（抗燃液），不能使用可燃的矿物油。

5）要求润滑剂对密封件的适应性要好，以免密封件受到损坏。

不同的矿山机械，要求使用不同类型、不同牌号、不同质量的润滑油。表10-33列举了一些常用矿山机械所需的润滑油。

表10-33 一些常用矿山机械所需的润滑油

矿山机械名称	全损耗系统用油	汽轮机油	齿轮油	液压油	液力（传动）油	内燃机油	气缸油	压缩机油	真空泵油	冷冻机油	乳化液	抗燃液
挖掘机	√		√	√		√	√					
推土机			√			√						
矿山用电气机车			√				√	√				
载重汽车			√		√	√						
扇风机	√		√									
转载机		√	√				√					√
装岩机	√						√					
抓岩机	√		√	√				√				
提升机	√		√									
掘进机			√	√								√
装载机			√	√	√	√						
采煤机		√	√	√								√
凿岩机	√	√					√			√		
钻机	√		√	√								
绞车	√		√				y					
运输机	√	√	√				√					
泵	√							√				
液压支架											√	
空气压缩机	√	√		√		√		√				√
真空泵									√			
冷冻机	√	√								√		
破碎机	√											
球磨机	√		√									
平路机			√			√						
压路机			√			√						
磁选机	√											
过滤机			√									
浮选机	√						√					
筛分机	√		√									
浓缩机	√		√									
给矿机	√		√									
内燃机车	√	√			√	√		√				

注：√表示可以或正在使用。

矿山机械厂、机修厂要用导轨油，轴承油，金属切削液，淬火和退火介质，锻造、挤压、铸造用润滑剂等。运输汽车要用内燃机油、自动传动油、汽车制动液、减振器油和防冻液等。内燃机火车用内燃机油、气缸油、车轴油和三通阀油等。

10.4.3　矿山机械用油举例

1）有链牵引采煤机用油见表 10-34。

表 10-34　有链牵引采煤机用油

润滑部位及注油(脂)点名称	注油点个数	注油方式	使用油(脂)名称和牌号
摇臂齿轮箱	2	注油器	L-CKC N320～L-CKC N460 中负荷工业齿轮油(OMALA320 或 460)
机头齿轮箱	2	注油器	L-CKC N320～L-CKC N460 中负荷工业齿轮油
牵引部液压泵箱	1	注油器	HM100 抗磨液压油(TELLUS 100)
牵引部辅助液压箱	1	注油器	HM100 抗磨液压油
牵引部齿轮箱	1	注油器	L-CKC N320～L-CKC N460 中负荷工业齿轮油(OMALA320 或 460)
导链轮轴承	2	油枪	ZL-3 锂基脂
电动机轴承	4	手工	ZL-3 锂基脂
回转轴衬套和挡煤板衬套	2	油枪	ZL-3 锂基脂
破碎机构侧减速器	1	注油器	L-CKC N320～L-CKC N460 中负荷工业齿轮油(OMALA320 或 460)
破碎机构耳轴	1	注油器	L-CKC N320～L-CKC N460 中负荷工业齿轮油
破碎机构摇臂齿轮箱	1	注油器	L-CKC N320～L-CKC N460 中负荷工业齿轮油

注：表中 OMALA 为壳牌公司齿轮油牌号，TELLUS 为壳牌公司液压油牌号。

2）气动凿岩机及气（风）动工具用油。气动凿岩机及气动工具是既有往复运动又有旋转运动的带有冲击性的机具，对所使用的润滑油有以下要求：①要具有较高的油膜强度和极压性能；②不会产生造成环境污染的油雾与有毒气体；③不易被有压力的气体吹走，不会干扰配气阀的动作；④对所润滑的部件无腐蚀性；⑤能适应高温和低温的气候条件。

润滑方式可通过注油器给油，或通过机具进气口对气动管线手动加油。

表 10-35 为露天潜孔凿岩机钻机的润滑用油，表 10-36 为潜孔钻机的润滑用油，表 10-37A～表 10-39 为履带潜孔钻机、气腿式凿岩机及风动工具用油。

表 10-35　露天潜孔凿岩机钻机的润滑用油

润滑部位	环境温度/℃	用油名称
气缸、冲击器及其操纵阀	-15 以上	L-HM32 液压油、L-TSA32 防锈汽轮机油
	-15 以下	L-HM15 或 L-HM22 液压油、L-DRA15 冷冻机油
减速器	—	半流体锂基脂、L-CKC220 工业齿轮油
绳轮、直压油嘴部位、行走下滑轮、各铜瓦、脂杯部位		2 号锂基脂

表 10-36　潜孔钻机的润滑用油

润滑部位			用油名称
回转减速器			L-CKC220 工业齿轮油、GL-4 车辆齿轮油
主传动减速器			
回转减速器滚动轴承，顶部传动轴及提升主轴滚动轴承，辅卷卷筒滚动轴承、走行传动滚动轴承，主传动减速器及单、双链轮滚动轴承			3 号锂基脂
液压系统用油/℃	环境温度	-15 以上	L-HM32 液压油
		-15 以下	L-HV32 液压油
走行传动开式齿轮，主、副钻杆螺纹，链条			石墨钙基脂，2 号、3 号锂基脂
底部链轮轴、走行传动轴、履带装置			
冲口器前后接夹螺纹			2 号二硫化钼锂基脂

表 10-37 履带潜孔钻机用油

润滑部位	用油名称
液压油箱	L-HM32 液压油(-15℃以上), L-HV32 液压油(-15℃以下)
气动马达、各减速器、运动机构的加油处、重载轮、支承轮等旋转、活动零件上的所有压注油嘴	2 号锂基脂

表 10-38 气腿式凿岩机用油

润滑部位	环境温度/℃	用油名称
气缸、冲击器及其操作阀	-15 以上	L-HM32 液压油、L-TSA32 汽轮机油
	-15 以下	L-HM15 或 L-HM22 液压油、L-DRA15 冷冻机油

表 10-39 风动工具用油

工具名称	环境温度/℃	用油名称
铆钉机、风镐、风铲及风钻、风板机、风砂轮等	-15 以上	L-HM32 液压油、L-TSA32~100 汽轮机油
	-15 以下	L-HM15 或 L-HM22 液压油、L-DRA15 冷冻机油

10.5 气体压缩机的润滑

10.5.1 概述

气体压缩机是把机械能转换为气体压力能的一种动力装置，常用于为风动工具提供气体动力，在石油化工、钻采、冶金等行业也常用于压送氧、氢、氨、天然气、焦炉煤气和惰性气体等介质。

按排气压力不同，压缩机可分为低压压缩机——排气压力小于 1.0MPa，中压压缩机——排气压力 1.0~10MPa，高压压缩机——排气压力 10~100MPa，超高压压缩机——排气压力大于 100MPa 等。低压压缩机多为单级式，中压、高压和超高压压缩机多为多级式，最多级数可达 8 级。目前国外已制成压力达 343MPa 聚乙烯用的超高压压缩机。按压缩介质的不同，压缩机一般还可分为空气压缩机、氧气压缩机、氮气压缩机和氢气压缩机等。压缩机工作介质的类型见表 10-40。

表 10-40 压缩机工作介质的类型

一般气体和惰性气体	烃类气体	化学活性气体
空气	石油裂解气	氧
二氧化碳	石油废气	氯
氮	天然气	氯化氢
氖	焦炉煤气	硫化氢
氩	城市煤气	二氧化硫
氦		
氨		

表 10-40 所列举的烃类气体中，石油裂解气和石油废气的主要成分为氢、甲烷、丁烷、乙烯、丙烯等，焦炉煤气和城市煤气的主要成分为氢、甲烷、一氧化碳、二氧化碳及氮等，天然气的主要成分为甲烷。烃类气体可以作为单一成分气体被制取和压送，也可作为混合成分的气体被制取和压送。在气体压缩机中，工作介质的成分和性质与所采用的润滑方式和润滑材料的选取密切相关。

压缩机按结构工作原理可大致分类如下：

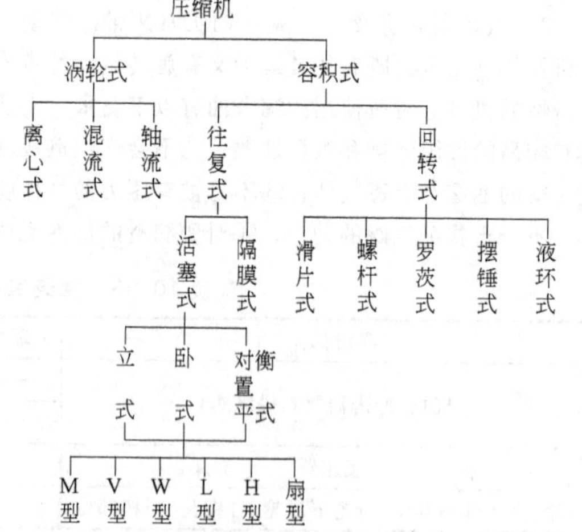

此外，压缩机按排气量不同还可分为：微型压缩机——排气量小于 3m³/min，小型压缩机——排气量 3~10m³/min，中型压缩机——排气量 10~100m³/min，大型压缩机——排气量大于 100m³/min。

10.5.2 气体压缩机的润滑方式及特点

在压缩机中，润滑的作用是降低机器的摩擦、磨损与摩擦功耗，同时还可起到冷却、密封和降低运转噪声的作用。正确地选择润滑油，保持良好的润滑条件，是压缩机长期安全、可靠工作的重要保证。

不同结构型式的压缩机，由于工作条件、润滑特点以及工作介质的不同，对润滑油的质量与使用性能的要求也不同。

气体压缩机的润滑部位原则上可分为两类：其一为油与压缩气体直接接触的内部零件，如往复式压缩机的气缸、活塞、活塞环、活塞杆、排气阀和密封填料等，回转式压缩机的气腔、转子（旋转体）和排气阀等；其二为油不与压缩气体接触的外部传动机构，如往复式压缩机曲轴箱中零件、曲柄销、曲柄轴承、连杆滑块、滑道和十字头，回转式和速度式压缩机的轴承和增速齿轮等。无油型气体压缩机则要考虑当气体泄漏时对外部润滑系统的影响。对某些类型的压缩机，如罗茨式压缩机，因转子相互间和转子与壳体间可经常保持一定间隙而无滑动接触，故可无油润滑；小型干式的螺杆式和滑片式压缩机也可在无润滑的条件下工作；在极低温度下（-50～-20℃或更低）工作或压缩高纯度气体的活塞式压缩机，为防止润滑介质冷凝或润滑油混入到压送气体中去也可采用无油润滑方式，但这时活塞和活塞杆或采用迷宫式的密封结构，或采用石墨或聚四氟乙烯等抗磨材料制造的活塞环或密封填料。迷宫式无润滑压缩机的活塞和填料箱的结构如图 10-12 所示。下面将重点说明油润滑压缩机的润滑方式。

表 10-41 为各种压缩机的润滑部位和润滑方法。

通常对大中容量、多级、带十字头传动的中、高压压缩机，以上所说的内部零件和外部零件的润滑均为相互分开的独立系统，可分别采用各自所要求的润滑介质或润滑油。外部零件润滑为油泵压力供油强制循环式润滑系统，其润滑原理如图 10-13 所示。该系统不仅可单独调节和分配各润滑点的给油量，而且因设有独立的油泵、油箱、冷却器和过滤器等，可使润滑油液得到充分冷却和过滤，从而可长时间保持油液的清洁和相对恒定的油温。内部零件的润滑则采用多头注油器将压力油强制注入气缸及活塞杆的填料密封处。注油器的结构如图 10-14 所示。

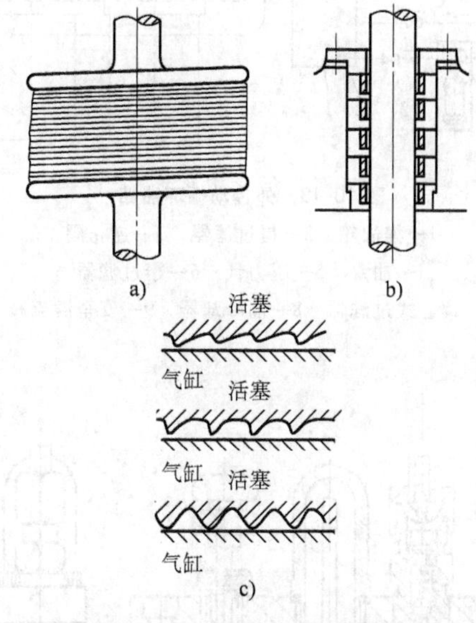

图 10-12　迷宫式无润滑压缩机

a）活塞　b）填料箱　c）迷宫形状

表 10-41　各种压缩机的润滑部位和润滑方法

压缩机		润滑部位	润滑方法
往复	中小型无十字头活塞式	内部—气缸、活塞环等	曲轴箱飞溅。对于级差压缩机还用吸油法
	外部—曲轴箱润滑系统		
	大型有十字头活塞式	内部—气缸、活塞环等	压力给油
		外部—曲轴箱润滑系统	压力、循环给油
	无油润滑活塞式	内部—气缸、活塞环等	—
		外部—曲轴箱润滑系统	压力、循环给油
	膜片式	内部—气缸	—
		外部—曲柄连杆、油泵	压力、循环给油
回转式	滴油滑片	气腔	滴油
	喷油内冷滑片		喷油
	干螺杆	内部—气腔	—
		外部—轴承、齿轮	油浸
	喷油螺杆	内部—气腔	喷油
		外部—轴承、齿轮	油浸
	液环式	气腔	油浸
	转子式	内部—气腔	—
		外部—轴承、齿轮	油浸
速度式	离心式和轴流式	内部—气腔	—
		外部—轴承、增速齿轮	油浸

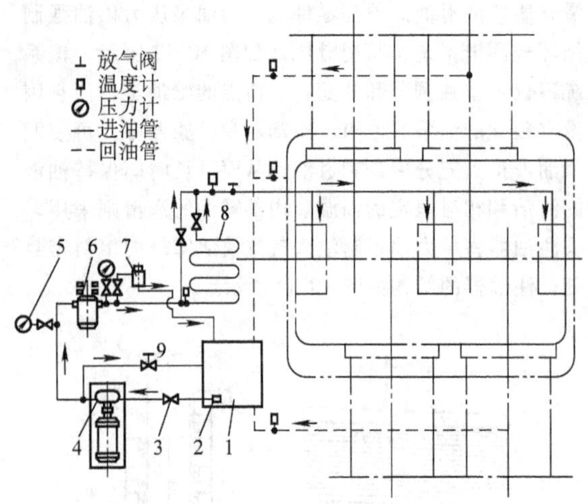

图 10-13 外传动循环油路

1—集油箱 2—粗过滤器 3—逆止阀
4—油泵 5—压力计 6—精过滤器
7—离心式过滤器 8—油冷却器 9—安全溢流阀

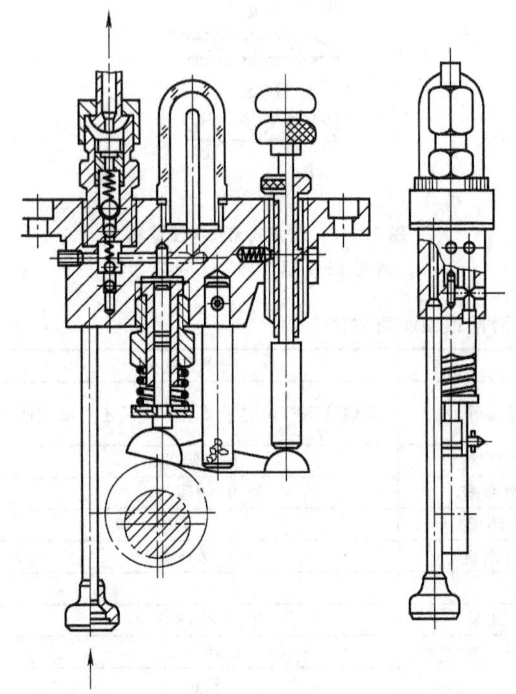
图 10-14 注油器结构

注油器实际上是一个小型柱塞泵，通常它的吸(压)油柱塞是通过机械（如压缩机曲轴上的凸轮）带动，因此当压缩机停止工作时，注油器也将随之停止供油。注油器可直接从油池中吸油，并把油压向润滑点。它的供油是间歇性的，通过调节柱塞的工作行程，可方便地调节注油器每次的供油量。注油器可以单独使用，也可将几个注油器组合在一起集中供油。单头注油器的基本参数见表 10-42。

表 10-42 单头注油器的基本参数

类别	代号	注油压力/MPa	每双程最大注油量/cm^3	柱塞直径/mm	油量调节范围(每双行程)/cm^3
高压	G	31.5	0.18	8	0~0.18
中压	Z	16.0	0.32	8	0~0.32

采用注油器强制给油时，应注意气缸上给油接头的位置，它应置于活塞在止点位置靠近缸头的第一道活塞环和第二道活塞环之间，这样不仅在全行程上润滑比较充分，而且对密封有利。气缸油管接头的合理位置如图 10-15 中的 1 所示。

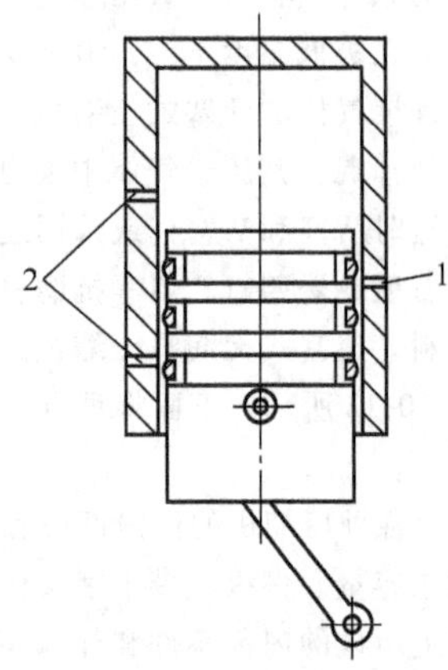

图 10-15 气缸油管接头示意图

1—正确配置的油管接头位置
2—错误配置的油管接头位置

气缸内部润滑所需要的油量可大致按以下公式计算：

$$Q=120\pi kDLN$$

式中 Q——润滑油量（g/h）；

D——气缸直径（m）；

L——气缸行程（m）；

N——曲轴转速（r/min）；

k——单位润滑表面积的耗油量（g/m^2），对卧式气缸可取 $k=0.025g/m^2$，对立式气缸可取 $k=0.02g/m^2$。

计算出的 Q 值仅为润滑油量的大致数值，实际油量可按压缩机的运行情况（如噪声大小、发热状况、磨损程度等）及所采用润滑介质的类型、工作温度、冷凝液混入的多少等予以适当调整，并以停机检查气缸内部和气阀被油湿润的程度适当为宜。

对多级活塞式压缩机，通常只需在最初的一级或二级气缸施以润滑。如果多级气缸每级都设有中间冷却器和油气分离器吸收气体中所含的油分，则每级气缸都需单独润滑，但后级气缸所需的润滑油量要比初级气缸小得多。

10.5.3 润滑剂的选择

压缩机润滑剂的选择取决于压缩机的结构类型、工作参数（压缩比、排气压力和排气温度等）及被压缩气体的性质等多种因素。活塞式压缩机工作条件较为苛刻，对润滑剂选择也较为严格，这里将重点予以说明。

1. 不同的压缩气体决定了润滑剂类型的选择

在氧气压缩机里，氧分会使矿物性润滑油剧烈氧化而引起压缩机燃烧和爆炸，因此应避免采用油润滑，或者采用无油润滑的方式，或者采用水型乳化液或蒸馏水添加质量分数为 6%~8% 的工业甘油进行润滑。在氯气压缩机里，烃基润滑油可与氯气化合生成氯化氢，对金属（铸铁和钢）具有强烈的腐蚀作用，因此一般均采用无油润滑或固体（石墨）润滑。对于压缩高纯气体的乙烯压缩机等，为防止润滑油混入气体中去影响产品的质量和性能，通常也不采用矿物油润滑，而多用医用白油或液态石蜡润滑等。只有在一般空气、惰性气体、烃类（碳氢化合物）气体、氮、氢等类气体压缩机中广泛采用了矿物油润滑。

表 10-43 列出了压缩机压送不同气体介质时润滑剂的选用参考。

表 10-43 压缩机压送不同气体介质时润滑剂的选用参考

介质类型	对润滑油的要求	选用润滑油
空气	因有氧，要求油的抗氧化性能好，油的闪点应比最高排气温度高 40℃	空气压缩机油
氢、氮	无特殊的影响	空气压缩机油
氩、氖、氦	此类气体稀有贵重，经常要求气体中绝对无水，不含油，应用膜式压缩机	在膜式压缩机腔内用 N32 汽轮机油
氧	会使矿物油剧烈氧化而爆炸	多采用无油润滑，或采用蒸馏水加质量分数为 6%~8% 的工业甘油，氟氯油
氯（氯化氢）	在一定条件下与烃起作用生成氯化氢	用浓硫酸或无油润滑（石墨）、合成油或二硫化钼
硫化氢、二氧化碳、一氧化碳	润滑系统要求干燥。水分溶解气体后可生成酸，会破坏润滑油的性能	抗氧防锈型汽轮机油或压缩机油
一氧化氮、二氧化硫	能与油互溶，降低黏度，系统保持干燥，防止生成腐蚀性酸	抗氧防锈型汽轮机油
氨	如果有水分，会与油的酸性氧化物生成沉淀，还会与酸性防锈剂生成不溶性皂	抗氧防锈型汽轮机油、合成烃
天然气	湿而含油	干气用压缩机油，湿气用复合压缩机油
石油气	会产生冷凝液，稀释润滑油	空气压缩机油
乙烯	在高压合成乙烯的压缩机中，为避免油进入产品，影响性能，不用矿物油	合成型压缩机油（白油）或液状石蜡
丙烷	易与油混合而变稀，纯度高的用无油润滑	乙醇肥皂润滑剂、防锈抗氧型汽轮机油
焦炉气水煤气	这些气体对润滑油没有特殊破坏作用，但比较脏，含硫较多时会有破坏作用	空气压缩机油
煤气	杂质较多，易弄脏润滑油	多用过滤过的空气压缩机油，气缸可用 N68、N100 气缸油或 N68、N100 全损耗系统用油，曲轴用 N46 或 N68 或 N100 全损耗系统用油

2. 润滑油黏度的选择

在多级的空气压缩机中，前一级气缸输出的压缩气体通常经冷却后恢复到略高于进气时的温度被送入下一级气缸，因气体已被压缩，故相对湿度较高，当超过饱和点时，气体中的水分将可能凝结，该水分具有洗净作用，可使气缸表面失去润滑油。在烃类气体压缩机中，它不仅可溶解在润滑油中降低油的黏度，而且凝结的液态烃也同水分一样对缸壁具有洗涤作用，因此对于多级、高压、排气温度较高的烃类气体压缩机和空气湿度较大的空气压缩机易选用黏度较高的油品。黏度较高的油品对金属的附着性好，并对密封有利，如中低压烃类气体和空气压缩机宜用 L-DAA100 的压缩机油，高压多级宜用 L-DAA150 的压缩机油。喷油回转式压缩机选用油的黏度情况也与此类似，压力较低时选用 100℃ 运动黏度为 $5mm^2/s$ 的 N32 回转式压缩机油，压力较高时选用 100℃ 运动黏度为 $11\sim14mm^2/s$ 的 N100 回转式压缩机油。

为防止凝结的液态烃和空气中的水分对润滑油的洗净作用，可采用质量分数为 3%～5% 的动物性油（如猪油或牛油）与矿物油相混合的润滑油。动物性油与金属的附着力强，容易抵抗“水洗”，阻止润滑油的流失。

西安交通大学通过试验证明：在同一型号的压缩机上采用相同的试验条件，使用较低黏度牌号的油品比使用高黏度牌号的油品最多可降低压缩机的比功率约 10%，而机件磨损量却无明显差异。因此，在保证润滑的前提下，选择适宜黏度牌号的油品，对于节能和压缩机的可靠运行有着很重要的影响。该校通过研究，总结出了国内各种往复式空气压缩机选择最佳黏度牌号压缩机油的规范（见表 10-44 及表 10-45），可供选油参考。

表 10-46 为各种油润滑的气体压缩机选油的参考。

表 10-44 传动机构选油表

活塞力/kN	冬季	夏季
≤35	N32、N46	N46、N68
>35	N46、N68	N68

表 10-45 气缸部位选油表

排气压力/MPa	冬季	夏季
≤1	N46、N68	N68、N100
1～10	N68、N100	N100、N150
10～40	N100、N150	N150、N220

注：包括飞溅式和滴油式润滑时机身（曲轴箱）内的油。以上黏度的选择主要要考虑排气压力，其次兼顾压力比和排气温度。

表 10-46 气体压缩机润滑油选油参考

压缩机类型				排气压力/0.1 MPa	压缩级数	润滑部位	润滑方式	ISO 黏度等级
容积型	往复式	移动式		10 以下	1～2	气缸	强制、飞溅	46、68
						轴承	循环、飞溅	46、68
				10 以上	2～3	气缸	强制、飞溅	68、100
						轴承	循环、飞溅	46、68
		固定式		50～200	3～5	气缸	强制	68、100、150
						轴承	强制、循环	46、68
				210～1000	5～7	气缸	强制	100、150
						轴承	强制、循环	46、68
				>1000	多级	气缸	强制	100、150
						轴承	强制、循环	46、68
	回转式	滑片式	水冷式	<3	1	气缸滑片侧盖轴承	压力注油	100、150
				7	2			
			油冷式	7～8	1	气缸	循环	32、46、68
				7～8	2			
		螺杆式	干式	3.5	1	轴承、同步齿轮传动机构	循环	32、46、68
				6～7	2			
				12～26	3～4			
			油冷式	3.5～7	1	气缸	循环	32、46、68
				7	2			
		转子式				齿轮	油浴、飞溅	46、68、100
						气缸、轴承	循环	46、68、100
速度型	离心式			7～9		轴承（有时含齿轮）	循环（或油杯）	32、46、68
	轴流式			—				

3. 油品的代用

在采用油润滑的往复式和回转容积式压缩机中除用相应牌号的压缩机油外，还可采用防锈抗氧的汽轮机油、航空润滑油、气缸油等作为代用的油品，但这些代用油品的性能不应低于相应压缩机油的质量指标，或应满足在具体条件下的使用要求。当气体压缩机采用油润滑时，外部零件和内部零件的润滑可用同一牌号的润滑油，也可采用不同牌号的润滑油，但不论内部零件采用何种类型的润滑介质，外部传动零件的润滑都应采用矿物性的润滑油。

10.5.4　气体压缩机润滑系统的使用及维护

气体压缩机中最常见的故障是活塞与活塞环、转子部件、滑动支承处的异常磨损和胶合、十字头滑块的咬合，以及异常发热等。这些故障都直接或间接地与润滑系统和润滑装置的使用维护不当有关。作为使用维护人员，除了应学习掌握有关的润滑系统及其装置的组成原理、性能结构、使用要求等一般知识外，还应在实践中不断总结积累经验，加强日常使用维护工作，以保证压缩机及其润滑系统保持良好的运行状态。在日常点检和定期维修中应注意以下各点：

（1）注意保持润滑油液的清洁　脏油或变质的润滑油会引起加速零件磨损的恶性循环，对强制循环式的润滑系统应注意及时更换和清洗发生堵塞的过滤器中的滤芯；应避免油箱或油池中的油液暴露在空气中，以防止灰尘和污物等混入油中，对无压的油箱和油池一般可采用空气过滤器使其与大气沟通；中、大修时应从油中取样化验其成分，如果达到或超过换油指标，应全部或部分更换和补充新油。通常每 3 个月至半年（或工作 2000～4000h）可更换一次新油。轻负荷喷油回转式空气压缩机油的换油指标见表 10-47。

表 10-47　轻负荷喷油回转式空气压缩机油换油指标（摘自 NB/SH/T 0538—2013）

项目		换油指标	试验方法
运动黏度(40℃)变化率(%)	超过	±10	GB/T 265 及本标准 3.2 条
酸值增加值/(mgKOH/g)	大于	0.2	GB/T 7304
正戊烷不溶物(质量分数,%)	大于	0.2	GB/T 8926
氧化安定性(旋转氧弹,150℃)/min	低于	50	SH/T 0193
水分(质量分数,%)	大于	0.1	GB/T 260

40℃运动黏度变化率 X（%）按下式计算：

$$X=\frac{v_2-v_1}{v_1}\times 100\%$$

式中　v_1——新油的运动黏度（mm^2/s）；

v_2——使用中油的运动黏度（mm^2/s）。

（2）应定期检查　应定期检查气缸、气阀及排气管道等处是否积聚有固体的炭粒和胶泥，一经发现应及时清除，否则可能引起气缸的燃烧爆炸，加大排气阻力，造成异常发热。

（3）应注意压缩机的工作状态　应注意观察压缩机的工作状态，定期检查气缸气阀的润滑磨损状况，适时调整润滑油量，防止出现润滑油量过大和润滑油量不足的情况。对强制循环系统，润滑压力指示过低或明显下降往往是润滑油量不足，此时应及时停机维修，必要时应更换备品和备件。

（4）注意保持润滑系统中的油温　油箱或油池中油液的正常温度以 40～50℃为宜。油温过高，油液的黏度降低，油易氧化变质；油温过低，黏度增高，流动性变差。两者都会引起润滑不足的状况。油温除可从温度表（计）直接地得到观测指示外，从气缸内冷循环水或油冷却器的冷却水温也可得到间接的反映。冷却水温过高和过低都将影响润滑油的工作温度及润滑油的黏度。

10.6　冷冻机的润滑

10.6.1　概述

冷冻机（或称制冷机）是利用低沸点液体（制冷剂）蒸发时吸收热量的原理，将具有较低温度的被冷却物体的热量转移给环境介质，从而获得冷量的机器。冷冻机可分为压缩式、吸收式、蒸汽喷射式和半导体式等类型。其中除压缩式以外的三种冷冻机没有机械运动部件，不需润滑。这里主要讨论目前最常用的压缩式冷冻机的润滑。

压缩式冷冻机是一个闭合的循环制冷系统，如图 10-16 所示。它由蒸发器、制冷压缩机、冷凝器和膨胀阀等几部分组成。其基本原理是：利用液相制冷剂汽化时吸收周围介质热量的特性使温度降低，然后通过制冷压缩机压缩，将气相制冷剂复原到液相再重新汽化，如此重复循环，达到控制低温的目的。压缩式冷冻机实质上就是用于循环制冷系统中的压缩机，只是它压缩的气体与普通压缩机中的不相同，工作状况也不一样。它的类型、结构和润滑方式与压缩机基本相同。制冷压缩机的分类如图 10-17 所示。

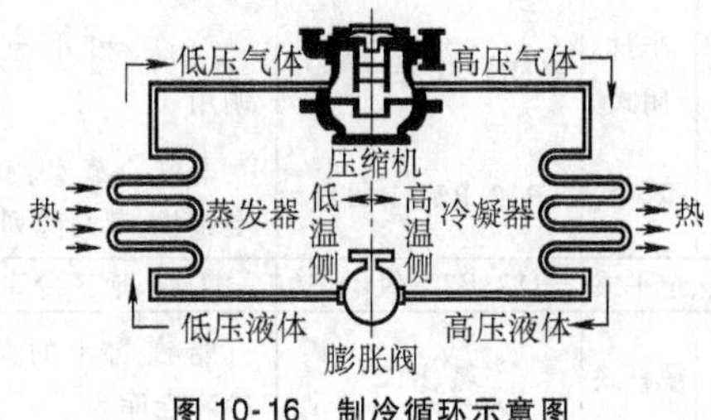

图 10-16　制冷循环示意图

冷冻机的工作介质即制冷系统中担负着传递热量任务的制冷剂。常用的制冷剂类别主要包括：

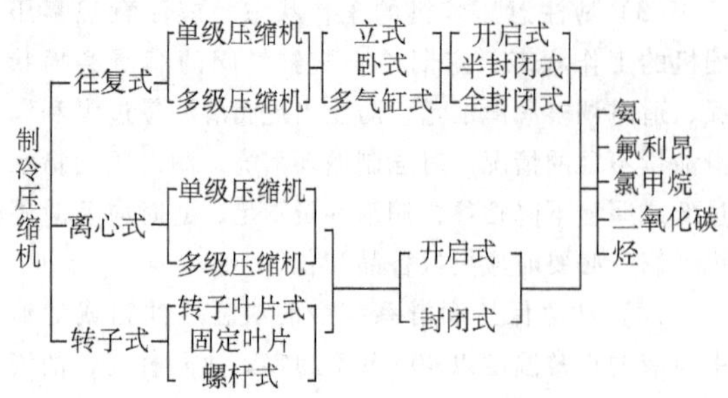

图 10-17 制冷压缩机的分类

1）氟利昂（卤代烃）类，现在广泛使用的是 R12、R22 和 R134a，其化学通式为 CFC12、HCFC22、HFC134a。2010 年停止了 R11 或 R12 氟利昂的维修补充再罐装。

2）非共沸混合物类，如 R407C（CH_2F_2、CHF_2CF_3、CH_2FCF_3 的混合物）、R410A（CH_2F_2 与 CHF_2CF_3 的混合物）等。

3）共沸混合物类，如 R500、R501 和 R502 等。

4）其他有机化合物类，这类制冷剂包括烷烃、氧化物、硫化物和氯化物等。

5）无机化合物类，如 R717（氨）、R718（水）、R729（空气）、R744（二氧化碳）等。

上述制冷剂可分别用于低压（冷凝压力 0.2~1MPa）高温（蒸发温度大于 0℃）、中压（冷凝压力 1~2MPa）中温（蒸发温度-50~0℃）及高压（冷凝压力大于 2MPa）低温（蒸发温度小于-50℃）的制冷系统里。各种类型的冷冻压缩机所使用的制冷工质及主要用途见表 10-48。

表 10-48 各种类型的冷冻压缩机所使用的制冷工质及主要用途

种类		所用的主要制冷工质	主要用途
往复式	开式	氨、R12、R22、F-22	船舶、陆上的大型冷冻仓库和汽车冷气设备用
	半封闭式	氨、R12、R22、R134a	工厂和小型空调用
	封闭式	R12、R22、R134a	电气冷藏库、家用空调机、商品陈列橱
离心式、透平式		R12、R22、氯甲烷	工厂、地区冷库等
回转式	螺杆式	氨、R12	船舶、陆上的大型冷冻仓库
	转子式	R12、R22、R134a	空调机、室内冷气设备、商品陈列橱

10.6.2 冷冻机润滑的特点

1. 活塞式冷冻机

在活塞式冷冻机中，需要润滑的摩擦部位有活塞与气缸的壁面、连杆大头轴瓦与曲柄销、连杆小头轴瓦与活塞销、活塞销与活塞销座、前后滑动轴承的轴瓦与主轴颈，以及主轴轴封的静动摩擦密封面等。

在小型低速冷冻机中，最简单的润滑方式是飞溅润滑，即在冷冻机的曲轴箱内，借助于曲轴和连杆大头的回转搅动油面，将润滑油甩到各摩擦表面使之润滑，但对有些摩擦表面，润滑油难以达到，润滑不充分，易造成大的摩擦和磨损，故这种润滑方式可靠性差，已很少单独采用。

在新、老系列的冷冻机中，大多采用强制性循环润滑，即利用油泵将压力油强制性地输送到各润滑点。活塞式冷冻机的润滑多为内传动系统，即润滑系统不单独设立油箱和油泵站，而是采用冷冻机的曲轴箱兼作润滑油箱，专门的润滑油泵直接与曲轴的一端相连，将润滑装置与冷冻机构成了一个整体。润滑系统的工作原理如图 10-18 所示。油泵经孔径为 0.28~0.154mm 的筛网式粗过滤器从曲轴箱中吸油，而后经过滤精度为 $10^{-2}\mu m$ 的纸质或粉末冶金式的精细过滤器将冷冻机润滑油压出，一路润滑油被送到曲轴的前端，润滑轴封、前主轴承、曲柄销及连杆小头，另一路润滑油进到曲轴的后端，润滑后主轴承、曲柄销及连杆小头，此外该润滑油还同时被送到油分配阀，用于控制能量调节机构。润滑系统中还应带有压力表、调压阀等元件，其中调压阀用于调节润滑油的压力并可使多余的润滑油流回曲轴箱。在该系统中，气缸面是利用连杆小头挤出的油和连杆大头甩出的油来实现摩擦面的润滑。

冷冻机中所采用的润滑油泵通常有外啮合齿轮式油泵、内啮合齿轮式油泵（俗称月牙泵）和摆线转子式油泵（俗称梅花泵）3 种。对于外啮合齿轮泵，在吸压油口的位置确定后，泵的旋转方向是一定的，不可逆转。对全封闭和半封闭式冷冻机，因冷冻机机壳与电动机机壳连成一体，从外部难以辨别泵的转向，容易造成齿轮泵旋向的错误而使润滑失灵，故外啮合齿轮泵在冷冻机中已较少应用。对内啮合齿轮泵而言，月牙体（分开吸、压油腔，保证内外齿轮齿顶密封的构件）可做成具有自动定位的结构，不论齿轮的旋转方向如何都不改变吸、压油口的位置，故对油泵的转向无限制，因此在新系列封闭和半封闭式冷冻机中广为应用。摆线转子泵与内啮合齿轮泵类似，也可做到对泵的旋转方向无限制，此外摆线转子泵齿形简单，加工容易，结构紧凑，在冷冻机中有着广阔的应用前景。内啮合齿轮泵的工作原理如图 10-19 所示。

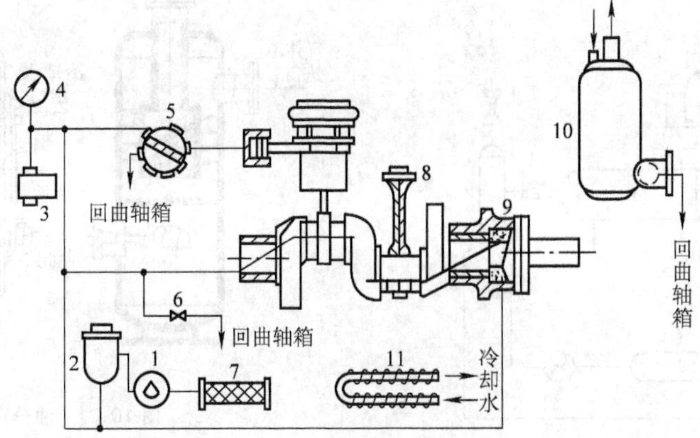

图 10-18　活塞式冷冻机润滑系统的工作原理

1—转子式油泵　2—精细过滤器　3—压力继电器　4—压力表　5—油量调节阀　6—安全溢流阀　7—粗过滤器　8—活塞销　9—轴封　10—氨油分离器　11—油冷却器

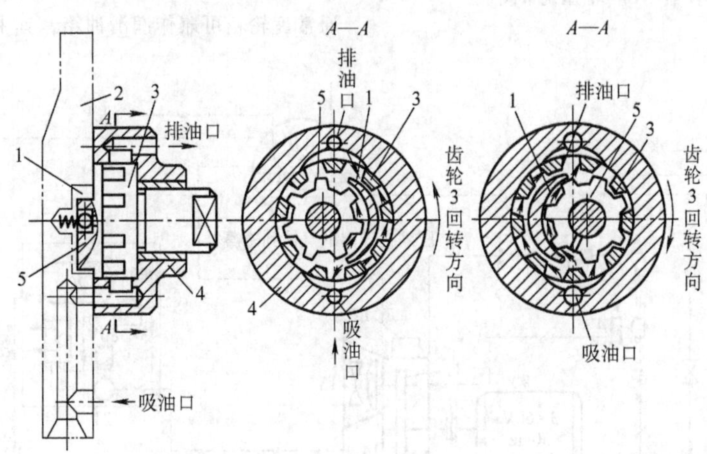

图 10-19　内啮合齿轮泵工作原理

1—月牙块定位槽　2—油泵盖　3—主动齿轮　4—油泵体　5—从动齿轮

2. 螺杆式冷冻机

螺杆式冷冻机的润滑部位有凸凹螺杆（也称阴阳转子）的转动啮合部、转动的螺杆与壳体的相对滑动表面、螺杆前后的滑动轴承、主动螺杆的平衡活塞及轴端的机械密封摩擦面。在上述润滑部位均开有与压力油相通的油口。在能量调节滑阀上或壳体上开设的大小不同、相隔一定距离的油孔可使润滑压力油直接喷射到转子上，既可冷却润滑转子和壳体，又可对运动部位的间隙进行密封，以减少被压缩气体的泄漏，并降低运转噪声。

单级螺杆式冷冻机润滑系统的工作原理如图 10-20 所示。由调压阀调节的润滑油压力通常比冷凝压力高 0.2~0.3MPa，润滑油量可相当于冷冻机输气量的 1%~2%。润滑油泵可直接用转子本身驱动，也可做成外传动式。通常都将油分离器作为润滑系统的油箱。目前应用较广的是离心-重力型和填料-重力型的油分离器，其结构如图 10-21 所示。

此外，在螺杆式冷冻机中也多采用二级油分离器。二级油分离器（见图 10-21）分离出的润滑油可利用吸气、排气压差不经油泵直接被压送到吸气腔，对轴承、平衡活塞等处进行润滑。在该种润滑系统中普遍采用着列管式油冷却器，使油温保持在 20~50℃，冷却介质可用水或用冷冻机自身的制冷剂来蒸发冷却润滑油。润滑系统中的精过滤器的进、出口压差不应超过 0.1MPa，否则应清洗或更换滤芯。

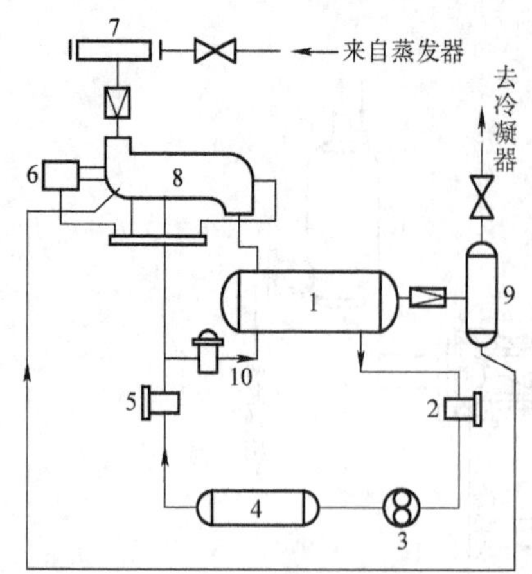

图 10-20 单级螺杆式冷冻机润滑系统工作原理

1—油分离器 2—粗过滤器 3—润滑油泵 4—油冷却器 5—精过滤器 6—油量调节阀 7—吸气过滤器 8—螺杆式压缩机 9—二次油分离器 10—油压调节阀

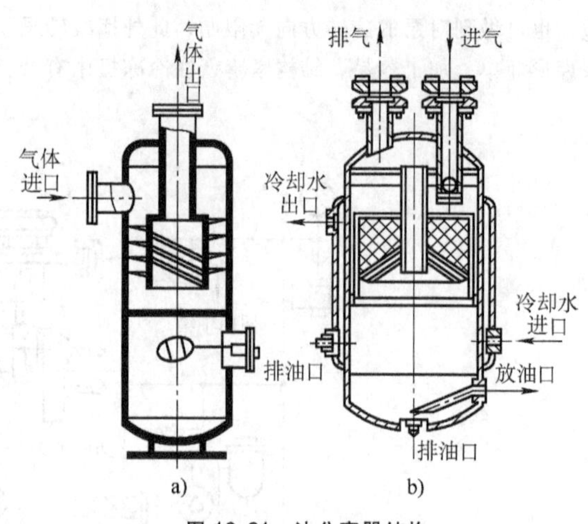

图 10-21 油分离器结构

a）离心-重力型 b）填料-重力型

3. 离心式冷冻机

离心式冷冻机的主要润滑部位是增速齿轮、主轴承及轴端的机械密封。其润滑系统如图 10-22 所示。通常齿轮箱可兼作润滑油箱，其中装有电加热器可对

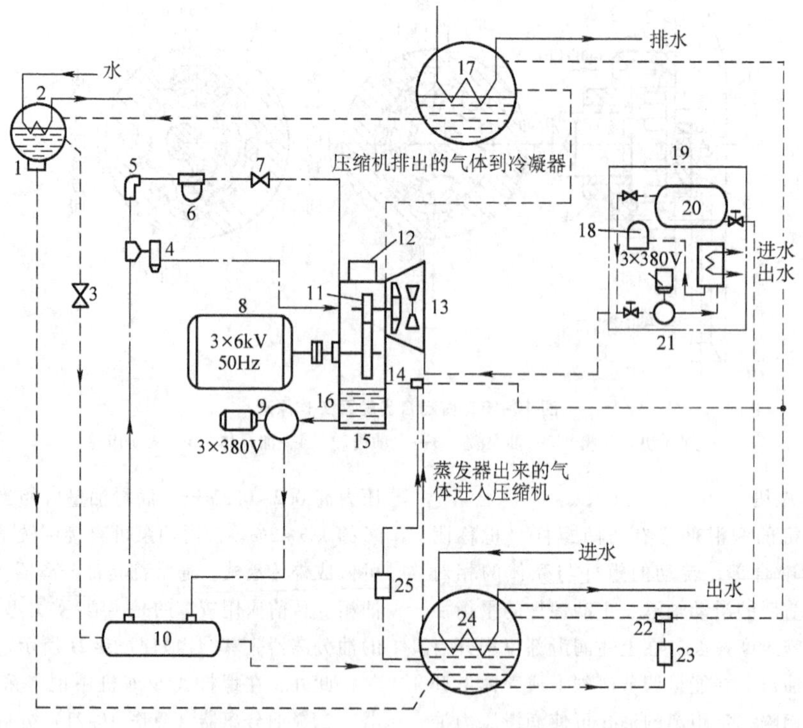

图 10-22 离心式冷冻机润滑系统及制冷流程

1—节流管 2—过冷器 3—油量调节阀 4—安全溢流阀 5—调压阀 6—油过滤器 7—止回阀 8—主电动机 9—液压泵 10—油冷却器 11—增速箱 12—高位油箱 13—压缩机 14、22—喷嘴 15—油箱 16—机械密封 17—冷凝器 18—均压缓冲器 19—抽油设备 20—储液罐 21—活塞压缩机 23—干燥器 24—蒸发器 25—油分离器

润滑油进行预热，油泵用于将油抽送到专设的高位油箱，再由高位油箱把油引到所需的润滑部位。该种方式可防止油泵供油系统突然故障或冷冻机突然断电停机时，油泵无油供给而冷冻机仍保持运转或借惯性继续高速回转，因无润滑而造成设备摩擦部位的“烧伤”或“咬合”事故。

10.6.3　冷冻机润滑油的选用

制冷压缩机的种类很多，不同的制冷压缩机对冷冻机油的性能要求也不尽相同，在选用润滑油时，应根据制冷压缩机的形式、排气温度、制冷循环系统的蒸发温度、所使用制冷剂的类型以及压缩机的具体工作条件（如速度高低、负荷大小、密封程度及工作环境等）加以综合分析比较，以便确定冷冻机油的种类和黏度等级。只有这样，才能保证制冷设备安全运行，寿命长，效率高而且能耗低。如图 10-23 所示为影响冷冻机油选择的因素。

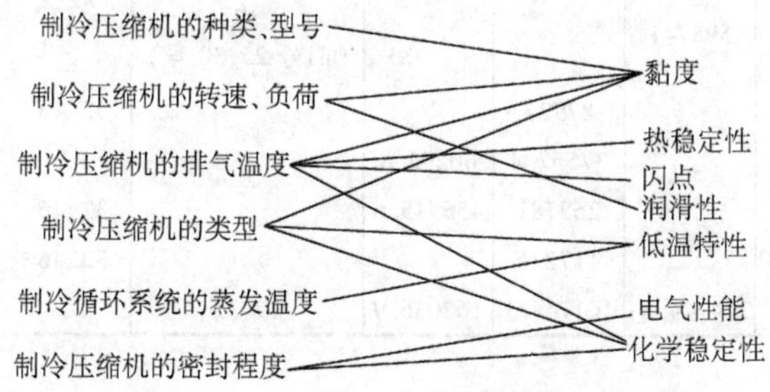

图 10-23　影响冷冻机油选择的因素

低温特性是指低温流动性、絮凝点与制冷剂的溶解性。对小型低速（平均线速度小于 2m/s）双缸活塞式冷冻机，可选用黏度牌号为 15 或 22 号的冷冻机油；对大、中型高速（平均线速度大于 3m/s）多缸活塞式冷冻机，可选用黏度牌号为 32 或 46 号的冷冻机油；对排气温度高、负荷重，使用条件特别恶劣的活塞式冷冻机，可选用黏度牌号为 68 号的冷冻机油；对喷油润滑的螺杆式冷冻机，可选用黏度牌号为 32 或 46 号的冷冻机油；对小型干式（非喷油润滑）螺杆式冷冻机和离心式冷冻机，因润滑油可不与制冷剂接触，可按齿轮箱和主轴承的负荷情况选用黏度牌号为 32 或 46 号的冷冻机油，也可选用黏度等级相当于 L-TSA32 或 L-TSA46 的汽轮机油。

表 10-49 为推荐的用于各种型号冷冻机的用油，可供选用参考。表 10-50 为中小型活塞式冷冻机选油的例子。

随着环保法规的日益严格，氟氯烃、氢氟氯烃和氢氟烃制冷剂也将作为法规对象逐步被新的制冷剂替代。表 10-51 为氢氟烃制冷剂及其冷冻机油。

10.6.4　冷冻机润滑系统的故障及维护

冷冻机润滑系统正常工作的主要标志是：

1）油压表指针稳定，指示压力对活塞式冷冻机应比吸气压力高 0.05~0.3MPa，对螺杆式冷冻机应比冷凝压力高 0.2~0.3MPa。

2）曲轴箱中的油温应保持在 10~65℃之间，最适宜的工作温度为 35~55℃。

表 10-49　冷冻机用油

冷冻机机型		润滑部位	润滑方法	冷冻剂	蒸发温度/℃	适用黏度(40℃)/(mm^2/s)
活塞式	开启式	轴承、活塞、活塞环、十字头、曲轴销、油封装置	飞溅及强制循环	氨	-35 以上	46~68
					-35 以下	22~46
				氟利昂 R-12	-40 以上	56
	封闭、半封闭式			氟利昂 R-22	-40 以下	32
				氟利昂 R-12	-40 以上	10~32
				氟利昂 R-22	-40 以下	22~68
	斜板式			氟利昂 R-12	冷气,空调	56~100
回转式	螺杆式	轴承、气缸转子、刮板叶片、油封	强制循环	氨、R-22	-50 以下	56
				氟利昂 R-12	-50 以下	100
	转子式			氟利昂 R-12 R-22	一般空调	32~68 32~100
离心式		轴承、齿轮	强制循环	氟利昂 R-12	一般空调	32(汽轮机油) 56
				其他氟利昂		56

注：往复式用氯甲烷冷冻工质时，用黏度（40℃）46 号油；回转式用氯甲烷时，用 32 或 46 号油；家庭冰箱用冷冻机油黏度应比表中规定的黏度小 1~3 级，以有利于节省电力。

表 10-50 中小型活塞式冷冻机选油的例子

压缩机型号	蒸发温度/℃	冷凝温度/℃	气缸直径/mm	活塞行程/mm	转速/(r/min)	电动机功率/kW	首次加油量/kg	制冷量/(kJ/h)			冷冻机油牌号①	
								$NH_3$①	F-12①	F-22①	$NH_3$①	氟利昂①
6AW-10	-15	30	100	70	960	30	15	314025			32、46（旧号 18、25 号）	
8AS-10	-15	30	100	70	960	40	15	418700			32、46	
4V-12.5	-15	30	125	100	1450	55~75	36	460570			32、46	
6W-12.5A	-15	30	125	100	970	75	42	724351			32、46	
8S-12.5A	-15	30	125	100	975	95	50	879270	552684	921140	46（旧号 25、30 号）	46
4AV-17	-15	30	170	140	730	95	80	1000693			46（旧号 25、30 号）	
6AW-17	-15	30	170	140	730	130	90	1381710			46（旧号 25、30 号）	
8AS-17	-15	30	170	140	735	180	100	1842280			46（旧号 25、30 号）	
2AV-230	-15	30	230	230	300	75		598741			46（旧号 25、30 号）	
2FV-10	-15	30	100	70	1440				87927			32、46
6FW-5	-15	30	50	40	1440	5.5~7.5			37557.4	60292.8		32
6FW-10	-15	30	100	70	1440	40~50			263781	455545.6		32、46
4F-10	-15	30	100	70	960	22			117236			32、46
6AW-7K	-15	30	70	55	1440	22		204744.31	101744.1	162036.9	22、32	32

① 使用工质。

表 10-51 氢氟烃制冷剂及其冷冻机油

机器设备	替代的氢氟烃制冷剂	相匹配的冷冻机油种类
汽车空调	R134a	聚乙二醇
电冰箱往复式	R134a	聚酯
旋转式	R134a	烷基苯
低温设备	R404A、R507	聚酯、聚乙烯醚
空调机分体式	R410A	聚酯、聚乙烯醚、烷基苯
窗式	R407C	聚酯、聚乙烯醚

注：R134a（CH_2FCF_3），R410A（CH_2F_2 与 CHF_2CF_3 的混合物），R404A（CHF_2CF_3、CH_3CF_3、CH_2FCF_3 的混合物），R407C（CH_2F_2、CHF_2CF_3、CH_2FCF_3 的混合物），R507（CHF_2CF_3 与 CH_3CF_3 的共沸物）。

3）曲轴箱中的油面应足够，并应长期稳定。

4）滤油器的滤芯不应堵塞，对带压差发信的精细滤油器应具有堵塞的发信指示。

润滑系统最常见的故障是油泵无压、调压失灵及压力表指针剧烈摆动。其主要原因在于：

1）曲轴箱中油温过低，冷冻润滑油的黏度过大，泵进口滤油器滤网过密，滤芯被堵塞，以及油面太低，油泵吸油困难，造成吸空现象。

2）油泵长期工作，泵的磨损严重，内漏过大，容积效率明显降低。

3）调压阀芯被卡死在开启位置或调压阀的弹簧失效。

4）系统严重外漏。

冷冻机润滑部位的故障不属润滑系统自身的问题，但也会终将导致系统发生故障。例如，气缸处活塞环结构选用、加工装配不当可造成大量跑油现象；轴封处异常渗漏将使曲轴箱中油面明显下降，进而导致油泵的吸空现象。再如连杆大小头轴瓦及前后主轴承装配间隙太小、润滑油太脏以及润滑油变质等都将加大运动部件的摩擦和磨损，或同时因气缸磨损严重出现高低压窜气，都将导致曲轴箱发热，油温升高，润滑油黏度降低，从而形成润滑条件的恶性循环和造成润滑系统的故障。因此，对润滑系统的故障分析应是综合性的，即除润滑系统自身的问题外还应从冷冻机的运行情况予以检查、分析和判断，如有无异常的振动、声响、发热及渗漏等。

润滑系统的维护应注意以下 4 点：

1）按冷冻润滑油规定的换油指标定期检查油质，更换或补充经过滤的新油。

2）定期更换或清洗滤芯、管路及曲轴箱。

3）日常点检中注意观察油面、油温、油压是否正常。

4）在中、大修时应注意检查和调整油泵的端面间隙，必要时应予换泵。泵的端面间隙一般为 0.03~0.08mm，具体数值请参见有关泵的装配技术要求和出厂规定。

10.7　起重运输机械的润滑

10.7.1　概述

起重运输机械是指吊运或顶举重物以及在一定线路上搬运、输送、装卸物料的物料搬运机械，如千斤顶、葫芦、卷扬机、提升机、起重机、电梯、输送机、搬运及装卸车辆等。它们具有不同的润滑特点，简述如下：

1）由于起重运输机械使用的范围很广，环境及工况条件不同，如在室内或露天环境、常温及高温环境下使用等，因此在润滑材料的选择、润滑方法、更换补充周期上常常会有很大差异。所以，对于两个完全相同的设备，常常因工况条件不同而选用不同的润滑材料。一些中、小吨位的桥式及门式起重机械常常采用分散润滑，一些不易加油部件的滚动轴承及滑动轴承常采用集中供脂的润滑方法，一些大型起重机的减速器又常采用集中供油系统，包括油浴润滑或由油泵供油。

2）起重运输机械使用的润滑材料通常需要耐水、耐高温、耐低温以及有防锈蚀和抗极压的特性。

3）润滑材料的选用一定要遵照说明书及有关资料，并结合起重运输机械的实际使用条件进行综合考虑。

4）起重运输设备不同部位的润滑材料差异较大，所以千万不能混用，否则将要引起设备事故，导致零部件损坏。

10.7.2　起重运输机械润滑点的分布

起重运输机械的润滑点大致分布如下：

1）吊钩滑轮轴两端及吊钩螺母下的推力轴承。

2）固定滑轮轴两端（在小车架上）。

3）钢丝绳。

4）各减速器（中心距大的立式减速器，高速一、二轴承处设有单独的润滑点）。

5）各齿轮联轴器。

6）各轴承箱（包括车轮组角型轴承箱）。

7）电动机轴承。

8）制动器上的各铰节点。

9）长行程制动电磁铁（MZSI 型）的活塞部分。

10）反滚轮。

11）电缆卷筒，电缆拖车。

12）抓斗的上、下滑轮轴，导向滚轮。

13）夹轨器上的齿轮、丝杆和各节点。

10.7.3　起重运输机械典型零部件的润滑

1. 钢丝绳的润滑

钢丝绳的用油选择主要是根据环境温度及绳的直径来考虑，环境温度高和绳的直径大，应选择黏度大的油，因为直径大时，钢丝绳的负荷也大。另外，钢丝绳的运动速度越高，润滑油被甩出越厉害，所以油需要更黏稠些。用油选择可参见表 9-102。

2. 减速器的润滑

使用初期为每季换油一次，以后可根据油的清洁程度，半年到一年更换一次。使用季节和环境不同，选用油料也有所不同，见表 10-52。

表 10-52　减速器润滑油的选用

工作条件	选用润滑油
夏季或高温环境下	L-CKD46 工业齿轮油
冬季不低于-20℃	L-CKD46 工业齿轮油
冬季低于-20℃	L-DRA22 冷冻机油

3. 开式齿轮的润滑

一般要求每半月添油一次，每季或半年清洗一次并添加新油脂。所选用润滑材料为 1 号齿轮脂。

4. 齿轮联轴器、滚动轴承、卷筒内齿盘以及滑动轴承的润滑

齿轮联轴器、滚动轴承、卷筒内齿盘以及滑动轴承的润滑见表 10-53。

5. 液压推杆与液压电磁铁的润滑

一般每半年更换一次油，可用 10 号航空液压油。

10.7.4　典型起重运输机械的润滑

典型起重运输机械润滑材料的选用见表 10-54。

表 10-53 齿轮联轴器、滚动轴承、卷筒内齿盘以及滑动轴承的润滑

零部件名称	添油时间	润滑条件	润滑材料的选用
齿轮联轴器	每月一次	1)工作温度在-20~50℃ 2)工作温度高于50℃ 3)工作温度低于-20℃	1)冬季用1~2号锂基润滑脂,夏季用3号锂基润滑脂,但不能混合使用 2)冬季用1号锂基润滑脂,夏季用3号锂基润滑脂 3)用1、2号特种润滑脂
滚动轴承	每月一次		
卷筒内齿盘	每3~6年添加一次(添满)		
滑动轴承	每1~2年添加一次		

表 10-54 典型起重运输机械润滑材料的选用

设备名称		润滑材料选用
桥式与电动单梁起重机	30t 以下	减速器:L-CKD68~100 工业齿轮油 轴承:2号、3号钙基脂或锂基脂
	30t 以上	减速器:L-CKD68~100 工业齿轮油,680号气缸油 轴承:2号、3号钙基脂或锂基脂
各种回转式起重机、铁路蒸汽机车	10t 以下	680号气缸油,2号、3号钙基脂或锂基脂
各种回转式起重机(履带式、轮式起重机的液压传动装置及轴承)		减速器:L-CKD68~100 工业齿轮油,L-HM32 液压油,L-TSA32 汽轮机油及2号、3号钙基脂或锂基脂
电动、手动旋臂吊车及电葫芦,电铲加料斗,提升机,爪斗吊车		L-HM68、L-HM100 液压油及2号、3号钙基脂或锂基脂
各型运输机(带式、链式、裙式、螺旋式、斗式)	手浇润滑	L-HM68、L-HM100 液压油
	滚珠轴承	2号、3号锂基润滑脂
	链索	L-HM68、L-HM100 液压油,1号齿轮脂
	开式齿轮	1号齿轮脂、半流体锂基脂
卷扬机(2.2~150kW)	滚珠轴承	2号、3号锂基脂
	滑动轴承及闸	L-HM46~100 液压油(按功率大小选用)
	闭式齿轮	L-CKD100~320 工业齿轮油
	开式齿轮	1号齿轮脂、半流体锂基脂
	液压系统	L-HM15、L-HM32 液压油
电梯(减速箱)		L-CKD220~320 工业齿轮油
起重机、挖泥机、电铲等(低速、重负荷)		L-CKD220~320 工业齿轮油或钢丝绳脂
电梯、卷扬机等(高速、重负荷)		L-CKD100~320 工业齿轮油
矿山提升斗车、锅炉运煤车(在斜坡上高速重负荷的牵引绳)		L-CKD220~320 工业齿轮油或钢丝绳脂
牵引机、吊货车(中高速、轻中负荷的牵引绳)		L-CKD220~320 工业齿轮油或钢丝绳脂
支撑及悬挂用的钢丝绳(无运动,暴露在水、湿气或化学气体中的钢丝绳)		钢丝绳脂

10.7.5 起重机润滑的实例

1. 起重机龙门板钩的润滑

图 10-24 所示为上海宝钢引进的日本产起重量为100~450t 的起重机龙门板钩。该设备由于在高温、多尘环境中频繁作业，润滑脂在轴套 5 和衬瓦 7 处的轴承摩擦面难以存储，使轴承得不到应有的润滑，原使用寿命仅 3~4 个月。后将轴套 5 和衬瓦 7 处的轴承部分镶嵌石墨后（见图 10-24b），使用寿命可达 2 年。在台车连铸设备上改用镶嵌处理的轴承，也收到了较好效果。

2. 起重机车轮轮缘与轨道的润滑

解决起重机车轮啃轨的方法之一是对车轮轮缘及轨道进行润滑以降低轮缘与钢轨之间的摩擦。目前常用稀油和固体润滑剂的润滑方法（见图 10-25）。

（1）固体润滑方法　常用的固体润滑剂有石墨

棒及二硫化钼等。过去美国某钢铁公司曾采用弹簧压送石墨棒润滑的方法，即借助装在特制套管内的弹簧杆将两根硬质石墨棒压向轮缘并使其与轮缘摩擦，使轮缘浸透固体润滑剂，并随之传送到钢轨侧面形成一层润滑剂表面，轮缘上也形成一层光亮的表面，当这两个表面相互接触时，便可促进两表面间的润滑，从而防止了微焊（擦伤）和随后的连续磨损，如图 10-25 及图 10-26 所示。

（2）车轮涂油器　宝山钢铁公司、武汉钢铁公司过去引进的国外桥式起重机上装有车轮涂油器，其具有以下优点：

1）车轮轮缘适量涂油可减少起重机运行阻力，延长车轮、轴承、齿轮及电动机的使用寿命。

2）减少轮缘对轨道侧面的横向压力，减少其磨损。

3）使起重机的保养自动化，减少维修保养的停机损失。

4）有利于起重机的微起动。

5）节约电力能源。

我国生产的 TUCO.5 型车轮涂油器的结构如图 10-27 所示，其工作原理及主要零件如图 10-28 和图 10-29 所示。心轴随同涂油轮旋转并带动蜗杆副（或齿轮），再由摇摆副使带有双棘爪的棘轮副驱动柱塞单向旋转，同时完成往复行程。这样周而复始地使油泵工作，即可实现吸油及排油。图 10-30 所示为油泵工作的全过程示意图。

车轮轮缘涂油器应在桥式起重机的大车和小车的对角位置上安装 4 套（重型冶金桥式起重机可多装）。图 10-31~图 10-33 所示为涂油器的安装位置、安装方式及安装高低的示意图。

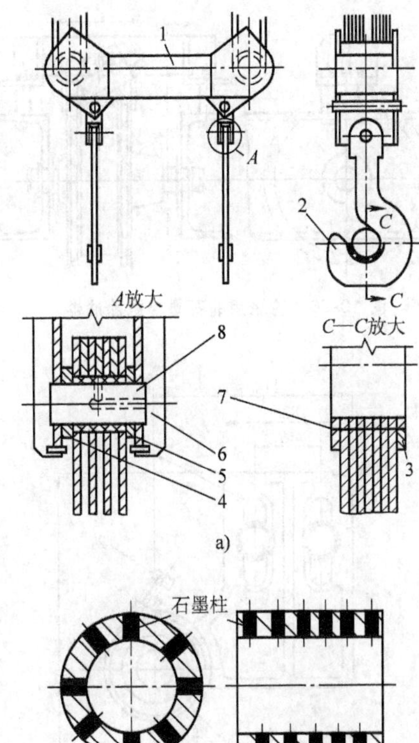

图 10-24　起重机龙门板钩

a）原结构　b）镶嵌石墨的轴套

1—横梁　2—板钩　3—止推挡板　4—垫圈　5—镶嵌石墨的轴套　6—十字支承架　7—镶嵌石墨的衬瓦　8—销轴

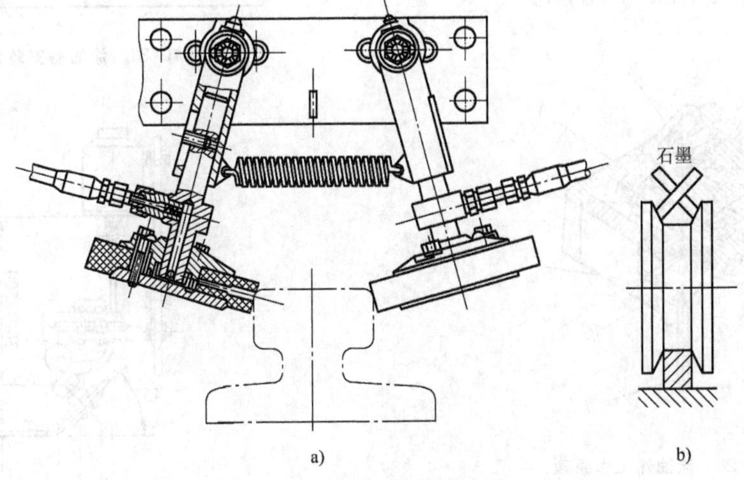

图 10-25　钢轨与轮缘的润滑

a）钢轨与轮缘　b）使轮缘与石墨棒摩擦

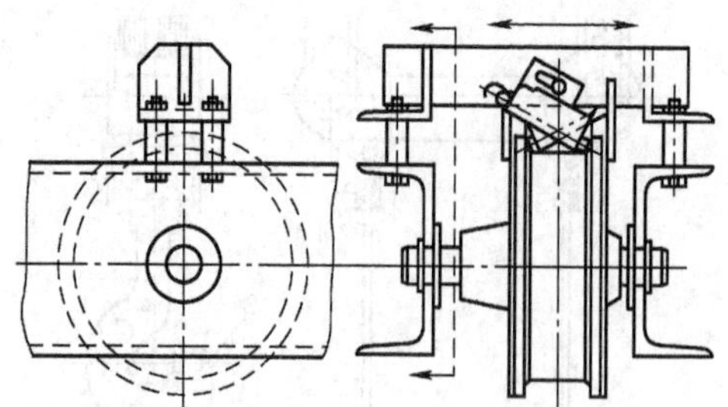

图 10-26 轮缘用的石墨棒式涂油器

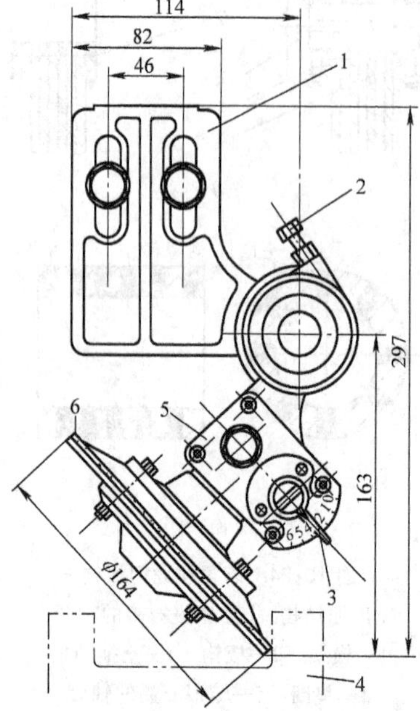

图 10-27 涂油器结构图

1—支架 2—压紧螺钉 3—调节手柄

4—车轮 5—油泵 6—涂油轮

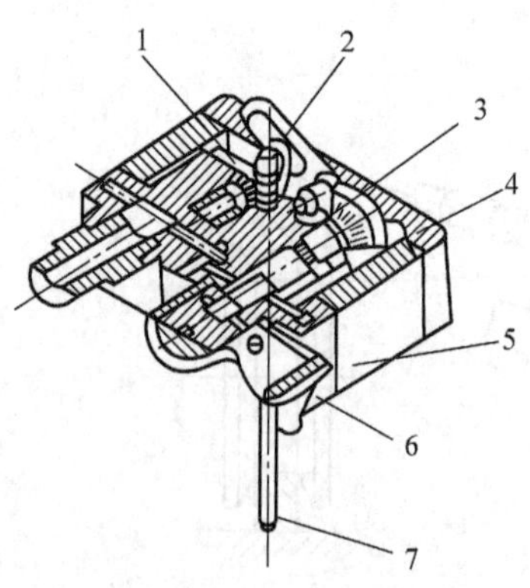

图 10-28 涂油器工作原理

1—蜗杆副 2—摇摆副 3—棘轮副

4—泵盖 5—泵箱 6—泵体 7—油箱导出口

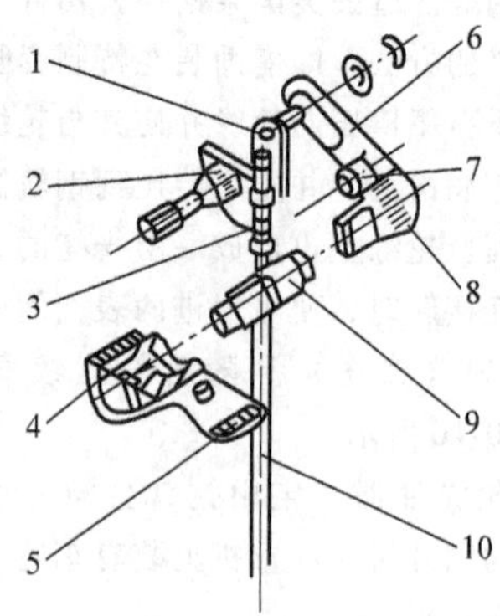

图 10-29 涂油器的主要零件

1—摇臂 2—蜗轮 3—蜗杆

4—凸轮 5—手柄 6—摆杆

7—棘爪 8—棘轮 9—柱塞 10—心轴

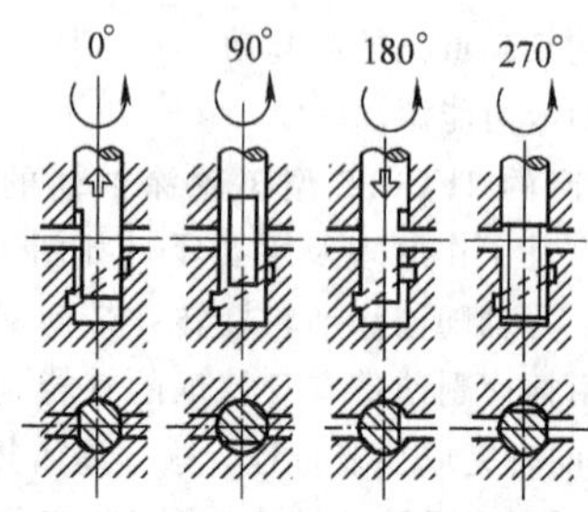

图 10-30 油泵工作全过程示意图

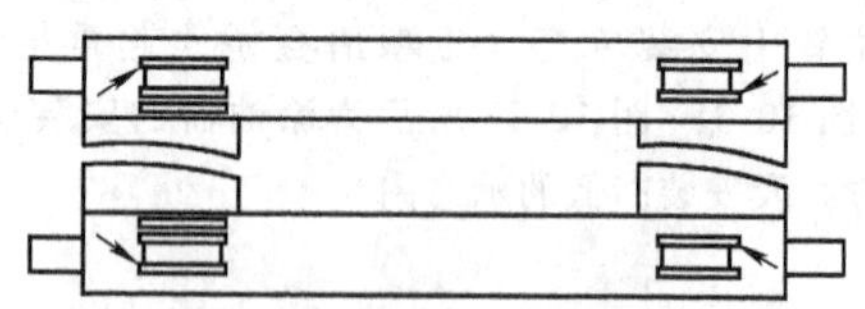

图 10-31 涂油器安装位置

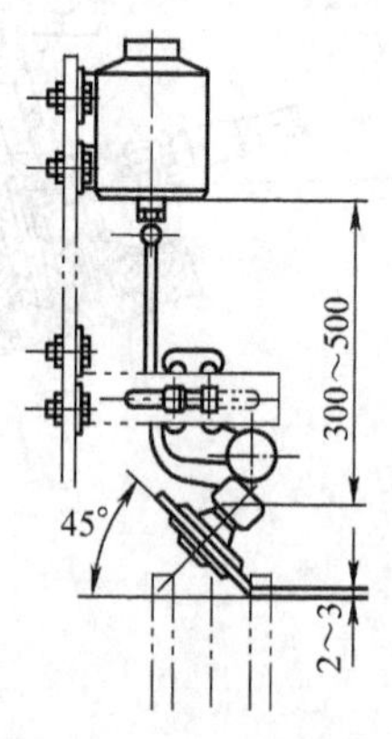

图 10-32 涂油器安装方式

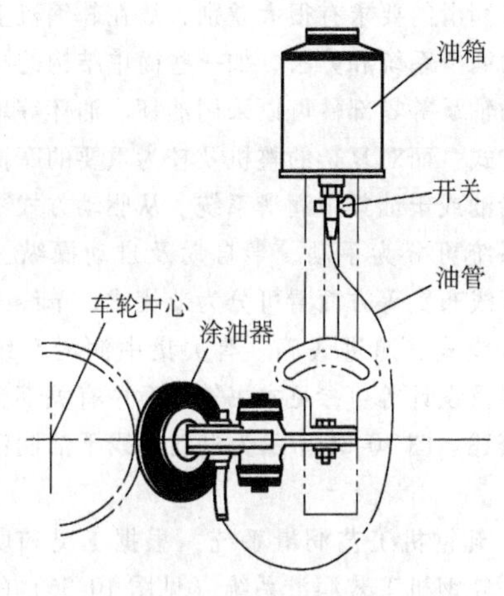

图 10-33　涂油器安装高低

10.8　冶金设备的润滑

冶金设备的品种繁多，主要包括烧结设备，炼铁、炼钢及有色冶金设备，轧压设备等。冶金设备的润滑具有许多特殊情况，特别是现代大型成套设备，由于自动化程度高，需要承受带冲击性的重负荷，工作温度高及运动速度高，甚至有些设备在多粉尘、潮湿的恶劣环境条件下作业，易于腐蚀，因此对设备润滑提出了较高的要求。

10.8.1　轧钢机的润滑

1. 轧钢机对润滑的要求

（1）轧钢机　轧钢机的组成主要包括轧钢机机座、万向接轴及平衡装置、齿轮机座、主联轴器、减速机、电动机联轴器和电动机（见图 10-34），以及图中未显示的前后卷取机、开卷机等。

（2）轧钢机的润滑

1）干油润滑，如热带钢连轧机中炉子的输入辊道、推钢机、出料机、立辊、机座、轧机辊道、轧机工作辊、轧机压下装置、万向接轴和支架、切头机、活套、导板、输出辊道、翻卷机、卷取机、清洗机、翻锭机、剪切机、圆盘剪、碎边机和垛板机等都采用干油润滑。

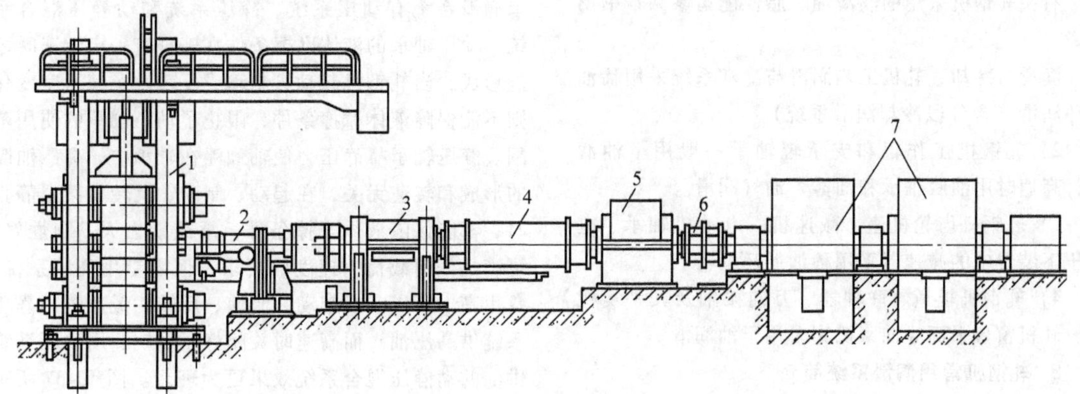

图 10-34　带有减速机和齿轮机座的轧钢机主机

1—轧钢机机座　2—万向接轴及平衡装置　3—齿轮机座　4—主联轴器　5—减速机　6—电动机联轴器　7—电动机

2）稀油循环润滑，如宝山钢铁公司 2030 五机架冷连轧机的，开卷机、五机架、送料辊、滚动剪、导辊、转向辊、卷取机、齿轮轴、平整机等设备的润滑，以及各机架的油膜轴承系统等的润滑都采用稀油循环润滑。

3）高速、高精度轧机的轴承用油雾润滑和油气润滑。

（3）轧钢机工艺润滑冷却的常用介质　在轧钢过程中，为了减小轧辊与轧材之间的摩擦力，降低轧制力和功率消耗，使轧材易于延伸，控制轧制温度，提高轧制产品质量，必须在轧辊和轧材接触面间加入工艺润滑冷却介质。

对轧钢机工艺润滑冷却介质的基本要求有：①适当的油性；②良好的冷却能力；③良好的抗氧化安定性、防锈性和理化稳定性；④过滤性能好；⑤对轧辊和制品表面有良好的冲洗清洁作用；⑥对冷轧带钢的退火性能好；⑦不损害人体健康；⑧易于获得油源，成本低。

轧钢机工艺润滑冷却介质的品种繁多，不同的轧材需用不同的润滑冷却介质，如轧制铝带、铝箔用加添加剂的煤油作为润滑冷却介质。

武汉钢铁公司 1700 冷轧机所用乳化液的温度夏天为 45~50℃，冬天为 50~55℃；所用乳化液的质量分数为 1.2%~4.5%，最高用质量分数为 7%的乳化液，轧薄带浓度高一些，轧厚带浓度低一些。所用的乳化液每8h检验一次pH值、质量分数和铁皂指标，每周进行一次全面分析化验。其使用范围和极限值见表10-55。

表10-55 轧制乳化液的使用范围和极限值

项目	使用范围	极限值
油总含量(%)	2.5~3.8	0.8~7
活性油含量(%)	>80	70
杂油含量(%)	<20	30
pH值	6~7.5	5.5~8
传导性/(s/cm)	<300	500
铁含量/(mg/L)	<200	400
氯含量/(mg/L)	<20	30
皂化值/(mgKOH/g)	<35	45
皂铁含量/(mg/L)	<80	100
游离脂肪酸(油酸)含量(%)	1.5~4	4.5
灰分/(mg/L)		2000

注：各成分含量百分数皆为质量分数。

2. 轧钢机润滑采用的润滑油、脂

1）轧钢机经常采用的润滑油、脂见表10-56。

有关轧钢机采用的润滑油、脂性能请参阅本书第3章。

润滑与冷却、轧机工艺润滑与冷却系统采用稀油循环润滑（含分段冷却润滑系统）。

2）轧钢机工作辊和支承辊轴承一般用干油润滑，高速时用油膜轴承和油雾、油气润滑。

3）轧钢机齿轮机座、减速机、电动机轴承、电动压下装置中的减速器采用稀油循环润滑。

4）轧钢机辊道、联轴器、万向接轴及其平衡机构、轧机窗口平面导向摩擦副采用干油润滑。

3. 轧钢机常用润滑系统简介

（1）稀油和干油集中润滑系统　由于各种轧钢机结构对润滑的要求有很大差别，故在轧钢机上采用了不同的润滑系统和方法，如一些简单结构的滑动轴承、滚动轴承等零部件可以采用油杯、油环等单体分散润滑方式，而对复杂的整机及较为重要的摩擦副则采用了稀油或干油集中润滑系统。从驱动方式看，集中润滑系统可分为手动、半自动及自动操纵三类系统，从管线布置等方面看可分为节流式、单线式、双线式、多线式、递进式等。有关集中润滑系统的分类、性能及设计等可参见本书第8章中有关部分，此处不再赘述。图10-35所示为电动双线干油润滑系统简图。

（2）轧钢机工艺润滑系统　根据工况和所用介质不同，轧钢机工艺润滑系统（见图10-36）的压力常在0.4~1.8MPa之间，每分钟流量可达几百至几千升，介质过滤精度小于5μm，常用喷嘴和分段冷却装置将介质喷射到轧辊及轧材上，对喷出介质的压力、温度等有严格的要求。所以，对喷出介质、油（介质）液温度由压力、温度控制阀控制。

（3）轧钢机油膜轴承润滑系统　轧钢机油膜轴承润滑系统有动压系统、静压系统和动静压混合系统。动压轴承的液体摩擦条件在轧辊有一定转速时才能形成，当轧钢机起动、制动或反转时，其速度变化则不能保障液体摩擦条件，限止了动压轴承的使用范围。静压轴承靠静压力使轴颈浮在轴承中，高压油膜的形成和转速无关，在起动、制动、反转，甚至静止时，都能保障液体摩擦条件，承载能力大，刚性好，可满足任何载荷、速度的要求，但需专用高压系统，费用高。所以，在起动、制动、反转、低速时用静压系统供高压油。而高速时关闭静压系统，用动压系统供油的动静压混合系统效果更为理想。图10-37所示为轧钢机动压油膜轴承润滑系统。

表10-56 轧钢机经常采用的润滑油、脂

设备名称	润滑材料选用
中小功率齿轮减速器	重负荷工业齿轮油CKD 100
小型轧钢机	重负荷工业齿轮油CKD 100
高负荷及苛刻条件用齿轮、蜗轮、链轮	中、重负荷工业齿轮油
轧机主传动齿轮和压下装置，剪切机、推床	轧钢机油，中、重负荷工业齿轮油
轧钢机油膜轴承	油膜轴承油
干油集中润滑系统滚动轴承	1号、2号钙基脂或锂基脂
重型机械、轧钢机	3号、4号、5号钙基脂
干油集中润滑系统，轧机辊道	压延机脂(1号用于冬季、2号用于夏季)或极压锂基脂，中、重负荷工业齿轮油
干油集中润滑系统、齿轮箱、联轴器1700轧机	复合钙铅脂，中、重负荷工业齿轮油

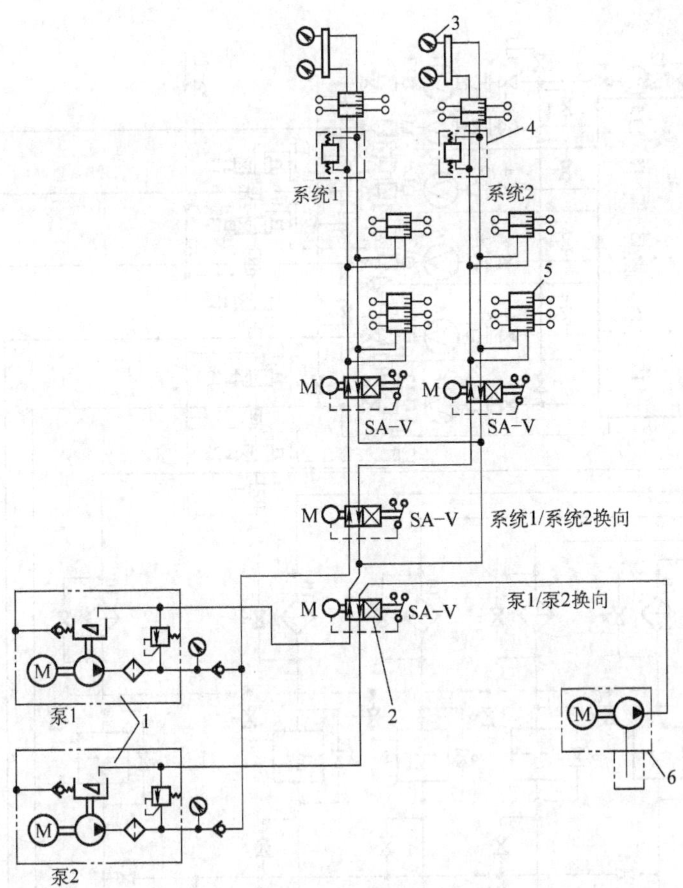

图 10-35　电动双线干油润滑系统

1—泵装置　2—换向阀　3—压力表　4—压差开关　5—分配器　6—补油泵

（4）轧钢机油雾润滑和油气润滑系统　油雾润滑和油气润滑的原理和结构参见第 8 章。油雾润滑借助于压缩空气载体，在油雾发生器内将润滑油雾化成悬浮在高速空气（速度约 6m/s 以下，压力为 2.5～5kPa）喷射流中的微细油颗粒，形成油雾，再用附近的凝缩嘴，通过节流使压力达到 0.1MPa，速度提高到 40m/s 以上，将形成的湿油雾直接引向各润滑点表面，形成润滑油膜，而空气则从大气中逸出。油雾输送的距离一般不超过 30m。该系统常用于齿轮、蜗轮，特别是大型、高速、重载的滚动轴承润滑，它润滑、冷却效率高，而且可节约用油，又可防止杂质和水侵入摩擦副，提高轴承寿命，只是油气润滑系统中的油未被雾化，而是成油滴状进入润滑点。油的颗粒大小为 50～100μm，输送距离可达 100m 以上。一套油气润滑系统可以向多达 1600 个润滑点供送油气流，适用于高温、重载、高速、极低速以及有冷却水、污物和腐蚀性气体侵入润滑点的工况条件恶劣的场合，如各类轧机的工作辊、支承辊轴承、平整机、带钢轧机、高速线材轧机和棒材轧机的滚动导轨和活套、轧辊轴承和托架、大型开式齿轮等的润滑，具有耗油量小、周围环境不受污染、油和空气都可准确计量、系统工作状况可以监控等优点。

四重式轧机轴承（均为四列圆锥轴承）油气润滑系统如图 10-38 所示。该润滑系统大致可划分为油气润滑装置、油气混合器和油气分配器等部分。

4. 轧钢机常用润滑装置

重型机械（包括轧钢机及其辅助机械设备）常用的润滑装置有干油、稀油、油雾润滑装置，国内润滑机械设备已基本可成套供给。这里介绍的是其中主要的润滑装置设备，其名称、性能如下：

重型机械标准稀油润滑装置（JB/ZQ 4586—2006），适用于冶金、重型、矿山等机械设备稀油循环润滑系统中的稀油润滑装置，采用工作介质黏度等级为 22～460 的工业润滑油，循环冷却装置采用列管式油冷却器。

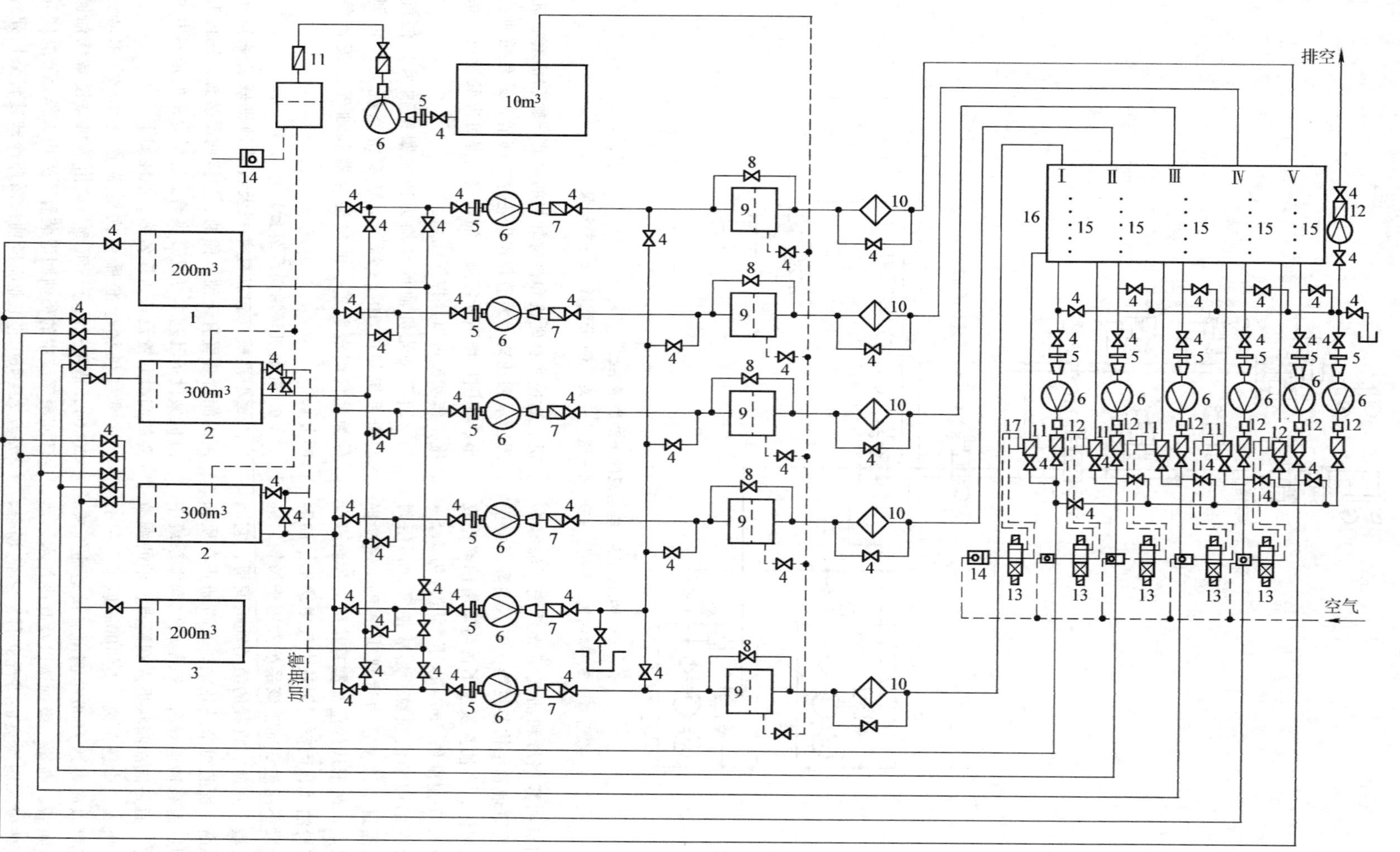

图 10-36 五机架轧钢机工艺润滑系统

1—冷却水箱 2—乳化液箱 3—清洗剂箱 4—闸阀 5—膨胀器 6—离心泵 7、12—止回阀 8—压差器 9—反冲过滤器 10—冷却器 11—气动闸板阀 13—电磁换向阀 14—空气过滤减压阀 15—液位计 16—带式过滤器 17—气缸

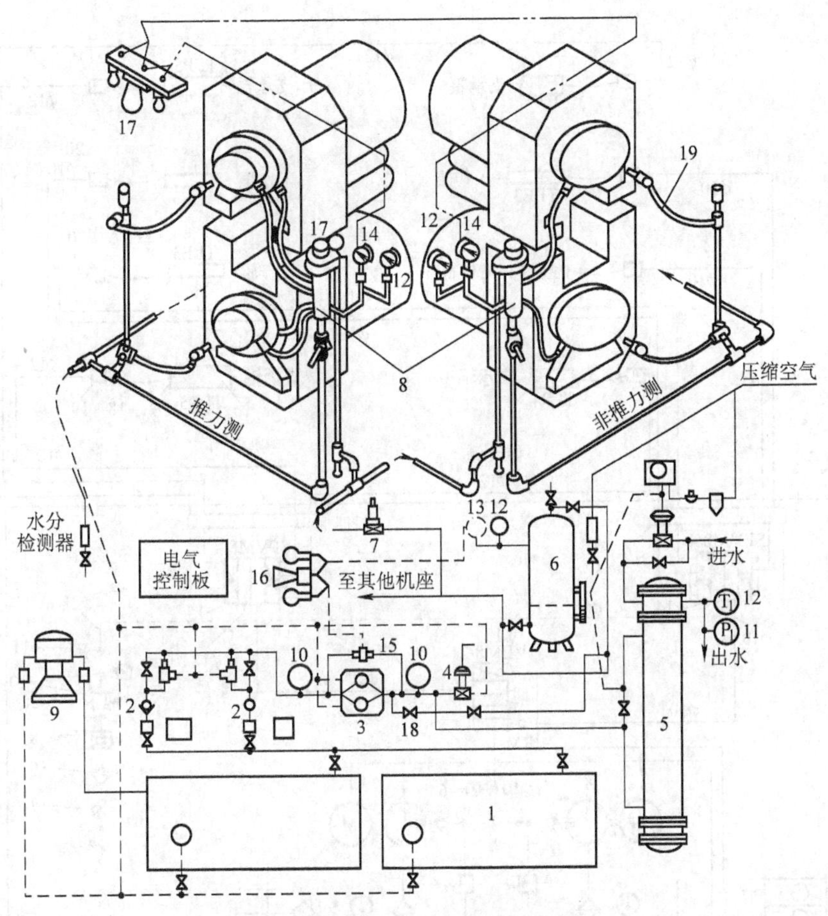

图 10-37　轧钢机动压油膜轴承润滑系统

1—油箱　2—泵　3—主过滤器　4—系统压力控制阀　5—冷却器　6—压力箱　7—减压阀　8—机架旁立管辅助过滤器　9—净油　10—压力计（0~0.7MPa）　11—压力计（0~0.21MPa）　12—温度计（0~94℃）　13—水银接点开关（0~0.42MPa）　14—水银接点开关（0~0.1MPa）　15—水银差动开关（调节在 0.035MPa）　16、17—警笛和信号灯　18—过滤器反冲装置　19—软管

稀油润滑装置的公称压力为 0.63MPa；过滤精度，低黏度为 0.08mm，高黏度为 0.12mm；冷却水用温度小于或等于 30℃的工业用水；冷却水压力小于 0.4MPa；冷却器的进油温度为 50℃时，润滑油的温降大于或等于 8℃；蒸气压力为 0.2~0.4MPa。

稀油润滑装置的参数性能见第 8 章。

轧钢机常用干油、稀油主要润滑件标准目录见第 8 章表 8-38。

以上主要润滑元件的压力范围是 10MPa、20MPa、40MPa，其中压力为 20MPa、40MPa 的元件是国外引进技术生产的产品，由太原润滑设备厂和上海润滑设备厂生产。其他产品，除上述两家外，生产厂家还有沈阳润滑设备厂和西安润滑设备厂等。稀油润滑系统、元件生产厂家参见第 8 章。

5. 轧钢机常用润滑设备的安装维修

（1）设备的安装　认真审查润滑装置、润滑装置和机械设备的布管图样，审查地基图样，确认连接、安装关系无误后进行安装。

安装前对装置、元件进行检查，产品必须有合格证，必要时装置和元件要检查清洗，然后进行预安装（对较复杂系统）。

预安装后，清洗管道，检查元件和接头，如果有损失、损伤，则用合格、清洁件增补。

清洗方法：用四氯化碳脱脂，或用氢氧化钠脱脂后用温水清洗；再用盐酸 10%~15%（质量分数）、乌洛托品 1%（质量分数）浸渍或清洗 20~30min，溶液温度为 40~50℃，然后用温水清洗；再用质量分数为 1%的氨水溶液浸渍和清洗 10~15min，溶液温度为 30~40℃，中和之后用蒸汽或温水清洗；最后用清洁的干燥空气吹干，涂上防锈油，待正式安装时使用。

（2）设备的清洗、试压、调试　设备正式安装后，以再清洗循环一次为好，以保障可靠。

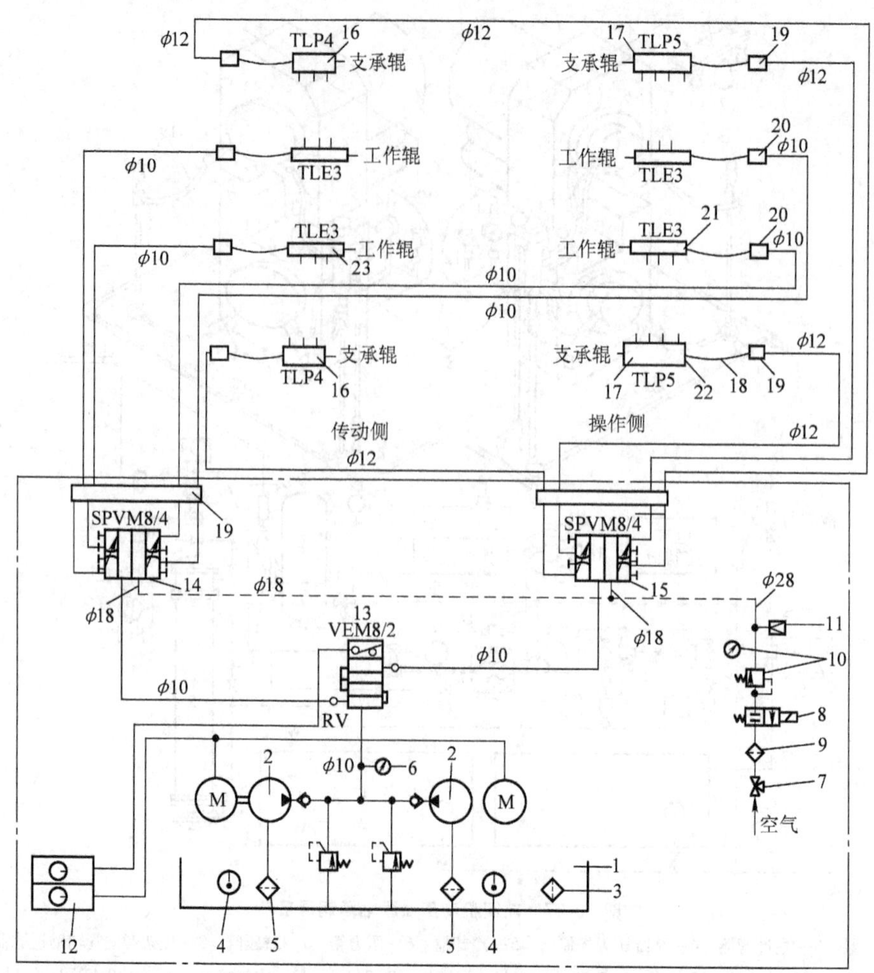

图 10-38　四重式轧机轴承油气润滑系统

1—油箱　2—油泵　3—油位控制器　4—油位镜　5—过滤器　6—压力计　7—阀　8—电磁阀　9—过滤器　10—减压阀　11—压力监测器　12—电子监控装置　13—步进式给油器（带接近开关）　14、15—油气混合器（两种规格）　16、17、23—油气分配器（不同规格）　18—软管　19、20—管路固定架　21、22—软管快速接头

干油和稀油系统的循环清洗图可分别参考图 10-39 和图 10-40。循环时间为 8～12h，稀油压力为 5～3MPa，清洁度为 YBJ84.8G、H（近似于 NAS11、12 级）。

对清洗后的系统应以额定压力保压 10～15min，然后逐渐升压，并及时观察处理问题。

试验之后，按设计说明书对压力继电器、温度调节、液位调节和诸电器连锁进行调定，合格后方可投入使用。

（3）设备维修　现场使用者，一定要努力了解设备、装置、元件图样和说明书等资料，从技术上掌握使用、维护修理的相关资料，以便使用维护与修理。

稀油站、干油站的常见事故与处理见表 10-57，油雾润滑系统故障分析见表 10-58。

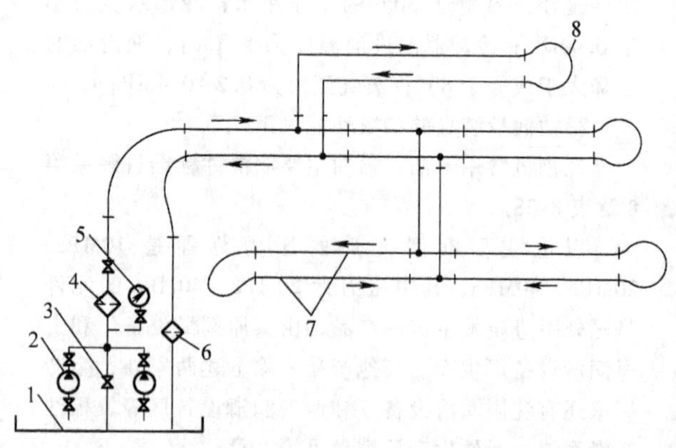

图 10-39　干油系统循环清洗图

1—油箱　2—油泵　3—回流阀门　4、6—过滤器　5—压力表　7—干油主管　8—连接胶管

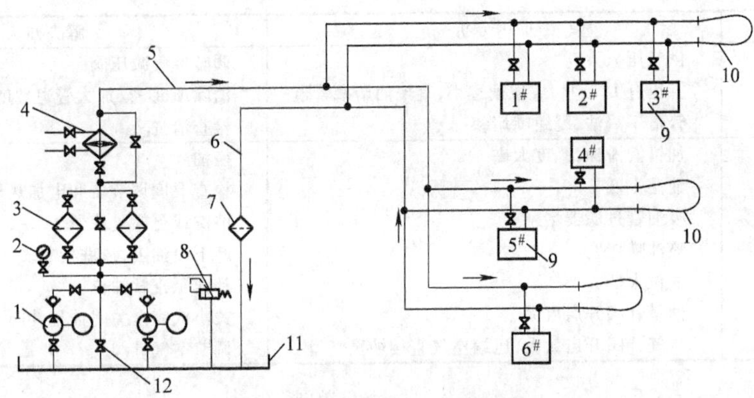

图 10-40　稀油系统循环清洗图

1—油泵　2—压力表　3、7—过滤器　4—冷却器　5—给油管　6—回油管　8—安全阀　9—减速机　10—连接胶管　11—油箱　12—油站回油阀

表 10-57　稀油站、干油站常见事故与处理

发生的问题	原因分析	解决方法
稀油泵轴承发热(滑块泵)	轴承间隙太小,润滑油不足	检查间隙,重新研合,间隙调整到 0.06~0.08mm
油站压力骤然增高	管路堵塞不通	检查管路,取出堵塞物
稀油泵发热(滑块泵)	泵的间隙不当 油液黏度太大 压力调节不当,超过实际需要压力 油泵各连接处的漏泄造成容积损失而发热	调整泵的间隙 合理选择油品 合理调整系统中的各种压力 紧固各连接处,并检查密封,防止漏泄
干油站减速机轴承发热	滚动轴承间隙小 轴套太紧 蜗轮接触不好	调整轴承间隙 修理轴套 研合蜗轮
液压换向阀(环式)回油压力表不动作	油路堵塞	将阀拆开清洗、检查,使油路畅通
压力操纵阀推杆在压力很低时动作	止回阀不正常	检查弹簧及钢球,并进行清洗修理或换新阀
干油站压力表挺不住压力	安全阀损坏 给油器活塞配合不良 油内进入空气 换向阀柱塞配合不严 油泵柱塞间隙过大	修理安全阀 更换不良的给油器 排出管内空气 更换柱塞 研配柱塞间隙
连接处与焊接处漏油	法兰盘端面不平 连接处没有放垫 管子连接时短了 焊口有砂眼	拆下修理法兰盘端面 放垫紧螺栓 多放一个垫并锁紧 拆下管子重新焊接

表 10-58　油雾润滑系统故障分析

故障	原因分析	解决办法
油雾压力下降	供气压力太低 分水滤气器积水过多,管道不畅通 油雾发生器堵塞 油雾管道漏气	检查气源压力,重新调整减压阀 放水、清洗或更换滤气器 卸下阀体,清洗吹扫 检修

（续）

故障	原因分析	解决办法
油雾压力升高	供气压力太高 管道有U形弯，或坡度过小，凝聚油堵塞管道 管道不清洁，凝缩嘴堵塞	调整空气减压阀 消除U形弯，加大管道坡度或装设放泄阀 检查清洗
油雾压力正常但雾化不良，或吹纯空气油位不下降	加错润滑油，黏度太高 油温太低 吸油管过滤器堵塞 喷油嘴堵塞 油位太低 油量针阀开启太大 空气针阀开启太大，压缩空气直接输至管道	换油 检查温度调节器和电加热器，使其正常工作 清洗或更换过滤器 卸下喷油嘴，清洗检查 补充至正常油位 关小或完全关闭油量针阀 调节空气针阀

10.8.2 其他冶金设备的润滑

1. 炼铁及烧结设备的润滑

炼铁及烧结设备，如炼焦机、推焦机、石灰石及矿石烧结设备、大型鼓风机、矿石斗牵引钢丝绳等炉顶设备、化铁炉、高炉、带输送机等，多半暴露在大气及粉尘、腐蚀性烟尘环境中，容易遭受腐蚀、磨料磨损及气蚀，要对其中相应的轴承、减速机、齿轮、蜗轮、液压系统和钢丝绳等进行润滑。

表10-59为某些冶金设备润滑用油，其中列举了一些炼铁及烧结设备用油。

炼焦机械因经常暴露在煤粉弥漫的空气中，因而必须进行密封润滑，如炉门开关及翻底车和水淋急冷车等的液压系统一般应用于水-乙二醇等难燃液压液润滑；带输送机轴承等要用锂基或复合钙基脂润滑。

推焦机间断性工作，且受冲击性负荷，处于煤尘和高温环境，需使用耐热、耐水性好的极压锂基脂或使用抗氧、防锈及极压润滑油进行循环润滑，液压系统也要使用难燃液压液润滑。

煤气净化和化学副产品回收部分的机械因工作环境有粉尘和腐蚀性烟尘，因此如煤气排送机所用润滑剂应是含抗氧防锈型汽轮机油，并采用带过滤器的循环润滑系统。

石灰石及矿石烧结设备经常在有尘埃、振动及高温情况下工作，因而要使用复合钙基、复合锂基、膨润土或复合铝基润滑脂。

大型鼓风炉、矿石斗曳引钢丝绳等炉顶设备一般可采用0号或1号极压锂基脂的干油润滑系统进行润滑，炉顶机械可用磷酸酯难燃液为液压介质。铁液包车负荷较大、温度高，需用滴点大于125℃的极压锂基脂润滑。

2. 炼钢设备的润滑

近年来，炼钢炉的操作有些采用计算机控制，自动化程度高，所用设备也要求采用相应的润滑系统和润滑剂。

吹氧转炉设备中，吹氧转炉由极限回转轴支承，支承滚动轴承采用二硫化钼锂基脂润滑，静压轴承和聚四氟乙烯轴垫也可用润滑脂润滑。转炉驱动装置齿轮用中负荷或重负荷工业齿轮油润滑。主要附属设备（如排风机、电动机、装料起重设备）的润滑点很多，都用相应的润滑脂干油润滑系统润滑，驱动齿轮常用油浴润滑。

连铸机包括铸机转台、桥式起重机、铸模摆动器及取锭台等的滚动轴承处于高温下，一般用复合铝基润滑脂等润滑。铸模的润滑则采用防止铸模磨损或粘结的润滑剂。

连铸件的液压介质常用水-乙二醇型或磷酸酯型介质。

表10-59中列举了一些炼钢设备润滑用油。

10.8.3 新型轧制润滑方式

1. 新型轧制润滑系统

新型轧制润滑系统（见图10-41）主要是对供油系统进行了改进，其主要由储油箱、工作油箱、供油泵、高压泵、比例流量阀、混合器、集管、喷嘴等组成，水通过水过滤器18、电磁水阀19、比例电磁水阀20进入混合器15；轧制润滑油通过补油泵11加入储油箱1，再经过供油泵2输送到工作油箱4，工作油箱的油液由高压泵6加压至6.0~8.0 MPa，通过双筒过滤器8、电磁换向阀12，最后由比例流量阀13按设定值输送到混合器15。

轧制润滑油和水分别为比例阀所控制，按工艺要求设定的比例进行混合。混合均匀的油水混合物通过集管22、喷嘴21均匀地喷射到轧辊的表面。当带钢咬入轧辊后，控制油开启的电磁换向阀12、比例流量阀13才打开供油，以免出现带钢咬入时打滑。在轧辊等钢的时候，控制油开启的电磁换向阀12、比例流量阀13关闭，控制水开启的电磁水阀19、比例

表 10-59　冶金设备润滑用油

设备名称	用油名称
烧结设备	
带机减速机	150 工业齿轮油
圆盘给料机减速机	150 工业齿轮油
烧结机弹性滑道	1 号复合铝基脂
烧结机抽烟机轴承	L-HL32 液压油
烧结机台车车轮轴承	复合铝基脂
原料抓斗吊车	
减速机	150 工业齿轮油
车轮轴承	2 号通用锂基脂
炼铁设备	
高炉汽轮鼓风机	L-HL32 液压油
电动泥炮机	
齿轮传动	320 工业齿轮油
打泥丝杆及推力轴承	
高炉上料卷扬机减速机	2 号通用锂基脂
上料卷扬机钢丝绳	220 工业齿轮油
炉顶布料及大小钟拉杆的钢丝绳	ZM 型钢丝绳脂
密封装置集中润滑	经过滤后的废机油
称量车	
走行轴瓦	车轴油
空气压缩机	100 号往复式压缩机油
减速机	150 工业齿轮油
集中润滑系统	1 号复合铝基脂
液压系统	L-HL32 液压油
热风炉	
各种阀门减速机	L-CKC100 工业齿轮油
各部开式齿轮	半流体锂基脂
炼钢设备	
平炉换向阀蜗轮减速机	460 工业齿轮油
平炉鼓风机滚动轴承	2 号通用锂基脂
冶金吊车(铁液罐吊车、铸锭吊车、脱锭吊车)	
各部减速机	320、460 工业齿轮油
集中润滑系统	1 号复合铝基脂
钢丝绳	ZM 型钢丝绳脂
开式齿轮	半流体锂基脂
蜗轮减速机	320、460 工业齿轮油
混铁炉	
减速机	320、460 工业齿轮油
集中润滑系统	1 号复合铝基脂
原料吊车(磁性吊车、抓斗吊车)	
减速机	150 工业齿轮油
车轮轴承	2 号通用锂基脂
钢丝绳	ZM 型钢丝绳脂
轧钢设备	
轧制线上的稀油系统	460 工业齿轮油（中、重载荷）
集中干油润滑系统	1 号复合铝基脂
液压系统	L-HM32、L-HM46 抗磨液压油
主电动机轴承稀油润滑系统	L-HL46 液压油（油膜轴承油）
开式齿轮	半流体锂基脂

注：工业齿轮油可使用 L-CKB、L-CKC 型或 L-CKC、L-CKD（中重载荷）工业闭式齿轮油。

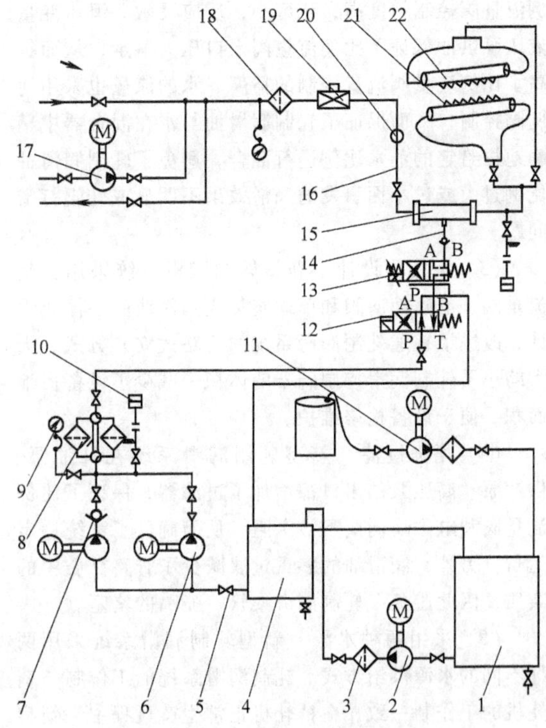

图 10-41　新型轧制润滑系统

1—储油箱　2—供油泵　3—过滤器　4—工作油箱　5—截止阀　6—高压泵　7—单向阀　8—双筒过滤器　9—压力表　10—压力继电器　11—补油泵　12—电磁换向阀　13—比例流量阀　14—油管　15—混合器　16—水管　17—增压水泵　18—水过滤器　19—电磁水阀　20—比例电磁水阀　21—喷嘴　22—集管

电磁水阀 20 常开，保证集管 22、喷嘴 21 当中有水流动，使其处于常温下工作，避免产生高温结焦物。

2. 新型轧制润滑系统的技术特点

新型轧制润滑系统采用液压泵供油，供油压力大幅提高，供油量的大小由比例流量阀控制，控制死区小，精度高，反应灵敏。比例流量阀控制采用集成控制阀块，结构紧凑，占地小，并可完全避免在混合器之前油、水两种介质相混合而导致管路堵塞现象。其具体的技术创新点有：

（1）采用恒压变量泵供送润滑油　新型轧制润滑系统采用恒压变量液压泵输送轧制润滑油，供油压力大幅提高，可控制在 6.0~8.0MPa，增强了润滑油在管路的流动性，避免了因压力过低致使润滑油在管路中存在的时间过长，从而导致管路堵塞的情况发生。

（2）采用比例阀控制润滑油和水　新型轧制润滑系统采用比例流量阀来控制润滑油和水的流量，比例流量阀控制精度高，死区小，反应灵敏。恒压变量液压泵供油保证了比例流量阀入口压力恒定，从而提高了比例流量阀流量控制的精度，水的流量也采用比例阀控制，从而保证了轧制润滑油与水在混合器中精确地按给定的油水比例进行混合，避免了轧制润滑油比例过大或过小而引发的润滑效果不明显或轧辊打滑问题。

（3）集成化设计　新型轧制润滑系统采用比例流量阀、电磁换向阀和单向阀集成到阀块的一体化设计，改进了普通轧制润滑系统的管路式安装方式，大大缩小了轧制润滑控制阀架的体积，减少了设备占地面积，便于设备检修维护。

（4）增强过滤　新型轧制润滑系统在补油泵、供油泵、高压泵的出口都增加了过滤器，保证了比例流量阀和电磁换向阀不被卡阻，从而确保了系统稳定运行。另外，润滑油的多重过滤减少了管路介质中的杂质，因此避免了轧制润滑集管、喷嘴的堵塞。

（5）采用两种水源　新型轧制润滑系统采用两种不同的水源供给方式。轧制润滑系统的工作制与精轧机的工作制一致，在精轧机正常生产过程中，新型轧制润滑系统的水源采用精轧机的冷却水（即浊环水），从而简化了轧制润滑系统的控制逻辑。其次，系统采用了浊环水，在投用过程中可以降低成本；在精轧机组检修时，浊环水停止供应，此时轧制润滑系统的水源采用净环水，通过管路上增加的增压水泵，提高了管路中水的压力，可对整个系统的管路、混合器和集管进行冲洗，清除管路中的杂质，保证了系统在使用过程喷嘴不堵塞。

10.9　橡胶及塑料加工机械的润滑

10.9.1　橡胶加工机械的润滑

橡胶加工机械品种很多，如原料加工设备中的切胶机、粉碎机、筛选机，塑炼机械中的开式炼胶机、密闭式炼胶机、碾压机、硫化机、压延机、挤出机、注射成型机，以及制作轮胎、胶管、V带等制品的专用设备等。表10-60为橡胶加工设备用润滑油推荐表。

10.9.2　塑料加工机械的润滑

塑料的成型加工机械是将粉状、粒状、溶液或分散体等各种形态的塑料成型物料转变成为具有固定形状制品的机械。目前塑料成型的主要方法有注射、挤出、模压、压延、发泡、缠绕、层压、浇注和涂层等。塑料成型一般负荷不太高而且冲击也不太大，润滑要求不算苛刻。下面举几个例子说明。

1. 混炼机的润滑

混炼机用润滑油（脂）见表10-61。

表10-60　橡胶加工设备用润滑油

润滑部位			润滑方法	黏度(40℃)/(mm^2/s)	脂号(NLGI)	要求性能
减速齿轮			飞溅	414~506		中等极压油
闭式齿轮			循环	288~352		
大齿轮及小齿轮	<66℃		飞溅	414~506		含SP剂齿轮油
	>66℃		油盘	612~748		含SP剂齿轮油
连接齿轮	<66℃		飞溅	288~506		含SP剂齿轮油
	>66℃		油底盘	414~748		含SP剂齿轮油
轴颈轴承	套筒式	<66℃	各种	198~352		防锈抗氧化油
		>66℃	各种	288~506		防锈抗氧化油
	滚动式	任意温度	各种		1	钙-铅复合基或极压锂基脂
		<66℃	循环	288~506		防锈抗氧化油
		>66℃	循环	414~748		防锈抗氧化油
滚轧装置机构			脂枪		1	含油性剂脂
螺杆			脂枪		1	含油性剂脂
蜗轮蜗杆			油浴	288~506		含SP剂齿轮油

表 10-61　混炼机用润滑油（脂）

润滑部位	润滑方法	黏度(40℃)/(mm²/s)	脂号(NLGI)	要求性能
联合减速装置、大齿轮及连接齿轮	飞溅或循环	414~748		中等极压润滑油
回转加重活塞杆	空气线加油器	90~110		中等极压润滑油
浮动加重活塞	手浇或空气线加油器	135~165		中等极压润滑油
排放门活塞	手浇或空气线加油器	135~165		中等极压润滑油
止尘器	机械加油器			含油性剂脂
转子轴承(滚动)	填充		2	润滑脂
转子轴承(轴套)	润滑脂加油器		1	润滑脂
转子轴承	循环	198~242		润滑油

2. 注塑机的润滑

注塑机（又称为塑料注射成型机）是将固态塑料塑化，然后将其以一定压力和速度注入闭合模腔内，经过固化定型后取得制品的一种热塑性成型设备。

注塑机一般由注射装置、合模装置、机架、变速器、液压系统和电气系统等部件组合而成。在注塑过程中，注塑机既有机械设备的回转、直线和螺旋运动，也有液压设备的动能传递，还有电加热装置的热能转换，这就给润滑工作提出了较多的要求。当然，注塑机的润滑可以按运动方式，分别遵循机械设备、液压设备和电加热设备润滑的通则进行，但有些部件（如注射部件及变速器等）就需综合考虑，采用混合润滑的方法。

由于各种型号的注塑机注射重量不同，设备的自动化程度不同，故对注塑机的润滑要求也不同。一般可参照注塑机出厂使用说明书进行润滑。典型注塑机用润滑油脂见表 10-62。

表 10-62　典型注塑机用润滑油脂

机械装置	润滑部位	润滑法	油脂名称	黏度(40℃)/(mm²/s)	ISO VG 或 NLGI 脂号
紧固装置	模杆轴套	脂枪	通用锂基脂		2
	挤出板导向轴套型紧固控制导向轴套、多点限位开关滚	手浇	抗磨液压油	41.4~50.6	46
射注装置	射注装置滑动面直接驱动、导向轴套射出装置导轨面	脂枪	EP 通用锂基脂		2
	推力箱	加油口	抗磨液压油	41.4~50.6	46
液压装置	液压马达转子轴	脂枪	EP 通用锂基脂		2
	油箱	加油口	抗磨液压油	41.4~50.6	46
安全门及其他	凸轮阀滚轮轴套限位开关滚	手浇			

（1）手动或半自动塑料注射成型机的润滑

1）齿轮变速器的润滑。变速器的任何故障都将影响到加工的质量和数量。对箱内的经淬硬处理的正齿轮和调质轴应保证能够形成均匀可靠的润滑油膜。一般采用油杯和飞溅润滑法即可满足润滑要求。

2）注射部件的润滑。注射部件的作用是经电加热圈使塑料受热均匀并达到注射温度，再由压料杆螺旋加压形成注塑压力。压料杆的润滑一般采用油杯、油绳等润滑方法。

3）锁模部件的润滑。锁模部件由带轮、丝杆、螺母和台虎钳等组成。调整台虎钳一侧上的撞块位置，使其与机座上的行程开关相配合，再通过控制丝杆进给行程，可使台虎钳完成开模与合模。因丝杆、螺母摩擦结点较小，油膜容易被挤裂，因此润滑油应具有较好的油性。一般采用 L-AN46 全损耗系统用油或 L-HL 液压油（下同）通过油杯、油绳润滑。

4）机座部分的润滑。机座上的滑动导轨一般用铸铁制成。因导轨承受的负荷及滑动速度都不大，故用矿物润滑油即可保证形成一定的边界油膜。一般用手轻轻接触导轨面后，能在手上看出油迹即认为在导轨面上已经维持了一层油膜。

（2）自动液压注塑机的润滑　这种注塑机的特点是：自动化程度高，性能稳定，并有电气、液压连锁保护装置，精度高，结构较复杂。

1）注射部分的润滑。由于这部分是完成注射双液压缸拉动预塑变速齿轮箱、经齿轮箱推动螺杆将均匀塑化的塑料射入模腔内、实行注射成型的关键部件，运动比较频繁，又有电加热装置，因此必须严格执行润滑制度。该部分的主要润滑部位及用油如下：

① 注射座与机架导轨面上加 L-HM46 抗磨液压油，每班一次。

② 齿轮箱底部（滚柱）导轨面上加 L-HM46 抗磨液压油，每班一次。

③ 回转中心加油脂，约 0.3L。

④ 变速齿轮箱内加 L-HM46 抗磨液压油约 10L。

2）移模部件的润滑。移模采用液压动力，选用直压式充液装置，结构简单，动作可靠，润滑点少，主要是保证在四根导柱上形成润滑油膜。可用 L-AN46 全损耗系统用油，通过油杯和油绳润滑。

10.10 发电机及电动机的润滑

10.10.1 概述

发电机通常分为火力发电机组与水力发电机组两大类，在火力发电机组中又包括蒸汽轮机、燃气轮机及柴油发电机组等，不同的机组有不同的润滑要求。而电动机的类型虽然很多，但其润滑要求大致相同。

10.10.2 火力发电机组的润滑

1. 燃气轮机及蒸汽轮机发电机的润滑特点

汽轮发电机的主轴滑动轴承对润滑的要求较多，特别是一些大型发动机，轴颈可达 ϕ600mm 以上，轴的圆周速度有时可超过 100m/s，通常采用动压或静压滑动轴承，具有专门的供油系统循环供应润滑油，其齿轮减速机、调速机（器）、励磁机等可用循环供油或油浴润滑方式供油。

燃气轮机的润滑比一般蒸汽轮机要苛刻得多，特别是中小型燃气发电机油温较高，常需使用航空用合成油或磷酸酯型耐燃性汽轮机油润滑。

2. 汽轮机用油

表 10-63 为汽轮发电机组用润滑油脂。

3. 涡轮机油

（1）产品品种

1）L-TSA 和 L-TSE 汽轮机油。L-TSA 为含有适当的抗氧剂和腐蚀抑制剂的精制矿物油型汽轮机油；L-TSE 是为润滑齿轮系统，较 L-TSA 增加了极压性要求的汽轮机油。L-TSA 和 L-TSE 适用于蒸汽轮机。L-TSA 和 L-TSE 汽轮机油技术要求见表 10-64。

2）L-TGA 和 L-TGE 燃气轮机油。L-TGA 为含有适当的抗氧剂和腐蚀抑制剂的精制矿物油型燃气轮机油；L-TGE 是为润滑齿轮系统，较 L-TGA 增加了极压性要求的燃气轮机油。L-TGA 和 L-TGE 适用于燃气轮机。

3）L-TGSB 和 L-TGSE 燃/汽轮机油。L-TGSB 为含有适当的抗氧剂和腐蚀抑制剂的精制矿物油型燃/汽轮机油，较 L-TSA 和 L-TGA 增加了耐高温氧化安定性和高温热稳定性。L-TGSE 是具有极压性要求的耐高温氧化安定性和高温热稳定性的燃/汽轮机油。L-TGSB 和 L-TGSE 主要适用于共用润滑系统的燃气-蒸汽联合循环涡轮机，也可单独用于蒸汽轮机或燃气轮机。

表 10-63 汽轮发电机组用润滑油脂

汽轮机形式			转速/(r/min)	润滑部位	用油名称
电站汽轮机组	大型		3000	滑动轴承	L-TSA32 防锈汽轮机油
	中、小型		1500	滑动轴承、减速齿轮、发电机轴承	L-TSA46 防锈汽轮机油
				液压控制系统	与润滑系统同一牌号的汽轮机油
水轮机	卧式		1000 以上	径向轴承、推力轴承	L-TSA32 防锈汽轮机油
			1000 以下		L-TSA46 防锈汽轮机油
	立式	大型		推力轴承、导轨轴承	L-TSA46、L-TSA68 防锈汽轮机油
		中、小型			L-TSA46 防锈汽轮机油
船舶用汽轮机	军用船舰大型远洋船			滑动轴承、减速齿轮	L-TSA68 防锈汽轮机油
	巨型远洋轮			滑动轴承	L-TSA100 防锈汽轮机油
	船舶副机		3000 以上		L-TSA32 防锈汽轮机油
			3000 以下		L-TSA46 防锈汽轮机油
励磁机轴承				轴承	同汽轮机润滑油
油泵电动机				轴承	2 号通用锂基脂
水轮机导向叶片或针阀操纵机构					极压 0 号或 1 号钙基脂或锂基脂
导向轴承				轴承	极压 0 号或 1 号钙基脂或锂基脂或 L-TSA32～68 防锈汽轮机油

表 10-64　L-TSA 和 L-TSE 汽轮机油技术要求

项目	质量指标							试验方法
	A 级			B 级				
黏度等级(GB/T 3141)	32	46	68	32	46	68	100	
外观	透明			透明				目测
色度/号	报告			报告				GB/T 6540
运动黏度(40℃)/(mm^2/s)	28.8~35.2	41.4~50.6	61.2~74.8	28.8~35.2	41.4~50.6	61.2~74.8	90.0~110.0	GB/T 265
黏度指数　不小于	90			85				GB/T 1995①
倾点②/℃　不高于	-6			-6				GB/T 3535
密度(20℃)/(kg/m^2)	报告			报告				GB/T 1884 和 GB/T 1885③
闪点(开口)/℃　不低于	186		195	186		195		GB/T 3536
酸值(以 KOH 计)/(mg/g)　不大于	0.2			0.2				GB/T 4945④
水分(质量分数,%)　不大于	0.02			0.02				GB/T 11133⑤
泡沫性(泡沫倾向/泡沫稳定性)⑥/(mL/mL)　不大于 程序Ⅰ(24℃) 程序Ⅱ(93.5℃) 程序Ⅲ(后 24℃)	 450/0 50/0 450/0			 450/0 100/0 450/0				GB/T 12579
空气释放值(50℃)/min　不大于	5		6	5	6	8	—	SH/T 0308
铜片腐蚀(100℃,3h)/级　不大于	1			1				GB/T 5096
液相腐蚀(24h)	无锈			无锈				GB/T 11143(B 法)
抗乳化性(乳化液达到 3mL 的时间)/min　不大于 54℃ 82℃	 15 —		 30 —	 15 —		 30 —	 — 30	GB/T 7305
旋转氧弹⑦/min	报告			报告				SH/T 0193
氧化安定性 1000h 后总酸值(以 KOH 计)/(mg/g)　不大于	0.3	0.3	0.3	报告	报告	报告	—	GB/T 12581
总酸值达 2.0(以 KOH 计)/(mg/g)的时间　不小于	3500	3000	2500	2000	2000	1500	1000	GB/T 12581
1000h 后油泥/mg　不大于	200	200	200	报告	报告	报告	—	SH/T 0565
承载能力⑧ 齿轮机试验/失效级　不小于	8	9	10	—				GB/T 19936.1
过滤性 干法(%)　不小于 湿法	 85 通过			 报告 报告				SH/T 0805
清洁度⑨/级　不大于	—/18/15			报告				GB/T 14039

注：L-TSA 类分 A 级和 B 级，B 级不适用于 L-TSE 类。

① 测定方法也包括 GB/T 2541，结果有争议时，以 GB/T 1995 为仲裁方法。

② 可与供应商协商较低的温度。

③ 测定方法也包括 SH/T 0604。

④ 测定方法也包括 GB/T 7304 和 SH/T 0163，结果有争议时，以 GB/T 4945 为仲裁方法。

⑤ 测定方法也包括 GB/T 7600 和 NB/SH/T 0207，结果有争议时，以 GB/T 11133 为仲裁方法。

⑥ 对于程序Ⅰ和程序Ⅱ，泡沫稳定性在 300s 时记录，对于程序Ⅲ，在 60s 时记录。

⑦ 该数值对使用中油品监控是有用的。低于 250min 属不正常。

⑧ 仅适用于 L-TSE。测定方法也包括 NB/SH/T 0306，结果有争议时，以 GB/T 19936.1 为仲裁方法。

⑨ 按 GB/T 18854 校正自动粒子计数器（推荐采用 DL/T 432 方法计算和测量粒子）。

（2）产品标记　涡轮机油产品标记为：品种代号、黏度等级、产品名称、标准号。

示例：L-TSA 32 汽轮机油（A 级）GB 11120；

L-TGA 32　燃气轮机油 GB 11120；

L-TGSB32 燃/汽轮机油　GB 11120。

（3）产品标准　涡轮机油新国家标准 GB 11120—2011 于 2012 年 6 月 1 日起实施，与旧国标 GB 11120—1989 相比，新增了清洁度、旋转氧弹、过滤性、油泥指标，其中新增的清洁度指标给生产过程质量控制增加了难度，同时抗乳化性一直是生产过程中不易控制的质量指标。

10.10.3　水轮发电机组的润滑

水轮机有冲击式和反击式（又可分为轴流式、贯流式、混流式、斜流式等），一般均为低速、常温、定负荷下运转，但工作环境较为潮湿，要求使用防锈性、抗乳化性和较好的水分离性润滑油。小型水轮发电机大多是轴承润滑和调速机构操作系统使用同一润滑系统，而大型水轮发电机导向轴承与调整机构操作系统的润滑系统分离，混流式及轴流式水轮机的导向叶片、水斗式水轮机的针阀操作机构等均使用防锈性好的 0 号或 1 号钙基或锂基脂润滑。

水轮发电机组的用油参见表 10-63。

10.10.4　柴油发电机组的润滑

柴油发电机组的发动机是柴油机，其润滑系统和前面介绍的内燃机润滑系统在原理上大同小异。大功率中速柴油机一般采用压力循环润滑，分为湿式和干式油底壳润滑系统。图 10-42 所示为中速柴油机润滑系统示意图。大部分机型的气缸套采用注油润滑。它的润滑系统的作用是：①润滑发动机的轴承、齿轮、配气机构、活塞-气缸套等零件及附件（增压器、泵）等；②保持发动机及润滑系统内部的清洁；③对活塞顶等部位进行冷却；④密封某些零部件；⑤防止燃烧产物的腐蚀作用等。

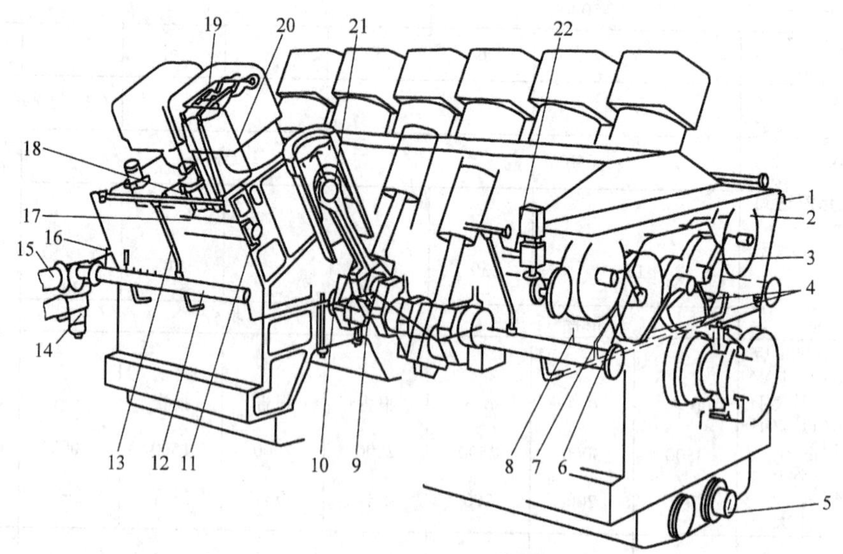

图 10-42　中速柴油机润滑系统示意图

1—漏油管　2—喷油管　3、6—凸轮轴轴承油管　4、7—中间齿轮油管　5—排油管　8—压力表连接管　9—连杆轴承　10—主轴承　11—凸轮轴轴承　12—总管　13—连接管　14—调压阀　15—供油管　16—增压器油管　17—滚轮油道　18—凸轮轴轴承油道　19—摇臂轴承油管　20—气缸盖油管　21—活塞销衬套　22—调速器传动装置油管

发动机中润滑油的存放场所，湿式油底壳系统的润滑油存放在油底壳中，干式油底壳系统则利用油泵将油底壳中的润滑油送往油柜中。目前大部分中速柴油机采用这种系统。油底壳的作用是收集从轴承滴流下来的润滑油。所收集的润滑油，经其两端的排油管，排往日用油柜。润滑油泵将油从日用油柜中抽出，经过滤器和冷却器后流至供油管 15，再经总管 12 后流至各主轴轴承处，输出端的定位轴承则用油管供油润滑，通过油管和油道将油送至凸轮轴轴承 11、喷油泵滚轮挺杆和气阀处。油管 19 和 20 将油送给摇臂等零件。油管 4 和 7 以及喷油管 2 等将油供给正时中间齿轮及齿轮的啮合部位。油管 22 将油送往

调速器，油管 16 则将油送往废气涡轮增压器。

主轴承 10 处的润滑油通过曲轴的钻孔流至曲柄销轴承，再经连杆的油道来到活塞销衬套 21 处，最后流入活塞的冷却腔。活塞的冷却油最后向下流回曲轴箱中。润滑油的压力通过调压阀 14 进行调节。

表 10-65 为一些中速柴油机的润滑油压力和温度。发动机润滑油一般使用 CH-430 号或 40 柴油机油，也有使用 30 号或 40 号中速筒式柴油机油或大型船用柴油机油润滑的。废气涡轮增压器一般推荐用 L-TSA46 或 L-TSA68 汽轮机油润滑。液压调速器推荐使用 L-TSA32~68 汽轮机油润滑。盘车机构使用 L-CKC 或 L-CKB100~150 号工业齿轮油润滑。

10.10.5　电动机的润滑

电动机的品种与规格大小众多，一般电动机的润滑剂选用取决于轴承类型、转速、温度和负荷等。

小型电动机常用滑动轴承，在轴承座内设有储油槽或油池，采用甩油环、油链和甩油圈，润滑在轴套内使用润滑油循环润滑，也有用油绳润滑的，保持润滑油的耐用寿命为 20000~40000h。

中型电动机多用滚动轴承（内径 ϕ25mm 以上），使用润滑脂润滑，通常一次性装填润滑脂（轴承内装填约 1/2 轴承体积的脂，使用 1 年后再清洗更换）。

大型电动机中可能使用滚动轴承或滑动轴承，两种润滑剂都可能使用，一般滑动轴承用油润滑，滚动轴承用脂润滑。

电动机的轴承温度一般应控制在 65~80℃ 之间，合金滑动轴承最好低于 65℃。

表 10-66 为电动机用油。

表 10-65　一些中速柴油机的润滑油压力和温度

机型		MAN B&W		道依茨	苏尔寿	S. E. M. T		GMT BL	米利斯	瓦锡兰
		40/45	58/64	BV16 M640	ZA40S	PC2-6	PC4	550	MB430	VASA46
进油压力/MPa		0.4~0.5①	0.4~0.5	0.44~0.51	0.4~0.7	0.55	0.55~0.6	0.5~0.6	0.55	0.40
进油温度/℃	最低	55	50	55	50	50~55	50~55	55~65	65	62
	最高	60	60		60	<58		65	71	70
出油温度/℃		70	约 70					75		温升 10~13

① 增压器为 0.13~0.15MPa。

表 10-66　电动机用油

工作条件		容量/kW		
		100 以下	100~1000	1000 以上
滚动轴承	高速 1500~3000r/min	2 号锂基脂、2 号钙基脂、2 号钙钠基脂	2 号锂基脂、2 号钠基脂	2 号锂基脂、2 号复合钙基脂
	中速 1000~1500r/min	3 号锂基脂、3 号钙基脂、2 号钙钠基脂	3 号锂基脂、3 号钠基脂	3 号锂基脂、3 号复合钙基脂
	低速 1000r/min 以下	3 号锂基脂、3 号钙基脂、3 号钙钠基脂	3 号锂基脂、3 号钠基脂	3 号锂基脂、3 号复合钙基脂
滑动轴承	高速 1500~3000r/min	L-HM32 液压油	L-HM32 液压油	L-HM46 液压油
	中速 1000~1500r/min	L-HM32 液压油	L-HM46 液压油	L-HM46 液压油
	低速 1000r/min 以下	L-HM46 液压油	L-HM68 液压油	L-HM68 液压油

10.10.6　风电行业的设备润滑

1. 风机的润滑部位

风机型号不同，风机结构也略有不同。风机有几个主要的润滑部位，包括主变速箱（齿轮箱），变桨和偏航变速箱（减速箱），制动液压控制和变桨控制，变桨、偏航和主轴承，以及发电机轴承等，使用的润滑油脂产品包括齿轮油、液压油、润滑脂等，其中齿轮油主要用在主变速箱（齿轮箱）、变桨和偏航变速箱（减速箱），液压油主要用在制动液压控制和变桨控制，润滑脂主要用在变桨、偏航和主轴承以及发电机轴承等。

在风机的这些润滑部位当中，最关键的是主变速箱（齿轮箱）。带动发电机运转的变速箱可以说是齿轮传动型风机的心脏。因其对整个系统的正常运作至关重要，故主变速箱的设计制造通常都非常先进，且造价不菲，一旦发生故障，更换主变速箱代价高昂。对统计数据的分析比较发现，在整个风机中，齿轮箱并不是最频发故障的部件，但却是导致停机时间最长的部件。风机齿轮箱故障与制造工艺、安装与维护等均密切相关，但胶合、点蚀腐蚀及磨料磨损等造成的齿轮失效约占齿轮总失效比例的80%。

2. 风机设备对润滑油的性能要求

(1) 微点蚀保护问题　为了最大限度地减少塔身上部的重量，变速箱采用了紧凑设计，其中齿轮采用了表面硬化设计。但经表面硬化处理（如渗碳、氮化和火焰淬火）后的齿轮在复杂的气候条件和运行负荷下极易受到微点蚀（micropitting）的影响，因此选用的齿轮润滑油脂必须具有防止此类磨损的功能。专门用于防止微点蚀的齿轮润滑油，其微点蚀保护功效高低是通过FVA54微点蚀测试（FVA54 Micropitting）进行测量的。润滑油对微点蚀的保护功效用数字和高/中/低耐久性来分级表示，建议至少使用“=10高”（=10high）等级的润滑油。

(2) 润滑油抗磨损性能　当齿轮油的油膜厚度不足时，齿轮间的金属部件就会直接接触，磨损将一直持续，以致不得不提早更换齿轮。常以FZG磨损测试（DIN51354-2mod）方法测试润滑油的抗擦伤和抗磨损性能，以其失效级数（FLS）表示润滑油的抗磨损效能。风机变速箱中的齿轮润滑油要求失效级数大于14。

(3) 润滑油黏度指数　风力发电机的运行环境非常恶劣，昼夜运转，寒暑交替，环境温度或低至-45℃或高达80℃。经得住温度剧烈变化的润滑油必须具有相当的黏度指数，常以ASTM D2207标准方法测量，要求黏度指数等于或大于160。由于合成润滑油较之矿物油基润滑油具有更为突出的黏温性，且在多种温度环境下都有卓越的润滑能力，因此风电设备的变速箱用油中大多采用合成油。

(4) 润滑油过滤性能和清洁能力　保持齿轮油清洁可以大大延长零部件的使用寿命，因此对主变速箱中的齿轮油有着严格的清洁度要求。齿轮油的过滤性能是指在实际运行条件下，齿轮油通过过滤器并且不堵过滤器的能力。过滤性能是以微米等级来界定的。风电设备很多情况下是使用2~3 μm的肾形回路过滤器和5μm主过滤器来清洁齿轮油和保护风机变速箱部件的。

(5) 润滑油耐水性　变速箱中的油不允许混入水分，但是由于风机本身的运行特点，要使风机里的油和水完全分离几乎是不可能的。当叶片在旋转时，变速箱运行温度高达80℃，而当叶片停止旋转时，变速箱就会冷却下来并从空气中吸取水分或湿气，因此水分难免会进入变速箱。耐水性差的齿轮油会因水分的进入产生油泥和水解，从而导致设备故障。

变速箱用的齿轮油必须不易吸水，但在少量水存在的情况下仍能给设备提供充足的润滑保护。齿轮油的耐水性通过ASTM 1401标准测试进行，测量油的油水分离能力，以油水分离时间（min）表示。风机变速箱齿轮油的油水分离能力要求≤15min者适用。

3. 风电机组润滑系统的日常维护

从风电机组各种润滑油脂的使用情况来看，所有润滑脂均为消耗型，也就是在定期加入新油脂的时候和日常运行的时候，旧油脂会从排油口和转动设备的缝隙溢出。这部分润滑油脂一般情况下是不做检测分析的。齿轮油和液压油是定期进行检测分析和更换的。齿轮油和液压油的检测周期每年一次，更换周期是：齿轮油每三年一更换。液压油每五年一更换。在正常使用周期内如果有油位下降，须及时补充。

目前，风电集中润滑系统已经被逐渐开发并应用到风电机组的日常维护中，包括监测、数据记录、采样、分析、油品过滤、更换和回收等环节，实现了自动控制。

10.11　纸浆造纸机械与纺织机械的润滑

10.11.1　纸浆造纸机械的润滑

纸浆造纸机械包括纸浆机械与造纸机械两大类以及纸的装饰、加工设备。其中纸浆机械包括备料设备及制浆设备等。

1. 纸浆机械的润滑

纸浆机械包括备料、制浆两类设备。备料设备根据原料的不同，有切草机、切苇机、甘蔗除髓机、剥皮机、破碎机和削片机等设备，还有蒸煮机、磨木机、热磨机、洗浆机、漂浆机、打浆机和回收设备等。

纸浆机械的润滑特点是工作环境潮湿、高温，兼有冲击性负荷。纸浆机械一般要求采用有较好的耐热性、抗氧化性、抗乳化性和防锈性等的黏度为46~100的抗氧防锈润滑油，有的要用耐热性和机械安定性好的2号或3号复合钙基、钠基或锂基润滑脂，也可使用二硫化钼或石墨润滑脂。液压磨碎机采用水包油（油：水的比例为1：30）型润滑剂。纤维质原料（如木材、茎杆、破布等）的纸浆蒸煮设备的轴承和齿轮，由于使用高温蒸汽蒸煮而温度较高，常使用工业齿轮油或润滑脂润滑。制浆造纸设备用油见表10-67。

表 10-67　制浆造纸设备用油

润滑部位 设备名称	轴承		蜗轮蜗杆	减速机	闭式齿轮	开式齿轮
	用油部分	用脂部分				
备料设备	L-HM68、L-HM100 液压油	2 号、3 号钙基脂	L-CKE150 蜗轮蜗杆油	L-CKD100 工业齿轮油	L-CKD100 工业齿轮油	L-CKD320 工业齿轮油
蒸煮设备	L-HM100 液压油	2 号、3 号复合钙基脂，2 号、3 号通用锂基脂	L-CKE150 蜗轮蜗杆油	L-CKD100 工业齿轮油	L-CKD100 工业齿轮油	石墨钙基脂、半流体锂基脂
筛浆、洗浆、漂白设备	L-HM68、L-HM100 液压油	2 号、3 号钙基脂		L-CKD100 工业齿轮油	L-CKD100 工业齿轮油	—
打浆设备	L-CKD320、L-CKD150 工业齿轮油	2 号、3 号复合钙基脂，2 号、3 号通用锂基脂	L-CKE150 蜗轮蜗杆油	L-CKD100 工业齿轮油	L-CKD100 工业齿轮油	—
造纸机设备	L-CKD100 工业齿轮油、11 号气缸油	2 号、3 号复合钙基脂，2 号、3 号通用锂基脂	—	L-CKD100 工业齿轮油	L-CKD100 工业齿轮油	石墨钙基脂、半流体锂基脂
整饰完成设备	L-HM100 液压油	2 号、3 号钙基脂	—	L-HM100 液压油	—	石墨钙基脂、半流体锂基脂

2. 造纸机的润滑

造纸机上的润滑点在原则上都是密闭的。造纸机湿段（即流浆箱至压榨部）的各轴承都用密闭的轴承壳，以防水侵入和润滑脂溢出造成交叉污染。造纸机干段则因作业运行时的温度较高而采用中心润滑站，以压力输送润滑油到各处轴承进行润滑和散热。湿段的润滑脂润滑点多采用定期人工巡视检查并注、换润滑脂的办法，故润滑系统往往指干段的中心润滑站及全部输、供油管道及注油装置。

造纸机及其附属设备常用的润滑剂见表 10-67 及表 10-68。

表 10-68　造纸机及其附属设备常用的润滑剂

润滑部位	润滑剂	代号	主要性能
分部传动减速机、中心润滑站（干段润滑）、摇振箱、蜗轮减速器、一般滑动轴承	液压油或全损耗系统用油	L-HM46 或 L-AN46	40℃时黏度 41.4～50.6mm^2/s，闪点（开口）≥180℃，凝点≤-10℃
湿段的滚动轴承	钙基润滑脂	ZG-2	滴点≥80℃，锥入度（25℃，1/10mm）265～295
排气风机湿热处滚动轴承	钠基润滑脂	ZG-3	滴点≥140℃，锥入度（25℃，1/10mm）220～250
钢丝绳	钢丝绳专用脂	ZG-5	滴点≥80℃

造纸机干段的润滑站通常在标准通用型号中选用，如矿山设备、船舶设备、机床设备等的润滑站均可选用，最好能在滤油能力方面及油温控制能力方面较强者中选用，如果有磁滤器及恒温控制则更适宜。润滑站的输油量通常应按各润滑点散热的需要来计算。

造纸机干段各密闭轴承壳的供油多采用可调注油器（见图 10-43），也称为滴油阀，它使供入轴承的油适量而持续。图 10-43 所示可调注油器为双出口的一种，该系列有多到 10 个出口的。这种注油器对于以手动调节油量的系统是十分适用可靠的。

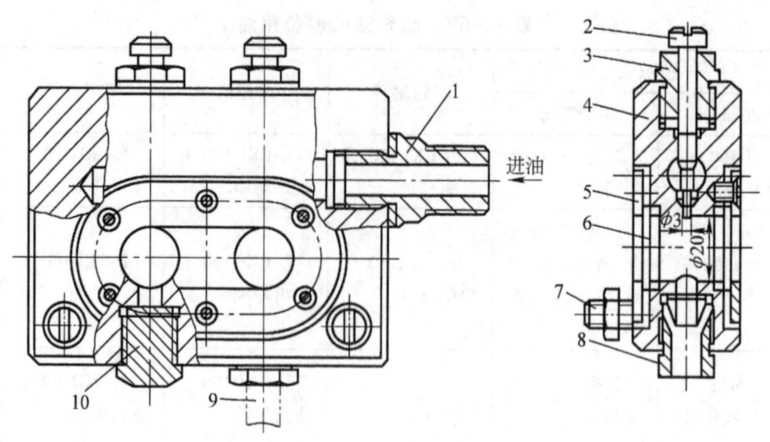

图 10-43 可调注油器

1—进油接头 2—螺旋阀芯 3—阀芯塞头 4—注油器体 5—压盖 6—视孔玻片 7—固定螺栓 8—输油管接头 9—输油管 10—螺塞

在新型高速宽幅造纸机上，湿段的主要轴承也用中心润滑站进行集中自动强制润滑。在这种系统中，造纸机的湿、干两段各设有中心润滑站，统一由自动控制系统进行管理操纵。其各润滑点注油量的控制由微型电动机带动的小型计量泵来实现，自控系统利用电子计算机或其他软件调控方式对注油管路上的流量计、压力表等进行监测并对计量注油泵电动机实现调控。这种高速纸机润滑系统各润滑点的供油量见表10-69。

10.11.2 纺织机械的润滑

纺织机械的品种很多，如清棉机、梳棉机、并条机、粗纺机、精纺机、络经机、整经机、浆纱机、浆泵、织布机、验布机、码布机和打包机等。纺织机械的润滑包括纺纱、绕线、拉丝、拼条和编织等机械的减摩、润滑，纤维的减摩、软化和控制静电等。纺织工艺用油要求具有易于洗掉的性能，以免影响染色和美观。表10-70为纺织机械用油。

表 10-69 高速纸机润滑系统各润滑点的供油量

润滑点	供油量/(L/min)	润滑点	供油量/(L/min)
真空伏辊、真空压辊齿箱每处	25	烘缸传动齿轮系的中间齿轮轴承每侧	0.2
真空伏辊、真空压辊轴承每侧	4	烘缸传动齿轮系中的齿轮啮合点每处	1.3
真空吸移辊齿箱	12	导毯辊轴承每侧	0.3
真空吸移辊、花岗岩辊、压榨辊轴承每侧	2	引纸辊轴承每侧	0.25
烘缸操作侧轴承每处	1.5	压光辊轴承每侧	5
烘缸传动侧轴承、施胶压榨辊轴承每侧、主传动小齿轮啮合点每处	2	卷纸缸轴承每侧	1
		主传动大齿轮啮合点	15

表 10-70 纺织机械用油

设备名称	润滑部位	用油名称
清棉机	滑动轴承	L-HM46、L-HM68 液压油
梳棉机	滑动轴承	L-HM46、L-HM68 液压油
	斩刀油箱	L-HM32、L-HM46 液压油
	齿轮部分	2号、3号通用锂基脂
并条机	滑动轴承	L-HM46、L-HM68 液压油
	皮辊	L-HM68、L-HM100 液压油，并条机油
粗纺机	锭杆轴承	L-HM46 液压油
	罗拉凳(脂润滑)	2号、3号通用锂基脂
	罗拉凳(油润滑)	L-HM100 液压油

（续）

设备名称	润滑部位	用油名称
粗纺机	皮辊	L-HM68、L-HM100 液压油
	滑动轴承	L-HM46、L-HM68 液压油
	花鼓筒	00 号半流体锂基脂
精纺机	滑动轴承	L-HM46、L-HM68 液压油
	滚筒轴承（脂润滑）	2 号、3 号通用锂基脂
	滚筒轴承（油润滑）	L-HM46、L-HM68 液压油
	皮辊	L-HM68、L-HM100 液压油
	锭子	L-FD5、L-FD7 轴承油，锭子油
络经机	断头自停箱	L-HM15、L-HM32 液压油，纬编机油
	滚动轴承	2 号、3 号通用锂基脂
	滑动轴承	L-HM46、L-HM68 液压油
整经机	滑动轴承	L-HM46、L-HM68 液压油，纬编机油
	滚动轴承	2 号、3 号通用锂基脂
浆纱机	滑动轴承	L-HM46、L-HM68 液压油，浆纱机油
	滚动轴承	3 号钠基脂
浆泵	滑动轴承	L-HM46、L-HM68 液压油
织布机	滑动轴承	P-5 织布机油，30~70 号织布机油
	传动齿轮	2 号、3 号通用锂基脂
	提花楼子	L-HM15 液压油
验布机 码布机	滑动轴承	L-HM46、L-HM68 液压油
打包机	液压装置	L-HM15、L-HM32 液压油
	滑动轴承	L-HM46、L-HM68 液压油

10.12　仪器仪表的润滑

仪器仪表的种类繁多，其润滑问题具有许多独特的特点。一些精密仪器仪表的轴承、齿轮等活动部件的尺寸很小，精度要求较高，如钟表机械类仪表中的轴承直径常小于 0.2mm，多数仪表齿轮的模数小于 1mm，滑动速度通常小于 0.05mm/min，负荷不大，要求摩擦阻力尽可能小。由于仪器仪表一般不设润滑系统，往往是定期加油或清洗时加油，有的采用无油润滑或一次过加油式长寿命润滑，因此使这类摩擦副处于边界润滑或混合膜润滑状态下运动。

仪表齿轮的抗外界干扰能力差，因为它传递的力矩很小，振动、冲击、灰尘、磁力和油垢等都会影响正常工作。

仪表的工作环境条件较为严格。例如，在航空和航天工业中使用的自动仪表和设备，要求工作温度范围为-40~120℃，期望的使用寿命为连续使用 6 年以上，因此要求润滑油品的使用寿命与仪表一样或更长的润滑周期，同时在润滑周期内，润滑油不易变质、无腐蚀性，有的仪表要求润滑剂具有抗辐射、耐高真空及高温下不易挥发的性能，不发生任何损坏仪表性能及其准确度的质量问题。

仪器仪表的轴承常使用一些特殊材料，如宝石等，要求润滑剂不会在轴承表面流散。

下面列举一些目前我国生产的润滑油、脂。

1. 10 号仪表油（SH/T 0138—1994）

10 号仪表油为由原油切割的馏分经深度加工而制得的仪表油，适用于控制测量仪表（包括低温下操作）的润滑。运动黏度在 40℃ 时为 9~11mm^2/s，凝点为-52℃，使用温度范围为-50~80℃。

2. 精密仪表油（NB/SH/T 0454—2018）

精密仪表油由乙基硅油加入低凝优质矿油，以不同比例调和而成，适用于精密仪器仪表轴承和摩擦部件的润滑，使用温度范围为-60~120℃。其共有 5 种牌号，特 3 号及特 4 号运动黏度在 50℃ 时为 11~14mm^2/s，特 5 号为 18~23mm^2/s，特 14 号为 22.5~28.5mm^2/s，特 16 号为 19~25mm^2/s。

3. 4122 号高低温仪表油（SH/T 0465—1992）

4122 号高低温仪表油由高黏度甲基氯苯基硅油制成，适用于各种航空计时仪器、湿热环境下的微型电动机轴承和在宽温度范围内有冲击振动载荷的各种仪表，蒸发损失小，氧化安定性好，运动黏度 100℃ 时为 14mm^2/s，使用温度范围为-60~200℃。

4. 3 号仪表润滑脂（NB/SH/T 0385—2017）

3 号仪表润滑脂又称 54 号低温润滑脂，它是烃基润滑脂，以 80 号微晶地蜡稠化仪表油制成，适用于仪器仪表，如飞机操纵系统、光学仪器、军械及无线电仪表等，具有良好的低温性、化学安定性、胶体安定性和防护性，工作锥入度为 240~280（1/10mm，25℃），滴点为 80℃，使用温度范围为-60~55℃。

5. 特 7 号精密仪表脂（NB/SH/T 0456—2014）

特 7 号精密仪表脂由地蜡、硬脂酸锂皂稠化特 16 号精密仪表油制成，适用于在低温条件下和宽温度范围内工作的精密仪器、仪表的轴承及其他摩擦部件上，起润滑和防护作用，如飞机的电动地平仪、盘旋修正电门、自动驾驶仪的陀螺电动机、修正电动机和操舵电动机的轴承，无线电罗盘和雷达环形天线轴承及其他小型电动机轴承，使用温度范围为-70~120℃。

6. 7105 号光学仪器极压脂（SH/T 0442—1992）

它是以脂肪酸锂皂稠化酯类油和优质矿物油，并加有二硫化钼和抗氧、防锈和结构改善等添加剂制成的，极压抗磨性好，挥发性低，在使用中蒸发损失量小，防雾性好，在光学镜片上不会附着油雾，1/4 锥入度为 50~65（1/10mm），适用于光学仪器极压部位，如齿轮、蜗轮、钢铜轴、燕尾槽和滑道等的润滑，使用温度范围为-50~70℃。

7. 7106 号、7107 号光学仪器润滑脂（SH/T 0443—1992）

它是以脂肪酸铝皂、铅皂稠化硅油和优质矿物油，并加有抗氧、防锈和结构改善等添加剂制成的，挥发性低，防雾性好，在使用中蒸发损失小，在光学镜片上不会附着油雾，防霉性好，黏附性强，密封作用良好，1/4 锥入度（1/10mm）分别为 60~75 及 45~60，适用于光学仪器不同间隙的滚动、滑动摩擦部位以及螺纹结构的润滑和密封，也可用于精密仪器的阻尼和润滑，使用温度范围为-50~70℃。

10.13　木材加工机械和铸造机械的润滑

木材加工机械和铸造机械的润滑有不少情况和金属切削机床与锻压机械相似，其用油分别见表 10-71 及表 10-72。

表 10-71　木材加工机械用油

机械名称	各种木材加工机械
	圆锯、带锯、各种刨床、车床、钻床、开榫机、挖补机、冷压机、齐边机、铲平机、磨刀机、锉锯机等
用油部位及品种	轴承部分：2 号、3 号钙基脂
	齿轮箱及其他加油部位：L-HM32、L-HM46 液压油
	液压传动部位：L-HM15、L-HM32 液压油

表 10-72　铸造设备用油

设备名称	润滑部位	用油名称
各式搅拌机、球磨机、造型机、压铸机、浇注机、转盘机、落砂机、清砂机、滚筒机、抛丸机、混砂机等	轴承 减速器 蜗轮箱 液压装置	2 号、3 号钙基脂，L-CKD100、150 工业齿轮油 L-CKD150 工业齿轮油，L-HM15、L-HM32 液压油

10.14　食品加工机械的润滑

食品加工机械是量大面广、直接影响人民生活和健康的机械，包括各种食品加工机械、罐头加工机械、啤酒与饮料加工机械、制糖机械、乳品制造机械等。对食品加工机械的润滑所需关注的主要问题是防止食品受到污染，对润滑剂的原料必须满足有关药典、药物学中所规定的安全要求，生产中要做到设备专用，不与非食品机械润滑剂混用。

10.14.1　食品加工机械对润滑的要求

（1）润滑剂不得对食品造成污染　在某些食品加工机械中，润滑剂有可能与食品发生接触或造成食品污染，引起食用者中毒或其他不良影响。

美国农业部（USDA）、食品与药物局（FDA）制定了一些有关食品加工机械润滑剂的规格，如美国农业部标准“化学化合物表”规定，凡被列入该表的润滑剂，制造厂必须提供全部成分信息、样品及一份容器标签，润滑剂的化学组分必须经过鉴定；过去未被美国农业部接受的添加剂或其他组分必须经动物喂饲研究证明无毒性；评价通过后的润滑剂分为两级“H1”或“H2”类。

H1 类为偶然接触的润滑剂（USDA，H1），可用于设备与部件的润滑或防锈膜，这些已润滑部件可能暴露到食品处。也可用于密封垫片或油池密封垫。用于防锈组分时，必须易于除去。

H2 类为不接触的润滑剂（USDA，H2），可用于设备与部件的润滑或防锈膜、脱模剂等，这些部件不可能和食品接触。

美国食品与药物局 1978 年提出了 FDA 标准 21CFR178.3570（CFR 共 21 个名称）《偶然和食品接触的润滑剂》，列举了 21 种可用于偶然和食品接触的润滑剂组分。

美国联邦法规对用于食品处理设备的润滑剂规定了 3 种：①食品级白油（石油）21CFR172.878；②石油脂 21CFR172.880；③工业白油 21CFR178.36206。

食品级白油可用作烘烤食品、制备脱水水果与蔬菜的脱模剂，以及糖果制造时的抛光剂和脱模剂。

石油脂用途同白油，还可用于制备固体蛋白的脱模剂。

工业白油用于拉拔、冲压、印模与乳制包装食品用的铝箔容器的润滑冷却工艺，以及用于制造动物饲料、纤维袋及食品加工机械的润滑剂与防锈剂。应注意，在法规中对各种用途都注有既定的极限。此外还可用于压缩机和制备食品与饮料包装用塑料的成形加工。

表 10-73 为美国食品级（H1）精制液体石蜡规格。由此可见，应严格控制润滑剂的使用，以避免润滑剂对食品造成污染。

（2）加强对食品加工机械的润滑管理　食品加工机械的润滑管理应得到重视，必须选用符合设备性能要求或制造厂规定的润滑剂，改用不同性能润滑剂时，必须取得设备和润滑剂制造厂的认可。润滑剂必须保持清洁。大桶应水平放置，并用手摇泵抽取供用。润滑脂需用手压泵压入脂枪或给脂器中，装润滑剂的小油听（盒）只限用于润滑剂，而用于食品饮料的容器或清洗器/消毒器等绝对禁止用于盛装润滑剂。原桶上的标记必要时可重复使用，但变换容器时应有明显标志，以免错用。

10.14.2　食品机械润滑剂的选用

食品机械一般使用专用的润滑剂。我国已有相应标准，如《食品机械专用白油》（GB/T 12494—1990），见表 10-74；《食品级白油》（GB 1886.215—2016），见表 10-75；另有《食品机械润滑脂》（GB 15179—1994），见第 3 章。

表 10-73　美国食品级（H1）精制液体石蜡规格

质量检验项目	食品用	医药用	化妆品用
液离酸及游离碱（酚酞试验无色，加 NaOH 液赤色）	合格	合格	合格
砷含量（灰化后稀盐酸溶解液测定）/(mg/kg)　最大	1	2	2
石油气味（烧杯中加热后无石油气味）	合格	合格	合格
硫化物试验（无水酒精 NaOH 溶液加 2 滴饱和 PbO 液，70℃，放空 10min 不呈暗褐色）	合格	合格	合格
硫酸显色物试验（加 H_2SO_4 混合加热液蜡层不变色，H_2SO_4 层色不比标准深）	合格	合格	合格
多环芳烃吸光度（用二甲亚砜抽出多环芳烃，测波长 260~350nm 紫外吸光度）/cm　最大	0.10	0.10	0.10
重金属含量（灰化后用稀醋酸溶解测定）/10^{-6}　最大	—	10	30

注：表中成分含量指质量分数。

表 10-74　食品机械专用白油（摘自 GB/T 12494—1990）

项　目		质量指标						试验方法
		10 号	15 号	22 号	32 号	46 号	68 号	
运动黏度(40℃)/(mm²/s)		10.0~11.0	13.5~16.5	110.8~24.2	28.8~35.2	41.4~50.6	61.2~74.8	GB/T 265
闪点(开口)/℃	不低于	140	150	160	180	180	200	GB/T 3536
赛波特颜色	不小于	+ 20 号	+ 20 号	+ 20 号	+ 20 号	+ 10 号	+10 号	GB/T 3555
倾点/℃	不高于	-5	-5	-5	-5	-5	-5	GB/T 3535
机械杂质		无	无	无	无	无	无	GB/T 511
水分		无	无	无	无	无	无	GB/T 260
水溶性酸碱		无	无	无	无	无	无	GB/T 259
腐蚀试验(100℃,3h)		1 级	1 级	1 级	1 级	1 级	1 级	GB/T 5096
稠环芳烃								GB/T 11081
紫外吸光度/cm	不大于							
280~289nm		4.0	4.0	4.0	4.0	4.0	4.0	
290~299nm		3.3	3.3	3.3	3.3	3.3	3.3	
300~329nm		2.3	2.3	2.3	2.3	2.3	2.3	
330~350nm		0.8	0.8	0.8	0.8	0.8	0.8	

注：1. 产品用于非直接接触的食品加工机械的润滑，如粮油加工、苹果加工、乳制品加工等设备的润滑。

2. 生产厂：抚顺石油化工研究院。

表 10-75 食品级白油（摘自 GB 1886.215—2016）

项目	指标					检验方法
	低、中黏度				高黏度	
	1号	2号	3号	4号	5号	
运动黏度(100℃)/(mm²/s)	2.0~3.0	3.0~7.0	7.0~8.5	8.5~11	≥11	GB/T 265
运动黏度(40℃)/(mm²/s)	符合声称	符合声称	符合声称	符合声称	符合声称	GB/T 265
初馏点/℃ >	230	230	230	230	230	SH/T 0558
5%(质量分数)蒸馏点碳数 ≥	14	17	22	25	28	SH/T 0558
5%(质量分数)蒸馏点温度/℃ >	235	287	356	391	422	SH/T 0558
平均相对分子质量 ≥	250	300	400	480	500	GB/T 17282
颜色/赛氏号 ≥	+30	+30	+30	+30	+30	GB/T 3555
稠环芳烃，紫外吸光度(260~420nm)/cm ≤	0.1	0.1	0.1	0.1	0.1	GB/T 11081
铅(Pb)/(mg/kg) ≤	1.0	1.0	1.0	1.0	1.0	附录 A
砷(As)/(mg/kg) ≤	1.0	1.0	1.0	1.0	1.0	GB 5009.76
重金属(以 Pb 计)/(mg/kg) ≤	10	10	10	10	10	GB 5009.74
易炭化物	通过试验	通过试验	通过试验	通过试验	通过试验	GB/T 11079
固态石蜡	通过试验	通过试验	通过试验	通过试验	通过试验	SH/T 0134
水溶性酸或碱	不得检出	不得检出	不得检出	不得检出	不得检出	GB 259

食品机械润滑主要用深度精制的白油，但对负荷大或冲击性负荷的润滑部位，其润滑性能不能满足要求，而必须加入油性剂或极压剂，且必须是无毒无臭无味的。油性剂可用鲸鱼油或蓖麻油等动植物油，极压剂可用聚烷基乙二醇经 FDA/USDA 承认的。

表 10-76 为乳品厂机械润滑实例。表 10-77 为制糖机械用润滑油（脂）质量及标号。表 10-78 为汽水生产机械设备润滑用油（脂）。

表 10-76 乳品厂机械润滑实测

机械名称及润滑部件		润滑剂	润滑法	换油或加油期
乳液收入设备	卡车推进机	多级通用液压油(5W-20)	油箱、油盘	每年换
	乳罐液位表	多级通用液压油(5W-20)	油箱、油盘	
	码垛机选择器	多级通用液压油(5W-20)	油箱、油盘	
	铁路推进机	2号锂基脂	脂枪	每月加
	皮带输送机轴承	2号锂基脂	脂枪	隔月加
	驱动齿轮箱	SAE90 齿轮油	油箱、油盘	每年换
洗瓶	轴承	2号锂基脂	脂枪	每周加
	空气管路润滑器	5W-20 液压油	油箱、油盘	每天加
	闭式驱动装置	SAE90 齿轮油	油箱、油盘	每年换
	链索	5W-20 液压油	涂刷	必要时
灌装室	输送带轴承	2号锂基脂	脂枪	每周加
	闭式驱动装置	SAE90 齿轮油	油盘、油箱	每年换
	阀类	USDA H1 型的1号、2号脂	手浇	每天加
	空气管路润滑器	5W-20 液压油	油盘、油箱	每天加
	滑板(该处可能发生容器接触)	H1 型油 SAE30	气溶(aerosol)或涂刷	每周加
原料乳储存、灭菌	灭菌室	SAE90 EP 级齿轮油	油盘、油箱	每6个月换，每天检查
	搅拌机驱动装置	SAE90 EP 级齿轮油	油盘、油箱	每6个月换，每天检查
	分离机驱动装置	专用油	油盘、油箱	按规定
	澄清装置驱动装置	专用油	油盘、油箱	按规定
	泵类	2号锂基脂	脂枪	每周加
均质器	均质器阀	USDA H1 型的2号脂	手填充	每周加
	均质器密封	USDA H1 型的2号脂	手填充	每周加

表 10-77　制糖机械用润滑油（脂）质量及标号

机械或润滑部位	润滑方法	适用润滑油黏度(40℃)/(mm²/s)	润滑脂名称标号	润滑油(脂)名称及质量
轧辊轴颈轴承	机械加油强制润滑	135~165		优质润滑油(白油加蓖麻油)
液压系统	循环	61.2~74.8		优质高黏度指数油(依液压泵定)
各滚动轴承	脂枪			白油稠化钙基或复合钙基脂
汽轮机轴承及一级减速器	循环	61.2~74.8		白油加蓖麻油
一级减速齿轮	飞溅	135~165		白油加蓖麻油
多级减速齿轮				
主动减速齿轮	飞溅	135~165	2 号食品脂	白油加蓖麻油
第二减速齿轮	飞溅	135~242		白油加蓖麻油
第三减速齿轮	飞溅	135~165		白油加蓖麻油

表 10-78　汽水生产机械设备润滑用油（脂）

机械设备名称	润滑部位	适用油			适用脂	
		名称性能	黏度(40℃)/(mm²/s)	ISO VG	名称	NLGI 号
生产流水线机组	齿轮	SP 极压齿轮油(无 Pb)	135~165	150		
	齿轮	SP 极压齿轮油(无 Pb)	198~242	220		
	齿轮	SP 极压齿轮油(无 Pb)	612~748	680		
	轴承				抗氧防锈钙基脂	2
	轴承				高温高负荷钙基脂	2
	齿轮	SP 极压齿轮油(无 Pb)	288~352	320		
	齿轮	SP 极压齿轮油(无 Pb)	61.2~74.8	68		
	液压系统	抗磨液压油(无毒)	61.2~74.8	68		
	液压系统	抗磨液压油(无毒)	28.8~35.2	32		
	开式齿轮	混脂开式齿轮油	612~748	680		
洗瓶机、鼓风机	轴承				防锈抗氧化耐水耐负荷极压钙基脂	2
回转单缸(灌装机、打盖机)	中心轴轴承				食品专用脂	2
灌装机	灌装阀、排气阀用上分配器				食品专用脂	2
	万向轴				抗氧化防锈通用复合钙脂	2
	离合器	抗氧化防锈精制极压液力变速器油	198~242	220		
	圆盘齿轮装置	抗磨液压油	61.2~74.8	68		
混合机、真空泵	轴承及密封				食品机械用真空泵脂	2
冷冻机	轴承、转子或气缸	冷冻机油(无毒白油)	61.2~74.8	68		

注：各种润滑油（脂）必须符合卫生部门关于食品机械用润滑油毒性控制的规定。

乳品生产用设备常常用不锈钢制成，为符合卫生要求，轴承都是密封全寿命的，其他如驱动齿轮等部件也都制成封闭式，与产品或水隔离。

压缩空气是用于容器运转过程中搅拌乳液的，标准中说明允许和乳液或乳制品接触，为使其不带有润滑油污染乳品，用无润滑压缩机是必要的。

制糖机械用润滑油和其他食品工业机械一样，要求使用无味、无臭、无毒的润滑油，特别是可能和成品糖接触的工序更要注意，一般用硫酸深度精制的白油，为提高其油性有时加入如精制蓖麻油、椰子油等植物油。有些滚动轴承用白凡士林润滑，液压系统则用甘油-水系液压油。

制糖工艺用的榨糖机的压力高达10MPa，转速低到1r/min，而且温度较高，因而用黏度较大的带有一定抗磨油性的润滑油。根据各种机械的不同用途和要求，一般所用润滑油或润滑脂质量见表10-77。

汽水制造机械分布面广而条件差，一般不具备良好的润滑管理条件，但因其产品涉及亿万人民的健康，因而尤应重视，必须严格要求，认真对待，坚决按国家卫生机关的法令控制，定期检查，凡不符合规定者必须勒令停产。

凡是可能接触饮食制品的机械摩擦部位，必须使用符合国家卫生法令规定的食品机械用润滑油（深度精制白油加各项无毒害添加剂）或食品机械用润滑脂（复合铝、钙、聚脲、精制膨润土等稠化剂稠化深度精制白油或无毒害合成油），见表10-78，并加必要的无毒害添加剂。在必要时也可用精制椰子油、精制蓖麻油或精制棕榈油等代替白油，这些对防止毒害污染更为有利。

10.15　办公机械及家用电器、机械的润滑

10.15.1　办公机械的润滑

办公机械主要有电子计算机、静电复印机、电传机、电话机、照相机和录放机等，这些机器精密度高，又都是机械和电子一体化产品，故要求其润滑剂具有极好的耐磨性而又无污染，安定性好，高低温性能适宜。

1. 电子计算机（电脑）的润滑

电子计算机已普遍应用于各行业和各领域，而润滑技术也必须随之普及。大型电子计算机的输出和输入机构的回转部分、滑动部分都需润滑油或润滑脂进行润滑，而宇航工程用电子计算机则要用MoS_2等固体润滑剂润滑。

长期以来，电子计算机主要用MoS_2的质量分数为50%的聚a-烯烃加氢齐聚油或双酯油润滑，但MoS_2存在污染问题，而且当MoS_2的质量分数超过10%时，其耐负荷性能反而下降，为此开发了无色的含硼酸盐润滑油脂。

计算机磁盘主轴转速为3600r/min，虽温度在50℃以下，但需耐用到10年以上。要保持稳定的运转，需封入安定性好的润滑脂，特别是要求润滑脂具有低飞散性、泄漏性，以防污染磁盘表面，造成记录错误。现用4号复合钠基矿油脂，但不完全满足，尚需研究改用复合锂基脂或聚脲基脂。

大型电子计算机可超高速运转，同时装有打印功能的装置，使用频率大大提高，因而要求耐久性更好的润滑剂。为此，开发了MoS_2的质量分数为10%的酯油或齐聚油的精制膨润土润滑脂。特别是机电一体化的机械润滑，要求润滑脂无滴点，稠度随温度变化很小，耐水性、抗乳化性、耐水洗性和低温起动性能均好。

宇航等空间工程用电子计算机的润滑必须用蒸发量极小，并且能耐高、低温和耐辐射的润滑剂，主要用聚四氟乙烯等结合MoS_2的固体膜润滑，或过氟烷基聚乙醚（PF-PE）、聚苯基醚加MoS_2润滑剂。

原子能发电站用电子计算机需用耐辐射性好的聚烷基苯乙醚或聚苯基醚等和精制膨润土加上质量分数为10%的MoS_2的润滑脂润滑。

2. 静电复印机的润滑

静电复印机是一种机械电子一体化装置，其精密度是关键，稍有磨损就会影响可靠性，因而减摩防磨损是第一要务。复印机使用频度高，因机内有热源而温度高，必须使用耐热润滑剂，尤其是其精密度高而要求防止磨损（一旦磨损失去精度则失去可靠性），因而必须使用抗磨损性能极好的润滑剂。其中定印热滚、加压滚的径向负荷为3~15N，在140~200℃的苛刻条件下工作，需用硅油锂基脂或氟油、氟树脂制润滑脂润滑。

现在广泛使用的是MoS_2质量分数为30%的双酯精制膨润土润滑脂，并正在开发无色耐热抗磨润滑脂（锂基硅脂、氟树脂氟烷脂），以解决MoS_2脂的色黑和污染问题。在使用密封式滚动轴承时，一般可用复合钠基石油润滑油系润滑脂，若温度高则应使用锂基稠化硅油系润滑脂或聚四氟乙烯氟烷油系润滑脂。但压力滚动轴承温度高、负荷大，而硅油系脂的耐负荷性能不足，故不宜使用。磁性滚动轴承周围有以热可塑性合成树脂为主成分的微粉调色剂（toner），须注意防尘。如果调色剂为苯乙烯树脂，则不宜用酯类，以免漏脂，与含苯乙烯树脂的调色剂接触发生溶解。

3. 照相机、电话机的润滑

近代照相机上大量采用了电子设备，从而大幅度提高了性能。采光量（光圈）调整是照相机的重要机构，无论是焦平面还是透镜，都是在最短时间（几千分之一秒）内准确动作，要求快门的摩擦因数必须恒定，因而所用润滑剂的摩擦因数也要恒定不变。如果使用润滑油（脂），则油脂扩散会造成镜头的云雾而影响效果，因而这种润滑早已采用了摩擦因数恒定不变的固体膜全寿命润滑剂。

因照相机厂家不同，故在快门机构、光圈机构、连续变焦镜筒、自拍机构和连接机构等使用了种类繁多的固体膜润滑剂。现在主要使用 MoS_2 或石墨、氮化硼、硼酸盐等的聚四氟乙烯结合固体膜润滑剂。

电话机、电传机的动作摩擦部分也用胶体石墨或 MoS_2 配制的润滑剂润滑。

4. 录放机磁带、磁盘的润滑

现代办公中的磁带、磁盘录像和录音，已广泛地取代了 1800 多年来用的记录纸和近百年的摄影，并已广泛地进入家庭生活中。录放机润滑类似照相机，主要用胶体石墨、MoS_2 和聚四氟乙烯等。

为提高磁盘的耐磨性，可用润滑性好的全氟聚烷基醚与作为磁性层的涂布媒体一同涂上，或用固体润滑剂涂层。

为使磁带使用次数达到 300 万~1000 万次甚至更高，走行安全，耐久可靠，不卡滞，不磨损，要求比磨损量在 10~11mm^2/N 以下，而在制造过程中，在约 10nm 厚的 SiO_2 保护膜上施以几纳米厚的全氟聚烷基醚或三十烷基三甲氧基硅烷（固体润滑剂），或氨基硅烷或酯类等优质润滑剂膜，即可使磁带在使用中具有自润滑的性能。同时，为提高耐磨性能，也有用加架桥剂和静电防止剂的脂肪酸油、酯油、合成烃油等进行润滑的。

磁带或磁盘由复合材料制成，表面粗糙度为几纳米到几十纳米，高密度磁盘表面粗糙度在 10nm 以下，具有底带上用结合剂或直接涂有强磁性体的二层结构。制作方法有两种：一种是把强磁性粉末结合剂、添加剂用有机溶剂溶解制成磁性涂料，涂在底带上干燥后制成涂层型；另一种是用蒸附法在底带上形成强磁性薄膜的金属薄膜型。例如，录像带的涂磁型底带厚度为 15μm，磁性层厚为 5μm；金属薄膜型底带厚为 11.5μm，磁性层厚为 0.1μm。目前的趋势是向薄膜化发展，但高性能化的背涂膜和固定涂膜等把润滑剂和分散剂、带电防止剂、固体添加剂一起涂入添加剂层，包括结合剂层、添加剂层、磁性（微粒子）层、底涂层、聚酯膜底带层和背涂层等，多层制品有所增加。

（1）润滑材料涂层法及性能要求　为使磁带在磁头等硬质材料上安全走行而无损伤，要给磁带的两面以良好的润滑性能，其方法有三：

1）在磁性涂料中加润滑剂，形成润滑性能良好的磁性层。

2）在磁性层表面上，施以润滑性能良好的含润滑剂成分的高分子材料的表面层。

3）用润滑材料本身制成表面层。一般以 1）法广为采用，本法制成的磁性涂层中含的润滑剂，在磁带卷卷时一部分转移到磁带背面上，而使两面都具有良好的润滑性能，以确保磁带走行的安全可靠。也有 1）及 2）法并用生产高性能磁带的。

润滑性能主要取决于润滑剂，但也要求结合剂有能在磁带走行中使润滑剂透到表面上的性能，也就是要用具备这种化学特性的结合剂。一般涂层型磁带的磁性层组成的体积为：磁性粉 1/3，结合剂 1/3，空隙 1/3。1/3 空隙中含有的润滑剂在走行中可透到表面上起润滑作用。一般结合剂用氯乙烯-醋酸乙烯共聚物（VAGH，UCC 制），而润滑剂用脂肪酸酯油或过氟烷基羧酸或其盐，或烷氧基硅烷的加水分解缩合物的润滑膜，也有的用含润滑剂的金属膜。

对润滑剂的性能要求如下：

1）能赋予耐久性的润滑膜。

2）不受外界因素影响的润滑膜。

3）不发生表面劣化，不致使涂磁层性能下降的润滑膜。

（2）现用润滑剂种类　现磁带用润滑剂主要有长链脂肪酸、脂肪酸酯、液体石蜡、硅油衍生物（如氨基硅烷、三十烷基三甲氧基硅烷）及含氟化合物（全氟聚烷基醚）等。

涂层型磁带用脂肪酸和脂肪酸酯（合用）的润滑剂，也有用硅油衍生物或含氟化合物的，现在多用脂肪酸酯和液态石蜡。最近开发了利用 SiO_2、PFPE（全氟聚乙醚）、石墨等喷溅、旋膜（spin coat）或石墨氧化层/等离子氧化、化学沉积（CVD）膜等。

1）长链脂肪酸只在金属/金属间的边界润滑上很有效，在金属/高分子纤维间的润滑上没有效果，因而不能单独使用。一般与酯油并用的较多。

2）脂肪酸酯作为润滑剂，安定性和结构变化性都好，经济上也合算，是很有发展前途的。以前磁带用如丙基硬脂酸酯等低分子酯作为润滑剂。二元基酸酯的分子$[(CH_2)_n(COOC_mH_{2n+i})_m]$的基团当达到 $n+2m=24$ 时静摩擦因数最低，而油膜强度随相对分子质量的增加而增大。由于磁带行走系流体润滑和边界润滑的混合润滑，因而近年来主要用边界润滑性能好的多元醇酯。

3）液体石蜡的流动性、渗透性较好，但边界润滑性较差，和结合剂溶解性也不好，因而在使用中必须要采取措施克服这些缺点。

4）硅油的衍生物涂在磁盘表面少量，即可表现出良好的润滑性，但和结合剂的溶解性不好，改型时还会导致润滑性能下降、溶解性不良和表面黏附力下降，因而易致强度降低，需在使用上特别注意。

5）在喷镀或溅涂的磁盘上主要用全氟聚乙醚润滑，润滑剂厚度仅为几纳米。含氟化合物有类似硅油衍生物的优点和缺点，主要用在金属薄膜型的磁盘涂层上。

6）固体润滑膜，如 SiO_2 密胺异氰酸酯粉末和 PFPE 的复合固体润滑膜或氟化处理的 Si 的质量分数为 40%的无定形炭（Fe-Si-AC）润滑膜等（AC 无定型碳）。

10.15.2 家用电器、机械的润滑

1. 自动扶梯的润滑

自动扶梯主要润滑部件有减速机蜗母齿轮和链索链轮等，一般应用高黏度指数、抗氧化安定性和抗磨性能及消泡性好的润滑油或脂，见表 10-79。

2. 电梯的润滑

电梯升降机的润滑部位主要有齿轮卷升机和减速机蜗母齿轮等，要求用黏度指数高，抗磨性能、抗氧化性、抗泡沫性能好的润滑油或抗磨、抗氧化、防锈性能好的润滑脂，见表 10-80。

3. 自行车的润滑

自行车是量大面广的人力机械，润滑形式有滑动摩擦和滚动摩擦，有点摩擦和线摩擦，有流体润滑和

表 10-79 自动扶梯（爬高 7m，速度 30m/min）适用润滑油（脂）

润滑部位		润滑法	适用油脂质量	黏度(40℃)/(mm^2/s)	ISO VG	NLGI 锥入度
驱动机械	电动机轴承齿轮箱	脂枪或油盘、油底盘	多效锂基脂或 R&O 汽轮机油	41.4~74.8	46、68、460	2
	推力轴承	油底盘	SP 系极压工业齿轮油	41.4~506		
	上部、中部轴承	脂枪	多效通用极压锂基脂			2
多用牵引机	齿轮箱	油底盘	SP 系极压工业齿轮油	90~100		
	接头	脂枪	多效通用极压锂基脂			
	轴承	脂枪				
制动机（制动）	制动机杆	脂枪				
	制动机臂	脂枪				
	销子	手浇	导轨油或 SP 系工业齿轮油（代用）	61.2~74.8	68	
链索		集中润滑		90~110	100	
链轮	导轨	手浇				
	轴承	脂枪	多效通用极压锂基脂			2
手动驱动装置		脂枪				
制动机（制动装置）		手浇	导轨油或 SP 系极压工业齿轮油（代用）	61.2~74.8	68	
				90~110	100	

表 10-80 电梯（13 人或 900kg，卷升速度 90m/min）适用油脂

润滑部位		润滑法	适用油脂质量	黏度(40℃)/(mm^2/s)	ISO VG	NLGI 锥入度
齿轮卷升机	电动机轴承	脂枪、油盘	多效锂基脂、R&O 汽轮机油	41.4~74.8	46、68	2
	齿轮箱	油底盘	SP 系极压工业齿轮油	414~506		
	推力轴承	油底盘				
	柱塞	涂抹	MoS_2 锂基脂			2
	制动杆	手浇	导轨油	61.2~74.8	68	
	制动臂	脂枪	多效通用极压锂基脂			
	销子	脂枪				
调速机	轴承	脂枪				
	销子	手浇	导轨油	61.2~74.8	68	
选择器	导轨（滑动）面	涂抹	低温锂基润滑脂			2

（续）

润滑部位		润滑法	适用油脂质量	黏度(40℃)/(mm^2/s)	ISO VG	NLGI 锥入度
开关门机械	齿轮箱	油底盘	SP 系极压工业齿轮油	414~506	460	
	链索	手浇	导轨油	61.2~74.8	68	
	位置开关凸轮	涂抹				
开关门装置	各轴承	手浇				
锁开关	销子类	手浇				
落底装置	凸轮支架	涂抹				
紧急停止	轴、销子类	手浇				
升降路中开关	轴、销子类	手浇				
偏导器轮	轴承	脂枪	多效通用极压锂基脂			2
张紧轮	轴承	脂枪				
平衡轮	轴承	脂枪				
	导轨	涂抹				
油式缓冲器		油浴	R&O 抗磨汽轮机油	28.8 -35.2	32	
主导轨		油浴	导轨油	61.2~74.8	68	
钢丝绳滚筒		涂抹	钢丝绳专用油（防锈及润滑）	软膏状		

边界润滑，有油润滑和脂润滑。

自行车的关键运动摩擦部位是中轴和前、后轴，都是使用滚珠轴承，用 2 号钙基润滑脂润滑。每次检修时都要将滚珠和珠槽及挡盖清洗干净，向珠槽内涂匀 2 号钙基润滑脂，沿轴周围摆满表面光滑、完整、滚圆且颗粒均匀、大小一致的专用滚珠，然后上好挡盖，以防止尘土杂质混入。而后每季度或每半年向加油孔（有油孔的）或轴端滴 2~5 滴自行车润滑油或黏度（40℃）为 7~15mm^2/s 的低黏度润滑油，但在加油之前一定要清除加油孔或轴端附近的尘土污物，以免造成磨损。一般用润滑脂润滑时不能混用润滑油，油与脂在一般情况下不能混合，但在自行车上为简化设备而无脂嘴，只有补加润滑油，以改善润滑。

其次需要润滑的是链条和齿轮盘，这里的润滑是滑动摩擦和滚动摩擦的混合摩擦，且大部分处于边界润滑状态，摩擦条件较苛刻，因而一定要用黏附性和润滑性较好的润滑油润滑，尤其大多数都是开放式，在尘土较多的情况下工作，对链条和齿轮盘的磨损严重，因而要根据情况及时（每季度或半年）清洗干净，换用新油，最好用黏度较大的润滑油（40℃黏度 10~20mm^2/s），但一般也用与三个轴同样的润滑油，这样较为方便。

4. 粉碎机、磨粉机的润滑

粉碎机、磨粉机系食品机械，润滑应按食品机械的要求，用无毒、无臭、无异味的润滑剂（见 10.14 节），在不接触食品部分用食品机械润滑级白油，或医用凡士林润滑，或用食品机械专用润滑油（脂）润滑，在可能和食品接触的部分要用椰子油、精制蓖麻油、脱色脱臭豆油或菜籽油润滑，用脂部分也可以牛羊油代用，但要经常清洗和换新油。

5. 烤炉机械的润滑

烤炉是食品机械，其润滑也要按食品机械润滑要求，因高温而常用胶体石墨或二硫化钼润滑脂润滑，也可直接用石墨或 MoS_2 润滑。一般每 3 个月到半年要清刷和换油脂。烤炉主要是润滑各个不和食品接触的活动环节和摩擦部位。

6. 缝纫机的润滑

缝纫机有电力和人力两种，人力的靠脚踏板、连杆和带轮或手轮传给动力，电力的则靠 50~300W 的电动机供给动力。缝纫机运动传动摩擦，包括往复运动、回转运动、摇摆运动、连续运动和间断运动，在摩擦形式上包括滑动摩擦、滚动摩擦、点摩擦、线摩擦和面摩擦等各种摩擦因素，因而对润滑剂性能及润滑方法要求比较严格。润滑剂有家庭用、被服厂用和皮鞋厂用特别型等多种。

家庭用缝纫机转速一般为 600r/min 左右，而工业用、被服厂用的可达 1500r/min 左右，为使各装置环节运动灵活，减少摩擦阻力，防止磨损，必须采用质量适当的润滑油脂。各润滑点大体可归纳为：

回转轴滑动轴承有：上轴承（前、后）、下轴承（前、后）、大振子轴承（前、后）、卷线轴承、曲轴杆和曲轴。

回转轴滚动轴承有：连杆轴杆和带轮曲拐。

摇摆轴球面轴承有：连杆轴承。

各轴承和连动部位需要保持良好的润滑状态，以减少磨损和省力或节约能源。由于润滑条件复杂，而又只能用一种润滑油，因而应当用质量较好的含抗氧、防锈、抗磨添加剂的40℃黏度为5~7mm^2/s（家庭缝纫机）或黏度为10~15mm^2/s（工业缝纫机）的润滑油。没有缝纫机油时可以5号或10号锭子油代用。绕线盒调平弹簧、夹头、夹头弹簧等须经常清除干净，而后点1~2滴缝纫机油或用石蜡润滑，但要防止污染缝物。

家庭用缝纫机的摆梭、梭床、梭床圈及压圈簧、摆梭托等需根据缝纫机使用频度和环境，适时（一般每季）进行清除污物，擦拭干净，而后向各摩擦副摩擦部位用油壶滴1~2滴白色（无色）缝纫机油，一般用黏度（40℃）为5~10mm^2/s（ISO VG5或7）的精制润滑性好的润滑油，对可能和缝物或线接触的部分也可用白石蜡润滑。

机头（针杆、压脚杆、上轴、下轴、振子轴、卷线轴、曲轴等轴承）及机架（脚踏板连杆轴、曲拐、带轮等）的各个转动和滑动等运动部分应经常清除污物，擦拭干净，而且用油壶滴上1~2滴缝纫机油，同时转动机器使油扩润开来。踏板等处的中心螺钉顶尖轴要用抗磨油性好的黏度（40℃）为5~10mm^2/s（ISO VG5、7、10）的缝纫机油或高速机械油润滑。

送布牙及针板要适时（每月）清除污物线毛等，然后用白石蜡或地蜡擦抹磨光，以减少摩擦和防止锈蚀，并防止用油污染缝物。

7. 家用电冰箱、空调机的润滑

1）家用电冰箱的润滑。因冷冻系统都是密封式的，故冷冻机所用润滑油都是由冰箱制造厂在组装过程中加注。一般都是加注L-DRB15或L-DRB22冷冻机油，冷冻温度高则应用高黏度（如L-DRB32）的油。

2）空调器的润滑。空调器冷冻机和换气机需要润滑，冷冻机（压缩机）多由制造厂在出厂前装油。也正是因为这种油有特殊要求，因而换气机只能使用抗氧化性好的普通全损耗系统用油或汽轮机油，由用户定期加油。

家庭用小型空调密闭式冷冻机应用L-DRB22和L-DRB32冷冻机油。大型空调冷冻机用L-DRB32或L-DRB46冷冻机油。空调器主要用F12或F11（小型）和F22（大型）氟氯烷系冷冻剂的，一般应用环烷基或烷基苯油，但F12的也可用石蜡基油。用F22冷冻剂的切不可用石蜡基油，而必须用环烷基或烷基苯油和聚α烯烃加氢冷冻机油。从节能出发，小型空调（2kW以下）应用L-DRB15，中型（2~5kW）用L-DRB22，大型（5kW以上）用L-DRB32冷冻机油。

小型换气（通风）机用L-TSA15或L-TSA22，大型用L-TSA22或L-TSA32防锈抗氧化汽轮机油。

为节约电力，最近家用空调器都采用小型、轻量、高效压缩机冷冻系统，其工作温度更高，因而需用耐热性更好的含抗磨剂低黏度（ISO VG15或22）烷基苯油。例如，使用该润滑油后，日本分离式7531kJ/h空调器电耗已由1973年的847W降到了1985年的493W。为进一步节电，又发展了转子式或涡旋式压缩机和变频器，而其滑动部分温度更高，速度更快，润滑条件更加苛刻，因而需采用加抗磨剂（如三苯基亚磷酸酯等）的烷基苯冷冻机油。

8. 洗衣机、电风扇（换气扇）的润滑

目前，洗衣机和电风扇逐渐趋向精细化和智能化，使用的材料都是专用润滑脂，而且实现了终身润滑。

鉴于电风扇是季节性使用的产品，闲置季节应罩上防尘套保存。

9. 钟表计器机械的润滑

钟表计器等的轴的摩擦阻力、黏性阻力极小，便于极小的力能带动机械运动，但轴低速（0.001~20mm/s）和高负荷（几百到几万MPa）的润滑条件极为苛刻。钟表计器等的轴承都是宝石或金属碳化物等高硬度材料经过表面最高级磨光加工的，减速齿轮和齿条等都是黄铜、铍铜等铜合金制作的，因而要用油性好、抗磨损性好、抗腐蚀性好、油膜强度大、倾点低、化学性质安定、非扩散性、低黏度钟表（或手表）润滑油润滑。一般只在维修或清洗时加油。

10. 二冲程摩托车的润滑

摩托车发动机一般都是二冲程风冷式单缸汽油发动机（3~15kW），出力高（80~140kW/L），转速快（6000~8000r/min），活塞速度快（20m/s），因而摩擦热大，温度高（200~300℃）。现在有混油润滑（润滑油与汽油混合）和分离润滑（由进气口注入润滑油）两种，前者排烟大，污染大气严重，后者比前者减轻了1/2，可达到环保的规定水平。

（1）摩托车发动机油性能及选用　摩托车发动机润滑油的性能要求必须达到润滑性好、耐热性好、积炭和排烟少，即：

1）不粘结活塞环，因而要求有很好的抗氧化安定性。

2）活塞形成漆膜少，因而要求有良好的抗热氧化安定性。

3）不烧活塞，不烧结活塞和气缸（拉缸），因而要求有优良的润滑性。

4）燃烧室积炭不多，因而要求有良好的抗热安定性且炭化倾向小。

5）不堵塞排气孔，因而要求有良好的抗热安定性且结焦少。

6）不使火花塞结焦，因而要求有良好的抗热分解性能。

7）排烟很少，不超过规定的水平，因而要求有良好的燃烧性。

二冲程摩托车发动机油目前国际上没有统一的标准，一般采用日本汽车标准组织（JASO）发布的FB、FC、FD标准。

（2）摩托车体的润滑

1）变速器、离合器的润滑。一般为简化管理，可用发动机润滑油润滑。

2）链条的润滑。链条和齿轮盘带动后轮推动前轮行进，摩擦条件苛刻，因此需用黏附性和润滑性好的润滑油润滑。一般也可以内燃机油代用。

3）减振器用油。为减少振动，摩托车前立轴方向把下部设有减振器。减振器一般需要使用专用的减振器润滑油。

4）轮毂的润滑。轮毂滚动轴承一般用 2 号钙-钠基润滑脂或复合钙基润滑脂润滑，最好是用锂基润滑脂润滑。新车或大修后应把轴承清洗干净，而后加入新脂。新脂只应加在滚动轴承内外轮保持架和滚动体的缝隙之间，均匀涂满 2/3 左右，轮毂轴头空腔内不必加脂。

除轮毂滚动轴承和发电机轴承外，车体其他各脂嘴均可打 2 号锂基脂。全部使用锂基脂是最理想且方便的办法。

10.15.3　工业机器人与无人机的润滑

1. 工业机器人的润滑

工业机器人主要由本体、减速器、伺服系统和控制器四大部件构成。其中，减速器又称为机器人的关节，是其核心部件之一，占机器人整体成本的三分之一，控制着工业机器人力量输出和操作精度，起到把电动机、内燃机等高速运转的机械的动力通过齿轮来减速并传递更大转矩的目的，其性能的好坏直接影响到工业机器人的性能。

工业机器人减速器可以使用润滑油或润滑脂作为润滑介质。润滑油具有热量分配平衡，利于冷却，添加剂的消耗量慢，易于更换，清洁，沉积物控制好等优点，但也存在易泄漏，与其他类型的油不能混用，与个别密封材料及喷漆有可能不适应等缺点。一般来说，欧系机器人供应商更侧重于润滑介质的清洁、冷却性以及易更换性，多数推荐用润滑油润滑。而润滑脂相较于润滑油来说，不易泄漏，不易污染，但也存在不易更换，易老化，添加剂损耗快等缺点。日系机器人供应商侧重考虑的是润滑介质的不易渗漏性，故多数推荐用润滑脂润滑。

工业机器人的工况特点是：使用地域广，温度范围宽（在室内外和南北方均有使用）；连续工作时间长，工作负荷大；运动形式多为往复运动，运动时加速度大，并且起动频繁，易产生微动磨损；工作状态中不同关节减速器保持方位不同且随时变化，要求减速器密封材料的密封性能优异，确保润滑油不发生泄漏。

根据机器人减速器的结构特点和工况条件，润滑材料需要满足以下性能：

1）温度适应性广，可在室内外和南北方通用。

2）热安定性能优良，可确保在高温下正常工作。

3）抗磨极压性能好，能满足高负荷工况的要求。

4）抗微动磨损性能和摩擦性能好，可减少设备摩擦部位的磨损。

5）与密封材料的兼容性能良好，能确保设备润滑油不发生泄漏。

6）抗氧化性能好，长期使用后无明显的氧化现象。

7）使用寿命长，可满足约 40000h 的换油周期。

机器人精密减速器的工况苛刻，对于润滑油品要求很高。由于目前工业机器人用润滑油脂的技术确认权仅掌握在整机厂及关键零部件（精密减速器）生产商手中，且我国机器人的核心部件多从国外引进，加之国际品牌机器人占据我国大部分市场份额，其所用的润滑油脂多由 OEM（原厂制造商）提供或指定，多数为进口品牌，因此价格昂贵。

不同公司对机器人采用油润滑或脂润滑各有偏好，如绝大部分欧系小型机器人多使用脂润滑，中、大型机器人使用合成齿轮油润滑，某些负载量相对较小的中型机器人采用的是矿物齿轮油脂产品。

我国对工业机器人的需求量逐年增长，相关核心技术也在不断提升，相信在未来几年国产的机器人润滑油脂也能占据一定的市场份额。

2. 无人机的润滑

应根据无人机的组成，选择相对应的润滑材料。

1）电动机用润滑油。小型电动机常用滑动轴承，在轴承座内（设有储油槽或油池）采用甩油环、油链和甩油圈，在轴套内使用润滑油循环润滑，也有用油绳润滑的，可保持润滑油的耐用寿命为4000~20000h。由于无人机电动机要高速转动，因此要用L-HM32或L-HM46液压油。

2）螺旋桨轴承是一种受力复杂、结构特殊的滑动轴承，它在实际工作中处于极其恶劣的润滑状态，常常因产生严重的磨损而导致尾轴承过早失效，但由于无人机螺旋桨叶较小，故一般用普通润滑油即可。当然这也要结合无人机使用地点的温度及湿度综合考虑。

3）关节面的润滑方式随关节滑动和负重而不同。关节面的润滑有边界润滑和液膜润滑两种基本方式。边界润滑取决于在接触面上润滑分子单层的化学吸收，在活动时凭借润滑分子的相互滑动而保护负重面，这样就能防止粘连和擦伤，所以边界润滑不受润滑剂的黏稠性或接触物刚度性能的影响。关节的加工精度很高，摩擦面之间的间隙一般很小，而无人机越来越多地应用于高负荷的工况，因此在运转过程中经常处于边界润滑状态，这就要求润滑脂具有足够的油膜厚度和良好的极压性能。

因此我们选择润滑脂，润滑脂密封简单，不需要经常添加，不易流失。此外，对于无人机的润滑方式，一般使用滴油润滑，因为现在的无人机多为小型无人机，此方式更加方便，无人机润滑油也可以推出瓶装方式（滴油润滑：间歇而有规律地将润滑油滴至运动副摩擦表面上以保持润滑的方式。适用于需要定量供应润滑的轴承部件，滴油量应适当控制，过多的油量将引起轴承温度的增高）。

4）传动装置的润滑。无人机传动装置一般使用齿轮油润滑。齿轮油是一种有较高黏度的润滑油，专供保护传输动力零件，通常有强烈的硫黄气味。齿轮油采用性能分类和黏度分类两种方法，目前世界各国广泛采用美国石油学会性能分类和美国军用齿轮油规格标准。

参考文献

[1] 胡邦喜. 设备润滑基础［M］. 2版. 北京：冶金工业出版社，2002.

[2] 林亨耀，汪德涛. 机修手册：第8卷［M］. 3版. 北京：机械工业出版社，1994.

[3] 汪德涛. 润滑技术手册［M］. 北京：机械工业出版社，1998.

[4] 机械工程手册编委会. 机械工程手册：机械设计基础卷［M］. 2版. 北京：机械工业出版社，1996.

[5] 机械工程手册编委会. 机械工程手册：机械制造工艺及设备卷（一）［M］. 2版. 北京：机械工业出版社，1996.

[6] 尼尔M J. 摩擦学手册［M］. 王自新，译. 北京：机械工业出版社，1984.

[7] 日本润滑学会. 润滑故障及其预防措施［M］. 北京：机械工业出版社，1984.

[8] 日本机械学会. 机械技术手册［M］. 北京：机械工业出版社，1984.

[9] 机械工程手册编委会. 机械工程手册：通用设备卷［M］. 2版. 北京：机械工业出版社，1997.

[10] 董浚修，润滑原理及润滑油［M］. 北京：烃加工出版社，1987.

[11] 吴邦强，葛盛年. 设备用油与润滑手册［M］. 北京：煤炭工业出版社，1989.

[12] 赵国君，吴锡忠. 通用桥式和门式起重机［M］. 北京：机械工业出版社，1989.

[13] 冶金工业部有色金属加工设计研究院. 板带车间机械设备设计：上册［M］. 北京：冶金工业出版社，1983.

[14] 中国轻工总会. 轻工业技术装备手册：第1卷［M］. 北京：机械工业出版社，1995.

[15] 倪熙安. 冷轧带箔的工艺润滑与冷却系统［J］. 冶金设备，1988（1）.

[16] 关子杰. 内燃机润滑油应用原理［M］. 北京：机械工业出版社，1994.

[17] 张晨辉，林亮智. 设备润滑与润滑油应用［M］. 北京：机械工业出版社，1994.

[18] 林济猷，阎杏町. 矿山机械设备用油［M］. 北京：中国石化出版社，1995.

[19] 贾锡印. 内燃机的润滑与磨损［M］. 北京：国防工业出版社，1988.

[20] 欧风. 石油产品应用技术手册［M］. 北京：中国石化出版社，1998.

[21] 王善彰. 高速铁路列车润滑现状及对开展我国高速铁路润滑研究的意见［J］. 润滑与密封，1994（4）：59-66.

[22] 孟震英，刘红，王帅彪. 工业机器人用润滑脂［J］. 合成润滑材料，2018（1）.

第 11 章　密封技术与密封产品

11.1　密封原理

11.1.1　泄漏

设备的泄漏是指从密封处越界漏出流体的现象。密封件是用来防止流体或固体微粒从相邻接合面间泄漏，或防止外界杂质如灰尘、水分与气体等侵入的零部件。与密封件协同完成密封功能的零部件组合称为密封装置。

在密封件中，被密封的介质往往是以穿漏、渗透或扩散的形式越界泄漏到密封连接处的彼侧。造成泄漏的基本原因是流体从密封面上的间隙中溢出，或是由于密封部位内外两侧密封介质的压力差或浓度差，致使流体向压力或浓度低的一侧流动。因此，减小或消除密封面和密封介质之间的间隙及压力（或浓度）差，是消除泄漏的主要途径。

机器设备漏油，不仅会造成润滑剂的浪费，而且对机器本身的正常工作也会产生很大的影响。漏油、漏水和漏气严重影响设备的正常工作。所以，设备的泄漏与密封是一个不可忽视的问题，长期以来引起业界的普遍重视。密封技术目前已形成一门精密的学科。许多国家不仅设有专门的实验研究机构，而且近年来已从过去偏重于对密封元件与密封装置的结构及性能的研究，逐步转向对密封的基本理论的研究。我国对密封机理、密封元件、密封装置的结构特点及新材料、新工艺等领域进行了大量的、系统的研究，并制定了密封元件的国家标准，国机集团广州机械科学研究院有限公司在密封技术与治漏领域是国内的牵头单位，拥有国内唯一的国家橡塑密封工程技术研究中心、机械工业橡塑密封重点实验室等创新平台，已连续多年牵头组织国际橡塑密封技术论坛等行业培训、交流、研讨活动。

从应用实践看，解决机械产品泄漏的基本方法有以下 5 种：

1）减少密封部位内外的压差。

2）在密封配合面保持一层润滑膜。

3）消除引起泄漏的流体流动原因。

4）增加泄漏部位流体流动的阻力。

5）将泄漏的流体引向无害的方向或使之流回贮槽。

此外，还常常采用将结合部位焊合、铆合、压合、折边等永久性防止流体泄漏的方法。

对密封件的基本要求如下：

1）在一定的流速、压力和温度范围内具有良好的密封性能和耐介质性能。

2）对于动密封要求摩擦阻力及摩擦系数小且稳定。

3）工作寿命长，磨损少，并在一定程度上能自动补偿其磨损量。

4）结构简单、紧凑，易于拆装，制造方便，能确保互换性，符合标准化要求。

表 11-1 是设备泄漏的分类。

表 11-1　设备泄漏的分类

分类		泄漏原因	举例
按泄漏部位分类	接触界面泄漏	接触密封不严密，存在泄漏间隙，或密封摩擦副产生磨损，使泄漏间隙增大 设备内外或密封面两侧存在压力差	减速箱漏油，泵轴与填料接触段因磨损而泄漏
	层内渗透泄漏	工作介质渗入致密性差的密封材料而向外流或向内流的泄漏	真空用致密性差的密封材料，减速机轴的毡圈密封
	破坏性泄漏	因使用条件恶化，导致密封件急剧磨损，或发生高温炭化、热裂、塑性变形及疲劳破坏等，使泄漏间隙迅速增大	磨损严重、变形大、已老化、腐蚀破坏的密封
按密封面间是否有相对运动分类	静泄漏	指无相对运动的两个零件结合面间的泄漏	箱体、法兰、螺纹、止口、刃口等结合面间的泄漏

（续）

	分类		泄漏原因	举例
按密封面间是否有相对运动分类	动泄漏	往复运动泄漏	指有相对往复运动的两个零件结合面间的泄漏	活塞杆与填料间的泄漏
		回转运动泄漏	指有相对回转运动的两个零件结合面间的泄漏	轴与密封圈间的泄漏

11.1.2 密封产品分类

1. 密封的基本类型

密封的基本类型可分为静密封和动密封两大类。在两个偶合件之间，被密封的部位在机器运动过程中没有相对运动，这时所采用的密封方法称为静密封。如减速器箱体与箱盖之间、汽车发动机缸体与缸盖之间、轴承端盖与轴承座孔之间的密封均为静密封。在两个偶合件之间被密封的部件在机器运动过程中具有相对运动，这时所采用的密封方法称为动密封。如转动的轴颈与静止的轴承端盖之间的密封即为动密封。按照密封原理的不同，动密封可分为接触式密封和非接触式密封两类。前者用于速度不是很高的场合，被密封表面（如轴颈表面）的硬度应在40HRC以上，表面粗糙度 Ra 应在0.40~0.80μm之间；后者适用于高速。图11-1和图11-2分别为动密封分类和静密封分类。

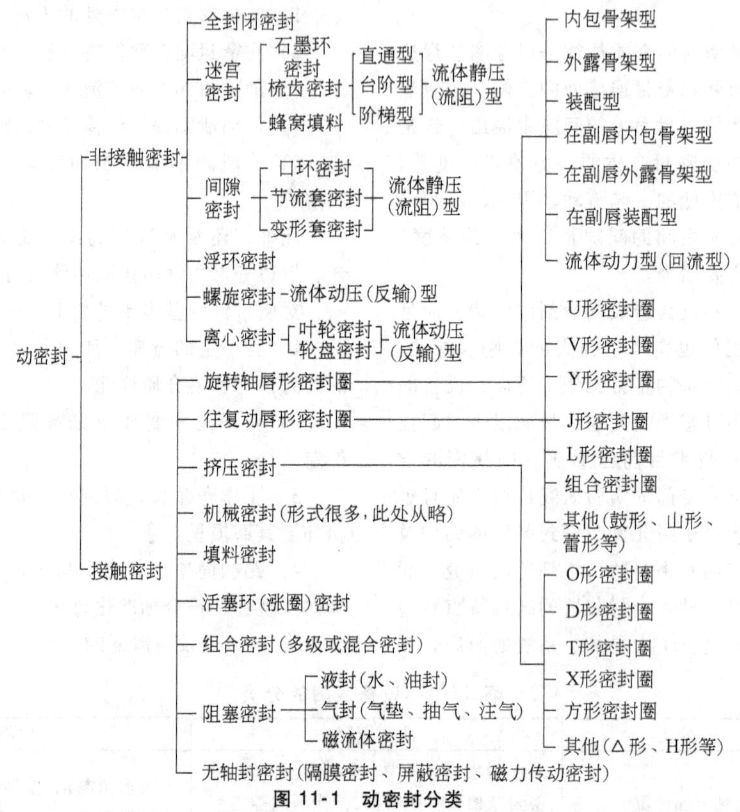

图11-1 动密封分类

2. 按密封产品特征分类

1）橡塑密封——以橡胶或塑料为基材，经过硫化或切削加工制造的各种结构形状，具有各自的材料性能的橡胶或塑料制品，利用自身的弹性或塑性/弹性体组合形成密封。

2）机械密封——由至少一对垂直于轴做相对滑动的端面，在流体压力和补偿机构的弹力（或磁力）作用下，保持接合并配以辅助密封而达到防止泄漏的轴封装置。

3）液态密封——流动的液态易于填隙，形成可剥离的膜后，对间隙起密封作用。

3. 按密封安装或工作状态分类

按密封安装或工作状态分类，有挤压密封、旋转轴唇形密封圈、往复运动密封圈、机械密封、填料密封和密封胶等，如图11-3所示。

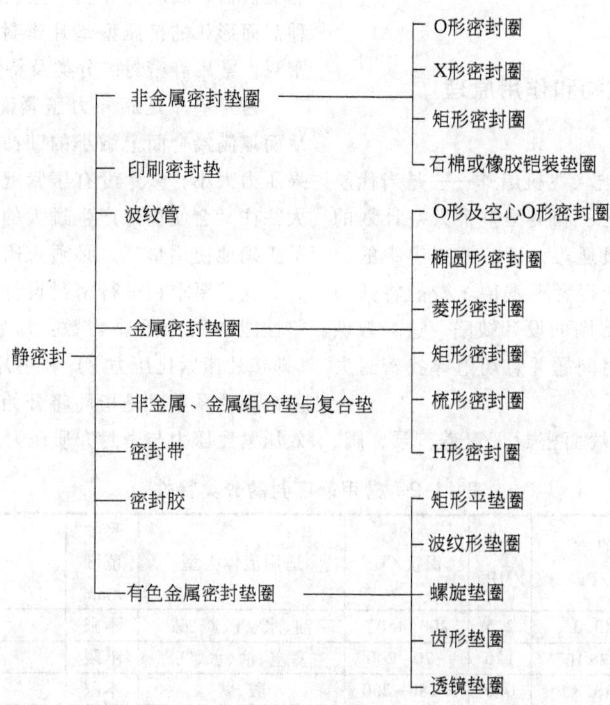

图 11-2　静密封分类

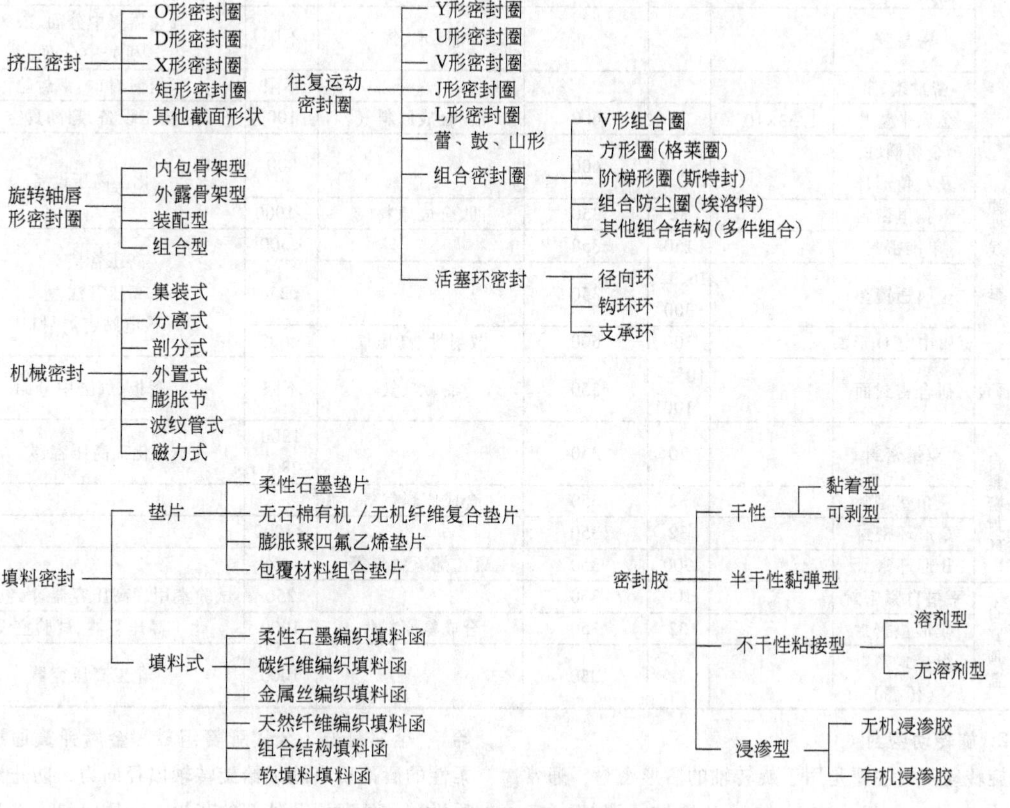

图 11-3　按密封安装和工作状态分类

11.2 橡塑密封件

11.2.1 密封的基本结构和作用原理

1. 静密封

1986 年美国挑战者号航天飞机爆炸——是当代航天史上最严重的航天灾难之一和美国整个太空计划的一大挫折，导致 7 名宇航员遇难，事故调查组中的一名成员，诺贝尔物理学奖获得者理查德·费曼将其归因于引擎弹性体静密封 O 形圈的设计缺陷。这一教训让人们更加慎重地对待密封问题并急切地寻找密封失效的原因。

静密封主要是应用于端面密封，管道、泵、阀、热交换器、反应釜等法兰连接处各种壳体接合面的各种截面形状的挤压型垫片密封，以及带、胶等填隙型密封。常用静密封的分类及特性见表 11-2。

密封垫片是靠外力压紧而产生弹性或塑性变形，从而填满接合面上微小的凹凸不平来实现密封的。如果压力太小，垫片没有压紧就不能止漏；但压紧力太大往往又会使垫片产生过大的压缩变形甚至破坏。为了正确地使用垫片，必须采用能保证密封的最小压紧力。这就要求在进行密封设计时，必须保证表征密封垫性能的两个重要参数：压紧垫片所需的最小应力（即垫片压紧比压力 Y）和垫片系数 m 满足工作要求。所谓垫片系数，是指即将开始发生泄漏时，垫片的有效压紧比压力与密封介质压力之比。

表 11-2 常用静密封的分类特性

种类			真空/Pa	压力/MPa	温度/℃	适用流体类型	尺寸范围/mm	典型用例
强制压紧类	塑性垫片	纤维质垫片	13.3	2.5	200(450)	油、水、气、酸、碱	不限	设备法兰、管法兰
		橡胶垫片	1.33×10^{-4}	1.6	-70~200	真空、油、水、气	不限	真空设备
		塑料垫片	13.3	0.6	-180~250	酸、碱	不限	酸管线
		金属包垫片		6.4	450(600)	油、蒸汽、燃气	不限	内燃机气缸垫
		金属缠绕垫片		100	450(600)	油、蒸汽、燃气	不限	炼油厂设备、管道连接
		橡胶 O 形圈	13.3×10^{-4}		-70~200	油、水、气、酸、碱	不限	液压元件、真空设备
		密封胶				油、水、气	不限	减速器壳中分面、鼓风机壳中分面
		密封条、带					不限	门窗封口、密封舱
		金属平垫片	1.33×10^{-8}	20	600	油、合成原料气	100	化工设备、超高真空
	弹性线接触	金属椭圆及八角形环		>6.4	600		800	化工高压设备
		卡扎里密封		32	350	油、合成原料气	>1000	
		单锥密封		150	350		<500	高压管接头、高压管法兰、核电站容器封口
		金属透镜垫		16、32、300	350		<250	
		金属中空 O 形圈		300	600	放射性、高压气	<600	
	研合	研合密封面		10^{-2}~100	550	油、水、气	不限	闸板、气缸中分面
自紧类	自紧密封环	双锥密封		70	350		1300(2800)	化工高压容器
		三角垫密封		32	350	合成原料气等		
		C 形环密封		32	350		<1000	
		B 形环密封		300	350	聚乙烯原料气等		
	自紧顶盖	平垫自紧密封		100	350		350	试验室用超高压容器、汽包、人孔
		楔形垫密封		32	350	合成氨原料气	1000	化工高压容器、试验室设备
		组合式密封（伍德）		32	350		1000	化工高压容器

2. 旋转动密封

旋转动密封主要是用于旋转轴的唇形密封，通常亦称为油封。一般由弹性材料（橡胶、聚四氟乙烯）、金属骨架、金属弹簧组成。金属弹簧通过具有柔性的唇部刃口施加给旋转轴以径向力，防止润滑介质沿轴向外泄漏及外部的灰尘、杂质等浸入。具有所需空间小、易装卸、密封效果好等优点。不足之处是耐压力范围有限，高压、高速油封设计生产技术难度高。

影响旋转轴唇形密封使用性能和工作寿命的主要因素有：

1）密封材料。需根据使用介质和工况条件，选择材料的耐温范围、耐介质特点、强度、弹性、耐摩擦性、耐老化性等。常用主体弹性材料有：丁腈橡胶（NBR）、丙烯酸酯橡胶（ACM）、氟橡胶（FKR）、硅橡胶（VMQ，MPVQ）、聚四氟乙烯（PTFE）等。

2）轴的表面粗糙度和偏心度。轴的表面粗糙度对旋转轴唇形密封件的使用性能和寿命影响甚大，轴表面太光滑，影响油膜的形成，无法获得密封效果；轴表面太粗糙，密封件的摩擦磨损加剧，影响寿命。而轴的偏心度使旋转运动中密封唇部接触应力的分布状态频繁变化而产生泄漏。

3）密封件唇口过盈量设计。

4）工作压力。

5）工作速度。

6）工作温度。

7）安装。

3. 往复动密封

往复动密封以油缸的活塞和活塞杆密封 Y 形圈、V 形圈和组合密封圈为典型代表。密封件唇部的过盈量设计使其获得初始密封效果。当活塞杆移动时（推进），密封件在比内压要高的峰压所产生的压力分布情况下，与活塞杆接触，随着接触压力梯度变大，通过密封件的油液（油膜）的厚度变薄；同理，活塞杆换向移动时，油膜厚度便取决于大气压力最大接触压力梯度。当摩擦因数在呈负梯度的范围内时，油膜遭到破坏。

常用动密封的分类及特性见表 11-3。

表 11-3　常用动密封的分类及特性

种类			真空/Pa	压力/MPa	工作温度/℃	线速度/(m/s)	泄漏率/(cm³/h)	平均寿命/月	典型适用
接触型	软填料密封		1333	32	-240~600	20	10~10000	仅2~3周	离心泵、柱塞泵、阀杆密封
接触型	成形填料	挤压型	0.13	100	-45~230	10	0.001~0.1	6~12	油压缸、水压缸
接触型	成形填料	唇形	1.3×10^3	100	-45~230	10	0.1~10	6~12	油压缸、水压缸
接触型	橡胶油封	油封 防尘油封	—	0.3	-30~150	20	0.1~10	3~6	轴承封油与防尘
接触型	硬填料密封	往复	—	300	-45~400	12	—	3~12	活塞杆密封航空发动机轴封
接触型	硬填料密封	旋转	—	300	-45~400	—	—	6~2	活塞杆密封航空发动机轴封
接触型	胀圈密封	往复	1333	300	—	12	0.2%~1% 吸气容积	3~12	汽油机、柴油机、 压缩机、液压缸等
接触型	胀圈密封	旋转	—	0.2	—	12	0.2%~1% 吸气容积	3~12	汽油机、柴油机、 压缩机、液压缸等
接触型	机械密封	普通型	0.13	8	-196~400	300	0.1~150	3~12	化工等用途离心泵
接触型	机械密封	液膜	—	32	-30~150	30~100	100~5000	>12	透平压缩机
接触型	机械密封	气膜	—	2	不限	不限	—	>12	航空发动机
非接触型	迷宫密封		13	20	600	不限	大	>36	蒸汽轮机、燃气轮机、迷宫活塞压缩机
非接触型	间隙密封	液膜浮环	—	32	—	80	内漏 <200L/h	>12	泵、化工透平
非接触型	间隙密封	气体浮环	—	1	-30~150	70	内漏 <200L/h	≈12	制氧机
非接触型	间隙密封	套筒密封	—	1000	-30~100	2	内漏 <200L/h	≈12	油泵、高压泵
非接触型	动力密封 离心密封	背叶轮	1333	0.25	0~50	30	—	>12	矿浆泵
非接触型	动力密封 离心密封	甩油环 油封 防尘	—	0.01	不限	不限	—	非易损件	轴承封油及防尘

11.2.2　选型与应用

1. 密封效果的形成

橡塑密封件属于接触密封，依靠装填在密封腔体中的预压紧力，阻塞泄漏通道而获得密封效果。一般用于静密封（端面密封）、往复动密封（活塞、活塞杆密封）及旋转密封。

密封结构的选择与油膜的形成、压力、温度、材料的相容性，以及动密封所接触工件表面的材质、硬度、几何形状、表面粗糙度等相关。

密封理论认为：在一个动态柔性密封及其配合面之间存在一层完整的润滑膜。在正常状态下，正是借助这层润滑膜来达到密封目的并延长密封件寿命。凡影响润滑膜的形成和特征的因素，亦影响密封效果。例如：

① 介质的黏度及黏度随温度的变化。

② 往复/旋转运动速度。

③ 介质产生的压力。

④ 轴、缸体或活塞杆的材质、硬度、几何形状、表面粗糙度。

⑤ 密封件的结构。

日本油封公司（NOK）用最新的图像处理技术解释了油封的密封原理：油封（旋转动密封）的密封机理由润滑特性和密封原理两部分组成。

（1）润滑特性　油封的摩擦特性受流体的黏度与滑动速度支配，油封与轴的相对滑动表面在油膜分离的润滑状态下运动，因此可以保证摩擦阻力小、磨损少。

（2）密封原理　在油封滑动接触面上，油的流动是从油侧流向大气侧，又从大气侧流向油侧的循环。滑动面的润滑良好，可防止磨损的发生，因此没有泄漏。

当系统运动速度过高时，影响连续润滑膜的形成，导致摩擦热增加，超出密封材料的耐温范围时就会造成密封件的损坏。压力过大时，除影响油膜形成外，还会对橡塑密封件产生“挤隙”作用，一般可采用加挡圈来改善。选择摩擦因数小、自润滑性好的聚四氟乙烯（PTFF）组合密封件结构，将有助于改善摩擦副之间的润滑，适用于高低速往复运动及高压系统的液压缸活塞、活塞杆密封。

根据系统工况条件及介质环境，合理地选用密封件和密封材料、正确安装使用和维护密封件，是获取良好的密封效果、可靠性及使用寿命的关键。

2. 动密封的典型结构形式

1）旋转轴唇形密封的典型结构见表 11-4。

2）活塞密封件的典型结构见表 11-5。

3）防尘圈的典型结构见表 11-6。

4）活塞杆密封件的典型结构见表 11-7。

5）导向环的典型结构见表 11-8。

表 11-4　旋转轴唇形密封的典型结构

截面形状	产品名称	特点	适用工况条件	材料
	内包金属骨架油封	金属骨架起支撑作用，外包橡胶定位，弹簧对密封唇口施加径向压紧力，形成密封	压力≤0.05MPa 速度<20m/s 温度、耐介质性能取决于橡胶材料特性	丁腈橡胶、硅橡胶、氟橡胶
	外露金属骨架油封	金属骨架起支撑定位作用，配合精度要求高，同轴度好	压力≤0.05MPa 速度≤25m/s 温度、耐介质性能取决于橡胶材料特性	丁腈橡胶、硅橡胶、氟橡胶
	装配式金属骨架油封	金属骨架起支撑定位作用，配合精度要求高，同轴度好	压力≤0.05MPa 速度<25m/s 温度、耐介质性能取决于橡胶材料特性	丁腈橡胶、硅橡胶、氟橡胶
	夹布油封	具有金属骨架油封的特性，安装方便，对轴的表面粗糙度要求较低	压力≤0.05MPa 速度≤20m/s 轴的表面粗糙度 Ra ≤4μm	丁腈橡胶、硅橡胶、氟橡胶
	无骨架油封	全橡胶，依靠本身弹性，唇口接触压力小，允许一定程度的轴偏心。用于旋转端面密封，安装方便	速度与轴的表面粗糙度相匹配，线速度越高，Ra 值越小	一般选用丁腈橡胶，特殊要求选用氟橡胶
	旋转格莱圈	由 PTFE/O 形圈组成，具有双面密封效果，可以单向或者双向承受压力	适用于高压、低速回转的轴、杆、轴承、旋转接头、转座等	PTFE、NBR、氟(硅)O 形圈

注：工作温度为-40~100℃时可选用 NBR 材料。

表 11-5　活塞密封件的典型结构

截面形状	产品名称	工作参数			材　料
		压力/MPa	速度/(m/s)	温度/℃	
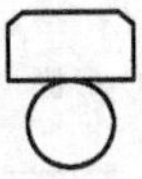	方形组合密封(格莱圈)	60	≤15	-45~200	PTFE、氟(硅)O 形圈
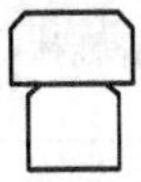	方形组合密封(格莱圈)	60	≤15	-45~200	PTFE、氟(硅)弹性体
	阶梯形组合密封(斯特封)	60	≤15	-45~200	PTFE、氟(硅)O 形圈
	Y 形圈	35	≤0.5	-30~100	丁腈橡胶、聚氨酯
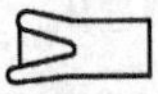	Y 形圈	24	≤0.5	-35~100	丁腈橡胶、聚氨酯
	组合密封(GDKK)	45	≤1	-30~200	PTFE、氟(硅)弹性体
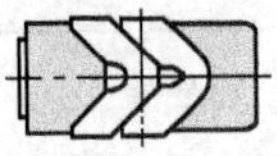	V 形组合圈	40	≤0.5	-30~200	PTFE、氟(硅)夹布或弹性体
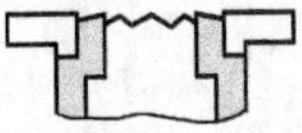	组合密封(D-A-S)	40	≤0.5	-30~200	PTFE、氟(硅)弹性体

表 11-6　防尘圈的典型结构

截面形状	产品名称	工作参数			材　料
		压力/MPa	速度/(m/s)	温度/℃	
	防尘圈(埃洛特)	—	≤15	-30~200	PTFE、氟(硅)橡胶
	GPTA	—	≤15	-30~200	PTFE、氟(硅)橡胶
	GP6	—	≤2	-30~200	氟(硅)橡胶
	GSDR	—	≤2	-30~200	氟(硅)橡胶
	GSM	—	≤1	-30~200	氟(硅)橡胶

注：工作温度为-40~100℃时可选用 NBR 材料。

表 11-7 活塞杆密封件的典型结构

截面形状	产品名称	工作参数			材料
		压力/MPa	速度/(m/s)	温度/℃	
	GSJ	60	≤15	-45~200	PTFE、氟(硅)O 形圈
	GMSS	60	≤15	-45~200	PTFE、氟(硅)弹性体
	GSI	60	≤15	-45~200	PTFE、氟(硅)O 形圈
	GES	40	≤0.5	-30~200	PTFE、氟(硅)胶夹布或氟(硅)胶弹性体
	同轴密封	45	≤1	-30~100	PTFE、NBR 弹性体
	Y 形圈	35	≤0.5	-30~100	丁腈橡胶、聚氨酯
	Y 形圈	24	≤0.5	-35~100	丁腈橡胶、聚氨酯

注：工作温度为-40~100℃时可选用 NBR 材料。

表 11-8 导向环的典型结构

截面形状	产品名称	工作参数			材料
		压力/MPa	速度/(m/s)	温度/℃	
	导向环	—	≤15	-60~200	PTFE
	导向环	—	≤1	-60~120	酚醛夹布
	导向环	—	≤15	-55~120	PTFE、尼龙、聚甲醛
	导向环	—	≤15	-55~120	PTFE、尼龙、聚甲醛

3. 密封件产品选型

正确选择密封件类型，除考虑工况参数，例如速度、温度、系统压力和使用介质外，还要考虑设备的负载循环、使用寿命（维修周期）、对密封性（无外泄漏）和低摩擦（无爬行现象）的要求，以及密封件的价格性能比。

1）运动方式——静止、往复、旋转等。

2）密封部位——如活塞用、轴用等。

3）压力大小——密封件的结构和材料物理性能。

4）温度高低——密封件的材料选用。

5）密封介质——密封件的材料选用。

6）规格尺寸——沟槽尺寸决定密封件结构及规格尺寸。

液压用密封件设计、选用与使用条件的关系见表 11-9。

表 11-9　液压用密封件设计、选用与使用条件的关系

使用条件		压力	温度	速度	冲击	工作频率	偏载振动	表面粗糙度	工作介质
密封件选用设计	类型、形状	○	○	○	○	○	○	○	○
	截面面积	○	○	○	○		○	○	
	公差		○	○			○	○	○
	预紧力		○	○			○	○	
	密封滑动面形状						○	○	
材料选用	种类	○	○	○			○	○	○
	弹性						○		
	强度，硬度	○	○					○	
	耐磨性	○		○	○	○		○	○
	永久变形		○						○
	耐油性		○						○
	耐高温性		○						○
	耐低温性		○				○		

注：○表示使用条件与设计内容有密切关系。

4. 密封材料

密封材料的选择主要是根据密封元件所处的工况条件，如温度、压力、介质，以及运动方式和速度来选择。

(1) 密封材料应具有的性能

1) 具有一定的机械物理性能，如抗拉强度、定伸强度、伸长率。

2) 有一定的弹性，硬度合适，压缩永久变形小。

3) 与工作介质相适应，不容易产生溶胀、分解、硬化。

4) 耐磨，有一定的抗撕性能。

5) 具有耐高温、低温老化的性能。

没有任何密封材料能在上述全部性能上达到最优。需要根据工作环境，如温度、压力、介质及运动方式来选择适宜的密封材料，并通过制定材料的配合配方来满足一定的要求；或者采用两种以上材料复合或组合结构的形式发挥各自的特长，达到更加全面的效果。

下面介绍几种耐介质性能优异的密封材料及其特性。

1) 丁腈橡胶。

① 最为广泛的密封件材料，具有优良的耐油性能。

② 含有丙烯腈而具有极性，因此对非极性和弱极性油类、溶剂具有优异的抗耐性。

③ 可在 100℃ 工作环境下长期工作，短时工作温度允许到 120℃。

④ 丙烯腈含量越高，耐油性越好，但耐寒性降低。

⑤ 丁腈橡胶不耐酮、酯和氯化烃等介质，在含有极压添加剂的油中，当温度超过 110℃ 时，即发生显著的硬化、变脆。

⑥ 硫、氯、磷化合物会引起橡胶解聚，造成密封件损坏，故而不能在磷酸酯系液压油中及含有极压添加剂的齿轮油中使用。

2) 硅橡胶。

① 具有卓越的耐高、低温性能，在 -70～260℃ 的工作温度范围内能保持其特有的弹性及耐臭氧、光和耐候性能。

② 一般的硅橡胶对于低浓度的酸、碱有一定的抗耐性，对乙醇、丙酮等介质也有很好的抗耐性。

③ 特殊的氟硅橡胶具有优良的耐油、耐溶剂性。

3) 氟橡胶。

① 耐热性能可与硅橡胶媲美，可在 250℃ 下长期工作，短时可耐 300℃ 高温。

② 极优越的耐蚀性能是氟橡胶的特点之一，它对燃料油、液压油（液）、有机溶剂、浓酸、强氧化剂等作用，具有稳定性且优于其他各种橡胶。

4) 三元乙丙橡胶。

① 具有优良的耐老化性、耐臭氧性、耐候性、耐热性，有突出的耐蒸汽性能。

② 耐醇、酸、强碱和氧化剂等化学品。

③ 不耐脂肪族、芳香族类溶剂，因此不适宜用一般矿物油系润滑油及液压油。

④ 其制品可以在 120℃ 环境下长期使用，最高使用温度为 150℃，最低极限温度为 -50℃。

5) 聚氨酯橡胶。

① 优异的耐磨性和良好的不透气性，耐油、耐氧及臭氧老化，被用作往复动密封产品，使用温度范围为 -20～80℃。常用于石油基液压油、难燃液压液

的中、高压液压缸等。

② 不耐高温水、蒸汽、酸碱及酮类。用于水介质密封时，需选用耐水型牌号。

6）丙烯酸酯橡胶。

① 耐热性能、耐氧老化性能和耐油性能优异。

② 最高使用温度可达180℃，断续或短时使用可达200℃左右，在150℃热空气中数年无明显变化。

③ 常温下耐油性能与丁腈橡胶接近，但在热油中优于丁腈橡胶许多。

④ 在低于150℃的油中，具有近似氟橡胶的耐油性能。

⑤ 在更高温度的油中，仅次于氟橡胶。

⑥ 对含极压添加剂的油十分稳定，使用温度可达150℃，间断使用时使用温度可更高些。

⑦ 耐动植物油、合成润滑油、硅酸酯类液压油的性能良好。

⑧ 耐寒、耐水、耐溶剂性能差。目前已有一些品种生产，但是价格相对昂贵。

7）聚四氟乙烯。聚四氟乙烯具有很高的化学稳定性和良好的自润滑特性。与弹性体的组合（如斯特封、格莱圈）或嵌入弹簧钢片（如泛塞密封），充分发挥了其良好的耐磨性和广泛的耐溶剂、耐腐蚀性。同时由弹性体或弹簧钢片给予其预紧力，提供了初始密封力。

对于泛塞密封，当系统压力升高时，主要密封力由系统压力形成，从而保证由零压到高压都具有可靠的密封性能。由此可适用于一般的液压系统，也可用于恶劣工况及某些特殊介质环境。

8）聚酰胺。聚酰胺有优良的力学性能，具有尼龙和金属材料的部分特点。它的刚性比金属低，但强度比金属高，密度小、耐冲击强度良好，疲劳强度与铸铁相当，摩擦因数低，自润滑性好，耐密性能优越，可耐弱酸、弱碱、醇、酯、烃、酮、润滑油（脂）、汽油等，不耐强酸、强碱。缺点是容易吸水导致强度降低，并影响产品尺寸稳定。工作温度为-20~100℃。

9）聚甲醛。聚甲醛是一种高结晶型热塑性塑料，具有很高的刚性、强度和硬度，较好的耐冲击强度、耐蠕变性和耐疲劳性能，摩擦因数低、自润滑性好，可耐弱酸、弱碱、酯、醚、烃、醛、润滑油（脂）、汽油等；不耐强酸、强氧化剂，耐候性较差。工作温度为-40~120℃。

（2）密封材质与液压油（液）的相容性　液压油的颗粒污染来源之一是密封件材料与液压油不相适应而产生的“碎屑”或“磨屑”。密封件因“溶胀”被损坏产生的“碎屑”，或被“抽提”出的未被结合的无机物和填充补强材料，使密封件损坏并失效，同时对油品形成污染，造成液压油变质以致失效。

密封件产生“溶胀”或“抽提”的原因，是液压油与其添加剂中所含有的各种化学元素及其浓度。依据“相似相溶”的原理，对不同的密封材质产生不同的影响，即密封材料的耐介质性能。

1）抗磨液压油复合剂类型中的无锌型（无灰型），是使用了烃类硫化物、磷酸酯、亚磷酸酯等，有的使用了含硫、磷和氮3种元素的S-P-N极压抗磨剂。

2）在极压工业齿轮油中，常使用P-S型极压剂，有的品牌齿轮油中显示极性的磷（P）元素质量分数在0.03%左右。丁腈橡胶因含有丙烯腈基团而具有极性，具有优良的耐油性能，却不适宜该类型油品的介质条件（有试验数据显示）。

随着液压油（液）品种的不断研发，为改善油（液）性能的各种抗磨、极压添加剂、金属减活剂、破乳化剂和抗泡添加剂等，对密封件材料的影响需要通过试验来验证。表11-10是各种液压油（液）与常用密封材料的相容性。

表11-10　各种液压油（液）与常用密封材料的相容性

密封材料	普通矿物液压油	水-乙二醇液压液	磷酸酯液压液	油包水乳化液
丁腈橡胶	适应	适应	不适应	适应
硅橡胶	适应	适应	适应	适应
氟橡胶	适应	适应	适应	适应
乙丙橡胶	不适应	适应	适应	不适应
天然橡胶	不适应	适应	不适应	不适应
氯丁橡胶	适应	适应	不适应	适应
聚四氟乙烯	适应	适应	适应	适应
尼龙	适应	适应	适应	适应
聚氯乙烯塑料	适应	适应	不适应	适应

（续）

密封材料	普通矿物液压油	水-乙二醇液压液	磷酸酯液压液	油包水乳化液
丙烯酸塑料	适应	适应	不适应	适应
苯乙烯塑料	适应	适应	适应	适应
环氧塑料	适应	适应	不适应	适应

5. **安装**

（1）旋转轴唇形密封

1）油面角面向油侧，切忌方向装反。

2）装配前把轴擦干净，涂点润滑脂。安装时最好用压力机压入，可用垫板盖住底部，用锤轻轻均匀敲打，如图 11-4 所示。

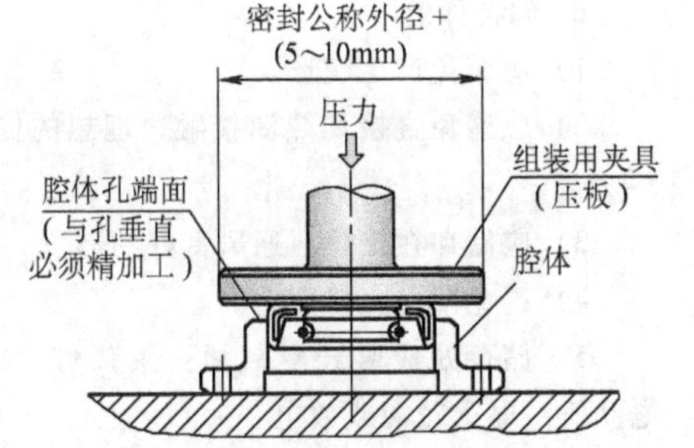

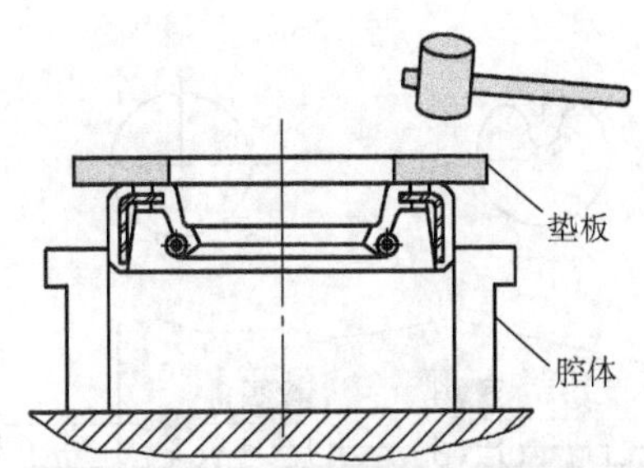

正确的安装操作

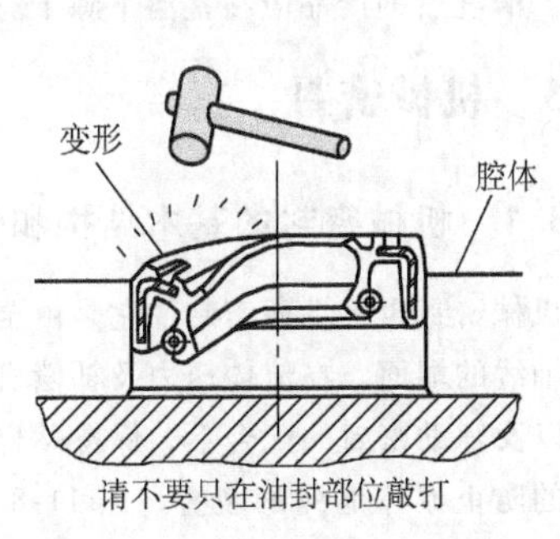

请不要只在油封部位敲打

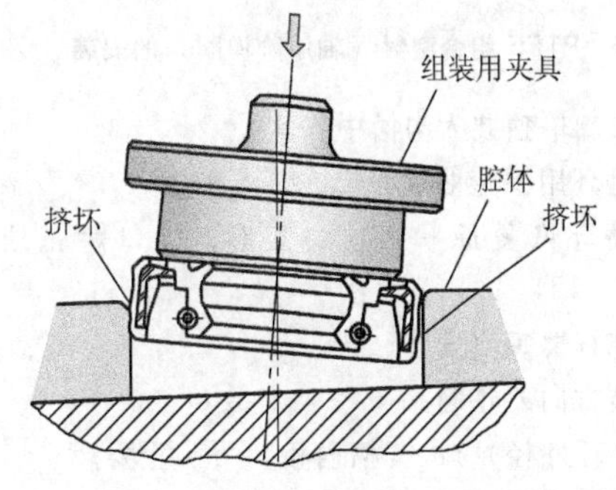

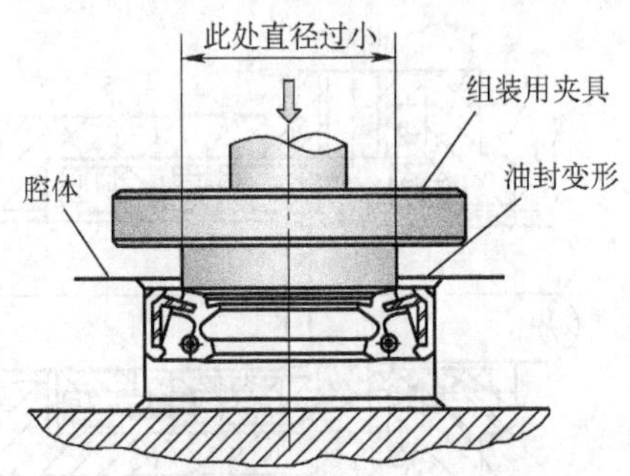

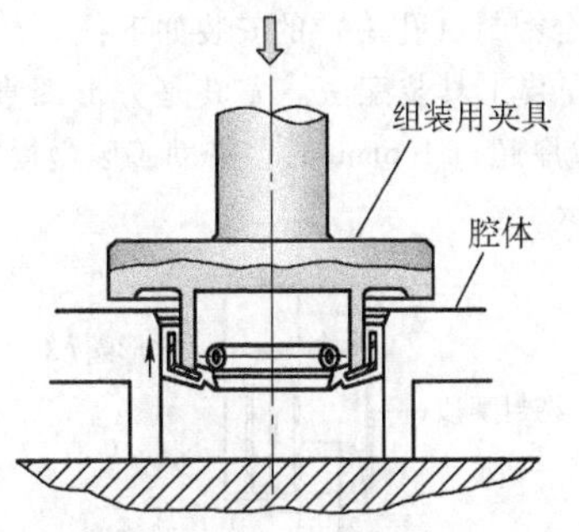

不正确的安装操作（导致产品变形）

图 11-4　旋转轴唇形密封的安装

（2）往复动密封

1）橡胶密封件的安装注意事项。

① 首先要彻底清除腔体内的杂质。

② 清除密封件表面因存放而产生的灰尘及杂质。

③ 在活塞杆和液压缸体内表面涂一点液压油（与缸内相同的油）。

④ 在密封件唇部加保护盖，使其避免因与螺纹和阶梯等直接接触而损坏。

2）PTFE 密封件的安装注意事项。

① 安装前，必须小心地清理干净活塞杆沟槽和活塞，抹上润滑油。

② 当密封圈越过沟槽时，必须用塑料包覆，或者采用套筒延伸跨过沟槽的锋利边缘、螺纹线，防止产品被划伤。

③ 避免用坚硬、锋利工装，一般采用非金属材料。

④ 活塞杆的倒角要符合设计规范。

PTFE 组合密封（轴用阶梯圈）的安装如下（见图 11-5）：

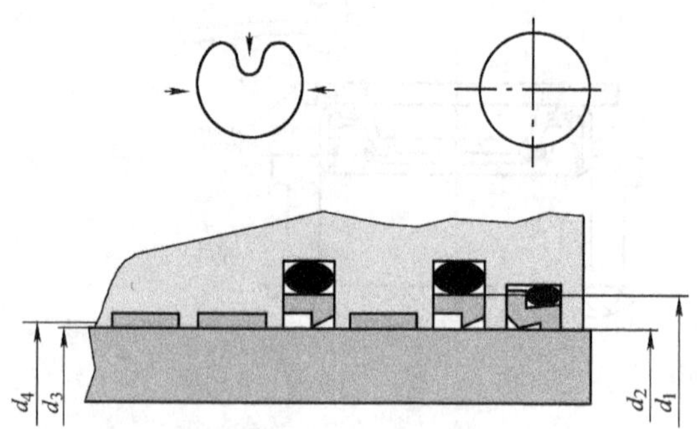

图 11-5　PTFE 组合密封（轴用阶梯圈）的安装

① O 形圈单独装入沟槽中。

② 耐磨环用手弯曲成心形，装入沟槽。

③ 耐磨环恢复原状，减少变形，唇口矫正成正圆。

④ 活塞杆要垂直安装。

⑤ 安装方向要正确。

⑥ d_1（环外径）>d_2（槽内径）——主要。

⑦ d_3（环内径）>d_4（杆外径）——次要。

PTFE 组合密封（孔用）的安装如下：

① 采用安装工具装配法。尤其是方形圈直径小于 100mm、壁厚超过 1.6mm 时，借助工装慢慢撑开，如图 11-6 所示。

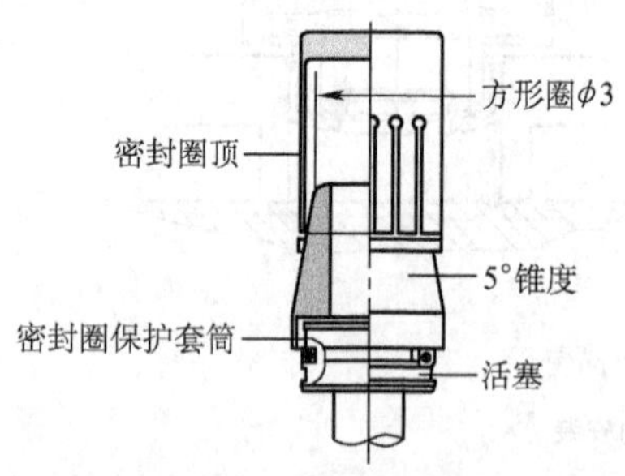

图 11-6　PTFE 组合密封（孔用）的方法

② 采用拉伸加热装配法。大规格方形圈在 100～130℃的热油中浸泡 0.5h 左右，适当拉伸后迅速安装到沟槽位置，用收紧套箍紧恢复到原来尺寸，如图 11-7 所示。

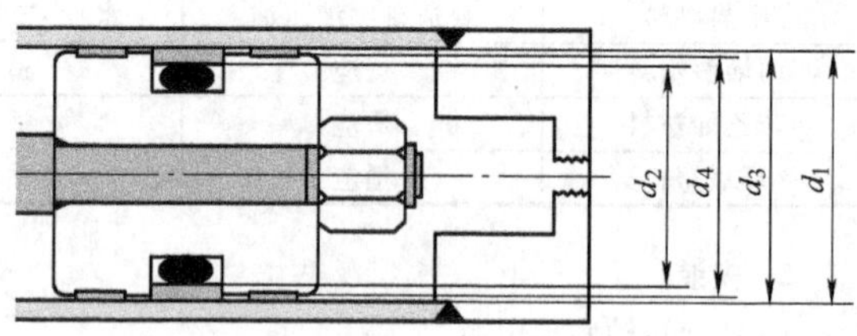

图 11-7　大规格方形圈的安装

6. 储存保管

1）应避免产生变形。

2）应避免直接和热源接触，理想的储存温度为 5～25℃。

3）应储存在干燥、通风良好的环境。

4）避免阳光直接照射。

5）储存处应避开臭氧源：汞弧灯、高压设备、电动机、电火花源或放电。

6）清洗宜用肥皂和清水等（聚氨酯橡胶、外露纤维的产品除外），不能使用有机溶液、磨料和尖锐物件。清洗后的产品应在室温下晾干。

11.3　机械密封

11.3.1　机械密封的基本结构和作用原理

机械密封也称端面密封，它是由至少一对垂直于旋转轴线的端面，在流体压力及补偿机械弹力的作用下，以及辅助密封的配合下，保持贴合并相对滑动而构成的防止流体泄漏的装置，图 11-8 所示为典型机械密封。

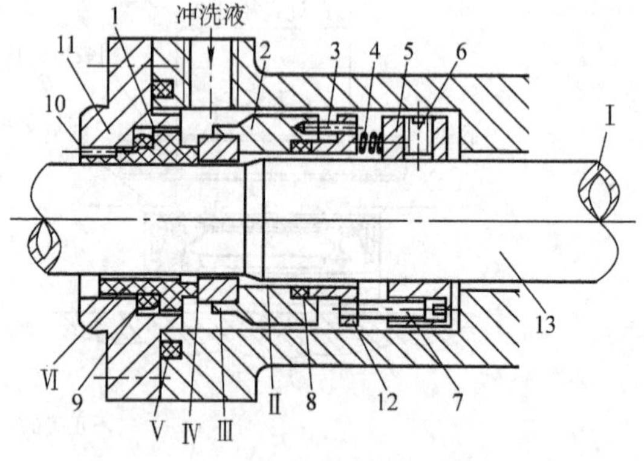

图 11-8　典型机械密封的示意图

1—静环　2—动环　3—传动销　4—弹簧　5—弹簧座　6—紧定螺钉　7—传动螺钉　8—动环 O 形圈　9—静环 O 形圈　10—防转销　11—压盖　12—推环　13—轴套

Ⅰ、Ⅱ、Ⅲ、Ⅳ、Ⅴ、Ⅵ—泄漏点

1. 特点

1）密封性能好。

2）使用寿命长。

3）轴或轴套无磨损。

4）轴功率消耗小。

5）不需经常调整。

6）应用范围广。

2. 分类

机械密封总体可分为单端面和双端面。又可进行下列细分：

1）内装式和外装式。

2）平衡型与非平衡型。

3）弹簧内置式和弹簧外置式。

4）弹簧式和波纹管式。

5）卡式（或集装式）。

6）多（小）弹簧型和单（大）弹簧型。

3. 结构组成

1）由静环和动环组成的一对密封端面，也称摩擦副。

2）以弹性元件为主的补偿缓冲机构（弹簧、波纹管）。

3）辅助密封圈（O 形、V 形、橡胶皮碗等）。

4）使动环和轴一起旋转的传动机构。

5）其他零部件（轴套、压盖、定位销、垫片等）。

4. 密封原理

如图 11-9 所示，在动环、静环之间形成并保持一层稳定的具有流体动压力与静压力的液膜，这层极薄的液膜起着平衡压力的作用，同时还对端面起润滑作用，从而获得良好的密封性能，而且具有较长的使用寿命。

影响密封性能的关键是：液膜的形成、摩擦与生热、杂质/固体颗粒。

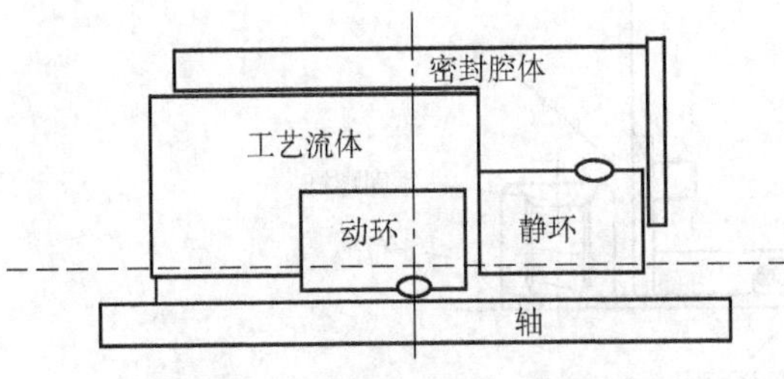

图 11-9　机械密封的密封原理

11.3.2　选型及应用

1. 外装式、非平衡型、单个大弹簧（见图 11-10）

优点：初始价格较低。

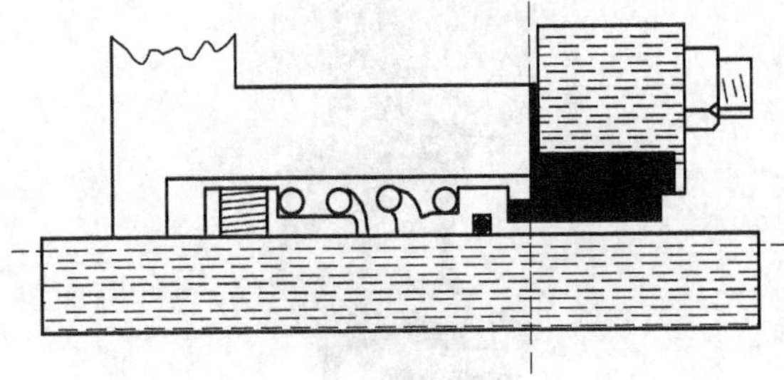

图 11-10　外装式、非平衡型、单个大弹簧

缺点：

1）容易产生人为安装误差。

2）弹簧和介质接触易堵塞。

3）O 形圈及动静环材质不过关。

4）动环所受弹簧力不均匀。

5）端面比压受介质影响大。

6）使用寿命短。

2. 分离式、多弹簧（见图 11-11）

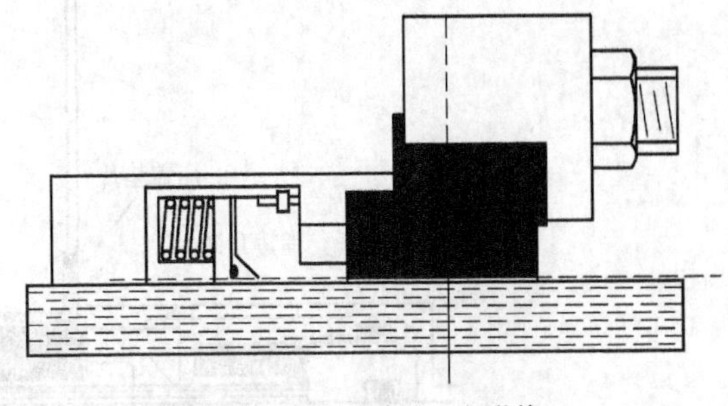

图 11-11　分离式、多弹簧

优点：

1）动环所受弹簧力均匀。

2）价格较低。

缺点：

1）容易产生人为安装误差。

2）弹簧和介质接触易堵塞。

3）O 形圈及动静环材质不过关。

4）动环所受弹簧力不均匀。

5）端面比压受介质影响大。

6）使用寿命短。

3. 卡式或集装式（见图 11-12）。

特点：

1）安装时不需要测量密封工件长度。

2）不会发生起动时泄漏问题。

3）机器设备热膨胀后可以重调。

4）在安装或起动以前，保护密封面不受杂物污染或操作失误而损坏。

5）容易取出密封件清洗和检查，而无须拆卸

图 11-12 卡式或集装式

设备。

6）安装时只需套装，把紧密封盖螺栓，装配质量容易保证。

4. 通用结构（见图 11-13）

11.3.3 典型结构

1. CONVERTOR Ⅱ TM 产品的结构（见图 11-14 和图 11-15）

（1）产品结构 替代两部件密封和传统盘根的设计，用于电力、石化、冶金、造纸、造船、食品等行业的水介质条件。

（2）产品特点

1）集装式、模块化设计。安装简便且无人为安装误差，部件互换性好。

2）替代盘根和两部件密封的设计（大众化、经济实用的产品）。

3）密封性能好（环保产品，符合“零”泄漏标准）。

4）多个小弹簧不与介质接触。

5）平衡型动环设计。

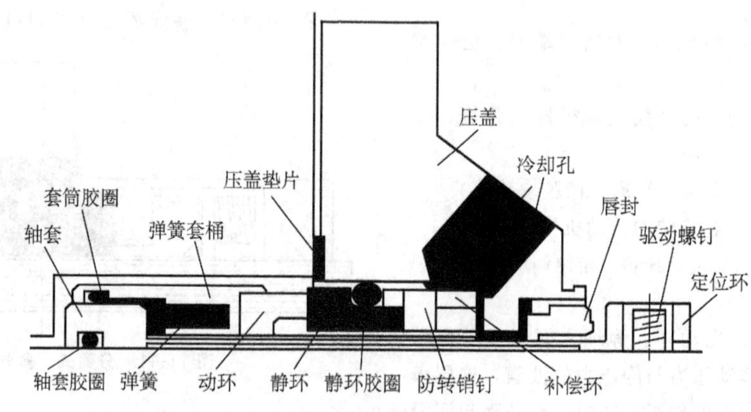

图 11-13 通用结构

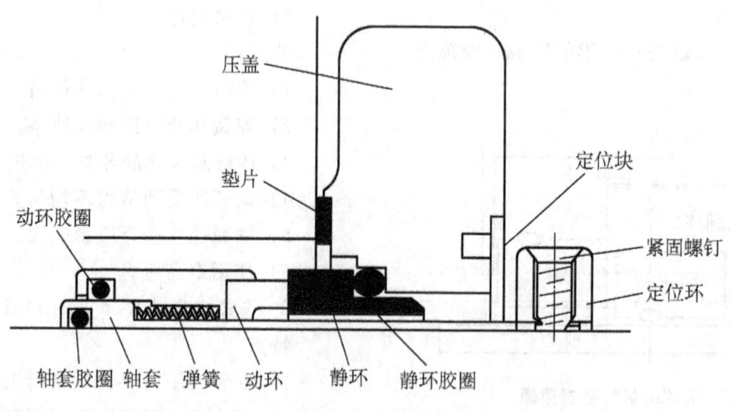

图 11-14 CONVERTOR Ⅱ TM 产品结构

6）两个螺栓固定压盖。

7）轴或轴套无磨损。

8）定位块确保弹簧压缩量无误差。

（3）产品组装

1）将压盖垫片朝上放置在一个干净的表面上。

2）将静环 O 形圈涂抹油脂后装入压盖。

图 11-15　CONVERTOR Ⅱ TM 产品实物

3）将静环背部的缺口对准防转销装入压盖内并压到位。

4）用专用的溶剂清洗静环和动环的端面，检查动、静环端面有无损伤，将动环面对面放置在静环的上面。

5）将动环 O 形圈涂抹油脂后装入凹槽内，并安装各个小弹簧。

6）将轴套 O 形圈涂抹油脂后装入轴套。

7）将轴套上的销和动环的凹槽对准后推到位，检查、确保压缩正常。

8）翻转机械密封将定位端朝上。

9）正确将驱动螺钉、定位螺钉、定位块及定位块螺钉安装到定位环上。轴径为 63mm 的密封定位块，要求在定位环到位后再安装。

10）将定位圈安装于轴套上，并确保驱动螺钉和定位螺钉正确地穿入轴套上相应的孔，同时也使得定位块部分嵌入压盖上的凹槽内。

11）将定位环上的驱动螺钉和定位螺钉锁紧到位。注意不要用过大的力，以免轴套变形。

（4）产品工作参数及规格

工作参数：工作压力≤200N；工作温度为 -20～204℃（以 Viton 橡胶圈为标准，通常只推荐用于≤120℃）；线速度为 20m/s。

应用规格：轴径为 24～100mm，有标准型和 ANSI（美国标准协会）型两种压盖可供选择。

2. SCUSITM 产品的结构（见图 11-16 和图 11-17）

（1）产品特点

1）集装式、模块化设计。安装简便及无人为安装误差，零部件互换性好。

2）短型设计（适用于安装空间狭窄的情况）。

3）专利自动补偿技术，克服轴的径向跳动和端面角向偏移。

4）具备冲洗环境控制孔，可冷却端面，避免杂质堆积，延长寿命。

5）密封性能好（环保产品，符合零泄漏标准）。

6）多个小弹簧不与介质接触。

7）平衡型动环设计。

8）轴或轴套无磨损。

9）定位块确保弹簧压缩量无误差。

（2）产品应用范围

1）电力。

① 水系统，例如循环水泵、射水泵、疏水泵、中继水泵、前置水泵、热网循环泵、生水泵、冷凝泵、开冷泵、闭冷泵、工业水泵、循环水升压泵等

② 油系统，例如调速油泵、润滑油泵、滤油机油泵、顶轴油泵、起动油泵、密封油泵、电泵油泵等。

2）冶金。

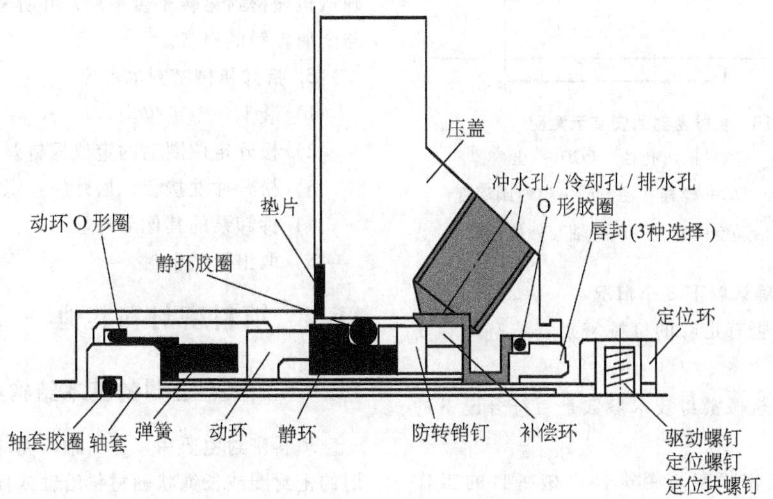

图 11-16　SCUSITM 产品结构

3）水系统，例如供水泵、循环泵、污水泵、高炉循环泵、煤气洗涤水泵等。

4）石化，例如化工流程泵、冷凝液泵、循环水泵等。

5）其他，例如纸浆泵、灰渣泵等。

（3）工作参数及规格

工作参数：工作压力≤200N；工作温度为-20～204℃（以氟橡胶为标准）线速度为20m/s。

应用规格：轴径为24～150mm（最大可定做到300mm），多种密封环和橡胶圈的组合可供选择。

图 11-17　SCUSITM 产品实物

11.3.4　机械密封的安装

机械密封的安装如图 11-18 所示。

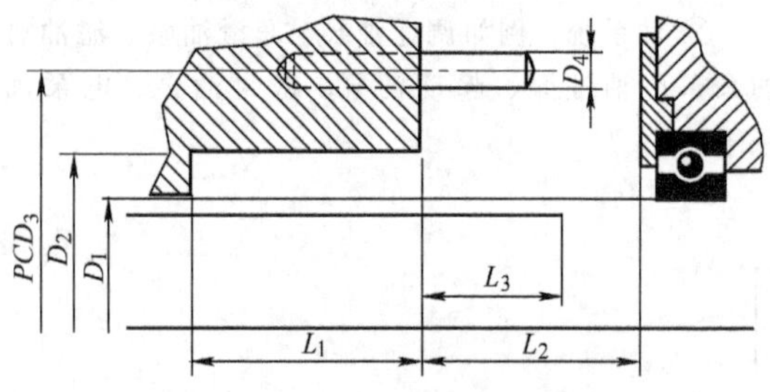

图 11-18　机械密封的安装示意图

D_1—轴径　D_2—填料函内孔径　PCD_3—压盖螺栓孔分布圆直径　D_4—螺栓孔径　L_1—填料函深度　L_2—填料函外活动空间长度　L_3—轴套外伸长度

1. 安装前先确认以下3个情况

1）密封腔是否有足够的机械密封安装空间和安装尺寸。

2）所安装的机械密封技术参数是否符合设备的工作参数。

3）设备的工作状态是否符合机械密封的工作条件。

2. 检查轴或轴套

1）轴或轴套的表面粗糙度不大于0.8μm，用手指在轴上滑动感觉应是光滑的。

2）确认轴或轴套的直径在公差范围内（$D\pm0.05$mm）。

3）消除所有的毛刺和尖角，尤其是O形圈所通过的地方，包括螺纹、键槽端口，以防O形圈被划伤。

4）用千分表测量密封处轴的跳动情况，其径向圆跳动不得超过0.1mm，如果超过应加以调整。

5）放置千分表在轴的末端，沿轴用力推或拉轴以测量轴的窜动，其窜动量不得超过0.13mm，如果超过应调整。

3. 检查密封腔、密封腔外端面

1）确认密封腔洁净且有足够的深度，以及密封腔内符合所配机械密封的要求尺寸。

2）确认密封腔端面必须是平整光滑的，要求其表面粗糙度不大于32μm，尤其是剖分式泵，当密封腔端面出现台阶时，必须加工平整。

3）用测量仪固定在轴上缓慢旋转，测量头放于端面，测量出垂直度不得大于0.3mm，如果超过应加以调整。

4. 机械密封的安装

1）用清洁的润滑油涂抹在机械密封的轴套O形圈上，同时涂抹于轴上或轴套O形圈通过处，将机械密封在轴上滑入。务必使所有的驱动和定位螺钉穿过轴套，但不要突出内径壁。

2）均匀对称拧紧螺栓，直至确认紧固。

3）依次逐步均匀拧紧3个穿过薄壁轴套的驱动螺钉，直至紧固。

4）拆卸3个定位块，沿逆时针方向手动旋转轴，确认机械密封运转是否平稳，并听密封腔内有无金属与金属接触的声音。

5. 拆卸机械密封的顺序

1）装上3个定位块。

2）松开定位圈上的定位螺钉及驱动螺钉。

3）松开冲洗接管，松开压盖螺栓。

4）拆卸泵的其他部件。

5）取出机械密封。

11.4　填料密封和其他

11.4.1　填料密封的基本结构和作用原理

填料密封主要用来密封轴或壳体孔，由一些可变形的密封圈或长绳状的材料沿轴或杆缠绕而成。使用填料压盖将软质密封填料在轴向压缩，使其产生一定的径向力和弹塑性变形并与轴紧密接触。与此同时，填料中浸渍的润滑油被挤出，在接触面之间形成油膜。由于接触状态并不特别均匀，接触部位形成边界润滑状态，而未接触的凹部形成小油槽，有较厚的油膜。当轴与填料有相对运动时，接触部位与不接触部位组成一道不规则的“迷宫”，起到阻止液流泄漏的作用，称为“迷宫效应”。填料磨损后产生泄漏，可拧紧压盖螺栓保持密封，使用到一定周期更换填料。

填料密封种类很多，其中最常用的有下列 4 类：绞合填料、编结填料、塑性填料、金属填料。

绞合填料——把几股石棉线绞合在一起，塞在填料腔内即可起密封作用。多用于低压蒸汽阀门，很少用作旋转轴和往复动密封。

编结填料——以棉、麻及石棉纤维绳编结而成，浸入润滑剂或聚四氟乙烯（自润滑）。根据编结方式不同，可分为发辫式编结、穿心编结和夹心套层编结等多种，适用于各种泵类轴封。编结方法不同密封性能不同：发辫式编结在真空和高压下有较大渗漏，股线较粗，表面不平滑，易使轴磨损；穿心编结密封性能好、寿命高，适应高速运动轴；夹心套层编结致密、强固、抗弯性能好，但表层破损后密封损坏。

塑性填料——把纤维、石墨、金属粉、油脂和弹性黏结剂混合，经模具压制成型的环形，外层编结一层石棉纱或金属丝，可用于耐酸、高温、高压环境；在石棉布或帆布表面涂附橡胶，叠合或卷绕加压成型，可用于低压蒸汽、水和氨液等。

金属填料——有全金属填料和半金属填料两类。半金属填料是金属与非金属组合而成，例如石棉芯，外层用铝或锡箔带呈螺旋线多层缠绕而成。具有导热性好、耐磨、摩擦性能稳定、摩擦因数小、机械强度大、耐压、耐波动压力的特点，适用于高速、高温、高压机械的轴封。不存在渗透泄漏问题，但由于填料与轴难以密合，容易发生界面泄漏。

此外，碳纤维填料具有优异的自润滑性能，耐高、低温性能和耐化学品性能，而且作为压缩填料的弹性和柔软性也极为良好。其缺点是有渗透泄漏，但在浸渍聚四氟乙烯或其他黏结剂后可以防止，是一种最为理想和最有前途的填料。目前成本仍较高，已广泛用于尖端工业。

11.4.2　选型及应用

1. 填料选择

根据设备种类、介质的物理化学特性，以及腐蚀性、工作温度、工作压力、运动速度和 pv 值等，填料的价格与来源也应兼顾。通常软填料的压紧力小，pv 值太大时容易发生烧轴现象。硬质的金属填料可适用于较大的 pv 值。

2. 填料应用

填料密封主要用作动密封，广泛用于离心泵、压缩机、真空泵、搅拌机和船舶螺旋桨的转轴密封，往复式压缩机、制冷机的往复运动轴封，以及各种阀门阀杆的旋动密封等。

11.4.3　典型填料密封的结构

1. 填料函

典型填料函的断面如图 11-19 所示，填料函的分类见表 11-11。

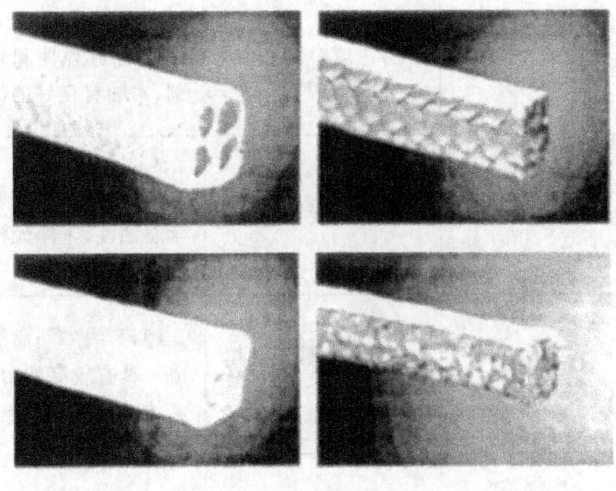

图 11-19　典型填料函的断面

2. 垫片（板材）的分类（见表 11-12）

3. 垫片分类（见表 11-13）

表 11-11　填料函的分类

典型示例	产品名称	特性	应用范围
	通用型柔性石墨填料函	强化石墨带通过润滑处理后交叉编织而成。密封性能优秀，润滑性好，使用寿命长	适用于除强氧化剂外的介质，用于阀门、泵、法兰密封
	外编镍丝高强石墨填料函	每根结构线外部编织镍丝网，大大提高了填料函的强度和韧性，使产品耐冲刷、抗挤压，具有良好的耐化学性、高导热性和极高的致密性，方便切割，不易产生锈蚀	适用于除强氧化剂外的介质，用于高温、高压阀门

（续）

典型示例	产品名称	特性	应用范围
	碳纤维增强柔性石墨填料函	柔性石墨和碳纤维混编而成。具有良好的耐化学性，质地坚韧，方便安装	适用于除强氧化剂外的介质，用于高温、高压、低线速度的阀门、泵、反应釜
	碳纤维填料函	高强度碳纤维浸渍石墨后交叉编织而成。具有极高的致密性、卓越的润滑性和导热性，使用寿命长	适用于除强氧化剂外的介质，用于阀门、泵、反应釜
	苎麻纤维填料函	天然苎麻纤维交叉编织，浸渍PTFE而成。具有卓越的抗挤压性、耐磨性、抗热性和润滑性	不能用于酸、碱和腐蚀性介质环境，用于各种泵、阀门
	亚麻合成填料函	天然亚麻纤维为原料编织而成，浸渍石墨油和润滑剂。具有优良的力学性能、耐磨性、防腐蚀性，是石棉填料函的优良替代品	适用于一般介质条件的各种泵、阀门
	ACL纤维填料函	ACL纤维浸渍PTFE交叉编织而成。具有高强度、耐磨耗、抗冲刷的特点，是石棉填料函的优良替代品	适用于一般介质条件的各种泵、阀门
	芳纶填料函	芳纶纤维经编织浸渍PTFE而成。具有良好的耐磨性和较长的使用寿命，无锈蚀剂，对轴有良好的保护作用	适用于含有颗粒状的介质条件，用于灰渣泵、污泥泵、其他泵和阀门
	PTFE填料函	PTFE线交叉编织而成，具有较高的耐化学腐蚀性，干净无污染，安装方便	适用于多种介质环境，包括腐蚀性的流体和溶剂
	PTFE加硅胶芯填料函	PTFE线中间添加硅胶芯混合交叉编织而成。具有较高的耐化学腐蚀性，中间的弹性芯体对轴产生的跳动和窜动有补偿作用	适用于各种老化旋转泵、往复泵、阀门，适用于多种介质的环境，包括腐蚀性的流体和溶剂
	芳纶增强PTFE填料函	PTFE和芳纶纤维交叉编织而成，质地坚韧，具有超强抗挤压性、耐磨性和密封性	可用于pH2～13之间的介质，适用于污泥泵、搅拌器、高压阀门
	PTFE纤维填料函	采用稳定性极强的GORE-TEX的PTFE纤维交叉编织而成。具有较高的耐化学腐蚀性及突出的力学性能，使用寿命长，干净无污染，易于切割，安装方便	具有广泛的适用环境，可耐酸、耐碱，适用于各种旋转泵、往复泵、阀门、反应釜
	黑PTFE填料函	石墨填充PTFE线交叉编织而成。产品强度高，抗蠕变性能优异，导热性能良好，有极佳的自润滑性，对轴或阀杆有更小的磨损	可用于pH0～14的介质，适用于各种泵和阀门

（续）

典型示例	产品名称	特性	应用范围
	四角芳纶增强石墨 PTFE 填料函	石墨、PTFE 和芳纶纤维交叉编织而成。质地坚韧，具有超强抗挤压性和耐磨性，密封性能强	可用于 pH2～13 的介质，适用于污泥泵、搅拌器、反应釜、多种泵和阀门
	等效 GFO 填料函	进口 GFO 纤维交叉编织而成。具有独特的耐高压性，优良的耐磨性、自润滑性、热传导性，广泛的化学介质适应性，良好的耐温性能和较低的高温蠕变性	适用于高温高速动态密封，防泄漏效果优异。可用于 pH2～13 的介质，适用于阀门、泵、搅拌器、压缩机

表 11-12　垫片（板材）的分类

典型示例	产品名称	特性	应用范围
3335	通用非石棉垫片	由合成纤维与丁苯橡胶（SBR）黏结剂复合制成	适合作为密封垫及其他静态衬垫使用。适用于气体、水、无机盐溶液、制动液、酒精及其他一般介质
3347	通用非石棉垫片	由碳纤维与丁腈橡胶黏结剂复合制成的黑色垫片，尤其适用于蒸汽	适合作为密封垫及其他静态衬垫应用，适用于蒸汽、氨水、气体、水、无机盐溶液、弱酸、碱、烃、油及油脂、海水、酒精、醚、导热油及许多其他介质
3518	石墨垫片	由热膨化精制片状石墨压制而成的光滑的均质柔性石墨垫片，不含任何填充料及黏结剂，适合作为高温、高压或腐蚀性介质的密封垫应用	适用于气体、水、蒸汽、烃、油及油脂、酒精、酯、酮、导热油及许多其他介质。不适用于浓硝酸、浓硫酸、铬盐溶液、高锰酸盐溶液、氯酸、碱溶液、碱土金属溶液等强氧化剂
3345	植物纤维垫片	高级植物纤维垫片，植物纤维经甘油（代替甲醛）浸泡，强度高、柔韧性好	适合作为通用法兰垫片应用。适用于油、水、汽油、乙二醇及其他一般介质
3350	PTFE 垫片	工业级纯聚四氟乙烯垫片	适合作为通用密封或垫片应用，并可作为一种支承面。其 pH 范围为 0～14，可抗大多数酸及化学物质，但氢氧化钠溶液、干氟化氢及硝酸钠溶液除外

（续）

典型示例	产品名称	特性	应用范围
3366	PTFE 垫片	聚四氟乙烯复合垫片，具有杰出的抗化学特性、优良的压缩性，与纯聚四氟乙烯垫片相比，减少了蠕动松弛及冷变形问题	适合作为垫片及静态衬垫使用。具有抗化学性。适用于蒸汽、气体、水、无机盐溶液、有机酸、碱、烃、油及油脂、脂族醇、酯、酮、导热油及其他介质。但不适用于碱金属溶液、氟气及氟化氢
3367	PTFE 垫片	由纯膨化聚四氟乙烯制成，适用于密封不规则、有砂眼或缺口的表面	适合作为通用密封、垫片及其他静态衬垫应用。适用于 pH 0~14 的大多数介质，但氟和碱金属溶液除外
3323	橡胶垫片	硬度为 65HS 的黑色丁腈橡胶橡胶垫片	适合作为衬垫、缓冲垫、通用密封及垫片应用。适用于一般工况，包括石油及其溶液、液压用液体、酒精、汽油、水、空气及其他烃工况条件

表 11-13 垫片（带材）的分类

典型示例	产品名称	特性	应用范围
	膨化 PTFE 带状垫片	通过纤维结构微处理技术和烧结工艺，使 PTFE 柔顺化、易成型	对磨损或不平的法兰表面具有优良的补偿作用，适用于各种形状的法兰静密封
	膨胀 PTFE 垫片	100%多项纤维的 PTFE 材料，经处理制作板材，切割成垫片	具有特别的机械强度和优异的柔软性，蠕变小。适用于玻璃法兰、陶瓷法兰、陶瓷反应釜、塑料法兰等易碎、低螺栓预紧力的设备
	PTFE 包覆垫片	以车削加工的 PTFE 为包覆材料，内衬有石棉、石墨、橡胶等软性材料	PTFE 具有优良的耐腐蚀性能，用内衬材料良好的压缩和回弹补偿来降低所需的螺栓预紧压力，是一种经济型密封垫片
	金属缠绕垫片	采用 U 形或 SU 形优质合金带或不锈钢带，与非金属填充料叠合、螺旋缠绕制成	具有良好的压缩回弹性，耐高温、高压，强度高，刚性好，密封性能优良。适用于温度、压力交变剧烈的密封部位，是管道、阀门、泵、热交换器、塔、反应釜、人孔等法兰连接处的静密封产品
	柔性石墨增强垫片	采用柔性石墨增强复合板，经冲压、切割、防侧漏、防粘处理等工序制成，根据工况需要可在石墨层中加入金属板、网或齿板	适用于蒸汽、热水、氨、氢气、矿物油、变压器油、液压油、海水等介质。广泛用于管道、阀门、泵、热交换器、塔、反应釜、人孔等法兰连接处的密封
	柔性石墨带状垫片	采用专用被胶覆盖镍金属网格强化石墨制成。搭接处在压力作用下自动愈合无接痕	使用快捷方便，可避免使用切割板材所造成的浪费

（续）

典型示例	产品名称	特性	应用范围
	金属包覆垫片	采用带状非金属作为填充物，外包金属薄板而成。改善了金属垫片的压缩回弹补偿性能	适用于管道及各类设备法兰密封，特别是热交换器、压力容器等高温高压密封部位

11.5　密封产品

11.5.1　橡胶密封件

1. 挤压型密封圈

挤压型密封圈的特点是尺寸与沟槽已标准化，结构简单，所需空间小，动摩擦阻力小，使用与装拆方便，易于制造，密封性可靠。图 11-20 所示为典型挤压型密封圈。

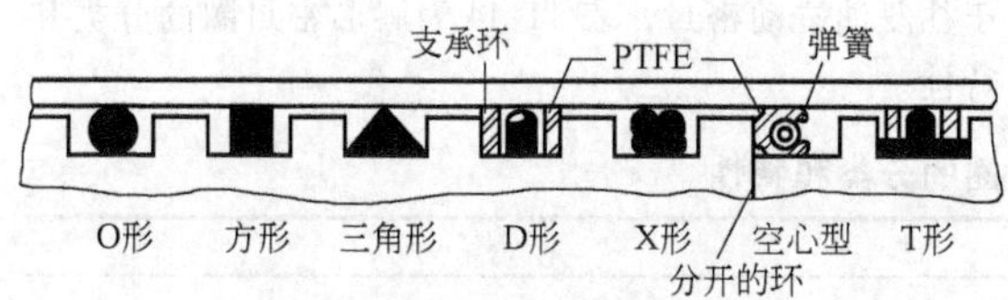

图 11-20　典型挤压型密封圈

在挤压型密封圈中，O 形圈应用最为广泛，它主要用作静密封，也可用于低速动密封。O 形密封的主要优点是：密封性好，对油液温度和压力的适用性强，结构紧凑，成本低等。应用于静密封装置中的 O 形圈的密封原理如图 11-21 所示。

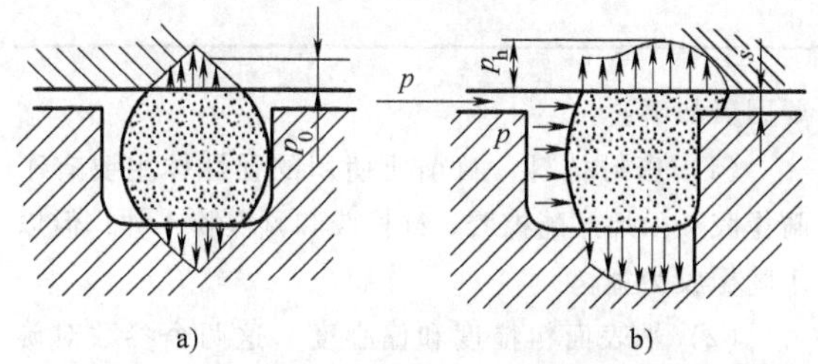

图 11-21　静密封装置中 O 形圈的密封原理

O 形圈装入密封沟槽后，其截面所受的压缩变形约为 15%～30%。在没有液体压力的情况下，由于 O 形圈具有良好的弹性，对接触面产生的压力为 p_0。如图 11-21a 所示。当密封容积内充进压力液体后，O 形圈又受到液体压力 p 的作用，从而移至沟槽的一侧，填充了密封间隙 s，实现无泄漏密封，如图 11-21b 所示。这时密封接触面所受的压力为 $p_m=p_0+p_h$，式中，p_0 为 O 形圈对密封接触面产生的初始压力（即 O 形圈装配后变形对接触面产生的平均单位压力）。

p_h 为在液体压力 p 的作用下，经 O 形圈传给接触面的接触压力，$p_h=Kp$。式中，K 为压力传递系数，橡胶密封件取 $K=1$，p 为被密封液体的压力（MPa）。由上可知，只要 O 形圈存有初始压力，就能实现无泄漏密封，由于一般 $K \geqslant 1$，故 $p_h>p_0$。

应用于动密封装置中的 O 形圈的密封原理如下，在压力作用下，液体分子与金属表面相互作用，油液中的极性分子紧密且有规律地排列在金属表面，形成一层边界油膜，它有一定强度，并对轴承产生很大的附着力。在密封元件与往复运动的轴之间始终存在着这层边界油膜，如图 11-22a 所示。当往复运动的轴向外伸出时，轴上的液体薄膜便与轴一起拉出，对于防止液体向外泄漏来说，这一点是有害的，但对于运动密封面的再润滑来说，则是十分重要的。

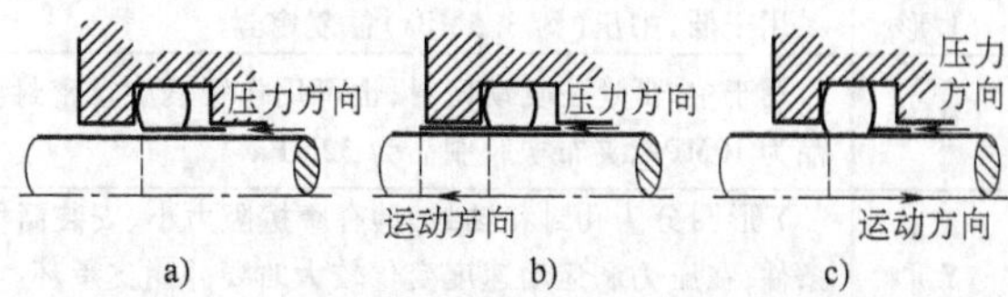

图 11-22　往复运动式密封装置中 O 形圈的密封原理

O 形圈的寿命与其材质和滑动表面的材质有着重要关系。一般来说，滑动表面材质的硬度愈大，耐磨性愈高，保持光洁的能力愈强。O 形圈的寿命就愈长。基于上述原因，液压缸的活塞杆通常在表面要镀一层铬。广州机械科学研究院有限公司曾进行了 O 形圈材质和滑动表面的表面粗糙度对 O 形圈的密封性能和寿命影响的试验。经过试验得出如下结论：

1）O 形圈的材质对其寿命有显著影响，所以，为提高 O 形圈的密封可靠性和寿命，应通过探讨优良的橡胶配方的途径。

2）与 O 形圈配合的推杆表面粗糙度对 O 形圈的寿命也有很大影响，采用无心磨床加工推杆外圆并不理想，砂轮磨痕在推杆往复运动过程中对 O 形圈造成严重的拉削作用，降低了 O 形圈的使用寿命。而经过研磨的推杆，可以改变纹路分布，从而明显地提高 O 形圈的寿命。

旋转运动式 O 形密封装置的结构如图 11-23 所示。

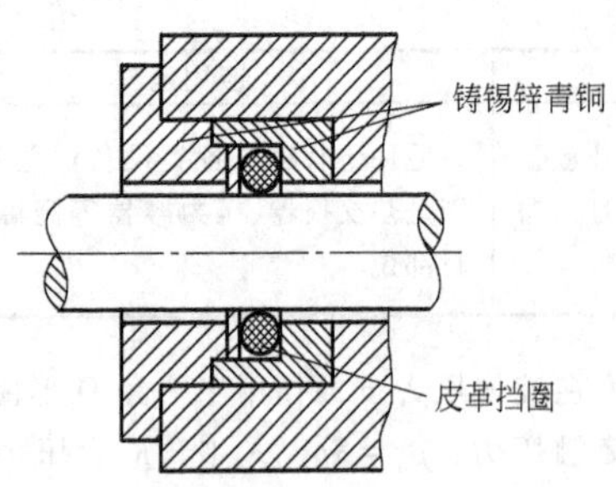

图 11-23 旋转运动式密封装置的结构

旋转运动式 O 形密封圈有着密封结构紧凑、简单、成本低及应用范围广的特点。这种 O 形圈设计的关键参数是 O 形圈的拉伸量和伸缩率，他们取决于橡胶的性能。旋转运动式 O 形密封圈一般以丁基橡胶为原料，其转速可达 7.6m/s，邵尔 A 硬度为 80HS。旋转密封处的润滑，是旋转运动式 O 形密封圈性能和寿命的重要保证，如图 11-24 所示为旋转运动式 O 形圈的润滑示例，由图可见，在两个 O 形圈之间开有润滑槽。

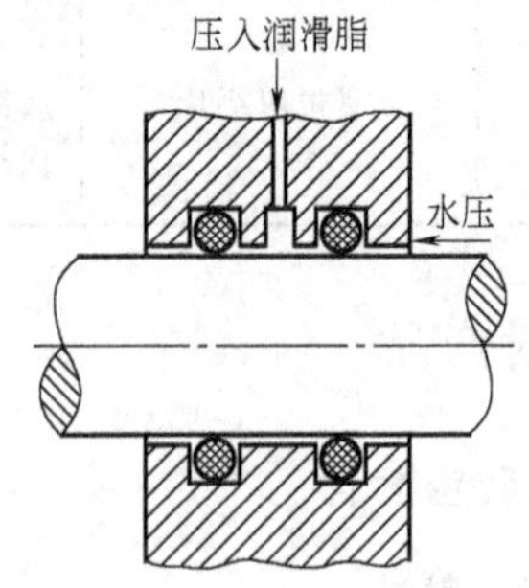

图 11-24 旋转运动式 O 形圈的润滑示例

2. 径向唇形密封圈

唇形密封圈的受压面呈唇状，由唇缘与密封面充分接触而产生密封作用，这类密封圈相当广泛地应用于往复油缸动密封，表 11-14 为唇形密封圈的分类和特性。

表 11-14 唇形密封圈的分类和特性

类别	特性
J 形	用于低、中压(约 3.5MPa)往复密封
L 形	用于低、中压(约 3.5MPa)往复密封
U 形	用于中、低速往复动密封,也可用作缓慢旋转密封。摩擦阻力小,但易翻转,需加支承。最高使用压力:纯橡胶制品为 10MPa,夹布橡胶制品为 32MPa
Y 形	Y 形圈分为孔封和轴封,具有摩擦阻力小、安装简便、一般可不用支承圈等优点。一般 Y 形圈适用于苛刻的工作条件,在压力和运动速度变化较大时要并用支承环。丁腈橡胶制品使用压力为 14MPa 以下,在 14~30MPa 时要加挡圈,聚氨酯橡胶制品用于 30MPa 以下,在 30~70MPa 时要加挡圈
V 形	根据压力可将若干个重叠使用,故适用于低压到高压的往复动密封,但体积大,摩擦阻力也大。纯橡胶制品最高压力为 30MPa,夹布橡胶制品最高使用压力可达 60MPa

唇形密封圈还有各种组合和复合的唇形密封应用于各种场合。例如，橡塑组合密封件，它是将橡胶的弹性与塑料良好的摩擦性能组合而获得较好的密封效果。据报道，目前进口设备中应用较多的格莱圈（Glyd Ring）、斯特封（Stepseal）等就是属于这一类型的产品，典型组合唇形密封件如图 11-25 所示。

3. 旋转轴唇形密封圈

旋转轴唇形密封圈又称油封，主要是作为低压流体介质的旋转轴用密封件，其作用是防止介质沿轴向外泄漏及外部灰尘、杂质的侵入。旋转轴唇形密封圈的优点是所需空间小，易装卸，密封有效性高等。不足之处是使用压力范围有限，寿命不长，有时易发生黏滑现象（爬行）而引起泄漏，需要润滑剂等。橡胶旋转轴唇形密封圈一般由弹性橡胶、金属骨架和弹簧圈三部分组成，如图 11-26 所示。

影响旋转轴唇形密封圈使用性能和工作寿命的主要因素如下：

（1）密封材料　目前所使用的弹性体主要有丁腈橡胶、丙烯酸酯橡胶、硅橡胶和氟橡胶 4 种，但以丁腈橡胶为主。

（2）轴表面粗糙度和偏心度　这两个参数对旋转轴唇形密封圈的使用性能影响甚大。轴表面粗糙度一般规定为 1.6~3.2μm，表面太光滑，不利于形成和保持油膜，旋转轴唇形密封圈干摩擦容易烧伤，引起泄漏。轴表面太粗糙，摩擦磨损加剧，影响寿命。轴的偏心度会使轴的中心线与旋转轴唇形密封圈内径中心线不重合，偏心度太大会使油封唇部接触应力的分布状态发生变化而引起泄漏。

（3）唇口过盈量　它是指旋转轴唇形密封圈唇口未装弹簧时在自由状态下的直径与轴径的差值。它可产生唇口无簧径向力并外偿轴的偏心。

（4）压力　这类密封圈通常在 0.02~0.1MPa 的

压力下工作，特殊结构的可在 0.5MPa 的压力下工作。

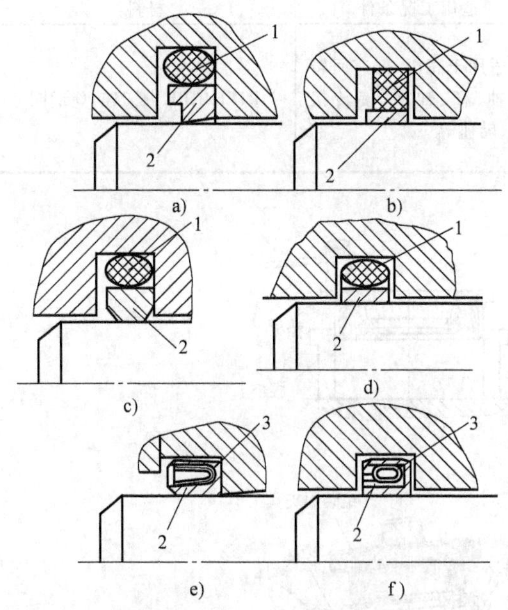

图 11-25　典型组合唇形密封件

a) Stepseal（斯特封）　b)、c)、d) Glyd-Ring（格莱圈）　e)、f) Variseal（泛塞）

1—加力弹性体　2—聚四氟乙烯密封件　3—不锈钢加力弹簧

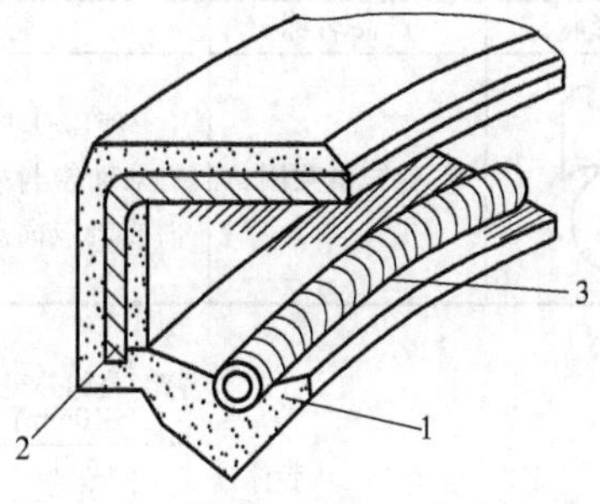

图 11-26　橡胶旋转轴唇形密封圈断面图

1—弹性橡胶　2—金属骨架　3—弹簧圈

（5）速度　一般最高线速度为 20m/s 左右，流体动力旋转轴唇形密封圈可达 25~32m/s。高速度旋转轴唇形密封圈应用于较低压力，油膜厚度可达 0.5~2.5μm。

（6）温度　工作温度由弹性体性能决定。丁腈橡胶密封圈只能在油温 100℃ 以下工作。旋转轴唇形密封圈唇口温度较高，温升约为 10~30℃，流体动力旋转轴唇形密封圈的温升比一般旋转轴唇形密封圈低 15%~30%。

旋转轴唇形密封的典型结构见表 11-15，旋转轴唇形密封的安装如图 11-27 所示。

表 11-15　旋转轴唇形密封的典型结构

截面形状	产品名称	特点	适用工况条件	材料
	内包金属骨架油封	金属骨架起支撑作用，外包橡胶定位，弹簧对密封唇口施加径向压紧力，形成密封	压力≤0.05MPa 速度<20m/s 温度、耐介质性能取决于橡胶材料的特性	丁腈橡胶、硅橡胶、氟橡胶
	外露金属骨架油封	金属骨架起支撑定位作用，配合精度要求高，同轴度好	压力≤0.05MPa 速度≤25m/s 温度、耐介质性能取决于橡胶材料特性	丁腈橡胶、硅橡胶、氟橡胶
	装配式金属骨架油封	金属骨架起支撑定位作用，配合精度要求高，同轴度好	压力≤0.05MPa 速度<25m/s 温度、耐介质性能取决于橡胶材料特性	丁腈橡胶、硅橡胶、氟橡胶
	夹布油封	具有金属骨架油封的特性，安装方便，对轴的表面粗糙度要求较低	压力≤0.05MPa 速度≤20m/s 轴表面粗糙度 Ra≤4μm	丁腈橡胶、硅橡胶、氟橡胶
	无骨架油封	全橡胶，依靠本身弹性，唇口接触压力小，允许一定程度的轴偏心。用于旋转端面密封，安装方便	速度与轴表面粗糙度相匹配，线速度越高，Ra 值越小	一般选用丁腈橡胶，特殊要求选用氟橡胶

（续）

截面形状	产品名称	特点	适用工况条件	材料
	旋转格莱圈	PTFE/O 形圈组成，具有双面密封效果，可以单向或者双向承受压力	适用于高压、低速回转的轴、杆、轴承、旋转接头、转座等	PTFE/NBR、氟（硅）O 形圈

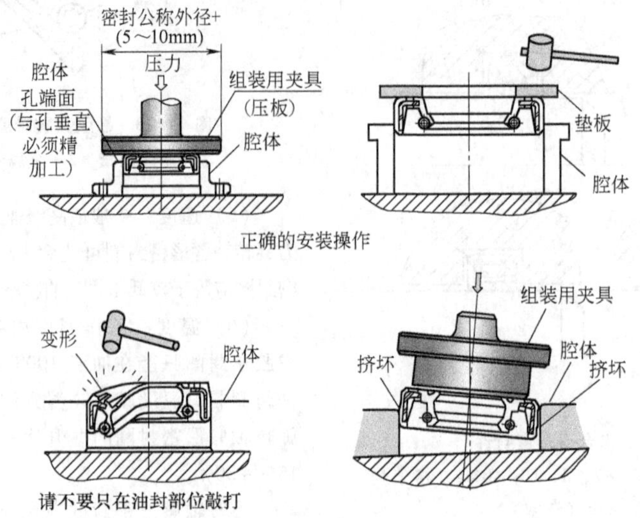

图 11-27　旋转轴唇形密封的安装

11.5.2　垫片密封

垫片是静密封的填料，它的作用是填充相对静止的两配合表面间的不规则构型，以防止液体的泄漏与侵入。

常用密封垫片见表 11-16。

表 11-16　常用密封垫片

垫片		适用范围		
种类	材料	压力/MPa	温度/℃	介质
皮垫片	牛皮或浸油、蜡、合成橡胶、合成树脂牛皮	<0.4	-60～100	水、油、空气等
纸垫片	软钢纸板	<0.4	<120	燃料油、润滑油、水等
橡胶垫片	天然橡胶	1.3×10^{-4} Pa～0.6MPa	-60～100	水、海水、空气、惰性气体、盐类水溶液、稀盐酸、稀硫酸等
	合成橡胶板	～0.6	-40～60	空气、水、制动液等
夹布橡胶垫片	夹布橡胶	～0.6	-30～60	海水、淡水、空气、润滑油和燃料油等
软聚氯乙烯垫片	软聚氯乙烯板	≤1.6	<60	酸碱稀溶液及氨，具有氧化性的蒸气及气体

（续）

垫片		适用范围		
种类	材料	压力/MPa	温度/℃	介质
聚四氟乙烯垫片 聚四氟乙烯包垫片	聚四氟乙烯板，聚四氟乙烯薄膜包橡胶石棉板或橡胶板	≤3.0	-180~250	浓酸、碱、溶剂、油类
橡胶石棉垫片	高、中、低压橡胶石棉板	≤1.5~6.0	≤200~450	空气、压缩空气、惰性气体、蒸汽、气态氮、变换气、焦炉气、裂解气、水、海水、液态氨、冷凝水、浓度≤980g/L 的硫酸、浓度≤350g/L 的盐酸、盐类、硝氨液、甲胺液、尿液、卡普隆生产介质、聚苯乙烯生产介质、烧碱、氟利昂、氢氰酸、青霉素、链霉素等
	耐油橡胶石棉板	≤4.0	≤400	油品（汽油、柴油、煤油、重油等）、油气、溶剂（包括丙烷、丙酮、苯、酚、糠醛、异丙醇）、浓度小于 300g/L 的尿素、氢气、硫化催化剂、润滑油、碱类等
O形橡胶圈	耐油、耐低温、耐高温橡胶	1.3×10^{-4}Pa ~32.0MPa	-60~200	燃料油、润滑油、液压油、空气、水蒸气、热空气等
	耐酸、碱橡胶	<2.5	-25~80	浓度为 200g/L 的硫酸、盐酸、氢氧化钠、氢氧化钾
缠绕垫片	金属带：08F、06Cr13、06Cr19Ni10、纯铜、铝等；非金属带、石棉带、柔性石墨带、聚四氟乙烯带、陶瓷纤维等	≤6.4	≈600	蒸汽、氢气、压缩空气、天然气、裂解气、变换气、油品、溶剂、渣油、蜡油、油浆、重油、丙烯、烧碱、熔融盐、载热体、酸、碱、盐溶液、液化气、水等
夹金属丝（网）石棉垫	铜（钢或不锈钢）丝和石棉交织而成	—	—	内燃机用
金属包平垫片 金属包波形垫片	金属板：镀锡薄钢板，镀锌薄钢板，08F，铜 T2，铝 T2，06Cr13，06Cr19Ni10 填充材料：石棉板、柔性石墨	≤6.4	≈600	蒸汽、氢气、压缩空气；天然气、裂解气、变换气、油品、溶剂、渣油、蜡油、油浆、重油、丙烯、烧碱、熔融盐、载热体、酸、碱、盐溶液、液化气、水等
金属平垫片	退火铝，退火紫铜，10 钢，铅，不锈钢，合金钢	1.3Pa~20.0	≈600	根据垫片材料的不同，适用于多种介质

（续）

垫片		适用范围		
种类	材料	压力/MPa	温度/℃	介质
金属齿形垫片	08F,06Cr13,铝,合金钢	≥4.0	≈600	根据垫处片材料的不同,适用于多种介质
金属八角垫 金属椭圆垫 金属透镜垫	纯铁、低碳钢、合金钢、不锈钢	≥6.4	≈600	根据垫片材料的不同,适用于多种介质
金属空心O形圈	铜、铝、低碳钢、不锈钢、合金钢	真空~高压	低温~高温	根据垫片材料的不同,适用于多种介质
金属丝垫	铜丝、无氧铜丝、高纯铝丝、金、银丝、铟丝	1.3Pa	-196~450	多用于高真空条件下
印刷垫片	印刷垫片胶、纸基垫、钢片、聚酯基垫	纸基垫片<10,钢基垫片<55	-30~80	采用丝网漏印法,将印刷垫片橡胶印刷到纸、聚酯、钢片上,硫化后形成不同宽度、厚度和形状复杂而结构简练的密封垫片,常用于多通道的平面密封,如多通道集成阀门、汽车、机床等

11.5.3 毡圈密封

毡圈密封结构简单，制作方便，可以发挥密封、储油、过滤、抛光等有利效果。应用的温度范围为-50~125℃，最高工作速度为10m/s。毡圈是用一种或几种动植物纤维如新旧羊毛、麻丝或合成纤维等加工而成。在毡布内浸渍油脂、石蜡或胶体石墨，能加强其对水和泥污的抵抗力，提高耐压能力。在毡圈装入机器前，应用较机器润滑油黏度稍高的油脂加以饱和。以使毡圈在装入机器后就能对轴承提供有效保护，起到抛光的作用。图11-28所示为毡圈密封装置的常见结构形式。

11.5.4 迷宫密封

迷宫密封是在旋转部件与静止附件之间设置迷宫间隙，使流体流经环形密封齿与轴形成的一系列曲折的间隙通道，经过多次节流而产生较大的流体阻力，使流体难于渗漏，以达到密封的目的。迷宫密封有如下的特点：

1）对于一般密封所不能胜任的高温、高压、高速和大尺寸密封部位可以做到封严不漏，特别是高速下的密封性能更好。

2）通常不需要采用其他密封材料，密封零件可以在制造机器本体时一并设计制造。

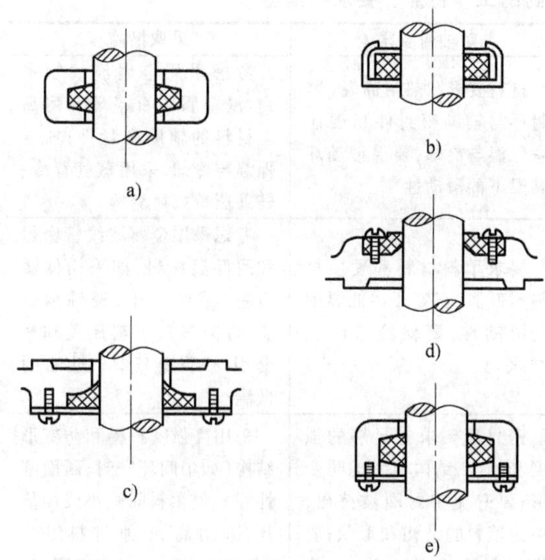

图 11-28 毡圈密封装置的结构形式

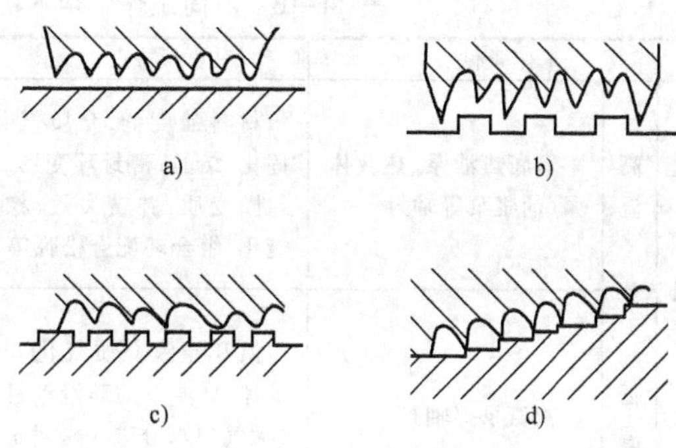

图 11-29 迷宫密封的结构形式

3）只要密封件加工装配良好，在运行中就不致发生其他密封件经常发生的事故，一般不需要额外加以维护。

4）无摩擦、功耗少、使用寿命长。

迷宫密封的缺点是加工精度要求高，难于装配，间隙非常小，常因机器运转不良而磨损，迷宫密封主要有 4 种结构形式，如图 11-29 所示。

11.5.5 磁流体密封

磁流体密封是由外加磁场在磁极与导磁轴或导磁轴套之间形成一个强磁场回路，在磁极与导磁轴的间隙内加注一种铁磁流体作为密封剂。铁磁流体在磁场的作用下，在间隙内形成一个液态 O 形圈，起到密封作用。

磁流体密封是利用铁磁流体封堵泄漏通道的无接触的半流体密封。铁磁流体是将铁磁性物质（如 Fe_3O_4、CrO_2 等）的超细微粒悬浮在低挥发性载液中所形成的稳定胶体。将它置于密封间隙中，利用永久磁环在间隙中形成的环形磁场力，可使磁流体磁化而形成强韧的液体，从而阻止泄漏。

其载液一般使用多苯醚、全氟碳化合物、氟醚化合物、合成润滑油（如葵二酸二异辛酯）等。在载液中还加有表面活性剂，吸附在微粒表面使微粒均匀悬浮于载液中。磁流体密封可用于高速及高真空系统，最高转速可达 60000r/min，温度范围为 -60 ~ 150℃。表 11-17 为铁磁流体的性能指标。

表 11-17 铁磁流体的性能指标

类型	型号	密度 ρ_{20}/(kg/dm^3)	饱和磁化强度/高斯①	黏度 $\mu_{20℃}$/Pa·s	黏度指数 $\frac{\mu_{50℃}}{\mu_{100℃}}$
二酯基铁磁流体	R_2-350	1.280	350	0.102	3.04
氟碳基铁磁流体	FT-250	2.210	250	3.7	13.2
氟醚基铁磁流体	FM-300	2.205	300	—	—

① 1 高斯 = 10^{-4}（V·s）/m^2。

11.5.6 机械密封

机械密封又称端面密封，它是由两个密封元件的垂直于轴的光洁面平直的表面相互贴合，且做相对转动而构成的密封装置，机械密封的优点如下：

1）密封性好，机械密封泄漏量一般在 3~5ml/h，特殊工况也可限制在 0.01ml/h 以下。

2）工作寿命长，一般可达 1 年以上。

3）不需经常调整，使用方便，适合于自动化生产。

4）摩擦功耗小，一般为填料密封的 10%~50%。

5）轴和轴套不产生磨损。

6）对旋转轴的振摆和对壳体孔的偏斜不敏感，耐振性强。

7）使用范围广，尤其在解决高温、低温、强腐蚀、高速等恶劣工况下的密封时更显示出其优越性。

但是机械密封也有缺点，如结构复杂，加工要求高，需要一定的安装技术，价格较贵等。不同工作条件下机械密封的工作特点、要求和措施见表 11-18。

表 11-18 不同工作条件下机械密封的工作特点、要求和措施

工作条件			特点	对轴封要求	采取措施
温度	高温	塔底热油泵、热载体泵、油浆泵等轴封	材料强度低，介质气化、固化、结晶，密封环变形，密封圈变质，弹簧失效，橡胶老化，组合环配合松脱等	材料要求耐热耐高温（密封环与辅助密封件），要注意保温与冷却，要保证动环高温下的滑动性	考虑采用金属波纹管密封、浸金属碳石墨环和耐高温材料的辅助密封件；加强保温与冷却，采用蒸气背冷、辅助压盖或衬套等
	低温	液氨泵等轴封	温升导致介质气化和干摩擦；低温下动环滑动性差（大气中水分进入密封造成结冰）	要求填料材料和硬质材料耐低温、石墨环在低温中的滑动性，要保冷且防止结冰	考虑采用金属波纹管密封和耐低温材料，如采用低温石墨（或纯石墨、浸轴承合金、青铜等），填料压盖和衬套引入干燥气体，封油耐低温
压力	带压	由于轴封处于泵的入口压力下，压力不高，但液态烃液化气等泵的压力稍高	密封环受压变形或碎裂；密封圈容易被挤出；pv 值高，摩擦条件恶化	密封环要求有足够的强度和刚度，结构上考虑防变形；要避免密封圈被挤出，注意填料的结构和形状；要求材料组合的允许 pv 值高，密封面存在流体膜使润滑条件良好	采用高强度石墨和防变形结构（如中间环密封，断面刚性好）、使填料间隙小或加垫环；采用高 pv 值材料组合（如 WC-C）、采用多级密封、滚体动力密封等，加强冷却和润滑
	真空（负压）	减压蒸馏系统泵和真空压缩机的轴封	漏入空气形成干摩擦，泄漏量大	要求防止外界空气被吸入，保持必要的真空度，避免密封面分开、保证负压工作	考虑采用金属波纹管密封、带衬套和冲洗的单端面密封；增强弹簧压力，防止负压下动环与静环分开，加防转销；提高密封压力，变负压为正压
旋转	高速	v>20～30m/s 的催化气压机、焦化气压机、加氢循环压缩机、氨压缩机等轴封	动环旋转时弹簧受离心力影响，介质受搅拌影响摩擦热高、磨损快、高速向下振动（零件的动平衡问题），pv 值高	要求端面材料的允许 pv 值高：要考虑离心力和搅拌的影响，零件要经过动平衡校正，防止振动，要求冷却和润滑措施能在高速条件下运转	采用高 pv 值材料组合（如 WC-C、SiC-C 等）和静止型结构，提高零件精度，使冷却和润滑充分，采用平衡型或流体压型密封
	正反转	开停频繁和正反转	弹簧旋向有影响、零件受冲击、密封面摩擦条件恶劣	要求零件耐磨性和耐冲击性高，注意强度设计和加强防转机构，要注意弹簧的旋向	组装套采用牙嵌式结构、驱动间隙要小，静环用防转零件；金属波纹管密封较适应或用多点布小弹簧结构

11.5.7 皮碗密封

皮碗又称油封，因早期由皮革制作，故俗称皮碗，被广泛应用于旋转运动式密封装置之中，它是一种典型的接触式密封。

皮碗的结构如图 11-30a 所示，其主要由皮碗体、加强骨架和自紧螺旋弹簧组成。其中，皮碗体按不同的部位又分为底部、腰部、刃口和密封唇等。皮碗的工作状态和接触压力分布如图 11-30b 和 c 所示。

皮碗的刃口，光锐似刀刃，装于轴上将会产生微小的变形，密封轴运转几小时后，刃口有所磨损，形成宽度约 0.25～0.5mm 的接触带，称为密封跨距。在皮碗和轴之间存在着一个由皮碗刃口控制的流体动力学油膜。油膜与空气接触端在液体表面张力的作用下形成一个新月面，起到了防止工作介质泄漏的目的，实现了转动轴的密封。故该新月面是皮碗密封的必要条件。

影响皮碗性能的主要因素有：

1. 径向压力的影响

若皮碗对轴的径向压力过小，摩擦减小，油膜厚度增大，新月面被破坏，从而产生泄漏。若径向压力过大，摩擦加剧，油膜厚度减少，以致建立不起油膜，

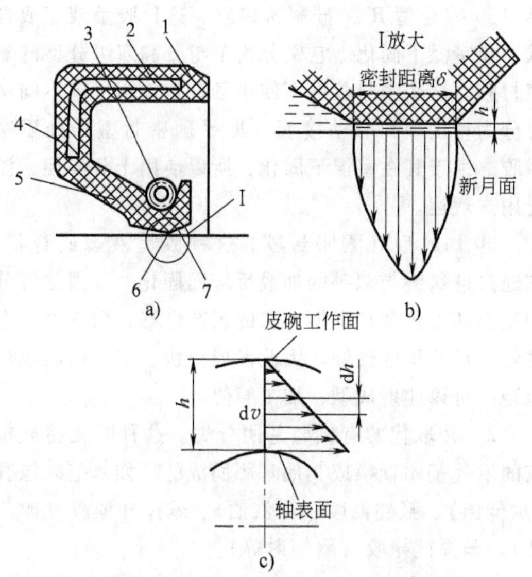

图 11-30　皮碗的结构及接触压力分布

1—皮碗体　2—加强骨架　3—自紧螺旋弹簧
4—底部　5—腰部　6—刃口　7—密封唇

唇部和密封轴发生干摩擦，易使唇部磨损。产生径向压力过大的原因有：皮碗结构不合理，自紧螺旋弹簧压缩力太大及皮碗装配尺寸不合适等。最理想的皮碗应是采用较低的径向压力而得到良好的密封性能。

2. 密封轴转速、表面粗糙度和硬度的影响

密封轴转速过高，会产生大量摩擦热，使皮碗的温度升高，促使皮碗老化、龟裂而报废。在一定条件下，降低密封轴表面粗糙度可以明显减小油封的磨损。实践表明，有一半以上皮碗密封失效是由于在皮碗与轴接触处发生表面磨损。

3. 轴的偏心

轴的偏心会引起皮碗刃口的跳动，这种跳动不仅会产生噪声，而且会使皮碗发生异常的磨损，影响皮碗的密封性能。轴的允许偏心量与皮碗密封开始泄漏时的临界转速及刃口材料有关。图 11-31 表示轴的允许偏心量与转速的关系。

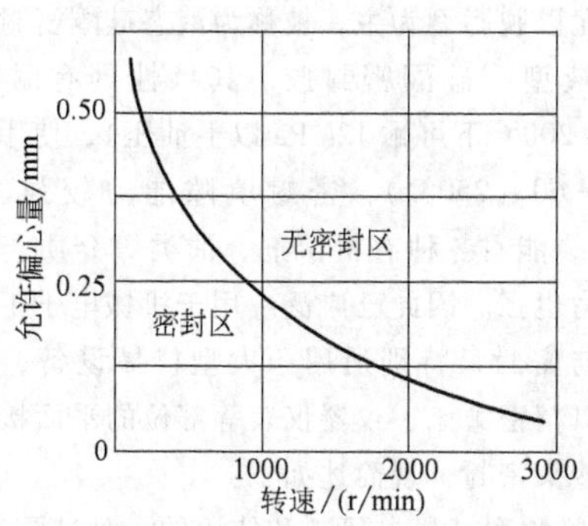

图 11-31　轴的允许偏心量与转速的关系

偏心度分为动态偏心度与静态偏心度。动态偏心度即轴转动的跳动量，它是因为轴的振动或轴承松动等原因造成的轴的偏心转动，其值在 0.15mm 以下。静态偏心度，是指轴完全同心，只是由于装配误差造成的皮碗座与轴的偏心。动静态偏心使皮碗唇部对轴表面的接触压力分布不均，使皮碗与轴产生偏磨损导致泄漏。轴的偏心量与轴径大小有关，旋转轴的最大允许偏心量见表 11-19。减少皮碗腰部截面厚度或增加腰部长度都可减少偏心度。

表 11-19　旋转轴的最大允许偏心量

轴径/mm	最大允许偏心量/mm
0~30	0.2
30~50	0.3
50~80	0.4
80~120	0.5
120~180	0.6
180~250	0.7

11.6　治漏方法、机械常用防漏密封胶

11.6.1　液态密封胶

1. 概述

液态密封胶是一种新型的液体高分子静密封材料，它的起始形态一般呈液状，在涂敷前是一种具有流动性的黏稠物，能容易地填满两个接合面之间的缝隙而形成（或经过一定的干燥时间后形成）一种具有黏性、黏弹性或可剥性的、均匀的、稳定的连续薄膜。这种薄膜对密封介质具有良好的稳定性，对金属不腐蚀。依靠这种薄膜的填充作用，并靠外加螺栓紧固力夹紧，使两个接合面连接密封，从而有较好的密封性能。常用于机电产品的静接合面间的密封、也用于接合面较复杂的螺纹等部位，防止油、水、气等物质的泄漏。

2. 分类

液态密封胶又称液态垫圈、液体垫片，是一种呈液态的密封垫料，按其化学组成、应用范围、使用场合和涂敷后成膜性状等不同而分成许多类型。

1）按化学成分分类，可分为树脂型、橡胶型、油改性型及天然高分子型。这种分类法能根据高分子材料的特性，推测出它的耐热性、密封性和对各种介质的稳定性。

2）按应用范围及其使用场所分类，可分为耐热型、耐寒型、耐压型、耐油型、耐水型、耐溶剂型、耐化学药品型和绝缘型。这种分类法为使用者提供了

方便。

3）按其涂敷后成膜性状分类，可分为干性附着型、干性可剥型、非干性黏型和半干性黏弹型4种。这种分类法目前在国内最常用，不论对使用者或制造者都很方便。但这种分类法容易被人误解。所谓干性、非干性和半干性并不是指有无溶剂挥发或是否含有溶剂，而是指涂敷后成膜形态是硬、不硬或半硬的意思。

目前国内液态密封胶已形成了通用型体系、无溶剂硅酮型体系、厌氧型密封胶体系。而通用型体系既是国内开发研究最早，又是目前应用最广泛、销售量最大的一个体系。

（1）通用型体系　通用型液态密封胶一般都含有有机溶剂、它包括干性附着型，干性可剥型，非干性黏型和半干性黏弹型4种。

1）干性附着型是最早使用的一种液态密封胶，含有溶剂，呈液态，涂敷后溶剂挥发而牢固地附着于接合面上。耐压、耐热性较好，但可拆性、耐振动和耐冲击性较差，拆卸时易损伤金属表面，形成的胶膜硬，易产生龟裂，所含溶剂具有一定毒性，目前这种胶已极少被采用。

2）干性可剥型这种胶一般由橡胶配制而成。含有溶剂，呈液态，涂敷后溶剂挥发而形成具有橡胶那样柔软而有弹性的薄膜，具有可剥性，耐振动和耐冲击性较好，可用于间隙较大和有坡度的部位，因溶剂挥发快，不适用于大面积涂布。

3）非干性黏型这种胶在涂布后成膜长期不硬，且保持黏性，受机械振动或冲击时，形成的膜不产生龟裂和脱落现象。适用于受振动和冲击及经常拆卸的部位，由于没有溶剂或含极少溶剂，无须干燥，特别适用于紧急维修和流水生产作业的场合。

4）半干性黏弹型这种胶大多以橡胶为主配制而成，其性能介于干性和非干性之间，兼有两者的优点。含有溶剂，涂布后溶剂挥发，形成的膜半硬或不硬，具有黏弹性。

（2）无溶剂硅酮型体系　硅酮密封胶是以硅橡胶为基料，加人填充剂、催化剂、交联剂和其他助剂所组成。按其化学组成、固化条件、应用范围、使用场合、取代基不同可分为许多不同的类型。下面以固化条件不同和取代基不同分类：

1）按固化条件分类。

① 热固化型硅酮密封胶。这种胶是先将硅橡胶同填料及其他配合剂混炼后模压加热成型，可通过加热或辐射（γ射线或电子束）。这类胶主要应用于制作机械零件的代用品或做填隙微孔用。

② 缩合型RTV硅酮密封胶。这种胶呈液态或膏状，在室温下固化。它又分为单组分和双组分型硅酮密封胶，这些密封胶根据使用场合、使用范围不同又可分为粘接型和非粘接型（即平面密封型）硅酮密封胶。由于其在室温下固化，所以使用十分方便，深受用户欢迎。

③ 加成型硅酮密封胶。这种胶呈液态或膏状，它通过硅氧键与双键的加成反应而固化。其固化可分为室温和加热两种类型。它的工艺性好，耐热性、电性能、尺寸稳定性好。因此发展很快。国外已制成单包装，可以注射成型，加工简便。

2）按取代的有机硅基团分类。这种胶是将硅橡胶的取代基团置换成其他基团而成的。如苯基硅橡胶（耐低温）、氟硅橡胶（耐汽油）、苯撑硅橡胶（耐汽油）、苯撑硅橡胶（耐辐射等）。

目前国内以缩合型单组分RTV硅酮密封胶研究、生产和应用为多。

所谓单组分型指的是单组分RTV硅橡胶的基体含有羟基的二甲基聚硅氧烷，当它与胶联剂混合后反应生成一种可水解的端基封闭的聚硅氧烷，这种生成物借助空气中的微量水分，进行水解交联反应，生成具有弹性的硅酮密封胶，这种反应称为缩合反应。

在缩合反应中，加入的胶联剂不同，缩合反应固化时，放出的低分子物也不同，根据放出的物质不同又分为脱酸型、脱醇型、脱肟型、脱胺型等。

由于化学组分不同，应用场合不同，以及化学组分中各成分含量不同，上述脱酸、脱醇、脱肟型等硅酮密封胶又分为粘接型和密封型两种。作为粘接用的硅酮密封胶以脱醇型为主。主要应用于航天、航空设备部件、仪表、家用电器的粘接；而脱酸型硅酮密封胶，则主要应用于建筑工业上的柜窗、门壁等粘接灌注等。

作为密封用的硅酮密封胶主要以单组分RTV室温固化硅酮所需密封胶为主。它包括脱酸、脱醇、脱肟型，尤以脱肟型为主，被称为液态硅酮密封胶，又称“一液型”硅酮密封胶。其特性具有耐压性高（在高温200℃下可耐12MPa以上油压），使用温度范围广（-60~250℃），密封填隙能力较强（0.1~0.6mm），能耐各种有机溶剂、油类等介质，并且耐辐射能力也强。因此已广泛应用于机械电子工业产品的防漏与密封，特别适用于大型机械设备、数控机床、出口精密磨床、仪器仪表等部位的平面接合面和螺纹管接头密封，现简述如下：

① 脱酸型是最早研制和使用的一种硅酮密封胶，粘接力强，固化速度快，不含溶剂，耐压、耐热、耐

介质性能好，密封填隙能力强，所以既用于建筑工业上粘接，又用于机电产品上的防漏与密封，应用面广。脱酸型胶唯一不足之处是固化时放出的低分子物为醋酸蒸气，具有一定气味和对金属有微量的腐蚀。但作密封用时，因化学组分改变，腐蚀性更小。

② 脱醇型这种胶以烷氧基硅烷作交联剂，缩合反应固化时放出的低分子物为醇类，没有气味，没有腐蚀性，特别适用于军工、航天航空设备部件、仪表和电器的粘接和密封。该胶粘接力很强，耐压、耐热、耐介质性能好，密封填隙能力强，因此适用于机电产品的粘接与密封，但固化速度慢，不适用在机电产品流水生产装配作业上使用。

③ 脱肟型这种胶主要用于密封，可拆性好，粘接强度低，无溶剂，固化快速，耐压、耐热、耐介质性能好，具有优异的耐汽油性，特别适用于机电产品防漏与密封。具有“万能型”之称。但固化时放出的低分子物酮肟对铜、黄铜有腐蚀性，因此不适用于含铜金属工件的密封。

(3) 厌氧型密封胶体系　厌氧胶是以丙烯酸酯或甲基丙烯酸酯类为单体，加入引发剂、促进剂和其他助剂配制而成。

国产液态密封胶的性能见表 11-20。

3. 特性

液态密封胶本身呈液态，因此流动性好，能在金属接合面的窄缝中填满缝隙，形成一种具有黏性、黏弹性或弹性、可剥性的均匀、稳定、连续的薄膜，从而在设备各部件的接合面之间起密封作用。

液态密封胶在一定紧固力下密封性能好，耐压、耐热、耐油性能好。对介质（油、水）有良好的稳定性，对金属不腐蚀，同时，它是液态的，不像固体垫圈那样在起密封作用时必须要有压缩变形。因此，也就不存在内应力、松弛、蠕变和弹性疲劳等导致泄漏的因素。由于它具有流动性和触变性，可以充满接合面之间的凹陷和缝隙，消除了固体垫圈在使用中出现的界面泄漏现象。液态密封胶是一种具有良好黏弹性的物质，在受到振动、冲击及过度压缩时，不会像固体垫圈那样产生龟裂、脱落等破坏性泄漏现象。此外，密封胶制造工艺简单、价格便宜、贮用方便，因此它是一理想的机械产品静密封材料。

4. 应用

(1) 应用范围　液态密封胶的应用范围很广，它除了在原来使用固体垫片的场所替代使用或与固体垫片并用外，还可代替白铅油缠麻丝用于管道螺纹密封。该胶主要用于：

1) 机械产品。用于机床、压缩机、泵、液压系统、阀门等的箱盖、油标和油窗、各种法兰接合面等处的密封。

2) 管道工程。上下水道、煤气、天然气、液化石油气和各种化工管道的螺纹连接处的密封，以及法兰面的密封。

3) 交通运输。在汽车、拖拉机、船舶、内燃机等的气缸、油底壳、齿轮变速箱、减速器箱、油笔消音器，以及各油、水、气管道等部位的密封。

4) 电器和电机产品。用于发电机、电动机、汽轮机、变压器等设备所需密封的部位。

5) 仪器仪表产品。用于仪器仪表各种接合面及螺纹的连接密封。

(2) 使用方法　液态密封胶和固态垫片相比有许多优越性，但如果使用方法不正确，就不能达到预期的密封效果，因此必须按操作程序正确掌握使用工艺。

液态密封胶的应用工艺比较简单，所有的液态密封胶基本上都按如下几个步骤进行：预处理—涂胶—干燥—连接紧固—后清理。

液态密封胶的应用部位如图 11-32 所示。表 11-21 列举了不同类型的液态密封胶的适用范围。

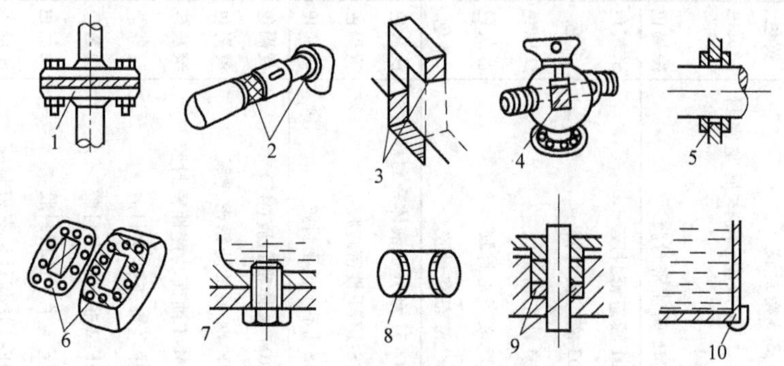

图 11-32　液态密封胶的应用部位

1—法兰连接　2—配管螺纹连接　3—镶嵌连接　4—旋塞密封　5—轴承固定与密封
6—平面压盖密封　7—螺栓连接密封　8—盲板密封　9—压盖填料密封　10—卷边密封

表 11-20 国产液态密封胶的性能

序号	液态密封胶名称	外观形态			黏度/MPa·s	相对密度	不挥发物的质量分数(%)	耐压性/MPa			耐冷热性/MPa	耐介质性(%)			可折性	垂直流动性/(cm/min)	热分解温度/℃	使用温度范围/℃
		颜色	类型	有无弹性				室温	80℃	150℃		水	L-AN32全损耗系统用油	70号汽油				
1	M-3-1 密封胶	黄色	非干	无	1.5~2.0×10^5	1.3	99	9.32	8.83	7.85	7.85	-3.49	-0.24	+0.36	易	0.4	322	-40~200
2	M-3-3 密封胶	黄色	非干	无	1.5~2.0×10^5	1.5	99	9.32	8.34	7.85	7.85	-13.7	-0.76	+1.02	易	0.8	324	-40~200
3	M-1-密封胶(液体尼龙密封垫料)	棕黄色	半干	无	0.7~1.5×10^4	1.1	58	8.83	7.85	6.86	6.86	-9.05	-3.01	-2.19	较易	16.0	316	-50~150
4	CMF 耐油密封胶	棕褐色	半干	无	0.5~1.0×10^4	1.0	67	8.83	7.85	7.35	7.35	-9.47	-2.88	-4.24	较难	2.5	310	-40~150
5	601 液态密封胶	米灰色	半干	有	3.0~4.0×10^4	1.2	89	8.83	7.85	6.86	7.35	-1.17	0.39	+1.45	较易	1.5	315	-40~150
6	603 液态密封胶	蓝色	非干	无	0.5~1.0×10^4	1.2	99	8.83	7.85	6.86	6.86	-1.41	-2.09	<-15	易	3.9	220	-40~140
7	604 液态密封胶	红棕色	非干	无	0.5~1.0×10^5	1.5	99	8.83	7.85	6.86	6.86	-0.61	<-15	<-15	易	4.5	324	-30~250
8	605 液态密封胶	蓝灰色	非干	无	1.5~2.0×10^5	1.2	98	8.83	7.85	6.86	6.86	<-15	1.59	<-15	易	2.4	195	-30~150
9	609 液态密封胶	米色	干性	有	0.5~1.0×10^4	1.1	37	8.83	8.34	7.35	7.35	-2.98	3.39	+1.75	较难	4.7	319	-40~180
10	LG-31 高分子液体密封胶	浅灰色	半干	有	1.0~1.5×10^4	1.2	41	8.83	7.85	6.86	7.35	-0.65	-4.45	-11.9	较难	6.2	316	-40~150
11	WS-Ⅰ不干性密封胶	黄褐色	非干	无	2.5~3.0×10^4	1.1	80	8.83	7.35	6.37	5.88	-3.16	0.04	<-15	较易	10.1	283	-40~150
12	WS-Ⅱ不干性密封胶	棕褐色	非干	无	2.0~3.0×10^4	1.0	97	8.83	7.35	5.88	5.88	-6.32	-6.88	<-15	易	12.1	306	-40~150
13	1104 液体密封胶(4#)	黄褐色	干性	有	5.0~10×10^3	1.2	40	8.83	7.85	6.86	7.35	-0.95	4.11	-6.76	较难	5.3	315	-40~150
14	MF-84 耐油防锈密封胶	黄褐色	半干	有	0.7~1.0×10^4	1.1	38	8.83	7.85	6.86	6.86	-0.38	1.02	+1.36	较易	12.4	310	-40~150
15	DM-1 油面功能性密封胶	深灰色	非干	无	2.5~3.0×10^5	1.2	98	9.32	8.83	7.35	6.86	-1.11	0.52	<-15	较易	0.3	230	-40~150
16	MF-1 非干性密封胶	灰红色	非干	无	2.0~2.5×10^5	1.4	95	8.83	7.85	6.86	6.37	4.79	6.96	<-15	易	3.2	230	-30~120
17	MF-2 非干性密封胶	浅黄色	非干	无	2.0~2.5×10^5	1.5	98	9.32	8.83	7.35	7.85	2.87	4.76	<-15	易	1.6	270	-40~150
18	MF-3 半干性密封胶	浅灰色	半干	有	0.7~1.2×10^4	1.3	48	8.83	7.85	6.86	7.35	-0.35	-3.49	-11.6	较难	10.1	265	-40~150
19	MF-4 厌氧性液态密封胶	浅棕色	厌氧	无	1500	1.1	99	>12	>12	≥10	≥10	—	—	—	较难	20	300	-40~150
20	MF-6 干性密封胶	褐色	干性	有	0.6~1.0×10^4	1.1	45	8.83	7.85	7.35	7.35	-1.44	-1.51	-4.15	较易	6.8	315	-40~180
21	MF-G11 硅酮密封胶	灰色	半干	有	0.5~1.4×10^4	1.1	98	>12	>12	>12	>12	0.07	3.58	-6.29	较难	0~7.0	340	-60~250
22	MF-G12 硅酮密封胶	白色	半干	有	0.7~1.0×10^4	1.1	99	>12	>12	>12	>12	0.09	7.18	-6.92	较难	0.2	325	-60~250
23	MF-G13 硅酮密封胶	浅灰色	半干	有	0.6~1.5×10^5	1.2	99	>12	>12	>12	>12	0.08	4.70	-5.70	较易	0~0.2	340	-60~250

表 11-21 不同类型的液态密封胶的适用范围

性能 \ 类别	通用型				硅酮型			厌氧型
	干性附着型	干性可剥型	非干性黏型	半干性黏弹型	脱酸型	脱醇型	脱肟型	
耐热性	良	良	良~优	良	优	优	优	良
耐压性	优	良	优	良	优	优	优	良
耐振动	不可	良	优	良	优	优	优	优
适用部位 平面	优	优	优	优	优	优	优	优
适用部位 螺栓	不可	不可	优	可	优	优	优	良
适用部位 嵌入	不可	不可	优	良	优	优	优	不可
适用部位 滑动	不可	不可	可	不可	良	良	优	不可
间隙较大	优	优	不可	可	优	优	优	可
去除性	较难	较易	易	易	易	较易	易	难
与固态垫片合用时的耐压密封性	良	优	优	优	优	优	优	优

11.6.2 厌氧胶黏剂

厌氧型密封胶体系是以丙烯酸酯或甲基丙烯酸酯类为单体，加入引发剂、促进剂和其他助剂配制而成。厌氧胶黏剂是一种既可用于胶接又可用于密封的新型胶种，其特点是厌氧性，因此，胶在空气中呈液态，当其渗入金属或非金属工件的缝隙并与空气隔绝时，在常温下自行聚合固化，使工件胶接或密封。

厌氧胶黏剂具有常温固化、渗浸性好、固化后收缩率小、吸振防松性好，以及不含溶剂等特性。因此，这种胶广泛应用于军工航空产品、仪表、电器、机械及汽车螺栓的防松粘接和密封。但它的可拆性差，除去厌氧胶黏剂时须加热至 200℃ 以上趁热拆开，涂胶前要求密封面用溶剂性除油，因此，在一定程度上限制了它的应用。

厌氧胶黏剂是 20 世纪 50 年代由美国乐泰（Loctite）公司发明和研制成功的。国内自中国科学院大连化学物理研究所 20 世纪 70 年代初开始研究厌氧胶黏剂以来，已经形成系列产品。中科院广州化学研究所研制的 Gy 系列厌氧胶黏剂产品，已经广泛应用于各类机械产品中的螺纹件的锁固防松、平面结合面及管接头的密封防漏、轴承等轴套配合件及工艺孔塞的装配固定、压铸件及粉末冶金的真空浸渍等。

国外已形成等级齐全的锁紧型厌氧胶黏剂系列产品，这类产品能满足从眼镜架上的小螺钉到巨型冲床的双头螺栓的锁紧需要。美国、日本和欧洲各国军工产品中也广泛应用厌氧胶黏剂锁紧，如黄蜂型直升机的发动机、斯贝型飞机的发动机及各种类型的海军舰艇的发动机等都采用厌氧胶黏剂。

厌氧胶黏剂是一种单一组分、不含溶剂的胶液，它含有单聚合物和游离基。当与空气接触时，因空气被隔离且与金属接触，这时游离基引起单体聚合变为高聚物，从而自行固化成为一种坚韧的热固型塑料。厌氧胶黏剂由多种成分构成，主要有单体、引发剂、稳定剂、增稠剂和染料等。

1. 单体

单体是胶的基本成分，一般占胶的总含量约 80%~95%，固化后形成体型网状结构的聚合物，它决定了胶的基本性能。厌氧胶黏剂所用单位主要有 3 类：由丙烯酸或甲基丙烯酸和醇形成的单酯或多酯；由丙烯酸或甲基丙烯酸与环氧树脂形成的环氧丙烯酸酯；由甲基丙烯酸羟乙酯或羟丙酯与异氰化合物形成的丙烯酸氨基甲酸酯。

2. 引发剂

引发剂的作用是产生游离基，从而引发单体聚合。厌氧胶黏剂采用的引发剂多为各种过氧化物。主要有 3 类：有机过氧化物和过氧化氢物；过羧酸；过氧化酮类。流性不大是其主要特点。

3. 促进剂

促进剂的作用是当厌氧胶黏剂隔绝空气时，提高引发速率，促使被引发的单体快速聚合。常用的促进剂为有机胺类，也有用肼、砜及其衍生物的。促进剂是厌氧胶黏剂组分中最富于变化的一个组分，它对厌氧胶黏剂在隔绝空气后的固化速度起着决定性的作用。大量的研究表明，对厌氧胶黏剂的性能改进，实质上是促进剂的改进。

4. 稳定剂（阻聚剂）

厌氧胶黏剂是室温固化的单组分胶，如果单靠氧气的阻聚作用，则难以保证其良好的贮存稳定性。为此，需要在胶中加入稳定剂。常用的稳定剂有对苯醌和对苯二酚等。

5. 增稠剂

在实际使用中常对厌氧胶黏剂的黏度提出各种不

同要求，因此就需要加入各种增稠剂，如聚醋酸、乙烯酯、聚酯、苯乙烯—丙烯酸酯的共聚物等。

11.6.3 浸渗技术

浸渗又称浸渍、渗透等，它是指流体物质渗入多孔物质中的现象，在工业中应用颇广，如织物印染、木材防腐等。这里介绍的浸渗技术主要是指机械产品中铸件、焊缝和多孔材料制品（如粉末冶金件）等的微孔浸渗密封技术。

微孔渗漏现象是机械产品生产中常见的故障，以铸造产生微气孔为例，铸造金属在熔融过程中的化学反应会产生多种气体，如

$$H_2O+Fe \rightarrow FeO+H_2\uparrow$$

$$FeO+C \rightarrow Fe+CO\uparrow$$

这些气体在熔融的金属中的溶解度远比在固态中的大。因此，当金属冷却凝固时，就有气体逸出。铸件内的微气孔，对铸件的结构强度有一定的影响。微气孔所产生的泄漏，往往是铸件在使用中所不能容许的。因此，针对解决微气孔泄漏而开发的浸渗密封技术受到世界各国的重视。微气孔浸渗密封技术在机械产品中主要用于铸件、压铸件和焊缝中微气孔的密封。浸渗技术广泛用于汽车和拖拉机发动机的缸头、缸体、变速箱、离合器及曲轴箱的箱体、化油器、压缩机和液压部件等铸件。

浸渗技术可用于粉末冶金产品的密封，如液压泵阀端板、水泵和压缩机壳体、活塞等受压制品，经浸渗后的粉末冶金件不会产生内部锈蚀，因而，随后可进行电镀或涂漆等。

11.6.4 密封带

密封带是一种介于固体密封垫圈和液态密封胶之间的密封材料。常用的密封带是聚四氟乙烯生料带或条聚（F4 带或 F4 条）。F4 带的厚度在 0.1mm 左右，一般是用分散法制得的 F4 树脂，加入其他助剂等预压成坯后再经推压和辊压而成。

F4 生料带的密封原理是：生料带在外力作用下产生塑化变形的同时，也产生较大的自然回复倾向和内力。塑性变形起填充作用，自然回合倾向使两个结合面密合，而内力能使其完整和连续，由此构成可靠的连续密封的薄膜。在使用密封带以前，同样必须将接合面上的油污清洗干净，然后将胶带在管件螺纹部分缠绕 2~3 圈，随即将螺纹上紧，便可投入使用。

设备部位不同，其治漏方法也不同，设备治漏方法有很多，大体归纳为：修、堵、改、引、接和管理等。下面举例说明设备的不同部位应采用的不同治漏方法。

1. 箱体漏油

铸造箱体因铸造时出现砂眼、气孔、裂纹、组织疏松等缺陷而引起的漏油。对于焊接箱体，因焊缝组织不严密而导致的漏油。箱体漏油的堵漏方法有很多，其中一种是用环氧胶涂敷，其配方如下：

6101 环氧树脂：100 份；

苯二甲酸二丁酯：20 份；

500 号水泥：150 份；

乙二胺：6~8 份。

将被涂敷处清洗干净，将胶涂在裂纹、气孔或砂眼处即可。

2. 箱盖平面结合处漏油

经常由于内应力残留于箱体而造成的箱体变形，导致结合处不紧密，因紧固件（螺栓、螺钉等）松动使结合面形成间隙。这方面的堵漏方法有很多，其中一种是用可剥性塑料填封，采用的配方如下：

聚苯乙烯：20g；

邻苯二甲酸二丁酯：7ml；

二甲苯：48ml；

苯：10ml。

3. 转动轴、手柄轴、开关轴等活动部位漏油

11.7 相关产品标准目录

改革开放后，我国各研究院所、企事业单位等成立了与国际标准化组织相对应的众多标准化技术委员会，按照“积极采用国际标准和国外先进标准”的方针政策，以等同、等效、参照或参考等方式，采用国际标准或国外先进标准制定了急需的基础、方法和产品国家标准。我国相关密封产品标准和标准化在经过近四十年的长期发展后，已形成了一个较为完整的标准体系，制定的标准基本满足了市场需求。

我国的密封产品相关标准信息，在国家市场监督管理总局国家标准化管理委员会主管，具体可在“全国标准信息公共服务平台（National public service platform for standards information）”官方网页检索与查询（网址：std. samr. gov. cn）。例如，1984 年 12 月最早创建的全国橡胶与橡胶制品标准化技术委员会，于 1986 年 8 月设立“密封制品分技术委员会”（编号 SAC/TC35/SC3），对口于国际标准化组织的 ISO/TC45/SC4/WG2，目前秘书处挂靠单位在西北橡胶塑料研究设计院有限公司（国家橡胶密封制品质量监督检验中心），由中国石油和化学工业联合会负责管理。此外，1979 年 12 月创建的全国液压气动标准化技术委员会，在 2008 年设立“密封装置分技术委员

会”（编号 SAC/TC3/SC3），对口于国际标准化组织的 ISO/TC131/SC7，目前秘书处挂靠单位也在西北橡胶塑料研究设计院有限公司，由中国机械工业联合会负责管理。2008 年 4 月成立的全国填料与静密封标准化技术委员会（编号 SAC/TC350），还有 2009 年 12 月成立的全国机械密封标准化技术委员会（编号 SAC/TC491），目前秘书处都挂靠在中国机械工业集团合肥通用机械研究院有限公司，都由中国机械工业联合会负责管理。

常用的密封产品标准，主要包括了：

GB/T 2879—2005《液压缸活塞和活塞杆动密封沟槽尺寸和公差》(ISO 5597：1987，IDT)；

GB/T 3452.1—2005《液压气动用 O 形橡胶密封圈第 1 部分：尺寸系列及公差》(ISO 3601-1：2002，MOD)；

GB/T 3452.2—2007《液压气动用 O 形橡胶密封圈第 2 部分：外观质量检验规范》(ISO 3601-3：2005，IDT)；

GB/T 3452.3—2005《液压气动用 O 形橡胶密封圈沟槽尺寸》；

JB/T 6658—2007《气动用 O 形橡胶密封圈沟槽尺寸和公差》；

JB/T 6659—2007《气动用 O 形橡胶密封圈尺寸系列和公差》；

GB/T 10708.1—2000《往复运动橡胶密封圈结构尺寸系列第 1 部分：单向密封橡胶密封圈》；

GB/T 10708.2—2000《往复运动橡胶密封圈结构尺寸系列第 2 部分：双向密封橡胶密封圈》；

GB/T 10708.3—2000《往复运动橡胶密封圈结构尺寸系列第 3 部分：橡胶防尘密封圈》；

GB/T 15325—1994《往复运动橡胶密封圈外观质量》；

GB/T 15326—1994《旋转轴唇形密封圈外观质量》；

GB/T 15242.1—2017《液压缸活塞和活塞杆动密封装置尺寸系列第 1 部分：同轴密封件尺寸系列和公差》；

GB/T 15242.2—2017《液压缸活塞和活塞杆动密封装置尺寸系列第 2 部分：支承环尺寸系列和公差》；

GB/T 15242.3—1994《液压缸活塞和活塞杆动密封装置用同轴密封件安装沟槽尺寸系列和公差》(ISO 7425-1：1988，EQV，ISO 7425-2：1989，EQV)；

GB/T 15242.4—1994《液压缸活塞和活塞杆动密封装置用支承环安装沟槽尺寸系列和公差》；

GB/T 13871.1—2007《密封元件为弹性体材料的旋转轴唇形密封圈第 1 部分：基本尺寸和公差》；

GB/T 13871.2—2015《密封元件为弹性体材料的旋转轴唇形密封圈第 2 部分：词汇》；

GB/T 13871.4—2007《密封元件为弹性体材料的旋转轴唇形密封圈第 4 部分：性能试验程序》；

GB/T 13871.5—2015《密封元件为弹性体材料的旋转轴唇形密封圈第 5 部分：外观缺陷的识别》；

GB/T 5719—2006《橡胶密封制品词汇》(ISO 6194-2：2009)；

GB/T 5721—1993《橡胶密封制品标志、包装、运输、贮存的一般规定》(ISO 2230：2013)；

HG/T 2579—2008《普通液压系统用 O 形橡胶密封圈材料》；

HG/T 2810—2008《往复运动橡胶密封圈材料》；

HG/T 2811—1996《旋转轴唇形密封圈橡胶材料》；

HG/T 2181—2009《耐酸碱橡胶密封件材料》；

HG/T 3096—2011《水闸橡胶密封件》；

HG/T 3326—2007《采煤综合机械化设备橡胶密封件用胶料》；

HG/T 2292—2016《环形防喷器胶芯》；

HG/T 2887—2018《变压器类产品用橡胶密封制品》；

HG/T 3784—2005《减震器唇形密封圈用橡胶材料》；

JB/T 7052—1993《高压电器设备用橡胶密封件六氟化硫电器设备密封件技术条件》；

HG/T 4392—2012《汽车滤清器橡胶密封件》；

HG/T 5454—2018《车灯用橡胶密封件》；

GB/T 21283.1—2007《密封元件为热塑性材料的旋转轴唇形密封圈第 1 部分：基本尺寸和公差》(ISO 16589-1：2011，MOD)；

GB/T 21283.2—2007《密封元件为热塑性材料的旋转轴唇形密封圈第 2 部分：词汇》(ISO 16589-2：2011，IDT)；

GB/T 21283.3—2008《密封元件为热塑性材料的旋转轴唇形密封圈第 3 部分：贮存、搬运和安装》(ISO 16589-3：2011，IDT)；

GB/T 21283.4—2008《密封元件为热塑性材料的旋转轴唇形密封圈第 4 部分：性能试验程序》(ISO 16589-4：2011，MOD)；

GB/T 21283.5—2008《密封元件为热塑性材料的旋转轴唇形密封圈第 5 部分：外观缺陷的识别》(ISO 16589-5：2011，IDT)；

GB/T 21283.6—2015《密封元件为热塑性材料的旋转轴唇形密封圈第6部分：热塑性材料与弹性体包覆材料的性能要求》(ISO 16589-6：2011，IDT)；

GB/T 9877—2008《液压传动旋转轴唇形密封圈设计规范》；

GB/T 36520.1—2018《液压传动聚氨酯密封件尺寸系列第1部分：活塞往复运动密封圈的尺寸和公差》；

GB/T 36520.2—2018《液压传动聚氨酯密封件尺寸系列第2部分：活塞杆往复运动密封圈的尺寸和公差》；

GB/T 36879—2018《全断面隧道掘进机用橡胶密封件》；

GB/T 33154—2016《风电回转支承用橡胶密封圈》；

《风力发电机组主传动链系统橡胶密封圈》(计划号：20161311-T-606)；

《动力锂电池用橡胶密封件》（计划号：20161313-T-606)；

GB/T 5720—2008《O形橡胶密封圈试验方法》(ASTM D 1414：2015)；

GB/T 14273—1993《旋转轴唇形密封圈性能试验方法》(ISO 6194-4：2009)；

GB/T 14832—2008《标准弹性体材料与液压液体的相溶性试验》(ISO 6072：1986)；

GB/T 32217—2015《液压传动密封装置：评定液压往复运动密封件性能的试验方法》；

GB/T 34888—2017《旋转轴唇形密封圈装拆力的测定》；

GB/T 34896—2017《旋转轴唇形密封圈摩擦扭矩的测定》；

HG/T 2700—1995《橡胶垫片密封性的实验方法》(ASTM F37-2006)；

HG/T 3094—1997《液压气动用多层密封组件测量叠层高度的方法》(ISO 3939：1977)；

QC/T 1013—2015《转向器输入轴用旋转轴唇形密封圈技术要求和试验方法》。

参考文献

[1] 广廷洪，汪德涛．密封件使用手册［M］．北京：机械工业出版社，1994.

[2] 徐灏．密封［M］．北京：冶金工业出版社，1999.

[3] 《机修手册》第3版编委会．机修手册：设备润滑［M］．3版．北京：机械工业出版社，1996.

[4] 汪德涛，润滑技术手册［M］．北京：机械工业出版社，1999.

[5] 《法兰用密封垫片实用手册》编委会，法兰用密封垫片实用手册［M］．北京：中国标准出版社，2005.

[6] 闻邦椿．机械设计手册单行本：润滑与密封［M］．北京：机械工业出版社．2015.

[7] 薛景文．摩擦学及润滑技术［M］．北京：兵器工业出版社．1992.

[8] 肖风亮，彭兵，杨文良．氟弹性体选用手册［M］．北京：化学工业出版社．2008.

[9] 彭兵，肖风亮，李翔宇．橡胶密封制品［M］．北京：化学工业出版社．2009.

[10] 肖风亮，梁彬．橡胶黏合应用技术［M］．北京：化学工业出版社．2012.

[11] 张嗣伟．关于摩擦学的思考［M］．北京：清华大学出版社，2014.

[12] 谭桂斌，范清，谭锋，等．重大装备橡塑密封系统摩擦学进展与发展趋势［J］．摩擦学学报，2016，36（5）：659-666.

[13] 谭桂斌，兰志成，欧静．橡塑密封安全可靠性和完整性的设计控制［J］．润滑与密封，2017，42（6）：119-125.

[14] FEYNMAN R P. What do you care what other people think?：Further adventures of a curious character［J］．Physics Today，1989，42（2）：106-107.

[15] 黄兴．国内外橡塑密封行业的现状及发展动态［J］．液压气动与密封，2003（1）：43-45.

[16] 彭旭东，王玉明，黄兴，等．密封技术的现状与发展趋势［J］．液压气动与密封，2009，29（4）：4-11.

[17] 黄兴，章宏清．汽车用生物燃油与密封技术［M］．北京：化学工业出版社，2018.

第 12 章　机械设备润滑状态的监测与诊断技术

12.1　概述

机械设备的状态监测方式主要分为：

1）内线监测（in-line），在机械设备的生产线或设备内，连续地实时监测。

2）在线监测（on-line），在设备上周期地或非周期地间断实时监测，其特点是快速、及时和直观。

3）离线监测（off-line），不定期地或实时监测采集信息，在现场或离开现场后进行诊断分析。

随着现代科技的不断进步和多工业领域的创新发展，设备维修制度已从过去的故障维修（事后维修）、预防维修（定期维修）和预知维修（预测维修或视情维修）发展到当今的主动维修（设备维修新理念）。

据报道，在工厂发生的总故障统计中，与润滑有关的故障约占 40%～50%，而在润滑管理的总效益中占前三甲的是：①节约维修费用；②节约停机损失；③延长设备使用寿命。上述这些表明，润滑油在设备管理总效益中的地位十分重要。从实践中发现，由于润滑油的质量问题造成设备故障或损坏不计其数。这些故障目前很容易从润滑油某些指标的监测数据中做出准确诊断，并提出解决措施。油液故障诊断是在状态监测的基础上，进一步确定故障的性质、程度、类别、原因、部位，以及说明故障发展的趋势及影响等。

润滑油使用中衰败的影响因素如图 12-1 所示，柴油机油常规理化指标变化与柴油机油故障的关系见表 12-1。

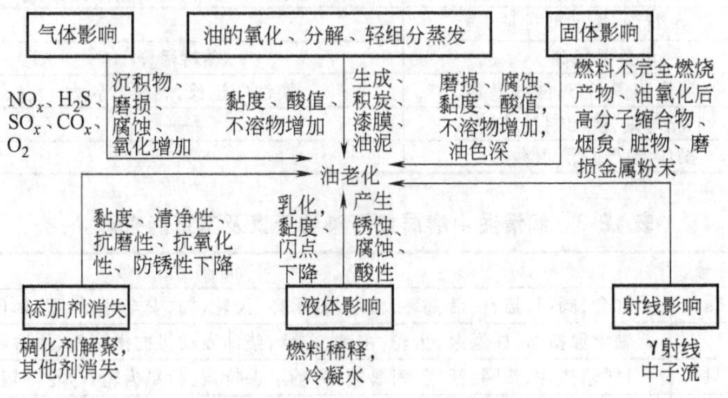

图 12-1　润滑油使用中衰败的影响因素

表 12-1　柴油机油常规理化指标变化与柴油机故障的关系

理化指标变化	原　　因	对柴油机工况的影响
黏度上升	柴油机持续高温运行，冷却不良，导致油品严重高温氧化；柴油机漏气严重，积炭、烟尘污染机油；油品使用时间过长，抗氧化剂、清净分散剂损耗过快；油气过量、水分污染，使油品乳化变质	润滑油分油机排渣效果不好，机油压力下降，漆膜和积炭增多，堵塞过滤器；供油不足，摩擦阻力增大，润滑不良，导致轴瓦、缸套等零部件的异常磨损
黏度下降	喷油器故障，燃油雾化不良，燃油泄漏；燃油管路密封不良	润滑油膜形成不良，强度下降，零部件磨损增大，导致缸套擦伤、轴瓦失效
闪点下降	喷油器故障，燃油雾化不良，燃油泄漏；燃油管路密封不良	润滑油膜形成不良，强度下降，零部件磨损增大，导致缸套擦伤、轴瓦失效，此外还对润滑油使用安全性造成影响，加速油品的氧化变质
水分上升	柴油机冷却系统泄漏，密封垫渗漏；窜气严重，空转时间过长，冷凝水污染严重；分油机故障，使水分污染机油	使油泥增多，油品乳化，油膜难以形成，磨损增大；加剧腐蚀和锈蚀；导致添加剂失效，机油性能下降

（续）

理化指标变化	原　因	对柴油机工况的影响
总碱值下降	油品氧化严重,柴油机窜气严重;燃油质量不好,燃烧产物中酸性物质过多;碱性添加剂性能不稳定,中和能力差	增加缸套、轴瓦的腐蚀磨损;油品清净分散性能下降,油泥、积炭含量增多,导致润滑不良,零部件产生黏着擦伤
不溶物上升	柴油机窜气严重,冷却不良,积炭、油泥和粉尘增加;零部件磨损严重,金属磨屑增加;过滤器、分油机工作效果不好	加剧零部件的磨损;使机油滤清性能下降,堵塞过滤器及油路

作为传统的机械设备故障诊断技术，常常是在关键摩擦副（如主轴承、主齿轮等）的部位安装一些相关仪表，以监测设备运转时的温度、振动、噪声等参数的变化。当这些参数变化出现异常时，就预示着这些部位有可能出现故障。随着科技的不断发展，人们又采用了磁塞、铁颗粒计数器和铁谱仪等来观察润滑油中的磁性颗粒（主要是铁颗粒）的数量和形貌，以取得设备内部的磨损信息。通过这些信息，可评估和判断设备可能发生故障的部位和时间，从而制定视情维修计划。这样能较准确地诊断设备故障隐患状态和“带病”运行情况。在用油理化指标与设备故障的关联性见表12-2。

润滑油在使用中，油中的金属含量也在不断变化，油中添加剂的金属含量也由于添加剂的消耗而不断下降，如钙和锌金属元素等。设备因磨损而产生的金属颗粒也同时进入润滑油中，如铁、铜和铝等。金属含量的检测方法对润滑油中金属含量检测的准确性影响很大。润滑油中磨屑或污染物元素及其可能来源见表12-3。

表12-4表示油中磨粒检测方法的比较。

表12-2　在用润滑油理化指标与设备故障的关联性

项目	上升	下降	规律
黏度	操作温度高,冷却系统工作差	内燃机燃料雾化不良,活塞-汽缸间隙大	—
酸值	工况苛刻,换油期过长	—	一般为上升
闪点	设备温度高	燃料稀释	—
残炭	外来污染物多,油过滤效果差	换油期过长,燃料含硫大	一般为上升
不溶物	工况苛刻,换油期过长	—	一般为上升
水分	操作温度过低,泄漏	—	一般为上升

表12-3　润滑油中磨屑或污染物元素及其可能来源

序号	磨损元素	符号	可 能 来 源
1	铁	Fe	缸套,阀门,摇臂,活塞环,轴承,轴承环,齿轮,轴,安全环,锁圈,锁母,销,螺杆
2	银	Ag	轴承保持器,柱塞泵,齿轮,主轴,轴承,柴油发动机的活塞销,用银制作的部件
3	铝	Al	衬垫,垫片,垫圈,活塞,附属箱体,轴承保持器,行星齿轮,凸轮轴箱,轴承表面合金材料
4	铬	Cr	表面金属,密封环,轴承保持器,镀铬缸套,铬酸盐腐蚀造成的冷却系统泄漏
5	铜	Cu	铜合金轴瓦,轴套,止推片,油冷器,齿轮,阀门,垫片,铜冷却器的泄漏
6	镁	Mg	飞机发动机用箱体、部件架,海运设备时进的水、油添加剂
7	钠	Na	冷却系统泄漏,油脂,海运设备时进的水
8	镍	Ni	轴承、燃气轮机的叶片、阀类材料
9	铅	Pb	轴承,密封件,焊料,漆料,油脂(对含铅汽油的发动机无效)
10	硅	Si	空气带进的尘土,密封件,添加剂
11	锡	Sn	轴承,衬套材料,活塞销,活塞环,油封,焊料
12	钛	Ti	喷气发动机中的支承段磨损,压缩机盘、燃气轮机叶片
13	硼	B	密封件,空气中带进的尘土,水,冷却系统泄漏,油添加剂
14	钡	Ba	油添加剂,油脂,水泄漏
15	钼	Mo	活塞环,电动机,油添加剂
16	锌	Zn	黄铜部件,氯丁橡胶密封件,油脂,冷却系统泄漏,油添加剂
17	钙	Ca	油添加剂,油脂
18	磷	P	油添加剂,冷却系统泄漏
19	锑	Sb	轴承合金,油脂
20	锰	Mn	阀,喷油嘴,排气和进气系统

表 12-4　油中磨粒检测方法的比较

项　目	颗粒计数法	过滤法	光谱	铁谱	磁塞
颗粒大小范围/μm	0~1000	0~1000	<5	0~150	>10
形貌分析	不能	差	不能	优	差
定量分析	优	良	优	优	良
化学成分分析	不能	不能	优	良	差
与非磨损颗粒的区分	不能	不能	良	优	良
早期磨损监测能力	良	差	优	优	差
对非磁性颗粒的分析能力	可	可	优	差	差
分析速度	快	慢	快	中	中
操作技术要求	高	低	中	高	低
分析成本	高	低	高	中	低

机械设备润滑状态监测系统如图 12-2 所示。机械设备故障诊断油样铁谱分析技术是 20 世纪 70 年代开始发展起来的新的监测分析技术。由于该技术具有独特作用，目前已被越来越多的部门采用。

1971 年英国 D. Scott、美国 W. W. Seifert 和 V. C. Westcott 首先提出了铁谱分析技术的理论。1972 年 V. C. Westcott 取得了专利权，并由美国 Foxboro 公司制成了第一台分析式铁谱仪，后来又陆续出现了直读式铁谱仪、在线式铁谱仪和旋转式铁谱仪。

1979 年世界各地已有 69 台铁谱仪，1983 年发展为 166 台。我国在 1981 年由广州机床研究所和北京石油化工科学研究院分别引进美国 Foxboro 公司生产的分析式铁谱仪。1983 年国内已经开始研制分析式铁谱仪和直读式铁谱仪，同年在上海交通大学举办了国内第一次油样分析铁谱技术讲习班。据不完全统计，到目前为止我国正常使用的铁谱仪已超过 600 台，

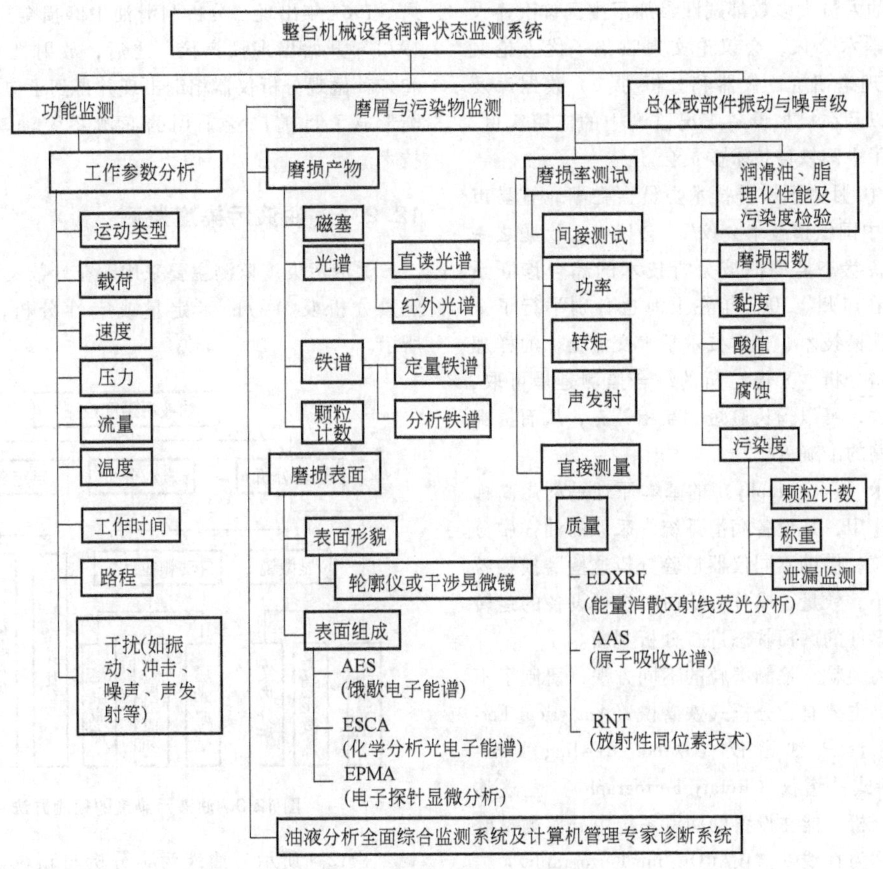

图 12-2　机械设备润滑状态监测系统

高等院校约占26%，科研机构约占22%，厂矿企业约占52%。广州、上海等地早已出现了商业性的油液监测中心，铁谱分析技术与其他油液分析技术综合使用，在我国机械设备状态监测及故障诊断中发挥了重大作用。

随着油样铁谱技术的推广应用和发展，国内外有关铁谱技术的学术交流活动逐渐增多，十分频繁。

1982年9月第一次国际铁谱技术学术会议在英国Swansea召开。时隔两年，1984年4月在英国Swansea又召开了国际磨损工况监控学术会议，在会上铁谱技术也是交流内容之一。我国1986年12月在杭州召开了第一届中国铁谱技术学术交流会，1987年4月在武汉召开了全国性的铁谱技术学术交流会。北京、上海、广州、武汉等地已逐渐形成并建立了油样铁谱分析技术的应用研究中心。油样铁谱分析技术已经在许多大专院校列为摩擦学专业研究生的必修课程之一。

1990年10月，中国机械工程学会摩擦学专业委员会、中国振动工程学会故障诊断学会在安徽合肥工业大学联合举办了“90中国铁谱技术会议”。全国从事铁谱技术的人员大多数都踊跃参加了中国首次盛大的铁谱技术学术会议。会议论文集收集了优秀论文64篇，包括理论研究、仪器和分析方法、数据库及数据处理，以及在机械设备工况监测中的应用实例。会议上重建了中国铁谱技术委员会。

1994年10月中国铁谱技术委员会在湖北宜昌市举行了“94中国铁谱技术会议”，会议中心议题之一就是机械设备状态监测油液分析技术的综合诊断系统。1998年在广州、2003年在上海也分别举行了全国油液分析铁谱技术、光谱技术学术交流会。油样理化分析、铁谱分析、光谱分析的综合监测是最可取、最有效的方法，可以扬长避短，互相补充，从而提高设备状态监测的准确度。

铁谱技术（Ferrography）的基本原理是利用高梯度强磁场的作用，从设备润滑系统内采取的油样中分离出磨损颗粒，借助不同仪器检验分析这些磨损颗粒的形貌、大小、数量、成分，从而对机械设备的运转工况、关键零件的磨损状态进行分析判断。

根据分离磨粒、检测磨粒的不同方法，研制了不同的铁谱仪。主要有：分析式铁谱仪（Analytical Ferrograph），直读式铁谱仪（Direct Reading Ferrograph），旋转式铁谱仪（Rotary Ferrograph）。上述均为离线测量分析。能在设备的润滑系统中分离测量磨粒的铁谱仪称为在线铁谱仪（On-line Ferrograph）。

综上所述，铁谱技术的主要内容包括：①采取有代表性油样的技术；②铁谱仪及制谱技术；③磨粒分析技术。

设备在线油液监测（on-line）技术是当前设备润滑磨损失效诊断和润滑现代化管理的一项重要技术。油液监控是一种状态监控技术，而状态监控已成为现代设备维修的核心技术。实践已经证明，状态监控和预知维修比故障维修和定期维修制度更科学、更有效。它不仅能保障机械设备正常运转，降低设备的故障发生率，还能提高设备的可靠性和利用率，降低设备的维修费用。

12.2　润滑系统油液监测诊断技术

机械设备摩擦副之间的相对运动总是不断产生大量的磨屑和微粒，我们称之为磨损颗粒。这些颗粒从摩擦副表面脱落以后，一般都进入润滑介质之中，这些颗粒携带着摩擦磨损发生过程的大量信息，因此，对这些颗粒进行检定和测量可以获得润滑系统部件由于摩擦磨损而产生的损伤的大量信息，从而判断润滑系统工作是否正常或部件是否有意外损伤发生。早期，在设备润滑系统中装设磁塞来收集润滑油中的磨屑。1964年出现了分析润滑油中磨损金属的光谱仪，1972年开始出现铁谱仪，之后，放射性示踪原子法和各种微观分析仪器相继出现并得到了应用。从而逐渐形成了目前广泛采用的润滑系统油液监测诊断技术。

12.2.1　油液污染度监测

油液污染度监测主要采用颗粒计数及颗粒称重的定量分析及简易的半定量或定性分析，如图12-3所示。

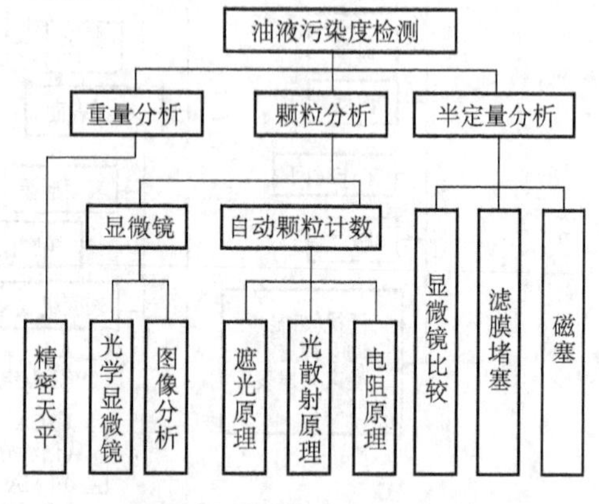

图12-3　油液污染度的检测方法

图12-4所示为油液污染分析与颗粒识别的机械设备油液污染监测系统原理。

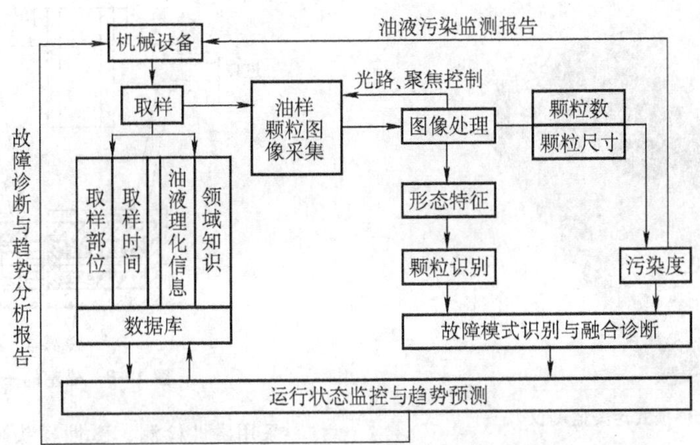

图 12-4　油液污染分析与颗粒识别的机械设备油液污染监测系统原理

1. 污染颗粒测量仪

LaserNet Fines-C 自动颗粒分析仪的外观如图 12-5 所示。LaserNet Fines-C 自动颗粒分析仪是将形貌和颗粒计数两种常用的油料分析技术合二为一的分析仪器。采用激光图像技术和先进的图像处理软件自动识别颗粒形貌分布。该分析仪的特点如下：

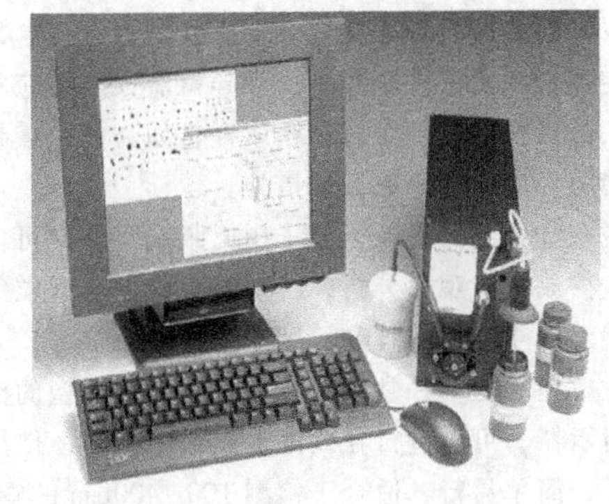

图 12-5　Laser Net Fines-C 自动颗粒分析仪

1）体积小，操作方便，在舰船上或野外使用。

2）对尺寸大于 5μm 的颗粒进行计数。

3）尺寸大于 20μm 的颗粒由神经网络技术分为切割磨损颗粒、疲劳磨损颗粒、滑动磨损颗粒和氧化物 4 类。

4）可处理含量超过 10^6 颗粒/mL 的样品。

5）按 ISO 4406：2017 标准显示污染度等级。

6）按 NAS 1638—2011 标准显示污染度等级。

7）内置设备运转状态磨损趋势分析数据库软件。

8）数据输出包括颗粒类型识别，图像映射、颗粒尺寸趋势，以及 NAS、NAVAIR 和 ISO 污染度清洁级别代码。

2. PAMAS 便携式油液颗粒计数器

德国帕玛斯（PAMAS）仪器公司生产的便携式颗粒计数器（见图 12-6）可以方便地用于现场，连续检测记录油液污染和过滤器的效率，从而保持润滑系统的清洁度。该仪器配置膜式键盘和内置式打印机。内置式传感器 HCB-LD-50/50 允许在流速为 25mL/min 时测量的颗粒浓度高达 24000 颗粒/mL，灵敏度为 1μm（ISO 4402 已作废，仅供参考）和 4μm（ISO 11171：2016）。对于无压力样品和压力高达 42MPa 的加压系统，内置式活塞泵可以向传感器输送恒定流速的样品。采用可编程处理器控制的分析仪能够进行多样品自动采样和报告数据。

图 12-6　便携式油液颗粒计数器（S2 型）

3. DCA 便携式污染监测仪

美国 DIAGNETICS 公司推出了一种用于机电设备预知性维修的在线监测油品污染度的仪器：便携式污染监测仪（见图 12-7）。该仪器是一种便携式仪器，既可在现场使用也可在实验室使用，对润滑油的污染程度进行监测，可分别按 NAS 标准、ISO 标准和在线颗粒数显示污染程度。其特点如下：

1）有照明装置以供晚上使用。

2）完备的字母数码键盘。

图 12-7 便携式污染监测仪

3）高压取样器可使仪器方便地用于压力达 20MPa 的系统之中。

4）可选择数据格式或数据的图形表示。

5）可自动给出趋势分析。

其精密的颗粒计数，采用数显污染报警系统，该仪器的特点是，利用一种微孔阻尼来计算颗粒数，液体油样流经一个精确标定过的滤网，大于网眼的颗粒沉积下来，由于微孔（直径为 5~15μm）的阻挡作用，流量便会降低，最后颗粒填充在大颗粒的周围，从而进一步阻滞了液流，结果形成一条流降与时间的关系曲线。利用数学程序把该曲线转换为颗粒大小分布曲线。

该仪器携带、操作极为方便。操作者根据需要按下仪器键盘上的相应按钮，即可在 3min 内得到监测结果。

该仪器特别适用于液压系统、轴承和齿轮减速器系统，以及发动机润滑系统的污染监控。

12.2.2 磁塞监测技术

1. 磁塞监测的基本原理

在润滑系统的管路中装设带磁性的磁塞探头，收集润滑系统在用润滑油中的磨损颗粒，定期取出磁塞，借助放大镜或肉眼观察分析所收集的磨损颗粒的大小、数量、形状等特征，从而判断机械设备相关零件的磨损状态。

通常该方法对采集磨粒尺寸大于 50μm 的磁性颗粒比较有效。

2. 磁塞

磁塞的一般结构如图 12-8 所示。探头芯子可以调节，将磁芯探头充分伸入润滑油中，以便收集铁磁性颗粒。所以，采用磁塞检测法时，必须把磁塞探测器安装在润滑系统中最易辅获磨粒的位置。一般尽可能置于易磨损零件附件或润滑系统回油主油道上。

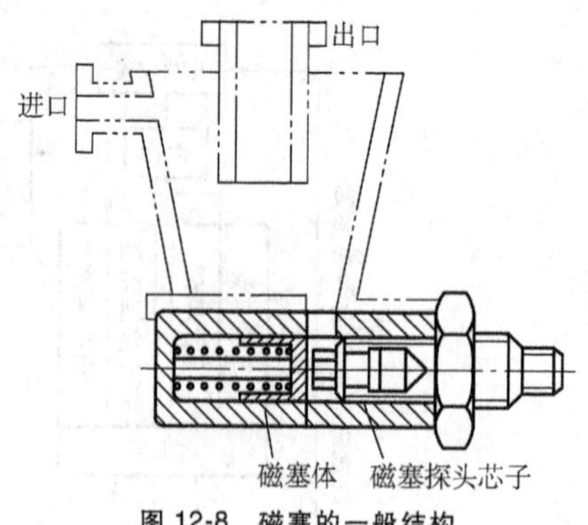

图 12-8 磁塞的一般结构

采用磁性检测，磁性探头应定期更换。一般可 60h 左右更换一次，并将收集的颗粒观察分析，做好记录、报告，给出磨损状况的判断意见及维修决策。

3. 磁塞磁性颗粒的分析

机械设备初期跑合阶段收集的颗粒较多，其呈现不规则形貌，并掺杂一些金属碎屑，属零件加工切削残留物，或外界侵入的污染物，在装配清洗时不慎遗留下来。

机械进入正常运转工况状态，磁塞收集的颗粒显著减少，而且磨粒细小，如发现磁性磨粒数量、尺寸明显增加，表明零件摩擦副出现异常磨损，则应将磁性探头的更换时间缩短，加密取样；如磨粒数量仍呈上升趋势，应立即采取维修措施。

磁塞收集到的磨粒，除了用肉眼观察外，可借助 10~40 倍放大镜观察分析，特别应观察记录磨粒的表面形貌以判断磨损机理和原因。

磁塞检验是一种常用分析方法，有的类型的磁塞带有指示器，可以进行在线测量和跟踪记录，使用费用较低，简单易行，适合于检测 100~400μm 的颗粒。表 12-5 列出了磁塞收集的磨屑特征，可以根据这些磨屑的数量、大小和形态来推测设备不同部件的磨损状态。

但磁塞监测法存在下列缺点：

1）磁塞所收集到的磨屑量与润滑油中所携带的磨屑量之间的数量关系很难确定，因而几乎无法用定量表示。

2）磁塞收集到的磨屑重叠积聚，不便于观察及分析。

3）磁塞收集的主要是数百微米以上的大磨屑，而出现数百微米以上的磨屑时，零件的磨损已相当严重了，因此，磁塞的早期预报性较差。

图 12-9 所示是用三元坐标表示的机械润滑系统磨损时间、磨损颗粒的浓度、磨损颗粒的尺寸三者之间的关系，说明了润滑系统磨损的发展过程。

表 12-5　磁塞收集的磨屑特性

序号	磨削来源	特　征
1	滚珠轴承	1. 一般碎片 1)圆形的、“玫瑰花瓣”式的、径向分开的形式 2)高度光亮的表面组织,带有暗淡的十字线和斑点痕迹 3)细粒状、浅灰色、闪烁发光 2. 钢球的碎片 1)开始时(特别是轻负荷的球轴承上)鳞片状,边缘大致为圆的 2)放大 10~20 倍,表面有很小的斑点痕迹,这是由于突出部分被研磨后会有闪光作用。通常一面是高度磨光的表面,另一面是均匀的灰色粒状组织 3)在重负荷下,初始产生的微粒呈较暗的黑色,但移向光源时会闪烁发光 4)其后产生的下层材料是黑色的,形状更不规则,并具有较粗糙的结构 3. 滚道的碎片 表面破碎的碎片,通常一面很光亮,并像钢球的材料一样,带有暗淡的十字划痕;同时与滚柱轴承的滚道材料有相似的特性,形状大致是圆的
2	滚柱轴承	1. 滚柱的碎片 1)通常为长度等于 2~3 倍宽度的卷曲矩形状 2)高度光亮的表面 3)细粒状、浅灰色、闪烁发光 4)由于滚动作用,在微粒的一面整个宽度上形成了一系列的平行线痕迹 5)下层材料是长的,并呈撕裂状,其颜色比表面碎片黑 2. 滚道碎片 1)不规则的长方形 2)高度光亮的表面组织,沿运行纵向带有划痕 3)细粒状、浅灰色、闪烁发光 4)由于表面是平的滚动接触,因而划痕是沿滚道方向 5)滚道和滚柱两者的外侧往往首先破碎,一般是先出现矩形鳞片,而后逐渐恶化,变成很不规则的块状 6)内滚道首先恶化,继而是滚柱,最后是外滚道
3	滚珠和滚柱轴承	1. 绕转和打滑碎片 1)形状通常是粒状的 2)碎片是黑色尘粒 2. 保持架的碎片 1)是大而薄的花瓣形鳞片 2)有光亮的表面组织 3)呈铜色 4)开始时的碎片是细的青铜末,继而是大的铜色花瓣形鳞片。这种鳞片并非出现严重故障,但当其中出现分散的铜微粒,或有钢微粒嵌在鳞片中,或有较厚的块状青铜微粒时,则意味着有严重的故障
4	滚针轴承	1)尖锐的针形,与刺类似 2)粗的表面组织 3)深灰色闪烁发光
5	巴氏合金轴承	1)平的或球形的一般形状 2)平滑的表面组织 3)类似焊锡飞溅物或银的外表 4)在正常磨损情况下,即使局部热熔化和部分材料已扩散到轴承表面的微小空腔,回油中也很少有碎片 5)当轴承开始发生故障时,表面出现任意方向的发丝粗细的裂纹,在轴承表面局部油压作用下,油进入裂纹中造成微粒松动、受热脱落。脱落的碎片常常沉积在轴承的另一面或进入回油路中,其形状常常类似焊锡的细小球体
6	铅/20%锡轴承	1)不规则的形状 2)平滑的表面组织,并有细的平行线纹 3)外表像焊锡状,银色带有黑线纹 4)这些轴承有良好的耐疲劳性,一般在磨屑从表面脱落和进入油液之前,先有一定的故障进展状态

（续）

序号	磨削来源	特　征
7	齿轮	1. 正常的磨损碎片 1)不规则断面的发丝粗细的绞织物,很短并混有金属粉末 2)表面组织粗糙 3)呈深灰色 4)小的细发丝状绞织物通常成团,在磁塞上呈现较厚实状态 2. 故障碎片 1)形状不规则 2)表面带擦痕 3)外表粗糙,暗灰色带亮点 4)鳞片有时呈现齿轮牙齿的外形。一般外侧磨得更光亮,并有明显刻痕,有时伴有热变色。材料没有光泽,而且比由轴承产生的碎片更粗糙一些 5)由于齿轮的滚-滑接触特性,碎片表面的平行划痕与滚子轴承的碎片类似 6)下层的碎片是很不规则的,长而撕裂。这一状况由于齿轮的进一步研磨作用而加重

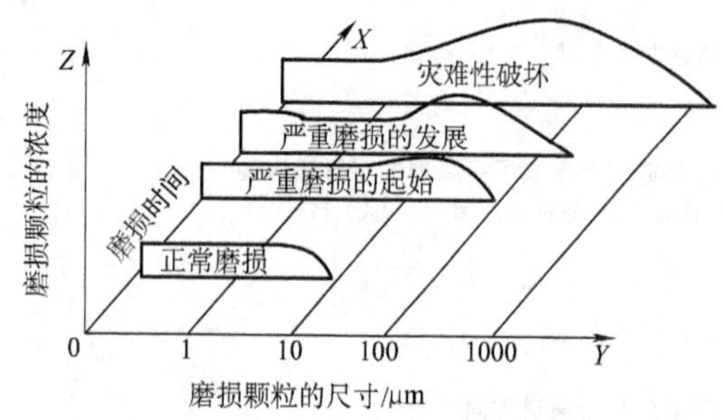

图 12-9　润滑系统磨损的发展过程

磁塞的有效检测范围主要为数百微米以上的颗粒，因此可以及时检测出较大的造成灾难性破坏的磨损颗粒，防止突发性故障的发生。

12.2.3　光谱监测技术

1. 概述

目前主要使用原子吸收光谱或原子发射光谱来对润滑油料进行光谱分析，已有专门的油料分析光谱仪生产。通过分析油中金属磨损颗粒化学元素的含量，对比不同时期油中金属含量的增加速度，来了解设备摩擦副的磨损情况，正确规定润滑油的使用期限，减少停机时间。

1）根据不同时期各种金属磨损颗粒所含金属元素量，可以判断摩擦副的磨损程度，预报可能发生的失效及磨损率。

2）根据微粒的化学成分及其浓度的变化，可以判断出现异常现象的部位及磨损的类型。

光谱监测技术与铁谱监测技术及颗粒计数技术相配合，还可以对磨损监测技术发挥出更大的作用。

2. 工作原理

关于光谱分析的工作原理和优缺点，在本书第 7 章中已做了介绍，此处不再重复。用于油品分析的光谱仪可以用一台计算机进行控制。将润滑油样放在小油盘中，利用两个电极间产生的高压交流电弧，将润滑油所含金属元素（如铜、铁、铅、锌、铝、钠等）和非金属元素（如硼、硅等）激发，使其放射出特定波长的光波，再用光栅分光和光电倍增管接收，并将光信号转变成电信号，经放大及模数转换，将元素含量数据显示或打印出来。根据油中各元素的含量变化情况，可以了解运动件的磨损情况、添加剂含量的变化情况及油的污染情况。

光谱油料分析的优点是快速而精确，但不能检测如下失效形式：①失效过程太快；②磨损颗粒尺寸较大。

图 12-10 所示为磁塞、光谱与铁谱的检测效率与磨损颗粒尺寸的关系。从图中可以看到，在 10～100μm，即严重磨损可能发生与发展的特征性颗粒范围内，磁塞与光谱分析法的效率低于 50%，因此有时不能发现已经出现的异常故障。

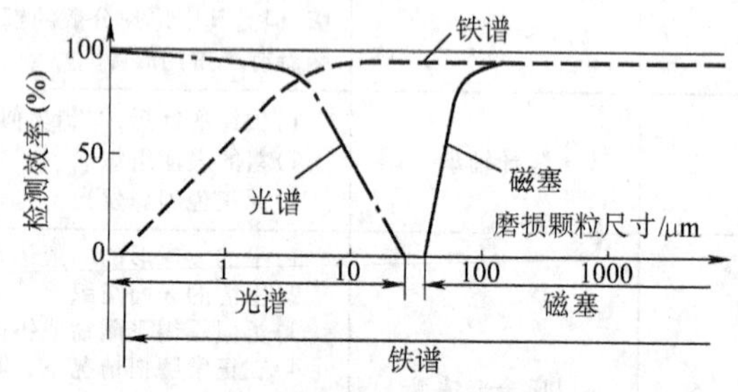

图 12-10　磁塞、光谱与铁谱的检测效率与磨损颗粒尺寸的关系

但发射光谱分析对于磨屑颗粒尺寸为 1～10μm、磨屑的质量分数低于 5×10^{-6} 时进行的分析较为适用，分析快速而精确，可靠性高。而且还可用来监测油品中添加剂和污染杂质元素的成分，由此可以检验添加剂的损耗情况和污染物的增加情况，及时并合理地换油或补充新油。此外，具有大颗粒收集技术（RFS）的发射光谱仪（例如超谱M型光谱仪）在检测磨粒的尺寸范围上有了较大的改进。表12-6所列为不同分析技术的性能比较。

光谱分析对磨损趋势分析特别是在跑合期间通过跑合过程光谱分析、给出跑合趋势线图，从而确定出最佳跑合规范。表12-7所列为磨屑或污染物元素及其能来源。

表12-6 不同分析技术的性能比较

项目	铁谱分析	光谱分析	磨粒计数	过滤器检测	磁塞
磨粒浓度	好(铁磨粒)	很好	好	好	好(铁磨粒)
磨粒形貌	很好			好	好
尺寸分布	好		很好		
元素成分	好	很好		较好	好
磨粒尺寸/μm	>1	0.1~10(RDE,旋转盘电极光谱仪)/>0.1(RFS)	1~80	>2	25~400
局限性	局限于铁磨粒及顺磁性磨粒，元素成分的识别有局限性	不能识别磨粒的形貌、尺寸等	不能识别磨粒的元素成分和形貌等	可采集微粒，不能识别磨粒的尺寸分布	局限于铁磨粒，不能做磨粒识别
检测用时间	长	极短	短	较长	长
评价	磨损机理分析及早期失效的预报效果很好	磨损趋势监测效果好	用作辅助分析、污染度分析	用作辅助简易分析	可用于检测不正常磨损
分析方式	实验室分析、现场及在线分析	实验室分析、现场分析	实验室分析、现场分析	现场分析	在线分析

表12-7 磨屑或污染物元素及其可能来源

序号	磨损元素	符号	可能来源
1	铁	Fe	缸套，阀门，摇臂，活塞环，轴承，轴承环，齿轮，轴，安全环，锁圈，锁母，销，螺杆
2	银	Ag	轴承保持器，柱塞泵，齿轮，主轴，轴承，柴油发动机的活塞销，用银制作的部件
3	铝	Al	衬垫，垫片，垫圈，活塞，附属箱体，轴承保持器，行星齿轮，凸轮轴箱，轴承表面合金材料
4	铬	Cr	表面金属，密封环，轴承保持器，镀铬缸套，铬酸盐腐蚀造成的冷却系统泄漏
5	铜	Cu	铜合金轴瓦，轴套，止推片，油冷器，齿轮，阀门，垫片，铜冷却器的泄漏

由于光谱分析技术所需投资及使用费用较高，主要应用于飞机、铁道车辆、内燃机、冶金及石油化工设备、汽轮发电机、重大设备的齿轮箱及液压系统等的润滑状态的监测。

12.2.4 放射性同位素（示踪原子）监测技术

使用热中子或回旋加速器产生带电质子核粒辐照活化零件，然后进行磨损监测。所采用的方法有以下3种：

1）薄层活化示差法即以测定局部活化零件在磨损试验过程中放射性能量的改变来评定磨损量和速率。零件活化层深度控制在20~250μm，零件的放射量很低，常在10μCi左右，可用于对发动机中较大零件的磨损监测。

2）浓度法即以测定油中活化磨损颗粒的放射量来度量和监控零件的磨损情况，放射量为20μCi左右，可测精度为10^{-6}g/L。

3）滤油器流通法即在浓度法的基础上，扩展一个滤油器的测量室及电测线路。总的磨损量可由测量滤油器与油中的磨损颗粒相加得到，可测精度为0.0001m/h。放射性同位素监测技术目前已比较成熟，准确而可靠，比较安全，只是成本较贵且放射性同位素不易取得，故尚不能普及应用。

12.2.5 铁谱监测技术

20世纪80年代，我国机械行业“六五”重点攻关项目中开展的铁谱技术基础研究为我国铁谱技术的发展奠定了基础，广州机床研究所等开展的铁谱技术在润滑系统工况监测的应用研究取得了显著的效果。1986年召开的第一届铁谱技术学术交流会根据来自各高校、研究院所、厂矿企业发表的26篇论文对液压系统、齿轮和柴油机、船舶、机床等润滑系统监测的经验和成果进行了交流和讨论，有力地推动了铁谱技术监测方法的发展。

从20世纪末到21世纪初，利用铁谱技术监测机械设备润滑状态的学术交流会议在我国多次举行，把铁谱分析、光谱分析、理化分析结合起来综合进行监测的润滑系统状态监测方法得到了广泛应用，从而成为最有效的设备润滑状态监测方法，大大提高了润滑状态监测的准确度。北京、上海、广州、武汉等地逐渐形成并成立了油样铁谱分析技术的应用研究中心或为工矿企业服务的专业性润滑油液监测检验中心。铁谱技术在柴油机、液压系统、轴承和钢铁、工程机械、矿山机械、大型机械加工设备等各类机械设备的润滑系统状态监测与故障诊断中均发挥了重要的作用而受到重视。

铁谱技术在磨损诊断与监控上具有广阔的应用前景。但由于磨损颗粒产生的复杂性、随机性等，造成了磨损颗粒识别与磨损诊断主要依靠具有丰富经验的铁谱工作者来进行。这极大地限制了铁谱技术的发展与推广。其中，磨损颗粒的识别是铁谱分析的首要环节，也是故障诊断和状态监测的关键环节。随着人工智能技术的发展，模糊集理论、灰色系统理论、神经网络及专家系统等新的理论和方法不断被应用于磨损颗粒的特征提取和自动识别，大大提高了磨损颗粒分析的智能程度，基于对称交互熵的智能识别方法对磨损颗粒数字特征的提取提供了量化信息，这些都令问题的解决越来越成为可能。近年来，专家系统在该领域的应用倍受关注，并取得了许多非常有效的成果，其中较为典型的如FAST系统，以及后来的FAST-PLMS系统、CASPA系统等。但总体上来说，由于铁谱分析过程中出现的复杂性和模糊性等，造成了目前铁谱领域仍存在一些问题，如：

1）由于铁谱知识具有一定的模糊性，很多情况下完全是根据铁谱工作者本人的经验，因而造成在利用传统专家系统时，知识库及规则的建立存在一定的困难。

2）目前的铁谱分析系统一般只是较高层次的，仍未能直接基于铁谱图像，而作用于磨粒图像的磨粒识别等也是铁谱智能化过程中的主要难点。

3）铁谱分析系统往往要产生大量的图像、文字和数字信息，管理好这许多的信息非常困难。目前关于这方面较为成功的例子的报道仍不多。

基于以上原因，本章将重点介绍铁谱技术的基本原理和操作、磨损颗粒识别与磨损诊断，以及铁谱技术应用的各种实例。由于磨粒识别与磨损诊断目前仍必须依靠具有丰富经验的人员来进行，因此，读者必须在反复练习的基础上加以掌握才能达到有效的应用。

12.3 在线油液监测技术

摩擦学系统油液监测多年来主要采用离线监测，远不能满足现代设备长周期连续监测的需求，因而设备在线油液监测技术就成为当前设备润滑磨损失效诊断技术的重要发展热点和趋势之一。该技术通过对设备摩擦学系统实时连续的监测，能够及时动态地获取被监测对象的润滑磨损等信息，实现设备状态监测与实时故障诊断，以保障装备安全可靠并满足连续作业的需要。在线油液监测消除了人为不确定性因素，取样和检测几乎同时进行，可以使企业及时了解设备的工作状态，具有重要的现实意义。2011年6月，在武汉理工大学召开的在线油液监测技术专题研讨会上，与会的专家学者一致认为在线监测将成为油液监测技术的主要发展方向与设备运行状态监测不可或缺的组成部分，并对今后的在线油液监测技术发展给予展望。开展在线油液监测基础理论研究、研发在线油液监测传感器、开发设备综合诊断分析系统及进行多信息融合技术研究仍是今后油液监测技术领域研究的重点。

在线油液监测具有3个重要特征：

1）监测过程的实时性。

2）监测过程的连续性。

3）监测结果与被监测对象运行状态的同步性。

通常，在线油液监测仪直接安装在现场设备的润滑系统中。在线监测仪在润滑系统中的安装形式可分为两种：一是直接安装在主油路中，称为In-line在线监测；另一种是安装在附加的旁路油路中，称为On-line在线监测。

12.3.1 磨损在线监测技术

磨损颗粒在线监测是采用安装在设备润滑系统上的监测传感器实时采集流经摩擦副后的油液中所含的磨损颗粒量信息，并提供超限报警功能的一项在线油液监测技术。针对磨损金属颗粒具有铁磁性的特点开发的磁电型磨粒在线监测传感器是比较成功的一种。它是利用油液流经传感器具有磁场的待检区域时金属颗粒所产生的扰动，使检测区与磨粒数量相关的磁力线或磁通量发生改变，并进行标定而检测出磨粒数量的原理进行工作的。由于润滑油中不可避免会进入一些非铁磁性颗粒及气泡等，正确区分磨损颗粒是这类传感器的关键技术。

国外比较成功的这类传感器是美国MACOM Technology公司开发的TechAlert™ 10型（见图12-11a）、加拿大GasTops公司开发的MetalSCAN磨粒传感器（见图 12-11b）和英国 Kittiwake 公司开发的 FG 型在线磨粒量传感器（见图 12-11c）。TechAlert™ 10 型磨粒传感器能提供机器不同失效阶段的磨粒尺寸分布与图像信息，并具有消除因水泡和气泡引起的误报警的筛选专利技术，其铁颗粒监测范围为 50μm 以上，非铁颗粒为 150μm 以上。安装时需要从润滑系统旁通连接。MetalSCAN 磨粒传感器能根据非铁磁性颗粒的信号相位与铁磁性颗粒信息相位相反的特征区分颗粒种类，并根据信号的振幅确定磨粒的尺寸，可监测金属颗粒尺寸为 100μm 以上，非金属为 250μm 以上，并能统计出各个尺寸范围内的颗粒数量和质量，累积数据进行趋势分析。安装时，根据油路的管径尺寸选用不同尺寸的传感器直接接在油路上。FG 型在线磨粒量传感器可监测的铁颗粒为 40μm 以上，非铁颗粒为 135μm 以上，安装时直接接入油路。目前，三种传感器已经实现了军民两用，具有高灵敏度、高可靠性和快速检测的特点，能及时发现并预报机械摩擦学系统的突发性磨损故障。

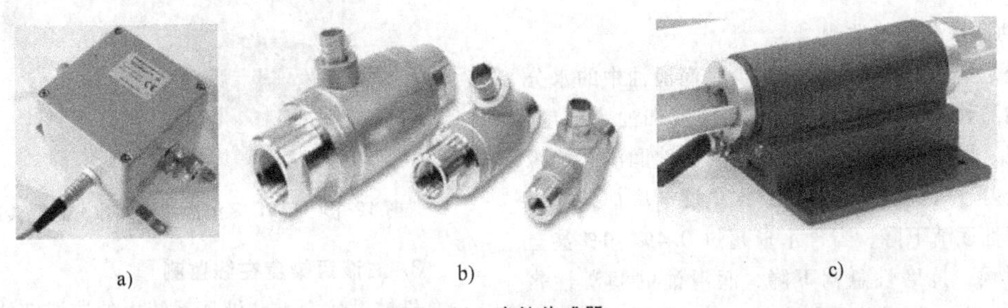

a)　b)　c)

图 12-11　磨粒传感器

a）TechAlert™ 10 型磨粒传感器　b）MetalSCAN 磨粒传感器　c）FG 型磨粒传感器

在国内，较典型的是西安交通大学润滑理论与轴承研究所在 1987 年研制出的国内第一台在线铁谱仪。之后，该所一直坚持在线铁谱技术的理论与传感器的研究。如今已成功研发出具有可视铁谱监测功能的在线图像铁谱传感器（见图 12-12）。该传感器同时基于磁性技术与光学原理。传感器利用电磁线圈产生电磁力将流经沉积管的被测油液中的磨损金属颗粒沉积下来，并利用光学感光镜头对沉积管待测区域进行测量和观察。一方面，可以通过调节电磁线圈的磁力强度来选择不同的沉积颗粒粒径范围，从而获得大、小磨粒读数及由这两个读数延伸出来的各种定量指标；另一方面，可以对沉积管中的沉积磨粒进行拍照和观测，从而获取油中磨粒的颗粒尺寸、外观形貌等摩擦学信息，从而判断设备的磨损状态和异常磨损类型。

图 12-12　图像可视铁谱传感器

12.3.2　油质在线监测技术

1. 油液黏度在线监测

黏度是衡量油品润滑能力的一个重要指标。对油品黏度监测，是判断设备润滑磨损状态、确定是否换油的重要依据。当润滑油经过被润滑的摩擦副表面时，局部的高温高压会使在用润滑油氧化，同时各种氧化产物的生成和外界污染杂质的掺入，如油泥、积炭、漆膜片、粉尘、泥沙等，也会降低润滑油的流动性，导致黏度升高。因此，实时监测设备润滑油黏度变化能及时反映在用油品质量状态及剩余寿命。

目前，基于不同专利技术的在线黏度监测传感器均已投入市场，具有代表性的是美国 Cambridge Viscosity 公司生产的多款在线式工业用黏度传感器，如图 12-13a 所示为其中一款。该在线监测传感器技术采用基于简单和稳定的电子式概念，探头内两组线圈在一个连续电磁力的作用下来回移动一个微型活塞，电路分析活塞来回移动行程的时间，从而测量油液的绝对黏度。同时，位于活塞上方的导流装置，将液体导入测量室，活塞持续运动以不断更新样品，同时机械摩擦不断擦洗测量室。还有一个内置的 RTD（旋转式温度测量）温度测量探头，实时测量测量室的温度。其次，美国 MEAS 公司推出的一款新型在线油液监测黏度传感器如图 12-13b 所示，该传感器利用了音叉的机械谐振，可同时测量流体的黏度、密度、介电常数和温度参数。另外，美国 TRW Conekt 公司研制的一款新型嵌入式油液黏度传感器，它是采用测量油液吸收与之接触的材料产生的剪切波能量是该液体黏度的函数原理，应用到了汽车发动机油在线监测。

a) b)

图 12-13 黏度传感器

a) SPC/L311 黏度传感器 b) EPS 黏度传感器

2. 油液水分在线监测

水分是指油品中水含量的多少。润滑油中的水分会促使油品乳化、氧化，降低油品黏度和油膜强度，增加油泥，加速有机酸对金属的腐蚀，使润滑、绝缘等效果变差。试验表明，随着含水量逐渐增加，润滑油的抗磨性逐渐下降，当含水量超过 0.4%~1%甚至更高的时候，抗磨性急剧下降，润滑油的润滑性丧失。因此，实时监测滑油中的含水量，能提前预测设备故障的发生。

国内外开发的油液在线水分监测传感器技术主要采用电学方法，其原理就是利用油液的电化学性能（如介电常数）反映油品污染状况，而水分污染对油的电化学性能参数又特别敏感这一特性。传感器采用的电学方法主要分为电容法和电阻法。电容法是将油液及其中的污染物作为一个特别构造的电容器电介质，水分等的存在及数量引起介电常数变化，从而改变这个电容器的电容量。传感器通过对电容量变化大小的检测实现对油液中水分的状态监测。Kittiwake 公司开发的在线水分监测传感器、美国迪沃森公司开发的 EASZ-1 型在线水分监测传感器、Lubrigard 公司开发的油质在线水分监测传感器如图 12-14 所示，国外先进的传感器应用都具有选择性，量程范围可以根据客户的需要设定选择，如 EASZ-1 型在线水分监测传感器就分 0~1wt%、0~3wt%、0~10wt%、0~25wt%等系列，并可以通过标准信号输出实现远程监控。

a) b) c)

图 12-14 在线水分监测传感器

a) Kittiwake 水分监测传感器

b) EASZ-1 型在线水分监测传感器

c) Lubrigard 油质在线水分监测传感器

电阻式在线监测传感器主要是通过测量油液的电阻率来实现对水分及其他污染物的监测。油液电阻率的大小与其中的水分、磨粒等其他污染物含量有关，在一定条件下测出油液电阻率的变化，便可分析出润滑油品质的变化程度。国内研发的一款油液在线水分监测传感器（见图 12-15）即是采用测量油质电阻抗变化来实现的。

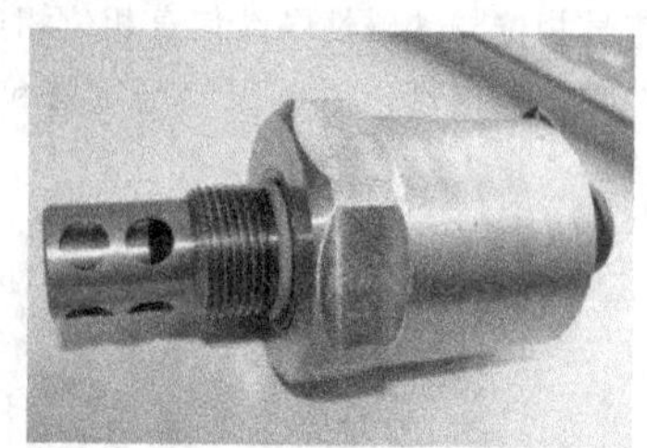

图 12-15 FWD-2 型油液在线水分监测传感器

3. 油液污染度在线监测

机械设备润滑和液压系统中油液污染的程度可用油液污染度来定量的表示。油液污染度是指单位体积油液中固体颗粒污染物的含量，而固体颗粒，如磨损颗粒、氧化物、粉尘等，是油液中最主要、危害最大的污染物，它是引起摩擦副表面磨损、刮伤、机件卡阻等故障的主要原因。常用的方法有称重法、计数法和半定量法等。目前自动颗粒计数器在油液污染分析中应用广泛，其按原理分为遮光型、光散型和电阻型等。而遮光型颗粒计数器是目前应用最广泛的一种，其方法是使一定体积的样品流过仪器传感器，用光遮挡法（也称光阻法）检测出大于某粒径的颗粒数量，然后计算并显示出大于该粒径的颗粒数或浓度。一次取样可同时测量、判别几种粒径。美国 ICM 公司生产的在线式颗粒计数器（见图 12-16a）和德国 ARGO 公司生产的 OPCom 在线式污染度监测装置（见图 12-16b）均采用工业界认同的遮光技术。国内，天津罗根科技有限公司自主开发的 KZ-1、KZ-2 系列在线式颗粒计数器（见图 12-16c）亦采用光阻法（遮光式），内置 GB/T 14039—2002（ISO 4406：2017）、NAS 1638—2011 等颗粒污染度等级标准，并可根据用户要

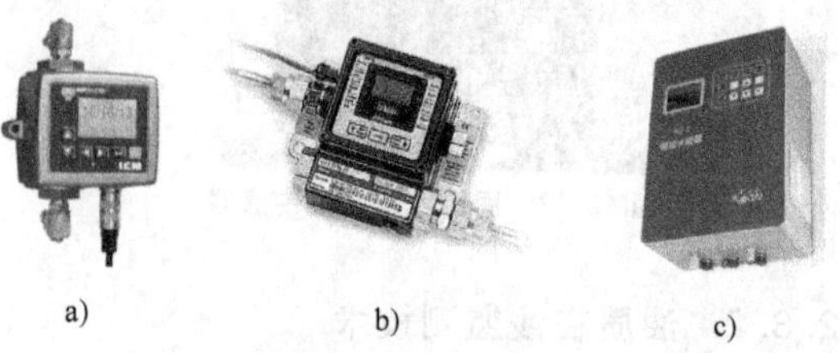

a) b) c)

图 12-16 污染度传感器

a) ICM 在线式颗粒计数器 b) OPCom 在线式污染度监测装置

c) KZ-1 在线式颗粒计数器

求内置所需标准，准确度为±0.5个污染度等级。

4. 油液集成在线监测技术

为了获取更多的关于设备润滑磨损的信息，提高设备油液在线故障监测的准确度，在线油液监测传感器技术向着集成化发展。这也是针对机械摩擦学系统在油液综合诊断信息的参数间表现出多种关联和互补特性发展起来的。集成传感器通过获取设备磨损颗粒、油品理化、污染度等信息，由监测系统自动实现设备运行工况的综合分析与故障诊断。目前，油液分析的各种在线监测方法也越来越多，性能也逐步稳定。这些仪器也逐渐集成化，能同时快速地测定多项在用润滑油的理化指标。如美国洛克希德马丁公司开发的 LaserNet Fines 自动磨损颗粒分析仪（见图 12-17a）基于激光图像处理技术将磨粒形貌识别与颗粒计数这两种常用的油液监测技术进行集成。Kittiwake 开发出 ANALEXrs 传感器套件组（见图 12-17b），用来监测润滑油品状态，控制污染，测试及分析磨损颗粒。

a)

b)

图 12-17　集成监测组件

a）LaserNet Fines 自动磨损颗粒分析仪
b）ANALEXrs 传感器套件组

广州机械科学研究院有限公司开发的不同系列在线油液监测仪集成了油液黏度、水分、污染度、磨损及油温等参数，并可根据机械设备使用不同润滑油的特性实现多参数的分组集成，如图 12-18 所示。集多传感器信息的在线油液监测硬件系统由油液自动循环采集模块、油液信息监测传感器模块、信号解码及调制模块、油液特征信息归集模块等硬件组成。

集成硬件设计将根据企业的需要实现油液在线检测与数据分析的集成显示或分开显示，系统自动实现油液数据实时趋势显示、数据存储与智能报警等功能。目前已成功安装在水电水轮机组、炼化烟汽轮机组、液压系统等关键设备，如图 12-19 所示。

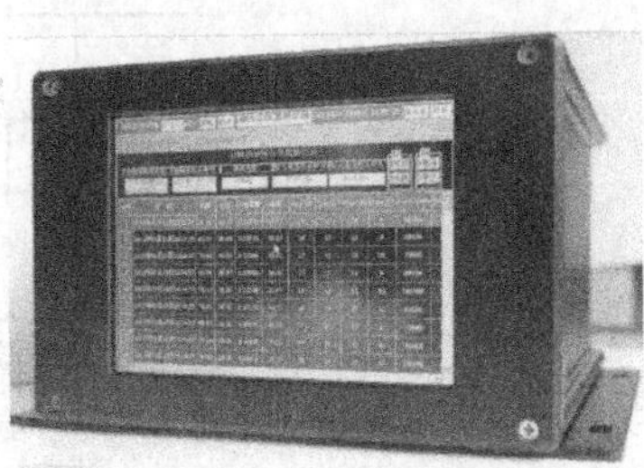

图 12-18　不同系列的在线油液监测仪

a)

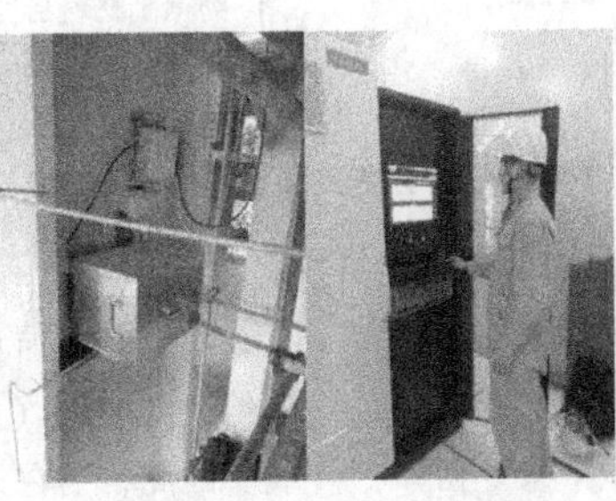

b)

c)

图 12-19　在线油液集成监测示例

a）水电水轮机组监测　b）炼化烟汽轮机组监测　c）液压系统监测

许多国内外研究机构对在线油液监测传感器及监测系统做了大量的研究和探索。但是由于各种机械设备的润滑磨损故障表征不同，被监测的摩擦学系统特性要求各异，油液故障特征信号检测手段复杂、信息量大，表征的油质信息多，以及状态监测各种层次的区别等，都使得油液在线监测传感器技术研发出现困难，以及多种方法。根据上述介绍的传感器和已经开发未介绍的传感器收集油液特征信息的原理，就有磁性法、光学法、电学法、声学法、X 射线法及集成化法等。如今，在线油液监测传感器技术在工业领域已经经历了试用阶段，并逐步走向成熟。

从在线油液监测传感器技术本身的难度考虑，尤其以机械摩擦副磨损监测为主，如果单纯从在线监测判别有无故障并预警是能做到的，但对于所存在的误报率、特征信息精确检测（如数据修正、温度补偿等）、故障机理评判、磨损状态及其与故障相关性等，现行传感器似乎并未给出一个确切的定量描述。从目前在线磨粒图像判别磨损机理分析技术上看，LaserNet Fines 只能自动识别大于 20μm 的严重滑动磨粒、切削磨粒、疲劳磨粒、纤维等，但机器开始发生异常磨损的磨粒尺寸是 10μm，当然这并不是说磨损颗粒在这个尺寸就一定出现磨损故障，它需要一个累积的过程。同时，对设备润滑而言，小颗粒的监测同样重要，油液中的微米级小颗粒具有时间的发展趋势特性，它们大量的产生对油品氧化物、油泥、漆膜等产生催化效应，进而引发非一般性故障，如油路过滤网堵塞、液压阀件卡阻等，而这些信息对磨损故障机理评价似乎并不具有价值，但它确实又引发了摩擦学故障。因此，油液磨损在线监测传感器技术仍是一个亟待开发的研究热点。

12.4　铁谱监测与诊断技术

图 12-20 所示是铁谱分析监测技术所包含的基本内容。

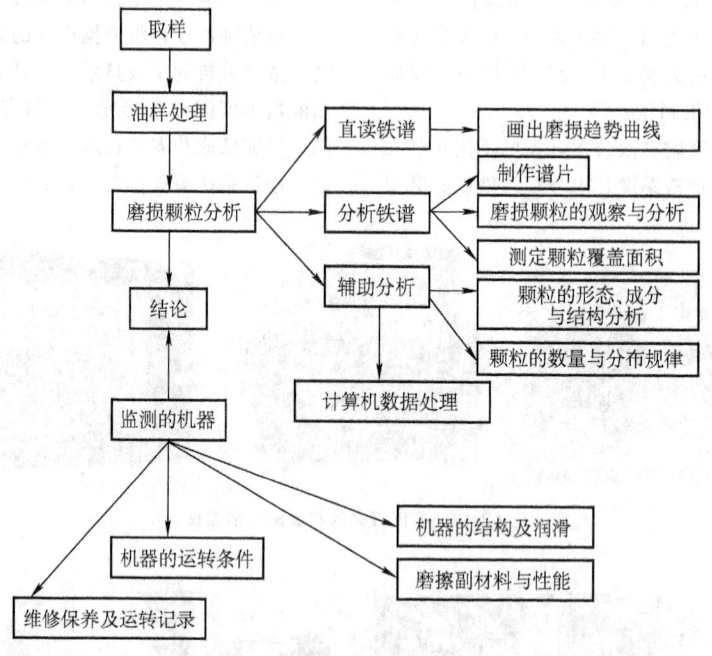

图 12-20　铁谱分析监测技术的基本内容

铁谱技术的主要原理是让润滑油样通过一个高梯度高磁场，利用磁场的作用，将油样中的磨损颗粒沉积在经过特殊处理的基片上，当油样从基片上流过时，磨损颗粒就沿着基片的长度方向沉积下来。由于这些磨损颗粒是在磁力作用下沉积的，因此可以排除非磁性颗粒并能按磨损颗粒的尺寸大小分开沉积，不至于相互覆盖，可以单独观察各颗粒的特征。

把谱片放在光学显微镜下用反射光进行检查时，由于很难把金属颗粒与化合物区分开来，因此需使用能同时使用反射光与透射光的双色显微镜或铁谱显微镜。

由于金属中的自由电子对光波的反射作用，光线在金属颗粒表面只能穿透很少几个原子层，而由化合物组成的颗粒（主要是非金属颗粒）则可以透过光线。因此，当在显微镜中同时用红色反射光和绿色透射光进行照明时，金属颗粒吸收透射绿光而把红色光反射入物镜，因此呈红色；化合物则允许较多的绿色透射光通过，因而呈现绿色。如果化合物颗粒厚度为几微米，则呈现由黄到橙的颜色。金属粒子的表面状况也可以通过反射光的照明来进行观察。

铁谱分析监测技术的内容包括磨损颗粒的分离、大小颗粒数量的测定、数据的综合与处理、磨损趋势的分析、颗粒形态的观察与分析，以及最后做出判断。

12.4.1　各种铁谱仪的结构原理及分析方法

应用铁谱技术进行磨损分析的仪器统称为铁谱仪。20 世纪 70 年代以来国内外开发的铁谱分析仪器有各种型号的分析式铁谱仪（Analytical Ferrograph）、直读式铁谱仪（Direct Reading Ferrograph）、旋转式铁谱仪（Rotary Ferrograph）和在线铁谱仪（On-line Ferrograph）等。

1. 分析式铁谱仪及其分析方法

（1）结构和工作原理　分析式铁谱仪是最先研制出来的铁谱技术仪器，如图 12-21 所示是分析式铁谱仪系统，由铁谱仪和铁谱显微镜两部分组成。图 12-22 所示为分析式铁谱仪的工作原理。

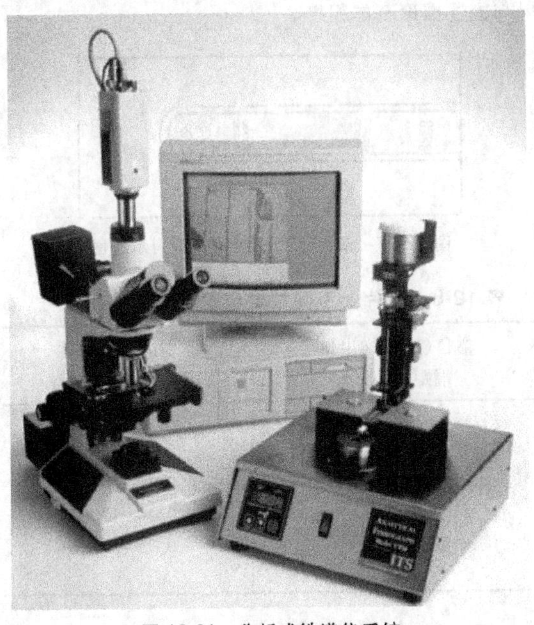

图 12-21　分析式铁谱仪系统

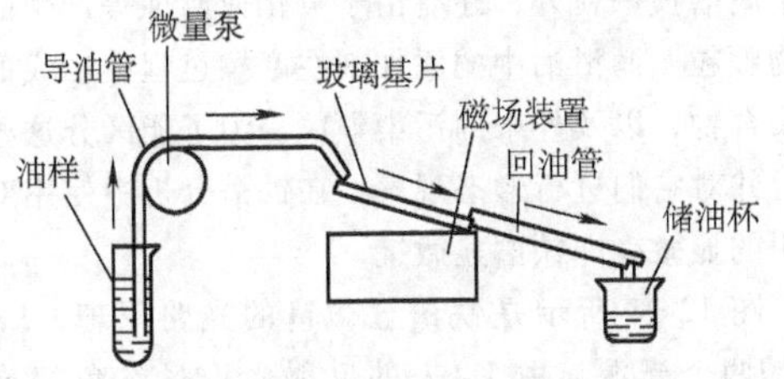

图 12-22　分析式铁谱仪的工作原理

按一定要求从设备润滑系统中取得的油样，经稀释、加热后将约 2mL 的待测油样放入玻璃管中，稳定低速率的微量泵输送油样到放置在强磁场装置上方且成一定倾斜角（1°~3°）的玻璃基片上（亦称铁谱基片）。油样由上端以约 15m/h 的流速流过高梯度强磁场区，从基片下端流入回油管，然后排入储油杯中。油样中的磨损颗粒在高梯度强磁场的作用下，按一定的规律排列沉积在基片上，用四氯乙烯溶剂冲洗去除底片上的残油，待溶剂全部挥发干后，垂直向上地取下铁谱片。图 12-23 所示为沉积在谱片上的磨损颗粒的分布。

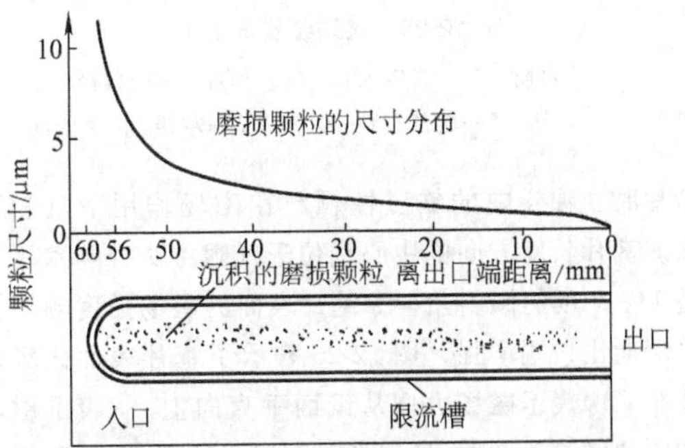

图 12-23　沉积在铁谱片上的磨损颗粒的分布

用于沉积磨损颗粒的玻璃基片称为铁谱基片，沉积了磨损颗粒的基片称为铁谱片，简称谱片。图 12-24 所示是铁谱基片的表面形状。

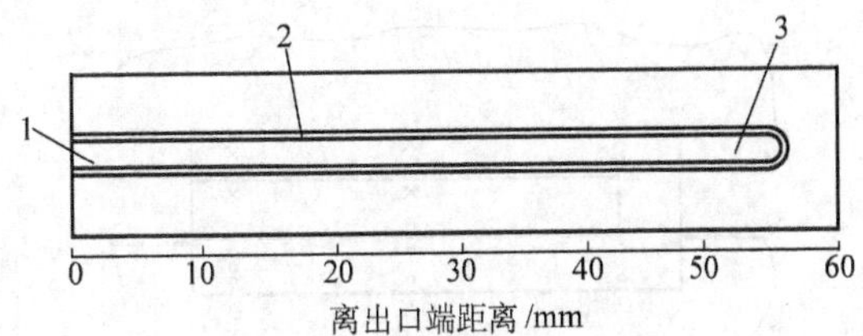

图 12-24　铁谱基片的表面形状

1—油样出口　2—栅栏　3—油样入口

铁谱基片（Ferrogram Substrate）的厚度为 0.17mm 左右。由于谱片需在光密度计上测量颗粒覆盖面积，并在光学显微镜和扫描电镜下观察与分析，故对基片的纯度、均匀度及表面清洁度有一定的要求。基片经特殊处理，在处理后的基片中央用聚四氟乙烯划出一条通道，使从输送管流入基片的油只能顺通道流过而不致溢出。为了描述磨损颗粒在谱片上的位置，把油样通道中任意一点到基片油样出口端的垂直距离称为“谱位”。

（2）磁场装置　分析铁谱仪的核心装置是磁场装置。图 12-25 是磁场装置示意图。这是一个具有约 1mm 气隙、磁通密度为 1.8T（相当于铁的饱和磁化率），垂直梯度分量为 4.0~5.0T/cm 的高强度磁场装置。

由图 12-25 可看到，当油样流经位于磁体上方的

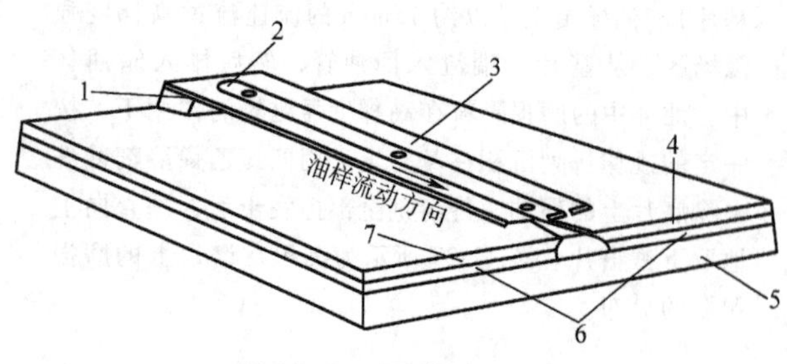

图 12-25 磁场装置示意图

1—台阶 2—油样入口 3—基片 4—右极靴 5—轭铁 6—磁铁 7—左极靴

基片时，油样中的铁磁性颗粒在磁场作用下沉积下来。基片长度方向的中心线位于气隙中央并与水平面呈1°~3°度的倾斜角，令基片表面的磁场强度顺着入口端向出口端增强，图12-26表示了基片表面磁场的分布。○表示磁场方向从纸面垂直向上，×表示磁场方向从纸面垂直向下，即磁力线从左极靴指向右极靴。图中点的密度代表磁场强度，由图可见，入口处 a 的磁场最弱，出口处 c 的磁场最强。因此，油液中的磨损颗粒在基片上流动时受到一个逐渐增强的磁场力的作用。

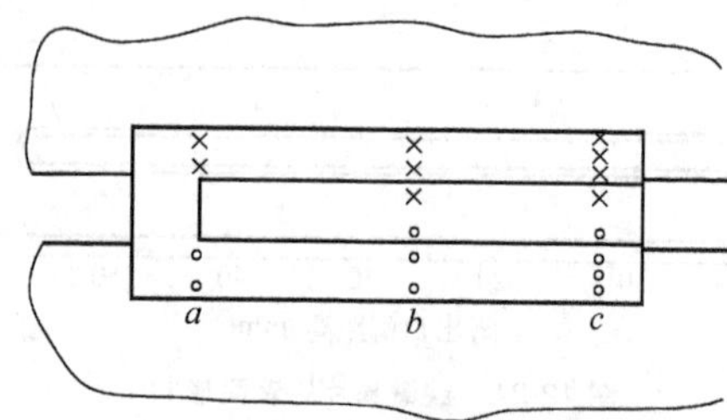

图 12-26 基片表面磁场的分布

○—磁场方向从纸面垂直向上

×—磁场方向由纸面垂直向下

(3) 磨损颗粒的沉降与排列　当油样流过基片时，油样中铁磁性颗粒受到磁场力作用而向下沉降，同时也受到油品的黏性阻力作用。因此，颗粒的沉降速度由磁场力和黏性阻力决定。令颗粒下沉的磁场力与颗粒的体积成正比，而阻止颗粒沉降的黏性阻力则与颗粒的表面积成正比。因此颗粒的沉降速度取决于体积与表面积之比。设想颗粒是直径为 D 的圆球，则可以认为颗粒所受的磁场吸力与 D^3 成正比，而黏性阻力与 D^2 成正比，因此可以推论颗粒的沉降速度与 D 成正比。这就导致大的颗粒首先沉降下来，而比较小的颗粒会随油样流到较远处才沉降下来。

在铁谱基片上流动的油层具有一定的厚度。处于层流状态的油液中不同深度的液层具有不同的流速，表层的流速最大而越靠近基片的油层流速越小，紧贴基片的油层的流速接近于零。所以，最下层的流体中的颗粒（包括最小的颗粒）都会几乎一接触到基片就沉淀下来，但携带着大多数小颗粒的最表层的颗粒则会沉淀到谱片的远处。大约50%的小颗粒会被占流体20%的外层流体所携带而沉淀到谱片的后半部。但是，在谱片的入口处必然也有一定的小颗粒随着大的颗粒一起沉淀下来。

铁磁性磨损颗粒沉降到基片表面时，由于被磁化的颗粒之间N极与S极互相吸引而排列成垂直于流动方向的链状，又因为已经排列成链的磁性粒子会与上方继续下沉的粒子互相排斥，因此先后沉降的链之间将保持一定的距离。图12-27与表12-8表示根据上述沉降机理而推算出的谱片排列情况。大量试验的结果与上述推论基本相符。

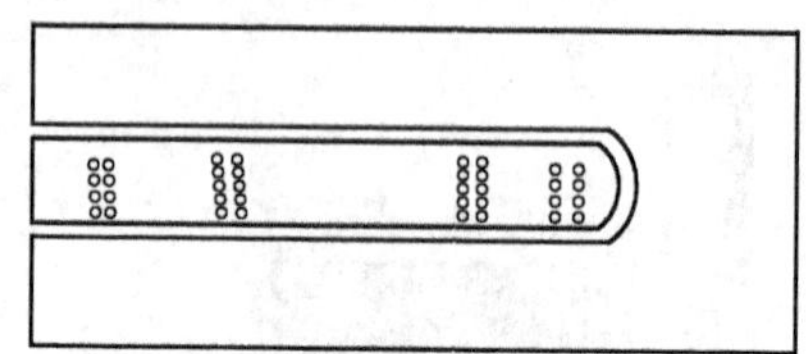

图 12-27 谱片上磨损颗粒的排列示意图

表 12-8 谱片上不同位置沉积的磨损颗粒尺寸

谱位(离油样出口端距离)/mm	颗粒的平均尺寸/μm
入口位置	25
50	1~2
40	0.75~1.5
30	0.50~1.00
20	0.25~0.75
10	0.1~0.5

(4) 铁谱显微镜　沉淀在铁谱片上的颗粒，除了金属磨损颗粒外，还有由于氧化或腐蚀等产生的化合物颗粒、润滑油中的添加剂在摩擦过程中形成的各种聚合物，以及外来的污染颗粒。为了能区分这些颗粒，并对它们进行形态观察，在铁谱分析中使用双色照明的显微镜即铁谱显微镜。

图12-28所示是铁谱显微镜的光路原理，L_1 和 L_2 是两个光源。由 L_1 来的反射光透过红色滤光片 F_1，到达半透膜反光镜 M_1，并往下反射，从上方照明谱片S；由 L_2 来的透射光通过绿色滤光片 F_2，再由反光镜 M_2 从下方照明谱片S，绿色透射光线从下方穿过谱片进入镜筒而红色反射光则从谱片表面反射进入镜筒。谱片上的金属磨损颗粒吸收绿色透射光而

反射红色反射光，因而呈现红色。氧化物和其他化合物，由于是透明或半透明的，能让光线通过，所以透过绿光显绿色。如果化合物厚度达几微米，则能部分吸收绿光及部分反射红光，红色光线与绿色光线混合的结果呈现黄色到粉红色。这样，通过颜色检查，便可初步确定颗粒的类型和来源。由于反射光从上方照明，对不能透过透射光的金属磨损颗粒的形态也可以进行观察。

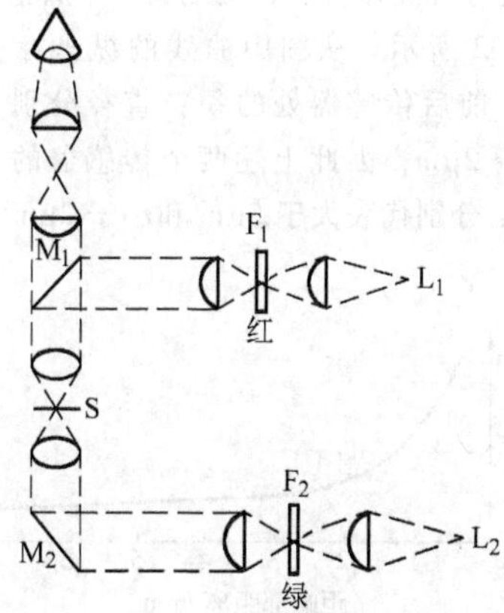

图 12-28　铁谱显微镜的光路原理

L_1—反射光源　L_2—透射光源　M_1，M_2—反光镜
S—谱片　F_1—红色滤光片　F_2—绿色滤光片

铁谱显微镜上配有放大倍数为 100 的高数值孔径物镜，其分辨率为 0.26μm，因而能较方便地对亚微米级的磨损颗粒进行观察。由于高数值孔径（数值孔径等于透镜口径半角的正弦与光线透过介质的折射率的乘积），物镜能从宽角度接收入射光线，因而特别适用于观察滚动疲劳所产生的球形颗粒。

（5）谱片光密度读数器　铁谱片上磨粒的数量和尺寸分布可通过用光密度读数器测量谱片上磨粒的覆盖面积百分数而获得。光密度读数器的光敏元件与显微镜的光路相连，可以数字显示被测部位的磨粒覆盖面积百分数，亦称铁谱读数。通常，当光敏元件不接受光时，读数器应调到 100%读数。

测定铁谱读数时，采用白色反射光照明和 10 倍物镜。测量步骤如下：

1）将被测部位的视场在显微镜下聚焦。

2）移动工作台，将铁谱片无磨粒沉积的干净空白部位置于物镜下，接通光敏元件光路，调零点。

3）将被测部位重新移到物镜视场下。

4）慢慢移动工作台，对被测部位扫描，并读出覆盖面积百分数的最大值，即铁谱读数的最大值。通常在铁谱片入口处应纵向、横向两个方向扫描，其他部位只需横向扫描即可。测量过程中注意防止非磨损的大颗粒或纤维物等的干扰。

5）记录铁谱片各个测量部位的磨粒覆盖面积百分数。通常规定铁谱片入口处磨粒覆盖面积百分数为 A_1，距出口 50mm 处磨粒覆盖面积百分数为 A_0，分别表示大小磨粒的数量。

（6）分析式铁谱的定量分析方法　磨损研究表明，在润滑工况下，相对运动的两表面的磨损状态与磨损过程中产生的磨粒数量、磨粒尺寸及磨粒分布密切相关。非正常的磨损均会导致磨粒浓度的变化，严重磨损总是伴随着较大磨粒的数量增加。所以，测量、记录油样磨粒的浓度变化、尺寸分布变化及其趋势就可以相对定量地诊断和监测设备的磨损状况。图 12-29 所示为一般金属表面磨损过程与磨粒尺寸及磨粒数量的关系。

（7）分析铁谱的图像分析方法　借助图像分析仪可以对铁谱片上排列的磨粒进行图像分析，通过光学显微镜采集铁谱片上磨粒的图像，经显微镜顶部的摄像扫描器及视频模拟数字转换单元，将图像的数字信号送微处理机。按给定的灰度反差，由软件程序分析磨粒的面积、周长、弦长、垂直及水平截距，以及基准尺寸宽度内的磨粒数量等参数。如将上述参数输入磁盘，也可以计算各种磨损参数，并可显示图形结果。

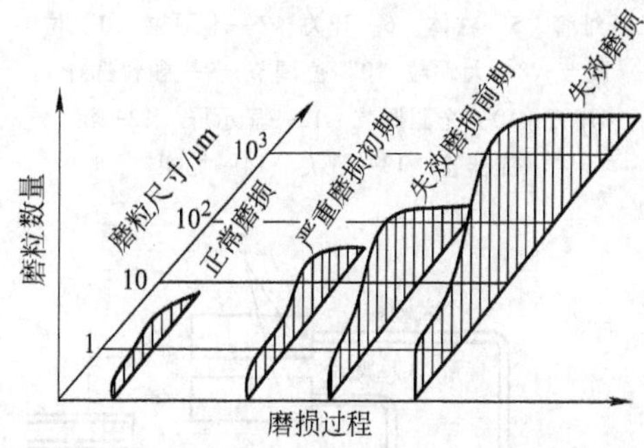

图 12-29　磨损过程与磨粒尺寸及磨粒数量的关系

操作时，显微镜工作台在谱片平面两个方向上的移动最好能自动控制，以准确地对铁谱片扫描测量。近年来，借助真彩色软件包，通过区分磨粒的颜色去分辨磨粒，用铁谱显微镜的双色光、偏振光采集图像，再配以铁谱片加热法，可以进一步对不同磨粒（如钢、铸铁、有色金属、氧化物等）进行分析。图像分析结果给出了磨粒覆盖面积、磨粒形状因子 $S \cdot F$、磨粒尺寸的分布（可表达为累积威布尔分布函数）等信息，据此可以分析判断设备的磨损程度。

2. 直读式铁谱仪及其分析方法

图 12-30 与图 12-31 是直读铁谱仪及其结构原理图。直读铁谱仪中磨损颗粒的沉淀原理与分析铁谱仪相类似，只是用一支称为沉淀器管（Precipitator Tube）的玻璃管来代替铁谱基片。当润滑油样被虹吸穿过沉淀器管时，位于管下方的磁场装置使铁磁性磨损颗粒沉淀在管壁上；同样，在高梯度磁场作用下，大于 5μm 的大颗粒首先在进口处沉淀下来，1～2μm 的小颗粒则沉淀在较下游处。在代表大小颗粒的沉淀位置各有一束光穿过沉淀器管，并被放置在沉淀器管另一侧的光电传感器所接收。第 1 道光束设置在能沉淀大磨损颗粒的管进口处，相距 5mm 处设置的第 2 道光束刚好位于小颗粒的沉积位置上。随着磨损颗粒在沉淀器管壁上的沉积，光传感器所接受的光强度将逐渐减弱。因此，数显装置所显示的光密度读数将与该位置上沉积的磨损颗粒的数量相对应。大约 2mL 油样流过沉淀器管后，沉淀器管中磨损颗粒的排列如图 12-32 所示。从图中曲线的纵坐标（颗粒直径）可见，前后传感器处的颗粒直径分别对应大于 5μm 和小于 2μm，因此上述两个传感器的光密度读数 D_L 和 D_S 分别代表大于 5μm 和小于 2μm 的磨损颗粒的数量。

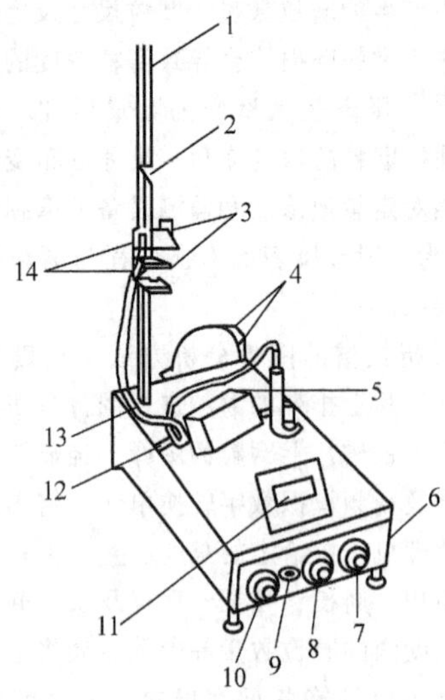

图 12-30 直读式铁谱仪

1—支柱 2—毛细管固定环 3—托架支座 4—光导纤维管 5—磁体 6—开关 7—小颗粒“0”位调节 8—大颗粒“0”位调节 9—颗粒选择开关 10—光源调节 11—显示屏 12—沉淀器管 13—管夹 14—托架

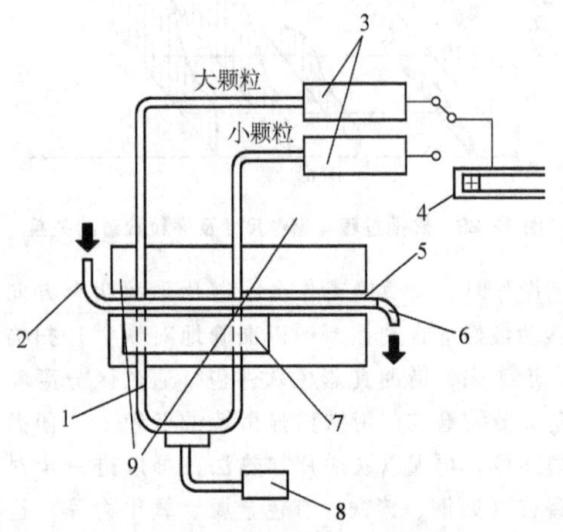

图 12-31 直读式铁谱仪结构原理图

1—光导纤维光导管 2—吸样毛细管 3—大、小颗粒测量器 4—数字显示仪 5—沉淀器管 6—虹吸管 7—磁场装置 8—光源 9—光电传感器

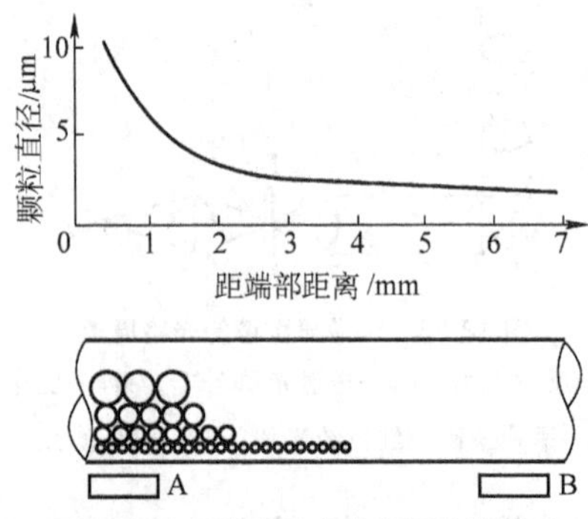

图 12-32 沉淀器管中磨损颗粒的排列

A—前传感器 B—后传感器

直读式铁谱仪的主要特点是可以比较迅速而方便地对磨损状态进行定量分析，因此在工厂、基地、港口等处得到了广泛的应用。

3. 旋转式铁谱仪及其分析方法

（1）工作原理和结构　在分析式铁谱仪的操作中，谱片的制备尤其是油样的稀释等操作都比较繁复，而且微量泵在泵油过程中，磨粒可能受到机械压碎作用。另外，当大磨粒较多时，制谱中谱片入口处易产生重叠现象。旋转式铁谱仪就是为克服分析式铁谱仪的上述缺点，在保留了铁谱片可以分析观察磨粒形貌、尺寸大小、材质成分等优点的情况下设计出来的。20 世纪 80 年代初英国 Swansea 大学首先研制了旋转式磨粒沉积器（Rotary Particle Depositor，简称 RPD）。

旋转式铁谱仪的基本原理就是把从机械设备中采集到的油样（可不必稀释）一滴一滴地滴到旋转磁台中心处，由于离心力作用油液向四周流散，油样中的磨粒在环形高梯度强磁场的作用下以同心圆环的形式沉积在玻璃基片上，最后清洗残油将磨粒固定在基片上，制成铁谱片。

图 12-33 所示为旋转式铁谱仪的结构原理。测定时用注射器式输送管把 1mL 油样输送到面积大约为 30mm^2 的平玻璃片或塑料片（基片）中心，基片利用定位套定位并使用橡胶密封带固定位置。放置在磁铁上的基片和磁铁装置一起，通过传动轴用可调速的驱动装置带动回转，油样中的磨屑在磁力和离心力的作用下沉淀并排列在基片上形成一系列同心圆。然后用洗涤管从溶剂瓶内吸取溶剂洗涤谱片上的颗粒。颗粒沉降时，装置以 70r/min 的速度旋转，洗涤时再以 150r/min 的速度旋转，最后再以大约 200r/min 的速度旋转 5~10min，使之干燥。谱片干燥后拉开固定用的橡胶带使谱片松开并取出。

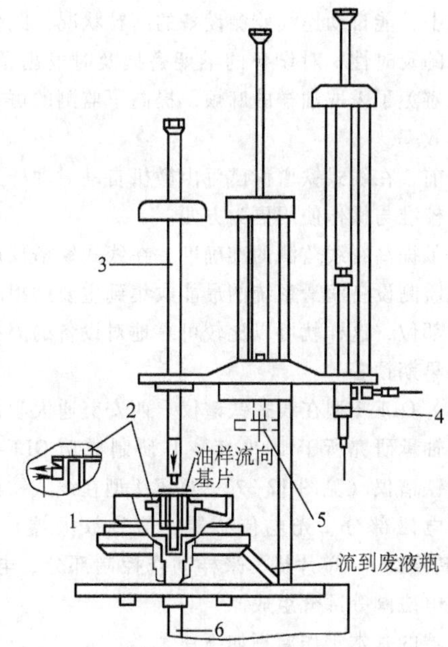

图 12-33　旋转式铁谱仪的结构原理

1—磁铁　2—基片固定带　3—注射器式输送管　4—洗涤管　5—基片定位套　6—驱动轴

图 12-34 所示为旋转式铁谱仪所制备的谱片上磨损颗粒的分布。磨损颗粒排列为 3 个同心圆环，内环为大颗粒，尺寸为 1~50μm，最大可达几百微米；中环颗粒尺寸为 1~20μm；外环颗粒尺寸小于 10μm。对于工业上磨损严重并有大量大颗粒及污染物的油样，采用旋转式铁谱仪制备谱片可以不稀释油样一次制出；对于磨屑比较少的油样也可以增加制谱油样量。制出的谱片还可以在图像分析仪上进行尺寸分布的分析。

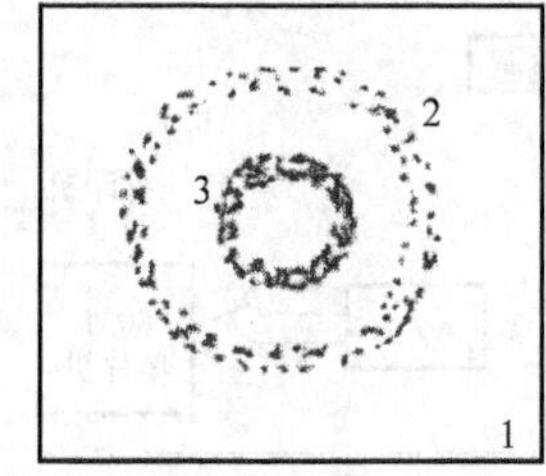

图 12-34　旋转式铁谱仪谱片上磨损颗粒的分布

1—基片　2—外环小颗粒　3—内环大颗粒

（2）旋转式铁谱仪的谱片光密度计　中国矿业大学摩擦学研究室研制的 KTP 型旋转式铁谱仪带有谱片光密度计，它利用光密度原理对谱片上的两个同心标准环带进行检测：$\Phi5.5\sim\Phi7.5$mm 环带上测出的为大颗粒光密度读数 R_L，$\Phi7.5\sim\Phi22$mm 环带上测出的为小颗粒光密度读数 R_S。利用这些数据可以计算下列参数，用以表达所分析的各机器摩擦副的磨损情况：

磨损度：R_L+R_S；

磨损严重度：R_L-R_S；

磨损严重度指数：$I_S=(R_L+R_S)(R_L-R_S)$。

主要参数：

谱片尺寸：25mm×25mm；

通光孔径：Φ24mm；

有效检测孔径：$\Phi5\sim\Phi22$mm；

重复性误差≤2%，精度误差≤3%；

测量结果输出：LED 数字显示。

铁谱谱片光密度计由 3 个部分组成：光学系统、试样台、电处理与显示。

1）光学系统。谱片光密度计的光电原理如图 12-35 所示。光学系统由两个望远平行光组（物镜 2 及 4）以及光源 1（6V，0.5W）所组成，物镜 2 发出平行光用以照明谱片 3，穿过谱片的光信号由物镜 4 聚集，然后由光电器件 5 接收并转换成电信号，经放大及处理后成为谱片透过率（光密度值）。最后由发光二极管显示其数值。显示的数值表示谱片相对于白片（基片）的相对透过率（即光密度值）。

2）试样台。试样台是安放标准环带基片及被测谱片的工作台。此试样台适合变换两种标准环带基片，用于测定固定环带上的铁谱相对透过率。

3）电处理与显示。数字式铁谱片光密度计电路框图如图 12-36 所示。

使用光密度计进行测量时，当放大器的玻璃片全无磨粒时，显示数字为零，当放入玻璃片全被磨粒遮盖时，显示数字为 100。

因此，测量中所显示的数字即为光密度百分比数。

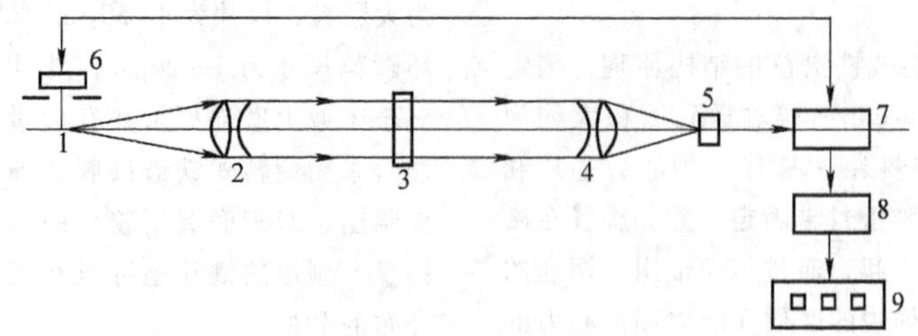

图 12-35　光密度计光电原理

1—光源　2、4—物镜　3—谱片　5、6—光电器件
7—信号放大器　8—处理电器　9—数字显示

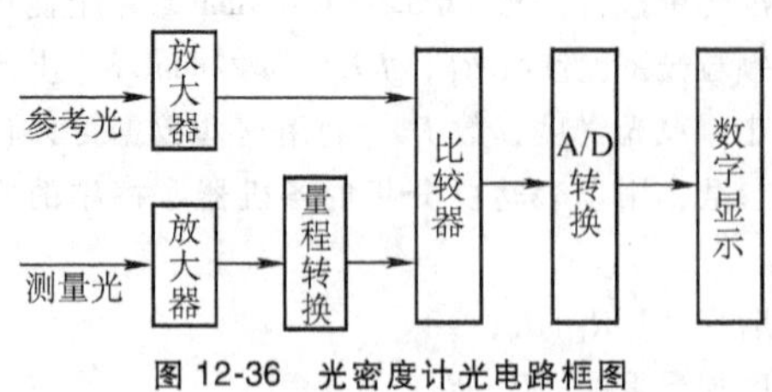

图 12-36　光密度计光电路框图

4. 在线式铁谱仪及其分析方法

在线式铁谱仪实际上就是直读式铁谱仪用于在线测量的一种改进仪器。在线式铁谱仪主要由两部分组成，一个是并联安装在被监测的机械设备润滑油循环系统中的光敏感元件，即探测器，另一个是显示传感器测量值的分析器。探测器由高梯度的磁场装置、沉积管、流星控制器和光电传感器等构成。当探测器接通，润滑油流经沉积管，润滑油中携带的磨粒在高梯度强磁场的作用下沉积到沉积管的内表面，表面感应电容传感器可以连续测量 D_1、D_2 数值，分析器给出了相应的磨粒浓度及磨粒尺寸分布状况。当达到预先设置的磨粒浓度值时，流量自动切断，一次测量结束。沉积管被自动冲洗，待冲掉沉积的磨粒后再开始下一个测量循环。每次测量的循环持续时间可在 30~1800s 内自由变化，设定的磨粒的浓度值通常根据沉积量与润滑油流通沉积管的油流量之比确定。一般有两种磨粒浓度读数范围，高读数值为 $0\sim1000\times10^{-6}$，用于磨损率高的情况；低读数值为 $0\sim100\times10^{-6}$，用于磨损率低的情况。

由于在线式铁谱仪直接装在被监测的机械设备润滑系统中，能自动连续监测设备的磨粒状况，既保证了监测的及时性，对设备的早期磨损及时发出预警，同时又避免了采取油样的麻烦，提高了监测的可靠性和工作效率。

目前，在线式铁谱仪已可由微机自动对油样进行标定，校准与操作使用更为方便。

为了提高在线监测的准确度，在线式铁谱仪应安装在被监测设备润滑系统的最能收集到主要磨损零件信息的部位，这样就可以比较可靠地对设备的磨损故障给出早期预警。

（1）OLF-1 型在线式铁谱仪　西安交通大学润滑理论及轴承研究所于 1990 年 4 月研制成功 OLF-1 型在线式铁谱仪（见图 12-37），OLF-1 型在线式铁谱仪主要由电磁部分、光电传感器、信号放大器、A/D（模数转换器）、单片机、采样动作控制部分、电源、油泵及电磁阀等部分组成。

仪器的基本工作原理如下：

1）磁场由单片机控制、建立和清除，磁场梯度适合磨屑做有序排列。

2）传感器由发光二极管及硅光电池成对组成，可以同时在 6 个位置上采集磨屑沉积覆盖面积数据。

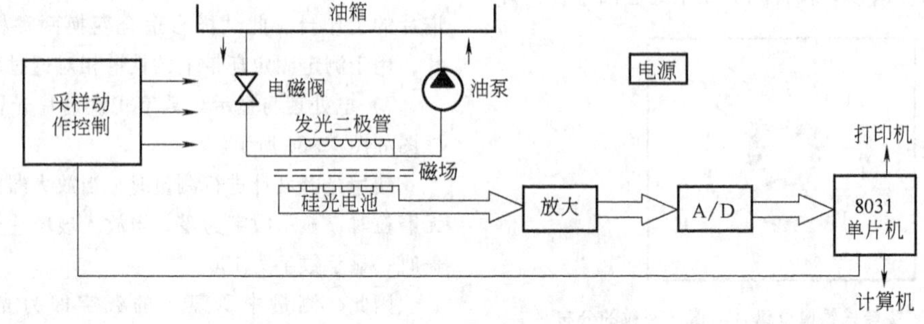

图 12-37　OLF-1 型在线式铁谱仪

3）信号变换部分采用弱电流低噪声放大及电流电压转换电路，有 6 路信号供 A/D 转换。

4）8031 单片机是主控机，能完成定时采样、动作控制、实时打印、总打印、建立数据库、进行故障判断及与上级机串行通信的工作。

5）动作控制包括油泵控制、阀门控制、磁场建立和清除、声光报警等。

6）仪器的应用程序分为五个模块，即键盘管理模块、采样动作控制模块、浮点运算模块、串行通信模块和自检模块。

OLF-1 型在线式铁谱仪控制模块的流程如图 12-38 所示。

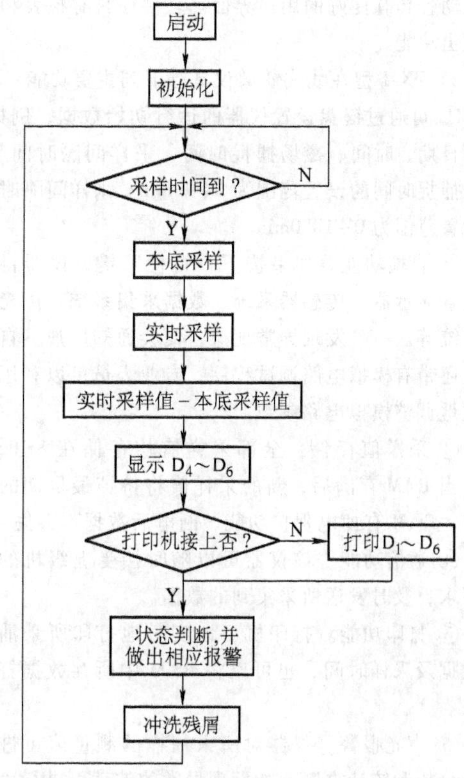

图 12-38　OLF-1 型在线式铁谱仪控制模块的流程

仪器的主要功能如下：

1）启动软时钟，进行时、分、秒及延时时间显示，实时记录采样时间。

2）采样间隔由用户设定，从 1～240min 分为 10 档。

3）用户设定磁场保持时间。

4）如接上 GP-16 微型打印机，即可打印采样数据。

5）可存 700 多组采样数据（每采样一次得一组数据），计算机复位后，可分档将全部数据打印出来。

6）每次采样时，程序自行判断，根据磨损恶化情况分 3 个级别报警。第 3 级报警为报警灯亮提示，扬声器发出低频警报音响，表明磨损状态改变，提醒注意；第 2 级报警为报警灯亮提示，扬声器发出中频警报音响，表明磨损状态异常；第 1 级报警为报警灯亮提示，扬声器发出高频警报音响，表明磨损状态恶化，请操作人员结合设备其他状况进行处理。在每级报警一段时间后，若无人干预，则仪器仍继续进行循环采样。

7）仪器具有 RS232 串行接口，能与计算机进行通信。当上级机不定时向仪器发出通信请求时，仪器会将上一次通信至本次通信之间所采样的数据全部送至上级机。

（2）ZX-1 型智能在线式铁谱仪　1992 年研制成功的 ZX-1 型智能在线式铁谱仪是为大型机械设备状态监测而设计的，也可用于汽车发动机台架试验磨损趋势的监测。它以线性磁敏元件为传感器，以单片机为主控制单元，可自动地完成定时采样、数据分析、显示打印、通信及声光报警等工作。

1）ZX-1 型在线式铁谱仪的组成。ZX-1 型在线式铁谱仪主要由三部分硬件组成：传感器系统，数据采集与控制系统，以及信息输入、输出系统。

传感器系统包括油样输送装置、永磁体驱动装置及探头。由单片机控制伺服电动机运行，驱动输油泵实现油样定量输送。永磁体由步进电动机驱动，可实现精确定位，能可靠地收集油样中的磨粒，并按磨粒尺寸大小沿流动方向沉积下来。探头内的 7 个磁敏元件和 1 个热敏元件输出 7 路磨粒数量信号和 1 路油温信号。

数据采集与控制系统采用 8031 单片机扩展系统作为主机，其中包括 8KROM、8KRAM、8155I/O（输入/输出）接口以及 8 路 8 位 A/D 转换。为了防止系统干扰，除采用光电隔离外，还增加了干扰后自复位电路，通过软件扫描可自动地恢复运行。

信息输入、输出系统包括键盘/显示器、串行通信口、打印机接口及声光报警电路等。键盘/显示器为 3×8 按键键盘、8 位数码管显示，由 8279 管理。串行通信口可以和任何具有 RS232 口的设备进行通信，也可以接收上级机的指令及向上级机发送采样值。打印机接口用于配接微型打印机，打印采样数据。

ZX-1 型在线式铁谱仪的软件系统由 5 个模块组成：键盘管理、自检、串行通信、主程序及数学运算。

仪器的运行过程采用定时控制。ZX-1 型在线式铁谱仪的软件系统含配用的上级机软件，全部采用菜单驱动，具有良好的用户界面。软件还具有报表和图形输出功能。

2）ZX-1型在线式铁谱仪具有下列主要功能：

① 可通过键盘设置仪器的运行初始数据，例如：开机日期、时间、磁场捕捉时间、采样间隔时间等。磁场捕捉时间的设置范围为0~99min。采样间隔时间的设置范围为0~1080min。

② 自检功能。如果按下“自检”键，仪器将分别检查显示器、传感器系统、数据采集系统、声光报警系统等。一旦发现异常现象，便会通知用户。自检模块还带有模拟电路调试程序，专业人员可以利用它有效地调整模拟电路参数。

③ 采样值存储。全部采样值均存储在8KRAM中，当RAM存满后，新的采样值将挤掉最早期的采样值。RAM有掉电保护功能，断电后数据不丢失。

④ 通信功能。该仪器可以随时接受上级机的通信要求，及时发送所采集到的数据。

⑤ 打印功能。打印机可以实时地打印所采油样的数据及采样时间，也可以将RAM中所存数据打印出来。

⑥ 声光报警。仪器对所采油样的测量值可进行趋势分析和统计推断，如发现异常的波动可进行声光报警，根据严重程度分为三级，提示用户判断。

12.4.2 磨损颗粒的识别与润滑磨损工况的判别

铁谱技术的核心是磨屑形态与机械润滑磨损工况之间的关系。自从铁谱技术问世以来，大量的研究工作都是用于如何识别磨损颗粒、如何用定性或定量的方法来对磨损颗粒进行分类及与实际工况联系起来。

1. 钢铁磨损颗粒的识别

在铁谱技术中，根据对使用铁谱仪分离出来的磨损颗粒形态进行研究的结果，把磨损颗粒归纳为下列5种基本类型：

1）正常磨损颗粒，也有译为“摩擦磨损颗粒”（Rubbing Wear Particles）。

2）切削磨损颗粒（Cutting Wear Particles）。

3）滚动疲劳磨损颗粒。

4）滚-滑擦伤磨损颗粒。

5）严重滑动磨损颗粒。

钢铁磨损颗粒的5种基本类型的特征及识别方法：

(1) 正常（摩擦）磨损颗粒　正常磨损颗粒（或称摩擦磨损颗粒）是指机器正常运转状态下由于滑动摩擦而产生的磨损颗粒，是机器正常滑动的结果。

当摩擦面磨合时，其表面会形成一层特殊的光滑表层。因此，摩擦面的磨合可以定义为精加工表面向光滑低磨损表面转变的阶段。对钢来说，磨合期间，两表面的机械作用破坏了金属的晶体结构，产生了一个厚度大约为1μm的短程晶序箔层（其晶格范围大约为0.03μm），这一层称为剪切混合层（Shearmixed -Layer）。剪切混合层在形成过程中呈现超塑性，它可以沿表面流动到等于其厚度几百倍的距离。剪切混合层在压力下具有流动性的能力导致摩擦副表面变得很光滑。金属表面只要存在一个稳定的剪切混合层，机器就处于正常磨损状态。但如果这一表层的破坏速度超过了其形成速度，磨损颗粒的尺寸就将迅速增大，这时最大的磨损颗粒尺寸将由5~15μm增大到50~200μm，磨损速率也将很快增大，机器将由正常磨损状态进入严重滑动磨损状态。

应用铁谱技术分离出来的磨损颗粒的照片表明，这些颗粒是一些很薄的片屑，扫描电镜照片可以更加清楚地表明它们是一些具有光滑表面的鳞片状（Flake-Like）粒子。通常其尺寸范围在15~0.5μm或更小一些，厚度一般为0.15~1μm，较大的颗粒厚度与最大尺寸之比大约为10∶1，而0.5μm左右的颗粒其比例则大约为3∶1。研究结果表明，它们是剪切混合层部分剥落的结果。金属表面在摩擦力的周期性反复作用下，剪切混合层发生疲劳产生小片剥落，从而形成正常的摩擦磨损颗粒。这一层不断剥落又不断新生，从而形成一个稳定的磨损表面，机器就处于正常的摩擦磨损状态。

当机器处于正常的摩擦磨损状态时，往往还可以在机器的跑合期间找到一些比上述颗粒大一些的粒子。这些较大的颗粒则是在表面由粗糙趋向光滑的过程中，凹凸不平的表面被剪切混合层覆盖所出现的。有时，这一层的某些部位被架在原来的断口或低洼面上，然后发生断裂、脱落，从而形成这些较大的片状摩擦磨损颗粒。

经过磨削加工或其他精加工的表面在跑合期间还会产生一些长条状或扁平状的颗粒。在跑合期间，金属表面的加工条纹的峰脊被弯折后沿着峰顶形成一些“檐板”。这些檐板随后以长条状或扁平状粒子的形式脱离表面。这些颗粒的数量将随着表面加工痕迹被磨掉或覆盖掉而不断减少，它们在谱片上的位置多数集中在油样的入口附近。

必须注意弱磁性的颗粒在谱片上将沉积在更远的谱位上，故在一个视域中的非铁磁性颗粒和化合物颗粒的都大于钢铁颗粒。因此，还可以根据颗粒所在位置来鉴别颗粒的成分并由此判断发生磨损的是哪一个零件。

(2) 切削磨损颗粒　其形状像车床切屑的磨损颗粒一样，它们是滑动表面微凸体互相切入产生的磨屑。产生切削磨损颗粒有两种方式：

1) 当滑动面上的某个硬组分因碎裂而产生带锐边的断口时，所产生的硬锐边会刺入配偶滑动面之中，产生平均宽度为 2~5μm、平均长度为 25~100μm 的粗大的切削磨损颗粒。有时，滑动面之间存在一个硬的夹杂物，这时也会产生一些长约为 5μm、厚约为 0.25μm 的较小的切削磨损颗粒。

2) 当滑动系统中存在某些硬的磨料（例如砂粒或来自系统另一部分的磨屑）时，它们也会嵌入软的表面之中（例如轴承衬套）。这些磨料颗粒的某些部分仍然突出于软表面而侵入到配偶滑动面之中，从而产生切削磨损。这种切削磨损颗粒的最大尺寸与润滑油中磨料粒子的尺寸大小成比例，有时也可能产生厚度仅为 0.25μm 的线状颗粒。但是，必须注意的是，系统中存在磨料杂质肯定会增大磨损速率，却并不一定产生切削磨损颗粒。例如，对于两个硬度相近并高于磨料硬度的滑动面来说，磨料的存在就只能增大磨损速率而不产生切削磨损。

切削磨损颗粒属于非正常磨损产生的颗粒，对于它们的出现和数量应做仔细监测。如果系统中大多数磨损颗粒是几微米长和几分之一微米宽，则应怀疑存在磨料杂质；如果系统中大的切削磨损颗粒（例如长度在 50μm 以上的颗粒）数量增加，则表明磨损组件的失效已迫在眉睫了。

(3) 滚动疲劳磨损颗粒　滚动轴承的疲劳会产生 3 种不同形态的磨损颗粒。它们是疲劳碎片（Fatigue Spall Particles）、球状颗粒（Spherical Particles）和层状颗粒（Layered Particles）。

1) 疲劳碎片是从表面的凹坑中剥落的碎屑。在微观剥落期间，这些颗粒的最大尺寸可达 100μm，当颗粒进一步增大时，这种剥落就从微观变为宏观，从而使零件失效。不正常磨损的初期预报，是大于 10μm 颗粒的数量增加。这些颗粒的主要尺寸与厚度之比约为 10∶1，它们有一个光滑的表面和任意而不规则的周边。出现这种颗粒，表明机器零件性能已严重劣化。但对于某些装置，产生这种颗粒的数量可能较少，因此，分析者具有识别这种颗粒的能力是很重要的。

2) 滚动轴承疲劳球状颗粒是在轴承的疲劳裂纹中产生的。球状颗粒的出现可以作为轴承出现故障而需要改变磨损状况的一种预报，因为这种球状粒子往往可在轴承产生疲劳剥落之前被检测到。当然，人们也发现，在清洁的润滑系统中有一些在高负荷下进行试验的轴承，虽然已经疲劳却并没有产生球状颗粒，因此没有球状颗粒也不能排除滚动轴承发生疲劳的可能性。然而，在工业系统的监测中，目前发现滚动轴承的疲劳都是在产生了大量直径在 1~5μm 的球状颗粒之后才发生的。据估计，轴承在疲劳失效过程中将产生数百万个球状颗粒。

气蚀、焊接和磨削过程也可能产生某些球状的磨损颗粒，但滚动疲劳产生的球状颗粒尺寸几乎都在 3μm 以下，而由焊接、磨削和气蚀（空穴作用）等产生的球状颗粒往往大于 10μm。没有使用过的润滑油中有时也会带有一些球状金属颗粒。因此，为了避免把杂质球状颗粒和轴承疲劳产生的球状颗粒相混淆，无论取样或分析时都应仔细判断。

3) 滚动疲劳产生的层状颗粒是一些非常薄的平片，其厚度只有平面方向最大尺寸的 1/30，而最大尺寸则为 20~50μm。它们是磨损颗粒被滚动碾压而成的薄片，表面常常带有一些洞穴。层状颗粒在轴承的整个使用期内都会产生，但在发生疲劳剥落时，其生成数量增加。因此，当发现球状颗粒，同时层状颗粒数量又增加时，表明滚动轴承已开始出现会导致疲劳剥落的显微裂纹，这些裂纹进一步发展就会引起严重的疲劳剥落。

滚动疲劳所产生的摩擦磨损颗粒较少，大颗粒（20μm）对小颗粒（2μm）的高比例是纯滚动疲劳的典型特征。当然，在整台机器的油样里极少看到摩擦磨损颗粒很少的情况，因为这时除了轴承之外，机器的其他滑动部位也会产生很多摩擦磨损颗粒。

必须注意的是某些润滑系统中可能产生一些与磨损无关的塑料球状颗粒。这时可利用双色显微镜根据它们的透光能力加以判断。在双色照明的情况下，塑料球状颗粒呈现绿色，而金属球状颗粒则为红色。此外，谱片上有时还会出现一些由油中的聚合物黏合在一起组成的球状颗粒，它们往往是半透明的。为了判断它们是否是金属球，可以把谱片加热到 330℃，这些由聚合物黏在一起的球状颗粒就会熔化而散开，变成为一摊。在显微镜下，其面积就明显扩大，据此即可判断为非金属球状颗粒。

(4) 滚-滑擦伤磨损颗粒　这是因齿轮疲劳和擦伤而产生的磨损颗粒。齿轮在低速高负荷下超载磨损所产生的颗粒划归为严重滑动磨损颗粒。润滑油中存在磨料所产生的磨损颗粒划归为正常磨损颗粒和切削磨损颗粒。

齿轮节线疲劳所产生的磨损颗粒与滚动轴承疲劳

所产生的颗粒有许多共同之处。一般来说，它们都有一个圆滑的表面和不规则的形状，但随着齿轮设计的不同，颗粒的主要尺寸与厚度的比例在 4∶1 到 10∶1 之间变化。由于齿轮啮合时表面存在拉伸应力，此应力将促使疲劳裂纹扩展至深处然后发生点蚀（Pitting），从而产生块状颗粒（Chunk Particles）。与滚动轴承的疲劳相似，齿轮疲劳产生大颗粒（大于 20μm）的比例也较高。

齿轮的划伤或擦伤起因于负荷或速度太高（或者两者兼有），这时表面过高的温度使润滑膜破坏并引起啮合齿面发生黏着。黏着磨损使表面粗糙化并导致磨损率增大。受影响的区域是轮齿承受高负荷和高滑动速度的部位，亦即在节线到齿顶或齿根的区域。通常一旦发生擦伤，每一个齿都受影响并出现大量磨屑。

由于齿轮啮合时齿面上不同接触点的滑动速度与滚动速度有较大的差异，所以产生的磨损颗粒的特征也有相应的差异。齿轮划伤时所产生的大颗粒的数量与小颗粒数量的比例是低的，而且大小颗粒的表面都很粗糙呈锯齿形圆边。根据这些特征也可以将划伤产生的小颗粒与摩擦磨损颗粒区分开来。某些大颗粒的表面存在有由于滑动接触留下的条纹。由于划伤时的高温，通常还会出现一定数量的氧化物，一些大颗粒可能出现部分氧化的迹象，其氧化程度取决于润滑和划伤的程度，颜色可以从棕色到蓝灰色。

（5）严重滑动磨损颗粒　当滑动表面由于负荷或速度过高而使应力变得过大时，会出现严重滑动磨损。这时，剪切混合层变得不稳定，出现大颗粒脱落，使磨损率逐步增大。如果滑动表面的应力更进一步加大，就会达到第 2 个转折点，这时，整个表面发生破坏并达到毁坏性的磨损速率。

大小颗粒的比例取决于表面应力超出极限的程度，应力级别越高，比例也越高。如果逐渐提高应力，那么就可以看到，先是小的摩擦磨损颗粒的数量逐渐明显地增加，然后才出现大的严重滑动磨损颗粒。

严重滑动磨损颗粒的尺寸在 20μm 以上，由于滑动摩擦的结果，某些颗粒的表面出现滑动的条纹，它们常常有整齐的刃口并且主要尺寸对厚度的比例大约为 10∶1。当磨损趋向剧烈时，粒子上的条纹和直线刃口越加明显。

2. 有色金属磨损颗粒的识别

根据有色金属在谱片上的非磁性沉淀方式，可以从金属颗粒中将它们识别出来。有色金属颗粒不按磁场方向排列，以不规则方式沉淀，大多偏离铁磁性颗粒链，或处在相邻两链之间。

有色金属颗粒通常沿谱片全长沉积，而主要尺寸大于 2~3μm 的铁颗粒不会沉积在谱片 1~50mm 的位置。所以，若在离开谱片上油样进口点一定距离以外处发现大于几微米的金属颗粒，则一般是有色金属颗粒。

（1）白色有色金属磨损颗粒　在使用光学显微镜检测谱片时，实际上不可能将白色有色金属区分开来。除非其上覆盖有氧化物或化合物，否则，它们一般都呈白色且具光泽。鉴别它们的有效方法是 X 射线能谱分析。

当没有可能使用 X 射线能谱分析谱片上的颗粒时，推荐用表 12-9 列出的化学热侵蚀法进行分析。表中头两列是用 0.1mol/L 的 HCl 或 NaOH 溶液滴在已加热到 90℃ 的谱片上，观察待识别的白色有色金属颗粒是否发生溶解。加热是为了促进化学反应和加速液滴的蒸发，液滴应尽可能小，以免使颗粒移位。表中后 4 列是白色有色金属颗粒在谱片加热法中的颜色变化。采用化学热侵蚀法，除了 Ag 和 Cr 互相不能区分之外，表中其他有色金属都能区分开来。

表 12-9　白色有色金属颗粒的识别

金属	0.1mol/L 浓度 HCl	0.1mol/L 浓度 NaOH	330℃	400℃	480℃	540℃
Al	溶解	溶解	不变	不变	不变	不变
Ag	不溶	不溶	不变	不变	不变	不变
Cr	不溶	不溶	不变	不变	不变	不变
Cd	不溶	不溶	棕褐色	—	—	—
Mg	溶解	不溶	不变	不变	不变	不变
Mn	不溶	不溶	不变	从黄到有些深紫色		—
Ti	不溶	不溶	不变	微棕色	棕黄	深棕色
Zn	溶解	不溶	不变	不变	棕黄	蓝棕黄色

（2）铜合金磨损颗粒　铜合金具有特殊的红黄色，因而易于识别。但是，也有某些金属颗粒由于生成时的过热而呈现黄褐回火色，这可能会导致与铜合金颗粒混淆。一般，黄褐色的铁磁性颗粒不易被混淆，因为它具有磁性沉淀方式；其他金属像 Ti、奥氏体不锈钢或巴氏合金，在某些条件下也可能呈黄褐色。但是，在大多数情况下，其颜色不会像铜合金那么均匀一致，而且在任何环境下，它们都不会具有铜

合金那样的微红色。

当谱片上铜颗粒被加热或在生成期间受到热的作用时，它们本身会形成回火色。可是这些颜色变化无助于鉴别铜合金的类别。因为许多种铜合金均可能发生这些颜色变化，而同样的合金也可能有不同的颜色反应，这要取决于它们的晶体结构、相偏析，以及磨损过程引起的早期塑变。

(3) 铅-锡合金磨损颗粒　由于铅-锡合金熔点较低而延性极好，通常是以涂抹而不是破裂的方式形成颗粒，因此在谱片上不常遇到许多游离的铅-锡合金颗粒。在谱片上发现铅锡颗粒时，它们多数已发生氧化。氧化磨损是轴颈轴承的一种重要失效形式，它是润滑不良及起动、停机时动压油膜难以形成而发生的。拆开这类失效的轴承便可发现由于铅锡合金氧化而生成的"黑疤"。

铅-锡合金轴承的其他两种主要失效形式是污染和腐蚀。污染可通过发现非金属颗粒及轴的切削磨损来判断。腐蚀磨损最常发生在内燃机，尤其是柴油机中。这时，在谱片出口处将有大量细小颗粒沉淀。柴油机燃料中的硫元素会形成硫酸，而在汽油机或燃气轮机中，当润滑油氧化时会形成有机酸，这些都腐蚀铅-锡合金轴承，并加速活塞环与活塞的磨损，其中铅比锡更易于腐蚀。

在一些失效的轴颈轴承中，除了氧化的铅-锡颗粒以外，还可能发现极易识别的铜合金颗粒。在这些轴承中，铜合金上镀有薄层的巴氏合金。铜合金使轴承具有较高的疲劳强度，而巴氏合金使轴承表面具有所要求的特性。这种结构的轴承特别适合于采用铁谱分析。这是因为一旦发现大量的铜合金颗粒便可肯定轴承已经发生剥落。

3. 氧化铁颗粒的识别

为了便于识别，将谱片上出现的氧化铁颗粒分为3种，即红色氧化铁、黑色氧化铁和暗黑色氧化铁。一般来说，红色氧化铁是润滑系统中有水分时出现的产物；黑色氧化铁是润滑不良及温度过高时出现的产物；而暗黑色氧化铁则是严重缺油产生高热促使金属颗粒表面严重氧化的结果。

(1) 红色氧化铁　X射线衍射分析表明，红色氧化铁的主要成分是α-Fe_2O_3。它又可分为两种类型：第1种是红色氧化铁锈；第2种是红色氧化铁磨损颗粒。红色氧化铁锈即通常的铁锈，是α-Fe_2O_3的多晶体，在白色反射光照射下呈橘黄色，在白色反射偏振光照射下呈橘红色。这种多晶团粒是顺磁性物质，所以在谱片全长范围内都可能发现这种大颗粒。它们产生于润滑系统含有水分的情况下；红色氧化铁磨损颗粒则是润滑不良时产生的平的薄片，在白色反射光下呈灰色，在白色透射光下呈无光泽的红棕色。由于它们对光的反射较强，在双色照明下很容易与金属颗粒发生混淆，必须仔细辨认才可以看出它们不具有金属颗粒那样的颜色。

(2) 黑色氧化铁　与红色氧化铁相比，黑色氧化铁产生于润滑更不良的情况。黑色氧化铁是一种含Fe_3O_4、α-Fe_2O_3和FeO的混合物。油中混入水分时不产生黑色氧化铁，而产生红色氧化铁。

高放大倍数下，黑色氧化铁呈粒状，并且有蓝色和橘红色的小斑点，看起来与巴氏合金氧化物相似。然而由于Fe_3O_4是铁磁性的，所以它们将顺磁场方向成链状沉淀。

(3) 暗黑色氧化铁　这是严重氧化的铁磨损颗粒。它在白色反射光照明下呈无光泽的暗黑色，谱片加热时也不起变化。这些颗粒在生成期间曾受到高热，是严重缺乏润滑剂的结果。大块的暗黑色金属氧化物是表面剧烈磨损的明显标志。当细微的暗黑色金属氧化物与正常滑动磨损颗粒串在一起沉淀时，虽然还不表示危急失效，但也是将发生异常磨损的信号。

4. 润滑油与腐蚀产物的识别

(1) 腐蚀磨损产物　腐蚀磨损产生许多细小的颗粒，其中大多数低于光学显微镜分辨率的下限，故称这种细小颗粒物质为亚微颗粒。腐蚀磨损油样制得的谱片具有一个不寻常的特性，即在10mm位置上的光密度读数（覆盖面积百分数）比50mm位置上的要高，所以谱片出口处细小颗粒的大量沉淀是腐蚀磨损的明显特征。

(2) 摩擦聚合物颗粒　这是润滑剂在摩擦副边界润滑条件下，由于摩擦所产生的高热而发生了聚合的产物。从外观上看，它们是一些大的、无定形的黏附体，其中总是嵌有许多金属颗粒。

油样中存在摩擦聚合物表明机器润滑有问题。如果润滑油的选用是合理的，摩擦聚合物便是在重载下产生的。对于某些场合，特别是重载齿轮箱（如直升机传动箱），摩擦聚合物的形成可以预报即将发生的划伤。过多摩擦聚合物的存在对机器状况是有害的，因为聚合物会使油的黏度增加；摩擦聚合物可能迅速堵住滤油器，使油从旁路流过，油中大的污染物和磨损颗粒就会流到机器的工作零件上。

大多数摩擦聚合物对加热无反应，加热到铁颗粒鉴别的第1试验温度（330℃）不会使摩擦聚合物发生明显的变化，即使加热到480℃也只能使无定形摩擦聚合物基体部分挥发，而在这一温度下大多数有机物都已被破坏了。摩擦聚合物也不能用有机溶剂来溶解。所以，一旦摩擦聚合物在润滑系统中形成，它们便不容易被清除。

(3) MoS_2 颗粒　当它们出现在谱片上时，很容易引起混淆，因为它们看起来与金属颗粒非常相似，而且具有类似的特性，故被认为是半金属化合物。其原因在于：虽然 MoS_2 是化合物，但其颗粒像金属颗粒一样能够遮光。然而，一旦学会如何鉴别 MoS_2 颗粒，这二者之间的差别便显而易见了。MoS_2 作为润滑脂中的固体润滑添加剂，应用于高温和重载的场合。它是一种有效的固体润滑剂，因为它具有高的抗压强度，能够承受变载荷，但是由于它的剪切强度低，其颗粒显示出许多剪切面并具有直棱边。当谱片被加热到 330℃ 时钢颗粒便变成蓝色，而 MoS_2 颗粒仍未受影响（即使将谱片加热到最高热处理温度，它们也是如此），因此它们与铁磨损颗粒易于区别。

5. 污染物的识别

(1) 新油中的污染物　从油缸或油桶中取出的大多数清洁润滑油均含有不同数量的微粒物质。因此，铁谱分析中用作稀释油样的油必须经过仔细地过滤，采用大约 0.4μm 孔径的滤油器过滤能够取得良好的效果。油中的污染物会引起机器的损坏，它主要取决于污染颗粒的硬度、大小及数量。当然，还取决于应用场合，例如精密轴承往往由于使用被污染的油而遭到破坏。所以许多机器在油箱和机器之间装有高效滤油器加以保护。在这种情况下，油中的颗粒可能仅仅引起油泵的磨损，因为这时油泵从油箱中抽油，通过滤油器再送至机器。只要颗粒的浓度不致大到堵住滤油器，使油从旁路流过，它们便起不了大的破坏作用。

(2) 新润滑脂中的污染物　使用润滑脂制作谱片时，必须用合适的溶剂（例如甲苯和己烷的混合物）来溶解润滑脂，才能从脂样中分离出颗粒。

润滑脂中大的磨损颗粒比润滑油中的同样颗粒更具有危险性，因为一旦使用了润滑脂之后，便无机会将污染颗粒除掉，而润滑油经过循环过滤却可以除掉污染物。

(3) 道路尘埃　将 AC 细试验粉末（即亚利桑那道路尘埃）弥散在油中然后制成谱片。亚利桑那试验尘埃被认为是轿车和越野车遇到的典型尘埃。它主要含二氧化硅（SiO_2），但也含有各种各样的其他物质。这种尘埃是通用汽车公司 AC 分析部在菲尼克斯实验室用当地获得的材料制作的。它按大小分类，出售给许多不同的实验室，用于各种各样的试验，其中包括过滤器效率试验、磨损试验及尘雾测量试验。观察道路尘埃的铁谱片，发现在进口处有一些深色金属氧化物颗粒。但它们仅仅是全部颗粒中的一小部分，确切地说少于 1%。在铁谱片上还发现了红色氧化物（Fe_2O_3）颗粒。

(4) 煤尘　煤尘是各种化合物的混合物，煤本身相当软，它可能不会引起被润滑零件太大的损伤，但煤尘中含有的 SiO_2 却是坚硬的磨料。煤尘还含有其他物质，像石灰岩、铁的氧化物及其他矿物。这些颗粒具有较大的潜在损伤作用。所以在煤尘和其他工业环境（如矿山、选矿、水泥生产、采石等）中工作的机械，应当防止污染物进入润滑系统。甲醇和乙醇是煤尘的良好溶剂，将合适的溶剂加入已知量的油样中，在超声波中使混合物振荡，便可溶解不需要的颗粒。

(5) 石棉　石棉纤维能与其他常见的、用于过滤器的那些纤维区别开来。因为它们的尺寸非常小，而且它们有可能被破碎或劈开生成更细小的纤维。即使在 1000 倍下观察石棉，在那些处在显微镜的分辨率下限的较大纤维上仍然存在单个的纤维和碎片。石棉是几种矿物纤维的统称。

油样中的石棉屑，可能是来自制动器或离合器片、绝缘材料或特殊滤油器，以及空气中的尘埃。

(6) 其他污染物　空气中的污染物、过滤器和密封件的碎屑等也常在油中发现，可能会干扰谱片的制作和降低润滑系统的清洁度。常见的污染有空气中的铸铁粉末（切削时散逸在空气中）、滤芯的纸或纤维屑、密封件中的碳或石墨屑等，在鉴定时应注意识别。

12.4.3　铁谱读数与数据处理

1. 铁谱读数

应用铁谱分析监测机器的润滑磨损工况可以先根据铁谱读数进行磨损趋势分析，然后再根据磨损颗粒的类型判别机器的磨损状态。直读式与分析式铁谱仪的读数有：

(1) 直读铁谱读数　D_L 和 D_S 分别代表油样中所含大于 5μm 和小于 2μm 的磨损颗粒的相对量，其单位是 DR（直读）单位。仪器的读数范围是 0～190DR 单位，即当沉淀器管的底部完全被磨损颗粒覆盖时就达到满刻度 190。

(2) 分析铁谱读数　A_L 和 A_S 是装在铁谱仪显微镜上的光密度计在谱片上两个位置读得的读数。它们代表在 1.2mm 直径的视场中被磨损颗粒所覆盖的面积的百分数；A_L 是在靠近液体入口点（大约距谱片出口端 55mm）的最大覆盖面积读数，A_S 是在距谱片出口端 50mm 处的最大覆盖面积读数。这两个位置相对于直读式铁谱中读数 D_L 和 D_S 所处的位置。A_L 和 A_S 读数的范围是 0~100。

直读铁谱读数与分析铁谱读数是等价的，但是，在数值上却是不能互相换算的。这是因为铁谱技术的读数取决于液体介质中磨损颗粒沉降出的大小颗粒的排列。磨损颗粒沉降时的运动方程是颗粒尺寸、形状、磁化率、密度，以及油液的黏度、密度、流动速度的复杂函数，对于形状和磁化率相同的颗粒来说，其下沉速度近似地和它的尺寸的平方成正比。因而，颗粒随流体所流过的距离将与它的尺寸和进入磁场时它在流体层中的高度与流动速度有关。就一定大小的颗粒来说，它有一个可能达到的最大流动距离，在直读式铁谱中，大于 5μm 的粒子在管中流动的距离不大于 1mm。因此，沉淀器管中每一点实际上都被大小不同的粒子所覆盖，但每一点都有一个该点可能沉淀的最大颗粒尺寸。这样，沉淀器管中磨损颗粒的排列如图 12-32 所示。在分析式铁谱中，谱片上颗粒的沉淀也以类似的方式发生，但由于分析式铁谱中磁场强度和梯度与直读式铁谱有所不同，谱片上所有大于 5μm 的颗粒将沉淀在入口处，而大多数 1~2μm 的颗粒则沉淀在 0~50mm 处。同样，它也不能阻止小颗粒的早期沉淀，而这只是由于大颗粒有较高的沉淀速度，故导致在每个谱片上的某一点之前，一给定尺寸的所有颗粒已沉淀下来。粒子尺寸越大，与该粒子相对立的点将越靠近入口区，但这些点的位置也同时受到流体的黏度、局部磁场的变化、粒子形态和颗粒的磁化率等因素的影响，因此，A_L、A_S 读数和 D_L、D_S 读数由于各自条件不同而在数值上不能互相换算。

2. 磨损烈度指数

在正常的润滑工况下，零件表面缓和的磨损过程中所产生的磨损颗粒的最大尺寸一般都在 15μm 以下，其中绝大多数是 2μm 或更小些。而任何一个不正常润滑工况下所产生的磨损，即任何一种能大大降低摩擦副使用寿命的磨损方式（如严重滑动磨损、疲劳、擦伤等）所产生的磨损颗粒，除了数量大大增多之外，其最大尺寸大多数大于 15μm。所以磨损过程的第一特征是其磨损颗粒的最大尺寸与磨损方式有关，这一点显然可作为对磨损情况进行定量的第 1 个基准。考虑到这一情况，正常磨损工况的铁谱定量读数 A_L 或 D_L 值应该接近 A_S 或 D_S 值（实际上正常磨损时的 A_L 值或 D_L 值往往稍大于 A_S 或 D_S 值）。而在大多数不正常的润滑磨损工况下，A_L 及 D_L 值会大大地超过 A_S 和 D_S 值。因此，数值 A_L-A_S 或 D_L-D_S 可作为发生不正常磨损的一个标识，即 A_L-A_S（或 D_L-D_S）可以作为用铁谱技术定量磨损过程的第 1 个指标。

另外，从铁谱技术读数测定的结果中还发现不正常磨损时，磨损颗粒的总数大大增加（只有疲劳磨损的初始阶段例外）。磨损颗粒的总数可以用 D_L+D_S 或 A_L+A_S 表示，因此，这个参数可以作为发生不正常磨损的第 2 个指标。

综上所述，把上述两个指标相乘，即以 D_L+D_S 或 A_L+A_S（代表颗粒总数）和 D_L-D_S 或 A_L-A_S（代表大颗粒数量）的乘积作为反映磨损剧烈开始的敏感性指标，以符号 I_S 标记，称为“磨损烈度指数”（Severity of Wear Index）。以直读铁谱读数为基础的标记为 S_D，以分析铁谱读数为基础的标记为 S_A。

$$S_A=(A_L+A_S)(A_L-A_S)=A_L^2-A_S^2$$

$$S_D=(D_L+D_S)(D_L-D_S)=D_L^2-D_S^2$$

S_A 和 S_D 统称为 I_S

由于不同的机器润滑系统在颗粒数量和尺寸分布上的变化很大，因此必须对所监测的对象测定其正常运转时的 I_S 数值范围。如果以后的测定值超出了这个范围，就可以做出系统出现不正常磨损的预报。

一般，也可以对监测系统使用两个参数，即以 A_L+A_S（或 D_L+D_S）作为磨损的一般水平的指示值，而用 S_A（或 S_D）作为磨损剧烈程度的指示值。这样，对于某些“非灾难性”然而也是过度磨损的情况（例如过度的正常摩擦磨损、某些类型的氧化磨损及磨料磨损），可以利用 A_L+A_S（或 D_L+D_S）检测出来，而磨损烈度指数 S_A 或 S_D 则作为很快会失效的剧烈磨损开始的指示。

3. 累积总磨损值与累积磨损烈度线

在正常的缓和的磨损情况下，系统的磨损将处于稳定状态，磨损率相对恒定，即磨损颗粒的产生速率相对恒定，机器润滑系统中磨损颗粒的浓度也相对恒定。因此，若将代表磨损颗粒总量的参数（D_L+D_S 或 A_L+A_S）定义为总磨损值，则对润滑系统每次取样测出的总磨损值累积叠加，称为累积总磨损值 $\Sigma(D_L+D_S)$［或 $\Sigma(A_L+A_S)$］，在坐标图上取等距离标出每次取样的累积总磨损值并连成线，则这条累积总磨损值线将近似为一条斜率恒定的斜线。同理，若将代表大、小颗粒读数之差的（D_L-D_S）或（A_L-A_S）定义为磨损烈度，同样将每次取样测量得到的磨损烈度值累加称为累积磨损烈度，则相应地也可画出累积磨损烈度线，这条线也是一条斜率近于恒定的斜线。机器在正常、缓和的磨损情况下，上述两条线（累积总磨损值线和累积磨损烈度线）将构成两条发散的斜线（见图 12-39）。

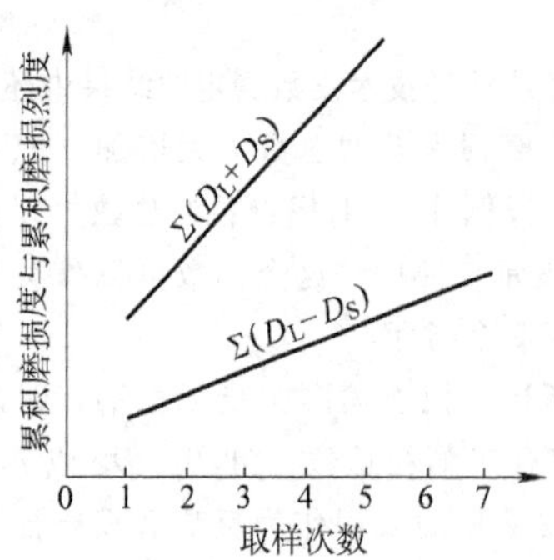

图 12-39　正常磨损情况下的累积总磨损值线与累积磨损烈度线

当系统发生不正常磨损时，无论大颗粒还是小颗粒的产生速率都会发生变化，因此，累积总磨损值与累积磨损烈度线的斜率都将发生变化。如果大颗粒数量的增长速度高于小颗粒，则两条线将互相靠拢。相反，则两条线均同时向上拐但进一步发散。上述两种情况均可作为磨损趋势加剧的征兆。

4. 曲线下面积

谱片上磨损颗粒覆盖面积（AUC）的读数 A_L 和 A_S 只反映了谱片上两个具有代表性位置上的磨损颗粒密度。由于谱片上颗粒的沉降带有很大的随机性，沉降过程中影响因素也很多，测定覆盖面积往往误差比较大，加上有些类型的磨损（例如腐蚀磨损）会产生大量小于 1μm 的颗粒，这些颗粒集中沉淀在谱片出口处，A_L 和 A_S 均反映不出这种磨损颗粒数量和尺寸的变化。对于类似这样的情况，如采用在谱片全长上测量覆盖面积并画出谱片位置-覆盖面积曲线则更能反映系统中磨损情况的变化。这种用来衡量磨损严重程度的参数叫作曲线下面积。

5. 标准化读数

铁谱技术中的定量读数都是采用测定光密度的方法来测量磨损颗粒的数量，因此，当磨损颗粒互相重叠时，测出的光密度与颗粒数量之间将偏离线性关系。重叠越严重，偏离得越厉害。所以，进行铁谱分析时，往往要对采集来的原始油样进行稀释以减少颗粒数量，这样，进行磨损趋势分析时应该把测定结果换算成原始油样的读数，这就是标准化读数。

6. 铁谱读数误差的分析

铁谱仪读数能否与润滑油中磨损颗粒的数量相关可从下列 3 个方面进行考察，即铁谱读数与磨损颗粒数量之间的线性响应、磨损颗粒的沉积效率和读数的重复性。

（1）铁谱读数与磨损颗粒之间的线性响应　影响线性响应的原因是磨损颗粒的重叠。颗粒如果发生重叠，则磨损颗粒的数量和它的遮光量之间的关系不成线性。当磨损颗粒的浓度极低时，由于磁场有防止重叠的作用，颗粒排成长链而不至堆叠起来。试验表明，当覆盖面积在 50%以下时，由重叠所引起的非线性基本上可以排除。

（2）磨损颗粒的沉积效率　油样中的磨损颗粒通过铁谱仪时能沉降下来的百分比称为沉积效率。分析铁谱的沉积效率为：油样第 1 次通过谱片时能沉淀 80%的大于 2μm 的颗粒和 50%的大于 0.1μm 的颗粒。表 12-10 所列为分析铁谱的沉积效率。

表 12-10　分析铁谱的沉积效率

距谱片进口端的距离/mm	第 1 次制备谱片的覆盖面积(%)	第 2 次制备谱片的覆盖面积(%)	沉积效率(%)
4	46	8	83
14	42	7	83
24	34	8	74
34	27	12	56
44	25	12	52

油样中的有机杂质对沉积效率有很大影响，它能使沉积效率下降并扰乱粒子在谱片上的分布。通常，大于 1μm 的颗粒都能沉积下来，但当油中存在大量有机物时，第 2 次通过谱片时仍能看到 1μm 的颗粒。另外，4μm 的大颗粒也可能在谱片出口端看到。表 12-11 所列为有机物对沉积效率的影响。

表 12-12 所列为直读铁谱的沉积效率。从表中可见，第 1 次通过以后，D_L 减少了 88%，D_S 减少了 70%，第 1 次通过后 D_L 和 D_S 值较接近。

（3）读数的重复性　铁谱定量读数的重复性比较差，这与磨损颗粒沉降过程的随机性有很大关系。表 12-13 所列为分析铁谱读数的重复性，是按同一方式从同一油样制出的 3 个谱片上不同位置处测得的覆盖面积百分比，显然读数有很大变化。对于覆盖面积大于 10%的，其变化幅度介于 5%～38%之间，大部分在 10%～20%之间。

直读铁谱读数的重复性列于表 12-14。从该表可见：直读铁谱 D_S 读数的标准偏差系数为 6%，而 D_L 读数的标准偏差系数为 15%。

上述数据表明，铁谱技术定量读数的重复性很差。其误差来源之一是仪器，例如：分析铁谱中液体流动速度不恒定，油进入谱片的位置不能精确定位，以及直读铁谱管子内径有变化等。另 1 个误差来源是首先沉积下来的大颗粒对局部磁场会有很大影响，并能改变基片上粒子的分布，使颗粒的沉积过程带有很大的随机性，因而造成铁谱读数的重复性差，这是目前铁谱仪存在尚需改进的地方之一。

表 12-11　有机物对沉积效率的影响

距谱片进口端的距离/mm	所制备谱片上颗粒的尺寸分布/μm			备注
	第 1 次沉积	第 2 次沉积	第 3 次沉积	
4 24 34	70%≥5 全部≤2 全部≤1	没粒子 没粒子 小量<1	没粒子 没粒子 没粒子	油中没有有机物
4 24 34	10%≥3 全部≤2 全部≤1	95%≤3 全部≤1.5 大多数≤2 小量 4~5	全部≤1 全部≤1 全部≤1 全部≤1	油中有大量有机物

表 12-12　直读铁谱的沉积效率

读数	通过直读铁谱次数 1　2　3	第 2 次读数比第 1 次减少百分数(%)	第 3 次读数比第 2 次减少百分数(%)
D_L	93　11　8	88	27
D_S	33　10　8	70	20
D_L-D_S	60　1　0	98	100

表 12-13　分析铁谱读数的重复性　（单位:%）

谱片	$P_0(\overline{XO/X})$	$P_4(\overline{XO/X})$	$P_{14}(\overline{XO/X})$	$P_{24}(\overline{XO/X})$	$P_{34}(\overline{XO/X})$
1	30 29 0.14 33 25	20 21 0.31 28 15	12 12 0.08 12 11	9 9 0.06 10 9	7 8 0.15 9 8
2	45 52 0.14 60 51	31 36 0.14 41 36	16 26 0.19 28 26	10 18 0.36 22 22	31 17 0.21 20 18
3	36 29 0.05 39 40	29 28 0.18 22 32	22 23 0.18 19 29	16 20 0.20 21 24	17 19 0.11 19 21

表 12-14　直读铁谱读数的重复性

试验号	D_L	D_S	试验号	D_L	D_S
1	57.6	18.0	13	45.8	16.0
2	48.4	17.8	14	63.2	19.2
3	64.8	1835	15	73.7	18.5
4	57.7	19.8	16	61.7	18.8
5	72.8	18.0	18	50.2	18.1
6	60.0	17.5	19	65.4	14.6
7	73.2	18.2	20	60.3	16.9
8	46.8	18.5			
9	58.0	16.8			
10	48.0	17.0	均值	58.1	17.5
11	56.7	17.2	标准偏差	8.9	1.04
12	61.6	17.0	标准偏差系数	15%	6%

12.4.4　磨损趋势分析与润滑磨损工况的监测

一个机械润滑系统的磨损过程通常将经历跑合、正常磨损、严重磨损的起始与发展，直至灾难性失效等几个阶段。润滑系统中磨损颗粒的数量（浓度）和尺寸分布将随该系统所处的阶段而发生变化，这一变化过程通过铁谱仪读数 D_L、D_S 或 A_L、A_S 所作出的各种曲线而反映出来。监测者可从分析铁谱数据曲线来监视机械的润滑磨损工况，预测机械元件的磨损趋势，从而及时采取必要的措施，这就是机械润滑系统的铁谱监测。表 12-15 为一般的机械润滑系统在不同磨损阶段磨损颗粒的特征。

一个理想的机器状态监测与磨损分析，应能够根据磨损颗粒的数量与尺寸分布有效地揭示机器磨损过程的变化，同时应能获得有关颗粒形态和成分的数据，以进一步提供机器的润滑和磨损工况以及磨损产物来源的信息。

1. 铁谱监测与光谱监测曲线的基本区别

对于同一台机器，用光谱和铁谱分析法所得到的数据曲线之间有一个根本的区别。图 12-40 所示是同

表 12-15 不同磨损阶段颗粒的特征

序号	磨损阶段	磨损颗粒的特征
1	跑合阶段	鳞片状和长条状摩擦磨损颗粒，伴随小量其他类型的磨损颗粒（尺寸在 5~10μm 之间）
2	正常磨损阶段	与磨损机理有关的正常摩擦磨损颗粒及其他类型的正常磨损颗粒，尺寸一般不超过 5μm
3	严重磨损的起始	开始出现与磨损失效形式有关的不正常磨损颗粒，如较大尺寸的切削屑、摩擦碎片屑，以及严重滑动磨屑等。颗粒尺寸为 5~10μm
4	严重磨损的发展	大量的不正常磨损颗粒，其形态取决于磨损机理，颗粒尺寸一般不小于 10μm
5	灾难性失效	颗粒尺寸可达 1mm，表面有失效特征

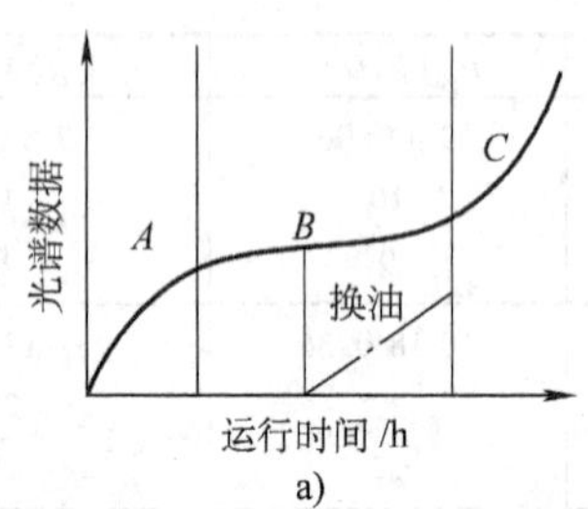

a)

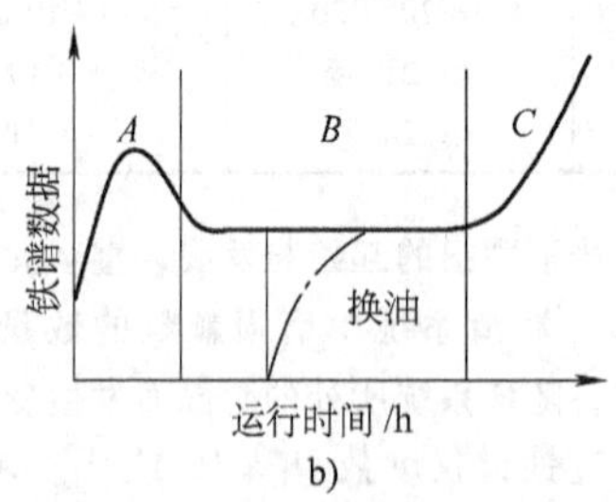

b)

图 12-40 铁谱数据与光谱数据的变化曲线

a）光谱数据 b）铁谱数据

A—跑合阶段 B—正常磨损阶段

C—非正常磨损阶段

一台机器从跑合到正常磨损然后到非正常磨损的整个历程中铁谱数据和光谱数据的变化曲线。光谱数据在整个历程中将连续递增，而铁谱数据呈现所谓“浴盆”形。在正常磨损阶段，光谱数据呈线性增大，而铁谱数据将保持稳定。图中的点画线是换油时读数的变化。铁谱读数从平衡值下跌然后逐渐恢复到平衡值，而光谱读数则由零开始逐渐增大并画出一条新的斜线。这是因为铁谱读数反映的是系统磨损颗粒的产生速率，而光谱读数则反映系统中的磨损累计值。从表面上看，光谱曲线与人们所熟知的磨损曲线相符，然而，铁谱读数的“浴盆”形曲线却正是铁谱监测的基本依据。下面将通过润滑系统中磨损颗粒平衡浓度的推导阐述铁谱“浴盆”形监测基础线的基本依据。

2. 润滑系统中磨损颗粒的平衡浓度

任何一个正常运转的机器，其润滑系统中磨屑的浓度都将会达到一个稳定的动平衡状态，这是定量铁谱监测机器磨损状态的基本依据。机器润滑系统中磨损浓度趋向平衡的原因是磨损颗粒的损耗。系统中磨损颗粒损耗的途径有：

1）过滤。

2）沉降。

3）碰撞和黏附到固体表面。

4）细分（研磨）。

5）氧化或侵蚀。

6）泄漏。

7）其他（如电磁场引起的分离）。

上述损耗途径中损耗速率均与油中颗粒的浓度、尺寸、密度和形状有关。颗粒的产生率与损耗率决定其平衡浓度的高低和达到平衡所需的时间。磨损颗粒的产生速率取决于机器的磨损状态，因此，在某一种磨损状态下，油中某种磨损颗粒的平衡浓度和达到平衡的时间（甚至能否达到平衡）将取决于其磨损率。

3. 铁谱监测基础线

光谱分析所测量的是油中从分子大小到仍可激发的最大颗粒的全部金属含量。而如前所述，细小的颗粒损耗率很低，对于尺寸接近分子的颗粒，其损耗率几乎为零，因此，它们对于光谱读数的作用将随时间增大直到换油为止。所以，图 12-40a 中的光谱曲线 B 随时间递增并与总磨损量相对应，一旦换油，其值将重新由零开始上升。

铁谱测定的磨损颗粒尺寸一般由 0.1μm 至几十微米，因此，其损耗率较大，颗粒浓度可在一定时间内达到平衡。所以，正常状态下铁谱读数将保持在某一平衡值，因而可以根据实际测定建立起正常状态的平衡值，并确定安全操作的极限值作为基础线。当磨损状态发生异常时，平衡浓度升高并超过基础线，从而可以提出预报。

通过定量铁谱可以建立起设备磨损的趋势线图。通常应该经过长期的监测记录才能得出有效的正常磨损基准线、非正常的监督线及严重磨损的限制线，将其作为该设备的磨损状态监测判断准则。

监测机械设备状态时，应在磨损趋势图中标明基准线、监督线和限制线，最好分别用绿线、黄线和红线绘出。基准线、监督线和限制线的确定视设备状态监测的要求而定。

当只需对一台重要的设备进行状态监测时，应根据统计测量数据，绘制有代表性的该设备磨损趋势线图。图 12-41 所示为某设备状态监测磨损趋势线图。取其稳定磨损工况阶段多次测量的 I_S 值的平均值$\bar{I}_S$为基准线值，取该基准线值与 2 倍的测量值的偏差值之和为监督线值，取该基准线值与 3 倍的测量值的偏差值之和为限制线值。测量值的偏差值可由下式求得，即

$$S=\sqrt{\frac{\sum_{i=1}^{n}\left[I_i^2-\frac{(\sum_{1}^{i}I_i)^2}{n}\right]}{n-1}}$$

式中　n——测量次数。

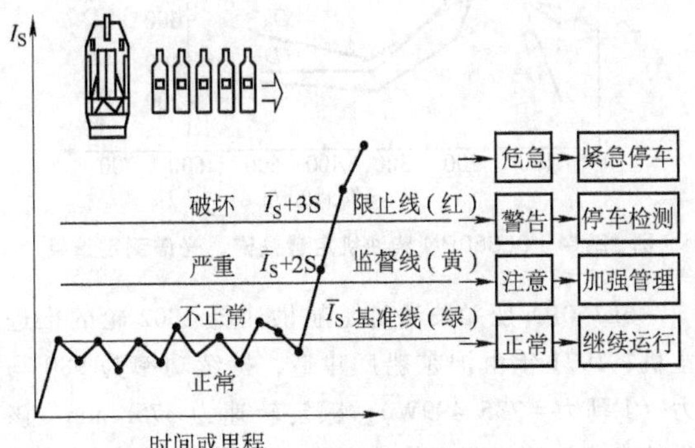

图 12-41　某设备状态监测磨损趋势线图

12.5　铁谱监测应用实例

12.5.1　柴油机监测与诊断

铁谱分析是柴油机状态监测最有效的方法之一。

1. 柴油机润滑油中主要磨损颗粒及其来源

柴油机润滑油的铁谱分析可以提供柴油机磨损状态的重要信息，它主要包括 3 个方面：

1）将磨损颗粒数量（定量铁谱数值）和尺寸与正常状态下的基准值相比较，便发现异常磨损。

2）通过分析磨损颗粒形态可以判断磨损类型，如严重滑动磨损、润滑不良引起的磨损及磨料磨损等。

3）加热谱片可以确定颗粒成分，从而判断磨损颗粒的来源。对于柴油机，加热谱片主要是为了区分低合金钢和铸铁。一般来说，低合金钢颗粒来自曲轴，而铸铁颗粒则来自活塞环与气缸摩擦副。

然而，由于柴油机中摩擦副较多，影响因素复杂，要想准确判断颗粒来源，必须对柴油机中各种摩擦副的材料十分熟悉。柴油机的主要摩擦副及其材料列于表 12-16，而尤其应当指出的是，光谱油分析结果对于判断何种摩擦副的磨损是极为重要的。

表 12-16　柴油机的主要摩擦副及其材料

序号	摩擦副名称	摩擦副的材料
1	气缸套	铸铁
2	活塞环	铸铁
3	活塞	Al、硅合金、可锻铸铁、锡-铅镀层
4	曲轴	低合金钢
5	主轴承和小端轴承	Pb-Sn、Cu-Pb-S、Ln、Al-Si、Al-Sn、Cd
6	推力轴承	磷青铜、Al-Sn、Cu-Pb
7	凸轮轴	铸铁
8	阀门组件	高合金钢
9	辅助驱动装置	磷青铜、低合金钢

2. 柴油机跑合阶段的铁谱监测

铁谱技术应用于柴油机跑合特性研究是基于：跑合初期由于粗糙表面的磨损，润滑油中颗粒数量将急剧增加至一最大值，不正常磨损颗粒尺寸也相应增大，此为剧烈跑合阶段。随着摩擦副磨损速率逐渐降低，颗粒尺寸也逐渐减小。当颗粒浓度水平与尺寸水平接近正常磨损水平时，跑合即基本结束。实践表明，直读铁谱和分析铁谱技术能有效地用于显示柴油机润滑油中颗粒浓度与尺寸的变化，因而能成功地应用于柴油机跑合特性研究。图 12-42 所示是 Z12V-190B 柴油机跑合阶段的直读铁谱磨损趋势曲线。

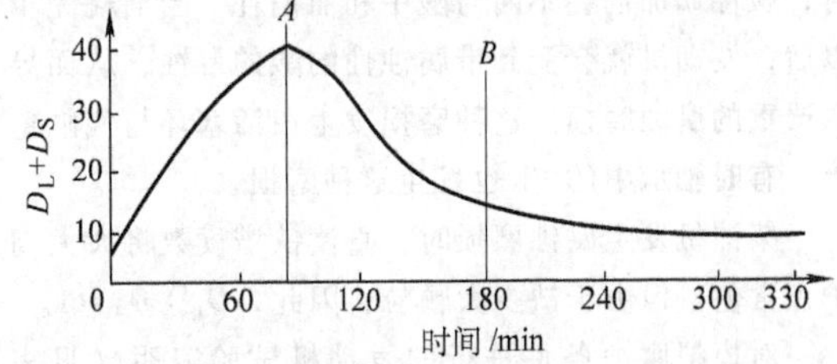

图 12-42　Z12V-190B 柴油机跑合阶段的直读铁谱磨损趋势曲线

3. 柴油机“拉缸”故障的诊断

图 12-43 所示是采用直读和分析铁谱磨损烈度指数 I_S 绘出的某柴油机磨损趋势曲线。在 7 月之前，磨损处于稳定状态，7~9 月，I_S 值迅速增加，显示了发动机紧急失效的预兆。对样品进行谱片颗粒检测，发现有大量的严重磨损颗粒及过量的铜合金磨屑。采用谱片加热法以区分磨损颗粒类型，发现在铁磁性金属颗粒（黑色）中主要是铸铁，来自气缸和活塞环。

铜磨屑则可能来自轴承或黄铜止推垫圈，从而进一步对柴油机拉缸故障进行诊断。谱片分析结果加强了直读磨损趋势分析的初步判断。

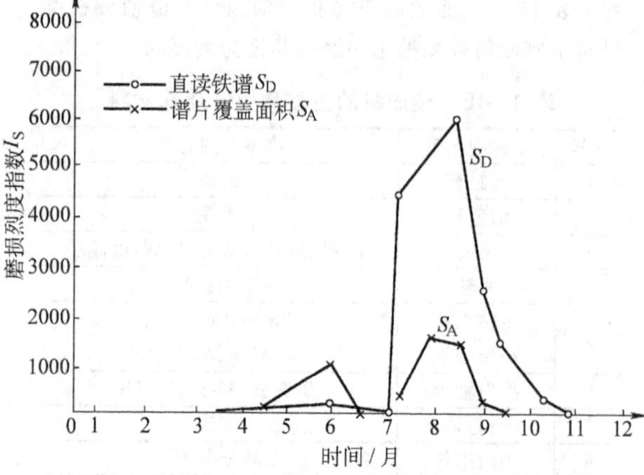

图 12-43　某柴油机的磨损趋势曲线

9月，经噪声和振动检测后，柴油机应予维修，于是送进船坞拆卸，发现活塞环和气缸套被擦伤，而黄铜止推垫圈出现过热且尺寸已大大磨小，检测结果与实验室铁谱分析结果是一致的。

4. 柴油机腐蚀磨损的诊断

腐蚀磨损是柴油机气缸磨损的一个重要原因。腐蚀起因于燃烧过程中产生的废气与燃油中的 SO_3 形成的 H_2SO_4。在使用高硫燃油的中速柴油机中，这一点尤其重要。发动机生产厂家认为，如果燃料中 S 的质量分数从 0.5%增加到 1%，腐蚀磨损会增加 4 倍。润滑油中加入碱性添加剂可以中和酸。发动机在工作时，碱性添加剂会不断与酸中和而消耗。当消耗完了以后，发动机就会受到带腐蚀性的酸的侵蚀，从而导致严重的腐蚀磨损。这种磨损发生在活塞环与气缸壁上，有时轴承中的 Pb 也发生这种磨损。

柴油机发生腐蚀磨损时，直读铁谱读数将大大高于正常值。但由于缺少大颗粒，因此，$D_L : D_S \approx 1$。

对模拟腐蚀条件进行的发动机试验表明（见表 12-17）：发生腐蚀磨损时，谱片上沉积的颗粒将显著高于正常状态。随着试验不断进行，谱片出口处沉积着越来越多的亚微米级的小颗粒。测量 10mm 处的颗粒覆盖面积，可清楚地看出腐蚀磨损的发展趋势。

5. 6L350PN 船舶柴油机活塞环咬死故障的早期预报

采用油样分析技术对船舶柴油机进行状态监测和故障诊断是船舶正常安全运行的关键措施之一。如中交上海航道局有限公司与上海交通大学合作，对约 20 只船舶进行了油样分析的状态检测研究，其中 6L350PN

表 12-17　腐蚀磨损时谱片上 10mm 处的颗粒覆盖面积

样品序号	稀释比	10mm 处的颗粒覆盖面积(%)
新油	1∶1	0.7
1	10∶1	5.7
2	100∶1	13.0
3	100∶1	46.4
4	100∶1	39.0
5	100∶1	57.8

船舶柴油机活塞环卡死预报及故障分析为一典型案例。图 12-44 所示是该机定量铁谱、光谱测定数据。

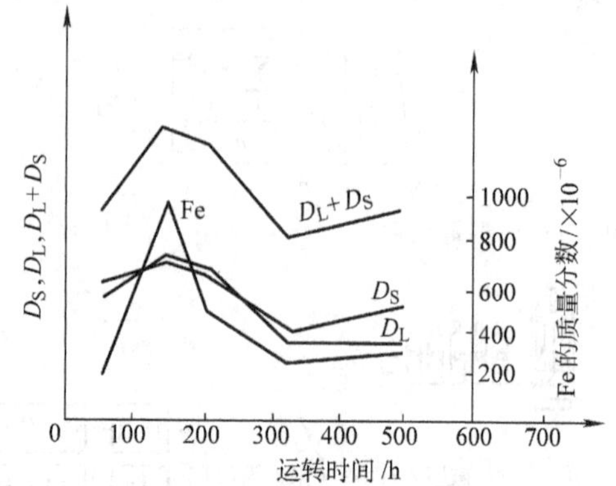

图 12-44　6L350PN 柴油机定量铁谱、光谱测定结果

6L350PN 船舶柴油机是航供油轮 1002 轮的推进主机，1971 年由沪东船厂建造，持续功率为 980 马力（1 马力=735.499W），额定转速为 375r/min，该机的常规检测主要有热工参数、压力、温度等，油样分析主要有铁谱分析、光谱分析。

该机于大修完毕后试航投入运行，状态监测开始，表 12-18 为油样的铁谱和光谱分析检测结果。

该机开始运行时：铁谱分析发现有尺寸为 40μm×50μm 的长条状磨粒，而且磨粒数量较多，对照光谱分析 Fe 的质量分数为 218.6×10^{-6}。但当时常规检测记录下的热工参数等正常。

油样分析结果提请操作管理人员注意观察，3 月 16 日采集第 2 批油样，进行油样铁谱、光谱分析。铁谱分析表明大小磨粒数 D_L、D_S 值均已升高，磨粒铁谱片发现有团絮状氧化物磨粒，光谱分析 Fe 的质量分数为 998×10^{-6}，已近临界值。油样分析结果表明柴油机主要摩擦副已存在严重磨损现象，及时向柴油机管理人员提出警告。他们及时停机检查，柴油机解体发现主机第 3 缸活塞环卡死在活塞环槽之中，活塞上下往复运动时，活塞环已将气缸套内壁表面拉伤，气缸壁表面已呈现拉伤痕迹。拆检结果与油样分析结果一致。

表 12-18　6L350PN 柴油机油样的铁谱、光谱分析检测结果

油样编号	取样日期	运转时间间隔/累积	直读光谱 Fe 的质量分数/$\times10^{-6}$	定量铁谱（稀释比例 1∶5）			分析铁谱（稀释比例 1∶5）	
				D_L	D_S	D_L+D_S	磨粒最大尺寸/μm	磨粒形貌
1	3/3	50/50	218.6	118	124	242	40×50	长条状
2	3/16	100/150	998.0	166	164	330	20×80	长条状、团絮状
3	5/5	50/200	432.8	161	151	312	8×8.5	长条状
4	5/20	120/320	303.3	95	102	197	10×30	长条状、片状
5	6/6	180/500	366.5	90	130	220	10×20	长条状

故障原因分析认为：活塞、活塞环承受燃烧室高温作用，活塞环随活塞上下往复运动，正常工况下活塞环与缸套内表面之间有一层油膜隔开。但如果设计不当、加工不妥或者装配间隙不合理，都会导致活塞环膨胀卡死在环槽之中，从而失去作用。尤其是活塞运动到上死点、下死点位置，活塞环滑动速度为零。又由于高温、高压燃气的影响，在上、下死点位置，活塞环与缸套内壁接触表面之间的油膜最易破裂，造成活塞环外表面与缸套内壁表面微凸体直接接触，从而导致严重滑动磨损，缸壁表面出现拉伤现象。另外，当活塞环卡死失去作用后，燃烧室高温、高压的燃气下窜至曲轴箱，燃烧产生的水蒸气、SO_2 又形成 H_2SO_4，燃烧产生的碳化物成分又使润滑油污染，进而又加速了缸套的磨损。

油样分析铁谱已发现大磨粒。光谱分析进一步证实 Fe 含量升高，解体缸套表面呈现磨损痕迹，但尚未严重损坏。油样分析及时准确预报了故障的可能性，防止了更大事故的发生。

及时更换活塞环后，船舶柴油机又处于正常运转状态，油样分析监测数值也处于正常稳定范围。

12.5.2　齿轮磨损状态的监测

齿轮装置广泛应用于各种机械装备中。近几年来已有不少关于应用铁谱技术对齿轮系统进行磨损状态监测的成功报道。

1. 齿轮系统的失效方式与速度、载荷的关系

发生在齿轮滚-滑区域的磨损主要有两类：

1）节线区域的相对运动是滚动，产生的颗粒与滚动接触疲劳颗粒类似（见图 12-45b）。

2）在齿根或齿顶附近，滑动接触比例增大，生成的颗粒具有滑动磨损特征，如颗粒表面有条纹，表面积与厚度之比较大（见图 12-45a）。

图 12-46 给出了齿轮系统的失效方式与运转速度、载荷（转矩）的关系。载荷较大而速度过低时，齿轮磨损是由于齿轮接触面间润滑油膜的破裂。这时

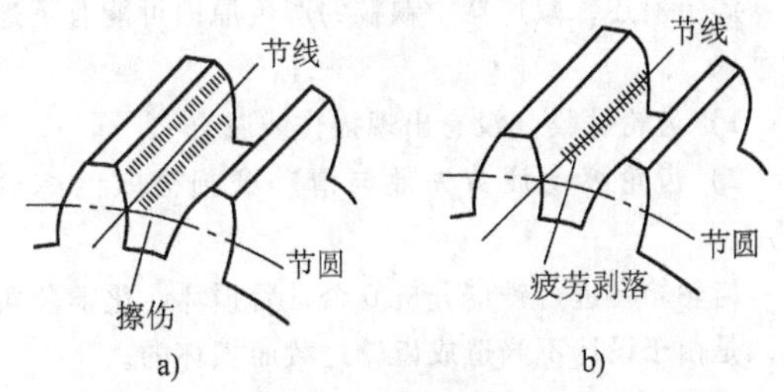

图 12-45　齿轮失效的情况

提高速度，可使油膜承载时间缩短，从而可承受较高的负荷。最左边的曲线给出了重载和低速的极限。载荷过大时，齿节部分会出现疲劳磨损。如继续增加载荷，则传递载荷将穿透油膜，齿轮会被迅速破坏。影响磨损的主要因素是材料强度和负载，而与润滑剂的选择无关。图中的疲劳剥落曲线取决于齿轮表面强度。速度过高时，会使齿轮间的润滑油膜破裂和过热，从而导致齿轮擦伤和胶合，产生的颗粒具有氧化过热特征，表面有滑动的痕迹。

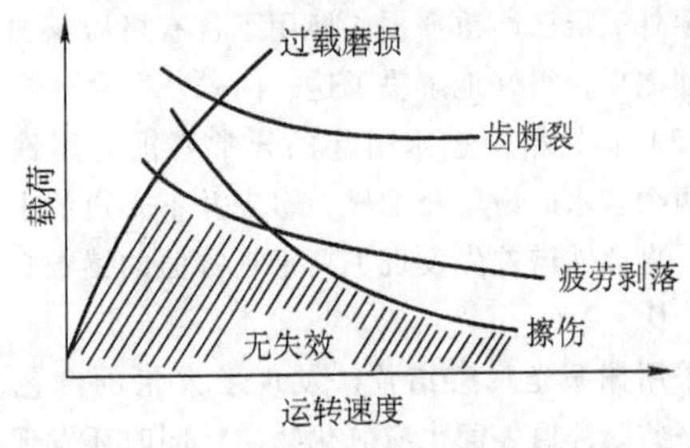

图 12-46　齿轮系统的失效方式与运转速度、转矩的关系

2. 齿轮系统铁谱诊断的典型实例

（1）齿轮过载引起的严重磨损　分析油样来自某化学处理厂搅拌机驱动齿轮减速器。采用双色照明观察谱片入口处，发现有大量反射红光的大磨粒。显然，此时齿轮系统发生了不正常磨损。

进一步对谱片的观察发现，多数颗粒尺寸在 8～30μm 之间，呈薄片状，表面没有氧化或擦痕。扫描电镜观察到表面十分光滑。测试了十多个颗粒，其表

面积与厚度之比约为10∶1。

表面光滑的颗粒是在低速下产生的，而氧化颗粒或表面已氧化的颗粒则是在高温、高速或润滑不良条件下产生的。这些大颗粒的特征与齿轮疲劳磨损颗粒的特征相一致，也类似于滚动轴承产生的疲劳颗粒。但在这个系统中，这些薄片屑不大可能来自滚动轴承。当轴承与齿轮处于同一系统中时，对轴承的磨损失效监测是十分困难的。因为轴承的疲劳剥落颗粒在外形上与齿轮的疲劳剥落颗粒相类似，其差别只是后者的尺寸稍大一些而已。

综上所述，减速器中颗粒的产生原因可能有下述两种：

1）齿轮过载（没有出现擦伤或胶合）。

2）齿轮滚动疲劳失效与滑动磨损失效的综合作用。

齿轮箱在进行铁谱分析6个月后损坏。化学公司确认是由于设计不当造成齿轮过载而损坏的。

（2）润滑失效引起的严重滑动磨损和过载　用低倍双色光观察一工业齿轮减速器油样制成的谱片，发现入口处堆积有大量大颗粒，由此推断系统发生了严重磨损。

大颗粒表面有明显擦痕，呈薄片状且表面已有一定程度的氧化。还有一些具有光泽表面和不规则边缘的疲劳磨损颗粒。此外，还发现少量大切削颗粒与铜颗粒。由此认为，油样中的颗粒主要来自齿轮的齿根和节圆部位，系统产生异常磨损的原因是齿轮油承载能力不够。

根据铁谱诊断结果发出了预报。拆卸齿轮箱后发现齿顶外表层已严重磨损。换用了含有极压添加剂的齿轮油之后，很好地解决了这一问题。

（3）齿轮箱中进水引起的异常磨损　用铁谱分析了两个含水的齿轮箱油样，事先并不知道油中混入了水，直读铁谱首先发现了高于正常值的读数：$D_L=40.6$，$D_S=2.6$。

采用偏振光观察谱片，发现了大量的红色氧化物，一些薄片屑表面也有氧化物层。同时还发现了大量大颗粒。铁谱诊断报告认为：润滑油进入了水，不仅导致氧化腐蚀，而且降低了润滑剂的承载能力，使齿轮发生严重磨损。

化学分析结果证明油中含水量已超过标准。

（4）正常磨损的铁谱与光谱诊断　曾用光谱仪监测了铁路机车用的封闭式齿轮箱。当油中铁的质量分数达到3000×10^{-6}时，光谱监测发出停机警报，然而铁谱分析却由于未发现异常磨损颗粒而预报状态正常。检查表明，齿轮箱磨损状况良好，于是换油后继续工作。

光谱与铁谱的诊断结果的差异主要在于两种方法的诊断原理不同，封闭式齿轮箱中生成的颗粒不断被润滑油带入摩擦副而被破碎，使得油中小颗粒总数不断增加，而小颗粒常常悬浮于润滑油中，使得光谱数值不断增大。因此，尽管并没有生成严重磨损颗粒，光谱监测也能报警，而铁谱则检测>1μm以上的大颗粒，因此不会出现类似的误判。这个例子表明，铁谱诊断技术可以对其他诊断方法的结果加以验证，以提高诊断结果的可靠性。

（5）对一个严重磨损的蜗轮减速器的监测案例　一个严重磨损的蜗轮减速器在更换了磨损的蜗轮后采用铁谱技术进行状态监测，并根据监测分析结果对润滑油进行更换或过滤，取得了极好的效果，大大延长了使用寿命。图12-47所示为蜗轮减速器铁谱监测磨粒D_L、D_S曲线；图12-48所示为蜗轮减速器铁谱监测磨损趋势I_S曲线图。

蜗轮减速器直读铁谱监测表明：该减速器正常运转时D_L为500~1000，初期跑合或拆检重新装配后跑合D_L峰值达1500~3500，当出现不正常运转时D_L值高达15500；减速器正常运转时小磨粒读数D_S为100~600，跑合期D_S为600~1300，不正常运转时D_S值最高达8300；减速器正常运转时磨损指数$I_S<1\times10^7$，跑合期峰值$I_S=10^7\sim10^8$，减速器出现不正常运转时$I_S>10^8$，最高I_S值可达17×10^8。通过状态监测可得出该蜗轮减速器安全操作范围的直读铁谱数据为：$D_L<1600$，$D_S<600$，$I_S<2.2\times10^7$。

对磨粒进行分析，得出如下结论。

1）跑合阶段。油样中发现条状、片状、块状磨粒，磨粒表面有滑动条纹，还有黑色氧化铁磨粒，载荷加大时磨粒增大，而且磨粒数增加，最大磨粒可达30μm。

2）正常工况。油样中发现的磨粒多为薄片状，尺寸一般小于15μm，但磨粒表面有时也发现有擦伤痕迹，磨粒尺寸小于20μm。

3）异常工况。油样中发现严重滑动磨损磨粒，且表面有滑动条纹痕迹。有疲劳磨损产生的块状磨粒，尺寸大于20~30μm，对应的蜗杆、蜗轮表面有麻点产生。油样中还会发现大量黑色氧化铁磨粒及油变质产物。

4）状态监测结论。该蜗轮减速器由于设计、制造、装配等原因而存在缺陷，跑合即产生磨粒，而减速器的设计无设备运转监控及维护措施，一旦产生磨粒就会在减速器内积存，加速蜗杆、蜗轮磨损，工况

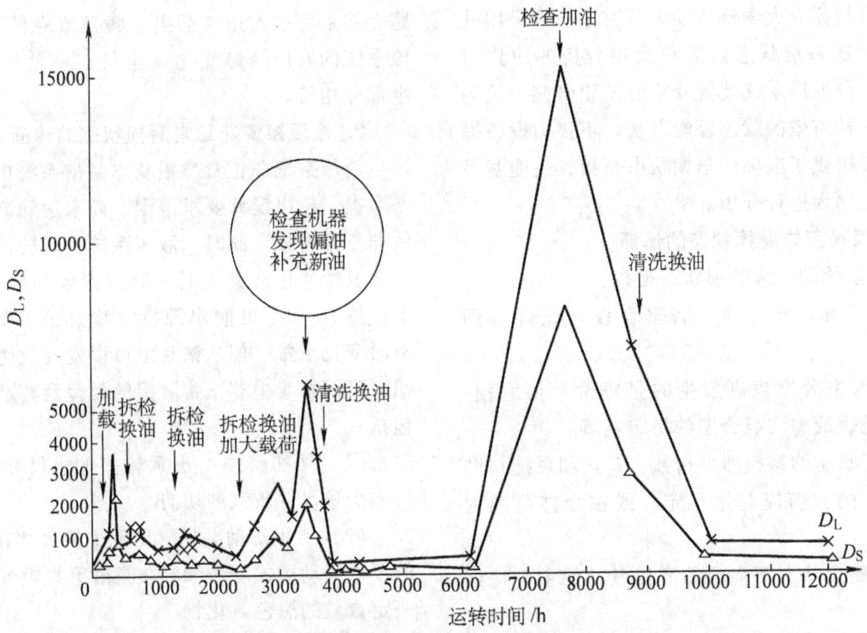

图 12-47　蜗轮减速器铁谱监测磨粒 D_L、D_S 曲线

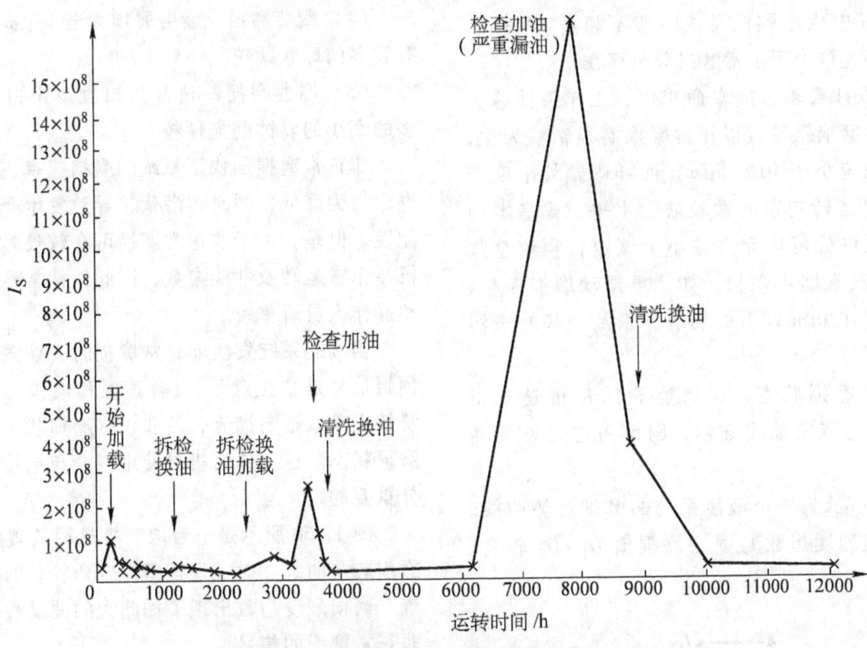

图 12-48　蜗轮减速器铁谱监测磨损趋势 I_S 曲线

迅速恶化。为了提高减速器运转寿命，最好通过随机监测，找出磨损规律、磨粒产生及变化规律，从而制定合理的换油期，提高设备利用率。

12.5.3　液压系统油液的监测与诊断

1. 概述

液压系统广泛应用于那些要求运转机械必须有效、安全和经济地实行控制和驱动的各个现代工业部门，包括航天、航空、机械制造及工程机械等领域。对其运转可靠性和磨损寿命有较高的要求。因此，在液压系统中应用铁谱技术进行状态监测，可有效地指导系统的维护与管理，早期发现可能引起严重损坏的隐患，并可对磨损程度、原因等进行分析，因而对提高液压系统运转可靠性与磨损寿命具有积极的意义。

美国俄克拉荷马州立大学流体动力研究中心曾采用铁谱技术进行液压系统状态监测和磨损分析的应用研究。通过对6台液压系统装置4年的试验研究，认为铁谱技术是一种有效的状态监测方法，不仅为设备操作和管理人员提供了准确的早期状态预报，还能对系统发生磨损的原因进行分析。

2. 液压系统正常磨损状态的诊断

1）液压系统的正常磨损状态是指：

① 液压系统运转正常，磨损在设计允许范围之内。

② 系统内主要摩擦副发生的是正常摩擦磨损，即磨损主要是表面剪切混合层的稳定剥落。

正常磨损状态的磨损烈度指数（I_S）和系统总磨损（D_L+D_S）的数值应基本稳定，或在允许范围内波动。

2）正常磨损状态下生成的磨损颗粒的主要特征如下：

① 对于设计要求磨损寿命长的液压系统，磨损颗粒主要是尺寸小于5μm的正常摩擦磨损颗粒，每毫升系统油样中大小颗粒总数一般不超过10DR单位，基本上不允许有不正常磨损颗粒存在。

② 对于设计要求磨损寿命较短、工作条件恶劣的液压系统，磨损颗粒应以正常摩擦磨损颗粒为主，主要尺寸一般应小于10~15μm，油样中颗粒浓度一般应低于系统运转初期的颗粒浓度水平，或基本相近。在谱片入口处可以允许有小于该位置颗粒总数3%~5%的不正常磨损颗粒，如严重滑动磨损颗粒、氧化物或宽度在1μm以下的切屑，以及一些外来污染颗粒等。

对于正常磨损状态，铁谱监测的预报是“正常”。如此时正值换油或维修，则可考虑延长其使用期。

图12-49所示为一个液压系统的磨损趋势曲线。跑合期间磨损烈度指数 I_S 及总磨损值 D_L+D_S 较高，

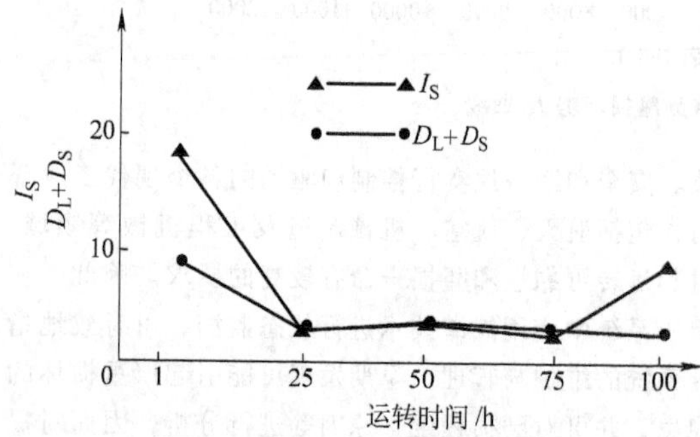

图12-49 一个液压系统的磨损趋势曲线

跑合结束后进入正常磨损，磨损值降低且保持稳定。该系统的磨损趋势变化规律与“浴盆形”曲线中前半部分相符。

3. 液压系统非正常磨损状态的诊断

液压系统非正常磨损状态是指系统出现了异于正常磨损、超出设计要求范围、尚未达到严重磨损程度的非正常磨损。此时，液压系统的运转仍很正常。

发生非正常磨损时，磨损烈度指数 I_S 和系统总磨损值 D_L+D_S 可能出现持续增加或有较大的波动，有时变化正常，但从谱片上可以发现发生了非正常磨损。液压系统中非正常磨损的类型及其磨损颗粒特征包括：

（1）切削磨损　出现较多的、尺寸较细小的切屑或少量尺寸较大的切屑。

（2）严重滑动磨损　出现少量尺寸在15μm左右的严重滑动磨损颗粒和轻微黏着磨损颗粒，并常伴有一定数量的黑色氧化物。

（3）有色金属零件的磨损　出现一定数量的有色金属磨损颗粒，如铜、铝、银等颗粒。

（4）疲劳磨损　疲劳屑增大至15μm左右，且伴有较多的球状颗粒。

（5）腐蚀磨损　谱片入口处或出口处沉淀有较多的细小的腐蚀磨损颗粒。

非正常磨损加快了系统的磨损速率，使系统磨损寿命大为降低，同时，潜伏着导致发生严重磨损的可能性。但是，由于非正常磨损可在较长时间内不影响机器正常运转及性能参数，因此，常常不被设备管理和操作人员所重视。

当判断系统发生非正常磨损时，铁谱监测发出的预报信号是“注意”。设备管理和操作人员应根据系统特点采取适当措施，使非正常磨损状态回复到正常磨损状态。这对提高机械使用寿命与运转可靠性是十分重要的。

图12-50所示是一台取料机悬回装置液压系统的磨损趋势曲线。对于设计磨损寿命较长的这类液压系统，磨损烈度指数出现了如此大的波动被认为是发生非正常磨损的信号。

4. 液压系统严重磨损状态的诊断

液压系统的严重磨损状态表示系统发生了严重的磨损，摩擦副的磨损形式主要是严重滑动磨损、黏着、切削或腐蚀磨损等。系统的磨损率很高，零件的表面损伤程度较严重，有时可影响到系统的正常运转而出现油温升高、振动、噪声增大、油液变色等现象。

当系统出现严重磨损时，磨损烈度指数 I_S 和系统

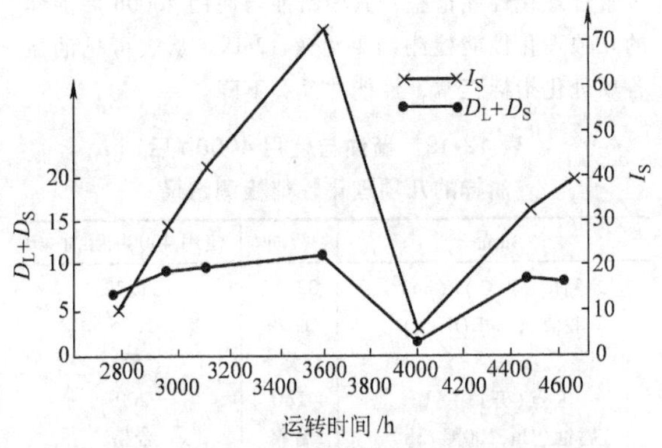

图 12-50　取料机悬回装置液压系统的磨损趋势曲线

总磨损值 D_L+D_S 均明显增高，且始终维持在高水平。

液压系统中严重磨损类型及其磨损颗粒特征有下列几种：

(1) 切削磨损　出现大量的尺寸较大的切屑，有些颗粒表面有过热现象。

(2) 严重滑动磨损　谱片入口处沉积有大量的尺寸在 15~30μm 的严重滑动磨损颗粒，并伴有其他的不正常磨损颗粒。

(3) 黏着磨损　出现较多的弯曲条状或块状、片状黏着擦伤颗粒，以及大量黑色氧化物。大部分颗粒表面有明显过热现象。

(4) 腐蚀磨损　谱片出口或入口处沉积有大量的润滑油变质产物、一定数量的污染颗粒，以及细小的腐蚀磨损颗粒。

液压系统出现严重磨损时，系统磨损速率将急剧增大，并很快因过度磨损而失效。同时亦可能发展成破坏性磨损，造成系统突然损坏。

当判明液压系统出现严重磨损状态时，铁谱监测发出的预报信号是“警告”。此时，设备管理和操作人员应视具体情况采取适当的维修措施，并做好必要的准备工作。

图 12-51 所示是一台 QY5 汽车起重机液压系统循环作业 8000 次后的磨损趋势曲线。由图可看出，经作业 1600 次以后，I_S 和 D_L+D_S 值迅速增加，并始终维持在高数值水平，预示了该系统正处于严重磨损状态。取其作业 3200 次后的抽样制作谱片，发现谱片入口处沉积了大量尺寸大于 5~10μm 的颗粒，表明系统发生了严重磨损。进一步检测表明，严重磨损颗粒主要是铜颗粒、切屑及黏着与擦伤颗粒。系统拆检结果证实铜制滑靴及 GCr15 钢摩擦副均发生了严重磨损。

5. 液压系统破坏性磨损状态的诊断

破坏性磨损状态对液压系统运行的危害性极大。

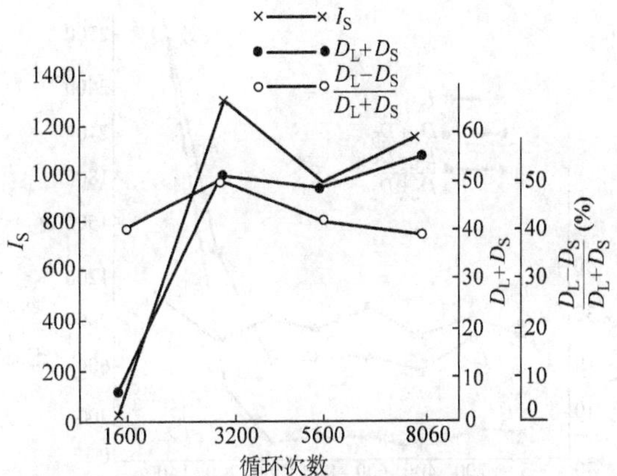

图 12-51　QY5 汽车起重机液压系统循环作业 8000 次后的磨损趋势曲线

上述的严重磨损状态常可发展成为破坏性磨损状态，这主要取决于严重磨损方式及早期防范措施。

出现破坏性磨损状态时，磨损烈度指数 I_S 和系统总磨损值 D_L+D_S 急剧增加，其数值常是正常磨损值的几倍甚至几十倍。

破坏性磨损状态的主要磨损方式及其颗粒特征是：

(1) 破坏性切削磨损　磨损颗粒主要是粗大的切屑，宽度可达 10~20μm，长达数十微米或数百微米，且表面常有过热现象。

(2) 破坏性黏着磨损　磨损颗粒中出现少量尺寸大于 50μm 或上百微米的大磨屑，主要颗粒是尺寸在 15~30μm 的黏着磨损颗粒与严重滑动磨损颗粒，以及长达几十或上百微米的弯曲条状擦伤颗粒，其表面常有明显过热现象，伴有大量黑色氧化物和切屑等。破坏性磨损状态预报信号是“危急”，操作人员应立即停机拆检。

图 12-52 所示为一台 W613 铲车液压系统从正常磨损至破坏性磨损及失效的磨损趋势曲线。由图可看出，在 1300~1400h 时，系统已处于破坏性磨损状态。但磨损颗粒的观察结果却不及定量铁谱结果明显。在 1408h 时，油样中发现了几个尺寸在 100~175μm 的严重磨损大颗粒，似乎预示了严重磨损状态正在向破坏性磨损状态转变。同时还发现油样已严重污染，油样中进入大量泥沙是造成系统发展为破坏性磨损的原因之一。

根据铁谱诊断结果向使用部门发出了警报，几天后系统叶片泵损坏。

6. 液压系统严重黏着磨损的监测与诊断

严重黏着磨损是液压系统常见的一种磨损故障，通常发生于承受载荷较大、条件苛刻的液压泵和油马

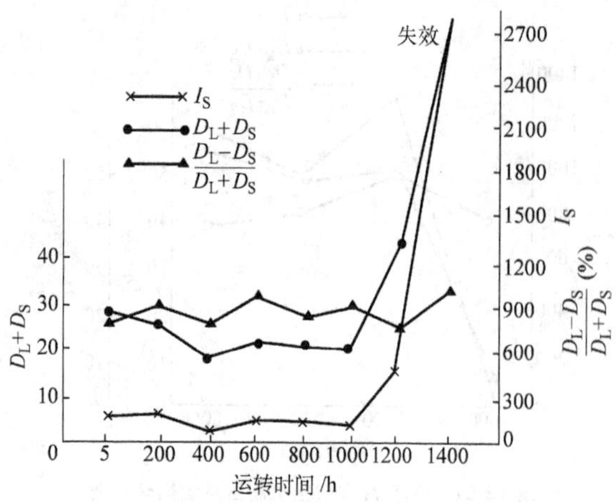

图 12-52　W613 铲车液压系统从正常磨损到破坏性磨损及失效的磨损趋势曲线

达的摩擦副表面，常由于不适当的设计、制造与安装等引起。严重黏着磨损的出现使系统的寿命急剧降低，并可能导致摩擦副的咬死或断裂，成为灾难性事故。

实例 1：对一台编号为铲 32、由双联叶片泵组成的 W618 铲车液压系统进行了近 4000h 的连续监测。

图 12-53 所示为 W618 铲车（铲 32）液压系统的磨损趋势曲线，是该系统油样直读铁谱和分析光谱仪定期监测的结果。根据系统总磨损值 D_L+D_S 和润滑油中 Fe、Cu、Cr 的质量分数随时间变化而做出的磨损趋势曲线表明：系统投入运转后，没有出现一个稳定的正常磨损阶段。随时间增加，D_L+D_S 和 Fe、Cu 的质量分数有缓慢增加的趋势，并出现不稳定的波动。说明系统主要摩擦副表面并非处于良好的边界润滑状态，表面剪切混合层生成与剥落的动态平衡已经被破坏，出现了不正常磨损。

该系统采用 L-HM32 抗磨液压油，对所有油样做

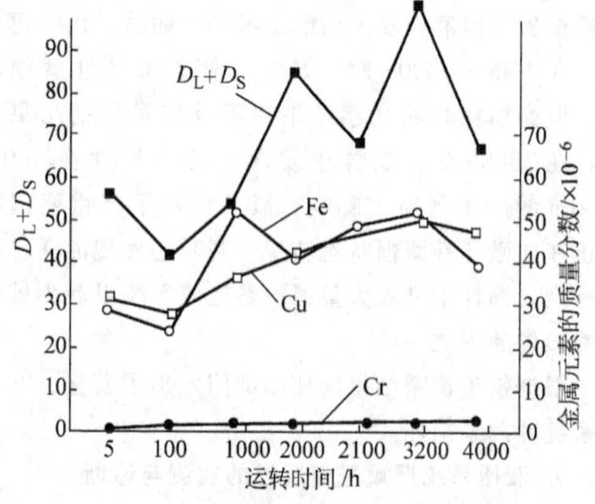

图 12-53　W618 铲车（铲 32）液压系统的磨损趋势曲线

了常规理化性能检验，其中新油与使用 4000h 后油样的几项理化性能检测结果见表 12-19。从表可见油品各项理化指标正常，性能并没有下降。

表 12-19　新油与使用 4000h 后油样的几项理化性能检测结果

油品	新油	使用 4000h 后油样
运动黏度(40℃)/(mm²/s)	32.13	31.22
酸值/(mgKOH/g)	1.79	1.75
水分(%)	无	无
闪点(开口)/℃	180	209
腐蚀(Cu,100℃,3h)	合格	合格

从上述铁谱谱片的磨损颗粒分析判断，系统已发生严重的黏着磨损，谱片上也未发现大量的外来污染颗粒，因此可以排除外来污染导致系统严重黏着磨损的可能。但对油品理化性能的检测结果表明 L-HM32 抗磨液压油使用 4000h 后的各项性能基本没有下降，因此黏着磨损并非由于液压油性能不良引起。由此诊断不正常磨损是由于定子与叶片的制造或安装不当引起。

系统拆卸结果发现，定子、叶片与铜分流盘均已严重黏着擦伤。检验定子表面某些区域硬度仅有 46HRC，远低于规定的 58~60HRC 的要求，因此造成早期的严重黏着磨损。

实例 2：ZL-40 装载机液压系统黏着磨损的监测与诊断。

对一台在矿山露天工作的 ZL-40 装载机液压系统进行了 10 个月 1748h 的监测，该系统使用双联齿轮泵，工作压力为 1400N/cm²，用 L-HM32 抗磨液压油润滑。系统在经过轻负荷试车跑合后投入正常使用。

图 12-54 所示是直读铁谱和光谱测出的 ZL-40 装载机液压系统的磨损趋势曲线。曲线表明，在运转期

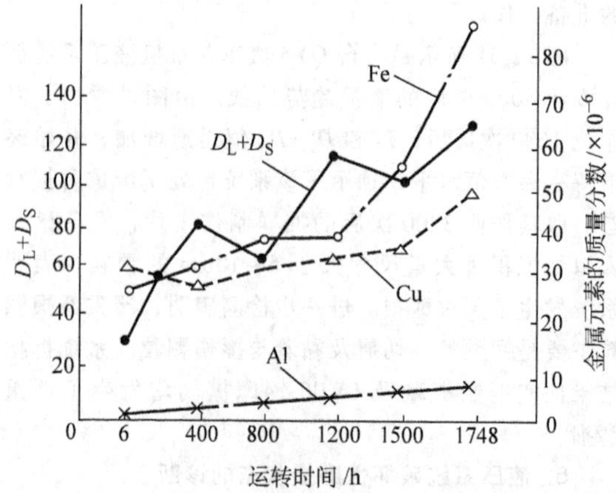

图 12-54　ZL-40 装载机液压系统的磨损趋势曲线

间，系统的磨损速率持续增加。由于液压系统已经过轻负荷跑合作业，因此出现上述趋势是不正常的。Cu 的质量分数稳定增加，但颗粒中并未观察到大量铜颗粒，则可怀疑铜摩擦副出现了腐蚀与不正常磨损；而 Al 的质量分数持续增加则表明齿轮泵中轴套发生磨损，ZL-40 装载机液压系统的磨损趋势曲线表明了过度磨损。

对运转期间所有油样均制作了谱片，谱片上主要是严重滑动磨损颗粒，并有一定数量的细小的腐蚀磨损颗粒沉积在谱片入口和出口处。典型的磨损颗粒如图 12-55 所示，颗粒最大尺寸在 30~50μm，同时并未发现其他大尺寸的异常磨损颗粒。因此，综合定量磨损结果诊断为，系统出现了严重的黏着磨损，但尚未达到导致迅速失效的程度。

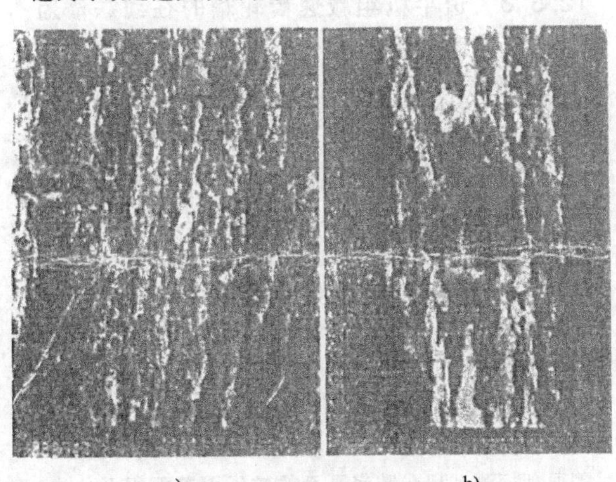

a)　　b)

图 12-55　典型的磨损颗粒

a) SEM，运转 1200h　b) SEM，运转 1748h

油品的常规理化性能检验表明，L-HM32 抗磨液压油使用 1748h 后各项性能基本未改变。因此，系统出现严重黏着磨损主要是由于制造或安装的原因。

系统拆检证实：主从动齿轮由于安装不当，造成齿顶一侧局部接触而发生严重黏着与擦伤。对黏着与擦伤部位进行了扫描观察也发现齿轮表面已有严重塑变与黏着。表面光滑和撕裂剥落形成的凹坑形状，都与严重黏着磨损颗粒的表面及形状相吻合，从而确认谱片上观察到的厚片状颗粒是黏着磨损的产物。

7. 液压系统磨料磨损的监测与诊断

由于制造、使用和外来污染等原因，可使液压系统内的重要摩擦副发生二维或三维的磨料磨损（或切削磨损）。早期预报磨料磨损故障并采取有效措施，对于保证系统可靠运转和提高其使用寿命具有重要的意义。我们监测了 50 多个液压系统，其中 4 个系统发生磨料磨损被有效地做了预报。

实例 1：对两台在油田工作的日本 NK-160B-Ⅱ型起重机液压系统进行近 800h 的监测。

图 12-56 是两台起重机液压系统的直读铁谱磨损趋势曲线。其中 8007 号车液压系统出现了总磨损值持续增加的不正常磨损趋势，而 8010 车则基本平稳且磨损值有下降趋势，预示了一个良好的磨损状态。

光谱测定出两台起重机液压油中 Fe 的质量分数均小于 1×10^{-6}，Cu 的质量分数则波动在 $(1\sim2)\times10^{-6}$ 范围内。Si 的质量分数 8007 车（2.7×10^{-6}）略高于 8010 车（2.2×10^{-6}）。但是，由于抗磨液压油中使用硅脂作为抗泡添加剂，因此硅质量分数并不严格对应于系统润滑油中的污染粉尘等。光谱分析结果表明两个系统均处于相近的正常状态。

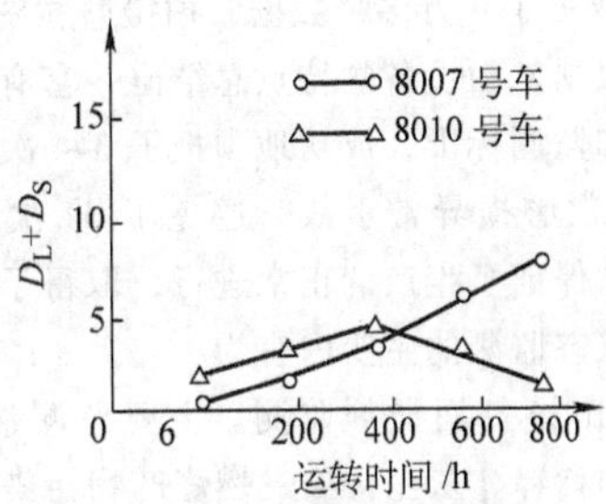

图 12-56　两台起重机液压系统的直读铁谱磨损趋势曲线

采用颗粒自动计数仪测定了两台起重机液压系统运转期间液压油中大于 5μm 的颗粒总数变化（图 12-57）。两台起重机液压系统在运转至 800h 时均出现了颗粒数量明显增加，铁谱监测技术直观且可靠地诊断出了磨料磨损的存在及发展。这表明摩擦学诊断技术具有良好的故障早期预报性。若在此时采取措施（如清洗系统和换油过滤等），则可使系统回复到正常状态。若早期故障在萌芽状态即被排除，则可提高

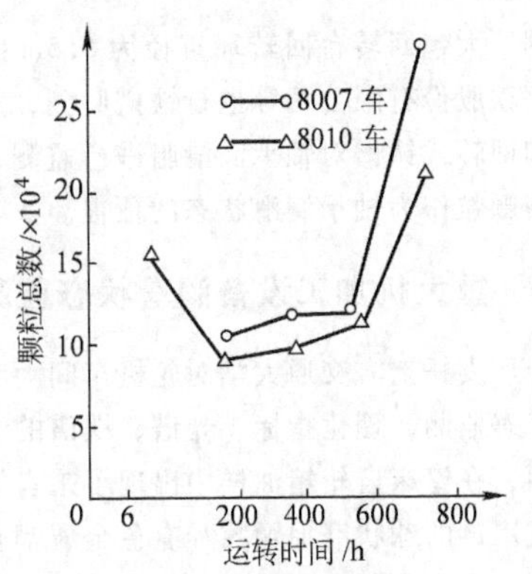

图 12-57　两台起重机液压系统液压油中大于 5μm 颗粒总数的变化曲线

系统运转的可靠性与使用寿命。

12.5.4 大型矿山设备状态监测及故障诊断

油样分析状态监测技术在大型矿山设备的故障诊断及状态监测中具有巨大的实用价值。其原因为：①矿山设备的运行环境十分恶劣，润滑油系统易受环境污染，因污染而导致润滑失效所造成的设备事故占相当高的比例；②矿山采矿、选矿设备都向大型化、复杂化、自动化的方向发展，迫切需要采用现代化监测仪器进行状态监测；③矿山设备运动部件的失效往往以磨损断裂形式存在，故借助于油样磨粒检测能有效地监测设备的异常磨损事故。

江西德兴铜矿对107台大型设备进行了润滑与磨损状态下动态监测油样的分析研究，累积监测次数2962次，取得了4万多个数据，拍摄磨粒图谱100余幅。我们根据矿山设备的特点总结出一套有效的分析诊断方法和监测标准，成功地预报了344次润滑不良事故，537次磨损异常事故，避免了34次重大设备故障事故，保证了生产的正常进行，取得了显著的经济效益。状态监测的主要内容为：

1）矿山设备润滑剂监测。主要监测油品黏度、水分、燃油稀释、灰尘污染、燃烧产物污染及添加剂损耗等。

2）矿山设备磨损状态监测。主要监测润滑剂中磨损金属颗粒的含量、成分、尺寸、形貌等参数。

3）磨损状态监测标准。根据大量实际工况的监测经验和统计数据，提出本矿设备磨损状态监测的标准，划分为：正常、异常、严重、极严重4个等级。

结论：在润滑油系统中，磨损元素Fe、Cu、Pb的质量分数较高，应检查齿轮、青铜合金部件主轴摩擦盘、摩擦环及偏心套的磨损情况。

12.5.5 大型轴承润滑脂润滑状态的铁谱监测

某钢厂大包回转台回转环直径为5.5m的轴承委托宝山钢铁股份有限公司等进行铁谱监测，采用分析式铁谱和回转式铁谱对轴承润滑脂进行监测，以出现异常磨损颗粒作为轴承润滑状态的预报。

12.5.6 重大机加工设备润滑状态监测

某船厂委托上海交通大学对轮机车间大型车、镗床进行状态监测，理化指标、光谱、铁谱的综合监测结果表明，在镗床齿轮箱油样中出现了来自轴承疲劳产生的成串链的球状磨损颗粒和有色金属铜合金块状磨损颗粒，本次监测为该船厂的维修提供了科学、准确的决策依据，并为维修体制的转化提供了参考。

12.5.7 拉膜生产线挤出机变速器轴承故障的铁谱分析诊断

某厂拉膜生产线挤出机变速器主轴承在正常维修后开始运行时发现油品颜色严重变黑，滤网被很多金属磨屑堵塞，取样检验显示润滑油性能理化指标正常，但从铁谱分析发现出现大量钢铁和铜磨屑，由此判断其主轴承（单列调心滚柱推力轴承）发生故障，铜屑应由保持架产生，钢磨屑由滚柱产生，证实了铁谱分析的结论：其主轴承（单列调心滚柱推力轴承）滚柱破裂导致保持架拉伤和整个系统的严重磨损，产生大量磨屑和润滑油变黑，而油品性能却没有下降。

12.5.8 透平机组减速齿轮箱的在线铁谱监测应用示例

（1）在线式铁谱仪基本原理　西安交通大学轴承所研制的在线式铁谱仪是一种以分析式铁谱仪为基础，由微处理器控制的定时自动采样、处理的装置。它主要由电磁铁、探测器、液压泵、电磁阀等部分组成，液压泵及电磁阀完成从设备润滑油循环管路中抽取油样的功能。油样从仪器进油口抽入又从仪器出油口送回管路中。电磁铁造成可控制磁场，探测器位于磁场上方，在适合的流速和磁场强度下，油流中的铁磁性粒子在探测器腔内按尺寸大小依次沉积下来。探测器内部有六对光源和光电转换器件，依据光密度探测原理探测沉积在腔底平面的粒子覆盖面积百分比。在结构特征上，探测器与分析式铁谱仪类似，其颗粒探测灵敏度为>5μm。由于在采样流程上，每次采样前总要先采本底样，实际采样时要扣除本底值，这样就能把由于油透明度变化及污染物浓度变化等原因造成的误差作为系统误差扣除。最后的采样结果只对应于铁磁性颗粒的多少。又由于消除了人为误差，其定量准确性大大提高。因为有6个采样点，可采用的定量指标之一为平均铁谱度。平均铁谱度定义为

$$D_{ie} = \frac{\sum_{i=1}^{6} D_i}{6} \quad D_i = \frac{D_{ie}}{1 + \alpha(T_m - 1)}$$

式中　D_{ie}——采样点覆盖面积百分比读数；

T_m——磁场持续时间；

α——磨粒堆积影响系数。

在线式铁谱仪的时钟、采样间隔、磁场持续时间均由键盘设定。其数据可由打印机输出，也可由RS232串行口输出。不输出时，数据在仪器的RAM（随机存取存储器）内储存。

(2) 涡轮机组齿轮箱在线监测方法　天津炼油厂催化车间二号涡轮机组的结构如图 12-58 所示。涡轮机通过齿轮减速器驱动鼓风机。涡轮机转速为 8800r/min，额定功率为 3kW。齿轮箱减速比为 1：2.08。鼓风机额定功率为 2kW。整个机组使用 20 号汽轮机油对齿轮箱及滑动轴承进行润滑。该机组已配置了在线振动监测系统，振动和油温、瓦温信号经前置处理器后由计算机进行采集、分析和处理。使用在线式铁谱仪作为状态监测系统的一个子系统对齿轮箱进行实时监测。在线式铁谱仪通过 RS232 串行口与现场的振动监测计算机连接。现场的计算机通过光纤数字传输系统与监测中心的计算机相连。在监测中心，可以设置在线式铁谱仪的时钟、采样间隔、磁场持续时间等参数，仪器按照设置的参数进行自动采样分析，并可做出超限报警。涡轮机组的监测模式如图 12-59 所示。

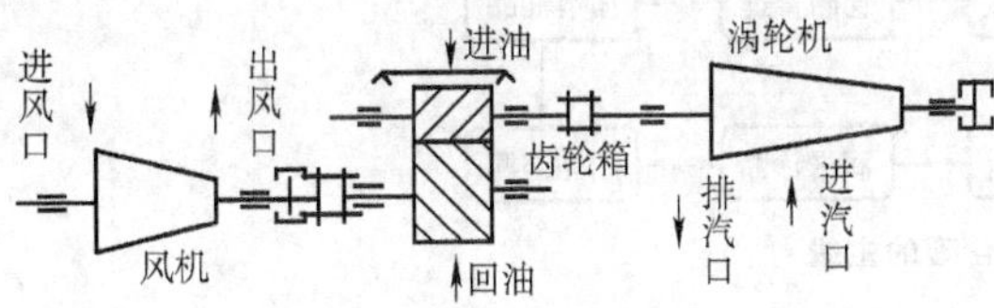

图 12-58　涡轮机组的结构

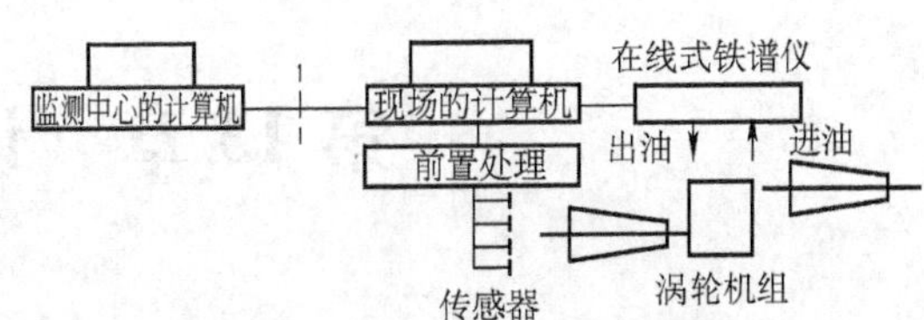

图 12-59　涡轮机组的监测模式

12.6　油液分析故障诊断的专家系统

1956 年，国际上第一次使用了人工智能 AI (Artificial Intelligence) 这一术语，标志着以研究人类智能的基本机理、以使得计算机更“聪明”为目标的新型学科正式诞生。AI 发展到今天已形成很多分支，专家系统 (ES, Expert System) 是其中最活跃的分支之一，它将 AI 从实验室引入到现实世界，并已取得了令人瞩目的成绩，受到世界各国的高度重视，并已产生巨大的经济效益。

据报道，目前全世界有几万个不同 ES 在运行和应用。在油液分析故障诊断的 ES 具有代表性的是加拿大 GasTops 公司历时 6 年开发的 Lube Analy t，并已在美军飞机发动机、柴油机等的诊断中成功地应用。此软件在国内有美国热电监测技术分析公司的代理商。

参考文献

[1]　科拉科特. 机械故障的诊断与工况监测 [M]. 孙维东，等译. 北京：机械工业出版社，1983.

[2]　贺石中，冯伟. 设备润滑诊断与管理 [M]. 北京：中国石化出版社，2017.

[3]　谢友柏. 摩擦学科学及工程应用现状与发展战略研究 [M]. 北京：高等教育出版社，2009.

[4]　温诗铸，黄平，田煜，等. 摩擦学原理 [M]. 5 版. 北京：清华大学出版社，2018.

[5]　萧汉梁. 铁谱技术及其在机械监测诊断中的应用 [M]. 北京：人民交通出版社，1993.

[6]　杨俊杰，周洪澍. 设备润滑技术与管理 [M]. 北京：中国计量出版社，2008.

[7]　Seifert W W, Westcott V C. A Method for the Study of Wear Particles in Lubricating Oil [J]. Wear, 1972, 21 (1): 22-42.

[8]　Bowen R, Scott D, Seifert W, et al. Ferrograph [J]. Tribology International, 1976, 9 (3): 109-115.

[9]　李柱国. 机械润滑与诊断 [M]. 北京：化学工业出版社，2005.

[10]　刘仁德，胡申辉，曹新村，等. 润滑脂铁谱分析的研究和应用 [J]. 润滑与密封，2002 (5): 65-66.

[11]　张红，李柱国. 油液分析技术在重大机加工设备状态监测中的应用 [J]. 润滑与密封，2002 (5): 67-68.

[12]　吕晓军，伍昕，景敏卿，等. 一种新型的在线铁谱仪 [J]. 润滑与密封，2002 (3): 72-75.

[13]　张培林，李兵，任国全，等. 发动机典型磨损磨粒识别的 SCE 模型 [J]. 润滑与密封，2008 (4): 24-26.

[14]　张鄂. 铁谱技术及其工业应用 [M]. 西安：西安交通大学出版社，2001.

[15]　毛美娟，朱子新，王峰. 机械装备油液监控技术与应用 [M]. 北京：国防工业出版社，2006.

[16]　丁光健，胡大樾. 铁谱技术及其应用 [J]. 润滑与密封，1992.

[17]　庞树民，杨新强. 润滑油状态监测技术在设备管理中的应用 [J]. 中国设备工程，2013 (4): 59-61.

第13章　设备润滑管理

13.1　设备润滑管理的主线

设备润滑管理是设备管理的一个重要组成部分。加强设备润滑管理工作，并把它建立在标准管理的基础上，对促进工矿企业生产的发展、提高企业设备润滑安全和企业经济效益具有极其重要的意义。

设备润滑管理是用科学管理的手段，按照设备技术规范的要求，实现设备及时、正确、合理地润滑和在用油监测，达到设备安全正常运行的目标。基于该概念，设备润滑管理的基本任务概括起来是：保证设备润滑系统正常，提高设备运行效率与可靠性；减少摩擦阻力和摩擦副磨损，延长设备及油品使用寿命；做好废油回收利用，实现企业润滑节能降耗。

设备润滑管理是一项系统工程，从设备的用油规范开始至油品报废管理，这个过程贯穿油品的生命周期，因此，设备润滑管理的主线狭义讲可用如图13-1所示的阶段表示，即实现从设备到油品的全生命周期管理。

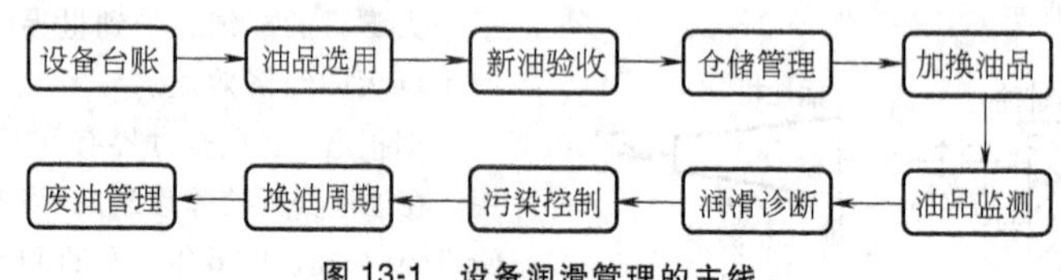

图13-1　设备润滑管理的主线

在图13-1所示的润滑管理工作主线中，人是最核心的，设备润滑管理是一项全员参与的系统化管理工作。企业如果忽视设备润滑管理工作，就会使设备故障与事故频发，就会加速设备技术状态劣化，使产品质量和产量都受到很大影响，造成企业经济效益的降低。因此，企业领导、设备管理部门、设备使用部门、工程技术人员、操作工人和维修人员等都应该重视设备润滑管理工作。

基于图13-1的润滑管理主线，设备润滑管理的内容包括：

1）建立健全设备润滑台账或企业设备润滑程序，其信息应尽可能涵盖完整的设备运维需求，方便企业对全厂设备的综合管理。

2）基于设备的性能、工况，选择适合设备使用的油品；或根据设备制造商的油品推荐，完善设备用油信息管理。

3）建立健全企业入厂油品的质量检验程序，包括油品合格证、产品质量标准、MSDS（化学品安全数据说明书）或第三方检验报告。

4）完善油品入库管理。

5）配置完善的加换油器具，做好器具的污染控制管理；针对不同转动设备的污染源，建立健全设备的加换油管理程序，保障设备加换油环节的程序化。

6）做好设备润滑的状态监测，并根据监测数据及时采取运维措施。

7）组织设备润滑故障的分析。对于已经发生的设备润滑故障必须组织有关部门领导和有关人员到现场进行认真仔细地分析研究，做到“三不放过”，即：事故原因查不清不放过；责任不落实不放过；改进措施不落实不放过。

8）根据设备在用油的检测，确定油品污染源，有针对性地开展在用油污染控制工作，正确选用、使用过滤器材。

9）基于油液监测数据，做好设备的视情换油工作。

10）组织废油的回收、再生和利用，严禁乱排乱放。

组织润滑工作人员的技术培训，学习国内外润滑管理的先进经验，推广应用润滑新技术、新材料和新装置，不断提高企业润滑管理工作的水平。

13.2　润滑管理架构及岗位

13.2.1　润滑组织架构

为了实施润滑管理工作的任务，工矿企业应设置润滑管理机构，并根据企业规模和设备润滑工作量合理地设置各级润滑组织，配备具有专业知识和工作能力的润滑技术人员和工人，这是搞好设备润滑工作的重要环节和组织保证。

一是对小型企业的润滑管理多采用如图 13-2 所示的组织形式及工作关系。设备动力部门设有专、兼职润滑技术人员，并配备维修工和润滑工负责全厂润滑工作，物资部门负责全厂润滑油的采购、储存、收发和废油工作。

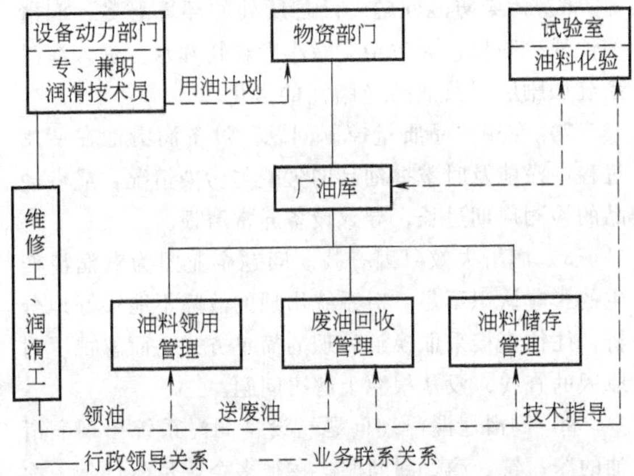

图 13-2　小型企业的润滑管理组织形式及工作关系图

图 13-2 所示的润滑管理形式有利于提高润滑专业人员的工作效率和工作质量，但要经常协调设备动力部门与物资部门之间的相互协作关系。

二是对大中型企业的润滑管理多采用如图 13-3 所示的组织形式及工作关系。设备管理部门由润滑工程师全面负责全厂润滑管理工作，下设润滑站（二级油站），负责油料收发、废油回收等工作。维修工或润滑工负责车间的润滑管理工作。物资部门只设厂级油库（一级油库），负责向润滑站供应油品或对大油箱设备直供油品。

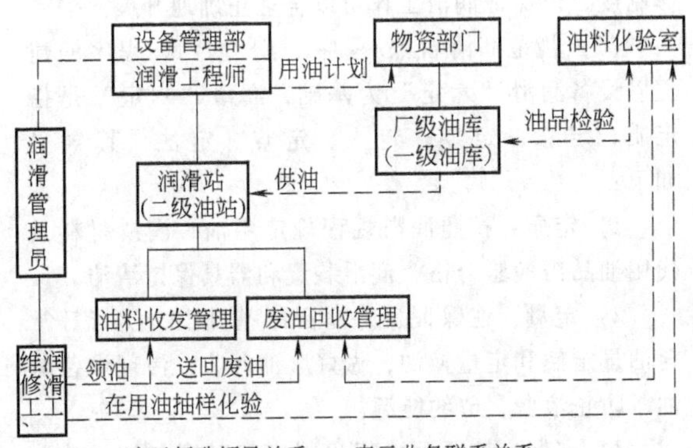

图 13-3　大中型企业的润滑管理组织形式及工作关系图

图 13-3 所示的大中型企业的润滑管理形式的优点是有利于提高润滑人员的专业化程度和工作质量，缺点是与生产配合较差。

企业设备润滑管理形式也可以分为集中管理形式和分散管理形式。集中管理形式适用于中小型企业，因为中小型企业的车间与厂房一般比较集中，厂区也不大，润滑管理工作由设备管理部门一管到底，即只设厂级油库管理形式。大型企业和车间分散的中型企业可实行分散管理形式，即设厂级油库和二级油站管理形式。

润滑管理的组织形式没有确定形式。厂矿企业根据自身的规模、厂区面积、设备拥有量、润滑工作量、润滑技术人员和润滑工人素质等具体情况，参考上述润滑管理的组织形式，提出本企业的组织机构形式。

13.2.2　润滑岗位建立

润滑岗位人员是企业实施设备润滑管理的目的和落实润滑管理全过程的首要保障，专业化的岗位人员能全面负责地实施设备的润滑维护保养，避免设备在润滑保养过程中的遗漏、错用、误用油品等现象。实践表明，企业在各级设备管理部门配备专职或兼职设备润滑管理人员，对维持设备润滑管理工作的良性开展是极具重要意义的。

目前，企业润滑岗位的设立包括：润滑工程师或润滑技师、润滑管理员、润滑技工。

然而，很多企业并不重视润滑岗位，通常采用主要工作职责加兼职润滑管理，这样往往导致润滑岗位制度徒有虚名，不能完全把润滑管理职责落到实处。

13.2.3　润滑岗位职责

1. 润滑管理员的职责

1）负责设备润滑管理中的各项技术管理工作，如明确润滑工、设备操作工、维保人员的工作职责范围；制定设备用油消耗定额和年度、季度用油计划，并统计其实施情况，分析设备的润滑损耗；熟悉辖区所有设备的润滑系统和润滑装置，了解设备润滑装置的原理和结构，并编制润滑图表和卡片，指导润滑站（点）及下属单位的润滑工作等。

2）负责设备加换油、日常巡检等情况的管理，提出改进管理方案并负责实施，逐步提高润滑管理水平。

3）指导检查润滑工、设备操作工、维修人员按照润滑规范进行加油或清洗换油工作，进行各润滑点润滑磨损故障分析、泄漏整治、润滑技术改造工作。

4）负责相关润滑物料的仓储管理工作，以及设备润滑工作的消防及安全事故管理。

5）定期组织润滑工、设备操作工、维修人员的工作技能学习与相互交流，不断改进设备润滑管理工作。

2. 润滑工的职责

1）熟悉设备润滑系统、润滑装置、润滑部位、润滑方法及用油品种。严格按照润滑规程对日常加油点进行加油，并保持设备的清洁，尤其是加油处的防水防污染；设备换油应依据在用油品的化验结果，认真对设备进行清洗换油，并做好换油记录。

2）掌握维护区域设备润滑油料、加换油工具的消耗情况，做到随用随供。

3）日常润滑巡检工作中对设备要做到：查（查看油路是否畅通，查看油品的温度、压力、油量、漏油点、漏油量等，查看润滑脂是否滴漏、干涸等）、治（在力所能及的情况下自己动手解决设备润滑存在的问题）、管（管好设备、合理润滑、经常保持清洁）。

4）做好油品滤器的清洁或更换工作，根据在用油品的质量情况，适时采用精细滤油机对油箱中的在用油进行污染颗粒和水分的去除工作；对准备清洗换油部位的在用油品也应取样送检。

5）根据设备日常油液检测情况，做好设备润滑磨损状态监测，做好设备的预防性维修和主动维修预报工作，必要时及时排除设备的润滑磨损故障。

6）做好油料的回收利用和废油回收工作。

13.3 设备润滑制度管理

13.3.1 润滑工作制度

润滑工作制度是企业规范和保证润滑管理工作顺利开展的重要现场实施制度，也是润滑岗位人员明确自我工作内容和工作职责的重要技术文件。各个企业根据自我设备和使用润滑剂的不同，建立健全不同的岗位润滑工作制度，对维系设备的正常运行是必不可少的。

企业现场润滑管理工作制度的缺失，给企业带来了一系列的问题，包括：

1）润滑点确认问题。设备润滑点数量、位置等基础信息不清楚，重复润滑、缺少润滑的现象大量存在。

2）润滑周期问题。润滑频次、周期不能满足设备正常运转的要求，润滑周期随意性较强。

3）润滑操作规范问题。员工润滑操作不正确、不能及时将新油加注到需要部位、缺少油脂、废油脏油污染、新油长时间得不到更换等导致润滑效果不好。

4）润滑考核问题。日常润滑管理缺少考核评价、缺少监督核查制度，导致润滑工作不能落实到位。

5）精确润滑问题。润滑油脂存储、使用过程中不遵守“六定、三过滤、三洁”的要求，带入的杂质微小颗粒加剧了设备的磨损。

6）污染防范问题。设备所处的环境恶劣，润滑部位缺少防护，导致杂质微小颗粒物和水分进入润滑系统加剧磨损及油品（脂）的劣化。

7）在用油品质量控制问题。设备润滑油在使用过程中没能及时掌握油品的劣变与污染情况，或者油品的检测周期过长，导致设备异常磨损。

8）润滑失效原因查找。问题企业因为对润滑产生的影响认识不足，对系统出现的故障不能很好地分析，往往直接采取换油处理的简单方式，而忽视了对原因的查找，没从根源上解决问题。

9）润滑泄漏治理问题。设备润滑系统出现润滑油的跑、冒、滴、漏问题，在很多企业目前仍是一大难题，不能彻底解决，导致污染、浪费严重。

10）润滑效益评价问题。部分企业对设备润滑油的选用有时盲目相信进口油，有时又采用低价劣质油品；油品更换方式采用定期更换；不知道如何进行污染控制等往往都会导致企业润滑成本居高不下，影响到设备润滑的经济效益。

13.3.2 润滑工作制度

目前，上述企业的润滑问题可以说在大部分企业都普遍存在，只是程度不同而已。为了避免设备润滑工作出现上述问题，必须制定一套合理规范的润滑工作制度，以保证润滑工作可以合理正确地开展。

（1）规范润滑台账/程序　润滑台账/程序的建立以设备润滑“六定”为基础，润滑“六定”是指定质、定量、定期、定人、定点、定法，其含义如下：

1）定质：按照润滑规程规定用油，润滑材料及代用油品需检验合格，润滑装置和器具保持清洁。

2）定量：在保证良好润滑的基础上，实行日常耗油量定额和定量换油，做好废油回收，治理设备漏油，防止浪费，节约能源。

3）定期：按照润滑规程规定的时间加油、补油和清洗换油；对重要设备、储油量大的设备按规定时间取样化验，根据油质状况采取相应对策（清洗换油、循环过滤等）。

4）定人：按照润滑规程，明确操作工、维修工、润滑工在维护保养中的分工，各司其职，互相配合。

5）定点：确定每台设备的润滑点，保持其清洁与完整无损，实施定点给油。

6）定法：确定每台设备润滑点的加油注脂方法。

通过建立设备润滑信息，见表 13-1，实施规范化的润滑台账或设备润滑程序管理，亦可保证设备正确的润滑和实时的润滑管理考核，以及年终润滑消耗统计。

表 13-1　设备润滑信息表

公司信息	分公司	产线/车间	设备名称或系统名称	润滑点（或部位）	设备等级分类	油品型号（招金统计）	油品型号（广研确认）	推荐油品牌号
XX 矿业	A 矿	选矿车间	MQG3660 球磨机	主轴轴瓦	A	L-HM150 抗磨液压油	长城卓力 L-HM150 抗磨液压油（高压）	L-HM150 抗磨液压油
XX 矿业	A 矿	选矿车间	MQG3660 球磨机	电动机轴瓦	A	L-HM68 抗磨液压油	长城卓力 L-HM68 抗磨液压油（高压）	L-HM68 抗磨液压油
XX 矿业	A 矿	选矿车间	MQG3660 球磨机	高速轴轴承	B	美孚 EP2 润滑脂	美孚力士 EP2 润滑脂	2 号极压复合锂基润滑脂
XX 矿业	A 矿	选矿车间	MQG3660 球磨机	大齿圈喷射	A	L-CKM680 开式重负荷齿轮油	艾西特 L-CKM680 开式齿轮油	重负荷工业开式齿轮润滑剂
XX 矿业	A 矿	选矿车间	MQG3660 球磨机	尾拖减速器	B	L-CKC220 闭式齿轮油	长城得威 L-CKC220 工业闭式齿轮油	L-CKC220 中负荷工业闭式齿轮油
XX 矿业	A 矿	选矿车间	MQG4060 球磨机	主轴轴瓦	A	L-HM150 抗磨液压油	长城卓力 L-HM150 抗磨液压油（高压）	L-HM150 抗磨液压油
XX 矿业	A 矿	选矿车间	MQG4060 球磨机	电动机轴瓦	A	L-HM68 抗磨液压油	长城卓力 L-HM68 抗磨液压油（高压）	L-HM68 抗磨液压油
XX 矿业	A 矿	选矿车间	MQG4060 球磨机	调整轴轴承	B	美孚 EP2 润滑脂	美孚力士 EP2 润滑脂	2 号极压复合锂基润滑脂

（2）建立润滑工作计划　设备润滑台账反映的是设备按照该年度润滑工作计划每月实施润滑的过程记录，而每年的润滑工作计划通常在本年初或者上年底就已经制定好，其内容包括润滑油脂的类型、年需求量，润滑油脂加油、补油和换油的时间，油品报废量，油品质量检测需求等，计划需确保涵盖设备的每一个润滑点。

（3）制定油品质量检验标准　油品的质量直接关系到设备的润滑安全，因此，建立健全油品质量检验标准是落实润滑工作制度的重要环节。

油品质量检验标准分两部分，一是新润滑油脂进库的验收标准，确保进库的油品质量良好，同时作为油品存储时的检验标准。这样可以避免采购到假油或质量不达标准的油，同时可以避免因错误的存储方式导致油品乳化、杂质、沉淀、氧化等油品质量问题。二是在用油品质量过程控制标准。包括油品使用过程中的性能变化、污染及设备磨损等标准的建立问题。

（4）建立加换油管理制度　在用油品的加换油脂管理是设备润滑管理的基础，定期或视情开展设备的加换油管理，是保障设备润滑安全的重要维保措施。如今企业设备润滑用油在一定程度上均按照设备生产厂家使用说明书要求的油品用量进行油品的添加使用，且加换油方法几乎都是以师傅带徒弟的方式沿袭。建立健全符合企业自身特点的加换油管理制度，是企业做好润滑管理的重要运维基础。

通常，对于具有油箱的设备润滑系统，其换油流程可参考图 13-4。

通常，设备加脂流程可参考图 13-5。

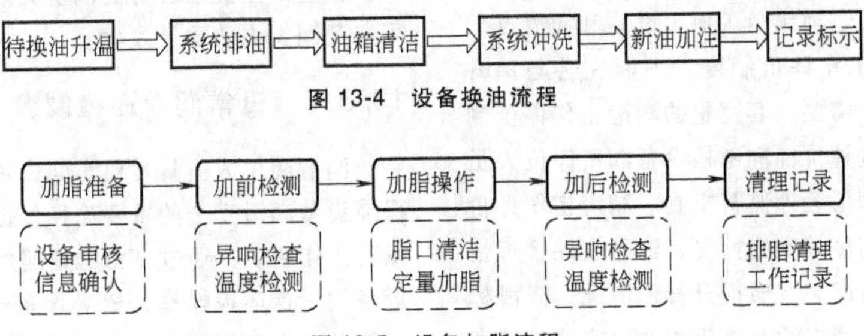

图 13-4　设备换油流程

图 13-5　设备加脂流程

（5）建立可视化的润滑标识　规范好了设备润滑信息，明确了润滑点数，并不能保证设备上运动部件的润滑点都能得到很好的润滑。由于各种人为的原因，并不是每个操作人员都能清楚地知道这些润滑点在哪里。因此，建立可视化的润滑标识、明确设备需要润滑的部位并粘贴在设备显眼的位置便于操作人员查看是非常必要的。如图 13-6 所示，图 13-6a 是设备的润滑维护卡，不仅涵盖设备的“六定”信息，而且对易损件、各人员职责都有规定。图 13-6b 是企业二级油库的可视化标识，不同油品用不同形状及颜色的标识表征。

设备润滑维护卡

设备名称	干燥窑	设备编号	
设备规格型号	φ2.4×22米	装机功率	37KW
启用时间	2016/4	设备原值	820000.00
设备技术负责人		电气维护	
设备维修负责人		维修人	
设备润滑负责人		操作人	

设备主要易损件

名称	数量	使用周期
料枪	1	1个月

润滑六定

序号	定点	定质	定量	定期	定人	方法
1	托轮	锂基脂	2千克/次	3天	岗位定人	人工注油
2	齿轮	锂基脂	2千克/次	3天	岗位定人	人工注油
3	减速机	220#齿轮油	标尺刻度	每月	岗位定人	人工注油

a)

b)

图 13-6　设备用油标识

a）润滑维护卡　b）二级油库的可视化标识

需要注意的是，润滑标识上设备润滑点的序号应与润滑台账或“六定”表以及设备说明书上的序号一致，这样有根可寻，大大减少了遗漏润滑点的概率，也方便了新员工、换岗员工熟悉设备和润滑点。

（6）建立润滑工作评价制度　不断完善与提升设备润滑管理工作，需要一套完整的润滑工作评价制度或评价体系，通过评价标准考核设备润滑岗位人员的工作情况，实现润滑管理监督机制。润滑工作评价制度一般包括管理制度的实施情况、油品仓储管理情况、润滑技术实施情况、素质提升管理情况、润滑标准实施情况，以及润滑持续改进等相关内容。

13.3.3　油品质量控制制度

目前，企业设备管理员均已意识到设备在用油品的性能变化会直接影响到设备的运行安全。做好设备润滑状态的监测，是实施润滑管理的重要工作，通过对设备润滑状态尤其是油品的性能状态的技术检查，可以做到以下几点：

1）根据油品检测结果实现按质换油，既保证润滑质量又避免油品浪费。

2）根据油品检测数据，分析各种润滑油脂在不同设备和场合使用时的质量变化规律，从而优化设备在用润滑油脂的使用，并确定正确的换油周期。

3）根据油品检测结果，发现在用油品污染超标情况，做好污染控制，延长油品的使用寿命，防范污染导致的设备卡涩与故障。

4）根据油品检测结果，发现设备性能故障和磨损情况，指导设备的修理和维护保养。

5）通过油品检测发现油品混用、代用等润滑管理不规范的情况，及时予以制止和纠正，减少润滑故障的发生。

6）对换下的废油，如齿轮油、液压油、汽轮机油等，通过滤油机过滤处理，油品检测后可用作设备润滑系统的清洗油，还可用于用油要求不高的设备润滑，如粗加工设备和露天使用的设备和设施等。

因此，定期实施设备在用油品的检测与监测，建立相关的油品质量控制制度，保障设备的润滑安全和设备本身的工作性能，是延长设备使用寿命、发挥设备最大效益、节约资源、减少污染的可靠手段。

13.3.4　润滑失效管理制度

润滑失效和润滑油失效是不同的概念，润滑失效的意义更广泛，凡因设备摩擦副润滑油膜的破坏而引发的设备故障问题和油品失效问题，都可归结为润滑失效。如图 13-7 所示的各图例均是润滑失效的典型模式。不同企业由于生产设备的不同，其润滑系统及功能也各异，这也导致了设备的润滑失效模式各不相同。企业建立健全自身的润滑失效管理制度，就是为了避免同类失效重复发生。

13.3.5　日常润滑巡检制度

润滑岗位人员日常对车间设备的润滑巡检工作是保障设备润滑安全的重要途径，也是润滑岗位人员的重要工作职责。通过日常润滑巡检工作，不仅能规范设备润滑点巡检操作，树立设备巡检严肃认真意识，还能及时发现问题、解决问题，确保设备处于良好的

图 13-7 润滑失效的典型模式
a）齿轮疲劳磨损 b）轴瓦漆膜
c）油质异常 d）系统异物

运行状态。

润滑巡检制度的内容主要包括：巡检路线、巡检内容及数据记录。巡检内容主要包括：油位巡检、油温巡检、颜色巡检、污染巡检、渗漏巡检、异响巡检等，企业润滑岗位人员可根据现场设备的需要，建立健全企业自身的巡检管理制度。

13.3.6 废油的回收管理制度

对更换下来的废润滑油进行回收处理，不仅可以充分利用资源，还可以带来可观的经济效益，也避免因随意丢弃造成的环境污染。由于每年全世界更换的废润滑油数量相当大，因此废润滑油的处理是企业日常润滑管理面临的又一个重大课题。我国在《废润滑油回收与再生利用技术导则》(GB/T 17145—1997)中对用油单位和个人更换下来的废润滑油和废润滑油的回收、再生和利用管理等做了明确规定，其废油的回收率见表 13-2。

表 13-2 废油回收率

废油种类	内燃机油	齿轮油	液压油	专用油
回收率(%)	≥35	≥50	≥80	≥90

因此，用油企业也应根据此标准建立相应的废油回收管理制度，以防范油品的乱排乱放，污染环境。

13.3.7 润滑归集制度

设备润滑台账记录文本和日常润滑的实施情况记录是设备润滑资料的重要来源，是实施设备润滑管理的基础文档，也是评价设备润滑方式和持续改善润滑模式的基本依据，同时更是计算设备润滑效益的第一手资料。因此，做好设备润滑资料归集工作，包括设备的基本结构和相关参数、润滑部位、润滑要求、润滑油脂等设备润滑的基础信息，润滑油脂采购进货台账、润滑油脂质量检验台账和设备加换补油台账、废油台账等。

为了反映设备润滑管理的效果，应做好设备润滑归集材料的信息处理，及时发现问题，总结经验，指导润滑管理工作的改进和提高。

13.4 企业润滑管理实施案例

某矿山企业为了确保设备安全可靠运行，减少设备故障，降低备件与润滑剂的消耗，提升公司总体的生产效率，实现降本增效，特在 2015 年提出开展全面的润滑管理提升工作，并委托广州某知名第三方润滑检测服务机构，负责公司设备润滑管理提升的支持服务工作，包括油品管理、设备运维、人员提升等各类系统化、长效化的服务工作。该机构结合企业设备生产流程、工艺特点、工况环境、管理制度及现场使用油品的具体要求，进行了严谨的计划和安排，实施总体规范与阶段计划。首先全面开展基础评估工作，系统地对企业设备润滑管理进行深入了解与细致的分析，然后在确保安全与质量的前提下，科学地开展单项提升工作，按计划逐步提升企业设备润滑管理水平，保障生产设备的运行安全。

由于项目实施内容较多，项目组制定了“分步实施、稳步推进”的模式，将项目分期开展，其中一期项目实施过程如图 13-8 所示：

具体实施内容包括：

1. 开展现场的调研评估工作

企业润滑管理现场评估，是通过一定润滑要素的评估标准开展的现场调研工作，找出企业设备润滑管理中的薄弱环节，其核心是挖掘企业润滑管理对经营改善的贡献，从润滑中要效益、安全及低碳排放量。通过对该企业 6 个矿的现场评估工作，一方面取得了第一手的现场润滑管理资料，如人员的润滑专业技能、设备的台账信息、油品的使用信息、仓储管理状况、润滑失效故障信息等涉及设备安全的人、机、物、法、环、测六要素信息；另一方面针对企业设备管理做得好的方面，如现场管理的程序化、标准化等，给予肯定，并从专业技能上给予补充。如图 13-9 所示是两个矿在润滑管理项目实施前后给予的评价图，从中也可以看出后续的持续改善点。

图 13-8 润滑管理一期项目实施过程举例

a）项目启动会议 b）油品质量评定 c）现场取样 d）现场调研 e）在用油检测 f）新油检测 g）设备信息确认 h）油品信息确认 i）润滑骨干培训 j）定期培训 k）设备六定标准 l）污染控制改造

2. 设备油液检测数据评价

油液检测/监测是企业设备润滑管理的一双眼睛。企业润滑管理开展得好不好、持续性怎样，通过油品检测就能直接发现。项目一期根据调研情况，确定关键设备的油品检测，并同时对仓库中的新油开展取样检测，共计抽取新油 86 种、在用油 136 种，检测方案按照相关标准开展，其结果是新油不合格率达 28%，在用油警告率为 39%，项目组结合检测数据为现场多家矿的设备维保人员进行讲解，油品检测专项如图 13-10 所示。油液检测的数据让企业领导非常吃惊，引起了高度重视，并指示成立联合项目组，共同开展现场改善工作，确保设备的用油安全，保障设备的使用效率。

3. 人员专项技能提升

企业润滑管理人员的专业技能是需要通过在实践中不断探索、学习及参加培训来不断提高的。该企业

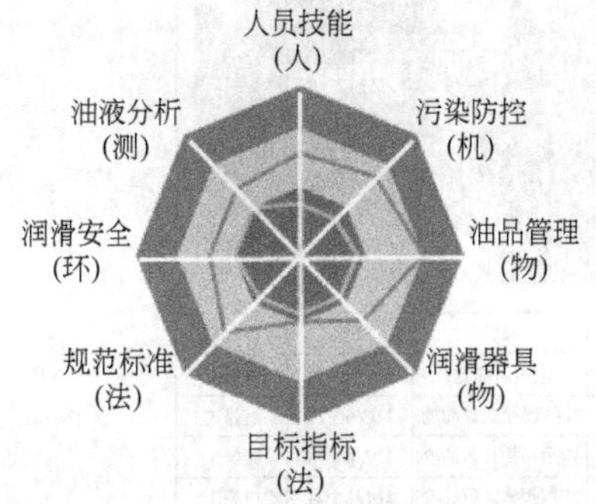

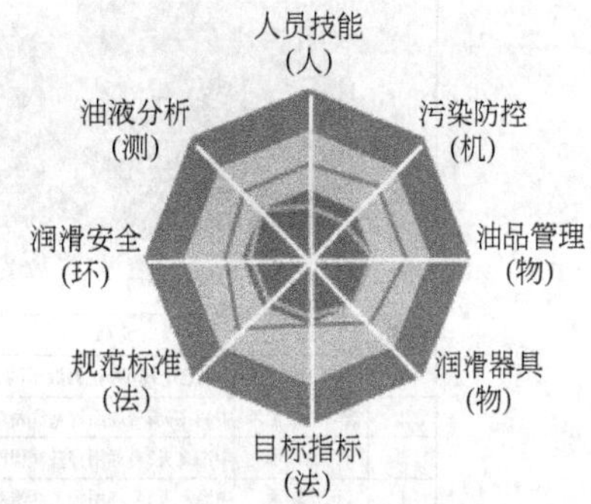

图 13-9　润滑管理现状评估专项

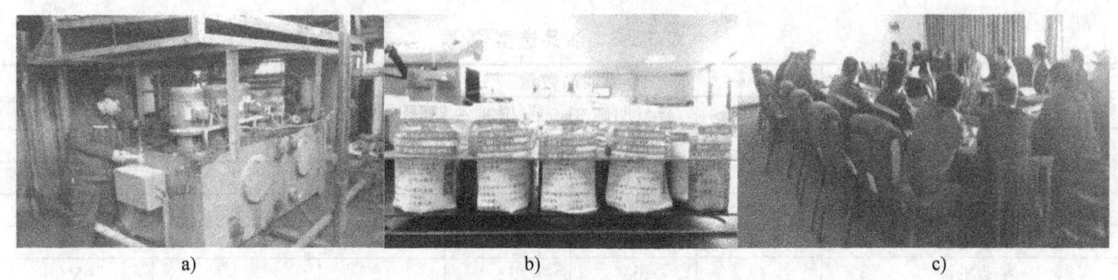

a)　b)　c)

图 13-10　油品检测专项

a）现场取样　b）检测样品　c）数据解读

a)

b)

图 13-11　润滑技术与管理培训专项

a）专题培训　b）ICML 认证考试培训

先后组织了 4 次润滑专题培训（图 13-11），并组织企业内部来自各个矿的 31 名设备管理人员和维保人员到广州参加 ICML（国际机器学习大会）为期 3 天的润滑管理培训班和半天的考试，极大提高了设备管理人员的润滑知识和润滑管理意识。与此同时，项目组在各个矿开展设备润滑改造项目时，定期与各矿设备维保人员开展专项的培训和技术交流，让企业设备维保人员真正体会到管理提升不仅极大地降低了设备的故障率，也提升了设备的运行效率，减轻了他们的维修工作量。

4. 设备润滑标准建立

根据现场设备的特点，全面建立各矿设备的润滑标准，其内容包括设备的润滑点、使用油品、用油脂量、润滑方法、润滑周期和维护人员等相关设备润滑“六定”内容，并以图文并茂的形式编辑在设备润滑程序中，如图 13-12 所示。润滑标准的建立一方面规范了现场的油品使用，另一方面也防范了人员变动带来的设备润滑维保错误的风险。

5. 油品选型优化

该企业各矿生产工艺流程中涉及的工段或车间拥有大量的润滑设备，油品类型较多，而且在使用中发现管理系统中并未按照规范的油品规格型号来命名和采购。项目组在现场调研和建立的设备润滑标准结果的基础上，系统开展油品选型优化工作，其优化结果见表 13-3，优化比例达 89%。该专项极大降低了各矿油品的采购成本、仓储成本，降低了因油品过多而导致用错油的风险，极大地保障了设备的润滑安全。

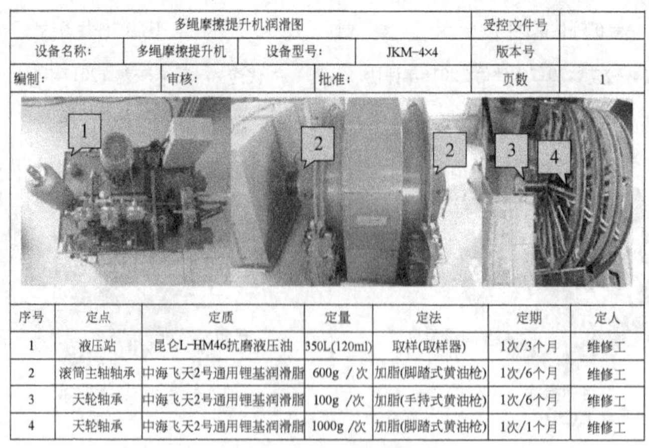

多绳摩擦提升机润滑图						受控文件号	
设备名称:	多绳摩擦提升机	设备型号:	JKM-4×4			版本号	
编制:	审核:	批准:				页数	1

序号	定点	定质	定量	定法	定期	定人
1	液压站	昆仑L-HM46抗磨液压油	350L(120ml)	取样(取样器)	1次/3个月	维修工
2	滚筒主轴轴承	中海飞天2号通用锂基润滑脂	600g /次	加脂(脚踏式黄油枪)	1次/6个月	维修工
3	天轮轴承	中海飞天2号通用锂基润滑脂	100g /次	加脂(手持式黄油枪)	1次/6个月	维修工
4	天轮轴承	中海飞天2号通用锂基润滑脂	1000g /次	加脂(脚踏式黄油枪)	1次/1个月	维修工

图 13-12 设备润滑标准建立

表 13-3 油品选型优化

优化结果 / 油品类型	原油品数量				优化后数量	优化比例（%）
	总数量	牌号明确	专用油	不明牌号		
液压油	44	42	5	2	5	89%
汽轮机油	12	11	0	1	2	83%
工业齿轮油	51	48	0	3	6	88%
压缩机油	28	25	14	3	4	86%
发动机油	79	63	33	16	4	95%
车辆齿轮油	38	30	17	8	4	89%
防冻液	22	18	6	4	1	95%
刹车油	10	9	1	1	1	90%
全损耗系统油	7	7	0	0	0	100%
变压器油	7	6	0	1	1	86%
润滑脂	67	64	0	3	5	93%
其他用油	4	4	0	0	2	50%
合计	369	327	76	42	35	91%
去除重复项后合计	307	246	76	—	35	89%

6. 油品仓储管理

“打造标准润滑油库，净化设备血液，给润滑油一个干净的家”，这是该企业设备领导在设备管理会议上的表态。因为矿山环境较差，前期管理相对不规范，乱摆乱放，新油的污染风险非常大。所以项目组创新油品仓储管理方式，现场设置储油罐，采取横卧放置，储油罐底部设有开关，方便润滑油的取用；油桶加装呼吸器，避免仓储油品水分、粉尘污染。一个治理后的典型二级油站如图 13-13 所示，极大地改变了以前对新油的粗放式管理。

a)　　　b)

图 13-13 治理后的典型二级油站

a）二级油站　b）二级油站用到的润滑器具

7. 建立企业新油验收标准

根据对新油的普查，按照国家相关油品产品标准，该企业新油的不合格率达 28%，新脂的不合格率达 50%。因此，严把新油的质量是企业油品采购和后续保障设备润滑安全的一项重要工作。如何才能保证新油的质量呢？建立企业的新油验收标准无疑能很好地防范假油或不合格油品的风险。基于此，项目组根据优化油品的类别，结合国家相关油品指标，建立了企业的新油验收标准，以规范油品的验收入库环境。

8. 设备润滑全过程规范管理

设备润滑管理作为企业设备管理的一个重要组成部分，其涉及的内容是系统化的。因为设备运维人员多是学机械工程的，缺乏关于润滑剂、润滑的机理及管理过程的专业知识，所以企业的润滑全过程规范化管理工作首先要从人员的培训抓起，让润滑维保人员不仅知其然，还要知其所以然。其次针对企业用油种类繁多的情况，开展现场油品选型优化过程讲解，让各类油品在不同设备上发挥其应有的功能，并做好设备的“六定”管理、现场使用管理、日常加换油管理、在用油污染控制，以及设备的润滑可靠性分析管理等工作。设备润滑全过程规范管理现场实施的看板如图 13-14 所示。

图 13-14 设备润滑全过程规范管理现场实施的看板

9. 制定设备的润滑手册

设备润滑手册是企业从事设备润滑全过程规范化管理工作的结晶，具有全面指导设备润滑运维的功能。润滑手册的内容包括：一是设备线，即设备台账→油品类别→润滑监测→故障诊断→润滑标准→换油周期→可靠性分析；二是油品线，即油品计划→审批→采购→验收→储存→使用→报废管理，规范了设备及润滑油的全生命周期管理。

10. 建立企业设备润滑管理制度标准

建立企业润滑管理制度标准，覆盖设备润滑工作，确保现场设备润滑的相关操作合理。设备润滑管理制度标准涵盖三级文件：

一级文件为公司文件，主要是企业润滑管理办法，规定企业设备润滑管理的方针、目标、管理职责和程序。建立企业润滑管理办法的目的是通过设备润滑工作的不断优化与持续开展，实现公司设备的合理润滑。

二级文件为设备润滑实施规范，主要包括企业仓储管理规程、油品更换操作规程、油液状态监测规程，以及在用油污染控制规程。这些规程直接衔接现场维保工作，是现场润滑管理工作的指引文件，其规程也是来源于实践。

三级文件为现场巡检记录、润滑改善文本、故障分析文件等，目的是保障日常运维工作的存档与再生性故障的记录，保障润滑工作的持续性和可追溯性。

该矿山企业经过一期的润滑管理提升工作，取得了显著的成效。由于油品种类由 307 种减少到 37 种，润滑油品供应商也由 2016 年的 167 家降至 2017 年的 123 家，减少 44 家；润滑油品采购额由 2016 年的 1276.62 万元降至 2017 年的 1138.54 万元，减少 138.08 万元。这仅是直接的效益，实际通过现场的润滑监测与润滑改善，2017 年的现场设备润滑故障率、停机率、轴承损耗率远远低于 2016 年，极大地提高了设备的生产效率，降低了检修人员的工作强度，使企业的设备管理工作上了一个新台阶，也为企业二期开展智慧矿山——设备远程运维打下了实施基础。

第 14 章　油品仓储及使用

14.1　油品仓储管理

正确实施油品仓储管理是搞好企业设备润滑管理的基础。油品仓储是油品进入企业的第一道关，把好这道关，是企业能用上高品质油品的关键。根据我们对工矿企业的现场了解，企业对油品仓储管理意识缺乏，对如何实施正确的油品仓储管理缺乏概念。如今，油品仓储管理成为企业润滑管理的一道瓶颈。根据油品仓储管理实施经验，初步总结油品仓储管理主要包括新油验收、油品入库、油品储存、油品发放这4个环节，各环节的内容如图 14-1 所示。

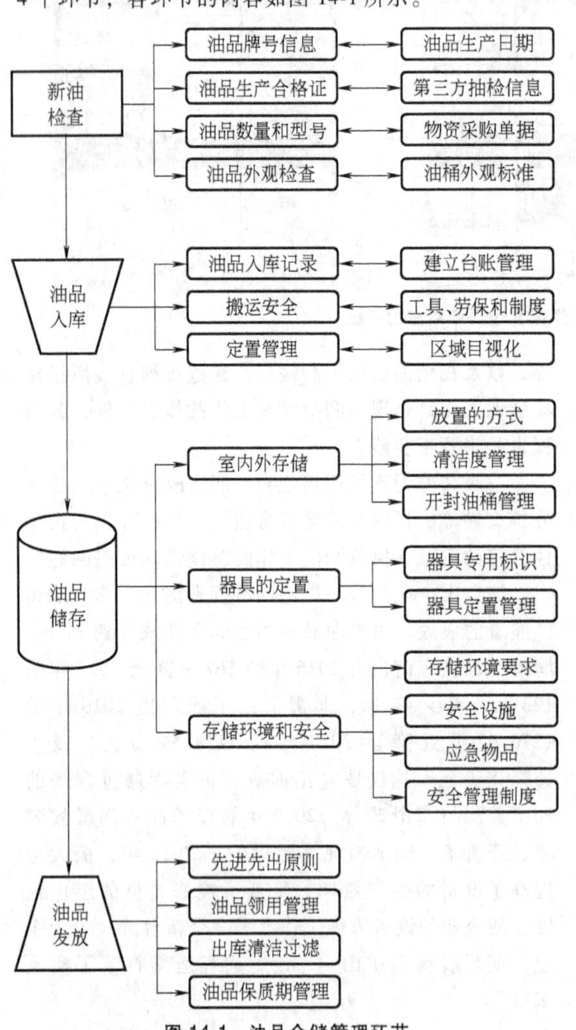

图 14-1　油品仓储管理环节

14.1.1　新油到货检查

润滑油生产企业应保证油品出产的质量合格，使用单位也要做好质量把关工作，以防接收到不合格油品，给企业带来损失。在润滑油产品的命名、分类、质量执行标准及质量检测等方面，应该遵循统一的国家标准，必要时双方可根据约定达成共识。

1. 验收注意事项

润滑油脂的验收注意事项见表 14-1。

2. 新油抽检事项

1）完成形式检查后可以通过验收入库，但同时建议进行抽样检测验收，以确认新润滑剂符合技术要求。

2）桶装新油使用专门采样器从底部取样检测，必要时可抽检上部油样；取样后的油桶注意拧紧油盖，若检测合格，应及时使用。

3）开启桶盖前应用干净的抹布（不建议采用棉纱）将桶盖外部擦拭干净，然后用清洁、干燥的取样管取样。

4）对一批油，取样的桶数应足够表现该批油的质量，推荐的抽检数量见表 14-2。

3. 抽检检测项目

1）新润滑油基本理化指标，如黏度、黏度指数、酸值、水分、闪点、倾点、抗乳化性、泡沫性、液相锈蚀、铜片腐蚀、氧化安定性、抗磨性等。

2）新润滑油污染指标，如清洁度、光谱元素分析。

3）反映润滑油多项属性和性能的项目：如红外光谱分析。

4）新润滑脂检测指标，如工作锥入度、滴点、水分、钢网分油、相似黏度、铜片腐蚀、水淋流失量、抗磨性、蒸发度等。

5）与供应商约定需要质控的指标，而不是仅依据国家标准。

14.1.2　油品入库管理

油品入库管理主要是为保证油品安全搬运作业，做好库存的定置管理，确保用油的准确性。重点内容是安全搬运作业的方法和工具等，库存区域的标识，以及先进先出管理。

表 14-1　润滑油脂的验收注意事项

项目	内　容	常见问题
资料检查	1)到货批次、供货商提供"油品技术指标"并加盖公章 2)"油品技术指标"项目齐全 3)化学品安全技术说明书(MSDS)	1)"油品技术指标"与到货批次不一致 2)"油品技术指标"无公章,属无效文件
信息核对	1)新油型号、数量与采购信息一致 2)到货批次、生产时间基本一致 3)新油到货日期与生产日期相差不超过 2 年	1)送错型号或者制造商不一致 2)时间差异大不易先进先出管理
外观检查	1)油桶外观完好,无变形、无生锈等 2)油桶表面清洁干燥 3)油桶标签清晰,标示内容齐全	1)油桶变形、边沿生锈等 2)表面留有赃物易污染油品 3)信息标示不全
第三方检验	新油定期送检第三方检验,确保油品质量	1)油品的来源渠道不正规 2)油品变质或指标波动大

表 14-2　新油到货抽检数量

序号	总油桶数	取样桶数	序号	总油桶数	取样桶数
1	1	1	5	51~100	7
2	2~5	2	6	101~200	10
3	6~20	3	7	200~400	15
4	21~50	4	8	>400	20

1. 搬运安全

搬运安全是指在油桶搬运到仓库过程中的安全，主要是应用恰当的搬运工具、做好个人防护、规范操作流程等，搬运安全的注意事项见表 14-3。

2. 定置管理

定置管理主要包括做好油桶放置的区域标识、油桶标识、先进先出等事项见表 14-4。

表 14-3　搬运安全注意事项

项目	内　容		常见问题
搬运安全	1)轻拿轻放防止损坏油桶 2)200L 大油桶采用叉车搬运 3)油桶在平坦地面滚动和竖起时需两人作业		1)从高处直接抛下损坏油桶 2)大油桶一人作业造成砸伤、压伤
防护用品	安全帽、防静电防砸鞋、手套等		不穿戴劳保品随意作业
入库工具	1)两轮推车、叉车等 2)其他可保证安全的工具		1)采用不安全的工具 2)用脚踩着油桶滚动
叉车安全	1)叉车需由符合操作资质的专人操作 2)仓库间叉车行驶车速的控制 3)装卸时协助人员的人身安全		1)无资质人员擅自使用叉车 2)车速过快、意外伤害协助人员

表 14-4 油品定置管理

项目	内容		常见问题
区域标识	1)不同型号油品指定区域放置 2)相同颜色油桶间隔放置 3)各区域采用画线或者颜色区分		1)油品混放在一起容易用错油 2)现场无区域划分,取用效率低
油品标识	1)不同放置架有油品类别或字母标示区分 2)油桶放置架上应有该油品详细信息	 C B	1)无油品信息依靠经验 2)在墙上或用纸条标识易脱落
先进先出	1)区域分配合理,便于先进先出 2)采用适当工具架子易于先进先出 3)可采用不同颜色区分入库时间	 先进先出 存储旋转式	1)出入库没有批次管理 2)多个日期和批次混用

14.1.3 油品储存管理

润滑油脂由于其自身的特性，在储运和保管中，不可避免地会因氧化、混入水和杂质、混油和容器污染等原因造成油品质量发生变化。因此应采取保质措施以延缓油品的变质速度，防止油品的杂质污染，确保出库润滑油脂的质量合格。

1. 油品放置方法（室内）

油桶在室内存放时主要注意油桶摆放的方式、摆放的安全及做好污染控制，详细要求见表 14-5。

表 14-5 油品放置方法（室内）

项目	内容		常见问题	
货架卧放	1)采用卧放,油口和排气口在水平线上 2)在防潮的地面卧放并使用木楔防止滚动	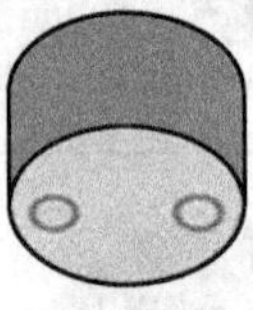 正确	1)直接卧放在地面 2)油口和排气口竖直向	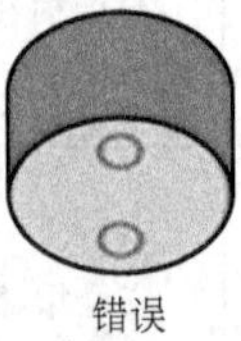 错误
双层叠放	采用结实的托板叠放,取用时使用叉车		油桶直接叠放两层或多层	
地面放置	使用托板高出地面一定距离或者放在防潮地面上		1)距离墙面、窗户等太近 2)地面潮湿或粉尘多	 天津日石

（续）

项目	内　容		常见问题	
油脂桶和小油桶	1）使用结实的架子放置 2）地面放置时油脂桶叠放不超过2层		叠放多层易翻落	
清洁度	1）油桶表面清洁干燥 2）标签清晰，易于查看 3）室内保持清洁		1）油桶表面脏污、有水分 2）标签模糊不齐全 3）墙面脱落、尘土飞扬	
开启油桶放置	1）室内干燥处放置 2）取油后盖子及时拧紧 3）记录开启时间		1）油桶口敞开放置 2）油桶标签丢失	

2. 油品放置方法（室外）

当油品需要在室外放置时，需做好相应的防护措施以防油品被外界的粉尘、水分、光照等污染而提前变质失效。详细注意事项见表 14-6。

表 14-6　油品放置方法（室外）

项目	内　容		常见问题	
货架卧放	1）卧放在托盘上 2）使用遮雨布 3）油口和排气口水平		1）没有货架、简单重叠卧放 2）油口和排气口竖直方向	
竖直放置	1）使用木楔斜放油桶 2）油口和排气口水平		直接竖直放置（易造成水分进入）	
油脂桶	用防雨布封闭桶口并加雨盖		无防护措施，粉尘、水分污染	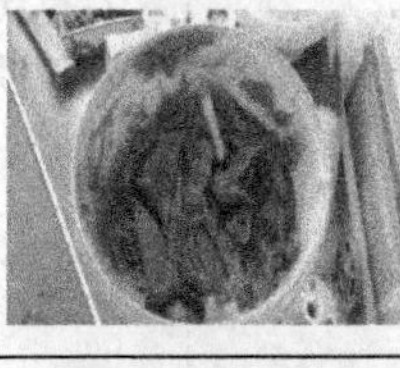
清洁度	1）使用前清洁油桶表面，做到无异物、无水分 2）检查标签清晰		直接打开油盖导致异物和水分进入	

3. 器具的定置管理

器具的定置管理主要是保证仓库润滑器具的专用性和清洁度，确保油品不被污染和混用。重点事项是做好器具的标识和定置密封，详见表 14-7。

4. 油品储存的环境和安全

油品储存的环境和安全包括仓库的环境要求、安全设施、应急用品、安全管理制度和培训等内容，详见表 14-8。

表 14-7 器具的定置管理

项目	内容		常见问题	
器具标识	1)每种型号的油器具专用 2)器具上标识油品信息 3)使用油漆等不易脱落的标识		1)没有专门的器具 2)器具共用 3)标识不清晰或不全面	
定置密封	1)放置在有门的柜子内 2)在柜子内做明确标识 3)加脂枪、加油壶等悬挂并密封防护		1)随意放置、无定置 2)放置在室外 3)油口直接接触地面 4)各种给油器具混放	

表 14-8 油品储存的环境和安全

项　目	内　容		
环境要求	1)周围清除易燃易爆品、远离蒸汽管道 2)油库保持通风,采用防爆风机 3)地面使用不易起尘、防滑的材料 4)室内温度控制在 35℃以下	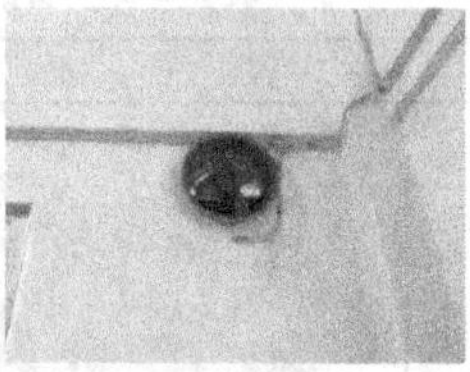	
安全设施	1)灭火器(干粉或者二氧化碳灭火器) 2)防爆开关、防爆灯具等 3)门口静电释放球 4)"禁止烟火"标识		
应急用品	1)应急沙池和工具(桶、铁锹) 2)使用带盖子的铁质垃圾桶 3)洗眼设施	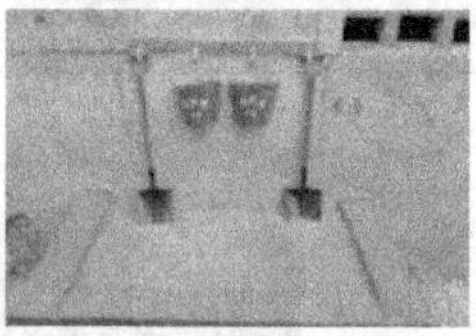	
安全制度	1)仓库的安全管理制度于明显处张贴 2)油品的安全数据卡(MSDS)在现场存放	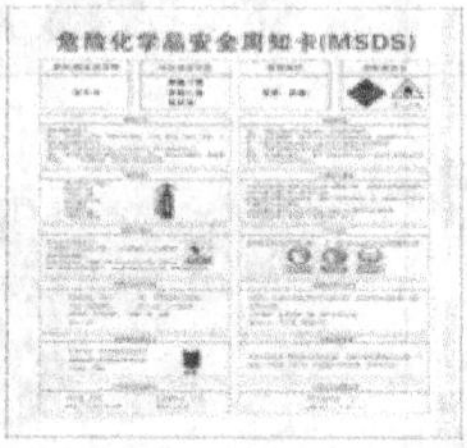 危险化学品安全周知卡(MSDS)	 润滑油库安全、管理规定

14.1.4 油品发放管理

油品发放管理主要是做好油品出入库的台账记录、领用型号正确、先进先出管理、保证出库清洁度和做好保质期管理等。油品发放管理及常见问题见表 14-9。

表 14-9 油品发放管理及常见问题

项目	内容	常见问题
油品领用和记录	1)领用单据明确型号和油量 2)出入库台账记录	1)现场人员直接取油 2)无台账记录或者记录信息不完整
先进先出	1)按生产时间先进先出原则出库 2)先出库的油品做好标识	1)未盘点在库的时间 2)没有将先出库的油标识
出库清洁和过滤	用抹布将油桶表面清洁干净	油桶表面有杂物和水分
保质期	1)生产时间在 2 年以上的油品须在第三方检验合格后才可使用 2)若油脂开盖出现油水分离应检验确定	无保质期管理规定

14.2 油品加换管理

在用油品的油脂加换管理是设备润滑管理的基础，如今企业设备润滑用油一定程度上均按照设备生产厂家使用说明书要求的油品用量进行油品的添加使用，且加换油方法几乎都是以师傅带徒弟的方式沿袭。一些企业尤其是国有企业在用油上没有建立定期检测制度，对于油液的更换，执行的也是设备制造商推荐的换油周期，即定期换油。这种情况，一方面会导致在用油品在换油周期内变质后仍在使用，造成设备异常磨损；另一方面，若在一个换油周期后油品各项理化指标仍然良好，则定期换油造成了油品的浪费。因此，在用油管理尤其是油品过滤、添加、更换等使用方面没有形成正确的管理方法将会对设备的高效运转及寿命带来严重影响。正确的加换油管理具有以下意义：

1）保障过程规范、操作准确，确保设备润滑稳定性。

2）控制防范加换油污染，保障清洁用油。

3）准确记录并分析提升设备润滑改善。

4）定量加脂，消除浪费。

5）环境污染风险控制，确保职场安全。

6）科学换油方法实现效益提升。

14.2.1 加换油器具

1. 加换油器具配置

对采用油润滑的生产设备，企业加换油过程需配置以下器具：

1）清扫工具，如吸油棉、无毛抹布、面团、小铲子等。

2）回收工具，如废油桶、塑料软管、接油盘等。

3）加油工具，如油壶（枪）、过滤网（芯）、漏斗、滤油小车等。

4）其他，如举升设备、拆卸工具、换油记录本等。

而润滑器具是企业油润滑设备加换油用的工具，根据企业现行的油品采购方法，目前多以桶装油品为主，因此企业常用的加换油器具如图 14-2 所示。润滑器具的管理在设备润滑管理中的规范化和油品污染控制中占据重要的位置，然而很多企业并不重视，器具不仅乱扔乱放，而且采用不规范的器具与存储方式，如图 14-3 所示，导致设备加换油环节污染新油。

对图 14-2 中的油桶滤网和过滤漏斗中的滤网采用不锈钢网或铜丝网，如图 14-4 所示。

新油过滤网应符合下列规定：

1）低黏度（≤ ISO VG 46#）润滑油（如液压油、汽轮机油、冷冻机油、压缩机油及黏度相近似的油品等）所用滤网：油桶滤网为 100 目，漏斗滤网为 120 目。

2）中黏度（ISO VG 68#~150#）润滑油（如透平机油、冷冻机油、压缩机油及黏度相近似的油品）所用滤网：油桶滤网为 80 目，漏斗滤网为 100 目。

3）高黏度（≥ISO VG 220#）润滑油（如齿轮油、发动机油及黏度相近似的油品）所用滤网：油桶滤网为 60 目，漏斗滤网为 80 目。

过滤网筛网目数与孔径对照见表 14-10。

2. 加换油器具管理

加换油器具（见图 14-5）的管理在企业的生产活动中本是一项很正规的润滑管理工作，然而，企业往往意识不到该项工作的重要性，忽视对器具的管理细节，随意放置，不仅导致加换油过程污染，而且也影响企业管理文化。

加换油器具的管理需要做到以下几点：

1）加换油器具要按统一的规格、标准进行购置或制作，并按实际岗位需要进行发放。

2）各加换油器具应标记清晰，特别应注意标明所盛油品名称、型号等，专油专用，定期清扫。

加换油组件
转移油桶
油桶滤网
接油盘
加油壶
加油壶
过滤漏斗
油脂桶
加油小车
手摇油泵
手动黄油枪
气动黄油机

图 14-2 常用的加换油器具

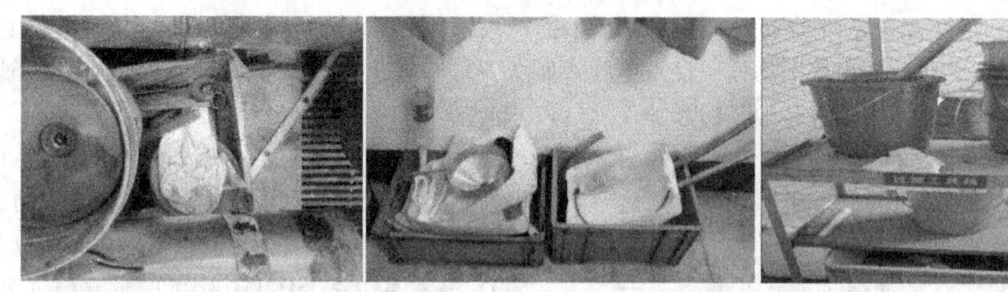

图 14-3 不规范的润滑器具与储存方式

图 14-4 滤网材质

一般情况下，各油桶每三个月清扫一次；其余各用具每周清洗一次；用具各部的过滤网要班班检查，及时清洗。各用具使用或清洗后，应按指定地点放置整齐，以免丢失或损坏。

3）各加换油器具应放置在通风良好、清洁干燥的专用库房存放，尽量采用密闭柜存放或遮盖存放，如图 14-6 所示。在图 14-7 中虽然标识了专桶专用，但采用了开式存放，加油桶易遭受水分、粉尘等污染。此外，工作手套、布条等纤维制品应远离油桶存放。

4）每月对所有润滑用具进行检查，对于已达到报废标准并且无法修复的加换油器具应立即上报，并及时补充新的加换油器具。

14.2.2 加换油方法

现代企业设备润滑油的加换油，应该说是岗位人员最重要的工作内容之一，做好设备的加换油工作，

表 14-10　筛网目数与孔径对照

筛网目数	筛网孔径/μm	筛网目数	筛网孔径/μm
30	600	460	30
35	500	540	26
40	425	650	21
45	355	800	19
50	300	900	15
60	250	1100	13
70	212	1300	11
80	180	1600	10
100	150	1800	8
120	125	2000	6.5
140	106	2500	5.5
150	100	3000	5.0
170	90	3500	4.5
200	75	4000	3.4
230	63	5000	2.7
270	53	6000	2.5
325	45	7000	1.25
400	38		

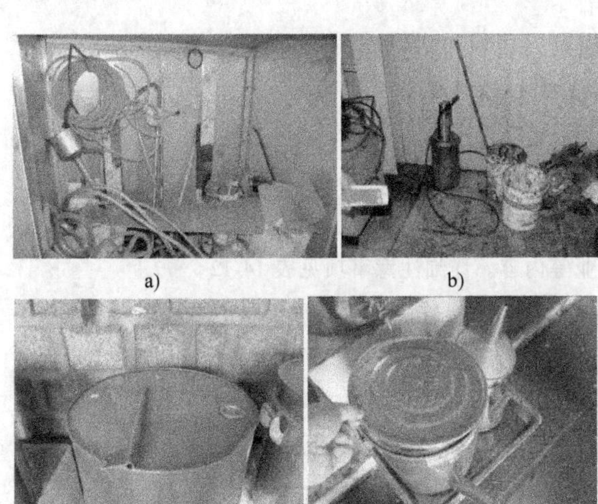

a)　b)　c)　d)

图 14-5　加换油器具

a）加油器具　b）加脂器具　c）油桶开启工具　d）油壶

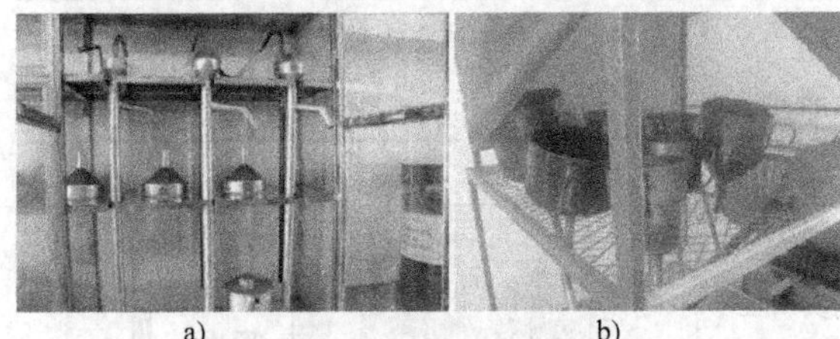

a)　b)

图 14-6　润滑器具的正确存放

a）密闭柜存放　b）遮盖存放

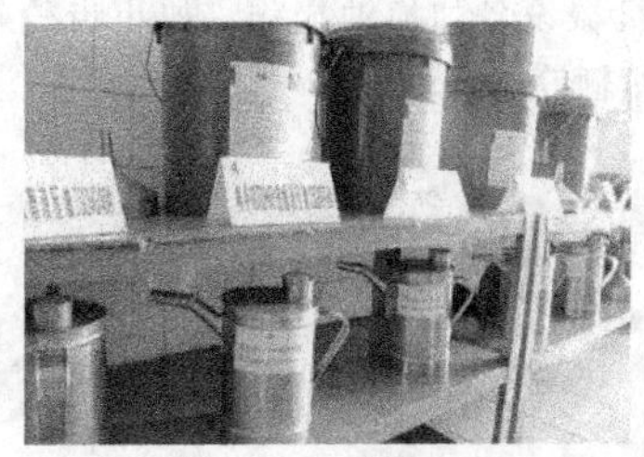

图 14-7　加换油器具的存放

应该说不难，但往往由于企业各润滑岗位人员的认知水平不同，润滑工作存在操作不规范、随意性大等现象，往往导致设备润滑异常都是因为加错油、不及时补油等操作，如某港口企业减速器加错油的问题，见表 14-11。因此，为确保加换油操作的科学有效，保证润滑质量，需要日常重视。

表 14-11　加错油现象

机组信息	油品牌号	不合格项	实测值/(mm^2/s)	参考值/(mm^2/s)
1 号卸船机大车减速器	某 VG460	黏度	303.8	391～592
1 号卸船机小车减速器	某 VG460		301.5	
2 号卸船机大车减速器	某 VG460		289.9	
3 号卸船机大车减速器	某 VG460		291.0	

1. 加换油方式

目前企业的加换油方式通常有以下几种：

1）对大油箱加换油，采用如图 14-8 所示的模式，即将油桶移至油箱旁，通过加油小车实现加换油，通过手摇油泵实现系统补油操作。

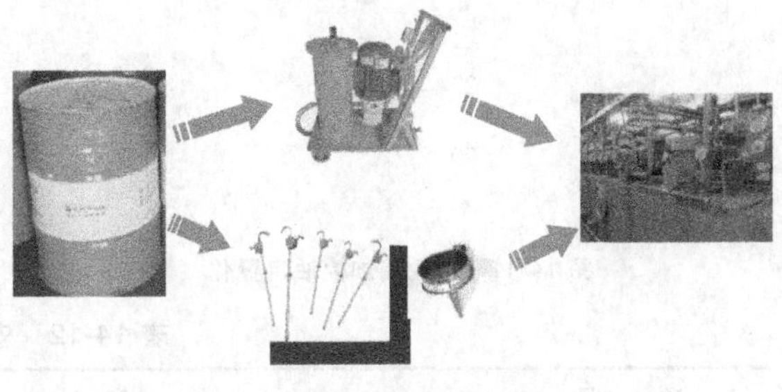

图 14-8　大油箱加换油

2）对中等油箱加换油，采用如图 14-9 所示模式，即通过加油壶实现油箱加换油操作。

3）对小油箱或流动机械设备加换油，采用如图 14-10 所示模式，即通过转移油桶、加油壶实现小油箱或流动机械设备加换油操作，如小齿轮箱、装载机、工程车辆等。

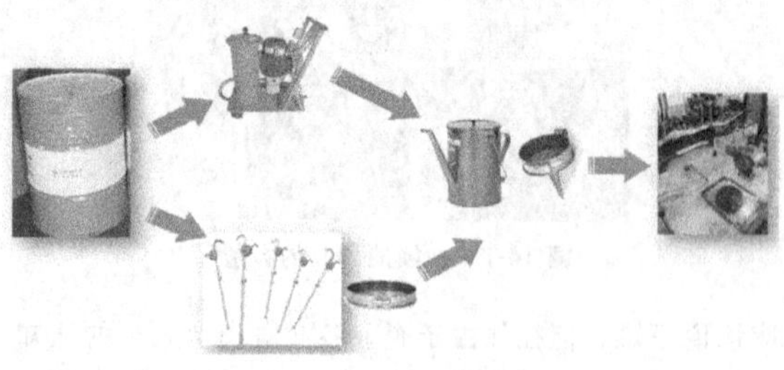

图 14-9 中等油箱加换油

2. 加换油定置化

加换油过程是在企业所做的设备维保管理计划内开展的。因此，加换油计划应包括设备名称、设备编号、加换油润滑点、所用油品牌号、用油量、换油周期、油品质量（如颜色、污染等），以及上次加换油日期等信息。在具体实施过程中，为了防范加换油错误，做好加换油定置化工作是非常必要的。

加换油定置化就是通过采用形象化的表现方法将油、器具、润滑点相互关联，实现加换油操作过程的可视化管理，如图 14-11 所示，采用形状、色彩、文字实现齿轮箱加换油定置化。

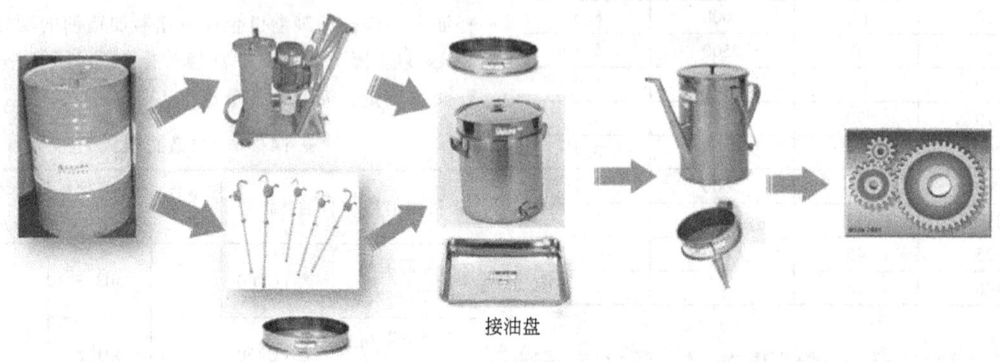

图 14-10 小油箱或流动机械设备加换油

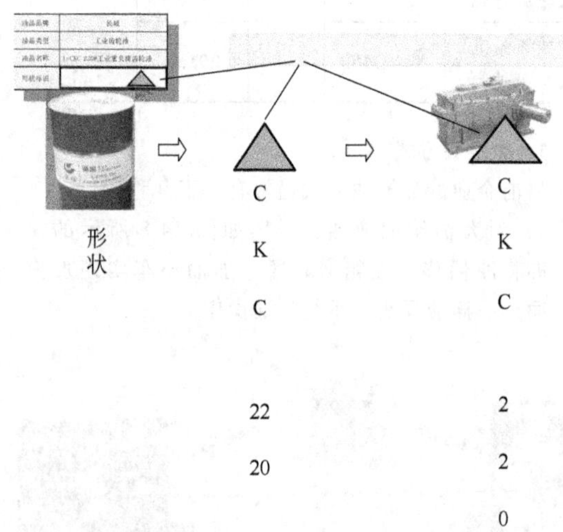

图 14-11 齿轮箱加换油定置化

3. 安全管理工作

加换油过程中还需保证人员安全，主要包括人员作业资格、防护工具、安全警示、物品回收、高空作业等内容。详细注意事项见表 14-12。

14.2.3 加换油步骤

1. 润滑油加换方法

润滑油更换重点准备工作如图 14-12 所示。

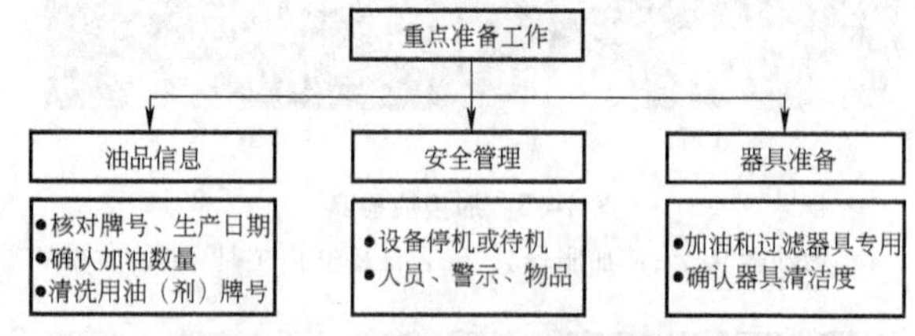

图 14-12 润滑油更换重点准备工作

表 14-12 安全管理工作

项目	内容	图示
人员作业资格	1)加换油人员须经过安全培训并有作业资格证 2)叉车或举升机操作必须专人	作业资格证 姓名：*** 作业：加换油 照片

（续）

项　目	内　容	图　示
防护、工具	1）穿戴齐全防护用品（防滑鞋、手套等） 2）使用正确的工具（扳手、清洗工具等）	
安全警示	1）各换油区域设立警示标识，如“禁止烟火” 2）设备操作盘贴标识“换油作业中禁止启动设备” 3）大型设备或长时间作业需要专门安全员	
物品回收	1）废油、吸油棉、抹布等统一回收处理 2）禁止和一般生活垃圾混放 3）废油应放置专门区域并标识	
高空作业	1）2m 以上高空作业须使用安全绳 2）地面区域使用围绳警示	

通常润滑系统在换油前要进行系统的清洗，清洗步骤如图 14-13 所示。

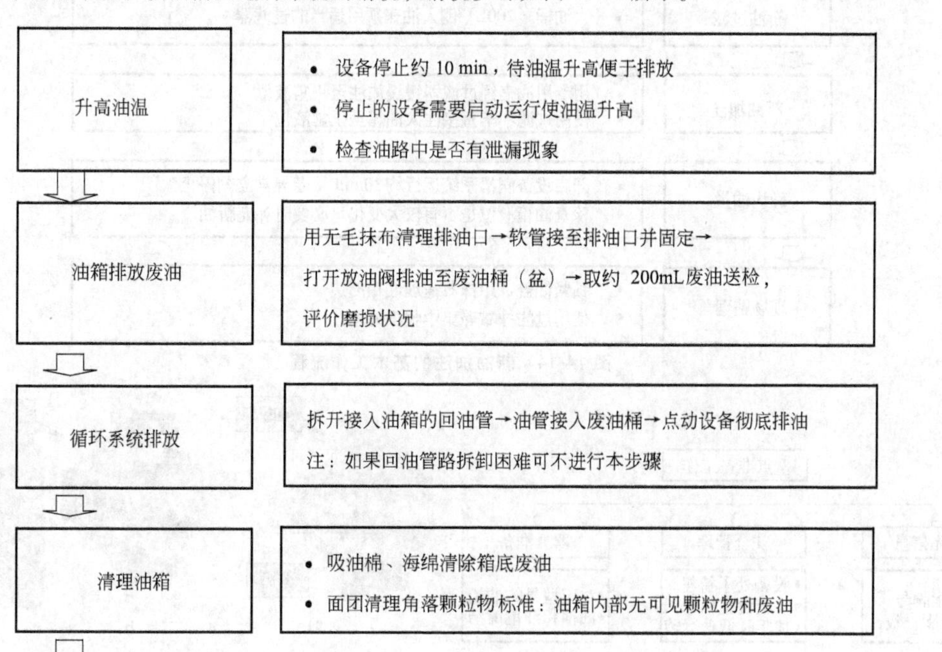

升高油温
• 设备停止约 10 min，待油温升高便于排放
• 停止的设备需要启动运行使油温升高
• 检查油路中是否有泄漏现象
油箱排放废油
用无毛抹布清理排油口→软管接至排油口并固定→
打开放油阀排油至废油桶（盆）→取约 200mL 废油送检，
评价磨损状况
循环系统排放
拆开接入油箱的回油管→油管接入废油桶→点动设备彻底排油
注：如果回油管路拆卸困难可不进行本步骤
清理油箱
• 吸油棉、海绵清除箱底废油
• 面团清理角落颗粒物标准：油箱内部无可见颗粒物和废油

图 14-13　润滑系统的清洗步骤

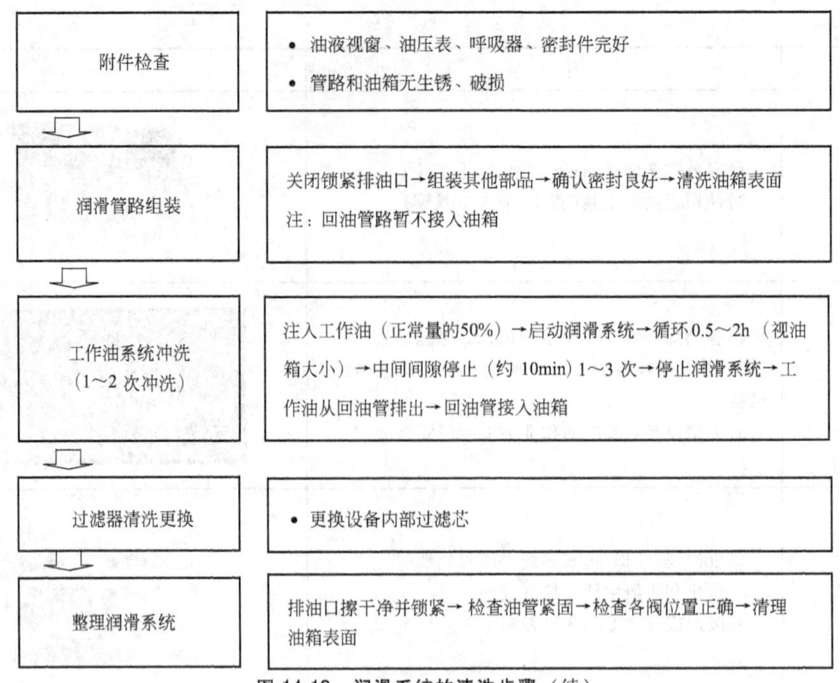

附件检查
• 油液视窗、油压表、呼吸器、密封件完好
• 管路和油箱无生锈、破损
润滑管路组装
关闭锁紧排油口→组装其他部品→确认密封良好→清洗油箱表面
注：回油管路暂不接入油箱
工作油系统冲洗
（1～2 次冲洗）
注入工作油（正常量的50%）→启动润滑系统→循环0.5～2h（视油箱大小）→中间间隙停止（约 10min）1～3 次→停止润滑系统→工作油从回油管排出→回油管接入油箱
过滤器清洗更换
• 更换设备内部过滤芯
整理润滑系统
排油口擦干净并锁紧→ 检查油管紧固→检查各阀位置正确→清理油箱表面

图 14-13 润滑系统的清洗步骤（续）

设备润滑系统清洗完成后进行新油的加注工作，新油加注的基本工作流程如图 14-14 所示。

2. 润滑脂加换方法

润滑脂加换重点准备工作如图 14-15 所示。润滑脂加换和补充的流程见表 14-13。加换润滑脂的设备位置如图 14-16 所示。

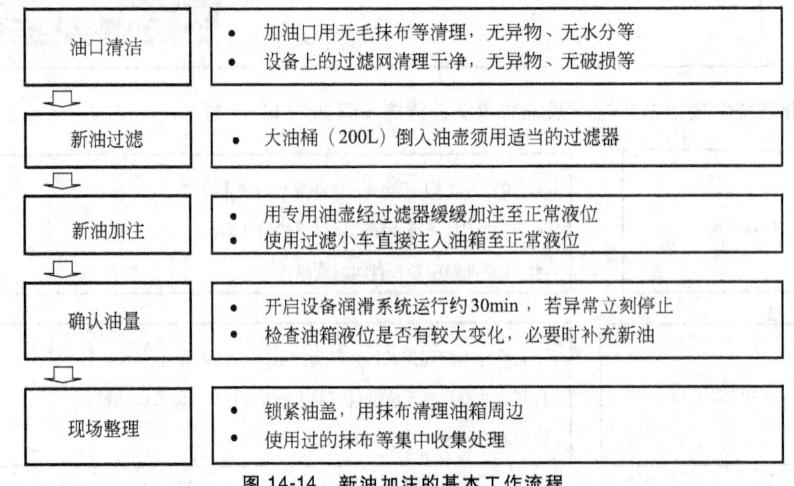

油口清洁
• 加油口用无毛抹布等清理，无异物、无水分等
• 设备上的过滤网清理干净，无异物、无破损等
新油过滤
• 大油桶（200L）倒入油壶须用适当的过滤器
新油加注
• 用专用油壶经过滤器缓缓加注至正常液位
• 使用过滤小车直接注入油箱至正常液位
确认油量
• 开启设备润滑系统运行约30min，若异常立刻停止
• 检查油箱液位是否有较大变化，必要时补充新油
现场整理
• 锁紧油盖，用抹布清理油箱周边
• 使用过的抹布等集中收集处理

图 14-14 新油加注的基本工作流程

重点准备工作

油品信息	安全管理	器具准备
•用脂牌号与新脂一致	•设备处于待机 •安全设施和标识 •加脂时低速运转	•对应型号的油枪 •油桶和油枪清洁

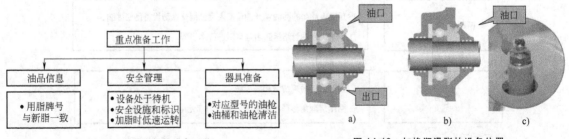

图 14-15 润滑脂加换准备工作

油口
出口
a)
油口
b)
c)

图 14-16 加换润滑脂的设备位置

a）移走出口塞阀 b）无排脂口加脂 c）防尘帽盖

表 14-13　润滑脂加换和补充的流程

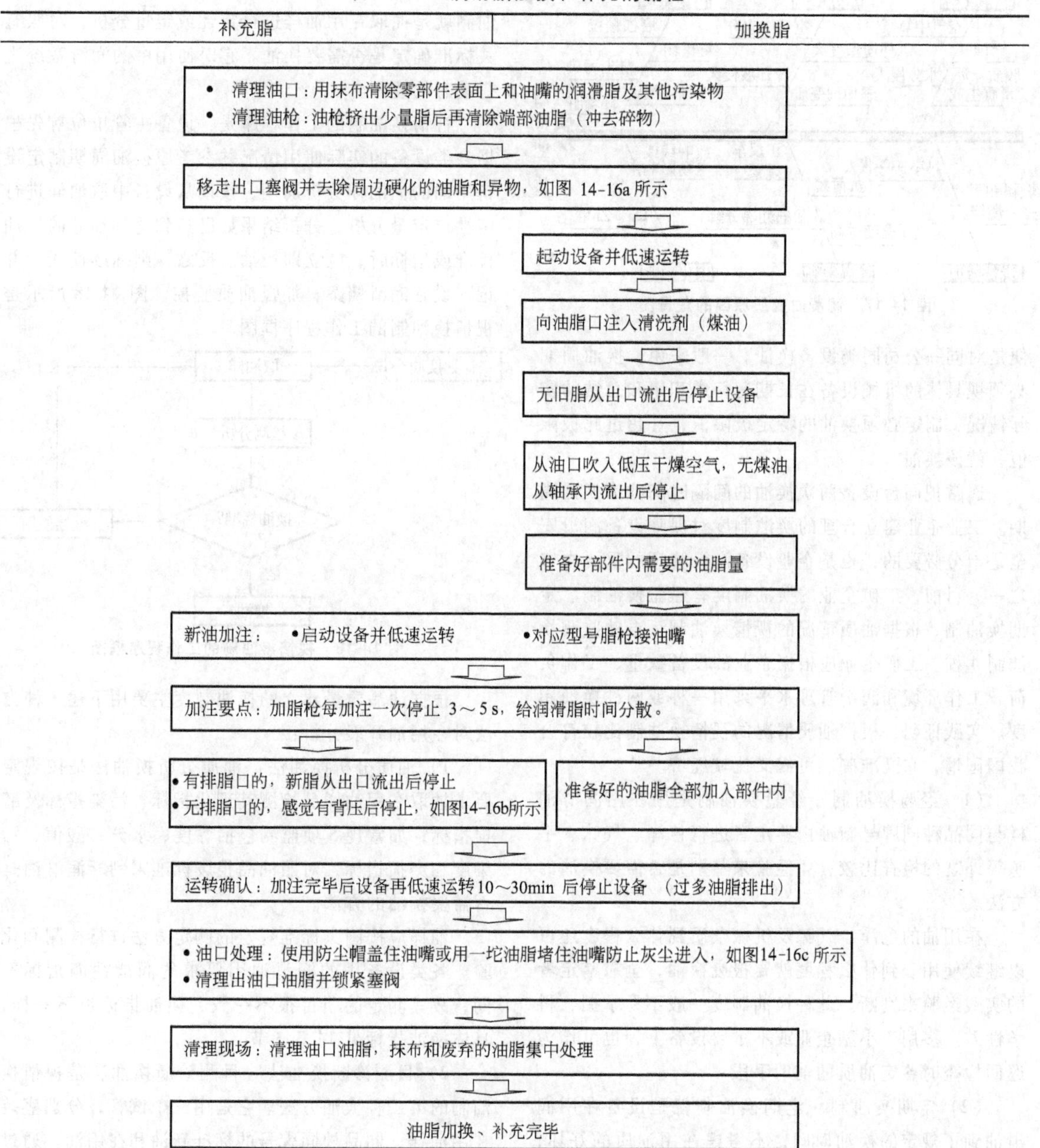

补充脂
加换脂
• 清理油口：用抹布清除零部件表面上和油嘴的润滑脂及其他污染物
• 清理油枪：油枪挤出少量脂后再清除端部油脂（冲去碎物）
移走出口塞阀并去除周边硬化的油脂和异物，如图 14-16a 所示
起动设备并低速运转
向油脂口注入清洗剂（煤油）
无旧脂从出口流出后停止设备
从油口吹入低压干燥空气，无煤油从轴承内流出后停止
准备好部件内需要的油脂量
新油加注：　•启动设备并低速运转　•对应型号脂枪接油嘴
加注要点：加脂枪每加注一次停止 3～5 s，给润滑脂时间分散。
•有排脂口的，新脂从出口流出后停止
•无排脂口的，感觉有背压后停止，如图14-16b所示
准备好的油脂全部加入部件内
运转确认：加注完毕后设备再低速运转10～30min 后停止设备　（过多油脂排出）
• 油口处理：使用防尘帽盖住油嘴或用一坨油脂堵住油嘴防止灰尘进入，如图14-16c 所示
• 清理出油口油脂并锁紧塞阀
清理现场：清理油口油脂，抹布和废弃的油脂集中处理
油脂加换、补充完毕

14.3　油品换油周期

14.3.1　润滑剂的变质原因

润滑剂在设备润滑系统的使用过程中，由于受到内在因素如机械剪切、高温、辐射、金属催化等的作用，以及外界因素如机械杂质、灰尘、工艺介质、水气等的影响而氧化、变质、解聚和老化等，生成羧酸、胶质、沥青等产物，油品的颜色变暗，黏度改变，酸值增大、腐蚀性增加，性能变坏，使用寿命缩短。图 14-17 所示为润滑油变质原因的鱼骨图。

14.3.2　建立合理的换油制度

合理的换油周期首先以保证为机械设备提供良好的润滑为前提，最大限度地延长润滑油的使用寿命。由于机械设备的设计、结构、材料、运行工况、环境及润滑方式的不同，润滑油在使用中的变化也各有差异，统一规定换油周期是不切合实际和不科学的，即

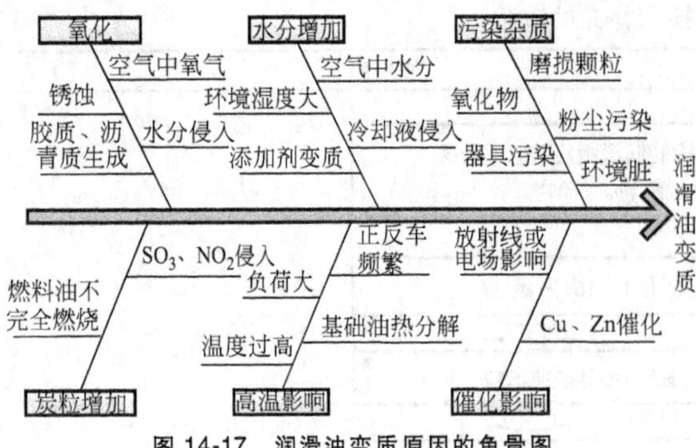

图 14-17 润滑油变质原因的鱼骨图

便是对同一公司同类设备换油。一般来说，换油周期必须视具体的机械设备在长期运行中积累和总结的实际情况，制定必须换油的特定极限值，凡超过此极限值，就该换油。

通常把同台设备两次换油的间隔时间称为换油周期。工业企业建立合理的换油制度对保障设备润滑安全是十分必要的，也是企业设备润滑管理的重要内容之一。目前，工矿企业的换油制度有经验换油制、定期换油制、根据油质情况的视情换油制、自动监测换油制 4 种。工矿企业应根据企业的设备数量、工作负荷、工作环境和润滑管理水平采用一种或两种换油制度。实践证明，根据油质情况的视情换油制比较符合我国国情，它既准确、可靠又比较经济。

（1）经验换油制　经验换油制是用在用润滑油样与同品种同牌号新油由鉴定者进行色泽、气味、手感等外观的检查比较，凭经验来鉴别是否需要换油的方法。

在用油的色泽、气味及机械杂质到什么程度还可以继续使用、到什么程度就要报废换油，全靠鉴定者的实践经验来判断。此种换油制度一般不易掌握，科学性差。多用于小型企业或不重要设备上，也可作为巡回检查时鉴定油质的辅助手段。

（2）定期换油制　定期换油制就是设备在用润滑油到了规定的换油时间，不考虑在用油质的好坏，一律换成同品种同牌号的新润滑油。

每台设备的换油周期由润滑管理人员按设备使用说明书要求制定。设备使用说明书没有规定换油周期的，可根据设备工作特点、油质劣化速度和劣化后对设备性能、加工精度的影响程度等因素，参照同类设备换油周期来制定设备各部位的换油周期。定期换油制主要用于用油量小，开动率高和高精尖设备。这种换油制计划性强，若换油周期制订的合理，就能保证在用油质量，但换油工作量大，且易造成油品的浪费。

（3）视情换油制　根据油品质量开展的视情换油制就是抽取在用油样进行定性或定量分析，对照有关标准确定是否需要换油。它对使用中的润滑系统进行动态的监测。

视情换油制的工作程序是：设备主管单位首先根据各类设备的实际使用情况并参考原换油周期制定设备用油的抽油样分析周期，按期从设备中取油样进行定性或定量分析，分析结果如已达到这种油品的换油标准或指标时，应立即换油。反之，则继续使用，并记入设备润滑档案，加强油质监控。图 14-18 所示是视情换油制的工作程序框图。

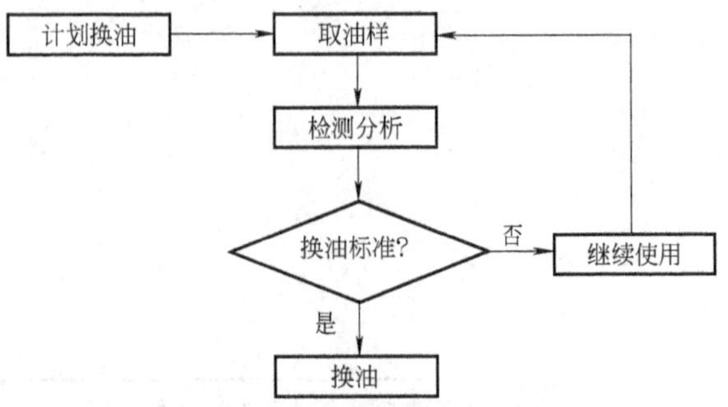

图 14-18 视情换油制的工作程序框图

根据油品质量建立的换油制度主要用下述 3 种方法对在用油开展分析：

1）油质分析换油法　油质分析换油法是按规定要求抽取在用油样品检测其理化指标、污染指标及磨损指标，如常规 5 项监测包括黏度、水分、酸值、污染度和磨损指标，对照油品报废标准来判断润滑油是否需要换油的方法。

油样应按国家标准规定的测定方法进行检测和化验。各类设备用的润滑油因要求的润滑性能指标不同，故其测定的项目很不一致，换油指标也不一样，具体换油指标见 14.3.3 节。

2）目测诊断换油法　目测诊断换油法是视情换油制的第二种换油方法。它是用三个试管，分别盛装在用油样、同品种同牌号的标准新油和在用油，通过目视测定是否需要换油的方法。

目测诊断换油法的具体做法是：

① 按理化分析换油法中规定的取油样方法，取在用油样注入 ϕ20mm×120 mm 试管约 100 mm 高，静置 1~3d，在用油黏度高，则静置时间长；黏度低，则静置时间短。

② 制备同品种同牌号标准新油及报废油样分别注入 ϕ20mm×120 mm 试管约 100 mm 高，静止 3~5d。

③ 用在用油样与标准新油和报废油样进行目测对比，参照表 14-14 确定换油日期。

目测诊断换油法的评定见表 14-14。

表 14-14　目测诊断换油法的评定

评定级别	油品情况	换油期
优	在用油颜色与新油基本相同，无水分、污染杂质等异物存在	延长 3 个月
良	在用油颜色比新油略深(暗)，有少量污染杂质悬浮或沉于底部	延长 2 个月
一般	在用油颜色与新油相比较深，有明显的污染杂质	延长 1 个月
劣	在用油浑浊，有乳化现象；底部有明显水分，污染杂质较多；油中出现明显的油泥	立即换油

3）专用仪器监测法　应用专用仪器测量在用油的综合介电常数的变化程度来确定是否需要换油。此法投资较大，但速度快、准确性较高。

根据油品质量建立的视情换油制与定期换油制相比，视情换油制的科学性强，既保证了设备润滑系统的可靠运行，又最大限度地延长了润滑油使用寿命，并能节约大量的润滑油及降低因频繁换油所消耗的工时和清洗油。由于它需要购置一些仪器并增加分析工作量，限于人力和物力等原因，目前多用于用油量大的设备上。

4）自动监测换油制　将在线油液监测仪安装在润滑系统中，仪器自动显示在用润滑油的动态质量。绿灯指示润滑油正常；黄灯告诫人们准备换油，润滑系统中专用循环过滤系统自动启动；红灯指示设备自动停止（或开不起来），必须清洗换油。

自动监测换油制及时、可靠、自动化程度高，但投资大。

14.3.3　典型油品换油指标

1. 发动机油换油指标

发动机机油主要起到润滑、冷却与清洗等作用。机油在作用过程中，本身化学特性会有所改变，添加剂会被逐渐消耗，燃烧产生的污染物和机件磨损产生的金属颗粒与机油混合产生复杂的油泥溶于机油中，时间一长，这些不溶物不但会加速发动机磨损，还会导致发动机锈化腐蚀、散热不畅等严重后果。因此，视情更换机油是对发动机最好的呵护。

国内柴油机油、汽油机油的换油标准有 GB/T 7607—2010《柴油机油换油指标》和 GB/T 8028—2010《汽油机油的换油指标》。

（1）柴油机油换油指标　根据 GB/T 7607—2010 标准规定的在使用过程中的柴油机油换油指标，适用于 CC、CD、SF/CD、CF-4、CH-4 质量等级柴油机油在车用柴油机、固定式柴油机和船用柴油机（不包括使用重质燃油的柴油机）使用过程中的质量监控，其技术要求和试验方法见表 14-15。

（2）汽油机油换油指标　根据 GB/T 8028—2010 标准规定的在使用过程中的汽油机油换油指标，适用于汽车汽油发动机和固定式汽油发动机所用汽油机油在使用过程中的质量监控和换油要求，其技术要求和试验方法见表 14-16。

表 14-15　柴油机油换油指标的技术要求和试验方法

项　目	换油指标				试验方法
	CC	CD、SF/CD	CF-4	CH-4	
运动黏度变化率(100℃)(%)　大于	±25		±20		GB/T 11137—1989
闪点(闭口)/℃　小于	130				GB/T 261—2008
碱值下降率(%)　大于	50②				SH/T 0251—1993③、SH/T 0688—2000
酸值增加值(以 KOH 计)/(mg/g)　大于	2.5				GB/T 7304—2014
正戊烷不溶物质量分数(%)　大于	2.0				GB/T 8926—2012 B 法
水分(质量分数)(%)　大于	0.20				GB/T 260—2016
Fe 含量/(μg/g)　大于	200 100①	150 100①	150		SH/T 0077—1991、GB/T 17476—1998③ ASTM D6595—2017
Cu 含量/(μg/g)　大于	—	—	50		GB/T 17476—1998
Pb 含量/(μg/g)　大于	—	—	30		GB/T 17476—1998
Si 含量(增加值)/(μg/g)　大于	—	—	30		GB/T 17476—1998

① 适合于固定式柴油机。

② 采用同一检测方法。

③ 此方法为仲裁方法。

表 14-16 汽油机油换油指标的技术要求和试验方法

项目	换油指标		试验方法
	SE、SF	SG、SH、SJ(SJ/GF-2)、SL(SL/GF-3)	
运动黏度变化率(100℃)(%) 大于	±25	±20	GB/T 265—1988 或 GB/T 11137—1989①和 GB/T 8028—2010 中 3.2
闪点(闭口)/℃ 小于	100		GB/T 261—2008
(碱值-酸值)(以 KOH 计)/(mg/g) 小于	—	0.5	SH/T 0251—1993 和 GB/T 7304—2014
燃油稀释(质量分数)(%) 大于	—	5.0	NB/SH/T 0474—2010
酸值增加值(以 KOH 计)/(mg/g) 大于	2.0		GB/T 7304—2014
正戊烷不溶物(质量分数)(%) 大于	1.5		GB/T 8926—2012 B 法
水分(质量分数)(%) 大于	0.2		GB/T 260—2016
Fe 含量/(μg/g) 大于	150	70	GB/T 17476—1998① SH/T 0077—1991 ASTM D6595—2017
Cu 含量/(μg/g)增加值 大于	—	40	GB/T 17476—1998
Al 含量/(μg/g) 大于	—	30	GB/T 17476—1998
Si 含量/(μg/g)增加值 大于	—	30	GB/T 17476—1998

① 此方法为仲裁方法。

2. 液压油换油指标

液压油在使用过程中由于长时间高温运行导致的油品氧化、油品进水导致的油品乳化变质、密封失效导致的粉尘污染、系统磨损导致的金属颗粒污染等原因，都严重影响液压油的品质和使用寿命。因此，视情更换液压油是对液压系统最好的呵护。

根据 NB/SH/T 0599—2013《L-HM 液压油换油指标》标准规定了符合 GB 11118.1—2011 矿物油型和合成烃型液压油中的 L-HM 液压油在使用过程中的换油指标，其技术要求和试验方法见表 14-17，适用于 L-HM 液压油在使用过程中的质量监控。当使用中的 L-HM 液压油有一项指标达到换油指标时应更换新油。

3. 汽轮机油换油指标

汽轮机油在使用过程中由于高温导致的油品氧化、水分侵蚀、杂质污染等，使得油品的品质不断下降。

4. L-TSA 汽轮机油

根据 NB/SH/T 0636—2013《L-TSA 汽轮机油换油指标》标准规定适用于 L-TSA 汽轮机油在运行过程中的治理监控，其中规定有一项指标达到标准时应更换新油，且适用于设备完好、运行状况正常的汽轮机组，其技术要求和试验方法见表 14-18。

5. 抗氨汽轮机油

根据 NB/SH/T 0137—2013《抗氨汽轮机油换油指标》标准规定的抗氨汽轮机油换油指标，其技术要求和试验方法见表 14-19，适用于大型化肥装置离心式合成气压缩机、冰机及汽轮机组使用的抗氨汽轮机油在使用中的治理监控，当使用中的抗氨汽轮机油有一项指标达到标准时，应采取相应的维护措施或更换新油。

6. 压缩机油换油指标

根据 NB/SH/T 0538—2013《轻负荷喷油回转式空气压缩机油换油指标》标准规定的轻负荷喷油回转式空气压缩机油换油指标，其技术要求和试验方法见表 14-20，适合于 GB/T 5904—1986 的轻负荷喷油回转式空气压缩机油在运行过程中的质量监控，规定其中有一项指标达到标准时应更换新油。执行本标准必须是设备完好、运转正常的轻负荷喷油回转式空气压缩机。

表 14-17 L-HM 液压油换油指标的技术要求和试验方法

项目	换油指标	试验方法
40℃运动黏度变化率(%) 大于	±10	GB/T 265—1988 及 GB/T 8028—2010 3.2 条
水分(质量分数)(%) 大于	0.1	GB/T 260—2016
色度增加/号 大于	2	GB/T 6540—1986
酸值增加值①(以 KOH 计)/(mg/g) 大于	0.3	GB/T 264—1983、GB/T 7304—2014
正戊烷不溶物②(%) 大于	0.10	GB/T 8926—2012 A 法
铜片腐蚀(100℃,3h)/级 大于	2a	GB/T 5096—2017
泡沫特性(24℃)(泡沫倾向/泡沫稳定性)/(mL/mL) 大于	450/10	GB/T 12579—2002
清洁度③ 大于	—/18/10 或 NAS 9	GB/T 14039—2002 或 NAS 1638—2011

① 结果有争议时以 GB/T 7304—2014 为仲裁方法。

② 允许采用 GB/T 511—2010 方法，使用 60℃～90℃石油醚作溶剂，测定试样机械杂质。

③ 根据设备制造商的要求适当调整。

表 14-18　L-TSA 汽轮机油换油指标的技术要求和试验方法

项　目	换油指标				试验方法
黏度等级(按 GB/T 3141—1994)	32	46	68	100	—
40℃运动黏度变化率(%)　大于	±10				GB/T 8028—2010 3.2 条
酸值增加(以 KOH 计)/(mg/g)　大于	0.3				GB/T 7304—2014
水分(质量分数)(%)　大于	0.1				GB/T 260—2016 GB/T 11133—2015 GB/T 7600—2014
氧化安定性旋转氧弹(150℃)/min　小于	60				SH/T 0193—2008
抗乳化性(乳化层减少到 3mL),54℃[①]/min　大于	40		60		GB/T 7305—2003
液相锈蚀试验(蒸馏水[②])	不合格				GB/T 11143—2008
清洁度[③]	报告				DL/T 432—2018 GJB 380.4A—2015

① 当使用 100 号油时，测试温度为 82℃。
② 当用于船舶设备时采用合成海水法，指标为中等锈蚀或严重锈蚀。
③ 根据设备制造商的要求。

表 14-19　抗氨汽轮机油换油指标的技术要求和试验方法

项　目	换油指标	试验方法
运动黏度(40℃)变化率(%)　大于	±10	GB/T 265—1988 及 GB/T 8028—2010 3.2 条
酸值增加(以 KOH 计)/(mg/g)　大于	0.3	GB/T 7304—2014
水分(质量分数)(%)　大于	0.1	GB/T 260—2016
破乳化时间/min　大于	80	GB/T 7305—2003
液相锈蚀试验(蒸馏水)	不合格	GB/T 11143—2008
氧化安定性(旋转氧弹,150℃)/min　小于	60	SH/T 0193—2008
抗氨性能试验	不合格	SH/T 0302—1992

表 14-20　轻负荷喷油回转式空气压缩机油换油指标的技术要求和试验方法

项　目	换油指标	试验方法
运动黏度(40℃)变化率(%)　大于	±10	GB/T 265—1988 及 GB/T 8028—2010 3.2 条
酸值增加值(以 KOH 计)/(mg/g)　大于	0.2	GB/T 7304—2014
正戊烷不溶物(质量分数)(%)　大于	0.2	GB/T 8926—2012
氧化安定性(旋转氧弹,150℃)/min　小于	50	SH/T 0193—2008
水分(质量分数)(%)　大于	0.1	GB/T 260—2016

7. 齿轮油换油指标

换油指标用于齿轮润滑过程中的质量监控，当使用中油品有一项指标达到换油指标时就应更换新油，换油期取决于换油指标。美国齿轮制造商协会（AGMA）推荐，一般用油量较小的齿轮箱 6 个月换油；不进水的国外减速器，根据工况条件，换油期为 2000~8000h。

根据 NB/SH/T 0586—2010《工业闭式齿轮油换油指标》标准规定了 L-CKC、L-CKD 工业闭式齿轮油在使用过程中的换油指标，其技术要求和试验方法见表 14-21。并适用于 L-CKC、L-CKD 工业闭式齿轮油在使用过程中的定期质量监控。

表 14-21　工业闭式齿轮油换油指标的技术要求和试验方法

项　目	L-CKC 换油指标	L-CKD 换油指标	试验方法
外观	异常[①]	异常[①]	目测
运动黏度(40℃)变化率[②](%)　大于	±15	±15	GB/T 265—1988
水分(质量分数)(%)　大于	0.5	0.5	GB/T 260—2016
机械杂质(质量分数)(%)　大于或等于	0.5	0.5	GB/T 511—2010
铜片腐蚀(100℃,3h)/级　大于或等于	3b	3b	GB/T 5096—2017
梯姆肯 OK 值/N　小于或等于	133.4	178	GB/T 11144—2007

（续）

项　目	L-CKC 换油指标	L-CKD 换油指标	试验方法
酸值增加(以 KOH 计)/(mg/g)　大于或等于	—	1.0	GB/T 7304—2014
Fe 含量/(mg/kg)　大于或等于	—	200	GB/T 17476—1998

① 外观异常是指使用后油品颜色与新油相比变化非常明显（如由新油的黄色或棕黄色等变为黑色）或油品中能观察到明显的油泥状物质或颗粒状物质等。

② 40℃时运动黏度的变化率 η（%）按以下公式计算：

$$\eta=\frac{\eta_1-\eta_2}{\eta_2}\times 100\%$$

式中：η_1——新油黏度实测值（mm^2/s）；

η_2——使用中油品黏度实测值（mm^2/s）。

14.4 油品污染控制

润滑系统在工作时，外界的污染物不断浸入系统，而系统内部又不断产生污染物，颗粒污染物见表14-22。颗粒污染的危害已引起世界各国的高度重视。大量实践表明：只要控制液压和润滑系统的污染度，就能保证液体工作介质在清洁度方面的质量，预防类似磨料磨损这样有害类型的机械磨损发生，延长设备的使用寿命。

对于污染度超标的油液，须采取有效的净化措施清除其中各种污染物，以保证油液必需的清洁度。目前，油液污染度等级标准主要有 ISO 4406：2017、NAS 1638—2011、SAE AS4059 等。工业应用中，各国趋向采用国际标准化组织统一制定的 ISO 4406：2017 油液污染度等级标准。

污染控制一般分为 3 步：

1）建立目标清洁度。

2）采取污染控制措施。

3）监测系统污染度。

14.4.1 建立目标清洁度

设定目标清洁度是润滑污染控制的一个关键步骤。目标清洁度的确定要综合考虑设备特征（如机械摩擦副间隙、颗粒污染的敏感性和压力等），设备和润滑油寿命延长的期望值，以及达到维持目标清洁度所需的成本等。

JB/T 10607—2006《液压系统工作介质使用规范》推荐了不同系统和元件使用油液的污染度等级，不同元件及液压系统适用的工作介质污染度等级推荐值见表 14-23。

表 14-22　颗粒污染物

序号	污染物	特征	来源及危害
1	粉尘	硬质的半透明颗粒	来源于大气和环境污染中，易卡涩阀件，造成系统摩擦副表面擦伤
2	有色金属	银色、黄色或金色	由系统中产生。来源于设备有色部件的磨损，易进一步引起其他摩擦副磨损，并加速油液老化
3	黑色金属	含铁金属颗粒	由系统中产生。来源于润滑系统钢质部件的磨损，会加速设备磨损失效，并加速油液老化
4	铁锈	暗淡的橙色/棕色颗粒	来源于系统中可能有水存在的地方，如油箱
5	纤维	细长形	通常来源于纸张、纤维织物和过滤器破损，纤维织物如车间的抹布，易堵塞油路或过滤器
6	油泥	黑色泥状物	大量淤泥状的细小颗粒，通常为混合物，易加速油液老化、堵塞管路等

表 14-23　不同元件及液压系统适用的工作介质污染度等级推荐值

污染度等级		主要工作元件	系统类型	过滤精度	
GB/T 14039—2002	NAS 1638—2011			$\beta^{\alpha}_{x(c)}\geqslant 100$ 用 ISO MTD 校准	$\beta^{\alpha}_{x(c)}\geqslant 100$ 用 ACFTD 校准
—/13/10	4	高压柱塞泵、伺服阀、高性能比例阀	要求高可靠性并对污染十分敏感的控制系统，如实验室和航空航天设备	4~5	1~3

（续）

污染度等级		主要工作元件	系统类型	过滤精度	
GB/T 14039—2002	NAS 1638—2011			$\beta^{\alpha}_{x(c)} \geqslant 100$ 用 ISO MTD 校准	$\beta^{\alpha}_{x(c)} \geqslant 100$ 用 ACFTD 校准
—/15/12	6	高压柱塞泵、伺服阀、比例阀、高压液压阀	高性能伺服系统和高压长寿命系统，如：飞机、高性能模拟试验机，大型重要设备	5~6	3~5
—/16/13	7	高压柱塞泵、叶片泵、比例阀、高压液压阀	要求较高可靠性的高压系统	6~10	5~10
—/18/15	9	柱塞泵、叶片泵、中高压常规液压阀	一般机械和行走机械液压系统，中等压力系统	10~14	10~15
—/19/16	10	叶片泵、齿轮泵、常规液压阀	大型工业用低压液压系统，农机液压系统	14~18	15~20
—/20/17	11	齿轮泵、低压液压阀	低压系统，一般农机液压系统	18~25	20~30

注：1. NAS 1638—2011 为美国国家宇航标准。表中所列等级与 GB/T 14039—2002 的等级是近似对应关系，仅供参考。
2. ISO MTD 是国际标准中级试验粉末，为现行国家（国际）标准校准物质。
3. ACFTD 是一种作为校准物质的细试验粉末，目前已停止使用，被 ISO MTD 替代。
4. 过滤比 $\beta_{x(c)}$ 和 β_x 的定义见 GB/T 20079—2006。

值得指出的是，目标清洁度不是用于油液监测机器和润滑剂失效的极限值。通常，润滑油的污染度超过目标清洁度并不影响设备的正常操作，更不会立即造成设备故障。例如，一个液压系统的目标清洁度定为—/16/13，当污染度超出目标清洁度达到—/18/15时，该液压系统仍然运转正常。设定目标清洁度主要用于主动性润滑状态控制和机械磨损监测，通过始终保持油液高度清洁和及时了解磨损状态来达到设备的高可靠性运转的目的。

14.4.2　采取污染控制措施

设备润滑系统的污染来源可以说是全方位的。油品储存污染、润滑器具污染、油箱加油污染、系统内部磨损污染、油品氧化污染，以及外界污染物的侵入污染等，都会对润滑油产生严重的侵蚀作用，缩短其使用寿命。

因此，系统的污染控制措施也需要从多方位着手。

1. 污染控制防范措施

污染控制的措施在日常设备润滑管理方面要做到以下 4 个方面：

1）新油的污染防范。

2）设备维修过程的污染防范。

3）密封件使用的污染防范。

4）水分的污染防范。

（1）新油的污染防范　防范润滑油加入设备前的污染是实施污染控制的第 1 步，而主动阻止污染物进入油液中的成本仅为其进入油后所造成损失的十分之一。为此需要做到：

1）加强新油品验收管理。进入设备的新油清洁度至少应等同于该设备润滑油的目标清洁度，最好优于该设备润滑油的目标清洁 1~ 2 级。

2）加强储存和使用管理。润滑油储存的环境应保持高度清洁。在被注入机器前应确保储存的润滑油满足要求的清洁度，否则应过滤润滑油以达到要求。

3）加油工具应密闭存放，防范污染，做到加油工具的洁净，如某港口企业对加换油工具实施的污染控制处理方法，加油桶采用布笼罩，油嘴采用橡胶盖封套。

4）润滑站的污染防范是保障在用油清洁度的很重要的措施。当现场对润滑脂无防护时，企业每年换一次油，系统还时常出现卡阀现象。当对润滑站进行防护后，企业改为两年换一次油，且系统运行非常稳定，足见现场的一个小小改善对润滑站的影响。

（2）设备维修过程污染防范　在我们日常的设备使用、维修中，也要注意减少系统污染。尤其在设备检修时不要造成污染，这就要求在检修时处处小心，做到：

1）在装拆元件、管道时，把油口包住，防止污染物进入。

2）换上的元件在安装前应是清洁的。

3）大修后，内部应被彻底地冲洗，油液应达到目标清洁度。

4）加入新油时应经过过滤等措施。

不少设备检修人员对系统污染的认识不足，施工中元件乱摆乱放，拆下的管道、元件也不包口，造成施工中新的污染。对于这些问题，一定要加强指导和监督，尽力避免。

（3）密封件使用的污染防范　在日常的设备运行维护中，还要注意检查机器内部各密封部位，杂质可能会从密封不良的部位进入系统，而各类泵吸入管和轴密封等低于大气压的地方还会漏进气体。

对于如液压杆类的轴类零件，密封一般都包括三道密封，应使用高性能密封件以防止污染。与此同时，污染同样会造成密封件过快损伤，导致在用油的渗漏，如烟草行业使用的包装机推杆机构的渗漏问题，都是由烟丝对在用油的污染引发的。

对于密封不好的部位，要及时处理或更换。如空气滤清器要完好、有效，油箱上的注油口在用时要密封好，吸油管和回油管通过油箱处也要密封好。

（4）水分的污染防范　水分是设备污染的重要来源之一。由于早晚温差，从普通加油盖处进入油箱的湿气结露生成水分，这是导致油品水分超标的重要来源。为此，可以对加油盖处加装空气滤清器，在空气进出油箱时过滤掉一些小颗粒及其中的水分，防范空气中的水分对润滑油的污染。

2. 在用油的净化过滤

（1）过滤精度　过滤是目前各类机械设备润滑系统应用最广泛的油液净化方法，它主要用于滤除油液中的各种固体颗粒污染物和水分。

过滤器的精度一般分为四级。

1）粗滤器：能过滤的颗粒度≥100μm。

2）普通滤器：能过滤的颗粒度为10μm。

3）精滤器：能过滤的颗粒度为1~100μm。

4）特精滤器：能过滤的颗粒度为0.5~1μm。

过滤精度是衡量一个过滤器的主要技术指标，直接代表着过滤器的过滤性能。工业应用中对过滤器过滤精度的选择有时候很难把控，过滤精度如何选择才算合理，是企业润滑管理需要考虑的问题。要了解过滤器的过滤精度，首先要区分绝对过滤精度和名义过滤精度。

1）绝对过滤精度。绝对过滤精度是在既定条件下通过过滤介质的最大球直径，一般以μm表示。

2）名义过滤精度。名义过滤精度是按一定尺寸粒子的95%或98%可以被过滤掉的指标来进行评价的。

我国的滤油器过滤性能评价有两种方法，一种是以单位过滤面积上滤网网孔平均直径尺寸作为评价指标。如100目的金属滤网过滤精度为156μm，200目的金属滤网过滤精度为76μm，400目滤网的过滤精度为38.5μm等。在滤网生产过程中，很难保证网孔直径完全相等，因此上述评价方法给出的评价指标仅仅是一个估计值。另一种评价方法是以过滤效率为95%处对应的污染颗粒尺寸数值作为滤油器过滤性能评价指标。所谓过滤效率，是指一定油液过滤后被滤掉的污物重量与过滤前机油所含污物重量之比的百分数。即

$$\eta=\frac{W_2}{W_1}\times 100\%$$

式中　η——过滤效率（%）；

W_1——过滤前污物重量（mg）；

W_2——过滤后被滤掉的污物重量（mg）。

这种评价方法，实际上是一种名义过滤精度评价方法。

过滤精度是选择滤油器时第1个重要的参数，它决定着系统油液污染度水平的高低。一般来说滤油器精度越高，则系统的污染度等级也就越低。但是到目前为止，尚没有滤油器精度与油液污染度水平的对应关系，问题太复杂。因为无论是表面型还是深度型滤油器都没有可能100%地将大于该精度尺寸的颗粒截住，都有穿过网孔的机会，而随着堵截量的增大和系统压力流量的波动，又都不同程度地将污物释放到滤油器的下游，所以过滤精度也是个不断变化的参数。当前，对于较高精度的系统应选择不低于5μm精度的滤油器。

（2）过滤比　过滤比是评定滤油器过滤精度的另一个重要指标，是反映滤油器对不同尺寸固体颗粒的过滤能力，用β_x表示。过滤比β_x的定义是滤油器上游加入的某一尺寸的污染粒子数除以下游仍存在的该尺寸的粒子数，即

$$\beta_x=\frac{\text{过滤前}>x\mu\text{m的粒子数}}{\text{过滤后}>x\mu\text{m的粒子数}}$$

其计算方法如图14-19所示。

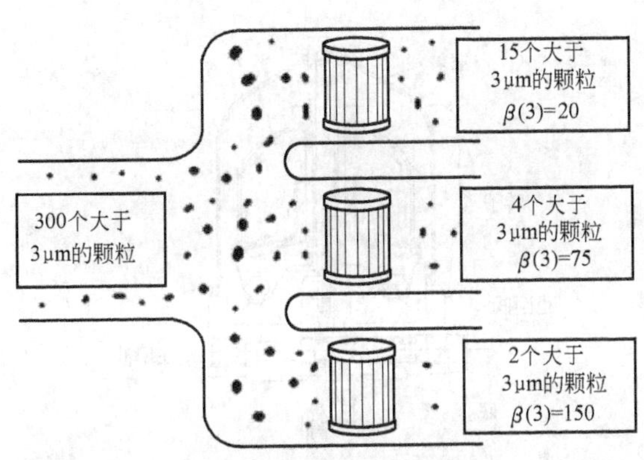

图 14-19　过滤比的计算方法

例如：当 $\beta_x=1$ 时，无任何效果；

当 $\beta_x=2$ 时，过滤效率达到 50%；

当 $\beta_x=75$ 时，过滤效率达到 98%；

当 $\beta_x=1000$ 时，过滤效率达到 99.99%。

β_x 值能够准确地描述过滤器的过滤能力，得到了世界上的广泛承认和推广。目前，国际标准已规定 β_{10} 作为评定过滤器精度的标准。而原来所谓的名义精度等是没有考虑过滤尺寸和过滤效率的，也是不准确的，必然要被逐渐淘汰。一个优质的过滤器，通常在技术指标上都会提供过滤精度与过滤效率的曲线，最高的过滤效率下对应的过滤精度通常被认为是绝对过滤精度。

（3）保证有效的油液过滤系统　全面考虑设备和油液的运用成本，使用高性能过滤器远比便宜而低效率的过滤器更为经济。滤芯的材料和结构是过滤器品质和效率的关键，而过滤器的位置、大小、性能与设备要求的流速流量等共同决定了是否可以达到目标清洁度。因此，在设备已经有在线过滤的同时，采用外循环过滤系统是提高在用润滑油目标清洁度的重要措施。图 14-20 所示为齿轮箱的外循环过滤系统。外循环过滤系统是提高和保证系统清洁度的一个重要措施，对精度要求高或污染严重的系统更是这样。

图 14-20　齿轮箱的外循环过滤系统

外循环过滤系统与系统主回路上的过滤器相比，它可以选用精度较高的过滤器，而不用担心过滤器精度太高造成堵塞，影响系统工作，从而可以提高整个系统的污染度控制等级。为了获得好的过滤效果，外循环系统最好选用全流量过滤，过滤流量与系统工作流量相匹配，使系统工作介质能得到及时过滤。

（4）油液净化方法　针对不同的污染物，根据不同的油液净化要求，可采用不同的净化方法。这些方法包括机械过滤、离心过滤、聚洁过滤、静电吸附、磁性吸附、真空过滤、离子交换吸附和平衡电荷等。

1）机械过滤。机械过滤是指在压力差的作用下，使油液中的液体穿过多孔可透性介质，固体颗粒被介质截留，实现液体与固体分离。过滤器通常用于滤除固体颗粒。润滑油从进油口进入滤纸腔，由外向内过经过中心滤管流出，固体颗粒就被截留在了过滤介质中，机械过滤的原理如图 14-21 所示。

图 14-21　机械过滤的原理

按过滤介质的不同，可将机械过滤分为表面过滤（见图 14-22）和深度过滤（见图 14-23）。表面过滤是指通过过滤介质将油中的杂质直接截留在介质表面，其过滤精度较低，多用于粗过滤，例如钢网过滤器就属于表面过滤设备，这类设备容易清洗，可重复使用。

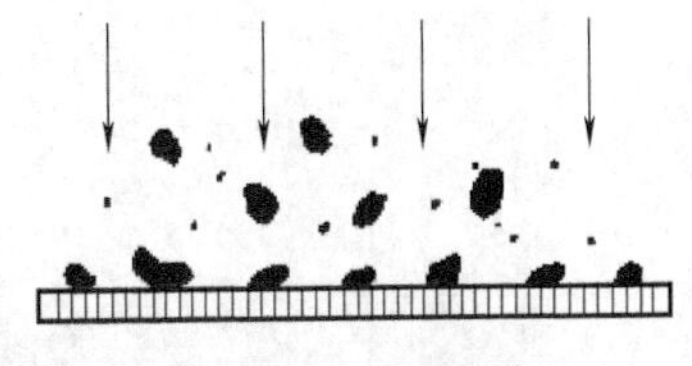

图 14-22　表面过滤

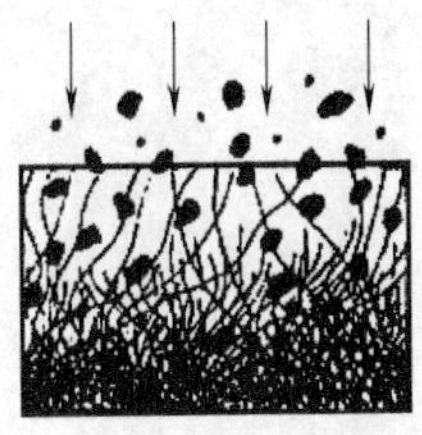

图 14-23　深度过滤

深度过滤是指采用可透性材料，将固体颗粒截留在介质表面及内部的空隙中，其过滤精度高，容污量大，使用寿命长，多用于精密过滤。例如玻璃纤维过滤器就是常见的深度过滤设备，这类过滤设备难以清洗，用完即抛。

目前，工业企业生产设备采用的润滑油滤芯大多是复合型的滤芯（见图 14-24）。该类滤芯表面有钢网，中间夹杂有多层玻璃纤维，这类多介质的滤芯和玻璃纤维滤芯一样，过滤精度高，使用寿命长，但不易清洗，属于一次性消耗品。

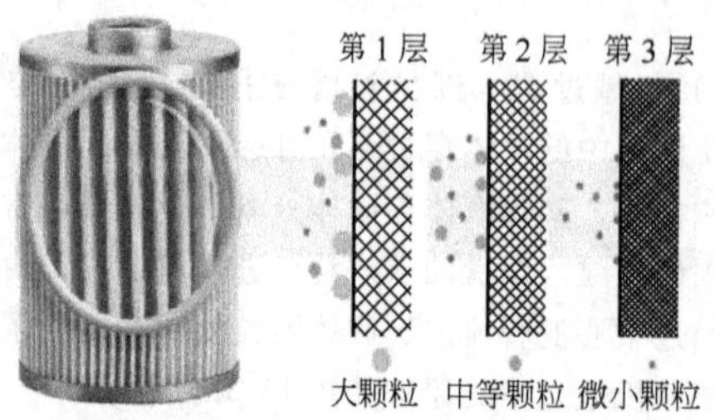

图 14-24 复合型滤芯及其结构示意图

2）离心过滤。离心是指通过离心机械使油液做高速旋转，润滑油中的油、水和杂质由于密度不同，会因受到不同大小离心力的作用而迅速分离开来。离心过滤通常用于分离尺寸较大的固体颗粒或游离水。

离心式滤油机是依据离心力原理去除油液中的污染物，如图 14-25 所示。其工作时，润滑油在压力作用下进入转子空心轴，通过轴上的两个喷嘴喷出，产生的压力转化为转子的驱动力，使转子高速旋转，由此产生的离心力将油液中的杂质分离开来，沿着转子内壁沉积在收集盖内，水分则存在转子内积油盘中，过滤后的干净油在重力的作用下直接流回油箱中。

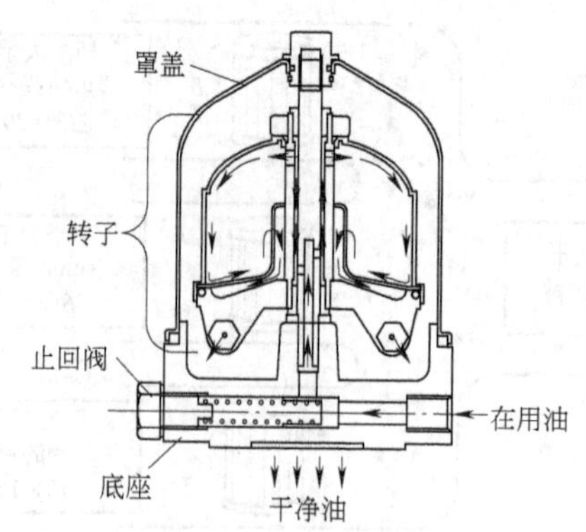

图 14-25 离心式滤油机

3）聚结过滤。聚结是指利用两种液体对某一多孔隙介质润湿性（或亲和作用）的差异，分离两种不溶性液体的混合液。聚结过滤通常用于分离油中的水。

聚结过滤器（见图 14-26）内部装有聚结滤芯和分离滤芯，其中聚结滤芯通常采用特殊玻璃纤维及其他合成材料制成，具有良好的亲水性；而分离滤芯多采用疏水型材质，具有良好的亲油憎水性。该聚结过滤器的工作原理如图 14-27 所示。油品流入聚结分离器后，首先经过过滤分离，将固体颗粒滤除，然后流经聚结滤芯，聚结滤芯外面的破乳化聚结层能将极小的水滴聚结成较大的水珠，尺寸较大的水珠可以靠自重从油中分离除去，沉降到集水槽中，尺寸较小的水珠来不及沉降，与油液一起又流经分离滤芯，由于分离滤芯具有亲油憎水性，可以进一步将油水分离，最终，流出聚结分离器的油品是洁净无水的。

4）静电吸附。静电吸附是利用静电场力使油液绝缘体中的非溶性污染物吸附在静电场内的集尘器上，主要用于分离固体颗粒和胶状物质。

图 14-26 聚结过滤器

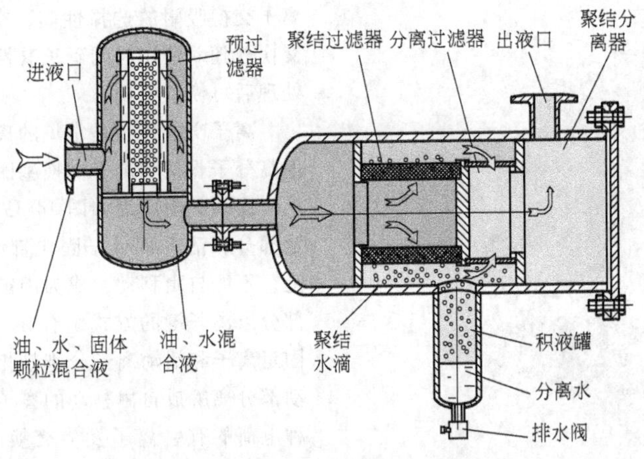

图 14-27　聚结过滤器的工作原理

静电滤油机（见图 14-28）就是利用高压静电场，使油中污染颗粒物极化而分别显示正、负电性，带正、负电性的颗粒物在超高压电场的作用下各自向负、正电极方向游动，中性颗粒被带电颗粒物流挤着移动，最后将所有颗粒物都吸附在依附于电极的收集器上，彻底清除油品中的污染物，静电吸附原理如图 14-29 所示。

图 14-28　静电滤油机

图 14-29　静电吸附原理

5）磁性吸附。利用磁场力吸附油液中的铁磁性颗粒，避免对摩擦副引起磨损和破坏，通常安装在回油管路末端。磁性吸附过滤器采用强磁元件做成多个磁力棒插入到介质内，润滑油通过过滤器入口进入，经过过滤器时，油中的铁磁性颗粒就吸附在了磁力棒表面，经过分离后的油液从出口流出。磁力棒可以清理，反复使用。磁性过滤原理如图 14-30 所示。

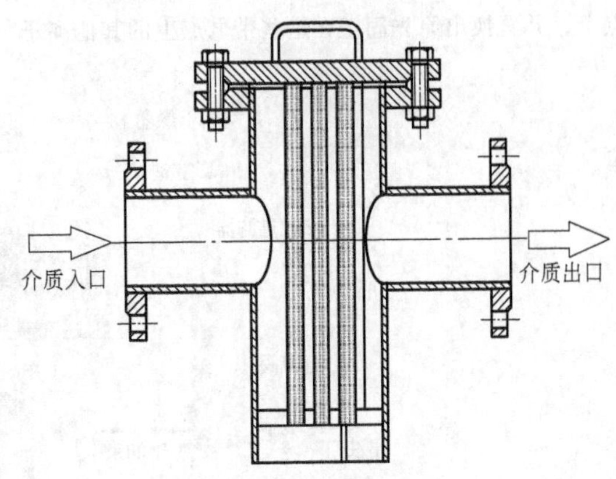

图 14-30　磁性过滤原理

6）真空过滤。真空过滤是利用饱和蒸汽压的差别，在负压条件下使油液中的其他液体分离出来的一种净化方法，如图 14-31 所示为真空滤油机的实物图。真空过滤通常用于除去油中的水分及气体。

真空过滤的原理如图 14-32 所示。润滑油在压差作用下首先经过粗滤器，大颗粒所在杂质被滤除；经过粗滤后的油液进入加热器进行加热，然后进入真空室。真空室的中部填有亲油材料，油品通过真空室的扩散装置先变成雾状，然后分散在填充材料表面而形成很薄的油膜，使得气液两相界面面积得以增大，同时油液在气相空间中停留的时间得以延长，而油中水分在高热、高真空下快速汽化并被真空泵吸入冷凝器内，经冷却后进入冷凝箱，通过冷凝出口排出。而油液在重力作用下汇集到真空室底部，经过排油泵后通过微粒过滤器将杂质去除，然后从出油口排出。

图 14-31　真空滤油机

7）离子交换吸附。离子交换吸附是指被吸附物质的离子由于静电引力作用聚集在吸附剂表面的带电点上，并置换出原先固定在这些带电点上的其他离子。离子交换吸附的选择性高，交换反应是定量进行的，交换剂随着使用时间延长其性能会逐渐消失，经再生处理后可恢复使用。

离子交换树脂是常见的离子交换吸附介质，主要由高分子骨架和离子交换基团两个部分组成。离子交换树脂的吸附原理如图 14-33 所示，交换基团分为固定部分和活动部分，固定部分被束缚在高分子基体上，不能自由移动，成为固定离子；活动部分与固定部分以离子键的方式结合在一起，成为可交换离子。固定离子和活动离子分别带相反电荷，在溶液中，活动部分离解成自由移动的离子，与溶液中的其他带同种电荷的有害离子发生交换，使之与固定离子相结合，被牢牢吸附在交换基团上，从而除去溶液中的有害离子。例如，在电力行业，通常会采用离子交换树脂滤器对抗燃油进行降酸、提高电阻率处理。与此同时，离子交换树脂滤器也广泛用于“漆膜”过滤处理。

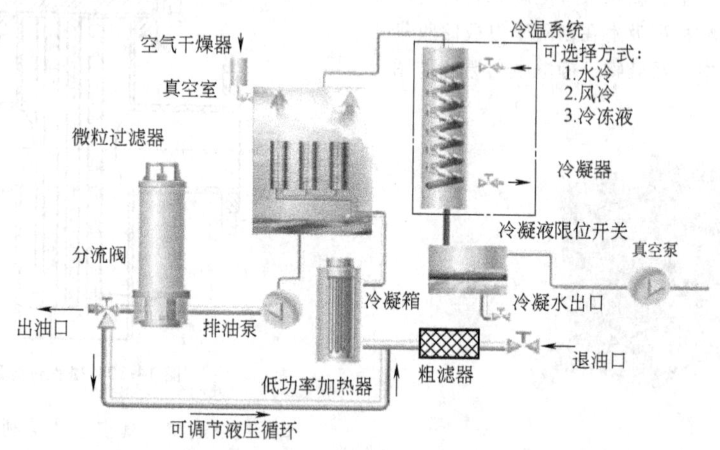

图 14-32　真空过滤的原理

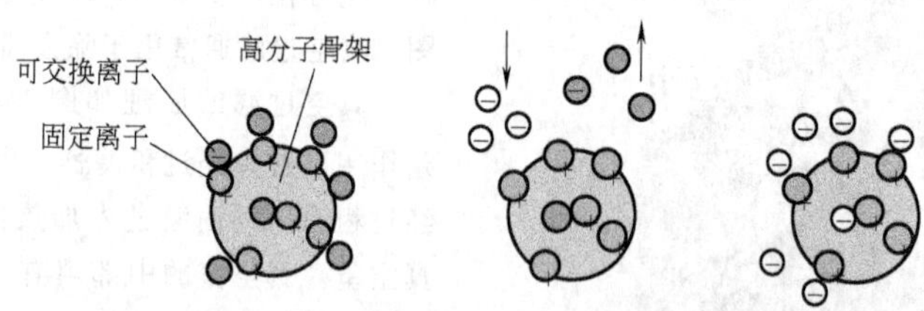

图 14-33　离子交换树脂的吸附原理

8）平衡电荷。平衡电荷是利用正负相吸的原理，使流体中微颗粒物不断相互吸附，逐渐变大到被常规精密过滤器收集清除的一种净化方法，通常用于分离油品氧化产生的胶状物质，如漆膜、油泥等。

利用平衡电荷技术的平衡电荷过滤器如图 14-34 所示，其工作原理如图 14-35 所示。净化油液时，来自主机油箱的油液经过预过滤后进入混流器中。混流器由两个分开的电极组成，一个携带正电荷，另一个携带负电荷，这两个电极分别装在绝缘管中。油液在混流器入口处被分为两路，分别从两个电极所在的绝缘管中流过，电极产生强烈的高压电场，向经过的流体“喷射”电涡流，使两支流体中的一支带上正电荷，另一支带上负电荷，在混流器的末端，两支分开的流体又重新混合在一起，流体中的带相反电荷的小颗粒物相互吸引，附聚而体积增大，变成净电荷为零的大颗粒物，最后被精过滤器滤除。

图 14-34 平衡电荷过滤器

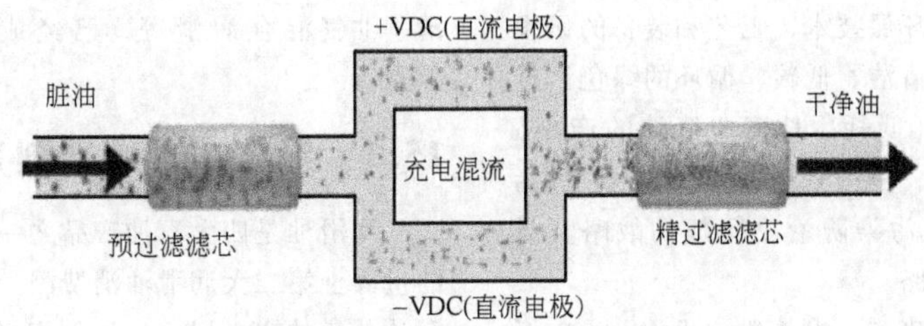

图 14-35 平衡电荷过滤器的原理

14.4.3 监测系统污染度

污染状态动态监控是实现设备主动维护的基础，也是污染控制的一个重要方面。随着油液监测技术和设备不断发展，便携式检测仪、在线检测仪等仪器的性能不断提高，应用逐渐广泛，既可用于一般油液检测，也可用于水乙二醇等介质，携带方便，在现场几分钟就可以产生按 ISO 或 NAS 标准的结果，结果还可以储存、打印。同时，还可以通过专业检测公司进行多检测项目检查，随时了解系统的污染情况，掌握污染的变化趋势，并进行分析，有针对性地采取措施，把问题解决在萌芽状态。

第15章 绿色润滑新技术的发展与应用

《中国制造2025》是我国实施制造强国战略的第一个十年的行动纲领。其中，在“战略方针和目标”中提到的一条基本方针，就是：“绿色发展。坚持把可持续发展作为建设制造强国的重要着力点，加强节能环保技术、工艺、装备推广应用，全面实行清洁生产。发展循环经济，提高资源回收利用效率，构建绿色制造体系，走生态文明的发展道路。”在“战略任务和重点”中有一条是“全面推行绿色制造”，其内容包括：加大先进节能环保技术、工艺和装备的研发力度，努力构建高效、清洁、低碳、循环的绿色制造体系；加强绿色产品（低耗、长寿、清洁的产品）的研发应用等。事实上，中国是制造业大国，70%污染物来自于制造业，在污染防治攻坚战的战略背景下，必须走绿色制造之路。

从摩擦学学科属性来看，摩擦学（Tribology）诞生50多年来，可以大体上把摩擦学的发展过程划分为两个历史阶段。从1966年开始前30年是第一阶段，即经典摩擦学时期。在这个历史阶段，摩擦学的主要学科特征是它的实践性或实用性。摩擦学在这个时期的主要目标是通过摩擦学的知识和成果（包括减摩、降耗、延寿等方面）的应用以取得显著的和突出的经济效益。但进入21世纪以来，全球的资源、能源和生态环境问题日益严峻，为了适应这种形势的变化，摩擦学发展到它的第二个历史阶段，即现代摩擦学时期。此时的摩擦学增加了一个新的学科特征，即可持续性。摩擦学的主要目标也就不再局限于追求经济效益的最大化，而更加看重社会效益的最大化，即把保护生态环境、节约资源能源、提高人们生活质量放在首位。以上这两个学科特征决定了未来摩擦学发展的基本方向。

润滑是降低摩擦、减少磨损与延长服役寿命的重要手段。润滑是跨学科和实践性很强的科学技术，润滑是摩擦学（包括摩擦、磨损和润滑的科学）的重要组成部分，由于机器运动副之间的摩擦，引起了材料表面的磨损。除此之外，润滑还有冷却、防腐、绝缘、减振、清洗和密封等各方面的作用，由此可见润滑的重要性，而润滑技术在润滑领域中又扮演着十分重要的角色。特别是21世纪以来，各国都十分注重环保、生态和可持续发展的战略，都在呼唤“绿色润滑”，都在大力发展高效、节能和环保的润滑新技术。许多先进的润滑技术在国内外工业界得到了广泛的应用，尤其在高新技术和重要工业领域发挥着不可替代的作用。先进的润滑技术已为现代工业和国防等领域的发展提供了无限可能，从润滑技术的不断创新所带来的经济效益是十分惊人的。绿色润滑的典型研究为研发矿物润滑油的替代品，如不含硫、磷等的抗极压添加剂、纳米颗粒添加剂、水基润滑、微量润滑、油气混合润滑等，已经成为世界各国关注的焦点。

15.1 绿色润滑油（剂）技术

润滑油是四大石油产品之一，中国是仅次于美国的世界上第二大润滑油消费国。矿物油基润滑油占润滑油总量的90%以上，比例相当大，但矿物油基的生物降解能力差，它流失到环境中对生态系统会造成巨大危害。据报道，每年全世界约有30%的废旧矿物油基润滑油排放到环境中，这些难降解的化学物质大量进入生物圈，严重地破坏了生物圈的正常循环。进入环境的矿物油基润滑油严重地污染土壤、河流，极大地危害生态平衡，据推测，矿物油对地下水污染可长达100年之久，50.1μg/g矿物油能使海中小虾寿命缩短为原来的20%。

所幸的是，人类在大量使用润滑剂的同时也深深地感受到了润滑剂带来的对环境和健康的双重创痛，并在创痛中幡然醒悟，激发出了“润滑+环保+节能”的现代润滑新理念。

从宏观能量的角度，摩擦是机械能转变为其他能量形式的过程：一方面，摩擦中能量的初始形态，主要是机械能、动能、外力做功等；另一方面，摩擦能量动态传递后的与最终的形态，包括材料结构性能等变化（位错、裂纹、塑性变形）、热能、其他能量（声、光、电、磁等）。经典力学的常识是，摩擦是阻碍物体间的力，润滑是有效降低摩擦、减少磨损的最有效手段。几千年来，人类一直在努力控制和减小摩擦（例如车轮和车轴间的摩擦，舰船和水的摩擦）。据统计，全球约30%的一次性能源浪费在摩擦过程中，80%的机械部件损坏来自于磨损（单此一项就导致工业化国家经济损失占GDP的5%~7%）。约

50%的机械装备恶性事故起源于润滑不当。

由于工业的飞速发展，润滑剂的需求量和消费量不断上升。润滑剂在大量使用的同时，由于运输、泄漏、溅射、自然更换等原因，不可避免地被排放到自然环境中。通常，矿物润滑剂生态毒性高，在环境中生物降解性差，滞留时间长，对土壤和水资源等自然环境造成污染，已在一定程度上影响了生态环境和生态平衡。传统的矿物润滑剂在保护环境的浪潮中正面临着严峻的挑战——润滑剂在满足使用性能要求的同时，如何改善生态效能，如何在使用性能与生态效能之间寻求合理的平衡，则是当前润滑剂发展亟待解决的重大课题。

润滑剂泄漏流失到自然环境的情况在许多领域中都有可能发生，如目前世界各国铁路系统中广泛使用的机车轮轨润滑剂，是在机车行进过程中喷涂到机车轮缘外侧或钢轨内侧起润滑作用的，随着机车的运行，大部分润滑剂会散失到周围环境中造成污染。又如链锯油在使用时直接加入到高速运动的链锯上，由锯屑吸附带走，流入到环境中；还有船用二冲程舷外发动机，它在使用过程中没烧尽的润滑剂也会溅射到环境中，在大量使用这种发动机的水域，由舷外二冲程发动机油溅射造成的污染已成为严重问题。曾经在瑞士和德国边界的 Bodensee 湖底发现了很厚的碳氢化合物沉积层，政府已禁止二冲程舷外发动机使用矿物油型润滑剂，其他类似的事例不胜枚举。据不完全统计，全世界使用的润滑剂，除一部分由机械运动正常消耗及部分回收再利用和用作燃料外，每年大约有 500 万 t 到 1000 万 t 石油基化学品进入生物圈，仅欧盟每年就有 60 万 t 润滑剂进入环境，美国废润滑剂中约有 32%直接排放到环境中，德国每年渗入土壤中的链锯油高达 0.5 万 t。为了适应环保的发展，许多国家，尤其是工业发达国家先后提出使用不污染和不危害环境的绿色润滑剂。欧洲和北美等国家先后制定了环保法规以限制矿物基润滑剂的使用。

国际上对“环境友好”“可生物降解”的绿色润滑剂研究始于 20 世纪 70 年代，并首先在森林开发中得到了应用。德国是较早研究环境友好润滑剂的国家之一，1986 年，德国出现了第一批完全可生物降解的润滑油。近年来，德国制订了一系列有关控制环境污染方面的法规条例，“蓝色天使”等环保标志进一步激发了研制发展不污染和不危害环境的绿色润滑材料的紧迫感。德国 75%以上的链锯油和 10%以上的润滑脂已被可生物降解的产品取代，并且每年以 10%的速度递增。瑞典的环保型润滑剂研究起步也比较早。瑞典森林资源丰富，造纸业发达，林木采伐过程中由于液压液泄漏等原因，对土壤的污染也较严重。1992 年和 1995 年，瑞典农业部发起并资助了由林业公司、润滑剂生产商、专家等组成的工作组，展开了职业健康与安全调查，并对 9 种不同的液压油进行了实验室和野外试验，为研制环境友好润滑油奠定了基础；1995 年，瑞典开始推行“清洁润滑”计划；在 1988—1999 十余年间，林木采伐中所使用的液压油 70%~80%是采用环境友好型润滑剂。英国于 1993 年 3 月专门召开了“润滑剂与环境”的学术研讨会，讨论润滑剂的生物降解性及其对环境的危害问题，并致力于环境友好润滑剂的研究与应用。此外，奥地利、加拿大、匈牙利、日本、波兰、瑞士、美国等国家也都制定和颁布了一些法规条例来规范和管理润滑剂的使用。欧洲环保法规规定用于摩托车、雪橇、除草机、链锯等的润滑油必须是可生物降解的，这在相当大的程度上促进了绿色润滑剂的研制、应用和发展。近些年来，绿色润滑剂的发展更为迅速，并逐步形成了润滑剂发展的一大主流。

15.1.1 环保挑战，催生绿色润滑（剂）技术的发展

随着全球环境污染的日趋严重，开发满足循环经济和可持续发展要求的可生物降解的绿色润滑剂（green lubricants）成为当今新型环保润滑剂的主要研究方向。另外，世界各国都在制定相应的环保法规，努力降低润滑油在使用中对环境产生的污染和威胁。

（1）蓝色天使 建立于 1977 年，现共有 91 个品种，4200 个产品，来自于 800 多个润滑剂制造商，“蓝色天使”对可生物降解润滑剂产品的要求是：

1）基础油的生物降解性不小于 70%，没有水污染、无氯、低毒。

2）添加剂无致癌物、无致基因诱变、畸变物，不含氯和亚硝酸盐、不含金属（钙除外）。最大允许使用 7%具有潜在可生物降解性添加剂（按 OECO 302B 法生物降解大于 20%），可添加 2%不可生物降解的添加剂，但必须是低毒的。而可生物降解类添加剂其添加量不受限制。

（2）SP 列表（瑞典国家检测研究机构） 它是以 SS15 54 34 标准在 1999 年 7 月建立起来的。SP 列表为产品提供了环境运行数据，并对其进行控制和评估的标准，具体要求：

1）基础油具有高于 60%的生物降解率（OECO 301B 或 F）。

2）添加剂应对水生系统低毒，不一定具备生物

降解性。

3）产品不可危害人体健康。

目前环境友好润滑剂在国际标准 ISO 中，已有 ISO/DIS 15380：2000 液压油标准，其中包括生物降解和毒性指标，并可标志“全球生态”。

国外许多公司都已生产环境友好润滑剂产品，如 Mobil、Shell、Fuchs、BP、Texaco 等品牌公司。环境友好润滑剂在 2006 年以后，以每年 15%的速度增加。

机械加工用油（液）在使用过程中多暴露在大气中，由于泄漏和蒸发对环境造成破坏，并且又长期与操作者直接接触。在矿物油类加工用油中，含 S、P、Cl 的极压剂也影响环境。氯化石蜡即为毒性、致癌物质，含氯废物只有靠焚烧才能排放。但当在不完全燃烧时，可能形成联苯基氯等毒性物质。

对金属加工液欧盟亦作了规定，如禁止使用甲醛、酚及其衍生物，禁止使用氯乙酰胺、氯酚及其衍生物以及含锌的添加剂。钡含量小于 0.1%。亚硝酸钠含量小于 5μg/g，硼酸及其衍生物最多含量为 8%。

德国对螯合剂如乙二胺四乙酸即 EDTA、氨三乙醇即 NTA 也限制使用，因为它们会将重金属不溶离子变成水溶性，从而污染环境。

二烷基二硫代磷酸锌（ZDDP）是常用的抗氧、抗腐多功能添加剂，多年来在润滑剂中的应用极为普遍，它是车用发动机油不可缺少的添加剂，但却严重危害环境和健康。其中硫和磷对汽车尾气排放和发动机危害很大。尾气中磷、硫化合物会导致尾气排放装置中催化剂中毒，影响使用周期。必须限制燃料油及润滑油中磷和硫的含量，然而要取消磷、硫的使用直至目前仍是一个方向性的研究项目。

目前尚无环境友好润滑剂统一标准，ISO 现已制定了环境可接受液压油的标准（ISO/DIS 15380：2000），它是在满足液压油的一般要求外，增加了生物降解性和毒性等指标。尽管现有指标各异，但均对降解性及生态毒性等有一定要求。国外许多公司现已能生产环境友好润滑剂产品系列，它们均带有环保标牌，产量呈逐年递增之势。

图 15-1 是部分国家或地区制定的生态标志图，可用于区分环境友好润滑剂和普通润滑剂。

德国蓝色天使　　加拿大环境选择

美国绿色印记

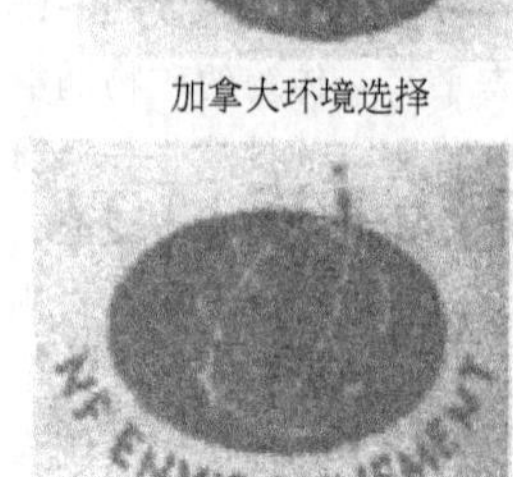

法国环境标志

北欧天鹅

日本友好对待地球

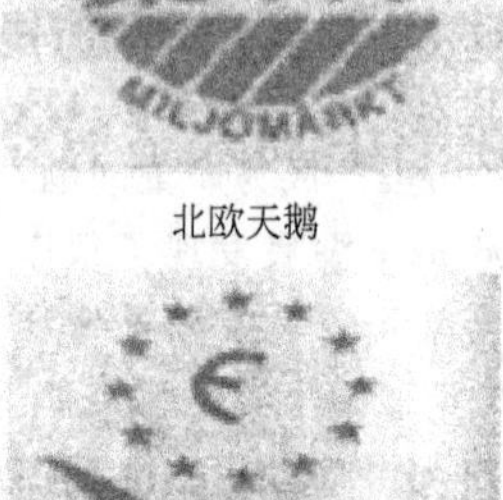

欧洲生态标记

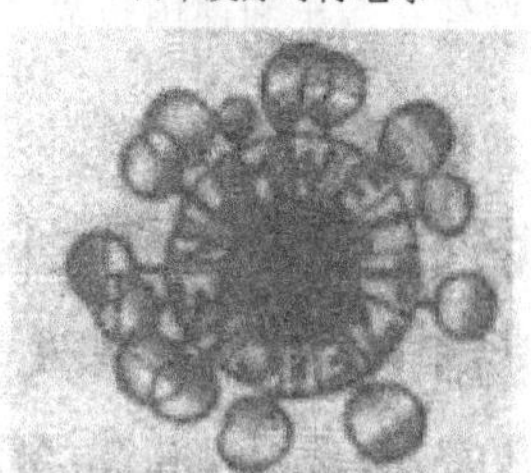

奥地利生态标记

全球生态标记

图 15-1　部分国家或地区的生态标志图

15.1.2　可生物降解绿色润滑剂

生态型润滑剂（ECO-Lubricant）它应具备以下特性：

环境友好润滑剂是一类生态型润滑剂（ECO-Lubricant）。环境友好润滑剂（Environmentally Friendly Lubricant）亦称环境无害润滑剂（Environmentally Harmless Lubricant）、环境兼容润滑剂（Environmentally Acceptable/Adapted Lubricant）、环境协调润滑剂（Environmentally Compatible Lubricant）以及环境满意润滑剂（Environmentally Considerate/Preferable Lubricant）等，它是指润滑剂既能满足机械设备的使用要求，又能在较短的时间内被活性微生物（细菌）分

解为 CO_2 和 H_2O，润滑剂及其耗损产物对生态环境不产生危害，或在一定程度上为环境所容许。环境友好润滑剂有时也泛称为绿色润滑剂（Green Lubricant）。

环境友好润滑剂这一概念包含了两层含意，一是这类产品首先是润滑剂，在使用效能上达到特定润滑剂产品的规格指标，满足使用对象的润滑要求；二是这类产品对环境的负面影响很小，在生态效能上对环境无危害或为环境所容许，通常表现为易生物降解且生态毒性低。所谓的生物降解润滑剂（Biodegradable-lubricant）通常亦纳入环境友好润滑剂之列，但从严格意义上讲，生物降解并没有明确反映出生态毒性的问题。生物降解性和生态毒性是两个不同的方面，例如某些有毒物质生物降解后生成非毒性物质，而有些物质的生物降解产物比原物质的毒性更强。作为环境友好润滑剂，要求其生物降解性好，而且累积的生态毒性要少。

经过近些年的不断探索，中国学者在绿色摩擦学和绿色润滑的系列科学技术领域取得的成果，受到了全球关注。例如，世界摩擦学理事会终身主席、摩擦学创始人 H. Jost 爵士在第四届世界摩擦学大会（2009 年）、第五届世界摩擦学大会（2013 年）的开幕式上宣讲了绿色摩擦学，称赞中国石油大学张嗣伟教授等创立绿色摩擦学的科学与技术体系。绿色摩擦学对节能减排、低碳经济及生态文明等具有积极的意义。

目前，全球生物基润滑剂的发展非常快，图 15-2 所示为欧洲环境友好润滑油近几年市场销售情况。图 15-3 所示为全球 2019 年和 2024 年生物基润滑剂终端用户所占市场的预测。图 15-4 所示为 2015 年和 2022 年全球生物基润滑剂所占市场分析及预测。

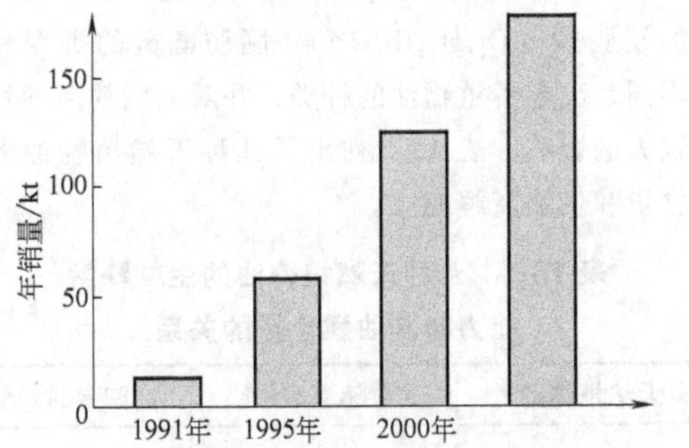

图 15-2　欧洲环境友好润滑油市场销量

欧洲开发可生物降解润滑剂的大体进程如下：

1975 年：出现可生物降解舷外发动机油；

1976—1981 年：苏黎世工作室开发油品可生物降解的标准试验方法；

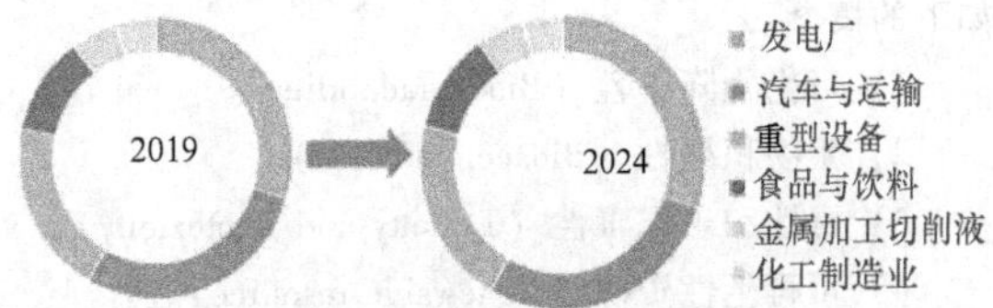

图 15-3　全球 2019 年和 2024 年生物基润滑剂终端用户所占市场的预测

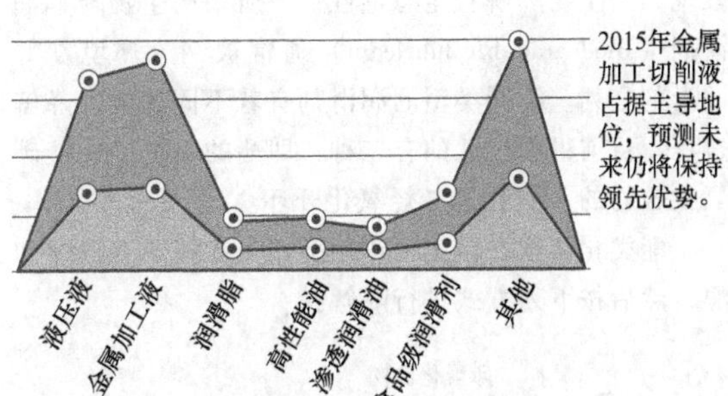

图 15-4　2015 年和 2022 年全球生物基润滑剂所占市场分析及预测

1982 年：建立 CEC-L-33-T-82 可生物降解的标准试验方法；

1985 年：出现可生物降解液压油和链锯油；

1989 年：德国环境署为链锯油颁发环境标志“蓝色天使”；

1990 年：出现可生物降解润滑脂；

1991 年：“蓝色天使”颁发开放系统油；

1992 年：出现可生物降解内燃机油和拖拉机传动液；

1993 年：L-33 试验方法被 CEC（欧洲协作委员会）接受为舷外二冲程发动机油的评定方法；

1994—1995：可生物降解液压液（DIN）德国工业标准颁布，并列出了可生物降解润滑油的发展历程。

当前，世界各国都十分重视环境友好润滑剂的研制和开发，国外一些润滑油公司已开发出以植物油或合成酯为基础油的环境友好润滑剂产品。

美军作为全球消耗润滑剂最多的军事组织，也强烈地认识到环保的压力和重要性，早已开始着手研究可生物降解润滑剂。美军已研制和开发了系列可生物降解润滑脂，并已成功应用于美军军用动力装备。德军和奥地利军事部门也大力开展了可生物降解军用润滑剂的研究和开发工作，取得了较大的进展，并提出如下的概念：

1）可生物降解性（Biodegradability）。

2）生物积聚性（Bioaccumulation）。

3）毒性和生态毒性（Toxicity and Ecotoxicity）。

4）可再生性资源（Renewable resource）。

也就是说，润滑剂既要符合该油品的规格性能要求，而且又能在较短时间内被微生物（细菌）氧化分解成 CO_2 和 H_2O，润滑剂及其损耗产品对生态环境不造成危害，或在一定程度上为环境所兼容，通常表现为易生物降解且生态毒性低。所谓的生物降解润滑剂（Biodegradable lubricant）通常被纳入环境友好润滑剂之列。不同类型的润滑剂有着不同的生物降解过程，目前得到公认的有三种：即酯的水解、长链碳氢化合物的β氧化和芳烃氧化开环。

酯类化合物在微生物作用下首先水解成有机酸和醇，然后按下列方式进行降解：

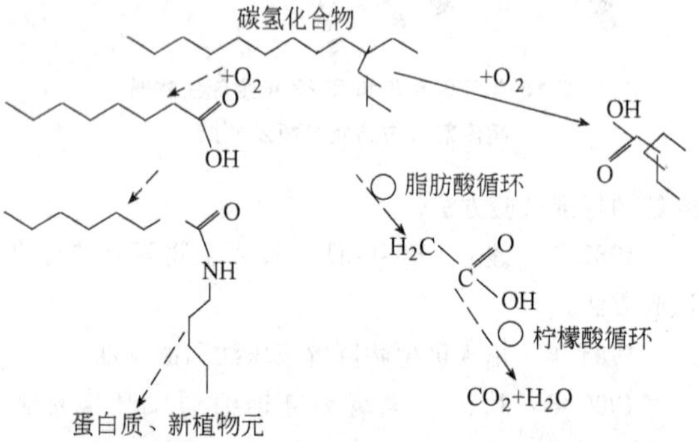

碳氢化合物 $+O_2$ → OH / O； $+O_2$ → OH / O；脂肪酸循环；NH / O；H_2C—C(=O)OH；柠檬酸循环；CO_2+H_2O；蛋白质、新植物元

芳香烃化合物在微生物作用下，先变成长链脂肪酸，然后在酶的作用下，通过脂肪酸循环，伴随进一步裂解生成醋酸，再通过柠檬酸循环降解成 CO_2 和 H_2O。生物降解可以得到与化学氧化或燃烧相同的最终产物，但前者的反应中同时存在由氨基酸到蛋白质和新的细胞组织的大量中间类型反应，这就是生物降解与化学氧化反应的异同点。

15.1.3 植物油的特性

植物油由于有着良好的润滑性、可生物降解性、黏温性、资源广和可再生等特点，故它已成为一种最具竞争力的可生物降解润滑油的基础油。植物油基润滑剂中的C—O键是一个弱键，很容易被破坏，使得植物油基润滑剂具有良好的可生物降解性。也就是人们所说的环境友好型绿色润滑剂。

植物油是取之不尽的生物能源，是可再生资源，且生物降解性好，无毒性，是一种清洁而丰富的绿色润滑剂基础油的原料。植物油的主要成分是甘油和脂肪酸形成的脂肪酸三甘油酯，其化学结构如图 15-5 所示。

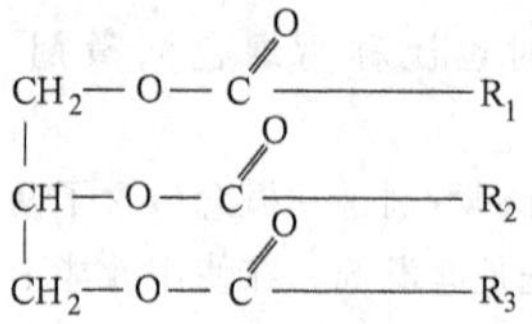

$$
\begin{array}{l}
CH_2-O-\overset{O}{\overset{\|}{C}}-R_1 \\
|\\
CH-O-\overset{O}{\overset{\|}{C}}-R_2 \\
|\\
CH_2-O-\overset{O}{\overset{\|}{C}}-R_3
\end{array}
$$

图 15-5 植物油的化学结构式

构成植物油分子的脂肪酸有油酸（含一个双键）、亚油酸（含两个双键）、亚麻酸（含三个双键），此外还有棕榈酸、硬脂酸及羟基脂肪酸如蓖麻酸、芥酸等，而且不饱和酸越高，其低温流动性就越好，但氧化安定性就越差。一般在植物油中含有大量的 C ═C 不饱和键，所以，在植物油分子中存在大量活泼烯丙基位，而氧化的机理一般属自由基反应机理，这正是其氧化安定性差的主要原因。

植物油在润滑过程中，首先是其中的极性分子形成物理和化学吸附，其次是其中的饱和脂肪酸在金属表面形成脂肪酸皂的吸附膜，将相互摩擦的金属表面隔开，这就符合摩擦学原理。值得指出的是，不同地区生长的同类植物油，其组成也有差异，而不同国家所用的植物油种类也不完全相同。全世界每年大约生产 7000 万 t 以上的植物油。如英国植物油一半是菜籽油，其次是大豆油和葵花籽油；美国主要的植物油是大豆油；法国主要是葵花籽油；德国大多用蓖麻油；而远东国家主要是用棕榈油。

具有优异润滑性能的天然植物油被视为是金属加工液（油剂）的重要组分之一，它们属于三甘油酯类物质。典型的脂肪酸有含 1 个双键的油酸（$C_{17}H_{33}COOH$）、含 2 个双键的亚油酸（$C_{17}H_{31}COOH$）、含 3 个双键的亚麻酸（$C_{17}H_{29}COOH$）和不含不饱和双键的硬脂酸（$C_{17}H_{35}COOH$）。脂肪酸链的类型和含量不同，决定了植物油的种类，并对油脂的多项性能有较大的影响。表 15-1 列出了几种天然植物油的油酸含量和生物降解能力。

表 15-1 几种天然植物油的生物降解能力和其油酸含量的关系

天然植物油	生物降解率(%)	油酸含量(%)
蓖麻油	96.0	44.5
低芥菜籽油	94.4	38.0
高芥菜籽油	100	50.0
豆油	77.9	19.0
棉籽油	88.7	34.5
橄榄油	99.1	45.0

植物油的种类不同，脂肪酸链的类型和含量也不同，油脂的性能也有较大的差异。通常植物油中过多的饱和脂肪酸是低温流动性变差的原因。如过多的多元不饱和脂肪酸会导致氧化安定性变差。一般来说，油酸含量越高，而亚麻酸和亚油酸含量越低，其热氧化稳定性就越好。

我国对绿色润滑油的研究是从 20 世纪 90 年代开始的，近年来，发展极为迅速。上海交大、清华大学、中国科学院兰州化学物理研究所（简称中科院兰州化物所）、中国石油大学（北京）、江南大学、上海大学、北京石化院、重庆后勤工程学院、广州机械科学研究院和广州市联诺化工科技有限公司等单位都相继开展了深入系统的科研工作。

矿物油是最重要的基础油，占润滑剂市场的 90%以上，石油基矿物油一般分为环烷基、中间基和石蜡基三类。图 15-6 所示为矿物油中芳烃含量与生物降解的关系。

表 15-2 为一些润滑油基础油的生物降解性能和运动黏度数据。

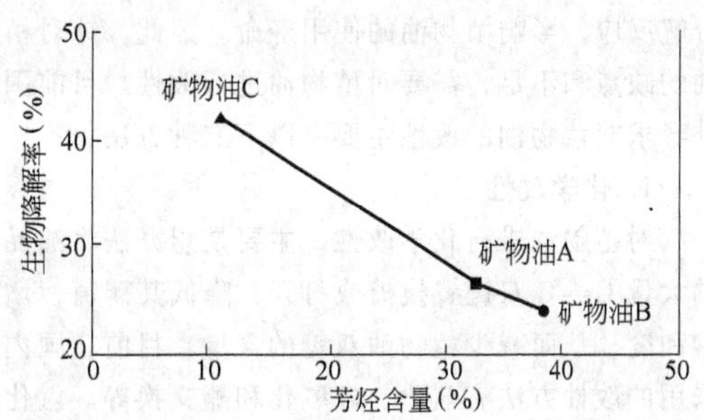

图 15-6　矿物油的生物降解能力与芳烃含量的关系

表 15-2　某些润滑油基础油的生物降解性能和运动黏度数据

基础油	生物降解率(%)	运动黏度 $\nu/(mm^2/s)$	
		40℃	100℃
己二酸二乙酯	97.0	2.25	—
己二酸二正丁酯	96.3	3.55	1.43
己二酸二辛酯	93.1	7.86	2.38
己二酸二癸酯	91.0	13.66	3.66
己二酸二异十三醇酯	82.0	13.98	7.73
邻苯二甲酸二丁酯	97.2	8.95	2.36
邻苯二甲酸二异辛酯	86.5	26.64	4.23
邻苯二甲酸二异癸酯	69.5	4.73	—
邻苯二甲酸二异十三醇酯	48.0	110.28	10.64
邻苯二甲酸三异十三醇酯	20.0	143.0	13.1
三羟甲基三己酸酯	98.0	11.53	2.97
季戊四醇四己酸酯	99.0	78.16	4.13
三羟甲基三油酸酯	80.2	53.81	10.35
季戊四醇四辛酸酯	90.0	24.3	5.0
季戊四醇四异辛酸酯	82.2	55.77	7.6
蓖麻油	96.0	255.96	19.56
低芥菜籽油	94.4	34.56	8.06
高芥菜籽油	100	8.78	0.71
豆油	77.9	33.20	7.99
棉籽油	88.7	35.32	7.96
橄榄油	99.1	37.81	10.46
烷基苯 A	77.1	4.03	—
烷基苯 B	72.8	5.97	—
烷基苯 C	7.3	37.99	4.69
烷基苯 D	32.0	29.82	4.82
烷基苯 E	45.1	30.35	5.08

15.1.4 植物油的改性

由于植物油本身分子结构的缺陷，使其氧化稳定性较差。植物油中除含有 C ═C 双键使其易氧化外，其甘油分子中的 β-H 是叔氢，也导致其容易发生热分解反应，影响植物油的使用寿命。因此，针对植物油的缺点和不足，需要对植物油进行改性。目前国内外寻求对植物油的改性主要有以下三种方法：

1. 化学改性

对植物油进行化学改性，主要是想办法将油品中的大量 C ═C 双键置换掉或打开，降低其碘值，增加饱和度，从而减少植物油双键的含量。目前，国内外采用的改性方法有氢化、环氧化和酯交换等。氢化是一种提高植物油氧化安全性的主要方法。环氧化实质上是碳碳双键被氧化，结合一个氧原子形成了一个环氧键，从而生成了含环氧基团的化合物。在实际的反应中，采用过氧化氢作为氧化剂，冰乙酸作为过渡氧化剂的前提，硫酸作为催化剂提供 H^+，经过两步反应完成油脂的环氧化。植物油的酯化是提高植物油氧化稳定性的另一种方法。实践表明，像菜籽油经过酯化后的产品，其生物降解性较好，无毒，适用绿色润滑剂的使用要求。

应当指出的是，环氧化—开环反应是一种最为经济有效的改性方法，可提高植物油的高温氧化稳定性和低温流动性。

2. 添加抗氧化剂改性

抗氧剂化因其反应活性高，容易与植物油的自由基发生反应，生成较为稳定的物质。金属有机化合物作为润滑油抗氧剂的研究已较为成熟。我们熟知的抗磨添加剂二烷基二硫代磷酸锌（ZDDP）已在润滑油领域中得到了长期广泛的应用。

抗氧剂化的选择对润滑油尤其是植物油基润滑油来说至关重要。润滑油的氧化是分子中烃类与光、热和氧相互作用的链反应过程，抗氧剂的作用就是抑制和防止链反应，终止氧化反应。因为基础油本身含有大量的 C ═C 双键结构而易被氧化，且容易水解成酸性物质，从而加速氧化作用。

3. 生物技术改性

为了解决植物油本身存在的问题，国外已采用现代生物技术培育高油酸含量的植物油来提高其抗氧化性。例如通过生物技术，对葵花籽油进行改性，使其油酸含量达到 90%以上。

在以上三种改性方法中，生物技术改性更为“绿色”和先进，更符合环保要求。这项新技术一旦成熟，必将带来植物油改性的变革。经过改性后的植物油可作为生物降解润滑剂的基础油。如美国用菜籽油为基础油，加入 2%的生物降解型硫代脂肪酸酯极压剂和 1% 酚型抗氧剂，将其调配成 40℃时运动黏度为 100~200mm²/s 的链锯润滑油。美国还成功开发了植物油基车用机油，研制用于卡车、重型汽车及军用车的发动机油。

可生物降解润滑剂最初用于舷外二冲程发动机油，后来逐步发展到许多行业，如链锯油、液压油、机械加工用油（液）和食品加工机械用润滑剂等。环境友好型润滑油的主要品种如下：

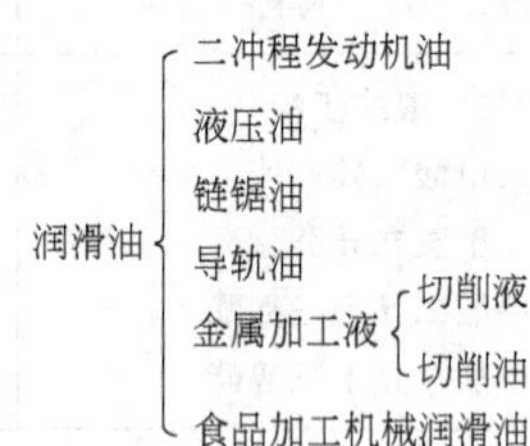

表 15-3 示出国外主要公司生产的“绿色”润滑剂的商品牌号。

表 15-3　国外主要可生物降解润滑剂的商品牌号

产品	生产公司	商品牌号	主要性能
二冲程发动机油	Total	Neptuna	合成润滑油，黏度指数 142，40℃黏度 55mm²/s，倾点-36℃，生物降解能力大于 90%，产品性能超过 TC-W3
液压油	Mobil	Mobil EAL 224H	菜籽油基础油，黏度指数 216，40℃黏度 38mm²/s，生物降解能力大于 90%
	Funchs	Plantohyd 40N	菜籽油基础油，黏度指数 210，40℃黏度 40mm²/s，适用于液压油
链锯油	Funchs	Plantotac	菜籽油基础油，含有抗氧及改进抗磨性能的生物降解性的添加剂，黏度指数 228，40℃黏度 60mm²/s
齿轮油	Cstrol	Careluble GTG	三甘油酯基础油，黏度指数级别有 150 和 220
润滑脂	Bechem	Biostar LFB	优质高性能酯基润滑脂
金属加工液	Binol	Filium 102	植物油沥青乳液

对于绿色润滑油添加剂的研究，目前主要集中在抗氧化剂、防锈剂和极压抗磨剂等几方面，而抗氧化剂对绿色润滑油而言更为重要。尤其对于植物油，这是因为基础油本身含有大量的双键结构，容易被氧化，而且容易水解生成酸性物质，对氧化过程还有催化作用。一般含 P、N 元素的添加剂有利于提高润滑剂的可生物降解性能，硫化脂肪是非常适用于作为可生物降解润滑油的极压抗磨添加剂，而无灰杂环类添加剂是一类多功能型润滑油添加剂，在绿色润滑油中具有很好的应用前景。

15.1.5 绿色金属加工液

金属加工液具有润滑、冷却和防锈等作用，它是金属加工的重要配套材料，从目前情况来看大多数金属加工还离不开金属加工液，故开发环境友好金属加工液具有重要意义。

"绿色金属加工液"是指对人和环境友好的金属加工液，其废液经处理后可再生利用或安全排放，其残留物质在自然界中可安全降解。金属加工液的"绿色设计"是在充分考虑金属加工液性能和成本的同时，还要充分考虑金属加工液的环保和生态问题。目前开发研究的重点是高效无毒可生物降解的添加剂。选用生物降解性好的植物油和合成酯代替矿物油，发展绿色水基金属加工液特别是微乳化金属加工液代替油基金属加工液是必然的发展趋势。

金属加工液对环境的危害主要是废液对水资源的污染。矿物油是金属加工液的主要成分，其生物降解性差，能长期滞留在水和土壤中。美国环保局曾指出，油对水生物有急性致死毒性，当水中油含量超过 10μg/g 时，就会使海洋植物死亡，超过 300μg/g 可使淡水鱼死亡。金属加工液中的添加剂对环境的污染也是多方面的，首先是添加剂的毒性，如作为杀菌剂使用的苯酚毒性很大，防锈效果较好的亚硝酸钠在某些条件下会形成致癌的亚硝胺。常用作极压添加剂的短链氯化石蜡是海洋污染物之一。在水基金属加工液中，常用的磷酸钠防锈剂会使河流、湖泊因富营养化而出现赤潮。

吴志桥曾对环保型生物降解添加剂在绿色金属加工液中的使用情况做了详细描写，并列举了近年来使用较成功的极压添加剂、防锈剂和防腐杀菌剂的新品种。硼酸酯是一种多功能水基润滑添加剂，把它用于水基润滑剂的配制，可大大改善水基润滑剂的综合性能。将氮原子和含硫功能团等功能性基团引入到硼酸酯链上制备的复合硼酸酯，其防锈性、极压抗磨性、水解安定性等都有进一步的提高。

2018 年我国炼油厂共消耗原油约 6.48 亿 t（原油进口约 4.619 亿 t），石油产品和润滑剂的加工、制造、储存、运输等产业技术不断发展。权威机构 IEA 预计中国在 2035 年的原油需求 8 亿 t、天然气需求 5290 亿 m^3，汽车保有量、炼油量、发电量可能到达峰值。在全球低碳经济、节能减排趋势下，要解决汽车、炼油与发电装备等绿色润滑工程供给侧改革，以上也是全球制造强国和大国的重点关注和研究。此外，在绿色水基润滑剂的摩擦学性能研究方面，清华大学、中科院兰州化物所、合肥工业大学和广州机械科学研究院等单位都进行过系统的研究，并提出许多指导性观点。对于绿色金属加工液，德国和加拿大均提出禁止使用以氯化石蜡作为添加剂的金属加工液，并在包装桶上贴有警示标签。欧盟也规定禁止把甲醇、酚及其衍生物用于金属加工液中。

绿色金属加工液的发展方向是：

1）围绕主题：无毒害、低污染、长寿命、高性能；

2）研究方向：除氯、降硫、抑磷、减氮、抗菌、新型。

在国外食品加工业中，很多食品检查机构都参照美国关于食品级润滑剂的国家标准。美国食品及药物管理局（FDA）列出了被 FDA 认可的食品级润滑剂产品。德国 Klüber 润滑剂公司也进行了大量的食品级合成润滑剂的开发工作。尤其是高温合成润滑剂在机械链条传动中的应用在国际上处于领先地位。我国陈波水等学者也在食品加工机械环保润滑剂方面做出了突出贡献，如开发出水基喷淋液的系列产品，并在生产中取得应用。

作为全球消耗润滑剂最多的军事组织，美军十分重视润滑剂与环境的协调发展。美军除了加强润滑剂的回收、再生和利用（如作为燃料等）外，还极力推行环境友好润滑剂的研发和应用，如开发了可生物降解的润滑脂（BLG）系列产品，并在美军装备上广泛应用。我国中石化公司也开发出了环境友好润滑脂系列产品，广泛应用于食品机械、农业机械、铁路、汽车等多个工业领域。

国外对润滑剂生物降解性能评价方法的研究始于 20 世纪 70 年代。法国、德国、瑞士、美国、比利时、英国和日本等国家在润滑剂生物降解性能评价方面都进行过研究，并建立和形成了各种评价方法，如欧盟的 CEC-L-33-A-93 方法、OECD 方法、德国标准协会的 AFNOR 方法、日本国际贸易工业部的 MITI 法、STURM 法、美国环保局的 EPA 560/6-82-003 方法等。

目前国内也有一些评价润滑剂生物降解性能的设备和方法，但大多数是在参考国外评价方法的基础上加以修改和补充，如石油大学唐秀军参考CEC-L-33-A-93试验方法，建立了“润滑油生物降解性能”评价方法。

15.1.6 润滑油生物降解评定方法

润滑油的生物降解是一个复杂的生化过程，它是指润滑油被活性微生物（细菌、霉菌、藻类）及酶分解为简单化合物（如 H_2O 和 CO_2），它是氧的消耗、能量的释放和微生物（biomass）增加的过程。吴新世报道，目前评价生物降解能力的方法有多种，如检测生物降解过程中产生的 CO_2 来评价生物降解能力的STURM法，检测生物降解过程中 O_2 的消耗量，以BOD/COD为度量指标的MITI法，检测生物降解前后油品含量的变化来评定生物降解能力的CEC-L-33-T-82方法等。但大多数方法因受干扰因素太多而缺乏较好的可靠性和准确性。欧洲协调委员会推出的CEC-L-33-A-93方法已被指定为润滑油生物降解性能的评定标准方法。2005年，欧盟环保委员会润滑油分部成立，欧盟官方制定环保友好型润滑油标准，如液压油标准为EU2005/360/EC，对可生物降解液压油做了具体的质量规定。

随着人们环保意识的日益增强，绿色润滑剂取代对环境有严重不良影响的矿物油基润滑油（剂）是必然的趋势。开发环境友好型水基润滑剂是资源、经济和环境有机结合的一项持续发展的系统工程。将植物油转化为绿色润滑油（剂）的研究更受到业界的重点关注。目前环氧化-开环反应是一种最具经济性和有效的植物油改性方法，可显著提高植物油的高温氧化安定性和低温流动性能。针对植物油基础油分子结构和润滑油的降解要求，开发综合性能良好的绿色添加剂是拓展植物油基润滑油应用市场和实现可生物降解绿色润滑剂（油）的关键。我国是植物油富产国，产量位居世界第三，而菜籽油和棉籽油的产量位列世界第一。可以预言，绿色润滑油（剂）技术必将成为21世纪润滑油（剂）发展的主流，也是润滑技术发展的新趋势之一。

应当指出水基金属加工液的日常维护管理和废液处理也与环保息息相关。

15.1.7 废液处理及回收

1. 水基金属加工液的维护

水基金属加工液在使用过程中，由于其使用浓度和pH在不断地变化，以及温度、污物、杂油、细菌等的影响，因此使用一段时间后，会出现以下现象：①工作液发臭；②工作液从透明变浑浊，从乳白变成灰褐色或乳化状态不稳定，油水分离；③pH下降；④产生泡沫趋势增大，切削能力下降；⑤对机床设备产生腐蚀；⑥工件表面或油箱附有黏性沉积物，堵塞滤网或管路。出现上述现象主要原因是：添加剂的消耗和氧化降解及微生物引起的腐败所致。因此，在金属加工液使用过程中，为避免其腐败变质影响使用，必须做好日常维护工作。

2. 水基金属加工液使用中的管理

水基金属加工液品种繁多，其使用中的日常管理在此不可能一一加以叙述，此处仅以水基金属切削液为例作为参考。

水基金属切削液使用中的问题及解决对策见表15-4所列。

表15-4 水溶性切削液使用中常见的问题及对策

问题	原因	解决措施
乳化液分离、转相、生成不溶物	1)稀释方法不当 2)废油混入多 3)劣化严重 4)铝合金生成氢氧化铝	1)在液箱内加满水，并在搅拌的同时加入原液 2)安装浮油回收装置 3)添加防腐剂、调整pH 4)换用新液
易腐败、更液频繁	1)管理不善 2)漏油，切屑混入多 3)休假期间鼓入空气不足 4)使用浸硫砂轮 5)切削液防腐性能不良	1)加强pH和浓度管理 2)设置去油和切屑的装置 3)休假期间向切削液中鼓入空气 4)换用磨削液或砂轮 5)定期添加杀菌剂
使用液发红	1)磨削液中的胺与切屑(铁或铜)反应 2)生成氢氧化铁(铜)	1)除去液中的切屑 2)添加防锈剂、pH调节剂

（续）

问　题	原　因	解决措施
皮肤过敏	1）稀释液浓度太高 2）劣化严重、腐败 3）杀菌剂过量	1）加水稀释至正确浓度 2）添加杀菌剂、更换新液 3）换用新液
机床和工件生锈	1）切削液浓度降低 2）pH 降低 3）浸硫砂轮中硫的溶解 4）防锈添加剂被消耗掉 5）切削液腐败变质	1）按要求补充浓缩液，使切削液浓度控制在合适的范围内 2）补充碳酸钠，控制 pH 在 9 以上 3）对于浸硫砂轮应选用对硫无溶解作用的切削液 4）补充防锈添加剂 5）更换已腐败变质的切削液
工序间零件生锈	1）工件加工后停留时间过长 2）附近盐井、酸洗槽排出的酸性气体所至 3）梅雨季节，空气湿度过大	1）工序间进行防锈处理涂防锈油或浸防锈水 2）在周围环境恶劣或湿度较大的情况下，工件加工后即进行防锈处理
铜合金零件变色或腐蚀	1）切削液的成分与铜合金起化学反应 2）含活性硫的切削液对铜腐蚀严重	1）选择非活性型的切削液 2）加入防铜腐蚀的添加剂 3）及时更换已变质的切削液
机床油漆剥落	由于水基切削液中碱和表面活性剂的作用	1）硝基漆和邻苯二甲酸酯漆易剥落，应选用乙烯树脂漆或聚氨酯漆 2）改用 pH=8 左右的乳化液
激烈起泡，切削液从水箱上面溢出	1）切削液的表面活性剂浓度太高 2）切削液使用的浓度过高	1）浓度太高时应加水稀释 2）使用消泡剂 3）改变切削液种类
切削液易腐败，更换液体频繁	1）管理不善 2）切削液的防腐性能差 3）漏油，切屑混入太多 4）休假期间没有定期开机循环或鼓入空气不足 5）使用浸硫砂轮	1）定期调整切削液的 pH 和浓度，使之保持在正常范围 2）定期添加杀菌剂 3）设置除去漏油和切屑的装置 4）休假期间应定期向切削液中鼓入空气 5）更换新液前要彻底清洗切削液循环系统，并做消毒处理 6）换用适合于浸硫砂轮使用的切削液

水基切削液的日常管理需特别注意以下几个问题。

（1）浓度管理　水基切削液应在一定浓度范围内使用，否则不仅不能充分发挥其功能，还会引起各种各样的麻烦。在过高的浓度下使用不仅造成成本提高，还会由于漏油的混入形成淤渣，致使过滤困难。而浓度若太低则会产生切削性能上的问题，如刀具耐用度缩短、尺寸精度恶化等。此外，浓度太低，防锈性能也会有所降低，引起锈蚀。且切削液还易腐败。因此保持水基切削液规定的使用浓度是一项很重要的工作。

搞好浓度管理，能延长刀具寿命和使用液的寿命，降低了成本，从而也减少了废液排放。

（2）防锈管理　水基切削液是用水为稀释剂的，若稀释水中含有多量的氯化钠、硫酸盐，不仅易引起使用液腐败，也降低其防锈性能。因此希望稀释水具有比自来水好的水质。

如果使用液浓度极稀或组成失衡时，其防锈性能必然下降。从这种意义上讲：防锈性是表示使用液劣化的指标。当防锈性降低时，一般采取的措施是补充原液以提高浓度。

水基切削液的防锈时间较短，工件在工序间滞留时间较长，或气象条件骤变处于易生锈的环境等场合，应预先涂防锈油以防锈蚀。

（3）防腐管理　使用液更换频繁是因为腐败之故。水基切削液的使用液由于漏油和切屑的混入而污浊，引起微生物异常繁殖而腐败，其过程为：①轻微腐败臭气（酸腐败）发生；②使用液外观变化（灰褐色、桃色）；③pH、防锈性急剧下降；④沉渣或油泥状物质产生，堵塞过滤器，乳化液分离；⑤切

(磨) 削性能下降; ⑥产生恶臭, 而使作业环境恶化。此时不得不更换使用液。水基切削液的腐败是微生物异常繁殖的结果, 其中以好氧菌为多, 还有厌氧菌。在使用中好氧菌的繁殖使液中氧减少, 而在周末及休息日, 液体停止流动, 厌氧菌则开始不断繁殖, 致使使用液发臭。

水基切削液的原液在制造过程中的加热及加有杀菌剂处于灭菌状态, 但在使用中, 稀释水、被加工零件、机床周围的污物、操作工的手及空气中的细菌混入, 加之使用液有适当的温度及碳水化合物、矿物质、蛋白质等营养源, 使细菌不断繁殖以至使用液产生腐败变质。

为防止腐败, 首先应尽量选用含易成为微生物营养源的物质 (如磷、硫、油脂、矿物油等的物质) 少, 且具有抗菌性组分的原液, 同时, 必须使用具有杀菌或抑菌作用的防腐剂以阻止微生物的繁殖。但必须注意的是: 杀菌力强的防腐剂使用浓度不宜过大, 否则会引起操作人员的疾病。

对所有的细菌、霉菌之类的微生物都有效的防腐剂目前尚且没有, 而如果只使用一种特定的防腐剂, 则耐药性菌会不断增加而致使杀菌效果逐渐变差。因此单依靠杀菌剂防腐败是不够的, 故在选用不易腐败的原液及使用防腐剂的同时, 使用液的管理是必不可少的。

为防止腐败, 使用液必须经常保持清洁和适当的浓度, 为此应注意以下几点。

1) 注入新液时, 首先应彻底清除机床周围及供液系统内的污物、杂质, 并用含有杀菌剂的水充分洗净后方可注入新液, 否则就等于向新液中投入腐败菌。

2) 稀释水必须用自来水或软水, 避免使用含大肠杆菌和无机盐多的地下水, 因水质对细菌的繁殖影响很大。

3) 要进行补给液的管理, 确保使用液在规定浓度下工作。

4) 当发现 pH 下降时, 应添加 pH 调节剂, 使其保持在微生物难以繁殖的 pH (如 pH 为 9 左右)。

5) 休假日或长期停机时, 应定时向液箱内鼓入空气, 以防厌氧菌繁殖而发臭。

6) 防止漏油混入, 设置能迅速除去已混入的漏油的装置。

7) 采用有效的排屑方法, 避免切屑堆积在箱内。

8) 若发现有腐败的征兆, 应立即添加杀菌剂。也可根据需要定期添加杀菌剂。

长期使用的切削液, 即使进行了新液补给和彻底的管理也会逐渐劣化, 致使其性能下降。尽管采取了各种措施, 尽量延长其使用寿命, 最终还是要进行彻底的更换。这就牵涉到一个废液处理的问题, 因为已腐败变质的水基切削液是不允许直接排入下水道或地表水体中, 必须进行处理, 达到国家规定的排放标准后方可排放。

水基切削液的废液处理可分为物理处理、化学处理、生物处理、燃烧处理四大类, 参见表 15-5 所列。

表 15-5 为废液处理的方式与分类

物理处理	离心分离法 加热分离法 超细过滤法 陶瓷过滤法 地下滤槽法 活性炭吸附法	
化学处理	凝聚法	凝聚浮上法 凝聚沉淀法
	氧化还原法	电分解 氧、臭氧、紫外线 用化学试剂氧化还原
	电解法	浮上分离法 沉淀分离法
	离子交换法-离子交换树脂 电渗析	
生物处理	活性污泥法(加菌淤渣法) 散水滤床法	
燃烧处理	直接燃烧法 蒸发浓缩法	

1) 物理处理。其目的是使废液中的悬浊物 (粒子直径在 10μm 以上的切屑、磨粒粉末等) 与水分离。其方式有下述几种:

① 利用悬浊物与水的密度差沉降分离及浮游分离。

② 利用滤材过滤分离。

③ 利用离心分离装置的离心分离。

2) 化学处理。其目的是对在物理处理中未被分离的微细悬浊粒子或胶体状粒 (粒径 0.001~10μm 的物质) 进行处理或对废液中的有害成分用化学处理使之变为无害物质。其方式有下述四种:

① 使用无机系凝聚剂 (聚氯化铝、硫酸铝土等) 或有机系凝聚剂聚丙烯酰胺 (polyacryl amide) 等促进微细粒子、胶状粒子之类物质凝聚从而成为絮状物处理的凝聚法。

② 利用氧、臭氧 (ozone) 之类的氧化剂或电分解氧化还原反应处理废液中有害成分的氧化还原法。

③ 利用活性炭之类的活性固体使废液中的有害成分被吸附在固体表面而达到处理目的的吸附法。

④ 利用离子交换树脂使废液中的离子系有害成分进行离子交换而达到处理目的的离子交换法。

3）生物处理。生物处理的目的是对物理处理、化学处理都很难除去的废液中的有机物（如有机胺、非离子系活性剂、多元醇类等）进行处理，其代表性的方法有加菌淤渣法和散水滤床法。

加菌淤渣法是将加菌淤渣（微生物增殖体）与废液混合进行通气，利用微生物分解处理废液中的有害物质（有机物）。

散水滤床法是当废液流过被微生物覆盖的滤材充填床的表面时，利用微生物分解处理废液中的有机物。

4）燃烧处理。燃烧处理是处理废液的一种方法，一般有“直接燃烧法”与将废液蒸发浓缩以后再行燃烧处理的“蒸发浓缩法”。

然而，水基切削液废液处理没有固定化的方法，通常是根据被处理废液的性状综合使用上述各种方法。常用的组合如图 15-7 所示。

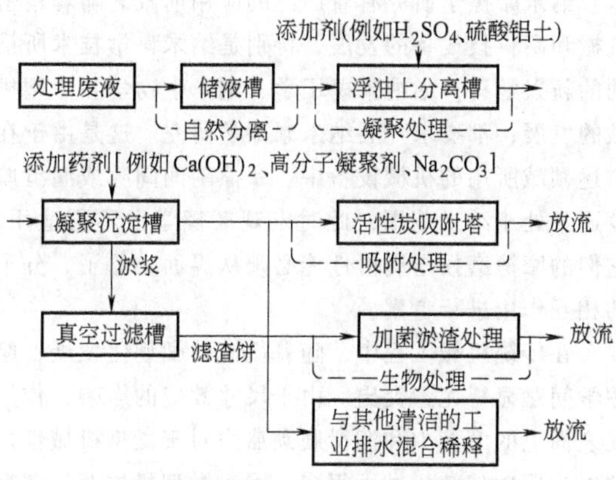

图 15-7 水基切削液的废液处理

在确立废液处理计划时，首先要充分掌握整个工厂水基切削液的使用状况：加工方法、使用的切削液种类、稀释倍率、月使用量、使用时间、液箱容积和数目、液箱的清扫方法等，考虑采用最经济的处理方法。

水基金属切削液废液处理中以乳化液废液处理最为复杂。O/W 型乳化液的污水主要含矿物油及表面活性剂。且油是被高度分散在水中的，故污水中的油更易为动、植物所吸收，因而对水生动、植物和农作物的危害很大。河、湖水中含达 0.01mg/L 时即可使鱼肉带有特殊的气味，不能食用。稍多时油膜还能被吸附在鱼鳃上，使其呼吸困难窒息死亡。据报道，当鱼类在含油量为 0.01mg/L 的水域中孵化鱼苗时，畸形鱼苗占 23%～40%，并易于死亡（正常水域中鱼苗的成活率在 90%以上）。对水生植物的影响方面，当藻类叶片于含油水域中浸泡三天后就表现出抑制作用，妨碍通气和光合作用。在水稻田中每亩超过 5L 油就明显影响水稻生长，使畸形稻粒增多，产量骤降。蔬菜也有类似情况，含油污水不但同样影响了它们的正常生长，而且还使蔬菜带有油味以致不能食用。长期饮用含油污水则会造成四肢无力等疾病。

存在于乳化液中的表面活性剂，对动、植物同样有害，它能使许多原不溶于水的毒物分散在水中，如致癌物苯并芘几乎不溶于水，其溶解度约为 0.01μg/L，但在有表面活性剂的污水中，其溶解度可增至数千倍以上。可以说，废乳化液中的表面活性剂比分散的油污更为有害。

废乳化液的处理包括破乳和水质净化两部分。破乳是将油、水分离。选择适当的方法，可使废液中的含油量从每升数万毫克降至每升几十毫克以下，化学耗氧量也降低到十分之一以下。但尚未达到国家规定的排放标准，特别是化学耗氧量还较高，若将破乳分离后的废水再经净化处理，就能达标排放。而分离出来的废油，则可进行再生，即经处理调整后再成为合格的乳化油用于生产。

15.1.8 切削液发展趋势

大力开发对生态环境和人类健康副作用小、加工性能优越的切削液，朝着对人和环境完全无害的绿色切削液方向发展；同时，努力改进供液方法，优化供液参数和加强使用管理，以延长切削液的使用寿命，减少废液排放量；此外，还应进一步研究废液的回收利用和无害化处理技术。近几年来，为了适应机械加工技术的不断进步，对切削油也提出了更高的要求。此外，为了达到环境保护的目的，切削油还需要尽可能地对环境不产生污染。目前仍在使用的极压润滑剂主要是含有硫、磷、氯类的化合物，如硫化烯烃、硫化动植物油、氯化石蜡等，它们在高温下与金属表面发生化学反应生成化学反应膜，在切削中起极压润滑作用。它们的润滑性能很好，但对环境有污染，对操作者有害。随着人们环保意识的加强，现在已限制使用此类添加剂，国内外正在着手研究其替代物。近年来，无毒无害的硼酸盐（酯）类添加剂系列受到了广泛的重视。其中，由中国机械工业集团广州机械科学研究院有限公司牵头完成的国家技术标准《金属加工液 有害物质的限量要求和测定方法》GB/T 32812—2016，以及《水基金属清洗剂》JB/T 4323—2019 等国家/行业技术标准已经正式实施，对绿色润滑技术有相应的规范。

目前研究开发的重点是：

1）矿物油逐渐被生物降解性好的植物油和合成酯所代替。

2）油基切削液逐渐被水基切削液所代替。

3）开发性能优良且对人体无害和对环境无污染的绿色添加剂。

15.2 纳米润滑技术

20世纪80年代末期，国际上兴起了研究纳米科技的热潮（nano science and technology，Nano ST）。纳米科技已经成为21世纪前沿科技领域之一，并已成为国际关注的热点。美国从1991年开始，先后把纳米科技列为“政府关键技术”“2005年战略技术”，美国在其提出的10年重要发展的9个领域的关键技术中，有4个领域涉及纳米科技。2000年美国率先发布了《国家纳米技术推进计划（NINI）》，中国在当年成立了国家纳米科技指导协调委员会，并于2003年成立了“国家纳米科学中心”，在《国家中长期科学和技术发展规划纲要（2006—2020年）》，纳米技术是重点关注领域之一；截止到2018年底，中国是纳米技术领域研究的主要参与者，科学论文和专利的数量位列全球第一。纳米技术是利用纳米材料来实现特有功能和智能作用的先进技术。纳米技术是一门应用科学，它主要研究在纳米尺度下材料和结构的设计方法、组成、特性及其应用，它是现代科学以及先进技术相结合的产物。此后，包括生物分子马达、纳米机器人、纳米传感器、纳米智能器件等在内的一系列纳米科学研究成果不断在实验室涌现。纳米科技在纳米尺度（0.1～100nm）上研究自然界现象中原子、分子的行为和相互作用的规律，在此基础上，旨在创造出性能独特优异的产品。纳米材料由于大的比表面积以及一系列新的效应（如小尺寸效应、界面效应、量子效应和量子隧道效应等），出现了许多不同于传统材料的独特性能。

此后，国家自然科学基金委员会于2009年正式启动了“纳米制造的基础研究”重大研究计划，由卢秉恒院士担任组长、雒建斌院士为副组长，以解决国家重大需求为导向，发展原创的纳米制造新原理与新方法，致力于解决我国纳米制造的瓶颈问题与“卡脖子”技术难题。经过8年的连续资助，我国纳米制造过程的尺度、精度与批量制造相关的若干关键科学问题与技术难题得到解决，纳米制造工艺与装备的理论体系与技术基础初步建立，为纳米制造的一致性和批量化提供了理论基础和技术装备支持。期间，中国科学家们从基础理论的前沿科学开始，揭示了纳米尺度与纳米精度下加工、成型、改性和跨尺度制造中的尺度效应、表面/界面效应等规律，建立了纳米制造理论基础及工艺与装备原理，为实现纳米制造的一致性与批量化提供了理论基础，为中国纳米制造领域培养了一批高端人才。

在这当中，纳米摩擦学（nanotribology）研究是其热点之一。它是在纳米尺度上研究摩擦界面上的行为、变化、损伤及其控制的科学。纳米摩擦学（nanotribology），或称微观摩擦学（micro-tribology）、分子摩擦学（molecular-tribology），它是在纳米尺度上研究摩擦界面上的行为、变化、损伤及其控制的科学。其主要研究内容包括纳米薄膜润滑和微观摩擦磨损机理，以及表面和界面分子工程，即通过材料表面微观改性或分子涂层，以建立有序分子膜的润滑状态，从而获得优异的减摩耐磨性能。纳米摩擦学虽然发展时间不长，但其理论和应用研究已取得重大进展，有些成果已直接应用于实际中，在这当中，纳米润滑技术的研究受到人们的高度关注。

纳米摩擦学研究有着广泛的应用前景。随着精密机械和高科技设备的发展，特别是纳米科学技术所推动的新兴学科，如纳米电子学、纳米生物学和微型机械的发展，都要求开展纳米摩擦学研究。这是由于在上述领域所用的机械设备中，摩擦副间间隙或润滑厚度通常处于纳米范围，此时宏观摩擦学已不再适用，它们的摩擦磨损与润滑性能必须从界面上原子、分子的相互作用进行考察。

在传统机械工程中，随着机械的微型化发展，摩擦学问题显得尤为突出。由于尺寸效应的影响，作用在表面上的摩擦力和润滑膜黏滞力对于微型机械性能的影响要比传统机械大很多，因为微型机械对于摩擦学特性要求较高。由于微型机械携带的动力能源很小，对于作为运动阻力的摩擦应尽可能地降低其能耗，甚至实现零摩擦。另外，微型机械往往利用摩擦力作为牵引或驱动力，此时则要求摩擦力具有稳定的数值，而且可适时控制和调整。此外，微型机械的润滑问题亦与传统机械不同。处于纳米间隙的润滑膜只有几个或十几个分子层厚度，显然，以连续介质力学为基础的流体润滑理论在此已不再适用。近年来业界开发研究出多种类型的有序分子薄膜，开创了一种新的润滑状态，在无须连续供油的条件下，对只有纳米间隙的摩擦副具有良好的润滑作用。

对于某些高科技设备，要求最大限度地降低磨损以保证其功能和使用寿命最为关键。例如，在计算机大容量高密度磁记录装置以及有超净环境要求的芯片工艺设备中，都要求摩擦表面实现近零磨损条件。

我国已将纳米技术、信息技术和生物技术列为我国 21 世纪重点发展的三大技术。近年来，为了克服传统添加剂中含有硫（S）、磷（P）、氯（Cl）等有害物质造成的金属腐蚀和环境污染问题，在润滑油中加入固体润滑材料已经越来越受到业界的关注。特别是纳米材料技术的不断进步和广泛应用，对润滑油中固体添加剂的应用产生了巨大的推动作用，在这当中如纳米粉末已成为当前润滑油添加剂研究和开发的一个新热点。由于纳米材料添加剂具有良好的减摩抗磨效果，且可大幅度地提高润滑油的承载能力，某些纳米颗粒还对磨损表面具有一定的自修复功能，从而显示了其广阔的应用前景。

近年来，随着纳米科技的飞速发展，纳米粒子作为润滑油添加剂已开始显示其优越性能。纳米粒子是指粒子尺寸在 1~10nm 的超微粒子。一般人们所说纳米材料有两个含义，一是指纳米超微粒子，另一个是指纳米固体材料。纳米粒子的大比表面积使它们具有很高的活性，纳米粒子暴露于大气后，表层被氧化，因此纳米金属的粒子表面常有一层氧化物包裹着。由于纳米粒子的原子数与总原子数之比随着纳米粒子尺寸的减小而大幅度增加，粒子的表面能和表面张力也随之增加，从而引起纳米粒子性质的变化，使纳米粒子具有很多特殊性能。美国的 Chemistry of Materials 杂志在 1996 年第 8 期出版了第一个“纳米结构的材料”专刊，其中刊登了 20 篇综述文章和 50 多篇研究论文，比较全面地介绍了纳米研究的最新进展。1999 年美国出版了一套 5 卷本的有关纳米结构和纳米工艺的手册。现在各国都非常重视纳米科技的研究，纳米材料和纳米技术的发展，为研制先进润滑防护材料和技术提供了新的途径。研究表明，纳米材料具有优异的降低摩擦和减小或防止磨损等特殊功能。如经过化学修饰的纳米颗粒具有较好的氧化安定性，在有机溶剂中具有较好的分散性，这些纳米粒子由于有高的表面能和化学活性，因而较容易在磨损表面上沉积，形成具有低熔点和易剪切的防护层，从而在运行中对磨损表面进行原位修复，并可有效地减少或防止磨损。

纳米颗粒作为润滑油添加剂早在 20 世纪 80 年代已开始应用，如某些润滑油清净添加剂的碱性组分碳酸钙中往往含有大量的纳米尺度的 $CaCO_3$ 颗粒，近年来关于超高碱值清净剂抗磨损特性的研究已备受人们关注。有关纳米金属作为润滑油添加剂的研究也有不少报道，如俄罗斯科学家将纳米铜粉末或纳米铜合金粉末加入润滑油中，可使润滑性能提高 10 倍以上，不但能显著降低机械部件的磨损，还能提高燃料效率，改善动力性，延长使用寿命。

近年来随着摩擦化学和摩擦物理学的飞速发展，新型润滑添加剂不断涌现，其性能不断提高，同时也对润滑管理人员提出了更高的要求。随着抗磨添加剂得到广泛应用，机械设备的润滑机理发生了根本变化——化学吸附膜取代物理吸附膜，化学反应膜取代吸附膜。

15.2.1　纳米材料的特殊性质

同宏观上三维方向都具备足够大尺寸的常规材料相比，纳米材料是一种低维材料，即在一维、二维甚至三维方向上尺寸为纳米级（1~100nm）。纳米材料按空间维数分为以下四种：①零维的原子簇和原子团簇，即纳米粒子；②一维的多层薄膜，即纳米膜；③二维的超细颗粒覆盖膜；④三维的纳米块体材料。具体分类情况参阅表 15-6。

表 15-6　纳米材料的分类

分类	实　例	应　用
纳米粉(颗粒)	各种金属，金属氧化物、氮化物、碳化物、硼化物等的纳米微粉或纳米颗粒	磁流体、吸波隐身材料、高效催化剂等
纳米纤维	纳米碳管，SiC、GaN、GaAs、InAs 等纳米线，同轴纳米电缆等	微导线、微光纤材料，纳米电子技术等
纳米膜	SnO_2、金刚石、$CuInSe_2$ 等纳米膜	传感器、超微过滤、高密度记录、光敏超导等
纳米块体	纳米 Fe 多晶、纳米铜、TiO_2 纳米陶瓷、ZrO_2 纳米陶瓷等	高强度材料、智能金属等
纳米复合材料	$MoSi_2$/SiC、Al-Mn-La、革青石-ZrO_2、尼龙·蒙脱土等金属间化合物、复合陶瓷、无机有机杂化材料、插层材料等	特种防护层、特种陶瓷、生物传导材料、分子器件等
纳米结构	团簇、人造原子、纳米自组装体系等	“纳米镊子”“纳米马达”等纳米超微器件设计

纳米材料泛指粒子在纳米尺度范围内（1~100nm）并因此而具有与宏观常规尺寸材料完全不同的纳米特性的各类超细微材料，包括超细微金属纳米材料、无机非金属材料、有机高分子纳米材料、仿生和生物纳米材料等。研究表明，当物质粒度降到纳米尺度，即100nm以下后，材料表面积急剧增加，处于空键缺位不稳定的表面和界面的原子（分子）数量和比例大幅增加。

纳米粒子具有奇异的光、电、磁、热和力学等特殊性质。纳米材料已在摩擦学领域引起了人们的极大兴趣，也给润滑材料的发展提供了广阔的技术空间。纳米润滑材料的研究始于20世纪80年代末，美国和日本是最早起步研究纳米润滑材料的国家。我国中科院兰州化物所、华中科技大学、清华大学、北京大学、中国石油大学（北京）等单位于20世纪90年代都相继开展了纳米润滑材料的研究。

15.2.2　纳米润滑材料的结构效应

纳米润滑材料充分利用纳米材料的结构效应，如小尺寸效应、量子化效应、表面效应和界面效应等，这些效应能赋予润滑材料许多奇异的性能。将纳米材料应用于润滑体系中，这是一个全新的研究领域。这种含有纳米微粒的新型润滑材料，不但可以在摩擦表面上形成一层易剪切的薄膜，降低摩擦因数，而且还可以对摩擦表面进行一定程度的填补和修复，这也催生了自修复纳米润滑添加剂的发展。传统的润滑油及其添加剂只能减缓磨损而不具备在摩擦过程中对被磨损表面产生自补偿的功能。武汉材料保护研究所顾卡丽、李健等人在磨损自修复润滑添加剂方面开展了多年的科研工作，卓有成效。国内另一种自修复功能的润滑添加剂也已获得专利。

15.2.3　纳米润滑油添加剂

纳米技术的兴起和发展，促进了纳米微粒在润滑领域的应用研究，特别是纳米微粒在苛刻工况条件下显示优异的润滑性能，一些纳米微粒在摩擦过程中具有一定的修复作用及环境友好性能。因此，许多摩擦学科技人员寄希望于利用纳米微粒解决一些特殊工况和高科技的润滑难题，并已开展了许多科研工作。

由于纳米材料具有比表面积大、高扩散性、易烧结性、熔点低等特性，因此以纳米材料为基础制备的新型润滑材料应用于摩擦学系统中，将以不同于传统载荷添加剂的作用方式起减摩抗磨作用。这种新型润滑材料不但可以在摩擦表面形成一层易剪切的薄膜，降低摩擦因数，而且可以对摩擦表面进行一定程度的填补和修复，起到抗磨作用。

近年来，一些国内外学者对各种纳米粒子作为油品添加剂所起到的减摩、抗磨作用做了一些验证工作，并且对其作用机理做出了一些推测，比如支承负荷的“滚珠轴承”作用。张治军研究发现，用二烷基二硫代磷酸（DDP）修饰的MoS_2纳米粒子，在空气中的稳定性远远高于纳米MoS_2，其在油中的分散能力也大大提高。用作抗磨添加剂时，可以大大降低摩擦因数，而且提高了载荷能力。通过材料表面分析，认为是由于MoS_2纳米粒子的球形结构使得摩擦过程的滑动摩擦变为滚动摩擦，从而降低了摩擦因数，提高了承载能力。

纳米金属微粒作为润滑油添加剂能有效地改善润滑油的摩擦学性能，这不仅在摩擦试验机上，而且在发动机台架试验机上均得到验证。

纳米材料在润滑油中主要用作添加剂，使用如减磨剂、抗磨剂、极压剂和磨合剂等，由于纳米添加剂具有很多传统添加剂不可比拟的优良性能，因此，可以发现，当纳米材料的应用进入润滑领域后很快就表现出了取代传统添加剂的势头。

薛群基等学者用沉淀法合成了二乙基己酸（EHA）表面修饰的TiO_2纳米粒子（平均粒径为5nm），添加在基础油中，进行四球机摩擦磨损实验，并用X射线电子能谱（XPS）测试分析摩擦表面后，认为表面修饰的纳米二氧化钛之所以显示出良好的抗磨能力及优异的载荷性能，是由于TiO_2纳米粒子在摩擦表面上形成一层抗高温的边界润滑膜所致。

董浚修和陈国需团队研究了硼酸盐、硅酸盐、烷氧基铝等无机材料纳米粒子作为极压添加剂的摩擦性能，发现这些添加剂在极压条件下并未与摩擦金属表面发生化学反应，而是其中有效元素如B、Si等渗入金属表面，形成具有极佳抗磨效果的渗透层或扩散层，并称这一过程为“原位摩擦化学处理”（in-situ-tribo-chemicaltreatment）

现在国内主要有5大类纳米添加剂：

1）纳米无机物，如石墨粉、氟化石墨粉等。

2）纳米无机盐，如硼酸钙、硼酸锌、硼酸钛、磷酸锌等。

3）纳米有机物，如有机铝化物、有机硼化物等。

4）纳米有机高分子材料，如聚四氟乙烯（PTFE）。

5）纳米软金属粉，如铝、铜、镍、铋等。

目前用作润滑添加剂研究的纳米材料归纳起来见表15-7。

清华大学雒建斌团队将单层MoS_2添加在润滑油

中，可以大幅度提高摩擦副的抗挤压性能，其磨损率也成数量级的降低。中科院兰州化物所刘维民等人通过简单有效的方法由蜡烛燃烧制备了绿色、环保洋葱状的碳纳米材料，其作为水和润滑油添加剂都具有良好的摩擦学性能，并探讨了其作为高效润滑添加剂的润滑机理。

在上述这些纳米材料中，有的原来就属于润滑油添加剂，有的原来属于固体润滑剂，但为进一步强化其功能，目前都把这些材料粒子细化到了纳米级。这些添加剂和润滑剂，当其颗粒细化到纳米尺度后，上述这些纳米材料粒子便可产生特殊的效应，使其获得全新的物理和化学特性，从而具有传统添加剂和润滑剂无法比拟的优越性能，主要表现在：

1）纳米添加剂的油膜强度远高于传统添加剂。

2）纳米添加剂的悬浮密度和均匀程度远高于传统添加剂。

具有较好减摩抗磨性的纳米润滑油添加剂粒子种类见表 15-8。

表 15-7　用作润滑添加剂研究的纳米材料

添加剂种类	纳米材料	主要性能
层状无机类	石墨、MoS_2、氟化石墨、WS_2 等	石墨的润滑作用受水蒸气的影响较大，摩擦因数一般为 0.05～0.19；MoS_2 能抵抗大多数酸的腐蚀，良好的热安定性，高承载能力，低摩擦因数为 0.04～0.1 左右，氟化石墨在高温高速高负荷条件下的性能优于石墨或者 MoS_2，改善了石墨在没有水汽条件下的润滑性能
软金属类	铜、铅、镍、铋、铝、银、锡等	软金属的剪切强度低、蒸发率低、具有自行修补的特点。其摩擦因数较大，但与润滑油并用时可降低其摩擦因数及磨损
氟化物	CaF_2、BaF_2、LiF、CeF_3、LaF_3	它们的适用温度范围比纳米氧化物宽，常用于航天系统。CaF_2 在 250～700℃范围内能有效地进行润滑，即使温度超过 1000℃仍然保持良好的润滑性能
氧化物	PbO、TiO_2、ZnO、ZrO_2、Al_2O_3 等	氧化物中润滑效果最好的是 PbO，在 400℃以上能显示出比 MoS_2 好的润滑性
其他	氮化硅、氮化硼等	氮化硅是最廉价的纳米润滑材料，其力学性能，耐热性能和化学安定性能都好，摩擦因数为 0.1～0.2；氮化硼又称白石墨，耐腐蚀、电绝缘性好、摩擦因数为 0.2

表 15-8　纳米润滑油添加剂粒子种类

润滑剂材料种类	物质类型
软金属类	铅、锡、金、银、锌、铜等及其合金
金属氧化物	氧化铅、氧化锑等
卤化物	氟化钙、氟化钡、氯化钴、氯化铁、氯化硼、溴化铜、碘化铅
硫化物	二硫化钼、二硫化钨、硫化铅等
硒化物	二硒化钨、二硒化钡、二硒化铌等
磷酸盐	磷酸锌、二烷基二硫代磷酸锌及羟基磷酸盐等类等
硫酸盐	硫酸银、硫酸锂等
硼酸盐	硼酸钾、硼酸锂等
有机酸盐	金属脂肪酸皂
无机物类	石墨、氟化石墨、滑石、云母、氮化硅、氮化硼、金刚石等
有机物类	聚四氟乙烯、聚氨酯、固体脂肪酸、三聚氰胺尿酸络合物（MCA）等

纳米粒子的制备方法有物理法、化学法和物理化学法。物理法有机械粉碎法、电火花法、爆炸烧结法、冷冻干燥法、真空蒸发法、激光法、高频电弧感应法、离子溅射法等。化学法有水热合成法、沉淀法、气相化学反应法、喷雾热解法、溶胶-凝胶法、表面修饰法等。常用的有水热合成法（与水化合，通过渗析反应及物理过程控制，得到改进的无机物，再经过滤、洗涤和干燥，得到高纯、超细的颗粒）、溶胶-凝胶法（制成金属无机盐或金属醇盐的前驱物，再将前驱物制成均匀的溶液，让溶质与溶剂发生水解反应或醇解反应，反应生成物聚集成颗粒粒子，经溶胶-凝胶处理而得到超细颗粒）和表面修饰法（在无机纳米微粒的表面键合一层有机化合物的方法）。

河南大学张治军等人针对纳米金属氢氧化物或者

金属氧化物在有机介质中的分散性差和易于团聚的问题，利用 $C_2 \sim C_{20}$ 脂肪酸对其进行修饰，使纳米颗粒表面形成稳定的化学修饰层，合成了二烷基二硫代磷酸盐（PyDDP）修饰的 MoS_2 纳米粒子。这种表面修饰作用可控制纳米颗粒的团聚，使其均匀地分散在润滑油中。用作抗磨添加剂时，可以降低摩擦因数，提高载荷能力。

15.2.4 自修复润滑油添加剂

自修复润滑油添加剂的研制给纳米润滑技术的发展增添了新的活力。选择性转移是一种具有自修复功能的摩擦学现象，因此，研究开发自修复纳米润滑添加剂已成为纳米润滑技术发展的新方向。自修复纳米润滑油添加剂制备的关键技术是纳米微粒的表面修饰以及纳米微粒在油相中的分散和稳定性问题。这是两个密切相关的交联因素，因为分散好的纳米粒子，其稳定性不一定好。

众所周知，润滑油添加剂是高级润滑油性能的精髓。近年来，纳米技术的发展与纳米颗粒的制备使得人们在小尺度下对界面处相互作用的控制有了快速发展。应用纳米粒子改善润滑油性能已成为一种重要的技术手段，具有广阔的应用前景。

目前，含纳米粒子添加剂的商品润滑剂还仍然不多，究其原因，主要是纳米粒子在润滑剂中的分散性及稳定性问题尚未得到彻底解决。传统的分散剂（一般为表面活性剂）虽然在水性介质中有着良好的分散效果，但对固体颗粒在润滑油中的分散效果都不佳。为此，业界都致力于分散剂的研究。实验表明，偶联剂是一种很好的分散剂。偶联剂一般为两性结构的物质，它使无机填料和有机高聚物分子之间产生具有特殊功能的“分子桥”，这样纳米粒子便可得到较好的分散。另外，纳米粒子通过表面修饰方法，也有助于提高其在润滑油中的分散性。

纳米粒子在润滑油中的分散程度与纳米粒子在润滑油中的润湿热有关。润湿热描述了液体对固体的润湿程度，润湿热越大，说明固体在液体中的润湿程度越好，固体在液体中的分散性也越好。研究表明，极性液体对极性固体具有较大的润湿热，非极性液体对极性固体的润湿热较小，而非极性固体与极性水的润湿热远小于有机液体的润湿热。因此，研究纳米粒子在润滑油中的分散性时，要选择合适的纳米粒子与合适的润滑剂。

表面化学修饰是使纳米润滑粒子表面与修饰剂之间进行化学反应来改变纳米润滑粒子表面结构和性质，以得到改善表面的目的。该法主要有偶联剂法，它是利用偶联剂分子中可水解的烷氧基与无机物表面的羟基等活泼氢进行化学反应，而其另一端的长链有机基团与润滑油具有很好的相容性。常用的偶联剂有硅烷铝酸酯和钛酸酯等。而纳米粒子在润滑油中的稳定性，可通过在纳米粒子表面进行一些单分子聚合反应，从而得到囊状纳米粒子。由于纳米粒子被聚合物所包覆，从而可阻止纳米粒子自身的团聚，这样有利于增强纳米粒子在润滑油中的稳定性和分散性。

薛群基等人利用含硫有机化合物修饰金属化合物和二硫金属化合物制成的纳米微粉，将其添加进润滑油中，然后进行四球机摩擦磨损试验，结果表明该物质在有机溶剂和润滑油中具有良好的分散性，是一种优良的润滑油极压抗磨添加剂。

金属纳米颗粒同样可以实现低摩擦。Tarasov 等人通过实验发现，在机油中添加纳米铜颗粒能降低摩擦因数，并将减摩的机理归结为软金属铜的填充效应。Zhou JF 等人在实验中发现在基础油中添加纳米铜颗粒可以获得如添加 ZDDP 的润滑效果。与普通润滑油相比，添加纳米铜颗粒的润滑油在高负载的情况下具有优异的摩擦学性能。一些学者认为，这是在摩擦表面沉积的铜层以及在接触区高温高压下形成的低剪切强度的表面膜所致。通过图谱分析可知，经过摩擦后，保留在摩擦表面上的 Cu 以单质形式呈现，这表明即使在高温高压下，Cu 本身未被氧化，而单质 Cu 膜所具有的低剪切性能是润滑油抗磨性能的主要保证。

在 20 世纪末期，科学家发现纳米硫化物可实现超低摩擦，如二硫化钼，二硫化钨和硫化铜等。此外，自 2004 年石墨烯首次被制备以来，以石墨烯为代表的二维材料（六方氮化硼（h-BN）、MoS_2 等）因其优异的电、热、光和力学性能以及特殊的平面原子结构成为各领域的研究热点，石墨烯等有超低摩擦因数和磨损率，使得它们对提高未来机械系统的效率、耐久性和环境兼容性具有巨大潜力。2010 年，英国学者 A. Geim 和 K. Novoselov 因石墨烯（Graphene）获得了诺贝尔奖。

近十年来研究人员通过原子力显微镜（AFM），扫描隧道显微镜（STM）、第一性原理和分子动力学等实验和理论方法广泛研究了石墨烯等二维材料的黏着、纳米摩擦磨损等界面行为，这对二维纳米材料作为微纳器件的超薄润滑薄膜、润滑油的纳米添加剂、复合材料的纳米填料非常重要。同时，二维材料所表现出的摩擦力与分子层数的依赖关系及“负摩擦因数”等现象引起人们对其物理机制的关注和讨论。研究人员还发现，纳米无机盐（如纳米硼酸锌、硼酸钠等作为纳米颗粒添加剂加入润滑油中，颗粒尺寸在 20~50nm 之间，润滑油的摩擦因数由未加入前的 0.042 降低为 0.03）。

应用溶胶-凝胶法制备纳米润滑材料也越来越多，溶胶-凝胶法制备的纳米润滑粉末材料颗粒小，但不易团聚，能精确控制并制备所需各种结构的超细材料，如制备的层状、链状、环状和立体状的二氧化硅添加剂已有应用。

纳米微粒作为润滑添加剂的几个研究方向：

（1）纳米颗粒的制备及其对磨损表面的修复功能　制备大分子有机物修饰的纳米颗粒，研究它们对磨损表面的修复功能及修复层的化学物理与力学性能。考察纳米颗粒作为高温固体润滑剂的润滑性能与作用机理并提出纳米颗粒对自组装膜及黏结固体润滑涂层耐磨损寿命与润滑性能的影响规律。

（2）解决纳米颗粒在润滑剂中的稳定分散问题　解决纳米颗粒与其他添加剂的复配问题，制备有机大分子超分散稳定剂，制备稳定的纳米铜、纳米氧化稀土、纳米金属氧化和硫化物等纳米分散相，探讨其摩擦学作用机制。通过化学修饰法和化学反应法制备在润滑剂和黏结润滑涂层喷剂中具有良好稳定分散性能的纳米润滑添加剂。

（3）二元及多元纳米粒子之间的协同作用以及与其他添加剂的协同作用研究　由于润滑油复合添加剂是由多种添加剂复合而成，每种添加剂起的作用不同，因此各种添加剂之间的复合作用，尤其是二元及多元纳米粒子的协同作用是未来研究的重点课题。

（4）高性能润滑材料在复杂机械装备服役过程中的纳米颗粒运动规律和表征　在精密机械传动、超精密加工等过程中，由于液体流动、纳米颗粒与流体相互作用、纳米颗粒间相互作用的复杂性，液体中纳米颗粒运动的解析解一般难以获得。又由于纳米颗粒粒径较小，往往超出光学显微镜的分辨极限，对液体中纳米颗粒的运动观测和表征需要深入研究。

（5）纳米粒子与摩擦副表面相互作用的摩擦发射原位在线探测系统　采用纳米粒子在机械摩擦副实现减摩、降噪、延寿等，对减摩的科学起因有许多测试难题。因此，实现对摩擦发射 X 射线、紫外线、可见光、红外线等物理射线的宽谱探测，实现轻载、光滑表面、无接触表面等无磨损摩擦状态下微弱物理射线发射信号的探测等值得深入研究。

15.2.5　纳米材料的润滑机理

许多学者认为纳米粒子的润滑机理主要是通过 3 个途径实现：

1）通过类似“球轴承”作用，减少摩擦阻力。

2）在摩擦条件下，纳米微粒在摩擦副表面形成一光滑保护层。

3）填充摩擦副表面的微坑和损伤部位，起修复作用。

纳米材料粉末近似为球形，它们起到类似“微型球轴承”的作用。图 15-8 所示为纳米粒子起支撑负荷的“滚珠轴承”作用。

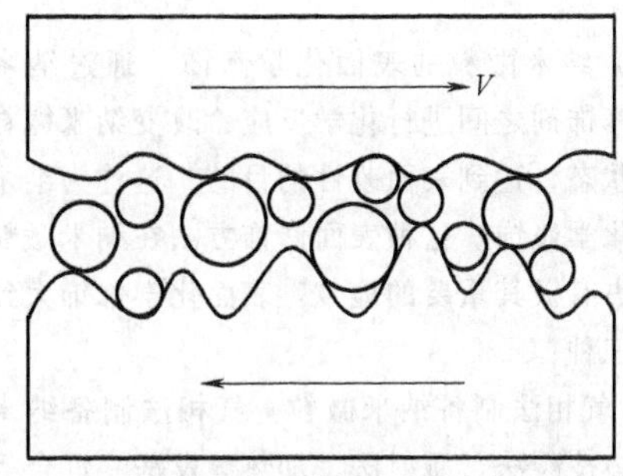

图 15-8　“滚珠轴承”作用

有学者提出“第三体（the third body）”的抗磨机理。作为润滑油添加剂时发现，纳米粒子在油中的分散稳定性远优于微米级的极压添加剂。通过对摩擦副的微观表面分析认为，纳米粒子添加剂对摩擦副凹凸表面的填充作用以及表面摩擦化学反应形成了稳定的第三体，其稳定性优于传统上认为由磨粒磨屑构成的“第三体”，因而具备更优越的抗磨效果。

通常有良好摩擦学性能的无机纳米粒子在润滑油中分散性和稳定性都不够理想，人们通过把纳米粒子进行表面修饰，以改善无机纳米粒子的亲油性，提高纳米微粒的表面活性，从而更好地发挥纳米润滑添加剂的优异性能。

目前，对纳米微粒表面修饰的方法很多，下面介绍几种常用的修饰纳米微粒表面的方法。

（1）纳米微粒表面的物理修饰　该法是通过物理吸附将修饰剂吸附在纳米微粒的表面，从而阻止纳米微粒团聚。通过物理表面修饰的纳米微粒在某些条件下（如强力搅拌等）易脱附，有再次发生团聚的倾向。

1）表面活性剂法。表面活性剂分子中含有亲水的极性基团和亲油的非极性官能团。当无机纳米粒子要分散在非极性的润滑油中时，表面活性剂的极性官能团就吸附到纳米微粒表面，而非极性的亲油基则与润滑油相溶，这就达到了在油中分散无机纳米粒子的目的。反之，要使无机纳米粒子分散在极性的水溶液中，表面活性剂的非极性官能团吸附到纳米微粒表面，而极性的官能团与水相溶。例如，以十二烷基苯磺酸钠为表面活性剂修饰的纳米微粒，使其能稳定地分散在乙醇中。采用表面活性剂实现对磁性纳米粒子的表面修饰，使纳米粒子能稳定地分散在载液中。

2）表面沉积法。此法是将一种物质沉积到纳米微粒表面，形成与颗粒表面无化学结合的异质包覆层。例如，TiO_2 纳米粒子表面包覆 Al_2O_3 就属于这一类。这种方法可以举一反三，既可包覆 Al_2O_3，也可包覆金属。利用溶胶也可以实现对无机纳米粒子的包覆。

（2）纳米微粒的表面化学修饰　通过纳米微粒表面与修饰剂之间进行化学反应，改变纳米微粒表面结构和状态，达到表面改性的目的，这称为纳米微粒的表面化学修饰。这种表面修饰方法在纳米微粒表面改性中占有极其重要的地位。表面化学修饰大致可分为以下三种：

1）气相法制备纳米微粒。气相法制备纳米微粒包括气体冷凝法、溅射法、加热蒸发法、混合等离子法、激光诱导化学气相沉积法（LICVD）和化学气相凝聚法（CVC）等。

2）液相法制备纳米微粒。这类方法又包括沉淀法，喷雾法和溶剂挥发分解法等。

3）高能球磨法。高能机械球磨法是近年来发展起来的一种新的制备纳米粒状材料的方法，为纳米材料的制备找出了一条实用的途径。但此法目前存在的问题是粒径不均匀，易混入杂质等。

纳米润滑添加剂的摩擦机理主要有：

1）纳米粒子在摩擦副表面发生摩擦化学反应，生成化学反应膜。

2）纳米粒子在摩擦表面沉积，形成扩散层或渗透层，在摩擦剪切作用下形成具有抗磨减摩性能的润滑膜。

3）纳米微粒在摩擦表面被挤压，相当于“滚球轴承”，且能“自我修复”，从而起到抗磨减摩作用。

从原子尺度、纳米级的摩擦理论层面，早在1983年佩拉尔（M. Peyrard）和奥布里（S. Aubry）就利用一个十分简单、只含两个弹簧系数的 Frenkel-Kontorova 模型（简称 FK 模型），从理论上预测了两个原子级光滑且非公度接触的范德瓦尔斯固体表面（如石墨烯、二硫化钼等二维材料表面）之间存在几乎为零（简称“零”）摩擦、磨损的可能。近十年后平野（M. Hirano）等人通过 FK 模型的计算，再次提出了类似的预测，将其命名为超润滑（Superlubricity），并做了多次实验尝试。此后，马丁（J. M. Martin）等于1993年实验观察到了摩擦因数低达 10^{-3} 量级的超低摩擦现象。由于长期没有证实佩拉尔等预测的超润滑概念，人们渐渐地将超低摩擦现象称作为超润滑，而将前者改称为结构润滑（Structural Lubricity）。人类历史上第一次观察到结构超滑（Structural Superlubricity）是在2004年，由荷兰科学院院士弗伦肯（J. Frenken）领衔的团队在纳米尺度、超高真空、低速（每秒微米级）的条件下观察到石墨-石墨烯界面超滑。近20年的研究，包括弗伦肯本人在内的许多科学家都认为纳米以上尺度结构超滑难以实现，而且从理论上“证明”了这一观点。

2008年，清华大学郑泉水团队在世界上首次实验实现了微米尺度结构超滑。2012年，郑泉水团队证实了这是结构超滑，从而颠覆了人们的有关认识。弗伦肯（J. Frenken）等在《化学世界》（Chemistry World）（2012）上评价：“这是一个聪明的、经过仔细设计且极具勇气的实验。该现象发生在介观尺度，立刻将这个现象的研究从学术兴趣转化到实际应用”。此后，全球性的结构超滑和极低摩擦研究都进入了一个加速增长期，研究者们在不同的系统中都观测到了结构润滑现象。

超滑现象是20世纪90年代来发现的新现象，引起了摩擦学、机械学、物理学乃至化学等领域学者的高度关注，为解决能源消耗这一难题提供了新的途径。理论而言，超滑是实现摩擦因数接近于零的润滑状态。但是，一般认为滑动摩擦因数在0.001量级或更低（与测试干扰信号同一量级）的润滑状态即为超滑态。在超滑状态下，摩擦因数较常规的油润滑成数量级的降低，磨损率极低，接近于零。超滑状态的实现和普遍应用，将会大幅度降低能源与资源消耗，显著提高关键运动部件的服役品质，这将是人类文明史上的一大进步。重大科学问题的研究进程一般经历三个阶段：现象发现→机理揭示→实践应用，目前超滑的研究正处于由第一阶段向第二阶段过渡的关键时期，因此，未来十年可能是超滑面临重大突破和飞速发展的重要时期。美国国家航空航天局 NASA、欧洲研究理事会 ERC、日本宇宙航空研究开发机构 JAXA 等重要组织已相继投入巨资开展超滑研究，并在近年来先后公布了一系列具有优秀超滑性能的材料。目前，我国在液体超滑（清华大学雒建斌、张晨辉、李津津团队等）、固体结构超滑（清华大学郑泉水、马明团队，兰州化物所张俊彦团队等）研究方面已经取得了重要的原始创新性突破，研究水平位列国际前三。因此，如何在国际范围内抢占先机、重点布局是当务之急，需要企业界和学术界共同携手开展研究及应用。

超滑研究涉及摩擦学、纳米计量、材料科学、量子力学、分子物理等领域。目前已经发现某些材料在特殊工况条件下的摩擦过程中会出现超滑现象。但是，其机理尚不清楚，有些现象用现有理论无法解释。近年来，关于固体摩擦中实现超低摩擦的实验报道越来越多，如类金刚石表面在一定环境气氛下的摩擦因数可降低至 0.005 以下等，而理论研究则相对滞后。目前对这些实验现象的解释有的采用基于晶体非公度界面结构的超滑模型，但它无法描述宏观尺度下真实的摩擦界面。而表面钝化、结构相变等传统理论也不足以说明摩擦几乎趋于消失的机制。目前，液体超滑绝大多数是特定材料的摩擦副在水或水基溶液中实现，比如云母在盐溶液中，硅基陶瓷在纯水中，硅基陶瓷或蓝宝石在酸基溶液中。近年来新型合成润滑油在钢铁表面的超低摩擦因数也有报道，但其超滑机理仍不明确。液体超滑的机理目前有水合作用、摩擦化学和流体动压作用几种解释。但每一种理论都无法适用于所有的液体超滑现象。

然而，超滑技术目前离工业的实际应用尚有一定距离，制约其发展的主要瓶颈有：对于固体超滑，其应用受真空、惰性气氛或氢气气氛等使用环境制约；对于水基超滑，其摩擦副材料多限制为陶瓷基材料且要求表面极为光滑；而作为工业装备领域应用最为广泛的油基润滑剂，其超滑研究基本仍停留在仿真和模拟阶段；另外，超滑在高速、重载荷、大接触面积等工业实际工况下的实现仍十分困难，未来实现超滑材料和技术规模化工业应用尚需学术界和企业界共同努力。

15.2.6　微纳米润滑材料

微纳米材料（Micro-nano material）与润滑剂相结合，制备出具有减摩、抗磨和自修复功能的新型润滑材料，也是近年来摩擦学与润滑技术领域研究的热点。微纳米自修复技术是机械设备智能自修复技术的重要研究内容之一。以微纳米材料为基础开发出来的润滑剂在减摩、抗磨和自修复技术方面的应用已成为现代再制造技术的发展方向之一，也是再制造领域的创新性前沿研究内容。

微纳米润滑添加剂在润滑剂中的作用主要是提高润滑剂的极压抗磨性，并不改变润滑剂的理化性能、氧化安定性和机械安定性等，它在金属摩擦副间能起减摩抗磨自修复作用。另外，只要加入少量的微纳米润滑添加剂便可明显地提升润滑剂的极压功效。

微纳米润滑材料可以降低摩擦、修复磨损、达到提高设备可靠性和延长使用寿命的目的。微纳米润滑材料一般不与润滑剂发生化学反应，在摩擦过程中，微纳米颗粒可随润滑剂到达摩擦副表面的任何接触部位。微纳米颗粒利用其粒度、硬度、晶体结构等自身特点的不同，起到了提升润滑剂在边界润滑条件下的减摩、抗磨和极压性的作用。随着人们对循环经济和绿色经济要求的不断提高，微纳米润滑材料将会显示出举足轻重的作用。

据报道，美国密执安大学曾对含有纳米添加剂的新型固体润滑剂进行了多种发动机试验，发现这种润滑剂特别适合于重载、低速、高温和振动条件下使用；国际摩擦学理事会主席、美国阿贡国家实验室 Ali Erdemir 团队进行了多种内燃机的 DLC 润滑材料研究。但实践表明微纳米润滑材料发展中的突出问题是其颗粒在润滑剂中的分散与稳定问题。目前采用的解决办法多是采用有机表面修饰剂，以降低微纳米材料的表面能，减少其吸附团聚倾向。研发微纳米润滑材料，可推动润滑技术的突破与创新，为摩擦学领域开拓了一片广阔的天地。

据文献资料报道，汽车零部件的主要失效形式是磨损，它在发动机总成故障中占 47.2%，在变速器故障中占 65.3%，在驱动桥故障中占 72.9%。由此带来的维修费用占汽车使用费用的 25%。在交通运输领域推广和应用微纳米润滑技术，能够节约大量的资源和能源，降低汽车运行维修成本。例如，2017 年成立的“清华大学-壳牌清洁交通能源联合研究中心”，就聚焦于交通运输车辆领域，研发和应用新型的微纳米润滑材料和添加剂、替代燃料和新能源等。

15.2.7　纳米润滑材料的应用

目前，纳米润滑材料的应用主要有以下几方面：

（1）高密度磁记录　随着磁记录密度的不断提高，磁头与介质的间隙不断变小，现在磁头与磁盘的间隙已下降到 5~10nm，在这种情况下，间隙处的摩擦学稳定性就成了硬磁盘的主要技术问题之一。为了避免磁头与磁盘接触，通常是在磁盘上涂布一层抗磨保护层，然后再在上面加涂一层纳米润滑剂。一般选用全氟聚醚（PFPE）润滑剂，它由主链结构和端基组成。一部分润滑剂分子与磁盘表面形成化学吸附，另一部分通过范德瓦尔斯力在磁盘表面形成物理吸附，以有助于提高磁记录盘的密度。

（2）大规模集成电路的制造　大规模集成电路的制造需要洁净的环境，对污染物颗粒尺寸的控制相当严格，一般要求颗粒度应小于集成电路芯片尺寸的 1/10，所以，必须排除由轴承产生的尺寸在 10nm 以上的尘埃，这种轴承就需要采用纳米材料作润滑剂。

（3）微型机械　一般将尺寸在毫米以下至微毫

米级范围的机械理解为微型机械，如可清除血管内壁沉积物的微型机器人等。因微型机械的表面效应非常明显，在微小负荷作用下，其摩擦力变化很大，因此，纳米润滑剂在这里有着广阔的应用空间。

(4) 合成高档润滑油　如我国王示德等人用纳米石墨粉作为添加剂合成高档润滑油，并取得发明专利。还有官文超等人合成的纳米润滑剂也已成功地用于钢的冷轧和石油钻井用液中。

(5) 通信卫星　在通信卫星中，天线需要精确的定位机构和展开机构，而在这些机构中的轴承扭矩对定位精度有十分重要的影响。一般要求扭矩在7~10年内不变，以确保定位精度。在这种情况下，必须采用新型的纳米润滑剂以减少微观尺度的摩擦力及磨损的变化带来的影响。

研究结果表明，纳米颗粒、纳米纤维和纳米薄膜等材料具有优异的摩擦学性能，在许多微型机械部件上具有广阔的应用前景。开发改进与生态相适应的纳米微粒润滑油添加剂是值得聚焦的热点问题之一。

目前，纳米材料作为润滑油添加剂还需亟待解决的问题是：弄清楚作为润滑油添加剂的纳米材料的最佳粒径、浓度、温度、转速与其他添加剂的配伍及对基体材料性质的影响等，并需要尽快建立与纳米粒子相适应的实验室评价和检测手段。

许多低速、重载、高温和低黏度润滑介质的机器设备以及许多高超精密机器的摩擦副常处于几到几十纳米厚的润滑状态下工作，对在这种状态下的润滑膜特性的研究，需要采用高分辨率的测试方法。过去人们常用光干涉法，由于其分辨率较低（100nm）而被淘汰。近年来基本上由三种典型的测量方法主导，即垫层白光干涉法（英国帝国理工学院的 Spikes 小组）、光干涉相与光强法（清华大学雒建斌、黄平、温诗铸等）和三束光干涉法（捷克 Hartl）。其中，2010年以来，清华大学雒建斌、郭丹小组开发高速摩擦润滑测试系统，可实现最高线速度 100m/s 下的摩擦力测试，以及最高线速度 42m/s 下的润滑膜厚及分布的精确测量，建立了基于接触区油池形状和分布的判断乏油的新准则，还结合了荧光示踪技术、红外微区测温技术和平衡加载技术，实现了摩擦副接触压力达 3.6 GPa 的润滑膜厚度、摩擦力、温度、微粒运动状态等的在线实时测量。兰州华汇仪器科技有限公司结合中科院兰州化物所和清华大学摩擦学国家重点实现室，研究和开发用于摩擦学领域的先进测量技术，已研发出了多种试验设备和在极端条件下的检测设备。

目前用作纳米润滑添加剂研究的纳米材料主要有以下几类：

1) 层状无机物类，如石墨、MoS_2 等。

2) 软金属类，如 Cu、Al、Ni 等。

3) 稀土化合物，如稀土氟化物 LaF_3、稀土氧化物 La_2O_3 和稀土氢氧化物 $La(OH)_3$ 等。

4) 无机硼酸盐，如硼酸铜、硼酸镍等。

5) 氧化物，如三氧化二铝、氧化锌等。

6) 含活性元素化合物，如硫化铅、硫化锌等。

7) 其他如金刚石、碳酸钙等。

用纳米材料作为润滑添加剂时，通常以 1) 加入润滑油中；2) 镀在基体材料上，形成纳米 LB 膜；3) 填充聚合物等形式存在，也可将复合纳米微球当作润滑油添加剂使用。

一般润滑油抗磨减磨添加剂主要有两大类：一类是含 S、P、Cl 的活性极压添加剂，它们具有好的承载能力和减磨性能，但存在腐蚀性和不环保等缺点。另一类是含 B、N、Al、Si 等元素的非活性添加剂，这些非油溶性的化合物固体微粒存在易沉淀和摩擦因数较高的缺点。而纳米材料的发展有望解决上述这两类添加剂存在的问题。研究表明，某些纳米颗粒或纳米薄膜具有良好的摩擦学性能，尤其是纳米粒子加入到润滑剂中能明显改善在重载、高温和振动条件下的摩擦学性能。

目前许多的研究工作表明，纳米粒子作为润滑油添加剂能明显改善润滑油的摩擦学特性，与基础油相比，它具有明显的抗磨减摩性能。纳米粒子综合了流体动压润滑和固体润滑添加剂的优点，但又不同于传统的固体润滑添加剂，它比较适合在重载、高温、低速的条件下工作。但是目前这方面的研究工作还不够深入，还有许多问题需要研究解决。第一，需要进一步弄清楚纳米粒子的润滑本质，目前的润滑机制理论还需进一步的改进和完善；第二，还需要开发出既经济又简单的纳米粒子的制备方法；第三，还需要建立与纳米摩擦学相匹配的监测评价装置。另外，纳米粒子在润滑介质中的分散稳定性也是一个迫切需要解决的难题，这不但需要改进目前的合成方法以改善其油溶性，而且还需要合成有效的分散剂和稳定剂。

纳米润滑技术在工业生产中有着广阔的应用前景，大量研究表明，纳米尺寸的润滑添加剂能使润滑油具有更优良的摩擦学性能。基于选择性转移效应和磨损自修复理论，研制自修复纳米润滑添加剂是纳米润滑技术研究的一个新课题。它的出现有可能实现真正意义上的摩擦副的零磨损，并可在不拆卸情况下对机器零件进行在线修复。

纳米润滑油添加剂的抗磨减磨机理较为复杂，一般认为纳米粒子的润滑效果在很大程度上依赖于粒子的物理化学性质、种类、大小、基础油的类型以及添加剂的种类和用量等因素。

应用纳米材料制备的抗磨添加剂，不仅可以解决常规载荷下无法解决的问题，而且对于纳米摩擦学、润滑学等领域的研究也具有重要意义。由于近年来微观摩擦学、薄膜润滑理论、边界润滑理论等方面的研究都深入到纳米量级，故纳米润滑技术在这些方面也将发挥着不可估量的作用。

近 30 年来，清华大学摩擦学国家重点实验室温诗铸和雒建斌领衔的科研团队在纳米薄膜润滑方面取得了许多成果，主持的项目《纳米润滑理论与实验》荣获 2001 年度国家自然科学二等奖，《摩擦过程的微粒行为和作用机制》获得 2018 年度国家自然科学二等奖，《超精表面抛光、改性和测试技术及其应用》获得 2008 年度国家科学技术进步二等奖等，此外，温诗铸教授获得了国际摩擦学理事会颁发的 2015 年度“国际摩擦学金奖”，2013 年雒建斌教授获得了美国摩擦学者和润滑工程师学会（Society of Tribologists& Lubrication Engineers，STLE）颁发的 STLE 国际奖。东南大学教授、江苏省微纳生物医疗器械设计与制造重点实验室的陈云飞团队聚焦纳米摩擦学与微纳机电系统研究，主持的项目《摩擦界面的声子传递理论与能量耗散模型》获得 2018 年度国家自然科学二等奖。基于纳米薄膜和纳米涂层技术的纳米固体润滑技术，它能有效地减少摩擦偶件的能耗和材料磨损，这在微机械的应用方面，纳米固体润滑技术显得尤为重要。在微纳尺度上实现机械润滑是当今润滑技术发展的一个重要方向。而实现纳米尺度上的固体润滑，主要是通过纳米薄膜和纳米粉体等自润滑材料来完成的。

纳米润滑技术在工业生产中有着巨大的应用前景，纳米材料的发展为研制先进润滑保护材料和技术提供了新的途径。大量研究表明，纳米尺寸的润滑添加剂使润滑油具有更优良的摩擦学性能。基于选择性转移效应和磨损自修复功能的要求，纳米润滑添加剂被视为是纳米技术研究的一个重要课题。

随着纳米技术的发展，以近零摩擦、零磨损和超滑为目标的纳米材料及表面改性技术已提上日程并取得了很大进展。例如，清华大学郑泉水教授担任首席科学家，获得了超滑领域首个国家 973 课题《纳米界面超润滑检测技术与机理研究》，获得了国家自然科学基金委重大项目《介观尺度结构超滑力学模型与方法》等资助，郑泉水教授在结构超滑与超低摩擦有关成果在顶级期刊《Nature》发表了展望综述，代表了中国学者在超滑领域跃居国际领先地位。通过纳米摩擦学行为研究，期望能获得对磨损表面进行原位动态自修复以实现摩擦表面的零磨损或近零磨损，因此纳米摩擦学与超低摩擦领域有着广阔的应用前景。但要大规模用于生产实际还有相当的路要走，需要业界同人在这方面共同努力。由此可见，纳米润滑技术应是 21 世纪润滑技术发展的重要组成部分。

15.3　油雾润滑技术

15.3.1　概述

油雾润滑（Oil-mist lubrication）技术最早应用于航空航天及重要的精密仪器上的润滑。近些年来油雾润滑技术逐步应用在其他工业领域，尤其在化工企业的重要机组和重要机泵上。泵是化工企业生产的重要设备，其传统的润滑方式是分散人工润滑，这样会浪费大量的人力和资源。油雾润滑技术是一项性能优越并已在世界各国广泛应用的革新性润滑技术。相对于传统的油池润滑，先进的油雾润滑技术在实际应用中可靠性大大提高，运行成本也相对大幅度降低，尤其在现代的大型生产装置中优势更加明显。

油雾润滑系统是一种新型的集中润滑方式。油雾润滑主体装置是系统的核心设备，其原理是将压缩空气引入主机，通过高科技雾化工艺，产生微米级的油雾颗粒。油雾颗粒组成的油雾流通过管道送到需要润滑的部位上。颗粒极小的油雾在金属摩擦表面形成润滑效果更好的油膜，减小摩擦力及零件的发热，使轴承温度明显下降。另外由于轴承腔内充满油雾，对外界存在微正压（约为 1~5kPa），故外来污染物很难进入轴承腔，因而保证了轴承腔内的清洁。

油雾可弥散到摩擦副各个部位，起到良好而又均匀的润滑效果。压缩空气比热小，流速高，易于带走摩擦热，降低摩擦副的工作温度。用于高转速轴承，可提高极限转速，延长轴承寿命。另外油耗量低，摩擦副始终保持新鲜、适量的润滑油。油雾具有一定压力，在轴承腔内可起到密封作用。

油雾润滑技术，简单地说，就是将润滑油雾化成微米级微粒，然后通过管道输送到每台机泵需要润滑的部位上。对于油雾润滑系统而言，可以精确地计算每个润滑点需要的油雾量，并且可以调节油雾浓度，因此能大大降低系统总的耗油量。与传统的油池润滑相比，油雾润滑形成优质洁净的润滑油膜，对改善润滑的主要表现为：

1）轴承运转温度下降 10~15℃，轴承损坏可减小 90%，轴承寿命可延长 6 倍。

2）机泵维修费用可降低60%~80%。

3）润滑油总耗量可降低40%以上。

4）油雾使轴承腔内有微小正压，可防止潮气和外来污染物的进入，使轴承保持清洁，并得到有效保护。

油雾润滑技术的应用应遵循4R原则，即：

恰当的数量（to get the Right amount）；

到达恰当的地点（to get the Right place）；

在恰当的时间（at the Right time）；

使用恰当的油品（using the Right kind of oil）。

15.3.2 油雾润滑系统

油雾润滑系统是一种新型的集中润滑方式，它包括4个主要部分：

1）油雾发生及控制部分。

2）油雾输送及分配部分。

3）油雾凝缩装置。

4）残雾回收系统。

具体组成包括：空气过滤分水器、电磁阀、压力调节器、空气二次压力表、空气加热器、油雾发生器、油位控制器、油加热器、主管压力表、压力开关、油雾检测器、输送管道和凝缩嘴等。

图15-9表示集中油雾润滑系统的结构。

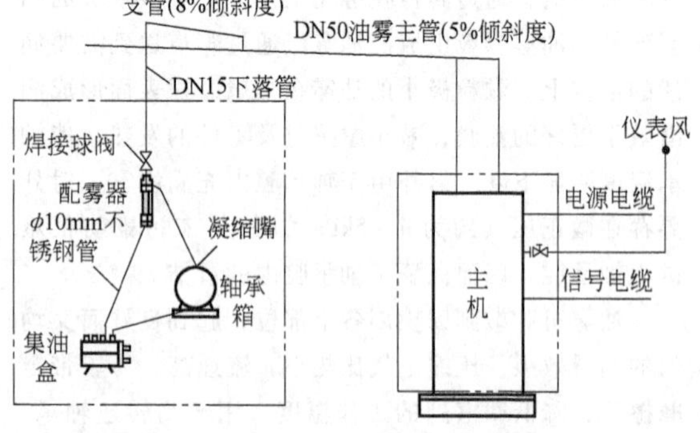

图15-9 集中油雾润滑系统的结构

现有两种油雾润滑方式：油池式油雾润滑和纯油雾润滑。一般来说滑动轴承采用前者，而滚子和球轴承可用任一方式。油池式油雾润滑的保险性强，但从实践结果看，纯油雾润滑方式要比油池式油雾润滑方式显著延长轴承寿命。油雾润滑的主要优点有：油耗大幅度减少；大量减少轴承失效，延长使用寿命，减少维护费用；系统简单，造价较低；避免因在润滑件上使用过量润滑剂造成的能量损失；易于实现集中和自动控制及远距离输送；对轴承有相当的冷却作用；轴承箱内的正压气氛有利于把外部杂质、潮气隔离在轴承外。

油雾润滑装置以压缩空气为动力，润滑油经过油雾发生器，被空气雾化生成1.0~3.0μm的干油雾。这种油雾具有稳定的悬浮性，一般在不超过180m范围的管道内输送不会发生碰撞凝结，所以国内外的油雾发生器都选定这一参数。干油雾进入轴承箱前再通过凝缩嘴聚结成40~100μm的饱和湿态油雾，弥散至滚动轴承表面形成均匀的润滑油薄膜。现代润滑理论认为，最佳的润滑方式是摩擦面保持适量的新鲜油膜。油雾具有连续流动的特点，既能保证润滑油膜持续新鲜完整，又可带走产生的热量以降低轴承温度。图15-10所示为油雾润滑系统装置原理图。

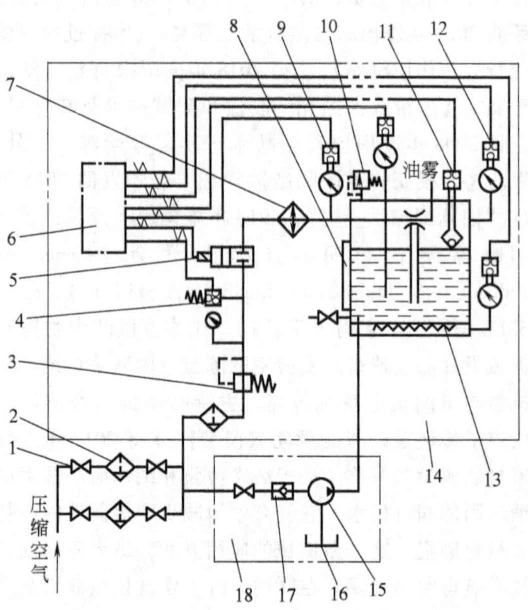

图15-10 油雾润滑系统装置原理图

1—阀 2—分水滤气器 3—调压阀 4—气压控制器 5—电磁阀 6—电控箱 7—空气加热器 8—油位计 9—温度控制器 10—安全阀 11—油位控制器 12—雾压控制器 13—油加热器 14—油雾润滑装置 15—加油泵 16—贮油桶 17—单向阀 18—加油系统

计算每个润滑点的油雾量，这是油雾润滑系统设计中的一项重要工作。要使油雾润滑系统稳定高效地工作，必须统计出整套设备所需要的油雾量，并确定使用油的黏度。不同的摩擦副，消耗的润滑油量不同。具有一定浓度的油雾被输送到摩擦副部位上，要保证有效地润滑摩擦副，就必须保证提供摩擦副的油雾量充足，以确保满足摩擦副所需求的油耗量。

选用油雾润滑装置的油雾量，应大于或等于计算所需总的油雾量。针对不同类型的摩擦副所需油雾量可参照如下的计算公式：

（1）滚动轴承　轻负荷 $Q=0.85dN$；中等负荷 $Q=1.7dN$；重负荷 $Q=3.5dN$。

式中，Q 为油雾量（m^3/h）；d 为轴的直径（m）；N 为球或滚子的列数。

（2）滑动轴承　轻负荷 $Q=26Ld$；中等负荷 $Q=44Ld$；重负荷 $Q=88Ld$。

式中，Q 为油雾量（m^3/h）；d 为轴的直径（m）；L 为轴承的长度（m）。

以上计算油雾量的公式都是国外公司经过无数次试验，结合实际应用总结出来的经验公式，根据摩擦副的实际情况，可以确定所需油雾量，前提是油雾浓度要先确定。

15.3.3　油雾润滑技术的应用

目前，油雾润滑技术在国内外的石化、钢铁、造纸、纺织、机床和矿业等各工业领域中已得到广泛应用，尤其在轴承、链条等机械结构的润滑方面已取得很大成效。要充分发挥油雾润滑方式的优越性，就需要选择合适的油雾润滑系统。

总体来说，要按照下列步骤来选择合适的油雾润滑系统：

1）看是否满足使用该装置需要满足的一些基本条件。

2）确定设备润滑所需要的油雾总量，然后以这个参数，结合油雾压力、摩擦副的类型及润滑点数目，来选择合适的设备型号。

3）产品扩展功能的选择及个性化设计。企业根据自己的实际需要，可以对设备提出个性化的设计要求，同时也可以对设备的扩展功能进行选择。据报道，国内外已有超过 5 万台机泵在使用油雾润滑技术。

油雾润滑中油滴的粒径是油雾润滑技术的核心参数，油滴粒径上限受制于油雾的输送，其下限却受制于环保要求。

当前世界油雾润滑系统市场上有 90%以上的份额都被美国和欧洲的企业占据。美国的 LSC 公司、瑞士苏舍兄弟公司、德国毛尔布龙阿库卢贝制造业股份有限公司占的市场比例最大。国内不少厂家都在使用油雾润滑技术，如中海石油炼化有限公司惠州炼油分公司 120 万 t/a 催化裂化装置采用了 LSC 公司的油雾润滑技术，用一台 IVT 主机为该装置内的 35 台离心泵提供润滑，结果获得了很大的经济收益。中国石油锦西石化公司重催装置内的 31 台泵应用了集中油雾润滑技术后，因油雾润滑可靠性高、节约用油量，可使泵运行更加稳定，显著地延长了泵的使用寿命和降低了泵的故障率。实践告诉我们，要使油雾润滑获得最大收益，就要从选泵、现场安装施工等方面严格按照技术规范实施。

15.3.4　影响油雾润滑效果的主要因素

影响油雾润滑效果的主要因素包括温度、速度、载荷等。温度升高时，润滑油中的极性分子吸附能力会下降，如果温度继续升高到边界温度，就可能导致润滑失效；随着速度的增加，摩擦因数会减少；在允许的载荷限度内，摩擦因数可以保持一定的稳定性，但是如果载荷增大，会使摩擦因数急剧升高，摩擦副受磨损。

对于油雾润滑系统而言，影响雾化效果的因素主要有两个方面：雾化器本身的结构、工艺尺寸及加工精度；雾化器内润滑油和与空气有关的参数。

1. 雾化器本身的结构、工艺尺寸及加工精度

雾化器的工艺尺寸及加工精度对润滑油的雾化量及雾化后的颗粒度具有直接的影响。雾化器型号不同，会产生不同的雾化效果，同时还会影响到管路传输中油滴的凝结量，甚至会影响到摩擦副的润滑效果。实际应用中，往往对不同数量的雾化器进行组合，可以获得不同型号的油雾润滑装置主机，从而得到不同的雾化效果。

2. 雾化器内的润滑油和与空气有关的参数

从理论上讲，黏性是润滑油最重要的物理特性，温度和压力对其有重要影响。对润滑油进行雾化时，它是压缩空气和润滑油相互作用的结果。因此，压缩空气及润滑油在温度和压力上的变化，都会影响到雾化效果。通过厂家大量的分析以及试验结果，可以得到影响雾化效果的主要参数是：润滑油温度、空气压力、空气温度、雾化器结构、空气流量和气液质量比等。

15.3.5　油雾润滑技术对润滑剂的要求

油雾润滑技术对润滑剂有一定要求。油雾润滑系统设计中油的选用量是一个重要因素，它除具有一般润滑性能如润滑性、极压性、耐磨性、耐蚀性和抗氧化性外，还要求易于雾化，同时又具有最小的弥雾和管路凝缩，其基油可以是齿轮油或液压油。油雾在主机内产生，在自身压力下，经过油雾输送主管、下落管、油雾分配器和油雾喷嘴，顺着油雾供应管进入轴承箱，流经轴承的滚动体，提供润滑。在选用油雾润滑技术时，其润滑剂选择必须考虑 5 个方面的因素：

1）黏度参数。

2）低温下抗蜡形成的能力。

3）高温下的稳定性。

4）雾化和重新分类的特性。

5）低毒性。

油雾润滑方式是集中润滑方式的一种，它不仅具备集中润滑方式的优点，同时也具有自身的优势。油雾润滑能连续有效地将润滑油雾化为小颗粒，再通过压缩空气传输到轴承腔，这样就可大大降低轴承的温度。油雾使腔体内形成微正压，具有辅助密封作用，避免外界杂质侵入摩擦副。

15.3.6 油雾润滑技术的优点

油雾润滑技术是目前世界上广泛采用的一种先进的集中润滑方式，因其优越的技术特性已得到业界的广泛好评。相对于传统的油池润滑，先进的油雾润滑技术在实际应用中可靠性大大提高，运行成本也相对大幅度降低，尤其在现代化的大型生产装置中的优势更加明显，具体表现在以下3个方面：

① 润滑效果好，故障率低。

② 润滑系统可靠性高。

③ 运行成本低。

在泵类设备的应用上更取得了明显效益，如轴承运行温度下降10~15℃，轴承寿命延长6倍，油耗降低40%。油雾润滑系统是一种能连续有效地将油雾化为小颗粒的集中润滑系统，可将适量加压后的润滑油雾输送到轴承和金属表面形成一层润滑油膜，以提高润滑效果并延长机械寿命。

油雾润滑系统有两种形式：开环系统和闭环系统。开环系统的油雾在穿透轴承后不进行再次利用，即油雾仅使用一次。闭环系统则收集穿透轴承后的凝油再次使用。二者各有优点，前者简单并且投资少；后者则避免了润滑油的浪费，且保证了良好的现场卫生环境。目前多数石油化工厂还是采用开环系统，闭环系统是最近几年刚发展起来的新技术。

油雾润滑技术作为润滑领域的先进技术，它是一种先进的集中润滑方式，耗油量非常少。集中油雾润滑技术是解决大型工矿企业机泵润滑问题的第一选择，而且已被列为润滑系统改造的首选技术。油雾润滑已发展成为一种成熟可靠的润滑方式，具有设备体积小、自动化程度高和覆盖范围广等特点。业界认为，油雾润滑技术具有很高的使用价值和广阔的应用前景。

总之，通过大量的试验及长时间的应用实践证明，在使用油雾润滑系统之后可以取得很大的效益，其表现如下：

1）可形成优质洁净的润滑油膜，极大改善润滑效果。

2）轴承运行温度可下降10~15℃，对某些机泵甚至可关闭其轴承套的冷却水。

3）轴承损坏可减少85%~95%。

4）轴密封损坏可减少45%~65%。

5）轴承寿命可延长6倍。

6）机泵维修费用可降低60%~80%。

7）润滑油总耗用量可降低40%左右。

8）可降低能耗，节约电费及其他能源的费用。

9）可大幅减少机泵所需库存的备品备件，节约资金。

10）集中式供油雾，主机由微电脑控制，并可与工厂的主控室相连，可长期自动运行，易于管理。

11）不再需要每班巡回检测机泵油位及为每台机泵定期换油，可实现减员增效。

12）整个系统运行涉及极少活动部件，系统运行可靠性提高，非常有利于设备的长周期无故障运行

目前，油雾润滑已发展成为一种成熟可靠的润滑方式，具有设备体积小、自动化程度高和覆盖范围广等特点。从国内外广大用户的使用经验来看，只要使用得当和维护到位，其机泵故障率明显降低，设备运行周期明显延长。实践证明，集中油雾润滑技术是解决机泵润滑问题的第一选择。

15.4 油气润滑技术

为了适应现代机械设备向高温、高速、重载、高效、极低速和长寿命方向发展的需要，近年来在油雾润滑的基础上研制出了一种气液两相流冷却润滑新技术，即油气润滑。油气润滑技术是一种利用压缩空气的作用对润滑剂进行输送及分配的集中润滑系统。它与传统的单相流体润滑技术相比，具有无可比拟的优越性，并有非常明显的使用效果，大大延长了摩擦副的使用寿命。油气润滑作为一种先进的润滑技术已在钢铁行业的连铸、连轧等生产中发挥了巨大作用。

15.4.1 油气润滑的原理

油气润滑是一种新型的润滑方式，其工作原理是将单独供送的润滑介质和气体传送介质进行混合，并形成紊流状的油气两相介质流。经油气分配器分配后，以油膜方式由专用喷嘴喷到润滑点（轴承），从而达到降低摩擦、减缓磨损、延长摩擦副使用寿命的目的。也就是说油气润滑是流动的气流带动点滴或块状分布的润滑剂滚动，形成紊流状的油气混合流输送

到润滑点上进行润滑，油气润滑存在 3 种状态的介质：油、气和油气混合流。

图 15-11 所示为油气润滑的原理，从图中可以看出，油气管中油的流动速度远远小于压缩空气的流动速度，油气管中出来的油和压缩空气是分离的，压缩空气并没有被雾化，油是以连续油膜的方式被导入润滑点并在润滑点处以精细油滴的方式喷射出来的，喷出油滴的状态在很大程度上取决于喷嘴的设计。而油雾润滑时，油和气这两种流体的流速（即油、雾的流速）是相等的，油被雾化为 0.5~2μm 的雾粒导入润滑点。这是油气润滑与油雾润滑的重大区别。油气润滑系统一般是由润滑油源、油量分配部分、气源、油气混合部分、油气输送部分和控制部分所组成。图 15-12 所示为油气润滑系统的原理。

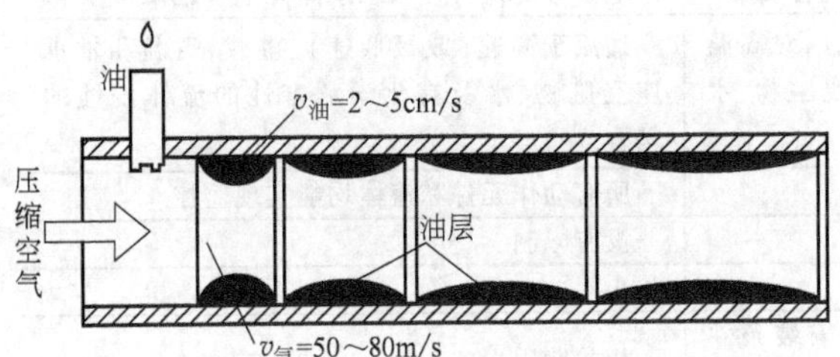

图 15-11　油气润滑系统的原理

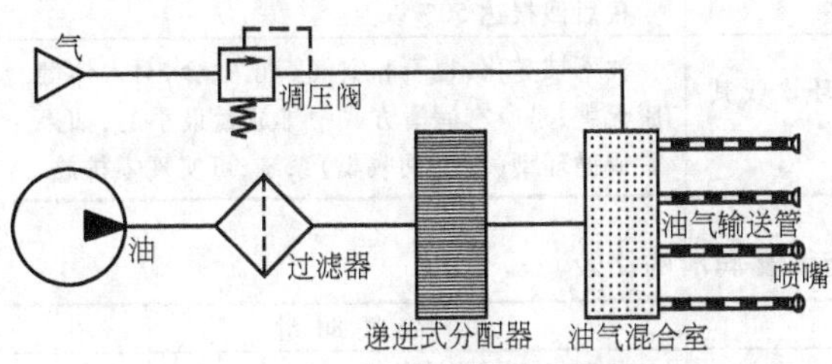

图 15-12　油气润滑系统的原理

世界著名的轴承制造商 SKF 公司曾提出，当采用油气润滑时，计算滚动轴承耗油量的公式是

$$Q=DBC$$

式中　Q——轴承每一小时的耗油量（ml/h）；

D——轴承外径（mm）；

B——轴承宽度（mm）；

C——润滑系数，$C=0.00003\sim0.00005$。

当油气润滑用于齿轮，尤其是开式齿轮时，耗油量可按下式计算

$$Q=(D_1+D_2)B/C$$

式中　Q——大齿轮每一小时耗油量（ml/h）；

D_1——大齿轮分度圆直径（mm）；

D_2——小齿轮分度圆直径（mm）；

B——轴承宽度（mm）；

C——润滑系数，$C=10000$。

油气润滑是将储存在油箱内的润滑油直接或间接地（通过分配器）输送到与压缩空气网络相连接的油气混合器内，油气混合器的原理如图 15-13 所示。进入的油在油气配合器中通过再次计量分配成若干份，应用定量活塞式分配器，每隔一定时间将微量的润滑油送至与润滑部位相连通的压缩空气管路中。在不间断压缩空气的作用下，进入油气输送管道中，且借助压缩空气使脉冲形式输送的润滑油逐渐形成一个连续的油膜，该油膜以波浪状在通往润滑点的油气管道的内壁移动，并以滴状脱离油气管道内壁和喷嘴进入润滑点，从而使润滑点得到润滑，吸收了振动。同时，由于在不间断压缩空气的作用下将润滑部位产生的热量经排出口排出，起到了冷却润滑点的作用。此时空气在轴承座内形成正压，外部尘埃等赃物也无法进入轴承或密封处，还起到了密封作用。

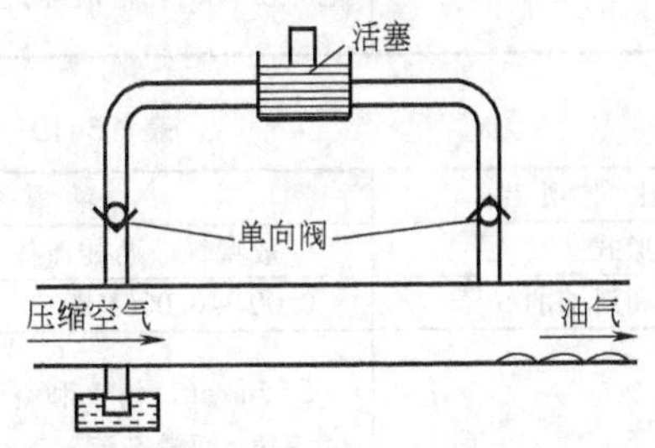

图 15-13　油气混合器的原理

油气润滑与稀油循环润滑的比较见表 15-9，油气润滑与油雾润滑的比较见表 15-10。

表 15-9　油气润滑与稀油循环润滑的比较

比较项目	稀油循环润滑	油气润滑
流体形式	液相流体	典型气液两相流体
输送润滑剂的压力	0.3~1MPa	油压 3~10MPa;气压 0.2~1MPa
润滑剂	黏度为 100~680mm²/s(40℃)的稀油	适应于绝大多数油品,黏度高达 7500mm²/s,半流动干油或添加有高比例固体颗粒的油品都可以输送
润滑剂到达润滑点的方式	连续地到达润滑点	源源不绝地、连续地到达润滑点

（续）

比较项目	稀油循环润滑	油气润滑
加热	需对润滑剂进行加热	不对润滑剂进行加热
润滑剂的利用方式	集中循环型	集中消耗型或集中循环型
对润滑剂的利用率	真正起润滑作用的润滑剂不到2%，大部分润滑剂用于起冷却作用，所有油品使用一段时间之后就得全部更换	润滑剂100%被利用
耗油量	由于漏损及使用一段时间之后油品需全部更换，因此实际耗油量是油气润滑的10~30倍	耗油量只是稀油润滑漏损掉的油量中的一小部分
给油的准确性及调节能力	能实现定时定量给油；可以在一定范围内对给油量进行调节	可实现定时定量给油，要多少给多少；可在极宽的范围内对给油量进行调节
从轴承座排放的润滑剂量	部分润滑剂从轴承座的密封处排出	由于耗油量极小，只有很少量的油从轴承座排出，是所有润滑方式中排放量最小的；如果做成循环型（带间油收集）系统，可实现零排放
用于轴承时轴承座内的正压	轴承座内基本没有正压，外界脏物、水或有化学危害性的流体会侵入轴承座并危害轴承	0.03~0.08MPa；可防止外界脏物、水或有化学危害性的流体侵入轴承座并危害轴承
在恶劣工况下的适用性	适用于调整（或极低速）、重载场合，对高温环境的适应性差，不适用于轴承座受脏物、水及有化学危害性的流体侵蚀的场合	适用于高速（或极低速）、重载、高温和轴承座受脏物、水及有化学危害性的流体侵蚀的场合
系统监控性能	好	所有动作元件和流体均能实现监控
管道走向	有限制	没有限制
体积	很大	小
相关费用	相关费用多且高，如运输费、用于安装条件的花费、安装费	相关费用少
轴承使用寿命	一般	很长，是使用稀油润滑的3~6倍
投资收益	基本没有投资收益；消耗大，成本高	税后回报达50%以上
环保	部分稀油从轴承座中溢出并污染环境或其他介质（水、乳化液等）	油不被雾化，也不和空气真正融合，对人体健康无害；是所有润滑方式中排放量最小的；如果做成循环型（带间油收集）系统，可实现零排放

表15-10 油气润滑与油雾润滑的比较

比较项目	油雾润滑	油气润滑
流体形式	一般型气液两相流体	典型气液两相流体
输送润滑剂的气压	0.004~0.006MPa	0.2~1MPa
气流速	2~5m/s（润滑剂和空气紧密融合成油雾气，气流速=润滑剂流速）	30~80m/s（润滑剂没有被雾化，气流速远远大于润滑剂流速），特殊情况下可高达150~200m/s
润滑剂流速	2~5m/s（润滑剂和空气紧密融合成油雾气，气流速=润滑剂流速）	2~5cm/s（润滑剂没有被雾化，气流速远远大于润滑剂流速）
加热与凝缩	对润滑剂进行加热与凝缩	不对润滑剂进行加热与凝缩
对润滑剂黏度的适用性	仅仅适用于较低黏度［150mm²/s（40℃以下）］的润滑剂，对高黏度的润滑剂雾化率很低	适用于几乎任何黏度的油品，黏度大于680mm²/s（40℃）或添加有高比例固体颗粒的油品都能顺利输送
在恶劣工况下的适用性	在高速、高温和轴承座受脏物、水及有化学危害性的流体侵蚀的场合适用性差；不适用于重载场合	适用于高速（或极低速）、重载、高温和轴承有受脏物、水及有化学危害性的流体侵蚀的场合
对润滑剂的利用率	因润滑剂黏度大小的不同而雾化率不同，对润滑剂的利用率只有约60%	润滑剂100%被利用
耗油量	是油气润滑的10~12倍	是油雾润滑的1/10~1/12

（续）

比较项目	油雾润滑	油气润滑
给油的准确性及调节能力	加热温度、环境温度及气压的变化和波动均会使给油量受到影响，不能实现定时定量给油；对给油量的调节能力极其有限	可实现定时定量给油，要多少给多少；可在极宽的范围内对给油量进行调节
附壁效应（Coanda Effect）	受附壁效应的影响，无法实现油雾气多点平均分配或按比例分配	REBS 专有的 TURBOLUB 分配器可实现油气多点平均分配或按比例分配
管道布置	管道必须成向下倾斜的坡度以使油雾顺利输送；油雾管的长度一般不大于 20m	对管道的布置没有限制，油气可向下或克服重力向上输送，中间管道有弯折或呈盘状及中间连接接头的应用均不会影响油气正常输送；油气管可长达 100m
用于轴承时轴承座内的正压	≤0.002MPa；不足以阻止外界脏物、水或有化学危害性的流体侵入轴承座并危害轴承	0.03～0.08MPa；可防止外界脏物、水或有化学危害性的流体侵入轴承座并危害轴承
可用性	因危害人身健康及污染环境，其可用性受到质疑	可用
系统监控性能	弱	所有动作元件和流体均能实现监控
轴承使用	适中	很长，是使用油雾润滑的 2～4 倍
投资收益	税后回报小于 20%	税后回报达 50% 以上
环保	雾化时有 20%～50% 的润滑剂通过排气进入外界空气中成为可吸入油雾，对人体肺部极其有害并污染环境；油雾润滑在西方工业发达国家中已不再使用	油不被雾化，也不和空气真正融合，对人体健康无害，也不污染环境

干油润滑的方式是间断地，润滑剂不用进行加热，大部分润滑剂仅仅起填充及密封作用，并不真正起润滑作用，浪费严重，消耗量大；大量的油脂从轴承座中溢出并污染环境或其他介质，每次更换轴承时都要对轴承上黏附的厚厚的油脂进行清洗；轴承座内没有正压，因此外界脏物、水或有化学危害性的流体会侵入轴承座并危害轴承；不适用于高速（或极低速）、重载、高温和轴承座受脏物、水及有化学危害性的流体侵蚀的场合；系统监控性能弱；轴承使用寿命是油气润滑的 1/3～1/10。

稀油润滑的方式是连续地，润滑剂需要加热，真正起润滑作用的润滑剂不到 2%，大部分润滑剂起冷却作用。所有油品使用一段时间之后就得全部更换，再考虑到漏损，因此实际耗油量是油气润滑的 10～30 倍；部分润滑剂从轴承座的密封处排出，造成污染和浪费；轴承座内没有正压，外界脏物、水或有化学危害性的流体会侵入轴承座并危害轴承；适用于高速（或极低速）重载场合，对高温环境的适应性差，不适用于轴承座受脏物、水及有化学危害性的流体侵蚀的场合；系统监控性能较强；轴承使用寿命是油气润滑的 1/3～1/6。

油雾润滑的方式是连续地，需对润滑剂进行加热与凝缩；因润滑剂黏度大小的不同而使雾化率不同，润滑剂的利用率约为 60%，耗油量约是油气润滑的 10 倍；不足以阻止外界脏物水或有化学危害性的流体侵入轴承座；雾化时有 20%～50% 的润滑剂通过排气进入外界空气中，成为可吸入油雾，对人体有害并污染环境；系统监控性能较弱；轴承使用寿命是油气润滑的 1/2～1/4。

15.4.2 油气润滑的优点

在油气润滑中，油的流速 $v_{油}=2\sim5\text{m/s}$，空气的流速 $v_{气}=50\sim80\text{m/s}$（见图 15-11），工作压力为 0.3～0.4MPa。在润滑点较多的场合，考虑管路多、损失大，可以适当调高压力；而在润滑点较少的场合，工作压力也可以是 0.2MPa。当工作压力≤0.2MPa 时，尤其是压缩空气流速 $v_{气}\leqslant 7\text{m/s}$ 时，则不易形成稳定连续的油膜。在油雾润滑中，油的粒度为 50～100μm，而油雾的粒度为 0.5～2μm，油和气的速度是相等的。在油气混合的管道中，初始润滑油是以较大的颗粒呈断续状黏附在内壁上，当压缩空气快速流动时，断续分布的油滴随之流动并逐渐被压缩空气吹散变薄，最终形成连续的油膜，被空气带入润滑点。从油气管中出来的油和压缩空气也是分离的，油没有被雾化，因而油气润滑不像油雾润滑那样会污染环境，也比油雾润滑的效率高，润滑剂的利用率也高。

油气润滑是润滑剂和气体联合作用参与润滑，具有气体润滑和液体润滑的双重优点。即气体的支撑作用、气体黏度不受温度影响的特点，以及液体润滑减摩、降温、低摩擦因数、防蚀、密封、清洁等特点。油气润滑有油雾润滑的优点，同时克服了油雾润滑无法雾化高黏度润滑油、污染环境、油雾量调节困难等不足。油气润滑的主要特点如下：

1）油气润滑中的润滑油，它是以油滴的形式被压缩空气输送到润滑部位，因而油气润滑系统能输送各种性能的润滑油，它不受润滑油黏度的限制。另外，不需对润滑油进行加热，即使是在较寒冷的环境下也是如此。

2）油和气不具有一体性，所以油和气可以通过调整油量及压缩空气量，配成满足各润滑点要求的比例。

3）油没有被雾化，向大气排放的仅是空气，因而对环境没有污染。

4）润滑腔的压力由压缩空气的压力决定，一般可达 0.25~0.8MPa，腔内高压对防止尘埃及杂物的侵入极为有利。

5）润滑效率高，可大幅度提高摩擦副的使用寿命。

6）耗油量极低，一般油气润滑的耗油量只有传统润滑耗油量的 1/5~1/100。

7）油气是两相润滑，它是通过形成的两相膜隔开相对运动的摩擦副而起润滑作用的。大量的高速油气流，可以带走大量的摩擦热，起到冷却降温作用。另外，油气润滑解决了高速轴承的润滑问题，高速轴承在转动时由于离心力的作用，油雾无法穿透空气层进入轴承，而油气则能穿透，所以油气润滑的效果要比油雾润滑好。

8）有些设备因为需要压缩空气而受到限制，如吊车、移动行走机械等。由于要采用空压机，不仅增加了投资，同时也带来了噪声，这是油气润滑的缺点。

油气润滑作为一种新型的润滑技术首先在欧洲推广开来，并逐步在世界各国得到广泛的应用。极低的耗油量和零排放是油气润滑的突出优点。该系统是由供油泵、过滤器、油气混合器和电控装置等主要部件组成，如图 15-14 所示。油气润滑可广泛地应用于各个工业领域。油气润滑与油雾润滑相似，但又不同于油雾润滑，两者都是以压缩空气为动力源，将稀油输送到润滑点上。所不同的是，油气润滑并不是将油撞击为细雾，而是利用压缩空气的流动，把油沿着管路输送到润滑点上。润滑剂不用加热，100%被利用，润滑剂不被雾化。油气润滑是一种精细的润滑方式，需要多少润滑量就流多少润滑量。无论是从润滑效果或是从环境保护角度来看，油气润滑都是一项值得推广的先进润滑技术。它突出的优点包括：技术先进、经济优势和对环境友好等。

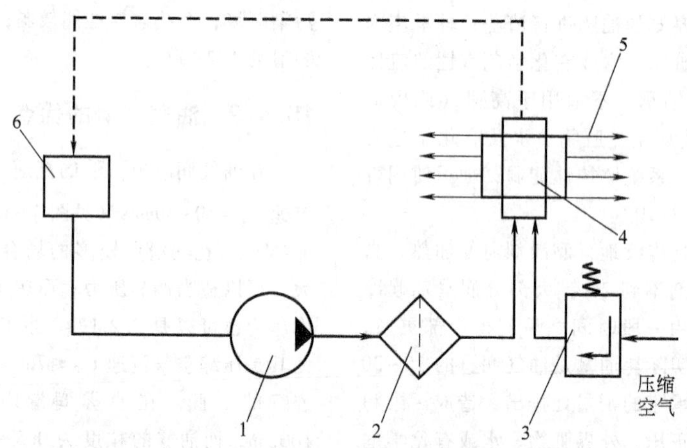

图 15-14 油气润滑系统的结构

1—供油泵 2—过滤器 3—供气部分 4—油气混合器 5—油气润滑管路 6—电控装置

油气润滑与油雾润滑在流体物理性质上有很大差别，在油雾润滑中，油被雾化为 0.5~2.0μm 的雾粒，而且油和气两种流体的流速是相等的。而在油气润滑中，油是以连续薄膜的方式被导入润滑点的，并在润滑点处以精细油滴的形式喷射出来。喷出油滴的状态在很大程度上取决于喷嘴的设计。图 15-15a 表示油气管中的油膜状态，它分布在油气管道内壁四周。当压缩空气快速流动时，油滴也随之以低速缓慢移动，并逐渐被压缩空气吹散变薄，在将到达管道末端时，原先是间断地黏附管壁四周的油滴已被吹成波浪形油膜的形式连成一片，形成连续油膜，如图 15-15b 所示。

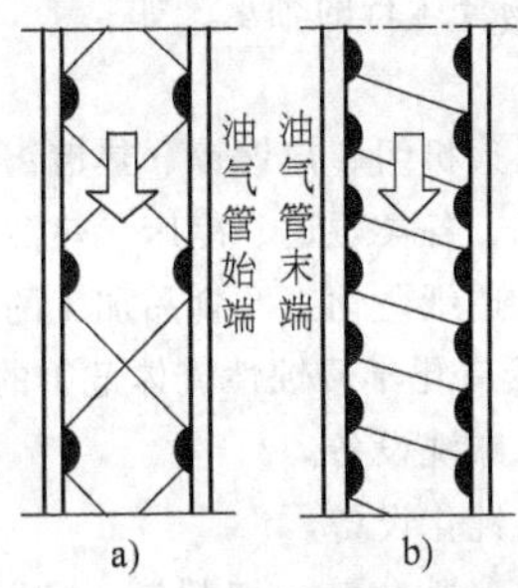

图 15-15　油气管道中的油膜状态

油气润滑就是气液两相流体冷却润滑技术的典型应用，它通过形成的气液两相膜隔开相对运动的摩擦面，从而起到润滑作用。哈尔滨工业大学闫通海教授在研究气液两相流体冷却润滑技术方面很有建树，研究表明，气液两相膜与单相液体膜相比，承载能力更大。气液两相膜的形成兼有流体动压和流体静压的双重作用。与油雾润滑不同，油气润滑几乎不受油的黏度限制，也不须对油进行加热，即使在寒冷地区也能适用。油气润滑对压缩空气的要求是工作压力在 0.3~0.4MPa，大多数工厂的压缩空气气源都能满足这个使用要求。油气润滑技术近年来在工业界发展很快，它的优越性也十分明显，对传统设备润滑系统的改造具有很大潜力，应用前景十分广阔。

15.4.3　REBS 油气润滑技术

德国 REBS（莱伯斯）公司利用先进的 CNC（数控）机床和独特的加工工艺，开发出了包括中国在内的在世界多个国家获得专利的 TURBOLUB 油气分配器，实现了对油气流的均匀或按比例分配，从而促使油气润滑技术锦上添花，并大大拓展了油气润滑技术的应用领域。TURBOLUB 油气分配器是一种没有运动部件的分配器，可安装在任何部位且不会磨损，也不受油的黏度和空气量的影响。它可以使油气管路变得简洁，可实现油量的再次分配。油气润滑的耗油量只相当于油雾润滑的 1/10 左右，相当于干油润滑的 1/100 左右。因此，可采用间歇式供油方式，油气润滑的这一供油方式意义重大。油气润滑的应用是从一些工况条件恶劣的部位（尤其是冶金设备）开始的，也就是说，油气润滑从一开始应用就针对其他润滑方式很难解决的问题和地方。据报道，现在世界上在运行的冷轧板带轧机中的 80% 都采用了 TURBOLUB 油气润滑技术，在中国多家炼钢厂连铸机上也得到了广泛的应用，在港口起重运输机械、吊车的轨道、火车和地铁的轮缘上也得到了成功的应用。油气润滑已很好地解决了高速轴承的润滑问题。高速轴承在转动时由于离心力的作用，油雾无法穿透空气层进入轴承，而油气则能穿透，所以，在这方面其润滑效果要比油雾好得多。借助于 TURBOLUB 油气分配器在分配油量方面的独特作用，德国 REBS 公司构筑的 TURBOLUB 油气润滑系统只需一套即可满足有三千多个润滑点（轴承）的连铸机组的润滑需求，并使轴承处于良好的润滑状态。

油气润滑不仅在速度高时能够形成完整的气液两相膜，即使在速度较低时依然能够形成具有较强承载能力的气液两相膜，可使做相对运动的摩擦面始终处于良好的工作状态下，这一点是仅靠流体动压形成的单相液体膜无法做到的。专家研究表明，喷射到润滑点上的气液两相流体中的润滑油液体小颗粒在润滑区的固体表面上汇聚，同时由高速流动的空气形成的分散的空气小气泡混合于汇聚在润滑区固体表面的润滑液之中。随着两摩擦表面的相对运动，在两摩擦表面之间形成了气液两相流体润滑膜。众所周知，黏度是润滑剂最重要的物理特性。研究表明，在同等润滑剂条件下，两相流的黏度明显大于单向流，而且随着两相流中空气小气泡相对体积含量的增加，两相流的黏度也增大。换句话说，普通黏度的润滑剂形成的气液两相膜的厚度大于它的单向液体膜厚度。显然，由于润滑膜厚度的增加，减少了两摩擦表面直接接触的机会，减轻了两表面之间的摩擦，这就使得气液两相流体润滑具有优良的润滑减摩作用。与油雾润滑不同，油气润滑几乎不受油的黏度的限制，可以输送黏度值高达 7500mm^2/s 的油品，因此，绝大多数适宜的油品都可采用油气润滑技术，不仅是稀油、半流动干油甚至是添加了高比例固体颗粒的润滑剂都能顺利供送。另外，也不需对油进行加热，即使是在北方寒冷地区也是如此。

REBS 递进式分配器适用于几乎所有油品，不管是干油还是稀油，因此，在多种类型的润滑系统中都可以应用。递进式分配器也可和绝大多数的泵配合使用，不管是气动泵、齿轮泵、干油泵还是电磁泵。TURBOLUB 油气分配器的发明促使油气润滑技术更上一层楼。

TURBOLUB 油气分配器有以下显著的优点：

1）能实现油气的均等或按比例分配，极大地拓展了油气润滑的应用领域，同时也契合了 REBS 一贯倡导的精细润滑理念——需要多少润滑量就供给多少润滑量，不过度润滑，也不欠缺润滑。

2）因为油气分配器自身也具有分配油量的作用，所以可以减少系统中分配油量的元件，如递进式分配器（活塞）的数量，不仅使一套系统能润滑数千个润滑点成为现实，也减少了系统中的运动部件数量，使系统运行更为可靠、故障率更低。在某些场合尤其是润滑点少的情况下，甚至可以弃用递进式分配器而直接采用 TURBOLUB 油气分配器来实现对油量的分配。因此，REBS 油气润滑系统中只有不多于 3 种的运动部件泵、递进式分配器和电磁换向阀。

3）TURBOLUB 油气分配器内部没有运动零部件，因此不会磨损，并且可以内置或外置安装在受润滑的设备上，尤其是可以安装在设备内部、不易维护到的部位、高温区域、设备受水或其他有化学危害性流体侵蚀的部位。

4）TURBOLUB 油气分配器使油气润滑系统的管道变得简洁。因为它可以直接安装在设备上，所以从 TURBOLUB 油气分配器至润滑点的设备上配管就可以尽量缩短，同时从油气混合块出口只需采用一根油气管和 TURBOLUB 油气分配器连接就可以供给数十个润滑点。从现场使用的情况来看，采用 TURBOLUB 油气分配器可以节约管道量 20%~25%。不仅如此，在某些受润滑设备需要整体更换的场合，采用 TURBOLUB 油气分配器后在整体更换时往往只需拆装一根管道（快速接头），这无疑减轻了工人的劳动强度并提高了作业效率。

15.4.4 油气润滑技术的应用

油气润滑的应用是从一些工况恶劣的部位（尤其是冶金设备）开始的，也就是说油气润滑应用从一开始就针对其他润滑方式很难解决的地方。比如高速线材轧机滚动导卫轴承，由于转速极高（精轧区转速可高达 40000r/min），在采用油气润滑之前，每工作 1~2 班就得更换已烧毁的滚动导卫轴承，采用油气润滑之后更换时间间隔延长到数天或几个月。

从传动件的类型来看，油气润滑不仅能用于滚动轴承和滑动轴承，还在齿轮尤其是大型开式齿轮、蜗轮蜗杆、滑动面、机车轮缘及轨道、链条等传动件获得了广泛应用。以下是在一些恶劣工况下的典型应用：

1）高负荷及高速运行的各种类型的轧机及其附属设备的轴承，如：

① 冷热轧普通钢或不锈钢板带轧机。

② 线材或棒材轧机。

③ 冷热轧有色金属板带轧机（铝板、铝箔、铜带）。

④ 矫直机、拉伸弯曲矫直机、平整机、光整机。

⑤ 各类矫直辊、张力辊、夹送辊、转向辊、板形辊、跳动辊等。

2）高温场合运行的轴承，如：

① 连铸。

② 连续退火机组、热镀锌、热镀锡等。

③ 推钢机、各类辊道、冷床、热活套等。

④ 冶炼、造纸、化工及食品加工的高温区域。

3）轴承受有化学侵蚀性流体危害的场合，如：

① 酸洗、碱洗设备。

② 涂镀、钝化设备。

③ 处于水、乳化液、切削液、危险流体或有害气体中运行的设备。

4）各类磨床高速主轴。

5）齿轮尤其是大型开式齿轮，如：

① 球磨机。

② 回转窑。

③ 各式齿轮箱。

6）滑动面，如：烧结机台车滑板、各种导轨等。

7）机车轮缘及轨道。

8）某些特殊结构的链条。

下面是几种典型应用案例：

1. 轧机 TURBOLUB 油气润滑系统

在采用 REBS 油气润滑之前，轴承由于润滑不良而频繁损毁，严重时甚至使轴承座和轧辊报废，导致了巨大的设备和停机损失，废品率提高，备件和修理费用也不堪重负，而由 REBS 开发的 TURBOLUB 油气润滑系统成功地解决了串列轴承的润滑难题。

TURBOLUB 油气润滑系统的一个显著特点就是在轴承座内部装配了圆柱模块式的 TURBOLUB 油气分配器，这种分配器是专门针对采用串列轴承的轴承座结构而开发的，它是 REBS 的专利技术，它可以将进入轴承座内部的油气混合物按特定比例分配成 3 个支流，这样的分配体现了 REBS 精细润滑的理念——润滑剂 100%被利用。正是由于对油气的这种二次分配，供送到轴承座的润滑剂能够快速渗透到各个摩擦副，从而达到理想的润滑效果。

由于 REBS 的 TURBOLUB 油气润滑所展现的卓越效果，据报道，现在世界上在运行的冷轧板带轧机中约 80%都采用了 TURBOLUB 油气润滑技术，而且很多用户不仅在工作辊、中间辊、支承辊上采用，还扩展到张力辊、夹送辊、导向辊、转向辊、板形辊等。

在轧机轧辊轴承上采用 TURBOLUB 油气润滑系统有以下收获：

1）轴承寿命比采用其他润滑方式提高 3~6 倍，大幅降低轴承消耗费用和备件费用。

2）耗油量仅为其他润滑方式的 1/5 甚至更少。

3）压缩空气在轴承座内保持正压，可有效防止外界杂物（尤其是乳化液）侵入轴承座并危害轴承。

4）系统监控完善，可避免轴承无润滑运转。

5）不污染环境，也不会像采用其他润滑方式一样对乳化液及乳化液系统等造成严重影响，甚至缩短了乳化液的更换周期。

2. 连铸机 TURBOLUB 油气润滑系统

连铸机各工艺段如顶区、扇形段、矫直段及水平段等的辊组轴承多达数百个乃至几千个，轴承的润滑一直是一道难题。因为轴承所处的工况恶劣，受重载、高温、极低速运转、伴有蒸汽，以及轴承座易受水、外界脏物侵入并危害轴承等的影响，采用干油润滑时，存在如下几个问题：

1）轴承使用寿命短，运转不良且导致粘辊严重，从而加剧辊子的消耗。

2）重载低速情况下轴承转动件之间难以建立起稳定的油膜。

3）油耗量大而利用率低。

4）每次换轴承都要清洗轴承座，使得维护不便且费用高，而使用过的干油又难以处理。

5）从轴承座溢出的干油对冷却水系统造成污染，严重时甚至堵塞冷却水管道。

6）氧化铁皮等杂物和水容易侵入轴承座并危害轴承，缩短轴承使用寿命。

7）高温下轴承座内的干油容易碳化，并堵塞干油管道和分配器。

针对这种情况，REBS 提供了完整的解决方案，并应用在多个炼钢厂连铸机上，使用效果非常理想，解决了以上这些难题。

在多个炼钢厂连铸机上的应用实例证明，采用 TURBOLUB 油气润滑系统获得了如下收益：

1）润滑效果令人满意，大大延长了轴承的使用寿命，轴承寿命比干油润滑提高了 3~6 倍。

2）大幅度降低了粘辊率并减少了因粘辊造成的废品和辊子消耗，粘辊率最少降低 40%。

3）阻止外部的杂物和水侵入轴承，有利于轴承的密封。

4）润滑剂的消耗量很低，只相当于干油润滑的几十分之一。

5）维护和运行成本大幅减少，节能降耗的效果显著。

6）废干油的处理费用为零。

7）杜绝了干油外泄对设备运行环境和冷却水造成的污染，水处理费用下降。

3. 线材或棒材轧机 TURBOLUB 油气润滑系统

现代化线材或棒材轧机在最后轧辊上的速度已达到或超过 90m/s，转速高的导卫辊已能达到 60000r/min，即使在速度较低的线材轧机上，导卫的转速也已达到 30000r/min。在采用油气润滑之前，导卫辊每班要更换两次以上。此外，高速线材轧机滚动导卫轴承还往往处在高温的工况条件下，同时还要受到大量冷却水和脏物的影响，如果润滑不良和润滑方式不对，则很容易损坏轴承，既增加了备件费用，又降低了线材的成材率。采用干油润滑的滚动导卫轴承在高温高速的工况条件下，轴承座内的干油会很快碳化，不但达不到润滑效果，还会起反作用；油雾润滑虽然对滚动导卫有一定作用，但效果远没有油气润滑好，而且油雾润滑会污染环境并对人体有害。由于轴承的转速极高，转动过程中轴承周围形成高速旋转的“气套”，不论是干油还是油雾都无法穿透这一气套层进入轴承内部，只有油气有能力穿透。油气润滑可适用于转速高达 $nd_m = 1500000$m/min 的轴承，其中，n 为轴承每分钟转数；d_m 为轴承中径（滚珠处）。因此，在高速条件下运转的轴承由于容易发热及磨损而应采用油气润滑。TURBOLUB 油气润滑系统能对滚动导卫轴承进行有效的润滑，并且具有完善的监控功能。对滚动导卫轴承进行油气润滑有以下优点：

1）有利于环境保护，没有污染。

2）润滑油的消耗量小，只有干油润滑的几十分之一，是油雾润滑的几分之一。

3）有效降低轴承的温度，延长轴承的使用寿命数倍，并且有利于轴承的密封，提高线材的成材率。

4）润滑剂 100%被利用。

5）维护保养简便。

REBS 油气润滑技术经过几十年的发展，在实践中体现出了如下的优点：

（1）润滑效能高，大幅提高传动件的寿命　REBS 油气润滑在德国帝森克虏伯钢铁公司的实践表明，让轴承工作寿命超过 2 万 h 已不再是一个难以企及的目标；英国钢铁公司甚至报告说，在非恶劣工况下使用 REBS 油气润滑的轴承和齿轮竟然在 10 年之内无一损坏。来自世界各地包括中国在内的用户的报告表明，采用油气润滑的轴承等传动件的使用寿命是采用其他润滑方式的 3~6 倍，用户可因此节约大量的备件采购及储备费用。REBS 油气润滑之所以能大幅提高传动件的寿命，是由于以下原因：

1）油气润滑的气液两相油膜大大提高了油膜的

承载能力，减少了摩擦损失，提高了润滑效能。

2）油气是连续供送到轴承座的，或者说润滑剂是以一种少量但源源不断的方式供送到轴承座的，轴承每时每刻得到的润滑剂都是新鲜的，油气所产生的气液两相油膜也每时每刻都是新鲜的，承载性能是未受到破坏的。

3）压缩空气是一种天然的冷却剂，这一点在油气润滑应用于轴承时尤其明显。由于压缩空气可以在轴承座内保持一定的正压，而轴承座内的正压和供送入轴承座的压缩空气压力之间有一个大的压差，这一较大的压差所起的作用就是冷却轴承，而且是持续不断地冷却，压缩空气的流量越大，降温效果越好。因此通过压缩空气的溢出带走了大量的热量，轴承可维持低温运行。

在一些高温场合如冷轧连续退火机组、热轧出炉热送辊道、连铸等的应用表明，采用油气润滑后这些部位的轴承温度降低30~150℃是现实可行的；在温度不太高的场合，将轴承温度降低10~40℃也很容易实现。同时压缩空气通入轴承座并从轴承座中溢出也增强了轴承座的密封性能，因为压缩空气可使轴承座内保持0.03~0.08MPa的正压，使外来的水、有化学侵蚀性的流体、有害气体、氧化铁皮及其他脏物无法侵入轴承座危害轴承。

（2）介质消耗量低 采用油气润滑后润滑剂的消耗量只相当于油雾润滑的几分之一、干油润滑的几十分之一、稀油润滑漏损掉的油量的一小部分，这已经被无数的实例所证明。采用油气润滑后压缩空气的平均消耗量也仅为每个润滑点$1.5m^3/h$，非常廉价。

（3）适用于恶劣工况 适用于高速或极低速、重载、高温及受水或其他有化学危害性流体侵蚀的传动件运行的场合。

工况1：高速或极低速轴承的润滑难题。REBS开发的世界上第一套油气润滑系统就是用于解决高速线材轧机滚动导卫轴承的润滑难题。由于高速线材轧机轧制速度不断提高，滚动导卫轴承的转速尤其是精轧区可高达40000r/min，采用干油润滑时轴承很快发热烧毁；采用稀油润滑时供油量必须很大才能有效降低轴承温度，但稀油润滑不易解决轴承密封和稀油漏损的问题；而由于滚动导卫轴承高速旋转，轴承周围形成“气套”，如果采用油雾润滑的话，其相对较低的压力（0.004~0.006MPa）不足以穿透这层“气套”。因此只有油气润滑是最佳的解决方案，油气润滑既解决了润滑问题，同时也解决了密封问题。日本精工公司通过试验确认油气润滑可以适用于转速值高达$nd_m=1500000$m/min（n为轴承每分钟转数；d_m为轴承中径）的轴承。

同样REBS也率先开发出了连铸机极低转速轴承的润滑系统。气液两相混合流体在轴承座内喷射时，不仅在速度高时能形成完整的气液两相膜，在速度较低时也能形成具有承载能力的气液两相膜，使做相对运动的摩擦表面始终处于良好的工作状态下，这一点是仅靠流体动压形成的单相流体膜所无法比拟的。因此采用油气润滑具有宽广的速度适应范围。

工况2：重载轴承寿命。采用现代化液压设备AGC控制带钢辊缝的板带冷轧轧机的轧制力可达千吨以上，其工作辊轴承要承受巨大的负荷，因此要求润滑剂要有足够高的黏度［$320\sim680mm^2/s$（40℃）］以达到较高的油膜厚度及油膜形成率，这样轴承的使用寿命才有保障。

工况3：高温环境。很多工业领域都有设备或传动件处于高温状态运行的场合，冶金工业尤其典型。从烧结、炼铁炼钢到型材或板材轧制，都伴随着高温。如烧结机台车滑板、炼钢后的连铸机，以及各种加热或加热后轧制的工序如线材、棒材、管材、轨梁、中厚板、薄板轧制、薄板连续退火、热镀锌、热镀锡、涂层等很多设备都处于高温环境运行，润滑不良一直是影响传动件运行状态和使用寿命的一大难题。

例如连铸机组，一些辊组或轴承的环境温度高达1400℃，轴承本身的温度也达100~300℃，个别部位甚至更高。传统的润滑方式难以对轴承提供有效润滑，轴承损毁严重，对机组的作业率带来不利影响且生产成本高。以连铸机上普遍采用的干油润滑为例，因受高温影响，干油中含量最高的基础油在高温下极易渗出，从而导致干油碳化，这会造成管道和分配器的堵塞，而冷却水和氧化铁皮等杂物会侵入并危害轴承；从另一个角度来看，低速重载情况下轴承转动件之间难以形成润滑油膜，也会导致轴承润滑不良。由于轴承运转不良或损坏，会导致“粘辊”并使拉坯出坯阻力明显增加，严重时甚至还会造成因辊缝增大而引起的层裂废品（板坯）；冷却水系统会被从轴承座溢出的干油污染，大大增加水处理费用；使用过的干油难以处理，并对环境造成污染等。因此应该有一种较好的润滑方式，在向轴承提供良好润滑的同时还能对轴承进行冷却降温，使轴承处于较低温度状态下运行，以改善轴承的运行效能并延长轴承的使用寿命。油气润滑就是这种最适合的润滑+冷却的方式。

油气润滑可以采用高黏度的润滑稀油并向轴承提供具有足够厚度和承载能力的气液两相膜，使轴承处于良好的受润滑状态；同时压缩空气从轴承座溢出，带走大量热量并冷却轴承，降低轴承的温度。不仅如此，轴承座还因压缩空气的通入而维持正压，对轴承座起到了良好的密封作用，避免了水、氧化铁皮等外来物侵入并危害轴承。另外，采用油气润滑时油的耗量极小（每个轴承 1~2mL/h），不会像干油润滑那样大量溢出并污染冷却水。在更换轴承的时候也不需要像采用干油润滑系统那样对黏附在轴承上的厚厚的干油进行清理。用过的干油不仅污染环境，进行处理还需花费一定费用。

我们必须辩证地看问题，油气润滑也存在一些缺点：

1）由于采用压缩空气，某些气源缺乏的应用受到限制。在某些设备，如吊车和移动行走机械，由于没有专用的气源，使油气润滑的应用受到限制，因此要采用油气润滑需要配备空气压缩机，虽然配置空气压缩机的费用并不昂贵，但还是在一定程度上增加了投资费用。

2）油气润滑带来一定的噪声。尽管油气润滑改善了传动件的润滑并降低了噪声，但由于采用压缩空气作为输送润滑剂的介质，采用油气润滑还是会带来一定的噪声，噪声值大约在 30~50dB 之间当然这一噪声值比绝大多数工厂的背景噪声值低，甚至比城市闹市区的噪声值都要低。

3）油气润滑设备的初始装机投资比干油润滑和油雾润滑要高，大多数情况下比稀油润滑要低。虽然油气润滑设备的运行成本远远低于上述润滑方式且投资回报远远高于上述润滑方式，但在严格控制投资费用或配套成本及只考虑短期利益的时候，油气润滑也暴露出了它的短处。

油气润滑技术在轴承行业的应用已取得了明显优势：

1）润滑效率高，可大幅度提高轴承的使用寿命。由于油气润滑在供油量、轴承温度和摩擦三者关系上找到了最佳区域，即油气润滑用最小的供油量能达到降低轴承温度和减少轴承摩擦的良好效果，实现了润滑剂 100%被利用。

2）耗油量极低。例如，某厂每套轧机工作辊轴承采用油气润滑全年的稀油耗油量仅为 1.7t，而采用油脂润滑的耗油量全年高达 24t，可见油气润滑的耗油量只是油脂润滑耗油量的 1/14。

3）大幅降低设备的运行和维护费用。正因为油气润滑大幅度提高了轴承的寿命，因此与轴承相关的运行和维护费用大幅降低。

4）适用于高速、高温、重载及流体侵蚀的场合。除了润滑剂 100%被利用外，在运动的轴承部件之间形成尽可能薄的润滑油膜。连续流动的压缩空气对轴承来说是理想的冷却剂，不仅能散热轴承及降低轴承的温度，而且能在轴承座内部保持正压，对轴承起到良好的密封，有效防止外部流体或脏物侵入轴承内部危害轴承。

5）环境效益明显。油和压缩空气在形成油气混合物时并不真正融合，也不存在雾化现象，因此不会像油雾润滑产生的油雾对周围环境和人体有害，也不会对乳化液介质造成危害，同时在更换轴承时也不需要像采用油脂润滑那样对黏附在轴承上的厚厚油脂进行清理，既保护了环境，又节省了处理费用。

由于油气润滑技术的优越性，现在新的冷轧机工作辊轴承都采用了油气润滑系统，如宝山钢铁股份有限公司（以下简称宝钢）冷轧机的五机架连轧机和单平整机工作辊轴承，均采用油气润滑。而一些油脂润滑系统也被改变成油气润滑系统。据报道，德国的克房伯钢铁厂在五机架冷连轧机工作辊轴承上采用了油气润滑后，其轴承寿命超过 2500h。武汉钢铁集团公司（以下简称武钢）从德国引进油气润滑轴承技术后，也表明了油气润滑技术是轧机轧辊辊颈轴承润滑技术的发展方向。又如，我国安阳钢铁集团有限公司（以下简称安钢）高线机组油气润滑系统由美国摩根公司成套供应，使安钢高线机组线材机架滚动导卫和配套部件处于无故障运行状态，每年可节约 80%的备件。这一切均得力于油气润滑技术的应用。武钢冷轧厂五机架工作辊轴承为四列圆锥滚柱轴承，原设计采用润滑脂润滑，轴承寿命一直偏低，尽管采取多种措施加强维护管理，也只将轴承平均寿命提高到 717h，仍低于通常轴承 3000~5000h 的要求，对正常生产造成严重威胁。故该公司决定从德国引进油气润滑新技术，以期改善轴承的使用条件，提高其寿命。武钢 1700mm 冷连轧机引进该项技术几年来，已轧制 400 多万吨钢材，其轴承寿命提高到 1500h 以上。可见，油气润滑具有广阔的发展前景，也是轴承润滑技术的发展方向。

另外，高速加工机床电主轴的润滑采用油气润滑技术也是最佳的选择，但为了保证油气润滑装置的正常工作，国外一些电主轴公司还规定润滑用油要达到 ISO 4406：1999 的 13~10 级清洁度标准，油气润滑装置一般由专业的电主轴公司设计制造和供应。油气润滑作为一种新型的润滑技术，克服了传统润滑方式许多缺点，其中极低的耗油量和零排放是油气润滑技术的突出优点。如广泛应用于冷轧和平整机组中，能解决稀油润滑系统、干油润滑系统和油雾润滑系统等传统的单相流体润滑技术无法解决的难题。油气润滑是一种精细的润滑方式，能精确给出所需的润滑量，这不仅能节约大量润滑油，而且还可保证有效的润滑。油气润滑作为一种新的润滑技术正引起越来越多的工业企业的重视，它在连铸机、各类冷热轧机、高速线材轧机和棒材轧机，以及开式齿轮等场合的成功应用，为油气润滑的发展提供了坚实的基础，为许多工矿企业带来了极其可观的经济效益。

油气润滑作为一种迄今为止最为先进的润滑方式，已在钢铁企业得到了广泛的应用。鞍山宝得钢铁有限公司四流方坯连铸机的振动装置、拉娇机和辅助拉娇机共计76个轴承采用了油气润滑系统。在将近两年的使用过程中，采用油气润滑的设备没有因为润滑系统的故障而损坏一个轴承，油气润滑系统也无须专门维护，性价比很高。

油气润滑作为一种新技术，正引起越来越多的钢铁企业和设计研究部门的重视。它在连铸机、各类冷热轧机、高速线材轧机和棒材轧机以及开式齿轮等场合的成功应用，为油气润滑的发展奠定了坚实的基础。事实证明，连铸设备采用油气润滑后，轴承运转灵活，拉坯阻力明显降低，使用寿命大大延长，润滑油的耗量及水处理费用大幅下降，降低了设备运行成本和维修费用，使设备运行环境大为改善。油气润滑技术确实会给人们带来极其可观的经济效益，因而，有越来越多的企业采用了油气润滑系统，这是润滑技术发展的必然。油气润滑系统正以其独有的魅力在我国以前所未有的速度迅速推广，并取得了令人满意的效果。

在我国加入WTO以后，钢铁企业面临着来自国际上的巨大压力和挑战，如何利用最新科学技术、降低运行成本、提高产品质量、增加产品品种、增强国际竞争能力已成为摆在我们面前的一个急需解决的课题，油气润滑无疑是一种很好的选择。

15.5 微量润滑技术

近些年来，为了解决环保问题，人们很重视研究少排放甚至零排放的加工工艺，研究干切削和半干切削。从环保角度看，干切削最理想，但在干切削加工时，由于发热量大、振动大，影响刀具寿命和加工精度，故干切削只适用于特殊条件下。半干切削是在确保润滑性能和冷却效果的前提下使用最小限度的切削液，是目前新发展起来的微量润滑（MQL）加工方法，导致润滑技术发生了划时代的变化。

15.5.1 概述

随着人们环境意识的提高以及各国陆续推出的各项切削液的限制政策，MQL在这当中显示出了极大的优越性。目前，干式切削技术还不成熟，其应用范围也很有限，而传统的湿式切削又存在许多问题。因此，介于两者之间的微量润滑（Minimum Quantity Lubrication，MQL）技术有着极为广阔的应用前景。微量润滑也称最少量润滑，是一种新型的绿色冷却润滑方式，近年来国内外许多学者对其进行了大量的试验研究。微量润滑技术是一种有效的绿色制造技术，它是一种目前在国外较为流行的准干式切削方法。

微量润滑系统利用压缩气体将极微量的润滑油在喷嘴处雾化，将雾化的油雾颗粒喷射到切削区，雾化的油雾颗粒附着在切削区。雾化的油雾颗粒小、表面积大，加大了与刀具、工件散热面积的接触，有利于切削热的散发。另外，微量润滑切削加工时，前刀面和切屑底面的滑擦作用在刀-屑接触区形成了大量的毛细管，通过虹吸作用使切削区得到良好的润滑效果。而传统切削液切削技术也是通过渗透作用来实现冷却润滑的，但是传统的湿式加工进入切削区的是切削液中的油滴，颗粒很大，而在切削加工过程中所形成的毛细管很细不易吸收大的油滴致使冷却润滑效果较差。微量润滑技术已成为现代切削加工的重要冷却方式之一，因其良好的切削加工性能备受青睐，大量研究也证明了其优越的性能。

1996年，国际标准化协会颁布了关于环境管理的ISO 14000系列标准，德国、美国、加拿大和日本等国也相继制定出更加严格的工业排放标准，进一步限制了切削液的使用。而绿色制造技术、清洁生产、环境无害技术和工业生态等方面引起了人们的高度重视。制造过程的绿色化，也成为当今各国竞相研究的焦点。而MQL加工技术是一种绿色制造技术，切削液以高速雾粒供给增加了润滑剂的渗透性，提高了冷却润滑效果，还避免了处理废液的难题。它能避免切削液对环境的不良影响，同时改善切削加工时的润滑条件，以期降低刀具的磨损。MQL系统简单、占地小，易安装在各种类型的机床上。故MQL无疑是21世纪制造领域的一种发展新趋势。

15.5.2 微量润滑技术的原理

微量润滑技术主要包括气雾外部润滑和气雾内部冷却两种方式。图15-16所示为MQL系统。气雾外部润滑方式：将切削液送入高压喷射系统并与气体混合雾化，然后通过一个或多头喷嘴将雾滴尺寸达毫、微米级的气雾喷射到加工刀具表面，对刀具进行冷却和润滑；气雾内部冷却方式：通过主轴和刀具中的孔道直接将冷却气雾送至切削区域，进行冷却和润滑。

根据加工需要，可将两种润滑方式配合使用，以获得最佳冷却润滑效果。外部润滑系统一般由空气压缩机、油泵、控制阀、喷嘴及管路附件所组成。内部润滑系统通过主轴和刀具内部通道供给润滑油，可以直接到达加工区域，润滑充分，其效果好于外部润滑。

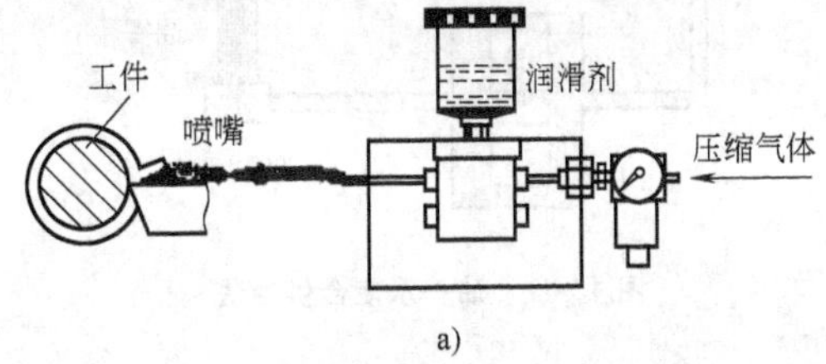

a)

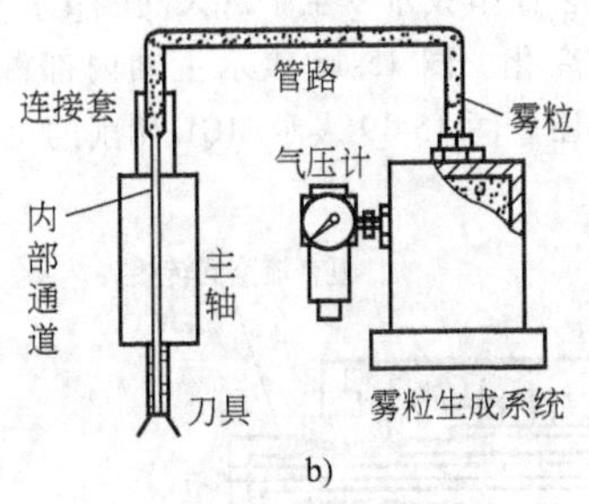

b)

图 15-16　MQL 系统

a）MQL 外部润滑系统　b）MQL 内部润滑系统

基于生态及环保要求，切削加工中的绿色制造技术及微量润滑（MQL）技术已成为当今研究的热点。因 MQL 技术在环境保护、切削、润滑、除屑和降温等方面的优势突出，此技术的使用可避免传统切削液使用时的种种弊端，故国内外许多企业致力于开发并生产微量润滑系统，如德国 Lubrix 公司、德国福鸟（VOGEL）公司和意大利科诺润滑（Technosystems）公司等。也有许多企业将 MQL 系统应用于生产线，并取得了很好的效果，如福特汽车公司把 MQL 技术应用于汽车动力系统零件的加工生产线。

15.5.3　微量润滑技术的特点

MQL 技术融合了传统湿式切削与干式切削两者的优点。一方面是 MQL 将切削液的用量降低到极微量的程度，一般仅为 0.03~0.2L/h，而传统湿式切削的用油量为 20~10L/min，以最大限度地降低切削液对环境和人体的危害；另一方面，与干式切削相比，MQL 由于引入了冷却润滑介质，使得切削过程的冷却润滑条件大为改善，这就有助于降低切削力、切削温度和刀具的磨损。

国际上很多石油公司针对 MQL 润滑技术的特点要求，开发出了许多产品。如德国 Fuchs 公司开发的 MQL 专用润滑油就是一种适合铝合金、铸铁、钢等不同材质切削的 MQL 润滑用油。微量润滑技术作为一种新型的绿色冷却润滑方式，近年来国内外学者在 MQL 切削加工工艺方面进行了大量的试验研究。在 MQL 技术应用方面，德国的 Zimmermann 公司，DST 公司、LICON 公司和美国的 MAG 公司都已销售带有 MQL 功能的机床。一些大汽车厂商（如福特汽车公司）也已将 MQL 技术应用于汽车动力系统零件、气缸孔和变速箱等关键零部件的加工中。

MQL 技术近年来在雾粒特性、渗透性和润滑剂选择等方面进行了深入研究，并认识到需要控制好 MQL 加工现场的油雾浓度和粒径分布，才能在切削区实现精准有效的冷却润滑。微量润滑技术的优势在于其润滑剂雾粒优越的渗透性，可充分填充切削区，实现精准有效的冷却润滑。目前，在 MQL 雾粒特性、润滑剂选择和 MQL 增效技术方面，从国内外研究现状中可看出以下几个方面：

1）在 CFRP（碳纤维增强复合材料）铣削加工中，采用较高的空气流量和较低的润滑剂用量可实现更好的雾粒一致性，也可保证润滑剂的渗透性能。

2）在内部微量润滑内通道传输中，雾粒颗粒尺寸随润滑剂黏度增加而减小，压缩空气在雾粒的传输中带来紊流现象，使得润滑剂雾粒沿内通道壁面积累，并产生更大尺寸雾粒，甚至在出口处产生喷溅现象。

3）低黏度润滑剂具有较高的润湿性、较高的雾粒浓度和较大的雾粒直径，这样可有效提升钻削表面的光洁度，降低能耗。

4）需要综合考虑切削环境油雾控制和 MQL 冷却润滑性能，合理设置 MQL 系统参数，创造安全、清洁、高效的生产环境。

5）在润滑剂分子结构中，具有较长线性碳链结构的化合物可形成高强度的润滑油膜，提供较好的润滑性能。

作为一种典型的绿色冷却润滑方式，MQL 技术具有广阔的发展前景，它助力制造业向高效、绿色和可持续方向发展。一些国家已对切削液的使用制定了严格的法律和法规，如美国国立卫生研究所要求把金属加工中液体薄雾量限制在 0.05mg/m^3。因此，实行绿色制造是未来制造业发展的必然趋势。

15.5.4　微量润滑技术的应用

MQL 加工与传统的湿式加工相比，它是以极少量的润滑油剂进行加工，也就是说，其润滑状态是处于边界润滑的条件下。MQL 技术是将压缩空气与极少量的润滑剂混合汽化，并将形成的微米级雾粒喷向切削区，所以，它具有极强的渗透力。油粒直径一般应控制在2μm以下，而微米级直径油粒的获取是微量润滑系统能否成功应用的技术关键，它必须通过气动、超声等方式雾化。蒋伟群介绍，中国一汽解放汽车有限公司无锡柴油机厂采用微量润滑技术在枪铰上已取得了成功的应用，并获得了很好的经济效益。尤其是解决了生产中枪铰导管孔刀具寿命短和生产成本高的难题。MQL加工方法的新发展之一是油一水复合供油法，如图15-17所示。该方法是将油和水分别雾化，同时喷到切削点。油和水的混合比可以按需要调节，使之同时满足润滑和冷却的要求。

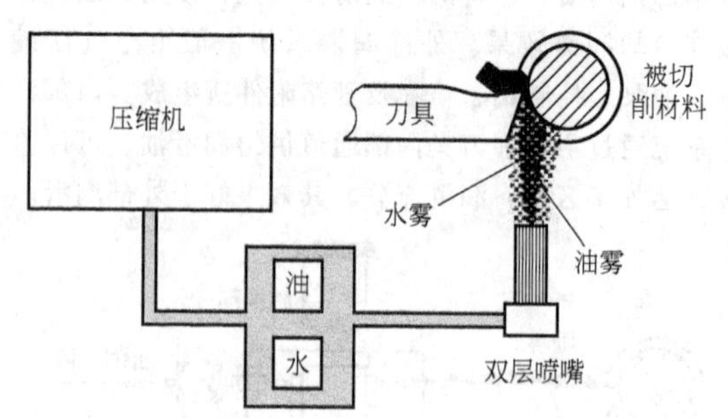

图15-17 油一水复合供油法

世界各国都很重视MQL在车削加工、铣削加工和钻削加工等方面的应用研究，并取得了很大进展。从研究中发现，通过采用MQL技术，可以用TiN涂层刀具来代替CBN刀具以降低刀具成本、减少刀具磨损，延长刀具使用寿命约3~5倍。MQL技术的应用导致工艺润滑技术发生了巨大的变化，也带来了机床结构的变化。图15-18表示主轴内部混合MQL方式的概念图。图15-19表示MQL切削的机械装置。

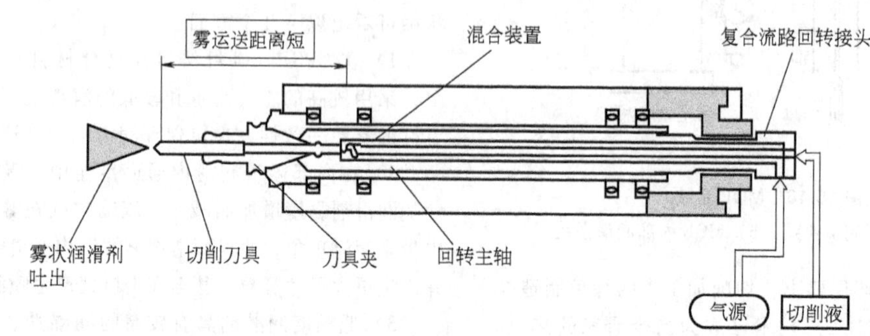

图15-18 主轴内部混合MQL方式的概念图

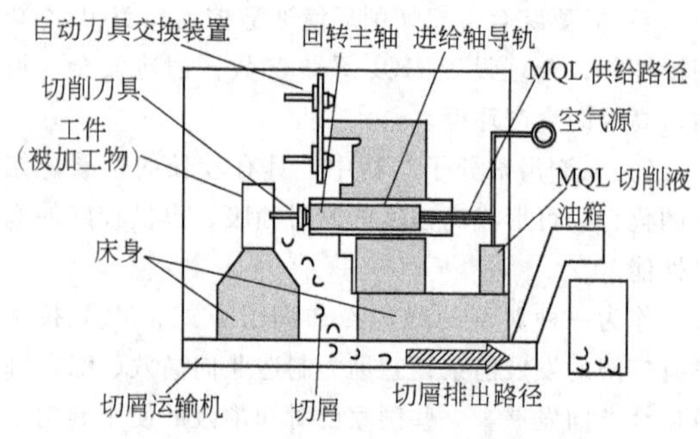

图15-19 MQL切削的机械装置

微量润滑系统的最终目的是使生成的雾粒喷射至加工区，实现冷却润滑作用。而喷射方位的合理选择关系到加工表面换热系数及润滑液的渗透性，这也成为系统能否实现功能的关键。东北大学梅国晖等人曾深入研究了喷射方位对喷雾冷却换热影响方面的问题。微量润滑技术目前已是一种成熟的技术，国内已有多间供应商出售此类设备。

15.5.5 低温微量润滑技术

随着高效绿色切削技术的发展，基于摩擦学和MQL技术发展起来的低温微量润滑技术作为一种先进的绿色切削技术已得到了长足的发展。这种技术是在微量润滑的基础上结合低温冷风而发展起来的。它是将低温压缩气体（空气、N_2、CO_2等）与极微量的润滑油（10~200mL/h）混合汽化后，形成微米级液滴，将其喷射至加工区，对刀具和工件之间的加工部位进行有效的冷却和润滑。由于常规的MQL技术在高速切削难加工材料时，切削区温度过高会使刀具表面的润滑膜失去润滑效果，若采用有效的降温手段则可进一步提高MQL的润滑效果，同时还能起到降低切削温度的作用，低温MQL系统是在此基础上发展起来的，如图15-20所示。它主要由低温冷风和微量润滑油两部分构成。

低温压缩气体的主要作用是冷却和排屑。微量的润滑油通过高压高速气流在加工区表面形成润滑膜，

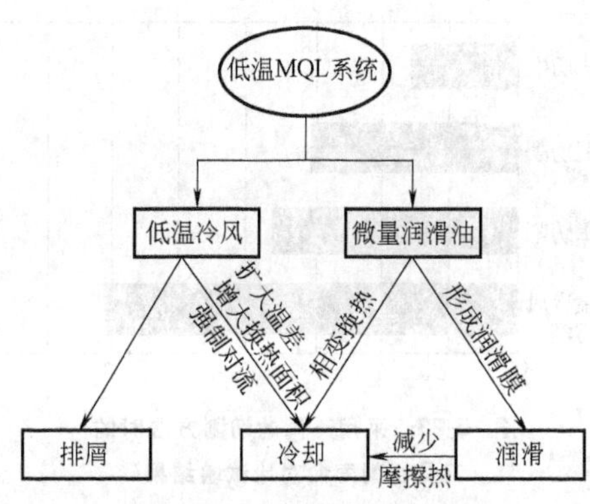

图 15-20　低温 MQL 系统

有效减小刀具与工件、刀具与切屑之间的摩擦，降低切削力；低温压缩气体在降低切削温度的同时还有助于增强润滑油的润滑效果。冷却效应主要是通过高压下高速流动的油雾引起的剧烈对流作用产生的。通过降低压缩气体的温度，一方面提高了切削区换热的强度，改善换热效果；另一方面，换热效果的提高又可以使润滑液滴形成的润滑膜进一步保持润滑能力，从而降低刀具磨损，提高刀具的耐用度。冷风作为润滑油输送的载体，是促使润滑油形成稳定油膜的必要条件。冷风的压力和温度对低温 MQL 切削性能有着重要的影响。

一般而言，随着气压的增大，冷却效果变好。这是由于不断增大的气压能有效提高润滑薄膜的承载能力，同时压缩气体愈加强烈的对流效应使得润滑油雾的冷却效应大大提升。另外，降低冷风温度同样可以提高冷却润滑效果，但是过低的温度一方面会影响润滑油的性能，另一方面会导致刀具产生热裂纹，从而加速刀具磨损。因此，在应用低温 MQL 切削时应适当控制冷风的温度和压力。通常冷风的气压为 0.4~0.6MPa，温度在-30~-10℃之间。

1. 低温 MQL 的冷却作用

在金属加工中切削热主要来源于金属的塑性变形。切削区的冷却过程，就是固体与流体之间的传热过程，低温 MQL 的冷却作用是通过低温油雾与加工区进行复杂的热交换，将全部或大部分切削热带走而实现的。若忽略微小的损失，可以简单地认为加工过程中输入的总能量全部转化为切削热，输出的总能量即为主运动消耗的功率。

2. 低温 MQL 的润滑作用

切削加工中润滑的主要目的是为了减小刀具与工件表面的摩擦阻力，实现润滑的基本原理是在由刀具、工件和切屑所组成的摩擦副之间形成具有润滑作用的润滑膜。在切削过程中，刀—屑和刀—工件接触面间承受高温高压作用，切削液的润滑效果主要与切削液的性质、数量、切削参数、工件和刀具材料，以及环境等因素有关。

3. 低温 MQL 切削时形成的边界润滑模型

边界润滑通常以混合润滑状态中起主要润滑作用的形式存在，图 15-21 所示为低温 MQL 切削时的边界润滑模型。

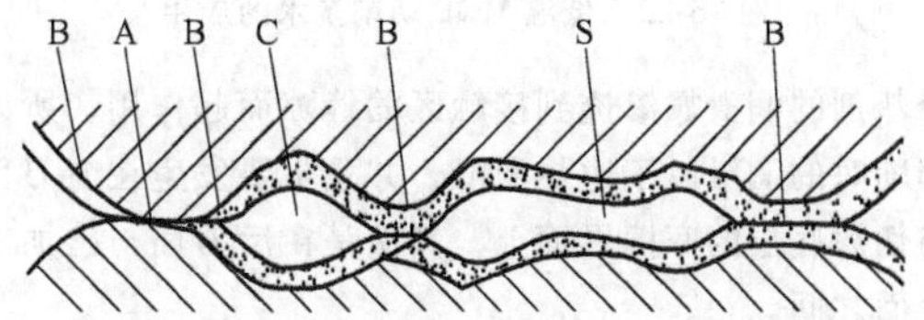

图 15-21　低温 MQL 切削时的边界润滑模型

当两摩擦表面承受载荷以后，将有一部分粗糙峰因接触压力较大导致边界膜破裂，产生两表面直接接触，如图 15-21 中的 A 所示，图中 B 表示以边界润滑为主的承载面积。C 为粗糙峰之间形成的油腔，此处边界膜彼此不接触，所以它承受的载荷很小。图中 S 为油膜润滑部分，由于两表面距离很近，运动中产生流体动压或挤压效应并承受一部分载荷。

15.5.6　低温微量润滑的应用

油的运动黏度是影响低温 MQL 加工性能较为明显的润滑油参数。低温 MQL 切削时润滑油的选择必须综合考虑润滑油在低温下的特性，如黏度、表面张力和倾点等。选择合适的润滑油及其用量对低温 MQL 切削至关重要。微量润滑系统中润滑剂是以微米级雾粒进给，在一定压力气流作用下以高速射至加工区，由于雾粒的体积小、速度大，更有利于高速进入毛细管，渗透性大大增强，且喷射方位可任意选取，可从多个方向向刀具前刀面渗透，所以较容易到达刀—屑的接触面，获得更好的润滑效果。其渗透性与切削参数（切削速度、进给量和切削深度）、油雾参数（雾滴密度、速度、大小）和喷雾方向等多种因素有关。目前，以液态 CO_2 和超低温液氮为代表的低温微量润滑切削技术以其极高的冷却效率和加工效率受到了国内外研究者的高度关注。低温 MQL 切削技术的应用如图 15-22 所示。

低温微量润滑切削技术的优点如下：

1. 低温 MQL 方法能有效地降低切削力

研究表明，低温 MQL 方法能够提供与浇注式相当甚至更好的润滑性能。在切削过程中，切屑与前刀面产生剧烈的摩擦，冷却润滑液很难形成流体润滑，

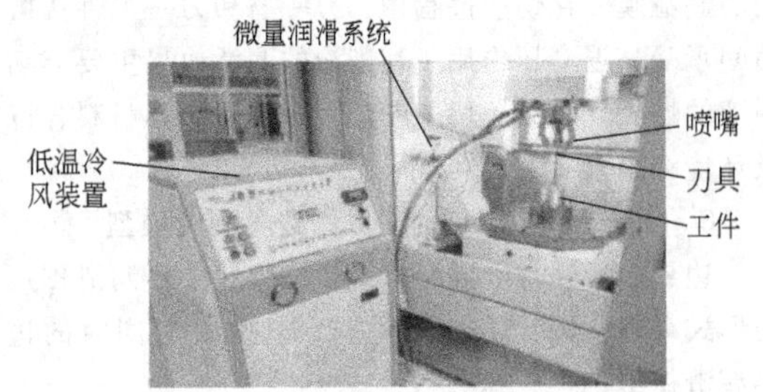

图 15-22 低温 MQL 切削技术的应用

冷却剂的润滑靠渗透到接触区的缝隙而起作用，所以切削时的润滑属于边界润滑，并且主要发生在前刀面与切屑底层的摩擦界面上，其次是在后刀面与已加工表面之间。

2. 低温 MQL 的降温冷却特性

金属加工中切削热主要来源于金属的塑性变形，一般来说，低温气体雾化射流冷却高温表面存在 3 种不同机理的传热方式：①低温雾化与高温表面的沸腾传热；②高温表面的辐射传热；③冷气流及被雾滴流卷起来的空气流与表面的对流换热。实际切削时以第 1 种为主，切削区的冷却过程就是固体与液体的传热过程。由于流体与固体分子之间的吸引力和流体黏度作用，在固体表面就有一个流体滞留层，从而增加了热阻，滞留层越厚，热阻越大。滞留层的厚度主要取决于流体的流动性，即黏度，黏度小的流体冷却效果比黏度大的冷却效果好。

低温冷气冷却比传统冷却液更易形成薄膜，且低温冷气冷却扩大了切削区温度与冷却介质间的温差，增加了切削区动态换热面积，强化了散热条件，具有冷却针对性和强迫性。

喷雾冷却中两相流体有较高的速度，能够及时将铁屑冲走，并带走大量的热量，进一步增强了降温效果，因此，喷雾冷却实际上综合了气、液两种流体的降温效果和优点。

3. 采用低温 MQL 方法减少刀具磨损

刀具磨损分为磨粒磨损、黏结磨损和扩散磨损 3 种形式。一般来说，低速切削时黏结磨损占主要部分，高速切削时扩散磨损占主要部分，而磨粒磨损在任何速度下都存在。低温 MQL 能有效地降低切削温度，减小切削界面的摩擦，防止刀具软化，减少磨料磨损以及与温度有关的黏结磨损和扩散磨损，因而可以大幅度提高刀具寿命。日本横川研究所采用不同的切削方法时的刀具切削寿命对比试验结果如图 15-23 所示。

4. 影响 MQL 切削加工效果的主要因素及措施

MQL 切削加工的特点是以极少量的切削液达到良好的切削加工效果，切削加工效果与切削液的渗透性、导热性、润滑性有着十分密切的关系。因此，一切与切削液渗透性、导热性及润滑性相关的因素，都在一定程度上对 MQL 切削加工效果有影响。这些因素包括切削工艺参数、喷雾参数、供液路径、刀具和工件材料等。其中，切削工艺参数包括切削速度、切削深度、进给量等；工件和刀具因素包括工件材料、表面粗糙度、切削性能，以及刀具材料和涂层；喷雾参数包括雾滴粒径、雾滴速度、喷雾方位、流量等。

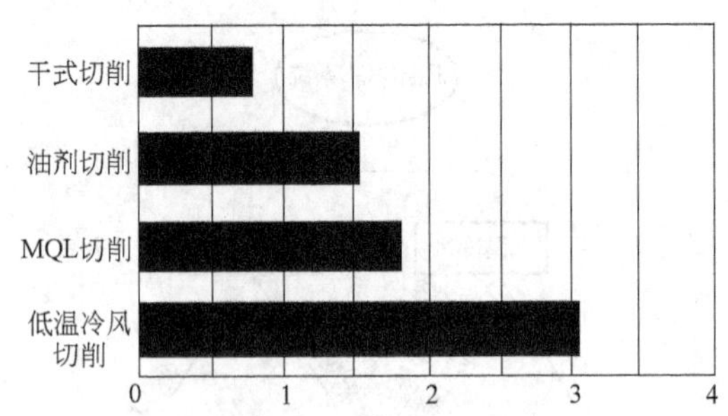

图 15-23 采用不同的切削方法时的刀具切削寿命对比试验结果

提高 MQL 切削加工效果的措施如下：

1）选择性能良好的切削液，其一是在使用效能上必须满足使用对象的切削要求，其二是对环境的负面影响小，在生态效能上对环境无危害。

2）优化 MQL 切削液供应方位、供应参数和切削液用量。

3）优化切削液用量，要保证润滑的有效性必须使切削区的温度、压力控制在一定的范围内，而这些条件受到切削液用量的影响。

低温 MQL 技术在许多方面已得到成功应用，在对钛合金、淬硬钢、高温合金和不锈钢等难加工材料的切削加工应用方面，与使用干式切削和湿式切削相比，MQL 表现出了良好的切削性能，而低温 MQL 的效果更加明显。

加工难加工材料时，切削区温度很高，刀具寿命短，零件表面质量一般难以达到目标要求。传统切削液对环境污染严重，而且实践也表明，切削液的使用会造成刀具表面急冷冲击，引发崩刀、微裂纹等问题，加速刀具磨损。低温 MQL 技术在难加工材料的切削加工上体现出了巨大的优越性，既能满足零件加工质量要求，提高了加工效率和刀具使用寿命，又可大幅减少切削液的使用量。

低温 MQL 技术能够提供与传统浇注切削相当甚至更好的冷却润滑性能，在适宜的切削参数下，可以更有效切削，它给切削难加工材料提供了一种清洁、高效的润滑方法。

MQL 技术作为一种有效的绿色制造技术，在工业界已经得到了广泛的应用。而低温 MQL 技术作为一种新型冷却润滑技术在许多难加工材料的高速加工中具有更优异的性能，它是 21 世纪绿色制造业的重要组成部分，因此，低温 MQL 技术具有广阔的发展前景。

15.6　全优润滑技术

15.6.1　概述

随着现代科技的不断进步和各工业领域的创新发展，设备维修制度已从过去故障维修（事后维修）、预防维修（定期维修）、预知维修（预测维修）发展到当今的主动维修（设备维修新理念）。据报道，在工厂发生的总故障统计中，与润滑有关的故障约占 40%~50%，而在润滑管理的总效益中占前三的是：节约维修费用、节约停工损失费、延迟设备使用寿命。上述这些表明，润滑油在设备管理效益中所占的地位十分重要。由润滑油的质量问题造成的设备故障或损坏不计其数。随着技术进步，这些故障目前可从润滑油某些指标的监测数据中做出准确诊断，并提出克服措施。

全优润滑管理源于 20 世纪 70 年代末，最先在新日本制铁公司（以下简称新日铁）推广和应用（1978 年）。新日铁在全优润滑管理上的成功应用，大大地促进了全优润滑技术在欧美国家的发展。现在，全优润滑技术已经被世界 500 强企业提上日程。据报道，在 2006 年美国 NORIA 公司主办的全优润滑技术国际会议上，每人参会费高达 1200 美元，但仍有 1400 多名代表参加，可见全球对全优润滑的高度重视。从 2012 年举办首届“中国企业润滑管理高峰论坛”开始，由国机集团广州机械科学研究院有限公司、中国机械工程学会摩擦学分会工业摩擦学工作委员会连续组织的 7 次润滑管理国际会议及工业摩擦学研讨会议，吸引了国内外近 6000 名代表参会，积极促进了中国润滑管理行业的快速发展，为企业绿色发展提供了有益帮助。

全优润滑就是对设备润滑的所有环节进行优化，以达到设备效益的最大化。即在当前技术、经济条件下，以实现设备生命周期成本最低、设备生命周期利润最高为目的，在现有基础上，对设备润滑系统进行全过程优化，而采取的各种管理和技术措施，图 15-24 所示是全优润滑的内涵。

全优润滑是新出现的一种润滑理念，它是技术和

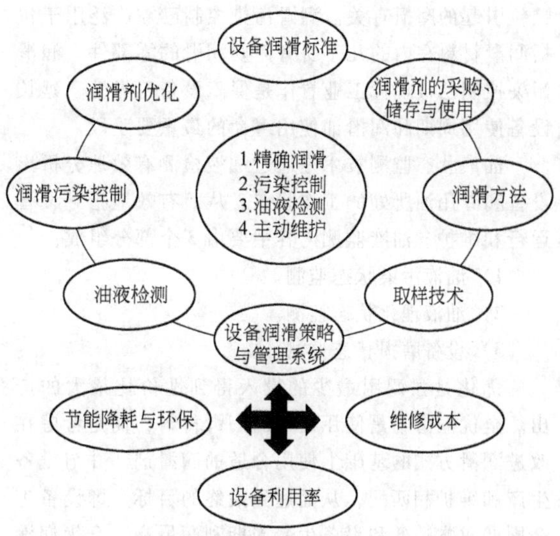

图 15-24　全优润滑的内涵

管理的有机结合，其核心是精准润滑、污染控制、油液监测和主动维护。全优润滑又称 FLAC 监控体系，FLAC 是燃油（Fuel）、润滑油（Lubricating Oil）、空气（Air）、冷却液（Coolant）的英文缩写，它主要监控上述 4 种物质的品质。据不完全统计，设备故障有 75%是由 FLAC 直接或间接造成的。全优润滑新理念包括：

1）润滑油是机器的血液，机器的生命在润滑油里。

2）润滑油是机器工作的最重要条件，一旦失效将导致所有零件失效。

3）FLAC 中只有润滑油是设备管理和维修人员能够控制的因素，你不能改变机器的设计和操作规程，但你能够控制和改变润滑油及其使用工艺。

全优润滑依据了 3 项核心技术：

1）精准润滑（润滑材料与润滑方法的优化）。

2）润滑与污染控制（控制固体颗粒、水分、气泡及泄漏）。

3）润滑剂的选用和优化。

其中，润滑剂的选用和优化是全优润滑的前提，污染控制是全优润滑价值和实践的核心，而油液监测是润滑剂优化和污染控制的手段，三者交互作用，缺一不可。

润滑装置的优化，包括对点与集中润滑、气雾润滑，以及油和脂润滑等的优化和润滑剂用量的控制等。润滑油中的污染物主要是指各种固体颗粒和水。润滑污染控制是指采用各种有效措施，保持润滑材料洁净。国外某研究院对 6 个行业 3722 台机器进行了失效调查，结果显示 82%的机器失效和更换都与固体

颗粒引起的磨损有关。润滑污染控制已被广泛用于包括润滑材料在内的几乎所有需要润滑的零部件。润滑污染控制已被现代工业看作是保障设备可靠性、延长设备使用周期和润滑油使用寿命的最重要手段。

油液状态监测技术是通过油液检测有效地分析出设备和专用油所处的工作状态，从而有效地指导设备运行和维护。油液监测内容主要由3个部分组成：

1）油液污染状态监测。

2）油液理化状态监测。

3）设备磨损状态监测。

优化是强调用最少的投入得到性价比最大的产出。全优润滑不是使用最好的润滑材料，而是考虑在改进润滑方式的基础上使用合适的润滑剂，并与设备生产和维护相匹配，从而达到最终的目标，即设备生命周期成本最低和设备生命周期利润最高。全优润滑要求企业在设备需要用油时，优先考虑精确选优和合理用油；通过对润滑油的正确运用和维护减少污染，提高油品的清洁度；通过油液监测技术，延长润滑油的使用寿命，从而达到能源的高度利用，实现低碳排放。

15.6.2 全优润滑体系的建设

建立设备全优润滑体系的目的是为了探索出一条有效的设备润滑优化管理新道路。设备润滑是一项重要的基础工作，它是保证设备正常运行的基本条件，润滑的优化是改善现有不合理的润滑实施方案和管理模式。全优润滑体系的建立及其有效的执行，既有利于强化润滑管理，又有利于实现设备的持续有效的润滑，从而达到减少设备的腐蚀和磨损、维持设备精度、降低设备故障率、减少备件消耗，以及延长设备使用寿命的目的。

全优润滑体系的建设有四大特点，分别是：制度化管理、专业化执行、信息化效率和可持续化发展。

1. 制度化管理

1）建立车间润滑管理组织架构。为了保证润滑管理工作的正常开展，车间根据设备润滑工作的需要，合理地设置各级润滑管理组织，配备适当人员，组成车间润滑管理架构，这是搞好设备润滑的重要环节和组织保证。

2）梳理原有润滑制度，制定本车间设备润滑制度。

3）制定车间设备润滑标准。按照润滑“六定”（定点、定质、定量、定期、定人、定法）内容编写《车间设备润滑作业指导书》，规定每个润滑点的润滑剂品种、数量、润滑周期、责任人和润滑方法，每个润滑点都是可视化的。

4）制定润滑管理流程。

5）贯彻润滑的“二洁”和“三过滤”。润滑的“二洁”内容指：加油工具要清洁；注油油路（注油孔隙）及周边要清洁。润滑的“三过滤”内容指：转桶过滤；领取过滤；加油过滤。

2. 专业化执行

1）完善车间润滑点。对照原有设备润滑卡完善润滑点，并对每个润滑点拍照采样保存。

2）完善润滑剂和润滑工具的管理。根据“能满足生产的最少润滑剂品种”的选择原则，确定全车间的润滑剂品种，每种不同牌号的润滑剂都设定一种代表颜色，以颜色区分润滑剂。根据确定的润滑剂品种，配备对应的润滑工具，每种润滑剂所配套用的润滑工具都贴上与该润滑剂代表颜色一样的颜色标识，避免润滑剂的混用和润滑工具的乱用。

3）润滑点的可视化。润滑油品和润滑工具的可视化由彩色标识实现，而润滑点除了颜色外，还需区别开润滑周期。

4）润滑操作作业流程。

5）润滑实施过程的可视化。

6）制作看板，宣传全优润滑体系理念。

7）制作润滑扑克牌，开展体系知识培训。

8）油液的状态监测。油液状态监测是利用油品分析技术对机器正在使用的润滑油进行综合分析，从而获取设备润滑和磨损的信息，以此信息预测设备磨损过程的发展，诊断设备的异常部件、异常程度和异常原因，从而预报设备可能发生的故障，有针对性地对设备进行维护和维修，实现设备的预维修管理，降低设备的故障率。

9）润滑剂的回收报废。有效地回收各种润滑剂，既有利于减少环境污染，又有利于引导节约能源，降低成本。润滑剂的回收报废是具有长远意义和现实意义的一项基础性工作。

3. 信息化效率

打造一个信息共享平台，通过全优润滑信息系统的建设，有利于润滑管理有效健康地进行，确保润滑工作持续有效，跟踪管理，提高润滑效率。信息系统主要分为5个功能模块，见表15-11。

1）设备润滑规程管理。员工凭工号登录润滑信息系统，并实施润滑管理。系统润滑规程的主要信息包括：润滑位置代码、序号、润滑位置名称、在用润滑油脂牌号、标准用油量、润滑周期等。

2）设备润滑图维护：对各润滑点的截图进行管理，本功能的目的是方便操作人员找到润滑点。

表 15-11 设备润滑信息系统的功能模块

功能模块	说明
设备润滑规程管理	维护设备润滑点的信息，该信息是系统的基础
设备润滑图维护	维护和查询润滑点的图片
设备润滑记录录入	对每次润滑工作进行记录
设备润滑提示	对逾期未润滑的点产生提示信息
设备润滑年报	生成设备润滑卡片

3）设备润滑记录录入：在润滑人员完成润滑作业后，在系统中找到相对应润滑点详细记录润滑情况。

4）设备润滑提示：根据润滑点的润滑规程和润滑的记录，系统能够自动推算出超期未进行润滑的点，提示操作人员进行润滑。

5）设备润滑年报：根据系统的润滑规程和润滑的记录，生成设备润滑卡片报表。

4. 可持续化发展

全优润滑的可持续化发展是以制度化的管理为基础，通过信息化手段提高润滑工作效率，通过专业化的实施与执行保证设备良好的润滑效果；以制度文件促进信息化建设，以信息化手段辅助设备润滑的专业化执行，在专业化的执行过程中不断总结经验，发现问题，从而完善制度化文件以及相关标准，实现全优润滑的持续发展，进而全面完善全优润滑体系。

在按计划推进全优润滑管理体系的过程中，不断总结各个实施阶段遇到的困难节点，积极探索新的思路、新的方法，去分析和解决问题，总结经验，逐渐完善润滑管理体系。并定期进行经验的交流学习，优劣互补，共同提高，从而使整个全优润滑管理的推进过程形成一个 PDCA（Plan-Do-Check-Action，计划-执行-检查-处理）循环，促进全优润滑管理体系的持续化发展。

15.6.3 应用设备状态监测技术进行全优润滑管理

某煤矿集团进行全优润滑管理，对设备状态监测技术的应用已进行多年，实践证明，该集团设备长期处于良好的润滑状态，并能有效延长设备的使用寿命。据此对设备的润滑状态和不良状态通过监测仪器进行了识别监测。润滑状态的识别采用的仪器是 CMJ—3 型电脑冲击脉冲计、红外线测温仪和 YTF-6 双连分析式铁谱仪。具体识别方法如下：

1. 冲击脉冲技术识别

在监测时，脉冲计出现两个数值，1 个是最大值，1 个是地毯值，一般情况下会根据冲击值的地毯值识别轴承的润滑状态。新轴承在加油运行 1 周后进行第 1 次测量，所测冲击值的地毯值作为初始值，以后再按周期继续进行第 2 次或第 N 次监测。

2. 红外测温仪的识别

红外测温法主要用来测量轴承的温升变化，以此来判断轴承的润滑状态。如定期对井下的煤流运输设备滚筒进行温度监测，一般情况下测得温度值为 35～45℃，这是经过类比分析以后得出的结果。如果有的轴承经过监测大于 45℃，结合冲击脉冲值的大小，就可以确定该轴承已经偏离了良好的润滑状态，按照监测流程会下达状态监测报告单，通知设备使用单位进行处理。

3. 铁谱分析技术识别

在周期监测或日常巡检中发现监测点有以下情况时就要采集油样做铁谱分析：

1）冲击值偏大。

2）振动值依据 ISO 2373（已作废，仅供参考）标准振动烈度值达到 7.1mm/s 以上时或类比分析偏大的。

3）转动部位有异响。

4）轴承部位有油溢出，且外观油脂颜色变黑和变红，手捻油时没有滑腻感。如果铁谱分析发现金属颗粒较多，说明轴承已脱离良好润滑状态，建议更换新油；如果有明显大于 25μm 的特殊金属颗粒应考虑换新油。煤矿所用减速器基本上都是采用飞溅润滑，对减速器良好润滑状态的识别可直接监测润滑油。

对润滑油的监测，首先可直接进行表面观察，如果润滑油有乳化现象，要换新油；如果润滑油污染严重，有变黑或变红、不透明、有菌臭味或有金属颗粒等，都要考虑换油。另外，如果做简易理化指标分析，黏度有明显变化，酸值大于 0.5mg/g（以 KOH 计）、水分达到 0.5%，都要考虑换新油。

实践表明，通过应用设备状态监测技术对设备进行状态润滑管理以后，大大降低了设备故障率，实现了设备维修过程管理的科学化，保证了设备安全运转的全优润滑，为矿井的高产、高效提供了有力保障。

15.6.4 基于润滑油液检测技术的全优润滑体系

对润滑油液的检测能给我们带来 3 个方面的变革：

1）由原来“按期换油”变成“按质换油”。

2）实现润滑油从开箱到润滑油废弃全过程的实时状态监测。

3）结合其他状态监测技术可实现问题诊断和失

效分析等功能。

某烟草集团公司通过大量实践，建立了基于润滑油液检测技术的全优润滑管理体系，结果表明，用最低的成本可获得最高的回报，其投入产出比非常高。该集团公司还采用日本新日铁专利磁性净化器，更有利于吸附油箱中的金属颗粒，对油箱中的一些换油时无法触及的死角进行彻底的清洗。同时也大大地提高了磨损检测的可靠性。

15.6.5 基于设备润滑的全程污染控制与全面的油液监测技术相结合的全优润滑管理

以洗煤厂为例，随着洗煤厂现代化、大型化的发展，洗煤生产装备水平都有了大幅度的提高，设备润滑管理显得尤为重要。因为润滑剂是机器的“血液”，润滑污染控制的好坏能直接影响到设备的性能、精度和使用寿命。据欧美国家权威统计，润滑油使用的好坏，与设备故障有直接的关系。其中由于润滑油的不良所造成的故障，要占到设备总机电故障的40%。尤其是设备的液压系统，由于润滑油的不良所造成的故障比例更是高达70%以上。

全优润滑管理就是将设备润滑的全程污染控制与全面的油液监测技术相结合，同时赋予一定的管理理念和措施。设备润滑管理，其核心是对润滑污染控制的管理，保证设备时刻处于最佳润滑状态。然而，设备运行中零件磨损、油质变化等因素均可造成油液污染。其中，最主要的污染就是固体颗粒和水分，这两种物质相互作用不仅会加剧油液变质，大大缩短油液寿命，还会造成设备磨损、油膜丧失、油路堵塞等问题，影响设备正常运行，甚至造成重大机械事故。

设备润滑管理理念的更新包括：

理念一：润滑创造财富。设备的润滑是一项系统工程，它贯穿设备的整个生命周期，与设备的安全和维修成本密切相关。科学有效地开展设备润滑管理工作，能极大地降低企业的设备维护成本，提高设备的利用率，为企业创造财富。

理念二：润滑油是设备最重要的零部件。作为设备最重要的零部件，润滑油的失效有可能造成设备所有运动部件发生失效，但由于润滑油失效所导致的设备失效是隐形的、渐进的、复杂的，常被误认为是设备机械零部件的质量问题而进行更换，导致零部件失效的原因不明确，最终导致设备零部件的消耗及维修成本的上升。

理念三：工业是骑在10μm厚度的油膜上。现代化的选煤生产是靠大型、综合化的机械设备来完成的，各类机械设备的运动部件几乎都要靠润滑油膜来支撑，设备润滑所形成的保护设备的油膜厚度一般在10μm左右，所以人们形象地描述现代化的机械设备是骑在10μm厚度的油膜上工作的。

理念四：润滑隐患是设备故障的根源。设备的温度上升、振动噪声增大、机械性能下降等现象是设备失效的宏观表现形式，其根源往往是设备零部件的异常磨损，其主要原因则是润滑油的失效和润滑不合理，所以润滑隐患是设备故障的根源。

理念五：设备润滑必须依靠正确管理。设备的润滑状况好坏，除了润滑油液的质量外，还受设备用油的选型、设备润滑系统的合理性、润滑油品的污染等多方面因素的影响。尤其是煤炭企业的生产设备是在高污染环境条件下工作的，所以必须对设备的润滑进行正确管理，以避免因外界污染所导致的润滑性能失效。通过对大量的检测结果进行分析和统计发现，影响设备正常工作、减少设备使用寿命、造成设备多发故障的原因，均与润滑油受污染程度的大小有直接关系。采用什么样的技术手段来解决油液的污染问题，及解决后怎样进行有效的控制和监测，是解决问题的关键。中国矿业大学在经过多年的研究，并参照国外成功企业的经验和多方的论证及大量的社会调研后，于2003年成功地引进了当时世界先进的英国KLEENOIL过滤技术及产品。

KLEENOIL在线旁路技术过滤因其所特有的专利技术——滤芯及其过滤结构设计，运用吸附渗透原理及分子扩散原理来完成对油液中的污染物（如水、固体颗粒）的污染过滤处理。污染颗粒的过滤精度高达1μm过滤，3μm绝对过滤。

这项技术的工作原理是：滤芯在特定结构设计的容器中，通过输入设定的压力，将流入滤芯的油液不断地进行渗透—排斥、吸附—排斥等循环处理，同时定量排出高清洁的油液。这一循环处理过程常被喻为机械设备的“血液透析治疗法”。

通过使用KLEENOIL过滤设备处理后的油液清洁度标准：大于或等于ISO 4406：2017 14/9级标准；大于或等于NAS 1638—2011 6级标准。

针对液压泵站使用油量大、液压油用于动能传递和间歇工作的特点，在各液压泵站上安装了KLEENOIL MS2S双筒超重型过滤机。根据设备的实际使用情况，调整过滤设备的开启方式，在液压站油泵压力的作用下，通过过滤机滤芯去除油中的杂质和水分，对油箱中的油液进行体外循环、污染过滤处理。

针对离心脱水机使用油量不大，油液主要用于设备的润滑、减摩抗磨、冷却的特点，以及不能间断的工作要求，安装了 KLEENOIL 9778H 高压重型过滤机。在离心机油泵出口处做旁路，与过滤器的进油口进行连接，过滤器的回油口与离心机的油箱连接，形成旁路过滤循环油路。在离心机工作时，润滑油在离心机油泵的作用下，经旁路进行过滤，去除杂质和水分。

特殊处理的 1μm 高精度滤芯，在油泵压力的作用下，不仅可以去除液压油内的固体颗粒，还可以吸附油液中所有的自由水和乳化水，杜绝了杂质和水分对设备润滑系统的损害。

全优润滑管理的主要节省并不是来自润滑油的节省，而是设备寿命的延长和失效率的降低，及由此产生的设备利用率和生产效率的提高。日本和美国工业界的经验证明：全优润滑管理所产生的效益是 1 : 5 : 10。即：从提高企业生产效率方面取得的效益是设备寿命延长的 5 倍，润滑油节省的 10 倍。

节能、减排、增效是目前我国倡导的企业实现可持续化发展的模式，也是实现企业科学发展观的需要。设备全优润滑管理将降低企业对电力、设备配件、润滑材料的消耗，增加设备的使用效率，减少设备故障的发生，节省了企业的设备维修费用，实现了企业油液资源回收再利用的环保目标。这是一项具有前瞻性的利国利民的好事，它所产生的社会效益是不可估量的！

15.6.6 全优润滑技术的重要组成部分——PMS

1. 设备维修管理体制

设备维修管理体制在经历了事后维修、定期维修之后，正在向预知维修方向转变，并成为设备维修管理的发展方向。事后维修是一种消极和不得已的维修策略，在工业生产发展高度现代化和复杂化的今天，只能适用于一些简单、经济型设备，或一些小规模、作坊式生产企业。定期维修是一种预防性或计划性的维修体制，虽然对企业的设备维修保养和专业化大生产曾起过不可忽视的积极作用，但随着生产规模的逐年扩大及对降低生产成本和提高企业经济效益要求的提高，特别是对于企业全面推行精益生产方式和实现敏捷制造系统的要求，计划维修体制急需改进和革新，其出路就是采用基于设备监测与故障诊断技术的预知维修体制（Predictive Maintenance System，PMS）。

2. PMS 工程的体系结构

如图 15-25 所示，PMS 系统由组织体系、诊断技术及资源体系和诊断对象集 3 个部分构成，其中组织体系是 PMS 行为实施的主体；诊断对象集是 PMS 行为实施的客体；技术及资源体系则是 PMS 工程实施的技术基础和必要手段。

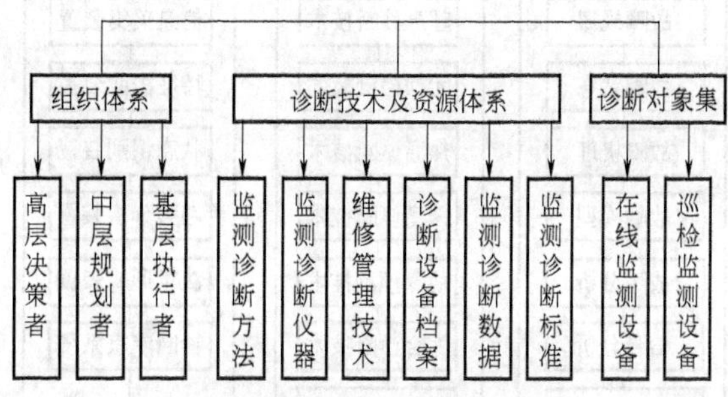

图 15-25　PMS 工程的体系结构

（1）组织体系　PMS 的组织体系由高层决策者、中层规划者和基层执行者构成，他们一般来自于企业设备的主管领导、设备动力科（机动科）、维修车间的技术管理人员和维修工人，是企业实施 PMS 的行为主体。其组成人员的管理素质、技术素质的优劣和整体工作配合的好坏制约着 PMS 工程实施的成败，其主要工作和职责如图 15-26 所示。这是针对大、中型国有生产企业制定的，对小型生产企业要根据具体情况酌情加以修改或层次简化。

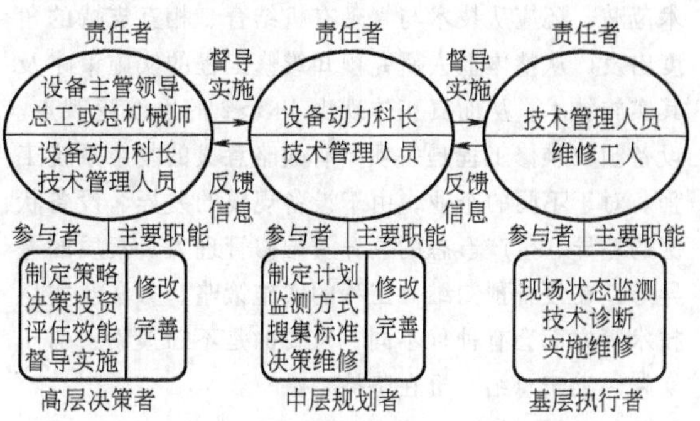

图 15-26　PMS 的组织体系人员的工作和职责

（2）诊断技术及资源体系　PMS 工程是一项较为复杂的系统工程，其技术基础是设备状态监测和故障诊断技术。随着相关领域理论、方法研究的不断深入和发展，"现代设备技术诊断学"已取得了丰硕的成果，特别是传感器技术、信号处理技术、计算机软硬件技术的飞速发展使"现代设备诊断技术"在某些企业得以实施。图 15-27 所示为 PMS 工程的诊断技术及资源体系。

应该指出的是，PMS 工程并不是单纯的故障诊断，而是设备维修管理和诊断技术的有机结合。因此，在以 PMS 工程实施为目标的软件系统中，不仅要实现多种诊断技术、方法的集成，还应实现诊断资源管理和诊断技术的集成。只有这样才能使诊断技术

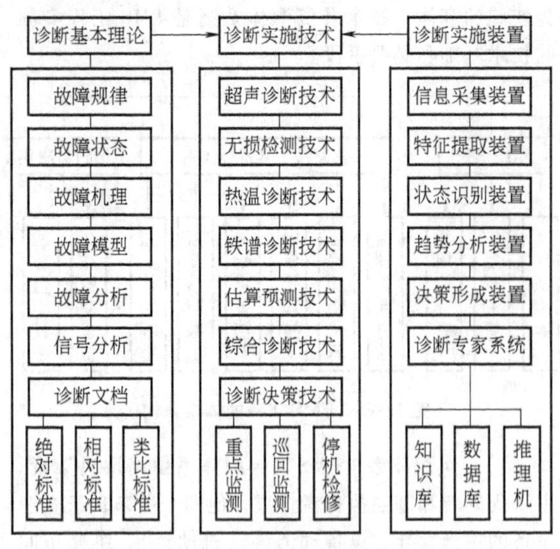

图 15-27 PMS 工程的诊断技术及资源体系

更好地服务于企业，才能使 PMS 工程在企业设备维修管理工作中充分发挥效用。

“狭义预知维修”和“广义预知维修”的概念，有效地界定了预知维修工程的深刻内涵，即现代意义上的预知维修工程不应当仅局限于设备故障诊断的技术范畴，还应从技术与管理有机结合、相互支持的角度出发，从整体上去研究预知维修工程的实施策略及其实施技术，从而真正体现出 1+1>2 的系统论观点。设备预知维修工程是一项具有战略意义的复杂系统工程。对于不同的企业，由于设备规模的差异、设备状况的差异、生产形态的差异及维修管理人员素质的差异等，在设备预知维修工程的实施策略、方法及实用技术等方面会有种种不同，重要的是不断摸索、勇于实践、勤于总结、贵在坚持。

15.6.7 IT 时代预知维修技术发展的动向

进入 21 世纪以来，在企业设备管理的重要性日益增加的同时，铁路桥梁等永久性公共设施从建设时期进入维修时期。随着 IT（互联网技术）时代的到来，维修管理正在进化为企业资产管理（Enterprise Asset Management，EAM），预知维修系统正在进化为设备资产管理（Plant Asset Management，PAM）。特别是设备诊断技术（CDT），其重要性和有效性在维修现场已被再度确认，现在已经出现了远程监视和远程诊断（两者合称为 E-monitor）等 IT 时代的新装置。

随着 IT 时代的到来，面向互联网（Internet）的监视诊断技术和设备诊断软件——PAM 系统正在成为必须。远程维修已成为当前的话题，但应用最早的是利用互联网的远程监视和远程诊断。不仅在欧美各国，在日本也出现了许多远程监视专业公司，他们正在激烈竞争中快速发展。

有关远程监视和远程诊断的仪器已经开发出系列产品，这些称为 E-Monitor 的仪器正处在商品化过程中。例如，具有无线发信功能的振动传感器和应力传感器已研制成功，无须配线工程的振动监视系统市场上已有销售。

此外，热成像和 CDD（循环延迟分集）摄像诊断腐蚀图像等已被实际应用于构筑物和管道等的诊断；而能够测到声响和振动在空间分布的声响图像和振动图像，则正在研究室中使用。通常把利用互联网的远程监视称为电子监视器（E-monitor）。显然，今后的设备监视诊断系统将是以电子监视诊断系统为主流。

图 15-28 为电子监视器的构成。其构成要素所具有的主要功能有设备监视、精密诊断、便携式无线检查、过渡状态监视、质量性能监视和控制装置监视。

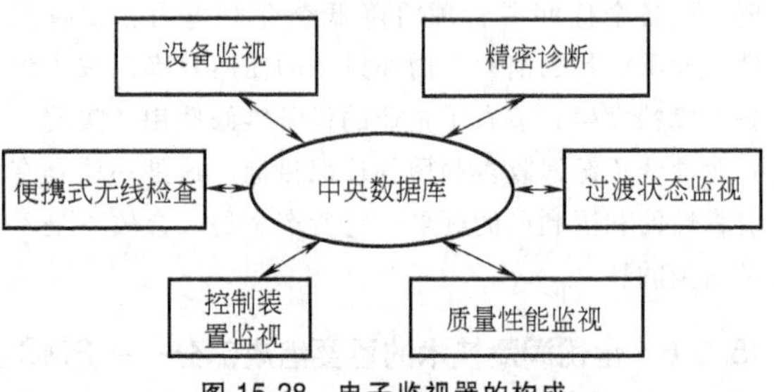

图 15-28 电子监视器的构成

这里要强调的一点是面临 IT 时代的到来，设备维修的基本思想（原理）和方式及维修技术正处于剧变之中。从 20 世纪“设备使用后就扔掉”的时代转入 21 世纪“维修与再生循环”的时代，这种技术潮流是必然的，也是全优润滑管理的内涵，内涵主要包括以下几个方面：

（1）全优润滑管理不是孤立的过程　它涉及人、机、法则和环境各个方面。它是一个涵盖企业管理方方面面的管理系统，忽视哪一方面都会影响其作用的发挥。

（2）全优润滑管理是一个动态过程　只有根据实际情况不断优化设备润滑管理，才能真正实现设备生命周期成本最低、设备生命周期利润最高的目标。

（3）设备精确润滑是全优润滑技术的基础　除了设备润滑标准化的优化，更重要的是严格按照“润滑五定”的要求认真贯彻设备润滑标准，否则全优润滑将无从谈起。

（4）重视油品监测和污染控制　这是全优润滑

不同于以往润滑管理模式的显著特征。通过对设备润滑介质的实时监控，对油品采取主动维护措施，控制其劣化倾向，可以有效降低设备维修和使用成本。

15.7　气体润滑技术

气体膜润滑于 1854 年由法国人希恩（G. Hirm）首次发现，希恩第 1 次提出应用空气作为润滑剂。并于 1897 年由美国人金斯保利（A. Kingsburg）制成空气轴承进行试验和证实。空气轴承即是采用气体作为介质的流体膜润滑轴承，但由于当时技术水平等的制约，这一轴承形式并未得到推广应用。我国空气轴承在 20 世纪 70 年代以后才逐步发展起来。例如，机械工业部广州机床研究所（国机智能科技有限公司的前身）研制了 3 万 r/min、5 万 r/min、10 万 r/min、15 万 r/min 的箔片空气轴承，研制了 QGM 型气动高速磨头磨具、DQM 型电动强力高速磨头，还研制了 GS-01（02）-D 型精密气浮数显数控转台等。气体润滑技术是一种绿色的润滑技术，它一出现就打破了液体润滑一统天下的局面，使润滑技术产生了质的飞跃。

15.7.1　气体润滑的基础理论

与流体润滑相同，气体润滑系统也有动压润滑与静压润滑两类系统，其基本原理与液体润滑系统大致相同。由于气体里压缩性流体流过支承元件中时受热而膨胀，遇冷而收缩，密度随压力与温度的改变而变化。因此，须运用流动质量的守恒原理来处理这些问题。

15.7.2　气体润滑的原理

气体润滑技术是研究气膜形成原理、气膜支承结构设计及其应用的一门先进的实用技术。气体润滑主要用于设备或仪器的精密及高速支承方面。气体润滑原理如图 15-29 所示。气体支承是在支承件与被支承件的内表面之间的细小间隙中充入气体而构成。静压润滑一般取间隙 $h=12\sim50\mu m$，动压润滑取 $h=10\sim20\mu m$。该间隙称为润滑间隙。当润滑间隙充满气体，就将形成具有一定压力的气膜把被支承件浮起。只有当气膜厚度 h 大于两个润滑面的表面粗糙度时，被支承件才会悬浮起来达到纯气体摩擦。当气膜产生的总浮力与负载 W 相平衡时，气体支承才能工作在一定平衡位置，实现气体润滑。承载能力、气膜刚度、稳定性是气体润滑必须解决的基本问题，这些都是极为重要的技术指标。

气体润滑是通过动压或静压方式由具有足够压力

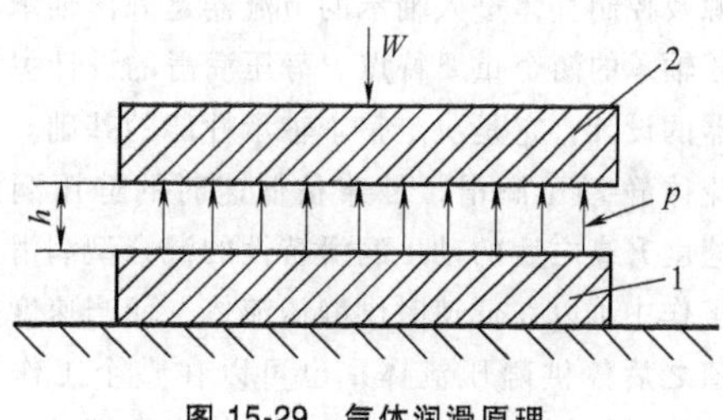

图 15-29　气体润滑原理
1—支承件　2—被支承件

的气膜将运动副两摩擦表面隔开，承受外力作用，从而降低运动时的摩擦阻力，减少表面磨损。气体润滑包括气体动压润滑和气体静压润滑两个方面。前者是以气体作为润滑剂，借助于运动表面的外形和相对运动形成气膜，从而使相对运动的两表面隔开的润滑；而后者是指依靠外部压力装置，将有足够压力的气体输送到摩擦副运动表面之间，形成压力气膜而隔开两运动表面的润滑。

流体静压润滑，比起流体动压润滑来要复杂一些，主要是要专门设置一套静压系统，随之带来了附加的能源消耗；对设备工作的可靠性来说，又多了一个环节，增加了一个不利的因素。

流体静压润滑是靠泵（或其他压力流体泵）将加压后的流体送入两摩擦表面之间，利用流体静压力来平衡外载荷。图 15-30 所示为典型的流体静压润滑系统。由液压泵将润滑剂加压，通过补偿元件送入摩擦件的油腔，润滑剂再通过油腔周围的封油面与另一摩擦面构成的间隙流出，并降至环境压力，油腔一般开在承导件上。

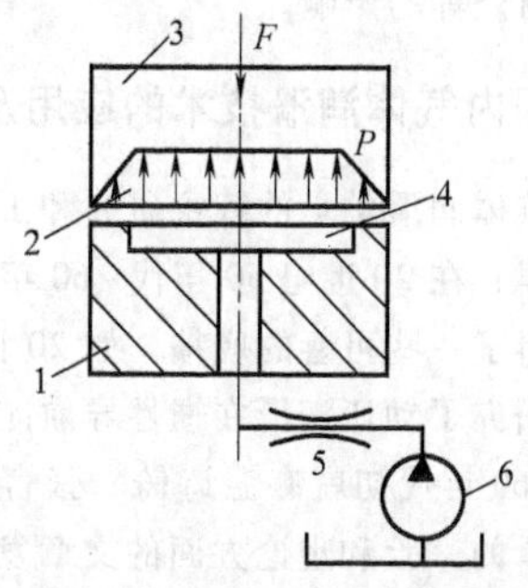

图 15-30　典型的流体静压润滑系统
1—承导件　2—封油面　3—运动件
4—油腔　5—补偿元件　6—液压泵

利用这种润滑装置，可以使机器在极低速度下工作也不会产生爬行。如果采用可变节流，且参数选择得当的话，润滑流体膜的刚度可以做到很大。在轴承具有一定偏心的条件下，建立起轴承的承载及刚度机制，可以实现支撑载荷效果。故具有一定压力和容量的气源及控制气体进入轴承的节流器是静压轴承不同于动压轴承的两个重要特点。静压润滑的设计关键是节流器的设计，它是决定整个轴承性能的基础。

流体静-动压润滑，是兼备低速时的静压润滑特性及速度升高之后的动压润滑特性的混合型润滑。在实际工作中可以在低速时供静压流体，而当速度达到一定值之后停供静压流体；也可以在整个工作过程中，始终供给静压流体。有静压流体供给即具有润滑特性，没有静压流体供给但具有相对滑动速度时，即具有动压润滑特性，而当静压流体与相对滑动速度同时具备时，即有静-动压的混合特性。

15.7.3　气体润滑技术的优点

润滑油脂本身的特性决定了一些润滑区域是禁区，如高温情况下油脂易挥发、低温情况下油脂易凝固、有辐射的环境中油脂易变质等，而气体润滑却可在这些油脂的润滑禁区里大显身手。气体润滑技术在高速度、高精度和低摩擦3个领域，均已显示出了强大的生命力，常常是滚动轴承和油滑动轴承所无法替代的。用气体作为润滑剂的支承元件具有以下几方面的优点：

1）摩擦磨损低，在高速下发热量小、温升低。

2）由于温度而引起的气体黏度变化小、工作温度范围广。

3）气体润滑膜比液体润滑膜要薄得多，在高速支承中容易获得较高的回转精度。

4）气体润滑剂取用方便，不会变质，不会引起支承元件及周围环境的污染。

5）在放射性环境或其他特殊环境下能正常工作，不受放射能等的影响。

15.7.4　国内气体润滑技术的应用及发展趋势

我国在气体润滑轴承的理论研究和工程应用方面起步也比较早，在20世纪50年代~60年代初进行研究工作，取得了一些可喜的成绩。如20世纪50年代后期就着手研究了动压润滑在惯性导航陀螺仪上的应用；20世纪60年代初就有温诗铸、张言羊等人关于静压空气轴承的试验和理论方面的文章发表，代表了当时国内的水平。1970年国产的DQR-1型圆度仪上成功地使用了空气静压轴承。从1975年开始，召开了多届全国气体润滑学术交流会。中国机械工程学会摩擦学分会气体润滑专业委员会也于1983年成立，1975年在北京召开的第一届全国气体润滑学术交流会上，天津大学周恒教授和哈尔滨工业大学刘暾教授分别做了气体动压轴承运动稳定性和气体静压轴承理论分析和设计的专题报告，提出了我国自行设计气体轴承的设计方法。随后，气体轴承的研究工作在全国迅速开展起来，主要研究单位有：哈尔滨工业大学、清华大学、西安交通大学、北京机床研究所、广州机床研究所（现广州机械科学研究院）、中国科学院长春光学精密机械与物理研究所（以下简称长春光机所）、北京航空精密机械研究所等。1975年至1994年共召开了六届全国气体润滑会议，发表了许多有实用价值的论文，在理论分析和试验研究、设计方法、新型结构、节流控制方式、轴承材料方面取得了一定的成果。如长春光机所研制的空气静压轴承的回转精度达到0.015μm，导轨的运动精度达0.04μm/130mm。北京机床研究所、航空部303所分别成功地研制了超精密车床、超精密镗床，其主轴采用空气静压轴承，回转精度达0.05μm。哈尔滨工业大学在气体静压轴承的研究及应用方面做了大量工作，研制了双轴陀螺测试台，单轴、三轴惯性系统测试台，加速度计测试台和高精密离心机等惯导设备，以及大型圆度仪等测试装置。上述设备回转精度优于0.2″，径向振摆优于0.4μm，达到了同类设备的国际先进水平。在理论研究方面，国内以刘暾教授等编著的《静压气体润滑》、西安交通大学虞烈教授等编著的《可压缩气体润滑与弹性箔片气体轴承技术》为代表的多部著作相继出版，并且在气体轴承的承载能力、刚度、计算方法上进行了深入研究。进入21世纪以来，中国机械工程学会摩擦学分会气体润滑专业委员会由刘暾教授、杜建军教授等担任专委会主任，促进了相关行业技术、人才队伍的进步。

气体润滑技术已在多个工业领域得到广泛的应用，如机床、气动牙钻、测量仪、陀螺仪和纺织机械类设备仪器上。应用气体润滑技术，已实现工业缝纫机的无油化，气体润滑技术在铝合金连铸中也得到成功应用。气体轴承就是气体润滑技术开发出来的核心产品。气体轴承是利用气体作为运动副的润滑剂的一种新型轴承，它可以分为气体动压轴承和气体静压轴承。它是利用气膜支承负荷减少摩擦的机械构件，可使轴承速度提高5~10倍，支承精度提高2个数量级，功耗降低3个数量级，工作寿命则增长了数十倍。同时还打开了常规支承所长期回避的一些润滑禁区，如高速支承、低摩擦低功耗支承、高精密支承以及超高温、低温、有辐射等特殊工况下的支承，这无疑是支承形式与润滑技术上的一次革命。

在动压润滑技术的应用方面，按照轴承中润滑油的流动状态可分为：湍流润滑、层流润滑和弹流润滑。湍流润滑轴承，也就是所说的高速轻载油膜轴承，像水、汽轮机轴承、发电机轴承、电动机轴承等。由于这类轴承转速高、载荷小，所以主要特点是油膜的自激振荡。很显然，一般的滑动轴承是无法工作的。油膜轴承（纯液体摩擦轴承）可以应用在电力、化工、机制、煤炭、冶金等高速运转的设备上。层流润滑轴承，也可认为是通常所说的中低速和中载油膜轴承。这类轴承应用很广，同时也很安全，可以应用在电力、化工、机制、煤炭、冶金、建材、轧制等很多设备上。弹流润滑轴承，即是低速重载轴承。它的特点是速度低而载荷大，以承载能力为主要标志，像大型轧机的油膜轴承。它可以应用在一切需要大承载能力的轴承上，对于所有机械设备都合适。弹流润滑理论适用于所有的高副，诸如齿轮啮合副、蜗轮蜗杆啮合副、凸轮滑动副等。在重型行业里所采用的静-动压油膜轴承，其静压供油系统为恒流量式，油腔很小，一般只占总承载面积的 5%～7%左右，静压力也很高，故也称之为静压顶起的动压油膜轴承。为改善低速下的操作性能，在低速时采用静压式，当转速较高时，可切断静压供油，成为动压式。通常情况下，静压始终投入工作，此种情况下，静压、动压实现自动调整。现在应用静-动压油膜轴承的有大型板带材冷连轧机的轴承，大型发电机轴承，水泥磨轴承等。静-动压油膜轴承可以应用在高精度的大型轧机、矿井提升机以及其他一切大载荷、高运转精度、满载启动等的各类大型设备上。静压润滑技术比较成功地应用在静压轴承、静压导轨、静压丝杠等方面。静压轴承、静压导轨在机械制造业中应用比较广泛，特别是在高精度的磨床中，都同时采用了这两种技术。静压丝杠主要应用在传力大、扭矩小、精密传递等场合。静压轴承用在受力不很大的地方，但轴承的运转精度却很高，只要供油系统设计得好，可以做到油膜刚度无限大，即当外力变化时，轴的相对偏心率不变。静压润滑技术已广泛应用到机械制造、能源机械、化工机械等方面。

静压气体轴承，也称外供压气体轴承，由外部提供加压气体，通过节流器进入轴承间隙产生具有一定刚度和承载力的稳定润滑气膜，实现润滑支撑。气体静压轴承按其供气形式分为多供气孔轴承、多孔质节流空气静压轴承、缝隙节流轴承和表面节流轴承等。其中，多供气孔轴承是气体静压轴承的一种使用最广泛的形式。工作期间轴承间隙内始终有压缩气体存在，支承件起停过程中无固体接触，因此没有支承件磨损。按用途划分，静压气体轴承可分为径向轴承、推力轴承和球轴承。图 15-31 分别为这三种轴承的结构示意图。

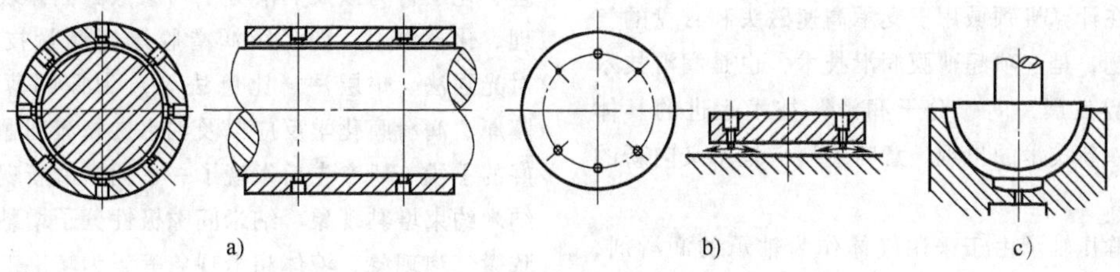

图 15-31　静压气体轴承结构示意图

a）径向轴承　b）推力轴承　c）球轴承

15.7.5　气体润滑技术的核心产品——气体轴承

气体轴承是利用气膜支承负荷来减少摩擦的机械构件。与滚动轴承及油滑动轴承相比，气体轴承具有速度高、精度高、功耗低、寿命长、清洁度高、结构简单和易于推广应用等诸多优点。

气体轴承作为高速回转机械用的轴承，其简单性、优越性和经济性是十分明显的。近年来得到了广泛的应用。在高转速和高精度的机械设备上，气体润滑轴承显示出它的极大优越性，如超精密车床、超精密镗床、高速空气牙钻、三坐标仪、圆度仪以及空间模拟装置等，都采用了气体轴承支承。广州机床研究所（现广州机械研究院）曾经开发了多款的高速气动空气静压轴承磨头和多种中频电主轴空气静压磨头及高精度气浮转台等，这些新产品已在许多工业部门得到成功的应用。气体润滑轴承是一门包含多种学科的综合性技术，涉及范围很广，已经受到了业界的高度关注。

另外，气体轴承也能够在非常苛刻的具有高温和辐射的环境下工作，如高温瓦斯炉的炉心冷却循环机需要在高温和有辐射的条件下工作，其循环机的润滑一直是难以攻克的技术难关，后来采用了动压型的氦润滑气体轴承，最终取得了成功。

15.7.6　气体润滑技术的发展趋势

（1）气体润滑技术理论由理想向更加贴合实际和精确化方向发展　随着气体润滑轴承在许多高新技

术领域中的应用日益扩大，必须考虑更多的影响因素。比如在气膜厚度极小的情况下，必须考虑表面粗糙度及气体分子平均自由程等因素的影响；在高速流动情况下，对气体等温流动的假设，气体惯性效应的影响等，均须作仔细的分析。

（2）高性能新型结构气体轴承的研制　刚性好，稳定性好以及回转精度高是目前气体轴承研制过程中主要攻克的目标。研制具有较高综合性能的气体轴承是气体润滑技术目前的一个研究热点。

（3）进一步改进气体支承的制造工艺，提高气体支承的标准化和系列化以及降低气体轴承的使用成本。

（4）气体静压轴承仍将是气体润滑支承的主力　随着我国航空航天事业的迅猛发展，球轴承必定会得到更大的发展，也必将刺激静压气体润滑技术的不断发展。在静压气体轴承超声速现象研究方面将会有新的进展。由于气体的可压缩性，当静压气体轴承内气流速度超过声速时，气膜内会出现压力突降，严重影响轴承的承载能力，因此，需要对它进行深入研究，并提出解决方案。

总之，减少间隙，提高刚性，改善精度，将气体轴承和自动控制技术相结合是今后研究发展的趋势。近年来，在计算机领域用于支承高速磁头和磁盘的气膜润滑问题，是一项超薄膜润滑技术，也是润滑技术向微观世界发展，向“分子润滑”技术迈进的具体体现。这一新技术的出现，意味着润滑技术又向新的高度迈进。

气体静压轴承由于采用气体作为轴承的润滑剂，它与其他轴承相比，具有“轻巧、干净、耐热、耐寒、耐久和转动平滑”等诸多优点，但它的不足是承载能力不高，技术不易掌握。由于气体静压轴承的轴颈在轴承中处于悬浮状态，轴颈与轴承套之间的间隙完全充满压缩空气，所以，气体静压轴承主轴的回转精度极高，它多用于超精密机床主轴或高精度测量仪器的轴承。

气体静压轴承作为高速回转机械和超精密机械用的轴承，其优越性十分明显，近年来得到广泛的应用，如日本 YUASA 公司、美国的 POPE 公司、德国的 JOKE 公司等分别将气体静压轴承用于 10 万 r/min、15 万 r/min 高速磨头上。此外，广州机械科学研究院也成功开发了 3 万 r/min、5 万 r/min、10 万 r/min 和 15 万 r/min 高速气动空气静压轴承磨头和高精密气浮转台等，为医疗器械、精密仪器、机床等行业应用。

15.8　薄膜润滑技术

15.8.1　概述

薄膜润滑（Thin Film Lubrication）是 20 世纪 90 年代发现的一种新型润滑状态，它有着自身独特的润滑规律。清华大学温诗铸和雒建斌团队于 1989 年以来，根据摩擦因数和膜厚的划分范围，发现弹流润滑与边界润滑之间存在一个空白区，并从模糊学的观点出发，认为该区是一个质变与量变交互在一起的润滑状态。纳米摩擦学是摩擦学领域的前沿，也是现代超精密机械与微型机械发展的基础。而薄膜润滑作为纳米摩擦学的一个重要分支，它已成为摩擦学研究的一大热点。一般认为，弹性润滑以黏性流体膜为特征，而边界润滑则是以吸附膜为特征，在弹流润滑和边界润滑之间存在着一个过渡区，而这个过渡区目前尚未被人们所完全认识。温诗铸和雒建斌对薄膜润滑技术进行了多年深入研究，并较早提出了薄膜润滑机理和指导性论点。

薄膜理论提出后的近 30 年中一直受到国际摩擦学界的广泛关注。相关研究工作者们开展了一系列相关的研究工作。薄膜润滑状态，涉及润滑分子的物理、化学行为以及润滑分子与摩擦副固体表面间的物理、化学作用。纳米级润滑膜厚度测量技术（如相对光强法、垫层法、比色法等）为探测薄膜润滑的膜厚、润滑膜化学反应以及油水二相流问题提供了很好的手段。研究先后发现了一系列润滑新现象，包括纳米约束增黏现象、纳米间隙极性分子增黏现象、电致微气泡现象、液体超滑现象等，为解决工程润滑问题开辟了新的途径。

15.8.2　薄膜润滑的概念

一百多年以来，从流体动力润滑理论发展至今，逐步形成了由全流体膜到干接触的润滑理论体系。即随着润滑膜厚度的减薄，润滑状态经历以下过程：

①流体动力润滑→②弹流润滑→③待确认的润滑状态→④边界润滑→⑤干摩擦。

在实际中，往往几种润滑状态共存，统称为混合润滑。

其中，流体动力润滑是 1886 年 Reynolds 建立的以流体动力学为基础的润滑状态，它为设计滑动轴承奠定了理论基础，并推动了轴承工业的快速发展。

边界润滑的概念是 Hardy 于 1921 年提出，即界面单分子吸附层的润滑作用。边界润滑说明了润滑剂分子化学结构在润滑过程的重要性。为了阐明润滑分子的失效机制和边界润滑的作用机理，相继出现了 Bowden 模型，Adamson 模型，Kingsbury 模型，Cammeron 模型，鹅卵石（Cobblestone）模型，极大地丰富了边界润滑理论研究。

传统的流体润滑理论不适宜于点、线等高副接触状态。1949 年由苏联学者 Grubin A. N. 和 Vinogradova I. E. 提出了弹性流体动力润滑（简称：弹流润滑）理论。但弹流润滑的真正迅速发展却得益于 Dowson 等人利用计算机技术发展起来的数值计算方法。在 20 世纪七八十年代，世界上众多的摩擦学家投身于该领域研究，相继发展线接触问题完全数值解，点接触问题完全数值解，微弹流润滑、界面滑移与极限切应力理论等。弹流润滑理论比较完善地考虑了点、线接触区的弹性变形、润滑液的黏压效应、热效应等。中国学者温诗铸、朱东、胡元中、杨沛然、黄平等对完善弹流理论做出了贡献。弹流理论进一步完善了以流体力学和弹性力学为基础的润滑理论，同时为解决球轴承、滚子轴承等点、线接触轴承的设计提供了理论指导。

但是，弹流润滑如何转化为边界润滑以及过渡状态的物理本质是什么却是润滑理论上的重大遗留问题。1992 年 9 月在 Leeds-Lyon 国际摩擦学会议上，重点就亚微米和纳米级薄膜的润滑问题展开讨论，有的学者称其为“超薄膜润滑”，有的称其为“部分薄膜润滑”，但多数人支持称为“薄膜润滑”。1993 年 10 月，温诗铸教授在清华大学召开的摩擦学国际学术会议上，进一步系统地论述了润滑理论研究从弹流润滑到微弹流润滑，进而到薄膜润滑的发展过程，并系统地提出了薄膜润滑研究的内容和发展方向。清华大学雒建斌、温诗铸、黄平等人在 1992—1996 年间提出的薄膜润滑填补了这一空白。其主要得益于纳米测量技术和纳米流变技术的迅速发展。雒建斌等人提出了诱导有序层是薄膜润滑的主要特征；建立了弹流润滑与薄膜润滑的转化关系以及薄膜润滑的失效准则；提出了薄膜润滑的物理模型和新的润滑状态划分准则。青岛理工大学郭峰、栗心明等人对薄膜润滑的界面滑移问题取得了很好的实验结果。同时，在模拟方面，胡元中等人用分子动力学模拟的方法研究了薄膜润滑的流变特性，揭示出近壁面液体分子密度迅速增加等现象，其模拟结果与实验结果取得了比较一致的效果。

实际运行过程，往往不是一种润滑状态独立存在，而可能有几种不同润滑状态共存。因此出现了混合润滑状态。它由德国摩擦学家 Stribeck 根据摩擦因数随转速、黏度和压力的变化而提出，是描述不同的润滑状态共存时的状态。因此，在不同的混合润滑阶段，其性能差异非常巨大。决定混合润滑性能的一个关键因子是接触率。对混合润滑研究有贡献的学者很多，其中包括郑绪云的部分弹流润滑理论，J. Greenwood 的接触模型，K. L. Johnson 的平均膜厚模型，朱东和胡元中的混合润滑完全数值解。另外，雒建斌等人通过实验方法建立了接触率 α 与压力、速度、黏度、摩擦副弹性模量和表面综合粗糙度的关系。

随着 M-N（微米-纳米）技术的迅速发展，许多高精密装置的表面粗糙度限制在纳米级范围内，因而这些高精密装置表面也会常处于薄膜润滑状态。因此，薄膜润滑不仅仅是一种理论上的过渡润滑状态，而且是高技术设备和现代精密机械的实际工况中将会大量存在的润滑状态。

由于实际工况中出现润滑膜较薄（$\approx 0.1\mu m$）、压力高（$\approx 1GPa$）、切应变高（$\approx 10^8 s^{-1}$）以及接触时间短（$\approx 10^{-8}s$）等高副接触情况，经典的 Reynolds 流体润滑理论的假设已不再成立。而热效应、表面粗糙度、非稳态工况以及润滑油的非牛顿性质等方面的影响又显得非常重要，于是新的润滑理论——弹性流体动力润滑理论诞生了，在许多前人专家的不断努力下，该理论已逐渐趋于成熟，并使得边界润滑与弹流润滑之间的空白区域大幅度缩小了。在温诗铸、杨沛然教授等专家的努力下，近些年来，弹流理论在我国也有了快速发展。薄膜润滑的膜厚远大于弹流润滑的理论计算膜厚值，并且与时间效应相关，由此可知，薄膜润滑与弹流润滑的润滑机理是不同的。

在工程实际中，人们总是需要了解摩擦副所处的润滑状态，一般认为，润滑状态的划分，如图 15-32 所示。

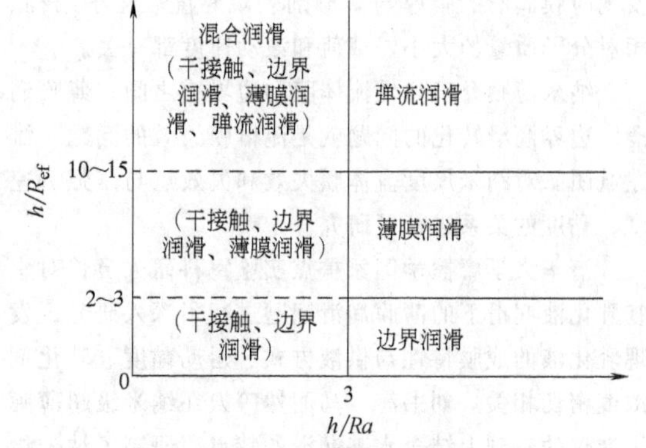

图 15-32　润滑状态划分图

清华大学雒建斌教授还提出了当油膜厚度大于三倍的综合表面粗糙度时，不同润滑状态下油膜厚度与影响因子的关系，如图 15-33 所示。

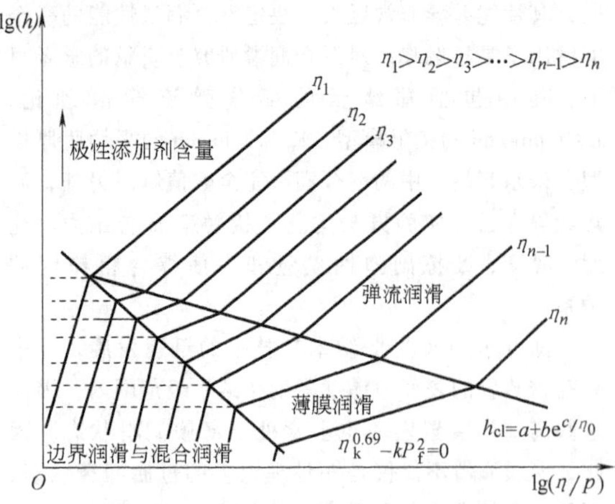

图 15-33 不同润滑状态的油膜特性

薄膜润滑状态的润滑膜由流体膜、有序膜和吸附膜组成。如果接触区的油膜较厚，流体膜起主要作用，其润滑性能将服从弹流润滑规律。当油膜变得很薄时，有序膜的厚度比例较变大，这时有序膜将起主导作用。当这一层油膜破裂后，单分子吸附层将起主导作用，此时的润滑状态将变成边界润滑状态。

雒建斌团队指出，薄膜润滑状态被用来描述边界润滑与弹流润滑之间的过渡状态，弹流润滑向薄膜润滑转化的划分依据主要是润滑膜厚度。人们已经从理论和试验两方面都论证了这种亚微米和纳米量级膜厚的润滑状态的存在。在弹流润滑区，当速度减小时，油膜厚度随之减少；当弹流膜厚减薄到一定数值时，膜厚变化规律偏离弹流理论，该油膜厚度就是临界油膜厚度或者转化厚度。该临界油膜厚度与润滑剂的黏度和固体表面张力等因素有关。雒建斌等人用纳米级油膜厚度测量仪进行了基础油的薄膜润滑规律研究，发现薄膜润滑的膜厚与润滑剂表观黏度、分子结构、相对分子质量的大小、载荷和滚动速度都有关。

纳米薄膜介于弹性流体膜和边界膜之间，薄膜润滑向边界润滑转化的问题就是流体膜失效的问题。雒建斌团队对纳米尺度流体膜失效和失效点与压强、速度、黏度的关系进行了研究。

清华大学摩擦学国家重点实验室科研人员曾对水基乳化液润滑下的薄膜润滑问题进行了深入研究，发现乳化液的成膜特性与供液方式、运动黏度、乳化剂浓度密切相关。刘书海、马丽然等人在纳米级超薄膜干涉仪的基础上结合水基润滑的特点，研制了纳米级水基润滑膜厚摩擦综合测试仪，并对接触区膜厚进行实时测量，也对冷轧钢用乳化液成膜特性进行了研究。考察了不同乳化液浓度对其成膜能力的影响。发现在低速范围内乳化液的成膜能力随浓度的升高而增强；在高速范围内，极低浓度乳化液在接触区中心形成的膜厚高于较高浓度乳化液所形成的膜厚。实验结果突破了工业应用中对乳化液浓度的经验限定，这对乳化液在工业领域的应用意义重大。

15.8.3 薄膜润滑的特性

在速度较高的区域，膜厚与速度的关系基本上呈线性，这时润滑膜以弹流为主。随速度的降低，膜厚变薄，当膜厚降到 15nm 左右时，膜厚与速度的相关性迅速减弱。研究学者试验发现，进入薄膜润滑状态后，膜厚与速度的相关性大大减弱。

润滑状态由弹流润滑转变为薄膜润滑状态时，润滑机理已与弹流润滑不同。润滑油黏度对膜厚的影响程度低于弹流润滑的情况。这时薄膜润滑与弹流润滑膜厚度也存在较大差异等，这些都是薄膜润滑区别于弹流润滑的主要特征。在薄膜润滑状态下，膜厚降到了纳米量级时，静态吸附膜已经达到了不可忽略的地步。薄膜润滑的膜厚远大于弹流润滑的理论计算膜厚值，并且与时间效应相关。由此可见，薄膜润滑与弹流润滑的润滑机理是不同的。在薄膜润滑状态下，摩擦副表面上的吸附膜在摩擦过程中不参与流动，其对膜厚——速度关系的影响已不可忽略。

在薄膜润滑条件下，雒建斌等学者发现膜厚随着运行时间增加会发生变化，负载、滚动速度和润滑剂黏度等因素都会影响膜厚和时间的关系。清华大学摩擦学国家实验室的雒建斌、张晨辉、马丽然团队对水包油型水基乳化液的成膜行为进行了深入研究，发现乳化液的成膜特性与供液方式、运动速度以及乳化剂浓度都有密切关联。众所周知，水基乳化液由于其润滑性能好、冷却性优异和不易燃等特点已广泛应用于金属加工领域，但对其成膜机理的研究至今尚无定论。因此对水基润滑液成膜特性及机理的研究对工业生产具有重要意义。

纳米级微粒添加在润滑剂中形成微观二相流，由于微粒的大小与润滑间隙处于同一量级，它对润滑膜的破裂以及微磨损的影响非常重要。微粒的大小、形状、表面修饰状态及运动规律等对润滑特性均有较大的影响。

薄膜润滑研究中的关键问题之一就是实现这种润滑状态的全面性能测试。众所周知，要建立长期稳定的纳米润滑膜并对其厚度和形状加以测量是一件相当困难的工作。这除了因为加工精度难以达到纳米量级和安装误差导致运动不平稳外，还有外界的干扰（如振动、光源、外界光变化）都可能给测试结果带来不小的影响。

温诗铸、雒建斌提出了利用相对干涉光强测量纳米级膜厚的方法，它是根据在同一干涉级次的最大干涉光强与最小干涉光强之间，干涉光强是随润滑膜的厚度或光程而变化来实现的。由光学原理可知，任一点的膜厚取决于该点的光强在最大光强与最小光强之间的相对位置（相对光强）以及无润滑膜时的光强值。因此，只要将相对光强细分（如划分为 256 份），则对应的膜厚就具有很高的分辨率。根据此原理，清华大学先后研制出 NGY-2 型至 NGY-6 型等系列化润滑膜厚测量仪，见图 15-34，解决了纳米润滑膜厚度的测量问题。前后历经近二十年，进一步扩大了仪器的膜厚测量范围、测量精密度。增加了三维自适应摩擦力测试装置、红外测温装置；润滑油微流量循环和温度控制系统，实现了点、线、面 3 种接触方式下微摩擦力和膜厚的同时测量。该测量仪器的主要技术指标为：

润滑膜厚度测量范围 0~500nm；

垂直（膜厚方向）分辨率 0.5nm；

水平分辨率 1μm；

速度控制范围 0.2~1900mm/s；

摩擦力分辨率 0.1mN；

温度控制范围室温至 120℃

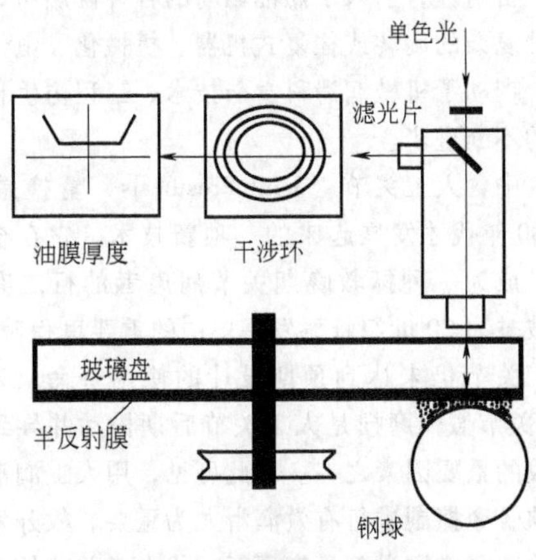

图 15-34 膜厚测量系统示意图

薄膜润滑的基本特征是分子分层排布及有序液体，即纳米级润滑膜中的液体分子在剪切诱导和固体表面吸附的共同作用下，呈现多层结构分布，并存在对润滑其重要作用的有序分子层。通过对润滑液体流动特性变化的探测，薄膜润滑理论指出，在该状态下，除了固体表面的吸附膜及流体动压膜外，存在一层兼有二者特性的有序液体膜，在摩擦和剪切过程中，润滑膜分子结构发生有序排列的变化，并且随着摩擦过程的进行，有序排列分子增多，上述理论已经通过拉曼分子光谱的在线探测得到初步证实。本质上来说，薄膜润滑是有序膜起主要作用的一种润滑形式。可以看到，薄膜润滑所涉及的本质在于分子的吸附、排列及有序化等微观行为，从根本上掌握这些微观行为将为薄膜润滑的研究带来重大的突破。

15.8.4 薄膜润滑研究展望

薄膜润滑是一个迅速发展的新领域，在理论研究上已取得一定的进展，但如何针对具体的应用工况开展研究，已成为目前的迫切问题。目前，计算机硬盘制造技术的飞速发展为纳米薄膜润滑，特别是分子膜润滑提供了广阔的应用前景。

薄膜润滑的机理研究是近 30 年来，全球摩擦学界最为活跃的方向之一。作为摩擦学的一个重要分支和一种全新的润滑状态，薄膜润滑理论的提出填补了传统润滑理论中弹流润滑与边界润滑间的空白，完善了整个润滑理论。当润滑体系处于薄膜润滑状态时，润滑剂分子将在纳米级润滑膜中形成吸附层、有序层、流体层的微观结构。薄膜润滑理论所描述的润滑膜厚度基本处于几纳米至几十纳米范围内，对于特种机械及精密机械来说，摩擦副之间的润滑膜厚度往往处于该范围内，尤其是在低速、重载及水基润滑的条件下。因此，薄膜润滑理论在精密机械、微纳制造、IC 制造等领域具有非常重要的价值，在对解释精密机械、微纳制造等领域的纳米级润滑现象具有非常重要的价值，并为摩擦副设计和润滑分子结构设计提供指导。

人们在对弹性流体动压润滑理论研究的过程中发现，许多处于低速、重载、高温和低黏度润滑介质的机械设备以及许多高科技机械设备和超精密机械的摩擦副常处于比弹流润滑膜厚度（0.1~2μm）更薄的润滑状态（即薄膜润滑状态，膜厚在几纳米至几十纳米之间）下工作。另外，从理论上看，薄膜润滑已成为整个润滑理论体系建立的关键环节。因此，有关薄膜润滑状态的研究无论在理论上还是工程应用上都具有极高的价值。薄膜润滑的研究也大大促进纳米技术的发展。目前涉及纳米电子学、纳米材料学、纳米生物学和纳米机械学的范围很广。特别是在纳米机械学中出现了纳米加工手段，如低能离子和原子束，不仅可以用于刻蚀线路也可以用于表面抛光，其表面粗糙度也可达到纳米级甚至原子平整。另外，纳米级光学超精密加工技术也已有很大的发展。

纳米固体润滑技术基于纳米薄膜和涂层技术，可以减少摩擦对偶面的能量耗散与材料磨损。在微机械中，纳米固体润滑技术显得尤为重要。在微纳尺度上实现机械润滑是当今润滑技术发展的一个重要方向。实现纳米尺度的固体润滑主要通过纳米膜、纳米粉体等纳米自润滑材料来实现。

正如第2章详细介绍的，在润滑理论体系中，超滑概念的提出，引起了摩擦学、机械学、物理学和化学等各界研究学者的关注，它是纳米摩擦学深入研究的必然产物。从理论上讲，超滑是实现摩擦因数为零的润滑状态，但在实际研究中，一般认为摩擦因数在0.001量级或更低的润滑状态，即为超滑态。目前，各行各业，特别是现代高新技术装备和纳米技术的发展，通常受到摩擦和磨损的严重困扰，而超滑可以大幅度降低摩擦功耗，目前是全球摩擦学研究热点。

薄膜润滑研究具有广泛的工业应用前景，例如，在工业中普遍使用的水基润滑剂，由于其黏度和黏压系数低而形成薄膜润滑，又如气体透平等在高温下运行的机械以及粗糙表面中粗糙峰的润滑，也都处在薄膜润滑状态。

专家认为，薄膜润滑是最复杂的一种润滑状态，目前在理论研究和实验测试方面还存在很大困难，首先是薄膜润滑研究涉及多门科学。其次，由于这种润滑状态的润滑膜厚度极薄，摩擦表面的几何形貌和表层特征是不可忽视的影响因素。而且由于粗糙表面的几何形貌是随机变化的，因此，在摩擦过程中，薄膜润滑特性具有强烈的时变性，温诗铸教授曾指出有关薄膜润滑研究应重点集中在以下几个方面：

① 研制亚微米、纳米级润滑膜特性的测试技术和实验装置。

② 研究不同类型润滑膜的流变特性与润滑特征及其转化。

③ 研究薄膜润滑特性的变化及其与工况参数和环境条件的相关性。

④ 薄膜润滑状态的模型化研究及其数值计算。

⑤ 薄膜润滑的失效准则与应用研究。

此外，以改善薄膜润滑性能为目标的新型润滑介质的研究也具有重要意义。受到研究手段的限制，在过去的长达30余年间，国内外尚缺乏实现纳米级润滑膜内分子结构、取向、排列、界面化学反应等微观行为的实时探测手段。所以，下一步需要研发新型的超高分辨率、超快的润滑纳米界面分子探测技术及成套仪器装备，阐明薄膜润滑分子行为特性规律是亟待解决的重要问题，将对润滑理论的完善和新型润滑材料的开发起到巨大的推动作用，为我国新型润滑技术产业高质量发展提供指导。

15.9　仿生润滑技术

15.9.1　概述

通过35亿年的自然进化和生存竞争后，动物自愈性、平稳性、敏捷性、环境适应性及能源利用综合效率等优于现代机器，动物形成了许多简约有效的控制、巧妙的材料拓扑、功能丰富的表面结构、优异的几何结构等。此外，人是最高等动物，人体关节、心脏瓣膜、牙齿是优异的天然润滑耐磨材料和部件，柔软皮肤和肠道是比表面积最大的天然密封和防护屏障，细胞壁存在密闭通道和蛋白质等，因此，生物学和医学等有诸多科学问题需要探索，以找到提供自然仿生的新途径。需要从几何、物理、材料和控制等多角度模拟和创新工程仿生，目前仿生科学正向微观和智能方向发展，而仿生润滑技术在仿生技术中又是一个重要的组成部分。

例如，在人类和高等生物中润滑和密封有多种形式，如关节液、眼睑、隔膜、蝶形瓣膜、绒毛、血的凝固等。但是，生物进化和器官演化中，没有出现液动活塞杆或转子，即没有出现连续旋转或滑动的组织器官。可理解为生物进化不能演变成具有充分密封性的动态润滑。19世纪末，工程师发明和改进了滑动活塞、密封件，引入了燃油驱动的各种内燃机，推广至各种复杂的旋转或往复式机器。机械化、电气化的进步，带动了机械润滑科学与技术、工程仿生科学与技术的不断进步。

其中，人工关节（Joint Prosthesis）置换是在20世纪80年代才发展起来的一项新技术，它在全球范围内已成为一种拯救晚期关节病患者的行之有效方法，被誉为20世纪骨科发展史中的重要里程碑之一。但人工关节仍未达到预期设计的使用寿命（20～25年）。关节假体磨损是人工关节后期松动并导致其过早失效的重要因素之一。由此可见，用人工润滑液对人工软骨摩擦副进行有效润滑尤为重要，故开发研制人工关节合成润滑剂是实现新一代人工关节的关键技术之一。

透明质酸（Hyaluroric Acid，HA）具有许多重要的物理特性，如高度黏弹性、可塑性、渗透性和独特的流变性质以及良好的生物相容性，HA已广泛在临床应用于关节腔内注射治疗骨关节病，也是人工关节润滑剂的首选材料。近期国内外研究表明，在人工滑液中（以透明质酸为主要成分）添加某些天然滑液的组分物质，如球蛋白或磷脂，均能显著改善摩擦副的摩擦学性能。研究表明，复合人工滑液（如透明质酸和磷脂的混合物）具有良好的流变性质和边界润滑能力，对人工关节可以提供综合有效的润滑防护作用。

上海大学陶德华、张建华团队在仿生润滑剂生物摩擦学方面进行了深入研究，取得了丰富的研究成果。仿生自然界中的天然润滑材料与润滑系统，探讨了促进新技术如医疗工程、运动科学和植入工程等方面发展的新方法。

近年来，国内外争先开发人工关节软骨材料，试图将现有的人工硬质关节改进为带软垫支承的新型人工关节，开发相匹配的相应人工关节滑液是实现新一代人工关节的关键技术之一。仿生润滑技术在人工关节仿生润滑、机器人关节润滑、仿生减阻及脱黏和生物医用润滑剂等方面发挥了重要作用。

15.9.2　人工关节生物摩擦学

生物摩擦学（Biotribology）是生物学（Biology）和摩擦学（Tribology）的复合词。自 1972 年由著名的摩擦学专家 Dowson 教授（英国 Leeds 大学）倡导建立生物摩擦学新学科以来，其研究对象不断扩大，上海交通大学的王成焘教授在随后的几年间在国内开始了相关领域的研究。生物摩擦学是将摩擦学的理论、技术和方法应用到生物体系（主要是人体）的摩擦副，它是以生物系统的摩擦问题为核心，研究人体生物摩擦副的生物摩擦学问题。其主要研究内容有：关节和人工关节摩擦学、腱韧带的摩擦学、人工心脏瓣膜的摩擦学等。

人工关节材料从最初的天然骨材料到目前广泛应用的金属、陶瓷、高分子材料等，主要进程不到 100 年。欧美对人工关节材料的研发目前还是处于领先地位，主要得益于生物医用材料企业的研发能力。在保持传统材料的市场占有率的前提下，研究者们的关注点还投向了从材料性能方面更靠近自然骨并且具有更好生物适应性的材料。人工关节材料的研究除了继续进行提高硬-硬（金属-金属、金属-陶瓷、陶瓷-陶瓷）材料的耐磨性和稳定性等之外，一方面专注于发展新的具有金属和陶瓷共同优点的材料，如国家人体组织功能重建工程技术研究中心主任、华南理工大学王迎军团队，对金属陶瓷复合材料进行了大量研究。另一方面，硬-软（金属-高分子材料）和软-软的界面也是研究的热点，如对 UHMWPE 材料进行改性，如添加维生素 E 等，提高其耐磨性。利用仿生学，研究人工关节软骨组织，研发新型超低摩擦因数、自润滑的软体界面。此外，3D 打印技术的发展，从一定程度上也促进了人工关节材料制造加工方面的提高。

生物与仿生摩擦学发展研究内容如图 15-35 所示。

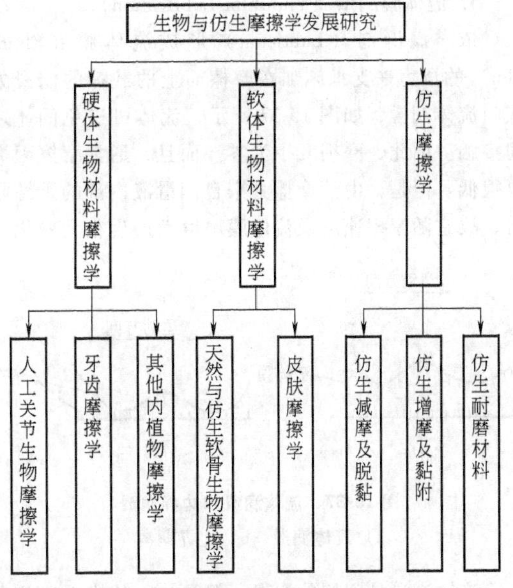

图 15-35　生物与仿生摩擦学发展研究

成人的骨骼和主要关节见图 15-36。

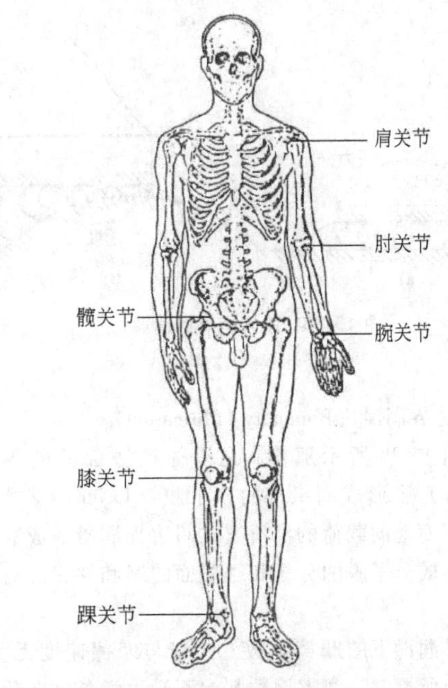

图 15-36　成人的骨骼和主要关节

生物摩擦学的研究与人工关节植入体的发展和应用密不可分。研究发现，人工关节运行时的生物摩擦学性能直接制约其服役寿命和使用可靠性。也正因为体内磨损，致使人工关节目前的使用寿命约为 15～20 年。

相关研究认为，活体关节摩擦面上可能成立的三

种润滑机制

1. 流体膜润滑（Fluidfilm Lubrication）

依靠润滑剂（Lubricant）形成流体膜（Fluidfilm）的压力来支承施加在摩擦面上的载荷的润滑方式叫流体润滑，如图 15-37 所示，流体可避免固体之间接触。因此，磨损几乎为零。而且，通常摩擦因数也很低。但是，由于摩擦力来自润滑液内部的黏性阻力，故它随摩擦速度及流体膜厚度而产生很大变化。

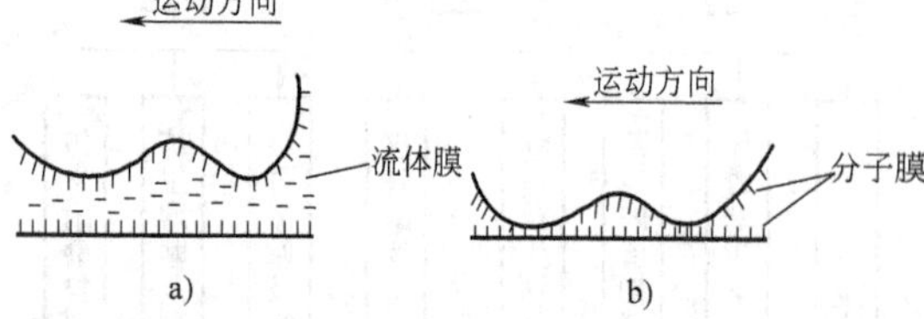

图 15-37 流体润滑和边界润滑

a）流体润滑 b）边界润滑

流体润滑是理想的润滑，但是，它的成立有几个必要条件。如图 15-38 所示，根据这些条件和成立的机制可分成挤压膜流体润滑、楔膜流体润滑等几种。

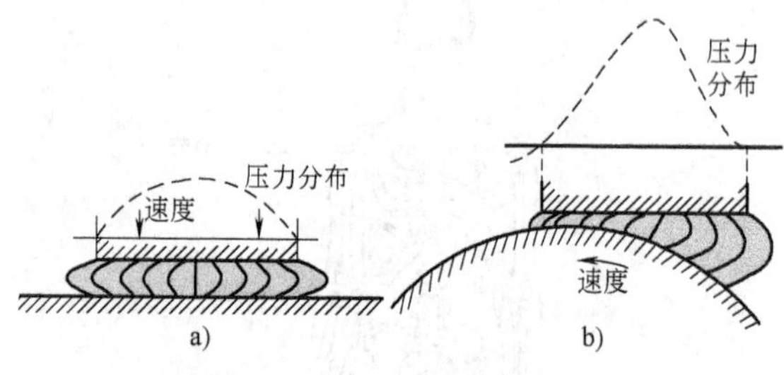

图 15-38 流体润滑的图解

a）挤压膜 b）楔膜

2. 边界润滑（Boundary Lubrication）

如图 15-38 所示那样，在固体接触部分的界面（Interface）上形成润滑剂的分子膜（Layer）支撑施加于摩擦面上的载荷的润滑方式叫边界润滑。成立的条件是形成分子膜的分子和摩擦面的亲和性，没有力学条件。

边界润滑下的摩擦因数，一般与摩擦速度无关，而且，众所周知，摩擦因数基本不受力学条件变化的影响。

3. 混合润滑（Mixedlubrication）

流体润滑和边界润滑共存的润滑叫作混合润滑。施加于摩擦面的载荷，由固体接触部分和流体膜共同支承。本来，这种状态在不变形的硬质摩擦面上是不存在的。因此，这种润滑方式以摩擦面的变形作为成立的条件。

在混合润滑状态下，流体膜支承的载荷分担比越大，润滑性能越高。但是，力学条件越苛刻，则边界接触部分的载荷分担比增大。

人工关节主要包括膝关节、踝关节、肘关节、腕关节和肩关节等。

人工关节是一种既要传递载荷又要传递运动的生物摩擦学系统。人的关节是由关节面、关节骨、软骨、关节滑液及容纳滑液的关节囊组成。滑膜的功能是产生关节液，使关节液组成成分保持一定，并能使关节液保持洁净。

关节液是呈无色或淡黄色的黏稠、透明的液体，其作用是作为润滑液和关节软骨的营养源。把关节液简单表述为血浆加透明质酸或血浆透析液加透明质酸是不正确的。

虽然关节液中尿素或尿酸、糖等小分子或电解质的含有浓度和血浆相同，但与血浆的最大不同是蛋白质浓度及其组成。蛋白浓度在血浆中为 60~80g/L，而在关节液中比较低，为 10~30g/L。而且，其组成比亦不同，在关节液中低分子白蛋白（Albumin）（相对分子质量 69000）较多，占全蛋白的 60%~75%，其他大致为球蛋白（Globulin）。因此，白蛋白球蛋白的比值约为 4，表 15-12 为关节液和血浆成分的比较。

表 15-12 关节液和血浆成分的比较

		关节液	血浆
蛋白		10~30g/L	60~80g/L
白蛋白		55%~70%	50%~65%
α_1 球蛋白		6%~8%	3%~5%
α_2 球蛋白		5%~7%	7%~13%
β 球蛋白		8%~10%	8%~14%
γ 球蛋白		10%~14%	12%~22%
透明质酸		0.25~0.50g/dl	—
糖		70~110mg/dl	70~110mg/dl
尿酸	男	2~8mg/dl	2~8mg/dl
	女	2~6mg/dl	2~6mg/dl
pH		7.30~7.40	7.38~7.44(动脉血) 7.36~7.42(静脉血)

人的关节是一个十分奇妙和性能优越的摩擦学系统，其摩擦因数极小，且几乎无磨损。在正常情况下，人的关节一般能工作 70 年以上。据调查推算，由于多种原因，我国可能有几百万关节病人需要做人工关节手术。因此，延长人工关节使用寿命，改善其生物相容性，这是关系到千百万人身体健康的大问题。上海大学张建华等人开展了人工关节仿生润滑技术的系统研究，其主要内容为仿生设计天然关节的润

滑系统。在人工关节中引入中间介质“滑液”及其相应的存储机构“仿生关节囊”，以优化现有人工关节的润滑系统，为延长人工关节的使用寿命做出了贡献。与一般机械系统相比，生命系统是一个低摩擦或超滑系统，如关节软骨/滑液的摩擦因数为 0.01~0.02。与一般机械采用的油基的人造润滑剂不同。实践表明，水基生物润滑剂是通过化学作用附着在关节软骨表面上，因而润滑效果更好。最近开发的一种计算机硬盘表面，就采用了 2~4nm 厚的纳米聚合物层，这反映了从生物系统移植水基润滑剂技术的一种趋势。

图 15-39 为髋关节软骨和人工软骨示意图。

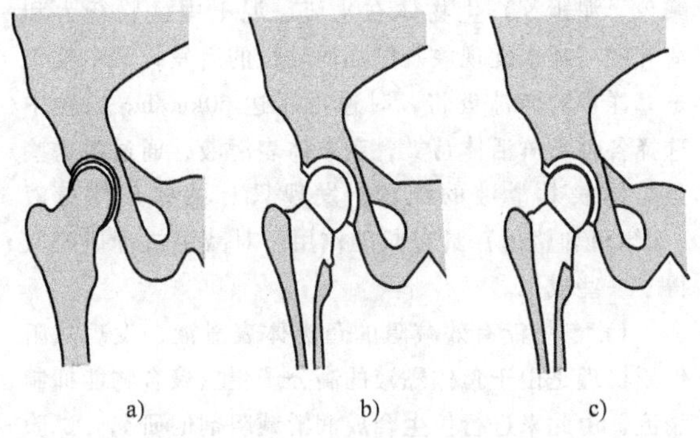

图 15-39　髋关节软骨和人工软骨示意图

a）活体髋关节　b）普通的人工髋关节

c）有人工软骨的人工髋关节

图 15-40 为关节软骨表面的断面示意图

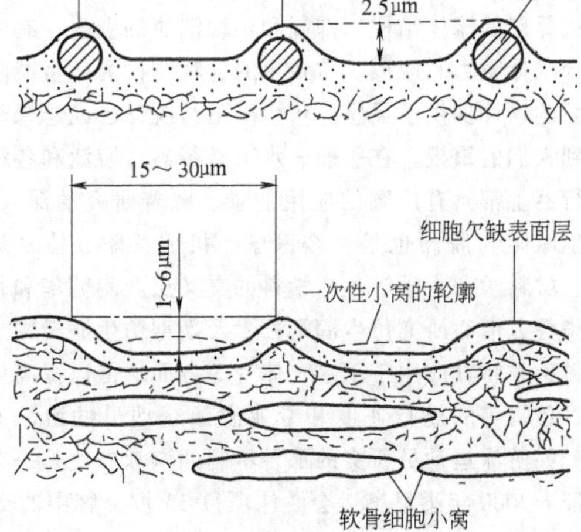

图 15-40　关节软骨表面的断面示意图

髋关节是人体最重要的关节之一，由于疾病和创伤等原因，往往使其失去行走或支重等功能。目前世界上人工髋关节置换在人工关节置换中属于最成功的一种。但由于受设计、材料、加工和临床等各种因素的影响，其寿命还不能令人满意。图 15-41 为髋关节示意图。

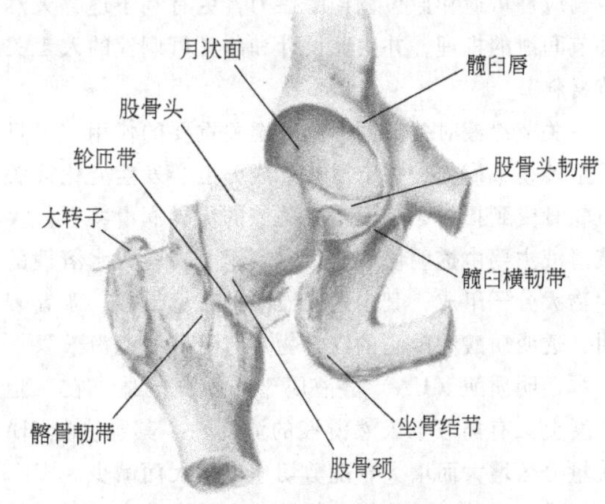

图 15-41　髋关节示意图

近年来，国内外争先开发人工软骨材料，试图将现有的人工硬质关节改进为带软垫支承的新型人工关节。从此，人们进入了软垫支撑型人工关节的新领域。但从临床使用的情况来看，这类新型人工关节的磨损还是较严重的。为了改善人工关节的摩擦学性能，采用人工滑液对人工软骨摩擦副进行润滑是其减磨延寿的重要措施。因此，开发研制人工关节滑液是实现新一代人工关节的关键技术之一。

要想使人工滑液具有良好的润滑功能，首先必须弄清楚天然关节的润滑机理。许多学者对天然关节的润滑机理进行了研究，但目前各家的观点不一。因为天然关节的润滑机理极其复杂，很难简单地用任何一种理论来表达。但如果关节中的润滑状态为边界润滑，则人工滑液必须能和软骨有良好的吸附能力。反之，如果关节中的润滑状态主要为流体润滑，则人工滑液必须具有足够的黏度。如果上述两种润滑状态都同时存在的话，则人工滑液两种性能都必须兼顾。

中科院兰州化物所周峰、魏强兵等人在表面接枝聚合物刷与仿生水润滑领域也进行了许多研究。他们认为，动物关节的超低摩擦因数和长耐磨寿命主要归功于关节软骨表层以及关节滑液中呈“刷”型结构的生物大分子，人工仿制的表面接枝聚合物可以对关节润滑进行功能模拟。人体关节（如髋关节、肩关节和指关节等）表现超低的摩擦因数（0.001~0.01），而且在复杂多变的载荷和摩擦环境中仍能保持良好的润滑效果。基于天然滑液关节微观结构和润滑机制的启发，可以通过表面接枝聚合物刷在水环境中的超低摩擦性能和良好的生物相容性来实现关节润滑的功能模拟，而且用聚合物刷进行功能模拟最大的优点在于聚合物刷组分的灵活设计和结构的可逆调控，由此来实现摩擦力的调控，即利用聚合物刷的刺激响应性可逆和原位调控摩擦力，更有利于理解天然关节润滑的机理，并由此设计和制备可调控的人工关节材料。

关节滑液对关节润滑起着至关重要的作用，一旦发生外伤或病变，关节滑液的成分也会发生变化或关节软骨受到损伤，从而丧失关节的优异润滑特性。关节滑液主要由透明质酸、蛋白聚糖、磷脂等水溶性的生物大分子组成，其中透明质酸的含量最多。研究表明，透明质酸和磷脂的混合物具有更好的润滑效果。

透明质酸（HA）溶液属于非牛顿流体，在一定程度上具有类似于天然滑液的流变性，其黏度随 HA 质量分数增大而增大，随剪切速率增大而减少。

进一步的科学分析动物关节中的十分奇妙和性能优异的生物润滑系统，仿生自然界中的天然润滑材料与润滑防护系统，来促进新技术如医疗工程、运动科学、植入工程等的发展，拓宽仿生润滑技术的应用范围是润滑科学与技术未来发展的一个重要方向。

美国加利福尼亚大学的 Jacob Israelachvili 教授系统地研究了透明质酸在关节软骨润滑中的作用，发现了透明质酸改变了滑液的黏度及流变性能，可直接吸附到软骨表面作为边界润滑剂，能够传输滑膜中的磷脂质，加强润滑作用。以色列科学家 Jacob Klein 教授团队在软物质科学领域包括聚合物动力学和界面性质、受限流体、生物润滑、组织工程等方面取得了杰出的成果，大量的成果在仿生润滑领域得到了推广及应用。

除了结构仿生，功能仿生是制备仿生润滑剂的另一重要途径，关节滑液是一种高保湿性的凝胶态的黏液，其内部的生物大分子可通过亲水的糖基结合大量的水分子，微凝胶是一类分子内交联的纳米级或微米级的聚合物胶体颗粒，在内部网络结构内充满了可流动的水。微凝胶具有胶体稳定性，流变的黏弹性和良好的生物相容性，这些优异性能使微凝胶有望在水润滑中发挥重要的作用。

结构仿生和功能仿生的结合，不仅使聚合类仿生润滑剂具有良好的润滑性能，而且赋予了其更多的功能。聚合物刷是指接枝在基质表面或界面上具有较高接枝密度和一定链长的高分子链段的聚集体。由于接枝密度较高，且存在空间位阻和分子链排斥力，接枝的高分子链通常会垂直于基质表面，形成类似刷型的结构，这与高分子链形成的无规线团结构有很大区别，表现出了特殊的物理化学性能，聚合物刷在纳米材料、生物分离和表面修饰等领域已显示出巨大的应用前景。

众多研究表明，生物界面滑液有效降低了生物组织、器官及细胞之间的摩擦和磨损。受此启发，仿生润滑剂的设计和润滑机理的研究已成为摩擦学的研究热点。关于智能响应的仿生润滑液目前研究还较少，这将成为摩擦学领域新的研究热点，其在传感器、微流体及智能器件领域有着广阔的应用前景。

15.9.3 仿生减阻及脱黏

在仿生减阻方面，人们受鱼类（尤其是鲨鱼、鳝鱼、泥鳅等）生物体在水流、泥土中生物行为和荷叶的超疏水性现象及壁虎的黏性的启发，其中鲨鱼是海洋中的游泳健将，时速可高达 60km/h。试验中选择各种新鲜活体鱼类，刮取体表滑液，通过对这些鱼类体表黏滑液的测试，发现只有某些鱼体滑液（如鳝鱼和鲨鱼）具有减阻作用。对减阻机理研究取得了一些成果。

1）剖析能有效减阻的鱼类体表滑液，发现减阻作用机理是由于鱼体黏液的高分子蛋白聚合物能抑制湍流，由此来进行仿生合成润滑减阻剂的研究。试验发现：减阻效果与聚合物相对分子质量有关，相对分子质量大，且亲水亲油平衡（HLB）值大的其减阻效果较好。

2）只有在通常容易发生湍流的水流速度条件下，鱼体黏液和仿生润滑减阻剂才起减阻作用。

研究发现，鲨鱼鱼体表面覆盖着呈菱形排列的肋条状的盾鳞。这种肋条结构能够优化这种鱼的体表流体边界层的流体结构，抑制和延缓湍流的发生，有效减少水体阻力和摩擦。鲨鱼皮的这种结构为防生减阻表面的设计提供了灵感。仿生减阻与脱黏已经越来越受到人们的重视，在船舶、水下航行器、游泳和各种飞行器上都具有广阔的应用前景。随着研究的深入，仿生减阻与脱黏也是当今医学、机械科学、体育运动、材料学和力学等各个学科的交叉点。陶德华和张建华等人潜心研究仿生润滑技术及新型仿生润滑减阻材料，并将其应用于军事、体育等方面，借以提高舰艇、鱼雷等的航行速度和专业游泳运动员的游泳速度。如游泳运动员所穿的那种特制的游泳衣便是一个例证。2000 年悉尼奥运会游泳项目 33 枚金牌中的 28 枚为身穿“快皮Ⅰ（Fastskin Ⅰ）”仿鲨鱼皮泳衣的选手获得，该款泳衣的升级版产品“快皮Ⅱ（Fastskin Ⅱ）”也已上市。图 15-42 为“快皮”系列泳衣和其表面形貌。

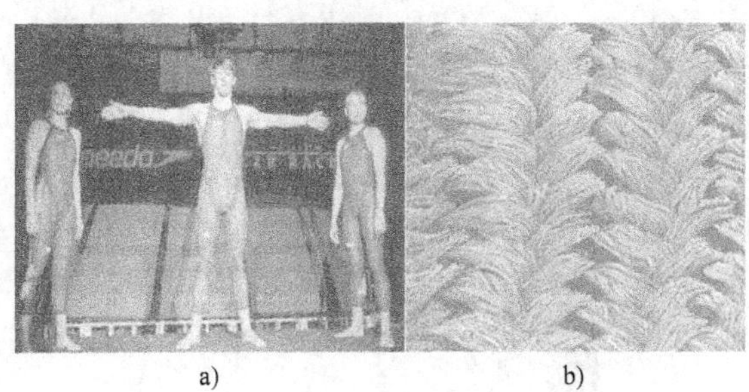

a)　　　　　　b)

图 15-42　“快皮”系列泳衣及其表面形貌

由于要获取大量天然鲨鱼的滑液很困难，陶德华等人模仿鳝鱼润滑材料特性，研制了一系列润滑性能与其类似的优良的、无毒的、能符合卫生医用要求的合成润滑剂，并且进行了临床试验。考虑泌尿系统特性，适用于该系统的润滑剂必须满足下列条件：①不能发生化学反应，只起物理作用润滑；②必须是水溶性的，溶解后可随尿液排出体外；③合成剂必须是高聚物，且不可透过皮肤细胞膜残留在体内；④必须符合无毒害、无刺激性以及无菌等医用要求。

上述研究成果表明，仿生医用润滑技术在医疗检查中的成功应用，可有效地减轻患者痛苦，提高医疗检查质量与效率。仿生医用润滑发展的另一个方面是治疗性润滑剂，英国 Leeds 大学的生物医学工程组在此方面进行了有益的探索和取得一定研究成果。

研究表明，快速鲨鱼体表面覆盖着一层独特的盾鳞，这是软骨鱼类所特有的鳞片。其最外层为珐琅质，中间层是象牙质，中央是髓腔。盾鳞的这种刚性组织结构有利于对其进行结构仿生研究。通过优化鲨鱼体表边界层的流体结构，能有效减少水阻，从而获得极高的速度。图 15-43 为鲨鱼和鲨鱼皮表面。

最近提出了对鲨鱼表皮效应的一种解释。据推测，在鲨鱼的边界层不仅有纵向微湍流也有横向微湍流产生，而鲨鱼鳞片的纵向凹槽阻止了横向微湍流的出现，但是，只有当两邻近的小棱条间的最大距离比侧面波长小一半时，并且小棱条边缘必须足够锋利以阻止边界层的横向流动时，这种效应才有可能出现。如果流体在表面的流动方向与小棱条方向成一定角度，小棱条可以改变边界层流体的方向。

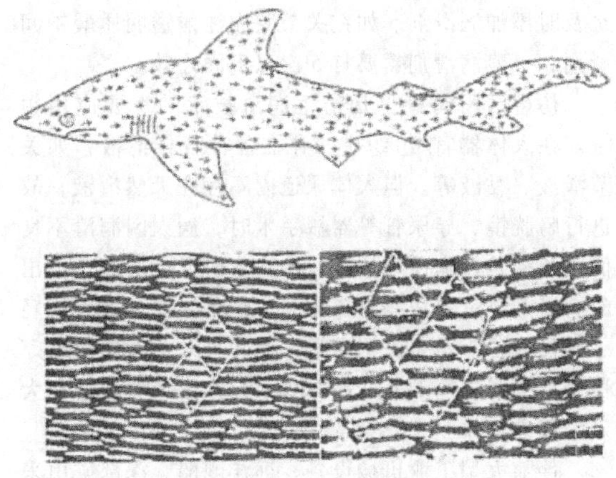

图 15-43　鲨鱼和鲨鱼皮表面

具有高速游动的快速鲨鱼的盾鳞肋条结构有两个共同的显著特征：

1）肋条普遍具有锋利的尖顶和圆弧底的沟槽；

2）肋条高度一般低于 30μm，间距少于 100μm。

图 15-44 为鲨鱼皮盾鳞结构示意图。

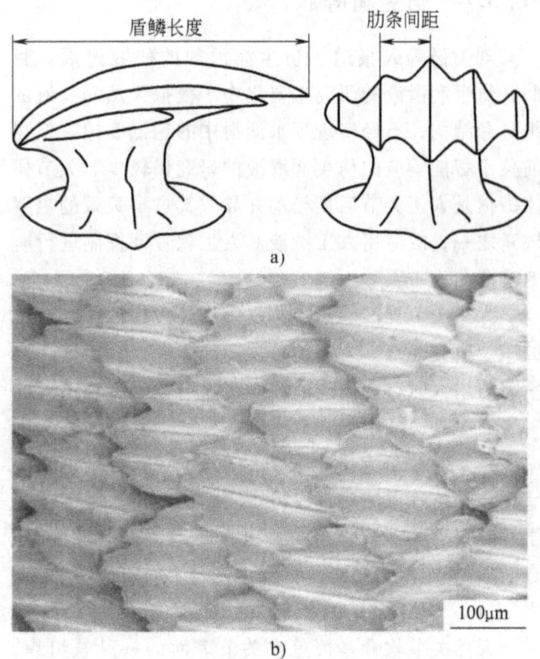

图 15-44　鲨鱼皮盾鳞结构示意图

这方面的研究以德国航空宇宙中心和推动技术研究所的研究最为突出，其沟槽截面的计算理论及优化的结构参数为减阻结构设计及制造奠定了理论基础。其研究结果表明，刀刃形结构具有最佳减阻效果，但容易失稳。在实际中，锯齿结构因其具有几何稳定性而被广泛采用。

目前，鲨鱼盾鳞肋条结构仿生材料的减阻应用主要集中在下面三个领域：

（1）飞行器、舰艇表面　某航空公司空中客车 A340 的机身上长期敷有仿鲨鱼皮薄膜，实际飞行节省燃油约 3%。

（2）输油管道内壁　实践表明，输油管道内壁表面应用肋条结构后，管道流体传输量明显增加，同时流速的波动性也减少，肋条结构表面能改善流体边界层内流体状况的这一特性为其应用于水油管道等奠定了基础。

（3）仿鲨鱼皮的减阻应用已实现市场化　我国是一个航运大国，也是能源消耗大国，迫切需要开发节能降耗的创新技术。经测算表明，肋条结构仿生减阻材料应用于航运工具，可显著减少燃油消耗，提高航速，延长航程与航时。以A340-300长途客机为例，当机身大部分表面应用仿肋条结构薄膜后，每架客机年赢利额可增加约100万美元，同时带来可观的环境效益。

15.9.4 仿生润滑剂

刘国强等人报道了仿生润滑剂的研究进展。目前，仿生润滑液的研究主要集中于模拟天然润滑液的组分和结构，已经实现了水润滑中的超低摩擦。但目前关于智能响应的仿生润滑液的研究仍较少。关节假体磨损是人工关节后期松动并导致其过早失效的主要因素之一，故应用人工滑液对人工软骨摩擦副进行有效润滑尤为重要。

人工关节界面润滑理论是国内外生物摩擦学领域的一个研究热点。人工关节主要处于混合润滑区。当承载力增大时，会产生液膜润滑。日本学者利用在材料表面上种植疏水性大分子链的方法，获得了较低的摩擦因数。清华大学也成功地在CoCrMo合金上通过氧化、种植等方法，也取得了满意的结果。利用仿生学研究人工关节软骨组织，研发新型超低摩擦因数、自润滑的软体界面是目前仿生润滑技术的研究重点之一。

天然关节软骨是覆盖在关节表面的一种软组织，即软骨是关节的滑动表面，在人体的正常生理环境中提供一个优良的润滑承载关节面，可以承载传递7~9倍人体的重量，且摩擦因数极低（0.001~0.03），一般能够正常运动70年以上。关节软骨是一种多孔黏弹性材料。在循环载荷作用下，软骨内的滑液不断被挤出和渗入，这在关节运动中起到润滑作用，从而减少关节面的摩擦，对维持关节运动的功能具有重要意义，图15-45为人工髋关节结构示意图。

滑液是血浆的透析液，它是一种透明、黄色而发黏的物质，存在于自由运动的关节软骨之间，主要包括透明质酸和磷脂等水溶性的天然大分子，同时还含有一些糖蛋白和润滑素分子等，其中透明质酸、糖蛋白和润滑素分子的结构模型如图15-46所示。

滑液属于非牛顿液体，随着剪切速度的增加，黏

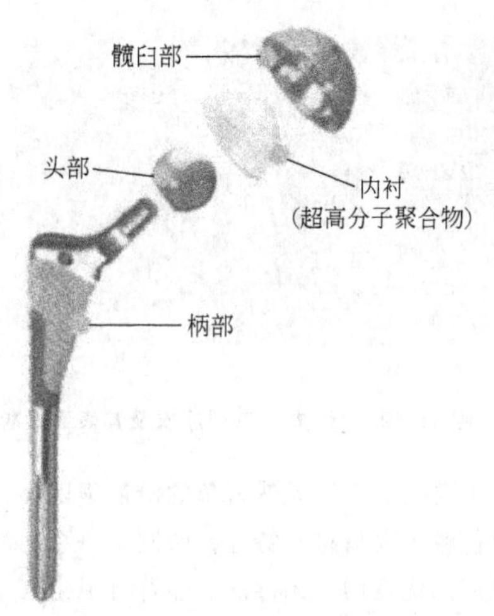

图 15-45　人工髋关节结构示意

度明显减少。这些天然分子能显示出边界润滑的特性，有效地降低关节之间的摩擦因数。滑液作为一个整体可大大减少摩擦，这应归功于弹性流体动力润滑。在关节快速活动过程中，这种润滑流常发生。当接触表面间的流体厚度超过1μm时，流体动力润滑就会发生。所以，软骨关节上的润滑通常被视为是弹性流体动力润滑。滑液中的高浓度透明质酸可以通过增大黏性来提升润滑效果。滑液关节整体示意图15-47。

天然关节的润滑机理是极其复杂的。如果关节中的润滑状态主要为边界润滑，则人工滑液必须能和软骨有良好的吸附能力，而与滑液的黏度关系不大。虽然人工滑液的研究工作已取得了很大的进展，但复合人工滑液的润滑机制尚不清楚，有待深入研究。今后的重点研究方向是：对于软骨材料用特种润滑剂的研究，希望能发现一些效果更佳的复合软骨润滑剂。据报道，患有膝关节炎的老人其疼痛往往是缺乏关节液的润滑，磨损加重而导致疼痛。此时的治疗最佳方法是及时添加润滑剂。如在关节腔内注射透明质酸钠润滑剂，一般润滑剂需要打5次以巩固疗效。

仿生医用润滑也是仿生润滑技术的重要应用领域。在人体器官/组织中，存在各种各样滑液，如关节滑液、黏液等。但人体尿道内不存在天然滑液，故进行膀胱镜、导尿管等器械手术时，病人因润滑不良而十分痛苦。陶德华等人通过大量研究，最终合成出的润滑剂经过泌尿科临床试验，结果表明，大大减轻了病人痛苦。仿生医用润滑发展的另一个方向是治疗性润滑剂，英国Leeds大学科研人员在这方面进行大量的研究工作。

伴随大型工业机械设备、远洋舰船、深部矿山采掘等重点工程战略需求，在机器设备中面临了润滑系

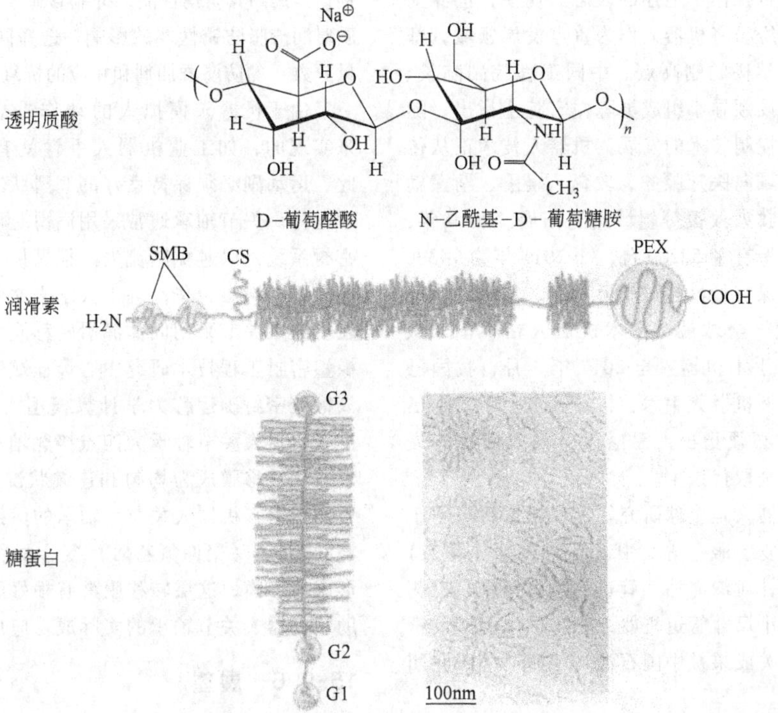

透明质酸
D−葡萄醛酸
N−乙酰基−D−葡萄糖胺
润滑素
SMB
CS
PEX
H2N
COOH
糖蛋白
G3
G2
G1
100nm

图 15-46　关节液主要成分及其结构示意图

润滑素
透明质酸
糖蛋白
韧带和关节囊
关节软骨
股骨头
滑液膜
滑液

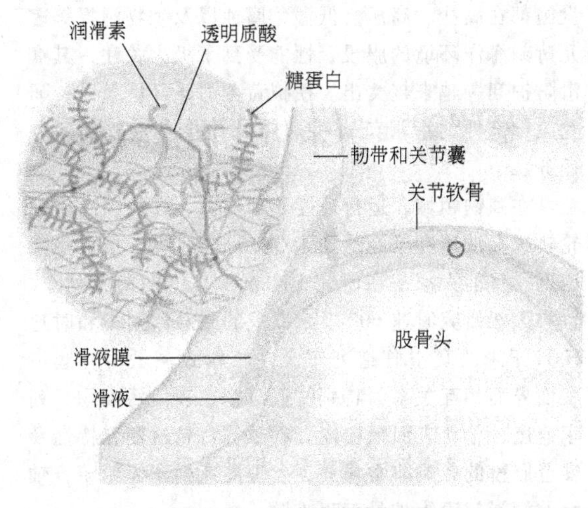

图 15-47　滑液关节整体示意

图左上角为关节软骨表面的大分子结构模型

统和润滑剂的油水分离关键科学问题和挑战，例如，由于对复杂润滑油体系分离机理的认识匮乏，难以实现复杂润滑系统和润滑体系低能耗、高效率的分离；由于缺乏对润滑体系的油水分离动态规律的掌握，难以实现耐磨、耐候及性能稳定分离材料的构筑等难点。清华大学摩擦学国家重点实验室汪家道教授团队针对油气水多相流动分离的重大需求，提出了基于润湿行为的破乳方法，发展了系列基于仿生摩擦学的油水分离技术。中科院兰州化物所固体润滑国家重点实验室郭志光教授团队，建立了复杂润滑体系的分离体系理论模型，揭示了自然界表面特殊润湿性质形成规律及构建原理，确定了低能耗、高效率分离体系的仿生设计；开展了仿生分离材料在大型工业机械设备应用中机械耐磨性、环境耐候性等共性技术研究，为机械仿生界面材料分离复杂润滑油体系的构建及规模化应用提供理论依据；发展的一系列高效、稳定油水仿生分离材料，为最终实现各种油水混合物的有效分离及润滑油分离材料的应用提供指导。

15.9.5　仿生润滑技术在工业机器人方面的应用

工业机器人在 20 世纪 90 年代得到了飞速的发展，目前——“中国的机器人发展，无论从规模还是应用领域都是前所未有的”，这是 2017 年 8 月 21 日由中国工程院主办，中科院沈阳自动化研究所和机器人学国家重点实验室承办的在沈阳举行的“机器人技术国际工程科技发展战略研究高端论坛”上，国际机器人领域技术权威、IEEE（电气和电子工程师协会）机器人与自动化学会前主席、法国国家科学研究中心主任、巴黎第六大学智能系统与机器人研究所所长拉贾·夏蒂拉作了上述的表态。现在，世界上主要发达国家都纷纷将机器人作为重点发展领域，都期望抢占机器人学科的制高点。中国工程院副院长、国家制造强国建设领导小组成员陈左宁院士指出，随着传感器和智能控制技术的发展，机器人技术正从传统的工业制造领域向医疗服务、教育、娱乐、勘探勘测、生物工程和救灾救援等领域迅速拓展。2010 年，我国工业机器人保有量 52200 台，而 2011 年为 74300 台，估计目前的保有量已超过十万台。2017 年 9 月 8 日科技日报报道，全球最忙手术机器人在中国，从 2006 年引进首台手术机器人至 2017 年 2 月，我国已累计开展四万多例机器人手术，机器人走上手术台已成为现实，但也必须指出，无论机器人如何智能先进，都不可能完全取代医生。

仿生软体机器人是全球研究热点，未来将应用于工业、医疗、康复、服务等。中国石油大学（北京）刘书海教授团队针对深海油气管道巡检、抢修、检测等需求，研发了小尺寸管道机器人软体仿生润滑及密封制造技术，相关成果被中国石油、中海油等研究团体采纳。

由于工业机器人越来越多地应用于低温、高温、高速和重负荷等苛刻工况环境，故综合性能优异的润滑剂及先进润滑技术对工业机器人在各领域的成功应用显得越来越重要。目前，工业机器人大部分是用于搬运和焊接作业，而其关节部位的减速机构是完成工作的关键。由于工业机器人关节减速机的加工精度很高，摩擦面之间的间隙一般很小，而工业机器人越来越多地应用于高负荷的工况，中石化韩鹏指出，在这种情况下，减速机在运转过程中经常处于边界润滑状态，这就要求润滑剂（脂）具有足够的油膜厚度和良好的极压性能以及优异的抗微动磨损性能。因工业机器人关节部位运转特点是频繁起动和在较小范围内进行往复运动，这样容易造成微动磨损。韩鹏等人成功开发了机器人关节减速机用的高性能润滑脂。

由工业机器人的实际使用环境温度和工况条件可知，工业机器人关节减速机润滑脂对基础油的低温性能、热稳定性和氧化安定性等都有较高的要求，因此，选择合成油作为工业机器人关节减速机润滑脂的基础油更为合适。考虑综合性能和成本，推荐选用 40℃运动黏度在 40~60mm^2/s 的合成烃作为工业机器人关节减速机润滑脂的基础油。综合润滑脂性能指标要求，生产成本和生产工艺的稳定性，推荐选用复合锂基稠化剂最为合适。

工业机器人关节减速机所使用的金属材料主要是钢，由于减速机润滑脂中加入了活性较强的极压抗磨剂，为提高其防锈性能，抑制含硫、磷化合物等活性物质对润滑脂防锈性能的影响，选择同时加入 0.5%（质量分数）的防腐添加剂和相应的抗氧剂等较为合适。

由于机器人模拟人的动作是靠运动副（关节）来实现的，如工业机器人手臂就有 4 个回转副。因此，运动副必须保持良好的润滑状态以确保轴承能正常运行。关节轴承通常采用润滑脂润滑，并有可靠的密封系统，以避免脂流失。根据机器人关节轴承的工况和结构特点，华南理工大学朱文坚和王涛等人提出在机器人关节采用固体润滑转移膜的润滑方法；国家橡塑密封工程技术研究中心谭桂斌等构建了管道机器人橡胶密封碗运移力学计算模型、润滑摩擦模型等。由于机器人关节轴承为四点接触轴承，这对转移膜的形成和转移膜成为均匀和连续状况是对润滑有利的。研究指出，机器人关节、轴承的保持架采用碳纤维填充的 PTFE（聚四氟乙烯）复合材料，能在接触表面形成转移膜，这层转移膜具有很好的自润滑性能，有助于机器人关节轴承的实际成功应用。

15.9.6 展望

海洋运输船舶、潜艇/潜航器、水下机器人、海底采矿装备、海底油气开发设备、海洋结构物等相关设施都在高盐、高压、低温、腐蚀以及生物污损等多元苛刻海洋环境的服役，性能受到了极大关注，其润滑防护问题越来越突出。模拟苛刻海洋环境条件，研究关键部件的润滑延寿机理和特性也是重要的研究任务。

在高铁领域，运行速度不断提高，在我国商用的轮轨式高铁速度已经达到了 350km/h，属于全球最高速度。目前大家正在研究 500km/h 以上的高速列车。也有人在研究时速 600 千米以上的磁悬浮列车和时速 1000 千米的真空管道列车。在轮轨式高铁中，润滑表面界面相互关系，特别是润滑剂、表面污染物、列车速度、轮轨表面粗糙度、载重等对轮轨黏着特性及安全服役的影响非常重要，发现高速列车齿轮箱、轴承的润滑健康维护是工程难题。

能源装备中的高载荷、高温、颗粒磨损、腐蚀环境等使得工件的润滑磨损较一般工况严重，表面强化与减摩耐磨技术至关重要，企业的智能润滑体系是工程科技难题。核电等能源装备中润滑、密封等摩擦副在核辐射的作用下失效问题非常重要。煤炭、风电等大型能源装备中轴承、齿轮、液压缸等摩擦副的重载、变温等苛刻工况和高湿、高盐、高颗粒污染等使用环境的润滑寿命评估值得研究。

概括起来，润滑技术发展的新趋势是：

1）润滑油是机械运动的“血液”，机械及相关工业装备的使用寿命和经济性在一定程度上与油品的质量和合理使用工艺紧密相关。故开发综合性能良好、用量少、寿命长和可生物降解的绿色润滑油（剂）是当务之急。

2）设备润滑发展了油气润滑技术，其用油量不到原来用油量的1/10，而且润滑效果大幅提高，目前已在滚动轴承、滑动轴承、齿轮、蜗轮、机车轮缘与轨道、链条等领域广泛应用了油气润滑技术。

3）工艺润滑发展了微量润滑技术（MQL），其用油量只有原来用油量的1/50，而且油品的高低温润滑性能更好。目前，进一步发展油-水复合雾MQL加工方法的润滑，将油和水分别雾化，同时喷射到切削点上，这是MQL发展的新趋势。而低温微量润滑技术更可看作为21世纪绿色制造业的重要组分。

4）微纳米润滑材料可降低摩擦，修复磨损，提高机械设备的运行效率，达到高可靠性和长寿命的要求。随着社会的进步，人们对低碳经济、循环经济和绿色经济的要求不断提高，微纳米润滑材料将会显示出举足轻重的地位。随着微观摩擦学的深入研究，“纳米润滑”和“分子润滑”的时代即将到来，期望今后有更多的“超润滑”和“零摩擦”的奇异的新型纳米润滑材料出现。

5）油雾润滑技术被认为是在解决工矿企业大型机泵润滑问题上的第一选择，这已经是一种不争的事实。

6）仿生润滑技术是一种拯救晚期关节病患者的主要方法之一，造福人类。仿生减阻技术已在国防和体育等领域发挥着重要作用。特别应该指出的是，仿生润滑技术在工业机器人关节部位和减速机构中同样有着特殊的应用。

7）在人工智能、大数据、物联网、云计算等现代科学浪潮之中，促进新一代智能制造技术运用过程中，亟需发展摩擦副的智能监测、微纳传感和反馈控制技术，为实现润滑系统智能诊断，智能修复，自适应调整、智能存储奠定基础。探索具有修复剂/润滑剂储存-释放功能的智能润滑材料与构件的设计和制备方法，发展环境适应（高低温、强振动、海洋、沙漠、极地等）具有自修复、自存储、自诊断等功能的仿生智能摩擦学副。

参考文献

[1] 林亨耀. 润滑技术及国外发展趋势［C］//. 摩擦学第四届全国学术交流会论文集：第二册，1987.

[2] ADHVARYU A，ERHAN S Z，PEREZ J M Tribological studies of thermally and chemically modified vegetable oils for use as environmentally friendly lubricants［J］. Wear，2004，257（3）：359-367.

[3] 林亨耀，夏淦珍，黄国典，等. 赴德国润滑技术考察报告［J］. 润滑与密封，1995（6）3-5，21.

[4] 《机修手册》第3版编委会. 机修手册第8卷：设备润滑［M］. 3版. 北京：机械工业出版社，1994.

[5] 曲建俊，陈继国，李强，等. 环境友好润滑剂的研究与应用［J］. 润滑油，2008，23（5）：1-6.

[6] 曾在春，黄福川，张亚辉，等. 绿色润滑油发展浅析［J］. 合成润滑材料，2008，35（4）：17-20.

[7] 王德岩，徐连芸，常明华. 绿色润滑剂的过去、现在和将来［J］. 润滑油，2005（4）：6-10.

[8] 黄风林，黄勇，朱姗，等. 可生物降解植物基润滑油的研究与应用［J］. 石化技术与应用，2009，27（6）：566-570

[9] 黄文轩，环境兼容润滑剂的综述［J］. 润滑油，1997，12（4）：1-8

[10] 吴志桥，辛田，韩生. 绿色环保型金属切削液研究进展［J］. 上海化工，2011，36（8）：29-33.

[11] FESSENBECKER A，ROEHRS I，PEGNOGLOUR. Additives for environmentally acceptable lubricant［J］. NLGI Spokesman，1996，60（6）：9-15.

[12] 吴新世，叶锋，张金涛，等. 新型润滑油生物降解性及其分析方法改进探讨［J］. 微生物学通报，2008，35（6）：872-875.

[13] 江贵长，官文超，等. 纳米润滑材料的研究与应用［J］. 材料导报，2002，16（12）：31-33.

[14] 刘谦，徐滨士. 纳米润滑材料和润滑添加剂的研究进展［J］. 航空制造技术，2004（2）：71-73.

[15] RAPOPORT L，FELDMAN Y，HOMYONFER M，et al. Inorganic fullerene-like material as additives to lubricants：structure-function relation-

ship [J]. Wear, 1999, 225-229 (4): 975-982.

[16] 哈尔滨工业大学. 超细人造石墨润滑剂: 87100337. 6 [P]. 1991-02-20.

[17] 何柏，唐晓东，等. 纳米润滑油添加剂技术的研究进展 [J]. 化学工业与工程技术，2006，27 (4) 29-33.

[18] SIEGEL R W. Nanostructured materials [M]. ILLINOIS, Springer, 1994.

[19] HIRANO M, SHINJOK, KANEKOR, et al. Obervation of superlubricity by scanning tunneling microscopy [J]. Phys Rev Lett, 1997, 78 (8): 1448-1451.

[20] MIYAKE S, TAKAHASHI S. Small-angle oscillatory performance of solid-lubricant film-coated ball bearings for vacuum application [J]. ASLE Transactions, 1987, 30 (2): 248-253.

[21] 秦敏，陈国需，高永建. 纳米润滑添加剂的研究进展 [J]. 合成润滑材料，2001，28 (4): 9-14.

[22] 杨和中，刘厚飞. TURBOLUB 油气润滑技术 [J]. 润滑与密封，2013 (1-8).

[23] 窦锋，王斌，寇鹏，等. 油气润滑技术及应用 [J]. 重型机械，2011 (4): 40-42.

[24] 李睿远，柴苍修. 油气润滑技术及系统 [J]. 设备管理与维修，2006 (9): 37-38.

[25] 孙嘉岐，冯晨阳. 油雾润滑技术在流程企业的应用 [J]. 热带农业工程，2011 (6): 18-22.

[26] 张庆祥. 油雾润滑技术系统介绍及应用 [J]. 装备制造技术，2012 (9): 82-85.

[27] 运战红. 机泵群油雾润滑系统 [J]. 机电产品开发与创新，2008 (5): 101-102.

[28] 蔡宝超，李晓晨. 油雾润滑技术应用 [J]. 河北化工，2009 (8): 57-59.

[29] 周春宏，赵汀，姚振强，等. 最少量润滑切削技术 (MQL)——经济有效的绿色制造方法 [J]. 机械设计与研究，2005 (5): 81-83.

[30] DHAR N R, ISLAM M W, ISLAM S, et al. The influence of minimum quantity of lubrication (MQL) on cutting temperature, chip and dimensional accuracy in turning AISI-1040 steel [J]. Journal of Materials Processing Technology, 2006, 171 (1): 93-99.

[31] RAHMAN M, KUMAR A S, SALAM M U. Experimental evaluation on the effect of minimal quantities of lubricant in milling International Journal of Machine Tools & Manufacture, 2002, 42 (5): 539-547.

[32] 袁松梅，朱光远，王莉，等. 绿色切削微量润滑技术润滑剂特性研究进展 [J]. 机械工程学报，2017 (12): 145-154

[33] 戚宝运，何宁，李亮，等. 低温微量润滑技术及其作用机理研究 [J]. 机械科学与技术，2010，29 (6): 826-831.

[34] GODLEVSKI V A, VOLKOV A V, LATYSHEV V N, et al. The kinetics of lubricant penetraion action during machining [J]. Lubrication Science, 2010, 9 (2): 127-140.

[35] JIANHUA Z, DEHUA T, SHANGFA F U, et al. Design of bionic lubrication system of artifical joints and study on the tribological performance of a synthetic synovial fluid [J]. Tribology, 2003, 23 (6), 500-503.

[36] 张建华，陶德华. 仿生润滑技术研究及其应用探讨 [J]. 润滑与密封，2004 (6): 99-100, 110.

[37] 刘国强，郭文清，刘志鲁，等. 聚合物仿真润滑剂研究进展 [J]. 摩擦学学报，2015，35 (1): 108-120.

[38] 杨申仲. 润滑技术发展趋势 [J]. 设备管理与维修，2014 (6): 5-8.

[39] 付强. 板坯连铸设备全优润滑技术研究 [J]. 设备管理与维修，2011 (4): 50-52.

[40] 黄志坚. 润滑技术及应用 [M]. 北京: 化学工业出版社，2015.

[41] 盛丽萍，李芬芳，范成凯. 新型润滑技术研究进展 [J]. 润滑油，2009 (1): 11-16.

[42] 胡邦喜. 设备润滑基础 [M]. 2 版. 北京: 冶金工业出版社，2002.

[43] 王德岩. 润滑技术研究进展 [J]. 合成润滑材料，2007 (1): 15-19.

[44] 闻邦椿. 机械设计手册单行本: 润滑与密封 [M]. 北京: 机械工业出版社，2015.

[45] 张剑. 现代润滑技术 [M]. 北京: 冶金工业出版社，2008.

[46] 中国科学技术协会. 2014—2015 年机械工程学科发展报告 (摩擦学) [M]. 北京: 中国科学出版社，2016.

[47] HOLMBERG K, ERDEMIR A. Influence of tri-

bology on global energy consumption, costs and emissions [J]. Frication, 2017, 5 (3): 263-284.

[48] 梁卓颖，李桂青. 烟厂全优润滑管理体系的建立 [J]. 润滑与密封，2012，37 (11): 111-115.

[49] 王太辉，李其源，陈建峰，等. 应用设备状态监测技术进行设备全优润滑管理 [J]. 中国设备工程，2013 (5): 65-66.

[50] 闰孟仁，任冲. 设备全优润滑管理在辛置选煤厂的应用 [C] //中国嵌炭加工利用协会，中国煤炭工业协会. 2013 全国选煤厂节能降耗挖掘提效技术研讨会论文集. 2013: 73-79.

[51] 张冰焰，刘成颖，刘程，等. 设备预知维修工程及其实施技术研究 [J]. 设备管理与维修，2003 (5): 6-9.

[52] 丰田利夫. IT 时代预知维修技术的动向 [J]. 中国设备工程，2002, (12): 50-52.

[53] 周峰，王晓波，刘维民，等. 纳米润滑材料与技术 [M]. 北京：科学出版社，2014.

[54] 钱林茂，田煜，温诗铸. 纳米摩擦学 [M]. 北京：科学出版社，2013.

[55] 筐田直，等. 生物摩擦学——关节的摩擦和润滑 [M]. 顾正秋，译. 北京：冶金工业出版社，2007.

[56] 陈养元. MQL 与低温冷风结合分绿色切削技术 [J]. 机电技术，2009, 32 (2): 58-59.

[57] 绳劲松，刘晓强，蒋和连. 油雾润滑系统在实际生产中的应用 [J]. 润滑油，2007 (5): 20-22.

附录　润滑技术常用名词术语和短语（中英文对照）

林亨耀

一、一般名词和摩擦(学)

序号	中文	英文
1	摩擦学	tribology
2	摩擦	friction
3	磨损	wear
4	润滑	lubrication
5	摩擦物理学	tribophysics
6	摩擦力学	tribomechanics
7	摩擦化学	tribochemistry
8	摩擦副	rubbing pair
9	摩擦力	friction force
10	内摩擦	internal friction
11	静摩擦	static friction
12	动摩擦	kinetic friction
13	摩擦因数	coefficient of friction
14	滑动摩擦	sliding friction
15	滚动摩擦	rolling friction
16	自旋摩擦	spin friction
17	干摩擦	dry friction
18	边界摩擦	boundary friction
19	流体摩擦	fluid friction
20	润滑摩擦	lubricated friction
21	混合摩擦	mixed friction
22	无润滑摩擦	unlubricated friction
23	黏-滑,又称“爬行”	stick-slip
24	摩擦工况	friction duty
25	摩擦学设计	tribological design
26	摩擦学参数	tribological parameters
27	高温干摩擦	dry friction at high temperature
28	高温摩擦学	high-temperature tribology
29	生物摩擦学	bio-tribology
30	空间摩擦学	space tribology
31	纳米摩擦学	nano-tribology
32	空间机械摩擦学	space mechanical tribology
33	摩擦学交叉领域	the field of tribology intersecting
34	摩擦状态	friction state
35	表面擦伤	surface scratch
36	摩擦边界	the friction boundary
37	原位摩擦化学原理	principle of in-situ friction chemistry
38	仿生摩擦模拟	bionic friction simulation
39	零摩擦	zero friction
40	抗摩擦剂	anti-friction agent
41	摩擦点	rubbing point
42	严重擦伤	severe scratching

43	金属塑性加工摩擦学	tribology of metal forming
44	摩擦学系统设计	tribological system design
45	摩擦学系统监测	tribological system monitoring
46	轻轨摩擦副	light rail friction pair
47	估计由于摩擦磨损造成的能量损失	estimate the energy losses due to friction and wear
48	摩擦磨损对经济的冲击	the economic impact of friction and wear
49	与二氧化碳排放有关的摩擦磨损	the friction and wear related CO_2 emissions
50	降低摩擦磨损采用的手段和技术	means and technologies to reduce friction and wear
51	许多降低摩擦磨损的新方案	many of new solution for reducing friction and wear
52	严重摩擦学应用	severe tribological application
53	用适宜的摩擦学设计	with proper tribological design
54	对摩擦磨损起着显著的影响	have a remarkable influence on friction and wear
55	为取得最佳摩擦磨损性能的摩擦学部件设计	the design of tribological components for optimal friction and wear performance
56	摩擦学性能的模拟	simulation of tribological performance
57	对许多类型的摩擦学应用提供最大的机遇	to provide great opportunities for all kinds of tribological applications
58	应用先进的摩擦学技术	implementing advanced tribological technologies
59	摩擦学是我们生活中的一部分	tribology as part of our lives
60	聚焦在摩擦学方面的研究	research focus on tribologies
61	对摩擦学研究者提出许多挑战	to provide many challenges for researchers in tribology
62	对这些关注环境摩擦学的问题	to these concerns environmental tribology
63	新材料聚焦于降低摩擦磨损	new materials aiming to reduce friction and wear
64	使用后被细菌和真菌进行无害分解	harmlessly decomposed by bacteria and fungi after use
65	纳米摩擦学的一个研究领域	a research field of nano-tribology
66	瞬间接触的摩擦学研究	the study of tribology in minute contacts
67	纳米摩擦学的一个重大冲击	a major impact of nano-tribology
68	环境恶化	environmental degradation
69	纳米摩擦学是纳米科技的一个组成部分	nanotribology is an integral part of nano technology
70	研究在纳米范围内的摩擦问题	to understand friction at the nano scale
71	摩擦学的未来篇章	future chapters in tribology
72	显著地推动我们对摩擦磨损的理解	dramatically advanced our understanding of friction and wear
73	生物摩擦学是摩擦学的一个新领域	biotribology as a new area in tribology
74	表现出很低的摩擦系数和磨损	exhibit very low friction coefficient and wear
75	摩擦学许多研究聚焦在	most of the tribological research focused on
76	一种新的非常有前途的技术	a new and a very promising technique
77	消除含氯化合物引起的腐蚀	to eliminate corrosion from chlorine containing compounds
78	可循环利用材料	be recycled materials
79	具有优异的摩擦学和环保性能	possesses excellent tribology and environmental properties
80	优异的摩擦磨损和润滑特性	outstanding friction wear and lubricity characteristics
81	对环境无污染	pollution free environment
82	生态标志	eco-mark
83	环境印记	the environmental seals
84	菜籽油的摩擦学特性	tribological behaviour of rape seed oil
85	自动记录摩擦力矩	the friction moment be automatically recorded
86	计算摩擦因数	to calculate the friction coefficient
87	更好的减摩和极压性能	better friction-reducing and extreme pressure abilities
88	摩擦聚合物膜的形成	formation of a tripolymerization film
89	对环境友好润滑剂给予更多的关注	paying more and more attention to environmentally friendly lubricant
90	在金属表面上的化学吸附膜	chemical-adsorption film on the metal surface
91	克服摩擦	to overcome friction

92	摩擦磨损对能源消耗影响的计算	calculations of the impact of friction and wear on energy consumption
93	大规模使用更新和更为先进的摩擦学技术	large scale implementation of newer and more advanced tribology technologies
94	对摩擦学问题的基本机理的研究方面已取得很大进展	tremendous progress in understanding of the fundamental mechanisms of tribological phenomena
95	绿色摩擦学	green tribology
96	摩擦学机遇	tribological opportunities
97	评价摩擦磨损对能源消耗的影响	to assess the influence of friction and wear in energy consumption
98	采用新的摩擦学解决方案	putting into use of new tribological solution
99	评价与摩擦学接触相关的摩擦磨损损失	estimation of tribocontact-related friction and wear loss
100	由摩擦造成的全球能源损耗	the global energy consumption due to friction
101	减少边界润滑条件下的摩擦磨损	to reduce friction and wear under boundary lubrication conditions
102	摩擦化学反应	tribochemical reactions
103	传统的摩擦学试验机	the conventional tribo testers
104	四球极压试验机	4-ball E. P. tester
105	润滑剂需求的最快增长	the fastest growth in lubricant demand
106	摩擦化学行为	tribochemical behavior
107	结构对摩擦磨损的影响	effect of structure on friction/wear
108	抗磨/极压添加剂	antiwear/extreme-pressure additive
109	植物油结构	vegetable oil structure
110	球盘装置	a ball-on-disk configuration
111	摩擦试验周期	the duration of friction test
112	转盘上的磨痕宽度	width of the wear track on disk
113	摩擦因数分析	analysis of coefficient of friction
114	形成薄的润滑膜	to form thin lubricating film
115	化学改性的油品	chemical modified oils
116	极性功能基团	polar functional groups
117	物理和化学相互反应	physical and chemical interaction
118	分子里的极性基团	the polar group in the molecule
119	无极性碳氢链	no-polar hydro carbon chains
120	极性材料	polarmaterials
121	首先变形	the primary deformation
122	热量的有效转移	effective removal of heat
123	生态友好润滑剂	eco-friendly lubricant
124	生物基生态友好润滑剂	bio-based eco-friendly lubricant
125	有毒润滑剂	toxic lubricant
126	化学改性的合成生物基润滑剂	chemically modified synthetic biolubricant

二、磨损

127	抗磨试验	anti-wear test
128	微观结构	microstructure
129	微观缺陷	the microdefects
130	拉伤痕迹	strain trace
131	摩擦腐蚀压痕	friction corrosion indentation
132	摩擦磨损性能	friction and wear properties
133	减阻设计	drag reduction design
134	减阻仿生	drag reduction bionic
135	黏附磨损	adhesive wear
136	磨料磨损	abrasive wear
137	疲劳磨损	fatigue wear

138	腐蚀磨损	corrosive wear
139	微动磨损	fretting wear
140	轻微磨损	mild wear
141	正常磨损	normal wear
142	严重磨损	severe wear
143	材料转移	transfer
144	选择性转移	selective transfer
145	涂抹	smearing
146	划伤	scoring; scuffing
147	擦伤	scratching
148	咬死	seizure
149	沟蚀	fluting
150	点蚀	pitting
151	剥落	spalling
152	冷焊	cold weld
153	黏着	adhesion
154	微切削	micro-cutting
155	犁沟	ploughing; plowing
156	黏着力	adhesive force
157	黏着系数	coefficient of adhesion
158	积屑瘤	built-up edge
159	氧化磨损	oxidative wear
160	磨合性	running-in property
161	磨合磨损	running-in wear
162	磨料侵蚀	abrasive erosion
163	干磨损	dry wear
164	毁坏性磨损	catastrophic wear
165	磨粒	abrasive particle
166	侵蚀磨损	erosive wear
167	流体侵蚀	fluid erosion
168	气体侵蚀	cavitation erosion
169	气蚀磨损	cavitation wear
170	冲击侵蚀	impact erosion
171	初始剥蚀	initial pitting
172	扩散磨损	diffusive wear
173	锤击磨损	peening wear
174	热磨损	thermal wear
175	机械磨损	mechanical wear
176	原子磨损	atomic wear
177	机械化学磨损	mechano-chemical wear
178	分子机械磨损	molecule-mechanical wear
179	电剥蚀	electrical pitting
180	磨损状态转化	transition wear mode
181	抗咬性	anti-seizure property
182	耐磨性	wear resistance
183	磨损率	wear rate
184	相对磨损	relative wear
185	相对耐磨性	relative wear resistance
186	相对磨损率	relative wear rate
187	磨损系数	coefficient of wear

188	修复磨损	repair the wear
189	微滚动磨损	micro roll wear
190	疲劳划痕	fatigue scratches; fatigue scoring
191	表面斑点	surface spots
192	表面研磨	surface grinding
193	釉化	glaze
194	灰变	gray
195	磨损凹坑	wear pits
196	轴承磨损	bearing wear
197	轴承修复	bearing repair
198	单点修复	a single point of repair
199	多点修复	multi-point repair
200	齿面点蚀	tooth erosion
201	齿面磨损	tooth surface wear
202	齿面胶合	tooth surface glue
203	擦伤磨损	abrasion wear
204	塑性变形	plastic deformation
205	关节假体磨损	joint prosthesis wear
206	摩擦磨损颗粒	rubbing wear particles
207	切削磨损颗粒	cutting wear particles
208	滚滑复合磨损	combined rolling and sliding wear
209	严重滑动磨损	severe sliding wear
210	剪切混合层	shear mixed layer
211	疲劳碎片	fatigue spall particles
212	球状颗粒	spherical particles
213	层状颗粒	laminar particles
214	块状颗粒	chunk particles
215	负磨损	negative wear
216	磨损图	wear map
217	磨损自补偿	wear-self-compensation
218	“零磨损”和自修复	"zero wear" and self-repairing
219	磨损自修复	wear self-repairing
220	抗磨和表面修复	anti-wear and surface repair
221	微纳米抗摩自修复技术	micro-and-nanoscale anti-friction self-repairing technology
222	破坏性磨损	destructive wear
223	异常磨损	abnormal wear
224	摩擦表面自修复技术	self-repairing technology on the frictional surface
225	人工关节磨损	artificial joint wear
226	表面修复	surface repair
227	平均磨损量	average wear
228	纳米粒子形态	nano-particle morphology
229	裂纹	cracks
230	磨削裂纹	grinding crack
231	疲劳裂纹	fatigue crack
232	轮齿折断	tooth breakage
233	过载折断	overload breakage
234	脆性断裂	brittle fracture
235	韧性断裂	ductile fracture
236	弯曲疲劳	bending fatigue
237	齿端折断	tooth end breakage

238	扩展性点蚀	progressive pitting
239	微点蚀	micropitting
240	片蚀	flake pitting
241	中等磨损	moderate wear
242	过度磨损	excessive wear
243	干涉磨损	interference wear
244	侵蚀	erosion
245	气蚀	cavitation erosion
246	冲蚀	hydraulic erosion
247	电蚀	galvanic erosion
248	永久变形	permanent deformation
249	压痕	indentation
250	滚压塑变	plastic deformation by rolling
251	起皱	rippling
252	抛光	polishing
253	轻轨黏着	light rail adhesive
254	轻轨磨损	light rail wear
255	轻轨的磨损特性	light rail wear characteristics
256	轻轨擦伤	light rail abrasion
257	轨侧磨损	rail grinding side
258	磨损量测量	abrasion loss measurement
259	磨损备件	wear part replacement
260	有效地解决了磨损问题	effectively solved the wear problem
261	作为降低摩擦磨损的一种手段	as a means of reducing friction and wear
262	在磨损表面上形成低摩擦保护层	the formation of low-friction protective layers on the wearing surfaces
263	塑性变形能很好地解释磨粒磨损的机理	explained well the fundamental mechanism of abrasive wear by plastic deformation
264	进一步的研究揭示了磨损的机理	further research reveals wear mechanisms
265	磨损的试验研究数据	experimental research data on wear
266	精确预测磨损	accurately predict the wear
267	防止金属与金属直接接触以提高咬死负荷	enhance the seizure load by preventing direct metal-to-metal contact
268	测量平均磨痕直径	measuring the mean wear scar diameters
269	磨损速率和磨损机理	wear rate and wear mechanism
270	宏观和微观的跑合磨损	running wear in both macro- and micro-scale
271	认识磨损特征的一种重要的技术步骤	an important technological step to realize wear characterization
272	瞬时磨损率	the instantaneous wear rate
273	滑动黏接磨损颗粒	sliding adhesive wear particles
274	正常磨损的指示	an indication of normal wear
275	切削磨粒磨损	cutting abrasive wear
276	严重切削磨损	serious cutting wear
277	不正常磨损	being worn abnormally
278	细小磨粒磨损颗粒	fine abrasive wear particles
279	进一步加速磨损进程	further accelerate the wear process
280	磨损碎片污染	wear debris contamination
281	磨损备件的制造	the manufacturing of wear replacement parts
282	商用抗磨添加剂	commercial antiwear additive
283	微量磨损	minimal wear
284	缓和磨损	mitigate wear
285	磨损特性不好	poor wear characteristics
286	推荐剂量	recommended dosage

287	挤压负荷能力	scuffing load capacity
288	抗疲劳性	fatigue resistance
289	抗点蚀性能好	better pitting resistance
290	磨痕宽度	wear track width
291	相似的磨损测量	similar wear measurements
292	薄膜强度	the film strength
293	金属与金属接触产生的卡咬和熔焊	scuffing and welding from metal-metal contact
294	植物油作为边界润滑剂起磨损保护作用	wear protection by vegetable oil as boundary lubricant
295	形成一层稳定的薄分子膜	to mark a stable thin molecular film
296	防止金属-金属接触	prevent metal-metal contact
297	发挥保护作用的润滑膜	the protective lubricant film
298	从两金属表面之间被挤出	be squeezed out from between the metals
299	建立一层稳定的薄膜	establish a stable film
300	用扫描电子显微镜对磨痕表面进行分析	SEM analysis of wear track surfaces
301	强烈地增加磨损	dramatic increase in wear
302	与观察的磨损有关	responsible for the observed wear

三、润滑

303	润滑类型	types of lubrication
304	气体润滑	gas lubrication
305	流体润滑	fluid lubrication
306	半流体润滑	semi-fluid lubrication
307	固体膜润滑	solid-film lubrication
308	边界润滑	boundary lubrication
309	极压润滑	extreme-pressure lubrication
310	混合润滑	mixed lubrication
311	流体动力润滑	hydrodynamic lubrication
312	流体静压润滑	hydrostatic lubrication
313	弹性流体动力润滑	elasto-hydrodynamic lubrication (EHL)
314	气体动力润滑	aerodynamic lubrication
315	气体静压润滑	aerostatic lubrication
316	塑性流体动力润滑	plasto-hydrodynamic lubrication
317	流变动力润滑	rheodynamics lubrication
318	磁流体动力润滑	magneto-hydrodynamic lubrication (MHD lubrication)
319	相变润滑	phase-change lubrication
320	厚膜润滑	thick-film lubrication
321	薄膜润滑	thin-film lubrication
322	流变学	rheology
323	润滑性	lubricity
324	黏弹性	visco-elasticity
325	油膜振荡	oil whirl; oil whip
326	气击	air hammer
327	油膜	oil film
328	气膜	gas film
329	油膜刚度	oil film stiffness
330	油膜承载能力	oil film load carrying capacity
331	热楔	thermal wedge
332	缺油	oil starvation
333	干涸润滑	parched lubrication
334	沟道效应	channeling

335	挤压效应	squeeze effect
336	润滑方式	methods of lubrication
337	连续润滑	continuous lubrication
338	间隙润滑	periodical lubrication
339	循环润滑	circulating lubrication
340	油浴润滑	bath lubrication
341	油雾润滑	oil-mist lubrication
342	油气润滑	oil and gas lubrication；aerosol lubrication
343	油环润滑	oil-ring lubrication
344	油垫润滑	pad lubrication
345	压力润滑	pressure lubrication
346	油绳润滑	wick lubrication
347	滴油润滑	drop feed lubrication;drip feed lubrication
348	飞溅润滑	splash lubrication
349	全损耗型润滑	total loss lubrication
350	溢流润滑	flood lubrication
351	油链润滑	chain oiling
352	油轮润滑	fixed-collar oiling
353	喷射润滑	oil jet lubrication;lubricant spattering
354	分散润滑	individual point lubrication
355	接触润滑	contact lubrication
356	涡轮润滑	turbine lubrication
357	机器人润滑	robot lubrication
358	无人机润滑	unmaned aerial vehicles lubrication(UAV lubrication)
359	人工关节润滑	artificial joint lubrication
360	纳米润滑	nanometer lubrication
361	微量润滑	minimal quantity lubricant
362	集中循环润滑	central circulating lubrication
363	绿色润滑油	green lubricating oils
364	仿生润滑技术	bionic lubrication technology
365	全优润滑	full excellent lubrication
366	生物降解性	biodegradability
367	毒性	toxicity
368	生态标识	the ecological identification
369	生态毒性	ecological toxicity
370	润滑油市场	lubricating oil market
371	可再生资源	renewable resources
372	微机器人体内润滑	microrobot body lubrication
373	体液润滑	humoral lubrication
374	润滑分析	lubrication analysis
375	机器人关节润滑	robot joints lubrication
376	粉末润滑	powder lubrication
377	边界状态	the boundary condition
378	润滑状态	the lubrication state
379	挤压膜润滑	extrusion film lubrication
380	渗出润滑	seepage lubrication
381	提升润滑	improve lubrication
382	润滑机理	the lubrication mechanism
383	润滑功能	the lubrication function
384	人工滑液	artificial synovial fluid

385	润滑方程	lubrication equation
386	水润滑	water lubrication
387	油膜厚度	oil film thickness
388	油膜压力	oil film pressure
389	超滑	superlubricity
390	纳米多层膜	nanometer multilayer film
391	纳米粒子	nanoparticles
392	润滑添加剂	lubricating additive
393	液晶添加剂	liquid crystal additive
394	液晶润滑乳液	liquid crystal lubricating emulsion
395	滑膜关节润滑	synovial joint lubrication
396	微循环润滑	microcirculation lubrication
397	纳米铜颗粒	nanometer copper particle
398	纳米微球	nanometer micro spheres
399	颗粒流润滑	grain flow lubrication
400	微纳米材料	micro nanometer material
401	亚微粒子	submicron particles
402	润滑工况	working condition of lubrication
403	润滑涂层	lubricating coating
404	物理吸附膜	physical adsorption membrane
405	化学反应膜	chemical reaction film
406	有机复合膜	organic composite film
407	沉积膜	deposited film
408	润滑难题	lubrication problem
409	金属陶瓷保护层	metal ceramic protective layer
410	纳米微粒集聚	nanoparticle aggregation
411	喷射飞溅润滑	spray splash lubrication
412	齿轮润滑	gear lubrication
413	运转润滑	running lubrication
414	润滑服务	lubrication service
415	油泥	sludge
416	烧焦	coking
417	先进润滑技术	advanced lubrication technology
418	油气两相润滑	oil and gas two-phase lubrication
419	楔形油膜	wedge oil film
420	油气润滑原理	oil and gas lubrication principle
421	润滑效率	lubrication efficiency
422	连续油膜	continuous oil film
423	现代润滑理论	modern lubrication theory
424	雾化	atomization
425	微量润滑	minimal quantity of lubricant(MQL)
426	微量润滑系统	micro lubricating system
427	微米级雾粒	micro fog particle
428	低温微量润滑	low temperature micro lubrication
429	雾滴粒径	fog particle diameter
430	气体润滑原理	principle of gas lubrication
431	薄膜润滑概念	film lubrication concept
432	全优润滑管理	perfect lubrication management
433	精准润滑	precision lubrication
434	润滑隐患	lubrication hidden trouble

435	强流润滑	strong flow lubrication
436	纳米薄膜润滑	nano-film lubrication
437	分子膜润滑	molecular film lubrication
438	湍流边界层	turbulent boundary layer
439	减阻膜	drag reduction film
440	关节润滑机理	joint lubrication mechanism
441	混合润滑状态	mixed lubrication condition
442	最小润滑膜厚	minimal lubrication film thickness
443	最小挤压膜厚	minimal extrusion film thickness
444	生物医用润滑	biomedical lubrication
445	仿生医用润滑	biomimetic medical lubrication
446	仿生润滑技术	bionic lubrication technology
447	仿生合成润滑	bionic synthetic lubrication
448	润滑系统	oiling system
449	无油润滑	oil free lubrication
450	升压润滑	boosted lubrication
451	乳化浓缩液	emulsion preconcentrate
452	美国润滑脂协会	National Lubricating Grease Institute(NLGI)
453	欧洲润滑脂协会	European Lubricating Grease Institute(ELGI)
454	润滑技术	lubricating technology
455	非牛顿流体	non-Newtonian liquid
456	瞬时扩张性	instantaneous dilatancy
457	浸油润滑	flooded lubrication
458	乏油润滑	starve lubrication
459	润滑检测	lubcheck
460	轧制工艺润滑	rolling lubricant
461	乳化液粒径	emulsion particle size
462	轻轨润滑	light rail lubrication
463	轻轨润滑机理	light rail lubrication mechanism
464	润滑技术的最佳化	highly optimised lubrication technologies
465	气相润滑	vapour phase lubrication
466	润滑机理的开创性研究	the pioneering study of the lubrication mechanism
467	应用计算机解决润滑问题	the application of computers to solving lubrication problems
468	边界和极压润滑	boundary and extreme-pressure lubrication
469	微量润滑	microlubrication
470	在高接触压力下,仍保持好的润滑性能	good lubricating properties even at high contact pressures
471	环氧化的不饱和脂肪酸	epoxidized unsaturated fatty acids
472	总的润滑剂消耗量	the total lubricant consumption
473	纵观全球润滑剂市场的发展	looking at the development of the global lubricant market
474	高温操作条件下对润滑剂的需求	the requirement for lubricant to operate at high temperature
475	这种不饱和性限制了它们成为一种好的润滑剂	this unsaturation restrict them as a good lubricant
476	低的摩擦力,意味着好的润滑性	lower friction value mean better lubricity
477	世界润滑剂需求	world lubricant demand
478	最有效的边界润滑添加剂	the most effective boundary lubricant additive
479	边界润滑改进剂	boundary lubrication improver
480	边界润滑状态	boundary-lubrication regimes
481	润滑污染	lubrication pollution
482	边界润滑特性	boundary lubrication characteristics
483	高性能润滑	high performance lubrication

484 热稳定性 thermal stability
485 水解稳定性 hydrolytic stability
486 合成润滑剂市场 synlube market
487 摩擦造成能量损失 energy losses caused by friction
488 发动机排放 engine emission
489 氢化加工矿物油 hydro processed mineral oils
490 最好的润滑剂技术 best lubricant technologies
491 越来越严格的环境法规 more and more stringent environmental regulations
492 生态安全 ecological safety
493 一种潜在的环境友好的润滑剂资源 a potential source of environmentally friendly lubricant
494 氧化是植物油基润滑剂的一种缺陷 oxidations as a limitation of vegetable oil-based lubricant
495 提供高强度的润滑膜 to provide high strength lubricant film
496 与金属表面产生强烈的反应 interact strongly with metallic surfaces
497 强烈的分子间的相互反应 the strong intermolecular interactions
498 植物油固有的缺陷 the inherent disabilities of vegetable oil
499 不饱和双键 unsaturated double bonds
500 作为润滑剂的潜在用途 potential use as lubricant
501 提供一种耐久性的润滑膜 to provide a durable lubricant film
502 展示优越的润滑性能 to display excellent lubrication properties
503 边界润滑性能 boundary lubrication performance
504 润滑原理 lubrication fundamentals
505 最主要的动力润滑 predominantly dynamic lubrication
506 混合/边界润滑状态 mixed/boundary lubrication regimes
507 长寿命环境友好润滑剂 long life environmentally friendly lubricant
508 世界润滑剂要求 World lubricant requirements
509 全球润滑剂市场 the global lubricant market
510 全球润滑剂消耗量 global lubricant consumption
511 全世界润滑剂的需求 the world's lubricant demand
512 最大润滑剂制造商的世界排名 world ranking of the largest lubricant manufacturers

四、润滑剂

513 润滑剂 lubricant
514 润滑油 lubricating oil
515 基础油 base oil
516 合成润滑剂 synthetic lubricant
517 润滑脂 grease
518 添加剂 additive
519 抑制剂 inhibitor
520 矿物油 mineral oil
521 用过油 used oil
522 矿脂 petrolatum
523 渣油 residue
524 原油 crude oil
525 环烷基原油 naphthenic base crude
526 石蜡基原油 paraffinic base crude
527 混合基原油 mixed base crude
528 含硫原油 sour crude
529 馏分油 distillate
530 多效添加剂 multipurpose additive
531 清净添加剂 detergent additive

532	分散添加剂	dispersant additive
533	抗氧化剂	anti-oxidant;oxidation inhibitor
534	抗腐蚀添加剂	anti-corrosion additive
535	缓蚀剂	corrosion inhibitor
536	金属钝化剂	metal deactivator
537	极压添加剂	extreme-pressure additive
538	抗磨添加剂	anti-wear additive
539	油性添加剂	oilness additive
540	增稠剂	thickener
541	黏度指数改进剂	viscosity index improver
542	倾点降低剂	pour point depressant
543	抗泡沫添加剂	anti-foam additive
544	无灰添加剂	ashless additive
545	防锈添加剂	antirust additive; rust preventive additive; rust inhibitor
546	胶凝剂	gelling agent
547	防胶添加剂	anti-gum additive
548	防冻添加剂	anti-freeze additive
549	防冰添加剂	anti-icing additive
550	抗生素添加剂	anti-biotic additive
551	抗静电添加剂	static dissipator additive; anti-static additive
552	乳化剂	emulsifier
553	抗烧结剂	anti-welding agent
554	消泡剂	anti-foaming
555	抗磨液压油	anti-wear hydraulic oil
556	纳米乳剂	nano-emulsion
557	纳米粒子	nano-particles
558	高温自润滑材料	high temperature self-lubricating material
559	复合润滑膜	compound lubricating film
560	高温复合固体润滑涂层	high-temperature composite solid lubricating coating
561	等离子喷涂	plasma spray
562	涂层结构	coating structure
563	微纳米高温固体自润滑涂层	micro-nano scale high temperature solid self-lubricating coating
564	稀土化合物	rare-earths composites
565	高温自润滑陶瓷复合材料	high-temperature self-lubricating ceramic composite materials
566	新型固体润滑材料	novel solid lubricanting materials
567	固体自润滑轴承	solid self-lubricating bearing
568	自组装单分子膜	self-assemble monolayers
569	低黏度润滑剂	low viscosity lubricant
570	生物降解润滑剂	biodegradable lubricant
571	环境友好润滑剂	environmentally friendly lubricant
572	纳米自修复添加剂	nanoparticles self-repairing additive
573	纳米润滑材料	nano-lubricating materials
574	绿色润滑剂	green lubricant
575	生物降解性评价	biodegradability evaluation
576	化学改性	chemical modification
577	纳米铜粉	copper nano-powder
578	金属加工液杀菌剂	metalworking fluids biocides
579	切削油功能	function of cutting oil
580	可溶性油	soluble oil
581	合成切削液	synthetic cutting fluid

582	半合成切削液	semi-synthetic cutting fluid
583	浓缩金属加工液	concentrate metalworking fluid
584	稀释比	dilution ratios
585	废物污染	waste contamination
586	生态型润滑剂	ecological type lubricant
587	环境兼容润滑剂	environmentally compatible lubricant
588	环境协调润滑剂	environmentally coordinating lubricant
589	生物积聚性	bioaccumulation
590	可再生资源	renewable resources
591	液晶润滑添加剂	liquid crystal lubricating additive
592	高温链条油	high temperature chain oil
593	链锯油	chain saw oil
594	固体润滑膜	solid lubricating film
595	自润滑材料	self-lubricating material
596	自润滑转移膜	self-lubricating transfer film
597	生物润滑剂	biological lubricant
598	透明质润滑剂	hyaluronic lubricant
599	微球润滑剂	microsphere lubricant
600	关节润滑涂层	joint lubricating coating
601	乳化切削液	emulsified cutting fluid
602	乳化油	emulsified oil
603	抗乳化剂	emulsion inhibitor
604	防锈剂	rust inhibitor
605	防锈油	rust proof oil
606	混合皂基润滑脂	mixed base grease
607	钠基润滑脂	sodium soap grease
608	通用润滑脂	multipurpose grease
609	环烷基矿物油	naphthenic base mineral oil
610	石蜡基矿物油	paraffinic base mineral oil
611	乳化	emulsification
612	可乳化性	emulsibility
613	乳状液	emulsion
614	乳化稳定性	emulsion stability
615	乳液聚合	emulsion polymerization
616	石油加工	petroleum processing
617	石油产品	petroleum products
618	炼油厂	petroleum refinery
619	石油溶剂	petroleum solvent
620	防老剂	anti-aging agent
621	抗泡剂	anti-foamer
622	抗磨剂	anti-wear agent
623	抗静电剂	anti-static agent
624	电泳涂装	electro coating
625	轿车发动机油	passenger car motor oil
626	降凝剂	pour point depressant
627	特殊环境固体润滑涂层技术	solid lubricating coating technology under special extreme environment
628	纳米复合涂层	nano composite coating
629	环境适应性润滑涂层	environmentally compatible lubricating coating
630	变色龙涂层	chameleon coating
631	适应性纳米复合涂层	adaptive nanocomposite coating
632	多层结构纳米复合涂层	multi-layer structure nanocomposite coating

633	自适应润滑剂	adaptive lubricant
634	轻轨润滑材料	lube material for light rail
635	金属加工液	metal working fluid
636	金属切削液	metal cutting fluid
637	金属成形加工液	metal forming fluid
638	淬冷介质	quenching media
639	回火油	tempering oil
640	热传导油	heattransfer oil
641	浓缩液	aqueous concentrations
642	稀释液	diluted fluid
643	亮漆膜	lacquer
644	漆膜	varnish
645	胶质	gum
646	以纳米技术为基的抗磨减磨添加剂	nanotechnology based anti-friction and anti-wear additive
647	具有非常优异的摩擦学性能的纳米材料	nanomaterials with very promising tribological properties
648	具有低黏度和好的环境适应性的润滑剂	lubricant with lower viscosity and better environmental compatibility
649	固体润滑涂层	solid lubricanting coating
650	一层非常薄的润滑膜	a very thin lubricating film
651	润滑剂流变性的变化	changes in the lubricant rheology
652	可生物降解润滑剂的潜在应用	potential applications for biodegradable lubricant
653	环氧化的大豆油	the epoxidized soybean oil
654	酯基润滑剂	ester based lubricant
655	高性能多级液压油	the high-performance multi-grade hydraulic fluid
656	汽车齿轮润滑剂	automotive gear lubricant
657	生态友好/可生物降解润滑剂	ecofriendly/biodegradable lubricant
658	合成润滑油	synthetic lube oil
659	作为一种潜在的可生物降解润滑剂	as a potential biodegradable lubricant
660	合成汽车传动液	synthetic automobile transmission fluid
661	最终的可生物降解润滑剂	finished biodegradable lubricant
662	冷轧油	cold rolling oil
663	高性能润滑剂	higher quality lubricant
664	汽轮机用润滑剂	gas turbine lubricant
665	环氧化的植物油	epoxidized vegetable oil
666	合成润滑液	synthetic lubricating fluid
667	离子液体润滑剂	ionic liquid lubricant
668	环境友好的生物基润滑剂	environmentally friendly bio-based lubricant
669	商业润滑剂	commercial lubricant
670	销-盘试验	pin-on-disk tests
671	环境友好的离子液体润滑剂	environmentally friendly ionic liquid lubricant
672	挥发性润滑剂	volatile lubricant
673	生物降解合成润滑剂	biodegradable synthetic lubricant
674	新一代润滑剂	new generation lubricant
675	植物油	vegetable oil
676	可生物降解的难燃液	biodegradable fire resistant fluid
677	环境兼容润滑剂	environmentally compatible lubricant
678	减摩涂层	friction-reducing coating
679	能源持久性	energy sustainability
680	先进的摩擦学研究	advanced tribology research
681	表面织构	surface texture
682	优异的摩擦磨损性能	favorable friction and wear properties

683 新一代环境友好产品 a new generation of environmentally friendly products
684 技术可行和环境要求 technically feasible and environment necessary
685 避免早期失败 avoiding early failure
686 普通润滑剂(传统添加剂) conventional lubricant(conventional additive)
687 符合未来严格的环境法规 to meet futures stringent environmental regulations
688 氢裂解油 hydro cracked oil
689 进一步的环境优化 further environmental optimigation
690 领先产品 leading edge products
691 "生物范围安全"的润滑剂 "bio sphere safe" lubricant
692 新一代重负荷润滑油 the new generation heavy duty lubricant
693 环境压力 environmental pressure
694 市场可接受的 market acceptance
695 快速生物降解性 rapid biodegradability
696 最大挑战 the biggest challenge
697 通用的可生物降解基原料 universal biodegradable base stock
698 从环境观点看 from an environmental point of view
699 不好性能 disadvantageous properties
700 突出优点 strong advantage
701 植物油基润滑剂 vegetable oil-based lubricant
702 可再生和生物降解润滑剂 renewable and biodegradable lubricant
703 植物油基的切削液 vegetable oil-based cutting fluid
704 高性能高能效润滑剂 high performance energy efficient lubricant
705 环境可接受的易生物降解的润滑剂 environmentally acceptable and biodegradable lubricants
706 食品级液压液 food grade hydraulic fluids
707 高性能多级液压液 the high-performance multi-grade hydraulic
708 生物基润滑剂 biobased lubricant
709 生物基汽车润滑剂 biobased automotive lubricant
710 环境无害润滑剂 environmentally sound lubricant
711 成熟的可生物降解润滑剂 finished biodegradable lubricant

五、润滑剂特性

712 黏度 viscosity
713 动力黏度 dynamic viscosity
714 运动黏度 kinematic viscosity
715 表观黏度 apparent viscosity
716 黏温系数 viscosity-temperature coefficient
717 黏度指数 viscosity index
718 倾点 pour point
719 凝点 solidification point
720 机械杂质 mechanical impurities
721 苯胺点 aniline point
722 闪点 flash point
723 燃点 fire point
724 色度 colourity
725 浊点 cloud point
726 酸值 acid number
727 酸度 acidity
728 中和值 neutralization
729 水分 water content
730 灰分 ash content

731	积炭	carbon residue
732	热安定性	thermal stability
733	氧化安定性	oxidation stability
734	剪切安定性	shear stability
735	乳化性	emulsibility
736	破乳化性	demulsibility
737	水混溶性	water miscibility
738	润滑剂相容性	lubricant compatibility
739	析气性	gassing properties
740	密封适应性	seal compatibility
741	起泡性	foaming characteristics
742	润滑剂承载能力	load-carrying capacity of lubricant
743	最大无卡咬负荷	maximum nonseizure load; last nonseizure load
744	OK 值	OK value
745	四球法	four-ball method
746	梯姆肯法	Timken method
747	腐蚀试验	corrosion test
748	铜片试验	copper strip test
749	起泡性试验	foaming characteristics test
750	叶片(油)泵试验	vane pump test
751	齿轮润滑剂承载能力试验	load carrying capacity testing of gear lubricant
752	汽油机油评价的 MS 程序试验	MS sequence test for evaluating gasoline oil
753	法莱克斯法	Falex method
754	针入度或锥入度	penetration
755	工作锥入度	worked cone penetration
756	滴点	drop point
757	胶体安定性	colloid stability
758	水淋性	water washout characteristics
759	润滑脂皂分	soap content in grease
760	蒸发损失	evaporation loss
761	机械安定性	mechanical stability
762	水溶性酸或碱	water-soluble acid or alkali
763	API 重度	API gravity
764	发动机油泥	engine sludge
765	皮碗试验	rubber bowl test
766	难燃性试验	fire resistance test
767	台架试验	bench test
768	使用试验	service test
769	道路试验	road test
770	稠度	consistency
771	润滑脂时效硬化	age-hardening of grease
772	渗析	bleeding
773	触变性	thixotropy
774	总碱度变化	changes in total alkalinity
775	气味	odor
776	工人皮炎	worker dermatitis
777	化学兼容性	chemical compatibility
778	耐久性	durability
779	流变学性能	rheological characteristics
780	纳米润滑剂特性	characteristics of nano-lubricant

781	泵送性	pumpability
782	可控释放	controlled release
783	低温滚动性	low temperature rolling property
784	气泡倾向	bubbles tend to
785	橡胶兼容性	rubber compatibility
786	空气释放性	air release
787	超黏特性	super glue features
788	油品变质	oil deterioration
789	塑变	plastic deformation
790	基础油运动黏度	kinematic viscosity of base oil
791	自动传动液	automatic transmission fluid
792	基础油互换	base oil interchange
793	球锈蚀试验	ball rust test
794	燃烧室沉积	combustion chamber deposit
795	废气循环	exhaust gas recycling
796	节能油	fuel economy oil
797	高温高剪切(黏度)	high temperature/high shear (viscosity)
798	高黏度指数	high viscosity index
799	微型旋转黏度计	mini rotary viscometer
800	换油期	oil drain interval
801	油品保护及排放系统试验	oil protection and emission system test
802	剪切稳定性指数	shear stability index
803	总酸值	total acid number
804	总碱值	total base number
805	蠕变特性	creep characteristics
806	取决于润滑剂性质的复杂现象	complex phenomena depending on lubricant properties
807	黏度是润滑剂的重要参数	viscosity is parameter important to a lubricant
808	生化耗氧量(BOD)	biochemical oxygen demand(BOD)
809	化学耗氧量(COD)	chemical oxygen demand(COD)
810	相对高的可生物降解性	relatively high biodegradability
811	pH值逐渐回归至中性	the pH gradually returned toward neutral
812	皂化值	saponification
813	较低的氧化稳定性	poorer oxidative stability
814	环境冲击	environmental impact
815	生物降解性和可循环性	biodegradability and recyclability
816	皂化性	saponification value
817	低温流动性	low temperature fluidity

六、润滑系统及元件

818	集中润滑系统	centralized lubrication system
819	润滑点	lubrication point
820	作用点	action point
821	润滑剂填充点	lubricant filler point
822	放气点	airbleed
823	节流器系统	restrictor system
824	单线式系统	single-line system
825	双线式系统	two-line system
826	多线式系统	multi-line system
827	递进式柱塞系统	progressive plunger system

828　油雾式系统　oil-mist system
829　组合式系统　combined system
830　活塞泵　displacement pump
831　往复式润滑泵　oscillating displacement pump
832　旋转式润滑泵　rotary displacement pump
833　多点泵　multi-line pump
834　油箱　lubricant reservoir
835　压力管路　pressure line
836　卸荷管路　relief line
837　主管路　main line
838　支管路　secondary feed line
839　单线分配器　single-line metering device
840　双线分配器　two-line metering device
841　节流分配器　metering device with restrictors
842　递进分配器　progressive plunger metering device
843　单线给油器　single-line metering valve
844　双线给油器　two-line metering valve
845　递进给油器　progressive plunger metering valve
846　分流管　manifold
847　冷凝器　condenser
848　喷雾嘴　lubricant spray valve
849　喷油嘴　lubricant spattering nozzle
850　方向控制阀　direction control valve
851　换向阀　change-over valve
852　循环分配阀　two-way valve dependent on lubrication cycle
853　卸荷阀　unloading valve
854　溢流阀　pressure relief valve
855　压力控制阀　pressure-control valve
856　单向阀　check valve
857　减压阀　pressure reducing valve
858　流量控制阀　flow-control valve
859　节流阀　restrictor valve
860　压力补偿节流阀　pressure-compensated flow-control valve
861　节流孔　flow control valve with orifice
862　时间调节程序控制器　programmed control timing device/electromechanical timer
863　机器循环调节程序控制器　programmed control device dependent on machine cycle
864　压力开关　pressure switch
865　电接点压力表　pressure gauge with electric contact
866　液位开关　liquid level switch
867　温度开关　temperature switch
868　油流开关　flow-control switch
869　检测开关　monitoring switch
870　压力指示器　pressure indicator
871　油流指示器　flow indicator
872　功能指示器　function indicator
873　液位指示器　fluid level indicator
874　润滑脉冲计数器　lubricating cycle counter
875　油冷却器　oil cooler
876　过滤器　filter
877　润滑部件　lubrication components

878 风力发电机组 wind turbine generator system
879 风电齿轮箱 wind power gear box
880 滚珠轴承作用 ball bearing function
881 油雾润滑系统 oil mist lubrication system
882 静压油膜轴承 hydrostatic oil film bearing
883 静压气体轴承 hydrostatic gas bearing
884 循环润滑系统 circulation lubrication system
885 稀油集中润滑系统 thin oil centralized lubrication system
886 干油集中润滑系统 dry oil centralized lubrication system
887 油雾集中润滑系统 oil mist centralized lubrication system
888 集中润滑智能控制系统 centralized lubrication intelligent control system
889 人工关节仿生润滑系统 artificial joint bionic lubrication system
890 水润滑动压轴承 water-lubricated hydrodynamic bearing
891 系统设计 systematic design
892 传统润滑方法 conventional lubricating methods
893 零排放车辆 zero emissions vehicle

七、设备润滑管理及监控

894 主动维修 proactive maintenance
895 被动维修 reactive maintenance
896 定时维修 hard time maintenance
897 事后维修 run-to-failure maintenance; break-down maintenance
898 状态管控维修 condition based maintenance
899 视情维修 on condition maintenance
900 工况监测 condition monitoring
901 铁谱技术 ferrography
902 铁谱仪 ferrograph
903 铁谱片 ferrogram
904 铁谱显微镜 ferroscope
905 基片 substrate
906 分析式铁谱仪 analytical ferrograph
907 直读式铁谱仪 direct reading ferrograph
908 双联式铁谱仪 duplex ferrograph
909 复式铁谱仪 dual ferrograph
910 铁谱仪原理 working principle of ferrograph
911 铁谱技术发展趋势 trend of ferrography
912 润滑管理现代化 modernization of lubrication management
913 机器状态监测 monitoring machine condition
914 润滑管理 lubricating management
915 微粒计数器 particle quantifier
916 在线自修复 on-line self-repairing
917 机械零件失效 mechanical parts failure
918 失效根源 root cause of failure
919 机器油液分析 machine oil analysis
920 装备智能自修复技术 intellectual self-repairing technology of equipment
921 污染控制 contamination control
922 故障源 root cause of failure
923 车用油状态监测 condition monitoring for motor oil
924 设备润滑管理 equipment lubrication management
925 设备使用寿命 service life of equipment

926　油液分析　oil analysis
927　预防性处理　preventive treatment
928　销盘摩擦试验机　pin-on-disc tribometer
929　无润滑工况　unlubricated condition
930　高温高压摩擦磨损试验　friction and wear testing under high temperature and high pressure
931　分子动力学　molecular dynamics
932　扫描隧道显微镜　scanning tunneling microscope(STM)
933　摩擦力显微镜　friction force microscope(FFM)
934　扫描探针显微镜　scanning probe microscope
935　滤膜铁谱技术　filtergram
936　密封件　seals
937　泄漏　leakage
938　静密封　staticseal
939　动密封　dynamicseal
940　挤压型密封　exclusionseal
941　唇形密封圈　lipseal
942　异形密封件　seals special section
943　旋转轴唇形密封圈　rotary shaft lipseal
944　往复运动密封　reciprocating seal
945　流体动力型旋转轴唇形密封圈　hydrodynamic aided rotary shaft lipseal
946　密封垫　gasket
947　印刷密封垫　printed gasket
948　同轴密封件　co-axial seal
949　机械密封　mechanical seal
950　间隙密封　clearance seal
951　迷宫密封　labyrinth seal
952　铁磁流体密封　ferromagnetic seal
953　密封胶　adhesive sealant
954　黏度-温度特性　viscosity-temperature characteristics
955　pH 值监控结果　result of pH monitoring
956　与设备里的密封弹性体的兼容性　compatibility with equipment seal elastomers
957　机器停机时间计划外检修　machine down time unscheduled repairs
958　在线铁谱成像的磨损特征　wear characterization by on-line ferrograph image
959　监控机器磨损工况的一种有效的离线方法　an effective off-line method for monitoring a machine wear condition
960　新发展的在线技术　newly developed online technologies
961　新的快速统计磨损特征的分析法　new wear characterization with rapid and statistical analysis
962　用铁谱技术进行磨损在线监测　online wear was monitoring with ferrography
963　不同的在线数字传感器　various online digital sensors
964　离线铁谱技术的传统磨损特征　traditional wear characterization by off-line ferrography
965　磨损碎片成像的在线特征　on-line features of wear debris images
966　提高在线铁谱操作的效率和精度　to obtain efficiency and accuracy in on-line ferrography processing
967　增加鉴别磨损碎片的难度　increases the difficulty of identifying worn debris
968　错误诊断　in fault diagnosis
969　摩擦学系统的工况监测　condition monitoring of tribosystem
970　成像识别　image recognition
971　磨损颗粒鉴别　wear particle identification
972　磨损颗粒浓度的趋向　a trend of wear particle concentration
973　在用油中的磨损碎片　wear debris in used lubricant
974　从机器中取得油样　obtain an oil sample from a machine
975　从液体中分离出固体物　to separate the solids from the fluid
976　磨损颗粒形状　wear particle shape

977	传统的失效分析技术	traditional techniques of failure analysis
978	防止不希望的失效	to prevent unexpected failure
979	磨损材料的尺寸和形状	the size and shape of the worn material
980	磨损机理的一种诊断方式	a diagnosis of the wear mechanisms
981	最大磨损颗粒密度的一种测量方法	a measurement of the density of the largest wear particles
982	润滑剂样品分析	lubricant sample analysis
983	周期地监控方法	intermittent monitor methods
984	诊断的准确性	the accuracy of their diagnosis
985	光谱油液分析程序	spectrometric oil analysis program(SOAP)
986	一种检修工具	a maintenance tool
987	成功地对军用飞机引擎的工况监测	used successfully to monitor the condition of military aircraft engines
988	在一个特殊的磁场	in a special magnetic field
989	非常高的磁场梯度	very high magnetic field gradation
990	磨损颗粒固定在玻璃基片上	the wear particles remain permanently attached to the glass substrate
991	磨损碎片的尺寸排列迹象	indication from the size distribution of debris
992	定期监测	periodically monitored
993	差热扫描量热仪	differential scanning calorimeter(DSC)
994	评价润滑剂的使用寿命	to assess lubricant lifetime
995	连续监控	continuous monitoring
996	合成润滑剂基础原料	synthetic lube base stocks
997	生态标签图	eco-labelling schemes
998	生态试验要求	ecological test requirements
999	监测和分析氧化产物	to monitor and analyse the products of oxidation
1000	与设备上密封弹性体材料的兼容性	compatibility with equipment seal elastomers

公司产品

Richful 瑞丰新材

单剂	清净剂	RF1104	低碱值合成磺酸钙
		RF1105	中碱值合成磺酸钙
		RF1106	高碱值合成磺酸钙
		RF1106B	高碱值合成磺酸钙
		RF1106D	超高碱值合成磺酸钙
		RF1106D-500	超高碱值合成磺酸钙
		RF1106E	润滑脂专用超高碱值合成磺酸钙
		RF1107	超高碱值合成磺酸镁
		RF1121	中碱值硫化烷基酚钙
		RF1122	高碱值硫化烷基酚钙
		RF1123	超高碱值硫化烷基酚钙
		RF1109B	中碱值烷基水杨酸钙
		RF1109C	高碱值烷基水杨酸钙
		RF1109D	高碱值烷基水杨酸钙
	分散剂	PIBSA-1000	聚异丁烯丁二酸酐
		RF1151	单烯基丁二酰亚胺
		RF1154	聚异丁烯丁二酰亚胺
		RF1154B	硼化聚异丁烯丁二酰亚胺
		RF1161	高分子量聚异丁烯丁二酰亚胺
		RF1146	新型聚异丁烯丁二酰亚胺
	ZDDP	RF2202	抗氧抗腐剂
		RF2202A	抗氧抗腐剂
		RF2203	抗氧抗腐剂
		RF2204	抗氧抗腐剂
		RF2204B	抗氧抗腐剂
		RF2205	抗氧抗腐剂
		RF2214	抗氧抗腐剂
		RF2215	抗氧抗腐剂
	高温抗氧剂	RF3323	无灰抗氧剂
		RF5057	丁、辛基二苯胺
		RF5067	壬基二苯胺
		RF1135	酚酯型抗氧剂
		RF1035	硫醚型抗氧剂

复合剂	柴油机油复合剂	RF6033	CD 级柴油机油复合剂
		RF6042	CF-4 级柴油机油复合剂
		RF6061	CH-4 级柴油机油复合剂
		RF6071	CI-4 级柴油机油复合剂
		RF6071L	CI-4 级长换油期柴油机油复合剂
		RF6072	CI-4+级柴油机油复合剂
	汽油机油复合剂	RF6133 SE/SF 级	汽油机油复合剂
		RF6141 SG级	汽油机油复合剂
		RF6152 SJ级	汽油机油复合剂
		RF6162 SL级	汽油机油复合剂
		RF6170 SM级	汽油机油复合剂
		RF6173 SN级	汽油机油复合剂
		RF6176 SN级	汽油机油复合剂
	通用型内燃机油复合剂	RF6400 CF-4/SG级	通用型内燃机油复合剂
		RF6066 CH-4/CI-4级	柴油机油复合剂
		RF6500 SL级及以下级别	通用型内燃机油复合剂
		RF6175 SM/SN 级	汽油机油复合剂
	船用油复合剂	RF6302	船用系统油复合剂
		RF6312	船用汽缸油复合剂
		RF6323、RF6324	中速筒状活塞发动机复合剂
		RF6325	船用4030 中速筒状活塞发动机油复合剂
	燃气发动机油复合剂	RF6204	天然气（CNG）发动机油复合剂
		RF6206M	移动式低灰分燃气发动机油复合剂
		RF6206S	固定式低灰分燃气发动机油复合剂
	摩托车油复合剂	RF6163	二冲程摩托车油复合剂
		RF6164	四冲程摩托车油复合剂
	工业用油复合剂	RF4201	车辆齿轮油复合剂
		RF5012	抗磨液压油复合剂